Lehrbuch der Hydrogeologie Band 4

Lehrbuch der Hydrogeologie

Herausgegeben von Prof. Dr. Dr. h.c. GEORG MATTHESS
Institut für Geowissenschaften, Kiel

Band 4

Grundwassererschließung

Grundlagen, Brunnenbau, Grundwasserschutz, Wasserrecht

Gebrüder Borntraeger · Berlin · Stuttgart 2000

Grundwassererschließung

Grundlagen, Brunnenbau, Grundwasserschutz, Wasserrecht

von

Prof. Dr. Klaus-Dieter Balke, Prof. Dr. Ulrich Beims,
Assessor Franz Wilhelm Heers, Prof. Dr. Bernward Hölting,
Dr. Reiner Homrighausen und Prof. Dr. Dr. h.c. Georg Matthess

Mit einem Beitrag von Dr. Reinhard Kirsch

Mit 398 Abbildungen und 81 Tabellen

Gebrüder Borntraeger · Berlin · Stuttgart 2000

Anschriften der Autoren
Prof. Dr. Klaus-Dieter BALKE, Institut für Geologie und Paläontologie, Sigwartstr. 10, D-72076 Tübingen
Prof. Dr. Ulrich BEIMS, Grundwasserconsulting Dresden GmbH, Meraner Str. 10, D-01217 Dresden
Assessor Franz Wilhelm HEERS, Dr. Peters-Str. 3, D-53424 Remagen
Prof. Dr. Bernward HÖLTING, Christian-Lechleitner-Str. 26, D-55128 Mainz-Bretzenheim
Dr. Reiner HOMRIGHAUSEN, Celler Brunnenbau, Fischerstr. 4, D-29201 Celle
Dr. Reinhard KIRSCH, Landesamt für Natur und Umwelt (LANU), Abteilung Geologie/Boden, Hamburger Chaussee, D-24220 Flintbek
Prof. (em.) Dr. Dr. h.c. Georg MATTHESS, Auswärt. Mitglied der Polnischen Akademie der Wissenschaften zu Krakau, Nietzschestr. 17, D-24116 Kiel

Die Deutsche Bibliothek – CIP-Einheitsaufnahme

Grundwassererschließung : Grundlagen, Brunnenbau, Grundwasserschutz, Wasserrecht ; mit 81 Tabellen / von Klaus-Dieter Balke . . . Mit einem Beitr. von Reinhard Kirsch. – Berlin ; Stuttgart : Borntraeger, 2000
Lehrbuch der Hydrogeologie ; Bd. 4)
ISBN 3-443-01014-8
Lehrbuch der Hydrogeologie / hrsg. von Georg Mattheß. – Berlin ; Stuttgart : Borntraeger
Bis 1973 hrsg. von Wolfgang Richter

Bd. 4. Grundwassererschließung. – 2000

ISBN 3-443-01014-8

♾ Gedruckt auf alterungsbeständigem Papier nach ISO 9706-1994
Satz: Typomedia Satztechnik GmbH, Ostfildern
Druck: Tutte Druckerei GmbH, Salzweg-Passau
Printed in Germany

Vorwort des Herausgebers

Die Hydrogeologie hat sich im Laufe der letzten Jahrzehnte auch in Deutschland zu einer selbständigen Fachdisziplin entwickelt, die in enger Zusammenarbeit mit den verwandten Fächern der Bodenkunde, der Hydrologie, der Hydromechanik und der Wasserchemie die Gesetzmäßigkeiten des Vorkommens, des Haushaltes und der Beschaffenheit des Grundwassers erforscht. Sie wird in zunehmendem Maße durch die Aufmerksamkeit herausgefordert, die die Öffentlichkeit den Problemen der Bewirtschaftung, der Nutzung, aber auch des Schutzes des Grundwassers gegen Verunreinigungen widmet. Diese Aufmerksamkeit sollte als Ansporn gesehen werden, die einschlägigen Forschungsarbeiten voranzutreiben, aber auch ihre Ergebnisse verfügbar zu machen. Der letztgenannten Aufgabe soll das im Jahre 1965 von Professor Wolfgang RICHTER und vom Verlag Gebrüder Borntraeger in Angriff genommene mehrbändige Lehrbuch der Hydrogeologie dienen, in dem das schnell zunehmende Wissen über das Grundwasser in einzelnen, in sich geschlossenen Bänden von speziellen Kennern des betreffenden Fachgebietes dargestellt werden soll. Im Jahre 1973 erschien als erster Band »Die Beschaffenheit des Grundwassers«. Wolfgang RICHTER hatte sich für seinen Ruhestand die Herausgabe der übrigen geplanten Einzelbände vorgenommen. Dies verhinderte sein tragischer Unfalltod kurz nach seiner Pensionierung im Jahre 1977. Der Verlag Gebrüder Borntraeger beauftragte mich in der Folgezeit mit der Herausgeberschaft. Diese Aufgabe will ich im Sinne und mit der Zielsetzung von Wolfgang RICHTER ausführen.

Die Bände »Allgemeine Hydrogeologie – Grundwasserhaushalt«, »Die Beschaffenheit des Grundwassers«, »Geohydraulik«, »Talsperren«, »Das Wasser in der Litho- und Asthenosphäre – Wechselwirkungen und Geschichte«, »Mineral- und Thermalwässer – Allgemeine Balneogeologie«, »Geohydrologische Markierungstechnik« und »Isotopenmethoden in der Hydrologie« liegen vor, weitere Bände sind in Vorbereitung: »Hydrogeologie des Karstes«, »Geophysikalische Methoden in der Grundwasserexploration« und »Grundwassermodelle – Strömung und Stofftransport«.

Der vorliegende Band »Grundwassererschließung – Grundlagen, Brunnenbau, Grundwasserschutz, Wasserrecht« behandelt in 5 Kapiteln die hydrogeologischen Grundlagen, die Bemessung und den Betrieb von Grundwasserfassungen, die Erstellung von Brunnen, den Grundwasserschutz und die rechtlichen Grundlagen. Bei der Breite der Thematik war es naheliegend, einschlägig erfahrene Spezialisten mit der Abfassung dieser Abschnitte zu betrauen. Die Herren Prof. Dr. Klaus-Dieter BALKE, Prof. Dr. Ulrich BEIMS, Assessor Franz Wilhelm HEERS, Prof. Dr. Bernward HÖLTING, Dr. Reiner HOMRIGHAUSEN, Dr. Reinhard KIRSCH und der Unterzeichner erstellten einzelne Abschnitte allein oder auch mit Ko-Autoren. So stammen

Abschnitt 1 »Hydrogeologische Grundlagen« von B. HÖLTING mit Teilbeiträgen von U. BEIMS und G. MATTHESS,

Abschnitt 2 »Bemessung und Betrieb von Grundwasserfassungen« von U. BEIMS,

Abschnitt 3 »Wasserfassung« von K.-D. BALKE, R. HOMRIGHAUSEN und G. MATTHESS, mit einem Teilbeitrag von U. BEIMS und einem Beitrag von R. KIRSCH,

Abschnitt 4 »Grundwasserschutz« von B. HÖLTING und G. MATTHESS

und

Abschnitt 5 »Wasserrecht« von F. W. HEERS.

Als Herausgeber habe ich mich bemüht, die bei unterschiedlichen Autoren zu erwartenden textlichen Diskrepanzen und Überschneidungen zu erkennen und im Interesse der Homogenität und Widerspruchsfreiheit des Bandes weitgehend auszugleichen.

Der Abschnitt »Wasserrecht« enthält – abweichend vom hydrogeologischen und technischen Teil – dem in der Rechtswissenschaft üblichen Vorgehen folgend auf Anmerkungen gestützte Referenzen, deren Abkürzungen und Quellen im Abschnitt 6.2 wiedergegeben sind.

Die Schwierigkeiten, die ausländische Leser bei der Lektüre der 1. Auflage von Band 2 des Lehrbuches hatten, veranlaßten mich, abweichend von den amtlichen Rechtschreibregelungen bei Koppelwörtern eine Auftrennung nach den Wortbestandteilen vorzunehmen, die durch Bindestriche verbunden werden. Im Falle von Kopplungen zwischen Substantiven und Adjektiven wurde dies stets vorgenommen, im Falle von Koppelworten aus Substantiven wurde die Wortverständlichkeit als Maß genommen.

Dem Bande kamen wichtige Hinweise zur Bohrlochgeophysik (Abschnitt 3.4) von Herrn Riewert KETELSEN (LANU Schleswig-Holstein, Flintbek), zur Brunnenalterung (Abschnitt 3.9.1) von Herrn Dr. Walter KÖLLE (früher Stadtwerke Hannover) und zur Instandsetzung von Brunnen (Abschnitt 3.9.2) von Herrn Dipl.-Hydrologen Andreas WICKLEIN (Berliner Wasserbetriebe) zugute, für die ich herzlich danke.

Nicht zuletzt habe ich meiner lieben Frau Dr. Helga MATTHESS, geb. REINECK, für ihre geduldige und sorgfältige Mitwirkung zu danken, ohne die eine Fertigstellung kaum möglich gewesen wäre.

Kiel, im September 1998 GEORG MATTHESS

Inhalt

Verwendete Maße und Abkürzungen

Vorsätze zur Bezeichnung von Vielfachen oder Teilen der Einheit

M	=	Mega	=	10^6	m	=	Milli	=	10^{-3}
k	=	Kilo	=	10^3	µ	=	Mikro	=	10^{-6}
h	=	Hekto	=	10^2	n	=	Nano	=	10^{-9}
c	=	Centi	=	10^{-2}	p	=	Piko	=	10^{-12}

Maße

Längen	m	Meter
Flächen	m^2	Quadratmeter
Raum	m^3	Kubikmeter
	l	Liter (1 l = 10^{-3} m^3)
Masse	g	Gramm
Zeit	s	Sekunde
	min	Minute
	h	Stunde
	d	Tag
	a	Jahr
Temperatur	K	Kelvin (T in K)
	°C	Grad Celsius (t in °C, 0 °C = 273,15 K)
Standard-Temperatur		25 °C = 298,15 K
Druck	Pa	Pascal = Newton/Quadratmeter ($N \cdot m^{-2}$)
	Bar	bar (1 bar = 100 kPa)
Standard-Druck		101,324 kPa
Kraft	N	Newton
Energie	J	Joule (1 J = 0,239 Kalorien)
Gaskonstante	R	8,315 $J \cdot K^{-1} \cdot mol^{-1}$ (= 1,987 $cal \cdot K^{-1} \cdot mol^{-1}$)
Spezifische elektrische Leitfähigkeit	$S \cdot cm^{-1}$	Siemens/Centimeter
Elektrische Ladung	C	Coulomb
Radioaktivität	Bq	Becquerel (1 Bq = 1 s^{-1} = 27 pCi)
Konzentration	$mg \cdot l^{-1}$	Milligramm/Liter
	$mg \cdot kg^{-1}$	Milligramm/Kilogramm
	$mol \cdot m^{-3}$	Mol/Kubikmeter (1 $mol \cdot m^{-3}$ = 1 $mmol \cdot l^{-1}$)
	$meq \cdot l^{-1}$	Milliäquivalent/Liter
	$meq \cdot kg^{-1}$	Milliäquivalent/Kilogramm
Kreiswinkel	g	grad (400 Neugrade = 360°)

1 Hydrogeologische Grundlagen

Im Rahmen des vorliegenden Bandes ist es sinnvoll, die praxisbezogenen hydrogeologischen Grundlagen vorzustellen, die zum Auffinden, zum Erschließen und zum Schutz von Grundwasser, sowie zur Abwehr von Einsprüchen gegen die Nutzung eines Grundwasservorkommens erforderlich sind. Notwendigerweise werden die Grundwasser-leitenden Gesteine, deren geohydrologische und nutzungsbezogene geohydrochemische Eigenschaften und die Ermittlung des nutzbaren Grundwasserdargebots behandelt. Die sich daraus ergebenden praktischen Folgerungen für die Maßnahmen zur Nutzung von Grundwasservorkommen werden in den anschließenden Abschnitten erläutert, wobei an den entsprechenden Stellen auf die weiterführende Literatur verwiesen wird.

1.1 Die Gesteine

Die Gesteine unterscheiden sich petrographisch durch ihren Mineralbestand und ihr strukturelles und texturelles Gefüge. Diese Merkmale bestimmen ihre chemische Zusammensetzung und ihre physikalischen Eigenschaften. Unter Struktur wird dabei die Größe und Entwicklung der Kristalle sowie die Gesteinsausbildung als Ausdruck der bei der Erstarrung magmatischer oder metamorpher Gesteine oder bei der Diagenese sedimentärer Gesteine herrschenden physikalisch-chemischen Bedingungen, unter Textur die Anordnung und Verteilung der Gemengteile (z. B. Fluidaltextur) verstanden.

Nach ihrer Genese werden die Gesteine unterteilt in:
- magmatische Gesteine, entstanden aus schmelzflüssigem Magma;
- sedimentäre Gesteine, entstanden durch Ablagerung des durch Verwitterung zerstörten und durch Wind, Wasser oder Eis aufbereiteten Gesteinsmaterials, vor allem unter Meeresbedeckung;
- metamorphe Gesteine, entstanden aus der Umwandlung magmatischer oder sedimentärer Gesteine unter erhöhten Temperatur- und Druckbedingungen.

Magmatische und metamorphe Gesteine, die sog. kristallinen Gesteine, machen etwa 95% des bis 16 km Tiefe reichenden oberen Teils der Erdkruste aus und nur 5% entfallen auf sedimentäre Gesteine. Die erdoberflächennahen Gesteinskomplexe, etwa bis 1,5 km Tiefe, werden jedoch zu 75% von Sedimenten und nur zu 25% von kristallinen Gesteinen eingenommen.

Magmatische Gesteine

Magmatische Schmelzen innerhalb der Erdkruste und im oberen Bereich des Erdmantels stammen meist aus Tiefen von 60 bis 150 km. Sie bestehen hauptsächlich aus den Oxiden von Silizium (»Kieselsäure«), Aluminium, Eisen(III) und Eisen(II), Magnesium, Calcium, Natrium und Kalium, dazu enthalten sie in kleineren Mengen zahlreiche weitere, z. T. flüchtige Oxide. Infolge unterschiedlicher Wärmeströmungen unterliegt das Magma im Erdmantel einer Konvektionsströmung, die die hangende 70–200 km dicke, in größere oder kleinere Platten zerlegte Lithosphäre (Kruste und Teile des Oberen Mantels) beeinflußt. Dabei kommt es zu Plattenverschiebungen. Z. B. kann an einem Plattenrand eine Platte unter eine andere absinken (Subduktion). In den bei diesen Plattenbewegungen entstandenen Schwächezonen (Brüche, Spalten) dringt das Magma auf und erstarrt bei der Abkühlung. Je nach dem, wo der Prozeß der Abkühlung stattfindet, entstehen Tiefengesteine (Plutonite) oder Ergußgesteine (Vulkanite). Bei chemisch ähnlicher Beschaffenheit unterscheiden sich Tiefen- und Ergußgesteine durch unterschiedliche Mineralvergesellschaftungen und Gefüge.

Im Verlaufe des Aufstiegs und der Abkühlung magmatischer Schmelzen kommt es zur Aufspaltung (Differentiation) des Magmas durch Liquation (Aufspaltung des flüssigen Magmas infolge von Schwereunterschieden), Kristallisationsdifferentiation (Trennung der Schmelze von ausgeschiedenen Kristallen) und Entgasung bzw. Entwässerung (Abspaltung gas- und dampfförmiger Stoffe).

Im Verlauf der Kristallisationsdifferentiation, die wesentlich für die Ausbildung der unterschiedlichen Tiefengesteine ist, kristallisieren mit Unterschreiten einer Temperatur von etwa 1300 °C zunächst kieselsäureärmere Minerale aus (Tabelle 1.1), die typischerweise dunkle Gesteine bilden (z. B. gabbroide Gesteine). Mit weiterer Abkühlung reichert sich das Magma mit Kieselsäure an, so daß schließlich am Ende der Aufspaltung des Magmas im liquidmagmatischen Stadium bei etwa 650 °C die kieselsäurereichen Granite entstehen. In SiO_2-untersättigten Magmatiten werden die Feldspäte, die in magmatischen Gesteinen einen wesentlichen Anteil des Mineralgehaltes bilden, durch sog. Feldspatvertreter (z. B. Leucit oder Nephelin) ersetzt, so daß typisch zusammengesetzte Tiefengesteine entstehen (Tabelle 1.1). Dem liquidmagmatischen Stadium schließen sich das pneumatolytische (550 bis 450 °C, Abgabe überkritischer fluidreicher Lösungen, Erzbildungen) und das hydrothermale Stadium (< 450 °C, Abgabe stark verdünnter, heißer Lösungen) an.

Unter den in Tabelle 1.1 aufgeführten Tiefengesteinen nehmen die Granite eine unverhältnismäßig weite Verbreitung ein. Dies verdanken sie nicht allein ihrer Herkunft aus der oben geschilderten magmatischen Differentiation, sondern auch der selektiven Mobilisation bereits ausgeschiedener oder sogar aufgeschmolzener Gesteine (Anatexis), oder aber auch metasomatischen Stoffaustausch-Reaktionen (Bildung von Granitoiden).

Tabelle 1.1. Magmatische Gesteine (vereinfacht).

Ohne Feldspatvertreter

Ergußgesteine jung	Rhyolith	Andesit		Trachyt	Basalt
Ergußgesteine alt	Quarzporphyr	Porphyrit	Keratophyr	Orthophyr	Melaphyr/Diabas
Tiefengesteine (Kristalline Gesteine)	Granit (Granodiorit)	Diorit		Syenit	Gabbro
Kieselsäure-(SiO_2-)Gehalt	> 65% (kiesel-)»saure« Gesteine	65–52% intermediäre Gesteine			< 52% »basische« Gesteine

Mit Feldspatvertretern (Foiden)

Ergußgesteine	Phonolith	Tephrit	Limburgit	Nephelinit	Leucitit
Tiefengesteine	(Nephelin-)Syenit	Essexit	Theralit	Ijolith	
Anteile der Foide an Feldspäten	bis 60%			60–100%	

Gelangt Magma an die oder nahe an die Erdoberfläche, so kommt es zur Bildung von Vulkanen und zu typischen vulkanischen Aktivitäten, die, soweit sie unterirdisch erfolgen, als subvulkanisch bezeichnet werden. Im Verlauf dieser Aktivitäten oberirdisch austretendes Magma wird als Lava bezeichnet, deren Konsistenz von dünnflüssig bis hochviskos reicht. Diese Bezeichnung wird auch für das erstarrte und erkaltete Material verwendet. Die derart entstandenen Gesteine werden Ergußgesteine genannt, die in ihrer chemischen Beschaffenheit jeweils den Tiefengesteinsschmelzen entsprechen, aus denen das jeweilige Magma zur Erdoberfläche aufgedrungen ist. Anstelle der früher gebräuchlichen Namen der alten (paläozoischen) Ergußgesteine (Tab. 1.1) werden heute ausschließlich die Namen ihrer jungen Äquivalente verwendet. Unter den Ergußgesteinen sind mit 98% die Basalte am meisten verbreitet. Am Schluß jeder vulkanischen Aktivität stehen Exhalationen, und zwar mit abnehmender Temperatur Fumarolen (Gas-Dampf-Exhalationen, 800–200 °C), Solfataren (H_2S-haltige Wasserdampf-Exhalationen, 200–100 °C), Thermen (heiße Quellen mit unterschiedlichen Lösungsinhalten, Temperatur > 20 °C; ferner Geysire) und schließlich Mofetten (kalte CO_2-Quellen).

Sedimentäre Gesteine (Sedimentgesteine)

Sedimentäre Gesteine gehen aus der Zerstörung älterer Gesteine hervor und sind somit Neubildungen aus bereits vorhandenen, in der Regel umgelagerten Gesteinsmaterialien. Der Vorgang der Zerstörung wird als Verwitterung bezeichnet, bei der die physikalische, die chemische und die biologische (organische) Verwitterung zu unterscheiden sind.

Bei der physikalischen Verwitterung wird das Gesteinsgefüge zerstört, nicht jedoch die chemische und mineralische Zusammensetzung verändert. Sie ist im wesentlichen eine Folge von Witterungseinflüssen in den verschiedenen Klimaten der Erdoberfläche, insbesondere Temperaturänderung durch Sonneneinstrahlung und nächtliche Wärmeabstrahlung sowie – im gemäßigten und nivalen Klimabereich – Frostsprengung. Die ständig wechselnden Temperaturen führen zu stoffspezifisch unterschiedlichen Volumenänderungen der Minerale, die schließlich die Lockerung des Gefüges verursachen. In Klimabereichen mit Temperaturen < 0 °C wirkt sich die Frostsprengung durch Wasser aus, dessen Volumen sich beim Gefrieren um 9% vergrößert; bei –22 °C wird ein Maximaldruck von 207,4 MPa (2,074 kbar) erreicht. Der häufige Wechsel zwischen Gefrieren und Wiederauftauen hat eine ständige Erweiterung von Rissen, Fugen und Spalten zur Folge. Naturgemäß wirkt sich die Frostverwitterung am stärksten in porösen und klüftigen Gesteinen aus, deren Hohlräume von Wasser erfüllt sind, z. B. Sandsteine, aber auch in stark klüftigen Magmatiten (Granit, Granitgrus, Basalte). Durch Hydratation können wasserfreie Minerale in wasserhaltige umgewandelt werden, wie z. B. Anhydrit in Gips: $CaSO_4 + 2H_2O \rightarrow CaSO_4 \cdot 2H_2O$. Diese Umwandlung hat eine Volumenzunahme um 60% zur Folge. Wo Anhydrite mit Wasser in Berührung kommen, wirkt sich die Hydratationssprengung auf die benachbarten Gesteine aus. Sprengend wirken ferner aus Lösungen auskristallisierende Salze (Salzsprengung).

Durch chemische Verwitterung werden Gesteine entweder gelöst oder durch Umsetzungen in andere aus sekundären Mineralen aufgebaute überführt. Voraussetzung für den Stofftransport bei derartigen Vorgängen ist das Vorhandensein von fließendem oberirdischen oder unterirdischen Wasser. Die im Wasser enthaltenen Basen, insbesondere aber Säuren (z. B. Kohlensäure) sowie gelöster Sauerstoff wirken als Verwitterungsagentien. Die Verwitterung carbonatischer Gesteine erfordert die Gegenwart von Kohlensäure. Da zur chemischen Verwitterung immer flüssiges Wasser erforderlich ist, ist ihre Aktivität in ariden und nivalen Klimabereichen verzögert. Fließendes Wasser ist ebenfalls Voraussetzung für die Auslaugung von Salzgesteinen (Subrosion); die Fläche, an der das Salz gelöst wird, liegt entweder horizontal (Salzspiegel) oder ist bei entsprechender Lagerung geneigt (Salzhang). Die durch die Auslaugung entstehenden Hohlräume werden durch nachbrechendes Gestein über der Salzlagerstätte gefüllt (Hutgesteine), an der Erdoberfläche entstehen Erdfälle und Subrosionssenken.

Eine besondere Form chemischer Verwitterung ist die Hydrolyse, bei der die schwer wasserlöslichen Silikate zersetzt werden. Während sich Carbonat- und andere Salzgesteine aus dem gelösten Zustand wieder unverändert ausscheiden können, wird bei der hydrolytischen Spaltung silikatischer Minerale ein Teil der gelösten Ionen fortgeführt, während aus dem Verwitterungsrückstand unter gemäßigt humiden Bedingungen neue Si-Al-Verbindungen, nämlich Ton-Minerale, entstehen. Bei der Oxidationsverwitterung werden reduzierende Minerale meist durch Sauerstoff in Gegenwart von Wasser oxidiert. Diese Verwitterungsart hat eine besondere Bedeutung für das Grundwasser, da der reduzierte Zustand vieler Grundwässer durch Sauerstoffzehrung bei der Oxidation reduzierter Stoffe im Grundwasserleiter (z. B. von Sulfiden oder organischen Substanzen) verursacht ist (Abschnitt 1.4.3).

Die biologische (organische) Verwitterung hat nur eine untergeordnete Bedeutung. Die den Boden bewohnenden gesteinszersetzenden Organismen (Pilze, Algen, Flechten, Moose) scheiden anorganische und organische Säurebildner aus, deren H^+-Ionen die Mineralien zerlegen, besonders intensiv in den huminsäurereichen Oberböden. Pflanzenwurzeln, die sich in die Klüfte und Spalten legen, üben eine sprengende Wirkung aus.

Das durch Verwitterung entstandene Lockermaterial wird durch den Wind, das Wasser oder das Eis verlagert. Die meisten Sedimente werden im wäßrigen Medium abgelagert, der Raum zwischen den einzelnen locker gelagerten Sedimentteilchen ist relativ groß und im Grundwasserbereich mit Wasser gefüllt. Diese Lockergesteine setzen sich jedoch im Laufe der Zeit unter ihrer eigenen Last und – verstärkt – durch auflagernde, jüngere Sedimente. Mit zunehmender Überdeckung verengen sich die Zwischenräume durch Korn-Verlagerung und -Rotation, das Wasser wird verdrängt. Gleichzeitig beginnen Lösungs- und Wiederausfällungsprozesse sowie chemisch-mineralische Um- und Neubildungen, die besonders die Hohlräume erfüllen und die Sedimentteile mit carbonatischen, sulfatischen, ferritischen oder silikatischen Bindemitteln verkitten. Diese sog. Diagenese-Prozesse, die vielfach an Druck- und Temperaturerhöhungen gebunden sind, führen zur Verfestigung der Lockergesteine zu Festgesteinen. Im Verlauf solcher diagenetischen Prozesse kommt es zu Änderungen der petrochemischen Beschaffenheit von grundwasserleitenden Gesteinen, die sich auch auf die Lösungsinhalte der zugehörigen Grundwässer auswirken. Beispiele sind Konzentrationsänderungen der Hydrogencarbonat- und Carbonat-Ionen, aber auch der Kationen. So scheidet sich bei Dolomitisierungsprozessen aus Salinarwässern das Magnesium als Carbonat aus und Calcium reichert sich in der Lösung an (meist als $CaCl_2$).

Während die Bildung klastischer Sedimente überall erfolgen kann, sofern nur Wasser vorhanden ist, sind für chemische Sedimente bzw. solche aus chemischer Verwitterung hervorgegangene weitere Voraussetzungen erforderlich. Kalkige Sedimente entstehen meist in einem marinen (Meeres-) Milieu, ebenso Evaporite (Salzgesteine). Letztere bilden sich dabei nur unter bestimmten geologischen Bedingungen und können sich nur dort erhalten, wo sie durch abschirmende Deckschichten der lösenden Wirkung des fließenden unter- und oberirdischen Wassers entzogen sind.

Organische Substanzen unterliegen ebenfalls der Diagenese. Ein Beispiel ist die Bildung von Kohle aus Torf im Laufe geologischer Zeiten.

Die Sedimentgesteine werden am einfachsten nach ihrer Entstehung aus Prozessen physikalischer oder chemischer Verwitterungen eingeteilt (Tabelle 1.2), wobei jeweils zwischen Locker- und Festgesteinen zu unterscheiden ist.

Tabelle 1.2. Sedimentäre Gesteine.

Bestandteile → →	Klastika Ø > 20 cm 20 cm bis 2 mm	Ø 2 mm bis 0,02 mm	< 0,02 mm	Kalk und Dolomit	Salze	Organische Substanzen
Physikalische Verwitterung/ Sedimentgestein	Psephit Blöcke Schutt Kies Fanglomerat Konglomerat	Psammit Sand Löss (Quarz-, Kalk-, Kiesel-) Sandstein	Pelit (Silt) Schweb, Ton Mergel Tonsteine Tonschiefer Glaziär: Geschiebe- mergel/-lehm	Kalkschlamm Brekzien Konglomerat		Knochenbrekzie (Bonebed) Schillkalk Radiolarit/ Kieselschiefer
	Grauwacke					
Physikalische (p) und chemische (ch) Verwitterung/ Sedimentgestein		Kalksandstein (p: Sand; ch: Kalk) Glaukonitsandstein	Salzton (p: Ton; ch: Salz) Mergel (p: Ton; ch: Kalk)	Oolith (p+ch: Bildung, Absatz)		Bituminöse Schiefer (z. B. Ölschiefer) klastische und chemische Substanzen
Chemische Verwitterung, Lösung, Ausscheidung, Umwandlung	Residuat (Rückstände), z. B. Kaolin, Bauxit			Kalkschlamm ↓ Kalkstein Dolomitstein Kalksinter	Evaporite: (Anhydrit/ Gips, Stein- salz, Kali- salz etc.)	Umwandlung: Torf → Kohle Bildung durch Organismen: Erdöl, Erdgas Kalktuff, Schwefelkies

Ohne Unterstreichung: Lockergesteine
Mit Unterstreichung: Festgesteine

Metamorphe Gesteine

Unter Metamorphose werden – unter Ausschluß von Verwitterung und völliger Wiederaufschmelzung (Anatexis) – alle Veränderungen verstanden, die die Gesteine unter teilweiser Erhaltung ihres festen Zustandes durch Druck- und Temperatur-Einwirkungen in der Tiefe der Erdkruste erleiden. Unter höheren Drücken und Temperaturen (> 300 °C) als den wesentlichen Wirkungsgrößen bilden sich neue Minerale, die schließlich zu den für metamorphe Gesteine typischen Gesteinsparagenesen führen. Von der Metamorphose können grundsätzlich alle Gesteine betroffen werden. Aus Magmatiten gehen sog. Orthogesteine hervor, aus Sedimenten sog. Paragesteine. Bekannte Beispiele sind Ortho- (aus Granit) und Paragneise (aus silikatischen Sedimenten). Weitere verbreitete Metamorphite sind Phyllite und (Granat-) Glimmerschiefer (aus Tonen), Kalkphyllite und Kalkglimmerschiefer aus Kalken und Mergeln, Quarzite aus Sandsteinen, Marmor aus Carbonatgesteinen sowie Grünschiefer und Hornblendeschiefer (Amphibolite) aus dolomitischen Mergeln.

Geologische Formationen und ihre Gesteine

Das Verteilungsbild der Gesteine in den erdgeschichtlichen Formationen (Tab. 1.3) ist vielfältig. Unter den Sedimentgesteinen herrschen die klastischen Gesteine vor, wobei es zu bedenken gilt, daß sich Sedimentgesteine (abgesehen von flächenmäßig unbedeutenden Dünensanden) nur im (meist fließenden) Wasser bilden können, während in arid-terrestrischen Zeiten der Erdgeschichte kaum verbreitete Sedimente abgesetzt wurden. Eine Zwischenstellung nehmen die für das nördliche Eurasien und Nordamerika bedeutsamen, regional weit verbreiteten glaziären Bildungen des Quartärs ein, an deren Entstehung Gletschereis und Schmelzwasser entscheidend beteiligt sind.

Mit zunehmendem Alter ist generell eine zunehmende Gesteinsverfestigung festzustellen, da die überlagernden jüngeren Sedimente durch ihre Auflast eine wachsende Diagenese bewirken. Derartige diagenetische Prozesse sind in der Regel bereits abgeschlossen, wenn ältere Sedimentgesteine im Verlauf von tektonischen Bewegungen der Erdkruste oder durch Erosion der überlagernden jüngeren Schichten freigelegt werden.

Magmatische Gesteine können naturgemäß nur dort entstehen, wo durch Bewegungen der Erdkruste Aufstiegswege für das Magma geöffnet wurden. Ihr Vorkommen und ihre Verbreitung sind deshalb stets an gebirgsbildende (orogenetische) Phasen der Erdgeschichte gebunden, wobei sich in späteren Phasen auch anatektische Gesteinsgenesen (z. B. einige Granite im Schwarzwald) einstellen können. Die magmatischen Tiefengesteine entstanden in großer Tiefe und sind erst im Laufe der Erdgeschichte an die Oberfläche gekommen. Ihre mächtigen Gebirge lassen nur ahnen, welche gewaltigen Kräfte in der Erdkruste wirksam sind, Kräfte, die auch die vielen meist kleineren Bewegungen mit ihren zahlreichen tektonischen Erscheinungen (Verwerfungen, Kluftbildungen, vielfältigen tektonischen Strukturen) verursachten.

Die magmatischen Ergußgesteine entstanden auf (Vulkane) oder nahe unter (Subvulkane) der Erdoberfläche. Ihr Auftreten bedarf (abgesehen von der Öffnung der Lavenaufstiegswege) keiner wesentlichen tektonischen Bewegungen.

Metamorphe Gesteine, meist Gneise, sind nur in den geologisch alten Schilden (z. B. Baltischer Schild als Teil Skandinaviens) oder Kernen früh angelegter Strukturen (wie z. B. den Kontinenten) anzutreffen.

Weiterführende Angaben finden sich in Eisbacher (1991) und Matthes (1990).

Tabelle 1.3. Geologische Formationen und ihre Gesteine (in Europa).

Ära	Periode (Alter in Mio. Jahr.)	Epoche (Mio. Jahre)	Gesteine (mittlere Ergiebigkeit)[1]	
Käno- (Neo-) zoikum	Quartär	Holozän	Humid: Auenlehme, Talsande, Küstendünen (+) Arid: Dünensande, Fanglomerate, Salze (++) Nival: Moränenablagerungen (+) Limnisch: Moore, Seekreide (–) Marin: Deltaablagerungen, Kalke, Korallenriffe, Tiefseeton (–)	
		Pleistozän	Moränen (N-Europa): Geschiebemergel, -lehme, -sande; (–/+) Mittelgebirge: lehmiger Hangschutt, Terrassensande, -kiese (+) Limnisch (Becken): Bänderton, Schluff, Ton (– –) Äolisch: Löß (–)	
	1,5-2			
	Tertiär	Neogen 26 Paläogen	Alpin: Flysch-, Molasse-Sedimente (+) Mittelgebirge: Flußkiese, -sande; Quarzit (++) Limnisch: Kies/Sand, Tone, Kaoline; Braunkohlen (+) Marin: Ton, Quarz-, Glimmer-, Glaukonitsande; Ton (–/+) Vulkanisch: Basalt (Mittelgeb.), Tuffe; Phonolith, Trachyt (+)	
	65			
Meso- zoikum	Kreide	Obere Kreide 100 Untere Kreide	Alpin: Flysch-Sedimente (–) Oberkreide: Schreibkreide mit Feuerstein, Plänerkalke, Kalkmergel, Grünsandsteine, Quadersandsteine (+) Unterkreide: Sandsteine, Mergel, Tone, Konglomerate, Trümmererze (–/+) Wealden: Sandstein, Ton; Steinkohle (–/+)	
	136			
	Jura	Malm	Kalkstein, Riffkalke, Dolomit: örtlich Salze (++)	
		Dogger	Sandsteine, Mergel, Kalksteine; Eisenoolithe (–)	
		Lias	Tonsteine, Stinkkalke, Sandsteine, Mergel; Ölschiefer (– –)	
	190/195			
	Trias	Keuper	Letten (sandiger Ton), Sandstein, Dolomit; Gips (–)	
		Muschelkalk	Kalkstein, Dolomit, Mergel; örtlich Steinsalz (+/–)	
		Buntsandstein	Sand-, Schluff-, Tonstein; Gips, Steinsalz (im Becken) (–/++)	
	225			
Paläo- zoikum	Perm	Zechstein Rotliegendes	Stein-, Kalisalz, Anhydrit, Sandstein, Kalkstein (Stinkkalk), Kupferschiefer (–/+) Sandsteine, Konglomerate, Schiefertone, Kalksteine; Steinkohle; Porphyre, Porphyrite, Tuffe (–)	Granit (Böhmen, Bayer. Wald, Erz-/Riesengebirge, Schwarzwald, Vogesen, Spessart) (– –)
	280			
	Karbon	Oberkarbon Unterkarbon	Flyschfazies: Grauwacken, Sandsteine, Ton-/Kieselschiefer, Kalksteine (+) Molassefazies: Konglomerate, Sandsteine, Tonsteine; Steinkohlen (+) Magmatische Gesteine: Granodiorite, Diorite, Gabbro, Porphyre, Porphyrite, Diabase, Melaphyre; Metamorphite: Quarzite (–)	
	345			
	Devon	Oberdevon Mitteldevon Unterdevon	Grauwacken, Sandsteine, Quarzite, Tonschiefer, geschichtete Kalksteine (Knollenkalke), massige Kalksteine (Riffkalke); Diabase, Keratophyre, Tuffe (Schalsteine); im Harz Rutschmassen (–)	
	395			
	Silur		Alaun-, Kiesel-, Tonschiefer, Kalksteine; Diabase (–/+)	
	430–440			
	Ordovizium		Grauwacken, Quarzite, Ton-, Kiesel-, Alaunschiefer; Diabas, Keratophyr (–)	
	500			
	Kambrium	Oberkambrium Mittelkambrium Unterkambrium	Grauwacken, Sandsteine, Tonschiefer, Dolomite, Kalksteine; Diabase, Diabastuffe (–)	
	570			
Algonkium	Proterozoikum Eozoikum		Gneise (Nordeuropa, Böhmen, Erzgebirge, Schwarzwald, Vogesen, (Spessart); Quarzit, Tonschiefer, Grauwacken(-schiefer) (– –)	
	1000			
Archaikum			Meist Gneise, Quarzite, Marmore, Amphibolite; Granite, Gabbro (– –)	
	>4500			
Azoikum				

[1] (– –) sehr gering; (–) gering; (+) gut; (++) sehr gut

1.2 Das unterirdische Wasser

1.2.1 Grundwasser-Definition

Nach DIN 4049, Teil 3 (1994) ist Grundwasser »unterirdisches Wasser, das die Hohlräume der Erdrinde zusammenhängend ausfüllt und dessen Bewegung ausschließlich durch die Schwerkraft bestimmt wird«. Diese geohydraulisch wohl begründete, aus naturwissenschaftlicher Sicht allein gültige Definition wird allerdings nicht von allen Disziplinen gleichermaßen angewendet. Im Wasserrecht wird z.B. als Grundwasser alles im Untergrund enthaltene Wasser verstanden (GIESEKE et al. 1979: 66; Abschnitt 5.2.1).

Die nach naturwissenschaftlichen Kriterien festgelegte Definition berücksichtigt, daß nur in verhältnismäßig wenigen Fällen die Grundwasseroberfläche mit der Erdoberfläche gleich oder zumindest nahezu gleich ist, sondern meist (wenn auch verschieden) tiefer liegt. Der zwischen Erdoberfläche und Grundwasseroberfläche befindliche Bereich muß von den in den Boden versickernden Oberflächenwasser- (meist Niederschlagswasser-)Anteilen durchsickert werden, bevor diese das Grundwasser erreichen (Abb. 1.1). Dieser Bereich zwischen Erd- und Grundwasser-

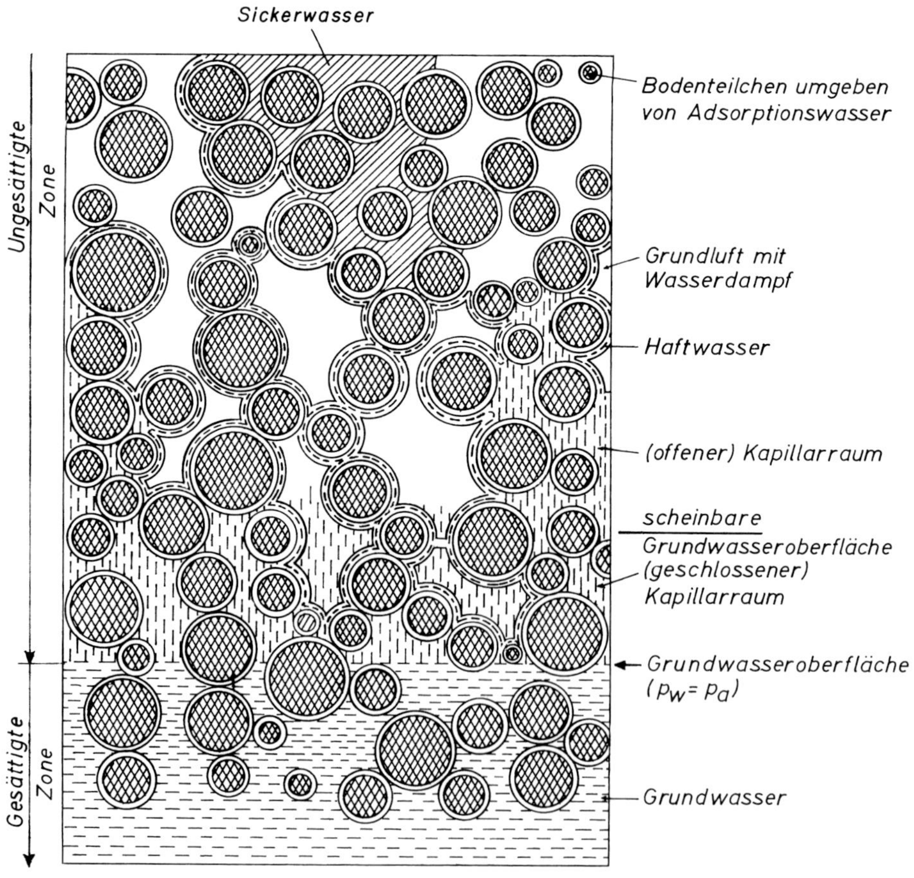

Abb. 1.1. Erscheinungsformen des unterirdischen Wassers (n. ZUNKER, aus BUSCH & LUCKNER 1974, geändert).

oberfläche ist der Sickerraum, der neben Wasser und Gesteinsmatrix auch Grundluft enthält und daher auch als »Wasser-ungesättigte Zone« oder »Aerationszone« bezeichnet wird.

1.2.2 Der Sickerraum

Der Sickerraum läßt sich grob zweiteilen in:

- den Boden im engeren Sinne als oberster Verwitterungsschicht der Erdrinde, der neben zerkleinerten, z. T. chemisch veränderten Gesteins- und Mineralbruchstücken mehr oder weniger große Anteile an zersetzten oder im Zersatz befindlichen organischen Substanzen enthält und dessen Bildung weitgehend klimabedingt ist;
- das anstehende Locker- oder Festgestein des Untergrundes, bodenkundlich das Substrat, das das Ausgangsmaterial für die Bodenbildung darstellt.

Grundwasserneubildung und -beschaffenheit werden wesentlich vom Boden bestimmt. Die Sikkerwasserbewegung hängt allgemein vom hydraulisch wirksamen Potentialgefälle und von der Durchlässigkeit ab, die beide vom Wassergehalt abhängen. Die Bewegungsrichtung des Wassers ergibt sich aus der Richtung des Potentialgradienten, der in der Wasser-ungesättigten Zone vom Gravitationspotential und dem ihm entgegengesetzten Wassergehalts- und Feststoff-abhängigen Matrixpotential bestimmt wird. In der Vegetationsperiode treten an der Erdoberfläche Verdunstungsverluste auf, die durch Wasserzufuhr aus der Tiefe ausgeglichen werden und zur zeitweisen Ausbildung einer »hydraulischen Wasserscheide« führen. Im humiden Klima Mitteleuropas überwiegt jedoch meist die nach unten gerichtete Wasserbewegung. In Gebieten mit geringem Grundwasser-Flurabstand (Grundwassertiefe) steigt Wasser kapillar in den Wurzelraum auf. Bei größeren Flurabständen ist dies nicht möglich. Absenkungen der Grundwasseroberfläche bei Bodenmeliorationen oder bei Grundwasserentnahmen können daher Flora und Fauna nur dann beeinflussen, wenn vor diesen Eingriffen ein geringer Grundwasserflurabstand geherrscht hat. Wesentlicher aber noch ist die Einwirkung des Bodens auf die Grundwasserbeschaffenheit. Chemisch-biologische Prozesse (Abschnitt 1.4.4) bewirken eine Umwandlung des Stoffinhalts in der Weise, daß durch menschliche Tätigkeiten eingebrachte Verunreinigungen in der Regel zurückgehalten und vermindert oder verändert werden. In quantitativ geringerem Umfange als im Boden finden solche Prozesse aber auch im Substrat, also im übrigen Teil des Sickerraumes statt, so daß zunehmende Grundwassertiefe die Wirkung der Selbstreinigungsprozesse begünstigt.

Der Boden hat deshalb heute, in einer Zeit verstärkter Gefährdung durch vielerlei menschliche Aktivitäten, eine herausragende Bedeutung für das Grundwasser (Blume 1992). In der Bundesrepublik Deutschland wurde deshalb ein eigenes Gesetz zum Schutz des Bodens beschlossen (Gesetz zum Schutz des Bodens (Bodenschutzgesetz) vom 17. 3. 1998).

Die Pedologie (Bodenkunde) unterscheidet verschiedene in Aufgrabungen erkennbare Bodenhorizonte. Sichtbare Anzeichen abgelaufener bodenbildender Prozesse zeigen sich u. a. in unterschiedlichen Farben, Gefügemerkmalen und Humusgehalten. Die Horizonte werden beschreibend durch Horizontsymbole gekennzeichnet, deren Grobstrukturen wie folgt (Auswahl) gekennzeichnet sind (Scheffer & Schachtschabel 1992, NLfB 1994).

A-Horizont: Mineralischer Oberbodenhorizont mit Akkumulation organischer Substanzen und/oder Verarmung an mineralischer Substanz; meist locker gelagert.

B-Horizont: Mineralischer Unterbodenhorizont mit einer Änderung der Farbe und des Stoffbestandes des Ausgangsgesteins durch Akkumulation von eingelagerten Stoffen aus dem Oberboden und/oder durch Verwitterung in situ entstandenen und mit weniger als 75 Vol. % Festgesteinsresten.

C-Horizont: Mineralischer Untergrundhorizont, Gestein, das unter dem Boden liegt, in der Regel das Ausgangsgestein, aus dem der Boden entstanden ist.

F-Horizont: Horizont am Gewässergrund mit über 1 Gew. % organischer Substanz, soweit nicht H-Horizont.

G-Horizont: Mineralbodenhorizont mit Grundwassereinfluß und mit bestimmten hydromorphen Merkmalen (Go: G-Horizont oxidiert; Gr: G-Horizont reduziert).

S-Horizont: Mineralbodenhorizont mit Stauwassereinfluß und bestimmten hydromorphen Merkmalen, zeitweilig luftarm; Staunässe-Böden.

H-Horizont: Organischer Horizont mit > 30 Gew. % organischer Substanz (Torf).

O-Horizont: Organischer Horizont (soweit nicht H-Horizont) aus Humusansammlungen.

Böden mit gleichen charakteristischen Horizontfolgen und bestimmten Eigenschaften der Horizonte werden zu Bodentypen zusammengefaßt. Die Bezeichnungen weiterer Untergliederungen zu Subtypen (= qualitativen Abwandlungen der Bodentypen) erfolgt durch (Klein-)Buchstaben, die den Bodentyp-Symbolen angefügt werden. Eine Übersicht der hydrogeologisch relevanten Eigenschaften der Bodentypen (Durchlässigkeit, Speicherfähigkeit, chemische Beschaffenheit, biologische Aktivität) sowie deren Verbreitung vermittelt die von MULL zusammengestellte Tabelle 1.4.

Tabelle 1.4. Bodentypen, Verbreitung und Eigenschaften (MULL, pers. Mitt.).

Bodentyp	Horizonte	Durch-lässigkeit	Speicherfähigkeit (Kapillarität)	Chemische Eigenschaften	Biologische Aktivität	Verbreitung
Ranker	A–C	groß	klein	kalkarm	gering	Hoch-, Mittelgebirge, Kammlagen
Rendzina	O–A–C	groß	klein	kalkhaltig alkalisch große Na u. Ca Reserve	groß	Kalke u. Dolomite Mittel-, Oberdevon, Unterkarbon Mesozoikum des Hügellandes
Braunerde	A–B–C	mittel-gering	mittel-groß	a) sauer pH < 4 möglich b) basenreich pH ≃ 7	gering	großflächig auf kalkfreien Gesteinen des Devons, Karbons, Perm, Trias
Para-braunerde	A–B–C	mittel-gering im B-Horizont	mittel	sauer-neutral Sorption im A-Horizont gering	gering bei pH > 5 gut	auf kalkhaltigen Sedimenten (Löß, Geschiebemergel, Moränen)
Podsol	O–A–B–C	gut-groß	gut-gering	sauer Nährstoff-armut	gering	silikatarme Sande NW-Deutschland
Pseudogley	A-S	gut schlecht im Stauhorizont	gut	sauer	gering	lokale Verbreitung abhängig von vorhandenen Stauschichten
Gley	A–G	gering	groß	sauer-neutral	gering-mäßig	Täler-Flußauen Neubildungen Norddeutschlands

Die saisonal und regional sich ändernde Witterung mit wechselnden Niederschlägen bedingt den durch unterschiedliche Wasserzufuhr und Wasserverluste gesteuerten Bodenwasserhaushalt. Abgesehen vom kapillaren Grundwasseraufstieg in Grundwasser-nahen Böden wird das Bodenwasser allein durch die Niederschläge ergänzt. Zur Klimakennzeichnung dient die »klimatische Wasserbilanz«, die sich aus der Differenz von Jahresniederschlag und potentieller Evapotranspiration (Abschnitt 1.3.1) ergibt. Positive Werte dieser Bilanzgröße bedeuten Wasserüberschuß, negative Wassermangel. Die zur Berechnung erforderlichen Daten sind von den jeweiligen Wetterdiensten einzuholen. Für das Gebiet der Bundesrepublik Deutschland gibt die Bodenkundliche Kartieranleitung (NLfB 1994: 333–335) eine Übersicht.

Von dem in den Untergrund infiltrierten Wasser sickert nur ein Teil dem Grundwasser zu, während der Rest in der Wasser-ungesättigten Zone verbleibt. Dort sind zu unterscheiden (Abb. 1.1):

Sickerwasser: unterirdisches Wasser, das sich unter der Einwirkung der Schwerkraft abwärts bewegt;

Haftwasser: das gesamte im Boden gegen die Schwerkraft gehaltene Wasser;

Adsorptionswasser: der Anteil des Haftwassers, der an der Oberfläche der Bodenteilchen angelagert ist, ohne Menisken zu bilden;

Kapillarwasser: der Anteil des Haftwassers, der durch Menisken (die sich an den Berührungspunkten der Mineralteilchen bilden) im Boden gehalten ist.

Ursache für die Bindung des Wassers in der Wasser-ungesättigten Zone sind die Kräfte der Adhäsion, mit denen die Wasserteilchen an den Mineraloberflächen gehalten werden, und der Kohäsion, welche die Moleküle des Wassers zusammenhalten und an der Wasseroberfläche eine Oberflächenspannung erzeugen. Summeneffekt aus Kohäsion und Adhäsion ist die Kapillarkraft, durch die eine Wassersäule in einer Kapillare gegen die Schwerkraft angehoben wird. Je kleiner der Radius der Kapillare, desto höher steigt das Wasser. Für den Boden bedeutet das: je feiner das Bodenkorn, desto größer die kapillare Steighöhe. Eine Orientierung gibt nachfolgendes Beispiel für Wasser mit einer Oberflächenspannung von $50 \cdot 10^{-3}$ N/m = Wasser geringen Lösungsinhalts (Tabelle 1.5).

Da die Poren im Boden sehr unregelmäßig verteilt und geometrisch sehr verschieden geformt sind, können die kapillaren Steighöhen im Boden über Zehnerpotenzen variieren. Deshalb wird die kapillare Steighöhe (h_c) auf eine Einheitshöhe (h_{co}) von 1 cm bezogen und im logarithmischen Maßstab dargestellt; der dekadische Logarithmus der kapillaren Steighöhe wird als pF-Wert bezeichnet:

$$\text{pF-Wert} = \log h_c/h_{co} = f(\theta)\ (\log \text{mbar})$$

θ = Sättigungsgrad (Wasservolumen pro Porenvolumen)

Tabelle 1.5. Äquivalentdurchmesser der Poren, kapillare Steighöhe und pF-Wert verschiedener Bodenmaterialien (MULL, pers. Mitt.).

Bodenart	Äquivalentdurchmesser der Poren (m)	kapillare Steighöhe (m)	pF-Wert
Grobsand	10^{-4}	10^{-1}	1
Mittelsand	$3 \cdot 10^{-3}$	$3 \cdot 10^{-1}$	1,48
Feinsand	10^{-3}	1	2
Mittelschluff	10^{-4}	10	3

Der pF-Wert ist somit eine Maßzahl für die Saugspannung (Wasserspannung, Wasserbindung) im Boden und nimmt, wie Tabelle 1.5 zeigt, mit abnehmender Korngröße zu.

Kapillare Steighöhe und Wasserspannung sind auch ein Maß für die Bindung des Wassers in den Poren und damit für seine Beweglichkeit und Pflanzenverfügbarkeit. Hier werden folgende Abstufungen getroffen:

Feldkapazität (FK): pF > 1,8–2,5: Wassermenge, die ein Boden maximal gegen die Schwerkraft zurückhalten kann; gelegentlich wird auch von der »maximalen Feldkapazität« als der Wassermenge gesprochen, die ein Boden bei voller Wassersättigung aufnehmen kann; in der Praxis wird unter Feldkapazität der Wassergehalt eines natürlich gedränten Bodens 2–3 Tage nach voller Wassersättigung verstanden und gemessen (DIN 19682, Bl. 6);

Nutzbare Feldkapazität (nFK): pF 1,8–4,2: Feldkapazität abzüglich des Totwasseranteils;

Permanenter Welkepunkt (PWP): pF = 4,2: Grenzwert, bei dessen Erreichen landwirtschaftliche Nutzpflanzen in der Regel irreversibel zu welken beginnen;

Totwasser: pF > 4,2: Wasser, das mit höherer Spannung gehalten wird, als die Wurzeln landwirtschaftlicher Nutzpflanzen in der Regel entwickeln können.

Die Zusammenhänge zwischen den verschiedenen Speicherkapazitätsstufen, den zugehörigen Saugspannungen und Äquivalentdurchmessern der Poren veranschaulicht Tab. 1.6. In Tab. 1.7 sind die Wassergehalte, die sich bei den nutzbaren Feldkapazitäten verschiedener Lockergesteine einstellen, in Sättigungsgraden (Wasservolumen pro Porenvolumen PV) angegeben.

Je grobkörniger (und großporiger) das Bodenmaterial ist, desto mehr Wasser sickert bei gleichem Wassergehalt unter der Wirkung der Schwerkraft ab. Im Schluff wird quantitativ mehr Wasser kapillar gebunden als im Ton. Trotzdem steht im Ton den Pflanzen nicht mehr Wasser zur Verfügung, weil die Tonminerale, bezogen auf eine Volumeneinheit, eine sehr viel größere Oberfläche haben und deshalb meist so viel Wasser adhäsiv binden, daß kein pflanzenverfügbares Wasser mehr vorhanden ist.

Tabelle 1.6. Übersicht über die Beziehungen zwischen Saugspannung und Porengröße und die daraus abgeleiteten Wasserbindungsformen (NLfB 1994).

Saugspannungsbereich		Äquivalent-durchmesser der Poren in µm	Bezeichnung der Poren	Unterteilung des Bodenwassers		Unterteilung der Speicherkapazität		
hPa (cm Wassersäule)	pF-Wert (lg cm WS)							
< 60	< 1,8	> 50	weite Grobporen	schnell bewegliches	Sickerwasser	Luftkapazität bzw. Speicherkapazität für Grund- und Stauwasser		maximale Wasserkapazität
60– 300	1,8–2,5	50–10	enge Grobporen	langsam bewegliches		nutzbare Feldkapazität	Feldkapazität	
300–15000	2,5–4,2	10– 0,2	Mittelporen	pflanzenverfügbares	Haftwasser			
Permanenter Welkepunkt								
> 15000	> 4,2	< 0,2	Feinporen	nicht pflanzenverfügbares		Totwasser		

Tabelle 1.7. Sättigungsgrade verschiedener Böden bei der nutzbaren Feldkapazität (MULL, pers. Mitt.).

Bodenart	Sättigungsgrad bei der nutzbaren Feldkapazität (% PV)
Grobsand	10
Mittelsand	20
Feinsand	30
Schluff	40–55
Ton	20–35

Infiltrationshöhe (mm) und Infiltrationsspende oder -rate (in l/(s · km^2) oder mm/a) in den Boden versickernder (Niederschlags-)Wässer hängen von den Bodeneigenschaften, insbesondere von Durchlässigkeit und Wassergehalt des Bodens sowie von der Zahl der Wurzelgänge, Wurmröhren, Großporen- und Rißsystemen ab. Das Wasser durchsickert zunächst den sog. effektiven Wurzelraum, aus dessen nutzbarer Feldkapazität die Vegetation ihren Wasserbedarf deckt und somit einen Teil des eingesickerten Wassers durch Verdunstung wieder an die Atmosphäre zurückgibt. Die Tiefe des effektiven Wurzelraumes ist von der Bodenart abhängig und reicht bis ca. 1,5 m. Bei Flur-nahen Grundwasserständen erfolgt ein zusätzlicher kapillarer Aufstieg vom Kapillarsaum zu den Pflanzenwurzeln und damit auch ein Grundwasserverlust durch Pflanzenverdunstung.

In Grundwasser-fernen Standorten ist ein Grundwasseranschluß der Wurzeln nicht mehr gegeben. In Vegetationszeiten entsteht daher an der Unterfläche des effektiven Wurzelraumes – wie oben erwähnt – eine »hydraulische Wasserscheide«, unterhalb der kein kapillarer Aufstieg zu den Wurzeln mehr möglich ist. Der Abstand zwischen Erdoberfläche und »hydraulischer Wasserscheide« wird als Grenzflurabstand bezeichnet und setzt sich aus der Tiefe des effektiven Wurzelraumes und der kapillaren Aufstiegshöhe zusammen. Werden diese Grenzflurabstände überschritten, kann kein Grundwasser zur Wurzelzone der Vegetation aufsteigen. Für die Feuchteverhältnisse in einem Boden (ökologischer Feuchtegrad) sind bestimmte Pflanzengesellschaften charakteristisch (Tab. 1.8). Änderungen dieses Feuchtegrades, z. B. bei Grundwasserabsenkung durch Brunnenwasserförderung, können über die Verschiebungen der Vegetationseinheiten belegt oder – sofern keine Änderungen erfolgten – widerlegt werden.

Die Abwärtsbewegung über den genannten Grenzflurabstand hinaus richtet sich nach der jeweiligen aktuellen Bodenfeuchte (Sättigungsgrad). Bei geringer Feuchte und damit höherer Saugspannung in den einzelnen Bodenhorizonten führt die Infiltration von Niederschlagswasser zunächst zu einer Sättigung. Infolgedessen reagieren auch flache Grundwasserleiter häufig erst mit zeitlicher Verzögerung auf Niederschläge. Somit ist der Infiltrationsvorgang nicht allein von der Durchlässigkeit, sondern auch vom Sättigungszustand der Bodenhorizonte abhängig.

Unterschiedlich verlaufen die Sickervorgänge in Gebieten mit nur geringer Bodenbedeckung durch Locker- und Festgesteine (Abb. 1.2). In den wechselnd mächtigen Lockergesteinsböden kann ein größerer Wasservorrat gespeichert werden, und es besteht eine mehr oder weniger einheitliche und mächtige Kapillarzone, aus der bei geringem Grundwasser-Flurabstand Grundwasser über die Wurzelzone an die Atmosphäre abgegeben wird. Auch bei tieferem Grundwasserstand sind im Untergrund zwischen Kapillarzone und Boden mengenmäßig wechselnde Wasseranteile enthalten, da er stets je nach Niederschlag unterschiedliche Haft- und Sickerwassermengen aufweist. In klüftigem Gestein mit geringer Bodenbildung versickern dagegen Niederschläge sehr viel schneller, ein größerer Bodenwasservorrat kann sich mangels ausreichend mächtiger lockerer Bodenschichten nicht aufbauen; schließlich ist nur eine schwache Kapillarzone vorhanden, der kapillare Aufstieg ist gering oder fehlt ganz.

Tabelle 1.8. Ökologischer Feuchtegrad (NLfB 1994).

Ökologischer Feuchtegrad *) Mittlere Feuchtezahlen (mF) nach Ellenberg	Charakteristische Vegetationseinheiten	Stark-trocknisz.	Trocknis-zeiger	Mäßig-trocknisz.	Frische-zeiger	Mäßig-feuchtez.	Feuchte-zeiger	Nässe-zeiger	Wechsel-wasserz.	Nutzungseignung				Beispiele von Böden
	mF	2/3	3/4	4/5	5/6	6/7	7/8	8/9	9/10	Wiese	Weide	Acker	Vorschlag	
I meist offenes Wasser mF ± 9 u. mehr	Röhrichte, Großseggenriede									–	–	–		
II naß mF ± 8	Kleinseggenriede; großseggenreiche Mädesüß-Hochstaudenfluren und Feuchtwiesen									0	–	–		Anmoorgley, Naßgley
III feucht mF ± 7	Seggenreiche Pfeifengraswiesen; typische Mädesüß-Hochstaudenfluren und Feuchtwiesen									+	–	–	G	Gley aus lehmigem Substrat
IV mäßig feucht und wechselfeucht mF ± 6	Typische Pfeifengraswiesen; Pfeifengras-Borstgrasrasen und -Zwergstrauchheiden; Fuchsschwanz-Glatthaferwiesen; relativ feuchte Weißkleeweiden; Getreidewildkraut- und Gänsefußgesellschaften									+	+	0	G	mäßig feucht; Braunerde-Gley aus lehmigem Substrat; wechselfeucht: Pseudogley mit seitlichem Wasserzufluß
V frisch und mäßig frisch mF ± 5	Frische Trespenrasen; typische Borstgrasrasen, Zwergstrauchheiden, Glatthaferwiesen, Weißkleeweiden, Getreidewildkraut- und Gänsefußgesellschaften									+	+	+	G A	frisch: Parabraunerde aus Löß; mäßig frisch: Braunerde aus lehmigem Sand
VI mäßig trocken und wechseltrocken mF ± 4	Typische Trespenrasen; rel. trockene Borstgrasrasen, Zwergstrauchheiden, Glatthaferwiesen und Weißkleeweiden; mäßig trockene Getreidewildkraut- und Gänsefußgesellschaften									0	0	+	A	mäßig trocken: Podsol; Braunerde aus Mittel- bis Grobsand, wechseltrocken: Pelosol in sonnseitiger Oberhanglage
VII trocken mF ± 3	Trockenrasen; trockene Getreidewildkraut- u. Gänsefußgesellschaften									–	0	+	A	Rendzina (1–2 dm) aus Kalksteinfrostschutt
VIII sehr trocken mF ± 2 und weniger	Steppenrasen und Felsbandgesellschaften									–	–	–		Rendzina (< 1 dm) aus Kalksteinfrostschutt, sonnseitig

1.2.3 Der Grundwasserleiter

Nach Infiltration in den Boden und der Passage der Wasser-ungesättigten Zone erreicht das Sickerwasser die Wasser-gesättigte Zone (Grundwasserzone). Ein Wasser-erfüllter Gesteinskörper, der geeignet ist, Grundwasser weiterzuleiten, wird als Grundwasserleiter bezeichnet. Das Wasser unterliegt hier den Schicht- und Gesteins-bedingten geohydraulischen Gesetzmäßigkeiten, seine Dynamik (Bewegung) wird ausschließlich oder nahezu ausschließlich von der Schwerkraft und den durch die Bewegung selbst ausgelösten Reibungskräften bestimmt (DIN 4049, Teil 3).

1.2.3.1 Die Hohlräume im Untergrund

Bewegung und Verbreitung von Wasser im Untergrund sind nur möglich, wenn zusammenhängende Hohlräume in den Gesteinen vorhanden sind. In den Lockergesteinen, den unverfestigten Sedimentgesteinen, bestehen die Hohlräume aus Poren (Abb. 1.3), die sich primär in einem unverfestigten, locker gelagerten Sediment zwischen den Gesteinspartikeln befinden. In den Festgesteinen, den magmatischen, metamorphen und verfestigten sedimentären Gesteinen entstehen die Hohlräume als Trennfugensysteme sekundär durch tektonische oder thermische Beanspruchung, so daß die Hohlraumverteilung – wesentlich anders als in Lockergesteinen – vielfach systematisch geordnet ist. Eine Sonderform sind Karst-Hohlräume in wasserlöslichen Gesteinen, in denen Trennfugen zusätzlich durch Lösungsprozesse erweitert wurden.

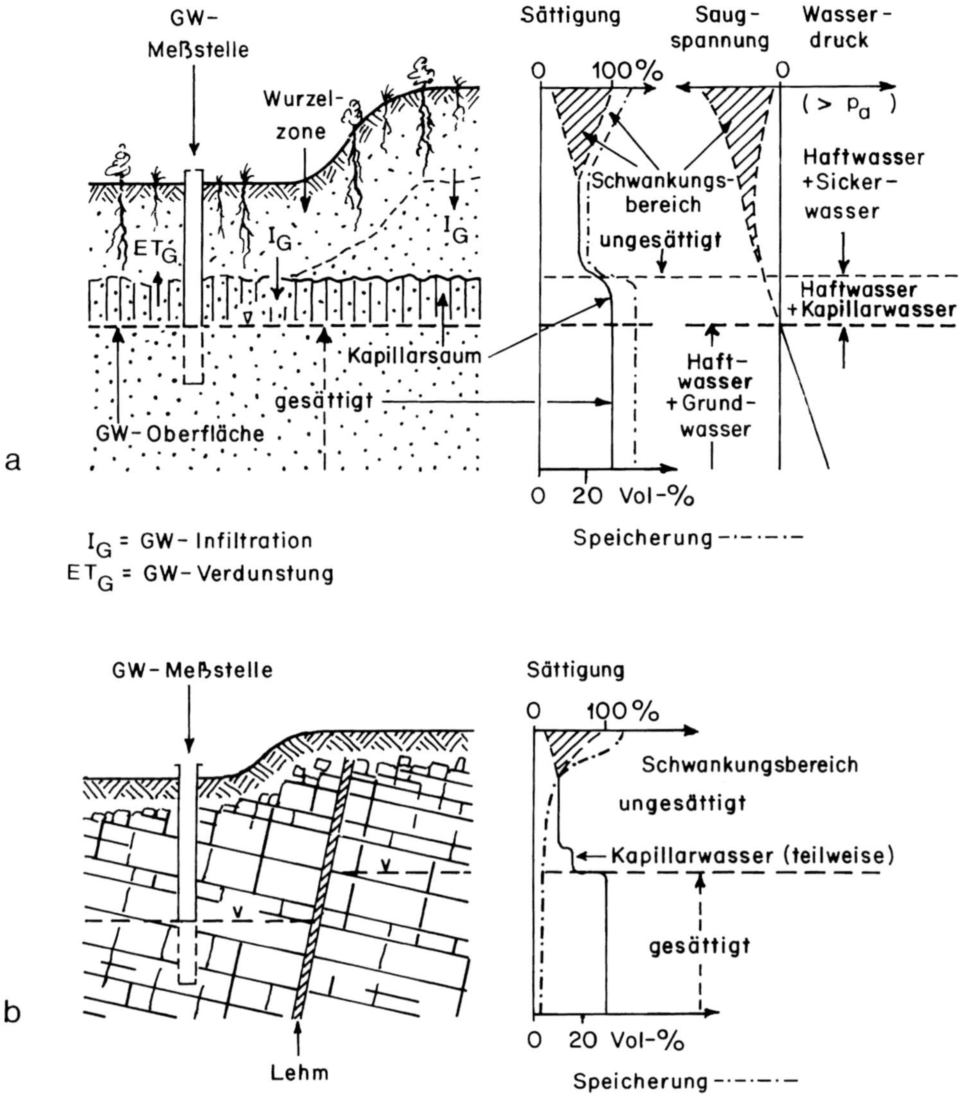

Abb. 1.2. Begriffe für die Wasser-ungesättigte und die Wasser-gesättigte Zone. a) Lockergestein, b) Festgestein (EINSELE 1996).

1.2.3.1.1 Poren-Hohlräume

Die Gesamtheit aller Hohlräume in einem Lockergestein wird als Porenvolumen (Porenraum) bezeichnet und quantitativ durch den Hohlraumanteil (Porosität n) erfaßt, dem Anteil des Porenvolumens (V_p) am Gesamtvolumen (V_g):

$$n = \frac{V_p}{V_g} \tag{1.1}$$

Das Porenvolumen hängt von der größenmäßigen Zusammensetzung des Korngemisches, dem Hohlraumanteil, der Lagerungs-(Packungs-)dichte und der Kornform ab (Abschnitt 2.3.2).

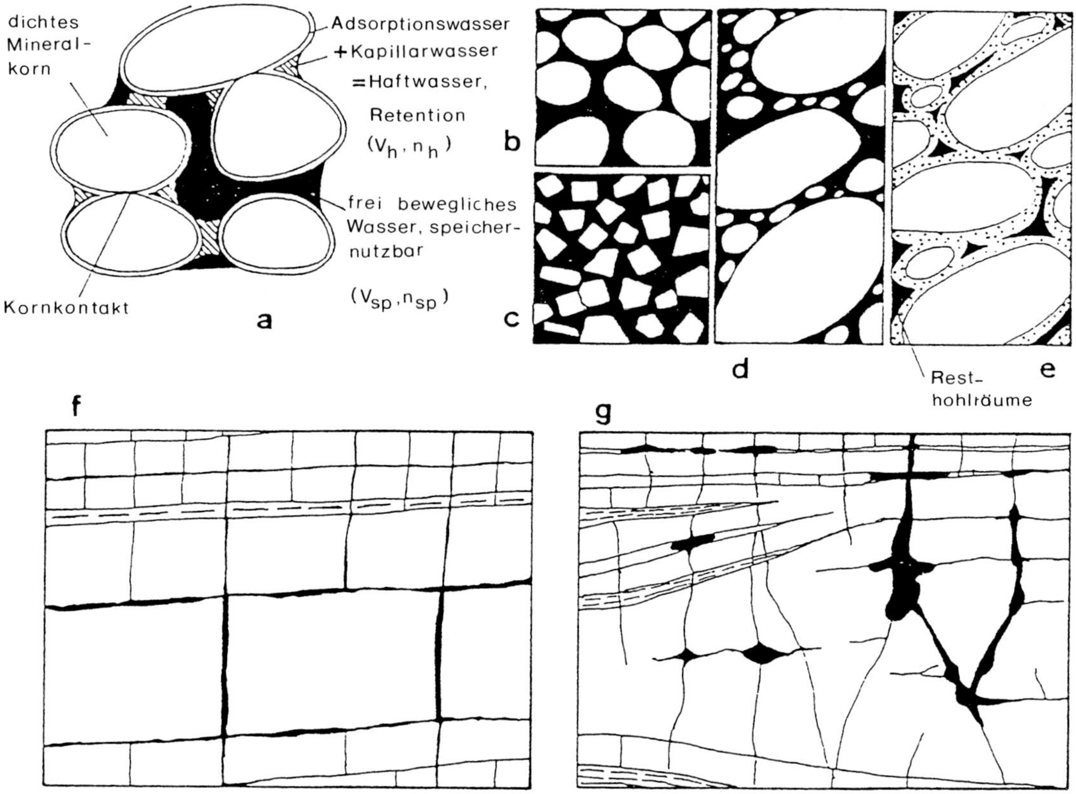

Abb. 1.3. Hohlräume in Poren-(a–e), Kluft- (f) und Karst-Grundwasserleitern (g). e) Teilweise zementiert mit Resthohlräumen, f) eng- und weitständige, unterschiedlich geöffnete Trennfugen; g) massige und dünn gebankte Bereiche (Einsele 1996).

Zusammensetzung des Korngemisches

Die Einteilung und Benennung der Lockergesteine nach Korngrößen unabhängig von Material und Kornform ist in DIN 4022 (Tl. 1) festgelegt (Abb. 1.4):

Steine	(Blöcke)	> 60 mm	
	grob	20–60 mm	
Kies	mittel	6–20 mm	
	fein	2–6 mm	(über Streichholzkopfgröße)
	grob	0,6–2 mm	(über Grobgrießgröße)
Sand	mittel	0,2–0,6 mm	(Grießgröße)
	fein	0,06–0,2 mm	(Einzelkörner noch erkennbar)
	grob	0,02–0,06 mm	(Einzelkörner mit bloßem Auge nicht erkennbar)
Schluff	mittel	0,006–0,02 mm	
	fein	0,002–0,006 mm	
Ton		< 0,002 mm	

Selten bestehen Lockergesteine aus einer Fraktion, in der Regel handelt es sich um Gemische verschiedener Korngrößen-Anteile.

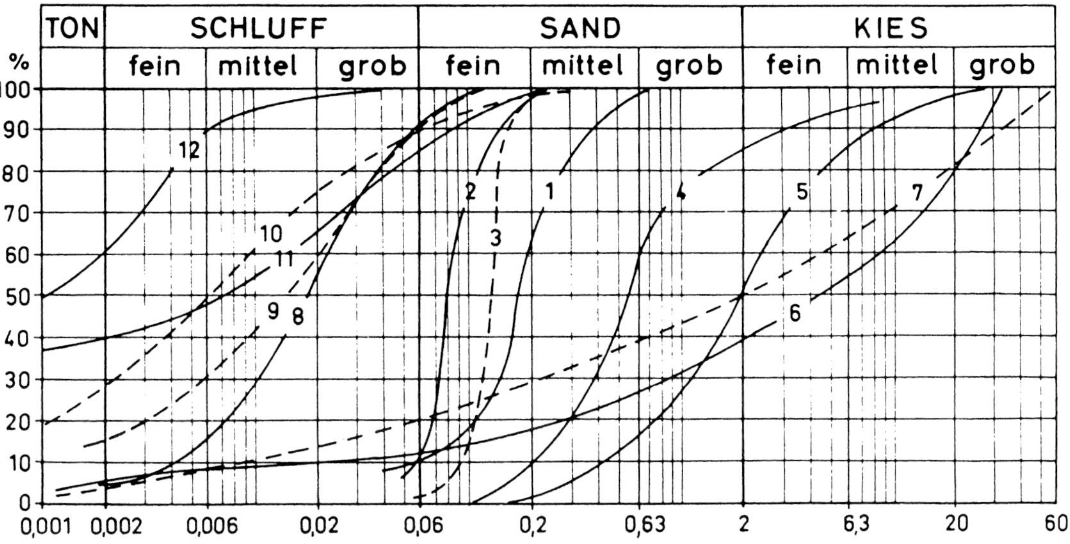

Abb. 1.4. Kornverteilungen typischer Lockergesteine. 1 Fein-/Mittelsand, 2 Feinsand, 3 Flugsand, 4 Flußsand, 5 Kiessand, 6 Hochterrassenkies, 7 Verwitterungslehm, 8 Löß, 9 Lößlehm, 10 Lehm, tonig; 11 und 12 Ton (PRINZ 1991).

Die größenmäßige Zusammensetzung klastischer Sedimente wird durch die Korngrößenanalyse ermittelt. Eine Übersicht über die Methoden zur granulometrischen Bestimmung der Korngrößenverteilung zeigt Tab. 2.6. Die Ergebnisse der in Abschnitt 1.2.3.2.3. vorgestellten Bestimmungsmethoden werden in Summenkurven dargestellt (Abb. 1.4). Die Korngröße am Schnittpunkt der 50%-Linie mit der Summenkurve wird als mittlere Korngröße (Medianwert Md = d_{50}) und der Quotient aus den Korngrößen bei 60% (d_{60}) und bei 10% (d_{10}) als Ungleichförmigkeitsgrad bezeichnet (Gl. 1.2):

$$U = \frac{d_{60}}{d_{10}} \qquad (1.2)$$

Lagerungs-(Packungs-)dichte, Kornform

Je dichter ein Material gelagert ist, desto kleiner ist sein Porenvolumen. Theoretisch ergibt sich bei einer Viererpackung von Kugeln mit gleichem Radius ein Porenvolumen von 66%, bei Sechserpackung 47,6% und bei Achterpackung 39,1% (Abb. 1.5). Ferner wird die Lagerungsdichte durch die Kornform bestimmt (Abb. 1.6), da glatte Oberflächen meist eine höhere Lagerungsdichte, d.h. ein geringeres Hohlraumvolumen, als sperrige Kornformen mit rauher Oberfläche haben. Außerdem spielt die Ungleichförmigkeit (U) eine Rolle, da bei höheren Ungleichförmigkeitsgraden feineres Material die Porenlücken zwischen den größeren Körnern ausfüllen kann. Schließlich ist das Alter der Sedimente zu nennen, da der Druck überlagernder jüngerer Sedimente mit der Zeit eine zunehmende Verdichtung verursacht.

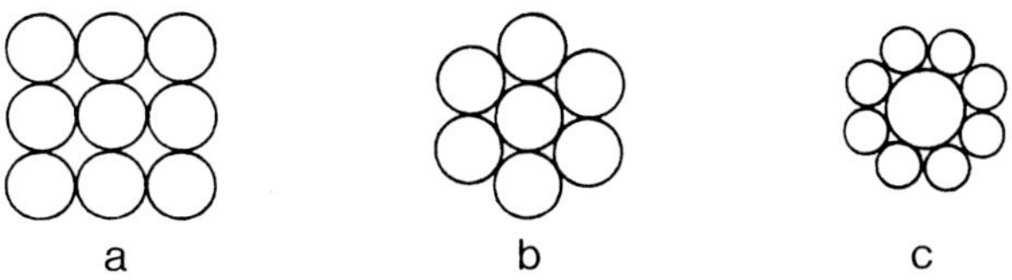

Abb. 1.5. Packungsarten von Sandkörnern: a) Viterer-, b) Sechser-, c) Achterpackung (THURNER 1967).

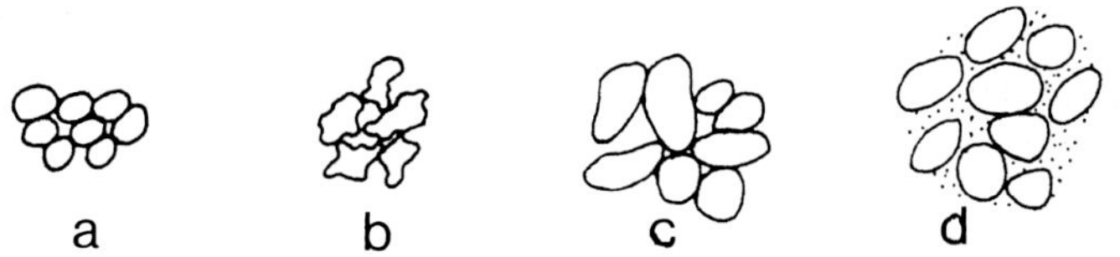

Abb. 1.6. Einfluß von Korngröße, -form und -lagerung auf den Hohlraumanteil; a) gleich große, glatte Körner, kleines Porenvolumen, b) rauhe Körner, größeres Porenvolumen, c) sperrige Lagerung, größeres Porenvolumen, d) größere Ungleichförmigkeit, kleineres Porenvolumen (THURNER 1967).

Bestimmung des Hohlraumanteils

Die Bestimmung des Hohlraumanteils erfolgt im Labor, indem eine getrocknete und abgewogene Bodenprobe mit Wasser der Dichte 1 g/ml getränkt wird. Aus der Differenz der Gewichte der Wasser-gesättigten und der trockenen Probe läßt sich die Porosität (n) errechnen (Gl. 1.1). Mit 100 multipliziert ergibt sich ihr Anteil in Prozenten.Vielfach wird der Porenanteil auch als Porenzahl (Porenziffer) e angegeben, dem Quotienten aus dem Porenvolumen V_p und dem Volumen der Festmasse V_f (Gl. 1.3; Abb. 1.7):

(1.3) $$e = \frac{V_p}{V_f}$$

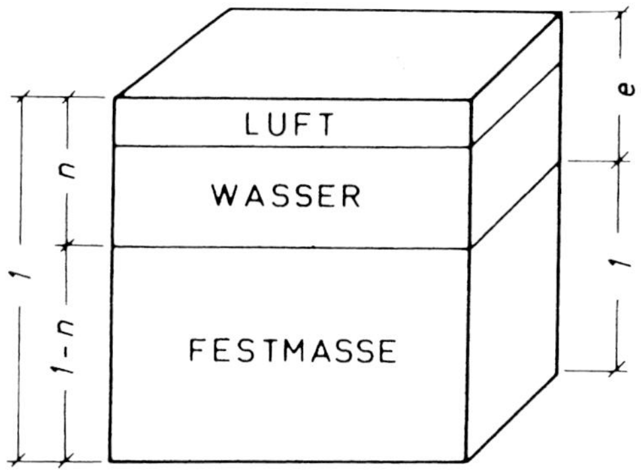

Abb. 1.7. Definition von Hohlraumanteil n und Porenzahl e (PRINZ 1991).

Porenanteil (n) (in %) und Porenzahl (e) sind durch Gln. (1.4.1) und (1.4.2) miteinander verknüpft.

(1.4.1) $$e = \frac{n}{100-n}$$ (1.4.2) $$n = \frac{e}{1+e} \cdot 100$$

Die im Labor bestimmten Porositäten geben die absoluten Porositäten einer Bodenprobe wieder. In der Wasser-ungesättigten Zone ist, wie in Abschnitt 1.2.2 ausgeführt, ein Teil des Wassers gegen die Schwerkraft als Haftwasser (Adsorptions- und Kapillarwasser) an der Oberfläche der Bodenpartikel gebunden. Dieser Anteil nimmt mit kleiner werdendem Korn und damit wachsender Oberfläche pro Volumeneinheit des Bodens zu. Auch in der Wasser-gesättigten Zone wird der Adhäsionswasser-Anteil an die Kornoberflächen gebunden. Der Anteil des Hohlraumvolumens, der für die Wasserbewegung verbleibt, wird als nutzbarer (oder effektiver) Hohlraumanteil (n_{sp}) bezeichnet:

(1.5) $n_{sp} = n - n_h$

n = Gesamt-Porenvolumen (absolutes Porenvolumen)
n_h = Haftwasservolumen

n_{sp} ist also der Hohlraumanteil, der gravitativ entleert werden kann und der für die Speicherung nutzbaren Grundwassers zur Verfügung steht. Diese Meßgröße ergibt sich an Stechproben aus Lockergesteinen oder Kernproben aus Festgesteinen als Differenz aus dem Wasser-gesättigten Probenvolumen und dem ausgetropften Wasservolumen. Günstiger sind jedoch Geländemessungen in längeren Niederschlags-freien (Trocken-)Perioden (Abb. 1.8), falls die hydrogeologischen Verhältnisse eine eindeutige Abgrenzung eines Grundwasserkörpers zulassen. Außer dem speichernutzbaren Hohlraumanteil (n_{sp}) wird noch der durchflußwirksame Hohlraumanteil (n_f) unterschieden, in dem im Wasser-gesättigten Zustand die Grundwasserbewegung erfolgt. Zwischen n_{sp} und n_f dürften jedoch in der Praxis keine allzugroßen Unterschiede bestehen (s. a. Abschnitt 2.3.2).

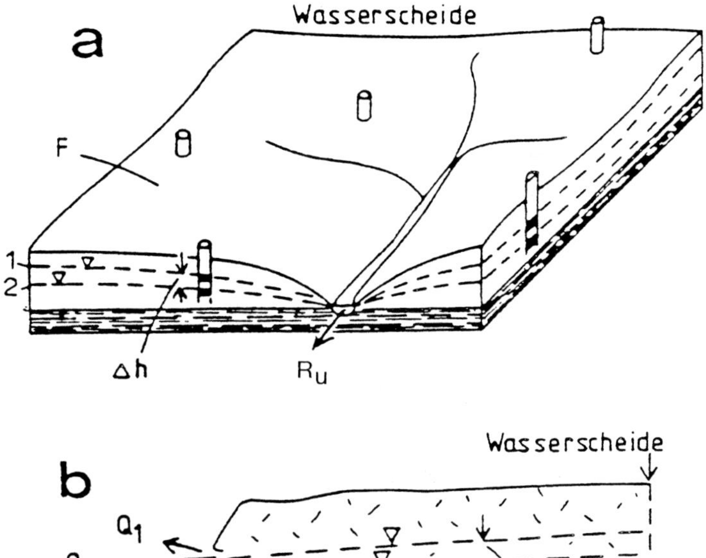

Abb. 1.8. Meßanordnung zur Bestimmung des speichernutzbaren Hohlraumanteils aus Grundwasserabfluß R_u und mittlerer Absenkung Δh_m verschiedener Grundwasser-Meßstellen (a); Bestimmung von Δh aus dem Versiegen übereinander gelegener Quellaustritte (b) (EINSELE, pers. Mitt.).

Tabelle 1.9 gibt einige Richtwerte für den Gesamthohlraumanteil (n in %) und den speichernutzbaren Hohlraumanteil von Lockergesteinen, die Abb. 1.9 eine entsprechende graphische Darstellung. Lockergesteine mit Poren-Hohlräumen sind vor allem in Gebieten mit jungtertiären und quartären Sedimenten (Tabelle 1.3) verbreitet.

Die Porositäten sandiger Festgesteine (z. B. Sandsteine) wechseln in weiten Grenzen. In Hessen (DÜRBAUM et al. 1969) wurden z. B. in Sandsteinen des Mittleren Buntsandsteins Nutzporositäten (n_{sp}) von 2–8% gefunden, in mehr schluffigen, feinkörnigen Sandsteinen des Unteren Buntsandsteins solche von 6–15%.

MAROTZ (1968) ermittelte durch Laborversuche eine Beziehung zwischen dem speichernutzbaren Hohlraumanteil (n_{sp}) und dem Durchlässigkeitsbeiwert (k_f in cm/s; Abschnitt 1.2.3.2.),

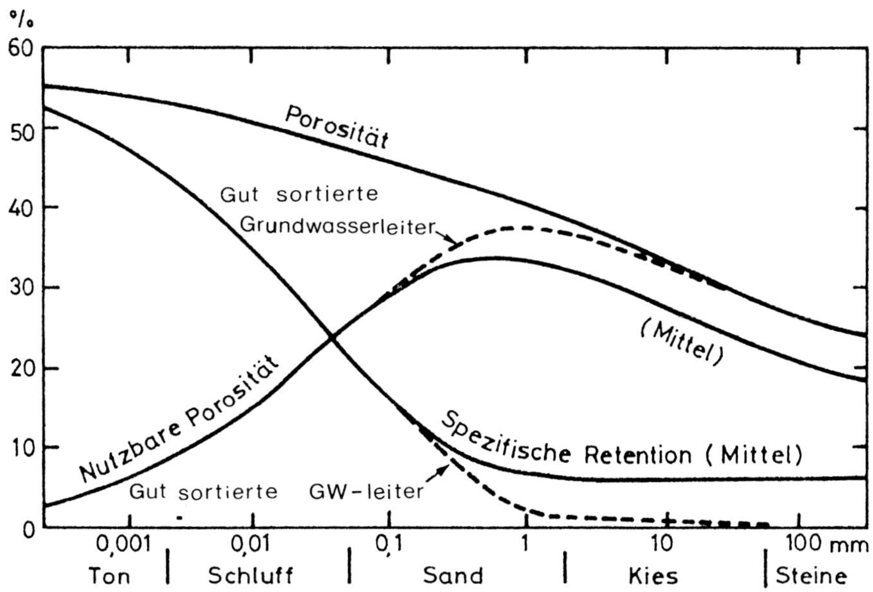

Abb. 1.9. Beziehungen zwischen Gesamtporen-, Nutzporen- und Haftwasserraum in Abhängigkeit von der Korngröße klastischer Sedimente (MATTHESS & UBELL 1983).

Tabelle 1.9. Richtwerte für den Gesamthohlraumanteil n und den speichernutzbaren Hohlraumanteil n_{sp} verschiedener Lockergesteine.

Lockergesteine	n (%)	n_{sp} (%)
Schluff (Silt), tonig-feinsandig	40–50	0,5–5
Feinsand	40–50	10–15
Mittelsand	35–45	15–20
Grobsand, Feinkies (gut sortiert)	30–40	20–25
Kies, sandig	20–30	15–20
Kiesige Flußablagerungen (Mischungen und Wechsellagerungen von Kies, Sand und Schluff)		ca. 10
Schutthalden, sandig-lehmiger Gehängeschutt, sandig-steinige Gehängelehmdecken		5–35

einer die Durchlässigkeit eines Gesteinskörpers für Wasser charakterisierenden Größe (Gln. 1.6 bzw. 1.6.1):

(1.6) $$n_{sp} = 0{,}255 + 0{,}045 \ln k_f$$

oder in Prozenten

(1.6.1) $$n_{sp}\,(\%) = 25{,}5 + 4{,}5 \ln k_f$$

1.2.3.1.2 Kluft-Hohlräume

Festgesteine, die eine mineralische Bindung aufweisen, dürfen im Unterschied zu Lockergesteinen definitionsgemäß bei 12-stündiger Lagerung keine Veränderung der Hohlraumanteile zeigen (DIN 4022, T 1).

Tabelle 1.10. Klassifikation der Gesteine in Abhängigkeit von der Druckfestigkeit.

WAGNER (1968: 30) in N/mm² / MN/m² / MPa	QUERVAIN (1967: 75) RUTSCHMANN (1974: 11) in N/mm² / MN/m² / MPa	Gesteinsarten
	> 280 = sehr hoch	Basalt, Diabas
> 180 = Hartgesteine	180 bis 280 = hoch	feinkörniger Granit, Basalt, Quarzit, Kieselkalkstein
80 bis 180 = mittelharte Gesteine	80 bis 180 = mittel	Gneis, Kalkstein, quarzitische Sandsteine, feinkörniger Granit
< 80 = Weichgesteine	40 bis 80 = gering	Sandsteine, Tonschiefer
	< 40 = sehr gering	Tonsteine, Sandsteine

Durch mechanische Beanspruchung der Gesteinsfolgen in der Erdkruste entstehen verschiedene tektonische Grundformen:

- Pressungen
  Biegungserscheinungen: Falten; Bruch- und Gleiterscheinungen: Aufschiebungen, Überschiebungen, Horizontalverschiebungen, Gleitungen, Pressungen;
- Dehnungen
  Biegungserscheinungen: Flexuren; Brucherscheinungen: Dehnungsklüfte, Abschiebungen, Kippschollen;
- Vertikalbewegungen: Biegungen, Faltungen, Schleppungen, Brüche.

Abb. 1.10 zeigt Beispiele verschiedener tektonischer Strukturen. Die Reichweite solcher Schichtenstörungen ist unterschiedlich und kann von engräumigen Deformationen bis zu kontinentweiten Veränderungen des Krustengefüges reichen. Schon bei Einzelstrukturen kann es zu unterschiedlichen Beanspruchungsplänen kommen. So treten bei Faltungen Zerrungen und Pressungen auf, wobei in Mulden Pressungen an der Innenseite, Dehnungen an der Außenseite auftreten, umgekehrt dagegen in den Sattelzonen (Abb. 1.11).

Schichtige Gesteine reagieren auf tektonische Beanspruchungen uneinheitlich. Das mechanische Verhalten der Gesteine hängt von der Kornbindung bzw. Festigkeit sowie von ihrem Verwitterungsgrad ab und reicht von sehr hart bis brüchig-mürb und weich. Gelegentlich werden Gesteine, die zur Fortleitung gerichteten Drucks befähigt sind (z. B. härtere Kalk- und Sandsteine) kompetent genannt, weiche, leichter plastische Gesteine dagegen inkompetent. Im Fels- und Tunnelbau wird die Gesteinshärte in Abhängigkeit von der Druckfestigkeit klassifiziert (Tab. 1.10). Werden nun Gesteine Zug-, Druck- oder Schubspannungen im Verlauf tektonischer Prozesse ausgesetzt, so reagieren sie entsprechend ihren Gesteins-mechanischen Eigenschaften: harte Gesteine spröde und unelastisch, weiche dagegen elastisch oder plastisch (verformbar). Während in harten Gesteinen wechselnd offene Trennfugen (Klüfte und Schichtfugen) je nach Beanspruchung entstehen, verformen sich weiche Gesteine häufig nur, wobei höchstens enge Risse bis Haarrisse oder eine Schieferung entstehen. In Wechselfolgen kommt es häufig zum Versatz von Kluftlinien.

Klüfte erstrecken sich über einige Zentimeter bis mehrere Meter und sind entsprechend dem tektonischen Beanspruchungsplan bevorzugt (Kluftscharen) in einer (Haupt-)Richtung angeordnet. Quer zur Hauptrichtung treten Neben- oder Querklüfte auf, die meist kürzer sind und auch weniger klaffen. Schließlich ist mit zunehmender Tiefe generell eine Abnahme der Gesteinszerklüftung festzustellen.

Außer durch tektonische Beanspruchungen entstehen Trennfugen in Gesteinen auch durch andere Vorgänge, wobei ihr Erscheinungsbild und ihre Ausbildung ähnlich sein kann:

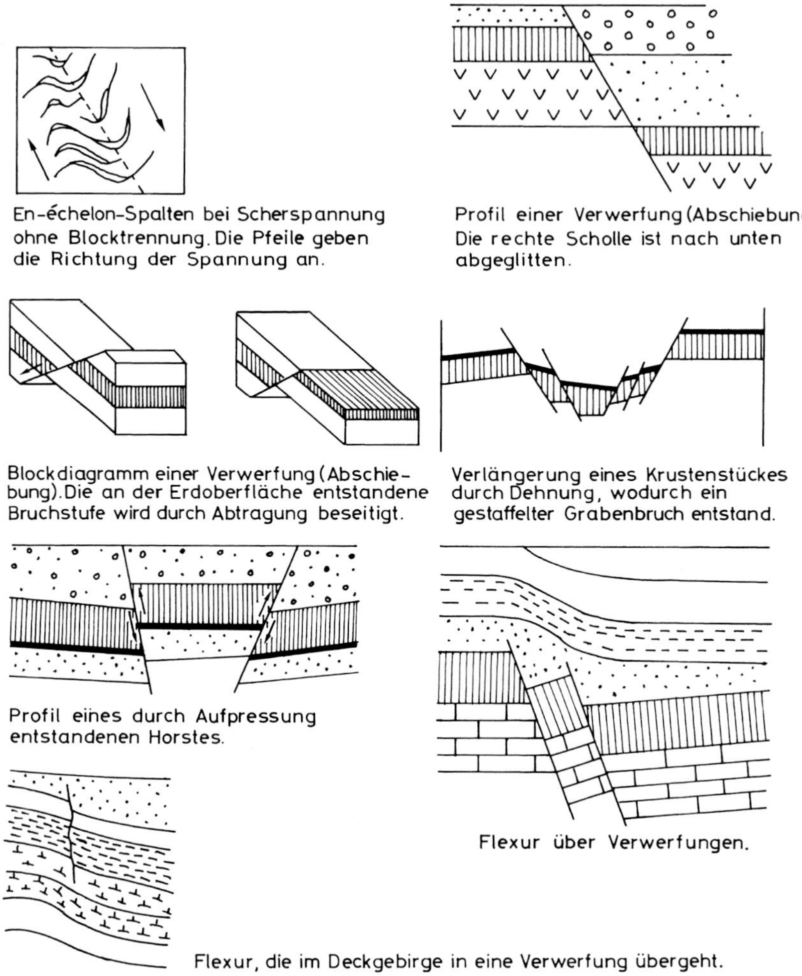

Abb. 1.10. Tektonische Strukturen (Brockhaus 1970).

- durch unterschiedliche Sedimentation Schicht- und Bankungsfugen;
- durch Ablösung Absonderungsfugen;
- durch Laven-(Magmen-) Erstarrung Abkühlungsklüfte (z. B. Basaltsäulen) und Lava–Tunnels (wenn dünnflüssige Laven unter einer oberflächlich erstarrten Kruste weiterfließen und der Nachschub aufhört);
- durch pseudotektonische Vorgänge wie Hangzerreißen an Talhängen oder großräumig in Salzauslaugungs-(Subrosions-)-Gebieten (Dolinenbildungen, Salzhänge).

Gelegentlich sind in Festgesteinen (z. B. in Sandsteinen) sowohl Kluft- als auch Poren-Hohlräume ausgebildet.

Analog den Locker- ist auch in Festgesteinen zwischen einem Gesamt-Hohlraumvolumen (n_k) und einem speichernutzbaren oder durchflußwirksamen Hohlraumanteil ($n_{k,sp}$ bzw. $n_{k,f}$) zu unterscheiden. Quantitativ wird das Kluftvolumen als Anteil des Kluftvolumens (V_k) am Gesamtvolumen des Gesteinskörpers (V_g) verstanden, das der Porosität (n) analoge Kluftvolumen (n_k) ergibt sich dann aus (Gl. 1.7):

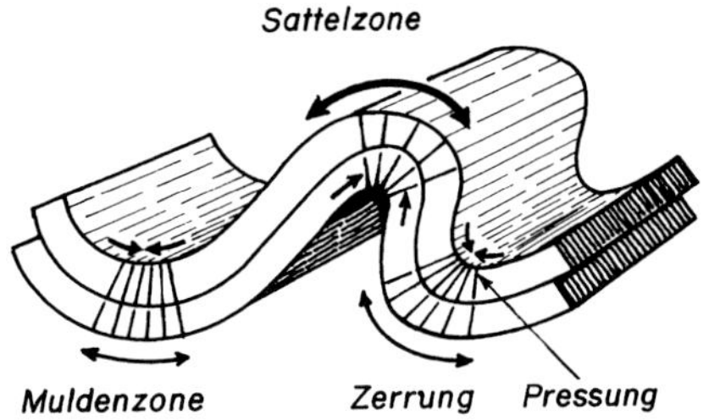

Abb. 1.11. Schematische Darstellung von Zerrungs- und Pressungsklüften in Sattel- und Muldenzonen (HÖLTING 1996).

$$n_k = \frac{V_k}{V_g} \quad (1.7)$$

Auch an den Wänden von Klüften und Kluftzonen wird Wasser adhäsiv gebunden. Die maximale Dicke dieser durch Oberflächenkräfte gebundenen Wasserschicht beträgt 4 µm, wird aber von zahlreichen Faktoren (z. B. unterschiedlichen Lösungsinhalten) beeinflußt, die die Adsorptionswasserdicke verringern können. Trennfugen mit Klaffweiten unter 8 µm können daher nicht von Wasser durchflossen werden. Daraus folgt, daß der speichernutzbare Kluft-Hohlraumanteil ($n_{k,sp}$) kleiner als der Gesamt-Klufthohlraum ist. Richtwerte für verschiedene Gesteine gibt Tabelle 1.11. Die Kluft-Hohlraumanteile und entsprechend auch die durchflußwirksamen Anteile sind rd. eine Zehnerpotenz niedriger als die Poren-Hohlraumanteile in Lockergesteinen. Bisher wurde noch nicht untersucht, ob und inwieweit speichernutzbare und durchflußwirksame Hohlraumanteile identisch sind. Vermutlich ist der durchflußwirksame Hohlraumanteil kleiner, da ein Teil der Hohlräume untereinander schlecht hydraulisch verbunden sind. Diese durch die Anisotropie und Inhomogenität von Festgesteinskomplexen unterschiedlichen hydraulischen Verbindungen machen es zwingend erforderlich, zum Ausgleich dieser Unterschiede die geohydraulischen Daten von derartigen Grundwasser-erfüllten Gesteinseinheiten in größeren regionalen Bereichen zu erfassen. Während bei Lockergesteinen schon einzelne Laborversuche (Korngrößenanalysen, Durchlässigkeitsmessungen u. a.) genügen können, um die geohydraulischen Verhältnisse ausreichend beurteilen zu können, sind in Kluft-Gesteinen immer eine größere Zahl hydrogeologischer Aufschlüsse und Meßstellen erforderlich, um mit geostatistischen Mitteln einigermaßen gesicherte Aussagen machen zu können.

Die in der Tabelle 1.11 genannten Richtwerte für den speichernutzbaren Kluft-Hohlraumanteil geben Größenordnungen wieder.

Tabelle 1.11. Richtwerte für den speichernutzbaren Hohlraumanteil ($n_{k,sp}$) in Kluft-Gesteinen.

	$n_{k,sp}$ (%)
Tonsteine, Mergelsteine, klüftig, unverwittert	0–0,5
Gebankte, harte und dichte, geklüftete Sedimentgesteine (zementierte Sandsteine, nicht-verkarstete Kalksteine, Tonschiefer) in Oberflächennähe (oft bis 5–10 m),	1–2
in größerer Tiefe (bis ca. 100 m, tiefer oft < 0,1 %)	0,1–0,5
Sandsteine, teilzementiert oder sekundär ausgelaugt	5–20
Dolomite, grobkörnig-porös und stark geklüftet	bis 20
Kompakte verkarstete Kalke und Sulfatgesteine (Gips, Anhydrit), bezogen auf gesamte Einzugsgebiete (lokal und in nur teilzementierten Kalkablagerungen höhere Werte)	1–4
Basalte, dicht, geklüftet	1–2
Basaltlaven und vulkanische Tuffe (jung, nur teilverfestigt)	10–30
Granite, Gneise, Kristalline Schiefer, bergfrisch (aufgelockert und verwittert viel höhere Werte, siehe Lockergesteine, Tab. 1.9)	0–0,2

Zur genaueren Quantifizierung der Klüftung und der je nach der Gesteinsart unterschiedlichen Weitständigkeit von Klüften führte STINI (1933) die sog. Klüftungsziffer ein, die angibt, wieviele Klüfte einschließlich der Nebenklüfte auf den laufenden Meter einer Profilwand entfallen. Allerdings wird bei dieser Methode die räumliche Ausdehnung, also die Geometrie der Klüftung, nicht erfaßt. Besonders in harten Gesteinen, wie z. B. in Granit, zeigt sich, daß die Reichweiten einzelner Klüfte oft nur auf wenige m (1–2 m) begrenzt sind. Klüfte können miteinander in Verbindung stehen, jedoch auch hydraulisch isoliert sein. Das hydraulisch wirksame Kluftnetz, das mit der an die Erdoberfläche gebundenen Entspannungszone verknüpft ist, nimmt zur Tiefe hin ab. Seine Untergrenze ist örtlich verschieden, meist zwischen wenigen m und bis zu 75 m, gelegentlich tiefer (vgl. MATTHESS & UBELL 1983). Eine mittelnde Bemessung des Kluft-Hohlraumes bietet die Auswertung von Pumpversuchen, insbesondere bei der Erfassung des Speicherkoeffizienten (Abschnitt 1.2.3.2).

Direkt können die Volumina der Kluft-Hohlräume unter geohydraulisch überschaubaren Verhältnissen aus den Veränderungen der Grundwasserstände und den akkumulierten Quellschüttungen ermittelt werden (Abb. 1.8).

In ähnlicher Weise läßt sich das speichernutzbare Kluft-Hohlraumvolumen, wie Beispiele von UDLUFT (1972) und HÖLTING (1978) zeigen, aus dem Auslaufverhalten von einer oder von mehreren Quellen mit einem definierten, hydrogeologisch deutlich abgrenzbaren unterirdischen Einzugsgebiet bestimmen. Nach MAILLET (1905) ist der Abfluß Q_t nach einer Niederschlagsfreien Zeit von t Tagen seit der Erstmessung Q_o:

(1.8) $$Q_t = Q_o \cdot e^{-\alpha t}$$

Der Austrocknungs- oder Auslaufkoeffizient (α) ist eine spezifische Größe, die von dem Hohl- (und Speicher-) Raum der Grundwasser-leitenden Schichten des jeweiligen Systems abhängt und in gut durchlässigen Schichten $> 1{,}1 \cdot 10^{-2}\ d^{-1}$, in schlechter durchlässigen $< 5 \cdot 10^{-3}\ d^{-1}$ beträgt (MATTHESS & UBELL 1983). Er wird errechnet nach Umformung obiger Gleichung aus:

(1.9) $$\alpha = \frac{\lg Q_o - \lg Q_t}{0{,}4343 \cdot t}\ [d^{-}]$$

Die gesamte zu einem bestimmten Zeitpunkt noch Abfluß-fähige Grundwassermenge (V_s) ergibt sich zu:

(1.10) $$V_s = \frac{Q_o}{\alpha}$$

Ist nun der gesamte noch entwässerbare Gesteinskörper (V_e) bekannt, so errechnet sich das speichernutzbare, noch Wasser-erfüllte Kluftvolumen ($n_{k,sp}$) aus:

(1.11) $$n_{k,sp} = \frac{V_s}{V_e}$$

1.2.3.1.3 Karst-Hohlräume

Karst-Hohlräume entwickeln sich aus Trennfugen (Schichtfugen, Klüfte, Spalten) fester Gesteine und folgen dementsprechend auch meist vorgegebenen tektonischen Richtungen. In wasserlöslichen Gesteinen, insbesondere in Kalk- und Dolomitstein–Vorkommen, ferner in Gips- bzw. Anhydrit– und Steinsalzlagen, setzt nach Anlage der Klüfte die lösende Wirkung des durchfließenden (Sicker- und) Grundwassers ein. Die Intensität der Lösungsprozesse hängt von der unterschiedlichen Löslichkeit der gesteinsbildenden Minerale ab, die von ihrer chemischen Zusammensetzung bestimmt wird. Für die Auflösung carbonatischer Gesteine (Karstkorrosion) ist ein Anteil von im Wasser gelöstem Kohlenstoffdioxid (CO_2) erforderlich (vgl. Kalk-Kohlensäure-Gleichgewicht, Abschnitt 1.4.2). Je nach den Löslichkeitseigenschaften der Grundwasser-leitenden Gesteine und der Durchströmung des Gebirges werden die Klüfte durch die lösende Wirkung des Wassers zu unterschiedlich großen Hohlräumen erweitert (Abb. 1.12). Es entstehen die typischen Karst-Erscheinungen, wie Schläuche, Röhren, Höhlen oder – an der Erdoberfläche – Einbruchsschlote (Dolinen, Erdfälle). Typisch für Karstgebiete sind Bach- und Flußschwinden, über die das Wasser oberirdisch fließender Gewässer direkt dem Grundwasser zufließt.

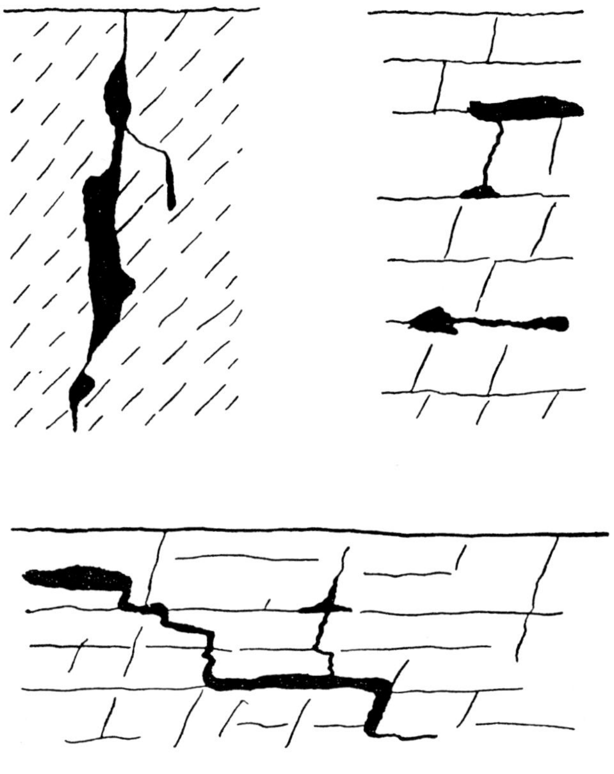

Abb. 1.12. Formen von Karst-Hohlräumen (Schneider 1988).

Karst-Hohlräume sind häufig schwer übersehbare komplizierte hydraulische Systeme. Sie verlaufen nicht nur wie sonst Klüfte mehr oder weniger senkrecht, sondern weisen verschiedene Fallwinkel auf, ändern ihre Richtungen, verlaufen zickzackförmig. Sie stehen oft miteinander in Verbindung, können jedoch auch voneinander isolierte Wege gehen. Die generelle Karst-Wasserbewegung ist meist nur durch Markierungsversuche (Abschnitte 1.3.4.2 und 4.2.3.2; Käss 1992) zu erkennen. Die Ergebnisse sind dabei immer wieder überraschend, überschneiden sich doch häufig in einem Gebirgskomplex die Bewegungsrichtungen von Grundwassersystemen, ohne sich anscheinend geohydraulisch zu beeinflussen (Zötl 1974). Geohydraulisch sind Karst-Grundwasservorkommen häufig eher oberirdischen Gewässern vergleichbar, so daß die sonst die hydrogeologischen Eigenschaften von Grundwasserleitern beschreibenden Parameter (Abschnitt 1.2.3.2) für Karstwässer bedeutungslos sein können. Da die Karstklüfte, zumindest abschnittsweise, stärker klaffen, unterscheiden sich das Gesamte und das nutzbare Karst-Hohlraumvolumen nicht nennenswert, so daß der Begriff »nutzbarer Karst-Hohlraum (Kluftvolumen)« entfallen kann. Hierbei ist zu betonen, daß die Karst-Hohlräume recht weitständig sein können, so daß der Hohlraumanteil an der Gesteinsmasse nicht sehr viel höher als in vergleichbaren, nicht verkarsteteten, klüftigen Festgesteinen ist. Bei Wassererschließungen durch Brunnenbohrungen in Karstgebieten muß diesen besonderen karsthydraulischen Gegebenheiten Rechnung getragen werden. Neben sehr erfolgreichen Bohrungen gibt es nämlich hier auch ausgesprochene Fehlbohrungen.

Schließlich haben Karstquellen – sofern sie nicht ein sehr großes unterirdisches Einzugsgebiet entwässern – einen niedrigen Schüttungsquotienten (Verhältnis niedrige – hohe Schüttung), da das Retentions-(Rückhalte-)Vermögen (Abschnitt 1.2.3.1) von Karst-Grundwasserleitern in der Regel gering ist, so daß sie relativ schnell in Trockenzeiten auslaufen. Dementsprechend groß sind oft auch die Fließgeschwindigkeiten, was sich nachteilig auf von der Verweilzeit des Grundwassers im Untergrund abhängige Selbstreinigungsvorgänge auswirkt. Bei der Nutzung von Karst-Grundwasser, insbesondere aber bei der Fassung von Karstquellen, sind diese geohydraulischen Besonderheiten zu berücksichtigen.

1.2.3.2 Grundwasserhydrologie

Als Hydrologie wird die Wissenschaft vom Wasser, seinen Eigenschaften und seinen Erscheinungsformen auf und unter der Erdoberfläche verstanden. Da sich die nachfolgenden Erörterungen vorzugsweise auf das unterirdische Wasser beziehen, wird einschränkend von »Grundwasserhydrologie« gesprochen, worunter die Beschreibung aller Aspekte und Vorgänge zusammengefaßt wird, die das Grundwasser betreffen und die Möglichkeiten zur Erfassung ihrer quantitativen Eigenschaften aufzeigen.

1.2.3.2.1 Hydrogeologische Begriffe

Zur Beschreibung der Vorgänge im Grundwasser sind die Begriffe in DIN 4049, Teil 3 (1994) festgelegt worden (Abb. 1.13).

Gesteinskörper, die geeignet sind, Grundwasser weiterzuleiten, werden als Grundwasserleiter bezeichnet. Demgegenüber stehen die Grundwassernichtleiter als praktisch Wasser-undurchlässige Gesteinskörper. Dazwischen vermitteln die Grundwasserhemmer als Gesteinskörper, die im Vergleich zu einem benachbarten Grundwasser-leitenden Gesteinskörper gering Wasser-durchlässig sind. Das Grundwasser nimmt einen Grundwasserraum ein, einen Gesteinskörper, der zu einem bestimmten Zeitpunkt mit Grundwasser erfüllt ist. Das Grundwasser seinerseits, dessen Vorkommen (unabhängig vom Gesteinskörper) eindeutig abzugrenzen ist, wird als Grundwasserkörper bezeichnet. Das Grundwasser hat (wie jedes Gewässer) eine Grundwasseroberfläche und eine Grundwasserunterfläche (= Grundwassersohle). Der dazwischen gelegene lotrechte Abstand gibt die Grundwassermächtigkeit an.

Kann sich die Grundwasseroberfläche frei verändern, nicht gehemmt durch eine mehr oder weniger undurchlässige Schicht, so wird von freiem Grundwasser gesprochen. In diesem Fall sind Grundwasseroberfläche und Grundwasserdruckfläche identisch. Unter Grundwasserdruckfläche ist der geometrische Ort der Endpunkte aller Spiegelhöhen einer Grundwasseroberfläche, die in Grundwasser-Meßstellen einzumessen sind, zu verstehen. Dagegen wird von einem gespannten Grundwasser gesprochen, wenn sich die Grundwasseroberfläche nicht frei verändern kann, sondern durch eine mehr oder weniger undurchlässige Schicht bei Anstieg des Wasserspiegels gehemmt wird. In diesem Fall ist die Grundwasseroberfläche nicht gleich der Grundwasserdruckfläche, sondern gleich der durch die geologischen Verhältnisse gegebenen Grundwasserdeckfläche. Liegt die Grundwasserdruckfläche oberhalb der Erdoberfläche, ist das Grundwasser artesisch gespannt. Die eine Grundwasseroberfläche überlagernden Schichten werden als Grundwasserüberdeckung bezeichnet.

Einige Autoren verwenden in der deutschsprachigen Literatur englischsprachige Begriffe, wie sie u.a. vom U.S. Geological Survey (LOHMAN et al. 1972), insbesondere auf Vorgaben von O.E. MEINZER, definiert wurden. Der hierzu gehörende Begriff »Aquifer« ist dabei inhaltlich unterschiedlich definiert. Nach LOHMAN et al. (1972) ist ein »Aquifer eine Formation (genetisch zusammengehörender Gesteinsverband), Gruppe oder Teil einer Formation, welche hinreichend (Wasser-) gesättigtes, durchlässiges Material enthält, um signifikante Wassermengen an Brunnen oder Quellen abzugeben« (vgl. auch DAVIES & DE WIEST 1966). Während nach dieser Definition der Aquifer das Vorhandensein von Grundwasser voraussetzt, schließt nach MEINZER (1923) und TODD (1980) ein Aquifer auch den Wasser-ungesättigten Teil einer durchlässigen Einheit ein. Da Grundwasser nur das Wasser der gesättigten Zone ist (DIN 4049 T3), können »Grundwasserleiter« und »Aquifer« keine identischen Begriffe sein. Der unterschiedliche Gebrauch des Begriffes »Aquifer« spricht dafür, diesen Begriff zu meiden. Diese Empfehlung gilt auch für die im englischsprachigen Raum gelegentlich verwandten Begriffe »Aquitarde«, »Aquifuge« und »Aquiclude«, welche sich auf Gesteine mit geringer oder fehlender Durchlässigkeit beziehen. Diese werden nach LOHMAN et al. (1972) vom U.S. Geological Survey nicht mehr verwendet, sondern sind durch den Oberbegriff »Confining bed« ersetzt worden, der einen Körper aus »undurchlässigem« Material definiert, der im stratigraphischen Verband an einen oder mehrere »Aquifere« grenzt. Seine hydraulische Leitfähigkeit muß dabei nur niedriger als die des benachbarten Aquifers sein.

Häufig treten – für Schichtfolgen/Wechselfolgen (z.B. Basalt/Tuff/Basalt oder Sandstein/Schluffstein/Tonstein/Sandstein) geradezu typisch – mehrere Grundwasserstockwerke auf (Abb. 1.13), die sich geohydraulisch unterschiedlich verhalten können. Gelegentlich – besonders in Mittelgebirgen – tritt oberhalb der tiefer gelegenen Grundwasserstockwerke und einer zusam-

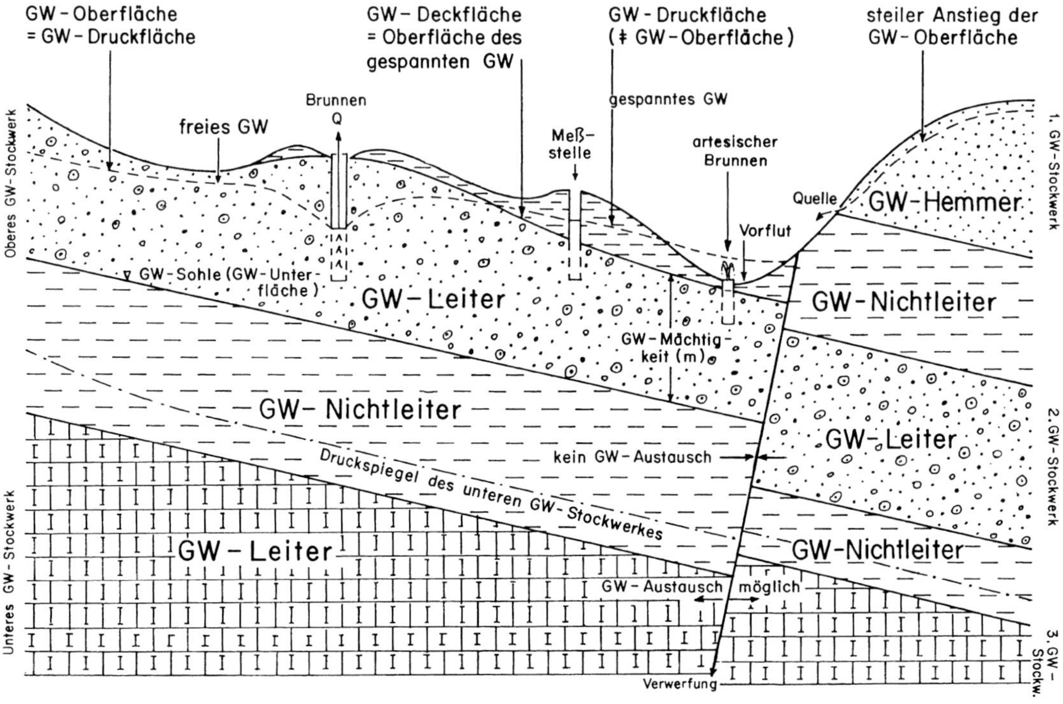

Abb. 1.13. Hydrogeologische Begriffe (HÖLTING 1996).

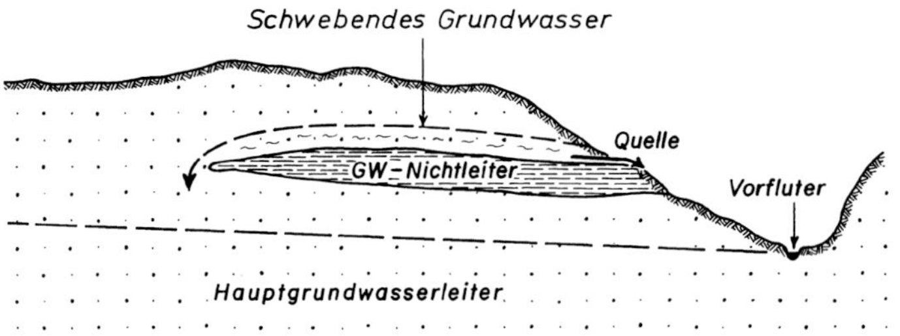

Abb. 1.14. Schema eines schwebenden Grundwasserstockwerks (HÖLTING 1996).

menhängenden Wasser-ungesättigten Zone regional und häufig auch zeitlich begrenzt ein schwebendes Grundwasserstockwerk auf (Abb. 1.14). Das tiefere, weitaus größere zusammenhängende Grundwasservorkommen wird dann als Hauptgrundwasserstockwerk bezeichnet. Das Wasser des schwebenden Grundwasserstockwerkes speist Quellen oder sickert an den Rändern zum tieferen Grundwasserstockwerk ab. Schwebende Grundwasserstockwerke eignen sich wegen ihres häufig nur begrenzten Wasservorrates und temporären Auftretens meistens nur bedingt für Wassererschließungen.

1.2.3.2.2 Grundwasser-Potentiale

Grundwasser kann in einem durchlässigen Untergrund fließen, wenn ein Potential-(Druck-) gefälle vorhanden ist. Die Wasserbewegung folgt bei weitgehend homogenen und isotropen Durchlässigkeitsverhältnissen der Richtung des Druckgefälles. Das Druckgefälle ist identisch mit dem Gefälle der Grundwasseroberfläche, so daß die Grundwasserfließrichtung diesem Gefälle folgt. Ausnahmen kann es nur unter ganz bestimmten Bedingungen, etwa bei stark anisotropen Durchlässigkeitsbedingungen – wie in Karstgebieten – oder bei unterschiedlich dichten Wässern geben.

Hydraulisches Potential

An einer freien Grundwasseroberfläche ist der hydrostatische Druck gleich dem Luftdruck. Der Meßdruck (bezogen auf die Grundwasseroberfläche) ist gleich Null. Mit zunehmender Tiefe nimmt in einem Grundwasserkörper der Druck zu, der aus dem Gewicht des überlagernden Wassers resultiert. Die Größe dieses hydraulischen Drucks (p_w) ergibt sich aus der Höhe der Wassersäule (h_w), der Wasserdichte (ϱ_w) und der Erdbeschleunigung (g):

(1.12) $$p_w = h_w \cdot \varrho_w \cdot g$$

Der an einem Punkt innerhalb eines Grundwasserkörpers herrschende absolute Druck (p_{abs}) ergibt sich damit aus der Summe des hydraulischen Drucks (p_w) und dem atmosphärischen Druck (p_a), der auf der Grundwasseroberfläche lastet:

(1.13) $$p_{abs} = p_a + p_w$$

Der Druck nimmt mit der Tiefe bei gleicher Dichte des Wassers linear zu (Abb. 1.15). Einheit des hydrostatischen Drucks ist das Pascal Pa (100 hPa (Hektopascal) = 1 bar = 1,02 at = 10,2 m Wassersäule bei Wasser der Dichte 1 g/ml).

Grundsätzlich herrschen in einem gespannten Grundwasservorkommen die gleichen Druckverhältnisse, nur mit dem Unterschied, daß eine Entspannung der Grundwasseroberfläche durch Anstieg des Wasserspiegels von einer überlagernden praktisch oder nahezu undurchlässigen Schicht verhindert wird. Der Druck an der Grundwasserdeckfläche, die unter diesen Bedingungen

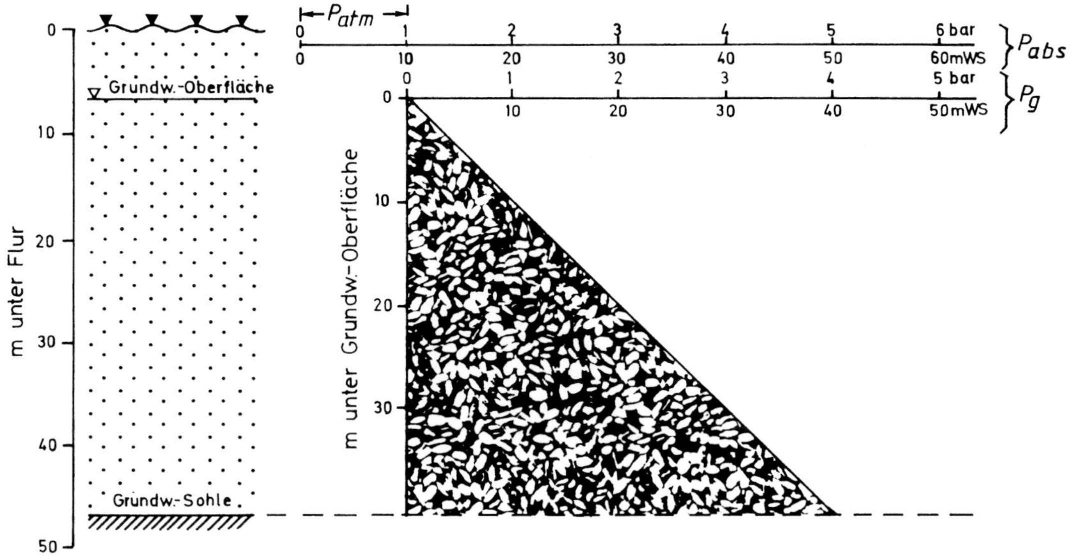

Abb. 1.15. Druckverteilung in einem Grundwasserleiter mit freier Grundwasseroberfläche (RICHTER & LILLICH 1975).

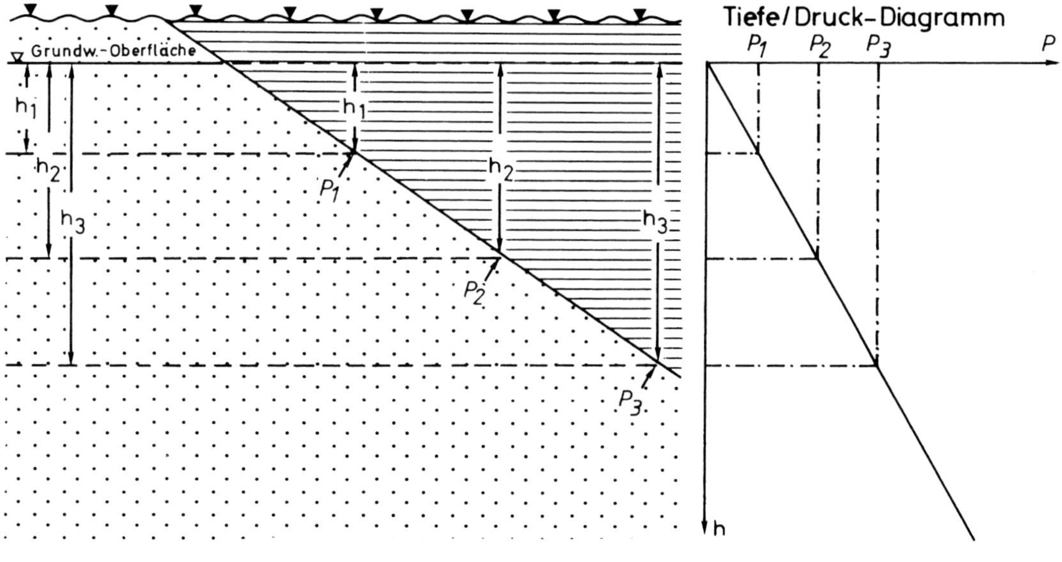

Abb. 1.16. Druckverteilung in einem Grundwasserleiter mit gespannter Grundwasseroberfläche (RICHTER & LILLICH 1975).

gleich der Grundwasseroberfläche ist, ist größer als der atmosphärische Druck an der Oberfläche eines freien Grundwassers. Wird die Deckfläche durchbohrt, die abdeckende Wirkung also aufgehoben, steigt der Wasserspiegel höher als die Deckfläche an (Abb. 1.16). Der sich in dem Bohrloch einstellende Wasserspiegel entspricht dem absoluten hydrostatischen Druck (hier auch dem Luftdruck) und wird als Druckspiegel bezeichnet.

Andere Potentiale

Hydraulische Potentiale und deren Änderungen bestimmen vorherrschend die Grundwasserdynamik (Abschnitte 2.2.1 und 2.2.3). Weitere Potentiale ergeben sich infolge von Änderungen der Wasserdichte, die sich in der Regel nicht im grundwasseroberflächennahen Bereich vollziehen.

Im Bereich von Aufstiegszonen geogener Kohlensäure wird die im Wasser gelöste Kohlensäure beim Aufstieg infolge der Abnahme des hydrostatischen Druckes gasförmig entbunden, die Gasbläschen steigen empor und reissen dabei Wasser mit (Gaslift). Das Prinzip dieses Antriebs ist die Verringerung der Dichte des nunmehr gasblasenhaltigen Wassers (KAMPE 1922). Dichte-Unterschiede von Wässern, die Potentialunterschiede und Wasserbewegungen hervorrufen, entstehen auch durch unterschiedliche Wassertemperaturen. »Normales« Grundwasser ($t_W \sim$ 8–10 °C) hat eine Dichte von etwa 1,000 g/ml, solches von 50 °C von 0,987 g/ml, von 100 °C von 0,957 g/ml. Höher temperierte Wässer steigen also auf und überschichten mäßig temperierte, und zwar umso schneller, je höher ihr Temperatur-Unterschied ist. Schließlich sind die Auswirkungen unterschiedlicher Salzkonzentrationen zu nennen. Solen (Wässer mit NaCl-Gehalten > 14 mg/kg) haben Dichten von etwa 1,02 g/ml und mehr, daher sinken sie unter leichte Wassermassen ab. Dieser Zusammenhang wird durch die GHIJBEN-HERZBERG-Beziehung deutlich, welche die Eintauchtiefe von Süßwasserkalotten in versalzenen Grundwässern an Küsten oder unter Inseln und deren Höhe über dem Salzwasserspiegel unter hydrostatischen Bedingungen beschreibt (Gl. 1.14):

$$h_s = \frac{\varrho_W}{\varrho_S - \varrho_W} \cdot h_W \qquad (1.14)$$

h_s = Höhe zwischen Meeresspiegel und Unterkante Süßwasserkalotte (in m),
h_W = Höhe zwischen Meeresspiegel und Oberkante der Süßwasserkalotte (in m),
ϱ_S, ϱ_W = Dichte des Salzwassers bzgl. des Süßwassers (in g/ml).

Für weiterführende Angaben wird auf MATTHESS & UBELL (1983) verwiesen.

Die Grundwasseroberfläche als hydraulisches Summenpotential

Die in Brunnen oder Grundwasser-Meßstellen angetroffenen Grenzflächen des Grundwassers gegen die Atmosphäre werden Grundwasserspiegel genannt. Ihre Höhe wird auf eine waagerechte Bezugsebene, in der Regel Normal-Null, bezogen und als Grundwasserstand bezeichnet. Die Höhe eines Grundwasserstandes ist gleich der Summe aller wirksamen Potentiale.

In der Ingenieurgeologie wird ferner der Begriff Porenwasserdruck verwandt, der ebenfalls als Grundwasserstand gemessen werden kann, aber nicht unbedingt dem hydrogeologisch definierten entspricht. Unter Porenwasserdruck wird der Druck des Wassers in den Poren von vor allem feinkörnigen, wenig durchlässigen Lockergesteinen (z. B. Ton, Schluff) verstanden, der durch örtliche Spannungs- und Volumenänderungen (z. B. wechselnde Grundwasserstände) im Untergrund entsteht und dann nicht dem normalen, der weiteren Umgebung angepaßten hydrostatischen Druck, sondern einem Überdruck/Unterdruck (z. B. als Folge von Grundwasserstands- oder Laständerungen) entspricht. Da sich der Ausgleich des Porenwasserdrucks (durch Porenwasserströmung) in feinkörnigem Material nur langsam vollzieht, können die Porenwasserdrücke (und somit die Grundwasserstände) in diesen Schichten von den Grundwasserständen in der Umgebung abweichen, wenn der Druckausgleich noch nicht abgeschlossen ist.

Da die Grundwasser-Höhen in den Standrohren von Brunnen oder Meßstellen gemessen werden, wird auch von Standrohrspiegelhöhen gesprochen. Diese werden als Summen aus geodätischer Höhe (über einer gemeinsamen Bezugsebene) und Druck-(Potential-)Höhe in einem betrachteten Grundwasserkörper verstanden. Die Verbindung aller Standrohrspiegelhöhen ergibt eine gedachte Fläche, die Grundwasserdruckfläche. Dabei wird davon ausgegangen, daß der betrachtete Grundwasserkörper ein einheitliches hydraulisches System ist. Ändern sich die Potentiale, z. B. durch Infiltration und Zusickerung bei stärkeren Niederschlägen, durch Grundwasserentnahme (Brunnenbetrieb) oder durch Beeinflussung von Kohlensäure-Aufstiegswegen, so ändern sich naturgemäß auch die zugehörigen Standrohrspiegelhöhen (Grundwasserstände). Die Beträge dieser Veränderungen sind somit ein Maß für die Potentialänderung (Potentialdifferenz), und der Ausgleich der Potentialdifferenzen bewirkt die Grundwasserbewegung.

Die Messung von Grundwasserständen ist somit zur Beurteilung hydrodynamischer Vorgänge von wesentlicher Bedeutung. Sie erfolgt in Grundwasser-Meßstellen, meist eigens für diesen Zweck niedergebrachten Bohrungen. Da solche Meßstellen auch zur Entnahme von Grundwasserproben für die Überwachung der Grundwasserbeschaffenheit geeignet sein sollen, ist ein besonderer, dem vorgegebenen Ziel angepaßter Ausbau erforderlich (Abschnitt 3.10). Da stets die Gefahr einer Verschlammung oder Verockerung von Filterrohren oder Filterkiesen gegeben ist, durch die der hydraulische Anschluß zum Grundwasser eingeschränkt wird, sind die Grundwasser-Meßstellen regelmäßig auf ihre Funktionsfähigkeit zu überprüfen. Nach NATERMANN (PFEIFFER 1962) ist eine ausreichende hydraulische Funktion gegeben, wenn in einem Pumpversuch der Wert $\epsilon > 0{,}0115$ ist. ϵ ist durch Gleichung (1.15) definiert

$$\epsilon = \frac{2}{\Delta t} \cdot \left(\frac{h_1 - h_2}{h_1 + h_2} \right) (\text{min}^{-1}) \tag{1.15}$$

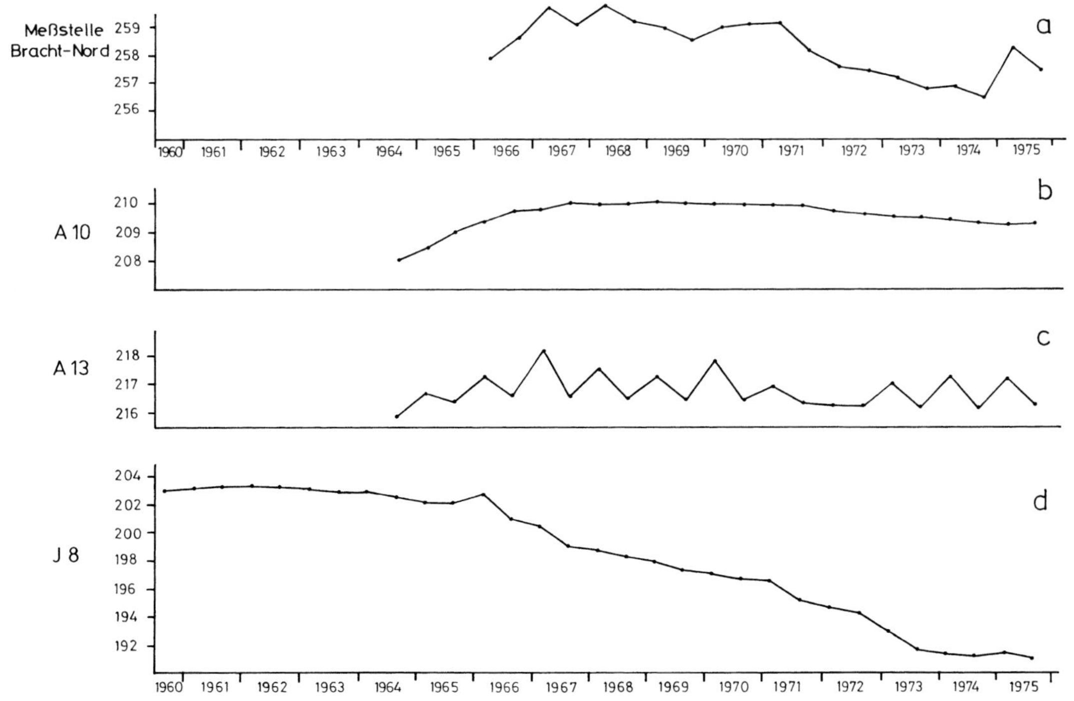

Abb. 1.17. Beispiele von Grundwasserganglinien: a = unbeeinflußter Gang; b = Gang eines gespannten Grundwassers; c = Einfluß durch oberirdisches Gewässer; d = Einfluß durch Grundwasserförderung (HÖLTING 1996).

h_1 = Absenkung des Wasserspiegels am Ende des Pumpversuchs gegenüber der Ausgangsspiegellage (cm),
h_2 = Wiederanstiegshöhe nach dem Zeitintervall Δt (cm),
Δt = Zeitintervall zwischen Ablesung h_1 und h_2 (Minuten).

Bei Auffüllungsversuchen bedeutet (h_2 - h_1) sinngemäß die Senkung des Wasserspiegels im Zeitintervall Δt.

Die zeitlichen Veränderungen der Grundwasserstände werden in der Grundwasserganglinie dargestellt. Aus der Interpretation ihres Verlaufs sind die Änderungen der Grundwasser-Potentiale und die dadurch bewirkten hydrodynamischen Vorgänge abzuleiten. Dominant sind in der Regel Grundwasserzufluß (Grundwasserneubildung als Folge von Niederschlagsereignissen) und Grundwasserabfluß (u. a. durch Wasserförderung aus Brunnen). Meßstellen mit erdoberflächennahen Grundwasserspiegeln reagieren meist kurzfristig auf Niederschlagsereignisse, ihre Ganglinien ähneln denen des Niederschlagsganges. Dagegen geben Meßstellen mit tieferliegenden Grundwasserspiegeln die Niederschlagsereignisse nur angenähert wieder (Abb. 1.17a, dargestellt sind jeweils die aus Wochenmessungen errechneten Mittel der Monate März und Oktober). Noch gedämpfter ist der Verlauf im gespannten Grundwasser (Abb. 1.17b). Der weder Niederschlagsereignissen noch Grundwasserentnahmen zuzuordnende Verlauf der Ganglinie einer Meßstelle (Abb. 1.17c) wird häufig durch die Wasserstände benachbarter Gewässer beeinflußt. Dagegen ist das über Jahre sich hinziehende Absinken der Grundwasserstände (Abb. 1.17 d) auf Grundwasserentnahmen zurückzuführen.

Der Speicherkoeffizient (S)

In gespannten Grundwasserleitern wird bei Absenkung der Druckspiegel innerhalb der überdeckenden Schichten bereits Wasser abgegeben, ohne daß der speichernutzbare Hohlraumanteil des Grundwasserleiters selbst entleert wird. Dies wird durch weitere geohydrologische Größen erfaßt, die das gesamte Speicherverhalten eines Grundwasserleiters beschreiben: der Speicherkoeffizient (S) und der spezifische Speicherkoeffizient (S_s).

Als spezifischer Speicherkoeffizient wird die Änderung des gespeicherten Wasservolumens je Volumeneinheit (z. B. 1 m^3) des Grundwasserraumes bei Änderung der Standrohrspiegelhöhe um 1 m verstanden. Die Änderung der Standrohrspiegelhöhe kann sich sowohl bei Absenkung des Wasserspiegels (Abgabe von Wasser) als auch beim Anstieg (Speicherung von Wasser) ergeben. Die Dimension ist m^{-1} ($m^3/(m^3 \cdot m)$). Als Speicherkoeffizient eines Grundwasserleiters wird das Integral aus spezifischem Speicherkoeffizient und der Grundwassermächtigkeit bezeichnet. Es ist also das Wasservolumen des gesamten Grundwasserleiters von der Mächtigkeit (M), das dieser aufnimmt oder abgibt. Der Speicherkoeffizient ist dimensionslos ($(m^3 \cdot m)/(m^3 \cdot m)$).

Die Abb. 1.18 soll die Unterschiede der Speicherkoeffizienten im gespannten und im freien Grundwasser erläutern. Im gespannten Grundwasser bleibt der Grundwasserleiter bei der Absenkung (s) des Druckspiegels Wasser-gesättigt, ohne daß es trotz Abgabe von Wasser zu einer Leerung des nutzbaren Porenraumes gekommen ist. Die Wasserabgabe kann also nicht auf Leerlaufen von Hohlräumen zurückzuführen sein, sondern muß ihre Ursache in der Änderung der elastischen Eigenschaften des Grundwasserkörpers als Folge des Druckabbaus haben. Die Absenkung des Druckspiegels ist ein Maß für die Verringerung des Drucks im Grundwasserkörper. Umgekehrt zeigt sich eine Zunahme der gespeicherten Grundwassermenge durch Druckanstieg an. In dem geschlossenen Strömungssystem des gespannten Grundwasserleiters wirkt sich der absolute Druck (p_{abs}) sowohl auf die Elastizität des Grundwasserleiters als auch auf die Kompressibilität des Wassers aus. Nach JACOB (1940) gilt die Beziehung (1.16):

(1.16) $$S_s = \varrho_w \cdot g\,[(1 - n_{sp}) \cdot \beta_s + n_{sp} \cdot \beta_w]$$

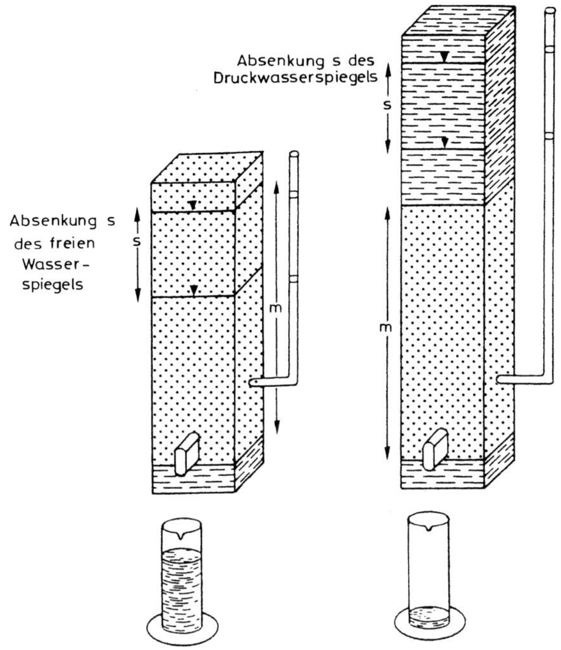

Abb. 1.18. Darstellung des Speicherkoeffizienten S im freien (links) und im gespannten Grundwasserleiter (rechts) (LANGGUTH & VOIGT 1980).

ϱ_w = Dichte des Wassers (g/ml),
n_{sp} = (speicher-)nutzbares Porenvolumen (dimensionslos)
β_s = Kompressibilität (= Kehrwert des Elastizitätsmoduls E_s) des Korngerüstes im Lockergestein (mm^2/N),
β_w = Kompressibilität des Wassers (mm^2/N).

In dieser Gleichung entspricht das Glied »$\varrho_w \cdot g\ (1 - n_{sp}) \cdot \beta_s$« dem durch die Kompression des Korngerüstes je Volumeneinheit und je Einheit Höhenabsenkung freigesetzten Volumen an gespeichertem Wasser, das Glied »$\varrho_w \cdot g \cdot n_{sp} \cdot \beta_w$« dem Wasservolumen, das durch Ausdehnung des Wassers je Volumeneinheit und je Einheit Höhenabsenkung frei wird. Da die Kompressibilität des Wassers wesentlich geringer als diejenige des Grundwasserleiters ist, hat der spezifische Speicherkoeffizient eine größere Bedeutung bei Poren-Grundwasserleitern als bei Festgesteinen.

Da sich der atmosphärische Druck auf den absoluten hydrostatischen Druck auswirkt, wirken sich Änderungen des Luftdrucks auf die Wasserstände in einem elastischen Grundwasserleiter aus, was sich zuweilen recht deutlich in Spiegelschwankungen von Grundwasser-Meßstellen anzeigt. Wird das Verhältnis der Druckschwankung im Grundwasser zu dem der Luft als barometrischer Koeffizient B_p bezeichnet, so ergibt sich nach JACOB (1940)

(1.17) $$S_s = n_{sp} \cdot \varrho_w \cdot \beta_w / B_p$$

Im Pumpversuch kann, sofern der Luftdruck während des Versuches gefallen ist, die Ruhespiegellage am Schluß höher als zu Beginn sein.

In gespannten Grundwasservorkommen liegen die durchweg sehr geringen Speicherkoeffizienten S in der Größenordnung 10^{-3} bis 10^{-5}.

Im freien Grundwasser entspricht jede Spiegelschwankung einem Entleerungs- oder Auffüllungsvorgang. Die Elastizität des Gesteinskörpers wirkt sich nur sehr untergeordnet aus, ihr Anteil ist im Vergleich zum Wasser im offenen Porenraum, das einer Schweredränung unterliegt, vernachlässigbar gering. Praktisch kann der Speicherkoeffizient beim freien Grundwasser mit dem speichernutzbaren Hohlraumanteil gleichgesetzt werden. Seine Größenordnung variiert im Bereich 10^{-1}. Die sehr unterschiedlichen Speicherkoeffizienten im gespannten und freien Grundwasser bedingen naturgemäß auch unterschiedliche Wasserabgaben (Abb. 1.18).

Die Speicherkoeffizienten, die im gespannten Grundwasser üblicherweise durch Pumpversuche im instationären Strömungszustand ermittelt werden (Abschnitte 1.2.3.2.3 und 2.3.4.1), sind wichtige Grundgrößen für die Bewirtschaftung von Grundwasservorkommen. Ist der mittlere Speicherkoeffizient bekannt, kann

- die Gesamtmenge gespeicherten Wassers bei Kenntnis der geometrischen Verhältnisse des Grundwasserkörpers berechnet werden;
- bei Grundwasserspiegelschwankungen und damit wechselnden Grundwassermächtigkeiten die Änderung der gespeicherten Grundwassermengen erfaßt werden.

Je kleiner der Speicherkoeffizient ist, desto größer muß bei einer bestimmten Entnahmemenge die Fläche des Entnahmetrichters sein und desto schneller weitet sich der Entnahmetrichter aus. Damit hängt auch zusammen, daß sich Brunnen, die in demselben gespannten Grundwasserleiter stehen, noch über größere Entfernungen gegenseitig beeinflussen.

1.2.3.2.3 Hydraulische Leitfähigkeit (Durchlässigkeitsbeiwert) der Gesteine

Durchlässigkeitsbeiwert und DARCY-Gleichung

Der unterirdische Wasserabfluß wird durch das Potentialgefälle, durch die von Hohlraum-Anteil und -Geometrie abhängige Durchlässigkeit des Gesteins und durch die die Fließeigenschaften des Wassers (innere und äußere Reibung) charakterisierenden Größen (Viskosität und Dichte) bestimmt.

Die Durchlässigkeit (Permeabilität K) des Porensystems als eine von den Fluideigenschaften des die Poren erfüllenden Mediums unabhängige Gesteinseigenschaft wird durch die aus der Erdölgeologie stammende Einheit Darcy (D) erfaßt. Ein poröses Gestein hat die Permeabilität K = 1 D, wenn 1 cm^3 einer Flüssigkeit mit der Viskosität 1 mPa·s in 1 Sekunde ein Gesteinsstück von 1 cm Länge und 1 cm^2 Querschnitt bei einem Druckunterschied von 100 hPa zwischen Eintritts- und Austrittsstelle bei einer Temperatur von 0 °C und einem atmosphärischen Druck von 1013,24 hPa (= 760 mm) durchfließt.

Die Kenngröße für die Durchlässigkeit eines Gesteins für Grundwasser ist der Durchlässigkeitsbeiwert (k_f), der außer den Gesteinseigenschaften auch die Dichte (ϱ) und die dynamische Viskosität (η) des Wassers sowie die Erdbeschleunigung g berücksichtigt (Gl. 1.18; MATTHESS & UBELL 1983):

$$(1.18) \qquad k_f = \frac{\varrho}{\eta} \cdot g \cdot K$$

Damit kann die Grundwasserströmung mit Hilfe der von dem französischen Wasserbau-Ingenieur Henri DARCY (1856) experimentell abgeleiteten Fließgleichung (1.19) beschrieben werden. Danach ist die eine Flächeneinheit A durchströmende Wassermenge dem Druckhöhenunterschied Δh und dem Durchlässigkeitsbeiwert k_f (in der Ingenieurgeologie k) direkt und der Fließlänge l umgekehrt proportional (Vergl. auch Abschnitt 2.2.2). Das Verhältnis $\Delta h/l$ wird als hydraulischer Gradient (I) bezeichnet. Es ist also

$$(1.19) \qquad \frac{Q}{A} = k_f \cdot \frac{\Delta h}{l} = k_f \cdot I \text{ (m/s)}$$

Durch Umstellung ergibt sich die Definitionsgleichung des Durchlässigkeitsbeiwertes:

(1.20) $$k_f = \frac{Q}{I \cdot A} \text{ (m/s)}$$

mit der Einheit m/s. Nach der Dimension handelt es sich um eine Geschwindigkeit. Die sog. Filtergeschwindigkeit (v_f) ist definiert als die einen Filterquerschnitt (A) in der Zeiteinheit durchfließende Grundwassermenge (Q):

(1.21) $$v_f = \frac{Q}{A} = k_f \cdot \frac{\Delta h}{l} = k_f \cdot I \text{ (m/s)}$$

Sie ist bei einem Gefälle $I = 1$ gleich dem k_f-Wert. Die Filtergeschwindigkeit v_f ist also eine fiktive Geschwindigkeit. Von der Filtergeschwindigkeit sind die Poren-, die Bahn- und die Abstandsgeschwindigkeit zu unterscheiden:

- Porengeschwindigkeit v_n ist die mittlere Fließgeschwindigkeit unter der Annahme, daß der gesamte durchflußwirksame Hohlraum vom Wasser durchströmt wird.
- Bahngeschwindigkeit v_b ist die ständig wechselnde tatsächliche Fließgeschwindigkeit der Wasserteilchen auf einer unbekannten, aber in aller Regel sehr krümmungsreichen Bahn.
- Abstandsgeschwindigkeit v_a ist die Geschwindigkeit, die ein Wasserteilchen bei der Bewegung zwischen 2 Punkten über eine Luftlinien-Entfernung ohne Berücksichtigung der Umwege im Porenraum erreicht.

Da die Grundwasserströmung nur im Porenraum eines Grundwasserleiters erfolgen kann, errechnet sich die Abstandsgeschwindigkeit (v_a) aus der Filtergeschwindigkeit v_f und dem durchflußwirksamen Hohlraumanteil n_e.

(1.22) $$v_a = \frac{v_f}{n_e} \text{ (m/s)}$$

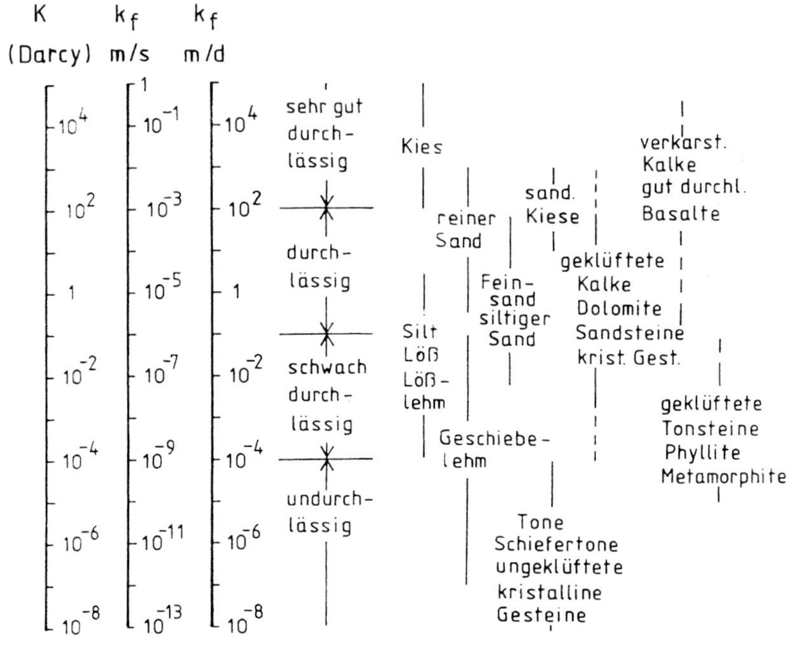

Abb. 1.19. Vergleich verschiedener Einheiten der Permeabilität (Durchlässigkeit) K (in Darcy oder Millidarcy) und des Durchlässigkeitsbeiwerts k_f (hydraulische Leitfähigkeit) (in m/s oder m/d) des Wassers bei 10 °C (EINSELE 1996).

Die Größenordnung der K- und k_f-Werte von verschiedenen Gesteinen vermittelt Abb. 1.19.

DIN 18130 (E 19797) sieht folgende Bewertungen von Durchlässigkeitsbeiwerten vor:

stark durchlässig	$> 10^{-4}$ m/s
durchlässig	10^{-4} bis 10^{-6} m/s
gering durchlässig	10^{-6} bis 10^{-8} m/s
sehr gering durchlässig	$< 10^{-8}$ m/s

In den Grundwasserleitern treten neben den vorherrschenden annähernd horizontalen Fließbewegungen auch vertikale auf. In der Regel ist der vertikale Durchlässigkeitsbeiwert (k_{fv}) geringer als der horizontale (k_{fh}). In alluvialen Grundwasserleitern gilt die empirische Beziehung (1.23):

(1.23) $$1 < k_{fh}/k_{fv} < 200$$

Die DARCY-Gleichung (1.19) gilt exakt nur für laminare, d. h. wirbelfreie Strömung durch poröse Medien. Diese Voraussetzung ist annähernd in Poren-Grundwasserleitern bei den dort herrschenden Gefälls- und Geschwindigkeitsverhältnissen gegeben. In Festgesteinen erfolgt die Wasserbewegung in Trennfugen (Klüften, Lösungshohlräumen), die unterschiedlich weit klaffen, unterschiedliche Wandrauhigkeiten und häufige Richtungsänderungen aufweisen und unterschiedlich räumlich vernetzt sind. Bei den hier bei entsprechenden Gefällen beobachteten höheren Fließgeschwindigkeiten kommt es zur Wirbelbildung, die Strömung wird turbulent. Die Grenze zwischen turbulenter und laminarer Strömung wird durch die REYNOLDS-Zahl (R_e) erfaßt, die sich für Grundwasserleiter errechnet aus

(1.24) $$R_e = \frac{\varrho_w \cdot v \cdot d_w}{\eta}$$

ϱ_w = Dichte des Wassers (Mg/m^3),
v = Fließgeschwindigkeit (m/s),
d_w = wirksamer Korndurchmesser des Grundwasserleitermaterials (m),
η = dynamische Viskosität des Wassers (Pa · s).

Etwa ab REYNOLDS-Zahlen zwischen 1–10 nehmen im fließenden Grundwasser Trägheit und turbulente Reibungskräfte zu, die laminare geht mit zunehmender Fließgeschwindigkeit allmählich in turbulente Strömung über. Bei höheren R_e-Werten, wie sie in Kluft- und Karst-Grundwasserleitern durchaus vorkommen, gilt die DARCY-Gleichung nicht. Im übrigen kann sie für praktische Aufgaben auch auf Kluft- und Karstwasserströmungen angewandt werden, falls eine intensive Zerklüftung vorliegt und die Einhaltung der REYNOLDS-Bedingung anzunehmen ist. Auch in Poren-Grundwasserleitern kommt es bei Überschreiten bestimmter Grenzgefälle und der damit verbundenen Grenzgeschwindigkeiten zu turbulenter Strömung (vgl. auch Abschnitt 2.2.2).

Der Inhomogenität des Untergrundes wird die Transmissivität besser gerecht (nicht: »Profildurchlässigkeit«, ein mißverständlicher Begriff). Die Transmissivität (T) ist das Produkt aus Durchlässigkeitsbeiwert (k_f) und Grundwassermächtigkeit (M):

(1.25) $$T = k_f \cdot M \ (m^2/s)$$

Den Unterschied zwischen Durchlässigkeitsbeiwert (k_f) und Transmissivität (T) veranschaulicht Abb. 1.20.

Der Durchlässigkeitsbeiwert (k_f) kann an ungestörten Einzelproben durch Laborversuche bestimmt werden, wofür es zahlreiche Versuchsanordnungen gibt. Zwei Beispiele für derartige Geräte sind in Abb. 1.21 wiedergegeben:

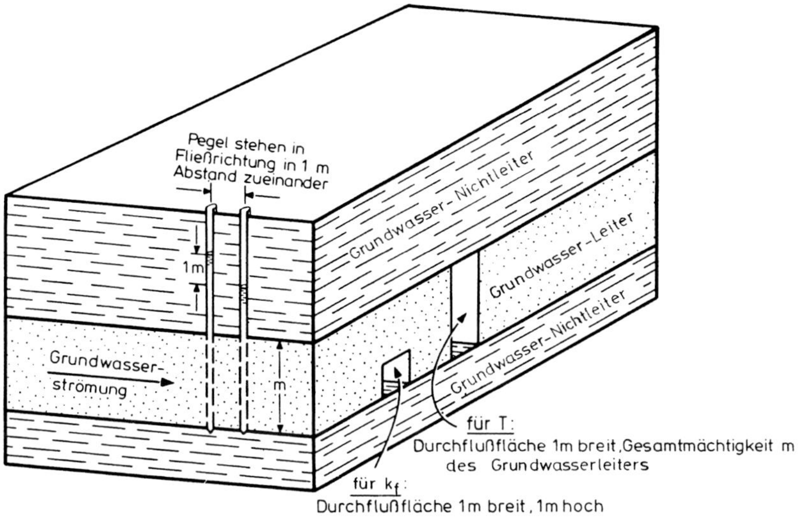

Abb. 1.20. Schema zur Erläuterung von Durchlässigkeitsbeiwert und Transmissivität (FERRIS et al. 1962, LANGGUTH & VOIGT 1980).

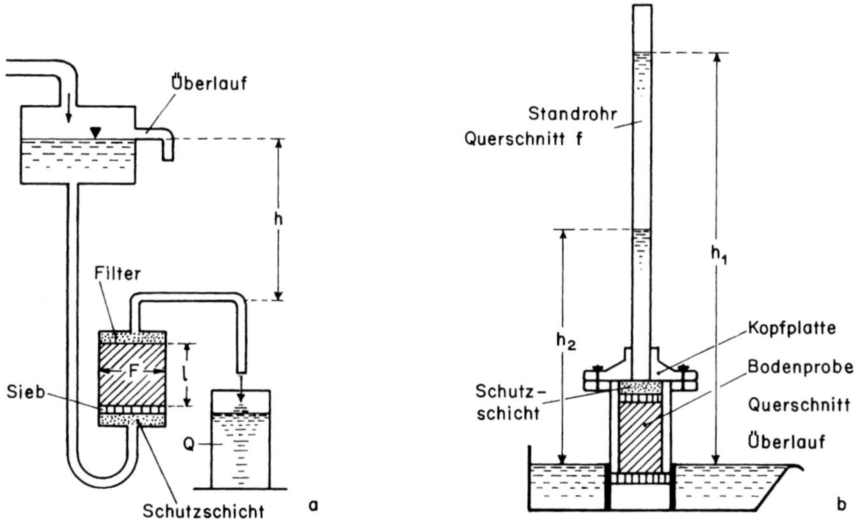

Abb. 1.21. Versuchsanordnungen zur Bestimmung des Durchlässigkeitsbeiwertes (k_f); a: konstante Druckhöhe h, Durchströmen von unten nach oben; b: abnehmende Druckhöhe, Strömen von oben nach unten (THURNER 1967).

1. Anordnung: Messung mit konstanter Druckhöhe h

Die Wassermenge (Q) durchfließt die Filterprobe mit dem Querschnitt (A) in der Zeit (t). Die hydraulische Höhe (h) und die Fließlänge (l) ergeben sich aus der Versuchsanordnung.

$$k_f = \frac{Q \cdot l}{t \cdot A \cdot h} \qquad (1.20.1)$$

2. Anordnung: Messung mit veränderlicher Druckhöhe h

Diese Anordnung eignet sich mehr für gering durchlässiges Material. In dem mit Wasser aufgefüllten Standrohr verringert sich die Druckhöhe von anfänglich (h_1) in der Zeit (t) auf (h_2).

Anstelle des Volumenstromes (Q) sind das Volumen und die Temperatur der in der Zeit eingesetzten entgasten Wassermenge zu berücksichtigen, die über die Standrohrspiegelhöhen (h_1, h_2) und den Querschnitt (f) des Standrohres in die Rechnung eingehen:

(1.26) $$k_f = \frac{f \cdot l}{t \cdot A} \cdot \ln \frac{h_1}{h_2}$$

Durchlässigkeitsbeiwerte und Transmissivitäten größerer Gesteinseinheiten können nur über Pumpversuche bestimmt werden. Diese Versuche dienen dazu, die Leistung eines Brunnens und die hydraulischen Eigenschaften des genutzten Grundwasserleiters zu ermitteln.

Im Verlauf des Pumpversuches wird die Grundwasseroberfläche oder die Grundwasserdruckfläche in Brunnennähe je nach Entnahmen und geohydraulischen Eigenschaften des Grundwasserleiters abgesenkt. Als Absenkungsbereich (Abb. 1.22) wird das Gebiet bezeichnet, in dem eine Grundwasserabsenkung infolge Wasserförderung erkennbar wird (= Beeinflussungsbereich der Grundwasserhöhengleichen). Jedoch fließt dem Brunnen nicht das gesamte Wasser aus dem Absenkungsbereich zu, sondern nur das Wasser aus dem Entnahmebereich, dem Teil des Absenkungsbereiches einer Grundwasserentnahme, der innerhalb des Einzugsgebietes liegt. Die um den Brunnen eingetiefte Grundwasserdruckfläche im engeren Entnahmebereich wird als Entnahmetrichter bezeichnet. Die Entnahmebreite, die Entfernung zwischen den Schnittpunkten der Grenzen unterirdischer Einzugsgebiete mit dem Entnahmebereich, kann in guter Näherung als geradlinige Entfernung zwischen diesen Punkten angesehen werden. Tiefster Punkt auf der Begrenzungslinie des Entnahmebereiches ist der untere Kulminationspunkt. Als Reichweite (R) wird die Entfernung von einem Brunnen oder einer Brunnengruppe bis zur Grenze des Entnahmetrichters bezeichnet, an der der Einfluß der Grundwasserförderung auf den Grundwasserstand praktisch nicht mehr nachweisbar ist. Da sich die Absenkungskurve jedoch asymptotisch an den Ruhegrundwasserspiegel anlegt, ist die Reichweite in der Praxis nicht exakt festzulegen. Die Absenkungskurve wird durch eine Vielzahl von Faktoren, wie z. B. Randbedingungen, Inhomogenität, Schichtung, Gefällsverhältnisse oder Grundwasserneubildung beeinflußt.

Häufig wird die Reichweite (R) aus der Absenkung im Brunnen (s), dem Durchlässigkeitsbeiwert (k_f), der Transmissivität (T) und dem Speicherkoeffizienten (S) mit den Beziehungen von SICHARDT (1928) oder von KUSAKIN (in STRZOKA 1977) berechnet:

(1.27) $$R = 3000 \cdot s \cdot \sqrt{k_f}$$ SICHARDT

(1.28) $$R = 575 \cdot s \cdot \sqrt{(k_f \cdot M)} = 575 \cdot s \cdot \sqrt{T}$$ KUSAKIN

Diese Beziehungen setzen quasistätionäre Strömungsverhältnisse voraus und gelten deshalb exakt nur für einen einzigen Zeitpunkt des nichtstationären Strömungsprozesses. Deshalb wird oft die sogenannte nichtstationäre Ersatzreichweite benutzt. Diese fiktive Reichweite, bezogen auf eine konkrete Zeit, wird aus dem Vergleich der stationären und nichtstationären Lösung für die Brunnenströmung ermittelt (r_o = Radius der Brunnenbohrung; vgl. Abschnitte 2.2.5.1 und 2.2.5.2).

(1.29)
$$2 \cdot \pi \cdot k_f \cdot M = \frac{s}{\left(\ln \frac{R}{r_0}\right)} = 4 \cdot \pi \cdot k_f \cdot M \frac{s}{\left(\ln \frac{2{,}25T \cdot t}{r_o^2 \cdot S}\right)}$$

(1.30)
$$R = 1{,}5 \sqrt{t \cdot \frac{T}{S}}$$

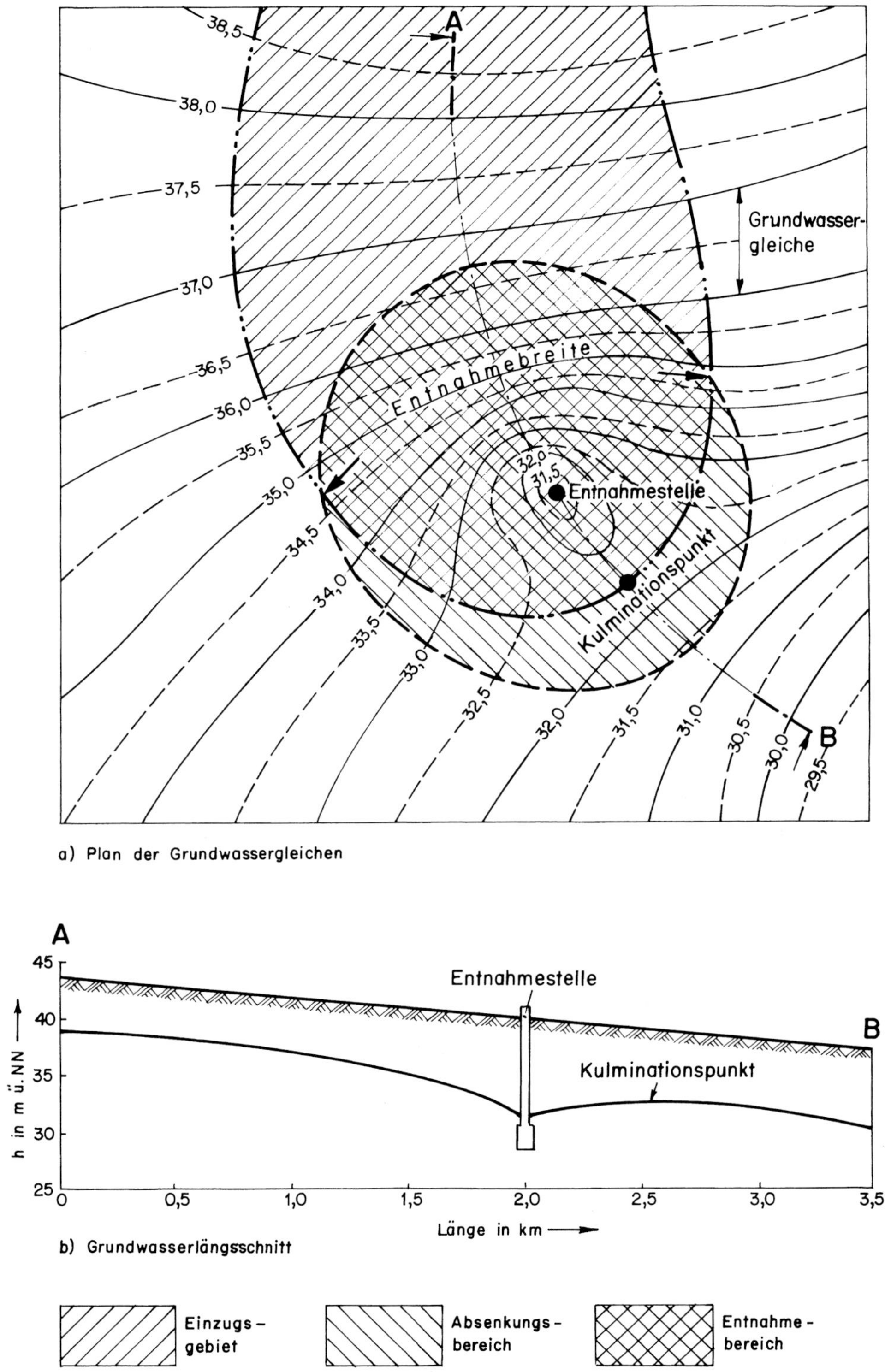

Abb. 1.22. Absenkungs- und Entnahmebereich um einen Brunnen im natürlichen Grundwasserstrom (DIN 4049, Ausgabe 1979).

Diese so ermittelte Reichweite ist nur eine gedachte Größe und läßt sich deshalb in der Natur nicht messen, wobei aber auch hier, insbesondere bei größeren Zeiten, die bereits genannten Einflußfaktoren beachtet werden müssen.

Beispiel:
$s = 4{,}0$ m; $k_f = 1 \cdot 10^{-3}$ m/s; $M = 15$ m; $S = 0{,}25$

SICHARDT: $R = 3.000 \cdot 4 \sqrt{0{,}001} = 379{,}5$ m
KUSAKIN: $R = 575 \cdot 4 \sqrt{0{,}001} \cdot 15 = 281{,}5$ m

nichtstationäre Ersatzreichweite

t (d)	1	5	10	30	100
R (m)	108	214,5	341,5	763	1080

Brunnencharakteristik und Pumpversuche

Aus mindestens drei Leistungsstufen (Q_1, Q_2, Q_3) und zugehörigen Absenkungsbeträgen (s_1, s_2, s_3) der Brunnenwasserspiegel ist in einem zeitbezogenen Graph die Brunnencharakteristik darzustellen (Abb. 1.23). Damit ist die erste Aufgabe, nämlich die Brunnenleistung zu testen, erfüllt. Darüber hinaus gibt die nach diesen Daten aufzustellende graphisch dargestellte Beziehung Entnahme (A)/Absenkung (s) einen Hinweis auf den Spannungszustand des Grundwassers: solange die Absenkung im Bereich des gespannten Grundwassers erfolgt, verläuft die Kurve annähernd gerade, im Bereich des freien Grundwassers je nach Ergiebigkeit gekrümmt.

Zur Ermittlung der wasserleitenden und -speichernden Eigenschaften eines Grundwasserleiters bedarf es jedoch einer längeren Pumpversuchsdauer. Ausführung und Auswertung werden ausführlich in Abschnitt 2 sowie in KRUSEMAN & DE RIDDER (1991) und LANGGUTH & VOIGT (1980) behandelt und wesentliche Besonderheiten von Pumpversuchen in Festgesteinen in STOBER (1986) erörtert, so daß sich die folgenden Darlegungen zunächst auf einen Überblick beschränken können.

Strömungsmechanisch ist von Bedeutung, wie weit die Brunnen den Grundwasserkörper erschließen: vollkommene Brunnen erfassen den gesamten Grundwasserkörper, unvollkommene nur einen Teil des Profils (Abb. 1.24). Hinsichtlich der Leistung kann es Unterschiede zwischen vollkommenen und unvollkommenen Brunnen geben, die in der Praxis jedoch meist vernachlässigbar gering sind.

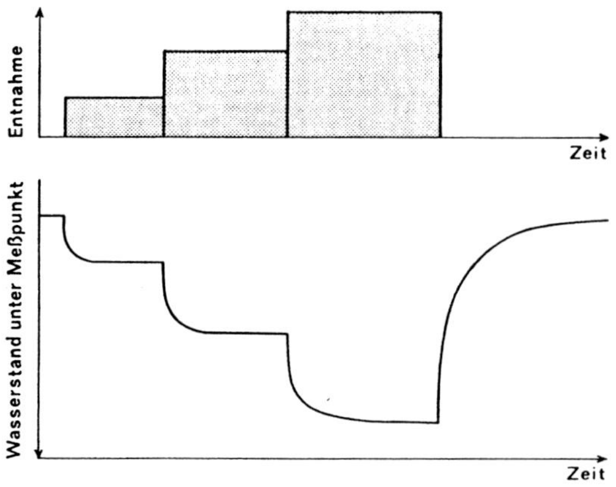

Abb. 1.23. Graph einer Brunnencharakteristik (RICHTER & LILLICH 1975).

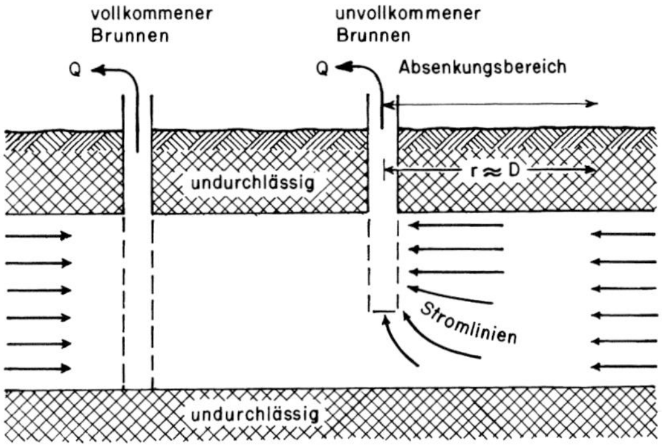

Abb. 1.24. Vollkommener und unvollkommener Brunnen (KRUSEMAN & DE RIDDER 1991).

Wesentlicher sind die Strömungsverhältnisse. Wenn so lange gepumpt wird, bis ein dynamisches Gleichgewicht zwischen Grundwasserzustrom und -entnahme (Förderung) erreicht ist, besteht ein stationärer Strömungszustand (»Beharrung« des abgesenkten Brunnenwasserspiegels); die Form des entstandenen Entnahmetrichters verändert sich nicht oder nahezu nicht mehr. Da es durch zeitlich unregelmäßige, vielfach auch regional unterschiedliche Grundwasserneubildungsvorgänge zu Schwankungen der Grundwasserspiegel kommen kann, ist exakter von einem quasistationären Strömungszustand zu sprechen. Wenn sich aber wegen kürzeren Pumpens ein dynamisches Gleichgewicht noch nicht eingestellt hat, sind die Strömungsverhältnisse instationär.

Pumpversuche erfordern Grundwassermeßrohre, in denen die Änderungen der Grundwasseroberfläche im Verlauf des Pumpversuches gemessen werden können (Abb. 1.25). Für die Berechnung der hydrologischen Kennwerte gelten die Gleichungen (1.31–1.37) deren Ableitungen in den Abschnitten 2.2.5.1 und 2.2.5.2 wiedergegeben sind.

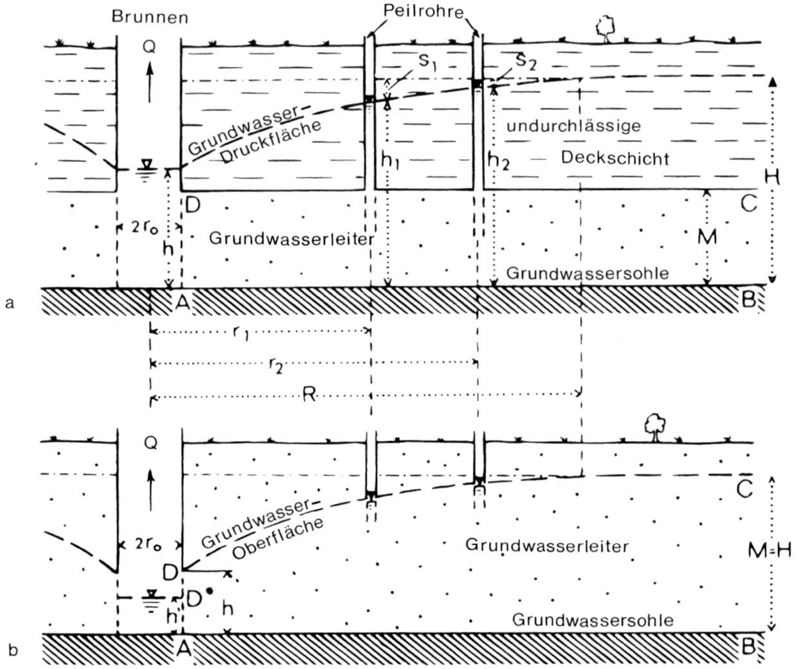

Abb. 1.25. Die Parameter der Pumpversuche im gespannten und ungespannten Grundwasser (DÜRBAUM 1969).

Stationärer Strömungszustand

Wenn mindestens zwei Grundwassermeßrohre verfügbar sind, kann der k_f-Wert bei stationären Bedingungen für freies und gespanntes Grundwasser berechnet werden (Gln. 1.31 u. 1.32).

Freies Grundwasser:

(1.31) $$k_f = \frac{Q \cdot \ln r_2/r_1}{\pi \cdot (h_2^2 - h_1^2)} = \frac{Q \cdot \ln r_2/r_1}{2\pi \cdot h_m \cdot (s_1 - s_2)}$$

Gespanntes Grundwasser:

(1.32) $$k_f = \frac{Q \cdot \ln r_2/r_1}{2\pi \cdot M \cdot (h_2 - h_1)} = \frac{Q \cdot \ln r_2/r_1}{2\pi \cdot M \cdot (s_1 - s_2)}$$

Es bedeuten:

k_f = Durchlässigkeitsbeiwert ($m \cdot s^{-1}$),
Q = entnommene Wassermenge ($m^3 \cdot s^{-1}$),
H = unabgesenkte Grundwasserspiegelhöhe über Bezugsniveau (m),
M = Mächtigkeit des Grundwasserleiters (m),
r_1, r_2 = Abstände der Grundwassermeßrohre 1 und 2 vom Brunnen (m),
h_1, h_2 = Standrohrspiegelhöhen in den Grundwassermeßrohren 1 und 2 über Bezugsniveau (m),
h_m = (H + h)/2 (m),
s_1, s_2 = Spiegelsenkungen in den Grundwassermeßrohren 1 und 2 (m).

Sofern ein Dauerpumpversuch ohne zusätzliche Grundwassermeßrohre durchgeführt wurde, läßt sich der k_f-Wert auch angenähert aus den Absenkungen im Förderbrunnen bei zwei verschiedenen Entnahmemengen mit den Gleichungen 1.33 und 1.34 ermitteln. Da näherungsweise $\ln (R/r_o) = 2\pi$ gesetzt werden kann, ergeben sich die vereinfachten Gleichungen 1.33.1 und 1.34.1.

Freies Grundwasser:

(1.33) $$k_f = \frac{(Q_2 - Q_1) \cdot \ln R/r}{\pi \cdot (h_1^2 - h_2^2)}$$

(1.33.1) $$k_f \simeq 2 \cdot \frac{Q_2 - Q_1}{h_1^2 - h_2^2}$$

Gespanntes Grundwasser:

(1.34) $$k_f = \frac{(Q_2 - Q_1) \cdot \ln R/r_o}{2 \cdot M \cdot (h_1 - h_2)}$$

(1.34.1) $$k_f \simeq \frac{Q_2 - Q_1}{M\ (h_1 - h_2)}$$

R = Halbmesser des Absenkungstrichters (m),
r_o = Halbmesser des Brunnens (m),
h_1, h_2 = Standrohrspiegelhöhen (m) im Brunnen bei den Entnahmemengen Q_1 bzw. Q_2 ($m^3 \cdot s^{-1}$).

Schließlich ist eine größenordnungsmäßige Abschätzung mit nur einer Entnahmemenge mit den Gleichungen (1.35) und (1.36) möglich:

(1.35) Freies Grundwasser: $$k_f = \frac{Q}{h_m \cdot s}$$

(1.36) Gespanntes Grundwasser: $$k_f = \frac{Q}{M \cdot s}$$

k_f = Durchlässigkeitsbeiwert ($m \cdot s^{-1}$),
M = Mächtigkeit des genutzten Grundwasserleiters (m),
Q = Entnahmemenge ($m^3 \cdot s^{-1}$),
s = Absenkungsbetrag im Brunnen (m),
h_m = (h + s)/2 (m),
h = Wassersäule über Brunnensohle (m).

Instationärer Strömungszustand

Beim Pumpversuch im instationären Strömungszustand fällt der Brunnenwasserspiegel bei konstanter Förderleistung ab und der Entnahmetrichter erweitert sich mit der Zeit ständig, je nach den strömungsmechanischen Eigenschaften des Grundwasserleiters. Dieser Vorgang, der in den in der Brunnenumgebung eingebauten Grundwassermeßrohren zu verfolgen ist, erfaßt den gesamten Grundwasserleiter, so daß bei diesem Vorgehen nicht der Durchlässigkeitsbeiwert k_f, sondern die Transmissivität, sowie die speicherwirksamen Eigenschaften, d.h. der Speicherkoeffizient, als schichtspezifische geohydraulische Größen ermittelt werden. Diese Formationskonstanten werden bei instationärer Strömung mit der von dem amerikanischen Hydrogeologen C.V. Theis (1935) aus der Analogie zum Wärmefluß abgeleiteten Beziehung (1.37) berechnet:

(1.37) $$s\,(r, t) = \frac{Q}{4\,\pi \cdot T} \cdot W\left(\frac{r^2 \cdot S}{4 \cdot T \cdot t}\right)$$

s(r, t) = Grundwasserabsenkung im Abstand r (m) von der Entnahmestelle zur Zeit t,
T = Transmissivität (m^2/s)
S = Speicherkoeffizient (dimensionslos)

Wird der Klammerausdruck

(1.38) $$\frac{r^2 \cdot S}{4 \cdot T \cdot t} = u$$

gesetzt, vereinfacht sich Gl. (1.37) zu

(1.37.1) $$s\,(r, t) = \frac{Q}{4\,\pi \cdot T} \cdot W\,(u)$$

Nach Umstellung ergibt sich dann

(1.39) $$T = \frac{Q}{4 \cdot \pi \cdot s} \cdot W(u)$$

und

(1.40) $$S = 4\,T\,(t/r^2)\,u$$

W(u) ist die sog. Theis–Brunnenfunktion, wobei u eine Integrationsvariable von W(u) ist und in einer »Typkurve« dargestellt wird (vgl. Abschnitt 2.2.5.2). Die Lösung der Gleichungen (1.39) und (1.40) erfolgt graphisch, indem auf semilogarithmischem Papier die im Verlauf des Pumpversuches in den Meßstellen ermittelten Werte von s gegen r^2/t (oder t/r^2) aufgetragen werden und durch die so erhaltene Punktschar eine Ausgleichskurve gelegt wird. Durch Auflegen und Deckung mit der Theis-Typkurve werden s und r^2/t (bzw. t/r^2) in Abhängigkeit von u und W(u) ermittelt und in die Gleichungen (1.39) und (1.40) zur Bestimmung von T und S eingesetzt (Kruseman & De Ridder 1991, Matthess & Ubell 1983, Hölting 1996).

Weitere Auswertungsmöglichkeiten ergeben sich für verschiedene hydrogeologische Randbedingungen (siehe Abschnitte 2.2 und 2.3 sowie KRUSEMAN & DE RIDDER 1991). Das THEIS-Verfahren wurde insbesondere von COOPER & JACOB (1946) unter der Annahme vereinfacht, daß die Porendränung vernachlässigbar gering ist. Dieser Ansatz eröffnet die für die Praxis wichtige Möglichkeit, durch Messung des Wiederanstiegs der Brunnenwasserspiegel nach Einstellung der konstanten Wasserförderung Q (in $m^3 \cdot s^{-1}$), die Transmissivität zu bestimmen. Der Verlauf des Wiederanstiegs kann nicht durch technische Störungen (wie z. B. Pumpenausfall) beeinträchtigt werden. Die semilogarithmische Kurve der Restabsenkung des Wasserspiegels (s) und der zugehörigen Zeiten (t) erlaubt es, die Spiegeldifferenz (Δs) im Abschnitt einer logarithmischen Dekade abzulesen. Die Transmissivität errechnet sich dann aus:

$$T = \frac{0{,}183 \cdot Q}{\Delta\ s} \ (m^2 \cdot s^{-1}) \quad (1.41)$$

Bei der Auswertung ist der Störeinfluß der Eigenkapazität des Brunnens zu berücksichtigen, der in Kluft- größer als in Poren-Grundwasserleitern ist. Dieser Einfluß zeigt sich in den Wiederanstiegskurven in ihrem zunächst nur flachen Verlauf und erklärt sich daraus, daß zu Beginn des Versuches zunächst das Volumen des Brunnens leer gepumpt wird, so daß dieser Anteil an der Förderung meist schnell zugunsten des Zustroms aus dem Grundwasserleiter zurückgeht. Nach dem Abstellen der Pumpe aber hört der Zustrom aus dem Grundwasserleiter nicht abrupt auf, sondern klingt bis zum Auffüllen des Brunnens allmählich ab. Dies bedeutet, daß sich ein konstanter Entnahmestrom während einer anfänglichen Übergangsperiode aus der Summe zweier entgegengesetzt verlaufender Fließraten zusammensetzt (STRAYLE 1983: 312).

Für spezielle Untersuchungen im Fels- und Talsperrenbau haben sich WD-(Wasserdruck-) Versuche bewährt. Dazu wird in eine einseitig oder doppelseitig durch Packer abgeschlossene Bohrlochstrecke unter Druck Wasser eingepreßt. Dabei ergibt sich der k_f-Wert (HEITFELD & KOPPELBERGER 1981, HEITFELD 1991, PRINZ 1991) zu:

$$k_f = \frac{Q}{2\ \pi \cdot L \cdot H} \cdot \ln \frac{L}{r_o} = 0{,}3665 \frac{Q}{L \cdot H} \cdot \lg \frac{L}{r_o} \ (m \cdot s^{-1}) \quad (1.42)$$

Q = eingepreßte Wassermenge ($m^3 \cdot s^{-1}$),
L = freie Bohrlochstrecke (m),
H = in der Teststrecke wirksamer Überdruck (m),
r_o = wirksamer Bohrlochradius (m).

Ergebnisse von Pumpversuchen entsprechen immer nur den örtlichen und den zur Zeit der Pumpversuchsausführung gegebenen hydraulischen Verhältnissen. Sofern möglich, sollten daher Pumpversuche nach mehreren Methoden durchgeführt und ausgewertet werden. Den geohydraulischen Gegebenheiten nicht angemessen sind rechnerische Auswertungen einzelner Ergebnisse über die Festlegung von Größenordnungen hinaus. Wie auch bei anderen hydrogeologischen und hydrochemischen Datenerhebungen sollten die Worte des Mathematikers und Physikers K. F. GAUSS (1777–1855) beachtet werden, die (abgewandelt) lauten: Der Mangel an geowissenschaftlicher (mathematischer) Bildung gibt sich durch nichts so auffallend zu erkennen wie durch maßlose Schärfe im Zahlenrechnen.

Hydraulische Leitfähigkeit (Durchlässigkeitsbeiwert) von Poren-Grundwasserleitern

Die hydraulische Leitfähigkeit der Poren-Grundwasserleiter hängt von Kornverteilung, Kornform und Lagerungsdichte ab (Abschnitt 1.2.3.1). Vielfach hat gut sortiertes Material eine höhere Durchlässigkeit als schlechter sortiertes, weil sich beim schlechter sortierten in den Hohlräumen zwischen den gröberen Körnern die feineren Anteile einnisten. Daher haben Kies-Sand-Gemische meist keine bessere Durchlässigkeit als reine Sande. Die Durchlässigkeit wird so besonders durch die feineren Partikel bestimmt, da sie die Hohlräume zwischen den größeren Körnern der Lockergesteine weitgehend ausfüllen können. Daher werden bei Untersuchungen zur Durchlässigkeit von Lockergesteinen die Feinkornanteile in erster Linie zu berücksichtigen sein.

Die Durchlässigkeitsbeiwerte (k_f) von Poren-Grundwasserleitern können außer durch Säulenversuche im Labor und durch Pumpversuche auch indirekt auf der Grundlage der Kornverteilungsfunktion bestimmt werden. Die indirekte Methode wird insbesondere dann angewandt, wenn eine ungestörte Bodenprobenahme nicht möglich ist. Der Einsatzbereich beschränkt sich dabei vorwiegend auf Kiese und Sande. Die Kornverteilungsfunktion kann mit verschiedenen granulometrischen Verteilungsmethoden bestimmt werden (Tabelle 1.12).

Als günstig hat sich die Kombination von Siebung und unmittelbarer Zählmethode zur Korngrößenanalyse von Bodenproben erwiesen.

- Die Prüfsiebung ist die einzige praktisch anwendbare Methode zur Analyse der Teilchengröße im Bereich von 100 mm bis 65 µm zur Charakterisierung des Stoffsystems Boden sowie zur Ermittlung des k_f-Wertes.
- Die unmittelbare Zählmethode ist ein schnelles Verfahren mit einer außerordentlich hohen Reproduzierbarkeit der Ergebnisse und sehr guten Voraussetzungen des Einsatzes im Rahmen der Laborautomatisierung. Der analysierbare Teilchengrößenbereich variiert je nach Feinheitsmerkmal. Bei den meisten im praktischen Einsatz befindlichen Geräten liegt er im Bereich von 1,5 bis 290 µm. Damit sind solche Geräte besonders zur Analyse der Schluff- und Tonanteile geeignet.

Die Trockensiebung wird angewandt, wenn der Teilchenanteil mit einem Durchmesser kleiner 63 µm weniger als 25% beträgt. Der zu untersuchende Größenbereich ist größer als 63 µm. Das trockene Probegut wird mit der Einwaage G [in g] auf den Siebsatz gegeben, bei Kastensieben auf glatter Fläche mit der Hand gerüttelt und bei Rundsiebsatz ca. 20 Minuten maschinell gesiebt. Nach Beendigung der Siebung wird der Rückstand g_i [in g] auf den Einzelsieben der Größe i [in mm] und der Anteil der Feinteile < 0,0063 mm im Auffanggefäß gewogen. Folgende Siebböden werden verwendet: Rundlochsiebe: 100; 63; 40; 20; 10 mm; Maschensiebe: 6,3; 4,0; 2,0; 1,0; 0,63; 0,4; 0,2; 0,1; 0,063 mm.

Tabelle 1.12. Granulometrische Verteilungsmethoden.

Methode	Größenbereich	Feinheitsmerkmal	Teilchengröße	Mengenart
Prüfsiebung (trocken oder naß)	5 µm	Öffnungsweite für die Trennung	Nennöffnungsweite	Masse
Sedimentations- und Sichtungsmethoden	2 µm bis 60 µm	stationäre Sinkgeschwindigkeit	Sinkgeschwindigkeits-äquivalenter Kugeldurchmesser	Masse
abbildende Methoden	0,01 µm bis 100 µm	def. Teilchenabmessung bzw. Projektionsfläche	z. B.: MARTIN'scher Durchmesser (d_n) bzw. flächenäquivalenter Kugeldurchmesser	Anzahl
unmittelbare Zählmethode	0,005 µm bis 800 µm	Feldstörung, z. B.: Extinktionsmessung; Änderung des elektr. Widerstandes	Kugeldurchmesseräquivalente Widerstandsänderung d_E; Kugelvolumendurchmesser-äquivalente Widerstandsänderung d_v	Anzahl

Bei kombinierter Anwendung von Rund- und Maschensiebböden ist die Umrechnung der Rundlochweite in die entsprechende Maschenweite erforderlich. Die entsprechenden Umrechnungsfaktoren sind in Tabelle 1.13 zusammengestellt.

Als Probenmenge G werden benötigt:

Grobkies und Steine	4.000 g bis 6.000 g
Mittelkies	1.000 g bis 2.000 g
Grobsand und Feinkies	400 g bis 500 g
Fein- und Mittelsand	100 g bis 200 g
schluffiger Sand	50 g bis 100 g

Bei der Versuchsauswertung erfolgt die Ermittlung der Rückstände R [%] auf den Einzelsieben und des Gesamtrückstandes R_i (%) bezogen auf die Siebgröße in mm.

Anteil einer Korngröße:	$\Delta R_i = g_i/G$	(%)
Gesamtrückstand:	$R = R_i$	(%)
Gesamtdurchgang:	$D_i = 1 - R_i$	(%)

Eine Siebung ist zu wiederholen, wenn der Siebverlust mehr als 1,5% der Einwaage beträgt.

Die Naßsiebung wird bei Boden mit einem Feinstkornanteil (kleiner 63 µm) eingesetzt. Als Testkriterium gilt, daß eine, den Bedingungen entsprechende, Probe durch Fingerdruck nicht zerdrückbar sein sollte. Die Versuchsdurchführung erfolgt wie bei der Trockensiebung, nur daß zwischen den einzelnen Sieben, dem Deckel und dem Untersatz Gummidichtungen angebracht sind und außerdem Deckel und Untersatz Schlauchanschlüsse für die Zuführung und Ableitung des Spülwassers besitzen.

Bei der Versuchsdurchführung werden Dispergierungsmittel eingesetzt, z. B. 5 ml einer 25%igen NH_4OH-Lösung in 500 ml der herzustellenden Suspension. Sollte die dispergierende Wirkung des Ammoniaks nicht ausreichen, dann läßt sich auch Natrium-Pyrophosphat ($Na_4P_2O_4$) verwenden. Die Gesamtanalyse der Korngrößenverteilung erfordert die Kopplung der Naßsiebung mit dem als sehr vorteilhaft bewerteten Partikelanalysator.

Für die weitere Auswertung der Ergebnisse der Trocken- oder Naßsiebung ist ein Auftragen des Gesamtrückstandes bzw. Gesamtdurchganges in halblogarithmischer Form zweckmäßig, wofür sich das in Abb. 1.26 dargestellte Formular mit seiner Einteilung in die unterschiedlichen Kornfraktionen gut eignet.

Das Meßprinzip des Partikelanalysators (Abb. 1.27) beruht auf der Analyse der durch ein Teilchen verursachten Feldstörung. Dabei wird meßtechnisch die Anzahl (Teilchenzahl) sowie die zeitliche Änderung der durch die Feldstörung verursachten Impulse erfaßt.

Ein von einer Halogenlampe ausgestrahltes weißes Licht passiert die Meßzelle und wird von einer Sammellinse auf die Empfängerdiode fokussiert, der ein mehrstufiger Verstärker nachgeschaltet ist. Strömen nun Teilchen durch die Meßzelle, so bewirken sie je nach Projektionsfläche und Berechnungsindex einen Extinktionseffekt, dessen Impulsamplitude ein Maß für die Teilchengröße ist. Dabei ist der ermittelte Teilchendurchmesser eine flächenbezogene Größe. Die Teilchenkonzentration in der Suspension ist so einzustellen, daß sich stets nur ein Teilchen im Strahlungsgang der Lampe befindet. Die Auswertung erfolgt durch einen Mikrorechner im online-Betrieb.

Tabelle 1.13. Umrechnung Rundlochsieb – Maschensieb.

Rundlochweite (mm)	10	12	15	20	25	30	50	70
Maschenweite (mm)	7,8	9,5	12	16,4	20,8	25,2	43	61
Umrechnungsfaktor	1,28	1,26	1,25	1,22	1,2	1,19	1,19	1,15

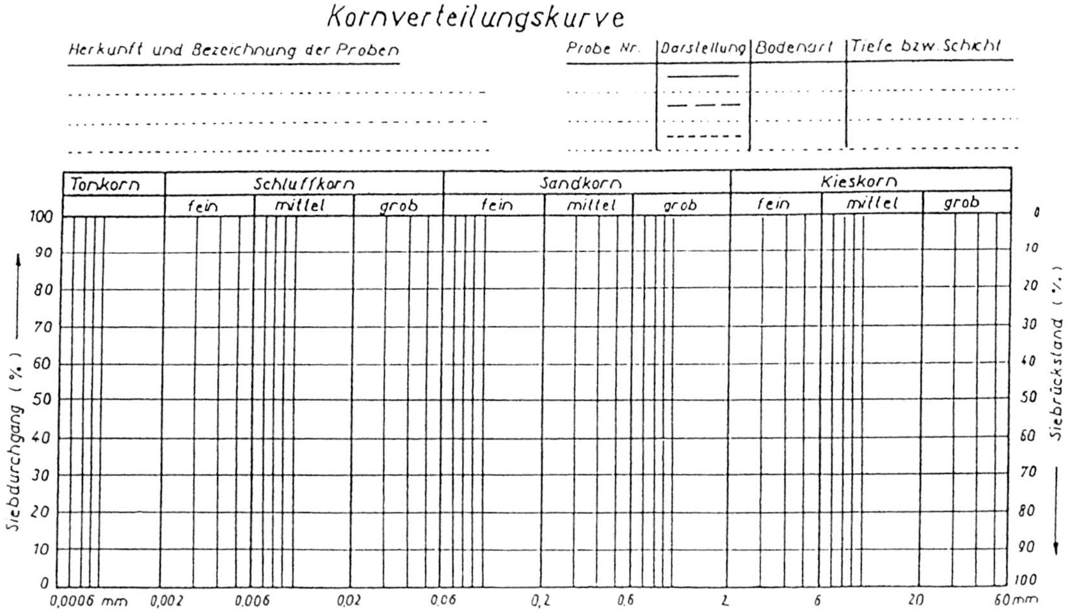

Abb. 1.26. Formular für Kornverteilungskurven.

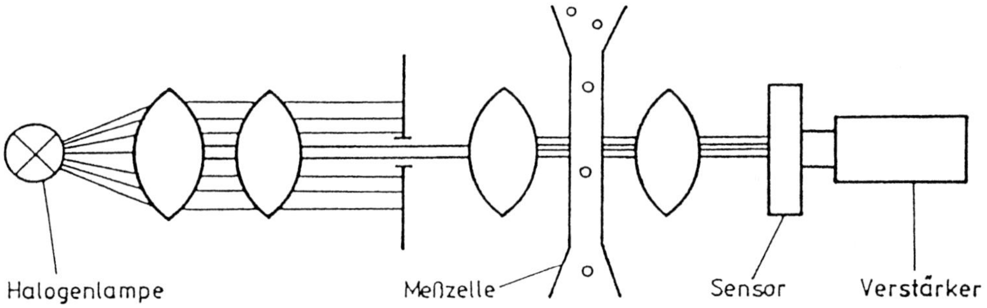

Abb. 1.27. Schema eines Partikelanalysators.

Aus der granulometrisch bestimmten Kornverteilungskurve der Bodenprobe kann der k_i-Wert mit Hilfe der Verfahren von HAZEN (1893) und BEYER (1964) bestimmt werden (DVGW 1983a), die auf der Beziehung (1.43) aufbauen

(1.43) $k_f = C \cdot d_w^2$

mit dem wirksamen Korndurchmesser (d_w) und einem Proportionalitätsfaktor (C). In Abhängigkeit von der Korngrößenzusammensetzung sind konkrete Werte für C und d_w anzugeben.

Nach HAZEN (1893) gilt bei der Temperatur t (in °C) für

(1.44) $k_f = 0{,}0116\ (0{,}7 + 0{,}03\ t) \cdot d_{10}^2\ (m \cdot s^{-1})$

mit der Korngröße d_{10} eines Lockergesteins im Schnittpunkt der 10%-Linie mit der Summenkurve in mm (Abb. 1.4) und der Wassertemperatur t (°C). Der Durchlässigkeitsbeiwert ist entsprechend der inneren Reibung des Wassers Temperatur-abhängig (Gl. 1.18), er beträgt z. B. bei 10 °C das 0,77–fache, bei 30 °C das 1,55-fache des k_f-Wertes bei 20 °C. Bei einer Grundwassertemperatur von etwa 10 °C, wie sie in Mitteleuropa verbreitet ist, errechnet sich C zu 0,0116, so daß die obige Gleichung modifiziert für $t_w = 10$ °C lautet:

(1.45) $k_f = 0{,}0116\,(d_{10})^2\ (m \cdot s^{-1})$

Die Größe d_{10} (in mm) wird als »wirksame Korngröße« bezeichnet, da die Korngrößenfraktion ≤ 10% wesentlich die hydraulische Leitfähigkeit von Poren-Grundwasserleitern bestimmt. Die HAZEN-Formel gilt nur für Ungleichförmigkeitsgrade U (= d_{60}/d_{10}) ≤ 5.

Allgemeiner ist für Lockergesteine das Verfahren von BEYER (1964) einsetzbar, das aus einer umfangreichen Datenbasis entwickelt wurde, den funktionellen Zusammenhang von d_w und d_{10} exakt erfaßt und schließlich die Ungleichförmigkeit und die Lagerungsdichte des Bodens berücksichtigt.

Für die Bestimmungsgleichung (1.46)

(1.46) $k_f = C \cdot d_{10}^2\ (m \cdot s^{-1})$

ist C für mittlere Lagerungsverhältnisse in Abhängigkeit vom Ungleichförmigkeitsgrad U = d_{60}/d_{10} (Gl. 1.2) direkt aus Tabelle 1.14 ablesbar. Als Bedingungen für diese Verfahren gelten Ungleichförmigkeitsgrade (U) zwischen 1 und 20, d_{10}-Werte zwischen 0,06 und 0,6 mm und eine Wassertemperatur (t) von 10 °C.

In vielen leistungsfähigen Laboratorien laufen die Partikelanalyse und die daran anschließende k_f-Wert-Ermittlung weitgehend automatisch ab. In Abb. 1.28 ist eine solche Auswertung für einen Mittelsand aus dem Gebiet von Magdeburg auf der Grundlage einer entsprechenden Software (APSM) dokumentiert (KEMMESIES 1996). Hier werden neben den charakteristischen Werten der Kornverteilungskurve weitere bodenphysikalische Kenngrößen angegeben. In Abb. 1.29 ist der Rechnerausdruck der entsprechenden Kornverteilungskurve dargestellt.

Eine Auswahl von Korngrößenklassen und k_f-Wert-Berechnungen gibt Abb. 1.30 wieder.

Die Strömung in Poren-Grundwasserleitern ist meist laminar, so daß die erläuterten Untersuchungsmethoden bei Beachtung ihrer Begrenzungen angewandt werden können. Wegen des durchweg höheren durchflußwirksamen Hohlraumanteils in Poren- als in Kluft- und Karst-Grundwasserleitern ist davon auszugehen, daß die Durchlässigkeit und damit die Ergiebigkeit von Lockergesteinen im Mittel um 1–2 Zehnerpotenzen höher sind als die von Festgesteinen.

Hydraulische Leitfähigkeit von Kluft-Grundwasserleitern

In Festgesteinen können Hohlräume (Abschnitt 1.2.3.1.2) durch Trennfugen (Klüfte) und – wenn auch nicht in allen Gesteinen – zusätzlich durch Poren gebildet werden. Infolgedessen haben Festgesteine

- eine Trennfugen-Durchlässigkeit, die durch tektonisch angelegte Kluft- und Störungssysteme gegeben ist;
- eine Gesteinsdurchlässigkeit, die durch Hohlräume (Poren) zwischen den Gesteins- bzw. Mineral- Partikeln verursacht wird und vor allem in verfestigten Sedimentgesteinen in nennenswertem Umfange vorliegen kann.

Die Summe beider Größen ist die Gebirgsdurchlässigkeit, worunter die hydraulische Leitfähigkeit des gesamten Gebirges zu verstehen ist. In der Regel haben Sandsteine und ähnliche Sedimentgesteine nur sehr geringe Gesteinsdurchlässigkeiten in der Größenordnung von 10^{-7} bis 10^{-8} $m \cdot s^{-1}$. Nur gelegentlich kommen höhere Werte vor, wie in den grobkörnigen, bindemittelarmen Sandsteinen des Mittleren Buntsandsteins am Rande des Rheinischen Schiefergebirges (DÜRBAUM et al. 1969). Immerhin erhöhen solche Gesteinsdurchlässigkeiten örtlich die Ergiebigkeit – durch

Tabelle 1.14. k_f-Werte nach BEYER (1964).

d_{60}	d_{10}	0,060	0,065	0,070	0,075	0,080	0,085	0,090	0,100	0,110	0,120	0,130	0,140	0,150	0,160	0,180 mm
0,06		4,3	–	–	–	–	–	–	–	–	–	–	–	10^{-4} m/s	–	–
0,08		4,1	5,0	5,8	6,7	7,7	–	–	–	–	–	–	–	–	–	–
0.10		4,0	4,7	5,3	6,4	7,3	8,4	9,6	1,2	–	–	–	–	–	–	–
0,12		3,8	4,4	5,0	6,2	7,0	8,1	9,2	1,1	1,4	1,7	–	–	–	–	–
0,15		3,6	4,2	4,9	5,9	6,7	7,8	8,8	1,1	1,4	1,7	2,1	2,3	2,7	–	–
0,20		3,4	4,0	4,7	5,6	6,4	7,3	8,4	1,0	1,3	1,6	2,0	2,2	2,6	2,9	3,8
0,25		3,2	3,8	4,5	5,3	6,1	7,0	8,0	1,0	1,2	1,6	1,9	2,1	2,5	2,8	3,6
0,30		3,1	3,6	4,3	5,1	5,9	6,7	7,7	9,6	1,2	1,5	1,8	2,0	2,4	2,7	3,5
0,40		2,9	3,4	4,1	4,8	5,6	6,3	7,3	9,0	1,2	1,4	1,7	1,9	2,3	2,6	3,3
0,50		2,8	3,3	3,9	4,6	5,3	6,0	7,0	8,6	1,1	1,4	1,6	1,8	2,2	2,5	3,2
0,60		2,7	3,2	3,7	4,4	5,1	5,8	6,7	8,4	1,1	1,3	1,6	1,8	2,1	2,4	3,1
0,80		2,5	3,0	3,5	4,2	4,9	5,5	6,3	7,9	1,0	1,2	1,5	1,7	2,0	2,2	2,9
1,00		2,4	2,9	3,4	4,0	4,7	5,2	6,0	7,5	9,5	1,2	1,4	1,6	1,9	2,1	2,8
1,20		2,3	2,8	3,3	3,8	4,5	5,0	5,8	7,3	9,2	1,1	1,4	1,5	1,8	2,0	2,7
1,50		–	–	3,1	3,6	4,3	4,8	5,5	7,0	8,8	1,0	1,3	1,4	1,8	1,9	2,6
2,00		–	–	–	–	–	–	5,2	6,6	8,3	1,0	1,2	1,4	1,7	1,8	2,4
2,50		–	–	10^{-5} m/s	–	–	–	–	–	7,8	9,5	1,2	1,3	1,6	1,8	2,3
3,00		–	–	–	–	–	–	–	–	–	–	–	1,2	1,5	1,7	2,2
mm																

d_{60}	d_{10}	0,20	0,22	0,24	0,26	0,28	0,30	0,32	0,35	0,38	0,40	0,42	0,45	0,50	0,55	0,60 mm
0,20		4,8	–	–	–	–	–	–	–	–	–	–	–	–	–	–
0,25		4,6	5,6	6,9	–	–	–	–	–	–	–	–	–	–	–	–
0,30		4,5	5,4	6,6	9,3	1,1	–	–	–	–	–	–	–	10^{-3} m/s	–	–
0,40		4,2	5,1	6,3	7,5	8,8	1,0	1,2	1,5	1,7	2,0	–	–	–	–	–
0,50		4,0	4,9	6,0	7,2	8,4	1,0	1,2	1,4	1,6	1,9	2,1	2,4	3,0	–	–
0,60		3,8	4,7	5,8	6,9	8,1	9,4	1,1	1,4	1,6	1,8	2,0	2,3	2,9	3,6	4,3
0,80		3,6	4,4	5,4	6,5	7,7	9,0	1,1	1,3	1,5	1,7	1,9	2,1	2,7	3,4	4,1
1,00		3,5	4,2	5,2	6,2	7,3	8,5	1,0	1,2	1,4	1,6	1,8	2,0	2,6	3,2	4,0
1,20		3,3	4,1	5,0	6,0	7,0	8,1	1,0	1,2	1,4	1,5	1,7	2,0	2,5	3,1	3,9
1,50		3,2	3,9	4,8	5,7	6,7	7,7	9,3	1,1	1,3	1,4	1,6	1,9	2,4	3,0	3,7
2,00		3,0	3,7	4,5	5,4	6,4	7,3	8,7	1,0	1,2	1,4	1,6	1,8	2,3	2,8	3,4
2,50		2,8	3,5	4,4	5,2	6,0	7,0	8,3	1,0	1,2	1,3	1,5	1,7	2,2	2,7	3,3
3,00		2,7	3,4	4,2	5,0	5,8	6,6	8,0	9,5	1,1	1,3	1,4	1,6	2,1	2,6	3,1
4,00		2,6	3,2	3,9	4,7	5,5	6,3	7,6	9,0	1,1	1,2	1,3	1,5	2,0	2,5	3,0
5,00		–	–	3,7	4,5	5,2	6,1	7,2	8,5	1,0	1,2	1,3	1,4	1,9	2,4	2,8
6,00		–	–	–	–	5,0	5,9	6,9	8,1	9,7	1,1	1,2	1,3	1,8	2,3	2,7
8,00		–	–	–	–	–	–	–	7,7	9,2	1	1,2	1,3	1,7	2,2	2,6
10,00		–	–	10^{-4} m/s	–	–	–	–	–	–	9,7	1,1	1,2	1,6	2,1	2,5
12,00		–	–	–	–	–	–	–	–	–	–	–	–	1,7	2	2,4
mm																

Nutzung der Porosität – und häufig das Speichervermögen, wodurch unter Umständen bei der Wassergewinnung erhebliche Reserven verfügbar werden.

Vorherrschend ist jedoch die hydraulische Leitfähigkeit entlang von Klüften, deren speichernutzbarer Hohlraum (Tabelle 1.11) geringer ist als der von Poren–Grundwasserleitern. Die Grundwasserbewegung erfolgt nicht in einem räumlich einheitlichen Grundwasserkörper (Kon-

APSM: Auswertung

Probe Nr.: Prof. Beims (GKW) Datum: 02.03.93 Bearbeiter: Opitz

Kommentar: 20 min gerüttelt Bodenart: Mittelsand (DIN 4220)

Inhalt der Fraktionen:

Steine:	0.0 %
Grobkies:	0.0 %
Mittelkies:	0.4 %
Feinkies	1.81 %
Grobsand:	20.51 %
Mittelsand:	74.61 %
Feinsand:	2.68 %

spez. Oberfläche:

$$\frac{A_{OK}}{V} = 14530.02 \ \frac{m^2}{m^3}$$

$$\frac{A_{OK}}{m} = 0.55 \ \frac{m^2}{100\,g}$$

Verwendete Approximationsmethode: Geradenzüge

Charakteristische Durchmesser:

d_{10} = 0.23 mm

d_{30} = 0.34 mm

d_{60} = 0.51 mm

d_{90} = 0.94 mm

Ungleichförmigkeit: U = 2.21

Kornstufung: C = 0.95

größtes suffosionsgefährdetes Korn:

$d_{E,max}$ = 0.077 mm

wirksamer Korndurchmesser:

d_{eq} = 0.41 mm

Standardabweichung: σ^2 = 0

Parameterabschätzung:

Durchlässigkeitbeiwert nach BEYER:

$k_f = 5.5 \cdot 10^{-4}$ m/s

Porosität nach Hackeschmidt: ϕ = 0.34

Kennwerte der Phi-Grade:

Mittlere Korngröße: $\bar{\Phi}$ = 0.7

Streuung: σ = 0.84

Schiefe: α = 1.14

Kurtosis: β = 7.4

Siebschnitt: 0.0 mm

Siebdurchgang: 100.0 %

Abb. 1.28. Ergebnisse bodenphysikalischer Untersuchungen mit APSM.

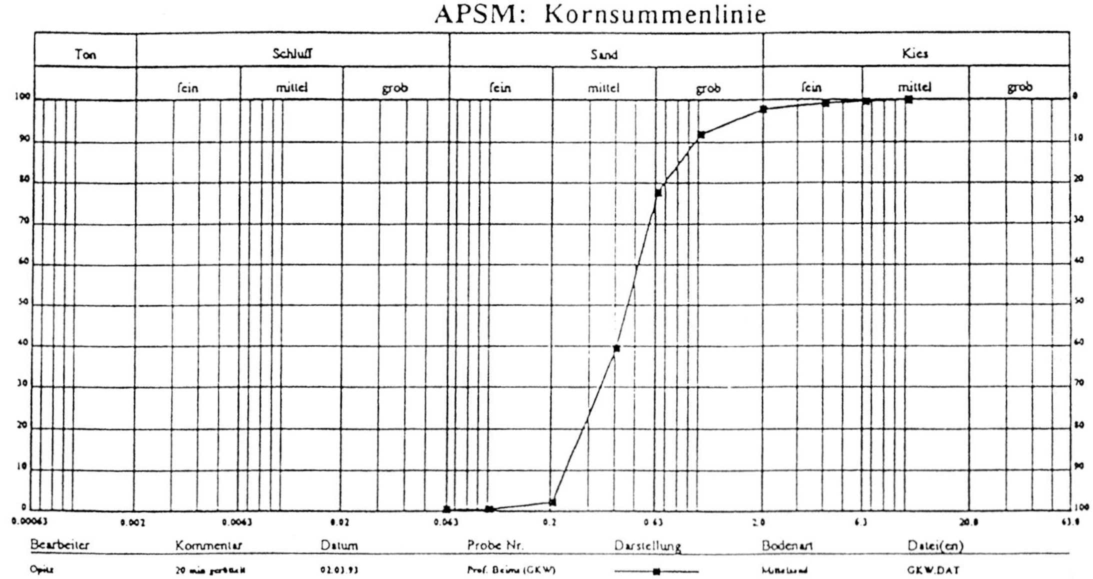

Abb. 1.29. Darstellung der Kornverteilungskurve aus APSM.

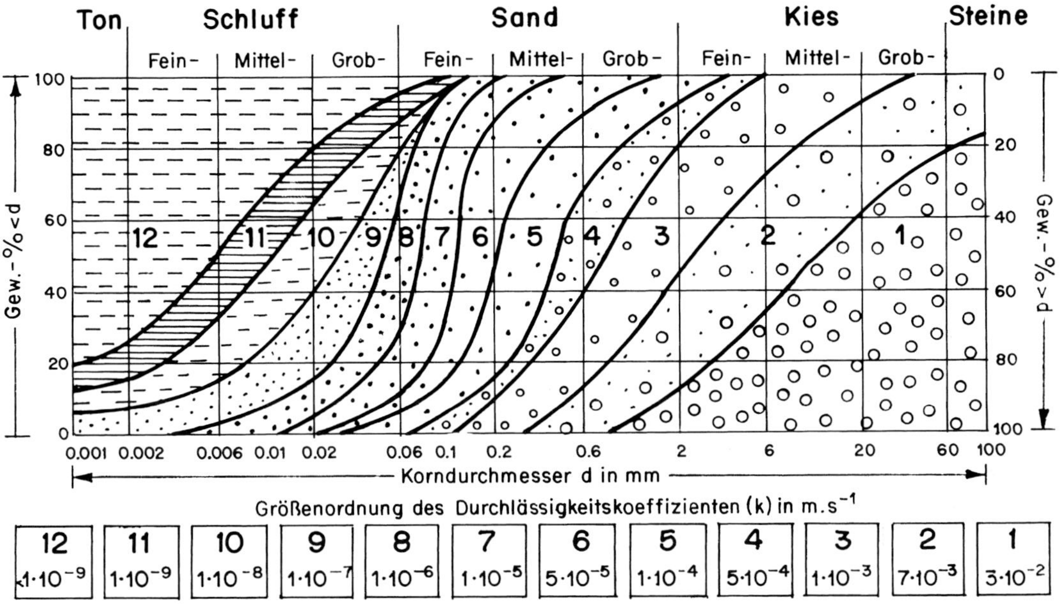

Abb. 1.30. Korngrößenklassen und Durchlässigkeitsbeiwerte (k_f) der Lockergesteine (PRINZ 1991).

tinuum), sondern ist auf einzelne Bewegungsbahnen (Diskontinuum) beschränkt, in denen allgemein die Fließgeschwindigkeit wesentlich größer als in Poren-Grundwasserleitern ist und häufig eine turbulente Strömung auftritt, so daß die DARCY-Gleichung und die Auswertungsverfahren von Pumpversuchen entsprechend Abschnitt 1.2.3.2.3 nicht anwendbar sind (Zur Behandlung des turbulenten Strömungsfalles siehe MATTHESS & UBELL (1983)). Dazu kommt, daß das Grundwassermeßnetz meist nicht ausreicht, die raumzeitliche Druckverteilung im Kluft-Grundwasserkörper mit angemessener Detailgenauigkeit zu verfolgen. Meist wird der zeitliche Druckverlauf allein im Entnahmebrunnen gemessen. Da die Wasserströmung in der Regel nur auf bestimmte Klüfte oder Kluftzonen beschränkt ist, treten in Brunnennähe regelmäßig turbulente Strömungsverhältnisse auf. Andererseits ist in den verbreiteten gespannten Kluftgrundwasser-Systemen die Brunnenleistung dem Druck proportional. Diesem Umstand ist es zu verdanken, daß ein Teil der Pumpversuche auswertbar ist (STRAYLE 1983: 309).

Pumpversuche in Festgesteinen müssen genügend lange ausgeführt werden, um Einflüsse, wie die Brunnenspeicherung (Eigenkapazität) und den Skin-Effekt auszugleichen. Der Skin-Effekt ist ein Maß für die hydraulische Anbindung eines Brunnens an den Grundwasser-erfüllten Kluftraum. Er ist proportional zur Förderleistung und bewirkt einen zeitunabhängigen hydraulischen Druckverlust (bzw. in der Wiederanstiegsphase nach dem Pumpversuch einen Druckaufbau). Die Größe dieses konstanten Druckverlustes bzw. -aufbaus gibt der dimensionslose Skinfaktor S_F an, der positiv oder negativ sein kann und von $+\infty$ für vollständig dichte bis -5 für stimulierte (z. B. gefracte oder gesäuerte) Bohrlöcher reicht. Wegen dieser Effekte sollten Pumpversuche in Kluftgesteinen wesentlich länger als in Poren-Grundwasserleitern, nämlich etwa 100 bis 500 Stunden, dauern. Weitere Unterschiede der Pumpversuche in Poren- und Kluft-Grundwasserleitern sind in Tabelle 1.15 (STRAYLE 1983: 308) zusammengestellt.

Die Auswertung von Einzel-Pumpversuchen in Kluft-Grundwasserleitern ist immer mit Unsicherheiten behaftet. Falls z. B. der Brunnen, in dem eine Wassersäule von 100 m steht, nur aus einer Kluft gespeist wird, dürfte die Angabe einer Transmissivität kaum für die Durchlässigkeitsverhältnisse einer größeren Einheit repräsentativ sein. Aus diesem Grund sollten geophysikalische

Tabelle 1.15. Unterschiede zwischen Pumpversuchen in Kluft- und Poren-Grundwasserleitern.

	Kluft-GWL	Poren-GWL
Pumpzeit	länger, da größere REV[1] im 100 m-Bereich	kürzer, da kleinere REV im 10 m-Bereich
Meßstellen	fehlen häufig	in der Regel vorhanden
Durchführung	Brunnentest unerläßlich, da Leistungscharakteristik abreißen kann	kann manchmal entfallen, weil Q_{max} abschätzbar ist
Bohrlochgeophysik	Anwendung in großem Umfang erwünscht	geringere Anwendungsmöglichkeiten
Korrekturen	Temperaturkorrektur bei großen Tiefen erforderlich	u. U. Korrektur der freien Oberfläche
Brunneneinfluß	immer vorhanden (Skin, Eigenkapazität)	meist gering und vernachlässigbar
System	meist gespannt, Proportionalität zwischen S und H	gespannte und freie Systeme
Anströmung	auf einzelne Horizonte beschränkt (Skin, Brunnenverlust)	mehr oder weniger über den gesamten GWL
Absenkung	meist groß	in der Regel kleiner
Randbedingungen	selten vollständig definiert	häufig ausreichend bekannt
Auswertung	Schwerpunkt: Wiederanstieg nur zeitliche Auswertung Typkurven für Einzelfälle	Absenkungs- und Wiederanstiegsperiode räumliche und zeitliche Auswertung Typkurven für alle gängigen Systeme

[1] REV = Repräsentatives Elementarvolumen

Bohrlochmessungen in allen Bohrlöchern in Kluftgesteinen eines Untersuchungsgebietes ausgeführt werden (Abschnitt 3.4), um so näherungsweise die Kluftdichte zu ermitteln. Einzelpumpversuche in Kluft-Grundwasserleitern erlauben nicht, in dem gleichen Maße Dauerleistungen vorherzusagen, wie bei Poren-Grundwasserleitern. Meistens ist die Dauer-(Betriebs-) Leistung niedriger als die Pumpversuchsleistung.

Unabhängig von geohydraulischen Feststellungen zur Grundwasserströmung sind jedoch die aus den Pumpversuchen errechneten Leistungsquotienten, die ein zusätzliches Maß der Durchlässigkeitsverhältnisse – wenn auch mit Einschränkungen – darstellen. Der Leistungsquotient (L_q) ergibt sich aus

$$(1.47) \qquad L_q = \frac{Q_{br}}{s} \; (\mathrm{l/(s \cdot m)})$$

Q_{br} = mittlere Brunnenleistung im Pumpversuch (l/s),
s = Absenkungsbetrag des Wasserspiegels im Brunnen (m).

Der Leistungsquotient ist nur in Brunnen mit gespanntem Grundwasser eine Konstante, da nur hier die Absenkungs-Leistungskurve eine Gerade bildet. Bei freiem Grundwasser werden unterschiedliche Werte je nach Förderleistung und Absenkung erreicht. In der Regel bieten jedoch Pumpversuche hinreichend genaue Möglichkeiten zu Leistungs- und Grundwasserergiebigkeits-Vergleichen.

Trotz der o. a. Vorbehalte gegenüber der Auswertung von Pumpversuchen in Kluftgesteinen auf der Grundlage der DARCY-Gleichung werden zunehmend Berechnungen von Durchlässigkeitsbeiwerten und andere darauf aufbauende Auswertungen vorgenommen. Die Ergebnisse

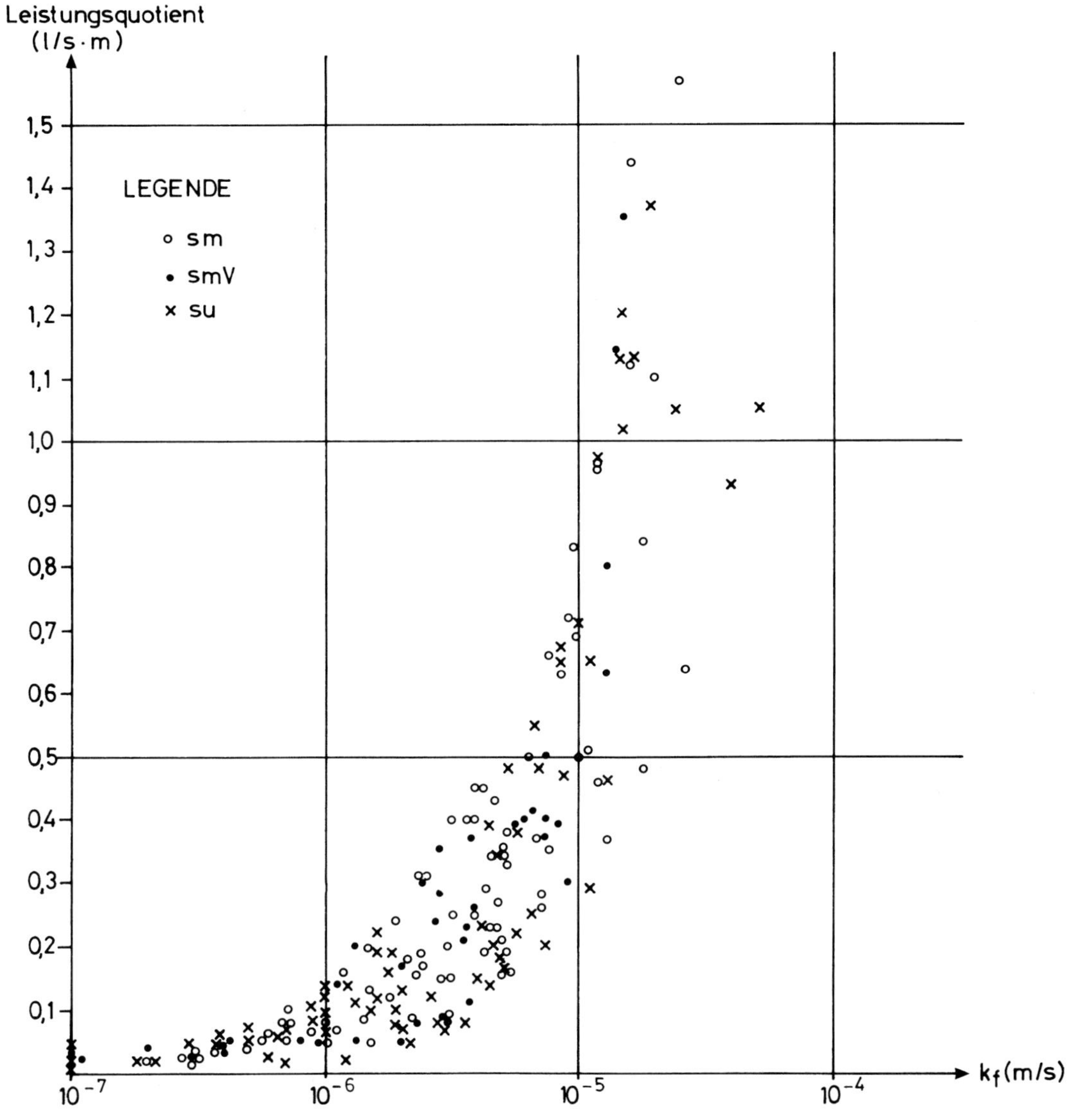

Abb. 1.31. Abhängigkeit der Leistungsquotienten vom k_f-Wert (SCHRAFT & RAMBOW 1984).

sprechen dafür, daß solche Auswertungen bei ausreichenden Datensätzen unter Anwendung bi- oder multivariater statistischer Methoden verwendbare Aussagen zulassen. SCHRAFT & RAMBOW (1984) z. B. fanden bei der statistischen Auswertung zahlreicher Durchlässigkeitsbeiwerte aus Pumpversuchen im Buntsandstein Osthessens eine ziemlich gleichmäßige Häufigkeitsverteilung bei durchweg niedrigen Durchlässigkeitsbeiwerten k_f ($1 \cdot 10^{-6} - 3 \cdot 10^{-6}$ m/s) im Unteren und Mittleren Buntsandstein mit einem Nebenmaximum bei $1 \cdot 10^{-5} - 2 \cdot 10^{-5}$ m/s. Die Pumpversuchsergebnisse wurden durch WD-Versuche gestützt, die Korrelation zwischen Leistungsquotienten und k_f-Werten war augenfällig (Abb. 1.31). Schließlich ergab sich ein deutlicher Zusammenhang zwischen der Neigung der Grundwasseroberfläche und dem k_f-Wert (Abb. 1.32). Nach der DARCY-Gleichung (1.19) sind bei konstantem Verhältnis Q/A Durchlässigkeitsbeiwert (k_f) und Grundwassergefälle (I) einander umgekehrt proportional (Gl. 1.19.1).

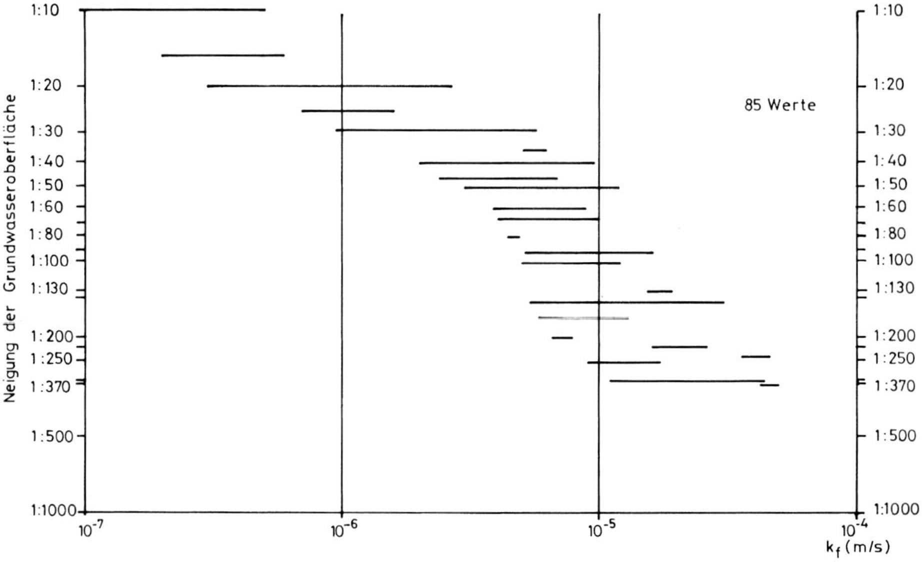

Abb. 1.32. Abhängigkeit der Neigung der Grundwasseroberfläche vom k_f-Wert (SCHRAFT & RAMBOW 1984).

(1.19.1) $$\frac{Q}{A} \cdot \frac{1}{k_f} = I$$

Die Abb. 1.32 bestätigt diesen Zusammenhang. In Anwendung dieser Werte wurden von HÖLTING & SCHRAFT (1987) beim Bau des 7345 m langen Dietershan-Tunnels der Deutschen Bahn die anfallenden Grund- und Sickerwassermengen vorausberechnet. Während die pro 100 Meter Tunnelstrecke anfallende Wassermenge mit 0,7 l/s prognostiziert wurde, betrug sie beim Bau tatsächlich 0,3–0,5 l/s, lag also größenordnungsmäßig im Bereich der Vorhersage. Insgesamt bestätigt sich damit schließlich, daß speichernutzbarer und durchflußwirksamer Hohlraumanteil in Kluft-Grundwasserleitern geringer als in Poren-Grundwasserleitern sind (Abschnitt 1.2.3.1).

1.3 Ermittlung der Grundwasserneubildung

1.3.1 Der Wasserkreislauf

Von den rd. 1380 Mio. km³ Wasser in der Hydrosphäre, also der Gesamtheit des festen, flüssigen und gasförmigen Wassers der Erde, entfallen nur 2,4%, nämlich 33,4 Mio. km³ auf die Gewässer des Festlandes und von diesen 26,4 Mio. km³ (1,9% der Hydrosphäre, 79% des Festlandwassers) auf oberirdische und 7 Mio. m³ auf unterirdische Wasservorkommen einschließlich der Grundwässer. Das Wasser der Hydrosphäre nimmt am Wasserkreislauf teil. Durch die Sonnenstrahlung verdunstet ein Teil des Meerwassers, d. h., es geht in Form von Wasserdampf in die Atmosphäre, wird als Wolke transportiert, deren Wasserinhalt an anderer Stelle wieder als Niederschlag fällt, entweder direkt in das Meer oder auf Landflächen. Von Landflächen kann er wieder verdunsten, oberflächlich abfließen oder in den Untergrund infiltrieren und den Vorrat an unterirdischem Wasser, insbesondere an Grundwasser speisen. Das unterirdische Wasser tritt nach einer unterschiedlich langen Fließ- und Aufenthaltszeit schließlich in örtlich definierten Quellen oder in

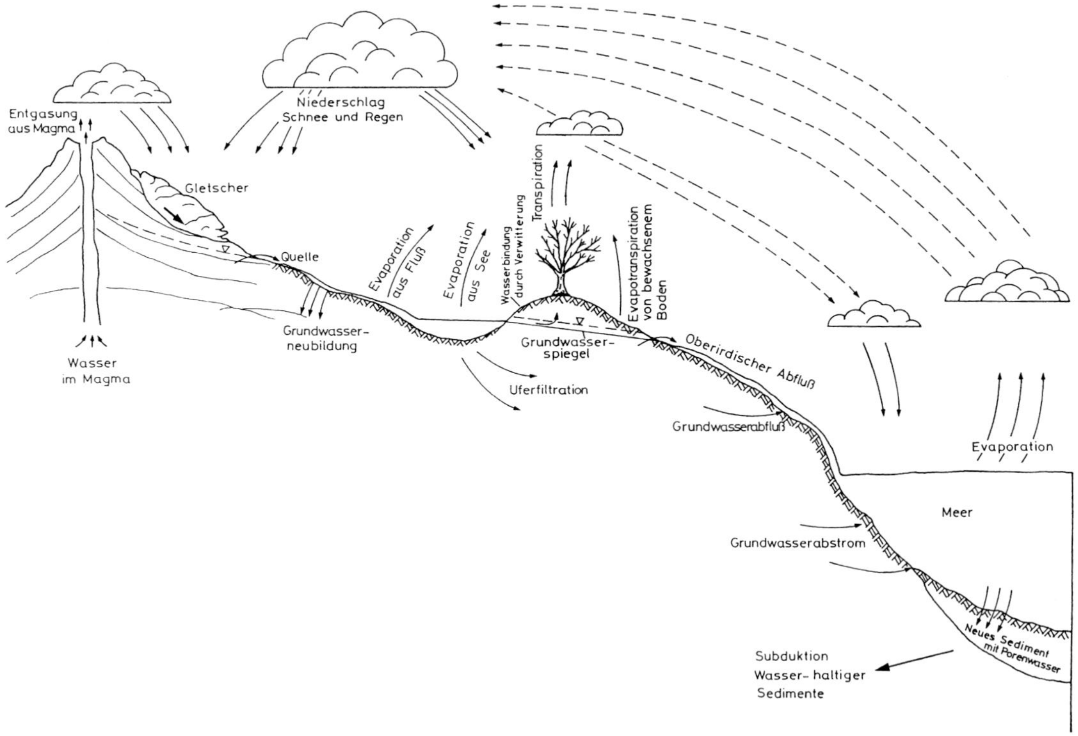

Abb. 1.33. Schematische Darstellung des Wasserkreislaufes (MATTHESS & UBELL 1983).

diffusen Austrittsflächen wieder zutage (Abschnitt 3.11.1). Diese verschiedenen, voneinander abhängigen Elemente des Umsatzes in der Hydrosphäre bilden das in sich geschlossene System des hydrologischen Wasserkreislaufs der Erde (Abb. 1.33). Niederschlag (P), Verdunstung (ET), oberirdischer (R_o) und unterirdischer Abfluß (R_u) sind dabei miteinander durch die Wasserhaushaltsgleichung verknüpft:

(1.48) $$P = ET + R_o + R_u$$

Diese vier Gliedgrößen strukturieren das Grundschema des Wasserhaushalts der Erdoberfläche, sind aber durch regionale Gegebenheiten häufig noch zu ergänzen. Wesentliche Besonderheit ist die ungleiche räumliche Verteilung der Größen der einzelnen Wasserhaushaltsglieder. Nur im humiden Klima ist nämlich der Niederschlag größer als die Verdunstung, so daß aus der Differenz von Niederschlag und Verdunstung (P – ET) ein Abfluß ($R = R_o + R_u$) resultiert. Ist jedoch der Niederschlag geringer als die Verdunstung, kann es zu keinem Abfluß kommen. Derartige aride Verhältnisse liegen in Wüstengebieten vor. Wenn dort trotzdem Grundwasser durch tiefe Bohrungen erschlossen wird, so handelt es sich hauptsächlich um Bildungen älterer geologischer Zeiten (z. B. spätpleistozäne Grundwasservorkommen, wie in der nordafrikanischen Sahara-Wüste) oder um unterirdische Zuflüsse aus Randgebieten mit entsprechend hohen Niederschlägen (z. B. Oasen in der nordwestlichen Sahara mit Grundwasser-Zuflüssen aus dem Atlas-Gebirge). Wechseln die Größen von Niederschlag und Verdunstung im Laufe eines Jahres, so daß zeitweise der Niederschlag größer als die Verdunstung ist und es zum Abfluß kommt, wird von semiaridem Klima gesprochen. In Regionen ewigen Eises ist oberirdisch und – oberflächennah – auch unterirdisch alles Wasser gefroren (nivales Klimareich, Permafrostgebiete) (siehe auch ausführliche Behandlung des Wasserkreislaufes und des Grundwasser-bezogenen Wasserhaushaltes in MATTHESS & UBELL (1983)).

1.3.2 Niederschlag

Entscheidende Größe für den Wasserkreislauf eines Gebiets ist der Niederschlag (P). Seine Menge wird in mm gemessen, d.h. als Höhe einer Wasserschicht, die nach einem Niederschlagsereignis den Boden bedecken würde, wenn nichts abfließt, verdunstet oder versickert; 1 mm P entspricht einem Niederschlag von 1 Liter pro m^2 Bodenfläche. Die Niederschlagshöhe wird üblicherweise in mm pro Zeiteinheit angegeben, meist bezogen auf ein Jahr als mm/a. Dabei entspricht 1 mm/a = 0,0317 $l/(s \cdot km^2)$.

Niederschläge entstehen in der Atmosphäre bei der Aufwärtsbewegung feuchter Luft. Nach der Ursache dieser Aufwärtsbewegung werden unterschieden:

- Steigungs-(Konvektions-)Regen, wobei warme feuchte Luft infolge geringerer Dichte rasch aufsteigt und sich abkühlt, so daß der Wasserdampf kondensiert und als kräftiger Schauer niedergeht; typisches Beispiel: Gewitterschauer.
- Gelände-(orographischer) Regen, wobei mehr oder weniger waagerecht (advektiv) bewegte Luft an Berghängen nach oben abgelenkt wird und der Wasserdampf infolge Abkühlung kondensiert; typisches Beispiel: stärkere Niederschläge an der Luvseite von Gebirgen.
- Zyklonale Regen als Folge des Durchzugs zyklonaler Aufgleitfronten von Tiefdruckgebieten; typisch sind über größere Gebiete hinweggehende längerfristige Niederschlagsereignisse (»Landregen«).

Formen des Niederschlags sind Regen, Schnee, Hagel und Nebel. Quantitativ effizient sind davon meist nur Regen und Schnee. Regen kommt mit Ausnahme der Polargebiete und einiger extrem trockener Wüsten (z.B. Nubische Wüste bei Assuan in Ägypten) überall auf der Erde vor. Unterschiedlich sind die Niederschlagsintensitäten (Menge pro Zeit). Je nach Stärke wird von schwachem (< 2,5 mm/h), mäßigem (2,6–7,5 mm/h) oder starkem (>7,5 mm/h) Niederschlag gesprochen. Schnee ist fester Niederschlag (»gefrorener Regen«) und kommt bei Temperaturen zwischen –40 °C und +5 °C vor. Hydrologisch ist Schnee deshalb von besonderer Bedeutung, weil er über längere Zeit Niederschlagswasser anhäuft und beim Tauen kurzfristig frei gibt.

Der Niederschlag wird meist mit dem Niederschlagsmesser nach HELLMANN gemessen; dieser besteht aus einem Auffangtrichter mit einer Fläche von 200 cm^2 und einem Sammelgefäß. Diese Meßgeräte, die 1 m über Boden installiert werden, müssen von Gebäuden, Bäumen und sonstigen Gegenständen ausreichend weit entfernt sein. Schnee wird zur Messung aufgetaut. Neben diesen Meßgeräten werden auch Regenschreiber zur Messung der Niederschlagsintensität und Niederschlagssammler zur Beobachtung schwer zugänglicher Örtlichkeiten eingesetzt.

Meßstellen für Niederschläge erfassen die Niederschlagsmengen punktförmig. In der Bundesrepublik Deutschland gibt es derzeit etwa 5.040 solcher Meßstellen (davon 580 Klimahauptstationen, dazu 427 Niederschlagsschreiber und -sammler). Die Ergebnisse werden unter Berücksichtigung regionaler klimatischer Gegebenheiten regionalisiert und in Karten dargestellt. Zusammenfassende Kartenwerke (z.B. SCHIRMER in KELLER 1978) erfassen in der Regel entsprechend einer Empfehlung der WMO (Meteorologische Weltorganisation) das Zeitintervall 1931–1960, ältere Kartenwerke beziehen sich meist auf das Zeitintervall 1890–1931, neueste auf das Zeitintervall 1961–1990. Zwischen den drei Zeitreihen bestehen Unterschiede, wobei die Zeit von 1961–1990 in den meisten Gebieten etwas feuchter war als die älteren Perioden.

Die jährlichen Niederschlagshöhen in der Bundesrepublik Deutschland variieren in weiten Grenzen (Abb. 1.34). Weithin überwiegen Flächen mit einem Mittel von 600-800 mm/a; unter

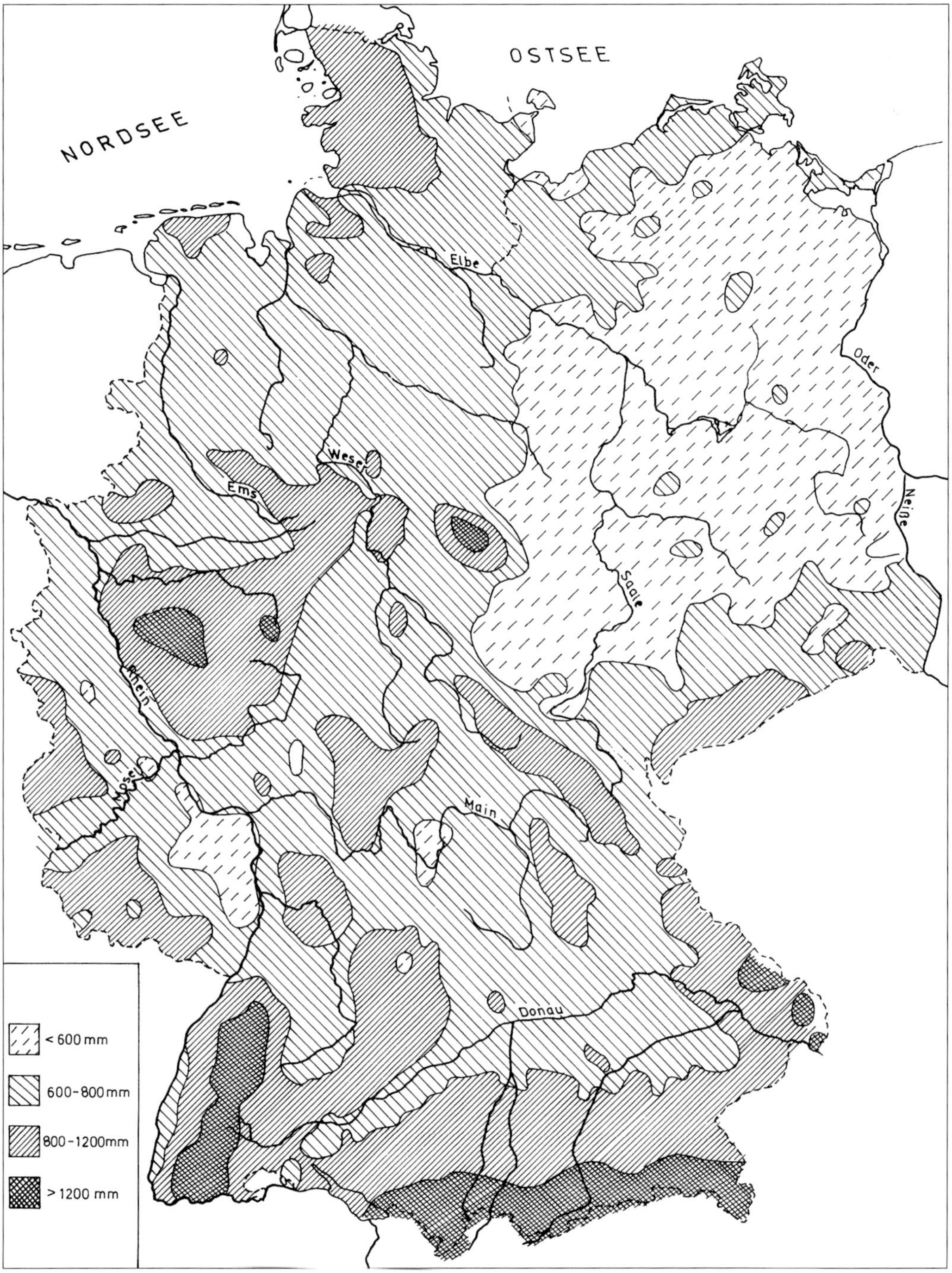

Abb. 1.34. Mittlere jährliche Niederschlagshöhen in der Bundesrepublik Deutschland (1931–1960) (DWD 1994).

600 mm/a bleiben nur kleinere Gebiete, z. B. W' von Mainz und Koblenz. In den Hochgebirgen liegen die Mittel dagegen über 1200 mm/a. Das Niederschlagsmittel errechnet sich für die Zeitreihe 1931–1960 für die alten Bundesländer zu 837 mm/a, für Ostdeutschland zu 662 mm/a und für das wiedervereinigte Deutschland zu 783 mm/a bzw. für die Zeitreihe 1961–1990 zu 790 mm/a (Tab. 1.16).

1.3.3 Verdunstung

Die Verdunstung (Evaporation) (E) ist physikalisch der Übergang von flüssigem in dampfförmiges Wasser und somit ein energetischer Prozeß, der im Wesentlichen durch den Wärmehaushalt auf der Erdoberfläche gesteuert wird. Ihre Höhe wird wie beim Niederschlag in mm/a angegeben.

Faktoren der Verdunstung von einer Wasseroberfläche sind:
- Dampfdruck, wobei die Verdunstung umso intensiver ist, je größer der Unterschied (Sättigungsdefizit) zwischen maximal möglichem (= Sättigungswert) und dem tatsächlichen Dampfdruck in der Luftschicht über dem Wasser ist;
- Temperatur, welche den Dampfdruck und den Sättigungswert bestimmt; der Sättigungswert des Dampfdruckes erhöht sich je 10 °C um etwa 100%;
- Luftströmung über der Wasseroberfläche: ruhende Luft über einer Wasseroberfläche ist bald mit Wasserdampf gesättigt, durch Luftströmungen (Wind) wird neue ungesättigte Luft herangeführt;
- barometrischer Druck (Luftdruck): bei niedrigem barometrischen Druck erhöht sich (wenn auch geringfügig) die Verdunstungsintensität;
- Wasserbeschaffenheit: die Verdunstungsintensität des salzhaltigen Wassers ist geringer als die des salzfreien Wassers.

Die Oberflächenverdunstung wirkt nicht nur über freien Wasserflächen, sondern umfaßt auch die Pflanzenverdunstung über die Poren der Blätter (Transpiration) (T), letztlich ebenfalls einer von den physikalischen Verhältnissen der Umgebung gesteuerten Größe. Da die Wasserentnahme aus dem Boden über die Wurzeln erfolgt, wirkt sich diese Art Verdunstung nicht nur an der Erdoberfläche, sondern auch im Boden bis etwa Unterkante Wurzelraum aus. Die pflanzliche Verdunstung ist weitgehend auf die Vegetationszeit beschränkt, d. h. vorwiegend auf Sommer-Monate. Nur immergrüne Pflanzen (z. B. Nadelhölzer) transpirieren ganzjährig. Evaporation und Transpiration, als Evapotranspiration (ET) zusammengefaßt, bestimmen die Verdunstung an den Landoberflächen. Eine spezielle Variante ist die Interzeption, worunter die Verdunstung (Evaporation) von Niederschlagsanteilen direkt von den Pflanzenoberflächen verstanden wird.

Der Verdunstungsbetrag hängt von der Verfügbarkeit an Wasser ab, daher wird zwischen der potentiellen und der aktuellen Evapotranspiration unterschieden. Unter der potentiellen Evapotranspiration wird die unter den jeweiligen örtlichen physikalischen Zuständen bei optimalem Wasserangebot maximal mögliche und unter der aktuellen die tatsächliche Verdunstung verstanden. Dabei hängt die aktuelle Verdunstung von dem tatsächlichen Wasserangebot ab: in ariden Gebieten gibt es zwar dauernd eine potentielle, aber nahezu keine aktuelle Verdunstung. Die Bestimmung der Verdunstung ist wegen der Vielfalt von Einflußgrößen schwierig und liefert in der Regel nur größenordnungsmäßige Werte. Die Verdunstung kann ermittelt werden durch:

Berechnung aus der Wasserbilanz

Da Niederschlag (P) und Abfluß (R) vielfach recht genau zu messen sind, ergibt sich die Verdunstung (ET) nach der Wasserhaushaltsgleichung aus:

(1.49) $$ET = P - R \pm \Delta S$$

Δ S ist die Vorratsänderung der im Boden und im oberflächennahen Grundwasser gespeicherten Wassermenge durch Infiltration und Oberflächenverdunstung. Bei der Berechnung von ET aus der Wasserbilanz ergibt sich ein langfristiges Mittel der aktuellen Verdunstung.

Messung mit Evaporimetern

Evaporimeter sind Verdunstungsmeßgeräte, mit denen die örtliche potentielle Verdunstung über den Wasserverlust aus genormten Behältern entweder als Gewichts- (WILD'sche Waage) oder Volumenabnahme (Verdunstungstanks) gemessen wird, sowohl über Festland als auch über freien Wasserflächen. Da der Meßbehälter ebenfalls Wärme aufnimmt, ergeben sich bei Evaporimetern immer – wenn auch geringe – Meßfehler. Genauere Werte liefern Lysimeter (Abb. 1.35), in den Boden 1-2 m tief eingelassene Kästen mit gestörter oder gewachsener Bodenfüllung, deren meist etwa 1 m^2 große Oberfläche teils unbewachsen, teils von Vegetation bedeckt ist. Der oberirdische Abfluß (R_o) ist entweder vernachlässigbar klein oder wird durch geeignete Meßeinrichtungen erfaßt. Die Differenz aus Niederschlag und Sickerwassermenge entspricht der aktuellen Evapotranspiration.

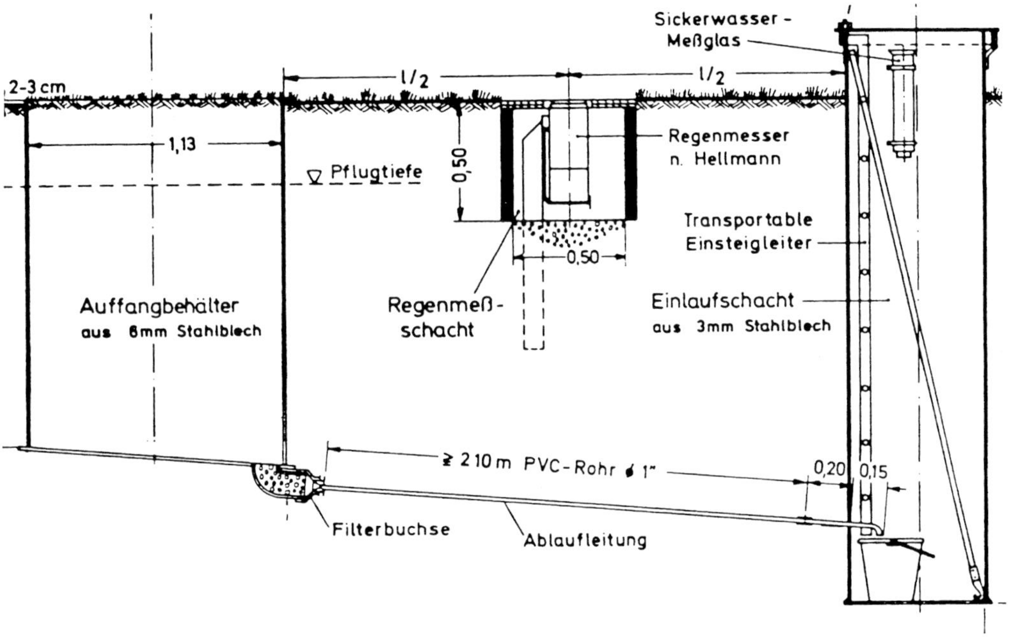

Abb. 1.35. Schema eines Lysimeters (DVWK 1980).

Errechnung aus Verdunstungsformeln

Zahlreiche Formeln versuchen, die Verdunstung unter Berücksichtigung der örtlichen klimatischen Größen und physikalischen Parameter zu quantifizieren. Am umfassendsten sind die Berechnungen nach PENMAN (1948) und ALBRECHT (1951), welche alle die Verdunstung beeinflussenden Größen (Lufttemperatur, Globalstrahlung, Sonnenscheindauer, relative Luftfeuchte, Windgeschwindigkeit, Sättigungsdampfdruck) berücksichtigen. Während die Berechnung nach PENMAN die potentielle Evapotranspiration erfaßt, wird nach ALBRECHT durch Einbeziehung der

Wasserspeicherung in der »aktiven Bodenzone« und der Netto-Strahlung die aktuelle Verdunstung errechnet. In der hydrogeologischen Praxis sind derartige Berechnungen mangels Daten kaum anwendbar. Hier wird die Formel nach HAUDE (1959) bevorzugt, welche die potentielle Verdunstung (ET_{pot}) erfaßt:

$$(1.50) \qquad ET_{pot} = x \cdot P_{14} \left(1 - \frac{F_{14}}{100}\right) \text{ (mm/d)}$$

x = Monatskoeffizient (Oktober–Februar 0,26; März 0,33; April/Mai 0,39; Juni 0,37; Juli 0,35; August 0,33; September 0,31);

F_{14} = relative Luftfeuchte um 14 h;

P_{14} = Sättigungsdampfdruck um 14 h = $4{,}58 \cdot 10^{\frac{7{,}4 \cdot t}{235 + t}}$

t = Lufttemperatur um 14 h.

Übersichten über die regionalen Verdunstungen in der Bundesrepublik Deutschland finden sich bei KELLER (1978) und BAUMGARTNER & LIEBSCHER (1996). In Abb. 1.36 wird erkennbar, daß in NW-Deutschland die Verdunstung höher als im mehr kontinentalen Süd- bis Südostdeutschland ist. Die Regionen hoher Verdunstung und hohen Niederschlags sind weitgehend identisch. Das Verdunstungsmittel errechnet sich für die Zeitreihe 1931–1960 für die alten Bundesländer zu 519 mm/a, für Ostdeutschland zu 517 mm/a und für das wiedervereinigte Deutschland zu 518 mm/a bzw. für die Zeitreihe 1961–1990 zu 492 mm/a (Tab. 1.16).

1.3.4 Abfluß

Abflüsse von Wasser erfolgen im Bereich der Erdoberfläche sowohl oberirdisch (R_o) als auch unterirdisch (R_u). Wegen des hydraulisch unterschiedlichen Verhaltens ist eine differenzierte Betrachtung der Abflüsse erforderlich, wenngleich zwischen R_o und R_u Übergänge vorhanden sind, die nicht immer eine eindeutige Trennung ermöglichen.

1.3.4.1 Oberirdischer Abfluß

Wasser auf der Erdoberfläche, das nicht verdunstet oder gespeichert wird, fließt oberirdisch, dem morphologischen Gefälle folgend, in Wasserläufen ab. Als Abfluß wird dabei die Wassermenge verstanden, die in der Zeiteinheit einen Querschnitt (meist des Gewässerlaufes) durchfließt. Kenngrößen sind die Abflußmenge (l/s, m^3/s), die Abflußhöhe R (mm/a) und die flächenbezogene Abflußspende eines Einzugsgebietes (l/(s · km^2)). Komponenten des oberirdisch meßbaren Gesamtabflusses sind:

- Abflüsse auf der Bodenoberfläche (in der Regel Niederschlagswässer);
- direkte Niederschläge auf die Gewässer;
- Zwischenabfluß (Interflow), der oberflächennah und kurzfristig unterirdisch (zwischen Boden- und Grundwasseroberfläche) erfolgt;
- Grundwasserabflüsse aus Quellen und Grundquellen.

Jedem Gewässer ist ein Einzugsgebiet zuzuordnen, eine durch Wasserscheiden abgegrenzte Fläche, innerhalb der alles Wasser dem zugehörigen Gewässer zufließt. Die Grenzen der oberirdischen und der unterirdischen Einzugsgebiete decken sich häufig nicht.

Die Ermittlung des Abflusses erfolgt:
- direkt durch Gefäßmessungen, was jedoch meist nur bei kleineren Abflüssen möglich ist;
- durch direkte Messung der Fließgeschwindigkeit (v) mit dem (WOLTMANN-)Flügel und des Gewässerquerschnitts (A);

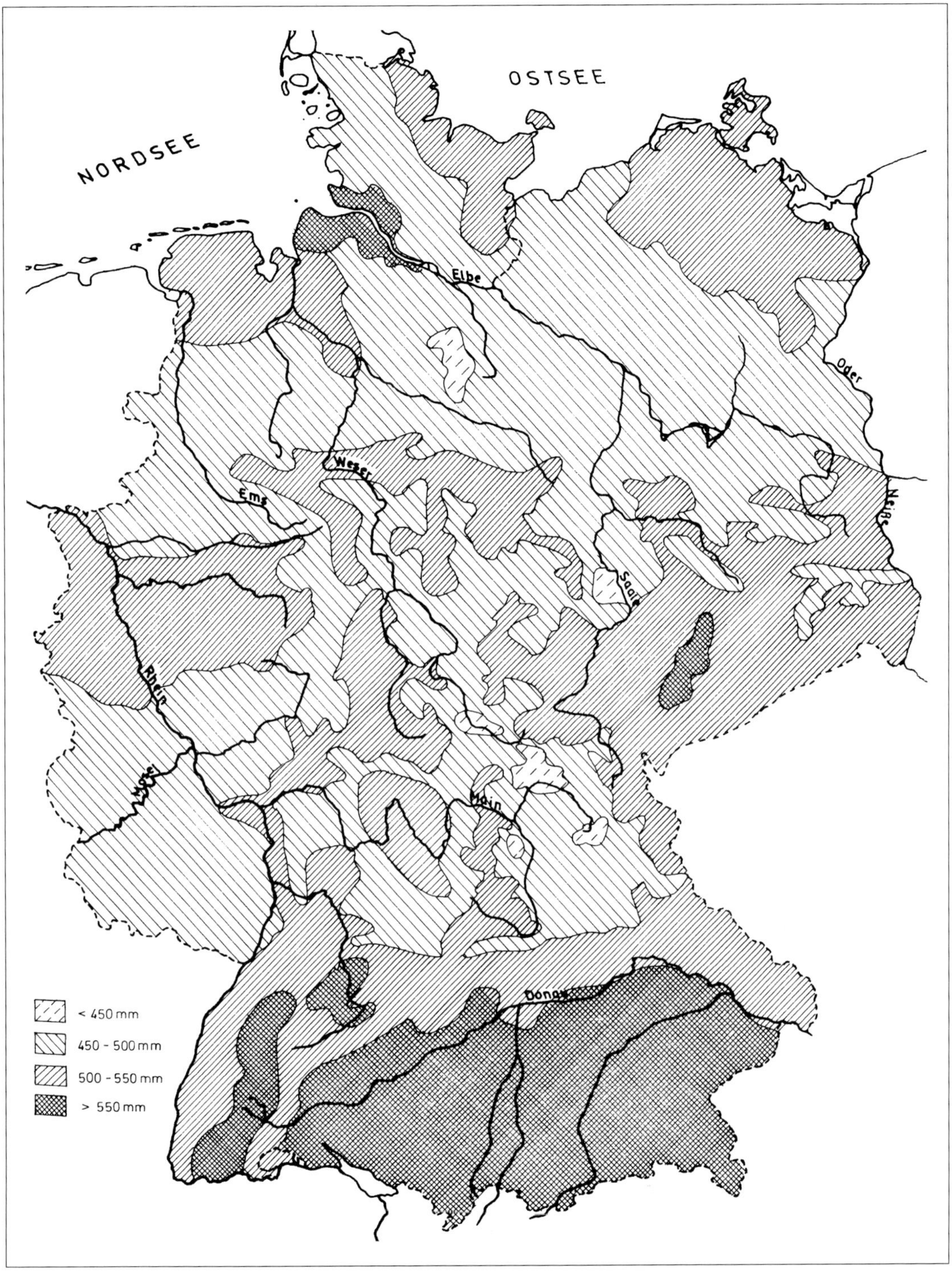

Abb. 1.36. Mittlere jährliche Verdunstungshöhen in der Bundesrepublik Deutschland (1931–1960) (Baumgartner & Liebscher 1996, modifiziert nach Wendland et al. 1993).

- indirekt durch unterschiedlich konstruierte Pegel in fest ausgebauten, also gleichbleibenden Abflußgerinnen, die so geeicht sind, daß sich aus der Abfluß-(=Pegel-)Höhe dieses Gerinnes die Abflußmenge ergibt.

Meßwerte des Abflusses werden zeitbezogen in Diagrammen, den Ganglinien, dargestellt. Wegen der grundlegenden Bedeutung der Gewässerabflüsse für Bevölkerung und Wirtschaft werden feste Pegel in Gewässern installiert, die regelmäßige, langfristige kontinuierliche Messungen ermöglichen. In der Bundesrepublik Deutschland gibt es etwa 2900 registrierende und 1000 nicht registrierende Abflußmeßstationen. Durch statistische Rechenverfahren wird eine flächenhomogene Repräsentanz der punktuellen Meßergebnisse erreicht (Liebscher & Keller in Keller 1978). Die gewässerstatistische Auswertung bezieht sich heute auf die Standardperiode 1931–60. Als jeweils gewässercharakteristische Werte werden für festgelegte Zeitintervalle sog. Hauptwerte angegeben, nämlich der Höchst- (HHQ), mittlere Hochwasser- (MHQ), mittlere (MQ), mittlere Niedrigwasser- (MNQ) sowie der niedrigste Abfluß (NNQ).

Eine Übersicht über die Abflüsse in der Bundesrepublik Deutschland vermittelt Abb. 1.37. Naturgemäß ergibt sich eine ähnliche Verteilung wie bei den Niederschlägen (Abb. 1.34).

Das Abflußmittel errechnet sich für die Zeitreihe 1931–1960 für die alten Bundesländer zu 318 mm/a, für Ostdeutschland zu 145 mm/a und für das wiedervereinigte Deutschland zu 265 mm/a bzw. für die Zeitreihe 1961–1990 zu 298 mm/a (Tab. 1.16).

1.3.4.2 Unterirdischer Abfluß

Der Teil des Niederschlags, der nicht verdunstet oder unmittelbar oberirdisch abgeflossen ist, infiltriert über den Boden in den Untergrund. Da Durchlässigkeit und Grundwasser-Flurabstand verschieden sind, dauert die Durchsickerung (Perkolation) bis zur Grundwasseroberfläche unterschiedlich lange. Die vertikale Sickergeschwindigkeit ist in Skelett-reichen Materialien am größten (größenordnungsmäßig bis zu mehreren Metern oder Zehner Metern pro Tag). Dagegen beträgt sie in den verbreiteten lehmig-sandigen Schichten mit hoher Feldkapazität größenordnungsmäßig 1–2 m/a, wobei Teilmengen auf Rissen und besonders durchlässigen Porensystemen wesentlich schneller nach unten gelangen können (Moser & Rauert 1980). Neben der flächigen Infiltration von Niederschlagsanteilen kann Wasser auch aus oberirdischen Gewässern in den Untergrund einsickern (Uferfiltration; Abschnitt 3.13.3), der weitere Sickervorgang entspricht dem der flächigen Infiltration.

Die Höhe des in den Untergrund einsickernden Niederschlagsanteils und damit der Grundwasserneubildung hängt von mehreren Faktoren ab, die räumlich und zeitlich unterschiedlich wirksam sind und deshalb zu variierenden Neubildungswerten führen:

- Höhe, Intensität und zeitliche Verteilung des Niederschlags;
- örtliche Klimafaktoren, vor allem Verdunstung;
- Art der Flächennutzung und Vegetation;
- Hangneigungen der Geländeoberfläche;
- Anteil an freien Wasserflächen;
- Beschaffenheit, insbesondere Durchlässigkeit der Grundwasser-überdeckenden Schichten (Wasser-ungesättigte Zone);
- Grundwasser-Flurabstand.

Als Grundwasserneubildung bzw. -neubildungsrate ist die von der Erdoberfläche in die Wasser-gesättigte Zone infiltrierte Wassermenge zu verstehen, gemessen als Wasserhöhe oder -menge pro Fläche und Zeit. Je nach Durchlässigkeit steigt mit dem Zugang von Grundwasser dessen Oberfläche an und fällt mit dem Rückgang der Zusickerung bei anhaltendem Grundwasserabfluß wieder ab. Zu messen sind derartige Vertikaländerungen in Grundwasser-Meßstellen, deren Da-

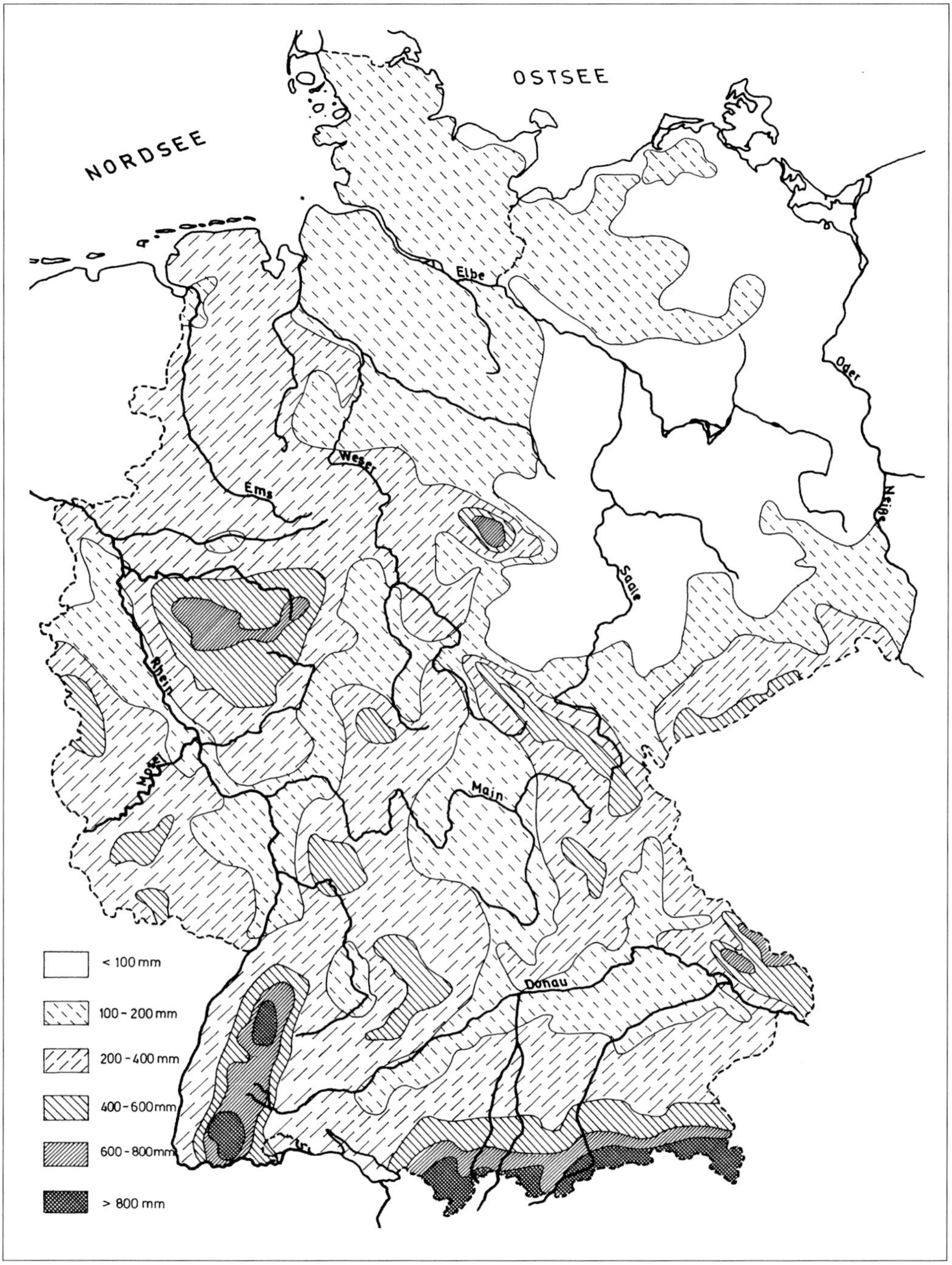

Abb. 1.37. Mittlere jährliche Abflußhöhen in der Bundesrepublik Deutschland (1931–1960) (BAUMGARTNER & LIEBSCHER 1996, modifiziert nach WENDLAND et al. 1993).

ten in der zeitbezogenen Grundwasserganglinie graphisch dargestellt werden. Die Ganglinie gibt somit das Wechselspiel zwischen Grundwasserzu- und -abfluß wieder. Höhe und Schnelligkeit des Anstiegs des Grundwasserspiegels hängen von der Menge des zugesickerten Wassers und dem speichernutzbaren Hohlraumanteil (n_{sp}) ab (s. auch Abschnitt 1.2.3.2). Eine Grundwasserganglinie stellt somit den Ausdruck $P - ET - R_o = R_u$ dar. Die zeitlichen Änderungen der einzelnen Größen bewirken Änderungen der Grundwasseroberfläche (GW-Spiegel) bzw. Ganglinienabschnitte (Udluft & Blasy 1975):

$R_u > P - ET - R_o \rightarrow$ GW-Spiegel fallend
$R_u = P - ET - R_o \rightarrow$ GW-Spiegel beharrend
$R_u < P - ET - R_o \rightarrow$ GW-Spiegel steigend

Ist $P = 0$ oder $(ET + R_o) > P$, so findet ein ständiger unterirdischer Abfluß ohne Grundwasserneubildung statt und die GW-Spiegel fallen. Die Höhe des Grundwasseranstiegs (h_n) an einem beliebigen Punkt, betrachtet an einer Bezugsmeßstelle im Vorfluter, errechnet sich nach Todd (1960) aus:

$$(1.51) \qquad I_G = k_f \frac{h_n^2 - h_o^2}{x_s^2 - x_n^2} \text{ oder } h^2_n = \frac{I_G}{k_f}(x_s^2 - x_n^2) + h_o^2$$

I_G = Infiltrationsrate (mm/a);
k_f = Durchlässigkeitsbeiwert (m/s);
h_o = GW-Spiegelhöhe in der Bezugsmeßstelle (Vorfluter) über Bezugsniveau (m);
x_s = Entfernung Bezugsmeßstelle – Wasserscheide (m);
x_n = Entfernung Wasserscheide bis zum Punkt h_n (m).

Einsele (1975) belegte mit dieser Beziehung anhand von ausgewählten Rechenbeispielen den Zusammenhang zwischen Grundwasserneubildungsrate und Verlauf der Grundwasseroberfläche (und damit der GW-Ganglinie) zwischen Vorfluter und unterirdischer Wasserscheide. Unter Annahme verschiedener Werte für I_G und stationärem Strömungszustand lassen sich bei vorgegebenem k_f, x_s und h_o im jeweiligen Abstand x_n die zugehörigen Spiegellagen h_n errechnen. Es zeigte sich, daß erwartungsgemäß mit steigendem k_f-Wert, d.h. mit zunehmender Durchlässigkeit der GW-Spiegelanstieg flacher verläuft. Bei geneigter GW-Oberfläche summieren sich die Fließvorgänge. Ist die Fließzeit zum Vorfluter, die vom k_f-Wert und damit der Abstandsgeschwindigkeit abhängt, relativ kurz (etwa < 0,5 a oder 0,5 Periode der Ganglinie), bleibt der Jahresrhythmus der Ganglinie einigermaßen erhalten. Bei zunehmender Entfernung summieren sich außer der Fließzeit auch die unperiodischen Ereignisse, z.B. überdurchschnittliche Niederschläge oder GW-Entnahmen, so daß der übliche Jahresgang von mehrjährigen Perioden überlagert oder nahezu unkenntlich wird. Außerdem wies Einsele (1975) nach, daß der Grundwasserspiegel einer Meßstelle nicht linear mit der Grundwasserneubildungsrate ansteigt, eine Tatsache, die bei Überlegungen zur quantitativen Auswertung von Spiegelgängen zu beachten ist. Schließlich bewirkt ein Anstieg der Grundwasseroberfläche eine Zunahme des Grundwasserabflusses zum Vorfluter. Die Erkenntnisse über die Zusammenhänge zwischen Infiltrationsrate und GW-Spiegelanstieg bieten die Möglichkeit, aus Niederschlagshöhe und Spiegelanstieg in GW-Meßstellen die Grundwasserneubildung und den speichernutzbaren Hohlraumanteil n_{sp} zu errechnen, wenn ein oberirdischer Abfluß vernachlässigt werden kann und die Verdunstung bekannt ist (Böke 1977).

Ebenso wie die Schwankungsbreite der GW-Spiegel in den Meßstellen außer von der Infiltrationsrate von den Durchlässigkeiten bestimmt wird, hängt die Grundwassermorphologie (Steigen und Fallen der GW-Oberflächen) von den regionalen Durchlässigkeiten und damit den unterirdischen Zu- und Abflüssen ab. Ist eine genügende Anzahl von Meßstellen vorhanden, kann aus

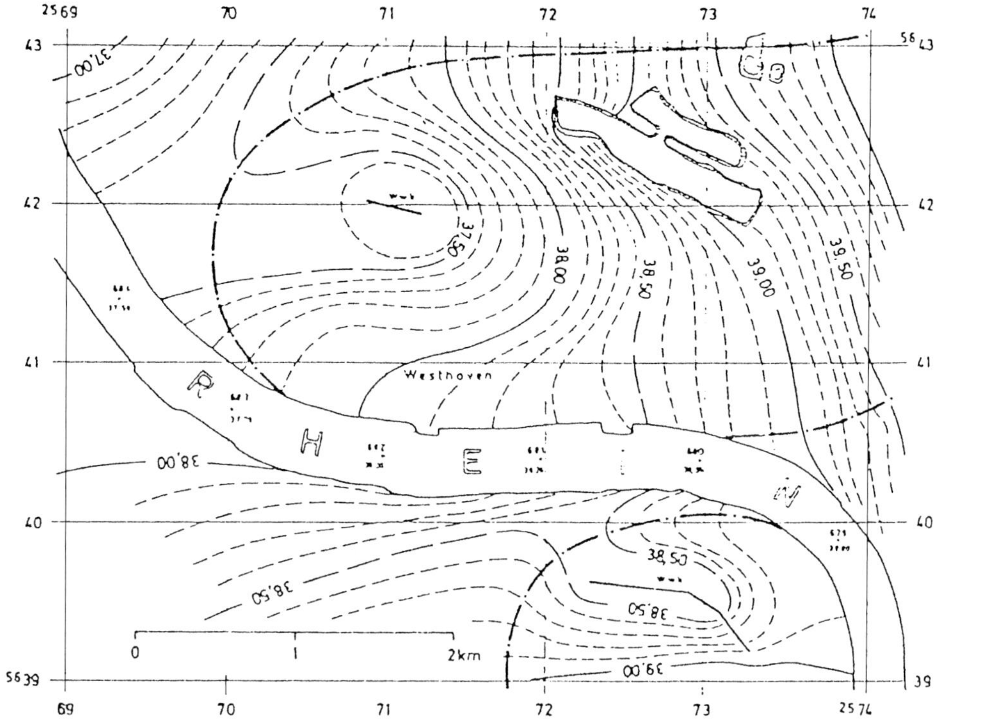

Abb. 1.38. Grundwasserspiegelplan der Rheinaue im Bereich des Wasserwerks der Stadt Köln (SCHNEIDER 1988).

den Spiegellagen der Meßstellen, bezogen auf ein gemeinsames Bezugsniveau (in m über NN), eine Karte der GW-Höhengleichen konstruiert werden. Voraussetzungen für die richtige Konstruktion sind:

- einwandfreier hydraulischer Anschluß der Meßstelle an das umgebende Grundwasser (siehe Abschnitt 1.2.3.2.2.);
- Nivellierung des jeweiligen Meßpunktes;
- Erfassung desselben GW-Leiters (-Stockwerks) durch die Meßstellen;
- Auswertung zeitgleicher Messungen, in der Regel von Einzelmessungen.

Ein Beispiel für eine GW-Höhengleichen-Karte zeigt die Abb. 1.38. Die Interpretation solcher Karten erlaubt Folgerungen über größere Flächen hinweg. Nach der DARCY-Gleichung (Abschnitt 1.2.3.2.3.1.) sind der Durchlässigkeitsbeiwert (k_f) und der hydraulische Gradient (GW-Gefälle) (I) einander umgekehrt proportional (Gl. 1.20): je größer das Gefälle, desto geringer die Durchlässigkeit (und umgekehrt). Da das GW-Oberflächengefälle aus dem Abstand der Grundwasserhöhengleichen abzuleiten ist, gibt eine Grundwasserhöhengleichen-Karte Hinweise über die Durchlässigkeitsverhältnisse; zunehmende Scharung der Höhengleichen, gleichbedeutend mit einem höheren Gefälle, bedeutet schlechtere Durchlässigkeit und umgekehrt. Bei aus Pumpversuchen oder anderen Untersuchungen bekanntem Durchlässigkeitsbeiwert k_f und Bestimmung des Gefälles (I) aus der Höhengleichen-Karte läßt sich die pro Flächen-(A) und Zeiteinheit abströmende Grundwassermenge nach der DARCY-Gleichung errechnen:

(1.19.1) $Q = k_f \cdot A \cdot I \ (m^3/s)$

Konnte die Transmissivität ($T = k_f \cdot M$ (in m^2/s)) in Pumpversuchen ermittelt werden mit (M = Grundwassermächtigkeit in m), ist auch die Breite (B in m) des Abstromquerschnitts festzulegen. Da $A = M \cdot B$ ist

(1.19.2) $$Q = k_f \cdot M \cdot B \cdot I \quad (m^3/s)$$

oder

(1.19.3) $$Q = T \cdot I \cdot B \quad (m^3/s)$$

(1.19.4) $$B = \frac{Q}{T \cdot I} \quad (m)$$

wobei der hydraulische Gradient I aus der Grundwasserhöhengleichen-Karte abgeleitet wird.

Aus der Gefälleverteilung lassen sich schließlich die Richtungen des unterirdischen Abflusses und damit auch die Einzugsgebietsgrenzen (Wasserscheiden) bestimmen, da der Abfluß des Grundwassers in der Regel seinem hydraulischen Gefälle folgt. Ausnahmen sind jedoch in Karst-Grundwasserleitern möglich, da in derartigen Gesteinen das Grundwasser auf engem Raum zu unterschiedlichen, voneinander unabhängigen geohydraulischen Systemen gehören kann (Zötl 1974). Zur Aufklärung derartiger Systeme werden Markierungs-(Tracer-)Versuche durchgeführt (Käss 1992, Moser & Rauert 1980), bei denen den Sicker- oder Grundwässern Markierungsstoffe (Farbstoffe (z. B. Uranin)), Salze, radioaktive Substanzen kurzer Halbwertszeit, gefärbte Bärlapp-Sporen u. a.) zugemischt werden. In Auffangstellen im Unterstrom der Eingabestellen werden das Eintreffen und der Konzentrationsverlauf der Markierungsstoffe beobachtet. Bei derartigen Versuchen wird jedoch nur die Transportgeschwindigkeit des Markierungsstoffes ermittelt, die nicht immer mit der Abstandsgeschwindigkeit des Grundwassers identisch ist (z. B. wegen der Verzögerung durch sorptive Prozesse während des Transports oder bei bevorzugtem Transport in großen Hohlraumsystemen). Dagegen ist die Fließrichtung problemlos abzuleiten. Derartige Markierungsversuche werden auch in Kluft- und Porengrundwasserleitern angewandt.

Die quantitative Ermittlung des unterirdischen Abflusses und damit der Grundwasserneubildung ist neben der Beurteilung der Grundwasserbeschaffenheit (Abschnitt 1.5) eine der zentralen hydrogeologischen Aufgaben bei Wassererschließungen. Die Bestimmung der Grundwasserneubildung über die Infiltrationsrate, ermittelt aus Grundwasserganglinien, wurde im vorliegenden Abschnitt bereits erläutert. Derartige Messungen ergeben jedoch im wesentlichen nur in Poren-Grundwasserleitern verläßliche Daten, da in Kluft- und Karst-Grundwasserleitern wegen der Anisotropie der Klüftung bzw. der Lösungshohlräume häufig eine sehr unregelmäßig verteilte Versickerung der infiltrierten Niederschlagswässer erfolgt; außerdem ist das Netz der Grundwassermeßstellen in der Regel zu weitmaschig, um durch Messung der Grundwasserganglinien sichere Aussagen über den Wasserhaushalt zu ermöglichen. Bei Überlegungen zur Bilanzierung des unterirdischen Abflusses ist davon auszugehen, daß in Niederschlags-armen bis -freien sog. Trockenzeiten der in den oberirdischen Gewässern meßbare Abfluß weitgehend oder ausschließlich aus dem Grundwasser gespeist wird, also aus Quellen oder direkten Grundwasseraustritten in den Gewässerbetten (den Grundquellen). Trockenwetter-Abflußmessungen, bezogen auf das unterirdische Einzugsgebiet und den Abflußzustand des Zeitintervalls, ergeben somit die unterirdische Abflußspende oder Grundwasserneubildungsrate (in $l/(s \cdot km^2)$). Nach Wundt (1953) entspricht das arithmetische Mittel der jährlichen Niedrigstabflüsse einer Zeitreihe (MNQ, Abschnitt 1.3.4.1), gemessen in einem Gewässerabflußpegel, dem mittleren Grundwasserabfluß des zugehörigen Einzugsgebiets. Wundt (1958) verbesserte diesen Ansatz durch Mittelung der monatlichen Niedrigstabflüsse einer Zeitreihe (MoMNQ). Die Messung der Trockenwetterabflüsse ist in der Hydrogeologie das am meisten angewandte Verfahren zur Ermittlung der Grundwasserneubildung. In einem größeren Fließgewässer kann der Grundwasserabfluß regional differenziert durch abschnittweises Messen der Abflüsse als Abflußzuwachs-Spenden (Δ q) erfaßt werden und mit Hilfe von Vergleichspegeln die Grundwasserneubildung von hydrogeologischen Einheiten bestimmt werden (MATTHESS & THEWS 1963, MATTHESS 1970; Abschnitt 3.3.4.2). Weitere Möglichkeiten zur Ermittlung der Grundwasserneubildung sind (MATTHESS & UBELL 1983):

- großräumig aus der Wasserhaushaltsgleichung ($R_u = P - ET - R_o$); da die vom Witterungsablauf abhängigen jährlichen Grundwasserneubildungsraten ebenso unterschiedlich sind wie etwaige Grundwasserentnahmen in Wasserwerken, wodurch jährlich verschiedene Vorratsänderungen (Rücklage oder Aufbrauch) eintreten, sollten Wasserhaushaltsdaten als langfristige Mittel ausgewertet werden;
- durch Messung der Sickerwasserraten in Lysimetern (Abschnitt 1.3.3.); problematisch ist hier die Regionalisierung der Ergebnisse derartiger punktförmiger Messungen, die örtlichen Zufälligkeiten unterliegen können;
- durch regelmäßige Messungen des Bodenwasserhaushalts und damit der Sickerwasserrate;
- durch Rechenmodelle, bei deren Eichung die angenommenen Neubildungsraten so lange verändert werden, bis die Simulation mit den übrigen geohydrologischen Daten realistische Ergebnisse liefert;
- aus Betriebsdaten von Wasserwerken mit einem Grundwassermeßnetz, über das die Größe des Einzugsgebiets (Entnahmebereich) festzulegen ist; da die Grundwasserentnahmemenge (Wasserförderung) bekannt ist, läßt sich die Grundwasserneubildung des Einzugsgebiets errechnen.

Während die erstgenannten Methoden weitgehend die Grundwasserneubildung messen, wird bei der letztgenannten, der sog. Wasserwerks-Methode, der langfristig nutzbare Anteil der Grundwasserneubildung erfaßt.

1.3.5 Wasserbilanz der Bundesrepublik Deutschland

Für das 356716 km² große Gebiet der Bundesrepublik Deutschland gibt das Statistische Bundesamt (1995) für das Jahr 1993 an, daß 54,7 % der Fläche des Landes landwirtschaftlich genutzt wurden, 29,2 % bewaldet und 10,4 % durch Gebäude, Straßen und Eisenbahnen versiegelt waren. Der Rest bestand aus Gewässern (2,2 %), aus unbebauten Betriebsflächen (0,7 %), ferner 2,8 % aus Erholungsflächen sowie aus Öd- und Unland. Auf die Gesamtfläche fielen in den Jahren 1961–1990 im Mittel 790 mm/a Niederschläge. Nach Abzug der Verdunstungshöhe von 492 mm/a verblieb eine Abflußhöhe von 298 mm/a, von der 64 mm/a auf den Oberflächenabfluß (einschließlich Zwischenabfluß) entfielen. Der Hauptanteil des Abflusses (229 mm/a) erfolgte als Grundwasserabfluß. Nur ein sehr kleiner Anteil (4 mm/a) strömte als Grundwasserabstrom direkt ins Meer ab, ohne in oberirdische Gewässer überzutreten. In Tab. 1.16 ist die neue gesamtdeutsche Wasserbilanz den älteren Daten gegenübergestellt.

1.3.6 Wasserhaushalt anderer Klimagebiete

Der Wasserhaushalt wird außer von den Hauptkomponenten Niederschlag P, Evapotranspiration ET und Abfluß R auch durch die mittlere Jahrestemperatur bestimmt, die die Art der Vegetationsdecke – Pflanzen-arme Wüste, Grünland, Wald – steuert. Der Abfluß wird z. B. durch Bewaldung deutlich herabgesetzt und in seinem zeitlichen Verlauf verzögert. Diese Verzögerung begünstigt die Grundwasserneubildung, andererseits wird diese durch die höhere Evapotranspiration einer dichten Vegetationsdecke verringert.

Tabelle 1.16. Wasserbilanz der Bundesrepublik Deutschland für die Zeitintervalle 1931–1960 und 1961–1990; ((1) nach LIEBSCHER 1977 und LIEBSCHER & KELLER 1979; (2) nach BAG 1993, ergänzt; (3) nach BAUMGARTNER & LIEBSCHER 1996, verändert)

		Bundesländer alte (1)	Bundesländer neue (2)	Bundesrepublik Deutschland (2,3)	
Fläche	(km^2)	248.542	108.174	356.716	
Zeitintervall		1931–1960	1931–1960	1931–1960	1961–1990
Niederschlag	(mm/a)	837	662	783	790
	($l/(s \cdot km^2)$)	26,5	21,0	24,8	25,0
Verdunstung	(mm/a)	519	517	518	492
	($l/(s \cdot km^2)$)	16,5	16,4	16,4	15,6
Abfluß von	(mm/a)	318	145	265	298
der Fläche	($l/(s \cdot km^2)$)	10,1	4,6	8,4	9,4
Oberirdischer	(mm/a)	59	53	57	64
Abfluß	($l/(s \cdot km^2)$)	1,9	1,7	1,8	2,0
Grundwasser-	(mm/a)	254	90	204	229
abfluß	($l/(s \cdot km^2)$)	8,1	2,9	6,5	7,3
Grundwasser-	(mm/a)	5	2	4	4
abstrom	($l/(s \cdot km^2)$)	0,2	0,1	0,1	0,1
Zufluß von	(mm/a)	344	–	194	199
Oberliegern	($l/(s \cdot km^2)$)	10,9	–	6,1	6,3

Die Wasserbilanzstruktur der verschiedenen Klimazonen wird durch den Abflußkoeffizienten, das Verhältnis R/P, charakterisiert. Der Abflußkoeffizient nimmt von Werten um 0,6 in den humiden Bereichen auf Werte von < 0,01 in voll-ariden Wüsten-Gebieten ab, eine Folge des zunehmenden Verdunstungsanteils (Tabelle 1.17; ALYUSHINSKAYA 1978). Die mit * gekennzeichneten Klimazonen Taiga, Tundra und Waldtundra sind auf die nördliche Hemisphäre beschränkt.

Während in humiden Gebieten der Jahresniederschlag in der Regel die jährliche Evapotranspiration übersteigt, so daß ein Abfluß und ggf. eine Grundwasserneubildung erfolgt, sind diese hydrologischen Bedingungen in ariden Klimaten nicht gegeben. Unter ariden Bedingungen übersteigt die jährliche Evapotranspiration den Jahresniederschlag. Mit Hilfe der Ariditätsindices r_i, dem Verhältnis des Jahresniederschlages P zur potentiellen Evapotranspiration ET_p (THORNTHWAITE 1948), können hyperaride, aride und semiaride Gebiete unterschieden werden: hyperaride Gebiete haben Ariditätsindices < 0,03, aride Gebiete solche zwischen 0,03 und 0,2 und semiaride Gebiete solche zwischen 0,2 und 0,5 (SOKOLOW & CHAPMAN 1977).

In hyperariden Gebieten ist der Jahresniederschlag sehr klein mit hoher zeitlicher Variabilität zwischen den Einzeljahren. Die spärliche Vegetation erlaubt keine Niederschlags-gestützte Agrar- und Weidewirtschaft. In ariden Gebieten variieren die Jahresniederschläge zwischen 80 und 150 mm bzw. zwischen 200 und 350 mm in den Winter- bzw. Sommerregen-Gebieten, die Variabilität zwischen den Jahren beträgt zwischen 50 und 100%. Die verstreut auftretende Vegetation erlaubt Niederschlags-gestützt nur nomadische Weide- und Agrarwirtschaft. In den semiariden Gebieten variieren die Jahresniederschläge zwischen 200 und 500 mm bzw. zwischen 300 und 800 mm in Winter- bzw. Sommerregen-Gebieten. Die zwischenjährliche Variabilität beträgt zwischen 25 und 50%. Eine wenn auch zeitweise unterbrochene Vegetationsperiode ist gegeben, und eine Niederschlags-gestützte Agrar- und Weidewirtschaft ist verbreitet.

Tabelle 1.17. Indices der Wasserbilanz und Mittelwerte des Niederschlages P, des Abflusses R und der Verdunstung ET der natürlichen Haupt-Klimazonen (ALYUSHINSKAYA 1978).

Natürliche Zonen	Abfluß-koeffizienten	Mittelwerte der Wasserbilanzkomponenten in den verschiedenen Zonen (mm/a)														
		Arktis und Subarktis			Gemäßigte Zonen			Subtropen und Tropen			Subäquatoriale Zonen			Äquatoriale Zonen		
	R/P	P	R	ET	P	R	ET	P	R	ET	P	R	ET	P	R	ET
Tundra und Waldtundra*	0,55	400	220	180												
Taiga*	0,43				700	300	400									
Mischwälder der gemäßigten Breiten	0,34				1000	350	650									
Ständig humide immergrüne Wälder	0,40–0,55							1500	650	850	2300	1200	1100	2300	1200	1100
Humid-wechselfeuchte Wälder	0,30–0,45							1100	350	750	1750	750	1000			
Savannen, Wälder, Waldsteppen, Prärien	0,20–0,30							800	200	600	1200	300	900			
Trockensavannen und Steppen	0,08–0,12				460	60	400	650	50	670	700	70	630			
Halbwüsten und Wüsten	<0,03				300	10	300	400	5	400						

Aride und semiaride Gebiete kommen in allen Breiten vor, z. B. gibt es geschlossene Becken und Salzseen in Grönland und in der Antarktis, doch sind die typischen Wüstengebiete vor allem auf die Bereiche zwischen 15 und 50° nördlicher und südlicher Breite beschränkt. Hier ziehen sich Wüstengürtel von Nordafrika über die arabische Halbinsel bis zum Iran und nach Zentralasien. Andere große Wüstengebiete gibt es in Zentralaustralien und in SW-Nordamerika. Rund 10% der Landfläche der Erde ist arid (Davies & De Wiest 1967).

Als Folge der Verdunstung und fehlenden Abflusses reichern sich im Wasser gelöste Salze an, so daß in ariden Gebieten brackische und salzige Grundwässer verbreitet sind. Süßes Grundwasser findet sich an den Rändern der kontinentalen Becken und in Neubildungsgebieten sowie als fossiles Grundwasser aus früheren Niederschlags-reicheren Zeiten auch in kontinentalen Becken.

Das bei den episodisch auftretenden Regenfällen in den Boden infiltrierte Wasser wird im allgemeinen durch die Verdunstung an der Bodenoberfläche wieder aufgezehrt, wobei die aufwärtsgerichtete Wasserbewegung den für diese Gebiete typischen Aufwärtstransport von Salzen und deren Anreicherung nahe der Bodenoberfläche verursacht (Scheffer & Schachtschabel 1992). Diese Beobachtung führte zu der vielfach vertretenen Auffassung, daß es in ariden Gebieten nicht zu einer Grundwasserneubildung kommt. So wurde das in der Sahara erbohrte Grundwasser ausschließlich als fossiles Grundwasser aus der quartären Pluvialzeit erklärt, wofür die C-14-Datierungen der Grundwässer sprechen. Altersdatierungen mit Tritium zeigen jedoch, daß Grundwasser auch unter ariden und semiariden Bedingungen neugebildet wird (Moser & Rauert 1980), wenn – bei fehlender Pflanzendecke – das Regenwasser in gut durchlässigen Gesteinen wie Karst- und Basalt-Gesteine schnell und tief versickern kann und so der Verdunstung entzogen wird (Löwy 1953). Darüber hinaus kommt es in Bereichen mit durchlässigem Untergrund wie Sanddünen in Küstenebenen und am Grund der episodisch Wasser erfüllten Trockentäler zur Grundwasserneubildung (Davies & De Wiest 1967).

In Trockengebieten hängt der Anteil der Niederschläge, der zur Grundwasserneubildung beiträgt, von der Art und Durchlässigkeit des Untergrundes, dem Vorhandensein oder Fehlen einer Pflanzendecke, von der Verteilung der Niederschläge, von der Regendichte – Starkregen verringert die Evapotranspiration – und von der Jahreszeit ab – in trocken-heißen Zeiten ist die Evapotranspiration erhöht. Bei längerer Trockenheit nimmt nach Aufbrauch der Bodenfeuchtigkeit die Rate der Verdunstungsverluste ab. Dies erklärt, daß die Grundwasserneubildungsraten G und die Grundwasserneubildungsindices $(G/P) \cdot 100$ stark variieren (Tabelle 1.18). Die mittleren und maximalen Raten sind in Karst-Gebieten am höchsten (Brown et al. 1975).

In Sanddünen der Küstenebenen der östlichen Mittelmeer-Region wurde bei einem mittleren Jahresniederschlag P von etwa 500 mm (Winterregen) als empirische Beziehung für die Grundwasseneubildung G (in mm/a) abgeleitet: $G = 0{,}81\ (P - 94)$. Dies entspricht einer Grundwasserneubildung von etwa 65% des Jahresniederschlages. Bei Jahresniederschlägen von nur 200 mm variiert der durchschnittliche Grundwasserneubildungsanteil zwischen 55 und 60%. Bei Inland-Dünen mit durchschnittlichem Jahresniederschlag von 100 mm wiesen Neutronensonden-Messungen eine Infiltration von 60% des Niederschlages bei Starkregen mit mehr als 5 mm auf (Lerner et al. 1990).

In derartigen ariden und semiariden Gebieten ist die Grundwasserneubildung relativ geringer als in vergleichbaren humiden Gebieten, da zum einen die Niederschlagshöhen vieler Regenfälle unter dem für die Grundwasserneubildung erforderlichen Minimalwert bleiben. Dieser hängt von der Art der Dünenvegetation und vom Speicherkoeffizienten des Sandes ab. Das Wasser einzelner Niederschlagsereignisse mit weniger als 5 mm geht vor allem in den Gebieten mit ganzjähriger Vegetation verloren (Lerner et al. 1990).

In Gebieten mit tiefwurzelnder ganzjähriger Vegetation ist die Grundwasserneubildung eine Funktion der Transpirationshöhe. Schätzungsweise sind bei einer Durchwurzelungstiefe von

Tabelle 1.18. Grundwasserneubildungsraten in verschiedenen Mittelmeerländern (Brown et al. 1975).

Gebiet	P mm/a	G mm/a	$\frac{G}{P} \cdot 100$
Tunesien (langjährig)			
Djebel Chemnate	633	264	42
Ben Saidane	472	108	23
Zaghouan	463	166	36
Griechenland			
Lilaia-Quellengruppe	1400	723	51,6
Parnassos-Ghiona-Gebiet	1150	583	50,7
Israel			
West-Galilea	750	229	30,5
Yargon Becken	750	335	44,7
Na'man Quelle	600	318	53,0
Tunesien (Jährliche Variation)			
Le Kef 1927	463,5	154	33,2
1928	643,0	356	55,4
1929	616,0	554	90,0
1930	633,6	444	70,1
1931	513,7	415	80,8
1932	676,0	537	79,5
1933	348,2	266	76,4
1934	606,0	445	73,6

1,5 m mindestens 150 mm Niederschlag erforderlich, damit davon ein Anteil die Wurzelzone durchsickern und Grundwasser neubilden kann.

Zusammengefaßt ergibt sich für ein Küstendünen-Gebiet als allgemeine Gleichung für die Infiltration $G = 0{,}4\ (P - T_G)$ mit den o. g. Termen und der Jahres-Transpiration der tiefwurzelnden Vegetation T_G, alles in mm. Der Faktor 0,4 berücksichtigt die direkte Evaporation und Transpiration der perennierenden Vegetation. In wieder aufgeforsteten Gebieten mit Jahresniederschlägen um 100 mm wird die Grundwasserneubildung null sein (Lerner et al. 1990).

In Inland-Gebieten mit Dünen und Sandschichten ist die Grundwasserneubildungsrate meist zu klein, um eine genügende Brunnenleistung zu sichern, es sei denn, daß im Liegenden der Sande schlechtdurchlässige Gesteine, Beckenstrukturen oder Kies-erfüllte begrabene Flußtäler (Kartierbar mit Hilfe von Oberflächen-geophysikalischen Methoden, Abschnitt 3.3.4.3) eine Speicherung von Grundwasser ermöglichen.

Besondere hydrogeologische Bedingungen herrschen auch in den Permafrost-Gebieten der nördlichen Hemisphäre. Hier werden der vollständige Permafrost mit häufigen Mächtigkeiten von 240 bis 360 m (max. 396 m) in Alaska und 300 bis 460 m (max. 610 m) in Nordsibirien, der nicht vollständige Permafrost mit Mächtigkeiten von 60 bis 120 m und der sporadisch auftretende Permafrost mit Mächtigkeiten unter 30 m unterschieden. Isolierte Permafrost-Vorkommen sind in den Hochgebirgen, wie Alpen, Himalaya und Anden bekannt. Es handelt sich im wesentlichen um Paläopermafrost, dessen Auftauen durch eine aktive Grundwasserbewegung und den damit verbundenen Wärmetransport gefördert wird (Hopkins et al. 1955). Die Oberflächen nicht gefrorener Gewässer absorbieren mehr Sonnenstrahlung als die Umgebung, so daß das Wasser relativ wärmer als die Umgebung wird. Diese Wärme wird vom infiltrierenden Wasser in den Untergrund transportiert (Davies & De Wiest 1967).

Die hohen Kosten für das Auftauen von Eis und das Fehlen starker perennierender Quellen macht die Suche nach Grundwassser in den arktischen Gebieten wirtschaftlich notwendig.

Grundwasser findet sich in Auftauzonen vor allem unter und neben Flüssen, in trockenen verlassenen Fluß- oder Seenbetten und unter der Sonneneinstrahlung ausgesetzten Flächen. Die Verbindung zwischen einzelnen Auftaubereichen nimmt auf der N-Halbkugel von Norden nach Süden zu (CEDERSTROM et al. 1953).

In der Permafrostzone ergeben sich aufgrund der zonaren Temperaturschwankungen und der gegebenen thermischen Bedingungen typische hydrologische Bereiche des Über-, Zwischen- und Unterpermafrostwassers: Zeitweise flüssiges Wasser tritt in der Auftauzone oberhalb des Permafrostkörpers in der warmen Jahreszeit auf, das in der kalten Jahreszeit wieder gefriert. Innerhalb des Permafrostkörpers wird unterkühltes flüssiges Gravitationswasser und unterhalb des Permafrostkörpers schließlich Gravitationswasser mit Temperaturen über dem Gefrierpunkt angetroffen. Die gespannten Grundwässer unterhalb der Permafrostdecke fließen in erster Linie entlang tektonischer Störungszonen. Hinweise auf derartiges Erdoberflächen-nah strömendes Grundwasser sind Aufeis-Bildungen, dicke Eismassen, die große Flächen in arktischen und subarktischen Stromtälern bedecken. Sie entstehen dort, wo das gespannte Grundwasser am Rande der geschlossenen Flußeisdecke oder am Rande des Permafrostkörpers in dünner Schicht austritt und gefriert. Durch die Wiederholung dieses Vorganges erreicht die Eisschicht schließlich mehrere m Mächtigkeit (HOPKINS et al. 1955, PINNEKER 1992).

Zur Grundwasserneubildung kommt es in Gebieten mit sporadisch auftretendem Permafrost, wo Wasser in geeignetem Untergrundmaterial – Gesteinsschutt, Sanddünen, Blockfelder und Kiesterrassen – schnell infiltrieren kann. Das einsickernde Wasser bringt dabei genügend Wärme mit, um eine dauernde Gefrornis zu verhindern. Die Eindringtiefe dieser für den Wärmehaushalt des Permafrost-Untergrundes sehr wichtigen Grundwasserzirkulation ist örtlich verschieden. Tiefer zirkulierende, wärmere und mengenmäßig bedeutendere Grundwasservorkommen machen sich durch Fehlen von Permafrost bemerkbar. Flachgründige Grundwasserzirkulation speist allenfalls Quellen im Sommer, die im Winter versiegen (HOPKINS et al. 1955).

1.4 Grundwasserbeschaffenheit

1.4.1 Einleitung

Im natürlichen Grundwasser sind Feststoffe und Gase gelöst, die sich bei Änderung der Lösungsbedingungen wieder ausscheiden können. Die Konzentrationen der Inhaltsstoffe hängen ab:

- vom Lösungsinhalt der dem Grundwasser zusickernden Neubildungswässer, der Beschaffenheit der Grundwasserleiter und von aufsteigenden Gasen, insbesondere Kohlensäure;
- von den physikalischen, chemischen und (mikro-)biologischen Verhältnissen im Grundwasserleiter;
- von der Verweildauer bzw. Abstandsgeschwindigkeit der Grundwässer;
- von der Größe der Kontaktflächen zwischen Grundwässern und Grundwasserleitern, die im Poren-Grundwasserleiter größer als im Kluft-Grundwasserleiter sind.

Aus der Beschaffenheit des Wassers sind bei Kenntnis der physikalisch-chemischen Eigenschaften sowie der Prozesse beim Grundwasserfließen Folgerungen über die Herkunft und die Bewegung des Grundwassers sowie über seine Verwendbarkeit möglich.

1.4.2 Physikalische und chemische Grundlagen

Physikalische Eigenschaften des Wassers

Das Wassermolekül – chemisch H_2O – setzt sich aus 2 Atomen Wasserstoff und 1 Atom Sauerstoff zusammen. Die Eigenschaften des Wassers werden durch seine Molekülstruktur

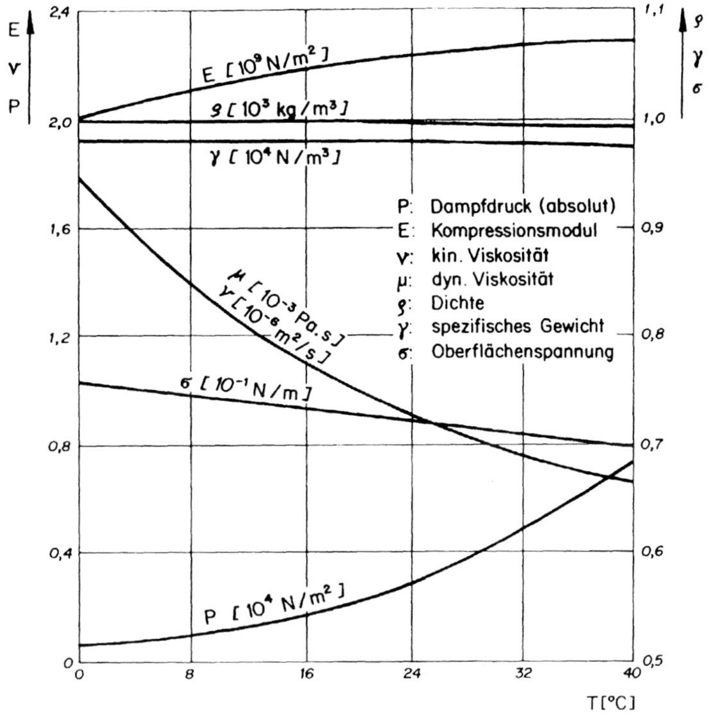

Abb. 1.39. Temperaturabhängige physikalische Eigenschaften des Wassers (HÖLTING 1996).

bestimmt. Da die Schwerpunkte der positiven und negativen elektrischen Ladungen im Wassermolekül nicht zusammenfallen, bildet es einen Dipol. Das Dipolmoment, das sich aus dem Produkt des Abstandes der Ladungsschwerpunkte und der Größe der Ladung ergibt, ist beim Wassermolekül im Verhältnis zu anderen Flüssigkeiten recht hoch und erklärt dessen große Lösewirkung auf viele Stoffe. Die Dipolnatur erklärt auch die sonstigen von anderen Stoffen abweichenden temperaturabhängigen physikalischen Eigenschaften (Abb. 1.39). Am bekanntesten ist das Dichtemaximum des Wassers bei + 3,98 °C und einem Druck von 101,324 kPa. Beim Gefrieren dehnt sich das Wasser um etwa 10 Vol. % aus. Auch bei zunehmender Erwärmung nimmt oberhalb + 3,98 °C die Dichte ab (s. a. MATTHESS 1994).

Der für die hydraulischen Eigenschaften des Wassers wichtige, verhältnismäßig niedrige Kompressionsmodul nimmt mit steigender Temperatur nur geringfügig zu.

Die Viskosität (innere Reibung), die das Fließverhalten des Wassers beeinflußt, nimmt mit steigender Temperatur ab. Der Einfluß des Drucks ist dabei gering. Dagegen nimmt der Dampfdruck, der die Verdunstung des Wassers bestimmt, mit steigender Temperatur zu. Die für das Benetzungsverhalten von Flüssigkeiten in Mehrphasensystemen wichtige Oberflächenspannung nimmt im Wasser mit steigender Temperatur ab.

Das Wasser hat eine ziemlich hohe spezifische Wärmekapazität, worunter die Wärmemenge zu verstehen ist, die benötigt wird, um eine Masseneinheit Wasser um 1 °C zu erwärmen. Die zur Erwärmung von Wasser notwendige relativ hohe Energie wird umgekehrt bei der Abkühlung wieder frei.

Die Wärmeleitfähigkeit des Wassers λ_w ist definiert als die Wärmemenge in Joules, die in 1 Sekunde von einer Grenzfläche eines Würfels mit der Seitenlänge 1 cm zur gegenüber 1 °C kälteren Fläche fließt, ist mit 5,69.10^{-3} J/(cm · s) (bei 25 °C) schlechter als bei anderen Stoffen (in W/(m · K)): Silber 419; Stahl 50; Sandstein 2,3; Quarz 1,1; Wasser 0,6; Luft 0,02.

Die – wenn auch nur geringe – elektrische Leitfähigkeit von reinem Wasser beruht auf dem Zerfall (Dissoziation) eines kleinen Teils der H_2O-Moleküle zu H_3O^+ (Hydronium) und OH^--Ionen. Anstelle des Hydronium-Ions wird nachfolgend zur Vereinfachung nur das H^+-Ion angegeben, obwohl H^+ nicht allein existieren kann. Bei 24 °C wird das Produkt $[H^+][OH^-] = 1 \cdot 10^{-14}$ · Der Dissoziationsgrad wird üblicherweise durch das Symbol pH angegeben, das den negativen dekadischen Logarithmus der Wasserstoffionen-Konzentration wiedergibt.

(1.52) $$\frac{c_{H^+} \cdot c_{OH^-}}{c_{H_2O}} = K_w$$

(1.53) $$pH = -\lg [H^+]$$

Für neutrales reines Wasser beträgt bei einer Temperatur von 24 °C der pH–Wert 7,0; in sauer reagierendem Wasser ist der pH-Wert < 7,0, in basisch (alkalisch) reagierendem dagegen > 7,0. Einer Konzentration von 10^{-8} Molen H^+ pro Liter entspricht ein pH von 8. Da das Ionenprodukt des Wassers (K_w) temperaturabhängig ist, wechselt auch der Neutralpunkt mit der Temperatur. Bei 10 °C liegt dieser Punkt bei pH = 7,27, bei 30 °C bei 6,92.

Die Löslichkeit von Stoffen und Gasen im Wasser

Wasser ist das wichtigste Lösungsmittel, das viele Stoffe zu lösen vermag. Das Vermögen, Stoffe aufzulösen, verdankt das Wassermolekül seiner Dipoleigenschaft, die zur Bildung von Hydrathüllen um die Ionen und Kolloidteilchen führt. Unter Löslichkeit wird dabei die maximale Masse eines Stoffes verstanden, die bei festgelegten Druck- und Temperaturbedingungen von einer bestimmten Masse des Lösungsmittels Wasser unter Bildung einer homogenen Phase (= gesättigte Lösung) aufgenommen wird. Liegt die in einer Lösung enthaltene Menge eines gelösten Stoffes unter dessen Löslichkeit, so handelt es sich um eine ungesättigte Lösung, die noch weitere Anteile dieses Stoffes zu lösen vermag.

Die gesättigten Lösungen können nur noch bei Temperaturerhöhung höhere Konzentrationen erreichen (Abb. 1.40). Manche Feststoffe bilden im Verlauf des Lösungsprozesses Hydratations-

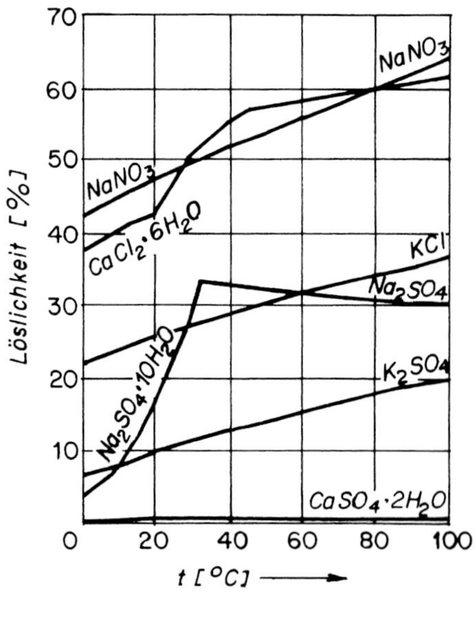

Abb. 1.40. Temperaturabhängige Löslichkeit einiger Salze im Wasser (ALEKIN 1962).

zwischenprodukte, u. a. dadurch, daß die Feststoffe nur zum Teil dissoziieren und die Ionen oder Ionengruppen dieser Salze von H_2O-Ionen umgeben werden. Solche Salz-Hydrate haben andere Temperaturbedingungen für die Löslichkeit als die hydratlosen Salze.

Wäßrige Lösungen sind homogene Gemische von Molekülen und Ionen gelöster Stoffe, des Wassers und etwaiger Reaktionsprodukte der Komponenten. Lösungen, in denen der gelöste Stoff in Form von Molekülen und Ionen vorliegt, werden als »echte Lösungen« bezeichnet. Im Gegensatz dazu stehen »kolloidale Lösungen«, in denen die Größe der Teilchen der gelösten Stoffe zwischen $5 \cdot 10^{-7}$ und 10^{-5} cm schwankt. Kolloide haben eine große spezifische Oberfläche und häufig eine negative oder positive Ladung, wodurch es zu einer engen Wechselwirkung zwischen ihnen und den Wassermolekülen und damit zu einer beträchtlichen Stabilität solcher Lösungen kommt. Im Grundwasser treten als kolloidale Lösungen anorganische Kolloide wie Kieselsäure, Tonminerale, Metall-Oxide, -Hydroxide und -Carbonate und biogen-organische Substanzen (insbesondere Humin- und Fulvosäuren) sowie lebende Mikroorganismen (Bakterien, Viren) auf (MATTHESS 1994).

Die Konzentrationen von Lösungen werden in verschiedenen Dimensionen angegeben:

Massenprozent (Massen-%): Masse des gelösten Stoffes in Gramm pro 100 g Lösung (nicht: Lösungsmittel = Wasser);

Volumenprozent (Vol.-%): Volumenteile des gelösten Stoffes in 100 Volumenteilen Lösung;

Massenkonzentration (g/l oder g/kg): Masse des gelösten Stoffes in Gramm je Liter oder Kilogramm Lösung;

Mol-Konzentration: Stoffmenge pro Masse (mol/kg Wasser; Molalität (m)) oder pro Volumen (mol/l Lösung; Molarität (c));

Äquivalentkonzentration (c(eq)): Anzahl der äquivalenten Stoffmenge pro Liter (Stoffmengenkonzentration pro Liter = Normalität, mmol/l) oder pro Kilogramm Lösung (Äquivalent-Molalität; mmol(eq)/kg bzw. mmol(eq)/l; alte Einheit mval/l oder mval/kg).

Zur größenordnungsmäßigen Ansprache der Löslichkeit von Stoffen werden folgende Löslichkeitsgrade empfohlen:

Stufe	**Löslichkeit/100 g Wasser**
leicht löslich	> 10 g
mäßig löslich	2–10 g
schwer löslich	0,1–2 g
sehr schwer löslich	0,01–0,1 g
praktisch unlöslich	< 0,01 g

In einer realen Lösung wirken die Inhaltsstoffe aufeinander ein, wobei diese Wechselwirkungen mit der Konzentration zunehmen und von Art und Wertigkeit der Lösungspartner abhängen. Die Wechselwirkungen werden durch die sog. Aktivität (a) berücksichtigt, die die Abweichung der chemisch aktiven Ionenkonzentration von der analytisch bestimmten molaren Konzentration (c in mol/l) berücksichtigt. Die dimensionslosen Aktivitäten der Einzelstoffe werden in eckigen Klammern [ ] oder mit a und der chemischen Bezeichnung der Substanz angegeben, z. B. $[Ca^{2+}]$ oder a_{Ca2+}. Sie errechnen sich mit Gleichung (1.54)

(1.54) $a = f \cdot c$

mit dem Aktivitätskoeffizienten (f) (in l/mol) aus der molaren Konzentration c (in mol/l).

In einer unendlich verdünnten Lösung ist der Aktivitätskoeffizient f = 1 und nimmt mit steigender Konzentration ab, wobei die Wechselwirkungen zwischen den an einer Lösung beteiligten Ionen durch die Ionenstärke (I) erfaßt werden. Diese Größe errechnet sich aus Gl. (1.55):

$$(1.55) \qquad I = 0{,}5\,(c_1 z_1^2 + c_2 z_2^2 + \ldots\ldots c_n z_n^2) = 0{,}5 \cdot \sum (c_i \cdot z_i^2)$$

c_i = analytisch bestimmte Ionenkonzentration in mol/l,
z_i = Ladung (Wertigkeit) des jeweiligen Ions.

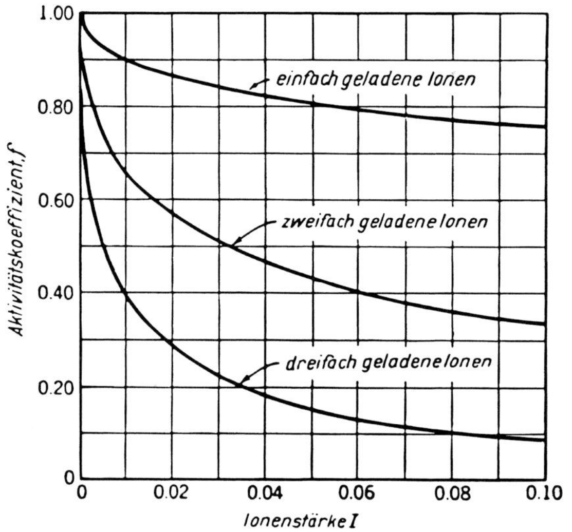

Abb. 1.41. Abhängigkeit des Aktivitätskoeffizienten (f) von der Ionenstärke (I) (FAIR & GEYER 1961).

Nach MAIER & GROHMANN (1977) läßt sich die Ionenstärke (I in mol/m³) hinreichend genau auch aus der spezifischen elektrischen Leitfähigkeit (K in mS/m bei 20 °C) mit der Näherungbeziehung (1.56) ableiten:

$$(1.56) \qquad I \cdot 10^{-3} = \frac{1}{54{,}5} \cdot K\ (\mathrm{mol/m^3})$$

Der Aktivitätskoeffizient ergibt sich aus Gleichung (1.57):

$$(1.57) \qquad -\log f = 0{,}5 \cdot z^2 \frac{\sqrt{I}}{1 + \sqrt{I}}$$

oder nach einer Näherungsformel:

$$(1.58) \qquad -\log f = 0{,}298 \cdot z^2 \sqrt{(2 \cdot I)}$$

In sehr stark verdünnten Lösungen, deren Aktivitätskoeffizienten nahezu gleich 1 sind, entsprechen die Aktivitäten zahlenmäßig nahezu den analytisch bestimmten molaren Konzentrationen. In höher konzentrierten Lösungen weichen die Aktivitätskoeffizienten erheblich von 1 ab, bei mehrwertigen Ionen mehr als bei einwertigen (Abb. 1.41). In Meerwässern z. B. liegen die Aktivitätskoeffizienten bei einwertigen Ionen um 0,7, bei zweiwertigen um 0,3.

Bei der thermodynamischen Betrachtung natürlicher oder verunreinigter Wässer, insbesondere bei Modellrechnungen für Löslichkeiten und Transport in Grundwässern werden die thermodynamischen Aktivitäten eingesetzt. Für weitere Angaben wird auf MATTHESS (1994) verwiesen.

Allgemein läßt sich die Löslichkeit durch das Massenwirkungsgesetz (1.59) beschreiben:

(1.59) $$K_{cAB} = \frac{[A_c^{v-}]^m \cdot [B_c^{v+}]^n}{[AB]}$$

$[A_c^{v-}]$ und $[B_c^{v+}]$ sind die Aktivitäten der Ionen A und B, v^- bzw. v^+ die (el.) Ladungszahlen sowie m und n die Anzahl der Mole der Ionen A und B. Die Dissoziationskonstante (K_{cAB}) besitzt bei konstanter Temperatur und konstantem Druck für jede chemische Reaktion ihren eigenen charakteristischen Wert. Für eine gesättigte Lösung ist die Aktivität der reinen Feststoffe [AB] definitionsgemäß gleich 1, so daß sich die Dissoziationskonstante zum ebenfalls temperaturabhängigen Löslichkeitsprodukt (L) der Ionenkonzentration (1.60) vereinfacht:

(1.60) $$K_{cAB} = L = [A_c^{v-}]^m \cdot [B_c^{v+}]^n$$

Einige Löslichkeitsprodukte gibt die Tabelle 1.19.

Während für die Löslichkeit fester Stoffe (Salze) im Wasser an und nahe der Erdoberfläche der Druck praktisch keine Rolle spielt, hängt die Löslichkeit der Gase von der Temperatur und vom Druck, bei Gasgemischen vom Partialdruck (= Teildrücke der am Gemisch beteiligten Gase) ab. Die Druckabhängigkeit der Gaslöslichkeit beschreibt die HENRY-DALTON-Gleichung (1.61):

(1.61) $$\lambda = K \cdot p \ (l/l)$$

worin p der Druck bzw. Partialdruck des Gases und K ein gasspezifischer (ebenfalls temperaturabhängiger) Proportionalitätsfaktor (allgemein der BUNSEN'sche Absorptionskoeffizient α) ist. Druck und Löslichkeit sind danach einander direkt proportional. In der hydrogeologischen Praxis heißt das, daß tiefe Grundwässer infolge des dort herrschenden höheren Druckes eine höhere Gaslöslichkeit (z. B. für Kohlensäure) als oberflächennahe haben. Andererseits verringert

Tabelle 1.19. Löslichkeitsprodukte fester Stoffe bei 25 °C (MATTHESS 1994).

	Löslichkeitsprodukt
$[Ag^-]^2\,[S^{2-}]$	$= 1 \cdot 10^{-51}$
$[Ba^{2+}]\,[CO_3^{2-}]$	$= 2{,}6 \cdot 10^{-9}$
$[Ba^{2+}]\,[F^-]^2$	$= 1{,}74 \cdot 10^{-6}$
$[Ba^{2+}]\,[SO_4^{2-}]$	$= 1{,}06 \cdot 10^{-10}$
$[Ca^{2+}]\,[CO_3^{2-}]$	$= 3{,}31 \cdot 10^{-9}$
$[Ca^{2+}]\,[F^-]^2$	$= 1{,}12 \cdot 10^{-11}$ (26 °C)
$[Ca^{2+}]\,[SO_4^{2-}]$	$= 2{,}31 \cdot 10^{-5}$
$[Ca^{2+}]\,[OH^-]^2$	$= 7{,}9 \cdot 10^{-6}$
$[Ca^{2+}]\,[Mg^{2+}]\,[CO_3^{2-}]^2$	$= 1 \cdot 10^{-17}$
$[Fe^{2+}]\,[CO_3^{2-}]$	$= 2{,}82 \cdot 10^{-11}$
$[Fe^{2+}]\,[OH^-]^2$	$= 1{,}65 \cdot 10^{-15}$
$[Fe^{3+}]\,[OH^-]^3$	$= 4 \cdot 10^{-38}$
$[Fe^{2+}]\,[S^{2-}]$	$= 4 \cdot 10^{-19}$
$[Mg^{2+}]\,[CO_3^{2-}] \cdot 3\,H_2O$	$= 1 \cdot 10^{-5}$
$[Mg^{2+}]\,[OH^-]^2$	$= 5{,}5 \cdot 10^{-12}$
$[Mn^{2+}]\,[OH^-]^2$	$= 7{,}1 \cdot 10^{-15}$
$[Sr^{2+}]\,[CO_3^{2-}]$	$= 5{,}36 \cdot 10^{-10}$
$[Sr^{2+}]\,[SO_4^{2-}]$	$= 3{,}43 \cdot 10^{-7}$

sich aber die Löslichkeit von Gasen im Wasser bei steigender Temperatur (GAY-LUSSAC-Gleichung):

(1.62) $\lambda = \alpha \cdot (1 - T/273)$

mit der Temperatur (T) in Kelvin und dem gasspezifischen BUNSEN'schen Absorptionskoeffizienten (α). Diese Gleichungen gelten nicht für Gase, die mit dem Wasser reagieren, wie Ammoniak und Kohlenstoffdioxid. Da sich Kohlenstoffdioxid im Wasser nur zu etwa 1% zu Kohlensäure umsetzt, ist die Abweichung von der HENRY-DALTON-Gleichung gering. Nachfolgend werden für einige Gase die BUNSEN'schen Absorptionskoeffizienten (in ml Gas, die bei °C und 101,324 mPa (1013,24 mbar) von 1 l Wasser aufgenommen werden) angegeben.

	0 °C	10 °C	20 °C
Wasserstoff (H_2)	21,5	19,6	18,2
Methan (CH_4)	55,6	41,8	33,1
Stickstoff (N_2)	23,0	18,5	15,5
Sauerstoff (O_2)	49,3	38,4	31,4
Kohlenstoffdioxid (CO_2)	1710	1190	878
Ammoniak (NH_3)	1300	910	711

Die Gaslöslichkeit nimmt ferner mit wachsender Konzentration an gelösten Feststoffen im Wasser ab. So lösen sich z. B. im Wasser (bei 15 °C und 101,324 mPa (1013,24 mbar)) bei einem Chloridanteil von 0 mg/l: 10,15 mg/l Sauerstoff; bei 5000 mg/l Cl: 9,65 mg/l O_2; bei 10 000 mg/l Cl: 9,14 mg/l O_2.

Elektrische Leitfähigkeit

Stoffe, deren Moleküle im Wasser in Ionen dissoziieren, werden Elektrolyte genannt, der Vorgang deshalb als »elektrolytische Dissoziation« bezeichnet. Die dabei frei werdenden Ionen machen die wäßrige Lösung elektrisch leitfähig. Ihr Maß, die spezifische elektrische Leitfähigkeit (K), ist der reziproke Wert des elektrischen Widerstandes. Ihre Einheit ist das Siemens (S), im älteren internationalen Schrifttum ist dafür auch »mho« gebräuchlich, die umgekehrte Buchstabenfolge der Widerstandseinheit Ohm.

Die spezifische elektrische Leitfähigkeit wird auf einen Würfel mit einer Kantenlänge von 1 cm bezogen und ist temperaturabhängig. Wegen der relativ niedrigen elektrischen Leitfähigkeit natürlicher Wässer wird meist die abgeleitete Einheit µS (= 10^{-6} S) angewandt und der angegebene Wert auf die Temperatur t_w von 25 °C (früher: 20 °C) bezogen; die Umrechnung auf diese Temperatur erfolgt bei abweichenden Meßtemperaturen tabellarisch (Tabelle 1.20). Die Änderung beträgt 2% pro °C. Reinstes Wasser hat bei 25 °C eine spezifische elektrische Leitfähigkeit von $4{,}2 \cdot 10^{-2}$ $\mu S \cdot cm^{-1}$. Schon Spuren von gelösten Stoffen verändern die elektrische Leitfähigkeit, gewöhnliches destilliertes Wasser hat einen Wert zwischen 0,5 und 5 $\mu S \cdot cm^{-1}$.

Je nach ihrem Dissoziationsgrad haben gelöste Stoffe unterschiedliche elektrische Leitfähigkeiten, die als Ionenleitfähigkeit (l) oder als Ionenäquivalent-Leitfähigkeit (l* = l: Ionenäquivalentmasse) ausgewiesen werden (Tabelle 1.21). Elektrische Leitfähigkeiten wäßriger Lösungen eines oder mehrerer Salze sind Summenparameter von Leitfähigkeitsteilbeträgen der in der Probe enthaltenen Ionen. Die elektrische Leitfähigkeit kann deshalb auch aus den Konzentrationen einer chemischen Analyse errechnet werden, womit sich die Möglichkeit einer gegenseitigen Kontrolle ergibt, z. B. im Rechenprogramm WATEQ4F (BALL & NORDSTROM 1991). Als einfache Näherung werden die analytisch bestimmten Ionenkonzentrationen (in mg/l oder mg/kg) mit den l*-Werten, bzw. die Äquivalentkonzentrationen (in mmol (eq)/l) mit den l-Werten

Tabelle 1.20. Temperaturkorrekturfaktoren und α-Werte für die Umrechnung von Meßwerten der elektrischen Leitfähigkeit von natürlichen Wässern bei der Meßtemperatur t auf 25 °C (WAGNER 1980).

$\alpha_{t,\,25}$	t	f_{25}									
% je °C	°C	0,0	0,1	0,2	0,3	0,4	0,5	0,6	0,7	0,8	0,9
3,67	0	1,918	1,912	1,906	1,899	1,893	1,887	1,881	1,875	1,869	1,863
3,57	1	1,857	1,851	1,845	1,840	1,834	1,828	1,822	1,817	1,811	1,805
3,48	2	1,800	1,794	1,788	1,783	1,777	1,772	1,766	1,761	1,756	1,750
3,39	3	1,745	1,740	1,734	1,729	1,724	1,719	1,713	1,708	1,703	1,698
3,30	4	1,693	1,688	1,683	1,678	1,673	1,668	1,663	1,658	1,653	1,648
3,22	5	1,643	1,638	1,634	1,629	1,624	1,619	1,615	1,610	1,605	1,601
3,14	6	1,596	1,591	1,587	1,582	1,578	1,573	1,569	1,564	1,560	1,555
3,06	7	1,551	1,547	1,542	1,538	1,534	1,529	1,525	1,521	1,516	1,512
2,99	8	1,508	1,504	1,500	1,496	1,491	1,487	1,483	1,479	1,475	1,471
2,92	9	1,467	1,463	1,459	1,455	1,451	1,447	1,443	1,439	1,436	1,432
2,85	10	1,428	1,424	1,420	1,416	1,413	1,409	1,405	1,401	1,398	1,394
2,79	11	1,390	1,387	1,383	1,379	1,376	1,372	1,369	1,365	1,362	1,358
2,73	12	1,354	1,351	1,347	1,344	1,341	1,337	1,334	1,330	1,327	1,323
2,67	13	1,320	1,317	1,313	1,310	1,307	1,303	1,300	1,297	1,294	1,290
2,61	14	1,287	1,284	1,281	1,278	1,274	1,271	1,268	1,265	1,262	1,259
2,56	15	1,256	1,253	1,249	1,246	1,243	1,240	1,237	1,234	1,231	1,228
2,50	16	1,225	1,222	1,219	1,216	1,214	1,211	1,208	1,205	1,202	1,199
2,45	17	1,196	1,193	1,191	1,188	1,185	1,182	1,179	1,177	1,174	1,171
2,40	18	1,168	1,166	1,163	1,160	1,157	1,155	1,152	1,149	1,147	1,144
2,36	19	1,141	1,139	1,136	1,134	1,131	1,128	1,126	1,123	1,121	1,118
2,31	20	1,116	1,113	1,111	1,108	1,105	1,103	1,101	1,098	1,096	1,093
2,27	21	1,091	1,088	1,086	1,083	1,081	1,079	1,076	1,074	1,071	1,069
2,22	22	1,067	1,064	1,062	1,060	1,057	1,055	1,053	1,051	1,048	1,046
2,18	23	1,044	1,041	1,039	1,037	1,035	1,032	1,030	1,028	1,026	1,024
2,14	24	1,021	1,019	1,017	1,015	1,013	1,011	1,008	1,006	1,004	1,002
2,10	25	1,000	0,998	0,996	0,994	0,992	0,990	0,987	0,985	0,983	0,981
2,07	26	0,979	0,977	0,975	0,973	0,971	0,969	0,967	0,965	0,963	0,961
2,03	27	0,959	0,957	0,955	0,953	0,952	0,950	0,948	0,946	0,944	0,942
2,00	28	0,940	0,938	0,936	0,934	0,933	0,931	0,929	0,927	0,925	0,923
1,96	29	0,921	0,920	0,918	0,916	0,914	0,912	0,911	0,909	0,907	0,905
1,93	30	0,903	0,902	0,900	0,898	0,896	0,895	0,893	0,891	0,889	0,888
1,90	31	0,886	0,884	0,883	0,881	0,879	0,877	0,876	0,874	0,872	0,871
1,87	32	0,869	0,867	0,865	0,864	0,863	0,861	0,859	0,858	0,856	0,854
1,84	33	0,853	0,851	0,850	0,848	0,846	0,845	0,843	0,842	0,840	0,839
1,81	34	0,837	0,835	0,834	0,832	0,831	0,829	0,828	0,826	0,825	0,823
1,78	35	0,822	0,820	0,819	0,817	0,816	0,814	0,814	0,811	0,810	0,808

multipliziert (ROSSUM 1975). Die elektrischen Leitfähigkeitsmessungen geben somit größenordnungsmäßig Hinweise auf die Konzentrationen einer Wasserprobe. Vielfach entspricht der Zahlenwert der elektrischen Leitfähigkeit in der Einheit $\mu S \cdot cm^{-1}$ angenähert der Konzentration gelöster Stoffe in mg/l (mg/kg).

Vorstellungen über die Größenordnungen der spezifischen elektrischen Leitfähigkeiten natürlicher Wässer vermitteln folgende Daten (in $\mu S \cdot cm^{-1}$):

Regenwasser	5– 30
Süßes Grundwasser	30– 2000
Mineralwasser	10000–20000
Meerwasser, Solen	45000–55000.

Tabelle 1.21. Ionen-Äquivalentleitfähigkeiten l_i bzw. l_i^* bei 25 °C.

(in: $S \cdot cm^{-1} \cdot [\frac{mol}{Wertigkeit}]^{-1}$)

Ion	l	l*
Na^+	50,9	2,21
K^+	74,5	1,91
$\frac{1}{2}\ Ca^{2+}$	60,0	3,00
$\frac{1}{2}\ Mg^{2+}$	53,0	4,42
Cl^-	75,5	2,13
$\frac{1}{2}\ SO_4^{2-}$	79,0	1,65
HCO_3^-	43,5	0,71

Das Kalk-Kohlensäure-Gleichgewicht

Wird Kohlenstoffdioxid-Gas in Wasser geleitet, löst sich ein Teil entsprechend seiner druck- und temperaturabhängigen Löslichkeit wie bei allen Gasen. Bei 20 °C und 1013 hPa lösen sich 1688 mg/l, bei 24511 hPa 32200 mg/l. Unter einem Druck von 1013 hPa beträgt die Löslichkeit bei einer Temperatur von 10 °C 2318 mg/l, bei 20 °C 1688 mg/l. Die wäßrige Lösung von CO_2 reagiert sauer, da ein kleiner Anteil des gelösten CO_2 die als schwache Säure bekannte Kohlensäure bildet:

$$H_2O + CO_2 \rightleftarrows H_2CO_3$$

Die Dissoziation erfolgt in zwei Stufen:

(1.63) 1. Stufe: $H_2CO_3 \rightleftarrows H^+ + HCO_3^-$

$$K_1 = \frac{[H^+]\ [HCO_3^-]}{[H_2CO_3]} = 4{,}45 \cdot 10^{-7} \text{ (bei 25 °C)}$$

(1.64) 2. Stufe: $HCO_3^- \rightleftarrows H^+ + CO_3^{2-}$

$$K_2 = \frac{[H^+]\ [CO_3^{2-}]}{[HCO_3^-]} = 4{,}69 \cdot 10^{-11} \text{ (bei 25 °C)}$$

Als zweiwertige Säure bildet die Kohlensäure zwei Reihen von Salzen: Hydrogencarbonate mit dem Anion HCO_3^- und Carbonate mit dem Anion CO_3^{2-} ; letztere liegen im Grundwasser jedoch nur bei pH-Werten > 8,2 vor.

Das Kohlenstoffdioxid im Untergrund stammt aus der Atmosphäre, aus der Wurzelatmung der Pflanzen und dem Abbau organischer Substanzen (vor allem in der belebten Bodenzone) oder ist geogenen Ursprungs. Die im Sicker- und Grundwasser gelöste Kohlensäure wirkt auf die in den grundwasserleitenden Gesteinen enthaltenen Carbonate, vor allem auf Calciumcarbonat, ein. Das Ausmaß dieser Reaktion hängt vom Carbonat-Gehalt der Gesteine und vom Kohlensäure-Gehalt des Wassers ab. Kalkstein ($CaCO_3$) ist in reinem Wasser nur gering wasserlöslich (15 mgl $CaCO_3$ bei 20 °C). Mit steigendem CO_2-Gehalt nimmt die Löslichkeit jedoch zu. Zwischen den an der Reaktion beteiligten Konzentrationen an CO_2, HCO_3^- und Ca^{2+}-Ionen stellt sich das sog. Kalk-Kohlensäure-Gleichgewicht ein. Die Aktivitäten der beteiligten Spezies können mit Hilfe von thermodynamischen Rechenmodellen bestimmt und anschließend der Gleichgewichtszustand berechnet werden (SCHULZ 1981, MATTHESS 1994). Die Löslichkeit in diesem System wird näherungsweise durch die vereinfachten Beziehungen (1.65) und (1.66) erfaßt (GEYH 1971).

(1.65) $$xCaCO_3 + xH_2O + (x+y)\,CO_2 \rightleftharpoons xCa^{2+} + 2\,xHCO_3^- + yCO_2$$

und

(1.66) $$y = K_T \cdot x^3$$

mit K_T als temperaturabhängigem Proportionalitätsfaktor. Diese Beschreibung des Kalk–Kohlensäure–Gleichgewichts entspricht der empirischen TILLMANS-Gleichung, die in ihrer erweiterten Form (Gl. 1.67) auch die Anwesenheit von Lösungsgenossen berücksichtigt.

(1.67) $$c_{CO2} = \frac{K_T}{f} c^2_{HCO3-} \cdot c_{ca2+}$$

c_{CO2} = Konzentration der in Wasser gelösten freien CO_2, meist berechnet als CO_2 (Molmasse: 44), in mmol/l;

c_{HCO3-} = Konzentration der im Wasser gelösten, im HCO_3^- gebundenen Kohlensäure, Äquivalentmasse 61; in mmol(eq)/l;

c_{ca2+} = Konzentration der Calcium-Ionen in mmol(eq)/l;

K_T = temperaturabhängige TILLMANS-Konstante (Tabelle 1.22).

f = $\frac{3\sqrt{I} + 1{,}7\ I}{1 + 5{,}3\sqrt{I} + 5{,}5\ I}$; I = Ionenstärke (Gl. 1.55)

Tabelle 1.22. Konstanten der TILLMANS-Gleichung (MATTHESS 1994).

t[°C]	$K_{TILLMANS}$ (mmol(eq)/l)	t[°C]	$K_{TILLMANS}$ (mmol(eq)/l)
0	$9{,}371 \cdot 10^{-3}$	26	$2{,}387 \cdot 10^{-2}$
1	9,700	27	2,459
2	$1{,}004 \cdot 10^{-2}$	28	2,539
3	1,039	29	2,617
4	1,076	30	2,703
5	1,114	31	2,804
6	1,156	32	2,903
7	1,199	33	3,012
8	1,244	34	3,117
9	1,291	35	3,235
10	1,339	36	3,356
11	1,389	37	3,482
12	1,441	38	3,613
13	1,492	39	3,748
14	1,548	40	3,889
15	1,606	41	4,025
16	1,667	42	4,176
17	1,729	43	4,323
18	1,790	44	4,486
19	1,857	45	4,643
20	1,926	46	4,806
21	1,999	47	4,986
22	2,074	48	5,162
23	2,147	49	5,356
24	2,227	50	5,544
25	2,311		

Das Kalk-Kohlensäure-Gleichgewichtssystem, das der TILLMANS-Gleichung entspricht, wird für reines Wasser durch Abb. 1.42 dargestellt; unter der Kurve ist das Kohlenstoffdioxid in HCO_3^- gebunden, oberhalb der Kurve ist freie aggressive Kohlensäure vorhanden. In den Wässern, die auf der Kurve liegen, stehen CO_2- und HCO_3^--Konzentrationen im Gleichgewicht.

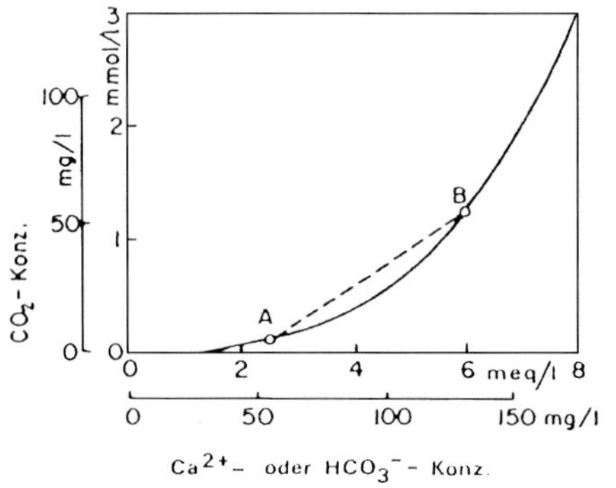

Abb. 1.42. Kurve des Kalk-Kohlensäure-Gleichgewichts (nach AXT 1966).

Vielfach werden im System Kohlensäure – gelöste Carbonate die gebundene Kohlensäure als ganz gebundene Kohlensäure (in den CO_3^{2-}-Ionen) und als halbgebundene Kohlensäure (in den HCO_3^--Ionen) und die freie Kohlensäure (als zugehörige Kohlensäure (= zur Erhaltung des Kalk-Kohlensäure-Gleichgewichts) und die überschüssige (oder aggressive) Kohlensäure = freie Kohlensäure minus zugehöriger Kohlensäure) unterschieden.

Der Gleichgewichtszustand kann auch mit Hilfe des pH-Wertes beurteilt werden. Nach der LANGELIER-Gleichung (1.68) besteht bei Gleichgewicht folgende Beziehung (gültig bis pH 9,5):

(1.68) $$pH_{Gleichgewicht} = pK^* - \lg c_{Ca^{2+}} - \lg c_{HCO_3^-} + \lg f_L$$

$pH_{Gleichgewicht}$ = pH-Wert eines natürlichen Wassers im Kalk-Kohlensäure-Gleichgewicht;
pK^* = temperaturabhängige LANGELIER-Konstante (Tabelle 1.23);
$c_{Ca^{2+}}$-; $c_{HCO_3^-}$ = Äquivalent-Konzentrationen [mmol(eq)/l] von Calcium und Hydrogencarbonat;

$$\lg f_L = \frac{2{,}5\ \sqrt{I}}{1 + 5{,}3\ \sqrt{I} + 5{,}5\ I}$$

Tabelle 1.24 sind die der jeweiligen Ionenstärke (I) zugehörigen Werte für lg f_L zu entnehmen.

Tabelle 1.23. Konstanten der STROHECKER-LANGELIER-Gleichung. Konzentration in mmol(eq)/l (MATTHESS 1994).

t[°C]	pK*	t[°C]	pK*	t[°C]	pK*
0	8,901	11	8,614	22	8,354
1	8,878	12	8,589	23	8,333
2	8,851	13	8,565	24	8,311
3	8,825	14	8,540	25	8,288
4	8,798	15	8,515	30	8,196
5	8,771	16	8,492	35	8,100
6	8,745	17	8,468	40	7,996
7	8,718	18	8,445	45	7,923
8	8,692	19	8,422	50	7,844
9	8,665	20	8,400		
10	8,639	21	8,376		

Tabelle 1.24. LANGELIER-Korrekturfaktor in Abhängigkeit von der Ionenstärke (mmol/l) (nach ZEHENDER et al. 1956).

I_{gesamt}	lg $f_{LANGELIER}$	I_{gesamt}	lg $f_{LANGELIER}$
$0{,}1 \cdot 10^{-3}$	0,024	$9{,}0 \cdot 10^{-3}$	0,153
0,2	0,033	10,0	0,158
0,4	0,045	12,0	0,166
0,6	0,054	14,0	0,173
0,8	0,061	16,0	0,179
1,0	0,067	18,0	0,185
1,3	0,074	20,0	0,190
1,6	0,081	22,0	0,194
1,9	0,087	24,0	0,198
2,2	0,092	26,0	0,201
2,5	0,097	28,0	0,205
2,8	0,102	32,0	0,210
3,2	0,107	36,0	0,215
3,6	0,112	40,0	0,219
4,0	0,117	45,0	0,224
4,5	0,122	50,0	0,228
5,0	0,126	60,0	0,233
6,0	0,134	70,0	0,238
7,0	0,141	80,0	0,241
8,0	0,147	100,0	0,245

Ein Gleichgewicht besteht, wenn die nach der TILLMANS-Gleichung errechnete CO_2-Gleichgewichtskonzentration (c_{CO_2}) gleich der in der Wasserprobe analytisch bestimmten Konzentration an freier Kohlensäure ist. Ist der analytisch bestimmte Anteil an freier Kohlensäure jedoch höher, so entspricht dieser höhere Anteil der überschüssigen, chemisch aggressiven Kohlensäure. Ist zu wenig freie Kohlensäure vorhanden, so ist das Wasser mit $CaCO_3$ übersättigt, und es kommt zum Ansatz von Kalk-Inkrustierungen (z. B. in Wasserrohren).

Vergleichbare Beziehungen gelten auch für den LANGELIER-(Calciumcarbonat-Sättigungs-) Index (I_L) (Gl. 1.69), der Differenz aus dem in der Wasserprobe bestimmten pH-Wert und dem errechneten $pH_{Gleichgewicht}$.

(1.69) $$I_L = \Delta\, pH = pH_{gemessen} - pH_{Gleichgewicht}$$

Negative Index-Werte zeigen aggressive Kohlensäure-Gehalte, positive $CaCO_3$-Übersättigung und Nullwerte Gleichgewichtswässer an.

Mischen sich Wasser, die im Kalk-Kohlensäure-Gleichgewicht stehen, so kann das ursprüngliche Gleichgewicht erhalten bleiben, wenn diese »korrespondierenden« Wässer z. B. die gleiche HCO_3^--Konzentration haben (AXT 1965). In anderen Fällen können Kalk-abscheidende oder -aggressive Mischungen auftreten. Kalk-aggressiv sind vor allem Gemische aus verschieden harten Wässern, deren Gehalte an freiem Kohlenstoffdioxid im Mischwasser oberhalb der Kurve des Kalk-Kohlensäure-Gleichgewichts liegen, im Beispiel der Abb. 1.42 also auf der Linie A–B.

Wässer mit überschüssiger Kohlensäure, wie derartige Mischwässer, wirken aggressiv auf Rohrleitungen (Brunnenrohre, Wasserleitungen) oder auf Gebäude (Fundamente), mit denen sie in Kontakt kommen. Solche Wässer müssen vor der Nutzung neutralisiert und Bauwerke müssen durch geeignete Maßnahmen geschützt, z. B. mit säurebeständigem Beton errichtet werden.

Bei der Betrachtung natürlicher Systeme sollte jedoch beachtet werden, daß die analytisch bestimmten CO_2-Werte und darauf aufbauende Berechnungen nur momentane Zustände wiedergeben, die bei den ständig sich ändernden Druck- und Temperatur-Bedingungen, oder den wechselnden Lösungsgleichgewichten als Folge von Prozessen wie Ionenaustausch oder Lösung unterschiedlicher Gesteine nicht gerecht werden können. Schon die Probenahme und der Transport ins Labor verursachen häufig fehlerhafte Werte. So werden die Proben nicht unter Beibehaltung der Druck-Temperatur–Bedingungen entnommen und temperiert transportiert, so daß mit vorzeitigen CO_2-Entgasungen gerechnet werden muß. Insbesondere unterliegen die aus Brunnen oder Quellen entnommenen Proben nicht mehr dem in-situ Druck im Grundwasserkörper, aus dem das beprobte Grundwasser stammt. Durch die Druckentlastung kommt es zu CO_2-Verlusten, so daß die Aggressivität des Grundwassers gegenüber technischen Einrichtungen, wie Brunnen, Fundamente und Auskleidung von Tunneln häufig nicht sicher erkannt werden kann (siehe auch MATTHESS 1994).

Der Einfluß des pH-Werts und des Redox-Potentials auf die Löslichkeit

Die Wasserstoffionen-Konzentration, die durch den pH-Wert angezeigt wird, beeinflußt die Wasserlöslichkeit vieler Stoffe. Nur wenige Ionen, wie Na^+, K^+, NO_3^- und Cl^-, bleiben über fast alle pH-Stufen gleich löslich. Dagegen hängen die Löslichkeiten vieler Metall-Ionen vom pH-Wert ab. pH-abhängig ist die Löslichkeit der sog. amphoteren Elemente, die Säuren oder Basen bilden können. Solche Metalle sind in saurem Milieu leicht löslich, fallen bei steigendem pH-Wert als Hydroxid oder Salz aus, gehen aber bei pH-Werten über 8 unter Bildung von Komplex-Verbindungen wieder in Lösung, wie z. B. das Zinkat-$[Zn(OH)_4]^{2-}$, das Chromat- $[Cr(OH)_6]^{3-}$, das Aluminat- $[Al(OH)_6]^{3+}$ und das Arsenat-Ion $[As(OH)_6]^{3-}$. Praktisch nicht amphoter sind Kupfer, Cadmium und Quecksilber.

Manche Metalle, die mehrere Wertigkeiten aufweisen, reagieren je nach Wertigkeitsstufe sauer oder basisch; z. B. tritt Mangan in den Wertigkeitsstufen +II bis +IV als basenbildendes, in den Stufen +IV bis +VII als säurebildendes Element auf (Stufe IV ist amphoter). Am beständigsten sind in saurem Milieu die Oxidationsstufen +II und +VII, in alkalischem Milieu die Stufen +IV und +VI des Mangans.

Im Wasser gelöste Stoffe ändern häufig den pH-Wert, da einige Ionenarten H^+-, andere OH^--Ionen binden. Freie Säuren (Schwefelsäure, Salpetersäure oder Huminsäure (aus der belebten Bodenzone)) können die Wässer in den sauren Bereich verschieben. Im allgemeinen puffert das im unterirdischen Wasser weit verbreitete Kalk-Kohlensäure-Gleichgewicht in Gegenwart von Hydrogencarbonat-Ionen die Säure so weit ab, daß angenähert ein Säuren-Base-Gleichgewicht entsteht. Daher schwanken die pH-Werte der Grundwässer im humiden Klimabereich in einem verhältnismäßig kleinen Bereich zwischen pH 5,5 und 8,0.

Der pH-Wert einer Lösung wird als elektromotorische Potentialdifferenz zwischen einer Wasserstoffelektrode und dem Potential der Lösung gemessen. Ein anderes elektromotorisches Potential ist das Redox-Potential. Unter Reduktions-Oxidations-(Redox-)Prozessen wird der Austausch von Elektronen verstanden: Oxidation bedeutet die Abgabe von Elektronen, die mit Zunahme der Oxidationszahl (-stufe) verbunden ist, Reduktion die Aufnahme von Elektronen verbunden mit einer Abnahme der Oxidationszahl (-stufe). Diesen Übergang beschreibt beispielsweise folgende Gleichung:

(1.70) $$Zn_c + Cu^{2+} \rightleftharpoons Cu_c + Zn^{2+}$$

Das Kupferion wurde reduziert, indem es 2 Elektronen erhielt, Zink wurde oxidiert, indem es 2 Elektronen abgab.

Die bei diesen Reaktionen entstehenden elektromotorischen Kräfte können in einer Lösung, die Ionen verschiedener Oxidationsstufen enthält, als elektrisches Potential E (mV oder V) zwischen zwei Elektroden gemessen werden. Als Maß für die relative (elektromotorische) Aktivität der oxidierten und reduzierten Spezies in einem System dient das Redox-Potential (E°), bezogen auf die Aktivität 1 (= Standardpotential) des jeweiligen Redoxpaares ([red]/[ox]). Die sog. NERNST-Gleichung (1.71) verknüpft in allgemeiner Form diese System-Größen

$$E_H = E° - \frac{RT}{n \cdot F} \ln \frac{[red]}{[ox]} \quad (1.71)$$

mit der universalen Gas-Konstanten R (= 8,3143 $J \cdot K^{-1} \cdot mol^{-1}$), der absoluten Temperatur T (K), der Zahl der umgesetzten Elektronen n und der FARADAY-Konstanten F (= 96,564 $kJ \cdot V^{-1}$). Diese Gleichung gilt, wenn die Reaktionen entsprechend den Richtlinien der International Union for Pure and Applied Chemistry (IUPAC) als Reduktionen geschrieben werden, d.h. wenn e^- auf der linken Seite der chemischen Gleichung erscheint.

Alle Potentiale werden auf das Potential der Wasserstoff-Elektrode bezogen, das gleich Null gesetzt wird. Die bei den Redox-Prozessen zu messenden Spannungen lassen sich nach ihren Potentialen zu einer Spannungsreihe ordnen; eine Auswahl gibt Tabelle 1.25. Spezies höheren Potentials wirken als Oxidationsmittel gegenüber denen niedrigeren Potentials und umgekehrt; die Größe des Redox-Potentials ergibt sich aus der Größe der Spannungsdifferenz. Da ein

Tabelle 1.25. Standard-Redox-Potentiale (E°) verschiedener Stoffe (MATTHESS 1994).

	E° (Volt)
$Mn^{3+} + e^- \rightleftharpoons Mn^{2+}$	+ 1,51
$O_2 + 4\ H^+ + 4e^- \rightleftharpoons 2H_2O$	+ 1,229
$NO_3^- + 4H^+ + 3e^- \rightleftharpoons NO + 2H_2O$	+ 0,96
$2NO_3^- + 4H^+ + 2e^- \rightleftharpoons N_2O_4 + 2H_2O$	+ 0,81
$Fe^{3+} + e^- \rightleftharpoons Fe^{2+}$	+ 0,770
$H_2SO_3 + 4H^+ + 4e^- \rightleftharpoons S + 3H_2O$	+ 0,45
$O_2 + 2H_2O + 4e^- \rightleftharpoons 4OH^-$	+ 0,401
$Cu^{2+} + 2e^- \rightleftharpoons Cu$	+ 0,3402
$SO_4^{2-} + 4H^+ + 2e^- \rightleftharpoons H_2SO_3 + H_2O$	+ 0,20
$NO_3^- + H_2O + 2e^- \rightleftharpoons NO_2^- + 2OH^-$	+ 0,01
$2H^+ + 2e^- \rightleftharpoons H_2$	0,00
$Mn(OH)_3 + e^- \rightleftharpoons Mn(OH)_2 + OH^-$	– 0,40
$S + 2e^- \rightleftharpoons S^{2-}$	– 0,508
$Fe(OH)_3 + e^- \rightleftharpoons Fe(OH)_2 + OH^-$	– 0,56
$Zn^{2+} + 2e^- \rightleftharpoons Zn$	– 0,7628

reduziertes Molekül ein oxidiertes nur dann reduzieren kann, wenn dieses ein höheres Potential E° hat, können die in der Tabelle 1.25 oben stehenden Verbindungen nur durch die darunter stehenden Spezies mit niederen Potentialen reduziert werden.

Die Löslichkeit einiger Elemente ist außer vom pH-Wert auch vom Redox-Potential abhängig, insbesondere bei Eisen, Mangan, Kupfer, Vanadium und Uran. Die pH- und E_H-Bedingungen bestimmen, welche Spezies dieser Elemente stabil sind. Die hieraus abzuleitenden Bereiche sind in Stabilitätsfeld-(Prädominanzfeld-)Diagrammen angegeben (Beispiel Abb. 1.43). Die von HEM (1961) erstellten E_H-pH-Diagramme für Eisen bei verschiedenen Hydrogencarbonat- und Schwefel-Konzentrationen sind z.B. nützliche Hilfsmittel für das Verständnis der in der Praxis der Wassererschließung wichtigen störenden Vorkommen von gelösten Eisen(II)-Ionen und der Verockerung von Brunnenfiltern, weiterhin bei der Untersuchung des Lösungs- und Transportverhaltens anderer Redox-abhängiger Stoffe in einem bestimmten Grundwasser-Milieu.

Bei der Messung des Redox-Potentials als einer wesentlichen Grundwassereigenschaft ist zu beachten, daß der Zutritt von Luftsauerstoff zur Grundwasserprobe ausgeschlossen wird, daß die

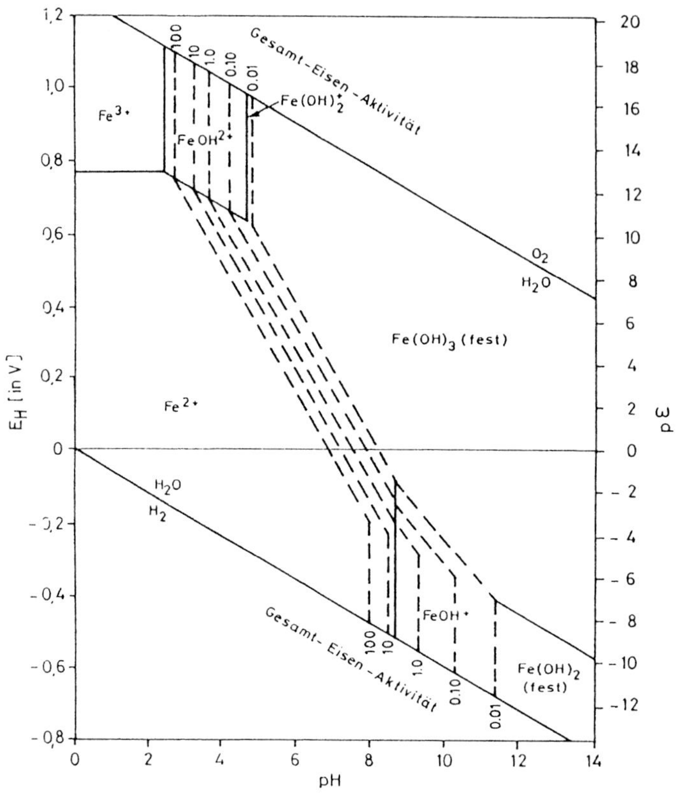

Abb. 1.43. Stabilitätsfelder für Eisen II- und III-Spezies für Aktivitäten von 0,01–100 mg gelöstes Eisen/kg (HEM 1985).

Ionen des jeweiligen Redoxpaares in genügender Konzentration (> 10^{-5} molar) vorhanden sind, daß die Meßelektroden nicht durch Adsorption von Sauerstoff, Sulfid-Ionen, Chlorid-Ionen oder andere Verunreinigungen vergiftet sind, und daß die Redoxpaare die Elektronen schnell transferieren. Untersuchungen von SEEBURGER & KÄSS (1989) belegen, daß der E_H-Wert einer natürlichen Wasserprobe trotz Verwendung gleicher Sonden und sorgfältiger Ausführung der Messung nicht genauer als ± 6–20 mV bestimmt werden kann. E_H-Angaben aus dem Grundwasser sollten möglichst durch zusätzliche Parameter belegt werden. Dazu eignet sich u. a. die Errechnung des E_H-Potentials aus dem analytisch bestimmten Gehalt an freiem Sauerstoff (in mmol/l O_2), der in der Regel im Grundwasser das Redox-Potential wesentlich bestimmt:

(1.72) $$E_H = 1{,}23 + 0{,}0147 \lg [O_2] - 0{,}059 \cdot pH \text{ (mV)}$$

Weitere Angaben zu Redoxsystemen, zu den pH- und E_H-Meßmethoden und zur Theorie finden sich in MATTHESS (1994).

1.4.3 Chemisch-physikalische Prozesse im Grundwasser

Auflösung – Ausfällung, Komplexbildung

Zwischen grundwasserleitendem Gestein und dem Grundwasser, das darin fließt, bestehen ständige Wechselwirkungen durch das Auflösen oder die Ausfällung von Mineralstoffen. Die verbreitetsten löslichen Salze im Untergrund sind carbonatische (z. B. Kalkstein, Dolomit, Magnesit), sulfatische (z. B. Anhydrit bzw. Gips) und chloridische (z. B. Steinsalz). Zahlreiche andere

Minerale sind ebenfalls, wenn auch unterschiedlich löslich. Schwer wasserlösliche Minerale, wie z. B. die Silicate (z. B. die Feldspäte), werden unter hydrolytischer Spaltung von Wassermolekülen zersetzt. Die leicht löslichen Bestandteile (Alkalien, Erdalkalien) werden fortgeführt, während Komponenten wie Silicium und Aluminium schwer lösliche Verbindungen (vor allem Tonminerale) neu bilden.

Die von der Erdoberfläche einsickernden Wässer sind, soweit nicht anthropogen belastet, arm an Inhaltsstoffen und waschen den Untergrund (vor allem die belebte Bodenzone) beim Durchsickern aus. Die im Boden und in der Sickerzone enthaltenen löslichen Alkali- und Erdalkali-Salze werden gelöst und weiter in die Tiefe verfrachtet. Da die alkalischen Verbindungen durchweg leichter löslich sind als die erdalkalischen, wurden diese zuerst entfernt. Deshalb enthalten die Sickerwässer und die oberflächennahen Grundwässer in der Regel weniger Alkali- als Erdalkali-Ionen.

Für die Anionen ergibt sich bei langen vertikalen und horizontalen Fließwegen und ausreichender Reaktionszeit zur Einstellung chemischer und physikalisch-chemischer Gleichgewichtszustände unter Berücksichtigung der Löslichkeiten die Abfolge:

$$HCO_3^- \ (+ \ CO_3^{2-}) \rightarrow HCO_3^- + SO_4^{2-} \rightarrow SO_4^{2-} \rightarrow SO_4^{2-} + Cl^- \rightarrow Cl^- + SO_4^{2-} \rightarrow Cl^-$$

Die Endstufe ist also durch chloridische Lösungen charakterisiert.

Bei den Kationen ist häufig auf dem Fließweg eine relative Zunahme von Magnesium (Mg^{2+}) gegenüber Calcium (Ca^{2+}) zu beobachten, da das Calciumsulfat geringer löslich als das Magnesiumsulfat ist. Im hydrogen carbonatischen Milieu fallen jedoch die schwer löslichen Magnesiumcarbonate als Dolomit $(Ca,Mg)CO_3$ schneller als Calcit ($CaCO_3$) aus. Natriumverbindungen sind am leichtesten löslich, so daß sich bei den Kationen annähernd die Abfolge ergibt:

$$Ca^{2+} \rightarrow Ca^{2+} + Mg^{2+} \rightarrow Na^+.$$

Kalium ist im Grundwasser generell wenig enthalten, da es meistens adsorptiv an die festen Untergrundmaterialien gebunden wird.

Löslichkeitsänderungen treten insbesondere bei Mischung verschieden beschaffener Grundwässer ein, u. a. an der Grenzfläche verschiedener Grundwasserleiter (z. B. carbonatischer und sulfatischer Gesteine wie im Zechstein und Muschelkalk in Deutschland), sowie bei künstlichen (Wassergewinnung) oder natürlichen hydraulischen Verbindungen zwischen Grundwasserleitern. Bei solchen Mischungen fallen naturgemäß die schwerer löslichen Verbindungen aus, wenn deren Löslichkeitsprodukte überstiegen werden. Das trifft insbesondere für Störungen des Kalk-Kohlensäure-Gleichgewichts bei der Mischung verschiedener Wässer zu. Änderungen des Redox-Potentials bewirken die Lösung oder Ausfällung von Eisen und Mangan. Zu Ausfällungen kann es im oberflächennahen Grundwasser auch durch Anreicherung infolge von Verdunstungsvorgängen kommen. Schwermetalle bilden bei höheren pH-Werten Komplex-Verbindungen, die im sauren Milieu wieder zerfallen. Komplex-Verbindungen bilden auch anorganische und organische Inhaltsstoffe in Böden. Solche Komplexe können schwer löslich sein oder sorptiv gebunden werden, so daß z. B. Phosphor–Verbindungen nur bei starker Überdüngung eines Bodens mit den Sickerwässern tiefer verlagert werden.

Die Löslichkeit und Speziation der Wasserinhaltsstoffe und ihr Transport in einem zu betrachtenden Grundwassersystem kann aufgrund vorliegender Wasseranalysen mit thermodynamischen Modellen, ggf. in Kombination mit einem Transportmodell bestimmt werden. Als Interpretationshilfe für die hydrochemischen Befunde dient die Berechnung des Sättigungszustandes eines Grundwassers gegenüber bestimmten Mineralen auf der Grundlage der Löslichkeitsprodukte oder der mit der jeweiligen Reaktion verbundenen Änderung der Freien Enthalpie ($\Delta G°$). Da natürliche Lösungen Ionen verschiedener Salze enthalten, sind die Ionen-Aktivitäten durch

Multiplikation der analytisch bestimmten molaren Konzentrationen mit den Aktivitätskoeffizienten zu berechnen, wobei die an den chemischen Umsetzungen beteiligten Stoffe jeweils für alle zur Lösung infrage kommenden Mineralen berücksichtigt werden. Die verfügbaren Rechenprogramme erlauben die Behandlung auch komplizierter Systeme, z. B. berechnet das Programm GEOCHEM (Sposito & Mattigod 1980) 2900 gelöste Spezies und Sättigungsindices für 185 Minerale. Sehr nützlich ist das Programm PHREEQE (Parkhurst et al. 1980), das u. a. erlaubt, Mischungen von zwei unterschiedlichen Wässern, Titrationen und pH- und E_H-Werte einer Lösung zu berechnen.

Für weitergehende Angaben wird auf Apello & Postma (1993), DVWK (1992b), Matthess (1994) und Stumm & Morgan (1981) verwiesen.

Adsorption, Desorption, Ionenaustausch

Im unterirdischen Wasser transportierte Ionen, kolloidale Moleküle und andere Mikrokörper (wie z. B. Viren, Bakterien) sowie Gas-Moleküle können an den Oberflächen von Mineralen oder festen Kolloiden der Untergrundmaterialien gebunden werden. Diese Bindung umfaßt alle Übergänge von Van der Waals-Kräften bis zur chemischen Bindung. Bei einigen Mineralen ersetzen Ionen im stöchiometrischen Verhältnis andere im Kristallgitter vorhandene Ionen, die ihrerseits in Lösung gehen (Ionenaustausch). Ebenso wie die Adsorption ist auch eine Desorption von sorbierten organischen, anorganischen oder auch gasförmigen Wasserinhaltsstoffen unter geänderten Konzentrations- oder Löslichkeitsverhältnissen möglich (Remobilisation). Bei Adsorptions- und Desorptionsprozessen stellen sich Gleichgewichte ein, wobei die Konzentration der jeweilig betrachteten Komponente auf dem Adsorptionsmittel (Adsorbens) von der Konzentration bzw. dem Partialdruck der zu adsorbierenden Komponente in der Lösung abhängt. Dieser Zusammenhang wird durch Ad– und Desorptionsisothermen beschrieben.

Die empirisch gewonnene Freundlich-Adsorptionsisotherme

(1.73) $$c_a = K_F \cdot c_w{}^N$$

hat sich als nützliche Beschreibung von Sorptionsgleichgewichten bewährt. Sie enthält die Konzentration der an eine Masseneinheit des Adsorbens sorbierten Mengen einer Substanz c_a (in mmol (eq)/g bzw. mmol/g), die Konzentration im Wasser nach Einstellung des Gleichgewichts c_w (in mmol(eq)/ml bzw. mmol/ml) und die stoffspezifischen Konstanten K_F und N.

Die Langmuir-Adsorptionsisotherme eignet sich besonders für begrenzte Konzentrations- und Adsorptionsbereiche, bei denen ein Adsorptionsmaximum ($c_{a,max}$) erreicht wird. Dieses Maximum ist ein Maß für die Zahl der Bindungsplätze und enthält die Temperatur und die Aktivierungs-Energien

(1.74) $$c_{a,max} = K \cdot \frac{c_w}{1 + K \cdot c_w}$$

mit der maximal adsorbierten Menge $c_{a,max}$, der Konzentration in Wasser c_w und der stoffspezifischen Konstanten K.

Nach diesen Beziehungen bewirkt die Konzentrationserhöhung eines Stoffes im Grundwasser die Zunahme der adsorbierten Menge dieses Stoffes im grundwasserleitenden Gestein. Umgekehrt kommt es bei einer Konzentrationsabnahme zur Desorption. Da sich die Teilkonzentrationen verschiedener Stoffe in natürlichen Wässern wechselseitig beeinflussen, ergibt sich, daß die Interpretationen derartiger geohydrochemischer Prozesse umfassend sein müssen und nicht auf einzelne Inhaltsstoffe beschränkt bleiben können.

Sorbierend wirken Tonminerale, Zeolithe, Eisen-, Mangan- und Aluminium-Oxide und -Hydroxide, Huminstoffe, mikrobielle Schleime, aber auch in geringerem Maße die gesteinsbildenden Minerale Glimmer, Feldspat, tonerdehaltige Augite und Hornblenden. Die Adsorption durch Untergrundmaterialien hängt von der Wirksamkeit der äußeren und inneren Oberfläche und damit von Dichte, Korngröße, Porosität und Verteilung der Sorbenten im Gestein ab. Kolloidale Substanzen oder Phasen mit großen spezifischen Oberflächen haben deshalb ein großes Sorptionsvermögen.

Beim Ionenaustausch wird eine Ionenart durch eine andere im stöchiometrischen Verhältnis im Kristallgitter ausgetauscht, während erstere in Lösung geht. Bei Änderung der Konzentrationsverhältnisse in der Lösung können die gebundenen Ionen gegen andere ausgetauscht werden. Die Austauschvorgänge zwischen den im Wasser gelösten und den im Austauscher (A) gebundenen Ionen sind also umkehrbar und können durch das Massenwirkungsgesetz beschrieben werden. So gilt z. B. für das System Austauscher (A) – Calcium (Ca^{2+}) – Natrium (Na^+):

(1.75) $$Ca^{2+}A + 2\,Na^+ \rightleftharpoons Na_2^+A + Ca^{2+}$$

Alkalisierung — Austausch — Erdalkalisierung

Der Ionenaustausch erfolgt in äquivalenten Konzentrationen. Z. B. wird 1 mmol (eq)/l Ca^{2+} (= 20 mg) gegen 1 mmol(eq)/l Na^+ (= 23 mg) ausgetauscht. Als Ionenaustauschkapazität wird üblicherweise die äquivalente Masse an austauschbaren Ionen in Äquivalenteinheiten pro 100 g (= 1 hg) fester Substanz bei einem pH-Wert = 7,0 angegeben. Eine Auswahl ionenaustauschender Minerale und deren Austauschkapazitäten gibt Tabelle 1.26. Da solche Minerale auch im Boden und im tieferen Untergrund weit verbreitet sind, ist es nicht verwunderlich, daß solche Prozesse im fließenden Grundwasser häufig stattfinden. Typische Ionenaustauschwässer sind Natriumhydrogencarbonat- und -sulfatreiche Wässer, die insbesondere dadurch zu erkennen sind, daß die Carbonathärte gleich oder größer als die Gesamthärte ist. Ionenaustausch betrifft vor allem die Kationen, da für Anionen unter den üblichen pH-Bedingungen weniger spezifische Bindungsplätze zur Verfügung stehen (Weitere Angaben finden sich in MATTHESS (1994) und STUMM (1992)). Die Bindungsfähigkeit der natürlichen Austauscher gegenüber den Ionen verschiedener Elemente ist unterschiedlich. Allgemein gilt, daß unter gleichen Bedingungen die Bindungsfähig-

Tabelle 1.26. Austauschkapazitäten verschiedener Minerale und Gesteine (in mmol(eq) pro 100 g).

	für Kationen nach GRIM (1968)	für Kationen nach CARROLL (1959)	für Anionen nach GRIM (1968)
Basalt	–	0,5–2,8	–
Bimstuff	–	1,2	–
Tuff	–	32,0–49,0	–
Quarz	–	0,6–5,3	–
Feldspat	–	1,0–2,0	–
Kaolinit	3–15	–	6,6–13,3
Halloysit $2H_2O$	5–10	–	–
Illit + Chlorit	10–40	10–40	–
Tonsteine	–	10–41,0	–
Diatomeenerde	–	25–54	–
Montmorillonit	80–150	70–100	23–31
Silicagel	80–150	80	–
Zeolithe	100–130	230–620	–
Organische Substanz des Bodens und rezenter Sedimente	150–500	–	–
Leuzit	–	460	–
Sodalith	–	920	–

keit mit der Wertigkeit zunimmt, Ausnahmen wie Wasserstoff und Rubidium kommen vor. Die allgemeine Abfolge abnehmender Bindungsintensität ist:

$H^+ > Rb^+ > Ba^{2+} > Sr^{2+} > Ca^{2+} > Mg^{2+} > K^+ > Na^+ > Li^+$

Diese Regel kann jedoch durch das austauschspezifische Verhalten einiger Minerale gestört werden. So wird z. B. Kalium nicht an Kaolinit, dafür aber umso stärker an Glimmer und Montmorillonit gebunden, an letzterem so stark, daß der Ionenaustausch von K^+ nicht reversibel ist, ein Grund dafür, daß Grundwasser relativ selten Kalium enthält. Zu beachten ist schließlich, daß der Ionenaustausch von gelöstem Na^+ gegen sorbiertes Ca^{2+} bei den häufig vorkommenden hydrogencarbonatischen Grundwässern zur Änderung des Kalk-Kohlensäure-Gleichgewichts führt, weil das Calcium neben der äquivalenten Menge an HCO_3^--Ionen, abweichend von den Alkalien, auch zugehörige Kohlensäure benötigt. Ist nicht genügend freie Kohlensäure vorhanden, so kommt es zu Ausfällungen.

Oxidation – Reduktion

Oxidation und Reduktion sind im Grundwasser weit verbreitete Prozesse, bei denen E_H-abhängige Ionen häufig gelöst oder ausgeschieden werden. Oberhalb der Grundwasseroberfläche ist der Untergrund mit sauerstoffhaltiger Luft erfüllt, so daß hier in der Regel ein oxidierendes Milieu herrscht. Die Sickerwässer sind mehr oder weniger sauerstoffgesättigt; die O_2-Sättigungsmenge ist temperaturabhängig und beträgt in Sicker- und Grundwässern gemäßigter Klimabereiche um 10 mg/l O_2. Abweichungen von dieser Aussage gelten für Anreicherungszonen von stark reduzierenden Substanzen im Sickerbereich und für Mikroporenbereiche mit reduzierendem Milieu. Sauerstoff-haltiges Wasser ist ein Verwitterungsagens, das reduzierende Substanzen unter teilweisem oder völligem Aufbrauch seines Sauerstoff-Gehaltes oxidiert. Reduzierend wirken organische Substanzen und bei mehrwertigen Elementen solche niedrigerer Wertigkeitsstufe (z. B. Eisen (II), Mangan (II) und Schwefel (II)). Ein Beispiel ist die Oxidation von Eisensulfid (Pyrit, Markasit, FeS_2):

(1.76) $$2\,FeS_2 + 2\,H_2O + 7\,O_2 \rightarrow 2\,FeSO_4 + 2\,H_2SO_4$$

Die dabei entstehende Schwefelsäure (H_2SO_4) ist aggressiv und kann zu Schäden an Bauwerken (z. B. am Beton) führen, wirkt aber auch auf das grundwasserleitende Gestein ein, wobei es u. U. unabhängig vom Ionenaustausch zur Bildung von Natriumsulfat-(Na_2SO_4-) Wässern kommen kann.

Für die aus landwirtschaftlichen Aktivitäten stammende Nitratbelastung hat – neben der mikrobiellen – die abiotische NO_3-Reduktion eine Bedeutung. Dabei wird NO_3-N zu N_2 reduziert (Obermann 1981), z. B. bei Oxidation von Fe^{2+} zu Fe^{3+}:

(1.77) $$2\,NO_3^- + 24\,H_2O + 10\,Fe^{2+} \rightarrow 10\,Fe(OH)_3 + 18\,H^+ + N_2$$

Sauerstoffzehrung findet häufig im Kontakt mit organischen Substanzen (z. B. Huminsäuren und andere organische Stoffe im Boden, Torf, Kohle, Erdöl-Kohlenwasserstoffe und deren Destillationsprodukte) statt.

Kennzeichen reduzierter Wässer sind Defizite an gelöstem Sauerstoff, niedrige oder fehlende Nitrat-Konzentrationen, Gehalte an Eisen(II)- und Mn(II)-Ionen sowie H_2S, NO_2^- – und NH_4^+-Ionen. Nach Golwer et al. (1970, 1976) entwickeln sich im Grundwasserunterstrom von Abfalldeponien recht schnell Zonen reduzierter Wässer (durch Zusickerung reduzierender Wässer. Bei seitlichem oder vertikalem Zustrom sauerstoffreicherer Grundwässer verschieben sich die Redoxverhältnisse schnell wieder zu oxidierenden Bedingungen. In der »Oxidationszone«

ist das Grundwasser wieder ständig sauerstoffhaltig und die anorganischen Stoffe werden wieder oxidiert. Zwischen der Reduktionszone und der Oxidationszone liegt eine Übergangszone.

Ein folgenreicher Vorgang solcher Redox-Prozesse im Grundwasser ist die oben erwähnte Verockerung von Brunnenfiltern (siehe auch Abschnitt 3.9.1.3).

1.4.4 Mikrobiologische Prozesse

Im Zusammenhang mit Wasserversorgungsanlagen sind pathogene Bakterien, wie Salmonellen, Shigellen, Yersinien oder Streptococcen, pathogene Viren wie Hepatitis A-, B-, Poliomyelites-, Coxsackie- oder Rota-Viren bei Grundwasser-Verunreinigungen zu beachten. Als Indikatoren für Verunreinigungen durch Warmblüter-Ausscheidungen gelten die Enterobakterien *Escherichia coli* oder coliforme Bakterien sowie Streptococcen, die anzeigen, daß menschliche Ausscheidungen in das Wasser gelangt sind, und damit auch pathogene Keime nicht auszuschließen sind.

Im Untergrund und im Grundwasser sind autochthone Bakterien enthalten, die zur Ausbildung der Wasserbeschaffenheit ebenso wie die physikalisch-chemischen Prozesse beitragen. In 1 g Boden treten bis zu 25 Milliarden Keime mit einem Trockengewicht von etwa 1 mg auf. Die Keimzahlen nehmen vom nährstoffreichen Oberboden zur Tiefe hin mit abnehmendem Nahrungsangebot rasch ab, doch können selbst in nicht–verunreinigten Grundwässern 10^4–10^5 koloniebildende Einheiten (KBE)/ml, in verunreinigten Grundwässern und Ölfeldwässern bis zu 10^7 KBE/ml beobachtet werden. Bakterien können sich bei entsprechendem Nahrungsangebot durch Zellteilung alle halbe Stunde vermehren. Sie sind sehr anpassungsfähig an die Milieu–Bedingungen und werden so z. B. noch in Wassertiefen bis 2.700 m bei Drücken von etwa 30 MPa (300 bar) und in salzhaltigen Wässern (Solen) nachgewiesen (Matthess 1994).

Im wesentlichen sind im Untergrund Bakterien, Actinomyceten und Pilze verbreitet. Zunehmende Beachtung finden in Lockergesteinen natürlich vorkommende, blinde, pigmentlose Grundwassertiere (vor allem Würmer und Krebstiere), die zwar eine zufriedenstellende Wassergüte indizieren, vom Trinkwasserglas (aus ästhetischen Gründen) jedoch ferngehalten werden sollten. Unter den Bakterien gibt es einige Spezialisten, die die Grundwasserbeschaffenheit durch Einwirkung auf den Schwefel-, Stickstoff-, Kohlenstoff-, Eisen- und Mangan-Kreislauf maßgebend beeinflussen.

Sulfat-Ionen werden im anaeroben (sauerstofffreien) Milieu durch die Bakterienart *Desulfovibrio desulfuricans* reduziert, das Sulfat-Ion dient dabei dem Bakterium als Sauerstoffquelle. Bei dieser Desulfurikation (Sulfatatmung) entsteht Schwefelwasserstoff, der z. B. erdverlegte Eisenrohre korrodieren kann. Andere Schwefel-Bakterien, die im aeroben Milieu leben, oxidieren Schwefelwasserstoff, Schwefel oder Sulfide, wobei Beton-aggressive Schwefelsäure entsteht.

Auch die Denitrifikation wird im sauerstoffarmen Milieu ($O_2 < 5$ mg/l) durch Bakterien bewirkt und z. T. durch Streptomyceten und Pilze beeinflußt. Die mikrobielle Reduktion geht vom Nitrat (NO_3^-) über Nitrit (NO_2^-) zum elementaren Stickstoff (N_2) oder bis zum Ammonium-Ion (NH_4^+). Unter aeroben Bedingungen werden Ammonium-Ionen durch Stickstoff-Bakterien wieder zu Stickstoff oder Nitrat oxidiert. Dieser Vorgang spielt sich z. B. bei der Belüftung von Fäkalwässern ab. Die Erfahrung zeigt, daß die Denitrifikation schon bei Sauerstoffdefiziten einsetzt, bei denen die Desulfurikation noch nicht beginnt. Die mikrobielle Nitratreduktion hat heute, wo durch landwirtschaftliche Intensivdüngung eine Zunahme der Nitratkonzentration im Grundwasser erfolgen kann, eine enorme Bedeutung. Überall dort nämlich, wo geogen bedingte Sauerstoffarmut des Sicker- und Grundwassers (z. B. in Huminsäure-reichen Böden Norddeutschlands, in sulfidhaltigen Tonschiefern im Rheinischen Schiefergebirge, in Schichten mit oxidierbaren organischen Substanzen) vorliegt, besteht eine geringere Gefahr des Ansteigens der Nitratgehalte im Grundwasser.

Bakteriellen Einflüssen können auch Eisenkonzentrationen im Wasser unterliegen. In Gegenwart organischer Substanzen, die den Bakterien als Nahrungs- und Energiequelle dienen, vollzieht sich die Reduktion der schlechtlöslichen Eisen (III)-Formen zum wasserlöslichen Eisen (II). Die Sauerstoffzehrung durch Bakterien sorgt für das notwendige anaerobe Milieu, wobei die Mikroben katalytisch wirken. Unter günstigen Bedingungen können so hohe Eisenkonzentrationen im Wasser entstehen. Umgekehrt sind auch Bakterien bei der Oxidation des Eisens beteiligt, die so Energie für ihren Stoffwechsel gewinnen. Massenentwicklungen von Eisen- und Mangan-Bakterien können die Verockerung von Brunnen verursachen (Abschnitte 3.9.1.2 u. 3.9.1.3).

Die meisten organischen Substanzen werden durch Mikroorganismen im Untergrund abgebaut, die so wesentlich zur Selbstreinigung organisch belasteter Grundwässer beitragen. Selbst höher konzentrierte Belastungen, etwa durch ausgelaufenes Heizöl oder Benzin, werden im Laufe der Zeit durch Mikroorganismen beseitigt. Die Halbwertszeiten der einzelnen Stoffe sind jedoch unterschiedlich. Oxidierte Verbindungen, wie die Halogenkohlenwasserstoffe werden mikrobiell im 1. Schritt nur unter reduzierenden Bedingungen umgesetzt. Die entstehenden Abbauprodukte können dann unter oxidierenden Bedingungen weiter umgesetzt werden. Selbst Cyanide (CN^-) werden durch adaptierte Bakterien abgebaut.

Weitere Angaben sind Abschnitt 4.2.3.3 sowie CHAPELLE (1992), DVWK (1988), MATTHESS et al. (1992) und MATTHESS (1994) zu entnehmen.

1.4.5 Die Grundwasseruntersuchung

Probennahme, Transport, Lagerung

Wasseranalysen sind die Grundlage für die geohydrochemische Bewertung von Grundwasservorkommen. Solche Untersuchungen sind jedoch nur dann repräsentativ und zuverlässig, wenn bei Probennahme, Transport der Proben und deren Lagerung bis zur Wasseranalyse keine Fehler gemacht werden, die eine weitergehende Auswertung und die Vergleichbarkeit von Grundwasseranalysen ausschließen. Hinweise dazu enthält DVWK (1992a).

Die Probennahme ist sorgfältig zu protokollieren. Zu den Stammdaten der Probenahmestelle gehören topographische Daten (Nr. und Name der topographischen Karte, Rechts- und Hochwerte, Höhe über NN, evtl. Lageskizze), Art der Entnahme, geologische und hydrogeologische Angaben sowie die organoleptischen Feststellungen (Trübung, Geruch). Wegen ihrer raschen Veränderlichkeit sind folgende Parameter vor Ort zu messen: Luft- und Wassertemperatur, pH-Wert, pH-Wert-Differenz nach Calciumcarbonat-Sättigung (zur Beurteilung der Aggressivität), elektrische Leitfähigkeit, Redoxpotential, Basekapazität bis pH 8,2 (zur Errechnung der gelösten Kohlensäure) und Sauerstoff. Die Meßergebnisse und eventuelle Besonderheiten werden in das Entnahmeprotokoll eingetragen. In der Regel genügen für die weiteren chemischen Untersuchungen 2 l Wasser, die in 2 Kunststoffflaschen von je 1 l Inhalt nach dreimaliger Vorspülung mit dem Probenwasser gefüllt werden. Zur Vermeidung mikrobiellen Abbaus von Inhaltsstoffen (z. B. Nitrat oder organische Substanzen) wird der Wasserprobe ein Konservierungsmittel (z. B. Chloroform, Quecksilber(II)-Chlorid, Trichlorfluorethan) zugegeben.

Für Schwermetallbestimmungen ist ein Ansäuern der Probe bis auf ≤ pH 1,5 erforderlich. Weitere Spezialuntersuchungen (z. B. auf Gase oder bestimmte organische Stoffe) und sterile Probenahmen für bakteriologische Untersuchungen sind von geschultem Personal vorzunehmen.

Der Transport der entnommenen Wasserproben in das Laboratorium soll möglichst schnell erfolgen. Trotz der Zugabe von keimtötenden Konservierungsmitteln kann es zu unerwünschten Wiederverkeimungen kommen, die ihrerseits physikalische und chemische Vorgänge nach sich ziehen, wie mit pH-E_H-Änderungen verbundene Ausfällungen oder die Adsorption an mikrobiellen Schleimen. Außerdem können Temperaturwechsel Änderungen der Wasserbeschaffenheit zur Folge haben, da alle Prozesse im Wasser temperaturabhängig sind. Deshalb wird empfohlen, Wasserproben in Kühltaschen zu befördern, um solche Prozesse zu verzögern.

Auch die Lagerzeiten in den Laboratorien müssen zumindest für einige Inhaltsstoffe möglichst kurz gehalten werden. Das gilt insbesondere für die Stickstoffverbindungen (Ammonium, Nitrit, Nitrat), die möglichst innerhalb 24 Stunden analysiert werden müssen. Tabelle 1.27 gibt eine Übersicht über zulässige Standzeiten für Bestimmungen von Grundwasserproben in Laboratorien.

Die Wasseranalyse

Die Durchführung von Wasseranalysen ist in Verfahrensvorschriften geregelt und standardisiert (DIN 38402 und 38404–38411, FRESENIUS et al. 1988, HÜTTER 1994), so daß im allgemeinen gleichwertige Analysenergebnisse gewährleistet sind.

Die chemischen Einheiten

Durch die 11. Generalkonferenz für Maß und Gewicht (1960) wurde das »Systeme International d'Unites« (SI) eingeführt und anschließend in länderrechtliche Regelungen überführt.

Chemische Basis-(SI-)Einheit ist das Mol = 1/12 der Masse des ^{12}C-Atoms. 1 Mol eines Stoffes oder einer chemischen Verbindung ist diejenige Masse in Gramm, deren Maßzahl gleich der Molekülmasse (nach der relativen Atommasse des Periodischen Systems der Elemente) oder relativen Formelmasse ist (1 mol = 1000 mmol). Die Stoffmenge wird in der Wasseranalyse als Konzentration massen- (mol/kg) oder volumenbezogen (mol/l) angegeben. Aus der Massenkonzentration (z. B. mg/l) errechnet sich die Stoffmengenkonzentration durch Division durch die Molmasse:

(1.78.1) $$\text{mmol/l} = \frac{\text{mg/l}}{\text{Molmasse}}$$

und umgekehrt ist:

(1.78.2) $$\text{mg/l} = \text{mmol/l} \cdot \text{Molmasse}$$

Die Masse eines Stoffes wird in der SI-Einheit Gramm (g) und den daraus abgeleiteten Meßgrößen (wie µg, mg oder kg) gemessen. Die Konzentration wird massen- (z. B. mg/kg) oder volumenbezogen (z. B. mg/l) angegeben. Bei niedrig konzentrierten Lösungen ist die Massen-(kg) zahlenmäßig gleich der Volumeneinheit (l); Masse und Volumen sind in diesem Fall hinsichtlich der Konzentration annähernd gleich. Für höher konzentrierte Lösungen trifft das nicht mehr zu: werden in 1 l Wasser 10 g Salz gelöst, ist zwar das Volumen nahezu unverändert (1,000 l), die Masse beträgt jetzt aber 1,010 kg. In Mineral- und Heilwasseranalysen erfolgt deshalb die Konzentrationsangabe zur Vereinheitlichung in mg/kg, weil diese Konzentrationsgröße weder temperatur- noch druckabhängig ist. Soll die Konzentration auf die Volumeneinheit (l) bezogen werden, muß die massenbezogene Konzentration mit der Dichte der Lösung multipliziert werden.

Vergleichende (geo-)hydrochemische Auswertungen können nur in chemisch-reaktionsgleichen Einheiten vorgenommen werden, da die wesentlichen geohydrochemischen Prozesse im Grundwasser stöchiometrisch, d. h. in einander äquivalenten Konzentrationen ablaufen. Bei Wasser

Tabelle 1.27. Bestimmung oder empfohlene Zusätze bei der Probenahme, Lagerfähigkeit und Probengefäße (DVWK 1992).

Parameter	Bestimmung bei der Probenahme oder Präparation	Lagerzeit bis 24 h	Lagerzeit bis 1 Woche	Lagerzeit über 1 Woche bei 4 °C	Empfohlene Gefäßmaterialien
Sinnesprüfungen	e	–	–	–	
Temperatur	e	–	–	–	
Elektr. Leitfähigkeit	e	–	–	–	
pH-Wert	e	–	–	–	
Redoxspannung	e	–	–	–	
CSB, $KMnO_4$-Verbr.	M	+	–	–	G, (K)
Erdalkalien	M	+	+	+	G, K
Alkalien		+	+	+	G, K
Ammonium	*	S	S	S	G, K
Fe, Mn	F, M	+	+	+	K, G
Zn, Cd, Cu, Ni, Cr, Pb	F, M	+	+	+	K, (G)
Hg, As, Se	F, M, (S)	+	+	–	G, K
Al	F, M	+	+	+	G, K
Chlorid		+	+	+	G, K
Nitrat		+	S	S	G, K
Nitrit		S	–	–	G, K
Sulfat		+	+	+	G, K
Sulfid		S	–	–	G, K
Säure-/Base-Kapazität	e[1], *	< mittelhart	–	–	G, K
Phosphat	M	+	+	–	G, (K)
Fluorid		+	+	+	K
Sauerstoff	e, S	+		–	G
DOC		+	M	–	G
AOX		+	M	–	G
BTX	S	S	S	–	G
PAK		+	+	–	G
Phenole	S	S	S	–	G
Kohlenwasserstoffe (IR/GC)	S	S	S	–	G
HKW	S	S	S	–	G
PBSM	S	S	S	–	G
Tenside	S	S	S	–	G

Erläuterungen:
G = Glas
e = Bestimmung bei Probenahme erforderlich
– = spätere Messung nicht zulässig
M = Mineralsäure-Zusatz (reinst)
S = Messung zulässig mit Fixierungsmittel oder Stabilisierungsmaßnahmen nach Maßgabe des Untersuchungslabors
[1] = erforderlich vor allem bei weichen und alkalischen Wässern
K = Kunststoff (vgl. DIN 38402)
* = Bestimmung bei Probenahme empfohlen
+ = Messung ohne Konservierung zulässig
F = Membranfiltration

(H_2O) reagiert z. B. 1 Teil des einwertigen Wasserstoffs (H^+) mit ½ Teil des zweiwertigen Sauerstoffs (O^{2-}). Die äquivalente Masse (eq) eines Stoffes (sein Äquivalent) ist also

$$\text{(1.79)} \qquad eq = \frac{1}{z} X^{z\pm},$$

Tabelle 1.28. Umrechnungsfaktoren für geohydrochemische Analysen.

	mg/l	c (eq) mmol/l	$mmol/m^3$	°dH
Gesamthärte	–	1,0000	500	2,8
Carbonathärte	–	1,0000	1000	2,8
Sauerstoff (O_2)	1,0	–	31,3	–
Kohlensäure (CO_2)	1,0	–	22,7	–
Oxidierbarkeit als O_2	1,0	–	31,3	–
Natrium (Na^+)	1,0	0,0435	43,5	–
Kalium (K^+)	1,0	0,0256	25,6	–
Calcium (Ca^{2+})	1,0	0,0499	25,0	0,14
Magnesium (Mg^{2+})	1,0	0,0822	41,1	0,23
Eisen (Fe^{2+})	1,0	0,0358	17,9	–
Mangan (Mn^{2+})	1,0	0,0364	18,2	–
Ammonium (NH_4^+)	1,0	0,0555	55,5	–
Hydrogencarbonat (HCO_3^-)	1,0	0,0164	16,4	0,046
Chlorid (Cl^-)	1,0	0,0282	28,2	–
Sulfat (SO_4^{2-})	1,0	0,0208	10,4	–
Nitrat (NO_3^-)	1,0	0,0161	16,1	–
Nitrit (NO_2^-)	1,0	0,0217	21,7	–
Phosphat (HPO_4^{2-})	1,0	0,0208	10,4	–
Kieselsäure (SiO_2)	1,0	–	16,6	–

worin z die Wertigkeit des Stoffes X (in der Einheit mol oder mmol/l) ist. Einheit des Konzentrations-Äquivalents c(eq) ist also ebenfalls (wie bei der Stoffmenge) das Mol oder Millimol (mol, mmol). Die Äquivalentkonzentration einer analytisch bestimmten Masse M (mg/l oder mg/kg) eines Stoffes errechnet sich dann nach folgendem Ansatz:

$$(1.80.1) \qquad c(eq) = \frac{M}{eq} = \frac{M}{1/z\ X^{z\pm}} = z\,\frac{M}{X^{z\pm}}\ \text{(mmol(eq)/l oder mmol(eq)/kg)}$$

und umgekehrt ist

$$(1.80.2) \qquad m = c(eq) \cdot \left(\frac{1}{z}\,X^{z\pm}\right)\ \text{(mmol(eq)/l oder mmol(eq)/kg)}$$

Da Stoffmengen- und Äquivalentkonzentration die gleiche Einheit (mol, mmol), nicht jedoch bei 2- und mehrwertigen Stoffen (Ionen) auch dieselben Zahlenwerte haben, ist stets auf die Unterscheidung der beiden chemischen Größen zu achten. Die Äquivalentkonzentration mol(eq) bzw. mmol(eq) ersetzt die nicht mehr zulässige, zahlenmäßig gleiche Einheit val bzw. mval. In der internationalen Literatur ist anstelle der Dimension mmol(eq) die Bezeichnung meq verbreitet.

Die für Umrechnungen in verschiedene Einheiten erforderlichen Zahlenwerte sind für die wichtigsten Ionen in Tabelle 1.28 zusammengestellt (Rechenbeispiele siehe Hölting (1996)).

Parameterumfang, Parameterberechnung

Die für geohydrochemische Untersuchungen erforderlichen physikalischen und chemischen Parameter (Daten) sind in DVWK (1992a) aufgeführt. Weitere fachspezifische Parameter-Anforderungen an Grundwasseranalysen sind in Tabelle 1.29 zusammengestellt. Insbesondere werden an die Trinkwasserbeschaffenheit und damit deren Analysenumfang hohe Anforderungen

Tabelle 1.29. Untersuchungsumfang für Grundwasserproben (DVWK 1992, EG 1998).

Parameter	Grundwasser DVWK 1992	Trinkwasser EG 1980/98	TrinkwV. 1990	Natürl. Mineralw. 1990	Heilwässer 1987
Organoleptische Parameter					
Färbung	+	+	+	+	+
Trübung	+	+	+	+	+
Geruch	+	+	+	+	+
Geschmack	+	+		+	+
Physik.-chemische Parameter					
Temperatur des Wassers	+	+	+	+	+
pH-Wert	+	+	+[1]	+	+
Elektr. Leitfähigkeit, 25 °C	+	+	+	+	+
Redoxspannung	(+)			+	+
Absorption b. 254 nm (SAK 254)	+			+	
Absorption b. 436 nm (SAK 436)	+			+	
Summenbestimmungen					
Abdampfrückstand, 180 °C		+		+	+
Oxidierbarkeit ($Mn^{7+} \rightarrow Mn^{2+}$ als O_2)	+	+	+		+
Ges. org. geb. Kohlenstoff (TOC)		+			+
Gel. org. geb. Kohlenstoff (DOC)	(+)			+	
Kationen					
Natrium (Na)	+	+	+	+	+
Kalium (K)	+	+	+	+	+
Ammonium (NH_4)	+	+	+	+	+
Calcium (Ca)	+	+	+	+	+
Magnesium (Mg)	+	+	+	+	+
Eisen gesamt (Fe)	+	+	+	+	+
Mangan (Mn)	+	+	+	+	+
Anionen					
Chlorid (Cl)	+	+	+	+	+
Nitrat (NO_3)	+	+	+[1]	+	+
Nitrit (NO_2)	+	+	+[1]	+	+
Hydrogencarbonat (HCO_3)	+			+	+
Sulfat (SO_4)	+	+	+[1]	+	+
Phosphat (PO_4)	+	+	+	+[2]	+[2]
Fluorid (F)		+	+	+	+
Bromid (Br)				+	+
Iodid (I)				+	+
Sulfid (S)					+
Cyanide (CN)		+	+[1]	+	
Undissoziierte Stoffe					
Kieselsäure (SiO_2)	+	+		+[3]	+
Borsäure/Bor (B)	(+)	+	+	+[4]	
Spurenstoffe					
Aluminium (Al)	(+)	+	+	+	
Antimon (Sb)		+	+	+	
Arsen (As)	(+)	+	+[1]	+	+
Barium (Ba)		+	+	+	
Beryllium (Be)		+		+	
Blei (Pb)	(+)	+	+[1]	+	+
Cadmium (Cd)	(+)	+	+[1]	+	+
Cäsium (Cs)				+	
Chrom (Cr)	(+)	+	+[1]	+	+

Tabelle 1.29. (Fortsetzung).

Parameter	Grundwasser DVWK 1992	Trinkwasser EG 1980/98	Trinkwasser TrinkwV. 1990	Natürl. Mineralw. 1990	Heil-wässer 1987
Spurenstoffe					
Kobalt (Co)		+		+	+
Kupfer (Cu)	(+)	+	+	+	+
Lithium (Li)				+	
Molybdän (Mo)				+	+
Nickel (Ni)	(+)	+	+	+	+
Quecksilber (Hg)	(+)	+	+[1]	+	+
Rubidium (Rb)				+	
Selen (Se)		+	+	+	+
Silber (Ag)		+	+	+	+
Strontium (Sr)				+	
Uran (U)				+	
Vanadium (V)		+		+	+
Zink (Zn)	(+)	+	+[1]	+	+
Zinn (Sn)				+	+
Gelöste Gase					
Sauerstoff (O_2)	+			+	
Kohlenstoffdioxid (CO_2)	+	+		+	+
Kalkaggr. Kohlensäure	+				
Organische Stoffe					
BTX	(+)				
PAK	(+)	+	+	+	+
Phenole	(+)	+[5]	+	+[5]	+
CKW	(+)	+	+[1]		
PBSM	(+)	+	+	+	
Tenside	(+)	+	+	+	
Extrahierbare Stoffe	(+)	+	+	+	
Mikrobiologische Parameter					
Koloniezahl		+	+	+	+
Escherichia coli		+	+	+	+
Coliforme		+	+	+	+
Fäkalstreptokokken		+	+	+	+
Sulfitreduzierende sporenbildende Anaerobier		+	+	+	
Pseudomonas aeruginosa			+	+	+
Radioaktivität					
α-Aktivität				+	+
Tritium (^3H)	(+)				

[1] Trinkwasser-Notversorgung
[2] bei natürl. Mineral- und Heilwässern Angabe als HPO_4
[3] bei natürl. Mineral- und Heilwässern Angabe als H_2SiO_3
[4] bei natürl. Mineral- und Heilwässern Angabe als HBO_2
[5] Phenol-Index
(+) Erweiterungen des Grundmeßprogrammes für Grundwasser, die geeignet sind, anthropogene Einflüsse gegenüber der geogenen Hintergrundbeschaffenheit abzugrenzen.

gestellt (BMJFG 1990 a, b; EG 1980, 1998). Nachfolgend werden die wesentlichen Parameter einer Wasseranalyse erläutert.

Organoleptik

Die Wasserproben werden in der Regel auf Färbung, Trübung, Geruch und Geschmack geprüft. Wegen der von Verunreinigungen des Wassers ausgehenden Gefahr wird zuweilen auf die Prüfung von Geruch und Geschmack verzichtet. Die Trübung wird visuell mit einer Sicht-(Secchi-)Scheibe oder mit optischen (nephelometrischen) Geräten gemessen.

Wassertemperatur (T_w)

Messung bei der Probenahme, Angabe in °C oder K (Kelvin). Die Umrechnung in °C (t_c) aus der in der englischsprachigen Literatur verbreiteten Temperaturangabe t_F bei °F (Fahrenheit) erfolgt nach (Gl. 1.81):

$$t_c = \frac{5}{9}(t_F - 32) \sim \frac{t_F - 32}{2} \qquad (1.81)$$

pH-Wert

Die Messung sollte elektrometrisch vor Ort erfolgen und auf eine Temperatur von 25 °C bezogen werden. Universalindikatoren (z. B. Lackmus-Papier) vermitteln nur Größenordnungen.

Elektrische Leitfähigkeit

Die spez. elektrische Leitfähigkeit wird bei der Probenahme gemessen und das Ergebnis (in µS/cm) auf 25 °C bezogen.

Redox-Potential

Die Messung des Redox-Potentials mit einer Platin-Elektrode (seltener einer Goldelektrode) muß solange durchgeführt werden, bis eine Konstanz der Anzeige von ± 1 mV über 5 Minuten eingehalten wird.

Spektraler Absorptionskoeffizient im Filtrat (SAK 436 und SAK 254)

Ermittelt wird die Schwächung von Lichtstrahlen der beiden Wellenlängen 436 nm $\cdot$ m^{-1} und 254 nm $\cdot$ m^{-1} aus einer Quecksilberdampfleuchte in einer Wasserprobe von 1 m Schichtdicke. Der Wert gibt quantitative Hinweise auf organische Inhaltsstoffe.

Säure- und Basekapazität, Härten, freie Kohlensäure

Die Konzentrationen an Hydrogencarbonat-Ionen und freiem Kohlenstoffdioxid, die miteinander im Kalk-Kohlensäure-Gleichgewicht verknüpft sind, bestimmen wesentliche Eigenschaften des Wassers. Um diesen Komplex chemisch zu erfassen, wird das Aufnahmevermögen der Wasserprobe (Kapazität) für Säuren oder Basen bis zu festgelegten pH-Werten titrimetrisch bestimmt. Die Konzentrationsangabe erfolgt in Äquivalenten (mmol(eq)/l).

Die »**Säurekapazität bis pH 8,2**« oder K_s 8,2 (früher: p-Wert) gibt an, wieviel Säure (in der Praxis HCl) eine Wasserprobe bis zum Umschlagpunkt des Indikators Phenolphthalein (pH 8,2) aufnimmt, analog ist die »**Säurekapazität bis pH 4,3**« oder K_s 4,3 (früher m-Wert) die Aufnahme an Säure bis zum Umschlagpunkt des Indikators Methylorange (pH 4,3). Die »**Basekapazität bis pH 8,2**« oder K_B 8,2 gibt den Verbrauch an Base (in der Praxis NaOH) bis zum Umschlagpunkt des Phenolphthalein (pH 8,2) an.

Neben den Meßwerten der Säure- und der Basekapazität wird die »**Härte**« angegeben, die die Konzentration an Härtebildnern (u.a. an Ca^{2+} und Mg^{2+}) umfaßt. Dieser ursprünglich in der Kesselspeisewasserchemie begründete Begriff ist auch zur Klassifikation von Grundwassertypen und zu deren regionaler Darstellung geeignet. Die Härte ist in den einzelnen Staaten unterschiedlich definiert:

1°d (deutsch) = 10 mg/l CaO = 7,4 mg/l Ca^{2+} = 0,179 mmol/l Ca^{2+}
1°f (französisch) = 10 mg/l $CaCO_3$= 4,0 mg/l Ca^{2+} = 0,1 mmol/l Ca^{2+}
1°e (englisch) = 10 mg $CaCO_3$ in 0,7 l Wasser = 5,7 mg/l Ca^{2+} = 0,143 mmol/l Ca^{2+}
1°a (amerikanisch) = 1 mg/l $CaCO_3$= 0,4 mg/l Ca^{2+} = 0,01 mmol/l Ca^{2+}

Zur Vermeidung nationaler Härtegrade sollte die Angabe in Äquivalenten erfolgen, z.B. bei der deutschen Härte (Äquivalentmasse für CaO = 28):

(1.82.1) $$1°\text{d} = 10 \text{ mg/l CaO} = \frac{10}{28} = 0{,}357 \text{ mmol(eq)/l Härteäquivalent}$$

(1.82.2) $$1 \text{ mmol(eq) Härteäquivalent} = \frac{1}{0{,}357} = 2{,}8\ ° \text{ dH.}$$

Für die Umrechnung der anderen nationalen Härtegrade in Äquivalente betragen die Äquivalentmassen (mmol(eq)/l) für 1°f = 0,200; 1°e = 0,286; 1°a = 0,02. Dann ist 1 mmol/l Härteäquivalent = 2,8 °dH = 3,5 °eH = 5,0 °fH = 50,0 °aH.

Bei den Härten werden die Gesamthärte (Gehalt an Erdalkalien (CaO + MgO), die beim Erwärmen als Carbonate ausfallen (Kesselsteinbildung)), die Carbonathärte (Gehalt an Hydrogencarbonat-(HCO_3^-) und ggf. Carbonat–Ionen (CO_3^{2-})) und die Nichtcarbonathärte (Gesamthärte abzüglich der Carbonathärte) unterschieden.

Die Gesamthärte kann nach den Analysendaten aus der Massenkonzentration errechnet werden:

(1.83) $$\text{Gesamthärte °dH} = \frac{(\text{CaO} + 1{,}4 \text{ MgO}) \text{ mg/l}}{10}$$

Für die Beurteilung eines Wassers wurden folgende Abstufungen getroffen (KLUT-OLSZEWSKI 1945, KÄSS 1965):

Gesamthärte °d	**mmol(eq)/l**	**Härteäquivalent**
< 4	< 1,43	sehr weich
4–8	1,43–2,86	weich
8–12	2,86–4,28	mittelhart
12–18	4,28–6,43	etwas (oder ziemlich) hart
18–30	6,43–10,71	hart
> 30	> 10,71	sehr hart

Die Carbonathärte (in °d) errechnet sich aus der titrimetrisch bestimmten Säurekapazität bis pH 4,3 (mmol(eq)/l, früher: m-Wert) durch Multiplikation mit 2,8. In stark basischen Wässern können neben HCO_3^-- auch CO_3^{2-}- und OH^--Ionen vorkommen. Deshalb wird außer der Säurekapazität bis pH 4,3 (m-Wert) auch die entsprechende Kapazität bis pH 8,2 (p-Wert) bestimmt. Aus den p- und m-Werten sind nach Tabelle 1.30 die möglichen Konzentrationen an HCO_3^--, CO_3^{2-}- und OH^--Ionen zu errechnen (Konzentrationen in mmol(eq)/l). Durch Multiplikation dieser tabellarisch bestimmten Äquivalente mit den Ionenäquivalenten werden die

Tabelle 1.30. Berechnung der OH^-, CO_3^-- und HCO_3^--Konzentrationen aus den titrimetrisch bestimmten m- und p-Werten (in mmol(eq)/l).

Titrationsergebnis	OH^-	CO_3^{2-}	HCO_3^-
p = 0	0	0	m
2 p < m	0	2 p	m – 2p
2 p = m	0	2 p	0
2 p > m	2 p – m	2 (m – p)	0
p = m	m	0	0

Konzentrationen in mg/l berechnet; das Ionenäquivalent für CO_3^{2-} ist 30, für OH^-: 17 und für HCO_3^-: 61.

Die Umrechnung auf die Stoffmenge (mol) ergibt sich aus:
1°d Carbonathärte = 357 mmol/m^3

Der Säuregehalt von Wässern wird weitgehend durch die gelöste freie Kohlensäure bestimmt, aber auch – sofern vorhanden – von anderen Mineralsäuren (Schwefelsäure, Salpetersäure) und organischen Säuren (z. B. Fulvo- und Huminsäuren) beeinflußt. Deshalb wird dieser Parameter häufig als »sog. freie Kohlensäure« bezeichnet. Die Konzentration (in mg/l) errechnet sich aus der Multiplikation der »Basekapazität bis pH 8,2« mit dem Faktor 44. Für die Umrechnung auf die Stoffmengeneinheit gilt: 1 mg/l CO_2 gelöst = 22,7 mmol/m^3.

Freier Sauerstoff

Der Gehalt an gelöstem freien Sauerstoff, der Hinweise auf oxidierende und reduzierende Verhältnisse im Grundwasserleiter gibt, wird bei der Probenahme bestimmt. Für die Umrechnung auf Stoffmengeneinheiten gilt 1 mg/l O_2= 31,3 mmol/m^3 O_2.

Kieselsäure

Aus dem Gehalt an Kieselsäure ergeben sich wichtige Hinweise für die Herkunft des Wassers. Zu beachten ist, daß diese Komponente in den Analysen unterschiedlich angegeben wird. Über die Äquivalentkonzentration (Si 28; SiO_2 30; H_2SiO_3 39) müssen sie auf die übliche Angabe (SiO_2) umgerechnet werden. Die Stoffmenge ergibt sich aus der Umrechnung:

1 mg/l Si = 35,6 mmol/m^3.

Oxidierbarkeit ($KMnO_4$– und $K_2Cr_2O_4$-Verbrauch) und organisch gebundener Kohlenstoff

Summarisch wird der Gehalt einer Wasserprobe an organischen Substanzen durch die Bestimmung des organisch gebundenen Kohlenstoffs erfaßt (Kempf 1970).

Indirekt wird ihr Anteil durch Oxidationsmittel gemessen, die die oxidierbaren organischen Substanzen oxidieren und selbst dabei reduziert werden. Der Verbrauch an Oxidationsmitteln entspricht dem Anteil oxidierbarer organischer Substanzen im Wasser. Als Oxidationsmittel werden Kaliumpermanganat ($KMnO_4$; Reduktion des Mn (VII) zu Mn (II)) und Kaliumdichromat ($K_2Cr_2O_7$; Reduktion Cr (VI) zu Cr(III)) eingesetzt. Die Analysenangabe erfolgt entweder als »Kaliumpermanganatverbrauch« bzw. »Dichromatverbrauch« (mg/l) oder als »Oxidationsäquivalent« (als O_2), weshalb auch vom »Chemischen Sauerstoffbedarf« (CSB) gesprochen wird (CSB_{Mn} und CSB_{Cr}). Für die Angabe des CSB_{Mn} wird der $KMnO_4$-Verbrauch aus der

Analyse (mg/l) durch das Oxidationsäquivalent (3,95) dividiert. Die Umrechnungsfaktoren für die Molaritäten sind:

Kaliumpermanganatverbrauch 1 mg/l = 7,9 mmol/m^3 (als O_2)
Kaliumdichromatverbrauch 1 mg/l = 31,3 mmol/m^3 (als O_2).

Die beiden Verfahren erfassen nicht alle vorhandenen, sondern verschiedene organischen Stoffe, so daß ihre Ergebnisse in der Regel voneinander abweichen. In der Wasseranalytik werden außer dem »Chemischen Sauerstoffbedarf (CSB)« noch folgende Angaben zum Kohlenstoffgehalt unterschieden:

BSB = Biochemischer Sauerstoffbedarf (Maß für die mikrobiell abbaubare Substanz)
COD = Chemical Oxigen Demand, Sauerstoffbedarf zur Oxidation der in 1 l Wasser gelösten organischen Substanz
TOD = Total Oxigen Demand, Sauerstoffbedarf zur Oxidation des gesamten organisch gebundenen Kohlenstoffs zu CO_2 in 1 l Wasser
TSB = Totaler Sauerstoffbedarf; deutsche Bezeichnung für TOD
TC = Total Carbon, Summe des anorganischen und des organisch gebundenen Kohlenstoffs nach dessen Verbrennung zu CO_2 in 1 l Wasser.
TIC = Total Inorganic Carbon; der in 1 l Wasser enthaltene anorganische Kohlenstoff
TOC = Total Organic Carbon = Differenz aus TC und TIC.
DOC = Dissolved Organic Carbon = gelöster organisch gebundener Kohlenstoff

Außerdem spielen heute bei Schadensfällen die Summenparameter AOX (= Adsorbierbare organische Halogenverbindungen), EOX (= Extrahierbare organische Halogenverbindungen), BTEX (Benzol, Toluol, Ethylbenzol, Xylol), POX (ausblasbare, sehr leichtflüchtige Halogen-Kohlenwasserstoffe) oder der Phenolindex eine wichtige Rolle.

Kationen – Anionen

In der Grundwasseranalyse werden üblicherweise die Kationen Natrium (Na^+), Kalium (K^+), Ammonium (NH_4^+), Calcium (Ca^{2+}), Magnesium (Mg^{2+}), Eisen (II) (Fe^{2+}) und Mangan (II) (Mn^{2+}) sowie die Anionen Hydrogencarbonat (HCO_3^-), Chlorid (Cl^-), Nitrat (NO_3^-), Nitrit (NO_2^-), Sulfat (SO_4^{2-}) und Phosphat (HPO_4^{2-}) bestimmt. Schreibweise und Berechnung der Konzentrationen erfolgt in Ionenform. Die Konzentrationen werden in den Einheiten mg/l, mmol(eq)/l und z. T. auch in mmol/m^3 angegeben. In manchen Analysen (besonders in Mineral- und Heilwasseranalysen) werden außerdem die prozentualen Anteile der einzelnen Ionen an der Kationen- bzw. Anionenäquivalentsumme errechnet.

Sonstige Bestimmungen

Über die genannten Analysenparameter hinaus werden weitere Bestimmungen, insbesondere Spurenanalysen wie z. B. Schwermetalle oder therapeutisch wirksame Bestandteile in Heilwässern, fallweise vorzunehmen sein. Nahezu unübersehbar ist die Zahl der organischen Verbindungen, die aus industriellen Abwässern, insbesondere aber von aufgegebenen Deponien und anderen Altlasten stammend, das Grundwasser gefährden können und in Wasserproben analysiert werden müssen.

Die Radioaktivität ist in der SI-Einheit Becquerel (Bq) anzugeben (alte Einheit 1 Curie (Ci) = $3{,}4 \cdot 10^{10}$ Bq; 1 Mache-Einheit (ME) = 13,5 Bq/l).

1.5 Bewertung der Grundwasserbeschaffenheit

1.5.1 Die natürlichen (geogenen) Lösungsinhalte in Grundwässern

Herkunft der natürlichen Inhaltsstoffe

Die in Grundwässern vorherrschenden natürlichen Inhaltsstoffe stammen in den Sickerwässern entweder von der Erdoberfläche, aus den Böden oder aus den durchflossenen Gesteinen (Tabelle 1.31). Die vorherrschenden Kationen wie Na^+, Ca^{2+} und Mg^{2+} gehen aus der Verwitterung silikatischer Gesteine oder aus der Lösung carbonatischer Gesteine (z.B. Kalkstein) oder salinarer Gesteine (z.B. Gips oder Steinsalz) hervor. Eisen und Mangan stammen primär aus dunklen (mafischen) Silicaten (Olivine, Amphibole, Pyroxene u.a.), ihre hydrogeochemische Mobilität wird jedoch durch ihre pH-E_H-gesteuerte Löslichkeit eingeschränkt.

Chloride stammen besonders bei höheren Konzentrationen aus Salzlagerstätten oder aus salzwassergetränkten marinen Sedimenten, untergeordnet jedoch auch aus der landwirtschaftlichen Düngung und anderen anthropogenen Quellen. Sulfat- und Hydrogencarbonat-Gehalte entstanden entweder durch die Auflösung entsprechender Gesteine, oder auch durch Einwirkung von Kohlensäure auf Silicate der Grundwasserleiter, Sulfate aus der Oxidation sulfidischer Anteile in den Grundwasserleitern. Stickstoffverbindungen (u.a. Nitrate) sind, zumindest im humiden Klima, weitgehend anthropogenen Ursprungs. An Kieselsäure sind die meisten Wässer wegen des sehr langsam ablaufenden Hydrolyseprozesses gegenüber den primären Silicaten, wie Feldspäte, untersättigt. Darüber hinaus enthält das natürliche Wasser (besonders höher temperiertes Heilwasser) viele Spurenstoffe, insbesondere Phosphate und Schwermetallverbindungen, wobei deren niedrige Konzentrationen meist auf ihrer geringen Löslichkeit beruhen. Die meisten Ionen, besonders Kationen und sauerstoffhaltige Anionen, unterliegen im Grundwasser den o.g. geo-

Tabelle 1.31. Die wichtigsten natürlichen Inhaltsstoffe in Grundwässern (Schöttler 1994).

Inhaltsstoffe					Herkunft
Suspendierte Stoffe	Kolloide Stoffe	Gelöste Stoffe: Nichtelektrolyte	Gelöste Stoffe: Kationen	Gelöste Stoffe: Anionen	
Tone, Sande, sonstige Silikate und Mineralstoffe	Kieselsäure und Silicate, Metall-Hydroxoverbindungen (von Fe, Al, Mn)	Kieselsäure	Na^+, Mg^{2+}, K^+, Ca^{2+}, Fe^{2+}, Mn^{2+}, Spurenmetalle	Cl^-, NO_3^-, HCO_3^-, CO_3^{2-}, SO_4^{2-}, HPO_4^{2-}, I^-, F^-, Br^-	Mineralhaltiger Boden und Gesteine (Auflösung und Abscheidung fester Stoffe)
Organische Stoffe	Huminstoffe, sonstige organische Stoffe	CO_2, NH_3, H_2S, CH_4, O_2, Huminstoffe, sonstige organische Verbindungen	NH_4^+, H_3O^+	HCO_3^-, NO_2^-, NO_3^-, HS^-	Organische Bodenbestandteile, Tätigkeiten von Mikroorganismen, Photosynthese
			H_3O^+, (Na^+, Ca^{2+}, Mg^{2+}) (aus Aerosolen)	HCO_3^-, CO_3^{2-}, (Cl^-) (aus Aerosolen)	Atmosphäre
Algen, Bakterien, Protozoen	Bakterien, Viren	Biogene Substanzen			Lebende Organismen

hydrochemischen Prozessen (Abschnitt 1.4.3), kaum jedoch die chemisch weitgehend inerten Chlorid-Ionen, die deshalb als Marker (Tracer) zur Aufklärung der Grundwasserströmungen dienen können.

Grundwassertypen

Zwischen den grundwasserleitenden Gesteinen und den zugehörigen Grundwässern stellt sich jeweils bei ausreichender Kontaktzeit ein physikalisch-chemisches Gleichgewicht ein. In diesem Falle spricht man von einem Grundwassertyp. Ausdruck dieses Gleichgewichtszustandes (bzw. -grades) ist die Wasseranalyse, durch deren Interpretation hinsichtlich der Löslichkeitsverhältnisse Rückschlüsse auf die Gesteinsbeschaffenheit des Grundwasserleiters möglich sind. Die Faktoren und Prozesse, die zu einem geogenen Grundwassertyp führen, sind in der Abb. 1.44 zusammengefaßt.

Bei der Interpretation von Wasseranalysen ist zu beachten, daß die Inhaltsstoffe von Grundwässern weniger die Mineralvergesellschaftung widerspiegeln, sondern eher das Verhältnis der leichter löslichen Mineralien (z. B. Steinsalz, Gips) gegenüber den schwerer löslichen. In der Regel werden auf dem unterirdischen Fließwege des Grundwassers durch vielfältige geohydrochemische Prozesse bestimmte Stoffe angereichert, andere ausgeschieden. Da diese Prozesse gesetzmäßig ablaufen, ergeben sich für einzelne Gesteine Grundwässer mit typischer Beschaffenheit.

Beim hydraulischen Kontakt von verschiedenen Grundwassertypen entstehen Mischtypen; durch spezielle Auswerteverfahren lassen sich auch für diese Wässer die Ausgangsgesteine und deren Mineralvergesellschaftungen ermitteln.

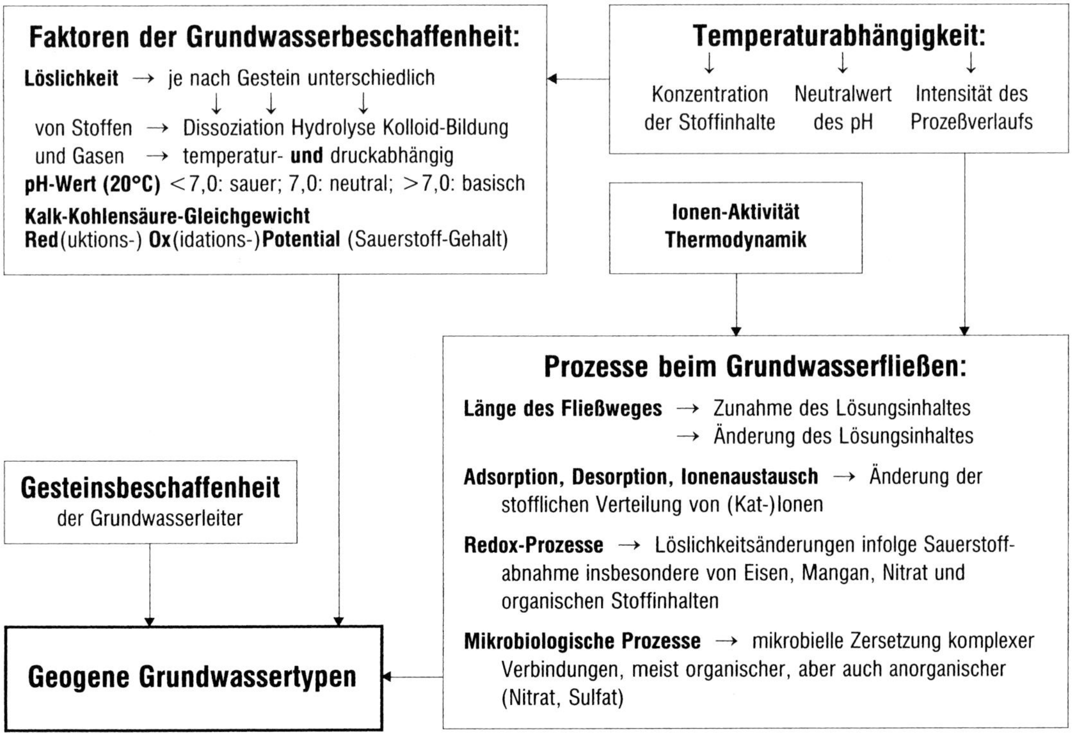

Abb. 1.44. Faktoren und Prozesse zur Bildung geogener Grundwassertypen (Hölting 1991).

Tabelle 1.32. Beispiele von Grundwassertypen in verschiedenartigen Grundwasserleitern.

		Grundwasser-(GW-)Typen							
Typ **Gw-leitendes Gestein**		**1** **Granodiorit** **(+ Kristallingrus)**	**2** **Quarzit** **Tonschiefer**	**3** **Tonschiefer**	**4** **Kalkstein** **(ohne Gips)**	**5** **Kalkstein** **+ Gips**	**6** **Sandstein**	**7** **Mergeliger** **Kalkstein**	**8** **Basalt** **(+ Tuff)**
pH		6,0	6,2	7,0	7,15	7,4	6,38	7,0	8,02
Spez. el. Leitfähigkeit	($\mu S \cdot cm^{-1}$)	215	105	n.b.	860	n.b.	181	n.b.	145
Gesamthärte	°d	5,1	1,7	17,7	18,1	28,7	5,3	28,5	4,4
Carbonathärte	°d	2,8	1,5	17,7	19,3	14,7	4,4	16,6	4,4
Gelöster Sauerstoff	mg/l	10	8	3,9	4,3	3	8,4	10,6	8,9
Freie Kohlensäure	mg/l	34,5	42	30,8	79	40	51	41,8	5,5
Aggr. Kohlensäure	mg/l	34,2	39	n.n.	n.n.	0	27,5	n.n.	2,2
Alkalien (als Na^+ berechnet)	mg/l	25	0,6	33	64,3	9,9	10,1	3,0	3,9
Calcium (Ca^{2+})	mg/l	36,4	9	40	79	96,6	22,7	105,4	14,3
Magnesium (Mg^{2+})	mg/l	n.n.	2	53	31	66,6	9,0	59,8	10,4
Eisen (Fe^{2+}, gelöst)	mg/l	n.n.	0,04	2,98/0	0,02	n.n.	<0,01	n.n.	<0,05
Mangan (Mn^{2+}, gelöst)	mg/l	n.n.	n.n.	n.n.	n.n.	n.n.	n.n.	n.n.	n.n.
Ammonium (NH_4^+)	mg/l	n.n.	n.n.	n.n.	n.n.	n.n.	n.n.	n.n.	n.n.
Hydrogencarbonat (HCO_3^-)	mg/l	61,0	34	385,6	421	319	91,5	361,6	109,8
Chlorid (Cl^-)	mg/l	13	14	9,9	53	12	15	29,1	3,0
Nitrat (NO_3^-)	mg/l	25	3	<2	17	2	11,6	24,2	4,5
Sulfat (SO_4^{2-})	mg/l	53	2	44,2	32	249	10	151,2	6,2
Gelöste feste Bestandteile	mg/l	-	64,7	569,7	697,4	755	170,2	734,3	172

n.b. = nicht bestimmt n.n. = kein Gehalt oberhalb der Nachweisgrenze

Typ 1:	GW aus kristallinen Gesteinen, Quellfassung Otzberg-Hering (Odenwald)	Typ 4:	GW aus Massenkalk (Mitteldevon), Brunnen Limburg; 30 m tief	Typ 7:	GW aus Mittlerem Muschelkalk, Brunnen Liebenau-Wettesingen (Nordhessen); 142 m tief
Typ 2:	GW aus Taunusquarzit (Unterdevon), Brunnen Niedernhausen/Taunus; 100 m tief	Typ 5:	GW aus Zechsteinfolgen, BrunnenTwiste/Waldeck; 116 m tief	Typ 8:	GW aus tertiären Basalten, Brunnen Köddingen/Vogelsberg; 150 m tief
Typ 3:	GW aus Schichten des Schiefergebirges und Kellerwaldes (Unterkarbon), Brunnen Hemfurth-Edersee (Waldeck); 150 m tief	Typ 6:	GW aus Mittlerem Buntsandstein, Brunnen W3 der Mittelhessischen Wasserwerke, Kirchhain b. Marburg; 91 m tief		

Grundwassertypen werden durch Auswertung und Darstellung von chemischen Analysenergebnissen beschrieben. Die Auswertung erfolgte früher graphisch, heute meist EDV-gestützt mittels statistischer Verfahren.

Typische Beispiele von chemischen Analysen von Grundwässern, die eindeutig geologischen Einheiten zugeordnet werden können, sind in Tabelle 1.32 zusammengestellt und werden nachfolgend erläutert (siehe auch HÖLTING 1991).

Typ 1 Kristalliner Grundwasserleiter

Grundwasserleiter: Kristallingrus auf Granit bis Granodiorit

Geohydrochemische Charakteristik: kristalline Gesteine (wie z. B. Granodiorit, Granit) bestehen aus schwer wasserlöslichen Silicaten. Grundwässer in diesen Gesteinen sind deshalb von Natur aus mineralstoffarm, sofern nicht andere Gesteine (z. B. pleistozäne Lößüberdeckungen) die Sickerwässer aufhärten. Es handelt sich um ein leicht saures Calcium– und Natriumhydrogencarbonatwasser. Bei der nur geringen geogenen Überprägung der Sickerwässer im Grundwasserleiter werden die an und für sich nur geringen anthropogenen Komponenten (Nitrat und auch Sulfat) deutlich.

Typ 2 Quarzit, Tonschiefer

Grundwasserleiter: Quarzit mit zwischengelagerten Tonschiefern (zersetzt).

Geohydrochemische Charakteristik: ähnlich Kristallin-Gesteinen sind auch Quarzite, die allein aus Quarz und Silicaten bestehen, arm an wasserlöslichen Mineralien. Das Wasser ist Mineralstoff-arm, reagiert sauer und enthält aggressive Kohlensäure, da es an puffernden Carbonaten im Gestein fehlt. Der Lösungsinhalt besteht weitgehend aus Erdalkalihydrogencarbonaten. Das Wasser ist nahezu Sauerstoff-gesättigt, also nicht reduziert.

Typ 3 Tonschiefer

Grundwasserleiter: Wechselfolge von Tonschiefern (vorherrschend) und Grauwacken.

Geohydrochemische Charakteristik: das Wasser ist nach der Härteskala etwas hart, reagiert neutral (manchmal schwach basisch). Bei den Anionen herrschen die Hydrogencarbonate vor, deutlich erhöht ist aber auch der Sulfatgehalt. Diese Sulfate entstehen aus der Oxidation der in diesen Gesteinen enthaltenen Eisensulfide (Pyrit), wobei sich zunächst freie Schwefelsäure bildet. Diese wirkt auf die Gesteine ein und löst vor allem aus den Feldspäten der zwischengelagerten Grauwacken Alkalien (insbesondere Natrium), so daß Natriumsulfate entstehen, worauf auch der erhöhte Na-Gehalt weist (in untertägigen Aufschlüssen, z. B. Stollen, findet man deshalb gelegentlich auch Ausblühungen des Na_2-SO_4-Minerals Glaubersalz). Infolge der Sulfid-Oxidation verliert das Wasser seinen Gehalt an gelöstem Sauerstoff. In diesem reduzierenden Milieu werden Nitrate mikrobiell reduziert, wodurch der Nitrat-Gehalt stark gemindert wird oder sogar fehlt. Außerdem wird Eisen (und Mangan) zur wasserlöslichen II-wertigen Form reduziert und in gelöster Form transportiert.

Typ 4 Kalkstein (ohne Gips)

Grundwasserleiter: vielfach verkarsteter dolomitischer Kalkstein, Tonschieferüberdeckung.

Geohydrochemische Charakteristik: das Wasser hat einen relativ hohen Lösungsinhalt, der weitgehend aus Erdalkalihydrogencarbonaten besteht. Es reagiert deutlich basisch, aggressive Kohlensäure ist nicht nachzuweisen. Die überlagernden Tonsteine wirken sich in einer wenn auch geringen Minderung des Sauerstoff-Gehaltes aus, eine wesentliche mikrobielle Reduktion der Nitrate ist nicht erkennbar. Schließlich zeigt sich ein deutlich erhöhter Na-Cl-Gehalt: im tieferen Untergrund dieses Gebietes zirkulieren Mineral-(Salz-)-Wässer, die entlang Kluftzonen aufsteigen und sich den Grundwässern höherer Grundwasserstockwerke beimischen.

Typ 5 Kalkstein + Gips

Grundwasserleiter: Wechselfolge von Kalk-/Dolomitsteinen, Mergeln, Sandsteinen und Anhydrit (Gips).

Geohydrochemische Charakteristik: verhältnismäßig stark konzentriertes hartes Wasser, das weitgehend aus Erdalkalihydrogencarbonaten und Erdalkalisulfaten besteht, Natriumanteile (z. B. NaCl-Gehalte von gelöstem Steinsalz) fehlen, (Salz-) Mineralien wie andernorts in solchen Schichten sind in diesem Grundwasserleiter nicht enthalten. Wegen des hohen Anteils an säurepuffernden Gesteinscarbonaten im Grundwasserleiter reagiert das Wasser deutlich basisch, aggressive Kohlensäure fehlt. Trotz verhältnismäßig geringer Sauerstoff-Gehalte (etwas reduziertes Milieu) wurde Eisen und Mangan nicht nachgewiesen.

Typ 6 Sandstein

Grundwasserleiter: Wechselfolge von Sandsteinen (mit kieseligem oder wenig carbonatischem Bindemittel) und Schluff-/Tonsteinen.

Geohydrochemische Charakteristik: das Wasser ist mangels wasserlöslicher Mineralien im Grundwasserleiter Mineralstoff-arm (weich). Es ist kaum (oder gar nicht) sauerstoffreduziert und reagiert sauer. In der Regel enthalten diese Wässer aggressive Kohlensäure, da es an puffernden carbonatischen Mineralien im Grundwasserleiter weitgehend fehlt, und müssen aufbereitet (»entsäuert«) werden. Bei den Lösungsinhalten handelt es sich weit vorherrschend um Hydrogencarbonat-Ionen. Bei ihrer Entstehung ist nicht nur an Lösung carbonatischer Bindungsmittel in Sandstein zu denken, zumal deren Anteil im Gestein allgemein niedrig ist, sondern auch an eine Neubildung als Folge der Einwirkung von Kohlensäure auf das grundwasserleitende Gestein (Feldspäte u. ä.).

Typ 7 Mergeliger Kalkstein

Grundwasserleiter: Folge von (vorherrschend) Kalk- und Mergelsteinen.

Geohydrochemische Charakteristik: Mineralstoff-reiches, hartes, neutral reagierendes Wasser ohne aggressive Kohlensäure. Erdalkalien bestimmen weitgehend die Kationenzusammensetzung. Außer Hydrogencarbonaten zeigt sich bei den Anionen auch ein erhöhter Sulfat-Gehalt; dieser ist auf geringe Gips-Gehalte in der Kalkstein-Mergelstein-Folge zurückzuführen. Die Gips-Gehalte wirken sich wegen ihrer leichteren Löslichkeit stärker als die schwerer löslichen, zudem vom Kohlensäure-Gehalt abhängigen Carbonate in der Zusammensetzung des Wassers aus. Da reduzierende Substanzen in den Kalksteinen fehlen, ist der Gehalt an gelöstem Sauerstoff nicht vermindert.

Typ 8 Basalt (+ Tuff)

Grundwasserleiter: Basalte und Tuffe des tertiären Vulkanismus.

Geohydrochemische Charakteristik: der hohe Gehalt an Alkalien in den Basalten und den chemisch reaktionsfreudigeren Tuffen bedingt die relativ starken basischen Eigenschaften dieser

Wässer, die sich in dem pH-Wert und dem weitgehenden Fehlen von aggressiver Kohlensäure zeigen. Typisch ist für diese Wässer ferner das sehr starke Überwiegen der Hydrogencarbonat-Ionen gegenüber den übrigen Anionen. Vielfach ist deshalb die Carbonathärte gleich oder höher als die Gesamthärte, weil auch Alkalihydrogencarbonate im Wasser enthalten sind. Grundwässer in diesen Gesteinen haben nicht selten deutlich erhöhte Natrium-Gehalte, die durch Ionenaustausch in den Tuffen entstanden sind.

1.5.2 Beurteilung der Nutzungsmöglichkeiten

Die Nutzungsmöglichkeiten eines zu erschließenden Grundwasservorkommens für Trink- oder Betriebswasser richten sich nach den hierfür geltenden Anforderungen, die auf europäischer und nationaler Ebene festgelegt sind. So legt die DIN 2000 (1973) »Zentrale Trinkwasserversorgung; Leitsätze für Anforderungen an Trinkwässer, Planung, Bau und Betrieb der Anlagen« fest, daß Trinkwasser – auch der Herkunft nach – appetitlich, klar, durchsichtig, farblos, geruchslos und von gleichbleibender Temperatur (möglichst zwischen 8 und 12 °C) sein soll. Für Trinkwasser als wichtigstem Lebensmittel wurden für einige Inhaltsstoffe Grenzwerte festgelegt. Da diese z. T. sehr geringe Konzentrationen nennen, deren Erfassung von dem angewandten Analysenverfahren abhängt, werden bei der Festlegung von Grenzwerten auch die anzuwendenden Analysenmethoden festgeschrieben. Dementsprechend wurden vom Rat der Europäischen Gemeinschaften in den Richtlinien 80/778/EWG (Amtsblatt der EG Nr. L 229/11 vom 30. 8. 80) und 98/83/EG (Amtsblatt der EG Nr. L 330/32 vom 5. 12. 98) im Anhang I Grenz– und Richtwerte, im Anhang II Zahl und Umfang der Analysen und in Anhang III die anzuwendenden Analysenverfahren festgeschrieben.

Für die Bundesrepublik Deutschland wurde die neue Richtlinie in einer Novelle zur Trinkwasserverordnung umgesetzt, die die Grenzwerte der chemischen Parameter, einschl. derjenigen, die im Verteilungsnetz verändert werden können, und der Indikatorparameter definiert (Tabelle 1.33.1–1.33.3).

Für die mikrobiologischen Parameter *Escherichia coli* (*E. coli*), coliforme Bakterien und Enterococcen nennt die neue EG-Richtlinie den Parameterwert 0/100 ml.

Soweit erforderlich, müssen Grundwässer für die angestrebte Nutzung aufbereitet werden (Höll 1986, Hütter 1994). Die wichtigsten Verfahren sind:

Enteisenung	– z. B. durch Oxidation (Belüftung), Ausflockung mit Aluminiumchlorid, Ionenaustauscher
Entmanganung	– Oxidation, Ionenaustauscher
Entsäuerung	– durch Kalk, MgO, Verrieseln über Kaskaden
Enthärtung	– Fällverfahren, Ionenaustauscher
Teil- oder Vollentsalzung	– Membranverfahren, Aktivkohle-Filter.

In der o. g. EG–Richtlinie 80/778/EWG sind im Anhang I/F Mindestkonzentrationen festgelegt, die ein Trinkwasser nach der Aufbereitung noch haben muß. Ferner sind in der TrinkwV vom 05. 12. 90 (BMJFG 1990b) die für die Aufbereitung zugelassenen Zusatzstoffe aufgeführt.

Die die Wassergewinnung und Wasseraufbereitung betreffenden Normen sind im DIN-Taschenbuch 12 (Beuth-Verlag, Berlin 30) zusammengefaßt.

Vom Anwendungsbereich der EG-Richtlinien 80/778/EWG (Artikel 4) und 98/83/EG (Artikel 3.1 a) sind die Mineralwässer und die national anerkannten Heilwässer ausgeschlossen; für diese Wässer wurden eigene Richtlinien am 15. Juli 1980 erlassen. Nach der Trinkwasserverordnung vom 5. 12. 1990 (Artikel 2; BMJFG 1990 a) müssen die Trink- und Tafelwässer die dort festgelegten Grenzwerte einhalten (vgl. dazu auch Verordnung über natürliches Mineralwasser,

Tabelle 1.33. Grenzwerte für chemische Stoffe und für Indikatorparameter zur Beurteilung der Trinkwasserbeschaffenheit (nach Richtlinie 98/83/EG).

Tabelle 1.33.1. Chemische Parameter

Lfd. Nr.	Parameter	Einheit	Grenzwert	Bemerkungen
1	Arsen	mg/l	0,010	
2	Benzol	mg/l	0,001	
3	Bor	mg/l	1	
4	1,2 Dichlorethan	mg/l	0,003	
5	Nitrat	mg/l	50	Die Summe aus Nitratkonzentration/50 [mg/l] und Nitritkonzentration/3 [mg/l] muß unter 1 mg/l bleiben
6	Quecksilber	mg/l	0,001	
7	Selen	mg/l	0,010	
8	Antimon	mg/l	0,005	
9	Benzo(a)Pyren	mg/l	0,00001	
10	Chrom	mg/l	0,050	Bewertet wird nur Chromat, umgerechnet als Chrom; zu berücksichtigen ist die wöchentliche Durchschnittsprobe
11	Cyanid	mg/l	0,050	
12	Nitrit	mg/l	0,50	Die Summe aus Nitratkonzentration/50 [mg/l] und Nitritkonzentration/3 [mg/l] muß unter 1 mg/l bleiben. Am Ausgang der Wasserwerke darf der Wert von 0,1 mg/l für Nitrit nicht überschritten werden
13	organisch-chemische Stoffe zur Pflanzenbehandlung und Schädlingsbekämpfung einschließlich ihrer toxischen Hauptabbauprodukte (Pestizide)	mg/l	0,0001	Die Summe aller nachgewiesenen und mengenmäßig bestimmten Pestizide darf 0,0005 mg/l nicht übersteigen (Grenzwert). Aldrin, Dieldrin, Heptachlor und Heptachlorepoxid dürfen als Pestizide nicht in Konzentrationen über je 0,00003 mg/l enthalten sein (Grenzwert). Pestizide bedeutet: organische Insektizide; organische Herbizide; organische Fungizide, organische Nematozide, organische Akarizide; organische Algizide; organische Rodentizide; organische Schleimbekämpfungsmittel; verwandte Produkte (u. a. Wachstumsregulatoren) und die entsprechenden Metaboliten, Abbau- und Reaktionsprodukte
14	Polyzyklische aromatische Kohlenwasserstoffe	mg/l	0,0001	Summe der nachgewiesenen und mengenmäßig bestimmten nachfolgenden Stoffe: Benzo-(b)-fluoranthen, Benzo-(k)-fluoranthen, Benzo-(ghi)-perylen und Indeno-(1, 2, 3.cd)-pyren
15	Tetrachlorethen und Trichlorethen	mg/l	0,010	Summe der nachgewiesenen und mengenmäßig bestimmten Stoffe

Quellwasser und Tafelwasser (Mineral- und Tafelwasser-Verordnung) vom 1. 8. 1984 (BMJFG 1984) in der Fassung vom 5. 12. 1990 (BMJFG 1990b).

Tabelle 1.33.2. Chemische Parameter, die im Verteilungsnetz verändert werden können.

Lfd. Nr.	Parameter	Einheit	Grenzwert	Bemerkungen
1	Acrylamid	mg/l	0,0001	Berechnete Monomerenkonzentration bei Anwendung von Zusatzstoffen oder Materialien, die Acrylamid enthalten
2	Blei	mg/l	0,010	Einschließlich der bei der Stagnation von Wasser in Rohren aufgenommenen Bleiverbindungen; hierbei ist die wöchentliche Durchschnittsprobe zu berücksichtigen
3	Bromat	mg/l	0,010	
4	Cadmium	mg/l	0,005	Einschließlich der bei Stagnation von Wasser in Rohren aufgenommenen Cadmiumverbindungen; hierbei ist die wöchentliche Durchschnittsprobe zu berücksichtigen
5	Epichlorhydrin	mg/l	0,0001	Berechnete Monomerenkonzentration bei Anwendung von Zusatzstoffen oder Materialien, die Epichlorhydrin enthalten
6	Kupfer	mg/l	2	Einschließlich der bei Stagnation von Wasser in Rohren aufgenommenen Kupferverbindungen; hierbei ist die wöchentliche Durchschnittsprobe zu berücksichtigen
7	Nickel	mg/l	0,020	Wöchentliche Durchschnittsprobe. Geogenes Nickel bleibt bis zu 0,050 mg/l außer Betracht
8	Trihalogenmethane	mg/l	0,100	Summe der am Ausgang des Wasserwerkes nachgewiesenen und mengenmäßig bestimmten Reaktionsprodukte, die bei der Desinfektion oder Oxidation des Wassers entstehen: Trichlormethan (Chloroform), Bromdichlormethan, Dibromchlormethan und Tribrommethan (Bromoform)
9	Vinylchlorid	mg/l	0,0005	Berechnete Monomerenkonzentration bei Anwendung von Zusatzstoffen oder Materialien, die Vinylchlorid enthalten

Bezüglich der Anforderungen an Tränkwasser, Bewässerungswasser und industrielle Betriebswässer wird auf MATTHESS (1994) verwiesen.

Tabelle 1.33.3. Indikatorparameter.

Lfd. Nr.	Parameter	Einheit	Grenzwert	Bemerkungen
1	Aluminium	mg/l	0,200	
2	Ammonium	mg/l	0,500	
3	Chlorid	mg/l	250	Das Wasser sollte nicht korrosiv wirken
4	Eisen	mg/l	0,200	Geogen bedingte Überschreitungen bleiben bei Anlagen mit bis zu 1000 m^3 im Jahr bis zu 2 mg/l außer Betracht
5	Färbung (spektraler Absorptionskoeff. Hg 436 nm)		0,5 m^{-1}	Bestimmung des spektralen Absorptionskoeffizienten mit Spektralphotometer oder Filterphotometer
6	Geruchsschwellenwert		2 bei 12 °C 3 bei 25 °C	Stufenweise Verdünnung mit geruchsfreiem Wasser und Prüfung auf Geruch
7	Geschmack		Für den Verbraucher annehmbar und ohne anormale Veränderung	
8	Koloniezahl bei 22 °C		ohne anormale Veränderung	
9	Leitfähigkeit	$\mu S \cdot cm^{-1}$ bei 20 °C	2500	Elektrometrische Messung; das Wasser sollte nicht korrosiv wirken
10	Mangan	mg/l	0,050	
11	Natrium	mg/l	200	
12	organisch gebund. Kohlenstoff (gelöste Stoffe)	mg/l	ohne anormale Veränderung	Bei Versorgungssystemen mit einer Abgabe von weniger als 10.000 m^3 pro Tag braucht dieser Parameter nicht bestimmt zu werden
13	Oxidierbarkeit	mg/l O_2	5	Dieser Parameter braucht nicht bestimmt zu werden, wenn der Parameter TOC analysiert wird
14	Sulfat	mg/l	240	Das Wasser sollte nicht korrosiv wirken. Geogen bedingte Überschreitungen bleiben bis zu einem Grenzwert von 500 mg/l außer Betracht
15	Trübung	NTU	1,0	
16	Wasserstoffionen-Konzentration	pH-Einheiten	$\geq 6{,}5$ und $\leq 9{,}5$	Das Wasser sollte nicht korrosiv wirken. Für in Flaschen oder Behältnissen abgefülltes Wasser kann der Mindestwert auf 4,5 pH-Einheiten herabgesetzt werden. Für in Flaschen oder Behältnissen abgefülltes Wasser, das von Natur aus kohlensäurehaltig ist oder das mit Kohlensäure versetzt wurde, kann der Mindestwert niedriger sein
	Radioaktivität			
17	Tritium	Bq/l	100	
18	Gesamtrichtdosis	mSv/Jahr	0,10	

1.6 Hydrogeologische Karten

In hydrogeologischen Kartenwerken sind die regional vorhandenen Erkenntnisse anwendungsgerecht aufgearbeitet und flächenhaft dargestellt. Sie können zusätzlich durch hydrogeologische Profilschnitte ergänzt werden. Somit sind sie Grundlagen für praktische hydrogeologische Arbeiten, für Prognosen in definierten Gebieten, für den Grundwasserschutz und die Erhaltung der Grundwasserqualität wie auch für wasserwirtschaftliche Beurteilungen. Zu unterscheiden sind bei hydrogeologischen Karten:

- hydrogeologische Grundlagen- oder Übersichtskarten,
- Spezial- oder Themenkarten, welche spezielle Eigenschaften des Grundwasserleiters oder des Grundwassers in einem betrachteten Gebiet behandeln.

Einen Überblick über den internationalen Stand der hydrogeologischen Karten und einen Leitfaden zu ihrer Herstellung vermitteln STRUCKMEIER & MARGAT (1995).

Hydrogeologische Grundlagen- oder Übersichtskarten

Ein in mancherlei Hinsicht wegweisendes Kartenwerk war die vom Hydrogeologischen Arbeitskreis unter Leitung von R. GRAHMANN erarbeitete Hydrogeologische Übersichtskarte 1:500000 der Bundesrepublik Deutschland. Die 14 Blätter erschienen in den Jahren 1952–1958 (GRAHMANN 1958). Dieses Kartenwerk, damals noch ausschließlich unter dem geologisch-stratigraphischen Primat stehend, war in erster Linie auf die Darstellung der Grundwasserergiebigkeit ausgerichtet, qualitative Aspekte fanden nur andeutungsweise Berücksichtigung. Dementsprechend sind die begleitenden Erläuterungen eingerichtet, deren Gliederungen sich an stratigraphischen Einheiten orientieren. In speziellen Abschnitten wurden Mineralwasservorkommen sowie Klima und Hydrologie abgehandelt. Der heutige Wert dieses Kartenwerkes besteht in den vielen vor allem in den Erläuterungen niedergelegten Einzelinformationen, die sonst z.T. zwischenzeitlich verlorengegangen wären.

Die Entwicklung der Hydrogeologie in den darauffolgenden Jahren läßt das Kartenwerk erkennen, das heute für den europäischen Raum als Standard anzusehen ist, nämlich die Internationale Hydrogeologische Karte von Europa 1:1,5 Mio. Angeregt im Jahre 1960 von der Internationalen Assoziation der Hydrogeologen (IAH) wurde nach einem Modellblatt (C5 Bern) im Jahre 1970 wegen der sich abzeichnenden Darstellungsschwierigkeiten von der Bundesanstalt für Geowissenschaften und Rohstoffe (Hannover) gemeinsam mit der UNESCO auf der Basis der Internationalen Legende für Hydrogeologische Karten (von der UNESCO 1970 herausgegeben) im Jahre 1974 eine Generallegende erarbeitet, welche für alle 30 Blätter der Internationalen Hydrogeologischen Karten von Europa gelten soll. Bearbeiter sind im wesentlichen die Geologischen Länderdienste. Primäres Kriterium der Gliederung ist die Permeabilität (Durchlässigkeit), sekundäres die Grundwasserergiebigkeit, tertiäres die regionale Verbreitung (ausgedehnt oder lokal). Unter diesen drei Kategorien erfolgt die Aufteilung nach petrographischen Merkmalen, da die Gesteinseigenschaften die Durchlässigkeiten von Gesteinen wesentlich bestimmen (Abschnitt 1.2.3.). Zusätzlich sind je nach Erkenntnisstand in Teilgebieten Grundwasserhöhen- oder Druckspiegel-Gleichen, Grundwasserfließrichtungen, Flächen artesischen Grundwasseraustritts, an den Küsten Flächen der Meerwasserintrusionen, Mineral- und Thermalquellen sowie wasserwirtschaftliche Anlagen dargestellt. Die jeweils zugehörigen Erläuterungen sind unterschiedlich, geprägt durch den regional verschiedenen Kenntnisstand. Nach einer geographisch-geologischen sowie klimatologischen Übersicht werden die hydrogeologischen Verhältnisse, stratigraphischen oder landschaftlichen Gliederungskriterien folgend, abgehandelt. Durchweg sind

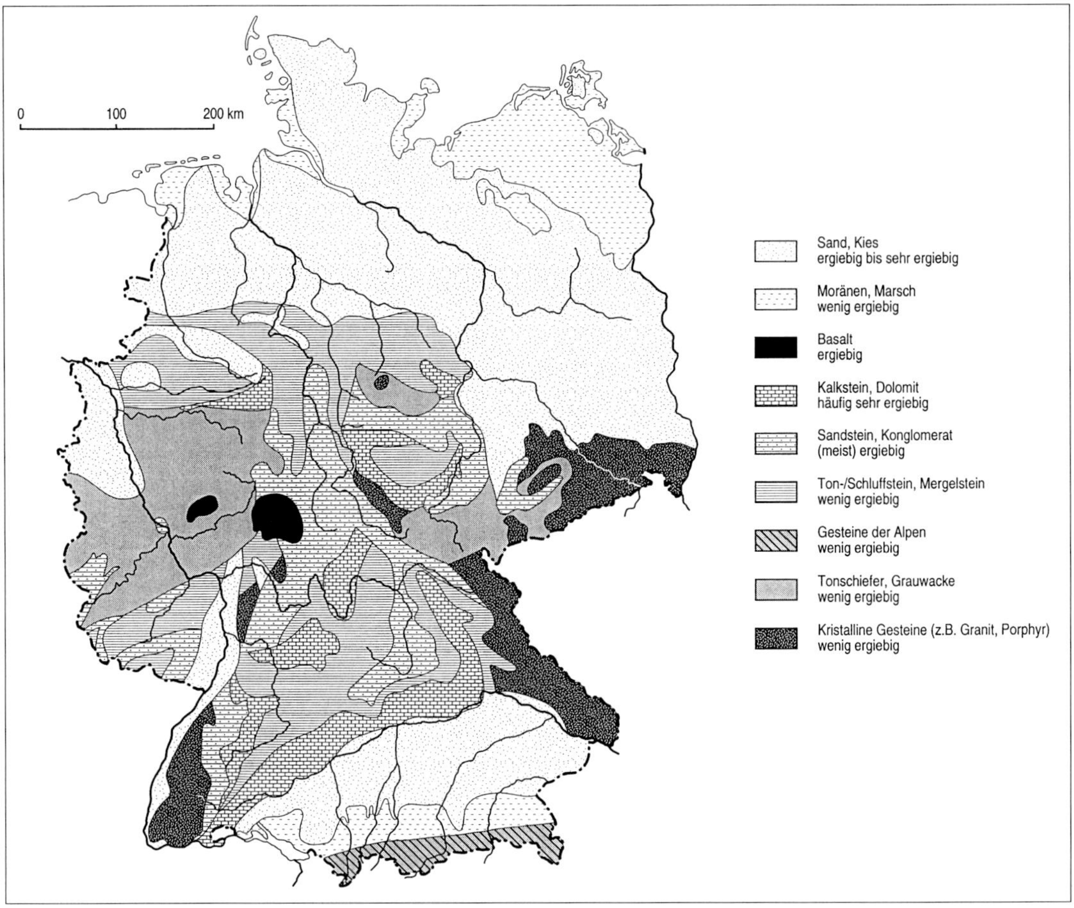

Abb. 1.45. Hydrogeologische Übersichtskarte der Bundesrepublik Deutschland (Hölting 1996).

allerdings auch in diesem Kartenwerk grundwasserchemische Aspekte wenig beachtet. Trotz des kleinen Maßstabes bieten die Karten vielfältige Details.

In den Erläuterungen des Deutschland im wesentlichen abdeckenden Blattes C4 Berlin erfolgt die Unterteilung nach »hydrogeologischen Großlandschaften«. Mit einem ähnlichen Begriff, nämlich »Grundwasserlandschaften«, werden auch ausgewählte Bearbeitungsgebiete im »Hydrologischen Atlas der Bundesrepublik Deutschland« (Keller 1978, De Haar et al. 1979) belegt. Eine solche Bezeichnung ist insofern nicht glücklich gewählt, als der geographische Begriff »Landschaft« sich auf eine oberirdische Geländeeinheit bezieht, die von Geofaktoren wie geologischen Eigenschaften, Klima, Pflanzen- und Tierwelt sowie dem Menschen geprägt ist. Besser wäre es, von »hydrogeologischen Einheiten« zu sprechen, die nach bestimmten, jeweils zusammengehörenden Kriterien aufgestellt und unter Beachtung regionaler Gegebenheiten abgegrenzt werden. Der Hydrologische Atlas enthält u. a. eine hydrogeologische Karte im Maßstab 1 : 1 Mio. sowie Karten im Maßstab 1 : 2 Mio. des »Chemischen Charakters des Grundwassers in den wichtigsten Gesteinseinheiten« und der »Heil-, Mineral- und Thermalwässer«.

Dem Gliederungsschema der Internationalen Hydrogeologischen Karte folgend wurde von Liebscher & Schwille (1983) eine vereinfachte hydrogeologische Karte der Bundesrepublik Deutschland zusammengestellt, welche nach der Gesteinsverteilung regionale Grundwasserergiebigkeiten allgemein beschreibend klassifiziert. Dadurch wird eine größenordnungsmäßige Übersicht vermittelt (Abb. 1.45).

Mit zunehmendem Maßstab steigt naturgemäß die Informationsdichte. So vermitteln die modernen Geologischen Karten 1:25000 oder 1:50000 in den Erläuterungen ausführliche ortsspezifische Daten, noch mehr die Hydrogeologischen Karten 1:50000, die in einigen Gegenden erstellt wurden. Da der Bearbeitungsstand aber in den Ländern noch recht unterschiedlich ist, können aus diesen Kartenwerken keine flächendeckenden hydrogeologischen Darstellungen erwartet werden. Das in den 50er Jahren in der DDR flächendeckend erstellte Hydrogeologische Kartenwerk 1 : 50000 umfaßte für jedes Blatt vier Teilthemenblätter (Hydrogeologie, Hydraulik, Hydrochemie, Kontaminationskarte). Das Kartenwerk war nicht allgemein den Benutzern zugänglich.

Die bisher genannten Karten stellten die hydrogeologische Situation flächenhaft dar. Eine Sonderform ist die von Breddin (1961) entwickelte »hydrogeologische Profilkarte«, die in parallel laufenden Schnitten im Abstand von 0,5 bis 1,5 km, diagonal über eine Karte verlaufend, die lithologisch-hydrogeologischen Verhältnisse wiedergeben und so ein mehr räumliches Bild vermitteln. Bisher sind aber erst einige Karten im Maßstab 1:25000 in Nordrhein-Westfalen erschienen.

Spezial- bzw. Themenkarten

Spezial- bzw. Themenkarten stellen bestimmte Eigenschaften des Grundwassers oder der Grundwasserleiter in einem definierten Gebiet dar. In solchen Karten wird der darzustellende Parameter positionsgerecht eingetragen und entweder durch Isolinien oder über Klasseneinteilungen farblich abgestufte wertgleiche Flächen zusammengefaßt. Allen derartigen Datenregionalisierungen haftet jedoch grundsätzlich die Frage an, inwieweit der Wert eines Datenpunktes eine regionale oder nur eine ortspezifische Aussage enthält. Besonders in der Grundwasserchemie, wo häufig lokale, oft anthropogene Einflüsse regionale Eigenschaften (z. B. den Grundwassertyp) überprägen, ist bei allen Datenregionalisierungen ein kritisches Vorgehen anzuraten. EDV-gestützte Programme (z. B. Kriging- oder Stampede-Verfahren) ermöglichen Trennungen lokaler und regionaler Aussageinhalte. Aus der großen Zahl denkbarer Kartendarstellungen haben sich einige geohydraulische und geohydrochemische Standard-Kartentypen entwickelt:

- In der Karte der hydrogeologischen Einheiten (oder auch Systeme) werden die hydrogeologisch relevanten Gesteinseigenschaften, nämlich die Gesteinsdurchlässigkeit und die die Grundwasserbeschaffenheit beeinflussende Gesteinszusammensetzung, kombiniert dargestellt. Sie bildet somit die Grundlage zur Beurteilung des quantitativen und qualitativen Grundwasserdargebots.
- Die Grundwasserhöhengleichen-Karte gibt Linien gleicher Grundwasser-Niveaus wieder und ermöglicht eine Interpretation der Morphologie der Grundwasseroberfläche (s. Abschnitt 1.3.4.2).
- Die Grundwasserspiegeldifferenzen-Karte wird besonders dort verwandt, wo regionale Grundwasserabsenkungen so gering sind, daß die Verschiebung der Isolinien in einem betrachteten Zeitintervall beim visuellen Vergleich keine wesentlichen Unterschiede erkennen läßt. Deshalb werden für dieses Zeitintervall in den jeweiligen Beobachtungspunkten (Meßstellen) die Grundwasserspiegeldifferenzen errechnet und diese punktförmigen Differenzenwerte regionalisiert.
- Flurabstands-Karten lassen die regionale Verteilung der Grundwasserflurabstände, d.h. der lotrechten Höhenunterschiede zwischen Erd- und Grundwasseroberfläche erkennen.
- In der Abflußspenden-Karte werden Messungen der Abflußspenden regionalisiert. Wesentlich ist, daß nur etwa zeitgleiche Messungen ausgewertet werden, da sonst Fehlschlüsse hinsichtlich

der Schwerpunkte der Grundwasseraustritte und der Grundwasserneubildung unvermeidlich sind.

- Höffigkeits-Karten entsprechen etwa der o.g. »Internationalen Hydrogeologischen Karte von Europa«. Höffigkeits-Karten geben die in einem Gebiet nach den vorliegenden Erfahrungen zu erhoffende Grundwasser-Erschließungsmenge an, ohne Sicherheit jedoch, ob diese Menge wirtschaftlich auch erschließbar ist. Höffigkeitskarten sollen eine erste Übersicht verschaffen und sind im Einzelfall durch spezielle Untersuchungen zu ergänzen.
- In geohydrochemischen Karten werden im allgemeinen Verteilungen einzelner Parameter (z.B. Härten, Grundwassertemperaturen, pH-Werte, Nitrate, Chloride, Sulfate usw.) dargestellt. Die positionsgerecht in eine Karte eingetragenen Konzentrationen bzw. Wertgrößen werden entweder durch Isolinien (»Isokonzen« = Linien gleicher Konzentration) abgestuft oder flächenhaft zu Konzentrationsklassen zusammengefaßt, farblich oder durch Grautöne abgestuft. Die Darstellung mehrerer Ionen in einer Karte erweist sich in der Regel als problematisch und wird meist unübersichtlich. In solchen Fällen eignen sich zur Interpretation von geohydrochemischen Zusammenhängen die Darstellungen von Ionenverhältnissen, wobei mehrere Eigenschaften bzw. Konzentrationsanteile in einer Zahl zusammengefaßt werden, die regional zu vergleichen ist. In geohydrochemischen Karten kann die geohydrochemische Verteilung zusätzlich durch unterlegte Signaturen für die grundwasserleitenden Gesteine ergänzt werden.
- Karte der Grundwasser-Verschmutzungsempfindlichkeit. Der Parameter Verschmutzungsempfindlichkeit ist ein Sammelbegriff, dessen Bewertung wesentlich von der Mächtigkeit und der Ausbildung der grundwasserüberdeckenden Schichten abhängt, von ihrer Durchlässigkeit, der Sorptionskapazität, der Sickerwassermenge u.a.m. Da die Reinigungswirkung der Gesteinsschichten stoffspezifisch ist, kann eine solche Karte nur Größenordnungen angeben, hat sich aber bei Raumordnungsplanungen bewährt. Wertvolle Hinweise zum Verständnis des Konzeptes der Grundwasser-Verschmutzungsempfindlichkeit und zur Erstellung einschlägiger Karten sind Vrba & Zaporozec (1994) und Hölting et al. (1995) zu entnehmen.

2 Bemessung und Betrieb von Grundwasserfassungen

2.1 Begriffsbestimmungen

Die rechnerische Erfassung der Bewegung des Wassers im Untergrund ist schon seit Jahrzehnten Gegenstand wissenschaftlicher oder praktisch orientierter Untersuchungen und zahlreicher Veröffentlichungen (Scheidegger 1962, Chow 1964, Walton 1970, Fletcher 1986, Busch et al. 1993).

Grundsätzlich kann die Filterströmung wasserführender Bodenschichten durch Bewegungs-, Feld- und Randbedingungsgleichungen eindeutig beschrieben werden, wenn die hydrogeologischen Eigenschaften des Bodenmaterials, die hydraulischen Eigenschaften der Flüssigkeiten und die Verteilung der drei Phasen Boden, Wasser und Luft bekannt sind. Gerade hier aber liegt der Grund für viele Unstimmigkeiten, da eine exakte mathematische Erfassung der Randbedingungen für die Lösung der Bewegungsgleichungen nur in den seltensten Fällen möglich ist. Bei der Mehrzahl aller Betrachtungen versucht man deshalb, die sehr komplexen natürlichen Verhältnisse auf idealisierte Strömungsmodelle zurückzuführen, also Annahmen zu treffen, die die Berechnungen vereinfachen oder überhaupt erst ermöglichen. Die Bewertung der so gefundenen Ergebnisse muß unter Berücksichtigung der getroffenen Annahmen geschehen. Es ist notwendig, die Fehlergrenzen richtig abzuschätzen, zweckmäßigerweise durch Grenzwertbetrachtungen mit verschiedenen, leicht überschaubaren Randbedingungen.

Zur Auswahl eines möglichst gut die natürlichen Verhältnisse erfassenden Strömungsmodells und zur richtigen Abschätzung des praktischen Aussagewertes des Berechnungsergebnisses ist es eine Grundvoraussetzung, die Gültigkeitsbedingungen für die bekannten Berechnungsansätze zu kennen. Ein wesentlicher Schritt in diese Richtung ist die Kenntnis der mathematisch-physikalischen Elementaransätze, die in irgendeiner Form in die gebräuchlichen Berechnungsansätze eingehen. Die folgenden Ausführungen zur Bemessung von Grundwasserfassungsanlagen, Parameterermittlung und -bereitstellung, Simulation von Grundwasserströmungsprozessen und Bemessung der Bauelemente stützen sich maßgeblich auf Berechnungen und Annahmen zu Druckhöhen, Gradienten, Fließgeschwindigkeiten oder Wassermengen. Als gemeinsame methodische Basis werden daher Grundkenntnisse aus der Geohydraulik benötigt, die hier unter Verzicht auf umfassende theoretische Ableitungen vorgestellt werden. Vielmehr werden nur Ansätze und Gleichungen aufgeführt und analysiert, die sich in der praktischen Grundwasserhydraulik bewährt haben.

Grundwasserleiter können nach Art und Ausbildung der Hohlräume unterschieden werden, in denen sich das Grundwasser bewegt. Dabei wird grundsätzlich zwischen Lockergesteins- bzw. Poren-Grundwasserleitern und Festgesteins-Grundwasserleitern unterschieden. Letztere lassen sich nochmals in Kluft- und Karst-Grundwasserleiter unterteilen (Abschnitt 1.2.3.1; Abb. 2.1).

Bei Poren-Grundwasserleitern besteht eine lockere Bindung zwischen den Einzelkomponenten, die mehr oder weniger gleichmäßig kuglig, plattig abgerundet oder scharfkantig ausgebildet sind.

Bei den für die Wassererschließung häufig genutzten natürlichen Sanden und Kiesen besitzen die Quarzkörner meist eine kuglig abgerundete Form. Zwischen diesen einzelnen Körnern besteht ein mehr oder weniger zusammenhängendes System aus Porenkanälen, die in Querschnitt und

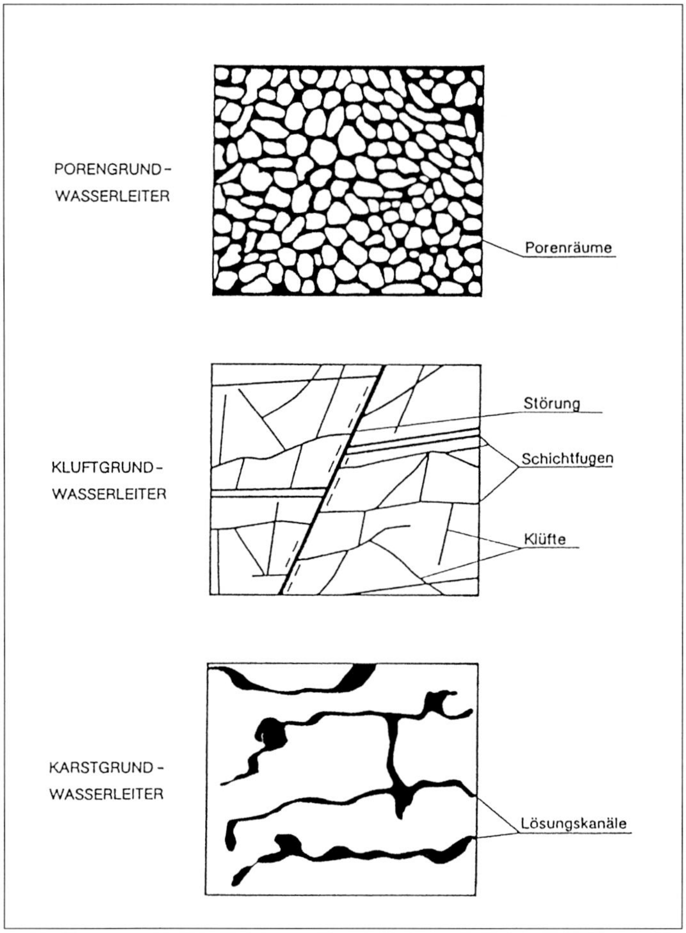

Abb. 2.1. Darstellung der verschiedenen Grundwasserleiterarten (LWA NW 1991).

Richtung sehr unregelmäßig sind. Die exakte mathematische Erfassung der wirklichen Fließbewegung eines einzelnen Wasserteilchens in einem Porenkanal ist nicht möglich. In ihrer Summe ergibt die große Zahl der einzelnen Porenkanäle aber ein relativ gleichmäßiges Gebilde, das durch statistische Mittelwerte zahlenmäßig recht genau dargestellt werden kann.

In Festgesteinen sind die Mineralkörner so eng miteinander verbunden, daß i. d. R. nur eine geringe Gesteinsdurchlässigkeit für Wasser existiert. Die Grundwasserbewegung ist zum überwiegenden Teil auf die miteinander verbundenen Trennfugen, nämlich Schichtfugen, Klüfte, Schieferungsfugen und Störungen beschränkt. Die Durchlässigkeit größerer Gesteinseinheiten, die man als »Gebirgsdurchlässigkeit« bezeichnet, wird daher vorwiegend durch die »Trennfugendurchlässigkeit«, weniger durch die »Gesteinsdurchlässigkeit (Porendurchlässigkeit)«, bestimmt (Dürbaum et al. 1969). Man spricht daher von Trennfugen- bzw. Kluft-Grundwasserleitern, bei Karstgesteinen, z. B. bei Carbonat- und Sulfat-Gesteinen, bei denen Trennfugen durch partielle Lösung zu großen Hohlraumsystemen erweitert sind, von Karst-Grundwasserleitern.

Der überwiegende Teil aller nachfolgend beschriebenen mathematischen Grundlagen der Geohydraulik bezieht sich auf die Strömung im Poren-Grundwasserleiter. Für diese ist das Repräsentative Einheitsvolumen REV, an dem alle physikalischen Eigenschaften (z. B. Durchlässigkeit und Hohlräume als Haupteigenschaften) als Mittelwert betrachtbar sind, relativ klein.

In den meisten sandig/kiesigen Grundwasserleitern liegt das REV im Bereich von wenigen Dezimetern bis einigen Metern. Die praktische Bedeutung des REV liegt darin, daß alle Bereiche, die größer als das maßgebende REV sind, mathematisch behandelt werden können, wobei die physikalischen Größen als Mittelwerte betrachtet werden. Das beginnt mit der in Abschnitt 2.2 beschriebenen Grundgleichung der Geohydraulik, der DARCY-Gleichung, und führt über analytische Lösungen hin bis zu komplizierten numerischen Berechnungen. Beim Übergang vom Lockergestein zum Festgestein wird das REV deutlich größer. Das heißt, der Bereich, wo hydraulische Eigenschaften statistisch als Mittelwert betrachtet werden können, wird ebenfalls größer. Er liegt in der Größenordnung von 100 m bis mehrere Kilometer, was bedeutet, daß dieser Bereich auch mathematisch nicht mehr detailliert erfaßbar ist. Jeder Einzelwert (z. B. ein Wasserstand) erfaßt nicht mehr globale Mittelwerte, sondern lokale Einzelwerte, die für das REV nicht repräsentativ sein müssen.

Die Problematik für Grundwasserfassungen im Festgestein liegt deshalb darin, daß die interessierenden Strömungsprozesse zu einem Brunnen oder einer Quelle häufig kleiner sind als das REV.

Die nachfolgend dargestellten mathematischen Betrachtungen beziehen sich aus den formulierten Gründen exakt nur auf Lockergesteins-Grundwasserleiter.

2.2 Mathematisches Modell der Grundwasserströmung

2.2.1 Grundsätze der mathematischen Modellbildung

Ausgehend von den bisherigen Ausführungen zu Aufbau und Eigenschaften von Grundwasserleitern sollen nachfolgend einige Grundsätze der mathematischen Modellbildung näher diskutiert werden (BEIMS 1995a, b). In Abb. 2.2 sind als methodisches Beispiel die wesentlichen Arbeitsschritte der geohydraulischen Berechnung für die Festlegung eines Schutzgebietes einer Grundwasserfassung in der mittleren Spalte dargestellt (DGG 1984, GLA BW 1991).

Die linke Spalte gibt in einem Schlagwort das Wesen des Arbeitsschrittes und die rechte Spalte

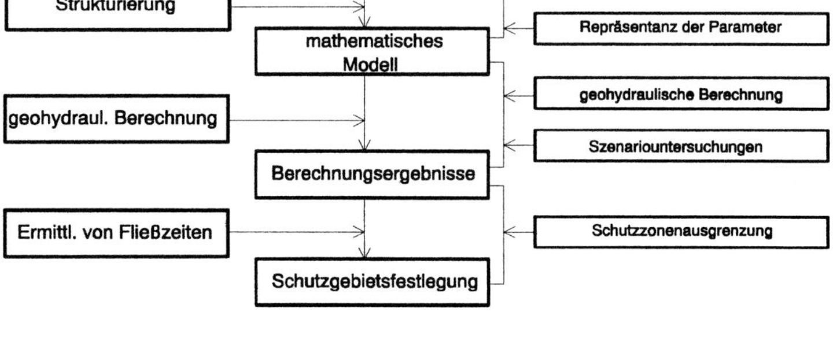

Abb. 2.2. Bearbeitungsschema einer geohydraulischen Berechnung.

die Kriterien für die fachliche Bewertung an. Den Ausgangspunkt bildet dabei immer die konkrete geologische Situation im Umfeld der Fassung.

Im ersten Bearbeitungsschritt wird das zu untersuchende Strömungsfeld ausgegrenzt, welches für die weiteren Untersuchungen bedeutungsvoll ist. Dazu ist eine gute Gebietskenntnis notwendig, um hydraulische Barrieren, Grundwasserleiterausbildung, regionales Strömungsregime und den Einfluß von Randbedingungen richtig zu bewerten.

Im zweiten Bearbeitungsschritt wird für das Strömungsfeld das hydrogeologische Modell erarbeitet. Das Wesen dieses Schrittes besteht in der Idealisierung der natürlichen Verhältnisse, wobei es insbesondere um die Festlegung von nichtquantifizierbaren hydrogeologischen Größen wie Randbedingung, Speisung, Ausdehnung etc. geht. Basierend auf den Ergebnissen der hydrogeologischen bzw. geologischen Erkundung gilt es, ein Modell aller Schichten und Ablagerungen zu erarbeiten. Dieses geometrische Modell darf die natürlichen Verhältnisse nur so weit vereinfachen, wie es die vorliegenden Erkundungsergebnisse erfordern. Natürlich wird schon bei diesem Schritt versucht, Ablagerungen mit ähnlichen geohydraulischen Eigenschaften zu gemeinsamen Schichten zusammenzufassen. Die Erfassung der geometrischen Verhältnisse muß dabei sowohl in vertikaler als auch in horizontaler Richtung erfolgen. Da alle weiteren Schematisierungsschritte auf diesem Modell basieren, ist dieses so anschaulich wie möglich zu gestalten.

Als Modelle werden hierfür am häufigsten Längs- und Querschnittsdarstellungen, seltener räumlich zeichnerische Darstellungen, verwendet, obwohl vor allem die isometrischen Darstellungen eine ausgezeichnete Möglichkeit zur Erfassung des räumlichen Aufbaus des Strömungsleiters bieten. Diese Modelle, die noch keine Schematisierung im Hinblick auf die Lösbarkeit beinhalten, stellen ein zusammenfassendes Ergebnis der Erkundung dar.

Aussagen des hydrogeologischen Modells sind beispielsweise:
- freie Strömungsverhältnisse;
- keine Grundwasserüberdeckung;
- nahezu horizontale Ausbildung des Grundwasserleiters mit konstanter Mächtigkeit;
- in einer Richtung theoretisch unendlich ausgedehnt;
- in der anderen Richtung durch einen Fluß hydraulisch begrenzt;
- keine Speisung aus benachbarten Schichten.

Im dritten Arbeitsschritt wird aus dem hydrogeologischen das mathematische Modell entwickelt. Dabei wird solch ein Modell dann so weit schematisiert, daß es von einem lösbaren (simulierbaren) mathematischen Modell widergespiegelt werden kann.

Jede Lösung ist mit einem Aufwand und demnach mit Kosten verbunden, die bei komplizierten mathematischen Modellen ins unermeßliche steigen können. Der Bearbeiter muß nach den Prinzipien der Zweckmäßigkeit das geeignetste Lösungsverfahren auswählen und durch Schematisierung das mathematische Modell des Originals in Übereinstimmung mit dem lösbaren mathematischen Modell bringen.

Ist das mathematische Modell gefunden und geprüft, so ergibt sich für jede konkrete Situation stets aufs neue die Schwierigkeit der Quantifizierung des mathematischen Modells, d. h. die zahlenmäßige Belegung der darin enthaltenen Parameter sowie der Anfangs- und Randbedingungen. Die Filterströmung ist ein räumlicher, nichtstationärer Vorgang. Die im mathematischen Modell enthaltenen Parameter (Durchlässigkeit, Speichervermögen, Mächtigkeiten u. dgl.) sowie die Rand– und Anfangsbedingungen sind im allgemeinen sowohl Funktionen der Ortskoordinaten als auch der Zeit. Es ist eine sehr verantwortungsvolle Aufgabe des Modellierers, bei realen Problemstellungen diese funktionellen Abhängigkeiten zu erfassen.

Die Quantifizierung der Parameter sowie der Anfangs- und Randbedingungen des mathematischen Modells erfolgt vorwiegend durch hydrogeologische Erkundung, durch Monitoring und geeignete Versuche.

Sie ist deshalb primär ein Kosten- und Zeitproblem. Für konkrete Situationen wird man stets nur ein lückenhaftes Bild der Parameter bestimmen und eine Schematisierung der natürlichen Verhältnisse schon aus diesem Grunde nicht vermeiden können. Die Schematisierung muß dabei jedoch so gewählt werden, daß die Widerspiegelung im wesentlichen richtig bleibt.

Der visuelle Vergleich der im zweiten und dritten Schritt erarbeiteten Modelle gibt einem, mit dem praktischen Problem vertrauten, Bearbeiter die Möglichkeit, die durch die Abstraktion verursachten Fehler einzuschätzen.

Die Auswahl der geeigneten Lösungsverfahren hängt aber nicht nur von den hydrogeologischen Verhältnissen, sondern auch von den technisch-technologischen Bedingungen beispielsweise der Grundwasserfassung ab.

Während im hydrogeologischen Modell die natürlichen Verhältnisse erfaßt und schematisiert werden, gilt es im technisch-technologischen Modell die künstlichen Eingriffe in die natürlichen Strömungsverhältnisse unter Beachtung des zeitlichen Ablaufes zu erfassen und zu schematisieren. Durch diese technisch-technologischen Eingriffe werden dem System Randbedingungen aufgeprägt, die das Strömungsfeld entscheidend beeinflussen.

Letztlich bilden somit das technisch-technologische Modell und das hydrogeologische Modell eine Einheit. Der Schematisierung der natürlichen und technisch-technologischen Gegebenheiten ist bei allen geohydraulischen Untersuchungen größte Aufmerksamkeit zu schenken, da alle hier verursachten Fehler durch die nachfolgenden mathematischen oder numerischen Berechnungen nicht wieder ausgeglichen werden können.

Für die oben skizzierten hydrogeologischen Verhältnisse und die technischen Bedingungen einer kleinen Grundwasserfassung aus beispielsweise drei bis fünf Vertikalfilterbrunnen würde sich als mathematisches Modell die später beschriebene analytische Brunnenberechnung nach THEIS (1935) eignen.

Damit können alle genannten Verhältnisse hinreichend genau widergespiegelt werden.

Wären die hydrogeologischen Verhältnisse komplizierter, z. B. wechselnde Parameterwerte, geometrisch komplizierte Randbedingungen, vorhandener Randzufluß, oder würde sich bei der Wasserfassung eine künstliche Grundwasseranreicherung erforderlich machen, dann wäre sicherlich der Einsatz eines zweidimensionalen numerischen Modells notwendig.

Das Ergebnis der mathematischen Modellierung sind konkrete Berechnungsergebnisse, insbesondere zeitlich und räumlich verteilte Angaben zu Wasserständen, Fließgeschwindigkeiten und Fördermengen.

Im einzelnen sind das:
- Darstellung von Isohypsenplänen,
- Ausgrenzung von Stromröhren,
- Festlegung von Isochronen,
- Ermittlung von Sickerraten und Wasserbilanzen,
- Berechnung von Konzentrationsverteilungen,
- Ermittlung von Stoffbilanzen,

aber auch
- Anzahl und Lage der Brunnen,
- Pumpraten und -regime sowie die
- notwendige Brunnentiefe

Diese Angaben können nicht durch eine einmalige Berechnung ermittelt werden, sondern nur durch umfangreiche Szenariountersuchungen. Solche Untersuchungen müssen auch Plausibilitätstests und Sensivitätsbetrachtungen mit einbeziehen, da der Bearbeiter nur so die optimale technische Lösung herausarbeiten kann.

Der letzte, in Abb. 2.2 dargestellte, Arbeitsschritt ist die Festlegung des Grundwasserschutzgebietes. Auch die hierfür notwendige Festlegung der einzelnen Schutzzonengrenzen erfolgt auf der Grundlage der durchgeführten Berechnungen.

Bei der Schutzzone II betrifft das beispielsweise die Ermittlung der 50-Tage-Isochrone. Zusammenfassend kann festgestellt werden, daß für Simulationsaufgaben eine außerordentlich große Zahl von Lösungsverfahren zur Verfügung steht. Dabei ist es von vornherein nicht möglich festzulegen, welche Berechnungsverfahren für welches hydrogeologisches Modell und welche Art der Fassungsanlage optimal ist. Das trifft auch für die Auswahl der einzelnen Methoden zur Bestimmung von hydrogeologischen Parametern zu. Diese Auswahl wird immer eine für den Einzelfall zutreffende Optimierung sein, bei der letztendlich die in Abb. 2.3 dargestellten gegenläufigen Kriterien zu bewerten sind.

Die dreieckige Umrahmung bedeutet eine Zu- bzw. Abnahme der Bedeutung der jeweiligen Kriterien in dem betrachteten Rahmen von der einfachen Lösung (eindimensional-analytisch) bis zur kompliziertesten Lösung (dreidimensional-numerisch).

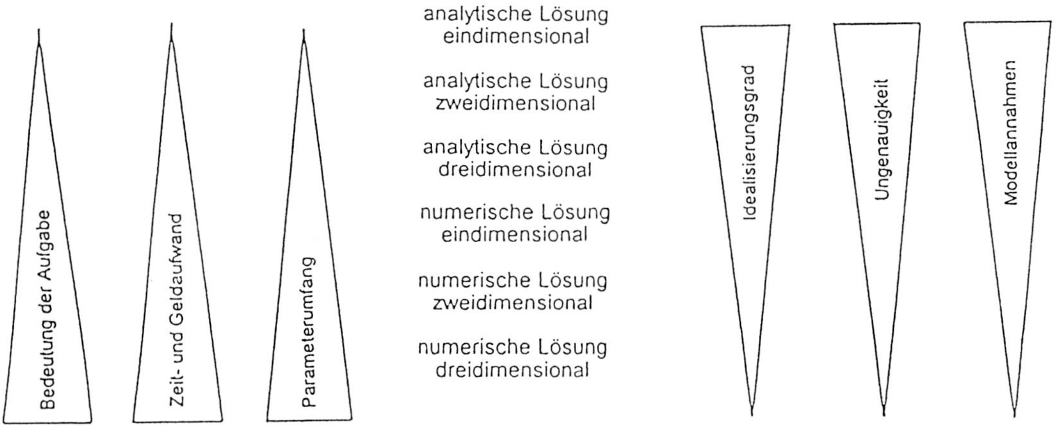

Abb. 2.3. Optimierungskriterien für die Auswahl des mathematischen Modells.

2.2.2 Die Darcy-Gleichung

2.2.2.1 Der Darcy-Versuch

Mit dem klassischen Experiment von Darcy (1856) beginnt die Geschichte der Geohydraulik. Abb. 2.4 zeigt eine Prinzipskizze der Versuchseinrichtung, die Darcy bei seinen Versuchen in den Jahren 1855/56 benutzte. Der Durchfluß durch die über 3 m hohe Sandsäule wurde ermittelt, indem die Zeit gemessen wurde, die zur Füllung des Auffangbeckens mit einer Querschnittsfläche von 1 m^2 erforderlich war.

Zur Messung des Druckabfalls in der Sandsäule dienten Quecksilbermanometer, deren Meßwerte in Meter Wassersäule bezogen auf den Boden der Sandsäule umgerechnet wurden.

Die an unterschiedlichen Sandproben durchgeführten Durchlaufversuche zeigten eine lineare Abhängigkeit der Form

$$Q = -\frac{k \cdot A \cdot (h_2 - h_1)}{l} \tag{2.1}$$

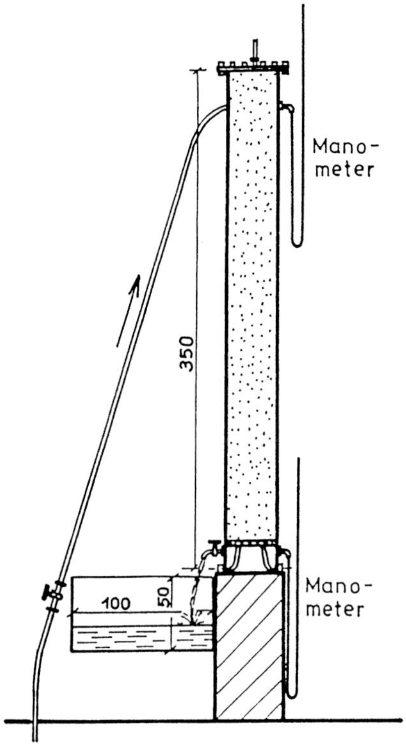

Abb. 2.4. Versuchsanordnung nach DARCY.

Darin bezeichnet Q die Durchflußmenge pro Zeiteinheit, A die durchflossene Querschnittsfläche, h_1 und h_2 die manometrisch gemessenen Druckhöhen und l die Länge der Fließstrecke zwischen den beiden Druckmeßpunkten. Die Größe k ist eine für die jeweilige Sandprobe charakteristische Konstante. Das negative Vorzeichen weist darauf hin, daß die Wasserbewegung in Richtung abnehmender Druckhöhe erfolgt.

Die theoretischen Schlußfolgerungen aus den Versuchsergebnissen von DARCY nehmen in der Fachliteratur breiten Raum ein (BEAR & VERRUIJT 1987, BUSCH et al. 1993). Als entscheidende Erkenntnis kristallisierte sich letztendlich heraus, daß bei der Filtration von Flüssigkeiten durch poröse Medien ein Geschwindigkeitspotential wirkt, das anschaulich als Maß der Arbeit interpretiert werden kann, die benötigt wird, um ein Einheitsvolumen der Flüssigkeit von einem Ort auf Nullpotential in den betrachteten Aufpunkt zu transportieren.

Damit ordnet sich die empirisch gefundene DARCY-Gleichung in die allgemeine physikalische Betrachtungsweise ein.

Die übliche Schreibweise der DARCY-Gleichung ergibt sich aus Gleichung (2.1), indem für das Verhältnis Q/A die Filtergeschwindigkeit v_f eingeführt (vgl. Gl. 1.21), der Differenzenquotient der Druckänderung als Gradient interpretiert und der Durchlässigkeitsbeiwert k_f mit der Dimension einer Geschwindigkeit definiert wird:

(2.2) $$v_f = -k_f \cdot \text{grad } h.$$

Diese Gleichung ist das grundlegende Bewegungsgesetz der gesättigten Filterströmung und besagt, daß die Filtergeschwindigkeit proportional dem hydraulischen Gradienten ($i = \text{grad } h = \delta h/\delta l$) ist.

Die differentielle Form der DARCY-Gleichung bildet den Ausgangspunkt für unterschiedliche

Verallgemeinerungen, die sich ergeben, wenn die Voraussetzungen des ursprünglichen DARCY'schen Versuchsschemas modifiziert werden. Als Beispiel soll hier die Frage etwas näher beleuchtet werden, wie das Fließgesetz im Fall eines inhomogenen Grundwasserleiters zu interpretieren ist. Wenn der Durchlässigkeitsbeiwert durch eine Funktion der Ortskoordinaten $k_f = k_f(x, y, z)$ beschrieben wird, so ist der Übergang von der experimentell gefundenen Gleichung (2.1) zu der Vektorschreibweise (2.2) durchaus nicht zwingend.

Die alternative Schreibweise

$$v_f = -\operatorname{grad}(k_f \cdot h) \tag{2.3}$$

liefert nämlich für den Spezialfall k_f = const. das gleiche Resultat und stellt daher ebenfalls eine mögliche Verallgemeinerung der Erkenntnisse von DARCY dar.

Die Wahl der Gl. (2.2) als dynamische Grundgleichung trägt nicht zuletzt pragmatischen Gesichtspunkten Rechnung. Der Unterschied zwischen den Gleichungen (2.2) und (2.3) hat nämlich nicht nur theoretische Bedeutung, sondern beeinflußt maßgeblich die Form des mathematischen Modells. Die Verwendung der Gl. (2.3) würde dabei zu einigen Komplikationen führen, da auf dieser Basis praktisch keine analytischen Lösungen ableitbar wären.

Eine eingehende Analyse der DARCY-Gleichung wird in BUSCH et al. (1993) gegeben, wobei auch die Gültigkeitsgrenzen deutlich werden.

2.2.2.2 Gültigkeitsgrenzen der DARCY–Gleichung

Natürlich ist die DARCY-Gleichung nur dann gültig, solange die bei ihrer Ableitung getroffenen Voraussetzungen zutreffen, sonst verliert sie beim Anwachsen der vernachlässigten Kräfte nach und nach ihre Gültigkeit. So treten bei großen Filtrationsgeschwindigkeiten Pulsationskräfte auf, und das Grundgesetz hat dann eine zweigliedrige Form:

$$i = \frac{v}{k_f}(1 + \alpha v) \tag{2.4}$$

mit

$$\alpha = \frac{0{,}3}{n^2}\sqrt{\frac{k_f}{\nu g}}.$$

Es muß nun von Fall zu Fall definiert werden, ab welcher Größe d · v gegenüber 1 nicht mehr vernachlässigbar ist.

Auf der Grundlage der bei wachsender Filtergeschwindigkeit ebenfalls zunehmenden Trägheitskräfte läßt sich eine kritische Filtergeschwindigkeit ermitteln:

$$v_{krit} = \frac{a_f \cdot a_u \cdot 0{,}631}{k_f^{0,1}} \quad (k_f \text{ in cm/s}) \tag{2.5}$$

mit

$$a_f = \begin{cases} 1{,}0 & \text{für Kugeln} \\ 0{,}65 & \text{für Sande und Kiese} \\ 0{,}52 & \text{für gebrochenes Material} \end{cases}$$

$$a_u = \begin{cases} 1 & \text{für } U < 1{,}5 \\ \dfrac{1{,}2}{\sqrt{U}} & \text{für } U > 1{,}5 \end{cases}$$

bei welcher der Einfluß auf v bzw. k_f etwa 3 bis 4% ist.

Werte von v_{krit} nach Gleichung (2.5) stehen auch nicht im Widerspruch zu den im WAPRO

1.42 (1971) angegebenen v_{krit}-Werten und der Aussage, daß diese ohne Bedenken um das Zwei- bis Dreifache überschritten werden dürfen.

Bezugspunkt hierfür ist die Anströmung von Vertikalfilterbrunnen unmittelbar im Bereich der Filter, also dort, wo die größten Fließgeschwindigkeiten auftreten. Tabelle 2.1 gibt die v_{krit}-Werte in Abhängigkeit vom d_{10}-Wert und dem Ungleichförmigkeitsfaktor U des Bodenmaterials an.

Tabelle 2.1. v_{krit}-Werte in Abhängigkeit von d_{10} und U.

v_{krit} in cm s^{-1}		U = D_{60}/D_{10} bzw. d_{60}/d_{10}							
		1	1,5	2	3	4	5	7	10
D_{10} bzw. d_{10} in mm	1	0,36	0,34	0,32	0,26	0,23	0,21	0,18	0,15
	2	0,32	0,29	0,28	0,23	0,20	0,19	0,16	0,13
	3	0,29	0,27	0,26	0,22	0,19	0,17	0,15	0,12
	5	0,26	0,24	0,23	0,19	0,17	0,15	0,13	0,11
	7	0,25	0,23	0,22	0,18	0,16	0,14	0,12	0,10
	10	0,24	0,21	0,20	0,16	0,15	0,13	0,12	0,10
	15	0,21	0,20	0,19	0,15	0,14	0,12	0,11	0,09

Die Werte aus Tabelle 2.1 werden später auch für die Bestimmung der notwendigen Filterlänge eines Brunnens benutzt.

Eine in der Literatur oft aufgeführte Gleichung zur Bestimmung des kritischen Gefälles am Brunnenrand ist die von SICHARDT (1928)

$$i_{krit} = \frac{1}{15\sqrt{k_f}}, \tag{2.6}$$

aus der dann häufig das maximale Fassungsvermögen eines Brunnens abgeleitet wird. Die Gleichung ist empirisch ermittelt worden und nicht dimensionsrein, k_f wird in m/s eingesetzt.

Nachfolgend sollen die Möglichkeiten zur Bestimmung einer kritischen Filtergeschwindigkeit gegenübergestellt werden. Basis dafür bildet das in Abb. 2.5 dargestellte Korngrößenspektrum im Bereich von $k_f = 10^{-5}$ bis 10^{-3} m/s.

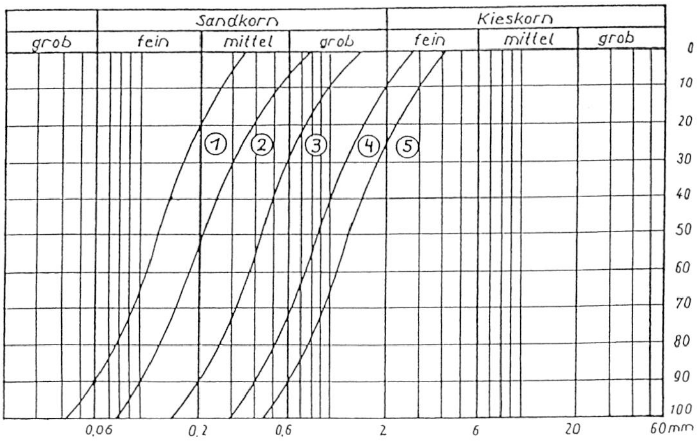

Abb. 2.5. Darstellung typischer Siebkurven.

Die charakteristischen Siebkurvenwerte und k_f-Werte sind:

①	$d_{10} = 0{,}06$	$d_{60} = 0{,}15$	$U = 2{,}5$	$k_f = 3{,}6 \cdot 10^{-5}$ m/s
②	$d_{10} = 0{,}1$	$d_{60} = 0{,}25$	$U = 2{,}5$	$k_f = 1{,}0 \cdot 10^{-4}$ m/s
③	$d_{10} = 0{,}2$	$d_{60} = 0{,}5$	$U = 2{,}5$	$k_f = 4{,}0 \cdot 10^{-4}$ m/s
④	$d_{10} = 0{,}4$	$d_{60} = 1{,}0$	$U = 2{,}5$	$k_f = 1{,}6 \cdot 10^{-3}$ m/s
⑤	$d_{10} = 0{,}6$	$d_{60} = 1{,}5$	$U = 2{,}5$	$k_f = 3{,}7 \cdot 10^{-3}$ m/s

Mit diesen Werten ergeben sich die in Tabelle 2.2 dargestellten kritischen Geschwindigkeiten:

Tabelle 2.2. Gegenüberstellung der v_{krit}-Werte (in cm/s).

	①	②	③	④	⑤
Gleichung (2.5) (2.5) $v_{krit} = \dfrac{0{,}65 \cdot 1{,}2 \cdot 0{,}631}{\sqrt{U}\, k_f^{0,1}}$	0,87	0,78	0,68	0,59	0,55
Gleichung (2.6) (2.6) $v_{krit} = \dfrac{\sqrt{k_f}}{15}$	0,04	0,07	0,13	0,27	0,40
Tabelle 2.1 (extrapoliert)	0,53	0,50	0,46	0,43	0,41

Die Ergebnisse zeigen, daß die Werte nach Gl. (2.5) und Tabelle 2.1 im Rahmen der diskutierten Genauigkeitsgrenzen gut übereinstimmen. Die Werte nach Gl. (2.6) zeigen im Bereich hoher Durchlässigkeiten eine gute Übereinstimmung, im Bereich niedriger Durchlässigkeiten weichen sie deutlich von den beiden anderen Werten ab.

Die gegenläufige Tendenz resultiert aus der zugrunde liegenden Betrachtung des Fassungsvermögens eines Brunnens aus dem kritischen Gefälle i_{krit}. Entsprechend den experimentellen Erfahrungen von SICHARDT wird bei kleiner werdendem k_f-Wert das kritische Gefälle i_{krit} schneller größer als $\sqrt{k_f}$ abnimmt. Turbulenzen treten erst bei wesentlich größeren Geschwindigkeiten auf. Sie beginnen in den großen Poren und erfassen nach und nach den gesamten Strömungsbereich.

Eine andere Gültigkeitsgrenze wird erreicht, wenn bei kleinen Porenkanalquerschnitten ab etwa 3 bis $8 \cdot 10^{-6}$ m elektromolekulare Kraftwirkungen an Bedeutung gewinnen. Durch diese Kräfte wird die Viskosität des homogenen Wassers scheinbar größer, und die DARCY-Gleichung verliert dadurch ihre Gültigkeit.

2.2.3 Bilanzgleichung der Geofiltration

2.2.3.1 Bilanzgleichung der horizontal-ebenen Grundwasserströmung

Im Gegensatz zur Mechanik der starren Körper ist man in der Hydromechanik gezwungen, das Kraftgleichgewichtsgesetz für eine unbestimmte Zahl von »Teilchen«, die den ortsfesten Untersuchungsraum passieren, anzusetzen. Man muß deshalb eine Aussage über die Massenteilchen treffen, die in den Untersuchungsraum ein- bzw. ausströmen und in ihm gespeichert oder aus ihm wieder freigesetzt werden. Diese Aussage wird durch die Bilanzgleichung getroffen, die eine Sonderform des Gesetzes von der Erhaltung der Masse darstellt. Bei der Ableitung der Differentialgleichungen, die zur Beschreibung der Boden- und Grundwasserbewegung Verwendung finden, wird grundsätzlich so vorgegangen, daß für einen geeignet gewählten Untersuchungsraum die Bilanzgleichung formuliert und die darin auftretenden Geschwindigkeitskomponenten mit Hilfe der DARCY-Gleichung (Gl. 2.2) ausgedrückt werden. Als Beispiel für diese Vorgehensweise soll hier das mathematische Modell der horizontal-ebenen Grundwasserströmung abgeleitet werden, das bei der späteren Ableitung konkreter Lösungen im Vordergrund des Interesses steht. Charakteristisch für diesen Aufgabentyp ist, daß die vertikale Struktur des Strömungsfeldes nicht berücksichtigt bzw. durch vertikale Integration über die Mächtigkeit des Durchflußquerschnittes eliminiert wird. An die Stelle der Filtergeschwindigkeit tritt somit die Durchflußgröße

(2.7) $$q = \int_a^{z_R} v \, dz$$

Damit beschreibt $z = z_R$ (x,y) die obere Begrenzung des Strömungsfeldes. Die Vektorgröße q hängt damit nur noch von den Ortskoordinaten x, y in der horizontalen Ebene auf dem Niveau a ab. Als Quellen bzw. Senken des Strömungsfeldes sind zu berücksichtigen:

Speisungsgröße w	Grundwasserneubildung bzw. -zehrung oder Austauschmengen mit liegenden bzw. hangenden Grundwasserstockwerken,
Speichergröße $S \frac{\delta z^*_R}{\delta t}$	Speicherung bzw. Abgabe von Wasser infolge von Anstieg bzw. Absenkung der Grundwasseroberfläche ($z^*_R = z_R$) bzw. der Grundwasserdruckfläche ($z^*_R = h$).

In der aus der Vektorrechnung geläufigen Schreibweise lautet damit die Bilanzgleichung:

(2.8) $$\operatorname{div} q = w - S \frac{\delta z^*_R}{\delta t}$$

Als mathematisches Modell der horizontal-ebenen Grundwasserströmung ist Gl. (2.8) mit ihren zwei abhängigen Variablen nur in einfachen Fällen brauchbar, wenn nämlich die Strömung stationär ist und nur die Berechnung von q erfolgen soll.

Unter diesen Umständen entfällt das Speicherglied und Gl. (2.8) wird eine Differentialgleichung für q, die unter speziellen Randbedingungen gelöst werden kann. Im allgemeinen Fall muß man jedoch davon ausgehen, daß sowohl q als auch z^*_R (z_R bzw. h) berechnet werden müssen. Zu diesem Zweck muß die Bilanzgleichung mit der dynamischen Grundgleichung gekoppelt werden, die dabei analog zur Gleichung (2.7) über den Durchflußquerschnitt integriert wird.

(2.9) $$q = -\int_a^{z_R} k_f \operatorname{grad} h \, dz$$

Dieses Integral läßt sich nur dann praktisch auswerten, wenn über die z-Abhängigkeit der zu integrierenden Größen vereinfachende Annahmen getroffen werden. Die dabei üblichen Ansätze, die mit den Namen DUPUIT (1863) und GIRINSKIJ (1946) verbunden sind, spielen in der

Geohydraulik eine fundamentale Rolle und werden in den nächsten beiden Abschnitten gesondert behandelt.

2.2.3.2 DUPUIT-Annahmen

Bei der Ableitung von analytischen Lösungen aus den Differentialgleichungen für die eindimensionale oder rotationssymmetrische Strömung werden häufig nur die horizontalen Strömungskomponenten berücksichtigt, was exakt nur für gespannte Strömungsverhältnisse gilt. Bei freien Strömungsverhältnissen dagegen treten auch vertikale Strömungskomponenten auf, wie sie in Abb. 2.6 dargestellt sind.

Um diese Verhältnisse mathematisch erfassen zu können, werden häufig nachfolgende drei DUPUIT-Annahmen getroffen, deren Bedeutung ebenfalls aus Abb. 2.6 zu erkennen ist:

- Die Strömung ist über die gesamte Mächtigkeit horizontal.
- Die Strömungsgeschwindigkeit ist über die gesamte Mächtigkeit konstant.
- Die horizontale Geschwindigkeit ist dem Gefälle der freien Oberfläche entsprechend der DARCY-Gleichung proportional.

Für die Ableitung des mathematischen Modells der horizontal-ebenen Grundwasser-Strömung ist vor allem die letzte Annahme von Bedeutung, mit deren Hilfe sich das Integral in Gl. (2.9) auf folgende Form bringen läßt:

(2.10) $$q = -T \operatorname{grad} h$$

Darin bezeichnet h die Lage der repräsentativen Standrohrspiegelhöhe.

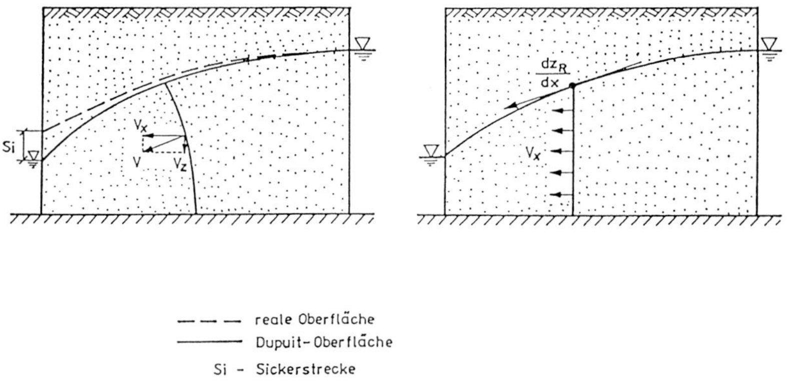

Abb. 2.6. Interpretation der DUPUIT-Annahme.

Die ebenfalls als Durchlässigkeitskenngröße gebräuchliche Transmissivität T ist durch

(2.11) $$T = \int_{z=a}^{z=z_R} k_f \, dz$$

definiert.

Bei freien Grundwasserströmungsverhältnissen hängt T linear von h ab.
Die Bilanzgleichung (2.8) nimmt damit folgende Form an:

(2.12) $$\operatorname{div}(T \operatorname{grad} h) = S \frac{\delta h}{\delta t} - w$$

bzw. in (x, y)–Koordinaten

(2.13) $$\frac{\delta}{\delta x}\left(T\frac{\delta h}{\delta x}\right)+\frac{\delta}{\delta y}\left(T\frac{\delta h}{\delta y}\right)+w=S\frac{\delta h}{\delta t}.$$

Bei dieser Ableitung wurden die ersten beiden der oben angeführten DUPUIT-Annahmen nicht explizit benötigt. Genau besehen beschreiben sie Spezialfälle, unter denen die Gültigkeit der entscheidenden Beziehung (2.10) unmittelbar einleuchtend ist. Exakt können diese beiden Bedingungen nur bei einer Durchströmung in einem horizontalen Grundwasserleiter konstanter Mächtigkeit erfüllt sein.

Bei freien Strömungsverhältnissen liegt die reale freie Oberfläche immer über der DUPUIT-Oberfläche, wobei die Differenz umso kleiner ist, je geringer die Absenkung und damit die Neigung der Grundwasseroberfläche ist. Aus diesem Grunde werden in der Brunnenhydraulik auch häufig Restriktionen derart vorgegeben, daß die Absenkung nicht größer als 20% der anfänglich durchflossenen Mächtigkeit sein soll. Detaillierte Untersuchungen dazu sind in BUSCH et al. (1993) enthalten.

2.2.3.3 Das GIRINSKIJ-Potential

In vielen neueren Arbeiten wird nicht mit den DUPUIT-Annahmen, sondern mit dem GIRINSKIJ-Potential gearbeitet. In seiner allgemeinen Form wird dieses durch

(2.14) $$\Phi\ (x, y) = \int_a^{z_R} g\ (z)\ [(h\ (x, y, z) - z)\ dz]$$

definiert (WAPRO 1.42, 1971).

Diese Definition bezieht sich auf den Fall eines horizontal geschichteten Grundwasserleiters, wobei also a = const. gilt. Die Funktion g(z) charakterisiert die Veränderlichkeit des Durchlässigkeitsbeiwertes längs der Vertikalen:

(2.15) $$k_f\ (x, y, z) = k_R\ (x, y) \cdot g(z)$$

Der für die praktische Anwendung wichtige Spezialfall ergibt sich für k_R = const. als Repräsentativwert. Aber auch bei ortsabhängigem k_R gilt für die längs der Vertikalen integrierte Durchflußmenge

(2.16) $$q = -\ k_R\ \text{grad}\ \Phi$$

Für die speziellen Bedingungen a = 0; δh/δz = 0 (DUPUIT-Annahme) und g(z) = 1 (ungeschichteter Grundwasserleiter) liefert Gl. (2.14) ensprechend Abb. 2.7

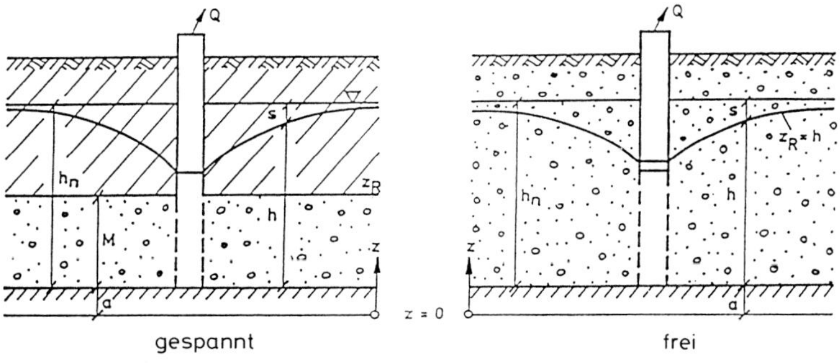

Abb. 2.7. Interpretation des GIRINSKIJ-Potentials.

$$(2.17)\qquad \Phi = \begin{cases} h^2/2 & \text{für } z_R = h \quad \text{(frei)} \\ Mh - M^2/2 & \text{für } z_R = M = \text{const.} \quad \text{(gespannt)} \end{cases}$$

In dieser einheitlichen Beschreibung von gespannter und freier Grundwasserströmung liegt die eigentliche Bedeutung des GIRINSKIJ-Potentials. Es gilt sowohl für stationäre als auch nichtstationäre Bedingungen und läßt sich daher in der bereits aus Abschnitt 2.2.3.1 bekannten Weise zur Ableitung des mathematischen Modells der horizontal-ebenen Grundwasserströmung nutzen.

Das Einsetzen von Gl. (2.16) in die Bilanzgleichung (2.8) liefert:

$$(2.18)\qquad \text{div}\,(k_f \text{ grad } \Phi) = S\,\frac{\delta z^*_R}{\delta t} - w$$

Vom Typ her ist diese partielle Differentialgleichung identisch mit der Differentialgleichung (2.12).

Durch die Einführung des GIRINSKIJ-Potentials gelingt es, die räumliche Dimension des Strömungsproblems um 1 herabzusetzen. Das im Original dreidimensionale Strömungsfeld wird durch das zweidimensionale Potential nach Gl. (2.12) exakt beschrieben.

Die DUPUIT-Annahme, die zur Ableitung der Gl. (2.17) verwendet wurde, wird nur benötigt, um die Beziehung zwischen Φ und z^*_R herzustellen.

Bei stationären Strömungszuständen tritt in der Differentialgleichung (2.18) als unbekannte Größe nur das Potential Φ auf und die Lösung des entsprechenden Randwertproblems liefert die Charakterisierung des stationären Strömungsfeldes in Form der Potentialfunktion Φ. Auf dieser Tatsache beruht z. B. der Beweis dafür, daß die berühmte Brunnenformel von DUPUIT-THIEM zur Berechnung des Volumenstromes Q im Sinne der Potentialtheorie exakt ist, obwohl beim Eintritt der freien Grundwasseroberfläche in den Brunnen eine Sickerfläche auftritt und deshalb die DUPUIT-Annahme an dieser Stelle keinesfalls zutreffen kann.

Soll aus dem Potential Φ die konkrete Absenkung s berechnet werden, erfolgt die Berechnung der Potentialdifferenz $Z = \Phi_2 - \Phi_1$ aus zwei verschiedenen Strömungszuständen.

Somit ergibt sich beispielsweise aus der nachfolgenden Gl. (2.19) unter Benutzung des GIRINSKIJ-Potentials für freie Verhältnisse und auf den Ausgangszustand in der Entfernung R bezogen (siehe Abschnitt 2.2.5.1) genau die Gleichung der DUPUIT-Oberfläche.

$$(2.19)\qquad \Phi_R - \Phi_r = \frac{Q}{2\,\pi\,k_f}\ln\frac{R}{r}$$

Das läßt sich auch als Beweis dafür verwenden, daß alle Lösungen, die mit Hilfe der DUPUIT-Annahmen erzielt und deshalb häufig angezweifelt wurden, für die Bestimmung von Q theoretisch exakt sind.

Als Beispiel für die Form des GIRINSKIJ-Potentials bei geschichteten Grundwasserleitern sei abschließend das Gegenstück zu Gleichung (2.17) für den Fall von drei Schichten angegeben:

$$(2.20)\qquad \Phi = \int_0^{z_{R1}} g_1\,(h-z)\,dz + \int_{z_{R1}}^{z_{R2}} g_2\,(h-z)\,dz + \int_{z_{R2}}^{z_{R3}} g_3\,(h-z)\,dz$$

mit $g_1 \cdot \bar{k} = k_1$, $g_2 \cdot \bar{k} = k_2$, $g_3 \cdot \bar{k} = k_3$, wobei $\bar{k}$ ein frei wählbarer Bezugswert ist, z. B. der k_f-Wert der ersten Schicht.

2.2.3.4 Nebenbedingungen

Jeder Strömungsvorgang geschieht in einem Strömungsfeld, an dessen Rändern bestimmte hydrodynamische Bedingungen, die Randbedingungen, herrschen (Beims 1995a). Man unterscheidet zwischen drei Arten von Randbedingungen:

- Randbedingungen 1. Art (Abb. 2.8 a).
  Auf der Berandung ist das Potential Φ in Abhängigkeit von Ort und Zeit bekannt. Typische Fälle sind die Wasserstände von Flüssen, Seen oder Brunnen.
- Randbedingungen 2. Art (Abb. 2.8 b).
  Es ist der Potentialgradient $\delta\Phi/\delta x$ oder der über die Randbedingung fließende spezifische Volumenstrom q als Funktion von Ort und Zeit bekannt. Eine sehr häufige Annahme, insbesondere bei analytischen Lösungen ist die, daß $q = 0$ ist. Typische Fälle sind abdichtende geologische Störungen, auskeilende Grundwasserleiter oder Symmetrieflächen.
- Randbedingungen 3. Art (Abb. 2.8 c).
  Auf der Berandung ist wie bei der Randbedingung 1. Art das Potential Φ in Abhängigkeit von Ort und Zeit bekannt, zwischen dem Rand und dem Strömungsfeld existiert jedoch ein zusätzlicher Fließwiderstand. Typische Fälle sind die Kolmation in Gewässerbetten oder der Skin-Effekt in Brunnen.

Einen gewissen Sonderfall stellt der »unendlich ausgedehnte Grundwasserleiter« dar. Dieser existiert nicht real, sondern die Randbedingungen 1., 2. oder 3. Art sind so weit weg vom Brunnen, daß sie beispielsweise während der Dauer eines Pumpversuches nicht wirksam werden. Derartige Annahmen sind jedoch bei längeren prognostischen Berechnungen genau zu analysieren.

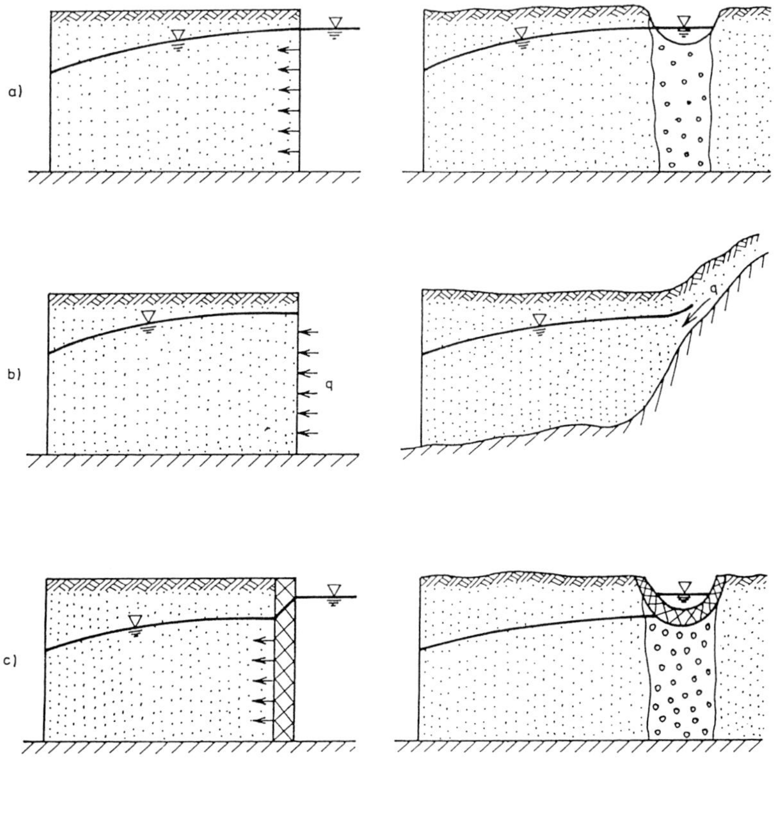

Abb. 2.8. Darstellung von Randbedingungen 1., 2. und 3. Art.

Die Differentialgleichungen (2.12) und (2.18), die als mathematisches Modell der horizontalebenen Grundwasserströmung dienen, sind vom parabolischen Typ. Zur eindeutigen Festlegung der gesuchten Lösungsfunktion sind deshalb neben den äußeren und inneren Randbedingungen noch die Ausgangswerte des Grundwasserstandes zu Beginn des Berechnungszeitintervalles als Anfangsbedingung vorzugeben. Bei analytischen Lösungen ist das häufig ein angenommener horizontaler Grundwasserstand, während bei numerischen Lösungen auch direkt auf gemessene oder zuvor berechnete Wasserstandsverhältnisse aufgebaut werden kann. Abb. 2.9 zeigt die Anfangsbedingungen für eine Berechnung in Form eines Isohypsenplanes.

2.2.4 Grabenanströmung

Die Grabenanströmung ist dadurch charakterisiert, daß die Stromlinien in der horizontalen Projektionsebene parallel verlaufen und senkrecht auf die Berandung gerichtet sind. Das kartesische Koordinatenkreuz wird dabei stets so orientiert, daß die x-Achse parallel zu den Stromlinien gerichtet ist und die y-Achse mit einer der Grabenberandungen zusammenfällt (Abb. 2.10).

Die Grabenanströmung kann positiv (zum Graben hin) oder negativ (vom Graben weg) gerichtet sein. Die analytische Berechnung setzt vollkommene Berandungen voraus, d. h. die Gräben müssen den Strömungsleiter in seiner ganzen Mächtigkeit durchdringen und senkrechte Böschungen aufweisen (Abb. 2.10 b, c). Unvollkommene Berandungen lassen sich näherungsweise durch Randbedingungen 3. Art erfassen, wobei die Unvollkommenheit durch eine hydraulisch äquivalente Zusatzlänge ΔL ausgedrückt wird (Abschnitt 2.4.1.1.2). Die in diesem Abschnitt behandelten Berechnungsschemata bilden methodische Modellfälle, deren praktische Bedeutung weitaus größer ist, als es die einschneidende Schematisierung auf den ersten Blick vermuten läßt.

Eindimensionale Strömungsvorgänge, deren Prototyp die Grabenanströmung ist, kommen als Approximation der realen Strömungsverhältnisse immer dann in Betracht, wenn sich Stromröhren ausgrenzen lassen, in denen die Strömung als quasi-eindimensional beschrieben werden kann. Eine weitere entscheidende Voraussetzung für die Anwendung der im folgenden be-

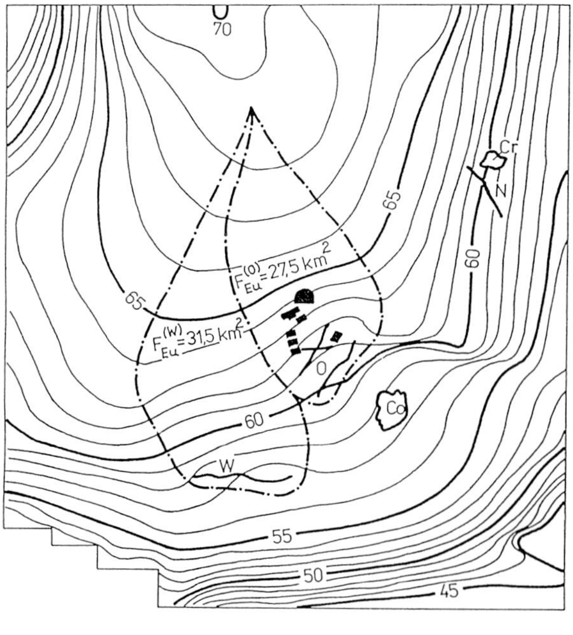

Abb. 2.9. Darstellung der Anfangsbedingungen in Form eines Isohypsenplanes.

trachteten analytischen Berechnungsansätze besteht darin, daß die maßgebenden geohydraulischen Parameter zumindest stückweise als konstant angesehen werden können.

Aus methodischer Sicht spielt die Untersuchung der Grabenanströmung auch deshalb eine besondere Rolle, weil das mathematische Modell der Grundwasserströmung hierbei auf seine einfachste, anschaulich unmittelbar interpretierbare Form zurückgeführt wird. Das eindimensionale Grundwasserströmungsmodell bietet vielfältige Ansatzpunkte für mathematisch-analytische Lösungsmethoden, die zum großen Teil mit elementaren Hilfsmitteln der Differential- und Integralrechnung auskommen und damit einen relativ anschaulichen Zugang zu grundlegenden geohydraulischen Arbeitsmethoden gestatten (LUCKNER & SCHESTAKOV 1975, BUSCH et al. 1993).

2.2.4.1 Stationäre Grabenanströmung

Bei der Formulierung der mathematischen Grundsätze in Abschnitt 2.2.3 wurde bereits auf die Vorzüge verwiesen, die die Verwendung des GIRINSKIJ-Potentials mit sich bringt. Es ermöglicht eine einheitliche Beschreibung der Grabenanströmung für gespannte und freie Strömungsverhältnisse. Die Rückführung auf das eindimensionale Strömungsmodell, die durch die Integration über den vertikalen Durchflußquerschnitt erreicht wird, kommt ohne die DUPUIT-Annahmen aus und ist daher im strömungsphysikalischen Sinne exakt.

Insbesondere wird also auch die Vertikalkomponente der Filtergeschwindigkeit v_z implizit berücksichtigt. Als wichtige Schlußfolgerung ergibt sich daraus, daß alle aus der Kenntnis des GIRINSKIJ-Potentials abgeleiteten Aussagen über Durchfluß- und Fördermengen auch dann völlig korrekt sind, wenn die Lage der Grundwasseroberfläche zwischen den Rändern des Strömungsfeldes nur näherungsweise (z. B. mit Hilfe der DUPUIT-Annahme) ermittelt werden kann.

Diesen bemerkenswerten Vorzügen des GIRINSKIJ-Potentials stehen die einschränkenden Voraussetzungen gegenüber, auf denen seine Gültigkeit beruht. Das ist die Annahme einer horizontalen Sohle des Grundwasserleiters. Danach ergibt sich für homogene Grundwasserleiter (k_f = const.) und stationäre Strömungsverhältnisse die einfachste Form des eindimensionalen Grundwasserströmungsmodells:

$$\frac{d^2\Phi}{dx^2} + \frac{w}{k_f} = 0 \qquad (2.21)$$

Die allgemeine Lösung dieser gewöhnlichen Differentialgleichung 2. Ordnung ergibt sich durch zweimalige Integration.

Als einfachster Fall, der aber für die praktische Anwendung von grundlegender Bedeutung ist, wird hier eine gleichmäßige Grundwasserneubildung aus Niederschlägen ($w = v_N$ = const.) betrachtet, womit die allgemeine Gleichung folgende Form annimmt:

$$\Phi + \frac{v_N}{2\,k_f}\,x^2 = C_1 x + C_2 \qquad (2.22)$$

Die Konstanten C_1 und C_2 sind so zu bestimmen, daß die Randbedingungen der konkreten Aufgabenstellung erfüllt werden.

Randbedingung 1. Art
Bei $x = 0$ bzw. $x = R$ muß Φ bekannt sein.

Randbedingung 2. Art
Bei $x = 0$ bzw. $x = R$ muß $d\Phi/dx$ bekannt sein. Solche Bedingungen liegen vor, wenn die Durchflußgröße $q(x)$ an diesen Stellen bekannt ist.

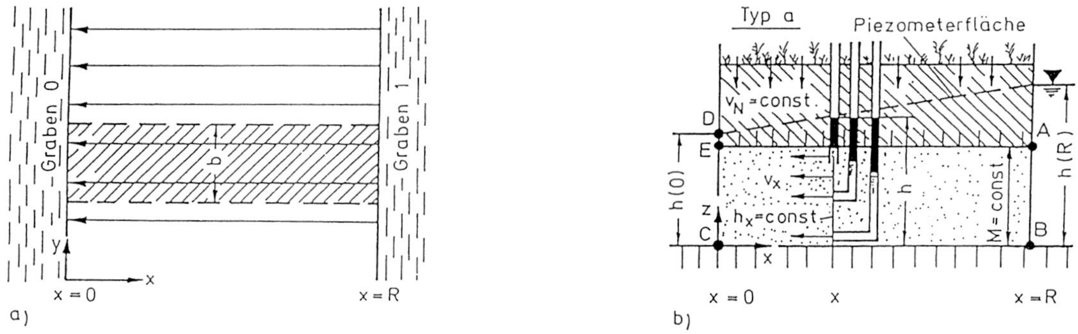

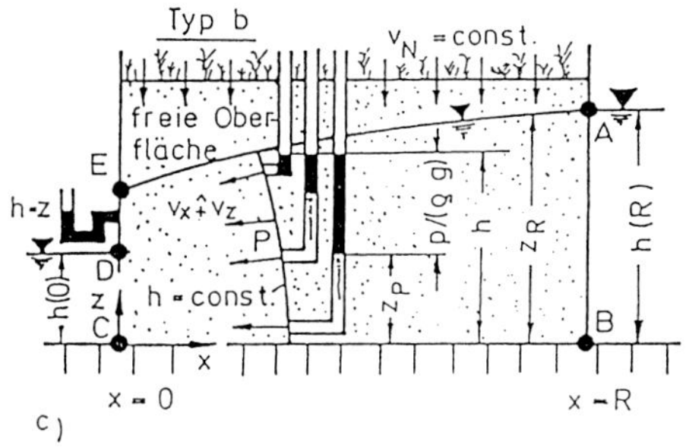

Abb. 2.10. Schematische Darstellung der Grabenanströmung nach BUSCH et al. (1993).

Randbedingung 3. Art

Bei x = 0 bzw. x = R muß die Linearkombination $\Phi + A\, d\Phi/dx = C$ bekannt sein, was z. B. dann der Fall ist, wenn die Grabenböschung bei x = R kolmatiert ist.

Für die in Abb. 2.11 dargestellten sechs typischen Fälle für Kombinationen von Randbedingungen 1., 2. und 3. Art ergeben sich bei Verwendung des GIRINSKIJ-Potentials folgende Gleichungen:

(2.23 a) $\quad$ Typ 1/1: $\Phi = \Phi(0) + \dfrac{\Phi(R) - \Phi(0)}{R} \cdot x; \quad q = k_f \dfrac{\Phi(R) - \Phi(0)}{R}$

(2.23 b) $\quad$ Typ 1/2: $\Phi = \Phi(0) + \dfrac{q(R)}{k_f} \cdot x; \quad q = q(R)$

(2.23 c) $\quad$ Typ 1/3: $\Phi = \Phi(0) + \dfrac{\Phi_1 - \Phi(0)}{A(R) + R} \cdot x; \quad q = k_f \dfrac{\Phi_1 - \Phi(0)}{A(R) + R}$

(2.23 d) $\quad$ Typ 2/1: $\Phi = \Phi(R) - \dfrac{q(0)}{k_f} (R - x); \quad q = q(0)$

Typ 2/2: nur für q(R) = q(0) möglich, dann Sonderfall vom Typ 1/2

(2.23 e) $\quad$ Typ 2/3: $\Phi = \Phi_1 - \dfrac{g(0)}{k_f} (R + A(R) - x); \; q = q(0)$

Die in den Typen 1/3 und 2/3 vorkommende Größe A(R) ist eine Zusatzlänge, die sich nach folgender Gleichung berechnen läßt:

(2.24) $\quad$ $A(R) = k_f \cdot \dfrac{\Delta l}{k^*},$

wobei k* der Durchlässigkeitskoeffizient und Δl die Stärke der kolmatierten Schicht und der k_f-Wert der des Grundwasserleiters ist. Durch A(R) läßt sich auch eine unvollkommene Berandung in Form einer hydraulisch äquivalenten Zusatzlänge ΔL erfassen.

In BUSCH et al. (1993) sind die den Gleichungen (2.23) entsprechenden Ansätze unter Berücksichtigung einer Grundwasserneubildung angegeben. So ergeben sich beispielsweise:

$$\text{(2.25 a)} \qquad \text{Fall 1/1: } \Phi(x) = \Phi(0) + \frac{\Phi(R) - \Phi(0)}{R} x + \frac{v_N}{2k_f}(Rx - x^2)$$

$$\text{(2.25 b)} \qquad \text{Fall 2/1: } \Phi(x) = \Phi(R) + \frac{q(0)}{k}(R - x) + \frac{v_N}{2k_f}(R^2 - x^2)$$

Die Grundwasserneubildung hat jedoch auf die Grundwasserdynamik bei einer fassungsbezogenen Modellierung mit relativ eng begrenzten Strömungsfeldabschnitten vernachlässigbar geringen Einfluß.

Durch die Benutzung des GIRINSKIJ-Potentials in der bereits in Abschnitt 2.2.3.3 beschriebenen allgemeinen Form (2.14):

$$\Phi\,(x, y) = \int_a^{z_R} g\,(z)\,[h\,(x, y, z) - z]\,dz$$

lassen sich auch Gleichungen für die Grabenanströmung bei horizontal geschichteten Grundwasserleitern berechnen.

Für den in Abb. 2.12 dargestellten Grundwasserleiter aus den vier Schichten ergibt sich:

$$\Phi = g_1 \int_0^{z_{R1}} (h-z)\,dz + g_2 \int_{z_{R1}}^{z_{R2}} (h-z)\,dz + g_3 \int_{z_{R2}}^{z_{R3}} (h-z)\,dz + g_4 \int_{z_{R3}}^{z_{R4}} (h-z)\,dz$$

mit $g_i = k_i/\bar{k}$ für i = 1, 2, 3, 4.

Mit dem so verallgemeinerten GIRINSKIJ-Potential bleiben alle im vorhergehenden Abschnitt abgeleiteten Gleichungen gültig.

Für die in Abb. 2.11 dargestellten Strömungsfeldschemata läßt sich auch der Fall berücksichtigen, daß der Grundwasserleiter undicht ist. Davon spricht man, wenn diesem durch eine liegende oder hangende Schicht bzw. durch beide Schichten, deren Durchlässigkeitskoeffizient k' und/oder k" klein gegenüber dem des betrachteten Grundwasserleiters ist (k', k" < 0,02 k), Wasser zufließt, ohne daß sich dadurch die Druckverhältnisse in der speisenden Schicht merklich ändern.

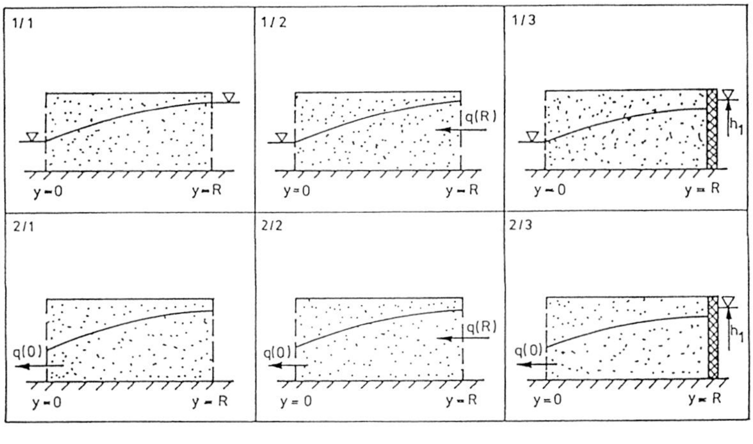

Abb. 2.11. Darstellung verschiedener Grabenanströmungsmodelle.

Diese spendende Schicht muß deshalb sehr gute Durchlässigkeitsverhältnisse besitzen. Die hydraulischen Eigenschaften der halbdurchlässigen Schichten im Verhältnis zum Grundwasserleiter werden im Speisungsfaktor B berücksichtigt.

In Abb. 2.13 sind die drei aufgeführten Möglichkeiten der Speisung zu sehen, die sowohl für die Grabenanströmung als auch für die später im Abschnitt 2.2.5 behandelte Brunnenberechnung gelten.

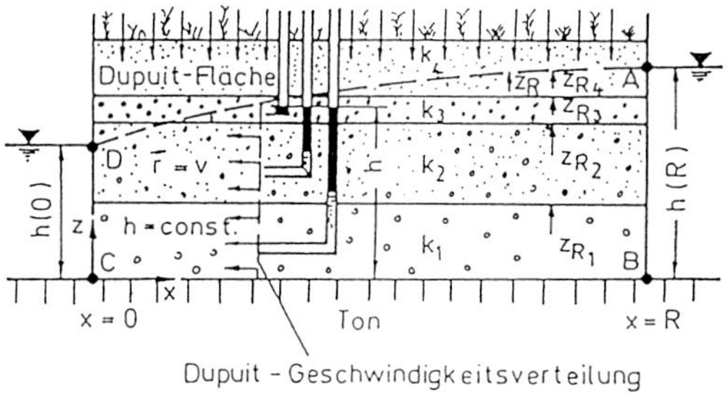

Abb. 2.12. Grabenanströmung bei geschichtetem Grundwasserleiter.

Es ergeben sich folgende B–Werte:

(2.26 a) Fall a: $B = \sqrt{(k_f\ M\ b'/k_f')}$

(2.26 b) Fall b: $B = \sqrt{[(k_f\ (h_1 + h_2)\ b']/(2 \cdot k_f')}$

(2.26 c) Fall c: $B = \sqrt{(k_f\ M\ b')/(k_f + k_f'\ b'/b')}$

Für die in Abb. 2.14 dargestellten sechs typischen Fälle von Randbedingungskombinationen bei Speisung aus benachbarten Schichten ergeben sich unter Benutzung der Potentialdifferenz $Z = \Phi_n\text{-}\Phi$ zur Beschreibung der Änderung gegenüber einem natürlichen Bezugszustand folgende Lösungen:

(2.27) $$Z = C_1 \exp\left(\frac{x}{B}\right) + C_2 \exp\left(-\frac{x}{B}\right)$$

(2.28) $$q = \frac{k_f}{B}\left[C_1 \exp\left(\frac{x}{B}\right) - C_2 \exp\left(-\frac{x}{B}\right)\right]$$

Die Integrationskonstanten C_1 und C_2 haben dabei folgende Werte:

(2.29 a) Typ 1/1: $$C_1 = \frac{Z(R) - Z(0)\exp\left(-\frac{R}{B}\right)}{2\sin h\left(\frac{R}{B}\right)}$$

$$C_2 = \frac{Z(0)\exp\left(\frac{R}{B}\right) - Z(R)}{2\sin h\left(\frac{R}{B}\right)}$$

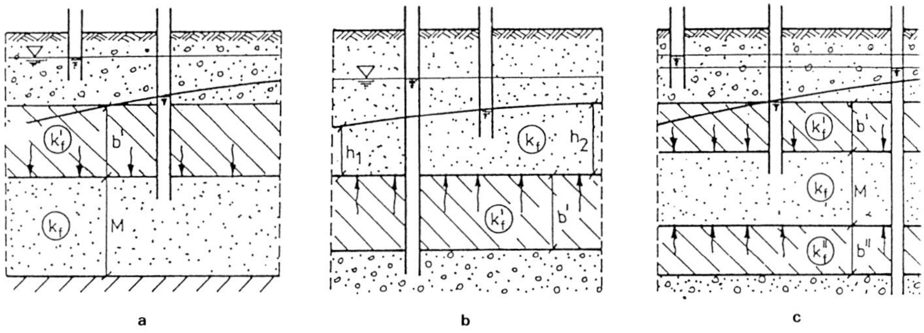

Abb. 2.13. Darstellung von Speisungsmöglichkeiten.

(2.29 b) Typ 1/2:
$$C_1 = \frac{Z(0)\exp\left(-\frac{R}{B}\right) + q(R)\frac{B}{k_f}}{2\cos h\left(\frac{R}{B}\right)}$$

$$C_2 = \frac{Z(0)\exp\left(\frac{R}{B}\right) \cdot q(R)\frac{B}{k_f}}{2\cos h\left(\frac{R}{B}\right)}$$

(2.29 c) Typ 1/3: $C_1 = 0 \qquad C_2 = Z(0)$

(2.29 d) Typ 2/1:
$$C_1 = \frac{Z(R) + q(0) \cdot \frac{B}{k_f}\exp\left(-\frac{R}{B}\right)}{2\cos h\left(\frac{R}{B}\right)}$$

$$C_2 = \frac{Z(R) - q(0) \cdot \frac{B}{k_f}\exp\left(\frac{R}{B}\right)}{2\cos h\left(\frac{R}{B}\right)}$$

(2.29 e) Typ 2/2:
$$C_1 = \frac{\left[q(R) + q(0) \cdot \exp\left(-\frac{R}{B}\right)\right] \cdot B}{2\,k_f \sin h\left(\frac{R}{B}\right)}$$

$$C_2 = \frac{\left[q(R) \cdot q(0) \cdot \exp\left(\frac{R}{B}\right)\right] \cdot B}{2\,k_f \sin h\left(\frac{R}{B}\right)}$$

(2.29 f) Typ 2/3: $C_1 = 0 \qquad C_2 = \frac{q\ (0) \cdot B}{k_f}$

Weitere Lösungen sind in Busch et al. (1993) enthalten.

2.2.4.2 Nichtstationäre Grabenanströmung

In Analogie zur stationären Grabenanströmung gilt für den hier betrachteten eindimensionalen Fall der nichtstationären Grabenanströmung in allgemeiner Form:

(2.30) $$\frac{\delta}{\delta x}\left(k_f \frac{\delta \Phi}{\delta x}\right) = S \frac{\delta h}{\delta t} - w$$

mit h = h (Φ).

Diese Gleichung ergibt für gespannte Strömungsverhältnisse mit k_f = const. und M = const. die lineare partielle Differentialgleichung:

(2.31) $$\frac{\delta^2 h}{\delta x^2} = a \frac{\delta h}{\delta t} - \frac{w}{T}$$

mit: $T = k_f \cdot M$ – Transmissivität,
$a = S/T$ – geohydraulische Zeitkonstante.

Für freie Strömungsverhältnisse ist die Differentialgleichung (2.30) dagegen nicht linear, was deren Lösung stark kompliziert. Im allgemeinen wird die Gleichung durch Annahmen linearisiert. Die einfachste und am häufigsten angewandte ist die Annahme, daß sich der Wasserspiegel nur geringfügig ändert, so daß $T \approx k_f \cdot h \approx$ const. angenommen werden kann und für a ein zeitlicher und örtlicher Mittelwert eingesetzt wird. In dem Fall gilt auch hierfür Gl. (2.31).

Eine zweite Möglichkeit ist die Benutzung des Girinskij-Potentials für die Berechnung.

Betrachtet man Grundwasserabsenkung/-anstieg in Form der Potentialdifferenz $Z = \Phi_n - \Phi$, so entsteht als Standardform des mathematischen Modells der nichtstationären Grabenanströmung:

(2.32) $$\frac{\delta^2 Z}{\delta x^2} = a \frac{\delta Z}{\delta t} + \frac{w}{k_f}$$

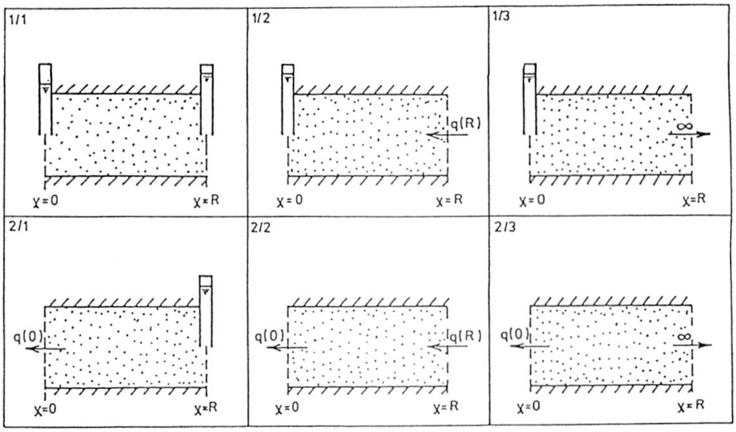

Abb. 2.14. Strömungsschemata bei Speisung aus benachbarten Schichten.

Bei der Interpretation von w/k_f gibt es zwei Möglichkeiten:

$w = 0$ – Die Grundwasserspeisung wird durch den untersuchten Strömungsvorgang nicht verändert oder ist Null.

$w/k_f = Z/B^2$ – Die Potentialdifferenz Z verursacht eine zusätzliche Speisung, die zu Z proportional ist.

Die letztere Möglichkeit entspricht dem häufigsten Fall, daß ein Grundwasserleiter über eine halbdurchlässige Zwischenschicht gespeist wird. Der Wert B wird als Speisungsfaktor bezeichnet (s. Abschnitt 2.4.2.1).

Damit ergibt sich als allgemeinste Form des mathematischen Modells die lineare partielle Differentialgleichung 2. Ordnung:

(2.33) $$\frac{\delta^2 Z}{\delta x^2} = a\,\frac{\delta Z}{\delta t} + \frac{Z}{B^2}$$

Für die Lösung der Differentialgleichungen gilt es noch, die Anfangsbedingungen zu formulieren. Als Grundfall soll hier

(2.34) $$Z\,(x, 0) = Z_0 = \text{const.}$$

betrachtet werden.

Bei den nachfolgenden Lösungen der nichtstationären Grabenanströmung wird in Gl. (2.33) der Term $Z/B^2 = 0$ gesetzt, so daß die Gleichung in die Form übergeht:

(2.35) $$\frac{\delta^2 Z}{\delta x^2} = a\,\frac{\delta Z}{\delta t}$$

Gleichung (2.35) ist für begrenzte und unbegrenzte Grundwasserleiter lösbar. Bei begrenzten Grundwasserleitern entstehen komplizierte Formeln. Diese sind in Busch et al. (1993) aufgeführt.

Für die beiden in Abb. 2.15 dargestellten Modelle eines einseitig unendlich ausgedehnten Grundwasserleiters lassen sich die nichtstationären Strömungsprozesse unter Benutzung der Potentialdifferenz Z nach den folgenden Beziehungen berechnen:

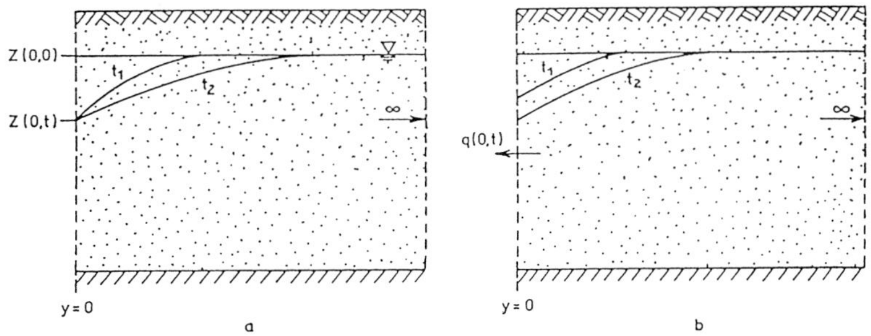

Abb. 2.15. Grabenanströmungsmodell für nichtstationäre Verhältnisse.

Typ a)

(2.36a) $$Z(x,t) = Z(0,t)\,\mathrm{erfc}\left(\frac{x}{\sqrt{4\,t\,T/S}}\right) = Z(0,t)\,f_0$$

(2.36b) $$q(x,t) = Z(0,t)\,k_f\sqrt{\frac{S}{(\pi\,T\,t)}}\exp\left[\frac{-x^2 S}{(4\,T\,t)}\right]$$

(2.36c) $$q(0,t) = Z\,(0,t)\,k_f\sqrt{\frac{S}{(\pi\,T\,t)}}$$

Typ b)

(2.37a) $$Z\,(x,t) = 2\,\frac{q\,(0,t)}{k_f}\sqrt{\frac{T\cdot t}{S}}\int_{\beta}^{\infty}\mathrm{erfc}\,(\beta)\,d\beta = \frac{q(0,t)}{k_f}\,x\cdot f_1$$

$$\text{mit } \beta = x\sqrt{\frac{S}{(4\,T\,t)}}$$

(2.37b) $$Z(0,t) = \frac{q(0,t)}{k_f}\sqrt{\frac{4\,T\,t}{(\pi\,S)}}$$

Tabelle 2.3. Funktionswerte von $\tilde{y}$ = erfc (x).

x	erfc(x)	x	erfc(x)	x	erfc(x)	x	erfc(x)	x	erfc(x)
0,00	1,000	0,25	0,724	0,50	0,480	0,75	0,289	1,00	0,157
0,01	0,989	0,26	0,713	0,51	0,471	0,76	0,282	1,05	0,138
0,02	0,977	0,27	0,703	0,52	0,462	0,77	0,276	1,10	0,120
0,03	0,966	0,28	0,692	0,53	0,453	0,78	0,270	1,15	0,104
0,04	0,955	0,29	0,682	0,54	0,445	0,79	0,264	1,20	0,090
0,05	0,944	0,30	0,671	0,55	0,437	0,80	0,258	1,25	0,088
0,06	0,933	0,31	0,661	0,56	0,428	0,81	0,252	1,30	0,066
0,07	0,921	0,32	0,651	0,57	0,420	0,82	0,246	1,35	0,056
0,08	0,910	0,33	0,641	0,58	0,412	0,83	0,240	1,40	0,048
0,09	0,899	0,34	0,631	0,59	0,404	0,84	0,235	1,45	0,040
0,10	0,887	0,35	0,621	0,60	0,396	0,85	0,229	1,50	0,036
0,11	0,876	0,36	0,611	0,61	0,388	0,86	0,224	1,60	0,024
0,12	0,865	0,37	0,601	0,62	0,381	0,87	0,219	1,70	0,016
0,13	0,854	0,38	0,591	0,63	0,373	0,88	0,213	1,80	0,011
0,14	0,843	0,39	0,581	0,64	0,365	0,89	0,208	1,90	0,007
0,15	0,832	0,40	0,572	0,65	0,358	0,90	0,203	2,00	0,005
0,16	0,829	0,41	0,562	0,66	0,351	0,91	0,198	2,10	0,003
0,17	0,810	0,42	0,552	0,67	0,343	0,92	0,193	2,20	0,002
0,18	0,799	0,43	0,543	0,68	0,336	0,93	0,188	2,30	0,001
0,19	0,789	0,44	0,534	0,69	0,329	0,94	0,184	2,40	0,000
0,20	0,777	0,45	0,524	0,70	0,322	0,95	0,179		
0,21	0,766	0,46	0,515	0,71	0,315	0,96	0,175		
0,22	0,756	0,47	0,506	0,72	0,309	0,97	0,170		
0,23	0,745	0,48	0,497	0,73	0,302	0,98	0,166		
0,24	0,734	0,49	0,488	0,74	0,295	0,99	0,161		

(2.37 c) $$q(x,t) = q(0,t)\,\mathrm{erfc}\left(\frac{x}{\sqrt{4\,T\,t/S}}\right) = q(0,t)\cdot f_0$$

Zur Vereinfachung der Berechnung sind die Funktionen f_0 und f_1 in Abb. 2.16 graphisch dargestellt. Die Werte des komplementären Fehlerintegrals $\tilde{y}$ = erfc (x) sind Tabelle 2.3 zu entnehmen.

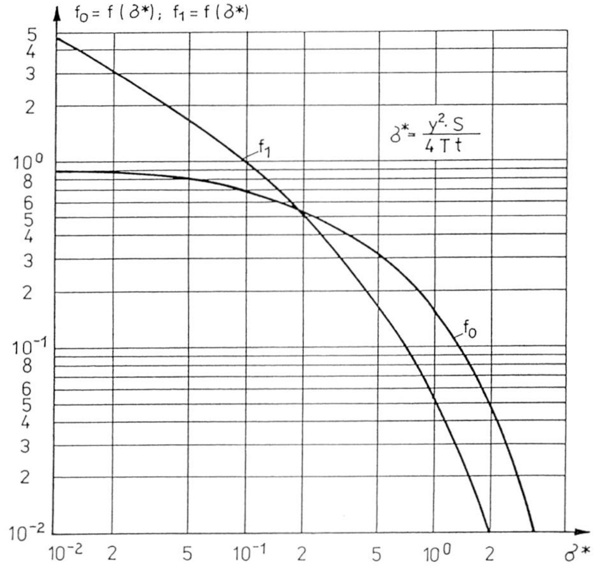

Abb. 2.16. Darstellung der Funktion f_0 und f_1.

Das Modell der nichtstationären Grabenanströmung läßt sich auch auf die Berechnung langgestreckter Brunnenreihen anwenden, wenn eine Umrechnung der Brunnenanströmung in eine Grabenanströmung möglich ist. Dazu ist eine Berechnung von hydraulischen Zusatzlängen ΔL notwendig, die in Abschnitt 2.4.2 bei der Bemessung von Grundwasserfassungsanlagen ausführlich dargestellt wird.

2.2.5 Brunnenanströmung

Der Vertikalfilterbrunnen ist weltweit das zentrale technische Element zur Gewinnung von Grundwasser für die kommunale und industrielle Wasserversorgung, die landwirtschaftliche Bewässerung, die Grundwasserabsenkung im Bauwesen oder die Entwässerung von Tagebauen. Aber auch im Rahmen der hydrogeologischen Erkundung, bei der Infiltration von Wasser in den Untergrund, bei der Grundwasserüberwachung oder der hydraulischen Manipulation von Grundwasserströmungsfeldern werden im hohen Maß groß- und kleinkalibrige Brunnen benötigt. Auf Grund dieser zentralen Stellung im Rahmen der Wassererschließung werden Brunnen in der internationalen Literatur seit vielen Jahren sowohl unter theoretischen als auch praktischen

Gesichtspunkten immer wieder behandelt (THEIS 1934, JACOB & LOHMAN 1952, HANTUSH 1964, SCHESTAKOW 1979, RATHOD & RUSHTON 1984, BEIMS 1992a, 1996).

Viele der dort formulierten Berechnungssätze, Gleichungen und Konstruktionsvorschriften haben ihren festen Platz auch in der modernen, rechnergestützten Brunnenbemessung behalten.

Bei der hydraulischen Berechnung von Vertikalfilterbrunnen liegt der Schwerpunkt auf den analytischen Lösungen. Obwohl die analytischen Lösungsverfahren eine weitgehende Schematisierung bis zur Erlangung des lösbaren mathematischen Modells des Strömungssystems voraussetzen, besitzen sie Vorteile, die kein anderes Verfahren erreicht. So lassen sich analytische Verfahren schnell handhaben und liefern in kürzester Zeit Ergebnisse, ohne daß aufwendige technische Hilfsmittel notwendig sind. Darüber hinaus läßt sich der Einfluß aller Eingangsparameter auf das Berechnungsergebnis aus der Berechnungsformel unmittelbar ableiten, während diese Aussagen bei numerischen Lösungsverfahren erst nach mehreren Untersuchungsvarianten erreicht werden können. In der notwendigen Schematisierung der realen Strömungsverhältnisse in ein analytisch lösbares Strömungssystem liegen die Hauptfehlerquellen der analytischen Lösungsverfahren.

Der Einsatz dieser Verfahren erfordert deshalb einen hohen Grad an Prozeßkenntnis und Abstraktionsvermögen, um möglichst gut einschätzen zu können, wie sich konkrete Annahmen, Vereinfachungen und Idealisierungen auf das spätere Untersuchungsergebnis auswirken.

Auch hier ist es so, daß Namen von Autoren unmittelbar mit der analytischen Lösung und dem dazu notwendigen Idealisierungsgrad der natürlichen Strömungsverhältnisse verbunden sind. So werden dem Leser von Fachliteratur immer wieder Namen wie DUPUIT, THIEM, SICHARDT, FORCHHEIMER, THEIS, JACOB, HANTUSH, BOULTON, PAPADOPULOS, COOPER oder NEUMAN begegnen.

Beispielsweise werden für die exakte Anwendung des THEIS-Verfahrens als wichtige Voraussetzungen für den Grundwasserleiter

- theoretisch unendlich ausgedehnter Grundwasserleiter,
- Grundwasserleiter ist homogen, isotrop und von gleichbleibender Mächtigkeit,
- gespannte und horizontale Anordnung,
- Vollkommenheit des Brunnens,
- horizontale Anströmung,
- konstante Fördermenge und
- theoretisch unendlich kleiner Brunnendurchmesser

angenommen.

In vielen Fachbüchern werden diese Voraussetzungen gar nicht mehr einzeln aufgezählt und erläutert, sondern nur noch der Begriff »unter THEIS-Bedingungen« verwendet.

2.2.5.1 Stationäre Brunnenanströmung

Die Berechnung der stationären Brunnenanströmung für einen Einzelbrunnen wird häufig als die klassische DUPUIT-THIEM'sche Brunnenformel bezeichnet. Bei deren Ableitung muß zwischen gespannten und freien Strömungsverhältnissen unterschieden werden. Für die in Abb. 2.17 dargestellten freien Strömungsverhältnisse gilt für einen zylindrischen Ringraum als Kontinuitätsgesetz

(2.38) $$Q = v_f \cdot A$$

Mit der Filtergeschwindigkeit nach der DARCY-Gleichung

(2.39) $$v_f = k_f \frac{dy}{dx}$$

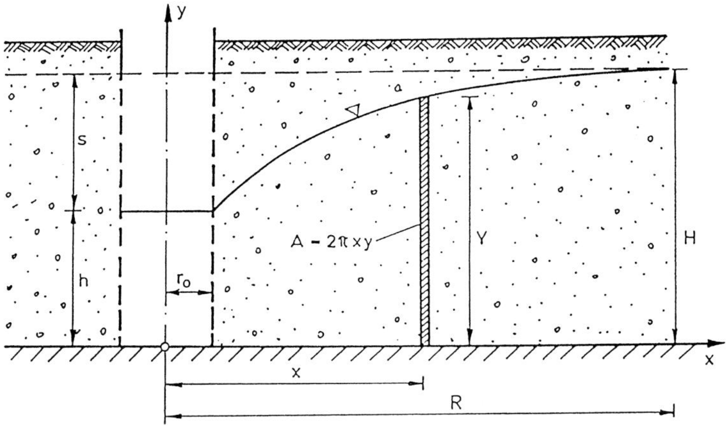

Abb. 2.17. Brunnenanströmung bei freien Strömungsverhältnissen.

und der Mantelfläche A bei Ansatz der DUPUIT-Annahme

(2.40) $$A = 2 \cdot \pi \cdot x \cdot y$$

erhält man

(2.41) $$Q = 2 \cdot \pi \cdot k_f \cdot x \cdot y \frac{dy}{dx}$$

$$y \cdot dy = \frac{Q}{2 \cdot \pi \cdot k_f} \cdot \frac{1}{x} dx$$

Nach der Integration ergibt sich daraus

(2.42) $$\frac{1}{2} y^2 = \frac{Q}{2 \cdot \pi \cdot k_f} \ln x + C$$

und mit den Integrationskonstanten

$y = h$ bei $x = 0$ und
$y = H$ bei $x = R$

erhält man

(2.43) $$H^2 - h^2 = \frac{Q}{\pi \cdot k_f} (\ln R - \ln r_0)$$

bzw.

(2.44) $$Q = \pi \cdot k_f \frac{H^2 - h^2}{\ln R - \ln r_0}$$

Allgemein geschrieben lautet die Gleichung:

(2.45) $$Q = \pi \cdot k_f \frac{{h_2}^2 - {h_1}^2}{\ln r_2 - \ln r_1}$$

Für die in Abb. 2.18 dargestellten gespannten Strömungsverhältnisse ergibt sich nach dem gleichen Prinzip:

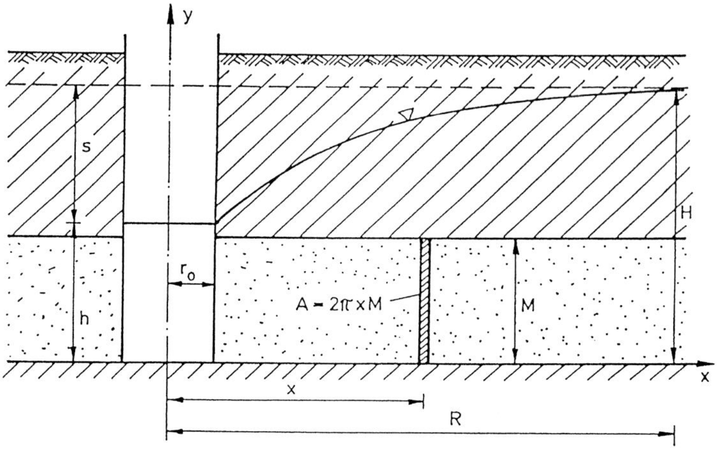

Abb. 2.18. Brunnenanströmung bei gespannten Strömungsverhältnissen.

(2.46) $$Q = 2 \cdot \pi \cdot k_f \cdot M \frac{H - h}{\ln R - \ln r_0}$$

bzw.

(2.47) $$Q = 2 \cdot \pi \cdot k_f \cdot M \frac{h_2 - h_1}{\ln r_2 - \ln r_1}$$

Die beiden Gleichungen für gespannte und freie Strömungsverhältnisse erhält man auch, wenn man die auf der Grundlage des GIRINSKIJ-Potentials abgeleitete Brunnenformel benutzt.

(2.48) $$\Phi_2 - \Phi_1 = \frac{Q}{2 \cdot \pi \cdot k_f} (\ln r_2 - \ln r_1)$$

gespannt: $$\Phi = M \cdot h - \frac{M^2}{2}$$

frei: $$\Phi = \frac{h^2}{2}$$

Das läßt sich auch als Beweis dafür verwenden, daß alle Lösungen, die mit Hilfe der im Abschnitt 2.2.3.2 beschriebenen DUPUIT-Annahmen erzielt und deshalb häufig angezweifelt werden, für die Bestimmung von Q theoretisch exakt sind.

Für die Ableitung des mathematischen Modells der horizontal-ebenen Grundwasserströmung ist vor allem die dritte Annahme (die horizontale Geschwindigkeit ist dem Gefälle der freien Oberfläche entsprechend der DARCY-Gleichung proportional) von Bedeutung, mit deren Hilfe sich die DARCY-Gleichung auf folgende Form bringen läßt:

(2.49) $$q = -T \operatorname{grad} h$$

Darin bezeichnet h nunmehr die Lage der repräsentativen Standrohrspiegelhöhe.

Reichweite R

Während bei der Ableitung der DUPUIT-THIEM'schen Brunnenformeln die innere Randbedingung an der Stelle r_0 klar ist, stellt der Wert R, der als Reichweite bezeichnet wird, eine in der Literatur viel diskutierte und umstrittene Größe dar. Als Reichweite R wird die Entfernung von einem Brunnen oder einer Brunnengruppe bezeichnet, wo deren Einfluß auf den Grundwasserstand praktisch nicht mehr nachweisbar ist. Die näherungsweise Bestimmung dieser nicht klar zu definierenden Größe wurde mit Hilfe der Gleichungen 1.27 und 1.28 von SICHARDT und KUSAKIN in Abschnitt 1.2.3.2.3 vorgestellt.

Sickerstrecke S_i

Bei der Erläuterung der DUPUIT-Annahmen wurde bereits darauf hingewiesen, daß die reale freie Oberfläche über der DUPUIT-Oberfläche liegt. Unmittelbar am Brunnenrand wird diese Differenzgröße, die in Abb. 2.19 dargestellt ist, als Sickerstrecke S_i bezeichnet. Sie ist keine Größe der Potentialtheorie und wird nicht durch den Widerstand des Brunnenfilters hervorgerufen.

Eine Sickerstrecke tritt bei jeder Grundwasserströmung mit freier Oberfläche auf, wenn der k_f-Wert in Strömungsrichtung sprunghaft ansteigt, wie es beim Übergang vom Grundwasserleiter zum Filterkies eines Brunnens gegeben ist. In HERTH & ARNDTS (1985) sind beispielsweise acht verschiedene Sickerstreckenformeln angegeben, die zum Teil sehr unterschiedliche Ergebnisse liefern und an bestimmte Strömungsverhältnisse gebunden sind.

(2.50) $$S_i = \frac{1}{2\,(H - h')}$$ nach BOULTON

(2.51) $$S_i = \frac{1}{2}\,\frac{(H - h')^2}{H}$$ nach EHRENBERGER

(2.52) $$S_i = \sqrt{\left(0{,}73 \lg \frac{\sqrt{Q/k_f}}{r_0} - 0{,}51\right)\frac{Q}{k_f} + h'^2} - h'$$ nach CARNYI

(2.53) $$S_i = (H - h')\cdot e^{-\frac{a}{\pi}}, \text{ mit } a = \frac{\sqrt{k_f}}{15}\cdot\frac{2\,r_0\,\pi\,h'}{Q}$$ nach JUHASZ

(2.54) $$S_i = \frac{\left[1 - \left(\frac{h'}{H}\right)^{2.4}\right](H - h')}{\left(1 + 0.02 \lg \frac{R}{r_0}\right) + \left(1 + \frac{5r}{H}\right)}$$ nach HALL

(2.55) $$S_i = 0{,}228\,\sqrt[3]{\frac{H}{r_0}}\cdot\left(\frac{H - h'}{H}\right)^2$$ nach ÖLLÖS

(2.56) $$S_i = \sqrt{\left(0{,}73 \lg \frac{\sqrt{Q/k_f}}{r_0} - 0{,}51\right)\frac{Q}{k_f} + h'^2} - h'$$ nach SCHESTAKOW

(2.57) $$S_i = \frac{s}{\eta \cdot \ln \frac{R}{r_0}} \cdot \left(1 - \frac{h'}{H}\right)^{1/2}$$ nach TROFIMENKOW

mit $h' = h\,(r_0)$; η = Bestimmung aus Diagramm.

Eine universell anwendbare Formel (Gl. 2.56) stammt von SCHESTAKOW (LUCKNER & SCHESTAKOW 1975).

Nach dieser Gleichung ergibt sich beispielsweise für einen typischen Vertikalfilterbrunnen im Dresdner Elbtal mit $h\,(r_0) = 10$ m, $Q = 0{,}015$ m³/s, $k_f = 8 \cdot 10^{-4}$ m/s und $r_0 = 0{,}4$ m, $S_i = 0{,}23$ m.

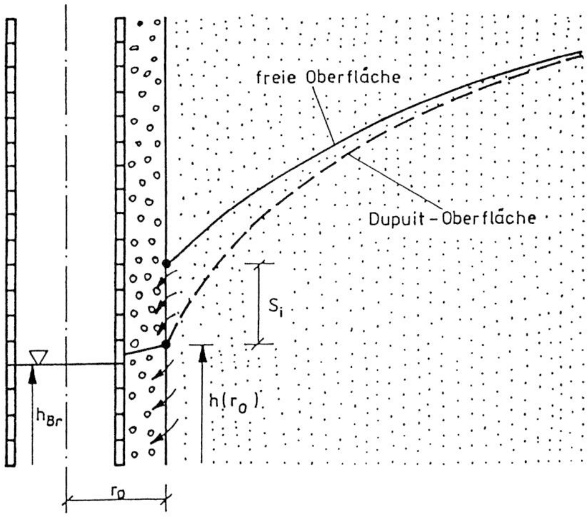

Abb. 2.19. Darstellung der Sickerstrecke S_i.

Der praktische Wert all dieser Sickerstreckenformeln ist jedoch zweifelhaft, da die Sickerstrecke, wie das Beispiel zeigt, in vielen Fällen keine bedeutende Größe darstellt und des weiteren

- keinen Eingang in die Berechnung von Q findet,
- Abweichungen der Lage der freien Oberfläche bei der Berücksichtigung falscher S_i-Werte schon in geringer Entfernung vom Brunnen bedeutungslos werden,
- die freie Oberfläche tangential in die Sickerstrecke einmündet, so daß der Berechnungspunkt, insbesondere bei kleinen k_f-Werten, durch Kapillareffekte beeinflußt wird und
- ihre Größe stark von der Anisotropie des Grundwasserleiters abhängt, die in keiner bisher bekannten Sickerstreckenformel Berücksichtigung findet.

2.2.5.2 Nichtstationäre Brunnenanströmung

Bei der nichtstationären Brunnenanströmung werden ebenfalls wieder die beschriebenen Voraussetzungen zugrunde gelegt:

- theoretisch unendlich ausgedehnter Grundwasserleiter,
- Grundwasserleiter ist homogen, isotrop und von gleichbleibender Mächtigkeit,
- gespannte und horizontale Anordnung,
- Vollkommenheit des Brunnens,
- horizontale Anströmung,

– konstante Fördermenge,
– theoretisch unendlich kleiner Brunnendurchmesser.

Für diese Verhältnisse lautet die prozeßbeschreibende Differentialgleichung:

$$\frac{\delta^2 Z}{\delta r^2} + \frac{1}{r}\frac{\delta Z}{\delta r} = \frac{S}{T}\frac{\delta Z}{\delta t} \tag{2.58}$$

Dabei ist Z die Differenz des GIRINSKIJ-Potentials $Z = \Phi_n - \Phi$, die als Rechengröße benutzt wird, um gespannte und freie Strömungsverhältnisse mit dem gleichen Formelausdruck beschreiben zu können.

Das einfache, aber prinzipiell wichtige Randbedingungsschema sieht folgendermaßen aus:

a) Für $r \rightarrow \infty$ geht $Z \rightarrow 0$, d. h. das Strömungsfeld ist nach außen unbegrenzt.
b) Im Koordinatenursprung ($r = 0$) wirkt eine Senke der Intensität Q, d. h. ein Brunnen mit vernachlässigbar kleinem Bohrdurchmesser.

Die Lösung dieser Randwertaufgabe unter der Anfangsbedingung $Z(r, 0) = 0$ war aus der Theorie der Wärmeleitung bekannt. THEIS (1935) erkannte die Bedeutung dieser Lösung für die Geohydraulik und machte sie allgemein bekannt. Mit den in der Brunnenhydraulik üblichen Bezeichnungen lautet die THEIS-Gleichung:

$$Z(r, t) = \frac{Q}{4 \cdot \pi \cdot k_f} W(u) \tag{2.59}$$

mit $u = \dfrac{r^2 S}{4 \cdot T \cdot t}$

Die THEIS-Brunnenfunktion W (u) ist folgendermaßen definiert:

$$W(u) = \int_u^\infty \frac{e^{-u}}{u} du \tag{2.60}$$

und in Tabelle 2.4 wertemäßig dargestellt.

Nach Interpretation der Potentialdifferenz Z für gespannte Strömungsverhältnisse

$$Z = \frac{M^2}{2} - M \cdot h_n - \left(\frac{M^2}{2} - M \cdot h\right) \tag{2.61}$$

ergibt sich als Gleichung zur Berechnung von s:

$$s = \frac{Q}{4 \cdot \pi \cdot T} W(u) \tag{2.62}$$

Nach Interpretation der Potentialdifferenz Z für freie Strömungsverhältnisse

$$Z = \frac{h_n^2}{2} - \frac{h^2}{2} \tag{2.63}$$

ergibt sich als Gleichung zur Berechnung von s:

$$s = h_n - \sqrt{h_n^2 - \frac{Q}{2 \cdot \pi \cdot k_f} W(u)} \tag{2.64}$$

Für die praktische Anwendung von eminenter Bedeutung ist die Näherungslösung von JACOB (1940), nach der sich die Brunnenfunktion W (u) durch eine Reihenentwicklung darstellen läßt.

Tabelle 2.4. Wertetabelle der Brunnenfunktion W = W (u).

u	1,0	2,0	3,0	4,0	5,0	6,0	7,0	8,0	9,0
· 10	0,219	0,0049	0,0013	3,8 (-3)	1,1 (-3)	3,6 (-4)	1,2 (-4)	3,8 (-5)	1,2 (-5)
· 10 (-1)	1,82	1,22	0,91	0,70	0,56	0,45	0,37	0,31	0,26
· 10 (-2)	4,04	3,35	2,96	2,68	2,47	2,30	2,15	2,03	1,92
· 10 (-3)	6,33	5,64	5,23	4,95	4,73	4,54	4,39	4,26	4,14
· 10 (-4)	8,63	7,94	7,53	7,25	7,02	6,84	6,69	6,55	6,44
· 10 (-5)	10,94	10,24	9,84	9,55	9,33	9,14	8,99	8,86	8,74
· 10 (-6)	13,24	12,55	12,14	11,85	11,63	11,45	11,29	11,16	11,04
· 10 (-7)	15,54	14,85	14,44	14,15	13,93	13,75	13,60	13,46	13,34
· 10 (-8)	17,84	17,15	16,74	16,46	16,23	16,05	15,90	15,76	15,65
· 10 (-9)	20,15	19,45	19,05	18,76	18,54	18,35	18,20	18,07	17,95
· 10 (-10)	22,45	21,76	21,35	21,06	20,84	20,66	20,50	20,37	20,25
· 10 (-11)	24,75	24,06	23,64	23,36	23,14	22,96	22,81	22,67	22,55
· 10 (-12)	27,05	26,36	25,96	25,67	25,44	25,26	25,11	24,97	24,86
· 10 (-13)	29,36	28,66	28,26	27,97	27,75	27,56	27,41	27,28	27,16
· 10 (-14)	31,66	30,97	30,56	30,27	30,05	29,87	29,71	29,58	29,46
· 10 (-15)	33,96	33,27	32,86	32,58	32,35	32,17	32,02	31,88	31,76
Beispiele: für u = 4,0 → W (u) = 3,8 (-3); für u = 3,0 (-8) → W (u) = 16,74									

(2.65) $$W(u) = -\ln(1{,}781\,u) + u - \frac{u^2}{2 \cdot 2!} + \frac{u^3}{3 \cdot 3!} -$$

Für kleinere Werte von u ergibt sich daraus die Approximation:

(2.66) $$W(u) = \ln \frac{2{,}25 \cdot T \cdot t}{r^2 \cdot S}$$

mit folgenden Fehlergrenzen:

$\varepsilon < 5\%$ für $t > 2{,}3\ S/T\ r^2$
$\varepsilon < 2\%$ für $t > 5\ \ S/T\ r^2$
$\varepsilon < 1\%$ für $t > 8{,}3\ S/T\ r^2$

Aus den beschriebenen Gleichungen leitet sich noch nicht deren große Bedeutung für die praktische Grundwasserhydraulik ab. Diese resultiert aus den möglichen Erweiterungen der Grundlösungen durch

- zeitliche und örtliche Superposition,
- Erfassung von Randbedingungen,
- Berücksichtigung von hydraulischen Zusatzlängen und
- Erfassung der Unvollkommenheit von Brunnen.

Darauf wird ausführlich im Abschnitt 2.4.1.1 eingegangen.

2.3 Parameterermittlung

Für die Berechnung geohydraulischer Strömungsprozesse stehen eine sehr große Zahl von Berechnungsverfahren und eine darauf aufbauende große Menge von Rechenprogrammen zur Verfügung. Die Spannweite liegt zwischen eindimensionalen analytischen und dreidimensionalen numerischen Verfahren, so daß theoretisch alle anstehenden Aufgaben lösbar sind.

Bei der Lösung praktischer Aufgaben treten jedoch immer wieder gravierende Probleme auf, die ihre Ursache im Widerspruch zwischen der hochentwickelten Simulationstechnik und den nur ungenügend zur Verfügung stehenden Parametern haben. In den letzten Jahren wurden hier insbesondere Arbeiten geleistet bei

- der Planung, Durchführung und Auswertung von Pumpversuchen,
- der laborativen Ermittlung von Migrationsparametern,
- der Automatisierung bodenphysikalischer Untersuchungen,
- der Methodik zur Durchführung und Auswertung von Migrationspumpversuchen,
- der Erfassung des Phänomens Dispersion,
- der Ermittlung von Repräsentativwerten und
- der Bestimmung von Parametern der Wasser-ungesättigten Zone.

Dennoch gibt es eine gravierende Diskrepanz zwischen Simulation und Parameterbereitstellung.

Hauptursachen dafür sind:
- Die Planung und Vorbereitung von Feldtests ist ungenügend, da kaum methodische Grundlagen und technische Hilfsmittel, z. B. in Form von Tabellen, Graphiken und Rechenprogrammen existieren.
- Bei der Auswertung von Feldtests wird immer wieder auf einfache Auswerteschemata zurückgegriffen, da komplizierte Verfahren entweder zu wenig bekannt, methodisch nicht genügend aufbereitet oder zu wenig anwenderfreundlich sind.
- Die sich aus der Wechselwirkung von Parameterbereitstellung und Simulation ergebende Bedeutung von Zuverlässigkeit, Repräsentanz und Sensitivität wird bei der Planung, Durchführung und Auswertung von Feldtests kaum beachtet.

Nachfolgend sollen deshalb moderne Verfahren zur Ermittlung von geohydraulischen Parametern aus Labor- und Feldversuchen dargestellt werden.

Dabei geht es immer wieder um Fragen einer aufgabenadäquaten Verfahrensauswahl, der fachgerechten Ermittlung der Parameter sowie deren Zuverlässigkeit und Repräsentanz.

2.3.1 Grundlagen der Parameterermittlung

Labor- und Felduntersuchungen sind die beiden Hauptmethoden zur Ermittlung geohydraulischer Parameter. Mit der Schaffung leistungsfähiger bodenphysikalischer Laboratorien, der Weiterentwicklung von Labor- und Feldmeßmethoden sowie einer umfassenden rechnergestützten Planung, Durchführung und Auswertung der Experimente lassen sich beide Methoden auf ein einheitliches Grundkonzept zurückführen (Beims et al. 1982).

Daraus resultiert jedoch auch eine immer größere Verflechtung von Labor- und Feldversuchen im Rahmen des gesamten Erkundungsprozesses.

Die Ermittlung von Prozeßparametern erfolgt stets basierend auf
- einem meßtechnisch erfaßten Prozeß (MEP),
- einem mathematischen Modell, das diesen Prozeß widerspiegelt (MPM), und

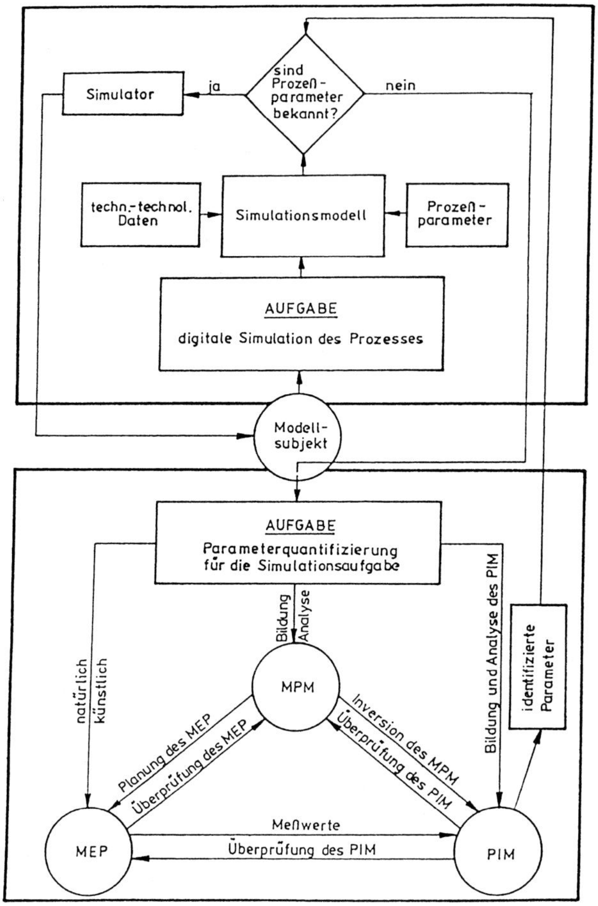

Abb. 2.20. Dreiecksrelation der Parameterermittlung.

– einer zur Parameteridentifikation geeigneten Aufbereitung des mathematischen Modells, dem Parameteridentifikationsmodell (PIM).

Losgelöst von dieser Dreiecksrelation, auf die der Mensch als Modellsubjekt (MS) von einer übergeordneten hierarchischen Ebene aus auf alle drei miteinander verkoppelten Elemente unmittelbar Einfluß nimmt, ist eine Parameteridentifikation nicht sinnvoll.

Gleichzeitig besteht auch ein unmittelbarer Zusammenhang zwischen der Parameteridentifikation und der daran anschließenden geohydraulischen Simulation. Es gibt keine Parameteridentifikation »an sich«, sondern sie muß in Aufwand, Umfang und Genauigkeit mit dem Simulationsmodell übereinstimmen. Abb. 2.20 verdeutlicht den Zusammenhang aller Teilprozesse. Dabei ist der Mensch als Bindeglied zwischen den beiden Blöcken »Simulation« und »Parameterermittlung« besonders hervorgehoben.

Der meßtechnisch zu erfassende Prozeß wird entweder
– künstlich im Labor oder Feld zum Zweck der Parameteridentifikation vom »Modellsubjekt« realisiert, oder
– er findet ohnehin statt und wird lediglich für die Parameteridentifikation mit genutzt.

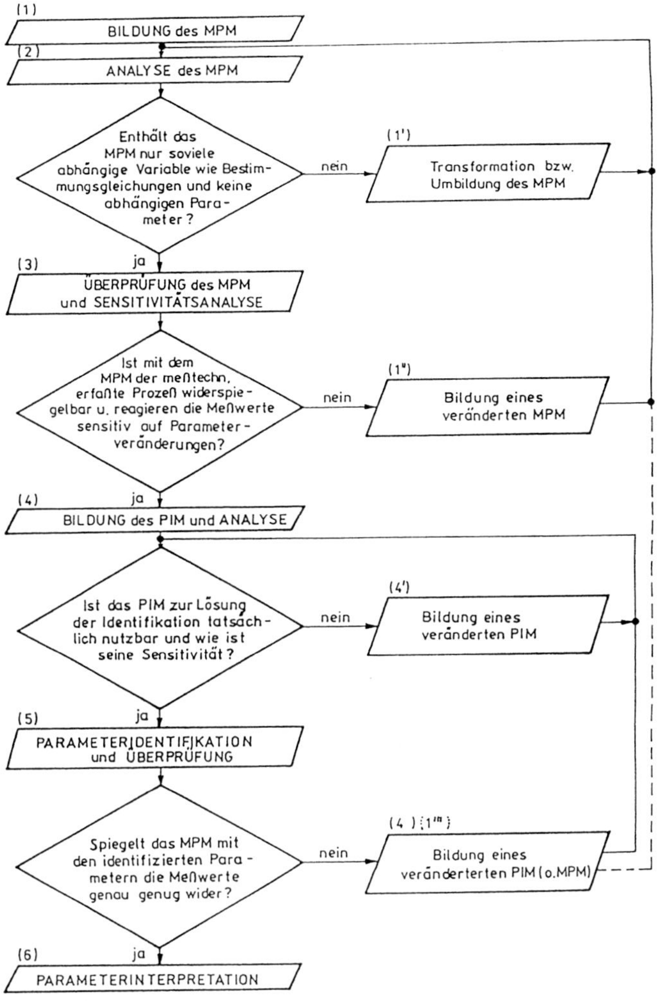

Abb. 2.21. Ablauf der Parameteridentifikation.

Voraussetzungen für eine sinnvolle Parameteridentifikation sind stets

- eine zuverlässige Prozeßmeßtechnik, die eine ausreichend genaue Erfassung der Prozeßzustandsgrößen erlaubt, die zum einen sensitiv auf die Größe der gesuchten Parameter reagieren und zum anderen die unabhängigen Variablen des mathematischen Prozeßmodells sind bzw. Eingang in das Parameteridentifikationsmodell gefunden haben und
- ausreichende theoretische Prozeßkenntnisse, die eine genügend genaue mathematische Prozeßbeschreibung ermöglichen und die es gestatten, den Prozeß so zu gestalten, daß seine mathematische Widerspiegelung so einfach wie möglich ist.

Die erforderlichen Arbeitsschritte bei der Parameteridentifikation lassen sich durch den in Abb. 2.21 dargestellten Ablaufplan angeben und sollen am Beispiel einer Pumpversuchsauswertung in einem zweischichtigen Grundwasserleiter erläutert werden.

Bildung des MPM (1)

Für das in Abb. 2.22 dargestellte Pumpversuchsschema ergibt sich ein MPM nach Gl. (2.67) (BOULTON 1963):

$$T\left[\frac{\delta^2 s}{\delta r^2}+\frac{1}{r}\cdot\frac{\delta s}{\delta r}\right]-\frac{k_{ov}}{m_0}(s-s_0)=S\frac{\delta s}{\delta t} \qquad (2.67)$$

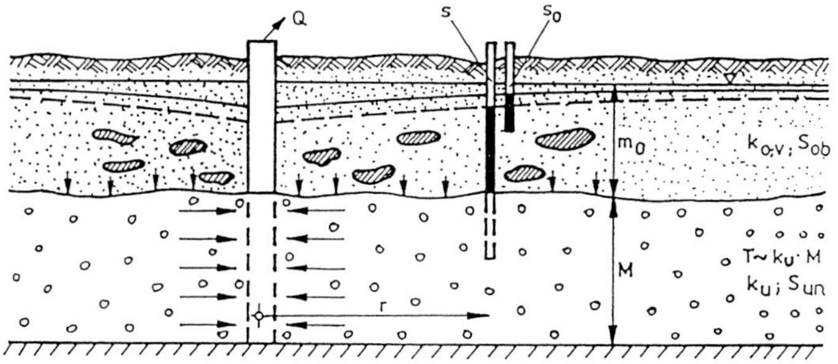

Abb. 2.22. Modell eines zweischichtigen Grundwasserleiters.

Analyse des MPM (2)

Das MPM nach Gl. (2.67) enthält als unabhängige Parameter T, k_{ov}/m_0 und S, als abhängige Variable die Absenkung s und als unabhängige Variable die Entfernung r und die Zeit t. Bei der Zahl der unabhängigen Parameter ist zu beachten, daß S je nach Absenkungsphase sowohl den elastischen Speicherkoeffizienten S_{un} als auch den Gravitationsspeicherkoeffizienten S_{ob} charakterisiert.

Überprüfung des MPM und Sensitivitätsanalyse (3)

Das Wesen der Überprüfung des MPM besteht darin, zu analysieren, ob und unter welchen Bedingungen das MPM und dessen Lösung die Ergebnisse aus entsprechenden Pumpversuchen hinreichend genau widerspiegeln. Das impliziert zugleich das Problem der Sensitivität der Parameter auf die abhängigen Variablen bzw. der abhängigen Variablen auf die Parameter. Ausreichende Sensitivität ist im allgemeinen für jeden der Parameter nur in einem bestimmten Bereich der unabhängigen Variablen, d. h. in einem bestimmten Orts- und Zeitbereich, gegeben.

Hieraus folgt wiederum, daß die Parameteridentifikation auch nur in den entsprechenden Sensivitätsbereichen durchführbar ist. Für das in Abb. 2.22 dargestellte Pumpversuchsschema ist der zeitliche Absenkungsverlauf durch die in Abb. 2.23 angegebenen drei Absenkungsphasen charakterisierbar.

- Phase 1 – elastisches Regime.
  Mit Beginn des Pumpversuches erfolgt im unteren Grundwasserleiter in Abhängigkeit vom elastischen Speicherkoeffizienten eine Druckentlastung ($S = S_{un}$). Die dadurch eintretende Absenkung spiegelt nur die Verhältnisse dieses Grundwasserleiters wider.
- Phase 2 – scheinbar stationäres Regime.
  Durch die auf den oberen Grundwasserleiter wirkende Druckentlastung beginnt die verzögerte systematische Entwässerung dieses Grundwasserleiters und damit eine flächenhafte Speisung des unteren Grundwasserleiters. Diese Speisung bewirkt das harmonische Abweichen der Funktion $s = f(\lg t)$ nach oben.

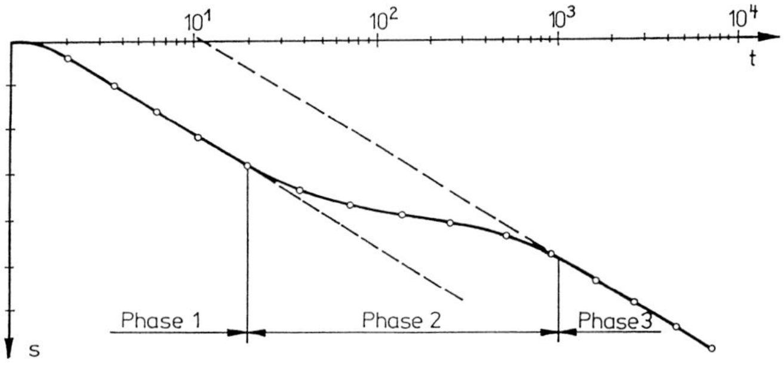

Abb. 2.23. Schematischer Absenkungsverlauf bei einem zweischichtigen Grundwasserleiter.

– Phase 3 – Gravitationsregime.
In dieser Phase erfolgt der zeitliche Verlauf der Absenkung so langsam, daß er dem Entwässerungsverhalten des oberen Grundwasserleiters entspricht. Das System reagiert wie ein homogener Grundwasserleiter, bei dem sich beide Speicherkoeffizienten überlagern ($S = S_{un} + S_{ob}$), wobei jedoch $S_{un} << S_{ob}$ ist und somit für praktische Aufgaben $S = S_{ob}$ gilt.

Bildung des PIM und seine Analyse (4)

Als PIM eignet sich das Verfahren der Ausgleichsgeraden. Die Phasen 1 und 3 lassen sich nach dem Modell des einschichtigen Grundwasserleiters auswerten. Die Phase 2 wird durch eine horizontale Gerade ausgeglichen. Theoretisch verläuft die Phase 2 nur horizontal, wenn $S_{ob} : S_{un \to \infty}$ strebt. Für $S_{ob} : S_{un} > 100$ verläuft die Gerade nahezu horizontal und für $10 \leq S_{ob} : S_{un} \leq 100$ sind aus einer horizontalen Ausgleichsgeraden die gesuchten Parameter noch gut interpretierbar.

Parameteridentifikation und Überprüfung (5)

Die eigentliche Parameteridentifikation wird in den Abschnitten 2.3.2 und 2.3.3 ausführlich dargestellt. Zur Kontrolle der dabei ermittelten Parameter ist es beispielsweise günstig, diese in das MPM einzusetzen, die direkte Aufgabe zu lösen und die ermittelten Rechenwerte den Meßwerten tabellarisch oder graphisch gegenüberzustellen.

Abb. 2.24 zeigt dafür ein Beispiel, wo eine relativ gute Übereinstimmung zwischen den Meßwerten und den mit den ermittelten Parametern berechneten Absenkungswerten besteht. Bei vielen praktischen Problemen ist die optimale Anpassung wesentlich schlechter.

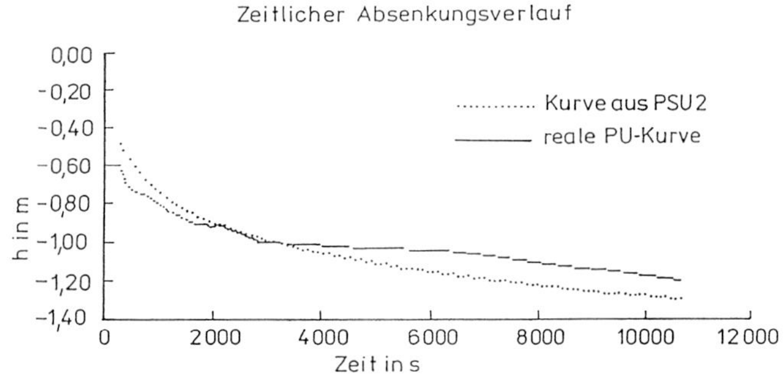

Abb. 2.24. Graphische Parameterüberprüfung.

Parameterinterpretation (6)

Das Ziel der Interpretation der ermittelten Werte besteht im allgemeinen darin, aus den Parametern die mitunter größere Zahl physikalischer Werte des MPM zu interpretieren. Um diese Aufgabe lösen zu können, sind dann weitere Zusatzinformationen oder Approximationen notwendig. So ergibt sich bei der Parameterermittlung auf der Grundlage der Gl. (2.67) der Wert von k_{ov}/m_o als ein einzelner Wert. Die Splittung ist nur dann möglich, wenn eine der Größen, in diesem Fall die Mächtigkeit m_0 der oberen Schicht des Grundwasserleiters, bekannt ist. Unter diesen Bedingungen ist der vertikale $k_{f,v}$-Wert der oberen Schicht k_{ov} wertmäßig angebbar.

2.3.2 Zusammenstellung und Beschreibung der Parameter

Nachfolgend sollen die geohydraulischen Parameter nochmals definiert und erläutert werden, die gleichermaßen bei der Brunnenberechnung, der Pumpversuchsauswertung, der Berechnung von Grundwasserfassungen oder der numerischen Simulation von regionalen Strömungsprozessen benötigt bzw. ermittelt werden. Im Mittelpunkt steht dabei die Schreibweise, wie sie in den mathematischen Modellen genutzt wird (Beims 1996).

Der Durchlässigkeitsbeiwert k_f

Der grundlegende Parameter der Geohydraulik ist der Durchlässigkeitsbeiwert k_f (m/s) als Proportionalitätsfaktor in der Darcy-Gleichung. Er beschreibt die Durchlässigkeit eines porösen Mediums für Wasser bei einer definierten Temperatur von 10 °C und Wassersättigung.

(2.2) $$v_f = -k_f \text{ grad } h$$

Oftmals bestehen Unterschiede bei den Durchlässigkeitsbeiwerten in horizontaler ($k_{f,h}$) und vertikaler ($k_{f,v}$) Richtung. Diese Erscheinung wird als Anisotropie A_n, definiert durch $A_n = k_{fgh}/k_{fgv}$ bezeichnet. Eine Ursache dafür ist beispielsweise die Kornform und das Vorhandensein einer feinkörnigen Mikroschichtung sowie die Lagerungsdichte der Körner.

Der Durchlässigkeitsbeiwert k_f kann auf verschiedene Weise bestimmt werden. Die gebräuchlichsten Methoden sind die Auswertungen von Siebanalysen nach Beyer (1964) und Hazen (1895), der Darcy-Versuch an gestörten und ungestörten Bodenproben im Labor sowie Bohrlochtests, Verdünnungsverfahren und Pumpversuche als Feldmethoden (Abschnitt 1.2.3.3).

Die Transmissivität

Die Transmissivität T (m^2/s) beschreibt die Durchlässigkeit eines Profils, erfaßt also die Durchlässigkeit im Zusammenhang mit der Mächtigkeit des Grundwasserleiters. Für gespannte Strömungsverhältnisse ergibt sich die Transmissivität zu

(1.25) $$T = k_f \cdot M$$

Handelt es sich um einen Grundwasserleiter, der aus mehreren unterschiedlich durchlässigen Schichten besteht, gilt

(2.68) $$T = \sum_{i}^{N} k_{f,i} \cdot M_i$$

Bei freien Strömungsverhältnissen ist die Transmissivität aufgrund der sich ändernden durchflossenen Mächtigkeit eine Funktion des Ortes und der Zeit. Bei vielen geohydraulischen Berechnungen ist es daher erforderlich, einen örtlichen und zeitlichen Mittelwert zu bestimmen (siehe Abb. 2.25).

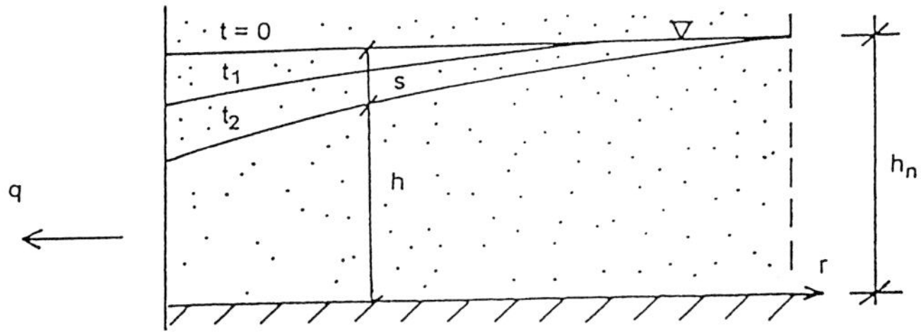

Abb. 2.25. Schema zur Zeit- und Ortsabhängigkeit von T.

Gilt für die Absenkung s in einem Strömungsfeld s < 0,25 h_n, dann kann für T näherungsweise

(2.69) $T \approx k_f \cdot h_n$

verwendet werden.

Der Speicherkoeffizient

Der Speicherkoeffizient ist definiert als »das dimensionslose Verhältnis aus dem Volumen an Wasser, das bei einer Änderung der Standrohrspiegelhöhe um 1 m über die Fläche von 1 m^2 des Grundwasserleiters entlassen oder eingespeichert wird, zum Volumenprodukt aus 1 m^2 Fläche und 1 m Standrohrspiegeländerung« (siehe Abb. 1.18).

Der Speicherkoeffizient entspricht bei freien Strömungsverhältnissen dem speichernutzbaren Hohlraumanteil n_{sp}. Für gespannte Strömungsverhältnisse ist der Speicherkoeffizient abhängig von den elastischen Eigenschaften des Wassers und des Korngerüstes.

(2.70) $$S = n \cdot \rho_w \cdot g \cdot M \cdot \left(\beta + \frac{\alpha}{n}\right)$$

n – Hohlraumanteil
ρ_w – Dichte des Wassers ($Mg \cdot m^{-3}$)
g – Erdbeschleunigung ($m \cdot s^{-2}$)
M – Mächtigkeit (m)
β – Kompressibilität des Wassers ($m \cdot s^2 \cdot kg^{-1}$)
α – vertikale Kompressibilität des Korngerüstes ($m \cdot s^2 \cdot kg^{-1}$)

In manchen Rechenprogrammen wird auch der spezifische elastische Speicherkoeffizient S_0 als Eingabewert gefordert. Dieser hängt mit S über die Beziehung (2.71) zusammen.

(2.71) $S = S_0 \cdot M$

Beispiel:

$n = 0{,}35$
$M = 50$ (m)
$\beta = 4{,}79 \cdot 10^{-10}$ ($m \cdot s^2 \cdot kg^{-1}$) (10 °C)
$\alpha = 1{,}36 \cdot 10^{-9}$ ($m \cdot s^2 \cdot kg^{-1}$) (Sand, Kies)
$\rho = 1.000$ ($kg \cdot m^{-3}$)
$g = 9{,}81$ ($m \cdot s^{-2}$)
$S = 0{,}35 \cdot 1.000 \cdot 9{,}81 \cdot 50 \cdot (4{,}79 \cdot 10^{-10} + (1{,}36 \cdot 10^{-9}/0{,}35))$
$S = 7{,}5 \cdot 10^{-4}$
$S_0 = 7{,}5 \cdot 10^{-4}/50 = 1{,}5 \cdot 10^{-5}$ (m^{-1})

Hohlraumanteile

Wichtig für die Berechnung der Strömungsvorgänge ist die Wahl des für die Berechnung maßgebenden Hohlraumanteils. Die wesentlichen Hohlraumanteile sind der speichernutzbare und der durchflußwirksame Hohlraumanteil. Beim speichernutzbaren Hohlraumanteil n_{sp} kann zwischen dem entwässerbaren Hohlraumanteil n_e und dem wiederauffüllbaren Hohlraumanteil n_a unterschieden werden (vgl. Abschnitt 1.2.3.1)..

Hohlraumanteil n

Der Hohlraumanteil n eines Grundwasserleiters ergibt sich allgemein aus dem Verhältnis von Hohlraumvolumen V_h und Gesamtvolumen V_g.

(1.1) $$n = \frac{V_h}{V_g}$$

Zur überschläglichen Berechnung des Hohlraumanteils kann Gl. (2.72) genutzt werden:

(2.72) $$n = 0{,}21 \cdot \left(1 + \frac{1}{U^{2/3}}\right),$$

mit dem Ungleichförmigkeitsgrad des Bodenmaterials U.

Entwässerbarer Hohlraumanteil n_e

Der entwässerbare Hohlraumanteil n_e als eine erste Form des speichernutzbaren Hohlraumanteils n_{sp} ist die Differenz des Hohlraumanteils n und des Wasserhaltewertes n_r, der sehr stark vom bindigen bzw. nichtbindigen Charakter des Grundwasserleiters abhängig ist.

Zur Berechnung des entwässerbaren Hohlraumanteils ist folgende Überschlagsformel anwendbar:

(2.73) $$n_e = 0{,}40 + 0{,}05 \cdot \lg k_f$$

In Tabelle 2.5 sind Anhaltswerte für n und n_e bei verschiedenen Böden angegeben und in Abb. 2.26 wird der relative entwässerbare Hohlraumanteil n_e/n als Funktion des Durchlässigkeitsbeiwertes k_f graphisch dargestellt.

Tabelle 2.5. Anhaltswerte für k_f, n und n_e bei verschiedenen Böden.

Erdstoffart	Durchlässigkeitsbeiwert k_f in m/s	Hohlraumanteil n	entwässerbarer Hohlraumanteil n_e
Sandiger Kies	$3 \cdot 10^{-3}$ bis $5 \cdot 10^{-4}$	0,25 bis 0,35	0,20 bis 0,25
Kiesiger Sand	$1 \cdot 10^{-3}$ bis $2 \cdot 10^{-4}$	0,28 bis 0,35	0,15 bis 0,20
Mittlerer Sand	$4 \cdot 10^{-4}$ bis $1 \cdot 10^{-4}$	0,30 bis 0,38	0,10 bis 0,15
Schluffiger Sand	$2 \cdot 10^{-4}$ bis $1 \cdot 10^{-5}$	0,33 bis 0,40	0,08 bis 0,12
Sandiger Schluff	$5 \cdot 10^{-5}$ bis $1 \cdot 10^{-6}$	0,35 bis 0,45	0,05 bis 0,10
Toniger Schluff	$5 \cdot 10^{-6}$ bis $1 \cdot 10^{-8}$	0,40 bis 0,55	0,03 bis 0,08
Schluffiger Ton	$\approx 1 \cdot 10^{-8}$	0,45 bis 0,65	0,02 bis 0,05

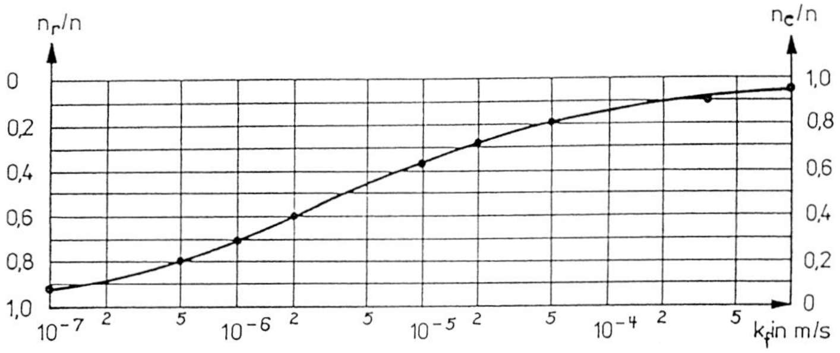

Abb. 2.26. Relativer entwässerbarer Hohlraumanteil n_e/n als Funktion des Durchlässigkeitsbeiwertes k_f.

Wiederauffüllbarer Hohlraumanteil n_a

Der wiederauffüllbare Hohlraumanteil n_a als zweite Form des speichernutzbaren Hohlraumanteils n_{sp} berücksichtigt einen luftgefüllten Hohlraumanteil n_l, der beim Wiederanstieg in einem zuvor abgesenkten Grundwasserleiter den Hohlraum zu einem gewissen Teil blockiert.

(2.74) $$n_a = n - n_r - n_l$$
$$n_l \approx 0{,}01 - 0{,}05$$

Der wiederauffüllbare Hohlraumanteil n_a hat eine große Bedeutung beim Wiederanstieg des Grundwassers oder bei der Bewirtschaftung von Grundwasserressourcen.

Durchflußwirksamer Hohlraumanteil n_f

Der für die horizontale Grundwasserströmung maßgebende durchflußwirksame Hohlraumanteil n_f ist die Differenz zwischen dem Hohlraumanteil n und dem nicht an der Strömung teilnehmenden stagnierenden Anteil n_S.

(2.75) $$n_f = n - n_s$$

Der durchflußwirksame Hohlraumanteil ist für die Strömungsberechnung von großer Bedeutung. Die überschlägliche Bemessung von n_f kann nach folgender Gleichung durchgeführt werden:

(2.76) $$n_f = n \cdot \left(1 - \frac{\sqrt{U}}{12}\right)$$

mit dem Ungleichförmigkeitsgrad des Bodenmaterials U.

Praktisch wird n_f beispielsweise bei der Berechnung von Fließzeiten des Grundwassers zur Ausgrenzung von Trinkwasserschutzzonen oder der Berechnung der Transportzeit von Schadstoffen im Grundwasser verwendet.

Abb. 2.27 zeigt ein auf der Grundlage des durchflußwirksamen Hohlraumanteils ausgegrenztes Trinkwasserschutzgebiet.

Geohydraulische Zeitkonstante a

Die geohydraulische Zeitkonstante a ist definiert als Quotient aus Speicherkoeffizient und Transmissivität:

(2.77) gespannte Strömung: $a = \dfrac{S}{T}$

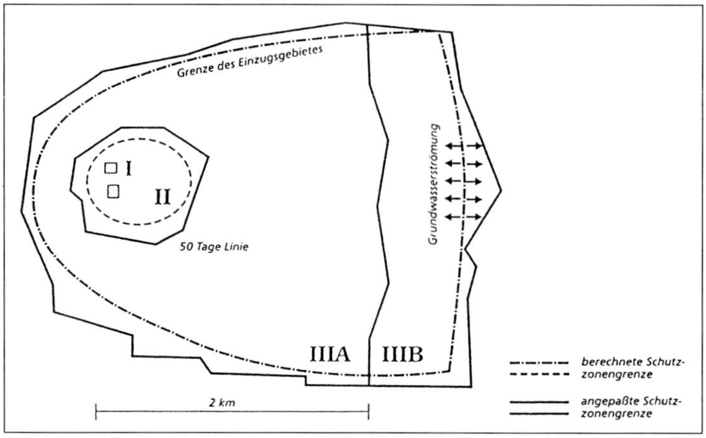

Abb. 2.27. Darstellung eines Trinkwasserschutzgebietes.

(2.78) freie Strömung: $a = \frac{n_e}{T}; a = \frac{n_a}{T}$

Bei freier Strömung gilt auch für a die bezüglich T vorhandene Abhängigkeit von der Zeit t und der Ortskoordinate r.

Speisungsfaktor B

Der Speisungsfaktor B (m) dient der Erfassung der vertikalen Zusickerung aus einer bzw. zwei speisenden Schichten über eine bzw. zwei halbdurchlässige Zwischenschichten. Dabei kann zwischen den in Abb. 2.13 dargestellten Fällen unterschieden werden (HANTUSH 1964).

(2.79 a) $B = \sqrt{(k_f \cdot M \cdot b')/k'_f}$

(2.79 b) $B = \sqrt{[k_f \cdot (h_1 + h_2)\, b']/(2 \cdot k'_f)}$

(2.79 c) $B = \sqrt{(k_f \cdot M \cdot b')/(k'_f + k''_f \cdot b'/b'')}$

Infiltrationswiderstand w

Viele Oberflächengewässer haben eine verdichtete, schwerdurchlässige Sohle, die dem Wasser bei der Infiltration in den Grundwasserleiter einen Widerstand entgegensetzt. Dieser Infiltrationswiderstand w ist definiert als Quotient der Mächtigkeit m' und des Durchlässigkeitsbeiwertes k'_f der kolmatierten Schicht.

(2.80) $w = \frac{m'}{k'_f}$

Der Infiltrationswiderstand w ist bedeutsam bei der Berechnung von Infiltrationsleistungen und von Zusatzlängen für die analytische Strömungsberechnung (Abb. 2.28).

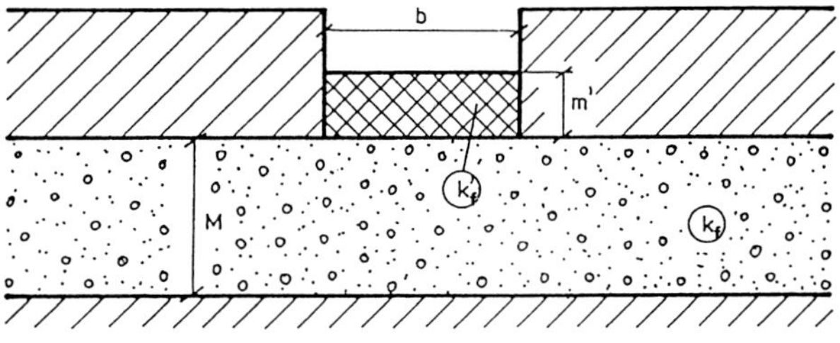

Abb. 2.28. Schematische Darstellung der Kolmation eines Vorfluters.

2.3.3 Laborverfahren

Die Ermittlung von geohydraulischen Parametern im Labor ist eine der beiden Hauptmethoden, die in der Praxis angewandt werden. Dabei werden entweder gestörte oder ungestörte Proben benutzt.

Die Ermittlung von Parametern im Laboratorium ist in der Regel einfacher, schneller und billiger als die Durchführung von Feldtests. Die entscheidenden Nachteile der Laborverfahren sind jedoch,

- daß bei gestörten Bodenproben im Labor niemals die Originalverhältnisse, z. B. bezüglich Kornzusammensetzung, Ablagerungsverhältnisse, Dichte etc., erreicht werden können.
- daß immer punktförmige Untersuchungsergebnisse ermittelt werden, die nur einen Einzelwert der in der Natur von Ort zu Ort variierenden Größen darstellen.

Aus diesem Grunde können Laboruntersuchungen auch nie Feldtests vollständig ersetzen, sondern helfen, deren Umfang zu optimieren, den Plausibilitätsnachweis zu führen und gegebenenfalls ergänzende Parameter zu ermitteln (Langguth & Voigt 1980).

2.3.3.1 Ermittlung von Durchlässigkeitsparametern

Prinzipiell gibt es zwei Möglichkeiten der Ermittlung des Durchlässigkeitsbeiwertes k_f im Labor (Abschnitt 1.2.3.2.3):

Direkte Methode

Ermittlung des k_f-Wertes an vorwiegend ungestört entnommenen Bodenproben im Durchströmungsverfahren mit konstantem und abnehmendem Standrohrspiegelgefälle (Abb. 1.21).

Indirekte Methode

Ermittlung des k_f-Wertes aus Kornverteilungsfunktionen (Gln. 1.43–1.46).

Die indirekte Methode wird insbesondere bei Kiesen und Sanden angewandt, wenn eine ungestörte Bodenprobenahme nicht möglich ist.

2.3.3.2 Ermittlung der Hohlraumanteile

Die Ermittlung der für dynamische Prozesse repräsentativen Hohlraumanteile n, n_e, n_a, n_f ist praktisch nur für ungestörte Bodenproben im Labor sinnvoll. Bei gestörten Bodenproben ist die Struktur des Bodenkörpers so verfälscht, daß seine charakteristischen Eigenschaften zu falschen Parametern führen bzw. die ermittelten Werte nur grobe Näherungen für die realen Parameter sind.

Zur Ermittlung von n im Laboratorium läßt sich Gl. (2.81) nutzen.

(2.81) $$n = 1 - \frac{\rho_{tr}}{\rho_s}$$

Die Reindichte (ρ_S) ist definiert als das Verhältnis von der Trockenmasse (m_o) des Feststoffes zu dem Volumen (V_F) des Feststoffes einer Bodenprobe ($\rho_S = m_S/V_F$).

Für die Ermittlung des Feststoffvolumens einer Bodenprobe werden je nach Hauptbodenart entweder Fluidpyknometer (Schluff und Ton) oder Luftpyknometer (Sande und Kiese) verwendet.

Die Bestimmung der Trockenmasse erfolgt durch Wiegen der Probe, nachdem diese im Trockenschrank bei 105 °C bis zur Massekonstanz getrocknet wurde. Das Volumen der Probe ergibt sich aus dem Rauminhalt des Entnahmezylinders. Für mittlere Lagerungsverhältnisse kann man bei Kenntnis des Ungleichförmigkeitsgrades U aus der Sieblinie für Kiese und Sande die im Abschnitt 2.3.2 aufgeführte Gl. (2.72) zur Bestimmung von n benutzen.

Für hydrodynamische Prozesse ist jedoch nicht der Hohlraumanteil n, sondern der entwässerbare Hohlraumanteil n_e bzw. der wiederauffüllbare Hohlraumanteil n_a von Bedeutung, deren laborative Ermittlung zu den Routineuntersuchungen im Rahmen hydrogeologischer Erkundungsarbeiten gehört. Dabei sind folgende Arbeitsschritte durchzuführen:

- Bestimmung der Trockenmasse m_S;
- Sättigung der Probe;
- Absenken des Wasserspiegels bei Verhinderung von Verdunstung;
- Bestimmung der Feuchtemasse m_f;
- Ermittlung des Hohlraumanteils ($n = V_h/V_g$);
- Ermittlung des Wasserhaltewertes n_r:

(2.82) $$n_r = \frac{m_f - m_s}{\rho_w \cdot V};$$

- Ermittlung von n_e ($n_e = n - n_r$).

Der Unterschied zwischen dem Hohlraumanteil n und dem wiederauffüllbaren Hohlraumanteil n_a hängt insbesondere von der Erdstoffart und der Porengeometrie ab und ist im Labor nach demselben Versuchsmuster wie n_e ermittelbar, nur daß eine entwässerte Probe hier wieder aufgefüllt wird. Versuche haben gezeigt, daß der Wert $n_e - n_a$ bei Sanden und Kiesen zwischen 0,01 und 0,05 liegt.

Für die Bestimmung des durchflußwirksamen Hohlraumanteils n_f wird in Beims et al. (1982) ein Laborverfahren beschrieben, welches auf der Auswertung von Migrationsversuchen an dem untersuchten Probekörper aufbaut und in drei Versuchsschritten durchgeführt wird.

Voraussetzung dafür ist jedoch auch hier, daß der Migrationsprozeß meßtechnisch erfaßbar ist und die Lösung mathematisch so aufbereitet werden kann, daß die gesuchten Parameter bestimmbar sind.

Versuchsschritt I

Die Probe wird mit einem Fluid, dem ein konservativer Tracer zugemischt wird, mit konstanter Geschwindigkeit so lange durchströmt, bis dieser Tracer im durchströmten Porenraum im thermodynamischen Gleichgewicht steht.

Versuchsschritt II

Für eine bestimmte Zeit wird mit der gleichen Geschwindigkeit die Probe mit veränderter Tracerkonzentration durchströmt (z. B. tracerfrei), wobei es zu einem Auswaschen des Tracers aus dem durchströmten Porenraum kommt.

Versuchsschritt III

Nach Erzeugung eines geschlossenen Fluidkreislaufes und der Bestimmung der in der Probe verbliebenen Tracermenge wird der durchflußwirksame Hohlraumanteil n_f ermittelt.

Bei der Durchführung des Versuchsschrittes II muß realisiert werden, daß die Porenwassergeschwindigkeit wesentlich größer als die Austauschgeschwindigkeit zwischen dem durchströmten und nichtdurchströmten Porenraum ist.

2.3.3.3 Fehlerbetrachtungen

Die Repräsentanz der im Labor ermittelten Parameter und damit deren Wert für die Planung von Feldversuchen oder die Simulation realer Strömungsprozesse wird sehr stark durch die Vielfalt der möglichen Verfälschungen bestimmt, denen die Bodenprobe von der Entnahme aus ihrem natürlichen Milieu bis zur Durchführung der Labortests unterworfen ist. Die Techniken und Verfahrensweisen zur Probenahme, -teilung, -konservierung und Wissenssicherung in situ bestimmen den Gesamtfehler ε_S, der zur Beurteilung der Repräsentanz eines laborativ ermittelten bodenphysikalischen Parameters dient, sehr wesentlich. Der Gesamtfehler ε_S setzt sich aus zwei Fehlergruppen, den Analysenfehlern ε_A und den Probenfehlern ε_P zusammen.

(2.83) $$\varepsilon_S = \varepsilon_A + \varepsilon_P$$

mit $$\varepsilon_A = \varepsilon_G + \varepsilon_V$$
$$\varepsilon_P = \varepsilon_E + \varepsilon_T + \varepsilon_K$$

ε_G = Gerätefehler,
ε_V = Verfahrensfehler,
ε_E = Probenahmefehler,
ε_T = Probenteilungsfehler,
ε_K = Probenkonservierungsfehler.

Die Tatsache, daß bei sachgerechter Durchführung die Analysenfehler 1% bis 2% betragen, dagegen die Probenfehler mit 20% und mehr eingeschätzt werden müssen, soll durch Abb. 2.29 verdeutlicht werden.

An einem im Labor hergestellten Boden mit 77% Schluff und 22,5% Sand wurde der Feinkornanteil stufenweise verringert und an den so entstandenen »Bodenproben« k_f-Werte im Durchströmungsverfahren mit jeweils zwei Wiederholungen an zwei Parallelproben bestimmt. Dabei zeigt sich sehr deutlich die starke Veränderung des k_f-Wertes bei geringfügiger Reduzierung des Feinkornanteils. Diese beträgt bei 20%iger Reduzierung bereits eine Zehnerpotenz.

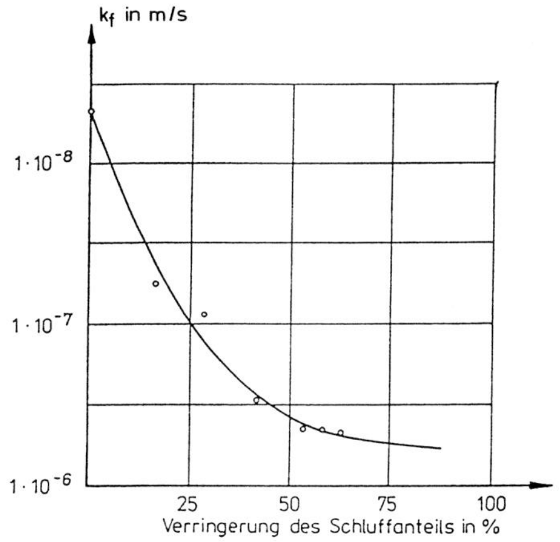

Abb. 2.29. k_f-Wert in Abhängigkeit vom Schluffanteil.

2.3.4 Feldverfahren

2.3.4.1 Pumpversuche

2.3.4.1.1 Pumpversuchsarten und -ziele

Ein Pumpversuch ist ein vergleichsweise aufwendiges, kontrollierbares Feldexperiment, bei dem aus einem oder mehreren Brunnen Grundwasser entnommen wird. Aus den Änderungen der Wasserstände im Brunnen und in den Meßstellen sowie der Beschaffenheit und Temperatur des Grundwassers können geohydraulische, hydrochemische und betriebliche Informationen gewonnen werden. Ziel eines Pumpversuches ist es, die Leistung der (des) Brunnen(s), der wasserleitenden und wasserspeichernden Eigenschaften des Grundwasserleiters und der angrenzenden Gesteine in situ sowie die Beschaffenheit des Grundwassers zu bestimmen (KRUSEMAN & DE RIDDER 1973, BEIMS & QUAST 1974, TIEMER et al. 1974, BEIMS 1977, 1986, GLA BW 1995).

Die nachfolgenden Ausführungen, insbesondere zur Planung und Durchführung von Pumpversuchen, beruhen wesentlich auf der Neufassung des DVGW-Arbeitsblattes W 111 (DVGW 1997a).

Je nach Aufgabenstellung und Durchführung werden folgende Arten von Pumpversuchen unterschieden:

- **Brunnentests** dienen vorwiegend der Gewinnung einer Leistungscharakteristik für den Brunnen. Daneben erlauben sie eine erste Abschätzung von geohydraulischen Parametern sowie der Grundwasserbeschaffenheit. Die Ergebnisse der Brunnentests bilden die Grundlage für die Planung von weiteren Pumpversuchen.
- **Grundwasserleitertests** dienen insbesondere der Ermittlung der wasserleitenden und wasserspeichernden Eigenschaften des Grundwasserleiters und der angrenzenden Gesteine. Sie geben Hinweise zum Aufbau des Grundwasserleiters, zur Hydrochemie und zur Festlegung des Grundwasserleitermodells, wie beispielsweise geohydraulische Randbedingungen oder Stockwerksbildungen. In Kombination mit Tracer-Versuchen lassen sich damit auch Migrationseigenschaften des Grundwassers ermitteln. In Verbindung mit anderen, z. B. geophysikalischen, Bohrlochmessungen können die Testergebnisse weitergehend interpretiert werden.
- **Zwischenpumpversuche** dienen der endgültigen Festlegung der Brunnentiefe und des Brunnenausbaus.
- **Pumpversuche zur Brunnenentwicklung** dienen der Leistungsoptimierung. Damit sollen die

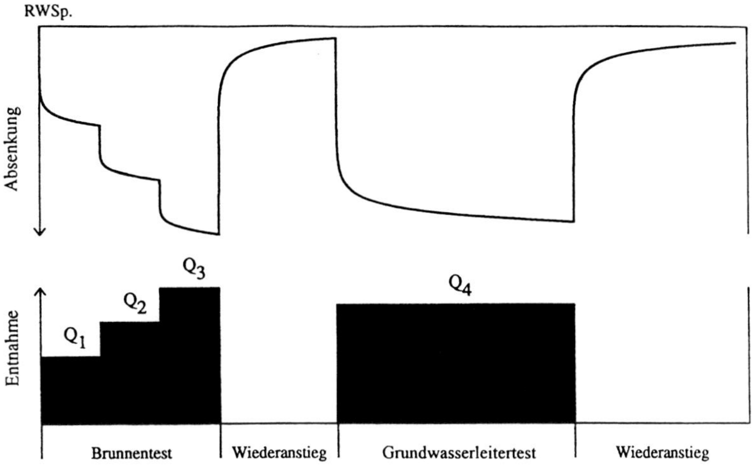

Abb. 2.30. Darstellung eines Pumpversuchsablaufes.

technische Sand-Freiheit und eine Verbesserung der Brunnenhydraulik im brunnennahen Raum erreicht werden.

- **Betriebstests** dienen der Klärung des Anfahrbetriebes, der Pumpenauslegung, der Sandführung und des späteren Brunnenbetriebes.
- **Langzeitpumpversuche** dienen dem Nachweis und der Demonstration der ökologischen Auswirkungen einer Grundwasserentnahme, der Beweissicherung und geben Hinweise auf die Dauerergiebigkeit, die langfristige Grundwasserbeschaffenheit und die Herkunft des Wassers.

Abb. 2.30 zeigt ein Beispiel für einen Brunnentest mit drei Förderstufen und anschließendem Grundwasserleitertest. Die Tests sind durch eine Wiederanstiegsphase zu trennen und können auch einzeln oder in anderen Kombinationen durchgeführt werden.

Die Pumpversuchsziele, wie z. B. Ermittlung von geohydraulischen Parametern, Hinweise zum Aufbau des Grundwasserleiters, Leistungsoptimierung der (des) Brunnen(s), Dauerergiebigkeit und Aussagen zur Grundwasserbeschaffenheit bestimmen die Versuchsart und deren Planung, Durchführung und Auswertung. Nicht alle Pumpversuchsziele lassen sich mit einer einzigen Versuchsart erreichen. Kommen mehrere Versuchsarten zur Anwendung, sind diese auf ihre Durchführbarkeit, auf ihre Reihenfolge und auf ihre Kombinierbarkeit zu prüfen.

In Tabelle 2.6 sind die wesentlichsten Parameter und Ergebnisse dargestellt, die aus den einzelnen Pumpversuchsarten zum Teil in Kombination mit Zusatzuntersuchungen bestimmbar sind.

Ein Pumpversuch setzt sich aus folgenden Arbeitsphasen zusammen:

- **Planung des Pumpversuches**
  Vor Beginn eines Pumpversuches ist ein Versuchsprogramm zu erstellen. Es umfaßt u.a. Förderregime, Meßstellenkonzeption, Versuchsdauer, Meßumfang, Meßgeräteeinsatz, Genauigkeitsanforderungen. Dafür ist es zweckmäßig, den Pumpversuch mit geschätzten Parametern voraus zu berechnen.
- **Durchführung des Pumpversuches**
  Zur Durchführung gehören die Überwachung, Organisation, Kontrolle und Dokumentation des Versuchsablaufes.
- **Auswertung des Pumpversuches**
  Die Auswertung des Pumpversuches setzt die Entwicklung einer hydraulischen Modellvor-

Tabelle 2.6. Übersicht über die ermittelten Parameter und Grundwasserleitereigenschaften bei den Pumpversuchsarten.

Konstanten/Parameter / Eigenschaften	Symbol / Dimension	Brunnen-test	GWL-test	Betriebs-test	Zwischen-pumpvers.	Langzeit-pumpvers.	notwendige Zusatzinformationen
Transmissivität	T [m^2/s]	(x)	x	-	(x)	x	
Durchlässigkeitskoeffizient hydraulische Leitfähigkeit	k_f [m/s]	(x)	x	-	(x)	x	Grundwasserleiter-mächtigkeit
Filtergeschwindigkeit, spezifischer Durchfluß	v_f, q [m/s]	(x)	x	-	-	x	hydraulischer Gradient
effektive Geschwindigkeit	u [m/s]	(x)	x	-	-	x	durchflußwirksamer Hohlraumanteil
Abstandsgeschwindigkeiten	v_a [m/s]	-	-	-	-	-	Markierungsversuche
Speicherkoeffizient	S [/]	(x)	x	-	(x)	x	
spezifischer Speicherkoeffizient	S_S [1/m]	(x)	x	-	(x)	x	GWL-Mächtigkeit
speichernutzbarer Hohlraumanteil	n_{Sp} [/]	-	x	-	-	x	nur bei freiem GW
durchflußwirksamer Hohlraumanteil	n_f [/]	-	-	-	-	-	Markierungsversuche
Hohlraumanteil	n [/]	-	-	-	-	-	Laborversuche Bohrlochgeophysik
vertikale Anisotropie	$A_n=k_{f,h}/k_{f,v}$ [/]	-	x	-	-	x	
Speisungsfaktor, Leakagefaktor	B, L [m]	-	x	-	-	x	
Kolmationswiderstand, hydraulischer Widerstand	$w=m'/k'$ [s] $c=H'/k'_{f,v}$ [s]	-	x	-	-	x	

Parameter / Eigenschaft	Symbol / Dimension	Brunnen-test	GWL-test	Betriebs-test	Zwischen-pumpvers.	Langzeit-pumpvers.	notwendige Zusatzinformationen
hydraulisch wirksame Entfernung der Randbedingung	λ^* [m]	-	x	-	-	x	
verzögerte Wasserabgabe	γ [/]	-	x	-	-	x	
Skineffekt	Se, Δs_{Skin} [m]	(x)	x	-	-	x	
Brunnenspeicherung	C [m^3/Pa]	x	x	(x)	-	x	Brunnenradius
Verteilung der Zuflüsse		x	x	x	x	x	Bohrlochgeophysik
Q-s Kurve		x	-	(x)	-	-	
Dauerergiebigkeit		-	-	-	-	x	
Geometrie der Klüfte		-	x	-	-	x	(Bohrlochgeophysik)
Speicherverhältnis Matrix / Kluft		-	x	-	-	x	
Durchlässigkeitsverh. Matrix / Kluft		-	x	-	-	x	
Hydrochemie		x	x	x	x	x	
Temperatur / Leitfähigkeit		x	x	(x)	x	(x)	Bohrlochgeophysik
Isotopen		-	(x)	-	-	x	benachb. Gewässer
Mikrobiologie		x	x	x	-	-	

stellung anhand der gewonnenen Daten voraus. Daran schließt sich die Ermittlung der Parameter und gegebenenfalls die Verifizierung des Ausgangsmodells an.

2.3.4.1.2 Planung von Pumpversuchen

Die Vorbereitung von Pumpversuchen wird von der Art des Pumpversuchs und der geologischen und hydrogeologischen Situation vorgegeben. Bei der Konzipierung eines Pumpversuchs ist auf nachfolgende Punkte und deren terminliche Koordinierung besonders zu achten:

- wasserrechtliche Beantragung des Pumpversuchs bezüglich Grundwasserentnahme und Einleitung des geförderten Wassers;
- Notwendigkeit neuer Meßstellen;
- Unterrichtung der Beteiligten und Betroffenen vom geplanten Pumpversuch;
- Sicherungs- und Schutzmaßnahmen;
- Einweisung der Meßtrupps in das Meßprogramm und die Genauigkeitsanforderungen;
- Verfahrensweise bei Störfällen mit Angaben zu Abbruch oder Weiterführung des Pumpversuchs;
- Absicherung einer exakten Meßwerterfassung für die Absenkungs- und Wiederanstiegsphase. Anstelle der traditionellen Handmessung sollen verstärkt Datenlogger zur Meßwerterfassung eingesetzt werden;
- Auswahl der Pumpe und der Steuerorgane; die Kennlinie der eingesetzten Pumpen sollte möglichst steil sein, um eine konstante Pumprate einhalten zu können;
- Funktionsprüfung der Grundwasser-Meßstellen durch Abpumpen, Bohrlochgeophysik oder notfalls Auffülltests;
- Vorbereitung der Probenahme und der Untersuchung des abgepumpten Wassers.

Bei Grundwasserleitertests und Langzeitpumpversuchen sind darüber hinaus noch folgende Punkte zu beachten:

- Der Absenkungsverlauf nach Beginn der Entnahme ist durch unterschiedliche Absenkungsphasen gekennzeichnet. Dabei ist die Dauer des Pumpversuchs so anzulegen, daß die exakte Ermittlung der aus den einzelnen Phasen ermittelbaren Parameter und Zusatzinformationen sicher gewährleistet ist.
- Die Geschwindigkeit der Reaktion der Grundwasserdruckfläche hängt in starkem Maße davon ab, ob das Grundwasser frei oder gespannt ist. Dies muß bei der Festsetzung der Pumpversuchsdauer berücksichtigt werden.
- Der Grad und die Ausbildung von Inhomogenität und Anisotropie hat Einfluß auf die Gestaltung des Meßnetzes und die Meßintervalle.

Vor Versuchsbeginn ist ein detaillierter Versuchsplan zu erarbeiten, der neben allgemeinen Angaben Aussagen zum Meßprogramm enthält:

- voraussichtlicher Pumpversuchsbeginn, Pumpende und Ende der Wiederanstiegsmessungen;
- Festlegung der Pumpraten und der zugehörigen Förderdauer;
  Meßprogramme:
  - Programm für die Wasserstandsmessung zur Erfassung des Ruhewasserspiegels, der Absenkung und des Wiederanstiegs. Im einzelnen sind dabei Meßgrößen, -intervalle, erforderliche Genauigkeiten und Meßgeräte festzulegen.
  - Programm für die Entnahme von Wasserproben (Chemie, Physik, Mikrobiologie und Isotopen). Festlegung von Probenehmer, Probenahmestelle, -gerät, -menge, Abpumpzeit, Analysenumfang und Probenbehandlung.

  - Programm für Begleitmessungen wie Niederschlag, Luftdruck, Temperatur sowie Wasserstand und Beschaffenheit von Oberflächengewässern.
  - Programm für Sonderuntersuchungen wie differenzierte Druckmessungen in Grundwasserstockwerken, geophysikalische Bohrlochmessungen, chemische Profile für Leit- und Spezialparameter sowie Isotopen- und Traceruntersuchungen.
- Protokollierung der Messungen auf entsprechenden Formularen für die manuelle oder über Datenlogger für die DV-gerechte Versuchsauswertung.

2.3.4.1.3 Durchführung von Pumpversuchen

Brunnentests

Brunnentests werden, ausgehend von einem Ruhewasserspiegel, mit mehreren Pumpstufen gefahren. Die Abstufungen und die Förderzeiten der jeweiligen Pumpstufen sollten annähernd gleich sein. Die Dauer einer jeden Pumpstufe liegt in der Regel bei vier bis 24 Stunden.

Bei kleinkalibrigen Brunnen in gut durchlässigen Grundwasserleitern ist ein Wert an der unteren Grenze, bei großkalibrigen Brunnen und gering durchlässigen Grundwasserleitern ist ein Wert an der oberen Grenze zu wählen. Die Zahl der Pumpstufen sollte zwischen drei und fünf liegen. Die Meßintervalle sollten nach folgendem Schema festgelegt werden:

	bis	10 Min.	:	1 Min.
10 Min.	bis	60 Min.	:	5 Min.
1 Std.	bis	2 Std.	:	10 Min.
2 Std.	bis	3 Std.	:	20 Min.
3 Std.	bis	5 Std.	:	30 Min.
	>	5 Std.	:	1 Std.

Die Meßfolge gilt sowohl für den Versuchsbeginn, für jede Entnahmeänderung und den Wiederanstieg. Die an dem Brunnentest anzuschließende Wiederanstiegszeit sollte mindestens 2/3 der vorangegangenen Pumpzeit betragen.

Beim Brunnentest sind folgende Besonderheiten zu beachten:
- Eine genaue Messung der Brunnenwasserstände mit kurzen Intervallen ist für alle Pumpstufen erforderlich. Auf die Beobachtung eines größeren Meßnetzes um den Versuchsbrunnen herum kann in der Regel verzichtet werden.
- Die Absenkungen der Brunnenwasserspiegel werden in ihrem zeitlichen Verlauf und in Abhängigkeit von der Pumprate aufgetragen. Als maßgebliche Absenkung für das Q-s-Diagramm gelten die Absenkungen am Ende jeder Pumpstufe.
- Bei der Wiederholung eines Brunnentests zur Kontrolle der aktuellen Ergiebigkeit ist der Test möglichst in gleicher Weise zu fahren wie der erste Leistungstest.
- Am Ende einer jeden Pumpstufe sollten Wasserproben für physikalisch-chemische Wasseruntersuchungen entnommen werden.

Grundwasserleitertests

Aus Tabelle 2.6 ist zu erkennen, daß aus dem Grundwasserleitertest die umfassendsten Informationen über das Brunnen- und Grundwasserleitersystem gewonnen werden können. Die Ergebnisse von Grundwasserleitertests sind somit Basisdaten für alle weiteren Betrachtungen über das Grundwasservorkommen, wie beispielsweise Ermittlung des Grundwasserdargebotes, Schutzgebietsfragen und Fragen der Grundwasserbeschaffenheit. Darüber hinaus liefert der Grundwasserleitertest auch brunnenspezifische Daten zur Ermittlung der Brunnenspeicherung und des Skin-Effektes.

Die Meßintervalle für die spätere logarithmische Auftragung der Meßdaten sind ebenfalls nach dem für den Brunnentest vorgesehenen Schema festzulegen und gelten sowohl für den Versuchsbeginn, für jede Entnahmeänderung und für den Wiederanstieg. Werden Datenlogger eingesetzt, erfolgt die Meßwerterfassung in der Regel häufiger.

Die Pumpdauer muß so bemessen sein, daß für den untersuchten Grundwasserleiter ein geohydraulisches Modell erkennbar und verifizierbar ist. Aus diesen Forderungen ergeben sich Pumpzeiten, die bei konstanter Förderrate zwischen 200 und 400 Stunden liegen können. Da in Lockergesteinen das jeweils maßgebliche geohydraulische Modell meist schneller erkennbar ist, ist für derartige Grundwasserleiter der kleinere der beiden Werte zutreffend, während bei Festgesteins-Grundwasserleitern oder bei Grundwasserleitern mit ausgeprägten Inhomogenitäten bzw. mit Leckage-Effekten der größere Wert gilt. Die Dauer der Wiederanstiegsmessungen sollte bei Grundwasserleitertests in der Regel das 0,5- bis 0,75fache der Pumpdauer betragen. Während des Versuches sollten ca. drei Wasserproben zur chemischen und/oder isotopenphysikalischen Analyse entnommen werden.

Anordnung von Meßstellen

Bei der Einrichtung der Meßstellen für einen Grundwasserleitertest sind die hydrogeologischen und hydrologischen Gegebenheiten im Versuchsfeld sowie die Entfernung vom Versuchsbrunnen von Bedeutung. Starre Meßkreuze, auf deren Strahlen die Meßstellen angeordnet werden, sind nur in Ausnahmefällen sinnvoll. Im allgemeinen ist die Lage der Meßstellen so zu wählen, daß ihre Entfernung zum Versuchsbrunnen in logarithmischer Darstellung möglichst äquidistant aufgetragen werden kann. Das Meßnetz muß sich zudem an lokalen Besonderheiten im Versuchsfeld orientieren, so z. B. an

- geologischen Grenzen wie Talrändern, Störungen oder Terrassenkanten,
- hydrologischen Grenzen wie Seen oder Flüssen,
- konkurrierenden Nutzungen, wie anderen Wasserfassungen oder ökologisch empfindlichen Gebieten und
- bevorzugten Wasserwegsamkeiten, wie Rinnenstrukturen.

Bei der Einrichtung des Meßstellennetzes ist bei Grundwasserleitertests darauf zu achten, daß gegebenenfalls auch benachbarte Grundwasserstockwerke erfaßt werden, um Leckage-Effekte beobachten zu können. Als Anhaltswert für sinnvolle Mindestabstände der Meßstellen untereinander und zum Versuchsbrunnen kann die Grundwassermächtigkeit herangezogen werden. In relativ homogenen Grundwasserleitern sollten die Meßstellen im mittleren Absenkungsbereich des Brunnens angeordnet sein:

gespanntes Grundwasser	$M < r < 20\ M$
freies Grundwasser	$H < r < 10\ h_n$

Bei der Einrichtung des Meßstellennetzes lassen sich auch überschlägliche Absenkungsberechnungen mit geschätzten geohydraulischen Parametern nutzen. Die Unvollkommenheit eines Brunnens beeinflußt die Auswertung nicht mehr, wenn die Meßstelle in einer Entfernung von $r > M$ bzw. h_n liegt.

Großräumige Inhomogenitäten, wie sie in Kluft- und Karst-Grundwasserleitern auftreten, sind auch durch eine große Meßstellendichte nicht immer erfaßbar.

Meßgenauigkeit

Die Meßgenauigkeit der Grundwasserstände ist bei Grundwasserleitertests besonders hoch anzusetzen. Sie ist abhängig von der zu erwartenden Absenkung und liegt in der Größenordnung von 0,1% bzw. 1 mm. Bei Handmessungen ist nur eine Genauigkeit von ca. 1 cm zu erreichen.

Betriebstests

Betriebstests dienen zur Erhebung von Daten, die für die technische Ausstattung des Brunnens und für den späteren Wassergewinnungsbetrieb von Interesse sind. Im Vordergrund steht hierbei das typische Verhalten des Brunnens im Anfahrbetrieb, d.h. das instationäre Einstellen des Brunnenwasserstandes in den ersten Minuten nach Einschalten der Pumpen und die Simulation bzw. Optimierung des künftigen Wasserwerksbetriebes (Ein- und Ausschaltsequenzen). Die hierbei gewonnenen Informationen sind nicht nur für die Auslegung der Betriebspumpenanlage von Interesse.

Durch die beim Betriebstest erforderlichen kurzen Meßintervalle kann eine automatische Meßwerterfassung notwendig werden.

Folgende Meßgrößen werden je nach Erfordernis erfaßt:

- Wasserstand im Brunnen und in der Kiesschüttung,
- Förderleistung,
- hydrochemische Parameter,
- Sandführung/Trübung.

Bei Betriebstests kann auch eine Optimierung der Einhängetiefe der Pumpe und der hydraulischen Gestaltung der Anströmung des Pumpeneinlaufs vorgenommen werden.

Zwischenpumpversuche

Zwischenpumpversuche werden bei Bohrarbeiten oft zur Kontrolle des Bohrerfolgs durchgeführt. Sie erfolgen im Festgestein an unausgebauten oder behelfsmäßig gesicherten Bohrlöchern und im Lockergestein an gesicherten Bohrlöchern. Zwischenpumpversuche können wesentliche Schritte sein, technisch einwandfreie Brunnen oder funktionsfähige Grundwasser-Meßstellen herzustellen. Die Zielsetzung des Versuches orientiert sich dabei stark an der aktuell anstehenden Fragestellung.

Im Vordergrund stehen vielfach Leistungstests im Bohrloch bei unterschiedlichen Teufen. Sie können klare Hinweise auf Ergiebigkeitszuwachs oder -minderung geben. Zwischenpumpversuche werden auch eingesetzt, wenn bei den stufenweise fortschreitenden Bohrarbeiten Änderungen gegenüber dem Versuchsplan auftreten. Dazu gehören beispielsweise:

- Wasserstandsänderungen,
- Stockwerkstrennungen,
- Kluftzonen,
- Änderung der Wasserbeschaffenheit.

Pumpversuche zur Brunnenentwicklung

Im Regelfall erfolgt die Brunnenentwicklung nach dem Ausbau. Bei standfestem Gebirge können erste Maßnahmen bereits im unausgebauten Bohrloch zweckmäßig sein.

Pumpversuche zur Brunnenentwicklung dienen der Erzielung der technischen Sand-Freiheit und der Verbesserung der Brunnenhydraulik. Sie dienen nur diesem Ziel und sind für weitere Auswertungen wenig aussagefähig.

Ziele der Brunnenentwicklung im Lockergestein und im Festgestein sind:
- Entfernung des Unterkornanteils der Kiesschüttung,
- Beseitigung von Resten der Spülflüssigkeit,
- Ausspülen des Suffosionskorns des Grundwasserleiters im brunnennahen Bereich,
- Aufbau eines stabilen Korngerüstes in feinkörnigen Grundwasserleitern,
- Ausspülen möglichst aller beweglichen Teilchen des Kluftsystems bei Festgesteins-Grundwasserleitern.

Langzeitpumpversuche

Langzeitpumpversuche gehen in ihrer Laufzeit deutlich über den Umfang aller übrigen Tests hinaus. Sie werden unter nachfolgenden Bedingungen bzw. zur Klärung folgender Ziele eingesetzt:

- bei sehr komplizierten hydrogeologischen Verhältnissen, wo eine analytische Berechnung bzw. Modellierung nicht ausreichend ist;
- Erfassung einer langfristigen Beschaffenheitsänderung des Grundwassers;
- Ermittlung einer qualitativen und quantitativen Wechselwirkung von Grund- und Oberflächenwasser;
- Beobachtung der ökologischen Auswirkungen im Rahmen der Beweissicherung;
- zur Beweissicherung bei konkurrierenden Nutzungen.

Voraussetzung für die Durchführung von Langzeitpumpversuchen ist ein sorgfältig konzipiertes Meßnetz und ein darauf abgestimmtes Untersuchungsprogramm. Langzeitpumpversuche belasten den Grundwasserhaushalt und müssen deshalb besonders begründet werden.

Dokumentation des Pumpversuchs

Die Dokumentation eines Pumpversuches erfolgt im Pumpversuchsbericht. Dieser setzt sich aus folgenden Teilen zusammen:

- Pumpversuchsbericht Entnahmebrunnen,
- Pumpversuchsbericht Meßstellen,
- Pumpversuchsbericht Meßwerte Entnahmebrunnen,
- Pumpversuchsbericht Meßwerte Meßstellen.

In Abb. 2.31 ist ein Beispiel für einen Pumpversuchsbericht – Entnahmebrunnen angegeben.

Er enthält allgemeine Angaben, Zeitangaben über Beginn, Durchführung und Ende des Pumpversuches, Brunnenausbaudaten und eine Bewertung von Trübung und Färbung des Wassers. Ergänzt wird der Pumpversuchsbericht durch eine Ausbauskizze des Brunnens.

Der Pumpversuchsbericht – Meßstellen ist ähnlich aufgebaut, enthält im Unterschied zum Versuchsbrunnen alle technischen Daten der Pegel, bzw. der Pegelgruppe. Die ebenfalls dazu gehörende Skizze beinhaltet den Lageplan der Meßstellen, deren Anordnung zu Begrenzungen, Vorflutern etc. und den Ausbau der Pegel, insbesondere die Lage der Filterdecke.

Der Pumpversuchsbericht – Meßwerte Entnahmebrunnen enthält alle Meßwerte, die während der Absenkungs- und Wiederanstiegsphase erfaßt werden müssen. Ein Beispiel, das die Mindestanforderungen zeigt, ist in Abb. 2.32 dargestellt. Meßtechnisch zu erfassende Größen sind dabei Zeitangaben, Förderraten, Wasserstände in Brunnen, die z. B. mit Hilfe von Überfallwehren, Wasserzählern oder induktiven Durchflußmessern erfaßt werden, und Beschaffenheitsangaben, die während des Pumpversuchs gewonnen werden.

Der Pumpversuchsbericht Meßwerte – Meßstellen ist genauso aufgebaut wie der für den Entnahmebrunnen.

Pumpversuchsbericht - Entnahmebrunnen

Baustelle .... Bohrung / Brunnen Nr. ....

Auftaggeber .... Auftrags Nr. ....

Bohrmeister .... Versuchsleiter .... Pumpversuchs Nr.: ....

TK 25 Blatt ....Rechts .... Hoch .... Gelände = ... m über NN

Meßpunkt ist OK / UK .... =. .... m über / unter Gelände

Ableitungsrohre .... m Einleitung in ....

Überfallbreite des Meßkastens .... mm Rechteck / Dreieck

Wasserzählerstand, Anfang .... Ende ....

andere Durchflußmeßverfahren:

Pumpversuch: von .... bis ....

1.	Pumpzeit	vom	Uhr bis	Uhr = ... Std.	
	Wiederanstieg	vom	Uhr bis	Uhr	= ..... Std.
2.	Pumpzeit	vom	Uhr bis	Uhr = ... Std.	
	Wiederanstieg	vom	Uhr bis	Uhr	= .... Std.
3.	Pumpzeit	vom	Uhr bis	Uhr = ... Std.	
	Wiederanstieg	vom	Uhr bis	Uhr	= .... Std.

Gesamtstunden Pumpzeit .... Std.

Wiederanstieg ...... Std.

Bohrverfahren .... Bohrspülzusätze ....

Wasserproben .... (Eintrag auf Blatt Meßwerte)

Bohrlochtiefe .... m ab Gelände Ausbautiefe .... m ab Gelände

Einbautiefe Pumpe .... m ab Gelände Ruhewasserspiegel .... m ab Gelände

Erklärung der Trübung des Wassers (DIN 38 404)

0 = klar 1 = schwach getrübt 2 = stark getrübt 3 = undurchsichtig

Erklärung der Färbung des Wassers (DIN 38 404)

0 = farblos 1 = schwach 2 = stark (z. B. bräunlich)

Ausbauskizze siehe Rückseite (Bohr- und Rohrdurchmesser, Filter- und Vollrohre, Abdichtungen usw.)

Abb. 2.31. Pumpversuchsbericht Entnahmebrunnen.

In vielen Fällen erfolgt die Meßwerterfassung heute über automatische Systeme, die neben den Wasserstands- und Wassermengenmessungen auch ausgewählte Beschaffenheitsparameter erfassen können. Solche Systeme bestehen prinzipiell aus einer Sonde zur Meßwerterfassung, den Datenwandlern und der Meßwertspeicherung. Bei vielen Systemen können die Meßwerte auch direkt zum PC transferiert werden, wo sie dann mit weiterführenden Auswerteprogrammen bearbeitet werden können.

Die Meßgenauigkeiten für den Wasserstand liegen bei vielen Geräten im Bereich von 1 mm, die Meßfrequenzen können z. T. bis auf 1 s heruntergefahren werden.

2.3.4.1.4 Graphisch-analytische Auswertung

Die Auswertung eines Pumpversuches entspricht der Lösung einer klassischen »black-box«-Aufgabe, da lediglich die Reaktion des Grundwasserleitersystems auf die Aktion bekannt ist, nicht jedoch seine hydraulischen Eigenschaften und seine Struktur. Unter Aktion sind Grundwasserentnahme, deren Änderung und Unterbrechung zu verstehen. Als Reaktion des Systems werden Absenkung und Wiederanstieg gemessen. Das Ziel der Pumpversuchsauswertung besteht nun darin, das Grundwasserleitersystem so gut als möglich zu erfassen und seine Systemparameter zu bestimmen. Grundlage für eine Pumpversuchsauswertung bilden fast immer gespannte Strömungsverhältnisse. Durch Einführung der »reduzierten Absenkung« für freie Verhältnisse

$$(2.84) \qquad s_r = s - \frac{s^2}{2 \cdot h_n}$$

wird eine vollständige Analogie des Auswertealgorithmus für gespanntes und freies Grundwasser erreicht, wobei sich die Größen M und h_n bzw. s und s_r entsprechen.

Wie aus Tabelle 2.9 ersichtlich, sind für die Parameterermittlung und Modellfindung insbe-

Pumpversuchsbericht — Meßwerte Entnahmebrunnen

Baustelle .... Bohrung / Brunnen Nr. .... Auftrags Nr. ....

Versuchs Nr. .... Blatt ....

Zeitangaben			Wasserstandsangaben		Wassermengen-angaben		Beschaffenheitsangaben						
Datum	Uhrzeit	Dauer seit Pump-beginn	Wasser-stand unter Meßpunkt m	Absen-kung m	spezifi-scher Meßwert	Ent-nahme l/s m³/h	Leit-fähigkeit µS/cm	pH-Wert	Tem-peratur °C	Sand-führung cm³/l	Trübung	Farbe	Bemer-kungen

Abb. 2.32. Pumpversuchsbericht Meßwerte – Entnahmebrunnen.

sondere der Grundwasserleitertest und der Langzeitpumpversuch geeignet, der jedoch noch darüber hinausgehende Informationen liefern soll.

Bei der Auswertung kann zwischen folgenden drei Auswerteverfahren unterschieden werden:

- Graphisch-analytische Verfahren;
- Rechner-gestützte Verfahren;
- Numerische Verfahren.

Bei den graphisch-analytischen Verfahren kann nochmals zwischen den Verfahren der Ausgleichsgeraden und den Verfahren der Typkurven unterschieden werden. Nachfolgend sollen verschiedene Varianten der Pumpversuchsauswertung mit Hilfe von Ausgleichsgeraden für den Fall eines unendlich ausgedehnten Grundwasserleiters ohne Speisung aus benachbarten Schichten vorgestellt werden. Dieses Schema kann als Standardfall der Pumpversuchsdurchführung und -auswertung angesehen werden.

Verfahren der Ausgleichsgeraden

Die Methodik der Verfahren der Ausgleichsgeraden läßt sich generell durch folgende Arbeitsschritte charakterisieren (TGL 23864 (1973)):

- Beschreibung der einfachsten Abhängigkeit zwischen den abhängigen und unabhängigen Variablen, z. B.

$$s = f(t), \quad s = f(r), \quad s = f\left(\frac{t}{r^2}\right), \quad s' = f\left(\frac{t}{t'}\right), \quad s - s' = f(t')$$

- Nutzung eines vorhandenen oder Konstruktion eines speziellen, der konkreten Abhängigkeit entsprechenden, Achsensystems;
- Eintragung der Meßwerte in dieses Achsensystem und deren Ausgleich durch eine Gerade;
- Ermittlung der gesuchten Parameter aus den Kenngrößen der Ausgleichsgeraden;
- Überprüfung der Gültigkeitsschranken für das Verfahren.

Bei einer Pumpversuchsdurchführung entsprechend Abb. 2.33 mit konstanter Förderleistung und anschließendem Wiederanstieg ergeben sich auf der Grundlage der nichtstationären Brunnenformel von Jacob (1940)

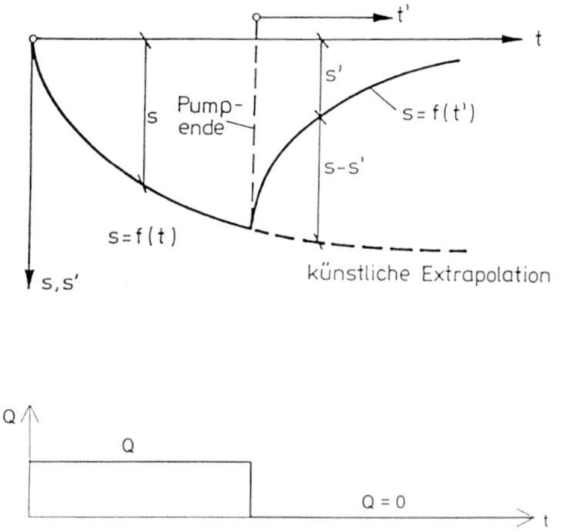

Abb. 2.33. Absenkungs- und Wiederanstiegsverlauf eines Pumpversuches.

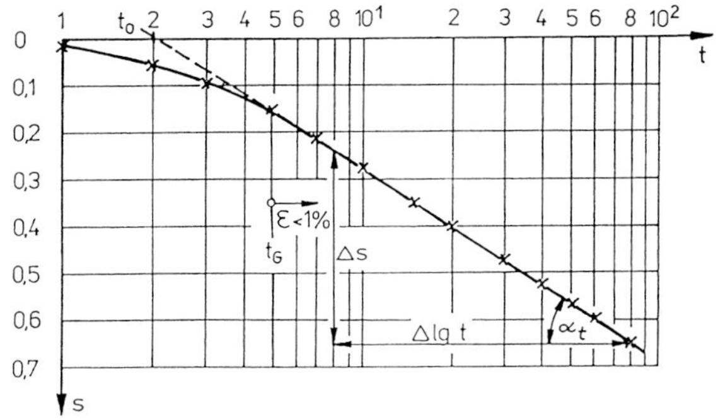

Abb. 2.34. Zeitliche Auswertung der Absenkung.

(2.85) $$s = \frac{Q}{4 \cdot \pi \cdot T} \ln \frac{2{,}25 \cdot T \cdot t}{r^2 \cdot S}$$

folgende Auswertungsmöglichkeiten:

Zeitliche Auswertung

– Schaffung der direkten Abhängigkeit zwischen den Meßgrößen s und t durch Umstellung der Ausgangsgleichung

(2.86) $$s = 0{,}183 \frac{Q}{T} \lg t + 0{,}183 \frac{Q}{T} \lg \frac{2{,}25 \cdot T}{r^2 \cdot S}$$

– Entsprechend dem ersten Glied der Gleichung ergeben die Meßwerte bei Auftragung in halblogarithmischem Papier entsprechend Abb. 2.34 eine Gerade.
– Durch Anwendung der Zweipunktegleichung und Umstellung der Formel nach T ergibt sich (Δ (lg t) = 1 ist günstig):

(2.87) $$s_2 - s_1 = 0{,}183 \cdot \frac{Q}{T} (\lg t_2 - \lg t_1)$$

(2.87.1) $$T = 0{,}183 \cdot Q \frac{\Delta(\lg t)}{\Delta s}$$

– Die Ableitung der Gleichung zur Berechnung von S erfolgt aus dem Argument des lg.
– Der Logarithmus des Arguments ist 0, wenn das Argument 1 ist.
– Das ist genau dann der Fall, wenn die Gerade die t-Achse bei t_0 schneidet (s = 0).
– S ergibt sich dann aus der Gleichung:

(2.88) $$1 = \frac{2{,}25 \cdot t_0 \cdot T}{r^2 \cdot S} \rightarrow S = \frac{2{,}25 \cdot t_0 \cdot T}{r^2}$$

– Bei der Auswertung realer Pumpversuche muß nachträglich geprüft werden, ob die Gültigkeitsgrenzen eingehalten wurden.

(2.89) $$t_G > 8{,}3 \cdot \frac{S}{T} \cdot r^2 \quad (\varepsilon < 1\%)$$

Räumliche Auswertung

Grundlage für die Auswertung des räumlichen Absenkungsverhaltens bildet die aufbereitete Gleichung ($\lg \frac{1}{r^2} = -2 \lg r$)

(2.90) $$s = -0{,}366 \frac{Q}{T} \lg r + C$$

woraus sich bei Auftragung der Meßwerte entsprechend Abb. 2.35 die Parameter nach folgenden Gleichungen ergeben:

(2.90.1) $$T = -0{,}366 \cdot Q \frac{\Delta(\lg r)}{\Delta s}$$

(2.91) $$S = \frac{2{,}25 \cdot t \cdot T}{R_t^2}$$

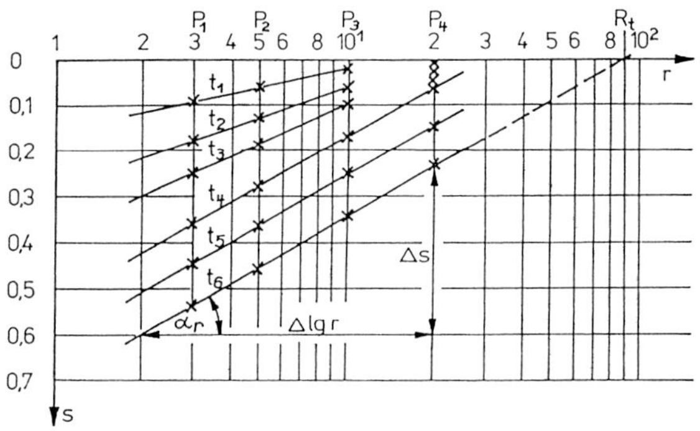

Abb. 2.35. Räumliche Auswertung der Absenkung.

Für die Ermittlung von R_t ist eine Gerade auszuwählen, bei welcher die Gültigkeitsbedingung ($\varepsilon < 1\%$) für den entferntesten Pegel erfüllt ist. Das drückt sich in der Graphik durch Parallelität der Geraden aus.

Raum-zeitliche Auswertung

Grundlage für die Raum-zeitliche Auswertung eines Pumpversuches bildet die gemeinsame Abhängigkeit von s, t und r.

$$s = 0{,}183 \frac{Q}{T} \lg\left(\frac{t}{r^2}\right) + C$$

Bei Auftragung der Werte entsprechend Abb. 2.36 ergeben sich die Parameter zu:

(2.92) $$T = 0{,}183 \cdot Q \frac{\Delta\left[\lg\left(\frac{t}{r^2}\right)\right]}{\Delta s}$$

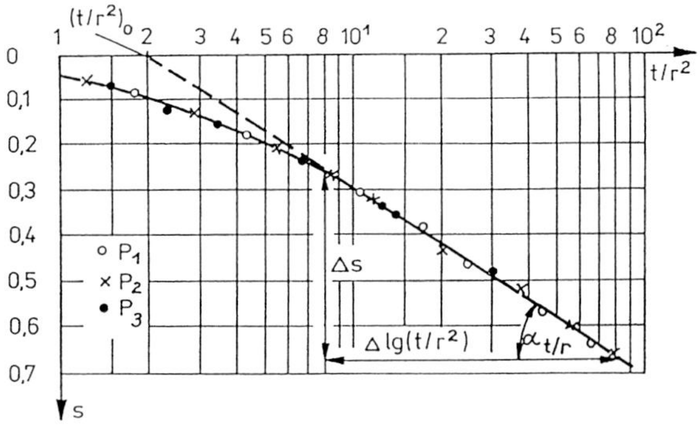

Abb. 2.36. Raum-zeitliche Auswertung eines Pumpversuches.

$$S = 2{,}25 \cdot T \cdot \left(\frac{t}{r^2}\right)_0 \tag{2.93}$$

Bei dieser Auftragung liegen theoretisch alle Meßwerte auf einer Kurve. Ist das nicht der Fall, dann weist das auf falsche Annahmen bezüglich des Strömungsmodells hin (z. B. keine rotationssymmetrische Anströmung, Anisotropie, Wirkung von Randbedingungen etc.).

Auswertung des Wiederanstiegs

Die Auswertung des Wiederanstiegs beruht auf der Anwendung des Superpositionsprinzips, da der beim Abschalten des Förderbrunnens auftretende Sprung in der Förderleistung sonst mathematisch nicht erfaßbar ist. Als Gedankenmodell fördert der Brunnen nach dem eigentlichen Ende der Absenkungsphase weiter. Gleichzeitig wird ein Infiltrationsbrunnen mit der gleichen Wassermenge Q zugeschaltet, so daß die Summe beider Wassermengen Null ist, mathematisch jedoch im Zweibrunnensystem mit konstantem Q existiert (Abb. 2.37).

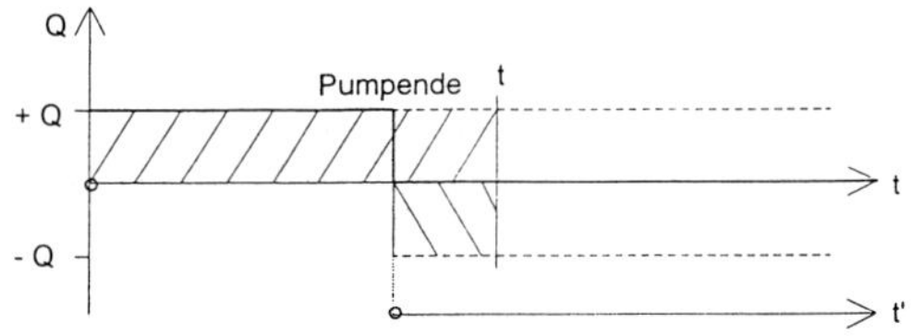

Abb. 2.37. Gedankenmodell für die Erfassung des Wiederanstiegs.

Auswertungsvariante 1 für den Wiederanstieg

Bei dieser Auswertungsvariante wird die direkt gemessene Restabsenkung s' betrachtet.

$$s' = 0{,}183 \frac{Q}{T}\left[\lg\left(\frac{2{,}25 \cdot T \cdot t}{r^2 \cdot S}\right) - \lg\left(\frac{2{,}25 \cdot T \cdot t'}{r^2 \cdot S}\right)\right] \tag{2.94}$$

$$s' = 0{,}183 \frac{Q}{T} \lg\left(\frac{t}{t'}\right) \tag{2.95}$$

Bei einer Auftragung entsprechend Abb. 2.38 ergibt sich:

$$T = 0{,}183 \cdot Q \frac{\Delta\left[\lg\left(\frac{t}{t'}\right)\right]}{\Delta s'} \tag{2.96}$$

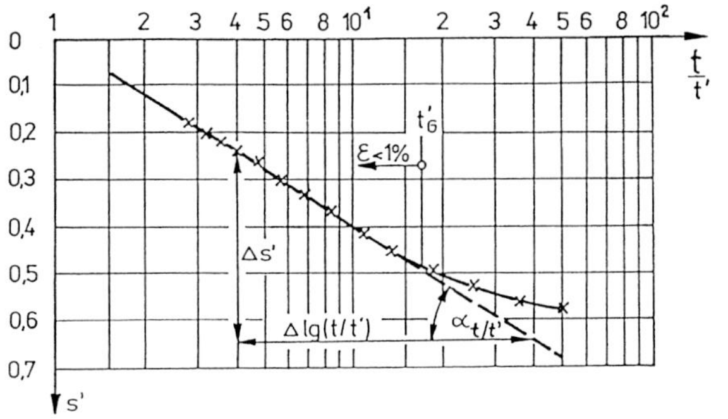

Abb. 2.38. Auswertung des Wiederanstiegs eines Pumpversuches (V_I).

Als zusätzliche Information gestattet die Auftragung entsprechend Abb. 2.38 eine qualitative Einschätzung, ob es sich um speisende oder zehrende Strömungsverhältnisse handelt. Schneidet die verlängerte Gerade die t/t'-Achse bei Werten > 1, weist das auf eine Speisung hin.

Ein Schnittpunkt bei Werten < 1 zeigt eine Zehrung im beeinflußten Strömungsfeld an. Der Nachteil der Auswertungsvariante ist, daß keine Bestimmung des Speicherkoeffizienten S möglich ist.

Auswertungsvariante 2 für den Wiederanstieg

Bei dieser Variante werden die Differenzwerte s – s' zur Auswertung herangezogen.

(2.97) $$s - s' = 0{,}183\frac{Q}{T}\left\{ \lg\left(\frac{2{,}25 \cdot T \cdot t}{r^2 \cdot S}\right) - \left[\lg\left(\frac{2{,}25 \cdot T \cdot t}{r^2 \cdot S}\right) - \lg\left(\frac{2{,}25 \cdot T \cdot t'}{r^2 \cdot S}\right)\right]\right\}$$

(2.98) $$s - s' = 0{,}183\frac{Q}{T}\lg\left(\frac{2{,}25 \cdot T \cdot t'}{r^2 \cdot S}\right)$$

Bei einer Auftragung der Werte entsprechend Abb. 2.39 ergeben sich die Parameter zu:

(2.99) $$T = 0{,}183 \cdot Q \cdot \frac{\Delta\ (\lg\ t')}{\Delta\ (s\text{–}s')}$$

(2.100) $$S = \frac{2{,}25 \cdot t'_0 \cdot T}{r^2}$$

Diese Auswertungsvariante ist gut geeignet, um im Vergleich mit der Auftragung der Absenkungswerte den summarischen Skin-Effekt zu ermitteln. Die notwendige Extrapolation der Absenkungsphase läßt sich bei halblogarithmischer Auftragung der Meßwerte in der Regel problemlos durchführen.

Neben dem ausführlich dargestellten Standardfall der Pumpversuchsauswertung existiert eine Vielzahl weiterer praktisch relevanter Pumpversuchsschemata. Nachfolgend sollen noch einige dieser Auswertungsverfahren dargestellt werden.

Pumpversuche mit konstanter Brunnenabsenkung

Für einen Brunnen, bei dem beispielsweise mit einer speziellen Kreiselpumpe (Söffelpumpe) eine konstante Brunnenabsenkung s_B erzeugt wird, gilt nach JACOB & LOHMAN (1952) für $t > 10^3\ S/Tr_0^2$:

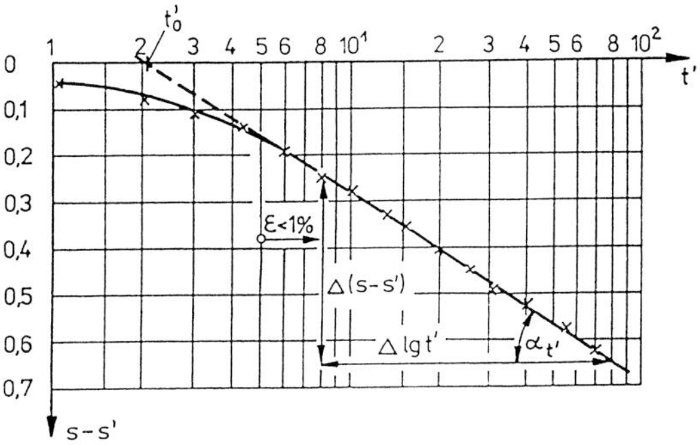

Abb. 2.39. Auswertung des Wiederanstiegs eines Pumpversuches (V_2).

(2.101) $$Q(t) = \frac{T \cdot s_B}{0{,}183 \lg\left(\frac{2{,}25 \cdot t \cdot T}{r_0^2 \cdot S}\right)}$$

Bei einer Auftragung der Meßwerte entsprechend Abb. 2.40 ergeben sich die gesuchten Parameter zu:

(2.102) $$T = 0{,}183 \cdot \frac{\Delta(\lg t)}{\Delta\left(\frac{s_B}{Q}\right)}$$

(2.103) $$S = \frac{2{,}25 \cdot t_0 \cdot T}{r_0^2}$$

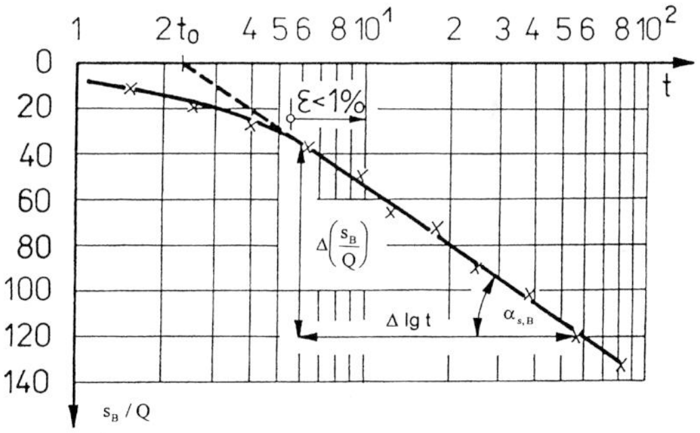

Abb. 2.40. Pumpversuchsauswertung bei konstanter Brunnenabsenkung s_B.

Pumpversuche mit variabler Fördermenge

Für den Fall, daß ein Pumpversuch mehrere Förderstufen mit konstanter Förderleistung Q_j hat oder daß sich eine beliebige Förderganglinie gut durch eine Stufenfunktion approximieren läßt, gilt unter der Bedingung

(2.104) $$(t_j - t_{j-1}) > 8{,}3 \cdot \frac{S}{T} \cdot r^2$$

$$s = 0{,}183 \frac{1}{T} \sum_{j=1}^{m} (Q_j - Q_{j-1}) \lg \frac{2{,}25 \cdot (t - t_{j-1}) \cdot T}{r^2 \cdot S}$$

Bei einer Auftragung der Absenkung s als Funktion der Hilfsgröße x entsprechend Abb. 2.41 ergeben sich die Parameter zu:

(2.105) $$T = \frac{0{,}183}{\alpha_x}$$

(2.106) $$\lg\left(\frac{S}{T}\right) = \lg\left(\frac{2{,}25}{r^2}\right) - \frac{C}{\alpha_x \cdot Q_m}$$

α_x = Anstieg der Ausgleichsgeraden
Q_m = Volumenstrom der letzten Stufe

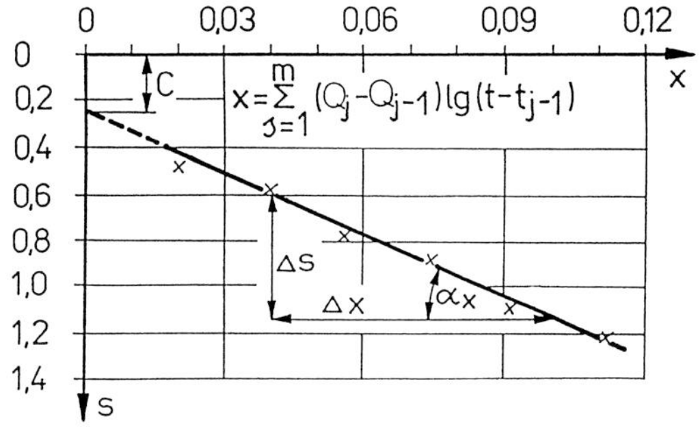

Abb. 2.41. Pumpversuchsauswertung bei variabler Förderleistung.

Pumpversuche bei Speisung aus benachbarten Schichten

Für einen Brunnen, der aus einer benachbarten halbdurchlässigen Schicht gespeist wird, gilt nach HANTUSH (1964) näherungsweise

(2.107) $$s = \frac{0{,}366 \cdot Q}{T} \cdot \lg\left(1{,}12 \cdot \frac{B}{r}\right)$$

W (u, r/B) = allgemeingültig
= 2 K_0 (r/B) = für große t-Werte (BESSEL-Funktion)
= 2 ln (1,12 · B/r) = für große t-Werte und r < 0,03 · B

Bei einer räumlichen Auftragung der gemessenen Absenkungswerte entsprechend Abb. 2.42 ergeben sich die Parameter Transmissivität T und Speisungsfaktor B zu:

(2.108) $$T = -0{,}366 \cdot Q \frac{\Delta(\lg\ r)}{\Delta s}$$

(2.109) $$B = \frac{R_B}{1{,}12}$$

Brunnen mit Eigenkapazität

Wenn in der Anfangsphase des Pumpversuches der aus dem Brunnenvolumen und der Kiesschüttung entnommene Förderstrom Q_{Br} nicht vernachlässigbar gegenüber dem Gesamtförderstrom ist, läßt sich bei der Berücksichtigung dieses »Kapazitätseffektes« folgendes Verfahren der Ausgleichsgeraden zur Auswertung nutzen (Abb. 2.43):

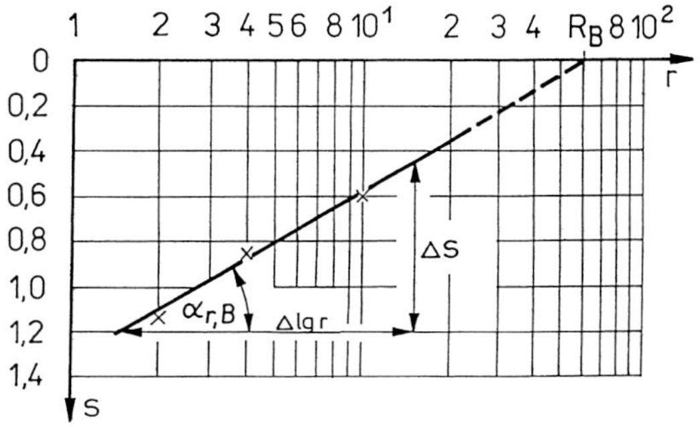

Abb. 2.42. Auswertungsschema – Speisung aus benachbarten Schichten.

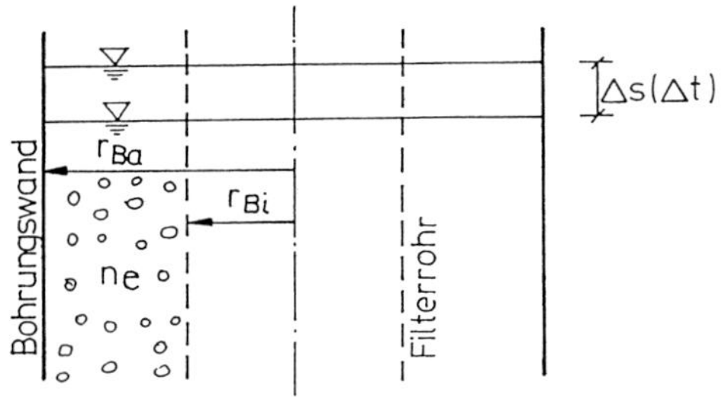

Abb. 2.43. Schema – Brunnen mit Eigenkapazität.

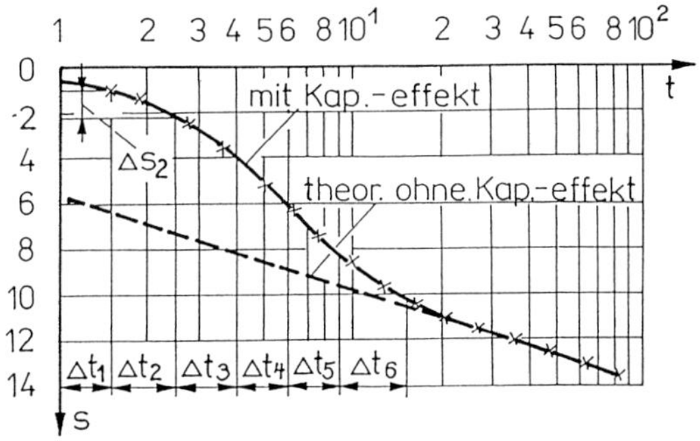

Abb. 2.44. Auswertungsschema-Brunnen mit Eigenkapazität.

- Einteilung der Anfangsphase des Pumpversuches entsprechend Abb. 2.44 in 5 bis 8 Stufen;
- Bestimmung der Stufenfunktion $Q_j = Q_j\ (\Delta t)$;

Δs = Wasserspiegeldifferenz der einzelnen Stufen j (m)
Q = Entnahmemenge (m^3/s)
Δt = Zeitintervalle der Stufen j (s)
V = im Verlauf der Stufe gefördertes Wasservolumen (m^3) $V = Q \cdot \Delta t$
V_{Br} = aus dem Brunnen gefördertes Wasservolumen pro Stufe
V_{Br} = $\Delta s \cdot \pi \cdot r_{Bi}^2$ (m^3)
V_{Ki} = aus dem Kies gefördertes Wasservolumen pro Stufe
V_{Ki} = $\Delta s \cdot \pi \cdot (r_{Ba}^2 \cdot r_{Bi}^2) \cdot n_e$ (m^3)
V_{korr} = korrigiertes Entnahmevolumen pro Stufe
V_{korr} = $V - V_{Br} - V_{Ki}$
Q_{korr} = korrigierte Entnahmemenge pro Stufe und Zeiteinheit (m^3/s)

- Auswertung nach dem Schema »variable Fördermenge«.

Pumpversuch bei zweischichtigem Grundwasserleiter

Die Auswertung eines zweischichtigen Grundwasserleitersystems entsprechend Abschnitt 2.3.1 erfolgt anhand des in Abb. 2.45 dargestellten typischen zeitlichen Absenkungsverlaufes mit den drei Phasen.

Aus Phase I ergibt sich:

(2.110) $$T = \frac{0{,}183 \cdot Q}{\alpha_{t,I}}$$

(2.111) $$S_u = \frac{2{,}25 \cdot T \cdot t_{0,I}}{r^2}$$

Aus Phase III ergibt sich:

(2.112) $$T = \frac{0{,}183 \cdot Q}{\alpha_{t,III}}$$

(2.113) $$S_o = \frac{2{,}25 \cdot T \cdot t_{0,III}}{r^2}$$

Zur Auswertung der Phase II wird die Hilfsgröße

(2.114) $$t_{y,\beta} = \frac{T \cdot t_\beta}{S_0 \cdot r^2}$$

gebildet. Der dabei benötigte Wert t_β ergibt sich aus dem Schnittpunkt der horizontalen Ausgleichsgeraden der Phase II mit der Ausgleichsgeraden der Phase III. Wenn die Phase III nicht soweit ausgeprägt ist, daß eine Ausgleichsgerade bestimmbar ist, dann kann anstelle der Größe $t_{y,\beta}$ die Größe

(2.115) $$t_{s,\beta} = \frac{T \cdot t_s}{S_U \cdot r^2}$$

gebildet werden.

Der Wert t_s ergibt sich dann aus dem Schnittpunkt der horizontalen Ausgleichsgeraden der Phase II mit der Ausgleichsgeraden der Phase I.

Im nächsten Arbeitsschritt wird eine weitere Hilfsgröße gebildet, welche die Leitwertunterschiede in vertikaler und horizontaler Strömungsrichtung erfaßt.

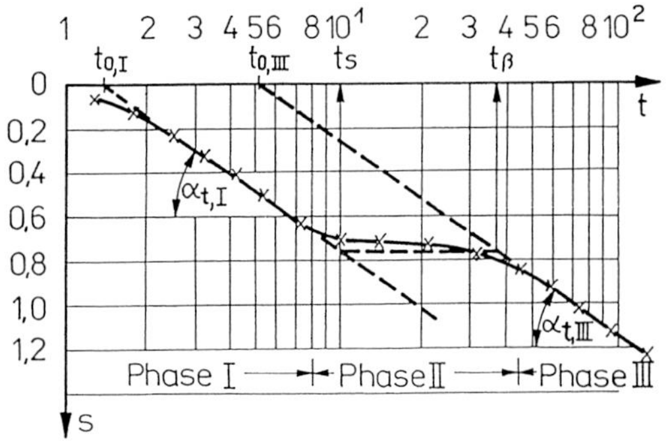

Abb. 2.45. Auswertungsschema – verzögerte Wasserabgabe.

Für

$4 \leq \frac{t_{y,\beta}}{t_{s,\beta}} \leq 100$

ergibt sich β aus

$$(2.116) \qquad \beta = \frac{0{,}195}{t_{y,\beta}^{1{,}105}} \quad \text{bzw.} \quad \beta = \frac{0{,}195}{t_{s,\beta}^{1{,}105}}$$

Den k_v-Wert für die vertikale Durchströmung des Grundwasserleiters erhält man schließlich aus

$$(2.117) \qquad k_v = 3 \cdot \frac{\beta \cdot m_0 \cdot T}{r^2}$$

Der Faktor »3« in Gl. (2.117) wurde hypothetisch aus numerischen Berechnungen und Vergleichen mit dem Auswerteschema nach dem mathematischen Modell von HANTUSH (1964) gewonnen (BEIMS et al. 1985).

Pumpversuch bei Existenz von Randbedingungen

Bei Existenz von Randbedingungen ist das Absenkungsverhalten des Pumpversuchs zunächst wie in einem unendlich ausgedehnten Grundwasserleiter.

Wenn die Randbedingungen durch den Absenkungstrichter erreicht werden, erfolgt z. B. beim zeitlichen Absenkungsverlauf ein Abknicken der Absenkungskurve (siehe Abb. 2.46).

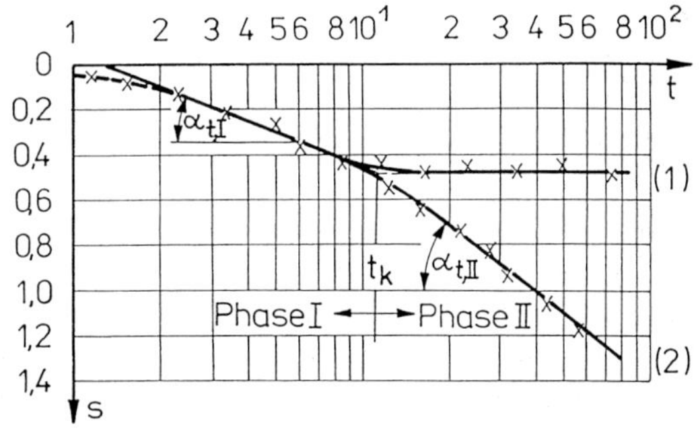

Abb. 2.46. Darstellung des Einflusses von Randbedingungen.

Randbedingung »Fluß«: Abknicken nach oben (1),
Randbedingung »Barriere«: Abknicken nach unten (2).

Zusätzlich zur üblichen Auswertung der Phase I kann aus der Phase II der Absenkungskurve (1) der Wert T nach Gl. (2.118)

$$(2.118) \qquad T = \frac{Q}{2 \cdot \pi \cdot s} \cdot \ln \frac{\rho}{r}$$

ρ = Entfernung fiktiver Brunnen – Meßstelle

und der Phase II der Absenkungskurve (2) der Wert T nach Gl. (2.119)

(2.119) $$T = 0{,}366 \cdot Q \cdot \frac{\Delta(\lg\ t)}{\Delta s}$$

ermittelt werden.

Aus dem Zeitpunkt des Abknickens t_k läßt sich weiterhin die wirksame Entfernung der Randbedingung λ^* vom Brunnen nach der Gl. (2.120)

(2.120) $$\lambda^* = 0{,}75 \cdot \sqrt{\frac{t_k \cdot T}{S}}$$

bestimmen, woraus sich dann bei der Absenkungskurve (1) durch Subtraktion der geometrischen Entfernung des Brunnens von der Randbedingung λ, die Zusatzlänge ΔL ergibt (Abschnitt 2.4.1.1).

$\Delta L = \lambda^* - \lambda$
$\Delta L = \Delta L_1 + \Delta L_2$
ΔL_1 = Zusatzlänge infolge Unvollkommenheit
ΔL_2 = Zusatzlänge infolge Kolmation

Verfahren der Typkurven

Bei dem Verfahren der Typkurven wird keine vereinfachte Abhängigkeit zwischen den abhängigen und unabhängigen Variablen gesucht, sondern das komplette mathematische Modell des Pumpversuches zur Auswertung genutzt.

Das ist dann erforderlich, wenn das mathematische Modell der analytischen Lösung so kompliziert ist, daß die bei dem Verfahren der Ausgleichsgeraden dargestellten vereinfachten Abhängigkeiten der Variablen nicht vorhanden sind, oder wenn es keine analytische Lösung des Strömungsprozesses gibt und die Typkurven für den konkreten Fall mit Hilfe numerischer Verfahren ermittelt werden müssen. Auch bei den einfacheren Pumpversuchsschemata ist es mitunter notwendig, das Verfahren der Typkurven anzuwenden, wenn die Bedingungen für die Gültigkeit der Näherungslösungen nicht eingehalten werden können.

Wenn die Kurven aus Kurvenscharen ausgewählt werden müssen, ist es somit auch möglich, nicht nur S und T, sondern weitere freie Parameter zu bestimmen.

Für den Fall, daß sowohl das Verfahren der Ausgleichsgeraden als auch das Verfahren der Typkurven anwendbar ist, sollte jenes ausgewählt werden, bei dem die größte Sensitivität der Variablen auf die Parameter vorhanden ist (z. B. im stark gekrümmten Bereich der Kurve).

Das Wesen des Verfahrens der Typkurven besteht in folgenden Arbeitsschritten:

- Die spezielle Brunnenfunktion wird in einem doppelt-logarithmischen Koordinatensystem als sogenannte Typkurve aufgetragen.
- Im gleichen Maßstab werden auf Transparentpapier die Meßwerte als Funktion der Zeit t dargestellt.
- Durch Aufeinanderlegen der beiden Auftragungen und achsenparallele Verschiebung wird ein möglichst guter Ausgleich der Beobachtungswerte durch die Typkurve angestrebt.
- Ist die beste Übereinstimmung gefunden, lassen sich aus den vier Koordinaten eines ausgewählten Vergleichspunktes in den beiden Koordinatensystemen und gegebenenfalls aus den Kenngrößen der speziellen Kurve einer Kurvenschar die gesuchten Parameter ermitteln.

Brunnen mit konstanter Förderleistung

Für diesen Fall wird auf einem Blatt y = W(u) (Brunnenfunktion von THEIS (1935)) als Funktion von 1/u und auf dem anderen Blatt die Absenkung s als Funktion der Zeit t aufgetragen. Aus den ermittelten vier Vergleichswerten entsprechend Abb. 2.47 ergeben sich die gesuchten geohydraulischen Parameter zu:

(2.121) $$T = \frac{Q}{4 \cdot \pi} \cdot \frac{y_v}{s_v}$$

(2.122) $$S = \frac{4 \cdot T}{r^2} \cdot \frac{t_v}{\left(\frac{1}{u}\right)_v}$$

Brunnen mit konstanter Förderleistung und Speisung aus benachbarten Schichten

Für diesen Berechnungsfall wird auf dem ersten Blatt die Typkurvenschar $y = W(u,\beta)$ als Funktion von $1/u$ und $\beta = r/B$ aufgetragen und auf dem zweiten Blatt ebenfalls wieder die Absenkung s als Funktion der Zeit t. Entsprechend Abb. 2.48 werden wieder die vier Vergleichswerte und der Wert des horizontalen Kurvenastes ermittelt, in den die Meßwerte übergehen. Die Parameter ergeben sich dann nach folgenden Gleichungen:

(2.123) $$T = \frac{Q}{4 \cdot \pi} \cdot \frac{y_v}{s_v}$$

(2.124) $$S = \frac{4 \cdot T}{r^2} \cdot \frac{t_v}{\left(\frac{1}{u}\right)_v}$$

(2.125) $$B = \frac{r}{\beta_v}$$

2.3.4.1.5 Rechnergestützte Verfahren

Die beschriebenen Verfahren der Ausgleichsgeraden und Verfahren der Typkurven haben auf Grund ihrer einfachen Handhabung eine außerordentlich große Verbreitung in der Erkundungspraxis gefunden. Sie haben jedoch auch bedeutende Mängel, die nicht übersehen werden dürfen:

– Bei der Auswertung wird in der Regel nur ein Teil der häufig mit großem Aufwand gewonnenen Daten genutzt.

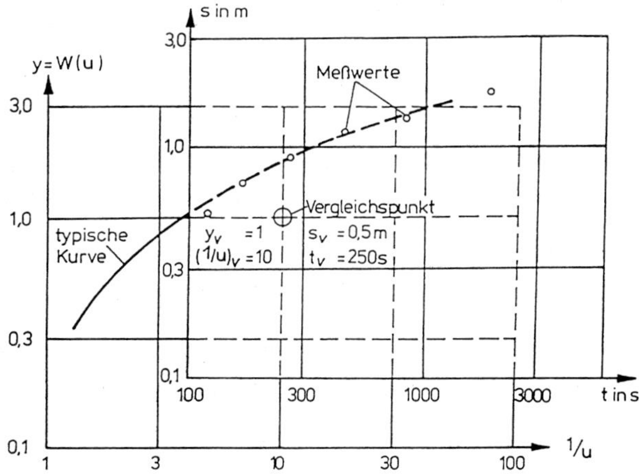

Abb. 2.47. Schema der Pumpversuchsauswertung mit Hilfe der Typkurve W(u).

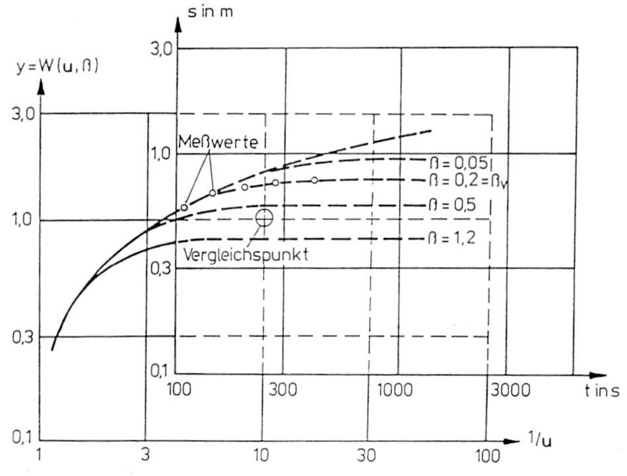

Abb. 2.48. Schema der Pumpversuchsauswertung mit Hilfe der Typkurvenschar W(u, β).

- Oft werden entweder eine zeitliche oder eine räumliche Auswertung durchgeführt und die auftretenden Unterschiede nicht tiefgründig analysiert.
- Aus den vielen gewonnenen Einzelwerten, die durch eine Auswertung von Absenkung und Wiederanstieg, zeitliche und räumliche Auswertung oder die Auswertung von mehreren Pegeln ermittelt werden, muß letztendlich ein für den betrachteten Strömungsabschnitt repräsentativer Parameter ermittelt werden.

Diese drei genannten Nachteile werden bei der Anwendung von Suchverfahren zur Pumpversuchsauswertung weitestgehend ausgeschaltet, da hierbei gleichzeitig alle Meßwerte zur Auswertung herangezogen werden (Beims 1977, Beims & Mansel 1990).

Ein Charakteristikum dieser Verfahren ist die zyklische Lösung des Grundproblems. Bei allen Suchverfahren wird stets mit geschätzten oder durch andere Verfahren näherungsweise ermittelten Anfangswerten (Startwerten) das Grundproblem zum ersten Mal gelöst. Die auf diese Weise berechneten Werte der Potentialfunktion (h, s) und/oder des Volumenstromes (Q) werden mit den vorhandenen Meßwerten verglichen.

Ausgehend von diesem Vergleich wird ein neuer Satz von geohydraulischen Parametern vorgegeben, der so geartet ist, daß bei der erneuten Lösung des Grundproblems die Abweichungen kleiner werden.

In dem in Abb. 2.49 dargestellten Schema wird dieser Verfahrensweg verdeutlicht.

Die größte Schwierigkeit bereitet hierbei die »Vorgabe eines verbesserten Parametersatzes« auf der Grundlage der sich zuvor ergebenden Abweichungen. Das anzustrebende Ziel besteht darin, eine solche Strategie für die Vorgabe des neuen Parametersatzes auszuarbeiten, die

- möglichst viele Erfahrungen aus den zuvor durchgeführten Zyklen nutzt und
- eine möglichst schnelle Verbesserung der Parameter bewirkt.

In den vergangenen Jahren haben sich Suchstrategien durchgesetzt, bei welchen aus den Abweichungen zwischen den errechneten und den gemessenen Werten eine Gütefunktion ermittelt wird, die es zu minimieren gilt.

Die Gütefunktion kann zum Beispiel als häufig angewandte Form aus der Summe der Abweichungsquadrate bestimmter Größen gebildet werden.

$$G = \sum_i \alpha_i \, (h_{M,i} - h_{R,i})^2 \qquad (2.126)$$

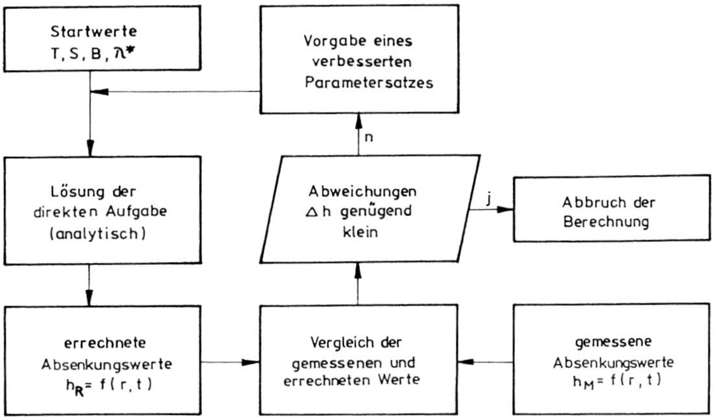

Abb. 2.49. Schema der rechnergestützten Pumpversuchsauswertung.

$h_{M,i}$ = Meßwerte
$h_{R,i}$ = berechnete Werte
α_i = wählbare Gewichtsfaktoren

Die Gütefunktion ist somit immer eine Funktion der gesuchten Parameter. Des weiteren hängt die Minimierung der Gütefunktion auch in sehr starkem Maße von der Anzahl der zu suchenden Parameter und der Ausbildung des Gütegebirges als Maß der Abweichung zwischen den errechneten und den gemessenen Daten ab.

Dabei ist zu prüfen, ob die zu suchenden Parameter voneinander unabhängig sind, da nur so ein eindeutiger Parametersatz identifizierbar ist. Bei abhängigen Parametersätzen (z. B. T, S und λ*) sind die Werte insbesondere aus den bevorzugten Sensitivitätsbereichen bestimmbar, was häufig zum Prinzip der stufenweisen Suche führt.

In Abb. 2.50 ist der Ergebnisausdruck des Programms PSU2G für die Auswertung eines praktischen Pumpversuches dargestellt, wo der Suchprozeß, die Entwicklung der Gütefunktion und die Parameterwerte in den Suchzyklen gut zu verfolgen sind.

Die gesuchten Parameter wurden wie folgt bestimmt:
Der T-Wert ist: 0.00591288 ($m^2 \cdot s$).
Der S-Wert ist: 0.00105504.

2.3.4.1.6 Numerische Verfahren

Alle drei bisher beschriebenen Pumpversuchsauswertungsverfahren basieren auf analytischen Lösungen des Strömungsprozesses. Das erfordert zwangsläufig einen hohen Grad von notwendigen Idealisierungen des Grundwasserleiter-Brunnen-Systems, um eine der existierenden Lösungen nutzen zu können. Hier besteht natürlich die Gefahr, die realen Grundwasserleiterverhältnisse derart zu vereinfachen, daß eine graphisch-analytische Auswertung zweifelhafte Ergebnisse bringt.

Aus diesem Grunde wurde mit der Entwicklung des Pumpversuchssimulators WELL89 die Möglichkeit geschaffen, die Auswertung von Pumpversuchen mit komplizierten Grundwasserleiter- und Brunnenausbau-Verhältnissen ohne unzulässige Approximation durchzuführen (Luckner & Beims 1976, Rushton & Booth 1976, Mucha & Paulikova 1986).

Abb. 2.51 zeigt das diskretisierte Schema des Programms WELL89 als zweidimensionale rotationssymmetrische numerische Lösung.

** Digitale Pumpversuchsauswertung **

Aufgabe : Testbeispiel fuer PSU2G mit 3 Pegeln

Such-zyklus Nr.	Wert der Gütefunktion	Diff. der Gütefunktion	T-Wert	Schrittweite bezüglich T-Wert	S-Wert	Schrittweite bezüglich S-Wert
0	229.120600	.000283	.001000	.0002000	.001000	.0002000
1	71.671890	.000779	.001764	.0002000	.000846	.0002000
2	20.816630	.000826	.002482	.0002000	.001253	.0002000
3	7.332969	.000747	.003223	.0002000	.001352	.0002000
4	1.254234	.001082	.003898	.0002000	.002198	.0002000
5	0.134818	.000943	.004837	.0002000	.002283	.0002000
6	0.115335	.000278	.004993	.0002000	.002053	.0002000
7	0.076056	.000973	.005633	.0002000	.001319	.0002000
8	0.073032	.000343	.005888	.0002000	.001089	.0000500
9	0.072904	.000044	.005915	.0000500	.001054	.0000125
10	0.072903	.000002	.005913	.0000125	.001055	.0000031

Abb. 2.50. Ausgedrucktes Ergebnis des Programms PSU2G.

Es handelt sich dabei um ein Finites-Volumen-Modell bei dem die hydraulischen Leitwerte TF auf der Grundlage der DARCY-Gleichung und der geometrischen Abmessungen der Strömungsfeldabschnitte gebildet werden.

Mit dem Pumpversuchssimulator lassen sich folgende Eigenschaften des Grundwasserleiters, wie

- gespannt oder ungespannt,
- isotrop oder anisotrop,
- homogen oder geschichtet,
- Kapillarraum,

und der Brunnengestaltung, wie
- Vollkommenheit oder Unvollkommenheit,
- wechselnder Brunnendurchmesser,
- abschnittsweiser Ausbau mit Filtern,
- Eigenkapazität des Brunnens,
- Zufluß durch die Brunnensohle oder
- Filterverluste

berücksichtigen.

Die Diskretisierung des Grundwasserleiters erfolgt in vertikaler Richtung entsprechend der geologischen Struktur und der Brunnengeometrie und in horizontaler Richtung nach der Vorschrift.

(2.127) $\rho_i = \rho_{i-1} \cdot 10^{0,25}$

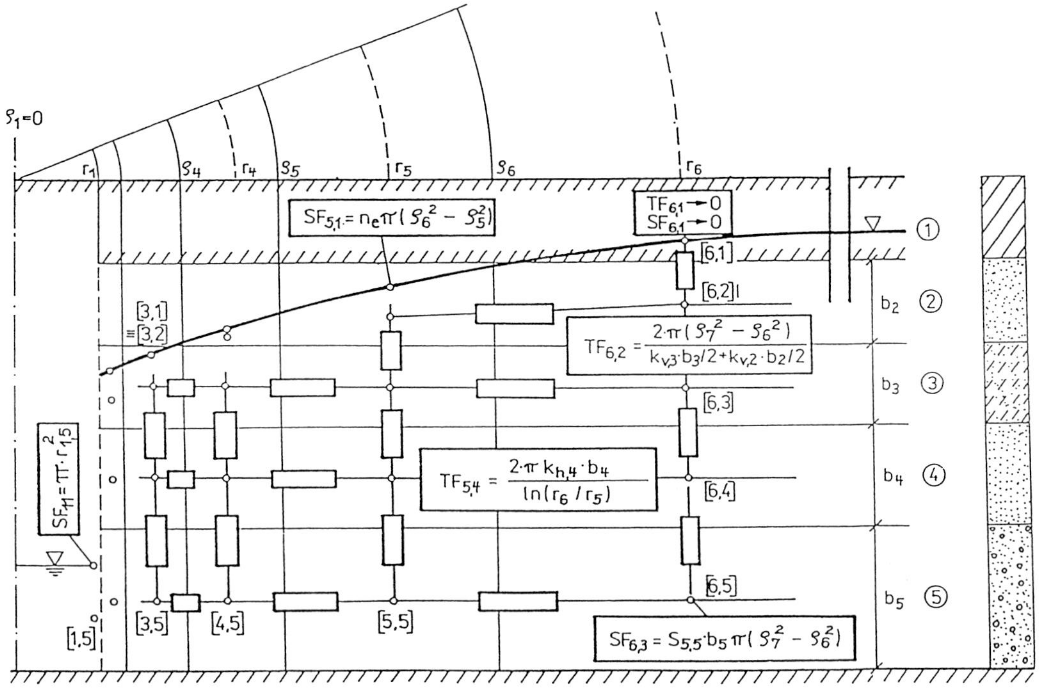

Abb. 2.51. Diskretisierung beim Pumpversuchssimulator WELL89.

Die Knotenpunkte liegen im Schwerpunkt der Elemente, d.h. sie sind gegenüber der geometrischen Mitte um den Betrag r_i nach außen verschoben.

$$\Delta r_i = \frac{(\rho_{i+1} - \rho_i)^2}{6\ (\rho_{i+1} + \rho_i)} \qquad (2.128)$$

Bei der Zeitdiskretisierung wird mit kleinen Schritten begonnen, die nach folgender Vorschrift vergrößert werden:

$$\Delta t_i = \Delta t_{i-1} \cdot 10^{0,1} \qquad (2.129)$$

Die Transmissivität und der Speicherparameter berücksichtigen eine horizontale und eine vertikale Durchlässigkeit sowie den spezifischen elastischen und den Gravitationsspeicherkoeffizienten. Das Modell erfaßt die freie Oberfläche als eine bewegliche Materialgrenze. Dabei werden die Transmissivitätsfaktoren entsprechend der konkreten Lage der freien Oberfläche berechnet.

Die dargestellte Programmkonzeption ist für folgende vier Aufgaben im Rahmen der Pumpversuchsauswertung sehr gut geeignet und erfolgreich eingesetzt worden:

- Analyse der Bedeutung von Approximationen und Annahmen, die den verschiedenen analytischen Lösungen zugrunde liegen;
- Ermittlung der Strömungsverhältnisse in umittelbarer Nähe des Brunnens;
- Berechnung von Typkurven für solche Grundwasserleiter- und Brunnenausbauverhältnisse, wo keine analytischen Lösungen existieren;
- interaktive Pumpversuchsauswertung durch manuelle Datenmanipulation.

Abb. 2.52 zeigt einen Ausschnitt aus dem ausgedruckten Ergebnis des Programms WELL89.

```
** Simulation der Absenkung nach  2184.7     sec  =  36.412     min **
              Nr. des Zeitschrittes:  16

Aufgabe   :  Vergleich  WELL-Lohmann
Absenkung im Brunnen in (m) :  2.0000
```

Radien der Absenkung in (m)

	.20	.29	.51	.90	1.60	2.85	5.07	9.02	16.03	28.51
1.Sch.	2.00	.01	.01	.01	.01	.01	.01	.01	.01	.01
2.Sch.	2.00	.51	.51	.51	.50	.48	.44	.38	.30	.23
3.Sch.	2.00	1.90	1.73	1.56	1.39	1.22	1.06	.89	.72	.56
4.Sch.	2.00	1.90	1.73	1.56	1.39	1.22	1.06	.89	.72	.56
5.Sch.	2.00	1.90	1.73	1.56	1.39	1.22	1.06	.89	.72	.56

Radien der Absenkung in (m)

	28.51	50.70	90.16	160.32	285.10	506.98	901.55	1603.21
1.Sch.	.01	.00	.00	.00	.00	.00	.00	.00
2.Sch.	.23	.15	.09	.04	.01	.00	.00	.00
3.Sch.	.56	.39	.24	.11	.03	.00	.00	.00
4.Sch.	.56	.39	.24	.11	.03	.00	.00	.00
5.Sch.	.56	.39	.24	.11	.03	.00	.00	.00

```
Brunnenzufluss Schicht  1 :   .000000
Brunnenzufluss Schicht  2 :   .000000
Brunnenzufluss Schicht  3 :   .005506
Brunnenzufluss Schicht  4 :   .007337
Brunnenzufluss Schicht  5 :   .005501
Zufluss durch die Sohle   :   .000000
```

Abb. 2.52. Ausgedrucktes Ergebnis des Programms WELL89.

2.3.4.1.7 Praktische Hinweise

Umfangreiche Analysen von Pumpversuchen, die im Rahmen von hydrogeologischen Erkundungsarbeiten durchgeführt wurden, haben gezeigt, daß in der mangelhaften Planung, der unsachgemäßen Durchführung und der subjektiv manipulierten Auswertung ein Hauptgrund für die Ermittlung ungenauer und mitunter sogar falscher Parameter liegt.

Besonders schwerwiegend in diesem Zusammenhang ist, daß Pumpversuche nur in Ausnahmefällen wiederholt werden können und die Gestaltung der Pumpversuchsgruppe im Nachhinein nicht mehr veränderbar ist. Es sollen deshalb nachfolgend einige wichtige ergänzende praktische Hinweise für die Planung, Durchführung und Auswertung von Pumpversuchen gegeben werden.

Pumpversuchsplanung und -durchführung

- Pumpversuche sollten mit geschätzten geohydraulischen Parametern vorausberechnet werden, wobei zweckmäßigerweise ein verfügbares Rechenprogramm einzusetzen ist. Dadurch erhält man Informationen über die zu erwartenden Absenkungen, notwendigen Volumenströme, Pegelanordnungen und erforderlichen Pumpzeiten.
- Das durch den Pumpversuch erzeugte Grundwassergefälle im Auswertungsbereich soll mindestens 50 mal größer sein als das natürliche Gefälle.

- Die Wahl der Volumenströme soll gewährleisten, daß auch in dem am weitesten entfernt liegenden Pegel gut meßbare Absenkungen erreicht werden.
- Bei allen Pumpversuchen sollten Pegel angeordnet werden, da die alleinige Brunnenauswertung häufig zu fehlerhaften Parametern führt.
- Die Filter der Pegel sind kurz zu halten (0,5 m oder 1,0 m), damit eine punktförmige Potentialermittlung gewährleistet ist.
- Die Tiefenlage der Filter hat auf die Bestimmung der Parameter bei gespannten Strömungsverhältnissen und vollkommenen Brunnen keinen Einfluß
- Für die Erfassung von vertikalen Fließkomponenten sind die Meßstellen nahe am unvollkommenen Brunnen anzuordnen.
- Bei ungespannten Strömungsverhältnissen und vollkommenen Brunnen ergeben sich reale S-Werte, wenn der Filter in einer Höhe von etwa 0,8 h_n über der Sohle des Grundwasserleiters angeordnet ist.

Abb. 2.53 zeigt für einen häufig vorkommenden Fall des unvollkommenen Brunnenausbaus, an welcher Stelle des Grundwasserleiters die Filter der Pegel sitzen müssen, damit der Faktor, der die Unvollkommenheit erfaßt, zu Null wird.

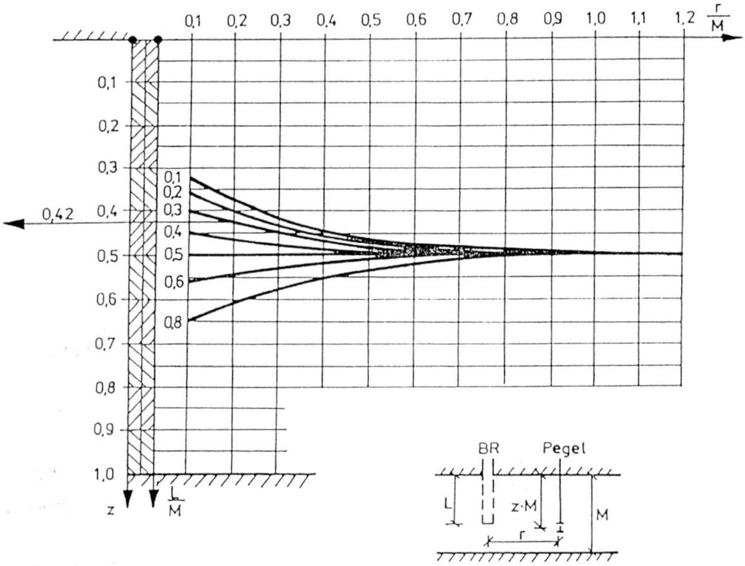

Abb. 2.53. Lage des Pegelfilters, um den Einfluß der Unvollkommenheit auszuschalten.

Die Auswertung kann dann wie bei einem vollkommenen Brunnen erfolgen.

Beispiel: L = 8,0 m M = 25 m r = 5 m

$$\frac{L}{M} = 0{,}32; \qquad \frac{r}{M} = 0{,}2 \quad \rightarrow \quad z = 0{,}42$$

→ Filter bei 0,42 · M = 0,42 · 25 = 10,5 m

- Sind grobe Idealisierungen der Randbedingungen notwendig, dann sind die Brunnen und die Pegel möglichst weit entfernt von der Randbedingung anzuordnen.
- Bei Existenz einer geradlinigen Berandung läßt sich aus dem Beginn der Geraden

$t_G = \geq 3{,}8 \cdot \frac{S}{T} \cdot r^2 \quad (\varepsilon = 3\%)$

und dem Knickpunkt auf Grund der Randbedingung

(2.130) $$\lambda = 0{,}75\sqrt{\frac{t_K \cdot T}{S}}$$

unter der Annahme $t_K = 20\, t_G$ die Größe r berechnen

(2.131) $$r = \sqrt{\frac{\lambda^2}{43}}.$$

Der Wert r ist die Entfernung, in der der Pegel maximal vom Brunnen entfernt liegen darf, damit etwa über eine Dekade im halblogarithmischen Papier ein geradliniger Absenkungsverlauf entsteht.

- Das geförderte Wasser ist so abzuleiten, daß kein hydraulischer Kurzschluß entstehen kann.
- Nach Abschaltung der Pumpe fließt häufig Wasser aus den Rohrleitungen zurück in den Brunnen, so daß die ersten Wiederanstiegsmessungen z. T. stark verfälscht sein können.

Pumpversuchsauswertung

- Pumpversuche sollten so umfassend wie möglich ausgewertet werden, wobei auftretende Widersprüche zu klären sind.
- Die Zahl der Punkte, die durch eine Gerade approximiert werden, sollte sechs bis acht nicht unterschreiten.
- Zur Bestimmung des Wertes t_0 darf die Gerade nicht weit über die Punkteschar hinaus extrapoliert werden.
- Wiederanstiegsauswertungen bringen oft zuverlässigere Ergebnisse als Absenkungsauswertungen. Sie sind unbeeinflußt von Förderschwankungen und Ungenauigkeiten bei der Wassermengenmessung. Außerdem haben Inhomogenitäten des Grundwasserleiters und Skin-Effekte nur geringen Einfluß.
- Es sollte, wenn möglich, keine Absenkungsauswertung des Brunnenwasserspiegels durchgeführt werden. Die Gründe dafür sind:
  - Förderschwankungen haben einen großen Einfluß auf die Absenkungen im Brunnen.
  - In nicht ordnungsgemäß ausgebauten Brunnen treten Skin-Effekte auf, somit ist der effektive Brunnenradius unbekannt und kein S-Wert ermittelbar.
  - Armaturen und Brunneneinbauten gestatten oft keine ordnungsgemäße Messung.
  - Auf Grund des fehlenden S-Wertes können keine Zeitschranken ausgerechnet und Knickpunkte interpretiert werden.
- Die Auswertung des Wiederanstieges bringt im Regelfall auch für den Brunnen gültige T-Werte.
- Je geringer die Brunnenförderleistung ist, desto unzuverlässiger sind die ermittelten Parameter.
- Aus einer gemeinsamen Auftragung der Absenkung in der Form s = f [lg (t)] und des Wiederanstiegs in der Form s – s' = f [lg (t')] läßt sich in einem Brunnen der summarische Skin-Effekt S_e ermitteln, wobei Gl. (2.132) die Grundlage bildet (siehe Abb. 2.54).

(2.132) $$s + s_{se} = 0{,}183\frac{Q}{T}\left[\lg\left(\frac{2{,}25 \cdot T \cdot t}{r^2 \cdot S}\right)\right] + S_e$$

s_{se} = aus dem Skin-Effekt resultierende Zusatzabsenkung

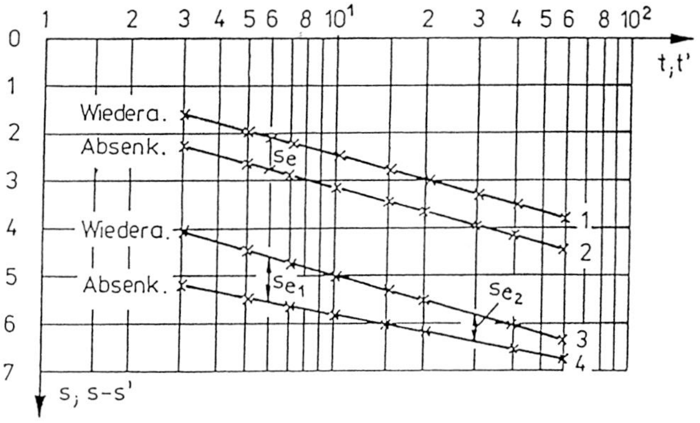

Abb. 2.54. Schematische Darstellung des Skin-Effektes.

Der Wert von S_e kann für die Beurteilung der Qualität des Brunnenausbaus herangezogen werden, wobei er entweder konstant ist (Geraden 1 und 2) oder sich beispielsweise im Verlauf der Brunnenentwicklung verkleinert (Geraden 3 und 4). Ganz allgemein soll unter Skin-Effekt ein zusätzlicher hydraulischer Widerstand unmittelbar am Brunnenmantel, dem Filterkies oder Filterrohr verstanden werden, der aus Kolmationsprozessen während des Bohrvorganges oder unerwünschten Erdstoffverformungen während des Betriebes resultiert. Daraus ergibt sich eine zusätzliche Brunnenabsenkung in m, die jedoch nur während der Förderphase wirksam wird.

2.3.4.2 Bohrlochtests

Bohrlochtests sind Feldtestverfahren, die an unverrohrten oder verrohrten Brunnen oder Pegelbohrungen durchgeführt werden können. Es werden hierbei unter konkreten Ausbau- und Grundwasserleiter-Verhältnissen kurzzeitige Wasserstandsänderungen im Bohrloch realisiert, danach der zeitliche Absenkungs- oder Wiederanstiegsverlauf meßtechnisch erfaßt, und daraus explizit isotrope oder anisotrope Durchlässigkeitskoeffizienten ermittelt.

Diese Tests sind kein Ersatz für geohydraulische Pumpversuche, sondern lediglich eine überschlägliche Methode zur schnellen Parameterermittlung, die auf abgerüsteten Gleichungen für stark idealisierte Strömungsschemata aufbauen. Sie stellen im statistischen Sinne ein punktförmiges Stichprobenelement bezüglich des Merkmals k_f dar, da nur ein sehr begrenzter Raum um die Bohrung herum hydraulisch beansprucht wird.

Bewährt haben sich die Bohrlochtests besonders bei Expreßuntersuchungen in wenig erschlossenen Gebieten. In Abb. 2.55 sind fünf Versuchsschemata dargestellt, für welche in der Literatur Auswerteverfahren angegeben sind. Das Charakteristikum dieser fünf Schemata ist, daß der Grundwasserleiter nach unten theoretisch unbegrenzt ist. Ansonsten unterscheiden sie sich insbesondere durch den Strömungscharakter (frei oder gespannt) und durch den Bohrlochausbau (Filterlänge, Filteranordnung, Teufe).

In Abb. 2.56 sind drei weitere Versuchsschemata für Grundwasserleiter mit definierter Mächtigkeit angegeben.

Bei den nachfolgenden Gleichungen wird grundsätzlich von einer Aufhöhung des Wasserstandes ausgegangen, da diese versuchstechnisch leichter zu realisieren ist. Die Lösungen gelten jedoch ebenfalls für eine entsprechende Absenkung des Wasserspiegels. In der Literatur nennt man das häufig Expreßverfahren.

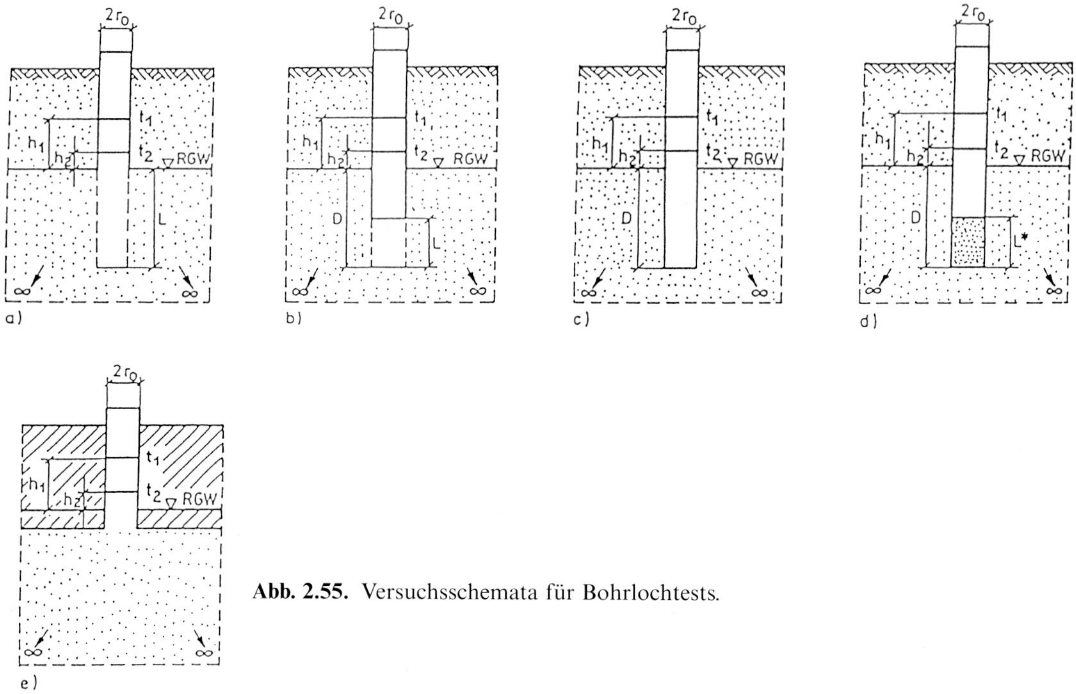

Abb. 2.55. Versuchsschemata für Bohrlochtests.

a) Für $L/r_0 < 50$ und bekanntem Speicherkoeffizienten S gilt:

(2.133)
$$k_f = \frac{r_0}{16 \cdot L \cdot S} \cdot \left(\frac{h_1 - h_2}{t_2 - t_1} \right)$$

b) Für kurze Filter mit $L/r_0 < 10$ und große Tiefen gilt:

(2.134)
$$k_f = \frac{r_0^2}{2 \cdot L \cdot (t_2 - t_1)} \cdot \ln\left(\frac{L}{r_0}\right) \cdot \ln\left(\frac{h_1}{h_2}\right)$$

c) Bei einem Ausfluß aus der Bohrlochsohle und geringen Tiefen mit $0{,}2\ m < D < 1{,}5\ m$ gilt:

(2.135)
$$k_f = \frac{2 \cdot \pi \cdot r_0}{11 (t_2 - t_1)} \cdot \ln\left(\frac{h_1}{h_2}\right)$$

d) Unter den Bedingungen wie bei c) und einem ungestörten Bodenkörper der Länge L* im Vollrohr ergibt sich ein k_f-Wert nach:

(2.136)
$$k_f = \frac{2 \cdot \pi \cdot r_0 + 11 L^*}{11 (t_2 - t_1)} \cdot \ln\left(\frac{h_1}{h_2}\right)$$

Aus einer Gegenüberstellung der Gleichungen (2.135) und (2.136) läßt sich der vertikale k-Wert k_v eliminieren.

(2.137)
$$k_v = \frac{L^*}{t_2 - t_1} \cdot \ln\left(\frac{h_1}{h_2}\right)$$

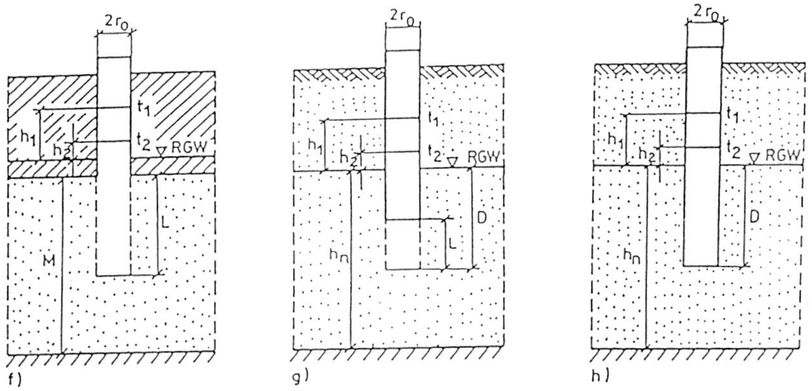

Abb. 2.56. Versuchsschemata für Bohrlochtests.

e) Für diesen Fall eines gespannten Grundwasserleiters gilt ohne Einschränkung:

(2.138) $$k_f = \frac{\pi \cdot r_0}{4\,(t_2 - t_1)} \cdot \ln\left(\frac{h_1}{h_2}\right)$$

f) Bei einer bekannten Grundwasserleitermächtigkeit M und unter den Bedingungen $L/r_0 > 8$ und $0{,}2 < L/M < 0{,}8$ gilt:

(2.139) $$k_f = \frac{r_0^2 \cdot \ln\left(\frac{L}{r_0}\right)}{2 \cdot L \cdot (t_2 - t_1)} \cdot \ln\left(\frac{h_1}{h_2}\right)$$

Da unter den genannten Bedingungen M nicht in der Gleichung vorkommt, ist diese auch gut für eine Auswertung nach Fall a) geeignet.

Eine Bestimmungsgleichung, die das Verhältnis L/M berücksichtigt, ist die Beziehung

(2.140) $$k_f = \frac{\pi \cdot r_0\ (h_1 - h_2)}{C_K \cdot (t_2 - t_1)} \cdot \frac{2}{h_1 - h_2},$$

wobei die Koeffizienten C_K^* und C_K aus den Abb. 2.57 und 2.58 ermittelt werden müssen (Kashef 1986).

g) Für diesen Fall stellt die nachfolgende Gleichung eine sehr allgemeine Lösung dar:

(2.141) $$k_f = \frac{r_0^2}{2 \cdot N \cdot L\,(t_2 - t_1)} \cdot \ln\left(\frac{h_1}{h_2}\right)$$

Die Hilfsgröße N läßt sich für die entsprechenden Ausbauverhältnisse entsprechend Gl. (2.142) ermitteln, wobei die Größen C_1 und C_2 aus Abb. 2.59 bestimmt werden müssen.

(2.142) $$N = \frac{1{,}1}{\ln\left(\frac{D}{r_0}\right)} + \frac{C_1 + C_2 \cdot \ln\left[\left(\frac{h_n - D}{r_0}\right)\right]}{\left(\frac{L}{r_0}\right)}$$

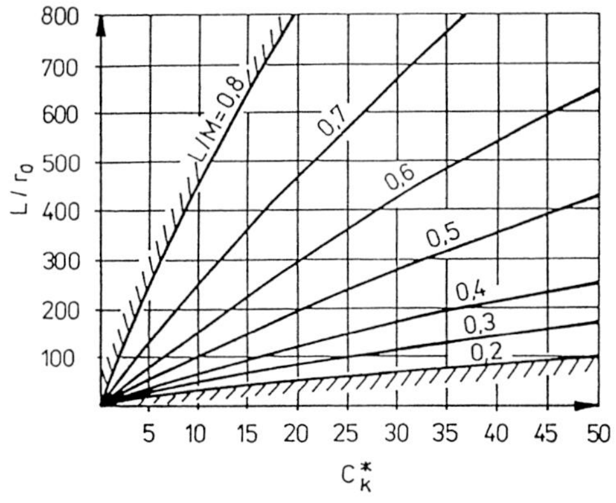

Abb. 2.57. Graphik zur Ermittlung des Beiwertes C_K*.

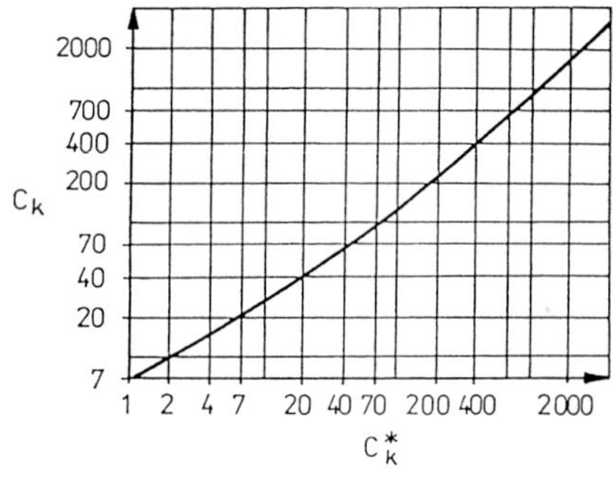

Abb. 2.58. Graphik zur Ermittlung des Beiwertes C_K.

Diese Gleichung ist unter der Bedingung L = D auch eine gute Näherung für eine Auswertung nach Fall f) und bei Ansatz eines festen Verhältnisses $h_n = 10 \cdot D$ im zweiten Term der Gl. (2.142) für eine Auswertung nach Fall b) ansetzbar.

h) Bei Ausfluß durch die Bohrlochsohle und begrenztem Grundwasserleiter erfolgt eine Auswertung nach Gleichung:

(2.143) $$k_f = C \cdot \left(\frac{h_1 - h_2}{t_2 - t_1} \right)$$

$$\text{mit } C = \frac{40 \cdot r_0^2}{(D + 20 \cdot r_0) \cdot \left(2 - \frac{h}{D} \right) \cdot \bar{h}}$$

$$\bar{h} = h_1 - 0{,}5\,(h_1 - h_2)$$

Für diesen Versuchsaufbau eignet sich auch der »open-end-test« des U. S. Bureau of Reclamation unter den Bedingungen $D > 10\ r_0$ und $(h_n - D) > 10\ r_0$. Dabei wird das Bohrloch bis zur Oberkante mit Wasser gefüllt, kurzzeitig stabil gehalten und der dafür notwendige Volumenstrom Q gemessen. Der k_f-Wert ergibt sich dann nach:

(2.144) $$k_f = \frac{Q}{5{,}5 \cdot r_0 \cdot h},$$

wobei h die Entfernung Ruhegrundwasserspiegel – Pegeloberkante ist.

Neben den acht in den Abb. 2.55 und 2.56 dargestellten Versuchsschemata existieren noch weitere Einbohrloch-Methoden, die für einen praktischen Einsatz unter den genannten Gesichtspunkten geeignet sind, hier jedoch nicht weiter beachtet werden sollen. Es handelt sich dabei z. B. um Versuchsschemata in mehrschichtigen Grundwasserleitern, Tests, bei denen der Ausfluß aus dem Pegel über der Grundwasseroberfläche erfolgt oder auch das Einschwingverfahren, bei dem davon ausgegangen wird, daß ein Brunnen-Grundwasserleitersystem nach seiner Erregung ein schwingfähiges System ist.

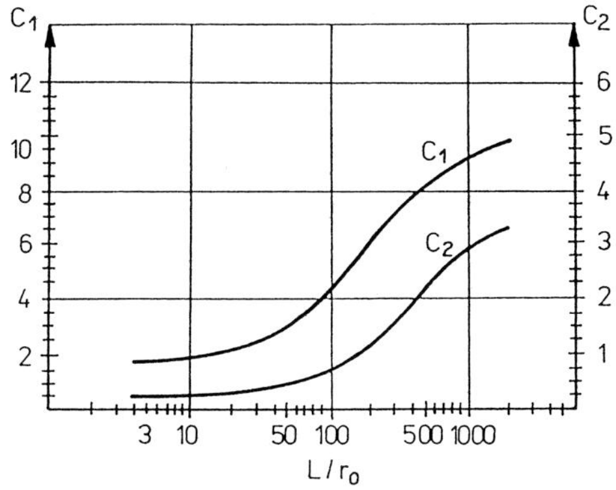

Abb. 2.59. Graphik zur Ermittlung der Beiwerte C_1 und C_2.

2.3.4.3 Auswertung von Parallelströmungsverhältnissen

Bei Uferfiltratfassungsanlagen in langgestreckten Flußtälern treten häufig Parallelströmungsverhältnisse auf. Bei der geohydraulischen Berechnung dieser Systeme spielt neben den Durchlässigkeits- und Speichergrößen der Kolmationszustand des Vorfluters, ausgedrückt durch den Infiltrationswiderstand w, eine entscheidende Rolle.

$$w = \frac{d'}{k'_f} \qquad (2.145)$$

Dieser Wert muß sowohl in der Phase der Projektierung bekannt sein, als auch bei Betrieb einer Fassungsanlage aktualisiert werden. Bei der letztgenannten Aufgabe hat es sich als günstig erwiesen, den ohnehin ablaufenden Strömungsprozeß meßtechnisch zu erfassen und zur Bestimmung von w zu nutzen. Das ist häufig ohne zusätzlichen Aufwand möglich, da ein großer Teil der benötigten Meßwerte routinemäßig erfaßt wird (Flußwasserstände, Brunnenwasserstände, Volumenströme der Brunnen, Pegelwasserstände).

Nachfolgend sollen zwei Auswerteverfahren näher dargestellt werden, die dafür gut einsetzbar sind.

Fragmentmethode

Dieses Auswerteverfahren beruht auf der Nutzung des im Abschnitt 2.3.4.1.5 vorgestellten Suchverfahrens, wobei auch hier wieder die Parameterermittlung nach dem in Abb. 2.49 dargestellten Zyklus erfolgt. Der Lösung der direkten Aufgabe liegt das in Abb. 2.60a dargestellte geohydraulische Schema zugrunde.

Neben diesem Basismodell lassen sich auch Modelle mit anderen technisch-technologischen und geohydraulischen Bedingungen berechnen. Das sind z. B.:

- einseitige Fassungen,
- teilweise oder vollständig unbedeckte Grundwasserleiter,
- Randbedingungen erster bzw. zweiter Art an den Brunnen und den äußeren Strömungsfeldgrenzen,
- freie Versickerung unter dem Vorfluter.

In Abb. 2.60b ist die Fragmenteinteilung des Basismodells und in Abb. 2.60c das dazugehörige Ersatzschaltbild zu sehen.

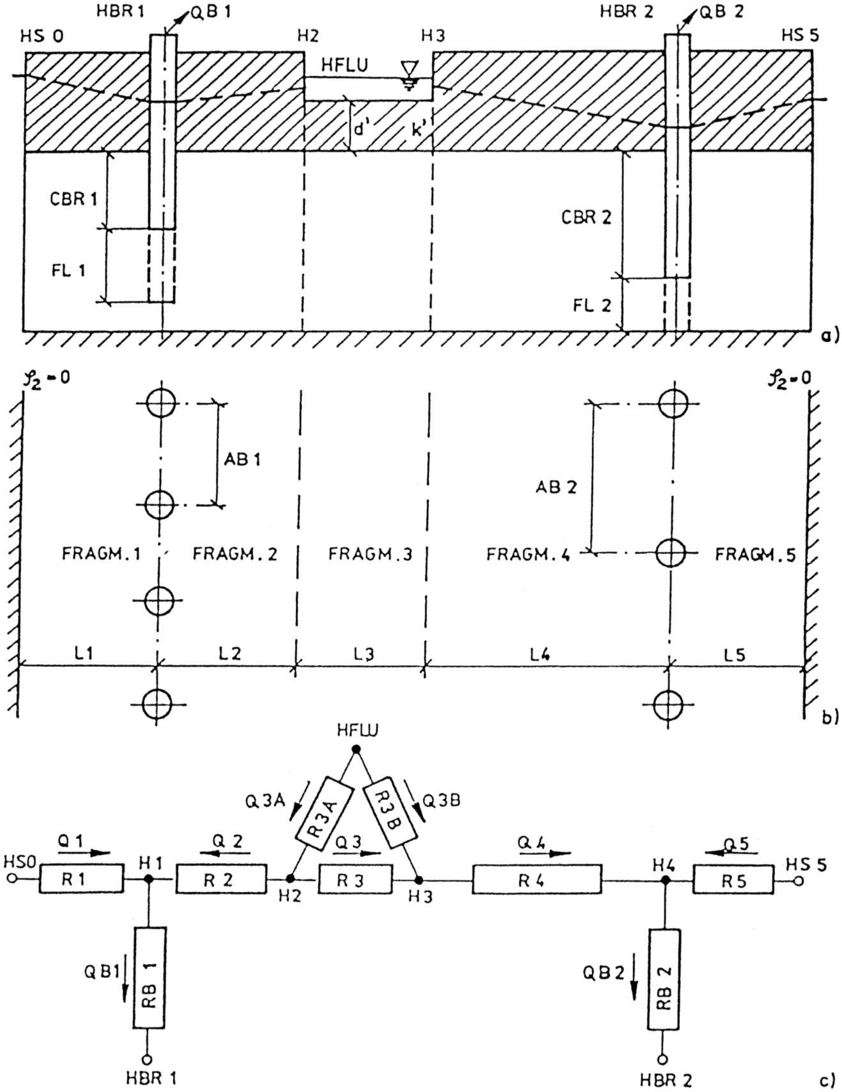

Abb. 2.60. Schema der Fragmentmethode.

Die analytischen Lösungen für die Einzelfragmente können dem Abschnitt 2.4.2 entnommen und dann in die Bilanzgleichungen für die Knotenpunkte des Ersatzschaltbildes eingesetzt werden. Als Ergebnis des zu lösenden Gleichungssystems erhält man direkt und indirekt folgende Werte:

- Potential H2 und H3 links und rechts des Vorfluters;
- Brunnenwasserstände HB1 bzw. HB2;
- Brunnenfördermengen QB1 bzw. QB2;
- Strömungsfeldpotentiale für die Fragmente 1, 2, 4 und 5, die nachfolgend wahlweise durch einen Vergleich mit den vorhandenen Meßwerten zur Berechnung der Gütefunktion herangezogen werden können.

Der aktuelle Kolmationsparameter w ist in der Regel nach 10 bis 15 Arbeitszyklen genügend genau ermittelt. So wurde beispielsweise mit dem nach dem beschriebenen Algorithmus arbeitenden Rechenprogramm KOSU für die Wasserfassung Dresden-Hosterwitz ein Wert von $w = 8{,}15 \cdot 10^5$ s ermittelt.

Uferfiltrationssimulator

In der Nähe von Flüssen treten häufig auch sehr ausgeprägte nichtstationäre Strömungsprozesse auf, wofür der Durchgang einer Hochwasserwelle ein typisches Beispiel ist. Die dabei auftretenden Wasserstandsänderungen auf beiden Seiten des Flusses eignen sich ebenfalls sehr gut für eine Ermittlung von geohydraulischen Parametern, insbesondere des Infiltrationswiderstandes w.

Aus diesem Grunde wurde in Anlehnung an den Pumpversuchssimulator WELL89 (siehe Abschnitt 2.3.4.1.6) der Uferfiltrationssimulator VERT entwickelt, welcher eine zweidimensionale numerische vertikalebene Lösung des Strömungsprozesses darstellt (Beims 1992b). Die Abb. 2.61 zeigt das Schema der realen Strömungsverhältnisse und ein für das Programm VERT diskretisiertes Strömungsfeld mit 4 × 15 Elementen und einigen typischen Randbedingungen.

Das Programm realisiert folgende wesentlichen Verhältnisse:
- zeitliche Ganglinie für die Randbedingungen an den Knotenpunkten,
- Möglichkeiten der Überlagerung von Leitwerten,
- sehr differenzierte Parametereingabe für jedes Element,
- horizontaler k_f-Wert, (k_h)
- vertikaler k_f-Wert, (k_v)
- Speicherparameter,
- Randbedingungen erster oder zweiter Art,
- Maximalkonfiguration 5 × 25 Elemente.

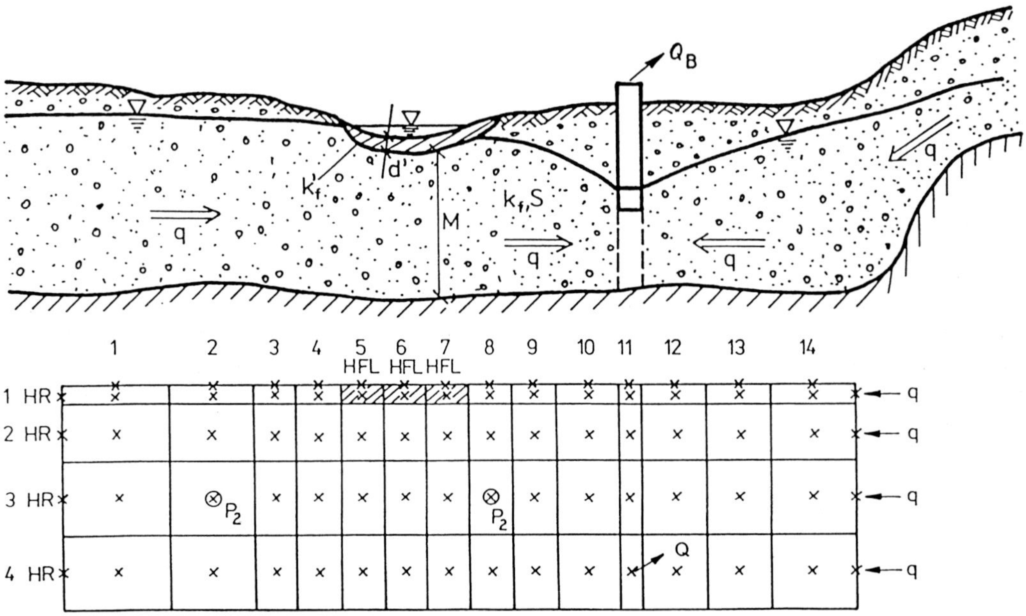

Abb. 2.61. Reale Strömungsverhältnisse und diskretisiertes Modell einer Uferfiltratfassung.

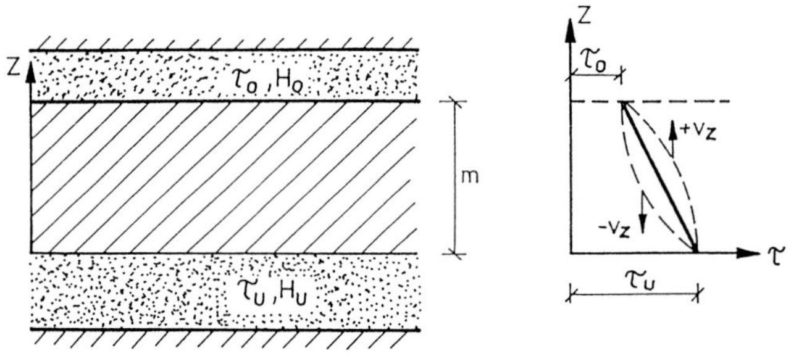

Abb. 2.62. Geschwindigkeits- und Temperatur-Verteilung in einer halbdurchlässigen Schicht.

Mit dem Programm VERT ist es somit möglich, bei relativ geringer Idealisierung des Strömungssystems die geohydraulischen Parameter interaktiv so lange zu verändern, bis eine optimale Übereinstimmung zwischen den Meßwerten an den Pegeln und den entsprechenden Knotenpunkten erreicht ist (Abb. 2.61, Knoten 3/2 und 3/8).

Eine weitere Version des Programms VERT ist so aufgebaut, daß auch ungespannte Strömungsverhältnisse exakt erfaßt werden können. Dabei erfolgt die Diskretisierung so, daß die Bewegung der freien Oberfläche in der oberen Schicht stattfindet. Die maßgebenden T-Werte werden dann in Abhängigkeit vom aktuellen Wasserstand für jeden Zeitschritt neu ermittelt.

2.3.4.4 Auswertung von Wärmemessungen

In diesem Abschnitt soll die Anwendung des Verfahrens der Typkurven auf die Bestimmung des k_f'-Wertes einer halbdurchlässigen Schicht in einem geschichteten Grundwasserleiter anhand von Temperaturmessungen demonstriert werden.

Die Grundlage dafür bildet die Differentialgleichung des Wärmetransports in einem porösen Medium bei stationären Verhältnissen:

(2.146) $$V_T = \rho \cdot C_w \cdot v_f \cdot \tau \cdot \text{grad}\, \tau$$

mit

ρ	=	Dichte des Wassers	$(\text{Mg} \cdot \text{m}^{-3})$
λ	=	spez. Wärmeleitfähigkeit	$(\text{W} \cdot \text{m}^{-1} \cdot \text{K}^{-1})$
C_w	=	spez. Wärmekapazität des Wassers	$(\text{W} \cdot \text{s} \cdot \text{kg}^{-1} \cdot \text{K}^{-1})$
v_f	=	Filtergeschwindigkeit	$(\text{m} \cdot \text{s}^{-1})$
τ	=	Temperatur	(K)
V_T	=	Dichte der Wärmeströmung	$(\text{W} \cdot \text{m}^{-2})$

Der erste Term der Gleichung erfaßt dabei die Wärmeströmung (Konvektion) und der zweite Term die Wärmeleitung (Diffusion). Entsprechend dem in Abb. 2.62 dargestellten Schema ergeben sich aus dieser Gleichung drei typische Temperaturverläufe in der halbdurchlässigen Schicht. Der geradlinige Verlauf tritt dann ein, wenn nur eine Wärmeleitung existiert ($v_z = 0$). Ist dagegen $v_Z \neq 0$, dann erfolgt entsprechend der Strömungsrichtung eine mehr oder minder starke Verformung der Temperaturkurve. Für den konkreten Fall des eindimensionalen Wärmetransportes in z-Richtung ergibt sich aus Gl. (2.146):

(2.147) $$V_t = \rho \cdot C_w \cdot v_z \cdot \tau - \lambda \frac{\delta \tau}{\delta z}$$

Die Gl. (2.147) hat bei einer normierten Temperatur folgende Lösung:

(2.148) $$\bar{\tau} = \frac{\tau - \tau_m}{\tau_0 - \tau_m} = \frac{e^{\bar{v}_z} - e^{\bar{v}_z} \cdot \bar{z}^{\bar{z}}}{e^{\bar{v}_z} - 1}$$

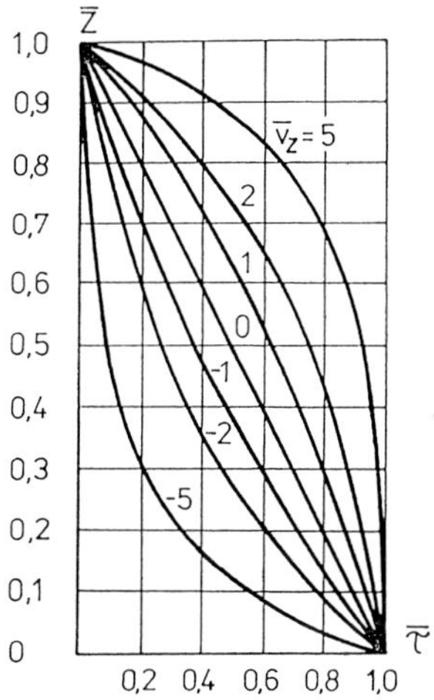

Abb. 2.63. Typkurven zur Versuchsauswertung nach Gl. (2.148).

mit

$$\bar{v}_z = \frac{\rho \cdot C_w \cdot m}{\lambda} \cdot v_z \ ; \ \bar{z} = \frac{z}{m}$$

Die Lösung (2.148) ist in Abb. 2.63 graphisch dargestellt.

Zur Ermittlung des k_v-Wertes der halbdurchlässigen Schicht müssen somit folgende Arbeitsschritte durchgeführt werden:

- Ermittlung von $\bar{z}$ und $\bar{\tau}$ aus den Meßwerten $\tau = f(z)$,
- Auftragen der Werte von $\bar{z}$ und $\bar{\tau}$ im gleichen Maßstab wie die Typkurve entsprechend Abb. 2.63,
- Übereinanderlegen der Graphiken zur Bestimmung von $\bar{v}_z$,
- Ermittlung von v_z,
- Ermittlung von k_v aus $k_v = v/(\Delta H/m)$; $\Delta H = |H_0 - H_u|$.

Das dargestellte Verfahren wurde in den letzten Jahren zu einer Routinemethode der geophysikalischen Bohrlochuntersuchung entwickelt. Ein wesentlicher Grund dafür ist, daß die Voraussetzungen für seine Anwendbarkeit

- ein unverrohrtes Bohrloch,
- die ausbautechnisch zu realisierende Verhinderung einer Kommunikation im Bohrloch,
- ungestörte Temperaturverhältnisse im Bohrloch,
- die Kenntnis der Lithologie des durchteuften Profils und
- die Anwendung empfindlicher Temperaturmeßsonden

bei praktischen Aufgaben häufig gegeben bzw. mit wenig zusätzlichem Aufwand realisierbar sind.

2.3.4.5 Repräsentativwert-Ermittlung

Bei allen geohydraulischen Lösungsverfahren ist eine mehr oder weniger große Schematisierung der realen Strömungsverhältnisse notwendig. Das betrifft unter anderem die räumliche Struktur des Strömungsfeldes, die Lage der inneren und äußeren Randbedingungen, die Ausgrenzung von geologisch-stratigraphischen Einheiten, aber auch die Quantifizierung der repräsentativen geohydraulischen Parameter für das gesamte Strömungsfeld oder einzelne Bereiche davon. Im

Mittelpunkt steht dabei die Ermittlung der hydraulisch repräsentativen Durchlässigkeitsparameter (BEIMS 1974, BEIMS & LUCKNER 1974).

Als hydraulischer Repräsentativwert wird dabei der Wert bezeichnet, der an dem ihm zugeordneten Strömungsfeldabschnitt die gleichen hydraulischen Verhaltensweisen bewirkt, wie die innerhalb dieses Abschnittes von Ort zu Ort wechselnden Parameter. Dabei werden entweder die aus Siebanalysen ermittelten k_f-Werte als punktförmige Stichprobenelemente einer räumlichen Grundgesamtheit oder die aus Pumpversuchen ermittelten T-Werte als über die Vertikale integrierte Stichprobenelemente einer horizontal-ebenen Grundgesamtheit als Ausgangswert benutzt.

Umfangreiche statistische Analysen von hydrogeologischen Erkundungsergebnissen haben ergeben, daß die Verteilungsfunktionen von k_f-Werten und T-Werten in der Regel schief sind und demzufolge durch drei Parameter beschrieben werden müssen. Das sind der arithmetische Mittelwert $\bar{k}_f$ oder T, der Variationskoeffizient v_k oder v_T als Maß für die Streuung der Stichprobe und ein Transformationsparameter α, der die Schiefe der Verteilung beschreibt. Dabei bedeuten $\alpha = 1$, daß die Stichprobe normal verteilt ist, $\alpha \to 0$, daß sie logarithmisch normal verteilt ist und $1 > \alpha > 0$, daß sie zwischen den beiden Grenzwerten liegt. Der Wert α wird durch die Transformation der schiefen Ausgangsverteilung in eine Normalverteilung mit Hilfe eines Anpassungstests ermittelt. Aus diesen drei statistischen Kenngrößen ergibt sich nun der Repräsentativwert nach der Gl. (2.149) bzw. (2.150)

(2.149) $$k_R = \bar{k}_f \cdot f_k$$

bzw.

(2.150) $$T_R = \bar{T} \cdot f_T,$$

wobei die Faktoren f_k oder f_T Abb. 2.64 entnommen werden können.

Die Faktoren f_k und f_T wurden aus umfangreichen numerischen Untersuchungen an einem räumlichen und einem ebenen Strömungsfeld abgeleitet. Dabei wurde jeweils

- der Volumenstrom Q_1 ermittelt, der fließt, wenn das gesamte Strömungsfeld mit dem arithmetischen Mittelwert der benutzten Stichprobe der Durchlässigkeitsparameter k_f oder T belegt war und
- der Volumenstrom Q_2 an dem gleichen sehr fein diskretisierten Strömungsfeld ermittelt, der fließt, wenn die Durchlässigkeitsparameter entsprechend der gewählten Verteilung mit Hilfe eines Zufallsgenerators den einzelnen diskreten Elementen zugeordnet werden.

Diese Untersuchungen wurden für eine breite Palette von Streuungen und Schiefen wiederholt durchgeführt, um eine statistische Absicherung der Ergebnisse zu erreichen. Der Faktor f ist nun der Quotient der Werte Q_2 und Q_1.

(2.151) $$f = \frac{Q_2}{Q_1}$$

Die Untersuchungsergebnisse zeigen weiterhin, daß der Volumenstrom Q_2 stets kleiner als Q_1 ist, was nichts anderes bedeutet, als daß bei Benutzung des arithmetischen Mittelwertes für k_f oder T stets zu große Volumenströme prognostiziert werden. Aus Abb. 2.64 ist zu erkennen, daß bei Variationskoeffizienten von $v_k = 1$, die bei realen k_f-Wert-Verteilungen durchaus vorkommen, der hydraulische Repräsentativwert um rund 30% kleiner ist als der arithmetische Mittelwert. Bei der praktischen Nutzung der angegebenen Verfahrensweise zur Repräsentativwert-Ermittlung läßt sich sehr vorteilhaft das Rechenprogramm REWERT benutzen, das auch Bestandteil mehrerer CAD-Lösungen ist.

Die hier dargestellte Methodik der Repräsentativwert-Ermittlung läßt sich in gleicher Weise auch auf andere Parameter übertragen. Dabei ist jedoch stets zu beachten, daß es keinen Repräsentativwert »an sich« gibt, sondern daß dieser immer einen konkreten hydraulischen Bezug hat.

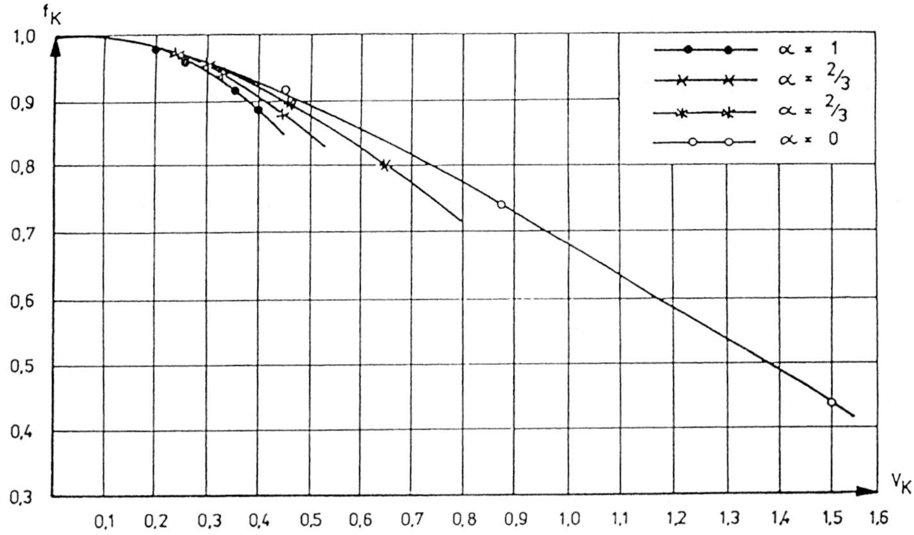

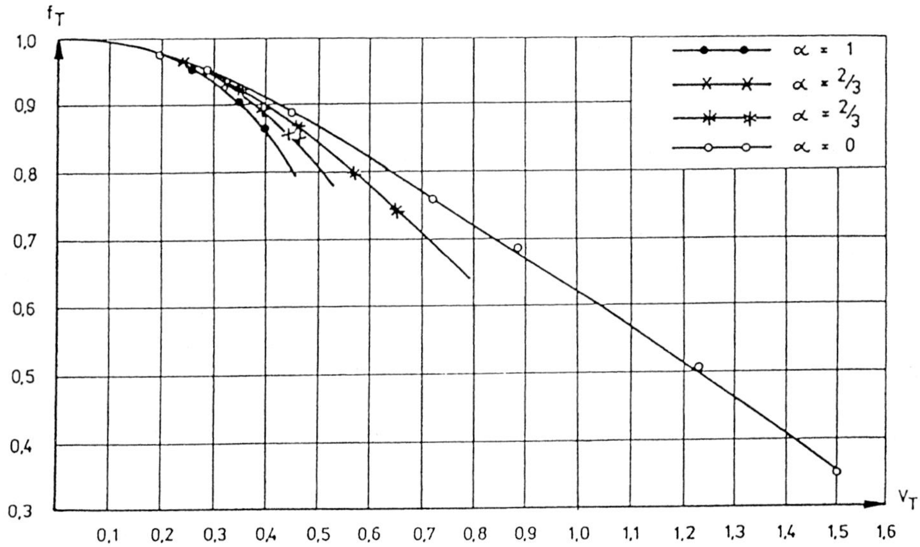

Abb. 2.64. Graphiken zur Ermittlung der Abminderungsfaktoren f_k und f_T.

2.4 Geohydraulische Berechnungen

2.4.1 Analytische Lösungen

2.4.1.1 Vertikalfilterbrunnen

Im Abschnitt 2.2.5.2 wurde die nichtstationäre Anströmung eines Vertikalfilterbrunnens aus methodischer Sicht abgeleitet. Unter Benutzung der Differenz des GIRINSKIJ-Potentials ($Z = \Phi_n - \Phi$) ergab sich als Grundgleichung

(2.152) $$Z\,(r,t) = \frac{Q}{4 \cdot \pi \cdot k_f} \cdot W\,(u)$$

mit den in Tabelle 2.4 dargestellten Brunnenfunktionen W (u) von THEIS (1935).

Nach Interpretation des GIRINSKIJ-Potentials für gespannte und freie Strömungsverhältnisse erhält man für die Berechnung der Absenkung

gespannte Strömungsverhältnisse

(2.153) $$s = \frac{Q}{4 \cdot \pi \cdot T} \cdot W\,(u)$$

freie Strömungsverhältnisse

(2.154) $$s = h_n - \sqrt{h_n^2 - \frac{Q}{2 \cdot \pi \cdot k_f} \cdot W\,(u)}$$

Die eigentliche Bedeutung der dargestellten Grundlösungen liegt jedoch in den nachfolgend beschriebenen Erweiterungen. Dadurch läßt sich eine Vielzahl von praktischen Aufgaben ohne gravierende Einschränkungen und unzulässige Annahmen lösen (WAPRO 1.42, 1971).

2.4.1.1.1 Das Superpositionsprinzip

Das Superpositionsprinzip (Überlagerungsprinzip) spielt bei der Berechnung von Grundwasserströmungsproblemen eine außerordentlich große Rolle. Die Überlagerung von analytischen Lösungen ist dann möglich, wenn die den Prozeß beschreibende Grundgleichung linear im Potential und seinen Ableitungen ist. Damit besteht die Möglichkeit, durch Superposition neue Lösungsfunktionen mit komplizierten Anfangs- und Randbedingungen aus den bekannten einfachen Funktionen abzuleiten. Man unterscheidet prinzipiell zwischen zeitlichen und örtlichen Superpositionen, die nachfolgend am Beispiel der Brunnenanströmung bei gespannten Strömungsverhältnissen erläutert werden sollen. Hierfür gilt die genannte Voraussetzung exakt, während das für freie Strömungsverhältnisse nur unter bestimmen Annahmen (z. B. $s < 0{,}2\ h_n$) zutrifft.

Zeitliche Superposition

Wenn die Förderganglinie eines Brunnens nicht konstant ist und durch eine Stufenfunktion aus m Stufen approximiert werden kann, dann läßt sich die Gesamtabsenkung aus m Anteilen berechnen. In Abb. 2.65 wurde die stetig steigende Fördermenge durch drei Stufen approximiert, so daß sich die einstellende Absenkung nach folgender Gleichung ergibt:

(2.155) $$s = \frac{1}{4 \cdot \pi \cdot T} \sum_{j=1}^{m} (Q_j - Q_{j-1}) \cdot W \left[\frac{r^2 \cdot S}{4 \cdot T \cdot (t - t_{j-1})} \right]$$

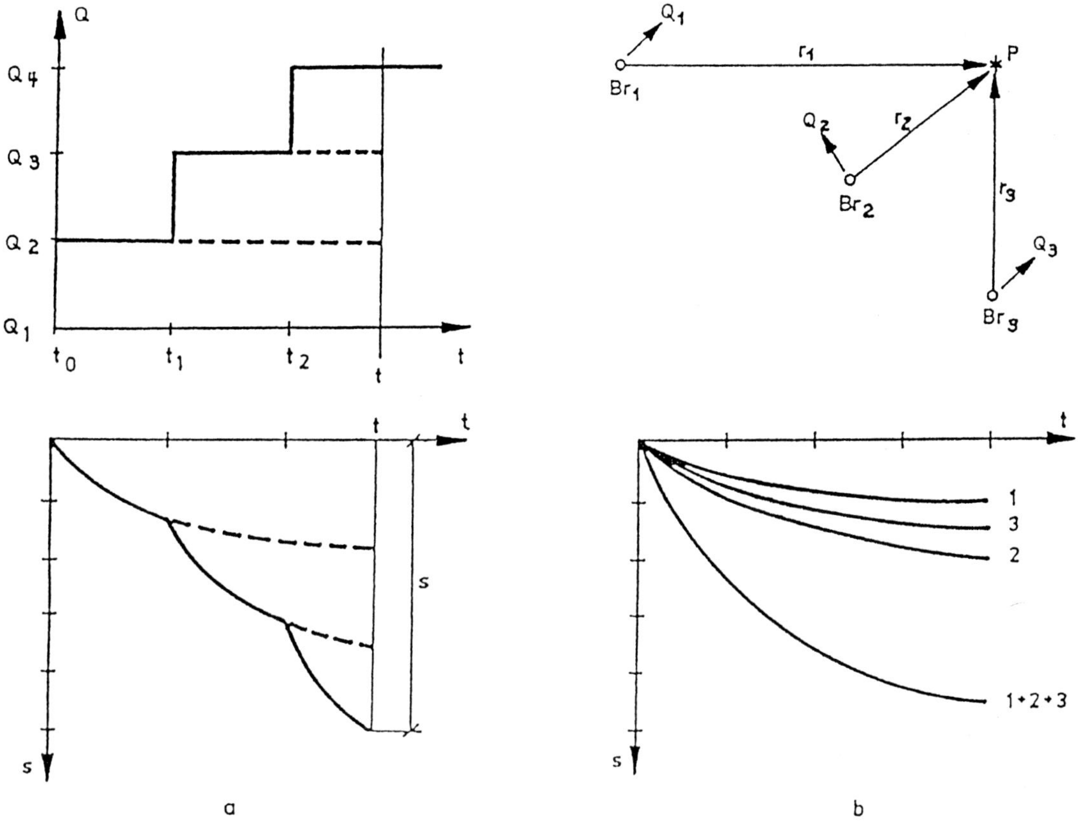

Abb. 2.65. Erläuterung des Superpositionsprinzips.

Aus dem Bild ist auch zu erkennen, daß somit für jeden Term der Summe Q = const. gilt, was Voraussetzung für die Anwendung der Grundlösung der Brunnenanströmung ist. Nach dem gleichen Muster erfolgt auch die Berechnung des Grundwasserwiederanstiegs. In Abb. 2.66 ist der Absenkungsverlauf für eine Förderphase mit anschließendem Wiederanstieg dargestellt.

Dieser Strömungsfall wird rechnerisch so erfaßt, daß der Brunnen über das Pumpende hinaus weiter fördert und zum gleichen Zeitpunkt ein gedachter Schluckbrunnen mit der gleichen Intensität in Betrieb geht. Somit erhält man die sich einstellende Restabsenkung s' zu:

$$s' = \frac{1}{4 \cdot \pi \cdot T}\left[Q \cdot \ln\left(\frac{2{,}25 \cdot T \cdot t}{r^2 \cdot S}\right) + (-Q) \cdot \ln\left(\frac{2{,}25 \cdot T \cdot t'}{r^2 \cdot S}\right)\right] \tag{2.156}$$

Örtliche Superposition

Wenn sich die Absenkung an einem Punkt P des Strömungsfeldes aus der Wirkung von n Brunnen mit konstanter Förderleistung Q_i ergibt, wird die Absenkung nach folgender Gleichung berechnet:

$$s = \frac{1}{4 \cdot \pi \cdot T} \sum_{i=1}^{n} Q_i \cdot W\left(\frac{r_i^2 \cdot S}{4 \cdot T \cdot t}\right) \tag{2.157}$$

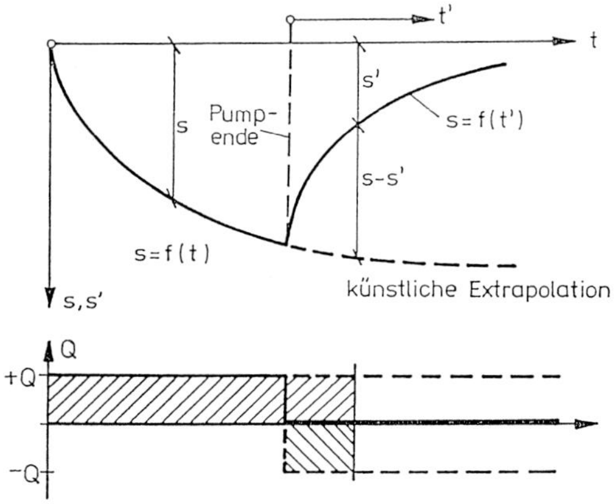

Abb. 2.66. Schema des Wiederanstiegs in einem Brunnen.

Wie aus Abb. 2.65b ersichtlich ist, ergibt sich die Absenkung s am Punkt P aus der einfachen Addition der drei Anteile $s = s_1 + s_2 + s_3$. Aus der Kopplung der Gln. (2.156) und (2.157) ergibt sich schließlich:

$$s = \frac{1}{4 \cdot \pi \cdot T} \sum_{i=1}^{n} \sum_{j=1}^{m} \left(Q_{i,j} \cdot Q_{i,j-1}\right) \cdot W \left[\frac{r_i^2 \cdot S}{4 \cdot T\,(t - t_{j-1})}\right] \quad (2.158)$$

Mit dieser Gleichung ist es somit möglich, Brunnengruppen zu berechnen, wobei jeder Brunnen eine beliebige Förderganglinie haben kann.

Durch die Anwendbarkeit des Superpositionsprinzips haben die auf mehreren einschränkenden Annahmen basierenden Grundlösungen der Brunnenanströmung eine erste wesentliche Erweiterung bezüglich ihrer Nutzung für praktische Aufgaben der Wassererschließung erhalten.

Superposition von Parallelströmung und Brunnenanströmung

Genauso wie die Überlagerung von mehreren rotationssymmetrischen Strömungsvorgängen läßt sich auch eine Parallelströmung mit einer Brunnenanströmung überlagern. In Abb. 2.67 ist das Schema einer solchen Überlagerung dargestellt, bei der eine unendliche Brunnenreihe zwischen zwei Vorflutern liegt, die sich im Wasserstand um den Betrag Δh unterscheiden.

Für den Strömungsbereich, der einem Brunnen zugeordnet werden kann, existiert für stationäre Verhältnisse eine Lösung, bei der jedoch das Strömungsfeld nach einer Seite theoretisch unendlich ausgedehnt ist (Busch et al. 1993):

$$s = \frac{Q}{4 \cdot \pi \cdot T} \cdot \ln \frac{\mathrm{ch}\left(\frac{2 \cdot \pi\,(y + 2L_1)}{B}\right) - \cos\left(\frac{2 \cdot \pi \cdot x}{B}\right)}{\mathrm{ch}\left(\frac{2 \cdot \pi \cdot y}{B}\right) - \cos\left(\frac{2 \cdot \pi \cdot x}{B}\right)} \quad (2.159)$$

Die so ermittelten Absenkungen müssen nun mit einem linearen Absenkungsverlauf korrigiert werden, der die Randwerte $s\,(L_1) = 0$ und $s\,(L_2) = -\,s\,(y = L_2)$ entsprechend Gl. (2.159) hat. Diese Werte ergeben sich nach:

$$s = -s\,(L_2) \cdot \frac{L_1 + y}{L_1 + L_2} \quad (2.160)$$

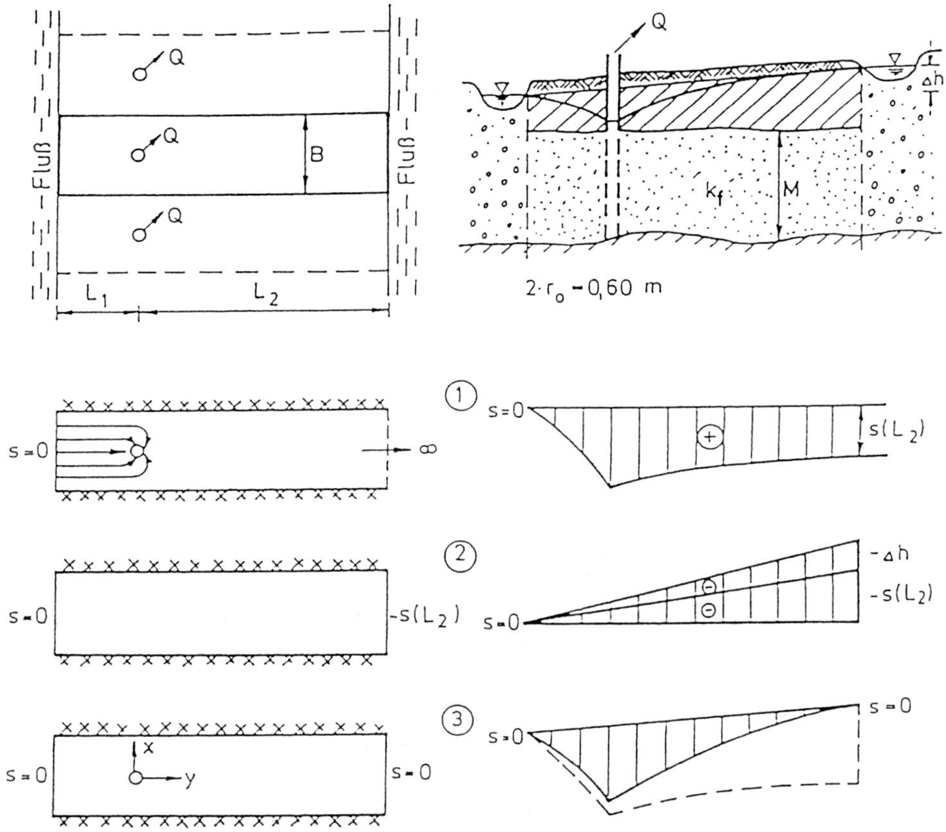

Abb. 2.67. Überlagerung von Brunnenanströmung und Parallelströmung.

Als Ergebnis erhält man die sich im Strömungsfeld einstellende Absenkung. Um deren reale Lage zu erfassen, muß der rechte Rand nochmals um den Betrag Δh nach oben verschoben werden, was in Abb. 2.75 ebenfalls eingetragen ist.

(2.161) $$s = -\Delta h \cdot \frac{L_1 + y}{L_1 + L_2}$$

Das Ergebnis der Superposition dieser zwei Parallelströmungskomponenten und der Brunnenanströmung ist ebenfalls in Abb. 2.67 dargestellt.

2.4.1.1.2 Erfassung von Randbedingungen

Ein außerordentlich wichtiges Anwendungsgebiet der örtlichen Superposition ist die Berechnung von Brunnen in begrenzten Strömungsgebieten, was am Beispiel einer einseitigen Berandung 1. Art (konstantes Potential) gezeigt werden soll. Zu diesem Zweck ordnet man neben dem realen Brunnen einen zweiten fiktiven Schluckbrunnen spiegelbildlich zu einer geradlinigen Berandung entsprechend Abb. 2.68 an.

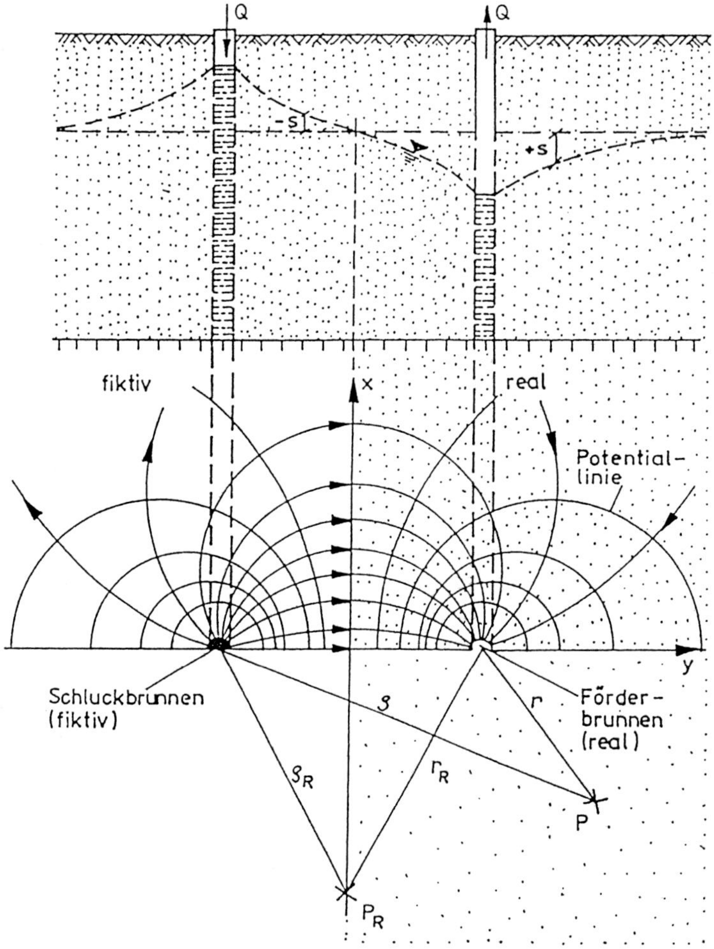

Abb. 2.68. Erfassung einer Randbedingung 1. Art.

Damit erhält man als Berechnungsgleichung:

(2.162) $$s = \frac{Q}{4 \cdot \pi \cdot T} [W(u_r) - W(u_\rho)]$$

mit

$$u_r = \frac{r^2 \cdot S}{4 \cdot T \cdot t}; \; u_\rho = \frac{\rho^2 \cdot S}{4 \cdot T \cdot t}$$

Aus Symmetriegründen gilt auf der Spiegelungsgeraden r = ρ und damit $s = 0$. Diese Randbedingung ist z. B. bei Vorhandensein eines unkolmatierten, vollkommenen Vorfluters real.

Eine geradlinige Barriere läßt sich nach dem gleichen Spiegelungsprinzip berücksichtigen, nur, daß der fiktive Brunnen ebenfalls ein Förderbrunnen ist.

(2.163) $$s = \frac{Q}{4 \cdot \pi \cdot T} [W(u_r) + W(u_\rho)]$$

Durch die Kombination dieser beiden Grundfälle ist es nun möglich, auch zwei-, drei- und vierseitige Strömungsfeldgrenzen zu berücksichtigen. Aus diesem Grund wird beispielsweise in WAPRO 1.42 (1971) und BEIMS (1992b) folgende Schreibweise für den Einzelbrunnen gewählt:

$$s = \frac{Q}{4 \cdot \pi \cdot T} (\varphi_1 + \varphi_2) \qquad (2.164)$$

Die Größe φ_1 ist dabei die spezifische Potentialdifferenz infolge Unvollkommenheit des Brunnens im Brunnen selbst oder im brunnennahen Raum $r < M$ bzw. h_n (Abschnitt 2. 4.1.1.3). Die Größe φ_2 ist die spezifische Potentialdifferenz infolge äußerer Randbedingungen. Für den unendlich ausgedehnten Grundwasserleiter gilt somit beispielsweise $\varphi_2 = W(u)$. Aus der dargestellten methodischen Grundlage der Erfassung von äußeren Randbedingungen durch geeignete Superposition der Lösung für den Einzelbrunnen läßt sich für die beiden Grundschemata »ohne Speisung« und »mit Speisung« die Grundwasserdynamik der in Abb. 2.69 dargestellten Randbedingungen berechnen.

Nach der allgemeinen Gesetzmäßigkeit, daß Brunnen um eine Randbedingung 1. Art (einfache Schraffur) mit entgegengesetzten Vorzeichen und um eine Randbedingung 2. Art (gekreuzte Schraffur) mit gleichem Vorzeichen gespiegelt werden, entstehen die gezeigten Spiegelungsschemata. Dabei zeigt sich, daß die einseitigen und zweiseitig rechtwinkligen Randbedingungen durch endlich viele Spiegelbrunnen berücksichtigbar sind, und daß für zweiseitig parallele, dreiseitige und vierseitige Randbedingungen theoretisch unendlich viele Spiegelungen notwendig sind.

Danach ergeben sich folgende Werte für:

$$\left.\begin{array}{l}\text{Typ 1/1:}\\ \\ \text{Typ 1/2:}\end{array}\right\} \varphi_2 = W(u_r) \mp W(u_\rho) \qquad (2.165a)$$

$$\left.\begin{array}{l}\text{Typ 2/1:}\\ \text{Typ 2/2:}\\ \text{Typ 2/3:}\end{array}\right\} \varphi_2 = W(u_r) \underset{-}{\overset{-}{+}} W(u_{\rho 1}) \underset{-}{\overset{+}{+}} W(u_{\rho 2}) \underset{+}{\overset{-}{+}} W(u_{\rho 3}) \qquad (2.165b)$$

$$\text{Typ 3:} \quad \varphi_2 = W(u_r) + W(u_{\rho 1'}) - W(u_{\rho 1''}) - W(u_{\rho 2''}) \pm \ldots \qquad (2.165c)$$

$$\text{Typ 4:} \quad \varphi_2 = W(u_r) - W(u_{\rho 1/1'}) + W(u_{\rho 1/1''}) - W(u_{\rho 2/2''}) \pm \ldots \qquad (2.165d)$$

$$\text{Typ 5:} \quad \varphi_2 = W(u_r) \pm \ldots \qquad (2.165e)$$

Für die Typen 3 bis 5 kann die Spiegelung abgebrochen werden, wenn der Einfluß der Spiegelbrunnen auf die Grundwasserdynamik am Berechnungspunkt P des realen Strömungsfeldes vernachlässigbar klein wird.

Für alle in Abb. 2.69 dargestellten Randbedingungen kann auch eine zeitliche und örtliche Superposition der Grundlösung durchgeführt werden. Ebenso gilt unter Beachtung der Fehlerkriterien die Näherungslösung von JACOB anstelle der Brunnenfunktion W(u).

Für alle Randbedingungstypen, bei denen wenigstens eine Randbedingung 1. Art vorkommt, lassen sich stationäre Strömungsverhältnisse berechnen. Entweder benutzt man dafür die Brunnenfunktion W(u) mit großen Zeiten t oder die in WAPRO 1.42 (1971) angegebenen Gleichungen.

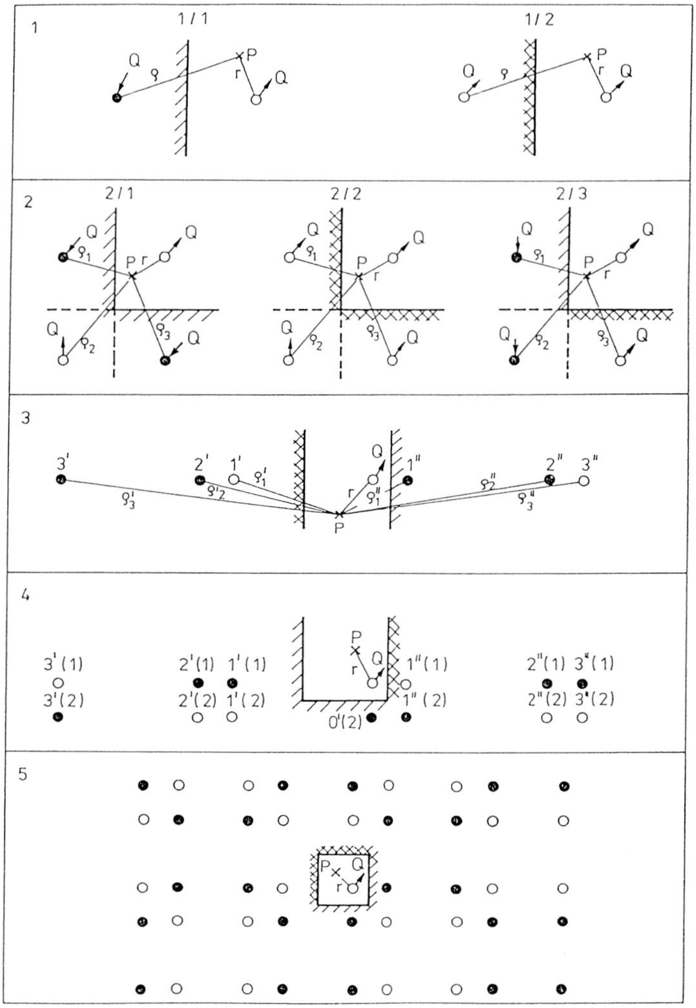

Abb. 2.69. Zusammenstellung erfaßbarer Randbedingungen.

Danach gilt beispielsweise:

(2.166a) Typ 1/1: $$\varphi_2 = 2 \ln \left(\frac{\rho}{r} \right)$$

(2.166b) Typ 2/1: $$\varphi_2 = 2 \ln \left[\frac{(\rho_1 \cdot \rho_3)}{(r \cdot \rho_2)} \right]$$

(2.166c) Typ 2/3: $$\varphi_2 = 2 \ln \left[\frac{(\rho_1 \cdot \rho_2)}{(r \cdot \rho_3)} \right]$$

Weitere in Busch et al. (1993) enthaltene stationäre Lösungen wurden mit der Theorie der konformen Abbildungen hergeleitet.

Wie bereits angedeutet, gilt bei der Randbedingung der 1. Art, daß sie vollkommen ist. Da das in der Praxis jedoch nicht auftritt, muß diese Erscheinung im mathematischen Modell berück-

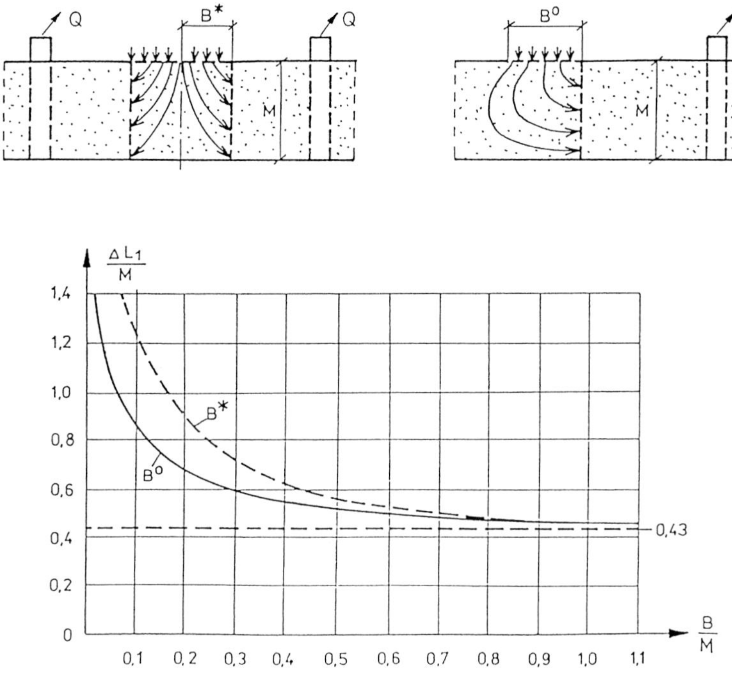

Abb. 2.70. Diagramm zur Bestimmung von ΔL_1.

sichtigt werden. Das erfolgt über die hydraulische Zusatzlänge ΔL_1, um welche die reale Lage der Randbedingung nach außen verschoben wird. Der Wert ΔL_1 ist dabei so groß, daß der hydraulische Widerstand beim Durchströmen dieser Strecke gleich dem hydraulischen Widerstand ist, der durch die Umlenkung der Stromlinien aus der vertikalen in die horizontale Richtung auftritt. In Abb. 2.70 ist ein Diagramm angegeben, nach dem der Wert ΔL_1 für eine einseitige oder zweiseitige Abströmung vom Vorfluter bestimmt werden kann.

2.4.1.1.3 Erfassung der Unvollkommenheit des Brunnens

Bei der geohydraulischen Berechnung von Brunnen muß deren Unvollkommenheit berücksichtigt werden.

Von Unvollkommenheit spricht man, wenn sich der Filter nicht über die gesamte Mächtigkeit M des Grundwasserleiters erstreckt, und es dadurch zu einer Verformung der Strom– und Potentiallinien kommt. Dadurch entstehen zusätzliche Potentialdifferenzen im Brunnen und im brunnennahen Raum, die in Form der spezifischen Potentialdifferenz φ_1 ausgedrückt werden.

(2.167) $$s = \frac{Q}{4 \cdot \pi \cdot T} \left[W(u) + \varphi_1 \right]$$

In Abb. 2.71 sind vier typische Brunnenausbauschemata angegeben, für welche die φ_1-Werte berechenbar sind (Todd 1959).

Gegenüber dem Grundfall des vollkommenen Brunnens mit vollkommenem Ausbau, bei dem das Bohrloch den gesamten Grundwasserleiter durchteuft und auch im gesamten Bereich mit Filter ausgebaut ist ($\varphi_1 = 0$), haben sich folgende Bezeichnungen eingebürgert:

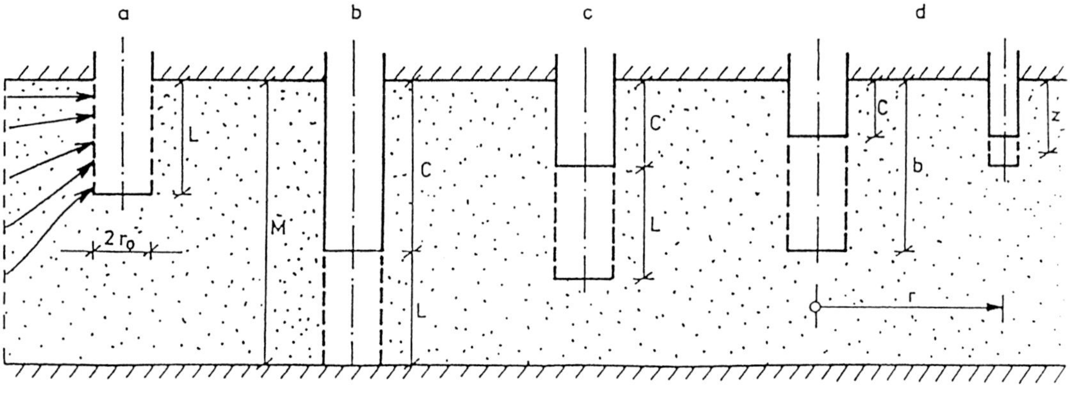

Abb. 2.71. Arten der Unvollkommenheit der Brunnen.

Fall a: Unvollkommener Brunnen mit vollkommenem Ausbau
Fall b: Vollkommener Brunnen mit unvollkommenem Ausbau
Fall c: Unvollkommener Brunnen mit unvollkommenem Ausbau
Fall d: Brunnennaher Bereich bei Unvollkommenheit

Exakt gelten die meisten der bekannten Gleichungen nur für gespannte Strömungsverhältnisse, weshalb auch die in Gleichung (2.167) dargestellte Form der Brunnenformel gewählt wurde. In SCHESTAKOW et al. (1978) sind alle wesentlichen Gleichungen zur Berechnung von φ_l enthalten und auf ihre Genauigkeit und Anwendungsgrenzen hin analysiert worden. Danach haben sich folgende Gleichungen als sehr brauchbar herausgestellt.

Brunnen (a, b, c)

(2.168) $$\varphi_l = 2\left[\frac{M}{L}\ln\left(\frac{\alpha\cdot L}{r_0}\right) - \ln\left(\frac{\alpha\cdot M}{r_0}\right)\right] - \sqrt{1-\frac{L}{M}}$$

mit:

$$\alpha = 0{,}735 + 0{,}735\cdot(H-1)^4 \qquad H = \frac{2\cdot C}{M-L}$$

Der Vorteil dieser Gleichung liegt darin, daß sie sehr einfach zu berechnen ist und ohne Einschränkung für die in Abb. 2.71 dargestellten unvollkommenen und unvollkommen ausgebauten Brunnen gilt.

Brunnennaher Bereich (d)

(2.169) $$\varphi_l = \frac{4\cdot M}{\pi\,(b-c)}\sum_{n=1}^{\infty}\left\{\frac{1}{n}K_0\left(\frac{n\cdot\pi\cdot r}{M}\right)\cos\left(\frac{n\cdot\pi\cdot z}{M}\right)\left[\sin\left(\frac{n\cdot\pi\cdot b}{M}\right) - \sin\left(\frac{n\cdot\pi\cdot c}{M}\right)\right]\right\}$$

Diese Werte von φ_l nach Gl. (2.169) sind in TGL 23846 (1973) tabelliert oder mit vorhandenen Rechenprogrammen ermittelbar.

Bei Benutzung der Gln. (2.168) und (2.169) ist jedoch zu beachten, daß der stationäre Wert von φ_l erst nach einer kurzen nichtstationären Phase gültig ist. Diese hat eine Dauer von wenigen Minuten bis maximal eine Stunde und ist damit bei der Berechnung von Wasserversorgungsbrunnen ohne praktische Bedeutung. Bei der im Abschnitt 2.3.4.1.4 behandelten Pumpversuchsauswertung spielt deren Erfassung mitunter eine wesentliche Rolle.

Bei der Nutzung der angegebenen Gleichungen für ungespannte Strömungsverhältnisse hat sich der in WAPRO 1.42 (1971) angegebene Verfahrensweg bewährt. Danach werden die in Abb. 2.71 enthaltenen Größen um die halbe zu erwartende Brunnenabsenkung s_B reduziert.

Fall a) $M = M - 0{,}5 \cdot s_B$, $L = L - 0{,}5 \cdot s_B$

Fall b) und c) $M = M - 0{,}5 \cdot s_B$, $C = C - 0{,}5 \cdot s_B$, $L = L$

$M = M - 0{,}5 \cdot s_B$, $C = C - 0{,}5 \cdot s_B$,

Fall d) $b = b - 0{,}5 \cdot s_B$, $z = z - 0{,}5 \cdot s_B$

2.4.1.1.4 Erfassung der Kolmation

Bei der in Abschnitt 2.4.1.1.2 beschriebenen Erfassung von Randbedingungen galt als Forderung, daß diese unkolmatiert sind. Bei natürlichen Bächen, Flußläufen oder Seen ist das jedoch unrealistisch, so daß eine Kolmation bei der geohydraulischen Berechnung in der Regel berücksichtigt werden muß (BEIMS 1979).

Kolmation ist die Verdichtung eines Erdstoffs durch Ablagerung von Sink- und Schwebstoffen sowie Ausfällungsprodukten des Wassers an der Oberfläche (äußere Kolmation) und in den Porenräumen des Grundwasserleiters (innere Kolmation). Die äußere Kolmation wird insbesondere durch die Schwerkraft und den hydrodynamischen Strömungsdruck hervorgerufen, während die innere Kolmation durch die Invasion von Wasserinhaltsstoffen in die Poren eines Filterkörpers entsteht, wobei auch noch Oberflächenkräfte eine wesentliche Rolle spielen. Der äußere und der innere Kolmationsvorgang wird neben den genannten physikalischen Prozessen stark durch biologische und chemische Vorgänge beeinflußt.

Die Quantifizierung des Kolmationszustandes erfolgt zweckmäßigerweise mit Hilfe des Infiltrationswiderstandes w (Gl. 2.80)

$$w = \frac{m'}{k_f'} \qquad (2.80)$$

wobei m' die Mächtigkeit der Kolmationsschicht und k_f' deren Durchlässigkeitsbeiwert ist. In der Praxis ist beides jedoch nicht exakt zu quantifizieren, da m' durch die mit der Tiefe abnehmende innere Kolmation keine scharfe untere Grenze hat und demzufolge auch k_f' mit zunehmendem Abstand von der Gewässersohle größer wird.

Aus Untersuchungen an Uferfiltratfassungen an Elbe und Mulde hat sich die in Abb. 2.72 dargestellte zeitliche Entwicklung des Infiltrationswiderstandes w ergeben. Davon abgeleitet, erhält man für konsolidierte Schlammablagerungen Werte von $k_f' \sim (1 \text{ bis } 5) \cdot 10^{-8}$ m/s und für locker sedimentierten, nicht konsolidierten Schlamm Werte von $k_f' \sim 1 \cdot 10^{-6}$ bis $1 \cdot 10^{-7}$ m/s.

Unter solchen Bedingungen ist es durchaus möglich, daß sich die durch eine Uferfiltratfassung hervorgerufene Absenkung bis auf die der Fassung gegenüberliegende Uferseite auswirkt und es unter der Flußsohle von einer Rückstauversickerung zu einer freien Versickerung kommt. Auch Hochwasserereignisse verändern durch die Erhöhung der Schleppspannung den Zustand der äußeren Kolmationsschicht.

Bei den geohydraulischen Berechnungen in der Nähe von kolmatierten Gewässern ist es somit erforderlich, den Einfluß der Kolmationsschicht zu berücksichtigen. Das wird in Analogie zur Erfassung der Unvollkommenheit von Randbedingungen durch deren fiktive Verrückung um einen Betrag ΔL_2 erreicht. Diese Größe ΔL_2 besagt, daß die hydraulischen Widerstände bei der horizontalen Durchströmung des Grundwasserleiters über die Länge ΔL_2 und der vertikalen

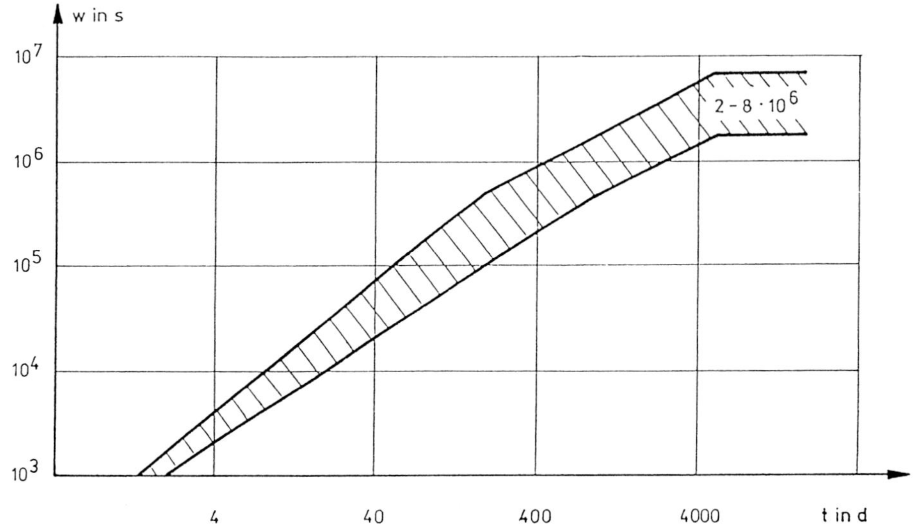

Abb. 2.72. Darstellung der Kolmationsentwicklung an Elbe und Mulde.

Durchströmung der kolmatierten Schicht gleich sind. Für das in Abb. 2.29 dargestellte Schema ergeben sich folgende Gleichungen zur Bestimmung von ΔL_2:

für $b \to \infty$ und $k_f \geq 50\ k_f'$

(2.170 a) $$\Delta L_2 = \sqrt{\frac{k_f \cdot M \cdot m'}{k_f'}}$$

für beliebiges b und $k_f \geq 50\ k_f'$

(2.170 b) $$\Delta L_2 = \frac{\sqrt{\frac{k_f \cdot M \cdot m'}{k_f'}}}{\tan h\left(\sqrt{\frac{b^2 \cdot k_f'}{k_f \cdot M \cdot m'}}\right)}$$

Wie im Abschnitt 2.3.4.1.4 bereits ausgeführt, läßt sich aus Pumpversuchen an kolmatierten Gewässern der Wert ΔL aus dem Knickpunkt des Absenkungsverlaufs an einem Pegel ermitteln, der sich aus ΔL_2 und dem Wert ΔL_1 entsprechend Abb. 2.73 zusammensetzt. Aus den konkreten geohydraulischen Verhältnissen ist dann der aktuelle w-Wert berechenbar.

2.4.1.1.5 Zusammenstellung von Lösungsverfahren zur Vertikalfilterbrunnenberechnung

Neben dem bisher betrachteten Grundfall der Brunnenberechnung nach den Ansätzen von Theis (1935) und Jacob (1940) existiert noch eine Vielzahl von weiteren Berechnungsverfahren, die für die Lösung praktischer Aufgaben bedeutsam sind und nachfolgend dargestellt werden sollen.

Konstante Brunnenabsenkung

Für den Fall, daß der Wasserspiegel in einem Brunnen sehr schnell abgesenkt und dann konstant gehalten wird, ergibt sich folgende Lösung:

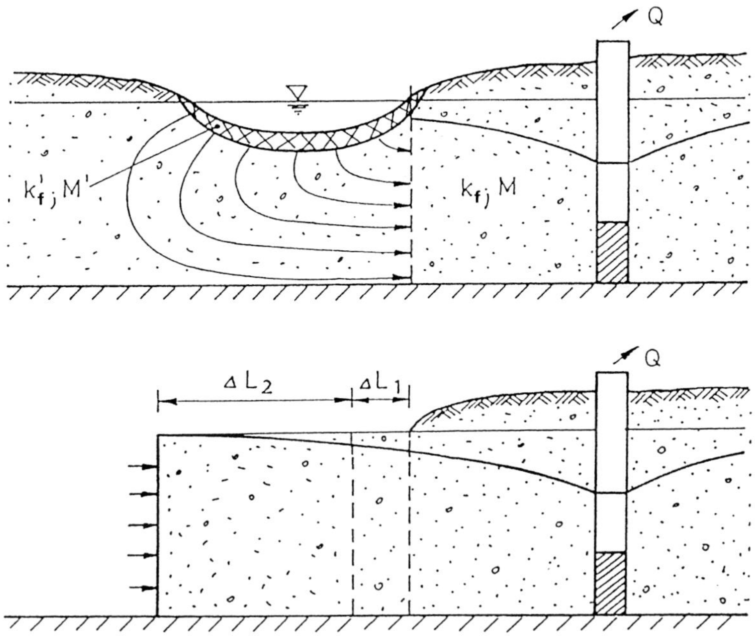

Abb. 2.73. Darstellung einer idealisierten einseitigen Berandung.

(2.171) $Q\,(r_O) = 2 \cdot \pi \cdot k_f \cdot Z\,(r_0) \cdot G\,(\alpha^*)$

mit:

$$\alpha^* = \frac{(T \cdot t)}{(r_0^2 \cdot S)}$$

Die Brunnenfunktion G (α^*) ist in Tabelle 2.7 dargestellt und gilt nur für die Absenkung im Brunnen selbst.

Wenn man jedoch den stetig kleiner werdenden Volumenstrom Q durch eine Stufenfunktion approximiert, läßt sich unter Ausnutzung des Superpositionsprinzips auch die Absenkung im Strömungsfeld berechnen. Für große Zeiten ($t > 5.000 \cdot r_0^2 \cdot S/T$) läßt sich die Funktion G (α^*) bei einem Fehler von $\varepsilon \leq 2\%$ durch folgende Näherungslösung ersetzen:

(2.172) $$G\,(\alpha^*) = \frac{2}{\ln \dfrac{2{,}25 \cdot T \cdot t}{r_0^2 \cdot S}}$$

Technisch ist dieses Förderregime mit Hilfe einer Söffelpumpe realisierbar, einer speziellen Kreiselpumpe, die in der Lage ist, sowohl Wasser als auch ein Luft-Wasser-Gemisch zu fördern. Damit liegt der Brunnenwasserstand immer in Höhe des Pumpeneinlaufs.

Große Brunnendurchmesser

Entgegen der Annahme des THEIS-Verfahrens läßt sich das Wasservolumen im Brunnen selbst in der Anfangsphase einer Förderung nicht immer vernachlässigen, insbesondere dann nicht, wenn der Durchlässigkeitsparameter des Grundwasserleiters klein ist oder der Brunnendurchmesser

Tabelle 2.7. Brunnenfunktion G (α*) in Abhängigkeit von α* entsprechend Gl. (2.171).

α*	1,0	2,0	3,0	4,0	5,0	6,0	7,0	8,0	9,0
* 10^{-1}	2,250	1,720	1,480	1.330	1,230	1,160	1,100	1,060	1,020
* 10^{0}	0,985	0,803	0,719	0,667	0,630	0,602	0,580	0,562	0,547
* 10^{1}	0,534	0,461	0,427	0,405	0,389	0,377	0,367	0,359	0,352
* 10^{2}	0,346	0,311	0,294	0,283	0,274	0,268	0,263	0,258	0,254
*10^{3}	0,251	0,232	0,222	0,215	0,210	0,206	0,203	0,200	0,198
*10^{4}	0,196	0,184	0,178	0,173	0,170	0,168	0,165	0,164	0,162

und die Absenkung groß sind. Für das in Abb. 2.74 dargestellte Schema eines Brunnens mit großem Durchmesser bei gespannten Strömungsverhältnissen gilt (Papadopulos & Cooper 1967):

$$s = \frac{Q}{4 \cdot \pi \cdot T} \cdot W(u_{w,\ \beta^*}) \tag{2.173}$$

$$\text{mit: } u_w = \frac{r_{cw}^2 \cdot S}{4 \cdot T \cdot t}; \qquad \beta^* = \frac{r_{cw}^2}{r_w^2} \cdot S$$

Die Funktion W (u_w, β*) ist in Abb. 2.75 graphisch dargestellt. Die Zahlenwerte sind in Tabelle 2.8 enthalten.

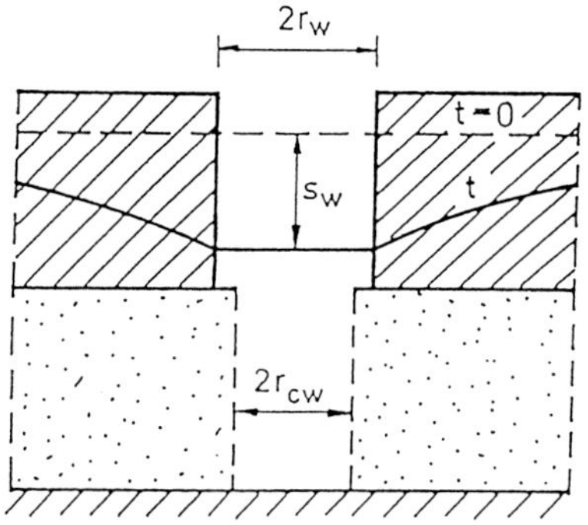

Abb. 2.74. Brunnen mit großem Durchmesser.

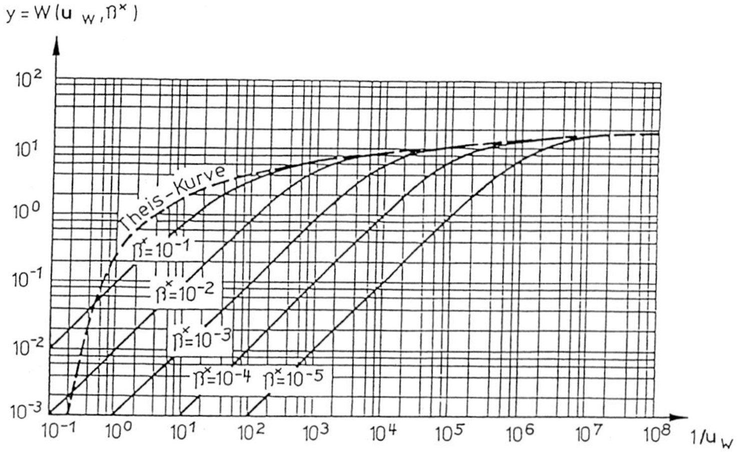

Abb. 2.75. Brunnenfunktion W(u_w, β*) nach Gleichung (2.173).

Tabelle 2.8. Werte der Brunnenfunktion W (u_w, β^*) entsprechend Gleichung (2.173)

$1/u_w$	β^*= 10 (-1)	β^*= 10 (-2)	β^*= 10 (-3)	β^*= 10 (-4)	β^*= 10 (-5)
10	9,755 (-3)	9,976 (-4)	9,998 (-5)	1,000 (-5)	1,000 (-6)
1	9,192 (-2)	9,914 (-3)	9,991 (-4)	1,000 (-4)	1,000 (-5)
5 (-1)	1,767 (-1)	1,974 (-2)	1,997 (-3)	2,000 (-4)	2,000 (-5)
2 (-1)	4,062 (-1)	4,890 (-2)	4,989 (-3)	4,999 (-4)	5,000 (-5)
1 (-1)	7,336 (-1)	9,665 (-2)	9,966 (-3)	9,997 (-4)	1,000 (-4)
5 (-2)	1,260	1,896 (-1)	1,989 (-2)	1,999 (-3)	2,000 (-4)
2 (-2)	2,303	4,529 (-1)	4,949 (-2)	4,995 (-3)	5,000 (-4)
1 (-2)	3,276	8,520 (-1)	9,834 (-2)	9,984 (-3)	1,000 (-3)
5 (-3)	4,255	1,540	1,945 (-1)	1,994 (-2)	2,000 (-3)
2 (-3)	5,420	3,043	4,725 (-1)	4,972 (-2)	4,998 (-3)
1 (-3)	6,212	4,545	9,069 (-1)	9,901 (-2)	9,992 (-3)
5 (-4)	6,960	6,031	1,668	1,965 (-1)	1,997 (-2)
2 (-4)	7,866	7,557	3,523	4,814 (-1)	4,982 (-2)
1 (-4)	8,572	8,443	5,526	9,340 (-1)	9,932 (-2)
5 (-5)	9,318	9,229	7,631	1,768	1,975 (-1)
2 (-5)	1,024 (1)	1,020 (1)	9,676	3,828	4,861 (-1)
1 (-5)	1,093 (1)	1,087 (1)	1,068 (1)	6,245	9,493 (-1)
5 (-6)	1,163 (1)	1,162 (1)	1,150 (1)	8,991	1,817
2 (-6)	1,255 (1)	1,254 (1)	1,249 (1)	1,174 (1)	4,033
1 (-6)	1,324 (1)	1,324 (1)	1,321 (1)	1,291 (1)	6,779
5 (-7)	1,393 (1)	1,393 (1)	1,392 (1)	1,378 (1)	1,013 (1)
2 (-7)	1,485 (1)	1,485 (1)	1,484 (1)	1,479 (1)	1,371 (1)
1 (-7)	1,554 (1)	1,554 (1)	1,554 (1)	1,551 (1)	1,513 (1)
5 (-8)	1,623 (1)	1,623 (1)	1,623 (1)	1,662 (1)	1,605 (1)
2 (-8)	1,705 (1)	1,705 (1)	1,705 (1)	1,714 (1)	1,708 (1)
1 (-8)	1,784 (1)	1,784 (1)	1,784 (1)	1,784 (1)	1,781 (1)
5 (-9)	1,854 (1)	1,854 (1)	1,854 (1)	1,854 (1)	1,851 (1)
2 (-9)	1,945 (1)	1,945 (1)	1,945 (1)	1,945 (1)	1,940 (1)
1 (-9)	2,015 (1)	2,015 (1)	2,015 (1)	2,015 (1)	2,015 (1)

Es existiert eine weitere Lösung nach FENSKE (1977), mit der es möglich ist, neben der Eigenkapazität des Brunnens auch noch die Eigenkapazität eines in der Nähe befindlichen Pegels entsprechend Abb. 2.76 zu erfassen (Gl. 2.174):

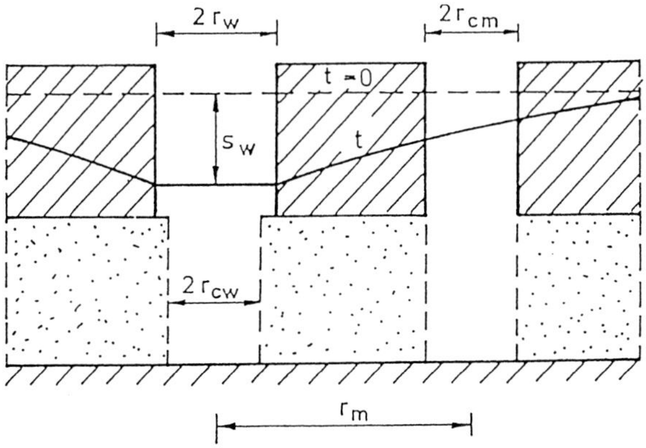

Abb. 2.76. Brunnen und Pegel mit Eigenkapazität.

(2.174) $$s = \frac{Q}{4 \cdot \pi \cdot T} [F_w \cdot W(u)]$$

$$\text{mit: } u = \frac{r^2 \cdot S}{4 \cdot T \cdot t}$$

$$F_W = 1 - \frac{1}{\alpha} \left\{ \frac{\exp(-x_W) + W(x_W)}{\left[(x_W \exp(x_W))^{-1} - \left(1 - \frac{1}{\alpha}\right) W(x_W) + \left(\frac{1}{\beta m}\right) \cdot W(x_m)\right]} - \frac{W(x_W)\left[\exp(-x_W) \cdot \left(\frac{1}{x_W} - \frac{1}{\alpha}\right) + \frac{1}{\beta m} \exp(-x_m)\right]}{\left[(x_W \exp(x_W))^{-1} - \left(1 - \frac{1}{\alpha}\right) W(x_W) + \left(\frac{1}{\beta m}\right) \cdot W(x_m)\right]^2} \right\}$$

$$\alpha = \left(\frac{r_w}{r_{cw}}\right)^2 \cdot S; \quad \beta = \frac{r_m}{r_{cm}} \cdot S(1-S)$$

$$x_m = a \cdot r_m^2; \quad x_w = a \cdot r_w^2; \quad a = \frac{S}{4 \cdot T \cdot t}$$

Die Gl. (2.174) ist rechentechnisch einfach aufzubereiten und bringt für den Fall, daß kein Pegel mit Eigenkapazität existiert, die gleichen Ergebnisse wie Gl. (2.173).

Anisotroper Grundwasserleiter mit verzögerter Wasserabgabe

Die Berechnung eines Brunnens in einem anisotropen ungespannten Grundwasserleiter ist ein in der Praxis häufig vorkommender Berechnungsfall. Der dabei auftretende Absenkungsverlauf läßt sich in drei Phasen einteilen

- elastisches Regime $s = f(S)$,
- Einfluß der verzögerten Wasserabgabe,
- Gravitationsregime $s = f(S \text{ und } n_0)$

und nach folgender Gleichung berechnen (NEUMAN 1975):

(2.175) $$s = \frac{Q}{4 \cdot \pi \cdot T} \cdot W(u_{I,II;}\ \beta_N)$$

mit:

$$u_I = \frac{r^2 \cdot S_{un}}{4 \cdot T \cdot t}$$

$$u_{II} = \frac{r^2\ (n_0 + S_{un})}{4 \cdot T \cdot t}$$

$$\beta_N = \frac{k_v \cdot r^2}{k_r \cdot h_n^2}$$

Tabelle 2.9. Brunnenfunktion W ($u_{I,\ II}$; β_N) entsprechend Gleichung (2.175)

$1/u_I$	$\beta_N = 0{,}001$	$\beta_N = 0{,}004$	$\beta_N = 0{,}01$	$\beta_N = 0{,}03$	$\beta_N = 0{,}06$	$\beta_N = 0{,}1$	$\beta_N = 0{,}2$	$\beta_N = 0{,}4$	$\beta_N = 0{,}6$
4,0 (-1)	2,48 (-2)	2,43 (-2)	2,41 (-2)	2,35 (-2)	2,30 (-2)	2,24 (-2)	2,14 (-2)	1,99 (-2)	1,88 (-2)
8,0 (-1)	1,45 (-1)	1,42 (-1)	1,40 (-1)	1,36 (-1)	1,31 (-1)	1,27 (-1)	1,19 (-1)	1,08 (-1)	9,88 (-2)
1,40	3,58 (-1)	3,52 (-1)	3,45 (-1)	3,31 (-1)	3,18 (-1)	3,04 (-1)	2,79 (-1)	2,44 (-1)	2,17 (-1)
2,40	6,62 (-1)	6,48 (-1)	6,33 (-1)	6,01 (-1)	5,70 (-1)	5,40 (-1)	4,83 (-1)	4,03 (-1)	3,43 (-1)
4,00	1,02	9,92 (-1)	9,53 (-1)	9,05 (-1)	8,49 (-1)	7,92 (-1)	6,88 (-1)	5,42 (-1)	4,38 (-1)
8,00	1,57	1,52	1,46	1,35	1,23	1,12	9,18 (-1)	6,59 (-1)	4,97 (-1)
1,4 (1)	2,05	1,97	1,88	1,70	1,51	1,34	1,03	9,90 (-1)	5,07 (-1)
2,4 (1)	2,52	2,41	2,27	1,99	1,73	1,47	1,07	6,96 (-1)	
4,0 (1)	2,97	2,80	2,51	2,22	1,85	1,53	1,08		
8,0 (1)	3,56	3,30	3,00	2,41	1,92	1,55			
1,4 (2)	4,01	3,65	3,23	2,48	1,93				
2,4 (2)	4,42	3,93	3,37	2,49	1,94				
4,0 (2)	4,77	4,12	3,43	2,50					
8,0 (2)	5,16	4,26	3,45						
1,4 (3)	5,40	4,29	3,46						
2,4 (3)	5,54	4,30							
4,0 (3)	5,59								
8,0 (3)	5,62								
1,4 (4)	5,62	4,30	3,45	2,50	1,94	1,55	1,08	6,96 (-1)	5,07 (-1)

$1/u_I$	$\beta_N = 0{,}8$	$\beta_N = 1{,}0$	$\beta_N = 1{,}5$	$\beta_N = 2{,}0$	$\beta_N = 2{,}5$	$\beta_N = 3{,}0$	$\beta_N = 4{,}0$	$\beta_N = 5{,}0$	$\beta_N = 6{,}0$	$\beta_N = 7{,}0$
4,0 (-1)	1,79 (-2)	1,70 (-2)	1,53 (-2)	1,38 (-2)	1,25 (-2)	1,13 (-2)	9,33 (-3)	7,72 (-3)	6,39 (-3)	5,30 (-3)
8,0 (-1)	9,15 (-2)	8,49 (-2)	7,13 (-2)	6,03 (-2)	5,11 (-2)	4,35 (-2)	3,17 (-2)	2,34 (-2)	1,74 (-2)	1,31 (-2)
1,40	1,94 (-1)	1,75 (-1)	1,36 (-1)	1,07 (-1)	8,46 (-2)	6,78 (-2)	4,45 (-2)	3,02 (-2)	2,10 (-2)	1,51 (-2)
2,40	2,96 (-1)	2,56 (-1)	1,82 (-1)	1,33 (-1)	1,01 (-1)	7,67 (-2)	4,76 (-2)	3,13 (-2)	2,14 (-2)	1,52 (-2)
4,00	3,60 (-1)	3,00 (-1)	1,99 (-1)	1,40 (-1)	1,03 (-1)	7,79 (-2)	4,78 (-2)		2,15 (-2)	
8,00	3,91 (-1)	3,17 (-1)	2,03 (-1)	1,41 (-1)						
1,4 (1)	3,94 (-1)									
2,4 (1)										
4,0 (1)										
8,0 (1)										
1,4 (2)										
2,4 (2)										
4,0 (2)										
8,0 (2)										
1,4 (3)										
2,4 (3)										
4,0 (3)										
8,0 (3)										
1,4 (4)	3,94 (-1)	3,17 (-1)	2,03 (-1)	1,41 (-1)	1,03 (-1)	7,79 (-2)	4,78 (-2)	3,13 (-2)	2,15 (-2)	1,52 (-2)

Diese Brunnenfunktion W ($u_{I,\ II}$; β_N) ist in Abb. 2.77 graphisch dargestellt. Die Zahlenwerte sind in Tabelle 2.9 enthalten. Die Anwendung der Gl. (2.175) auf das in Abb. 2.22 dargestellte Modell eines zweischichtigen Grundwasserleiters mit verzögerter Wasserabgabe stellt eine Modifikation dar, die aus umfangreichen numerischen Analysen abgeleitet wurde. Auch hier bilden sich wieder drei charakteristische Absenkungsphasen aus:

- Phase 1 – elastisches Regime.
  Mit Beginn des Pumpvorganges erfolgt im unteren Grundwasserleiter in Abhängigkeit vom elastischen Speicherkoeffizienten eine Druckentlastung ($S = S_{un}$). Die dadurch eintretende Absenkung spiegelt nur die Verhältnisse dieses Grundwasserleiters wider.
- Phase 2 – scheinbar stationäres Regime.
  Durch die auf den oberen Grundwasserleiter wirkende Druckentlastung beginnt die verzögerte systematische Entwässerung dieses Grundwasserleiters und damit eine flächenhafte Speisung

Tabelle 2.9. (Fortsetzung).

$1/u_{II}$	$\beta_N = 0{,}001$	$\beta_N = 0{,}004$	$\beta_N = 0{,}01$	$\beta_N = 0{,}03$	$\beta_N = 0{,}06$	$\beta_N = 0{,}1$	$\beta_N = 0{,}2$	$\beta_N = 0{,}4$	$\beta_N = 0{,}6$
4,0 (-4)	5,62	4,30	3,64	2,50	1,94	1,56	1,09	6,97 (-1)	5,08 (-1)
8,0 (-4)									
1,4 (-3)									
2,4 (-3)									
4,0 (-3)								6,97 (-1)	5,08 (-1)
8,0 (-3)								6,97 (-1)	5,09 (-1)
1,4 (-2)								6,98 (-1)	5,10 (-1)
2,4 (-2)								7,00 (-1)	5,12 (-1)
4,0 (-2)								7,03 (-1)	5,16 (-1)
8,0 (-2)						1,56	1,09	7,10 (-1)	5,24 (-1)
1,4 (-1)					1,94	1,56	1,10	7,20 (-1)	5,37 (-1)
2,4 (-1)				2,50	1,95	1,57	1,11	7,37 (-1)	5,57 (-1)
4,0 (-1)				2,51	1,95	1,58	1,13	7,63 (-1)	5,89 (-1)
8,0 (-1)	5,62	4,30	3,46	2,52	1,98	1,61	1,18	8,29 (-1)	6,67 (-1)
1,40	5,63	4,31	3,47	2,54	2,01	1,66	1,24	9,22 (-1)	7,80 (-1)
2,40	5,63	4,31	3,49	2,57	2,06	1,73	1,35	1,07	9,54 (-1)
4,00	5,63	4,32	3,51	2,62	2,13	1,83	1,50	1,29	1,20
8,00	5,64	4,35	3,56	2,73	2,31	2,07	1,65	1,72	1,68
1,4 (1)	5,65	4,38	3,63	2,88	2,55	2,37	2,23	2,17	2,15
2,4 (1)	5,67	4,44	3,74	3,11	2,86	2,75	2,68	2,66	2,65
4,0 (1)	5,70	4,52	3,90	3,40	3,24	3,18	3,15	3,14	3,14
8,0 (1)	5,76	4,71	4,22	3,92	3,85	3,83	3,82	3,82	3,82
1,4 (2)	5,85	4,94	4,58	4,40	4,38	4,38	4,37	4,37	4,37
2,4 (2)	5,99	5,23	5,00	4,92	4,91	4,91	4,91	4,91	4,91
4,0 (2)	6,16	5,59	5,46	5,42	5,42	5,42	5,42	5,42	5,42

$1/u_{II}$	$\beta_N = 0{,}8$	$\beta_N = 1{,}0$	$\beta_N = 1{,}5$	$\beta_N = 2{,}0$	$\beta_N = 2{,}5$	$\beta_N = 3{,}0$	$\beta_N = 4{,}0$	$\beta_N = 5{,}0$	$\beta_N = 6{,}0$	$\beta_N = 7{,}0$
4,0 (-4)	3,95 (-1)	3,18 (-1)	2,04 (-1)	1,42 (-1)	1,03 (-1)	7,80 (-2)	4,79 (-2)	3,14 (-2)	2,15 (-2)	1,53 (-2)
8,0 (-4)						7,81 (-2)	4,80 (-2)	2,15 (-2)	2,16 (-2)	1,53 (-2)
1,4 (-3)					1,03 (-1)	7,83 (-2)	4,81 (-2)	3,16 (-2)	2,17 (-2)	1,54 (-2)
2,4 (-3)					1,04 (-1)	7,85 (-2)	4,84 (-2)	3,18 (-2)	2,19 (-2)	1,56 (-2)
4,0 (-3)	3,95 (-1)	3,18 (-1)	2,04, (-1)	1,42 (-1)	1,04 (-1)	7,89 (-2)	4,87 (-2)	3,21 (-2)	2,21 (-2)	1,58 (-2)
8,0 (-3)	3,96 (-1)	3,19 (-1)	2,05 (-1)	1,43 (-1)	1,05 (-1)	7,99 (-2)	4,96 (-2)	3,29 (-2)	2,28 (-2)	1,64 (-2)
1,4 (-2)	3,97 (-1)	3,21 (-1)	2,07 (-1)	1,45 (-1)	1,07 (-1)	8,14 (-2)	5,09 (-2)	3,41 (-2)	2,39 (-2)	1,73 (-2)
2,4 (-2)	3,99 (-1)	3,23 (-1)	2,09 (-1)	1,47 (-1)	1,09 (-1)	8,38 (-2)	5,32 (-2)	3,61 (-2)	2,57 (-2)	1,89 (-2)
4,0 (-2)	4,03 (-1)	3,27 (-1)	2,13 (-1)	1,52 (-1)	1,13 (-1)	8,79 (-2)	5,68 (-2)	3,93 (-2)	2,86 (-2)	2,15 (-2)
8,0 (-2)	4,12 (-1)	3,37 (-1)	2,24 (-1)	1,62 (-1)	1,24 (-1)	9,80 (-2)	6,61 (-2)	4,78 (-2)	3,62 (-2)	2,84 (-2)
1,4 (-1)	4,25 (-1)	3,50 (-1)	2,39 (-1)	1,78 (-1)	1,39 (-1)	1,13 (-1)	8,06 (-2)	6,12 (-2)	4,86 (-2)	3,98 (-2)
2,4 (-1)	4,47 (-1)	3,74 (-1)	2,65 (-1)	2,05 (-1)	1,66 (-1)	1,40 (-1)	1,06 (-1)	8,53 (-2)	7,14 (-2)	6,14 (-2)
4,0 (-1)	4,83 (-1)	4,12 (-1)	3,07 (-1)	2,48 (-1)	2,10 (-1)	1,84 (-1)	1,49 (-1)	1,28 (-1)	1,13 (-1)	1,02 (-1)
8,0 (-1)	5,71 (-1)	5,06 (-1)	4,10 (-1)	3,57 (-1)	3,23 (-1)	2,98 (-1)	2,66 (-1)	2,45 (-1)	2,31 (-1)	2,20 (-1)
1,40	6,97 (-1)	6,42 (-1)	5,62 (-1)	5,17 (-1)	4,89 (-1)	4,70 (-1)	4,45 (-1)	4,30 (-1)	4,19 (-1)	4,11 (-1)
2,40	8,89 (-1)	8,50 (-1)	7,92 (-1)	7,63 (-1)	7,45 (-1)	7,33 (-1)	7,18 (-1)	7,09 (-1)	7,03 (-1)	6,99 (-1)
4,00	1,16	1,13	1,10	1,08	1,07	1,07	1,06	1,06	1,05	1,05
8,00	1,66	1,65	1,64	1,63	1,63	1,63	1,63	1,63	1,63	1,63
1,4 (1)	2,15	2,14	2,14	2,14	2,14	2,14	2,14	2,14	2,14	2,14
2,4 (1)	2,65	2,65	2,65	2,64	2,64	2,64	2,64	2,64	2,64	2,64
4,0 (1)	3,14	3,14	3,14	3,14	3,14	3,14	3,14	3,14	3,14	3,14
8,0 (1)	3,82	3,82	3,82	3,82	3,82	3,82	3,82	3,82	3,82	3,82
1,4 (2)	4,37	4,37	4,37	4,37	4,37	4,37	4,37	4,37	4,37	4,37
2,4 (2)	4,91	4,91	4,91	4,91	4,91	4,91	4,91	4,91	4,91	4,91
4,0 (2)	5,42	5,42	5,42	5,42	5,42	5,42	5,42	5,42	5,42	5,42

des unteren Grundwasserleiters. Diese Speisung bewirkt das harmonische Abweichen der Absenkungsfunktion nach oben.

– Phase 3 – Gravitationsregime.

  In dieser Phase erfolgt der zeitliche Verlauf der Absenkung so langsam, daß er dem Entwässerungsverhalten des oberen Grundwasserleiters entspricht.

  Das System reagiert wie ein homogener Grundwasserleiter, bei dem sich beide Speicherkoeffizienten überlagern ($S = S_{un} + n_o$), wobei jedoch $S_{un} << n_o$ ist und somit für praktische Aufgaben $S \sim n_o$ gilt.

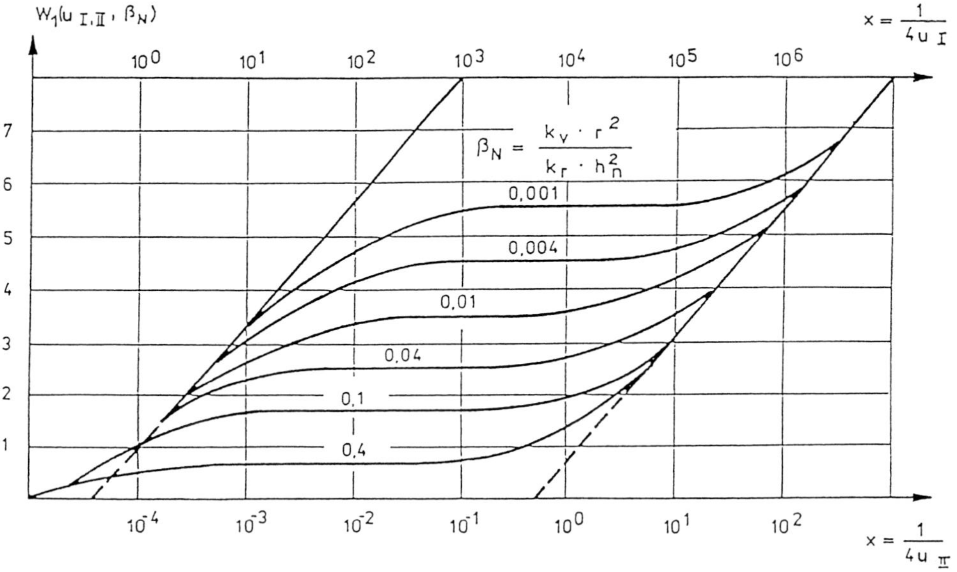

Abb. 2.77. Brunnenfunktion $W(u_{I,\ II}, \beta_N)$ nach Gleichung (2.175).

Der modifizierte β_N-Wert in Gl. (2.175) berechnet sich nach:

(2.176) $$\beta_N = \frac{3 \cdot k_v \cdot r^2}{T \cdot m_0}$$

Speisung aus benachbarten Schichten

Bei geschichteten Grundwasserleitern tritt häufig der Fall einer Speisung aus einer benachbarten Schicht über eine halbdurchlässige Zwischenschicht auf. Unter den sonst gleichen Annahmen wie bei Gl. (2.153) gilt für diesen Fall nach Hantush (1964):

(2.177) $$s = \frac{Q}{4 \cdot \pi \cdot T} \cdot W\ (u,\beta)$$

mit:

$$u = \frac{r^2 \cdot S}{4 \cdot T \cdot t};\ \beta = \frac{r}{B}$$

Der in diesem Modell vorkommende Parameter B, der als Speisungsfaktor bezeichnet wird, ist in Abb. 2.13 für die drei Fälle

- Speisung von oben (Gl. 2.79 a),
- Speisung von unten (Gl. 2.79 b) und
- Speisung von oben und unten (Gl. 2.79 c)

dargestellt:

(2.79 a) $$B = \sqrt{\frac{k_f \cdot M \cdot b'}{k_f'}}$$

(2.79 b) $$B = \sqrt{\frac{[k_f \cdot (h_1 + h_2) \cdot b']}{2 \cdot k_f'}}$$

(2.79 c) $$B = \sqrt{\frac{k_f \cdot M \cdot b'}{\frac{k_f + k_f'' \cdot b'}{b''}}}$$

Die Brunnenfunktion W (u, β) ist definiert als

(2.178) $$W\,(u, \beta) = \int_u^\infty \frac{1}{y} \exp\left(-y - \frac{\beta^2}{4 \cdot y}\right) dy$$

und in Abb. 2.78 graphisch dargestellt. Die Zahlenwerte sind in Tabelle 2.10 enthalten.

Tabelle 2.10.1. Brunnenfunktion W (u, β) entsprechend Gl. (2.177).

u	β = 0	β = 0,005	β = 0,01	β = 0,02	β = 0,03	β = 0,04	β = 0,05	β = 0,06	β = 0,07	β = 0,08	β = 0,09
0		1,08 (1)	9,44	8,06	7,25	6,67	6,23	5,87	5,56	5,29	5,06
1 (-6)	1,32 (1)										
2 (-6)	1,25 (1)										
4 (-6)	1,18 (1)	1,07 (1)									
6 (-6)	1,14 (1)	1,06 (1)									
8 (-6)	1,12 (1)	1,05 (1)	9,43								
1 (-5)	1,09 (1)	1,04 (1)	9,42								
2 (-5)	1,02 (1)	9,95	9,30								
4 (-5)	9,55	9,40	9,01	8,03							
6 (-5)	9,14	9,04	8,77	7,98	7,24						
8 (-5)	8,86	8,78	8,57	7,91	7,23						
1 (-4)	8,63	8,57	8,40	7,84	7,21						
2 (-4)	7,94	7,91	7,82	7,50	7,07	6,62	6,22	5,86			
4 (-4)	7,25	7,23	7,19	7,01	6,76	6,45	6,14	5,83	5,55		
6 (-4)	6,84	6,83	6,80	6,68	6,50	6,27	6,02	5,77	5,51	5,27	5,05
8 (-4)	6,55		6,52	6,43	6,29	6,11	5,91	5,69	5,46	5,25	5,04
1 (-3)	6,33		6,31	6,23	6,12	5,97	5,80	5,61	5,41	5,21	5,01
2 (-3)	5,64		5,63	5,59	5,53	5,45	5,35	5,24	5,12	4,89	4,85
4 (-3)	4,95		4,94	4,92	4,89	4,85	4,80	4,74	4,67	4,59	4,51
6 (-3)	4,54			4,53	4,51	4,48	4,45	4,40	4,36	4,30	4,24
8 (-3)	4,26			4,25	4,23	4,21	4,19	4,15	4,12	4,08	4,03
1 (-2)	4,04			4,03	4,02	4,00	3,98	3,95	3,92	3,89	3,85
2 (-2)	3,35				3,34	3,34	3,33	3,31	3,30	3,28	3,26
4 (-2)	2,68					2,67	2,67	2,66	2,65	2,65	2,64
6 (-2)	2,29							2,28	2,28	2,27	2,27
8 (-2)	2,03							2,02	2,01	2,01	2,01
1 (-1)	1,82								1,81	1,81	1,81
2 (-1)	1,22										1,22
4 (-1)	7,02 (-1)										7,00 (-1)

$W(u, \beta) = 2 \cdot K_0(\beta)$

$W(u, \beta) = W(u)$

Tabelle 2.10.2. Brunnenfunktion W (u, β) entsprechend Gleichung (2.177).

u	β = 0	β = 0,1	β = 0,2	β = 0,3	β = 0,4	β = 0,6	β = 0,8
0		4,85	3,50	2,74	2,23	1,55	1,13
1 (-4)	8,63						
2 (-4)	7,94						
4 (-4)	7,25						
6 (-4)	6,84			W (u, β)	= 2 · K_0 (β)		
8 (-4)	6,55	4,84					
1 (-3)	6,33	4,83					
2 (-3)	5,64	4,71					
4 (-3)	4,95	4,42	3,48				
6 (-3)	4,54	4,18	3,43				
8 (-3)	4,26	3,98	3,36	2,73			
1 (-2)	4,04	3,81	3,29	2,71	2,22		
2 (-2)	3,35	3,24	2,95	2,57	2,18		
4 (-2)	2,68	2,63	2,48	2,27	2,02	1,52	
6 (-2)	2,29	2,26	2,17	2,02	1,84	1,46	1,11
8 (-2)	2,03	2,00	1,93	1,83	1,69	1,39	1,08
1 (-1)	1,82	1,80	1,75	1,67	1,56	1,31	1,06
2 (-1)	1,22	1,21	1,19	1,16	1,11	9,96 (-1)	8,58 (-1)
4 (-1)	7,02 (-1)	7,00 (-1)	6,93 (-1)	6,81 (-1)	6,65 (-1)	6,21 (-1)	5,65 (-1)
6 (-1)	4,54 (-1)	4,53 (-1)	4,50 (-1)	4,44 (-1)	4,36 (-1)	4,15 (-1)	3,87 (-1)
8 (-1)	3,11 (-1)	3,10 (-1)	3,08 (-1)	3,05 (-1)	3,01 (-1)	2,89 (-1)	2,73 (-1)
1	2,19 (-1)	2,19 (-1)	2,18 (-1)	2,16 (-1)	2,14 (-1)	2,07 (-1)	1,97 (-1)
2	4,89 (-2)	4,88 (-2)	4,87 (-2)	4,85 (-2)	4,82 (-2)	4,73 (-2)	4,60 (-2)
4	3,77 (-3)	3,77 (-3)	3,77 (-3)	3,77 (-3)	3,76 (-3)	3,74 (-3)	3,73 (-3)

u	β = 0	β = 1,00	β = 2,00	β = 3,00	β = 4,00	β = 5,00	β = 6,00
0		8,42 (-1)	2,28 (-1)	6,95 (-2)	2,23 (-2)	7,40 (-3)	2,50 (-3)
1 (-2)	4,04						
2 (-2)	3,35						
4 (-2)	2,68						
6 (-2)	2,29	8,39 (-1)		W (u, β)	= 2 · K_0 (β)		
8 (-2)	2,03	8,32 (-1)					
1 (-1)	1,82	8,19 (-1)					
2 (-1)	1,22	7,15 (-1)	2,22 (-1)				
4 (-1)	7,02 (-1)	5,02 (-1)	2,10 (-1)	6,91 (-2)			
6 (-1)	4,54 (-1)	3,54 (-1)	1,77 (-1)	6,64 (-2)	2,22 (-2)		
8 (-1)	3,11 (-1)	2,54 (-1)	1,44 (-1)	6,07 (-2)	2,18 (-2)		
1	2,19 (-1)	1,85 (-1)	1,14 (-1)	5,34 (-2)	2,07 (-2)	7,30 (-3)	
2	4,89 (-2)	4,44 (-2)	3,35 (-2)	2,10 (-2)	1,12 (-2)	5,10 (-3)	2,10 (-3)
4	3,77 (-3)	3,60 (-3)	3,10 (-3)	2,40 (-3)	1,60 (-3)	1,00 (-3)	6,00 (-4)

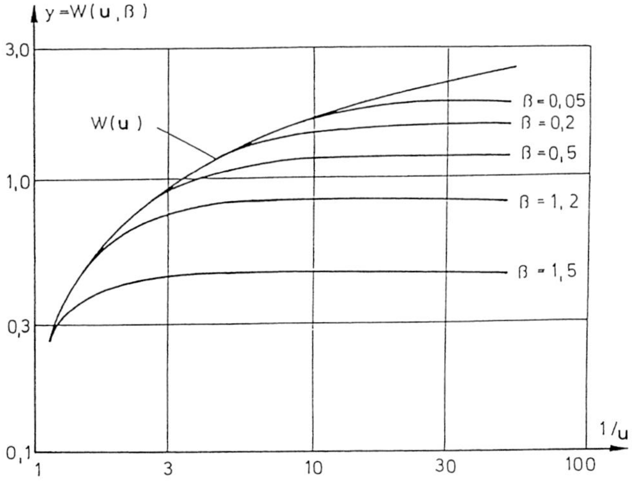

Abb. 2.78. Brunnenfunktion W (u, β).

Für die praktische Handhabung der Gleichung (2.177) sind folgende Grenzwerte von Interesse:

– für große t-Werte gilt:

(2.179) $W(u, \beta) = 2 \cdot K_0(\beta)$

– wird zusätzlich die Bedingung $r > 0{,}003 \cdot B$ eingehalten, gilt:

(2.180) $W(u, \beta) = \ln(1{,}12/\beta)$

– für $B \to \infty$ geht Gl. (2.177) in die Brunnenfunktion nach Theis (1935) entsprechend Gl. (2.153) über:

$$W(u, \beta) = W(u)$$

Demonstrationsbeispiele

In den nachfolgenden Demonstrationsbeispielen sollen alle wesentlichen Elemente der geohydraulischen Berechnung von Vertikalfilterbrunnen exemplarisch dargestellt werden.

Beispiel 1

Entsprechend dem in Abb. 2.79 dargestellten Brunnen unter »Theis-Bedingungen« ist die Absenkung s in den Entfernungen

$$r = 5\text{ m}, 10\text{ m}, 20\text{ m}, \text{ und } 50\text{ m}$$

zu den Zeiten

$$t = 1, 2, 5, 10, 20, 30, 45, 60, 90 \text{ und } 120\text{ min}$$

zu berechnen.

1. Ermittlung der Transmissivität
   $T = k_f \cdot M$
   $T = 0{,}001\text{ m/s} \cdot 10\text{ m}$
   $T = 0{,}01\text{ m}^2/\text{s}$

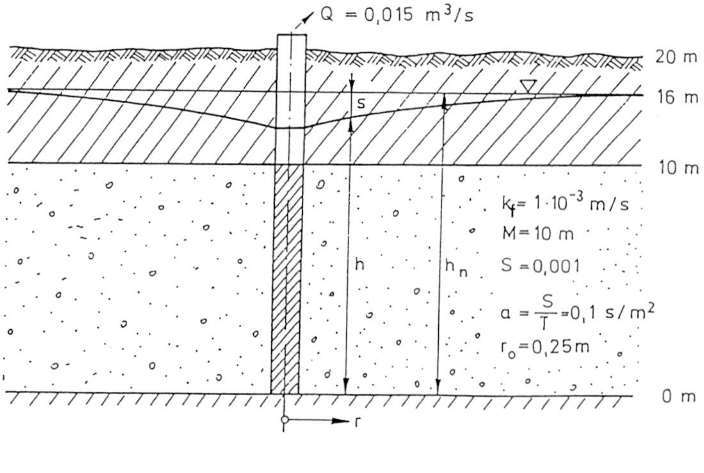

Abb. 2.79. Darstellung des Strömungsfeldes für Beispiel 1.

2. Ermittlung des Argumentes der Brunnenfunktion nach THEIS (1935)

$$u = \frac{r^2 \cdot S}{4 \cdot T \cdot t} \text{ (t in s)}$$

$$u = \frac{r^2 \cdot 0{,}001}{0{,}04 \cdot t}$$

3. Ermittlung von W(u) mit Tabelle 2.4

4. Berechnung der Absenkungswerte nach Gl. (2.153)

$$s = \frac{Q}{4 \cdot \pi \cdot T} \cdot W\,(u)$$

$$s = \frac{0{,}015 \text{ m}^3/\text{s}}{4 \cdot \pi \cdot 0{,}01 \text{ m}^2/\text{s}} \cdot W\,(u)$$

$$s = 0{,}1194 \cdot W\,(u)$$

5. Tabellarische Ermittlung der Absenkungswerte

Tabelle 2.11. Darstellung der Berechnungsergebnisse.

r in m	t in s	0,04 · t	u	W (u)	s in m
5	60	2,4	0,0104	4,004	0,478
5	120	4,8	0,0052	4,692	0,560
5	300	12	0,00208	5,605	0,669
5	600	24	0,00104	6,294	0,752
5	1.200	48	0,00052	6,984	0,834
5	1.800	72	0,000347	7,389	0,882
5	2.700	108	0,000231	7,804	0,932
5	3.600	144	0,000174	8,091	0,966
5	5.400	216	0,000116	8,486	1,013
5	7.200	288	$8{,}68 \cdot 10^{-5}$	8,778	1,048
10	60	2,4	0,04167	2,643	0,316
10	120	4,8	0,02083	3,324	0,397
10	300	12	0,00833	4,224	0,504
10	600	24	0,00417	4,902	0,585
10	1.200	48	0,00208	5,605	0,669
10	1.800	72	0,00139	6,011	0,718
10	2.700	108	0,00093	6,407	0,765
10	3.600	144	$6{,}94 \cdot 10^{-4}$	6,699	0,800
10	5.400	216	$4{,}63 \cdot 10^{-4}$	7,101	0,848
10	7.200	288	$3{,}47 \cdot 10^{-4}$	7,389	0,882
20	60	2,4	0,16667	1,380	0,165
20	120	4,8	0,08333	1,993	0,238
20	300	12	0,03333	2,860	0,341
20	600	24	0,01666	3,547	0,424
20	1.200	48	0,00833	4,220	0,504
20	1.800	72	0,00556	4,624	0,552
20	2.700	108	0,00370	5,028	0,600

Tabelle 2.11. (Fortsetzung).

r in m	t in s	0,04 · t	u	W (u)	s in m
20	3.600	144	0,00278	5,319	5,319
20	5.400	216	0,00185	5,727	0,684
20	7.200	288	0,00139	6,011	0,718
50	60	2,4	1,04167	0,206	0,025
50	120	4,8	0,52083	0,538	0,064
50	300	12	0,20833	1,190	0,142
50	600	24	0,10417	1,787	0,213
50	1.200	48	0,05208	2,436	0,291
50	1.800	72	0,03472	2,818	0,336
50	2.700	108	0,02315	3,221	0,385
50	3.600	144	0,01736	3,508	0,419
50	5.400	216	0,01157	3,899	0,466
50	7.200	288	0,00868	4,178	0,499

Beispiel 2

Für das gleiche Modell wie im Beispiel 1 sollen die Absenkungswerte an der Stelle r = 5 m zu den Zeiten t = 10, 20, 30, 40, 50, und 60 Minuten entsprechend der Förderganglinie nach Abb. 2.80 ermittelt werden.

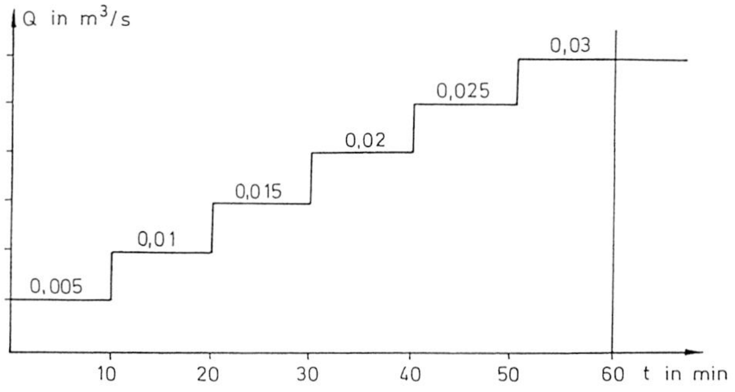

Abb. 2.80. Darstellung der Förderganglinie für Beispiel 2.

1. Berechnung des Transmissivität
   $T = k_f \cdot M$
   $T = 0{,}001 \text{ m/s} \cdot 10 \text{ m}$
   $T = 0{,}01 \text{ m}^2/\text{s}$

2. Erfassung der Brunnenfunktion

   $$\varphi = W(u) \qquad u = \frac{r^2 \cdot S}{4 \cdot T \cdot t}$$

3. Berechnung der Absenkung

   $$s = \frac{1}{4 \cdot \pi \cdot T} \sum_{j=1}^{m} (Q_j - Q_{j-1}) \cdot W\left[\frac{r^2 \cdot S}{4 \cdot T \cdot (t - t_{j-1})}\right]$$

$$s = \frac{1}{4 \cdot \pi \cdot T} \sum_{j=1}^{m} (Q_j - Q_{j-1}) \cdot \varphi (r, t - t_{j-1})$$

10 Minuten: $s = \frac{1}{4 \cdot \pi \cdot T} (Q_2 - Q_1) \cdot \varphi (r, t_2 - t_1)$

$$s = \frac{1}{0{,}04\ m^2/s \cdot \pi} (0{,}005\ m^3/s - O) \cdot W \left(\frac{0{,}025\ m^2}{0{,}04\ m^2/s \cdot 600\ s} \right)$$

$$s = 7{,}9577 \cdot 0{,}005 \cdot W (0{,}00104)$$

$$s = 7{,}9577 \cdot 0{,}005 \cdot 6{,}294$$

$$s = 0{,}25\ m$$

20 Minuten: $s = \frac{1}{4 \cdot \pi \cdot T} ((Q_2 - Q_1) \cdot \varphi (r, t_3 - t_1) + (Q_3 - Q_2) \cdot \varphi (r; t_3 - t_2)$

$$s = \frac{1}{0{,}04 \cdot \pi} \left[(0{,}005 - 0) \cdot W \left(\frac{0{,}025}{0{,}04 \cdot 1200} \right) + (0{,}01 - 0{,}005) \cdot W \left(\frac{0{,}025}{0{,}04 \cdot (1.200 - 600)} \right) \right]$$

$$s = 7{,}9577 \cdot [0{,}005 \cdot W (0{,}000521) + 0{,}005 \cdot W (0{,}00104)]$$

$$s = 7{,}9577 \cdot [0{,}005 \cdot 6{,}9822 + 0{,}005 \cdot 6{,}294]$$

$$s = 0{,}53\ m$$

30 Minuten: $s = 7{,}9577 \cdot [(Q_4 - Q_3) \cdot \varphi (r, t_4 - t_3) +$

$$(Q_3 - Q_2) \cdot \varphi (r, t_4 - t_2) +$$

$$(Q_2 - Q_1) \cdot \varphi (r, t_4 - t_1) +$$

$$s = 7{,}9577 \cdot [(0{,}015 - 0{,}01) \cdot \varphi (r, 1800 - 1200) +$$

$$(0{,}01 - 0{,}005) \cdot \varphi (r, 1800 - 600) +$$

$$(0{,}005 - 0) \cdot \varphi (r, 1800 - 0)]$$

$$s = 7{,}9577 \cdot [0{,}005 \cdot W (0{,}00104) + 0{,}005 \cdot W (0{,}000521) + 0{,}005 \cdot W (0{,}000347)]$$

$$s = 7{,}9577 \cdot [0{,}03147 + 0{,}034911 + 0{,}03695]$$

$$s = 0{,}82\ m$$

40 Minuten: $s = 7{,}9577 \cdot [(Q_5 - Q_4) \cdot \varphi (r, t_5 - t_4) +$

$$(Q_4 - Q_3) \cdot \varphi (r, t_5 - t_3) +$$

$$(Q_3 - Q_2) \cdot \varphi (r, t_5 - t_2) +$$

$$(Q_2 - Q_1) \cdot \varphi (r, t_5 - t_1)]$$

$$s = 7{,}9577 \cdot [(0{,}02 - 0{,}015) \cdot \varphi (r, 2400 - 1800) +$$

$$(0{,}015 - 0{,}01) \cdot \varphi (r, 2400 - 1200) +$$

$$(0{,}01 - 0{,}005) \cdot \varphi (r, 2400 - 600) +$$

$$(0{,}005 - 0) \cdot \varphi (r, 2400 - 0)]$$

$$s = 7{,}9577 \cdot [0{,}005 \cdot W(0{,}00104) + 0{,}005 \cdot W(0{,}000521) + 0{,}005 \cdot W(0{,}000347) + 0{,}005 \cdot W(0{,}00026)]$$

$$s = 7{,}9577 \cdot [0{,}03147 + 0{,}034911 + 0{,}03695 + 0{,}03842]$$

$$s = 1{,}13 \text{ m}$$

50 Minuten: $$s = 7{,}9577 \cdot [(Q_6 - Q_5) \cdot \varphi(r^{\cdot},t_6 - t_5) + (Q_5 - Q_4) \cdot \varphi(r^{\cdot},t_6 - t_4) + (Q_4 - Q_3) \cdot \varphi(r^{\cdot},t_6 - t_3) + (Q_3 - Q_2) \cdot \varphi(r^{\cdot},t_6 - t_2) + (Q_2 - Q_1) \cdot \varphi(r^{\cdot},t_6 - t_1)]$$

$$s = 7{,}9577 \cdot [(0{,}025 - 0{,}02) \cdot \varphi(r^{\cdot},3000 - 2400) + (0{,}02 - 0{,}015) \cdot \varphi(r^{\cdot},3000 - 1800) + (0{,}015 - 0{,}01) \cdot \varphi(r^{\cdot},3000 - 1200) + (0{,}01 - 0{,}005) \cdot \varphi(r^{\cdot},3000 - 600) + (0{,}005 - 0) \cdot \varphi(r^{\cdot},3000 - 0)]$$

$$s = 7{,}9577 \cdot [0{,}005 \cdot W(0{,}00104) + 0{,}005 \cdot W(0{,}000521) + 0{,}005 \cdot W(0{,}000347) + 0{,}005 \cdot W(0{,}00026)] + 0{,}005 \cdot W(0{,}000208)]$$

$$s = 7{,}9577 \cdot [0{,}03147 + 0{,}034911 + 0{,}03695 + 0{,}03842 + 0{,}039524]$$

$$s = 1{,}44 \text{ m}$$

60 Minuten: $$s = 7{,}9577 \cdot [(Q_7 - Q_6) \cdot \varphi(r^{\cdot},t_7 - t_6) + (Q_6 - Q_5) \cdot \varphi(r^{\cdot},t_7 - t_5) + (Q_5 - Q_4) \cdot \varphi(r^{\cdot},t_7 - t_4) + (Q_4 - Q_3) \cdot \varphi(r^{\cdot},t_7 - t_3) + (Q_3 - Q_2) \cdot \varphi(r^{\cdot},t_7 - t_2) + (Q_2 - Q_1) \cdot \varphi(r^{\cdot},t_7 - t_1)]$$

$$s = 7{,}9577 \cdot [(0{,}03 - 0{,}025) \cdot \varphi(r^{\cdot},3600 - 3000) + (0{,}025 - 0{,}02) \cdot \varphi(r^{\cdot},3600 - 2400) + (0{,}02 - 0{,}015) \cdot \varphi(r^{\cdot},3600 - 1800) + (0{,}015 - 0{,}01) \cdot \varphi(r^{\cdot},3600 - 1200) + (0{,}01 - 0{,}005) \cdot \varphi(r^{\cdot},3600 - 600) + (0{,}005 - 0) \cdot \varphi(r^{\cdot},3600 - 0)]$$

$$s = 7{,}9577 \cdot [0{,}005 \cdot W(0{,}00104) + 0{,}005 \cdot W(0{,}000521) + 0{,}005 \cdot W(0{,}000347) + 0{,}005 \cdot W(0{,}00026)] + 0{,}005 \cdot W(0{,}000208) + 0{,}005 \cdot W(0{,}000174)]$$

$$s = 7{,}9577 \cdot [0{,}03147 + 0{,}034911 + 0{,}03695 + 0{,}03842 + 0{,}039524 + 0{,}0404]$$

$$s = 1{,}76 \text{ m}$$

Folgende Werte sind aus Tabelle 2.4 zu entnehmen:
W (0,00104) = 6,294
W (0,000521) = 6,9822
W (0,000347) = 7,3896
W (0,00026) = 7,684
W (0,000208) = 7,9048
W (0,000174) = 8,0908

Beispiel 3

Für den nachfolgend dargestellten Brunnen ist die Förderleistung bei einer konstanten Brunnenabsenkung von $s_B = 2{,}0$ m zu ermitteln (Abb. 2.81).

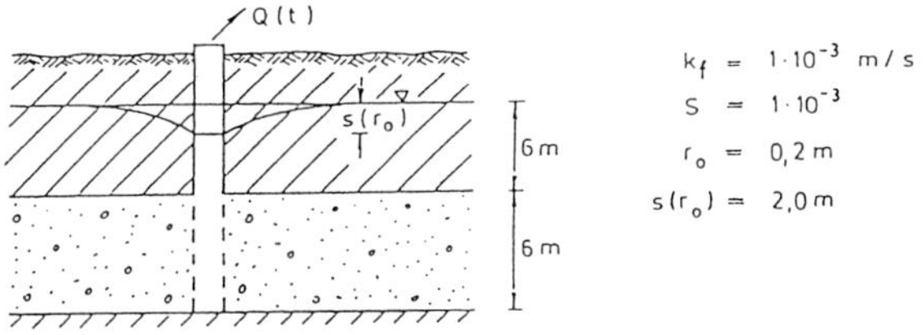

t in min	α*	G(α*)	Q(t)
1			
2			
4			
8			
12			
15			
20			
30			
60			
120			

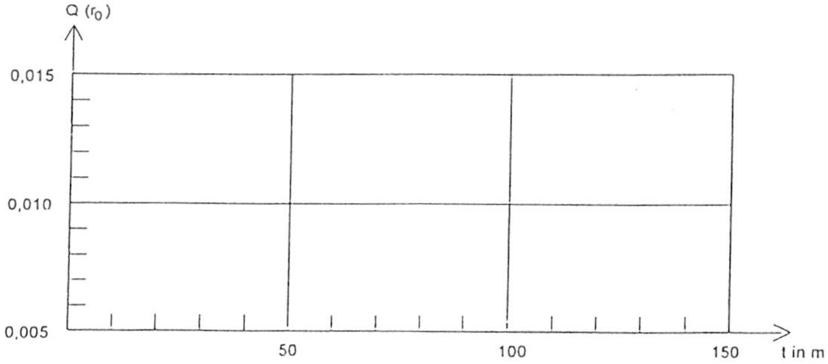

Abb. 2.81. Aufgabenstellung für Beispiel 3.

1. Berechnung der Transmissivität
   $T = k_f \cdot M$
   $T = 0{,}001\ m/s \cdot 6\ m$
   $T = 0{,}006\ m^2/s$

2. Berechnung der Potentialdifferenz
   $Z\ (r_0) = M \cdot s\ (r_0)$
   $Z\ (r) = 6\ m \cdot 2\ m$
   $Z\ (r_0) = 12\ m^2$

3. Berechnung der Fördermenge nach Gl. 2.172
   $Q\ (r_0) = 2 \cdot \pi \cdot k \cdot Z\ (r_0) \cdot G\ (\alpha^*)$
   $Q\ (r_0) = 2 \cdot \pi \cdot 0{,}001\ m/s \cdot 12\ m^2 \cdot G\ (\alpha^*)$
   $Q\ (r_0) = 0{,}075398223\ m^3/s \cdot G\ (\alpha^*)$

4. Für große Zeiten $t > 5000 \cdot r_0^2 \cdot S/T$ Bestimmung G (α*) durch Näherung mit einem Fehler $\varepsilon \leq 2\%$ möglich:

   $$t > 5000 \cdot (0{,}2)^2 \cdot \frac{0{,}001}{0{,}006\ m^2/s}$$

   $t > 33{,}33\ s$

5. Bestimmung des Koeffizienten α*

   $$\alpha^* = \frac{T \cdot t}{r_0^2 \cdot S}$$

   $$\alpha^* = \frac{0{,}006\ m^2/s \cdot t}{0{,}00004\ m^2}$$

6. Bestimmung der Brunnenfunktion durch Näherungslösung

   $$G\ (\alpha^*) = 2/\ln \frac{2{,}25 \cdot T \cdot t}{r_0^2 \cdot S}$$

   $$G\ (\alpha^*) = 2/\ln \frac{2{,}25 \cdot 0{,}006\ m^2/s \cdot t}{(0{,}2\ m)^2 \cdot 0{,}001}$$

Tabelle 2.12. Ergebnisse der Funktion Q = f(t) (Abb. 2.82).

t in s	G (α*)	Q (r_0)
60	0,2017	0,01521
120	0,1885	0,01421
240	0,1769	0,01333
480	0,1667	0,01257
720	0,1613	0,01216
900	0,1584	0,01194
1200	0,1549	0,01168
1800	0,1518	0,01144
3600	0,1428	0,01077
7200	0,1360	0,01025

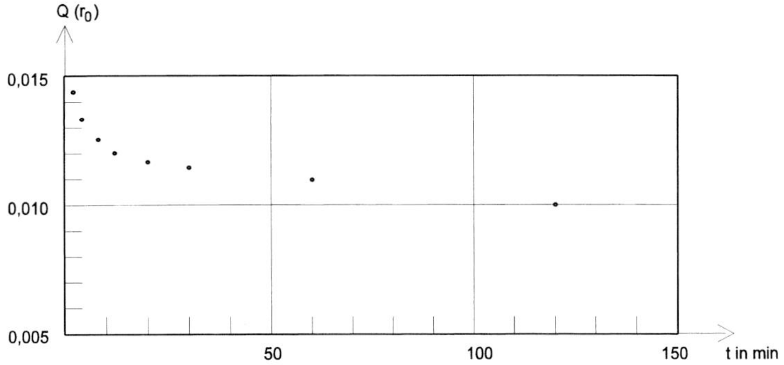

Abb. 2.82. Graphische Darstellung der Funktion Q = f(t).

$$G(\alpha^*) = 2/\ln \frac{0{,}0135\ m^2/s^*t}{0{,}00004}$$

Beispiel 4

Für das in Abb. 2.83 dargestellte Schema einer Grundwasserabsenkung für eine Baugrube ist zu berechnen, ob die Zielabsenkung von s_P = 2,5 m in der Baugrubenmitte nach einer Pumpdauer von 10 Tagen erreicht wird.

1. Ermittlung der Zusatzlängen

$$\frac{B^0}{M} = \frac{20\ m}{15\ m} = 1{,}3 \qquad \text{(siehe Abb. 2.70)}$$

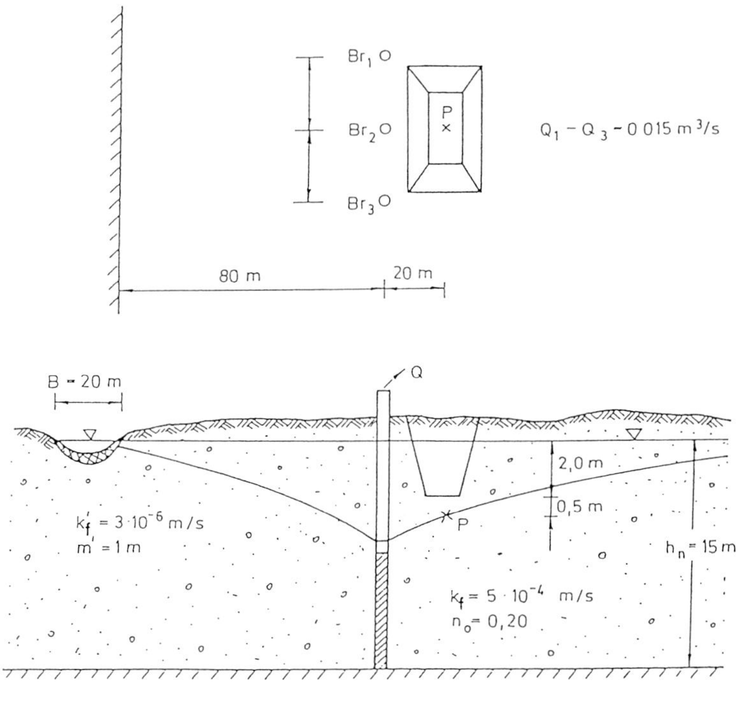

Abb. 2.83. Aufgabenstellung für Beispiel 4.

$$\frac{\Delta L_1}{M} = 0{,}43$$

$$\Delta\ L_1 = 0{,}43 \cdot 15\ m$$

$$\Delta\ L_1 = 6{,}45\ m$$

$$\Delta L_2 = \sqrt{\frac{k_f \cdot M \cdot m'}{k_f'}} = \sqrt{\frac{5 \cdot 10^{-4} \cdot 15 \cdot 1}{3 \cdot 10^{-6}}}$$

$$\Delta\ L_2 = 50\ m$$

$$\Delta\ L = \Delta\ L_1 + \Delta\ L_2 = 56{,}45\ m$$

2. Berechnung der r- und ρ-Werte (Abb. 2.84)

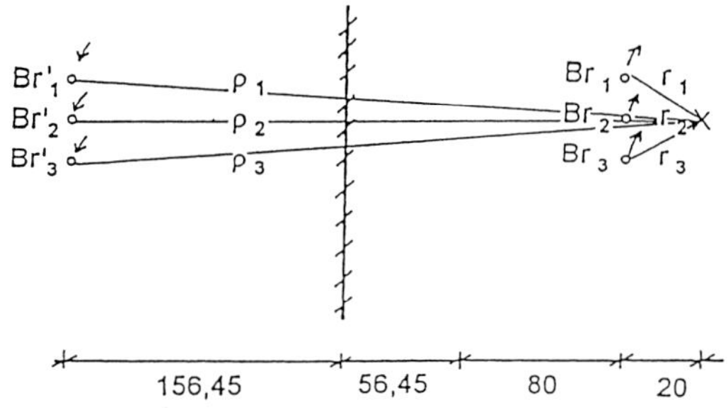

Abb. 2.84. Schema zur Ermittlung der ρ-Werte.

$r_{1/3}$ = 32 m $\rho_{1/3}$ = 293,96 m
r_2 = 20 m ρ_2 = 292,9 m

3. Ermittlung der Brunnenfunktion

$$u = \frac{r^2 \cdot S}{4 \cdot T \cdot t}$$

$$u_{1/3} = \frac{32^2 \cdot 0{,}2}{4 \cdot 0{,}0075 \cdot 864000}$$

$$= 7{,}9 \cdot 10^{-3} \qquad \Rightarrow W\ (u) = 4{,}273$$

$$u_2 = \frac{20^2 \cdot 0{,}2}{4 \cdot 0{,}0075 \cdot 864000}$$

$$= 3{,}09 \cdot 10^{-3} \qquad \Rightarrow W\ (u) = 5{,}2112$$

$$u_{1/3} = \frac{293{,}69^2 \cdot 0{,}2}{4 \cdot 0{,}0075 \cdot 864000}$$

$$= 0{,}667 \qquad \Rightarrow W\ (u) = 0{,}4004$$

$$u_2 = \frac{292{,}9^2 \cdot 0{,}2}{4 \cdot 0{,}0075 \cdot 864000}$$

$$= 0{,}662 \qquad \Rightarrow W\ (u) = 0{,}4044$$

4. Berechnung der Absenkung

$$s = h_n - \sqrt{h_n^2 - \frac{Q}{2 \cdot \pi \cdot k_f} \cdot \sum W(u)}$$

$$s = 15 - \sqrt{15^2 - \frac{0{,}015}{2 \cdot \pi \cdot 5 \cdot 10^{-4}} \cdot (2 \cdot 4{,}237 + 5{,}2112 - 2 \cdot 0{,}4004 - 0{,}4044)}$$

$$s = 2{,}14 \text{ m}$$

Das Absenkungsziel wird nach 10 Tagen noch nicht erreicht.

Beispiel 5

Für das in Abb. 2.85 dargestellte Strömungsmodell sind die Absenkung und die reale Lage des Potentials an der Stelle x = 0 und y = 150 m zu ermitteln.

Die Parameter haben folgende Werte:

$k_f = 5 \cdot 10^{-4}$ m/s	B = 50 m
M = 15 m	L_1 = 150 m
Q = 0,01 m^3/s	L_2 = 450 m
Δh = 2 m	

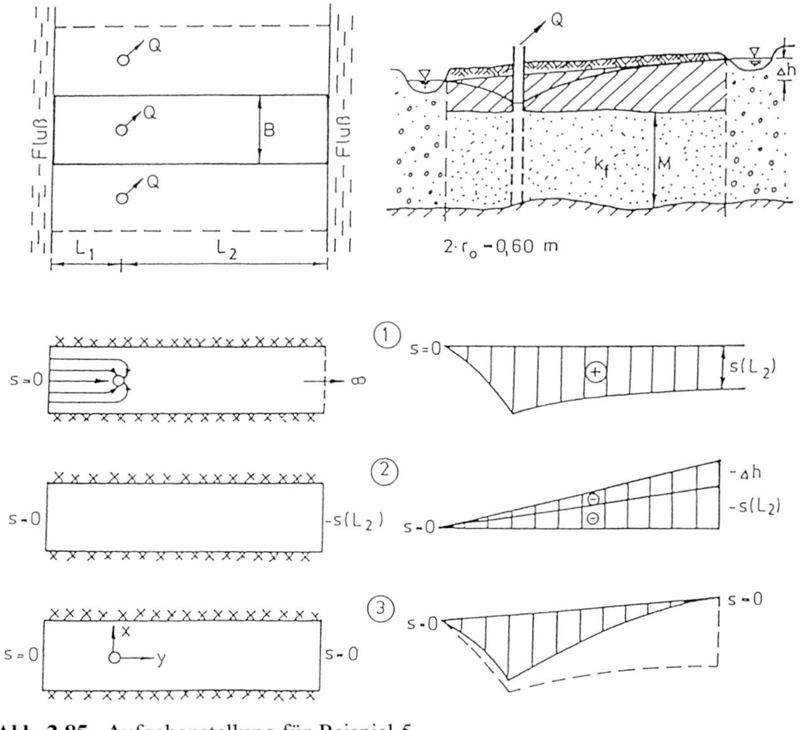

Abb. 2.85. Aufgabenstellung für Beispiel 5.

1. Berechnung der Absenkung an den Stellen (0, 150) und (0, 450) nach Gl. (2.159)

$$s = \frac{Q}{4 \cdot \pi \cdot T} \cdot \ln \frac{\cosh\left(\frac{2 \cdot \pi\,(y + 2L_1)}{B}\right) - \cos\left(\frac{2 \cdot \pi \cdot x}{B}\right)}{\cosh\left(\frac{2 \cdot \pi \cdot y}{B}\right) - \cos\left(\frac{2 \cdot \pi \cdot x}{B}\right)}$$

$$s_{(150,\,1)} = \frac{0{,}01\ m^3/s}{4 \cdot \pi \cdot 0{,}0075\ m^2/s} \cdot \ln \frac{\cosh\left(\frac{2 \cdot \pi\,(150\ m + 2 \cdot 150\ m)}{50\ m}\right) - \cos\left(\frac{2 \cdot \pi \cdot 0}{50\ m}\right)}{\cosh\left(\frac{2 \cdot \pi \cdot 150\ m}{50\ m}\right) - \cos\left(\frac{2 \cdot \pi \cdot 0}{50\ m}\right)}$$

$$s_{(150,\,1)} = \frac{0{,}01\ m}{0{,}0942} \cdot \ln \frac{\cosh\left(\frac{900\ m \cdot \pi}{50\ m}\right) - \cos 0}{\cosh\left(\frac{300\ m \cdot \pi}{50\ m}\right) - \cos 0}$$

$$s_{(150,\,1)} = 0{,}106\ m \cdot \ln \frac{\cosh 56{,}548 - 1}{\cosh 18{,}849 - 1}$$

$$s_{(150,1)} = 4{,}00\ m$$

$$s_{(450,\,1)} = \frac{0{,}01\ m^3/s}{4 \cdot \pi \cdot 0{,}0075\ m^2/s} \cdot \ln \frac{\cosh\left(\frac{2 \cdot \pi\,(450\ m + 2 \cdot 150\ m)}{50\ m}\right) - \cos\left(\frac{2 \cdot \pi \cdot 0}{50\ m}\right)}{\cosh\left(\frac{2 \cdot \pi \cdot 450\ m}{50\ m}\right) - \cos\left(\frac{2 \cdot \pi \cdot 0}{50\ m}\right)}$$

$$s_{(450,\,1)} = \frac{0{,}01\ m}{0{,}0942} \cdot \ln \frac{\cosh\left(\frac{1500\ m \cdot \pi}{50\ m}\right) - \cos 0}{\cosh\left(\frac{900\ m \cdot \pi}{50\ m}\right) - \cos 0}$$

$$s_{(450,\,1)} = 0{,}106\ m \cdot \ln \frac{\cosh 94{,}248 - 1}{\cosh 56{,}549 - 1}$$

$$s_{(450,1)} = 4{,}00\ m$$

2. Korrekturen
1. Korrektur (nötig, da die Modellgleichung für unendlich ausgedehnte Berandung gilt)

$$s_{(150,2)} = -\,s_{(150,1)} \cdot \frac{L_1 + y}{L_1 + L_2}$$

$$s_{(150,2)} = -\,4{,}00 \cdot \frac{150 + 150}{150 + 450} = -\,2{,}00\ m$$

$$s_{(150,k1)} = s_{(150,1)} + s_{(150,2)}$$

$s_{(150,k1)} = 4{,}00 + (-2{,}00) = 2{,}00$ m (unter Wasserstand am linken Rand)

Kontrollrechnung am Rand

$$s_{(450,2)} = -\ s_{(450,1)} \cdot \frac{L_1 + y}{L_1 + L_2}$$

$$s_{(450,2)} = -\ 4{,}00 \cdot \frac{150 + 150}{150 + 450} = -\ 4 \text{ m}$$

$s_{(450,k1)} = s_{(450,1)} + s_{(450,2)}$
$s_{(450,k1)} = 4{,}00 + (-4{,}00) = 0$ m

2. Korrektur (berücksichtigt die unterschiedlichen Wasserstände der Vorfluter)

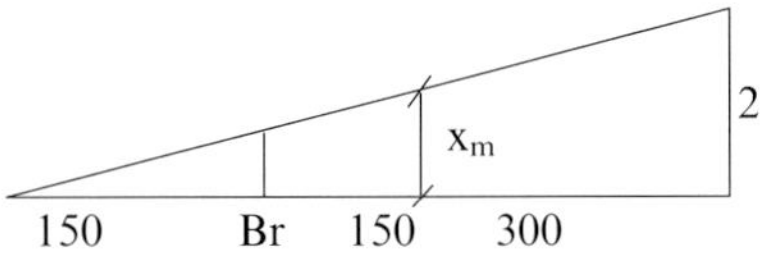

$$x_m = \frac{300}{600} \cdot 2{,}00 \text{ m} = 1{,}00 \text{ m}$$

$s_{(150,k2)} = 2_{(150,k1)} - \Delta h_{150}$
$s_{(150,k2)} = 2{,}00$ m$-1{,}00$ m
$s_{(150,k2)} = 1{,}00$ m

Damit liegt am Punkt P die Absenkung 1 m unter dem Wasserstand der linken Randbedingung.

2.4.1.2 Horizontalfilterbrunnen

Ziel der geohydraulischen Berechnung von Horizontalfilterbrunnen ist die Ermittlung der Absenkung s_0 im Brunnenschacht bei einem vorgegebenen Förderstrom Q und konkreter Gestaltung des Brunnens sowie die sich im Grundwasserströmungsfeld einstellende Absenkung s (RÜCKERT 1979). Abb. 2.86 zeigt das Schema eines Horizontalfilterbrunnens mit den für eine Berechnung benötigten Bezeichnungen und Größen.

Bei der Berechnung wird grundsätzlich zwischen den Bereichen $r < 80$ m und $r \geq 80$ m unterschieden.

Für $r \geq 80$ m erfolgt die Berechnung nach den im Abschnitt 2.4.1.1 dargestellten Gleichungen, und es besteht kein Unterschied zwischen Horizontal- und Vertikalfilterbrunnen. Aus diesem Grund wird nachfolgend auch ausschließlich der Bereich $r < 80$ m betrachtet, bei dem Unterschiede in der Anströmung und der Ausbildung der Absenkung auftreten (Abb. 2.86).

Für die konstruktive Gestaltung von Horizontalfilterbrunnen können folgende allgemeine Forderungen aufgestellt werden:

- Die äußeren Randbedingungen müssen mehr als 80 m vom Brunnen entfernt liegen.
- Die Stranglänge soll mindestens 10 m betragen und 40 m möglichst nicht überschreiten.
- Viele kurze Stränge sind besser als wenige lange Stränge.
- Bei großen Strangzahlen ist der schachtnahe Bereich vollwandig auszubilden, so daß der Zufluß vorwiegend in der Strangspitze erfolgt.
- Die Mindestvollrohrlänge beträgt 2 m.
- Die maximale Absenkung im Brunnenschacht soll mindestens 1 m über der Strangachse liegen.

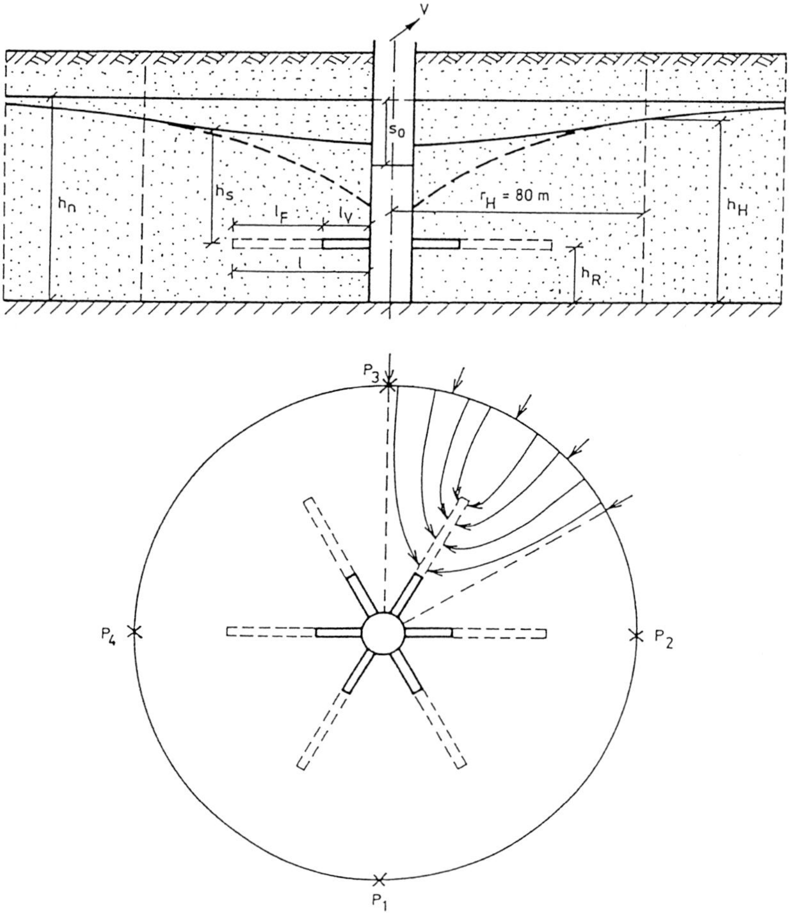

Abb. 2.86. Schema eines Horizontalfilterbrunnens.

Die geohydraulische Berechnung beginnt mit der Wahl des Förderstroms Q , woraus sich dann das Potential Φ_H an der Stelle $r_H = 80$ m errechnen läßt. Für ungespannte Strömungsverhältnisse gilt beispielsweise:

(2.181) $$\Phi_H = \frac{h^2{}_n}{2} - \frac{Q}{4 \cdot \pi \cdot k_f} \cdot \varphi_2 (r_H)$$

und

(2.182) $$h_H = \sqrt{2\ \Phi_H}$$

Die Höhe h_H wird an den vier in Abb. 2.86 eingetragenen Punkten P_1 bis P_4 berechnet. Wenn sich diese Werte nicht signifikant unterscheiden, d. h. praktisch eine rotationssymmetrische Strömung vorliegt, kann der Brunnen einheitlich mit

$$h_H = \frac{h_{P1} + h_{P2} + h_{P3} + h_{P4}}{4}$$

berechnet werden. Andernfalls muß eine abschnittsweise Bemessung erfolgen.

Die Absenkung s_0 im Brunnenschacht ergibt sich zu:

(2.183) $$h_0 = h_H - \sqrt{2\,\Phi_0}$$

mit:

$$\Phi_0 = \Phi_H - \frac{400}{E}\left(\frac{Q}{73{,}2 \cdot A \cdot d_i}\right)^{\frac{6}{5 \cdot U}} \left[\frac{1 + \frac{1}{d_i}\left(\lambda_v \cdot l_v + \frac{3 \cdot \lambda_F \cdot l_F}{\frac{0{,}3 \cdot l_F}{\sqrt{A}} - 1}\right)}{1{,}3 \cdot k_f \cdot d_i \cdot \sqrt{n}}\right]^{\frac{2}{5 \cdot U}}$$

Die in Gl. (2.183) vorkommenden Beiwerte lassen sich in Abhängigkeit von den gewählten Größen

- n – Zahl der Stränge
- d_i – Innendurchmesser der Stränge
- l_v – Vollrohrlänge
- l_F – Filterrohrlänge
- h_R – Höhe der Strangachsen

folgendermaßen berechnen.

Der Beiwert $A = A_1 + A_2$ wird nach Abb. 2.87 bestimmt, wobei $l = l_v + l_F$ ist. Der Exponent U ist aus Abb. 2.98 ermittelbar. Bei der Wahl des Verlustbeiwertes λ für die Stränge wird in Rückert (1979) für Durchmesser von $d_i \sim 200$ mm für Vollrohre $\lambda_v = 0{,}02$ bis 0,03 und für Langlochfilterrohre $\lambda_F = 0{,}03$ bis 0,05 empfohlen. Für den Beiwert E, der den Einfluß des Stützfilters auf die Absenkung s_0 erfaßt, lassen sich folgende Näherungswerte nutzen.

Q in m^3/s	E
0,03	1,10
0,10	1,15
0,20	1,20
≥ 0,30	1,25

Die Geschwindigkeit des Wassers an den Strangenden ergibt sich zu:

(2.184) $$v_{ra} = \frac{4 \cdot Q}{\pi \cdot d_i^2 \cdot n}$$

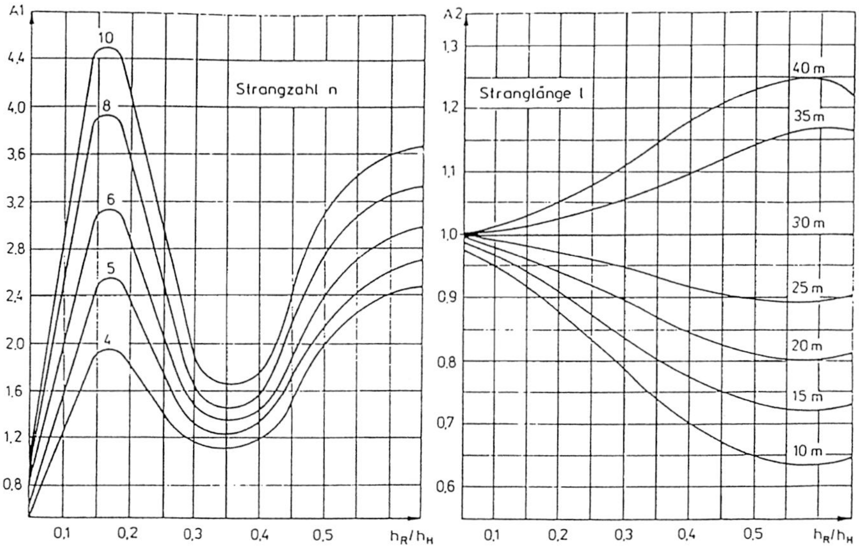

Abb. 2.87. Graphiken zur Ermittlung der Beiwerte A_1 und A_2.

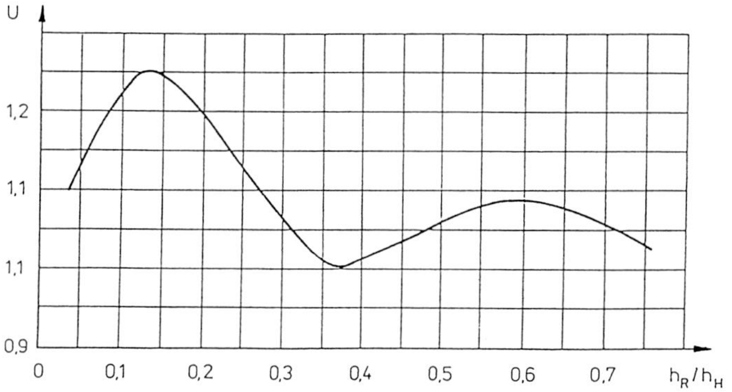

Abb. 2.88. Graphik zur Ermittlung des Exponenten U.

Demonstrationsbeispiel

Nachfolgend soll der Lösungsweg zur Berechnung der Absenkung s_0 im Sammelschacht eines Horizontalfilterbrunnens an einem Beispiel demonstriert werden.

– geohydraulisches Modell: einseitig begrenzter Grundwasserleiter (Abb. 2.89).

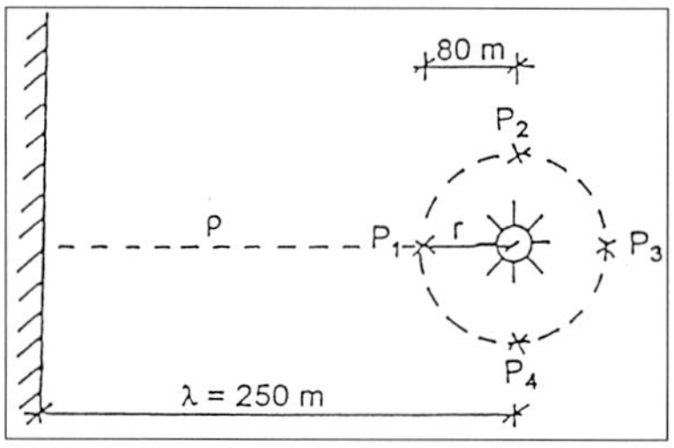

Abb. 2.89. Darstellung des geohydraulischen Modells.

– gegebene Größen:

Q	$= 0{,}1\ m^3/s$	l	$= l_V + l_F = 5\ m + 15\ m = 20\ m$
h_n	$= 15\ m$	d_i	$= 200\ mm = 0{,}2\ m$
k_f	$= 5 \cdot 10^{-4}\ m/s$	λ_V	$= 0{,}02$
S	$= 0{,}20$	λ_F	$= 0{,}04$
n	$= 8$	h_R	$= 2{,}0\ m$

– Berechnung der Absenkung s an den Punkten $P_1 \div P_4$ nach Gl. (2.182):

$$s_H = h_n - \sqrt{\left(h_n^2 - \frac{Q}{\pi \cdot k_f} \ln \frac{\varrho}{r}\right)}$$

$s_{P1} = 4{,}07\ m$
$s_{P2} = 4{,}63\ m$
$s_{P3} = 5{,}05\ m$
$s_{P4} = 4{,}63\ m$

– Berechnung der Wasserstände in den Punkten P_1, P_2, P_3 und P_4:
$h_{P1} = 15\ m - 4{,}07\ m = 10{,}93\ m$
$h_{P2} = 15\ m - 4{,}63\ m = 10{,}37\ m$
$h_{P3} = 15\ m - 5{,}05\ m = 9{,}95\ m$
$h_{P4} = 15\ m - 4{,}63\ m = 10{,}37\ m$

daraus ergibt sich als mittlerer Wasserstand h_H an der Stelle $r_H = 80\ m$

$$h_H = \frac{10{,}93 + 10{,}37 + 9{,}95 + 10{,}37}{4} = 10{,}4\ m$$

– Berechnung des Potentials Φ_0 im Sammelschacht nach Gl. (2.183):

$$\Phi_0 = \Phi_H - \frac{400}{E}\left(\frac{Q}{73{,}2 \cdot A \cdot d_i}\right)^{\frac{6}{5 \cdot U}} \left[\frac{1 + \frac{1}{d_i}\left(\lambda_v \cdot l_v + \frac{3 \cdot \lambda_F \cdot l_F}{\frac{0{,}3 \cdot l_F}{\sqrt{A}} - 1}\right)}{1{,}3 \cdot k_f \cdot d_i \cdot \sqrt{n}}\right]^{\frac{2}{5 \cdot U}}$$

– Bestimmung der benötigten Größen:
$A = A_1 + A_2$

aus Abb. 2.95 mit	$n = 8;\ \frac{h_R}{h_H} = \frac{2}{10{,}4} = 0{,}19$
ermittelt:	$A_1 = 3{,}6$
	$A_2 = 0{,}91$
	$A = 6{,}6 + 0{,}91 = 4{,}51$
Exponent U aus Abb. 2.88:	$U = 1{,}2$
Stützfiltereinfluß E:	$Q = 0{,}1\ m^3/s \rightarrow E = 1{,}15$
Berechnung von Φ_H:	$\Phi_H = \frac{h^2_H}{2} = \frac{10{,}4^2}{2} = 54{,}1\ m^2$

– Einsetzen der Parameter in die Gleichung:

$$\Phi_0 = 54{,}1\ \text{m} - \frac{400}{1{,}15}\left(\frac{0{,}1\ \text{m}^3/\text{s}}{73{,}2 \cdot 4{,}51 \cdot 0{,}2}\right)^{\frac{6}{5 \cdot 1.2}} \left[\frac{1 + \frac{1}{0{,}2}\left(0{,}02 \cdot 5 + \frac{3 \cdot 0{,}04 \cdot 15\ \text{m}}{\frac{0{,}3 \cdot 15\ \text{m}}{\sqrt{4{,}51 - 1}}}\right)}{1{,}3 \cdot 5 \cdot 10^{-4}\ \text{m/s} \cdot 0{,}2\ \text{m} \cdot \sqrt{8}}\right]^{\frac{2}{5 \cdot 1{,}2}}$$

$$\Phi_0 = 54{,}1 - 0{,}5268 \left[\frac{1 + 0{,}2\left(0{,}1 + \frac{1{,}8}{1{,}119}\right)}{3{,}677 \cdot 10^{-4}}\right]^{\frac{1}{3}}$$

$\Phi_0 = 54{,}1 - 0{,}5268 \cdot 29{,}607$
$\Phi_0 = 54{,}1\ \text{m}^2 - 15{,}6\ \text{m}^2$
$\Phi_0 = 38{,}5\ \text{m}^2$

– Berechnung der Absenkung s_0 im Brunnenschacht:

$s_0 = h_n - \sqrt{2 \cdot \Phi_0}$
$s_0 = 15\ \text{m} - \sqrt{2 \cdot 38{,}5\ \text{m}^2} = 15\ \text{m} - 8{,}77\ \text{m}$
$s_0 = 6{,}23\ \text{m}$

– Ermittlung der Geschwindigkeit des Wassers am Strangende:

$$v_{ra} = \frac{4 \cdot Q}{\pi \cdot d_i^2 \cdot n}$$

$$v_{ra} = \frac{4 \cdot 0{,}1\ \text{m}^3/\text{s}}{\pi \cdot 0{,}2^2\ \text{m}^2 \cdot 8}$$

$v_{ra} = 0{,}40\ \text{m/s}$

2.4.1.3 Heberleitungssysteme

Die Grundwasserförderung aus Brunnen mit Hilfe von Heberleitungen ist ein effektives und häufig genutztes Verfahren. Das Wirkungsprinzip eines solchen Systems ist in Abb. 2.90 dargestellt.

Ein Sammelschacht ist über eine Sammelleitung und Brunnenleitungen, die mit Wasser gefüllt und luftdicht sein müssen, mit dem Vertikalfilterbrunnen verbunden. Durch Absenken des Wasserspiegels im Sammelschacht entsteht in dem Rohrleitungssystem ein Unterdruck, der das Wasser aus den Brunnen absaugt und dem Sammelschacht zuführt. In diesem Sinne handelt es sich bei der Heberbemessung um die hydraulische Berechnung eines gekoppelten Systems. Die Berechnung einer solchen Grundwasserfassungsanlage kann damit durch folgende zwei Elemente gekennzeichnet werden:

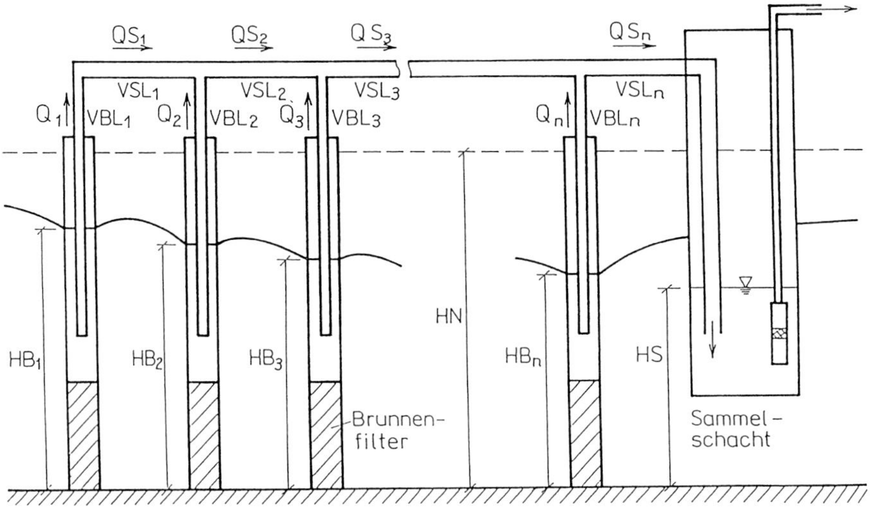

Abb. 2.90. Darstellung einer Heberleitung.

- geohydraulische Berechnung der Entwässerungswirkung von Vertikalfilterbrunnen im stationären oder nichtstationären Betriebszustand bei vorgegebenen geohydraulischen Randbedingungen und Standortparametern,
- hydraulische Berechnung des Koppelsystems für die möglichen Ausbauvarianten.

Die Elemente Vertikalfilterbrunnen und Koppelsystem stehen über Volumenströme und Druckhöhen bzw. Wasserstände in wechselseitiger Abhängigkeit. Dabei können instationäre Strömungsvorgänge im Koppelsystem gegenüber den langsam ablaufenden nichtstationären Strömungsvorgängen vernachlässigt werden.

Zur demonstrativen Darstellung des mathematischen Modells dient das in Abb. 2.90 gezeigte aus einer unverzweigten Sammelleitung bestehende Koppelsystem bei vorgegebenem Sammelschacht-Wasserstand in einem ungespannten Grundwassersystem. Die dabei benutzte Schreibweise entspricht nicht der in der Brunnen- und Rohrhydraulik üblichen Form, sondern ist eng an die bei der Computerberechnung mit dem Programm Heber genutzte Schreibweise von Variablen angelehnt (Beims 1992a):

- HN – Ausgangswasserstand
- Q – Brunnenförderleistung
- QS – Volumenstrom der Sammelleitung
- HB – Brunnenwasserstand
- HS – Sammelschacht-Wasserstand
- VL – Verlustbeiwert, allgemein
- VSL – Verlustbeiwert der Sammelleitung
- VBL – Verlustbeiwert der Brunnenleitung

Geohydraulische Berechnung der Vertikalfilterbrunnen

Die Grundlage der Vertikalfilterbrunnenberechnung ist in Abschnitt 2.4.1.1 umfassend dargestellt. Danach ergibt sich der Brunnenwasserstand für das Beispiel zu:

(2.185) $$HB_i = \sqrt{HN^2 - \frac{1}{2 \cdot \pi \cdot k_f} \sum_{l=1}^{n} Q_l \cdot \varphi(r_l)}$$

n – Zahl der Brunnen

Bei der Berechnung der spezifischen Potentialdifferenz lassen sich neben der Unvollkommenheit der Brunnen alle in Abb. 2.69 dargestellten Randbedingungen erfassen.

Hydraulische Berechnung des Koppelsystems

Im hydraulischen Koppelsystem sind die Brunnen über die jeweilige Brunnenleitung BL und die Sammelleitung SL miteinander verbunden. Grundlage einer Berechnung dieser Leitungen sind die hydraulischen Verluste. Im hydraulisch rauhen Bereich gilt für die Verlusthöhe h_v die Gleichung:

(2.186) $$h_v = \left(\lambda \frac{l}{d} + \sum \xi\right) \frac{v^2}{2 \cdot g} = VL \cdot Q^2$$

Der Verlustbeiwert berechnet sich zu:

(2.187) $$VL = 8 \frac{\lambda \frac{l}{d} + \sum \xi}{\pi^2 \cdot d^4 \cdot g}$$

λ – Rohrreibungsbeiwert nach BRANDTL/COLEBROOK
ζ – Verlustbeiwert für örtliche Verluste
g – Erdbeschleunigung
l – Länge der Rohrleitung
d – Durchmesser der Rohrleitung

Es ergibt sich somit folgendes mathematisches Modell für das bestehende Koppelsystem bei einer Zählrichtung von außen nach innen:

(2.188) $$HS - HB_i + VBL_i \cdot Q_i^2 + \sum_{j=1}^{n} VSL_j \cdot QS_j^2 = 0$$

mit

$$QS_j = \sum_{k=1}^{i} Q_k; \qquad i = 1 \ldots n$$

Setzt man Gl. (2.185) in Gl. (2.188) ein, so ergeben sich n nichtlineare Gleichungen mit n unbekannten Volumenströmen Q_i. Die Lösung dieses nichtlinearen Gleichungssystems kann beispielsweise nach dem NEWTON'schen Näherungsverfahren entsprechend der Vorschrift

(2.189) $$x_p = x_{p-1} - \frac{f(x)}{f'(x)}$$

für f (x) = 0 und 0 < f' (x) > 0 erfolgen. Somit ergibt sich folgende Verfahrensweise für die Berechnung von Heberleitungen:

1. Vorgabe einer ersten Näherung Q_i
2. Berechnung der Brunnenwasserstände HB_i
3. Ermittlung der Korrekturwassermengen Q_i aus dem Gleichungssystem (2.188)

$$f_i' = (2 \cdot VBL_i \cdot Q_i) \cdot \Delta Q_i + \sum_{l=1}^{n} \left\{ \left[\frac{1}{4 \cdot \pi \cdot k} \cdot \varphi(r_{i,l}) \cdot \frac{1}{HB_l} + 2 \sum_{j=1}^{n} VSL_j \cdot QS_j \right] \Delta Q_l \right\}$$

$$f_i = HS - HB_i - VBL_i \cdot Q_i^2 + \sum_{j=1}^{n} VSL_j \cdot QS_j^2$$

4. Korrektur der Volumenströme

$$\begin{pmatrix} \frac{\partial f_I}{\partial Q_I} & \cdots & \frac{\partial f_I}{\partial Q_n} \\ \vdots & & \vdots \\ \frac{\partial f_n}{\partial Q_n} & \cdots & \frac{\partial f_n}{\partial Q_n} \end{pmatrix} \cdot \begin{pmatrix} \partial Q_I \\ \vdots \\ \partial Q_n \end{pmatrix} + \begin{pmatrix} f_I \\ \vdots \\ f_n \end{pmatrix} = 0$$

5. Fortsetzung bei 2. bis zur gewünschten Genauigkeit

Der dargestellte Verfahrensweg ist in einem Rechenprogramm HEBER umgesetzt, welches für Grundwasserfassungen an Elbe, Saale und Rhein erfolgreich eingesetzt werden konnte.

Neben dem im betrachteten Beispiel vorliegenden Fall »vorgegebener Schachtwasserstand« läßt sich auch der Fall »vorgegebene Entnahme QE« berechnen.

Dafür ist eine zusätzliche Gleichung

(2.190) $$QE = \sum_{j=1}^{n} Q_j$$

im mathematischen Modell zu berücksichtigen.

Des weiteren sind mit dem Programm HEBER auch nichtstationäre Strömungsverhältnisse sowie mehrere Heberschächte mit jeweils ein oder mehreren Heberleitungen berechenbar.

Als Berechnungsergebnisse werden ausgewiesen:
- Volumenstrom und Schachtwasserstand je Sammelschacht,
- Volumenstrom je Heberleitung,
- Volumenströme der Brunnen und Brunnenabsenkung,
- Wasserstand und Absenkung an beliebigen Punkten des Grundwasserströmungsfeldes.

Das Programm wurde auch sehr erfolgreich zur Berechnung bestehender Anlagen mit dem Ziel eingesetzt, die Strömungsverhältnisse zu analysieren und unbekannte Rohrleitungskennwerte zu identifizieren.

Demonstrationsbeispiel

Nachfolgend soll der Verfahrensweg bei der geohydraulischen Berechnung einer Heberfassung an einem typischen Beispiel demonstriert werden. Die Abb. 2.91 zeigt die reale Brunnenanlage und die Brunnenanordnung entsprechend der Definition des Programms HEBER sowie den Aufbau des Grundwasserleiters.

Folgende Größen sind gegeben:

Durchlässigkeitsbeiwert	$k_f = 8 \cdot 10^{-4}$ m/s	
Speicherkoeffizient	S = 0,20	
Brunnenradius	$r_0 = 0,25$ m	
geohydraulische Zeitkonstante	a = S/T = 25	
Brunnenleitungen:	Leitungslänge	25 m
	Leitungsdurchmesser	150 mm
	Verlustbeiwert λ	0,04
	lokale Verluste $\Sigma\xi$	1,8
Sammelleitung:	Leitungslänge	
	1 – 4, 6 – 9, 11 – 14	50 m
	5 , 10 , 15	100 m

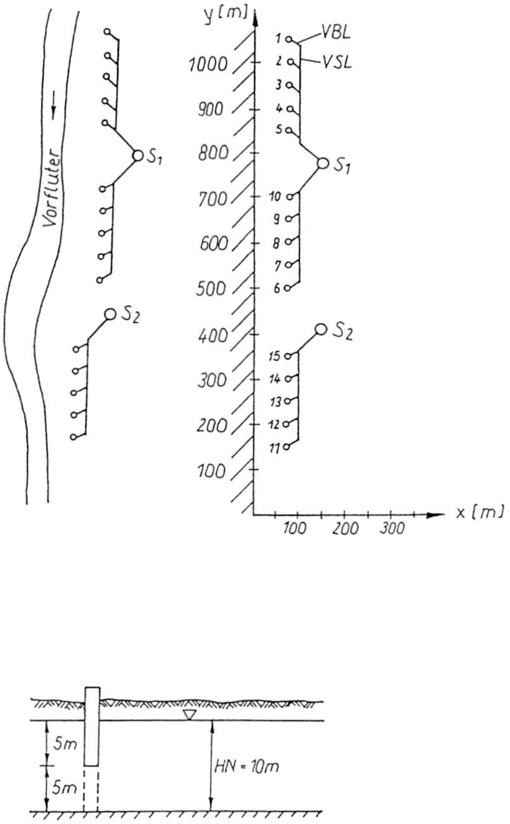

Abb. 2.91. Darstellung des Heberleitungssystems.

Leitungsdurchmesser	
1 – 2, 6 – 7, 11 – 12	200 mm
3 – 5, 8 – 10, 13 – 15	300 mm
Verlustbeiwert λ	0,03
lokale Verluste Σϑ	0,8

Sammelschacht 1: konstanter Wasserstand 6,5 m
Sammelschacht 2: konstanter Wasserstand 7,0 m

– Berechnung der Verlustbeiwerte:

$$VL = 8 \cdot \frac{\lambda \cdot \frac{l}{d} + \sum \xi}{\pi^2 \cdot d^4 \cdot g}$$

Brunnenleitungen

$$VBL = 8 \cdot \frac{0{,}04 \cdot \frac{25}{0{,}15} + 1{,}8}{\pi^2 \cdot 0{,}15^4 \cdot 9{,}81}$$

VBL = 1382,0

Sammelleitungen (l = 50 m, d = 200 mm)

$$VSL = 8 \cdot \frac{0{,}03 \cdot \frac{50}{0{,}2} + 0{,}8}{\pi^2 \cdot 0{,}2^4 \cdot 9{,}81}$$

VSL = 428,6

Sammelleitungen (l = 50 m, d = 300 mm)

$$VSL = 8 \cdot \frac{0{,}03 \cdot \frac{50}{0{,}3} + 0{,}8}{\pi^2 \cdot 0{,}3^4 \cdot 9{,}81}$$

VSL = 59,1

Sammelleitungen (l = 100 m, d = 300 mm)

$$VSL = 8 \cdot \frac{0{,}03 \cdot \frac{100}{0{,}3} + 0{,}8}{\pi^2 \cdot 0{,}3^4 \cdot 9{,}81}$$

VSL = 110,2

– Eingabe der Größen in das Programm HEBER und Berechnung der Brunnenfördermengen und Brunnenabsenkungen. Nachfolgend sind Eingabe und ausgedruckte Ergebnisse des Programms HEBER dargestellt.

Es stehen folgende Dateien zur Verfügung :
HEIDHEB.DAT DEMOHEB.DAT DEMOHEB1.DAT
Dateiname (Laufwerk:/Pfad/Name.Typ) :demoheb.dat

Alle erforderlichen Daten sind eingelesen !

Kontrolldruck gewuenscht (j/n) ?

Aufgabenbezeichnung: Demo Heber
Anzahl der Sammelschaechte: 2
Anzahl der Sammelleitungen: 3
Anzahl der Brunnen: 15
Anzahl der Berechnungsstufen (+1): 2
Anzahl der Schichten: 1
ungespannte Strömungsverhältnisse

Schichtbegrenzung des GWL			k_f-Wert je Schicht
Schicht Nr.	von	bis	m/s
1	,000	10,000	5,00000E–04

Heberschacht: 1
Kennzeichnung der Heberleitungen: 2

Nr.der Stufe	Entnahmemenge m^3/s (nur Schätzwert)	Schachtwasserstd. m
1	,50000E–01	6,50

Heberschacht: 2
Kennzeichnung der Heberleitungen: 3

Nr. der Stufe	Entnahmemenge m^3/s (nur Schätzwert)	Schachtwasserstd. m
1	,30000E–01	7,00

Kennzeichng. der Brunnen der 1. Heberleitg.: 5

Kennzeichng. der Brunnen der 2. Heberleitg.: 10

Kennzeichng. der Brunnen der 3. Heberleitg.: 15

Brunnendaten in (m) und Verlustbeiwerte

Brunnen Nr.	X-Koord. (m)	Y-Koord. (m)	Verl.beiw. Brunnenleit.	Verlustbeiwerte nachfolg. Sammelleitg.
1	75,00	1050,00	1382,00	428,60
2	75,00	1000,00	1382,00	428,60
3	75,00	950,00	1382,00	59,10
4	75,00	900,00	1382,00	59,10
5	75,00	850,00	1382,00	110,20
6	75,00	500,00	1283,00	428,60
7	75,00	550,00	1382,00	428,60
8	75,00	600,00	1382,00	59,10
9	75,00	650,00	1382,00	59,10
10	75,00	700,00	1382,00	110,20
11	75,00	150,00	1382,00	428,60
12	75,00	200,00	1382,00	428,60
13	75,00	250,00	1382,00	59,10
14	75,00	300,00	1382,00	59,10
15	75,00	350,00	1382,00	110,20

Ausbaudaten der Brunnen in (m)

Brunnennr.	Brunnen-radius	Länge des Filterrohr	Länge des Vollrohr	ungestörte Standrohrsp.höhe
1	,25	5,00	5,00	10,00
2	,25	5,00	5,00	10,00
3	,25	5,00	5,00	10,00
4	,25	5,00	5,00	10,00
5	,25	5,00	5,00	10,00
6	,25	5,00	5,00	10,00
7	,25	5,00	5,00	10,00
8	,25	5,00	5,00	10,00
9	,25	5,00	5,00	10,00
10	,25	5,00	5,00	10,00
11	,25	5,00	5,00	10,00
12	,25	5,00	5,00	10,00
13	,25	5,00	5,00	10,00
14	,25	5,00	5,00	10,00
15	,25	5,00	5,00	10,00

Es werden stationäre Verhältnisse berechnet

Randbedingungsspezifische Eingabewerte für den Fall
»einseitig begrenzter GWL ohne Speisung«

geohydraulische Zeitkonstante: 25,0

Im Beispiel handelt es sich um die RB: Fluss

Für den stationären Zustand wurde berechnet:

Heberschacht 1

Fördermenge	72,25 l/s
konstanter Schachtwasserstand	6,500 m

Heberleitung 1 Fördermenge 36,66 l/s

Nr. des Brunnens	Wasserstd. im Brunnen (m)	Absenkung im Brunnen (m)	Fördermenge (l/s)
1	6,932	3,068	7,899
2	6,887	3,113	6,981
3	6,792	3,208	6,943
4	6,765	3,235	7,041
5	6,731	3,269	7,793

Heberleitung 2 Fördermenge 35,59 l/s

Nr. des Brunnens	Wasserstd. im Brunnen (m)	Absenkung im Brunnen (m)	Fördermenge (l/s)
6	6,889	3,111	7,386
7	6,859	3,141	6,718
8	6,774	3,226	6,784
9	6,752	3,248	6,954
10	6,722	3,278	7,750

Heberschacht 2

Fördermenge	32,26 l/s
konstanter Schachtwasserstand	7,000 m

Heberleitung 3 Fördermenge 32,26 l/s

Nr. des Brunnens	Wasserstd. im Brunnen (m)	Absenkung im Brunnen (m)	Fördermenge (l/s)
11	7,338	2,662	6,993
12	7,302	2,698	6,169
13	7,227	2,773	6,113
14	7,206	2,794	6,181
15	7,179	2,821	6,807

2.4.2 Analytisch-numerische Lösungen

Die Fragmentmethode stellt einen Grenzfall zwischen den analytischen Lösungen und den in Abschnitt 2.4.3 beschriebenen numerischen Lösungsverfahren dar. Sie beruht auf der Einteilung des Gesamtströmungsfeldes in mehrere größere Abschnitte (Fragmente). Es kommt nun darauf an, das mathematische Modell jeder dieser schematischen Fragmente zu finden und an den Verknüpfungspunkten der Fragmente die Knotenregel zu erfüllen. Zuflüsse oder Entnahmen können nur konzentriert an den Knoten erfolgen.

Wie bei der Rohrhydraulik werden auch bei der Berechnung von Grundwasserströmungsproblemen mit Hilfe der Fragmentmethode für örtliche Verluste zusätzliche Widerstandselemente eingeführt. Solche fiktiven Zusatzfragmente z. B. der Einengung der Stromröhren durch Einbauten wie Spundwände oder bei unvollkommenen Entlastungselementen wie unvollkommenen Brunnen spielen bei der Lösung praktischer Aufgaben eine bedeutende Rolle.

Das Haupteinsatzgebiet der Fragmentmethode sind eindimensionale Strömungsprobleme, für welche analytische Lösungen unzulässige Vereinfachungen erfordern und numerische Lösungen zu aufwendig sind. Dabei gelingt es in der Regel, das Strömungsfeld durch wenige unvermaschte Fragmente zu ersetzen und die entstehenden tridiagonalen Gleichungssysteme effektiver zu lösen. Mit Rechenprogrammen auf der Grundlage der Fragmentmethode wurden beispielsweise für die Wasserfassung Dresden-Hosterwitz umfangreiche Variantenuntersuchungen durchgeführt. Dabei sind folgende Größen variiert worden:

- Zahl der Brunnenreihen,
- Zahl und Anordnung der Infiltrationsbeckenreihen,
- Förderleistungen der Brunnen,
- Infiltrationsleistungen der Becken,
- Kolmationsverhältnisse der Elbe und
- Ausbaugrad der Brunnen.

Neben den Uferfiltratfassungen mit und ohne künstlicher Grundwasseranreicherung läßt sich die Fragmentmethode auch sehr zweckmäßig bei Deich- und Dammunterströmungsproblemen einsetzen. Nachfolgend sollen die Lösungen für einige wichtige Fragmente bzw. Zusatzfragmente angegeben werden.

Ausgehend von den in Busch et al. (1993) und Beims (1979) abgeleiteten Lösungen ergeben sich für die in Abb. 2.92 dargestellten Fragmente für das Strömungsfeld:

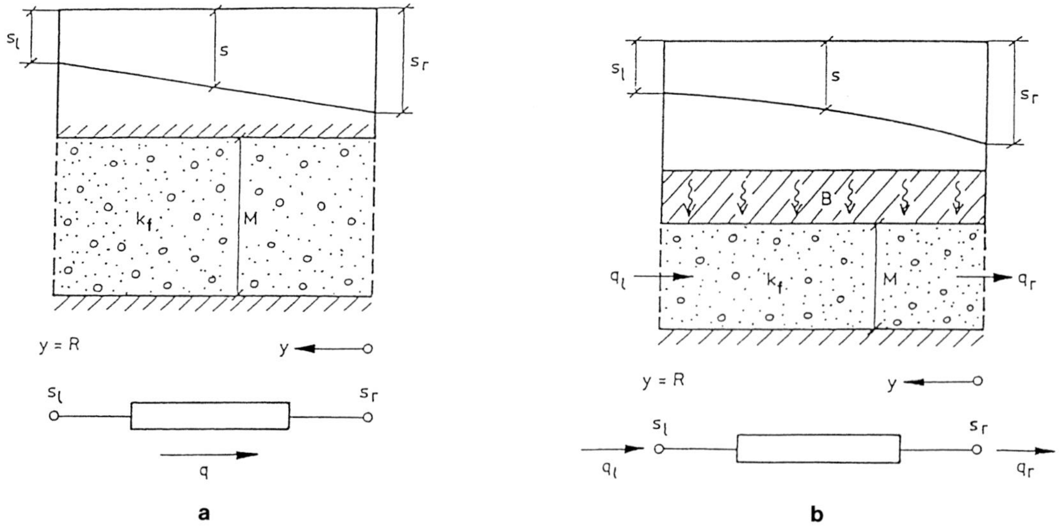

Abb. 2.92. Strömungsfeldfragment mit und ohne Speisung.

(2.191 a) a) $$q = \frac{k_f \cdot M}{R} (s_r - s_l)$$

(2.191 b) $$s = s_r - (s_r - s_l) \cdot \frac{y}{R}$$

(2.192 a) b) $$q_r = \frac{k_f \cdot M}{B} \left[\frac{s_r \cdot \cos h\left(\frac{R}{B}\right) - s_l}{\sin h\left(\frac{R}{B}\right)} \right]$$

(2.192 b) $$q_l = \frac{k_f \cdot M}{B} \left[\frac{s_r - s_l \cdot \cos h\left(\frac{R}{B}\right)}{\sin h\left(\frac{R}{B}\right)} \right]$$

(2.192 c) $$s = \frac{s_r \cdot \sin h\left(\frac{R-y}{B}\right) + s_l \cdot \sin h\left(\frac{y}{B}\right)}{\sin h\left(\frac{R}{B}\right)}$$

Für die in Abb. 2.93 dargestellten unvollkommenen Sickerschlitze ergeben sich bei zweiseitiger bzw. einseitiger Anströmung:

(2.193) a) $$q = \frac{k_f \, (s_{G,U} - s_{G,V})}{-\frac{2}{\pi} \ln \left[\cos \left(\frac{\pi \, (M-L)}{2 \cdot M} \right) \right]}$$

b) $$q = \frac{k_f \, (s_{G,U} - s_{G,V})}{-\frac{1}{\pi} \ln \left[\cos \left(\frac{\pi \, (M-L)}{2 \cdot M} \right) \right]}$$

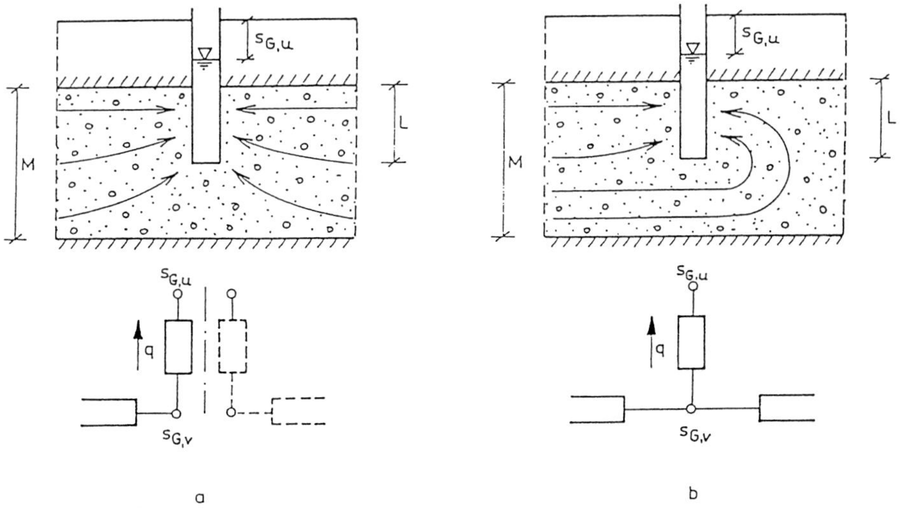

Abb. 2.93. Zusatzfragment Sickerschlitz.

Für langgestreckte Brunnenreihen mit äquidistanten Brunnenabständen a existieren gegenüber der Anströmung eines vollkommenen Grabens entsprechende Zusatzfragmente, die in Abb. 2.94 dargestellt sind.

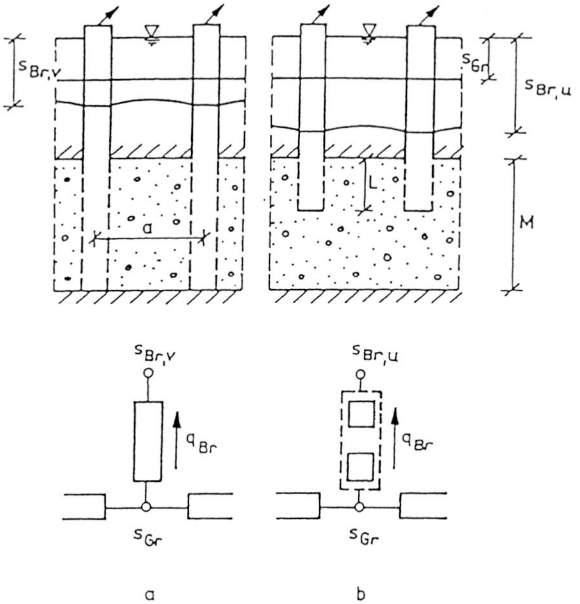

Abb. 2.94. Zusatzfragment Graben – Brunnen.

Für den Fall vollkommener Brunnen und vollkommener Graben gilt:

(2.194)
$$q = k_f \cdot M \frac{s_{Br,v} - s_{Gr}}{\frac{a}{2 \cdot \pi} \cdot \ln \frac{a}{2 \cdot \pi \cdot r_0}} = k_f \cdot M \cdot \frac{s_{Br,v} - s_{Gr}}{\Delta L_v}$$

und für den Fall unvollkommener Brunnen und vollkommener Graben

(2.195)
$$q = k_f \cdot M \frac{s_{Br,u} - s_{Gr}}{\frac{a}{2 \cdot \pi}\left[\ln\left(\frac{a}{2 \cdot \pi \cdot r_0}\right) + \frac{M}{L} \cdot \ln\left(\frac{\pi \cdot L}{2 \cdot r_0}\right) + 0{,}1 + \ln\left(\frac{r_o}{M}\right)\right]} = k_f \cdot M \cdot \frac{s_{Br,u} - s_{Gr}}{\Delta L_u}$$

In Gl. (2.195) wird zur Erfassung der Unvollkommenheit des Brunnens ein Ansatz von Todd benutzt (Schestakow et al. 1978), wobei die Bezeichnungen denen in Abb. 2.94 entsprechen.

Für das in Abb. 2.95 dargestellte Fragment einer Sickerleitung (Drän) gilt:

(2.196)
$$q = k_f \cdot b \frac{s_D - s_{Gr}}{\frac{M}{2 \cdot \pi} \cdot \ln\left(\frac{M}{2 \cdot \pi \cdot r_0}\right)}$$

Das in Abb. 2.96b dargestellte Zusatzfragment für Entwässerungsgräben ist in gleicher Weise für reale Vorfluter oder Infiltrationsbecken nutzbar. Auch eine Einschnürung der Strombahnen durch Einbauten wie z. B. Spundwände (Abb. 2.96a) ist durch ein Zusatzfragment erfaßbar.

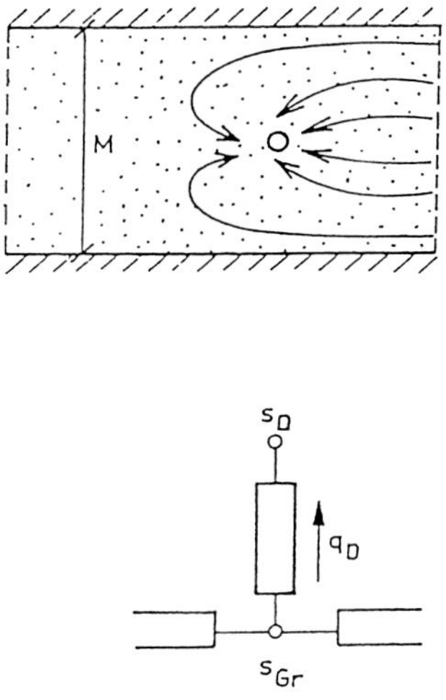

Abb. 2.95. Zusatzfragment Dränleitung.

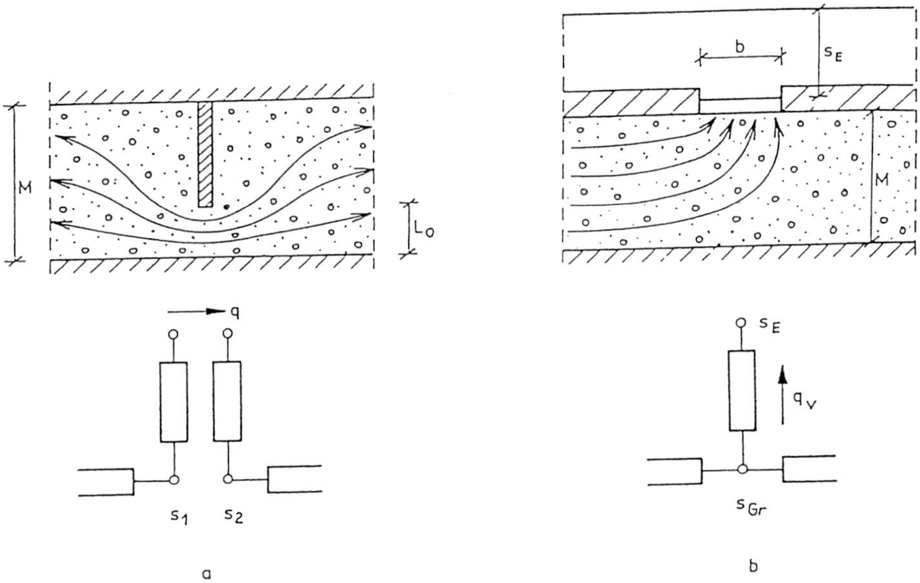

Abb. 2.96. Zusatzfragmente Spundwand und Entwässerungsgraben.

(2.197) a) $$q = \frac{k_f\,(s_2 - s_1)}{-\dfrac{4}{\pi}\ln\left[\cos\left(\dfrac{\pi\,(M - L_0)}{2 \cdot M}\right)\right]}$$

(2.198) b) $$q = k_f \cdot M \cdot \frac{s_E - s_{Gr}}{\Delta L_1}$$

Die Größe ΔL_l ist für eine einseitige oder zweiseitige Zu- bzw. Abströmung aus der Graphik nach Abb. 2.70 bestimmbar.

Demonstrationsbeispiel

Nachfolgend soll der Verfahrensweg bei der geohydraulischen Berechnung mittels Fragmentmethode am Beispiel einer Uferfiltratfassung demonstriert werden (BEIMS 1979). Abb. 2.97a zeigt das Schema der zweiseitigen Fassung und Abb. 2.97b die darauf aufbauende Fragmenteinteilung.

– Im ersten Arbeitsschritt werden die benötigten Fragmente ausgewählt.

$$q = \frac{k_f \cdot M}{R}(s_r - s_l)$$

$$s = s_r - (s_r - s_l)\frac{y}{R}$$

Fragmente 1, 2, 4 und 5 (Abb. 2.92a) und Fragment 3 (Abb. 2.92b)

$$q_r = \frac{k_f \cdot M}{B}\left[\frac{s_r \cdot \cos h\,\frac{R}{B} - s_l}{\sin h\left(\frac{R}{B}\right)}\right]$$

$$q_l = \frac{k_f \cdot M}{B}\left[\frac{s_r - s_l \cdot \cos h\,\frac{R}{B}}{\sin h\left(\frac{R}{B}\right)}\right]$$

$$s = \frac{s_r \cdot \sin h\left(\frac{R-y}{B}\right) + s_l \cdot \sin h\left(\frac{y}{B}\right)}{\sin h\left(\frac{R}{B}\right)}$$

Zusatzfragment Graben – Brunnen (Abb. 2.94a, b)

a) vollkommener Brunnen – Graben (Gl. 2.194)

$$q = k_f \cdot M\,\frac{s_{Br,\,v} - s_{Gr}}{\frac{a}{2\cdot\pi}\cdot\ln\frac{a}{2\cdot\pi\cdot r_0}}$$

$$q = k_f \cdot M\,\frac{s_{Br,\,v} - s_{Gr}}{\Delta L_v}$$

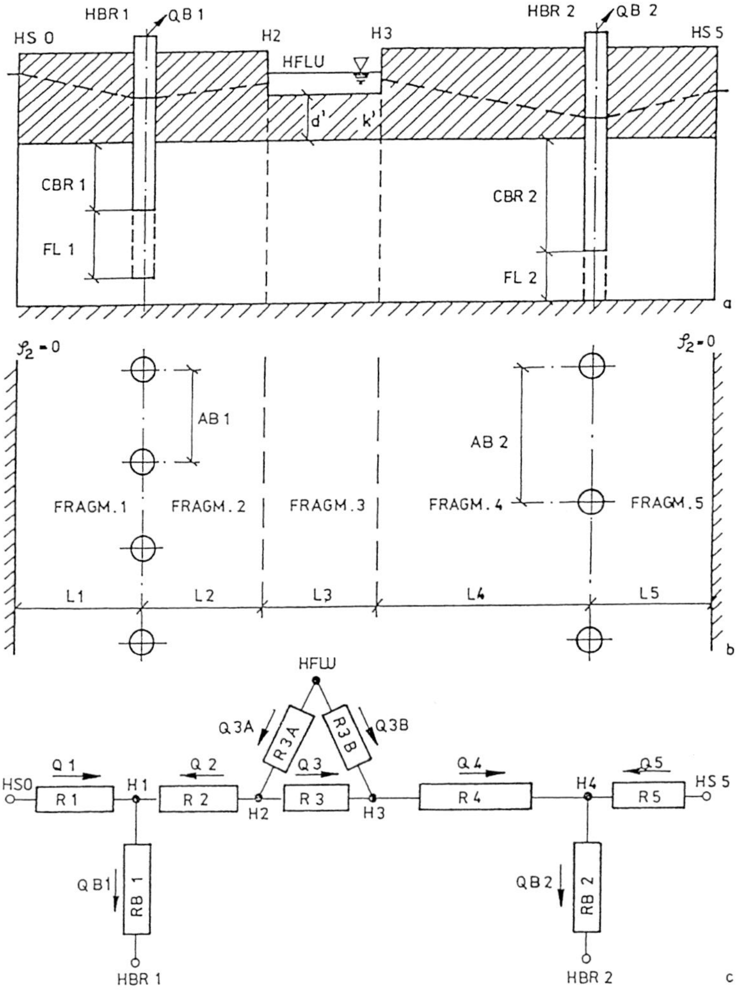

Abb. 2.97. Schematische Darstellung der Fragmentmethode am Beispiel einer Uferfiltratfassung.

b) unvollkommener Brunnen – Graben (Gl. 2.195)

$$q = k_f \cdot M \frac{s_{Br,u} - s_{Gr}}{\frac{a}{2 \cdot \pi} \cdot \left[\ln \left(\frac{a}{2 \cdot \pi \cdot r_0} \right) + \frac{M}{L} \cdot \ln \left(\frac{\pi \cdot L}{2 \cdot r_0} \right) + 0{,}1 + \ln \left(\frac{r_0}{M} \right) \right]}$$

$$q = k_f \cdot M \frac{s_{Br,u} - s_{Gr}}{\Delta L_u}$$

- Definition der Fließrichtung entsprechend Abb. 2.97c:
  Strömung zum Knotenpunkt »+«
  Strömung weg vom Knoten »–«
- Aufstellung der Bilanzgleichungen:
  Knoten 1: Q1 + Q2 – QB1 = 0

Knoten 2: Q3A – Q2 – Q3 = 0
Knoten 3: Q3B + Q3 – Q4 = 0
Knoten 4: Q4 + Q5 – QB2 = 0

– Entsprechend der angegebenen Auswahl von Fragmenten können nun die entsprechenden Ansätze ausgewählt werden, wobei es für gespannte Strömungsverhältnisse gleich ist, ob die Absenkung s oder das Potential h benutzt wird.
  Das Fragment 3, das in sich als Black Box aufzufassen ist, wird durch die angegebene Dreieckschaltung simuliert, wobei jedoch keinem der drei Widerstände ein definierter Strömungsfeldabschnitt zugeordnet werden kann.

  Es gilt:

$$Q3\,A = \frac{k3 \cdot M3}{B} \, \frac{\cos h\left(\frac{L3}{B}\right) - 1}{\sin h\left(\frac{L3}{B}\right)} \, (HFLU - H2)$$

$$Q3\,B = \frac{k3 \cdot M3}{B} \, \frac{\cos h\left(\frac{L3}{B}\right) - 1}{\sin h\left(\frac{L3}{B}\right)} \, (HFLU - H3)$$

$$Q3 = \frac{k3 \cdot M3}{B} \, \frac{H2 - H3}{\sin h\left(\frac{L3}{B}\right)}$$

– Einsetzen der Fragmentgleichungen in die Bilanzgleichungen und ordnen nach bekannten und unbekannten Größen:

Knoten 1:

$$Q1 + Q2 - QB1 = 0$$

$$\frac{k1 \cdot M1}{L1}(HSO - H1) + \frac{k2 \cdot M2}{L2}(H2 - H1) - \frac{kB_1 \cdot MB_1}{\Delta L_1}(H1 - HBR1) = 0$$

$$H1\left(-\frac{k1 \cdot M1}{L1} - \frac{k2 \cdot M2}{L2} - \frac{kB_1 \cdot MB_1}{\Delta L_1}\right) + H2\left(\frac{k2 \cdot M2}{L2}\right)$$

$$+ \frac{k1 \cdot M1}{L1} \cdot HSO + \frac{kB_1 \cdot MB_1}{\Delta L_1} \cdot HBR1 = 0$$

Knoten 2:

$$Q3A + Q2 - Q3 = 0$$

$$\frac{k3 \cdot M3}{B} \, \frac{\cos h\left(\frac{L3}{B}\right) - 1}{\sin h\left(\frac{L3}{B}\right)} \cdot (HFLU - H2) + \frac{k2 \cdot M2}{L2}(H2 - H1)$$

$$-\frac{k3 \cdot M3}{B} \cdot \frac{H2 - H3}{\sin h\left(\frac{L3}{B}\right)} = 0$$

$$H2\left[-\frac{k3 \cdot M3}{B}\,\frac{\cos h\left(\frac{L3}{B}\right)-1}{\sin h\left(\frac{L3}{B}\right)} - \frac{k2 \cdot M2}{L2} - \frac{k3 \cdot M3}{B}\,\frac{1}{\sin h\left(\frac{L3}{B}\right)}\right]$$

$$+ H1\left(\frac{k2 \cdot M2}{L2}\right) + H3\left(\frac{k3 \cdot M3}{B} \cdot \frac{1}{\sin h\left(\frac{L3}{B}\right)}\right) = 0$$

$$H2\left[-\frac{k3 \cdot M3}{B}\,\frac{\cos h\left(\frac{L3}{B}\right)}{\sin h\left(\frac{L3}{B}\right)} - \frac{k2 \cdot M2}{L2} - \frac{k3 \cdot M3}{B}\,\frac{1}{\sin h\left(\frac{L3}{B}\right)}\right]$$

$$+ H2\left[-\frac{k3 \cdot M3}{B}\,\frac{1}{\sin h\left(\frac{L3}{B}\right)}\right]$$

$$+ H1\left(\frac{k2 \cdot M2}{L2}\right) + H3\left(\frac{k3 \cdot M3}{B} \cdot \frac{1}{\sin h\left(\frac{L3}{B}\right)}\right) = 0$$

Knoten 3:

$$Q3B + Q3 - Q4 = 0$$

$$\frac{k3 \cdot M3}{B}\,\frac{\cos h\left(\frac{L3}{B}\right)-1}{\sin h\left(\frac{L3}{B}\right)} \cdot (HFLU - H3) - \frac{k4 \cdot M4}{L4}\,(H3 - H4)$$

$$+\frac{k3 \cdot M3}{B} \cdot \frac{H2 - H3}{\sin h\left(\frac{L3}{B}\right)} = 0$$

$$H3\left[-\frac{k3 \cdot M3}{B}\,\frac{\cos h\left(\frac{L3}{B}\right)-1}{\sin h\left(\frac{L3}{B}\right)} - \frac{k4 \cdot M4}{L4} - \frac{k3 \cdot M3}{B}\,\frac{1}{\sin h\left(\frac{L3}{B}\right)}\right]$$

$$+ H2\left(\frac{k3 \cdot M3}{B} \cdot \frac{1}{\sin h\left(\frac{L3}{B}\right)}\right) + H4\left(\frac{k4 \cdot M4}{L4}\right) = 0$$

$$H3\left[-\frac{k3 \cdot M3}{B}\,\frac{\cos h\left(\frac{L3}{B}\right)}{\sin h\left(\frac{L3}{B}\right)} - \frac{k4 \cdot M4}{L4} - \frac{k3 \cdot M3}{B}\,\frac{1}{\sin h\left(\frac{L3}{B}\right)}\right]$$

$$+ H3\left[-\frac{k3 \cdot M3}{B}\,\frac{1}{\sin h\left(\frac{L3}{B}\right)}\right]$$

$$+ H4\left(\frac{k4 \cdot M4}{L4}\right) + H2\left(\frac{k3 \cdot M3}{B} \cdot \frac{1}{\sin h\left(\frac{L3}{B}\right)}\right) = 0$$

Knoten 4:

$$Q4 + Q5 - QB2 = 0$$

$$\frac{k4 \cdot M4}{L4}(H3 - H4) + \frac{k5 \cdot M5}{L5}(HS5 - H4)$$

$$-\frac{kB_2 \cdot MB_2}{\Delta L_2}(H4 - HBR2) = 0$$

$$H4\left(-\frac{k4 \cdot M4}{L4} - \frac{k5 \cdot M5}{L5} - \frac{kB_2 \cdot MB_2}{\Delta L_2}\right) + H3\left(\frac{k4 \cdot M4}{L4}\right)$$

$$+\frac{k5 \cdot M5}{L5} \cdot HS5 + \frac{kB_2 \cdot MB_2}{\Delta L_2} \cdot HBR2 = 0$$

– Damit ergeben sich folgende Koeffizienten des zu lösenden Gleichungssystems:

$$\begin{pmatrix} B_1 & A_1 & 0 & 0 \\ A_1 & B_2 & A_2 & 0 \\ 0 & A_2 & B_3 & A_3 \\ 0 & 0 & A_3 & B_4 \end{pmatrix} \cdot \begin{pmatrix} H1 \\ H2 \\ H3 \\ H4 \end{pmatrix} = \begin{pmatrix} C1 \\ C2 \\ C3 \\ C4 \end{pmatrix}$$

$$A_1 = \frac{k2 \cdot M2}{L2}$$

$$A_2 = \frac{k3 \cdot M3}{B \cdot \sin h\left(\frac{L3}{B}\right)}$$

$$A_3 = \frac{k4 \cdot M4}{L4}$$

$$B_1 = -\frac{kB_1 \cdot MB_1}{\Delta L_1} - \frac{k2 \cdot M2}{L2} - \frac{k1 \cdot M1}{L1}$$

$$B_2 = -\frac{k2 \cdot M2}{L2} - \frac{k3 \cdot M3}{B} \cdot \frac{\cos h\left(\frac{L3}{B}\right)}{\sin h\left(\frac{L3}{B}\right)}$$

$$B_3 = -\frac{k4 \cdot M4}{L4} - \frac{k3 \cdot M3}{B} \cdot \frac{\cos h\left(\frac{L3}{B}\right)}{\sin h\left(\frac{L3}{B}\right)}$$

$$B_4 = -\frac{kB_2 \cdot MB_2}{\Delta L_2} - \frac{k5 \cdot M5}{L5} - \frac{k4 \cdot M4}{L4}$$

$$C_1 = -\frac{kB_1 \cdot MB_1}{\Delta L_1} \cdot HBR1 - \frac{k1 \cdot M1}{L1} \cdot HSO$$

$$C_2 = -\frac{k3 \cdot M3}{B} \cdot \frac{\cos h\left(\frac{L3}{B}\right) - 1}{\sin h\left(\frac{L3}{B}\right)} \cdot HFLU$$

$$C_3 = -\frac{k3 \cdot M3}{B} \cdot \frac{\cos h\left(\frac{L3}{B}\right) - 1}{\sin h\left(\frac{L3}{B}\right)} \cdot HFLU$$

$$C4 = -\frac{kB_2 \cdot MB_2}{\Delta L_2} \cdot HBR2 - \frac{k5 \cdot M5}{L5} \cdot HS5$$

Die Werte kB und MB sind der k_f-Wert und die repräsentative Grundwasserleitermächtigkeit unmittelbar an den Fassungsbrunnen.

– Mit den Werten

k_f	=	$1 \cdot 10^{-3}$ m/s	L1	=	100 m
M	=	10 m	L2	=	50 m
HSO	=	HS5 = HFLU = 16 m	L3	=	100 m
LF1	=	LF2 = 6 m	L4	=	75 m
AB1	=	30 m	L5	=	125 m
AB2	=	50 m	HBR1	=	12 m
r_0	=	0,25 m	HBR2	=	13 m
B	=	150 m			

ergeben sich folgende Koeffizienten:

$$\sin h\left(\frac{L3}{B}\right) = \sin h\left(\frac{100}{150}\right) = 0{,}717$$

$$\cos h\left(\frac{L3}{B}\right) = \cos h\left(\frac{100}{150}\right) = 1{,}2306$$

$$\Delta L_1 = \frac{30}{2 \cdot \pi}\left[\ln \frac{30}{2 \cdot \pi \cdot 0{,}25} + \frac{10}{6} \ln \frac{\pi \cdot 6}{2 \cdot 0{,}25} + 0{,}1 + \ln \frac{0{,}25}{10}\right]$$

$$= 4{,}7746\,[2{,}9496 + 6{,}0494 + 0{,}1 - 3{,}6889]$$

$$= 25{,}83 \text{ m}$$

$$\Delta L_2 = \frac{50}{2 \cdot \pi}\left[\ln \frac{50}{2 \cdot \pi \cdot 0{,}25} + \frac{10}{6} \ln \frac{\pi \cdot 6}{2 \cdot 0{,}25} + 0{,}1 + \ln \frac{0{,}25}{10}\right]$$

$$= 7{,}9577\,[3{,}4604 + 6{,}0494 + 0{,}1 - 3{,}6889]$$

$$= 47{,}12 \text{ m}$$

$$k_f \cdot M = 1 \cdot 10^{-3} \text{ m/s} \cdot 10 \text{ m} = 0{,}01 \text{ m}^2/\text{s}$$

$$A_1 = \frac{0{,}01}{50} = 0{,}0002$$

$$A_2 = \frac{0{,}01}{150 \cdot 0{,}717} = 0{,}00009298$$

$$A_3 = \frac{0{,}01}{75} = 0{,}0001333$$

$$B_1 = -\frac{0.01}{25{,}83} - \frac{0{,}01}{50} - \frac{0{,}01}{100}$$
$$= -0{,}000387 - 0{,}0002 - 0{,}0001 = -0{,}000687$$

$$B_2 = -\frac{0.01}{50} - \frac{0{,}01}{150} \cdot \frac{1{,}2306}{0{,}717}$$
$$= -0{,}0002 - 0{,}0001144 = -0{,}0003144$$

$$B_3 = -\frac{0.01}{75} - \frac{0{,}01}{150} \cdot \frac{1{,}2306}{0{,}717}$$
$$= -0{,}000133 - 0{,}0001144 = -0{,}0002474$$

$$B_4 = -\frac{0.01}{47{,}12} - \frac{0{,}01}{125} - \frac{0{,}01}{75}$$
$$= -0{,}0002122 - 0{,}00008 - 0{,}000133 = -0{,}0004222232$$

$$C_1 = -\frac{0{,}01}{25{,}83} \cdot 12 - \frac{0{,}01}{100} \cdot 16$$
$$= -0{,}004646 - 0{,}0016 = -0{,}006246$$

$$C_2 = -\frac{0.01}{150} \cdot \frac{(1{,}2306 - 1)}{0{,}717} \cdot 16 \qquad = -0{,}0003431$$

$$C_3 = -\frac{0.01}{150} \cdot \frac{(1{,}2306 - 1)}{0{,}717} \cdot 16 \qquad = -0{,}0003431$$

$$C_4 = -\frac{0.01}{47{,}12} \cdot 13 - \frac{0{,}01}{125} \cdot 16$$
$$= -0{,}002759 - 0{,}00128 \qquad = -0{,}004039$$

– Lösung des Gleichungssystems mit einem verfügbaren Bibliotheksprogramm

Als Ergebnis erhält man:
H1 = 13,02 m
H2 = 13,49 m
H3 = 13,93 m
H4 = 13,87 m

– Als Brunnenförderungen ergeben sich schließlich:

$$Q_1 = k_f \cdot M \frac{H1 - HBR1}{\Delta L_1} AB1$$

$$Q_1 = 0{,}01 \frac{13{,}02-12{,}00}{25{,}83} 30 = 0{,}0118 \text{ m}^3/\text{s}$$

$$Q_2 = k_f \cdot M \frac{H2 - HBR2}{\Delta L_2} AB2$$

$$Q_2 = 0{,}01 \frac{13{,}87-13{,}00}{47{,}12} 50 = 0{,}0092 \text{ m}^3/\text{s}$$

2.4.3 Numerische Lösungen

2.4.3.1 Formulierung der Aufgabenstellung

Der nachfolgende Abschnitt ist primär der digitalen Simulation auf der Grundlage systembeschreibender Modelle gewidmet. Als digitale Simulation bezeichnet man dabei die numerischen Lösungen von Rand-/Anfangswertaufgaben gewöhnlicher und partieller Differentialgleichungen unter aktiver Anwendung der digitalen Rechentechnik. Wie in vorherigen Abschnitten immer wieder dargestellt, hat die Anwendung der EDV in der Wassererschließung einen beachtlichen Stand erreicht (Bear & Verruijt 1987, Kinzelbach & Rausch 1995). Danach ist es zweckmäßig, für die Simulation der Grundwasserdynamik folgende vier hierarchische Ebenen zu unterscheiden:

- elementbezogene Simulation,
- fassungsbezogene Simulation,
- regionale Modellierung,
- Großraummodellierung.

Voraussetzung der digitalen Simulation sind geeignete systembeschreibende Modelle im Ergebnis der mathematischen Modellbildung. Unter geeignet soll dabei verstanden werden, daß sie einerseits das Original hinreichend genau widerspiegeln und andererseits effektiv simulierbar sind. Unter diesen Prämissen wurden in der Vergangenheit zahlreiche Modelle zur Simulation von eindimensionalen, rotationssymmetrischen, horizontal-ebenen, vertikal-ebenen und dreidimensionalen Grundwasserströmungsprozessen erarbeitet und programmtechnisch umgesetzt. Solche Programme wie beispielsweise WELL89, MINIHO, FEFLOW, GEOFIM, MODFLOW, AQUA oder ASM existieren in unterschiedlichen Versionen und werden für eine breite Palette von Simulationsaufgaben eingesetzt (Beims 1980, Kinzelbach & Rausch 1995).

Nachfolgend soll deshalb das Modell der gesättigten isotropen, horizontal-ebenen Filterströmung als Demonstrationsbeispiel der Grundlagen der digitalen Simulation dienen. Da sich dieses mathematische Modell und die hierfür eingesetzten Lösungsverfahren weitgehend auch auf andere systembeschreibende Modelle der Geofiltration übertragen lassen, kann die Darstellung entsprechend verallgemeinert werden (Wang & Anderson 1982).

An dieser Stelle kann es bei der Abhandlung der numerischen Verfahren jedoch nur darum gehen, das Wesen der Verfahren darzustellen, Begriffe zu prägen und Arbeitsschritte zu erläutern. Die gewählte Herangehensweise kann nicht zum vollen Verständnis der Verfahren führen, dafür wird auf die umfangreiche Spezialliteratur verwiesen. Ein Mindestmaß von Grundkenntnissen ist jedoch auch erforderlich, um beispielsweise vorhandene Rechenprogramme richtig zu nutzen oder auch Programmbeschreibungen zu lesen.

Für das in Abb. 2.98 dargestellte horizontal-ebene Strömungsfeld kann das mathematische Modell unabhängig von seiner Schematisierung (Dupuit-Annahmen oder Girinskij-Potential) durch folgende Elemente dargestellt werden:

- Bilanzgleichung auf der Grundlage der Darcy-Gleichung.
  Z. B. die Differentialgleichung in x-, y-Koordinaten für ungespannte Strömungsverhältnisse mit Dupuit-Annahmen (siehe Gl. 2.13)

$$(2.13.1)\quad \frac{\delta}{\delta x}\left(T\frac{\delta h}{\delta x}\right)+\frac{\delta}{\delta y}\left(T\frac{\delta h}{\delta y}\right)=S\,\frac{\delta h}{\delta t}-w$$

- Äußere Randbedingungen 1., 2. und 3. Art.
  Diese Randbedingungen können konstant sein, aber auch als Funktion des Ortes (x, y), der Zeit (t) oder des Potentials (h) angegeben werden.
- Innere Randbedingungen.
  Als innere Randbedingungen werden alle Quellen und Senken im Inneren des Strömungsfeldes wie beispielsweise Brunnen als Punktquellen/-senken, Vorfluter als Linienquellen/-senken oder Infiltrationsflächen als Flächenquellen bezeichnet.
- Anfangsbedingungen.
  Als Anfangsbedingungen werden die Potentialverhältnisse zum Anfangszeitpunkt t_0 für alle inneren und äußeren Randbedingungen sowie im Strömungsfeld bezeichnet.

Das mathematische Modell der Filterströmung formuliert ein stetiges Feldproblem, dessen Lösung häufig nur durch Diskretisierung möglich ist, d.h. die Lösung des stetigen Feldproblems wird durch die Lösung an endlich vielen Feldpunkten approximiert. Durch die Diskretisierung entsteht nun einerseits das Stützstellennetz aus den gewählten Feldpunkten und andererseits das Elementenetz entsprechend der Abhängigkeit der Feldpunkte untereinander. Das so vorliegende mathematische Modell des diskreten Feldproblems ist ein Differenzen-Differentialgleichungssystem

- Differenzen bezüglich des Ortes,
- Differentiale bezüglich der Zeit.

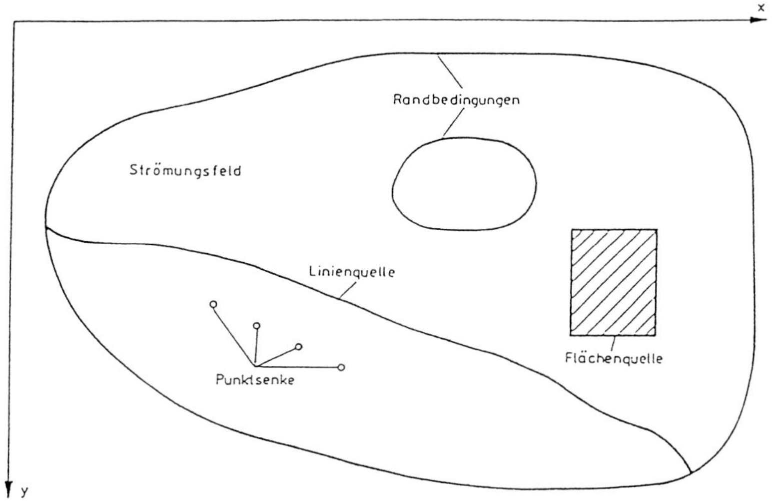

Abb. 2.98. Darstellung eines realen Strömungsfeldes.

Die Lösung dieses Differenzen-Differentialgleichungssystems kann im allgemeinen nur durch zusätzliche Diskretisierung der Zeitvariablen erfolgen. Das Ergebnis ist dann ein digital lösbares Differenzen-Differenzengleichungssystem.

Damit läßt sich die ortsdiskrete digitale Simulation in folgende Etappen gliedern:
- Ortsdiskretisierung des ebenen Feldes,
- Entwicklung des ortsdiskreten mathematischen Modells als Differenzen-Differentialgleichungssystem,
- numerische Aufbereitung des Differenzen-Differentialgleichungssystems,
- algorithmische Aufbereitung für die digitale Lösung,
- digitale Berechnung.

Allgemein lassen sich damit folgende Anforderungen an das ortsdiskrete mathematische Modell stellen:

- Das mathematische Ausgangsmodell ist mit hoher Genauigkeit durch das ortsdiskrete mathematische Modell zu approximieren.
- Die Quantifizierung des ortsdiskreten Modells soll bei minimalem Datenaufwand eine maximale Widerspiegelung der repräsentativen Strömungsfeldparameter des Originals sichern.
- Die Struktur des ortsdiskreten Modells ist so zu gestalten, daß die hydrologischen und technisch/technologischen Bedingungen des Originals übersichtlich, physikalisch anschaulich und mit hoher Genauigkeit im Modell erfaßt werden können.
- Das ortsdiskrete Modell soll mit hoher Genauigkeit und minimalem Aufwand simulierbar sein.

Diese unter verschiedenen Gesichtspunkten gestellten Forderungen stehen natürlich im Widerspruch zueinander. Ihre Wertigkeit wird durch die Aufgabenstellung und Ziele der Modellierung bestimmt und ist von Fall zu Fall entsprechend zu berücksichtigen.

2.4.3.2 Ortsdiskretisierung

Netzformen

Bei der Ortsdiskretisierung wird entweder von einem Netz abhängiger Feldpunkte (Stützstellennetz) oder von einem Netz von Begrenzungslinien endlicher Elemente des Strömungsfeldes (Elementenetz) ausgegangen. Im letzteren Fall spricht man oftmals nicht mehr von Ortsdiskretisierung, sondern von Finitisierung. Dabei ist es üblich, zwischen koordinatentreuen und nichtkoordinatentreuen sowie regelmäßigen und unregelmäßigen Netzformen zu unterscheiden. Bei eindimensionalen bzw. rotationssymmetrischen Strömungsfeldern unterscheidet man weiterhin zwischen äquidistanter, logarithmisch äquidistanter und nichtäquidistanter Diskretisierung. Die Abb. 2.99 gibt eine Übersicht über solche typischen Netzformen.

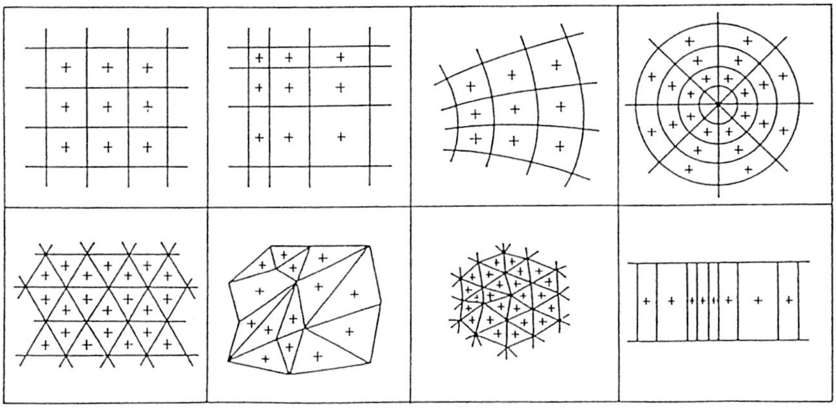

Abb. 2.99. Möglichkeiten der Ortsdiskretisierung.

Die Vor- und Nachteile von regelmäßigen koordinatentreuen Netzen, wie sie auf der Basis der TAYLOR-Reihenentwicklung entstanden sind, und beliebigen Netzen, wie sie mit der Entwicklung der Methode der finiten Elemente genutzt wurden, stehen sich diametral entgegen. Aus diesem Grunde haben sich bei der überwiegenden Zahl von numerischen Lösungen geometrisch unregelmäßige, aber topologisch regelmäßige Netzformen durchgesetzt, da sie Variabilität und effektive Simulierbarkeit vereinen. Die Abb. 2.100 gibt für das in Abb. 2.98 dargestellte ebene Strömungsfeld eine geometrisch unregelmäßige Diskretisierung an, die beispielsweise im Bereich der Uferfiltratfassung fein, dagegen in anderen Bereichen gröber ist.

Entwicklung des ortsdiskreten mathematischen Modells

Die Entwicklung ortsdiskreter mathematischer Modelle wird ausführlich in LUCKNER & SCHESTAKOW (1975), BENNETT (1976) und KINZELBACH (1987) behandelt und kann demzufolge durch die Anwendung mathematischer Verfahren auf das infinitesimale mathematische Modell oder durch Spezifizierung des diskreten mathematischen Modells auf der Grundlage physikalischer Gesetzmäßigkeiten erfolgen.

In diesem Sinne wird zwischen mathematischen und physikalischen Verfahren unterschieden. Neben diesem Ordnungsprinzip hat sich eingebürgert, zwischen Differenzenverfahren und Methoden der endlichen (finiten) Elemente zu unterscheiden. Der Methode der endlichen Elemente

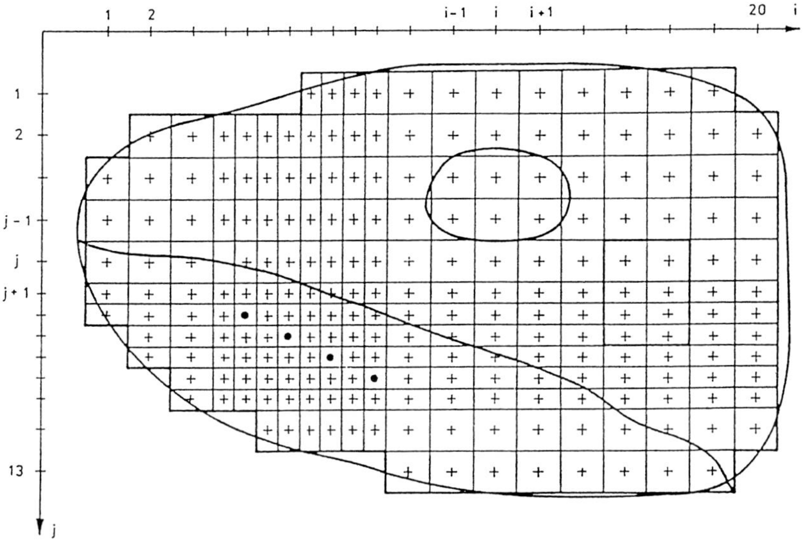

Abb. 2.100. Darstellung eines diskretisierten Strömungsfeldes.

liegt in der ursprünglichen Definition das Variationsprinzip zugrunde. Man rechnet aber auch das physikalische Verfahren dazu.

Bei den Differenzenverfahren werden die Differentialoperatoren des infinitesimalen mathematischen Ausgangsmodells durch Differenzenoperatoren approximiert. Ihre Ermittlung erfolgt mittels TAYLOR-Reihenentwicklung, die zugleich die Bestimmung der Approximationsordnung mit Hilfe des Restgliedes ermöglicht.

Allgemein kann man sagen, daß ein Netz äquidistanter Stützstellenverteilung mindestens eine Approximation 2. Ordnung bringt, während nichtäquidistante Netze Approximationen von mindestens 1. Ordnung ergeben. Die Ordnung kann auf jeden Fall durch verfeinerte Ansätze mit einer größeren Zahl von Nachbarknoten erhöht werden. Damit werden die entstehenden Differenzengleichungssysteme komplizierter und der Lösungsaufwand steigt beträchtlich. In Anbetracht der in der Regel geringen Ortsdiskretisierungsfehler im Vergleich zur Genauigkeit der Eingangsdaten begnügt man sich bei der Simulation der Filterströmung mit der einfacheren Approximation durch Berücksichtigung der unmittelbaren Nachbarknoten des Netzes. Als Ergebnis des Differenzenverfahrens werden die unbekannten Potentiale aus dem entstehenden linearen Gleichungssystem ermittelt.

Beim Variationsprinzip besteht das Wesen darin, eine Randwertaufgabe in eine Variationsaufgabe zur Ermittlung eines bestimmten Integrals zu überführen. Die der Randwertaufgabe äquivalente Variationsaufgabe ist in ihrer allgemeinen Form nicht lösbar. Eine geeignete Lösungsmöglichkeit besteht darin, das quadratische Funktional durch ein Differenzenfunktional zu ersetzen, das für verschiedene Netzformen ableitbar ist. Als Ergebnis erhält man auch hier ein lineares Gleichungssystem für die unbekannten Funktionswerte des Potentials.

$$(2.199) \qquad I = \sum_F \iint_D \left[k_f\ (z^* - a) \left(\frac{\partial z}{\partial x}\right)^2 + k_f\ (z^* - a) \left(\frac{\partial z}{\partial x}\right)^2 + \frac{n_0}{\Delta t} \left(z - \left(z_a + \frac{\Delta t \cdot v_N}{n_0} \right)\right)^2 \right] dx\ dy \Rightarrow \text{Min.}$$

I – Wert des Integrals
F – Gesamtfläche

D – Einzelfläche
z^*-a – Durchflußhöhe im Iterationsschritt
a – Sohle
z – Wasserspiegel
z_a - Anfangswasserspiegel für Zeitschritt
n_0 - entwässerbarer Hohlraumanteil
t – Zeitschritt (z. B. 30 d)

Grundsätzlich kann festgestellt werden, daß Differenzenverfahren und Variationsprinzip bei vergleichbaren Ansätzen für die Feldknoten zu identischen Resultaten führen. Für Randknoten mit Bedingungen 2./3. Art unterscheiden sich die Gleichungen, wobei einzuschätzen ist, daß das Variationsprinzip zu exakteren Werten führt, da z. B. auch an den Randknoten Speisungen berücksichtigt werden. Weiter ist davon auszugehen, daß das Variationsprinzip für komplizierte unregelmäßige Netzformen leichter handhabbar ist als das Differenzenverfahren.

Für beide Verfahren gemeinsam gilt, daß bei der Felddiskretisierung der physikalische Inhalt des mathematischen Modells nicht mehr unmittelbar verständlich ist. Es besteht somit die Gefahr einer formalen Anwendung mathematischer Beziehungen, die den physikalischen Gehalt des Systems gegebenenfalls verfälschen.

Da die Ableitung des mathematischen Modells für das Differenzenverfahren und die Variationsaufgabe von endlichen (finiten) Elementen ausgeht und für die Lösung ebenfalls diskrete Modelle angesetzt werden, liegt es nahe, das diskrete dynamische Grundgesetz und die Bilanzgleichung aus physikalischen Gesetzmäßigkeiten zu formulieren und auf die Mittlerrolle des infinitesimalen Modells zu verzichten.

Dieses sogenannte physikalische Verfahren, das nachfolgend etwas ausführlicher betrachtet werden soll, läßt sich in drei Etappen gliedern:

- Finitisierung des Strömungsfeldes in Blöcke,
- Formulierung von Durchflußgleichungen zur Erfassung des Volumenstromes Q zwischen benachbarten Blöcken oder von der Berandung,
- Aufstellung der Bilanzgleichung für jeden der Blöcke.

Bezogen auf Gl. 2.13 ist der Volumenstrom eine Funktion der Potentialdifferenz h und des hydraulischen Widerstandes R_{hydr}.

$$(2.200) \qquad Q = \frac{\Delta h}{R_{hydr.}}$$

Für die Ermittlung der hydraulischen Widerstände ist es zweckmäßig, von endlichen Elementen auszugehen, die den Strömungsraum zwischen zwei benachbarten Blockzentren repräsentieren. Bei relativ kleinen Elementen, die nachfolgend betrachtet werden, ist der hydraulische Widerstand nur von der Form der endlichen (finiten) Widerstandselemente und ihrer Kopplung untereinander abhängig.

Für relativ große Elemente wird neben dieser Abhängigkeit auch der Einfluß der Form der Strömung innerhalb der endlichen Widerstandselemente berücksichtigt, der analytisch oder modelltechnisch zu erfassen ist und zu der in Abschnitt 2.4.2 beschriebenen Fragmentmethode führt.

Betrachtet man einen beliebigen Stromröhrenabschnitt in einem horizontal-ebenen Strömungsfeld mit der Länge l und der charakteristischen Breite b, dann ergibt sich der hydraulische Widerstand unter Berücksichtigung der DARCY-Gleichung zu

(2.201) $$R_{hydr.} = \int_l \left(\frac{\delta l}{Tb} \right)$$

Ist der charakteristische Kennwert (T b) eine Funktion von l, dann ergeben sich in Abhängigkeit von der Art dieser Funktion unterschiedliche Werte für R_{hydr}. In Abb. 2.101 sind drei Funktionsverläufe von (T b) zwischen zwei Blockzentren angegeben, für welche sich nachfolgende Werte ergeben:

a) Stufenfunktion (harmonisches Mittel)

(2.202) $$R_{hydr.} = l \frac{(T\ b)_i + (T\ b)_{i+1}}{2\ (T\ b)_i \cdot (T\ b)_{i+1}}$$

b) Lineare Funktion (logarithmisches Mittel)

(2.203) $$R_{hydr.} = \frac{1}{(T\ b)_i - (T\ b)_{i+1}} \ln \frac{(T\ b)_i}{(T\ b)_{i+1}}$$

mit $(T\ b)_i > (T\ b)_{i+1}$

c) Wurzelfunktion (arithmetisches Mittel)

(2.204) $$R_{hydr.} = l \frac{2}{(T\ b)_i + (T\ b)_{i+1}}$$

Bei der Wahl dieser funktionellen Abhängigkeit von (T b) ist zu beachten, daß die unterschiedlichen Ansätze auch zu unterschiedlichen Rechenergebnissen führen. In LUCKNER & SCHESTAKOW (1975) sind diese Unterschiede graphisch dargestellt.

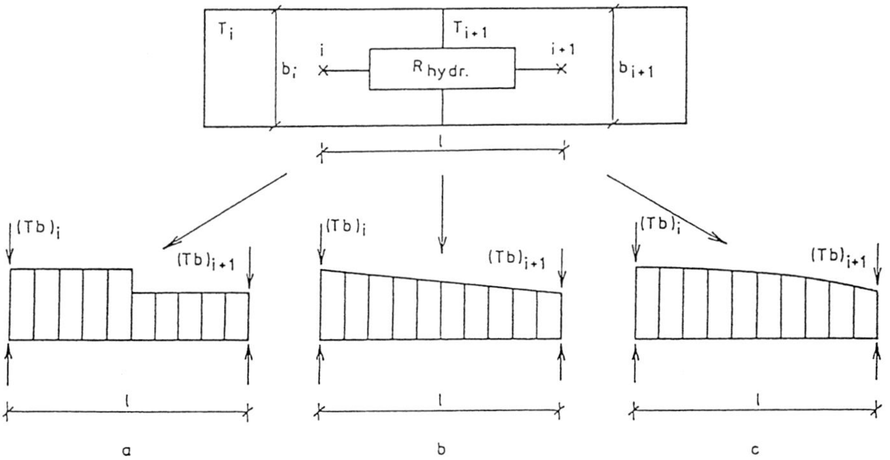

Abb. 2.101. Möglichkeiten zur Bildung hydraulischer Widerstände.

Innere Randbedingungen

Die zweckmäßige Erfassung der inneren Randbedingungen in ortsdiskreten Modellen ist ein schwieriges Problem. Ausgehend vom Auflösungsvermögen des Modells ist es häufig notwendig, diese Randbedingungen als punkt- oder linienförmige Singularität in der Speisungsfunktion w als

Funktion des Ortes (x, y) des Potentials (h), des Gefälles (grad h) oder der Zeit (t) zu berücksichtigen.

Danach müssen für die Erfassung von inneren Randbedingungen in ortsdiskreten Modellen zwei Forderungen erfüllt werden:

- Geohydraulische innere Randbedingungen sind derartig in das diskrete Modell zu transformieren, daß die diskrete Lösung an den Netzknoten auswertbar ist.
- Aus der diskreten Lösung sind unter Berücksichtigung der vorgegebenen Charakteristika Wasserstand oder Volumenstrom der inneren Randbedingungen die abhängigen Charakteristika zu bestimmen.

Bei singulären inneren Randbedingungen ist deren Lage im Element von maßgebender Bedeutung für die Transformation in das diskrete Modell. Die einfachste Transformation ist die Knotenpunkttransformation, bei der alle im Block liegenden inneren Randbedingungen über den Speisungsterm w dem Knotenpunkt zugeordnet werden.

Die zweite Forderung bedeutet beispielsweise, daß aus der diskreten Lösung unter Berücksichtigung des Volumenstroms des Brunnens der Brunnenwasserstand berechenbar ist. Diese Rücktransformation wird häufig über einen hydraulischen Zusatzwiderstand realisiert, so wie es auch bei der in Abschnitt 2.4.2 dargestellten Fragmentmethode üblich ist. Der hydraulische Zusatzwiderstand läßt sich beispielsweise für den einfachsten Fall eines Quadratnetzes mit einem vollkommenen Brunnen auf dem Knotenpunkt nach folgender Gleichung bestimmen:

(2.205) $$R_{\text{hydr., z}} = \frac{1}{2 \cdot \pi \cdot T} \left(\ln \frac{\Delta x}{r_0} - \frac{\pi}{2} \right),$$

wobei Δx die Kantenlänge des Quadrates ist.

2.4.3.3 Zeitdiskretisierung

Das Ergebnis der Entwicklung des ortsdiskreten mathematischen Modells war ein Differenzen-Differentialgleichungssystem für spezielle Netzformen. Für die numerische Lösung ist es erforderlich, auch noch die Zeitvariable t zu diskretisieren.

Handelt es sich dabei um lineare Systeme, wo die Parameter nicht vom Potential oder der Zeit abhängig sind und Gl. 2.13 somit die Form

(2.206) $$T \left(\frac{\partial^2 h}{\partial x^2} + \frac{\partial^2 h}{\partial y^2} \right) = S \frac{\partial h}{\partial t} - w$$

hat, ergeben sich für die Diskretisierung des Differentialquotienten $\delta h/\delta t$ folgende drei Möglichkeiten:

(2.207 a) Rückwärtsdifferenz: $$\frac{\partial h}{\partial t} = \frac{h(t) - h(t - \Delta t)}{\Delta t}$$

(2.207 b) Vorwärtsdifferenz: $$\frac{\partial h}{\partial t} = \frac{h(t + \Delta t) - h(t)}{\Delta t}$$

(2.207 c) Zentraldifferenz: $$\frac{\partial h}{\partial t} = \frac{h(t + \Delta t) - h(t - \Delta t)}{2\Delta t}$$

Die Zentraldifferenz führt stets zu divergenten, instabilen Lösungen. Bei der Vorwärtsdifferenz, wo das gesuchte Potential explizit ermittelt werden kann, bestehen zur Sicherung der Stabilität und Konvergenz starke Restriktionen bezüglich der Größe des Zeitschrittes.

Die besten Stabilitäts- und Konvergenzeigenschaften hat die Rückwärtsdifferenz, die deshalb im Regelfall auch für die Zeitdiskretisierung genutzt wird.

Da es sich bei vielen Grundwasserströmungsproblemen jedoch um komplizierte nichtlineare Differenzen-Differentialgleichungssysteme handelt, müssen bei der Zeitdiskretisierung auch die Parameter T und S sowie der Speisungsterm w berücksichtigt werden.

Unter Beachtung der Effektivität und spezieller numerischer Probleme solcher Differenzenverfahren können folgende Maximalforderungen abgeleitet werden:

- der Rechen- und Speicheraufwand ist zu minimieren,
- das Verfahren muß lösbar, konvergent und stabil sein,
- die Näherungslösung soll hinreichend genau sein.

Unter diesen Gesichtspunkten werden in der Literatur eine Vielzahl von Verfahren und deren Modifikationen beschrieben, um möglichst optimale Lösungen zu erreichen (DOUGLAS & JONES 1963).

Zur einfacheren Handhabung soll die Differentialgleichung (2.13) in nachfolgender Form geschrieben werden:

(2.208) $$L_D\,[h_T] + w = S\frac{\partial h}{\partial t},$$

wobei L_D der nichtlineare Differenzenoperator ist.

Entsprechend Gl. (2.207a) ergeben sich für den Differentialquotient $\delta h/\delta t$ zur Zeit t nachfolgende Gleichungen:

(2.209 a) $$\left(\frac{\partial h}{\partial t}\right)^m = \frac{h^m - h^{(m-1)}}{\Delta t_m} + R_t^{(m)},$$

oder

(2.209 b) $$\left(\frac{\partial h}{\partial t}\right)^{(m-1)} = \frac{h^m - h^{(m-1)}}{\Delta t_m} + R_t^{(m-1)},$$

wobei R_t das Restglied der TAYLOR-Reihe ist. Bildet man nun für die Zeitpunkte t_{m-1} und t_m aus Gl. (2.208) das gewichtete Mittel, dann ergibt sich

(2.210) $$\tilde{u}\,(L_D\,[h_T] + w)^m + (1 - \tilde{u})\,(L_D\,[h_T] + w)^{(m-1)} =$$
$$[\tilde{u} \cdot S^m + (1 - \tilde{u}) \cdot S^{(m-1)}]\,\frac{h^m - h^{(m-1)}}{\Delta t_m} + R_t$$

Das Restglied R_t ist von 1. Ordnung. Für $\tilde{u} = \frac{1}{2}$ kann man die 2. Ordnung nachweisen.

In Abhängigkeit von ũ ergeben sich verschiedene Lösungsschemata:

Explizites Schema ($\tilde{u} = 0$)

(2.211) $$(L_D\,[h_T] + w)^{m-1} = S^{m-1}\,\frac{h^m - h^{m-1}}{\Delta t_m}$$

Wie bereits erwähnt, kann h^m explizit ermittelt werden, wobei jedoch starke Beschränkungen bezüglich der Orts- und Zeitschrittwerte erforderlich sind.

Implizites Schema ($\tilde{u} = 1$)

Für $\tilde{u} = 1$ ergibt sich das Verfahren der Rückwärtsdifferenz:

$$(2.212) \qquad (L_D\,[h_T] + w)^m = S^m \frac{h^m - h^{m-1}}{\Delta t_m}$$

Dieses Verfahren, das in der Netzwerktechnik auch als LIEBMANN-Verfahren bekannt ist, hat sehr gute Konvergenz- und Stabilitätseigenschaften.

Implizites Schema ($\tilde{u} = \frac{1}{2}$)

Für $\tilde{u} = \frac{1}{2}$ erhält man das CRANK-NICHOLSON-Verfahren:

$$(2.213) \qquad (L_D\,[h_T] + w)^m + (L_D\,[h_T] + w)^{m-1} = (S^m + S^{m-1}) \frac{h^m - h^{m-1}}{\Delta t_m}$$

Dieses Verfahren hat die höchste Approximationsordnung (2. Ordnung), aber einschränkende Bedingungen bezüglich Konvergenz und Stabilität.

Neben diesen drei genannten Verfahren wurden beispielsweise auch noch linearisierte und extrapolierte implizite Schemata sowie iterative Lösungen auf ihre praktische Brauchbarkeit hin untersucht. In BUSCH et al. (1993) wird als weiteres Zweischrittverfahren das DOUGLAS-JONES-Verfahren (predictor-corrector-Verfahren) beschrieben. Hierbei wird nach dem impliziten Schema ($\tilde{u} = 1$) ein Halb-Schritt $\Delta t/2$ bei Ansatz aller Parameter zur Zeit t absolviert (predictor-Schritt) und $h^{t+\frac{\Delta t}{2}}$ ermittelt. Nachfolgend wird nach dem CRANK-NICHOLSON-Schema ($\tilde{u} = \frac{1}{2}$) ein Gesamtschritt (corrector-Schritt) berechnet, wobei alle Parameter zur Zeit $\frac{t + \Delta t}{2}$ angesetzt werden.

Der entscheidende Nachteil aller impliziten Lösungen ist jedoch, daß sie zu großen linearen Gleichungssystemen führen, deren Lösungsaufwand sehr hoch ist. Unter diesem Gesichtspunkt kommt solchen Verfahren eine besondere Bedeutung zu, welche die Lösung auf tridiagonale Gleichungssysteme zurückführen. So wird beispielsweise im Programm MINIHO das Verfahren der alternierenden Richtungen (ADI-Verfahren) von PEACEMAN & RACHFORD (1955) genutzt, welches die Vorteile der impliziten und expliziten Verfahren weitgehend verbindet. So erfolgt bei zweidimensionalen Strömungsproblemen die Berechnung eines Gesamtschrittes in zwei Teilschritten, zunächst eindimensional entlang der x-Spuren des Netzes, wobei die Werte der y-Spuren explizit angenommen werden und im zweiten Schritt entlang der y-Spuren. Aus dieser Verfahrensweise entstehen nach Absolvierung jeder einzelnen Spur effektiv lösbare tridiagonale Gleichungssysteme bei gutem Konvergenz- und Stabilitätsverhalten.

Demonstrationsbeispiel

Nachfolgend soll der Verfahrensweg bei einer ortsdiskreten digitalen Simulation am Beispiel einer horizontal – ebenen Strömung zwischen zwei parallelen Vorflutern und zwei parallelen undurchlässigen Barrieren in seinen Einzelschritten nach der physikalischen Methode dargestellt werden. Das Demonstrationsbeispiel ist letztendlich nur eindimensional und läßt sich auf Grund der Wahl der Randbedingungen HO1 = HO2 = HO3 und HU1 = HU2 = HU3 sowie gleicher Parameter T für alle Feldelemente auf drei Gleichungen mit drei Unbekannten zurückführen. Es wird jedoch im Sinne der Verdeutlichung des Verfahrens und eines Vergleiches der numerischen Lösung mit den Ergebnissen der analytischen Lösung nach dem nichtstationären Grabenmodell in der gewählten Art dargestellt.

Die Abb. 2.102a zeigt das Strömungsfeld mit den Wasserständen an den beiden Vorflutern HO und HU.

- Beim ersten Arbeitsschritt, der Ortsdiskretisierung, wird das Strömungsfeld in neun quadratische Elemente unterteilt (Abb. 2.102b). Im Zentrum dieser Elemente liegen die neun Knotenpunkte, an denen später die Wasserstände H1 bis H9 ermittelt werden. Jedem der neun Elemente wird weiterhin ein konstanter T-Wert T1 bis T9 zugeordnet, wogegen der Speicherkoeffizient S im gesamten Strömungsfeld gleich sein soll.
- Bei der Entwicklung des ortsdiskreten mathematischen Modells nach der physikalischen Methode werden im nächsten Arbeitsschritt die hydraulischen Wasserstände (R7 bis R18) zwischen den Blockzentren gebildet (Abb. 2.102c). Zur exakten Erfassung der Strömungszone in der Nähe der Randbedingungen werden zwischen diesen und den dazugehörigen Knotenpunkten weiterhin die hydraulischen Widerstände R1 bis R6 vorgesehen. Als charakteristischer Funktionsverlauf für den Durchlässigkeitsparameter wird die Stufenfunktion angenommen und damit für die Berechnung von R_{hydr} die Gleichung

(2.201, 2.202) $$R_{hydr.} = \int_{l} \frac{dl}{(T \cdot b)} = l \, \frac{(T \cdot b)_i + (T \cdot b)_{i+1}}{2 \cdot (T \cdot b)_i \cdot (T \cdot b)_{i+1}}$$

genutzt.

Für Quadratnetze läßt sich diese Gleichung insofern vereinfachen, da für die Feldelemente l/b = 1 gilt.

R7 bis R18:

(2.202.1) $$R = \frac{(T_i + T_{i+1})}{(2 \cdot T_i \cdot T_{i+1})}$$

Für die Randelemente erhält man entsprechend dieser Gleichung und unter Beachtung von l/b = 0,5

R1 bis R6:

(2.202.2) $$R = \frac{0{,}5}{T_i}$$

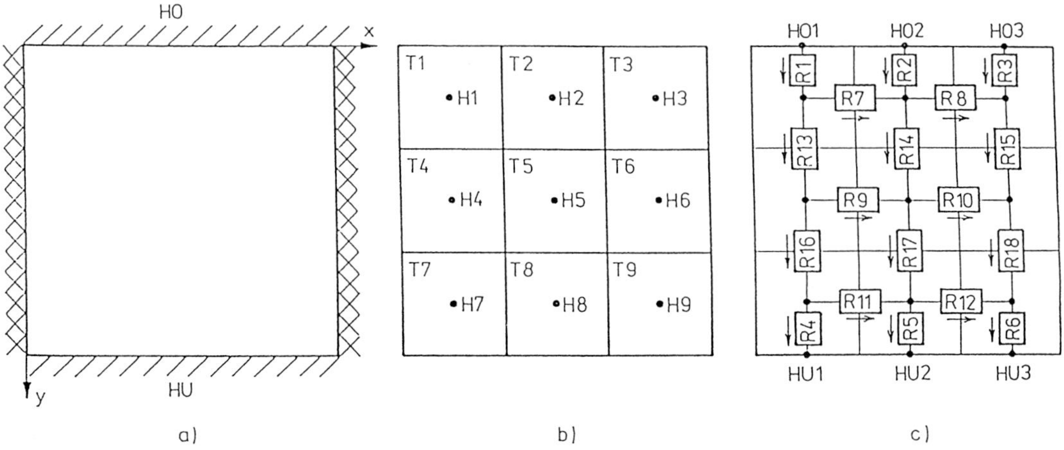

Abb. 2.102. Darstellung des realen und diskretisierten Strömungsfeldes.

und daraus als Beispiel

$$R1 = \frac{0{,}5}{T1}$$

.

.

$$R4 = \frac{0{,}5}{T7}$$

.

.

$$R7 = \frac{(T1 + T2)}{(2 \cdot T1 \cdot T2)}$$

.

.

$$R18 = \frac{(T6 + T9)}{(2 \cdot T6 \cdot T9)}$$

– Bei der Zeitdiskretisierung soll die Rückwärtsdifferenz nach Gleichung

$$\frac{\partial h}{\partial t} \approx \frac{h(t) - h(t - \Delta t)}{\Delta t}$$

benutzt werden. Der Wert h(t–Δt) ist für den ersten Zeitschritt der vorzugebende Ausgangswasserstand und für alle folgenden Zeitschritte das Ergebnis des jeweils vorhergehenden Zeitschrittes. Die Größe von Δt ist unter Beachtung der aufgestellten Forderungen ebenfalls zu wählen.

– Nach erfolgter Orts- und Zeitdiskretisierung erfolgt das Aufstellen der Bilanzgleichungen für alle neun Knotenpunkte.

(2.13.1) $$\frac{\partial}{\partial x}\left(T\frac{\partial h}{\partial x}\right) + \frac{\partial}{\partial y}\left(T\frac{\partial h}{\partial y}\right) = S\frac{\partial h}{\partial t} - w$$

Dabei muß der Speicherkoeffizient S noch mit der Fläche des Elementes A multipliziert werden, wonach alle Terme des Differenzen- Gleichungssystems die Dimension eines Volumenstroms Q in m^3/s haben. Entsprechend der in Abb. 2.102 mit Pfeil definierten Strömungsrichtung und der Festlegung des Vorzeichens

– zum Knotenpunkt »+«
– vom Knotenpunkt weg »–«

ergeben sich folgende neun Bilanzgleichungen:

$$\frac{(HO1 - H1)}{R1} - \frac{(H1 - H2)}{R7} - \frac{(H1 - H4)}{R13} = \frac{SA_1}{\Delta t}(H1 - H1^{t-\Delta t})$$

$$\frac{(HO2 - H2)}{R2} + \frac{(H1 - H2)}{R7} - \frac{(H2 - H3)}{R8} - \frac{(H2 - H5)}{R14} = \frac{SA_2}{\Delta t}(H2 - H2^{t-\Delta t})$$

$$\frac{(HO3 - H3)}{R3} + \frac{(H2 - H3)}{R8} - \frac{(H3 - H6)}{R15} = \frac{SA_3}{\Delta t}(H3 - H3^{t-\Delta t})$$

$$\frac{(H1 - H4)}{R13} - \frac{(H4 - H5)}{R9} - \frac{(H4 - H7)}{R16} = \frac{SA_4}{\Delta t}(H4 - H4^{t-\Delta t})$$

$$\frac{(H2 - H5)}{R14} + \frac{(H4 - H5)}{R9} - \frac{(H5 - H6)}{R10} - \frac{(H5 - H8)}{R17} = \frac{SA_5}{\Delta t}(H5 - H5^{t-\Delta t})$$

$$\frac{(H3 - H6)}{R15} + \frac{(H5 - H6)}{R10} - \frac{(H6 - H9)}{R18} = \frac{SA_6}{\Delta t}(H6 - H6^{t-\Delta t})$$

$$\frac{(H4 - H7)}{R16} - \frac{(H7 - H8)}{R11} - \frac{(H7 - HU1)}{R4} = \frac{SA_7}{\Delta t}(H7 - H7^{t-\Delta t})$$

$$\frac{(H5 - H8)}{R17} + \frac{(H7 - H8)}{R11} - \frac{(H8 - H9)}{R12} - \frac{(H8 - HU2)}{R5} = \frac{SA_8}{\Delta t}(H8 - H8^{t-\Delta t})$$

$$\frac{(H6 - H9)}{R18} + \frac{(H8 - H9)}{R12} - \frac{(H9 - HU3)}{R6} = \frac{SA_9}{\Delta t}(H9 - H9^{t-\Delta t})$$

Im Anschluß daran werden die einzelnen Gleichungen ausgeklammert und nach bekannten und unbekannten Größen geordnet. So ergibt sich beispielsweise für Knoten 1:

$$H1\left(-\frac{1}{R1} - \frac{1}{R7} - \frac{1}{R13} - \frac{SA_1}{\Delta t}\right) + H2\left(\frac{1}{R7}\right) + H4\left(\frac{1}{R13}\right) = -\frac{SA_1}{\Delta t}H1^{t-\Delta t} - \frac{HO1}{R1}$$

Nachdem das für alle Knotenpunkte erfolgt ist, läßt sich die Koeffizientenmatrix und die rechte Seite des Gleichungssystems entsprechend darstellen. Dabei ist zu erkennen, daß es sich um eine symmetrische 5-diagonale Koeffizientenmatrix handelt. Das lineare Gleichungssystem mit neun Unbekannten kann mit einem vorhandenen Bibliotheksprogramm einfach gelöst werden.

Als Beispiel soll ein nichtstationärer Absenkungsprozeß bei folgenden Parametern dargestellt werden:

T1 bis T9 = 0,01 m^2/s
$\Delta x_i = \Delta y_i = 10$ m $\rightarrow A_i = 100\ m^2$
S = 0,10 $\rightarrow SA_i = 10\ m^2$
t = 1.000 s
R1 bis R6 :

$$R = \frac{0{,}5}{0{,}01} = 50\ \frac{s}{m^2}$$

$$\text{R7 bis R18: } R = \frac{(0{,}01 + 0{,}01)}{2 \cdot 0{,}01 \cdot 0{,}01} = 100\ \frac{s}{m^2}$$

HO1 bis HO3 = 20 m
HU1 bis HU3 = 18,5 m
Startwerte für H1 bis H9 = 20 m

Entsprechend Abb. 2.103 ergibt sich dafür folgende Koeffizientenmatrix, die es zu lösen gilt.

–0,05	0,01		0,01							H1		–0,6
0,01	–0,06	0,01		0,01						H2		–0,6
	0,01	–0,05	0		0,01					H3		–0,6
0,01		0	–0,04	0,01		0,01				H4		–0,2
	0,01		0,01	–0,05	0,01		0,01		.	H5	=	–0,2
		0,01		0,01	–0,04	0		0,01		H6		–0,2
			0,01		0	–0,05	0,01			H7		–0,6
				0,01		0,01	–0,06	0,01		H8		–0,6
					0,01		0,01	–0,05		H9		–0,6

Als Ergebnis der Berechnung erhält man bereits nach einem Zeitschritt zur Zeit t = 1.000 s

H1 = H2 = H3 = 19,925 m
H4 = H5 = H6 = 19,700 m
H7 = H8 = H9 = 19,175 m

Für den zweiten Zeitschritt ist das Gleichungssystem wieder zu lösen. Dabei ändern sich nur die rechten Seiten der Gleichungen, da in den Term

$$\frac{SA}{\Delta t} H^{t-\Delta t}$$

die im ersten Zeitschritt errechneten Wasserstände eingesetzt werden müssen.

Es ergibt sich

=

– 0,59925
– 0,59925
– 0,59925
– 0,197
– 0,197
– 0,197
– 0,56175
– 0,56175
– 0,56175

$$
\begin{pmatrix}
-\frac{1}{R1}-\frac{1}{R7}-\frac{1}{R13}-\frac{SA_1}{\Delta t} & \frac{1}{R7} & 0 & \frac{1}{R13} & 0 & 0 & 0 & 0 & 0 \\
\frac{1}{R7} & -\frac{1}{R2}-\frac{1}{R7}-\frac{1}{R8}-\frac{1}{R14}-\frac{SA_2}{\Delta t} & \frac{1}{R8} & 0 & \frac{1}{R14} & 0 & 0 & 0 & 0 \\
0 & \frac{1}{R8} & -\frac{1}{R3}-\frac{1}{R8}-\frac{1}{R15}-\frac{SA_3}{\Delta t} & 0 & 0 & \frac{1}{R15} & 0 & 0 & 0 \\
\frac{1}{R13} & 0 & 0 & -\frac{1}{R13}-\frac{1}{R9}-\frac{1}{R16}-\frac{SA_4}{\Delta t} & \frac{1}{R9} & 0 & \frac{1}{R16} & 0 & 0 \\
0 & \frac{1}{R14} & 0 & \frac{1}{R9} & -\frac{1}{R14}-\frac{1}{R9}-\frac{1}{R10}-\frac{1}{R17}-\frac{SA_5}{\Delta t} & \frac{1}{R10} & 0 & \frac{1}{R17} & 0 \\
0 & 0 & \frac{1}{R15} & 0 & \frac{1}{R10} & -\frac{1}{R15}-\frac{1}{R10}-\frac{1}{R18}-\frac{SA_6}{\Delta t} & 0 & 0 & \frac{1}{R18} \\
0 & 0 & 0 & \frac{1}{R16} & 0 & 0 & -\frac{1}{R16}-\frac{1}{R11}-\frac{1}{R4}-\frac{SA_7}{\Delta t} & \frac{1}{R11} & 0 \\
0 & 0 & 0 & 0 & \frac{1}{R17} & 0 & \frac{1}{R11} & -\frac{1}{R17}-\frac{1}{R11}-\frac{1}{R12}-\frac{1}{R5}-\frac{SA_8}{\Delta t} & \frac{1}{R12} \\
0 & 0 & 0 & 0 & 0 & \frac{1}{R18} & 0 & \frac{1}{R12} & -\frac{1}{R18}-\frac{1}{R12}-\frac{1}{R6}-\frac{SA_9}{\Delta t}
\end{pmatrix}
\cdot
\begin{bmatrix} H1 \\ H2 \\ H3 \\ H4 \\ H5 \\ H6 \\ H7 \\ H8 \\ H9 \end{bmatrix}
=
\begin{bmatrix}
-SA_1/\Delta t \cdot H1^{t-\Delta t} - H01/R1 \\
-SA_2/\Delta t \cdot H2^{t-\Delta t} - H02/R2 \\
-SA_3/\Delta t \cdot H3^{t-\Delta t} - H03/R3 \\
-SA_4/\Delta t \cdot H4^{t-\Delta t} \\
-SA_5/\Delta t \cdot H5^{t-\Delta t} \\
-SA_6/\Delta t \cdot H6^{t-\Delta t} \\
-SA_7/\Delta t \cdot H7^{t-\Delta t} - HU1/R4 \\
-SA_8/\Delta t \cdot H8^{t-\Delta t} - HU2/R5 \\
-SA_9/\Delta t \cdot H9^{t-\Delta t} - HU3/R6
\end{bmatrix}
$$

Abb. 2.103. Darstellung der Koeffizientenmatrix.

Als Ergebnis der Lösung des linearen Gleichungssystems ergibt sich damit

H1 = H2 = H3 = 19,85 m
H4 = H5 = H6 = 19,49 m
H7 = H8 = H9 = 18,92 m

und nach elf Zeitschritten zur Zeit t = 11.000 s der stationäre Endzustand
H1 = H2 = H3 = 19,750 m
H4 = H5 = H6 = 19,250 m
H7 = H8 = H9 = 18,750 m.

3 Wasserfassung

3.1 Wasserbedarf und Wasserversorgung

3.1.1 Wasserbedarf

Ausgangspunkt der Überlegungen zur Wassererschließung ist der jeweilige Wasserbedarf. Er ist Grundlage für die regionale wasserwirtschaftliche Planung (DVWK 1991) und für die Bemessung von Wasserversorgungsanlagen (DVGW 1993b). Soweit der Wasserbedarf nicht örtlich gedeckt werden kann, sind überörtliche Lösungen durch Fernwasserleitungen, durch Uferfiltratgewinnung oder durch künstliche Grundwasseranreicherung zu suchen.

Der biologische Wasserbedarf des Menschen ist kurzfristig im Minimum 2,5 l/d (Mutschmann & Stimmelmayr 1995), auf die Dauer durch hygienische Bedürfnisse mit 5 l/d etwas höher. Erfahrungswerte des Wasserverbrauches für Mensch, Landwirtschaft, Gewerbe und Industrie sind in Tabelle 3.1 als mittlere Einheitswerte beispielhaft zusammengestellt. Der Wasserverbrauch an Spitzentagen ergibt sich als Produkt aus mittlerem Verbrauch und jeweiligem Tagesspitzenfaktor f_d, dem Verhältnis der max. Tagesabgabe zur Jahres-durchschnittlichen Tagesabgabe (Mutschmann & Stimmelmayr 1995). Dieser Einwohner-bezogene Wert hängt von der Jahresabgabe ab: bei 20.000 m^3/a wird ein Tagesspitzenfaktor von 2,2, bei 180 Mio. m^3/a von 1,5 angegeben, mit extremen Abweichungen von +50% bis –30% (Poss & Hacker 1991, Grombach et al. 1993).

Der Bedarf der Industrie wird bei der öffentlichen Wasserversorgung gesondert berechnet. Oft gewinnt die Industrie ihr Wasser selbst (Winje & De Witt 1983), da dies billiger ist und für Betriebswasser abweichende, z. T. höhere, z. T. auch geringere Ansprüche an die Beschaffenheit als für Trinkwasser bestehen. Die industrieeigene Versorgung ist besonders bei hohem Verbrauch vor allem deshalb billiger, weil der hohe Aufwand für das Leitungsnetz entfällt und der Wasserverbrauch nicht so hohen Schwankungen unterliegt wie die öffentliche Wasserversorgung. So entfällt bei diesen Großabnehmern die Sommerspitze, deren Vorhaltung erhebliche Investitionen verursacht.

Der tägliche Wasserverbrauch unterliegt im Jahresverlauf erheblichen Schwankungen. Z. B. lag im Jahre 1972 der maximale Verbrauch in Frankfurt am Main von 304.000 m^3/d 27% über und der minimale Verbrauch von 168.000 m^3/d 30% unter dem mittleren täglichen Verbrauch von 240.000 m^3/d. Langjährig variiert in dieser Stadt der Verbrauch ungefähr 30% um den Mittelwert (Abb. 3.1). Während früher ein vorwiegend durch den Arbeitsprozeß bedingter wöchentlicher Rhythmus mit etwa gleichbleibendem Wasserverbrauch an den Arbeitstagen Montag–Freitag, einem deutlichen Rückgang am Samstag und einer noch stärkeren Abnahme an Sonn- und Feiertagen zu beobachten war (Wirth 1974), ist heute diese Periodizität durch ein verändertes Verhalten der privaten Wasserverbraucher verloren gegangen (frdl. mündl. Mitteilung von Dr. Schöttler, Dortmunder Wasserwerke). Aperiodische, witterungsbedingte Einflüsse treten bei höheren Tagestemperaturen während der Sommermonate in Erscheinung. In dieser Zeit besteht zwischen dem Verlauf der mittleren Tagestemperatur und dem täglichen Wasserverbrauch eine offensichtliche Beziehung (Abb. 3.1).

Tabelle 3.1. Erfahrungswerte des Wasserbedarfs (Mutschmann & Stimmelmayr 1995, Richter & Wager 1969*).

	Bedarf im Jahres-durchschnitt l/d	Bedarf an verbrauchs-reichen Tagen l/d
Haushalt, je Einwohner		
Entwicklungsländer		
normale ländliche Siedlung	30*	80*
Mitteleuropa		
arme ländliche Siedlung	40*	70*
normale ländliche Siedlung	50*	100*
Einfachste Ein- u. Zweifamilienh. Baujahr vor 1940	70	–
Einfache Mehrfamilien-WG, Baujahr vor 1940	90	–
Mehrgeschoss. WG, Bauj. vor 1960	120	–
Reihenhäuser, mehrgeschoss. WG	150	–
Häuser mit Komfortwohnungen	180	–
Ein- u. Zweifamilienh. in guter Wohnlage	200	–
Moderne Villen in bester Wohnlage	275	–
Kleingewerbe u. öffentl. Betriebe		
Krankenhaus je Patient oder Personal	350	–
Spezialkrankenhaus	500	–
Kaserne je Soldat	350	–
Hotel, einfach, je Gast oder Angest.	150	–
Hotel, mittel, je Gast oder Angest.	375	–
Hotel, Luxus, je Gast oder Angest.	600	–
Schlachthof je Stück Großvieh	5000	–
Bäckerei, je Angest.	150	–
Fleischerei, je Angest.	250	–
Landwirtschaft		
Großvieh je Stück	50	80*
Großvieh je Stück, Schwemmentmistung ohne Einstreu	60	–
Großvieh je Stück, Schwemmentmistung mit Einstreu	75	–
Kleinvieh je Stück	10	20*
Mitteleuropa		
Bewässerung $m^3/(ha \cdot d)$		
Hausgärten	1,5*	30*
Erwerbsgärtnereien	8	–
Intensive landwirtsch. Beregnung, Gemüseland	10	–
Aride und semiaride Gebiete		
Semiaride Gebiete	85–260*	
Euphrat-Gebiet	45*	

Industrie und Großgewerbe

Steinkohle	l/kg	12	Steinkohlen-Koks	l/kg	1
Pkw	l/kg	10	Stahl	l/kg	50
Mineralöl	l/kg	0,3	Zellstoff	l/kg	200
Kunstfasern	l/kg	200	Zuckerfabrik	l/kg	30
Molkerei	l/l	2	Brauerei	l/l	6

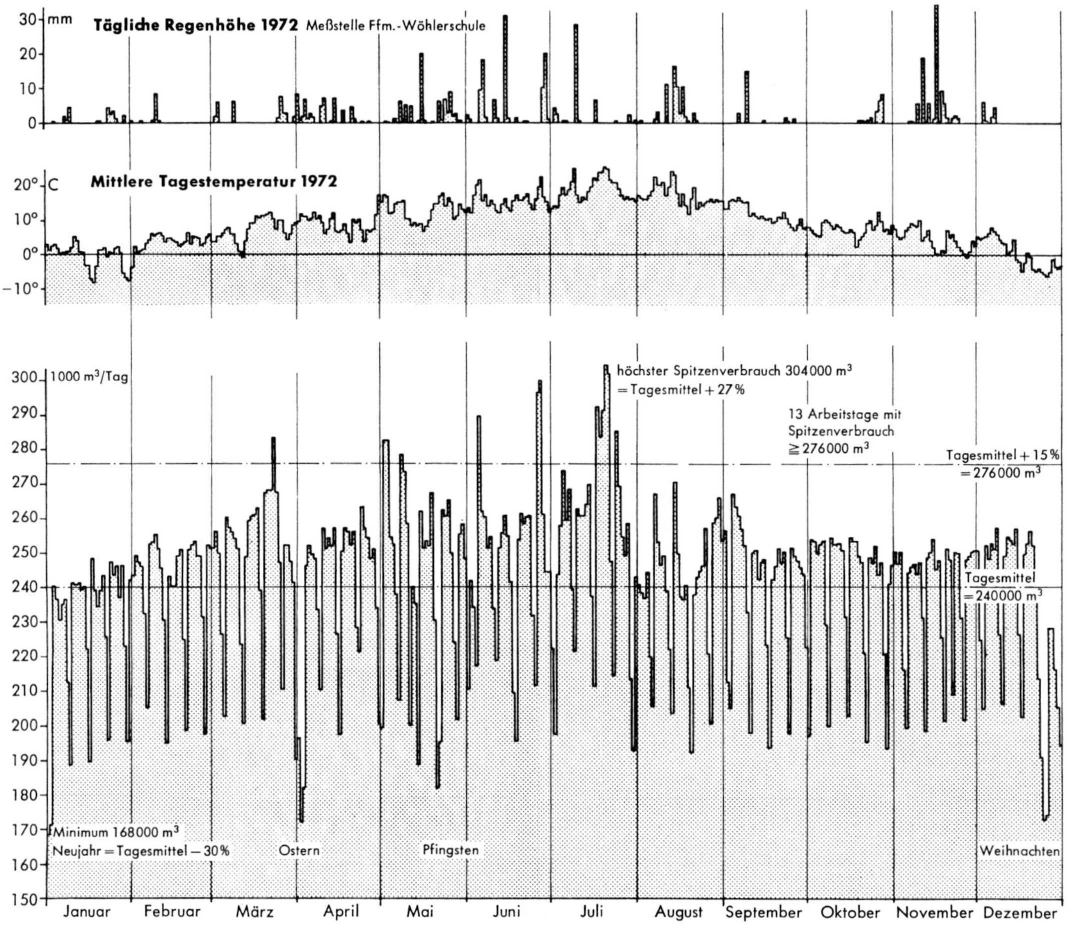

Abb. 3.1. Tägliche Trinkwassereinspeisung in den Versorgungsbereich Frankfurt/Main und Umland. Jahresganglinie 1972 (WIRTH 1974).

Lange Zeit stieg der tägliche Wasserverbrauch der Bevölkerung, des Gewerbes und der Industrie von Jahr zu Jahr, so daß vom BATTELLE-Institut (1972, 1976) für die BR Deutschland eine Zunahme des Jahresverbrauches von 27 Mrd. m^3 (1969) auf 73,6 Mrd. m^3 (2000) und von WINJE (1983) eine Zunahme auf rd. 172 Mrd. m^3 (2010), hauptsächlich durch den Wasserbedarf der Elektrizitätswerke, prognostiziert wurde. Seit den 80er Jahren geht der Gesamt-Verbrauch pro Kopf und Tag jedoch zurück: Er betrug 1993 in den alten Bundesländern 182 l/(E · d) (1970: 199 l/(E · d)) und 1992 in den neuen Bundesländern 171 l/(E · d) (1970: 213 l/(E · d)). Der spezifische Wasserbedarf von Haushalten und Kleingewerbe betrug 146 l/(E · d) im Jahre 1978 und 139 l/(E · d) im Jahre 1995. In diesem Jahre war der durchschnittliche spezifische Wasserbedarf der ganzen Bundesrepublik 132 l/(E · d), und in den neuen Bundesländern 100 l/(E · d). Insgesamt ist in der Bundesrepublik die jährliche Wasserförderung der Unternehmen der öffentlichen Wasserversorgung von 1990 bis 1995 um 15% (entsprechend rd. 1 Mrd. m^3/a) zurückgegangen (BGW 1996). Diese rückläufige Tendenz, die auch in der industriellen Wasserförderung zu beobachten ist, ist vor allem eine Folge von Strukturveränderungen (wie der Rückgang des Bergbaus und der

Tabelle 3.2. Wasserförderung öffentlicher Wasserwerke in der Bundesrepublik Deutschland in den Jahren 1994 und 1995 (BGW 1995, 1996).

		Alte Bundesländer		Neue Bundesländer		Gesamt-Deutschland	
		Mio. m^3	%	Mio. m^3	%	Mio. m^3	%
Echtes Grund-	1994	2.762	66,3	337	47,5	3.099	63,5
wasser	1995	2.718	66,0	417	53,5	3.135	64,0
Quellwasser	1994	346	8,3	29	4,9	381	7,8
	1995	346	8,4	49	6,3	395	8,1
Oberflächen-	1994	1.059	25,4	338	47,6	1.397	28,6
wasser*	1995	1.054	25,6	313	40,2	1.367	27,9
Uferfiltrat	1994	220	5,3	–	–	–	–
Angereichertes Grundwasser	1994	388	9,3	–	–	–	–
Flußwasser	1994	31	1,0	–	–	–	–
Seewasser	1994	151	3,6	–	–	–	–
Talsperrenwasser	1994	269	6,5	–	–	–	–
Insgesamt	1994	4.167	100,0	710	100,0	5.888	100,0
	1995	4.118	100,0	779	100,0	5.751	100,0

* einschließlich Uferfiltrat, angereichertes Grundwasser, Fluß-, See und Talsperrenwasser.

Eisen- und Stahlindustrie) und der Wasser- und der Abwasserpreisentwicklung. Dies führte zu verbesserten innerbetrieblichen Kreisläufen und zur Entwicklung wassersparender Techniken (Hölting 1996).

In Tabelle 3.2 schließen die Angaben der alten Bundesländer die Wasserförderung in Berlin-Ost ein, während diejenigen der neuen Bundesländer die Förderung von Berlin-Ost nicht einschließen. Die Daten repräsentieren insgesamt rd. 90% der Wasserförderung der Unternehmen der öffentlichen Wasserversorgung.

Die öffentliche Wasserversorgung beruht in der Bundesrepublik Deutschland (1995) zu 72,1% auf Grund- und Quellwasser, während Oberflächenwasser einschließlich Uferfiltrat, angereichertes Grundwasser, Fluß-, See- und Talsperrenwasser 27,9% ausmachen (Tabelle 3.2).

Zu erwähnen ist, daß außer der Industrie auch die Landwirtschaft einen erheblichen Anteil ihres Wasserbedarfes durch Eigenförderung aus dem Grundwasser deckt: In den alten Bundesländern wurden 1976 rd. 139,2 Mio. m^3 Grundwasser für landwirtschaftliche Zwecke gefördert, das sind 73% des einschlägigen Wasserbedarfes (Winje 1983).

Der Spitzen-Wasserbedarf kann aus den Wasservorkommen direkt oder in Kombination mit einem Speicher gedeckt werden. Bei der Nutzung von Oberflächenwasser ist ein Ausgleich über längere Zeiten (1 Jahr, 2 Jahre) durch Talsperren möglich. Bei Industrie und Gewerbe als Großabnehmer entfällt die Sommerspitze. Bei der Bemessung von öffentlichen Wasserwerken ist dagegen bei ausschließlicher Nutzung von Grundwasser der Spitzenbedarf maßgebend, da ein Jahresausgleich durch Hochbehälter nicht möglich ist. Das Wasserrecht sieht daher bei den Erlaubnissen bzw. Bewilligungen (Abschnitt 5.5.3) Festlegungen für die maximale Entnahme pro Stunde oder Tag und für die Jahresentnahme (maximale Tagesmenge × 200) vor.

Die Untersuchung des Spitzenbedarfs ist wichtig für die Planung der Wassergewinnungsanlagen, für die Beurteilung der Beeinflussung benachbarter Brunnen und für die Wasserbilanz.

3.1.2 Wasserversorgung

Die Wasserversorgung erfolgte in der Frühzeit der Menschheit aus den Seen, Flüssen, Bächen und Quellen. Mit der Zunahme der Bevölkerung und der Besiedlung Süßwasser-armer Gebiete ergab sich der Zwang zu verbesserten Lösungen, die eine Wasserversorgung im ganzen Jahr und möglichst an jedem Ort sicherstellen. Anfänglich wurden die Niederschläge in kleinen Staubecken aufgefangen. Aus verschiedenen Gegenden des Vorderen Orients sind kleine Speicherbecken, wie die sog. Hafire der Nabatäer bekannt: Künstliche oder natürliche Vertiefungen im Gelände, die meist durch einen kleinen Erddamm abgeschlossen sind. Derartige Staubecken entwickelten sich bald zu aufwendigen Bauwerken, wie der kurz vor seiner Fertigstellung durch ein Hochwasser zerstörte Damm im Wadi Sadd el Kafara bei Kairo/Ägypten (2550–2700 v.Chr.) und die heute noch funktionsfähigen römischen Talsperren bei Merida, Spanien (GARBRECHT 1987).

Da das Wasser in diesen Becken der Verdunstung unterlag, wurden offene oder überdachte Zisternen gebaut, in denen das oft nur episodisch oberirdisch auftretende, aus Niederschlägen oder Quellen stammende Wasser gesammelt wurde. Große Zisternen finden sich im Mittelmeergebiet, z.B. die römischen Zisternen in Chieti und Bacoli, Italien, und die 325.000 m^3 fassende, noch heute genutzte Bin bir direk (Zisterne der 1001 Säulen) in Istanbul (HABEREY 1972). Die Großzisterne von Ressaffé, 40 km südlich von Raqqua am Euphrat, mit mehreren 1000 m^3 Fassungsvermögen hat als Einzugsgebiet ein Wadi-System mit 150 mm/a Niederschlag. Die Zisterne könnte heute noch gefüllt werden, wenn der Zuleitungskanal nicht verfallen wäre (WOLFART 1966). Selbst heute werden im Orient kleine Zisternen in bescheidenem Umfange gebaut. Groß-Zisternen, die besonders in Niederschlags-reicheren, Grundwasser-armen Gebieten nach modernen hygienischen Gesichtspunkten gebaut und betrieben werden könnten, werden wieder stärker diskutiert.

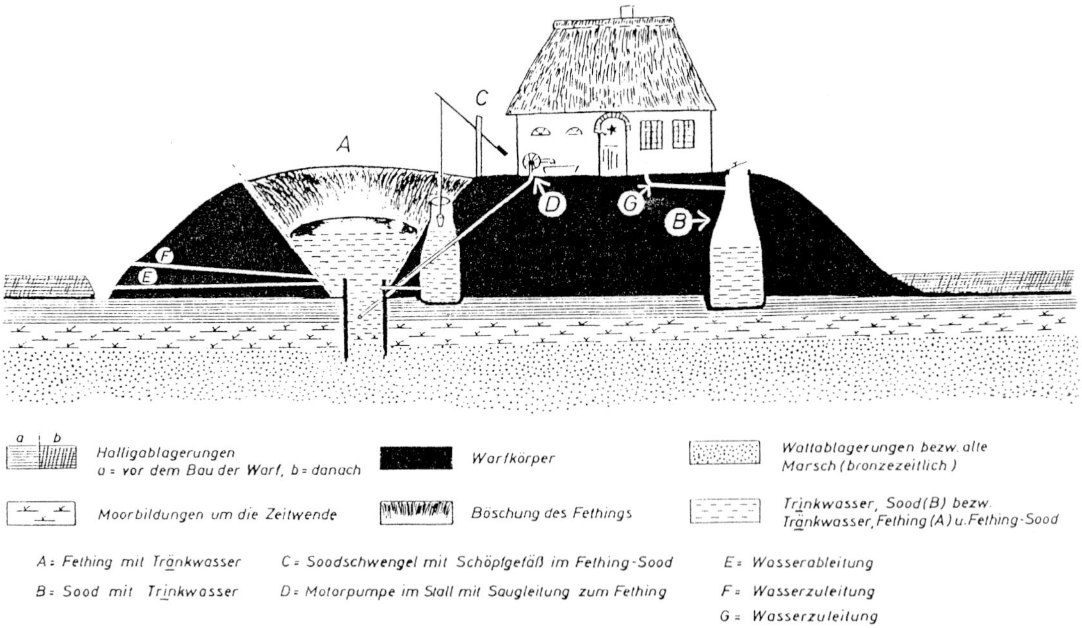

Abb. 3.2. Schematische Darstellung der früheren Trink- und Tränkwasserversorgung einer Hallig (WOHLENBERG 1972).

Bei fehlendem Süßwasser im Untergrund wurde früher auch in Deutschland die Trinkwasserversorgung mit Hilfe von Zisternen sichergestellt, z. B. auf Helgoland (D. Bieske 1965) und auf den nordfriesischen Inseln Nordstrand, Pellworm und den Halligen (Abb. 3.2). Das Regenwasser von den Dachflächen wurde in Zisternen (»Sood«) aufgefangen und für die menschliche Versorgung verwendet, während das Vieh aus Tränkwasserkuhlen (»Fethingen«) und Gräben getränkt wurde. Diese Art der Wasserversorgung entsprach weder in qualitativer noch in quantitativer Hinsicht den Anforderungen. Immer wieder gab es im Sommer und im Winter großen Wassermangel, ausgesprochene Notstände traten nach großen Sturmfluten ein, wenn die Zisternen und Fethinge voll Salzwasser geschlagen waren. Unter diesen Umständen mußten die für die Deckung des Mindestbedarfes benötigten Wassermengen durch Schiffe vom Festland gebracht werden (Wohlenberg 1972).

Quellfassungen sind seit antiker Zeit im Mittelmeerraum und seinen Randgebieten bekannt (Frontinus-Gesellschaft 1982, 1987). Die römischen Quellfassungen in der Eifel mit der ca. 100 km langen Fernwasserleitung zur antiken Stadt Köln sind eindrucksvolle Beispiele (Grewe 1986, Haberey 1972). Auch in der Folgezeit wurden Wasserversorgungssysteme auf der Grundlage von Quellfassungen geschaffen, die zunächst Laufbrunnen speisten (z. B. in Freiburg i.Br (Abb. 3.3)), später auch über Fernleitungen in öffentliche Netze einspeisten (z. B. die Quellfassungen der Stadt Frankfurt am Main in Vogelsberg (Fischborn) und Spessart (Kassel, Bieber), die 1869-1873 mit einer 66 km langen Zuleitung gebaut wurden). Der Bau moderner Quellfassungen ist in Abschnitt 3.11 vorgestellt.

Die seit über 2.500 Jahren genutzten Sickergalerien, die im Iran als Kanate oder Khacharize, in Nordafrika als Foggaras bezeichnet werden, sammeln das Grundwasser in den Schutt- und Geröllfächern und sonstigen Lockergesteinen (Abb. 3.4). Diese Dränsysteme dienen gleichzeitig als Zuleitungen zu den Verbrauchern und schützen das Wasser vor der Verdunstung. Die bis 2,10 m hohen, bis 1,20 m breiten ovalen Stollen erreichen viele km Länge, z. B. ein Kanat in Teheran 25,5 km (Biswas 1970, Tolman 1937). Kanate sind seit 800 v.Chr. durch den Tunnel von Negoub zur Versorgung von Ninive bekannt. Ca. 500 v. Chr. wurden Kanate in Ägypten eingeführt. Die Kanate haben den Vorteil, die oft nur flachgründige Süßwasserlinse über dem in ariden Gebieten verbreiteten versalzten tieferen Grundwasser ohne Übernutzung des Grundwasserdargebotes abzuschöpfen. Damit hat diese Form der Wasserfassung auch noch in der Gegenwart Bedeutung. Z. B. nutzt Teheran noch heute viele Kanate (Tolman 1937).

Wasserstollen (Abschnitt 3.12) werden u. a. am Taunusrand bei Wiesbaden (Schneider 1973, 1988) sowie auf vielen Vulkaninseln (z. B. Hawaii-Inseln (Stearns & Vaksvik 1935) und Kanarische Inseln (Carracedo 1994, Dingman & Nuñez 1969)) genutzt.

Schachtbrunnen (Abschnitt 3.2.3) wurden seit prähistorischer Zeit gebaut, wie der bei Erkelenz-Kückhoven gefundene bandkeramische Brunnen (ca. 5090 v.Chr.) zeigt (Seegers 1993). Die z. T. imponierenden Brunnendurchmesser und -tiefen zeigen die Geschicklichkeit und Geduld ihrer Erbauer, aber auch den Wert des Wassers an (D. Bieske 1965). Einige alte Schachtbrunnen haben so große Durchmesser, daß darin das Brunnenwasser von Tragtieren zutage gebracht werden konnte (Abb. 3.5).

Bohrbrunnen wurden, wie alte Berichte aus der Chou-Dynastie (1122–256 v. Chr.) zeigen, mit Hilfe von hölzernen, handbetriebenen Schlagbohrgeräten niedergebracht (Brantly 1961, Lauverjat 1967). Die gleichen, nur geringfügig modifizierten Methoden werden noch heutzutage in ländlichen Gebieten von Laos, Kambodscha, Thailand, Burma und China verwendet (Abb. 3.6).

Abschnitt 3.3 gibt eine ausführliche Darstellung der modernen Bohrverfahren, weitere Abschnitte behandeln die Bohrlochgeophysik (Abschnitt 3.4), den Bau, die Entwicklung und die Regenerierung der Bohrbrunnen (Abschnitte 3.5, 3.6 u. 3.9) sowie den Bau von Spezialbrunnen (Abschnitt 3.7). Der Überwachung von Menge und Güte des Grundwassers dienen Grundwasser-Meßstellen (Abschnitt 3.10). Einen Überblick über die bei der Grundwassergewinnung eingesetzten Pumpen gibt Abschnitt 3.8.

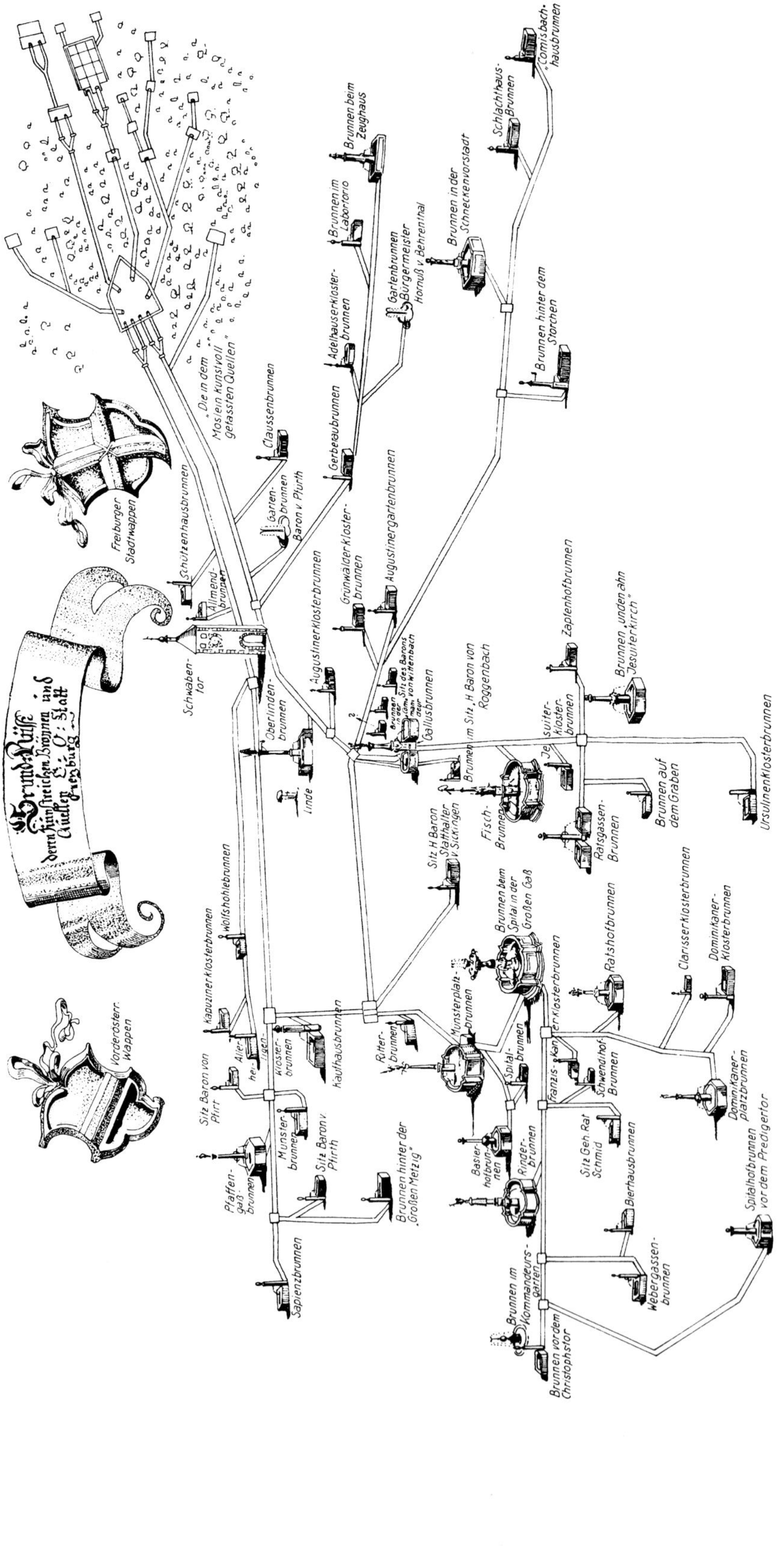

Abb. 3.3. Freiburger Brunnenplan 1732 (nach FUNK 1976).

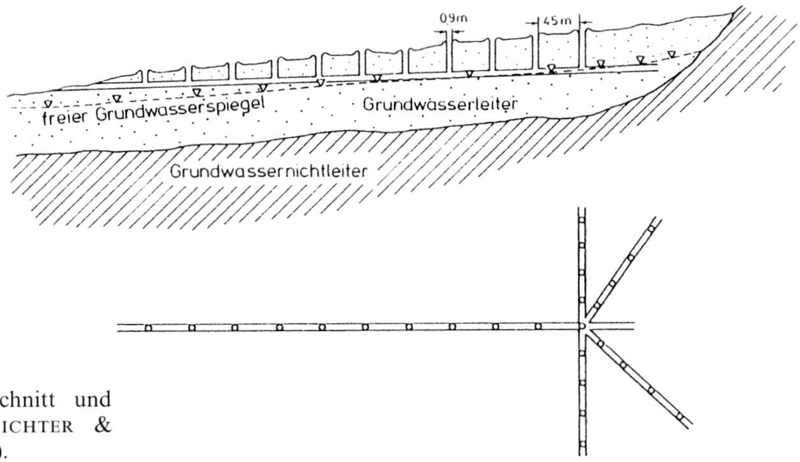

Abb. 3.4. Schematischer Schnitt und Aufriß eines Kanats (RICHTER & WAGER 1969, BISWAS 1970).

Fernwasserleitungen werden beim räumlichen Auseinanderfallen von Bedarfs- und Angebotszentren genutzt. Beispiele aus der Antike sind die Fernwasserleitungen von Rom (11 Leitungen mit Längen zwischen 17,6 und 91,2 km), Pergamon, Karthago und Köln (GARBRECHT 1982, 1987, HABEREY 1972, NABER 1996). Moderne Fernwasserleitungen von 197,5 km bzw. 253 km Länge versorgen Bremen aus der Söse-Talsperre/Harz (Harzwasserwerke o. J.) und das Versorgungsgebiet Stuttgart – Heilbronn – Bad Mergentheim aus dem Bodensee. Eine 560 km lange Fernwasserleitung versorgt das Bergbauzentrum Kalgoorlie, südliches West-Australien, mit Wasser aus der Mundaring-Talsperre bei Perth. Los Angeles wird u. a. aus dem Havasu-Stausee (Parker-Dam) über eine ca. 500 km lange Fernwasserleitung versorgt. Ein Wassermengenausgleich zwischen dem Wasser-reichen Sacramento-Gebiet nördlich San Francisco und dem Wasser-

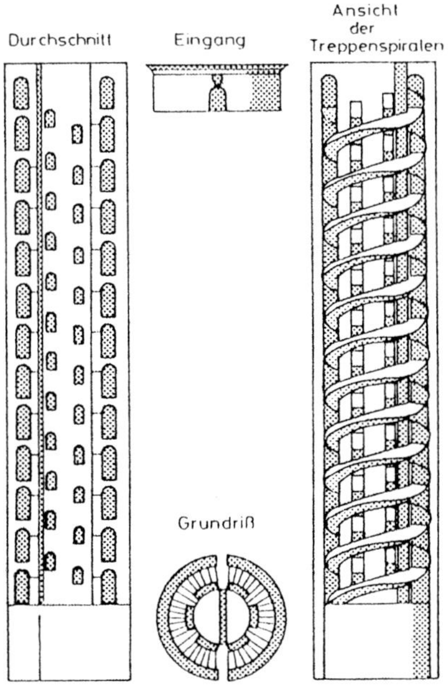

Abb. 3.5. Brunnen Pozzo di S. Patrizio, Orvieto, Italien, von 1527-1540 mit einem Durchmesser von 12,8 m (einschließlich der Treppenhäuser) 60 m tief in Tuffen niedergebracht (TOLMAN 1937).

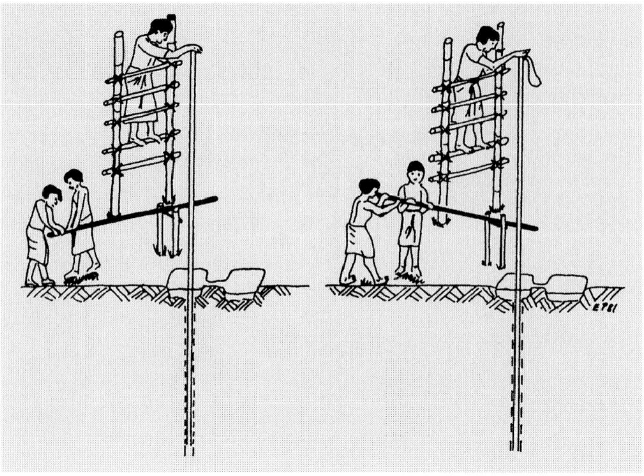

Abb. 3.6. Bohrgerüst mit Hebel a) Aufwärtsbewegung: die Hand des Bohrgeräteführers verschließt oben das Bohrgestänge; b) Abwärtsbewegung: das Wasser-Schlamm-Gemisch spritzt heraus (PREUSS 1994).

armen südlichen Californien erfolgt durch eine ca. 700 km lange Fernwasserleitung. Weitere Fernwasserleitungen sind u. a. aus Finnland, Israel und Österreich bekannt (NABER 1996)

Bei örtlichem Ungleichgewicht zwischen Grundwasserdargebot und Wasserbedarf kann das Wasserdargebot durch Uferfiltratgewinnung (BMI 1975) und Grundwasseranreicherung (BMI 1985) erweitert werden, wenn geeignete Vorkommen von See- oder Flußwasser zur Verfügung stehen (Abschnitt 3.13).

3.2 Ramm-, Einspül- und Schachtbrunnen

3.2.1 Rammbrunnen

Rammbrunnen, auch »Abessinierbrunnen« genannt, da dieser Brunnentyp erstmalig 1868 bei einem Feldzug der Engländer in Abessinien benutzt wurde, bestehen aus einem mit einer Rammspitze versehenen, mit Gewebe umspannten Filterrohr (Abb. 3.7 b, c), dem – entsprechend der Brunnentiefe – Aufsatzrohre (üblicherweise Gewinderohre nach DIN 2440) aufgesetzt sind, die durch Normkupplungen verbunden sind. Der Brunnen wird mit einem Rammgerät durch wiederholte Schläge in den Boden eingetrieben, wobei das Aufsatzrohr zweckmäßigerweise durch eine Rammkappe gegen mechanische Beschädigungen geschützt wird (Abb. 3.7 a). Zum Rammen wird ein Schlägel, Vorschlaghammer, Fallhammer oder Preßlufthammer eingesetzt. Ein anderes Verfahren ist der Einsatz einer Rammstange, die an einem Seil hängt und innerhalb des Brunnens direkt Schläge auf die Rammspitze ausübt. Das Aufsatzrohr des Brunnens, der meist mit Nennweiten von 32–50 mm (1,5"–2"), seltener bis 100 mm (4") gebaut wird, dient zugleich als Saugrohr der Pumpe, die unmittelbar angeschlossen wird (Abschnitt 3.8.1). Die meisten Rammbrunnen sind weniger als 15 m tief, doch erreichen einzelne mehr als 30 m Tiefe.

Zum Bau von Rammbrunnen sind verschiedene Rohrmaterialien (Stahl roh, verzinkt, asphaltiert; PVC) und Filtertypen im Handel verfügbar. Bei der herkömmlichen Ausführung ist das Filterrohr perforiert und die Lochung ist, um das Eindringen feiner Gesteinspartikel zu vermeiden, mit Metallgaze umgeben, die ihrerseits durch eine perforierte Metallummantelung gegen mechanische Beschädigungen beim Rammvorgang geschützt ist (Abb. 3.7 b). Weiterhin werden

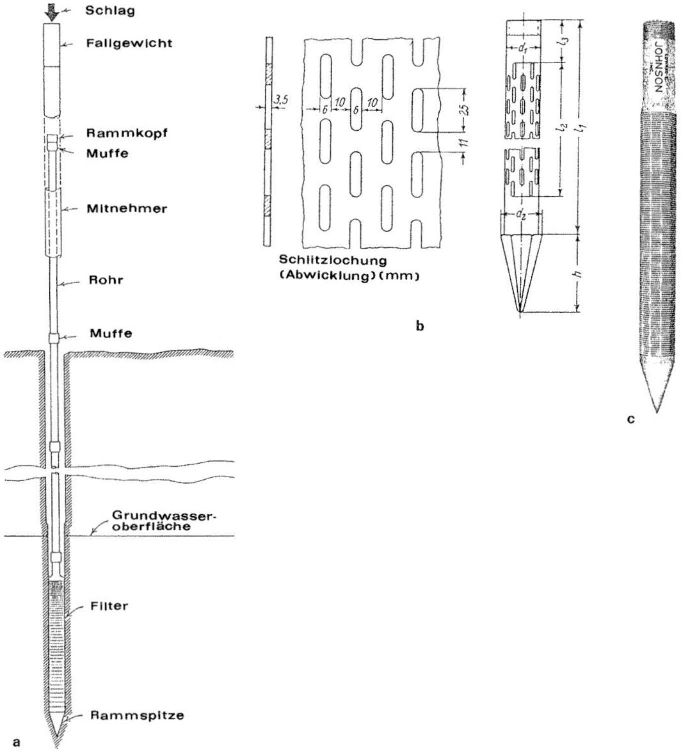

Abb. 3.7. Rammbrunnen mit Bohrgerät (a; Bieske † & Wandt 1976, Todd 1980); Rammspitze nach DIN 4920 (b) oder nach Johnson Div. 1975 (c).

sog. Johnson-Filter (Wickeldrahtfilter) aus Edelstahl eingesetzt (Abb. 3.7c). Als Aufsatzrohre werden die o. g. Metall- oder Kunststoffrohre verwendet.

Rammbrunnen können schnell und billig, jedoch nur in Lockergesteins-Grundwasserleitern (Feinsand bis Feinkies), hergestellt werden. Bei Vorkommen von Steinen ist selbst bei Einsatz der o. g. Schutzummantelung ein Brunnenbau mit dieser Methode oft schwierig oder unmöglich.

Aus Rammbrunnen werden meist geringe Grundwassermengen (1–3 l/s) gefördert, z. B. für Kleingärten und zur Versorgung von Einzelgehöften. Da hierzu vielfach nur Handpumpen eingesetzt werden, müssen die wasserführenden Schichten flachgründig sein (Die Tiefenlage der Grundwasseroberfläche darf die Saughöhe der Pumpe – etwa 7 m – nicht überschreiten). Soll auf diese Weise Trinkwasser gewonnen werden, so ist eine ausreichend große, undurchlässige Abdeckung in der Umgebung des Brunnens an der Erdoberfläche aufzubringen, z. B. eine Tondichtung mit einer Betonabdeckung.

Rammbrunnen werden auch zur Absenkung des Grundwasserspiegels in Baugruben verwendet. Sie werden dabei – unter Berücksichtigung der Grundwasseranströmung – in größerer Stückzahl um das Objekt angeordnet und mittels Saugpumpen betrieben, so daß auch größere Grundwassermengen gefördert werden können (Todd 1980).

Für weitergehende Angaben zu Bau und Nutzung von Rammbrunnen wird auf Bieske (1967), Bieske et al. (1998) und Todd (1980) verwiesen.

3.2.2 Einspülbrunnen (Spülfilterbrunnen)

Die schnellste Methode zur Erstellung von Förderbrunnen und von Erkundungsbohrungen mit geringem Durchmesser ist das Einspülverfahren, das in lockeren Fein- bis Mittelsandschichten erlaubt, Filter- und Aufsatzrohre mit oder ohne Mantelrohr mit einem Wasserstrom aus einer Spülspitze einzuspülen (Abb. 3.8 a, b).

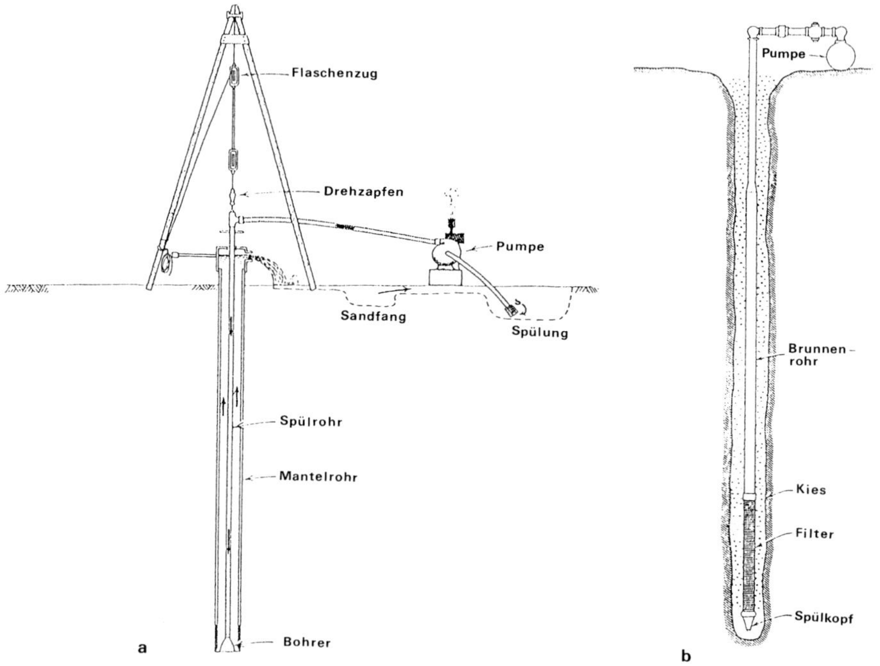

Abb. 3.8. Einspülbrunnen. (a) Geräteanordnung bei Verrohrung. (Pfeile zeigen die Bewegungsrichtung des Wassers an; Davies & De Wiest 1967); (b) Selbsteinspülendes Bohrgerät (Bieske et al. 1998, Todd 1980).

Der schnelle Spülstrom wäscht die Sedimentmaterialien hinweg, so daß die Verrohrung in das sich vertiefende Bohrloch abgesenkt werden kann. Durch diese kann dann das Wasser samt Bohrgut nach oben und zutage strömen. Das Drehen der Spülspitze, für die spezielle meißelartige Formen verfügbar sind (Abb. 3.9), erleichtert das Lösen des Sedimentmaterials (Abb. 3.8). Durch das langsame Drehen des Strahlrohrs wird auch eine gerade Bohrung sichergestellt. Die Bohrdurchmesser betragen meist zwischen 32 und 75 mm, doch sind grundsätzlich Bohrdurchmesser bis 300 mm möglich. Unter entsprechend günstigen hydrogeologischen Bedingungen werden Bohrtiefen von mehr als 15 m erreicht. Zum Durchbohren fester Ton- oder verfestigter Sedimentlagen wird die Spülspitze wiederholt angehoben und dann schnell abgesenkt, wodurch erfahrungsgemäß derartige Schichten zerstört und abgetragen werden. Nach Erreichen der Endteufe werden die Filter- und Aufsatzrohre in das Bohrloch bis zu dessen Sohle eingebracht, das Mantelrohr gezogen und der Brunnen in Betrieb genommen.

Ein vereinfachtes Verfahren setzt ein selbsteinspülendes Messing-Filterrohr ein, das in einer Spülspitze endet, die am Filterrohr angeschraubt ist (Abb. 3.8 b). Sobald die Spitze die gewünschte Tiefe erreicht hat, wird der Brunnen fertiggestellt und in Betrieb genommen. Beim Ausbau kann Kies in den Ringraum um das Filterrohr eingebracht werden (Todd 1980).

Abb. 3.9. Einspül-Bohrer (TODD 1980).

Das aus dem austretenden Einspülwasser gewonnene Bohrgut ist gewöhnlich ein Gemisch aus verschiedenen Tiefen eines Bohrloches. Dies schränkt den Einsatz des Einspülverfahrens bei Erkundungsprogrammen in geologisch komplizierten Gebieten ein (DAVIES & DE WIEST 1967, TODD 1980).

Für weitergehende Angaben zu Bau und Nutzung von Einspülbrunnen wird auf BIESKE et al. (1998) und TODD (1980) verwiesen.

3.2.3 Schachtbrunnen

Die einfachste Ausführung eines Schachtbrunnens ist eine künstliche Ausschachtung, die das Grundwasser des obersten Grundwasserleiters freilegt, ein »Wasserloch«. Ihre Tiefe reicht meist nur wenige Dezimeter unter die Wasseroberfläche (Abb. 3.10a). Um die Gefahr der Verschmutzung und Zusedimentation zu mindern, kann die Böschung durch eine Steinpackung gesichert werden (Abb. 3.10b).

Bautechnische Weiterentwicklungen sind die Errichtung von senkrechten, rechtwinklig oder rund ausgeführten Schachtwänden aus aufgeschichteten Torfballen, aus Holzbohlen, Natursteinen oder Ziegeln (Abb. 3.11a). Dazu wird eine Baugrube bis zu einer gewissen Tiefe unter den Grundwasserspiegel ausgehoben, in der dann die Schachtwände errichtet werden. Der umgebende Raum wird anschließend verfüllt. Die Baugrube kann bei bindigen Böden frei ausgeschachtet werden, während bei rolligen Böden eine Aussteifung (durch Bohlen, Kanthölzer u.ä.) erforderlich ist. Das Grundwasser kann durch den Boden oder je nach der Ausführung auch durch Öffnungen in der Schachtwand in den Brunnen eintreten. Bei modernen Schachtbrunnen, die meist im Senkverfahren erstellt werden, werden die Wände aufgemauert oder – meist – betoniert oder sie bestehen aus vorgefertigten Betonringen. Durch Ausschachten per Hand (bei Wasserhaltung) oder mit Hilfe eines Greifbaggers wird das Bodenmaterial im Innern entfernt, so daß die Schachtwand durch ihr eigenes Gewicht nach und nach bis zur vorgesehenen Tiefe abgesenkt werden kann (Abb. 3.11b).

Schachtbrunnen können in Locker- und Festgesteinen gebaut werden. Brunnentiefe und -durchmesser werden von der Tiefenlage und der Durchlässigkeit des zu erschließenden Grundwasserleiters bestimmt. Die Durchmesser von Schachtbrunnen liegen meist zwischen 2 und 4 m, sollten jedoch aus arbeitstechnischen Gründen 1,5 m Durchmesser nicht unterschreiten.

Schachtbrunnen sind meist bis zu 15 m tief, erreichen in Ausnahmefällen jedoch auch weitaus größere Tiefen. Das Wasser wird mit Schöpfgeräten oder Pumpen entnommen. Nach der Tiefenlage des Brunnenwasserspiegels wird, wie bei Bohrbrunnen (Abschnitt 3.3), unterschieden in Flachspiegelbrunnen, bei denen der Wasserspiegel während der Wasserförderung nicht tiefer als 8 m unter Gelände absinkt und die Wasserförderung mit Saugpumpen möglich ist, und den Tiefspiegelbrunnen, bei denen Schöpfgeräte, Kolben- oder Unterwasserpumpen eingesetzt werden

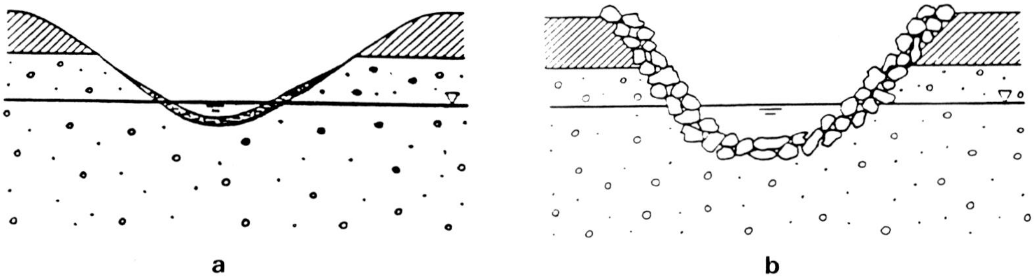

Abb. 3.10. Einfaches (a) und gesichertes (b) Wasserloch.

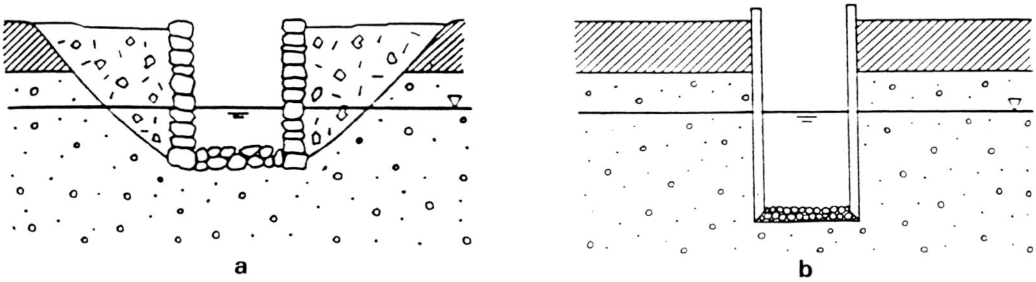

Abb. 3.11. Schachtbrunnen, in Baugrube aus Natursteinen (a) oder aus abgesenkten Betonringen (b) errichtet.

müssen. Um Aufwirbelungen von abgesetztem Feinmaterial oder mechanische Beschädigungen zu vermeiden, sollte die Tiefe der im Brunnenraum stehenden Wassersäule auch während der Förderung mindestens 1,5 m betragen.

Beim Abteufen und Warten von Schachtbrunnen ist auf mögliche Gaszutritte, insbesondere von CO_2, CO, H_2 und CH_4, zu achten. Vor dem Einstieg in fertige oder im Bau befindliche Schachtbrunnen sollte daher stets eine Gasprüfung vorgenommen werden. Weiterhin werden zusätzliche Sicherungen der Ausführenden vor Ort empfohlen (z. B. Atemschutzgerät, Führung an Sicherheitsgürtel und -seil sowie Überwachung durch Personen außerhalb des Brunnenschachtes; Ruhfuss 1965a).

Schachtbrunnen können als vollkommene oder unvollkommene Brunnen ausgeführt werden. Bei den vollkommenen Brunnen wird der ganze Grundwasserleiter erfaßt und das Grundwasser tritt durch die Schachtwand ein (Abb. 3.12a). Die häufigeren unvollkommenen Brunnen tauchen nur mehr oder weniger tief in den Grundwasserleiter ein und werden durch die Brunnensohle (Abb. 3.12b) oder durch die Brunnensohle und die Schachtwand gespeist (Abb. 3.12c).

Beim Bau von Schachtbrunnen im Senkverfahren wird die Brunnenwand auf einem Senkschuh (Abb. 3.13), der als Schneide ausgebildet ist, sukzessive aufgebaut und durch Ausschachten der anstehenden Lockersedimente abgesenkt. Dabei werden heute meist vorgefertigte Betonringe nach DIN 4034 verwendet, die durch ihr eigenes Gewicht, dem fortschreitenden Aushub folgend, absinken oder die durch aufgelagerte Gewichte oder hydraulisch eingepreßt werden. Bei Verwendung einer Gleitschalung kann die Brunnenwand auch abschnittsweise von oben nach unten betoniert werden. Zur Errichtung der unteren Teile der Schachtwände muß bei diesem Vorgehen der Grundwasserspiegel durch Pumpen abgesenkt werden. In Gebieten mit stark schwankenden

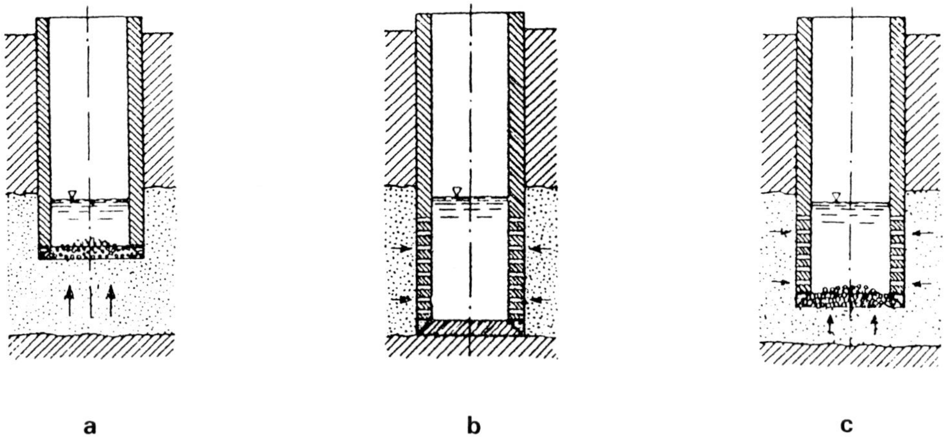

Abb. 3.12. Vollkommener Brunnen mit Wassereintritt durch die Schachtwand (a); unvollkommener Brunnen mit Wassereintritt durch die Sohle (b) oder durch Sohle und Schachtwand (c) (nach RUHFUSS 1965a).

Grundwasserständen empfiehlt sich, die Bauarbeiten bei Niedrigwasserstand durchzuführen. Im grundwassererfüllten Bereich können perforierte Wandelemente eingesetzt oder die Brunnensohle als Wassereintrittsfläche ausgebildet werden (Abb. 3.14). Ist der Wassereintritt durch die Brunnenwand ausreichend, so kann die Brunnensohle zur Erhöhung der mechanischen Stabilität des Brunnens betoniert werden. Brunnen, die tiefer als 8 m abzusenken sind, und flache Brunnen mit Durchmessern über 5 m werden im unteren Teil erweitert als Kegel ausgebildet. Die Verjüngung von unten nach oben, die der Verringerung der Mantelreibung dient, soll 5-10 cm je Meter betragen (BRIX et al. 1963, RUHFUSS 1965a).

Bei gemauerten Schachtwänden ist die Wandstärke der lichten Weite des Brunnens anzupassen. Sie sollte bestimmte Werte nicht unterschreiten:

lichte Weite des Brunnens (m)	1,0	2,0	3,0	4,0	5,0
Wandstärke (cm)	25	38	51	64	77

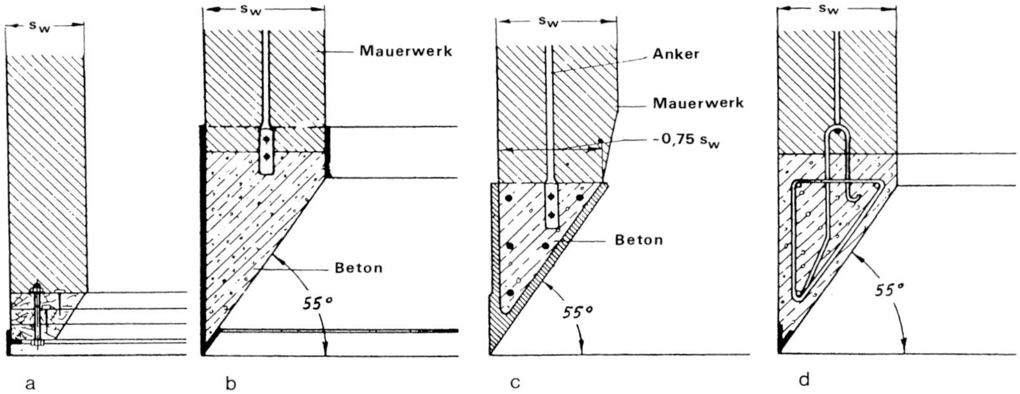

Abb. 3.13. Senkschuhe. (a) Holz, (b) Stahl mit Betonfüllung, (c) Gußeisen, (d) Stahlbeton (RUHFUSS 1965a, SCHNEIDER 1988). (s_w = Wandstärke).

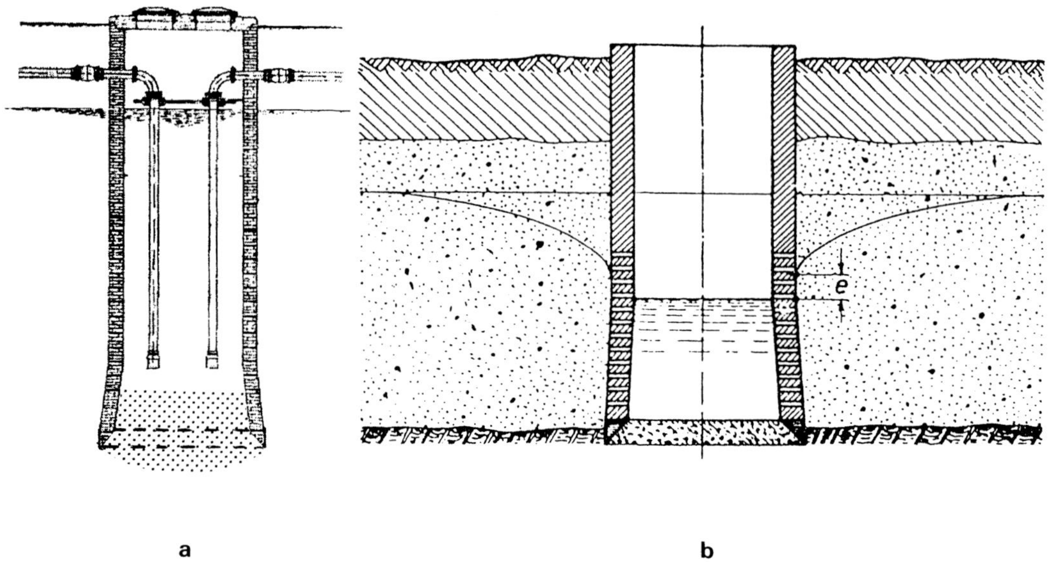

Abb. 3.14. Schachtbrunnen (a) gemauert mit Eintrittsschlitzen und Kiessohle, (b) aus Stahlbeton (RUHFUSS 1965a). (e = Maß für Eintrittswiderstand und Sickerstrecke).

Bei Schachtbrunnen, die feinkörnige oder sehr heterogen aufgebaute Lockergesteins-Grundwasserleiter erschließen, wird bei Überschreiten einer gewissen Förderrate Sedimentmaterial in den Brunnenraum eingeschwemmt. Die Eintrittsgeschwindigkeit ist daher der Korngröße der anstehenden Sedimente so anzupassen, daß die Eintrittsgeschwindigkeit in den Brunnen unter den in Tabelle 3.3 genannten Werten bleibt. BRINKAUS (1920) empfiehlt sogar, nur den 0,4 bis 0,6-fachen Wert zugrunde zu legen.

Hierzu ist ein genügend großer freier Eintrittsquerschnitt F (in m^2) zu wählen. Dieser errechnet sich zu

(3.1) $$F = Q/v$$

mit der Fördermenge Q (m^3/s) und der Eintrittsgeschwindigkeit v (m/s). Bei Schachtbrunnen mit durchlässiger Wandung und undurchlässiger Sohle (Abb. 3.15) gilt Gl.(3.2)

(3.2) $$F = d \cdot \pi \cdot h,$$

bei durchlässiger Sohle Gl. (3.3)

Tabelle 3.3. Zulässige Wassereintrittsgeschwindigkeiten in Abhängigkeit von der Korngröße (RUHFUSS 1965a nach A. THIEM).

Sediment-Korngröße (mm)	Fließgeschwindigkeit (m/s)
< 0,25	< 0,03
0,25–0,50	0,03–0,07
0,50–1,00	0,07–0,10
1,00–2,00	0,10–0,17
2,00–3,00	0,17–0,18

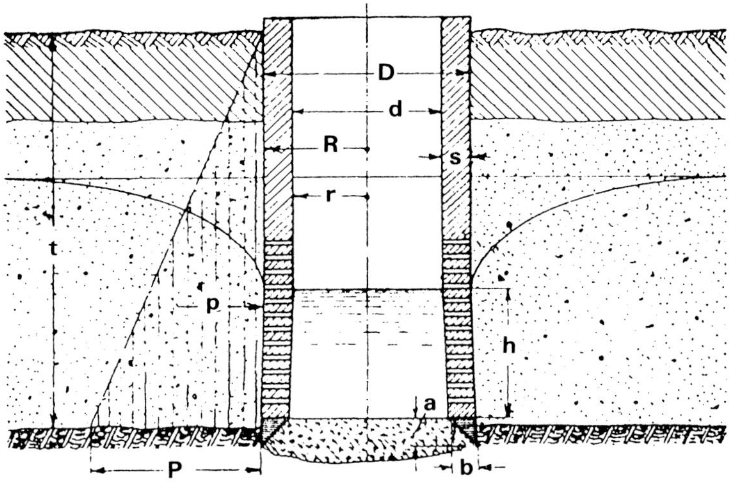

Abb. 3.15. Hauptabmessungen bei Schachtbrunnen (RUHFUSS 1965a).

$$(3.3) \qquad F = \frac{d^2 \cdot \pi}{4}$$

und bei durchlässiger Wandung und durchlässiger Sohle Gl.(3.4)

$$(3.4) \qquad F = d \cdot \pi \cdot h + \frac{d^2 \cdot \pi}{4}$$

mit dem inneren Brunnendurchmesser d (m) und der abgesenkten Wasserspiegelhöhe h (m). Der Wasserzutritt durch die Sohle kann vernachlässigt werden, wenn der Abstand von der Brunnenunterkante bis zur undurchlässigen Sohlschicht nur gering ist (RUHFUSS 1965a).

Hausbrunnen und Feuerlöschbrunnen sollten mindestens 1,00 bis 1,5 m Durchmesser aufweisen. Ist rechnerisch ein sehr großer Durchmesser für den Schachtbrunnen erforderlich, empfiehlt es sich oft aus Brunnenbau-technischen Gründen, an Stelle eines Brunnens zwei Brunnen mit kleineren Durchmessern zu erstellen. Schachtbrunnen mit Durchmessern von mehr als 5 bis 6 m sind häufig nur mit erheblichen Schwierigkeiten niederzubringen (RUHFUSS 1965a).

Die Höhe des Wasser-durchlässigen Brunnenmantels, der der Filterlänge der Bohrbrunnen entspricht (Abschnitt 3.5.5.2), sollte mindestens 1,0 bis 1,5 m betragen und möglichst der Mächtigkeit des Grundwasserleiters bei abgesenktem Grundwasserspiegel angepaßt werden. Der durchlässige Teil des Brunnenkörpers sollte beim Brunnenbetrieb nie trockengelegt werden, um einen Luftzutritt und damit Verkrustungen und Verockerungen der Eintrittsöffnungen samt der damit verbundenen Leistungsminderungen zu vermeiden (Abschnitt 3.9.1).

Soll mehr Grundwasser gefördert werden, als es die Stabilität des anstehenden Sedimentes erlaubt, so muß eine Schicht von Filtersand oder -kies aufgebracht werden. Die Mächtigkeit dieser Filterschicht soll nach DIN 4924 bei Filterkorndurchmessern bis 2 mm mindestens 50 mm, bei Körnungen zwischen 2 und 8 mm mindestens 80 mm und bei gröberen Körnungen mindestens 100 mm betragen. Bei feinkörnigen Sedimenten können auch mehrere Filterschichten übereinander eingebracht werden, wobei über dem anstehenden Sediment stets das auf dieses abgestimmte feinerkörnige Filtermaterial und über diesem das jeweils gröberkörnige folgt.

Das Aufbringen einer Filterschicht hat nicht nur die Funktion, den Auftrieb bzw. die Auswaschung (Suffosion nach BUSCH et al. 1993) von Sedimentanteilen zu verhindern, es soll auch die »Entwicklung« des Brunnens – d. h. die Entfernung des jeweiligen Feinkornanteiles aus den meist

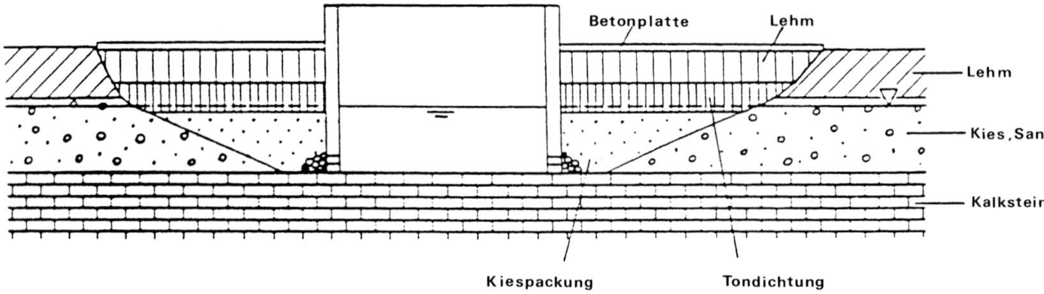

Abb. 3.16. Dichtungsschicht um einen Schachtbrunnen (nach BIESKE jr. 1972).

mehr oder weniger heterogen zusammengesetzten Sedimenten – ermöglichen und damit die Durchlässigkeit der Schichten um die Brunneneintrittsfläche erhöhen. Hierdurch wird auch eine im Normalbetrieb sandfreie Wasserförderung gewährleistet. Vor der Inbetriebnahme eines Brunnens ist daher stets eine Brunnenentwicklung durchzuführen (Abschnitt 3.6), bei der aus dem Brunnen kurzzeitig ein Mehrfaches der vorgesehenen Betriebsfördermenge gepumpt wird. Die aufzubringende Filterschicht muß gewährleisten, daß der Feinkornanteil ausgewaschen werden kann, ohne daß die gröberen Anteile des Sedimentes in Bewegung kommen. Der Filterkorndurchmesser muß also so bemessen sein, daß das feinkörnige Material passieren kann, die übrigen Korngrößenfraktionen jedoch zurückgehalten werden. Zur Ermittlung der Korngröße der Filterschicht in Abhängigkeit vom Korngrößenspektrum des Grundwasserleiters wird auf Abschnitt 3.5.6.1 verwiesen.

Bei der Ausschachtung von Lockergesteinen zum Bau eines Schachtbrunnens kann es in der direkten Umgebung der Grabung zu Boden-Auflockerungen kommen, die die Baustelle und etwaige benachbarte Gebäude gefährden und darüber hinaus die Infiltrationsmöglichkeiten und damit die Gefahr von Grundwasserkontaminationen erhöhen. In solchen Fällen muß die Baustelle gegen Nachfall gesichert und nach Bauabschluß eine Dichtungsschicht aus gering durchlässigem lehmig-tonigem Material in der unmittelbaren Umgebung des Schachtbrunnens aufgebracht werden, die abschließend von einer Betonplatte zu überdecken ist. Bei in offener Baugrube errichteten Schachtbrunnen muß das zur Verfüllung des Außenraumes eingebrachte Material sorgfältig verdichtet werden. Die Dichtungsschicht kann bei großen Einbaudurchmessern aus wirtschaftlichen Gründen auch aus einer Ton- und einer Lehmlage bestehen (Abb. 3.16).

Zum Einbau von tonigen Dichtungsschichten ist kleinstückiger, trockener Ton zu verwenden, der mechanisch verdichtet und anschließend angefeuchtet wird.

Schachtbrunnen sind an der Erdoberfläche gegen mögliche Verunreinigungen zu schützen. Vor allem um der Gefahr zu begegnen, daß verunreinigtes Wasser im verfüllten Ringraum zwischen Brunnenwand und anstehendem Gestein in die Tiefe gelangt, wird empfohlen, den oberen Brunnenabschluß als Betonkranz auszuführen, der mit einer Betonplatte verbunden ist, die den Brunnendurchmesser allseits um mindestens 1 m überragt (Abb. 3.17).

Beim Bau eines Schachtbrunnens bedarf die Wahl seines Standortes besonderer Sorgfalt, da das erschlossene Wasser den hygienischen Anforderungen genügen muß (Abschnitt 1.5.2), d.h. gegen Verunreinigungen jeglicher Art geschützt sein muß. Dementsprechend sind Örtlichkeiten, an denen Anlagen vorhanden sind, von denen Gefahren für die Brunnenqualität ausgehen, wie Senkgruben, Abwasserkanäle und Jauche- bzw. Güllegruben, für den Bau von Schachtbrunnen nicht geeignet. Auch wenn die oben erwähnten technischen Abdichtungsmaßnahmen durchgeführt werden, sollten die Prinzipien des Grundwasserschutzes beachtet werden (Abschnitt 4).

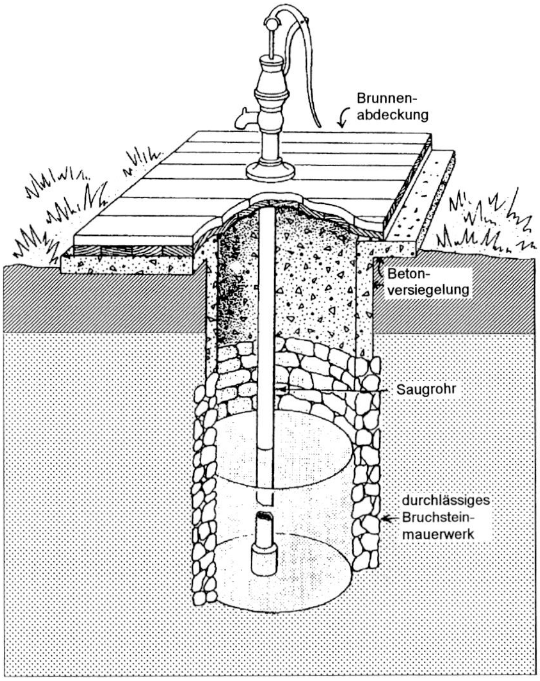

Abb. 3.17. Schachtbrunnen mit gemauerter Brunnenwand, Betonabschluß und Handpumpe (TODD 1980).

Zu hohe Wasserentnahmen oder falsche Auslegung von Filterschichten können bei Schachtbrunnen in Lockergesteins-Grundwasserleitern zu Sandeintrieb in den Brunnenraum und nachfolgend zu Grundbruch führen (Abb. 3.18 a). In schweren Fällen werden dabei die Brunnen durch Schrägstellung oder Bruch der Brunnenwand vollständig zerstört. In weniger schweren Fällen sind Rettungsmaßnahmen möglich, die die vorsichtige Entfernung der in den Brunnenraum eingedrungenen Sedimentmaterialien und das Einbringen einer angepaßten Filtersand- oder Filterkiesschicht umfassen (Abb. 3.18 b). Weiterhin sind die Absenkungen der Erdoberfläche um den Brunnen herum mit bindigem Material aufzufüllen und mit einer Betonplatte abzudecken.

In standfesten Festgesteinen sind bis über 100 m Tiefe und seit Hunderten von Jahren funktionsfähige Schachtbrunnen errichtet worden (vgl. Abb. 3.6).

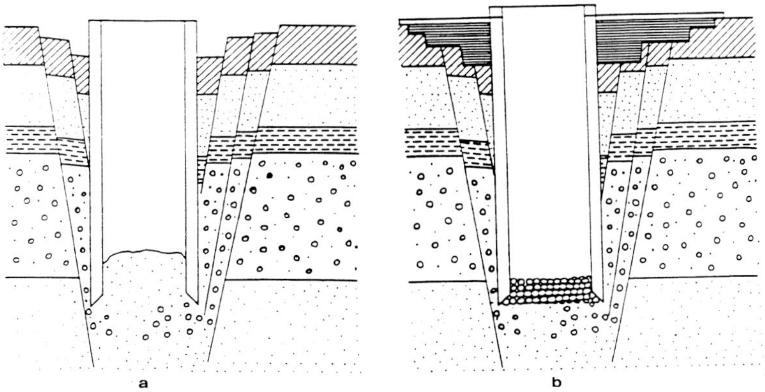

Abb. 3.18. Sandeinbruch und Reparatur bei Schachtbrunnen.

In gering ergiebigen Grundwasserleitern haben Schachtbrunnen gegenüber Bohrbrunnen den Vorteil, daß sie infolge ihres großen Durchmessers sehr viel größere Wassermengen während Zeiten geringer Entnahmen aufnehmen und speichern können.

Die vor der Entwicklung der modernen Bohrtechnik überall üblichen Schachtbrunnen werden heutzutage vorzugsweise in Ländern der Dritten Welt in Handarbeit oder mit Hilfe einfacher Geräte gebaut. In Industrieländern sind Bohrbrunnen kostengünstiger zu erstellen (Abschnitt 3.3).

Für weitergehende Angaben zu Bau und Nutzung von Schachtbrunnen wird auf Brix et al. (1963), Ruhfuss (1965a) und Todd (1980) verwiesen.

3.3 Bohrverfahren

Für Aufschlußbohrungen zur Erkundung, für Meßstellenbohrungen zur Überwachung und für Versuchsbrunnen- und Brunnenbohrungen zur Erschließung von Grundwasser werden je nach Festigkeit und Art des Gesteins sowie je nach Durchmesser und Tiefe des Bohrlochs unterschiedliche Bohrverfahren und speziell ausgewählte Bohrwerkzeuge angewandt (Tabelle 3.4). Die Bohrverfahren lassen sich in schlagende (stoßende, stauchend-drehende) und drehende Verfahren untergliedern. Bei den erstgenannten Methoden wird das Gestein durch Schläge zertrümmert, bei den zweitgenannten Verfahren wird das Gestein durch eine drehende Bewegung der Bohrwerkzeuge zerkleinert. Beide Verfahren kombiniert die Drehschlagbohrung (Schnellschlagbohrverfahren), bei der der langsam rotierende Bohrer durch leichte, schnellfolgende axiale Schläge (80–100 Schläge/min, 120–150 mm Hubhöhe) angedrückt wird, wodurch eine 3–4mal höhere Leistung als beim üblichen schlagenden oder drehenden Bohren erreicht wird. Als sonstige, auf Lockergesteine beschränkte Verfahren sind das Einrammen (Abschnitt 3.2.1) und das Einspülen (Abschnitt 3.2.2) zu nennen. Das Bohrverfahren wird nach den Untergrundverhältnissen und der Fragestellung gewählt (Tabelle 3.4) (DVGW 1977; siehe auch Bieske 1965, Bieske et al. 1998, Brix et al. 1963, DVGW 1997b und Richter & Lillich 1975).

Zum Bohren in nicht standfestem Gebirge werden Bohrrohre (Schutzrohre) eingesetzt, die – falls sie nicht als Brunnenmantelrohre im Untergrund verbleiben müssen – wieder gezogen werden. Hierzu wurden früher nahtlose Bohrrohre nach DIN 4918 mit Außendurchmessern zwischen 108 und 572 mm und Niet-Bohrrohre nach DIN 4928 mit Außendurchmessern zwischen 600 und 2.000 mm eingesetzt. Die beiden älteren Normen wurden durch DIN 4918 (Ausgabe 1989) ersetzt, die nahtlose Bohrrohre mit Gewindeverbindung mit 6 verschiedenen Außendurchmessern zwischen 133 und 406,4 mm enthält (Tabelle 3.5). Werden Bohrrohre mit größeren Durchmesser benötigt, müssen verfügbare, nicht genormte Bohrrohre verwendet werden.

Zum Führen und Handhaben von Bohrgestängen und Bohrseilen sowie von Bohr- und Pumprohren werden für Brunnenbohrungen Dreiböcke, Vierböcke, Bohrtürme, Bohrkran-Bohrgerüste, Flaschenzüge und Spezialhebezeuge eingesetzt.

Mit Ausnahme von besonderen Brunnenformen mit schrägen oder horizontalen Filterrohren (Abschnitt 3.7.3) gilt für Brunnenbohrungen als allgemeine Forderung, daß sie senkrecht niedergebracht werden (»Vertikalbrunnen«). Abweichungen hiervon werden bei Lockergesteinen durch Hindernisse, z. B. Steine oder Baumstämme, bei Festgesteinen durch verschieden harte, einfallende Schichten oder durch Klüfte, und bei Karstgesteinen durch Höhlenbildungen verursacht. Die Forderung, Bohrungen senkrecht niederzubringen, ergibt sich aus technischen Erfordernissen: Aus krummen Bohrungen sind Bohrrohre schlecht zu ziehen, außerdem ist ein exakter Brunnenbau behindert.

Tabelle 3.4. Anwendung der Bohrverfahren (DVGW 1977).

Anwendung \ Bohrverfahren			Drehbohren						Schlagbohren							Sonstige Verfahren	
			mit Spülung						Freifallbohren								
				inverse Spülstromrichtung						Gestängefreifall							
			direkte Spülstromrichtung (Druckspülbohren)	Saugen	Strahlsaugen	Luftheben	Counterflush	Trockendrehbohren	Seilfreifall	ohne Spülung	mit Spülung direkte oder inverse Stromrichtung	Hammerbohren	Rammkernbohren	Schlauchkernbohren	Drehschlagbohren	Einspülen	Einrammen
			1	2	3	4	5	6	7	8	9	10	11	12	13	14	15
Lockergestein	Aufschluß-bohrungen	a	+ o	100 +	250 +	+		50 + o ⁄	+ ⁄		•		+ ⁄	60 + ⁄	+ ⁄		
Lockergestein	Meßstellen-bohrungen	b	+	100 +	250 +	+		30 + o ⁄	+ ⁄		•		• ⁄	60 • ⁄	• ⁄	20 +	20 +
Lockergestein	Versuchsbrunnen-bohrungen	c	+	100 +	250 +	+		30 + o ⁄	+ ⁄		•				+ ⁄	20 •	20 •
Lockergestein	Brunnen-bohrungen	d	•	100 +	250 +	+		50 + ⁄	+ ⁄		•				+ ⁄	20 •	20 •
Festgestein	Aufschluß-bohrungen	e	+ ⊙ L	100 +	250 +	+	• ⊙	•	+		•	+			+		
Festgestein	Meßstellen-bohrungen	f	+ L	100 +	250 +	+		•	+		•	+			+		
Festgestein	Versuchsbrunnen-bohrungen	g	+ L	100 +	250 +	+		•	+	+	•	+			+		
Festgestein	Brunnen-bohrungen	h	+	100 +	250 +	+		•	+	+	•	+			+		

- + zweckmäßig
- • wird seltener oder in Sonderfällen angewendet
- 30 für Bohrungen bis 30 m Tiefe
- L Druckluft als Spülmedium bevorzugt
- ⊙ Kernen möglich
- o Kernen nur in bindigen Schichten möglich
- ⁄ Hilfsverrohrung in der Regel erforderlich

3.3.1 Schlagbohren

Beim Schlagbohren werden schlagende, stoßende oder stauchend-drehende Bohrwerkzeuge verwendet, die an einem Seil oder an einem Voll- oder Hohlgestänge hängen (Abb. 3.19). Die Energie des freien Falles wird genutzt, um das Gestein zu lösen. Da die Fallenergie mit dem

Tabelle 3.5. Abmessungen und Gewichte der Bohrrohre nach DIN 4918 (Ausgabe 1989). (d in mm).

Nennweite	Außendurchmesser	Wanddicke	Innendurchmesser	Prüfdorndurchmesser	Rohrschuhdurchmesser	Gewicht je m Rohr	Baulänge l_2 mm 1000	2000	3000	Zugkraft[3]	Drehmoment[3]	Wanddicke der Verbindung
							Gewicht einschließlich Gewinde kg					
DN	d_1[1]	s_1[1]	d_2 min.		d_3[2] max.	kg/m				kN max.	kN·m max.	s_2[1]
125	133	7,1	111	110,3	138	22,1	23	45	68	354	13	10
150	168,3	7,1	141	140	173	28,3	30	59	87	528	24,6	12,5
200	219,1	7,1	192	191	224	37,2	41	78	115	707	39,6	12,5
250	273	7,1	246	245	278	46,7	51	98	145	1102	80,9	12,5
300	323,9	7,1	297	296	329	55,6	61	117	172	1324	115,8	12,5
400	406,4	8,8	379	378	412	85,9	91	177	263	1631	187,1	12,5

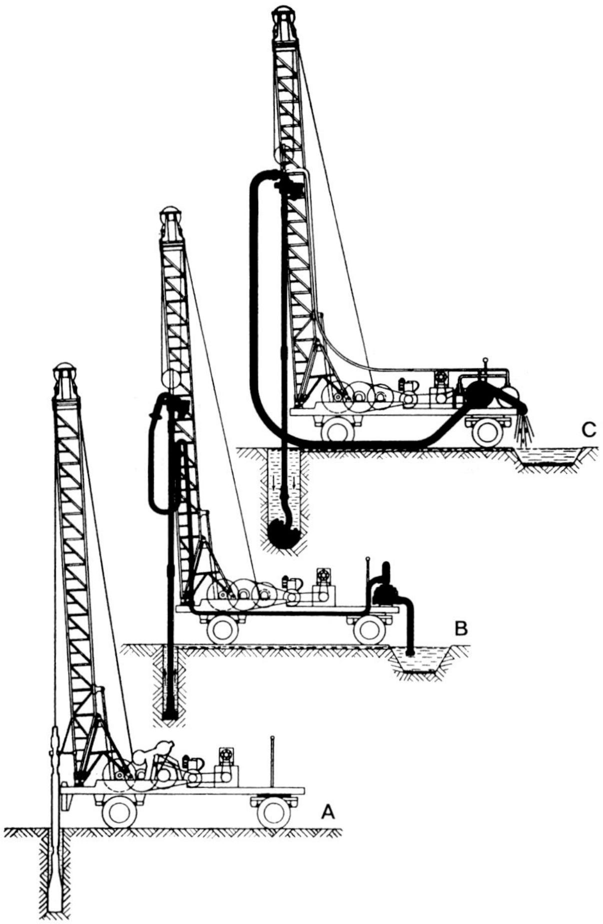

Abb. 3.19. Schlag- und Drehbohrgeräte (Richter & Lillich 1975).

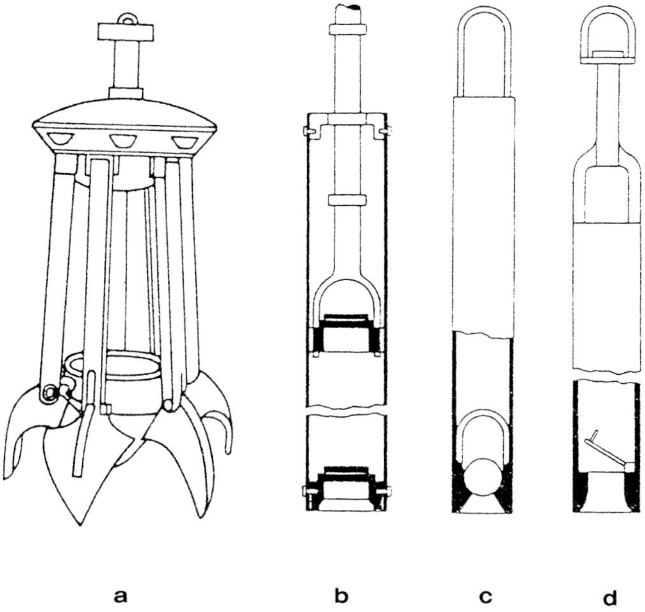

Abb. 3.20. Greifer (a), Kies- und Sandpumpe (b-d) (PRIKEL 1957, NEUMANN 1964, BUSCH & LUCKNER 1974).

Gewicht des Bohrers zunimmt, wird die Wirksamkeit der Freifallbohrung umso höher, je größer der Bohrdurchmesser und damit auch der Durchmesser und das Gewicht der Bohrwerkzeuge und der Schwerstange wird.

Lockergesteine

In Lockergesteinen werden Bohrungen meist im sog. Trockenbohrverfahren niedergebracht. Die Bohrdurchmesser reichen von 100 bis 200 mm und die Bohrtiefen bis etwa 200 m. In rolligen Lockergesteinen werden Bohrwerkzeuge eingesetzt, die das abgelöste Gestein selbst aufnehmen und beim Ziehen an die Erdoberfläche fördern (z. B. Greifer, Kiespumpen (Abb. 3.20) und Ventilbohrer (Abb. 3.21).

Bindige Gesteine (Lehm, Ton, Mergel) werden mit Schappen entnommen, die an einem Gestänge gedreht werden (Abb. 3.22). Der 1–3 m lange Ventilbohrer besitzt einen zentrisch angeordneten Blattmeißel und unmittelbar darüber ein Ventil, das bei kleinem Durchmesser (50–75 mm) als Kugel-, bei größerem Durchmesser als Klappenventil gestaltet ist (Abb. 3.21). Durch wiederholtes Anheben und Fallenlassen wird der Ventilbohrer gefüllt. Bohrhindernisse, wie größere Steine oder verfestigte Sande, werden mit Meißeln gelöst und das Bohrgut mit der Kiespumpe gefördert. Da die Wände der Bohrlöcher nicht standfest sind, müssen sie durch eine Verrohrung (Mantelrohre) abgesichert werden, die während des Bohrvorganges kontinuierlich nachgesetzt wird.

Zum Abteufen einer Bohrung wird erst 1–2 Spatenstiche tief von Hand ausgehoben, anschließend bis zur Grundwasseroberfläche unverrohrt mit der Schappe (Abb. 3.22) oder dem Greifer gebohrt, dann ein erstes Bohrrohr (Anfangsrohr) genau lotrecht eingesetzt und mit dem eigentlichen Bohren begonnen.

Gleichlaufend mit der Entnahme von Bohrgut sinkt die Verrohrung durch ihr Eigengewicht nach oder muß durch zusätzliche Auflast oder Drehen des Rohres nachgeführt werden, um ein Zusammenlaufen der lockeren Gesteinsschichten und ein Einstürzen des Bohrloches zu verhin-

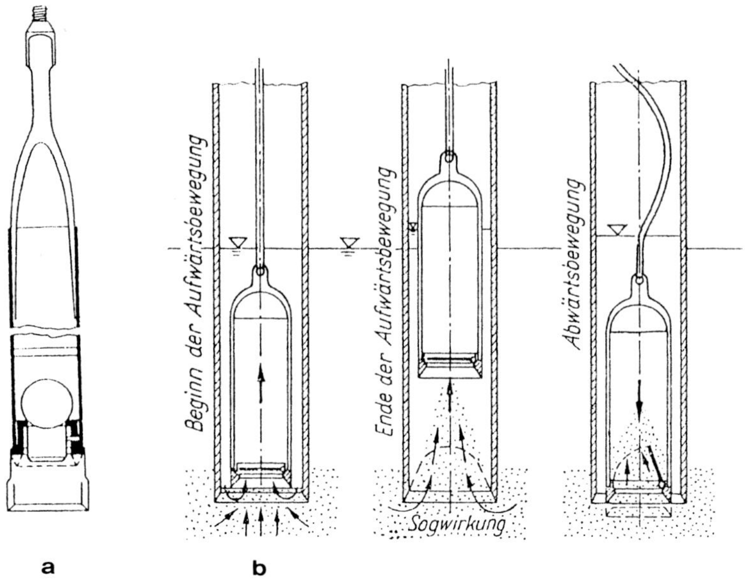

Abb. 3.21. Ventilbohrer mit Meißel (a: mit Kugelventil; b: mit Klappenventil und seiner Wirkungsweise) (SCHULTZE & MUHS 1967, PRINZ 1991).

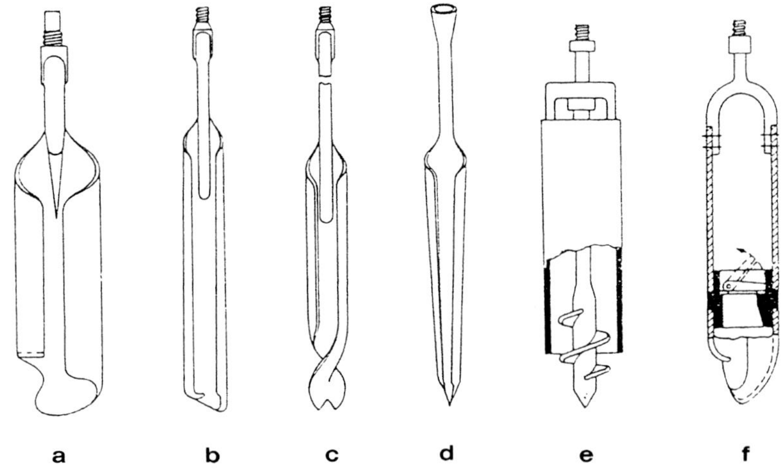

Abb. 3.22. Bohrgeräte. Geschlossene (a) und offene Schappe (b), Schappe mit Spiralbohrer (c), Hohl- oder Spitzbohrer mit gerader Spitze (d), Schotter- oder Kiesbohrer (e), Ventildrehschappe (f) (PRIKEL 1957, NEUMANN 1964).

dern. In Grundwasser-führenden Kiesen und Sanden muß der Rohrschuh des Bohrrohres deshalb immer unmittelbar dem Bohrer folgen, so daß der Ventilbohrer mit seiner Unterkante auf gleicher Höhe wie die Rohrschuhunterkante ist.

Tonige und mergelige Schichten setzen dem Eindringen des Bohrers und vor allem dem Niederbringen der Verrohrung größeren Widerstand entgegen als wenig Geröll-führende Sand- und Kiesschichten. In tonigen Schichten können einige Meter unverrohrt gebohrt werden, bis die

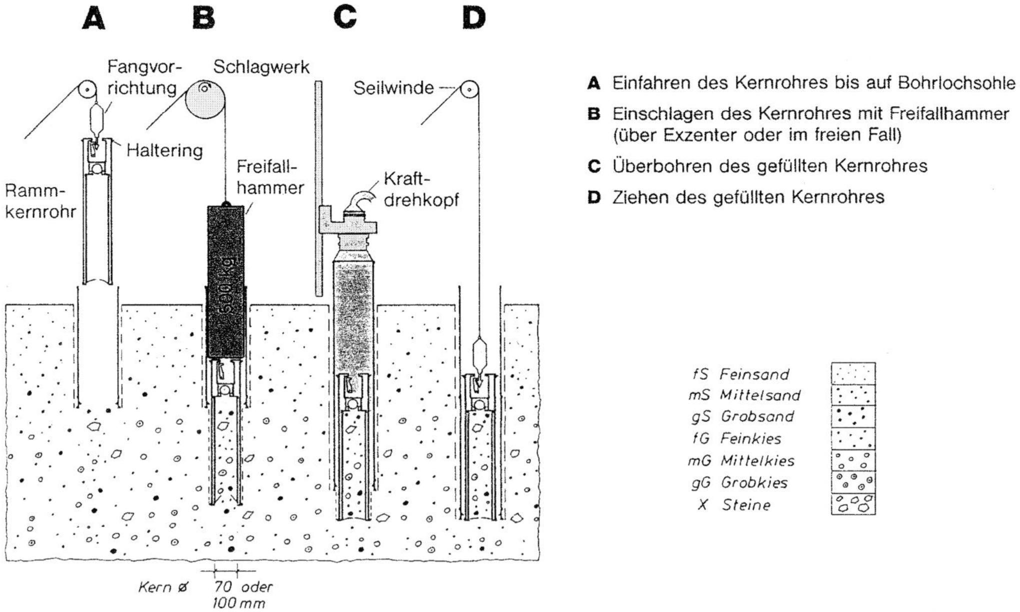

Abb. 3.23. Arbeitsablauf des Rammkernbohrverfahrens mit Nachführen der Verrohrung (Prospekt PRAKLA-SEISMOS GEOMECHANIK).

Bohrrohre nachgeführt werden. Beim Nachführen der Rohre werden jedoch Untergrundmaterialien mitgeschleppt und die Schichten außerhalb des Bohrloches verdichtet. Dies wirkt sich umso stärker aus, je mehr vorgebohrt wird und die Bohrrohre durch ihr Eigengewicht nachrutschen. Besonders nachteilig wirken tonige Deckschichten, die – verschleppt – Wasser-undurchlässige »Tapeten« (Skins) an der Außenwand des Bohrloches bilden können. Selbst eine intensive Entsandung kann die damit verbundene Leistungsminderung oft nicht mehr rückgängig machen (Abschnitt 3.6).

Schwimm- und Fließsande treiben von selbst in das Bohrrohr ein und rufen so eine zu starke Material-Entnahme hervor. Dem kann durch Erzeugung eines Wasserüberdruckes im Bohrloch gegenüber dem umgebenden Grundwasser begegnet werden. Auskolkungen, wie sie z. B. bei artesischen Brunnen auftreten, können ebenfalls durch Erzeugung eines Wasserüberdruckes verhindert werden. Als klassisches Beispiel wird der als Schadensfall bekanntgewordene artesische Brunnen von Schneidemühl genannt, der von einem feinkörnigen Grundwasserleiter in ungefähr 90 m Tiefe gespeist wurde. Das feinkörnige Material wurde vom ausströmenden Grundwasser mitgerissen. Mit jedem m^3 Wasser wurden einige kg Sand (Korngrößen $< 0{,}2$ mm) gefördert. Die Massenverluste in der Tiefe – KREBS (1894) gibt den Rauminhalt des entstandenen Trichters mit 5983 m^3 an – führten zu Bodensenkungen bis 1 m und zum Einsturz von 14 Gebäuden (HÖFER VON HEIMHALT 1912, KEILHACK 1935). Grundsätzlich sollte in stehendem Wasser, also unter hydrostatischen Bedingungen, gebohrt werden.

Mit Hilfe des Schlauchkern-Verfahrens können aus Lockergesteinen Bohrkerne gewonnen werden. Zum Beispiel ist bei einem derartigen Gerät an einem Bohrgestänge oben ein Schlagkopf und unten ein bis zu 3 m langes Kernrohr von 80 mm Nennweite befestigt. Im unteren Teil dieses Rohres steckt ein 30 cm langes Rohr von 75 mm Nennweite, über das ein bis zu 3 m langer Plastikschlauch von 70 mm lichter Weite Ziehharmonika-artig gezogen ist. Mit einem Preßlufthammer wird das kurze Rohr in den Untergrund eingeschlagen. Dabei füllt sich der Plastikschlauch kontinuierlich mit Bohrgut. Die so gewonnenen Bohrkerne sind jedoch nicht im strengen Sinne ungestört, sondern mehr oder weniger stark verdichtet. Die zu erzielenden Kernlängen betragen zwischen 1 und 3 Meter, oft nicht mehr als 2 Meter. Während des Bohrvorganges werden Mantelrohre mitgeführt. Das gelöste Bohrgut wird zwischen Mantel- und Kernrohr durch Luft transportiert. Die wirtschaftliche Bohrtiefe liegt derzeit bei 20 Metern.

Eine von der PRAKLA-SEISMOS GEOMECHANIK modifizierte Form der Rammkernrohre (Abb. 3.23) erlaubt ein schrittweises Nachführen der Verrohrung im Rotary-Trocken- und -Spülbohrverfahren (Abschnitt 3.3.2.1). Diese Rammkernrohre bestehen u.a. aus einem abschraubbaren Schneidschuh mit Wechselschneiden, einem Innenkernrohr mit Kernrückhaltevorrichtung (Klappe und Feder), einer farbigen oder transparenten Probenhülse, einem Gewindekopfstück mit Seilfangvorrichtung und Schlagamboß und einer Lüftungsöffnung mit Kugelventil. Mit diesem Gerät können Kerne mit 70 und 100 mm Durchmesser aus Tiefen >150 m gewonnen werden. Ein Haltering am Kopfstück verhindert das Herausschlagen des Kernrohres und ermöglicht die Ablösung des eingetriebenen Kernrohres von der Bohrlochsohle mit Hilfe der Verrohrung. Dies ist zur Überwindung der sehr hohen Reibungskräfte besonders bei größeren Tiefen von Vorteil. Das 1 m lange Kernrohr wird von einem 500 kg schweren Freifallhammer mit 40–80 Schlägen in das Sediment eingetrieben. Nach Beendigung des Schlagvorganges wird das gefüllte Kernrohr bis etwa 5 cm über Sohle überbohrt. Hierdurch werden mögliche Kernverluste im noch nicht gekernten Gebirge und eine Kontamination des Kernmaterials durch Bohrspülung weitgehend vermieden.

Festgesteine

Bei Freifall-Bohrungen werden in Festgesteinen Bohrtiefen bis etwa 400 m erreicht. Hierbei werden die Gesteine durch einen an einem Seil oder Gestänge befestigten schweren Ventilbohrer oder einen besonders beschwerten Meißel (bei 20–30 Schlägen/min, Hubhöhe 450–600 mm) aufgelockert und zerschlagen (Abb. 3.19). Die Wahl des Meißels (z.B. Ventilbohrer (Abb. 3.21), Doppel-T-Meißel, Kreuzmeißel oder Exzentermeißel (Abb. 3.24) richtet sich nach der voraussichtlich zu durchbohrenden Gesteinsfolge. Ventilbohrer werden bei weichen Gesteinsschichten eingesetzt. Das Bohrgut wird in letzterem Falle von Zeit zu Zeit nach Ziehen des Schlagwerkzeuges durch eine Schappe oder Ventilbüchse (Abb. 3.19, 3.20 und 3.22) geräumt oder kontinuierlich durch Wasser zur Erdoberfläche gespült. Beim sog. Pennsylvanischen Verfahren wird der an einem Seil hängende Meißel durch den Drall des Bohrseiles nach jedem Schlag um einen bestimmten Winkel umgesetzt, so daß die Schneide des Meißels nacheinander auf verschiedene Stellen der Bohrlochsohle auftrifft. Auch beim Gestänge-Bohrverfahren schlägt der Meißel, der

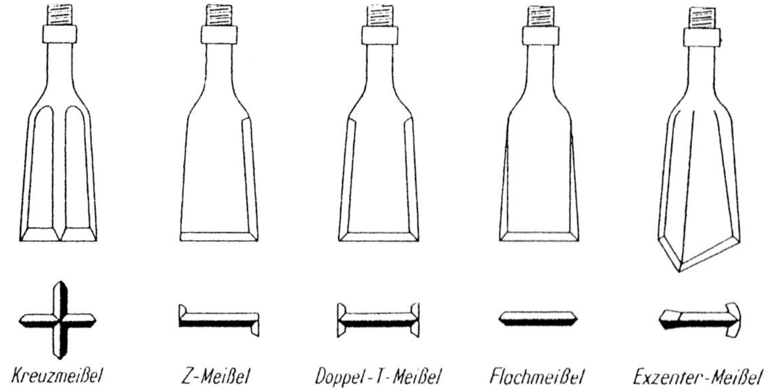

Abb. 3.24. Meißelformen (Kollbrunner 1946).

fest oder beweglich mit dem Gestänge verbunden ist, im Freifall auf das Gestein. Beim Schnellschlagbohren (s. o.) sollen durch eine hohe Schlagzahl störende Rückstoßkräfte aufgefangen werden.

Der an einem Seil oder Gestänge befestigte Bohrer füllt sich bei wiederholtem Anheben und Fallenlassen. Die Meißel werden bei groben Geröllen, großen Blöcken, Findlingen oder auch im anstehenden Fels eingesetzt. Dabei soll durch die Wahl eines geeigneten Meißels bei höchstzulässiger Fallhöhe ein möglichst großer Bohrfortschritt erzielt werden. Z. B. haben sich armierte Löffel beim Durchbohren von mesozoischen Kalksteinen und Kreuzmeißel bei Schlagbohrungen in Sandsteinen des Mittleren Buntsandsteins bewährt.

Für besonders harte Gesteine (z. B. Hornstein, Kieselschiefer, Quarzite) werden mit Druckluft betriebene Schlaghämmer verwendet, die sich unmittelbar über dem Meißel befinden und mit dem Gestänge langsam gedreht werden. Die Druckluft treibt hierbei zunächst den Schlaghammer an und wirkt danach als Spülmedium (Hammer-Drill-Verfahren).

In Festgesteinen wird meist unverrohrt gebohrt. Ausnahme sind Gesteine, in denen erfahrungsgemäß Nachfall eintritt. Grundsätzlich muß jede zu Nachfall neigende Schicht verrohrt werden, da andernfalls die Bohrung verloren gehen kann.

Die Forderung, senkrecht zu bohren, ist in Festgesteinen schwerer als in Lockergesteinen zu erfüllen. Eine Gestängebohrung ist dabei meist zuverlässiger senkrecht als eine Seilbohrung. Wenn Vorsprünge im Bohrloch stehen bleiben, empfiehlt es sich, das Bohrloch mit Gesteinsmaterial gleicher Härte wie das umgebende Gebirge zu füllen und die Bohrung an gleicher Stelle in diesem Material erneut niederzubringen. Meist gelingt es so, derartige Vorsprünge zu beseitigen. Oberhalb des Grundwasserspiegels wird bei Bohrdurchmessern über 800 mm manchmal ein Mann mit einem Preßlufthammer in die Bohrung eingefahren, der die Vorsprünge beseitigt, ein Vorgehen, das wegen der sehr großen Unfallgefahr nicht zu empfehlen ist.

Bei artesisch aufsteigendem Grundwasser muß das Bohrrohr dicht im Gebirge angepaßt sein, um das Verwildern des Bohrloches zu verhindern. Die Rohrtouren verbleiben in diesem Falle im Gebirge.

Die Bohrproben sind meist zertrümmert. In diesem Zusammenhang ist auf eine Nebenwirkung des Schlagbohrens zu verweisen, die sich nach Auffassung mancher Autoren bei der Erschließung von Grundwasser in Festgesteinen günstig auswirken kann: Durch das Aufschlagen des Bohrwerkzeuges auf die Bohrlochsohle wird auch das umgebende Gebirge erschüttert. Dabei können Klüfte und Spalten vergrößert oder neu angelegt werden und so die Wegsamkeit für das Wasser und somit die Brunnenleistung erhöht werden. Allerdings reicht diese Auflockerungszone nur wenig in das Gebirge hinein, so daß sich oft kaum Vorteile einer schlagend gegenüber einer drehend hergestellten Bohrung ergeben.

3.3.2 Drehbohren

Gegenüber dem Schlagbohren ermöglicht das Drehbohren in der Regel einen weitaus rascheren Bohrfortschritt. Heute werden daher bei Brunnenbohrungen und vor allem bei Aufschlußbohrungen mit geringem Bohrdurchmesser in der Regel Drehbohrverfahren angewendet. Dabei wird das Gestein an der Bohrlochsohle durch einen Meißel gelöst und zerkleinert. Der entsprechend den Gesteinseigenschaften und dem Bohrlochdurchmesser ausgewählte Meißel (z. B. Flügel-, Stufen-, Rollen- und Warzenmeißel; Abb. 3.25) hängt an einem Hohlgestänge und wird mit diesem gedreht. Er erfaßt – außer beim Kernbohren – die gesamte Bohrlochsohle. Der Antrieb erfolgt über einen Drehtisch mittels einer Mitnehmerstange (Kelly) oder durch einen Drehspülkopf, der außer der Drehung auch den notwendigen Bohrandruck erzeugt (Hatzsch 1991, Prikel 1957). Das Bohrgut wird mit einer Luft-, Wasser- oder Dickspülung entweder außerhalb des Gestänges

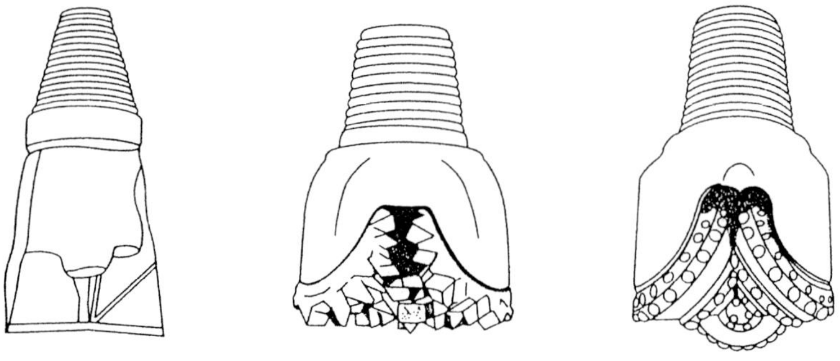

Abb. 3.25. Meißel für Drehbohrungen (Rotary-Meißel). (a: Fischschwanz-Meißel; b: Rollenmeißel; Rollenmeißel mit Carbid-Besatz (SPEEDSTAR, o. J., TODD 1980)).

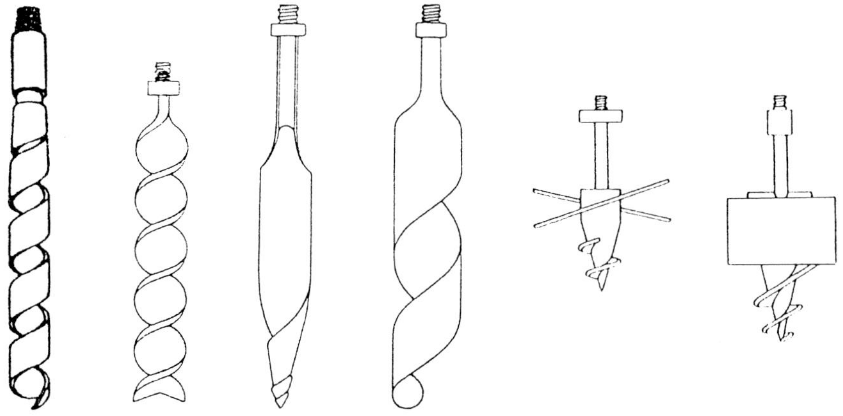

Abb. 3.26. Drehbohrwerkzeuge für flache Bohrungen. (a, b) zylindrischer Spiralbohrer, (d) zylindrischer und (c) konischer Schneckenbohrer, (e) Tellerbohrer, (f) Tellerkastenbohrer (NEUMANN 1964, ZARUBA & MENCL 1961).

(reguläre Spülungsrichtung) oder im Hohlgestänge (inverse Spülungsrichtung) zutage gefördert (Abb. 3.19). Bei Verwendung einer Spülflüssigkeit wird gleichzeitig die Standfestigkeit des Bohrloches verbessert und das Bohrwerkzeug gekühlt. Die Spülflüssigkeit wird im Kreislauf stets neu genutzt, wobei sich das gröbere Bohrgut und ein Teil des Bohrschlammes in zwischengeschalteten Sammelbecken absetzen.

Zu den Drehbohrungen sind auch diejenigen Verfahren zu rechnen, bei denen das Bohrgut entweder mit Hilfe der Schnecke eines Spiralbohrers kontinuierlich gefördert wird (Abb. 3.26) oder in das drehend bewegte Bohrwerkzeug gelangt und mit diesem hochgezogen wird (Drehschappe, Hohlbohrer) (Abb. 3.22).

3.3.2.1 Drehbohren mit regulärer Spülstromrichtung (Rotary-Bohrung)

Die Spülflüssigkeit (Wasser, Dickspülung) wird von einer Pumpe, das Spülmedium Luft von einem Kompressor in das Hohlgestänge gedrückt. Die Spülmedien treten am Werkzeug dicht über der Bohrlochsohle aus und reißen beim Aufsteigen im Ringraum zwischen Gestänge und

Bohrlochwand das Bohrgut mit an die Erdoberfläche. Die Bohrdurchmesser betragen im allgemeinen zwischen 86 und 600 mm, vereinzelt auch erheblich mehr. Bei größeren Durchmessern ist jedoch eine hohe Pumpleistung erforderlich, um die zum Transport des Bohrgutes notwendigen Fließgeschwindigkeiten im vergrößerten Ringraum zu erzeugen. Der größere technische Aufwand und der geringere Bohrfortschritt machen das Verfahren bei größeren Durchmessern schließlich unwirtschaftlich.

Aufschlußbohrungen werden häufig mit einem Meißel von etwa 125 mm Durchmesser niedergebracht. Dieser Durchmesser erlaubt anschließende geophysikalische Messungen in den Bohrlöchern (Abschnitt 3.4), doch sind keine Pumpversuche mit nennenswerter Leistung möglich.

Bei Verwendung von Luftspülung werden sehr kleinstückiges Bohrgut und Bohrstaub gefördert. Das Verfahren eignet sich für geringe Bohrlochdurchmesser und standfeste Gesteine. Zur Abstützung der Bohrlochwandung wird in Lockergesteinen dem Luftspülstrom Wasser zugesetzt. Dadurch bekommt das rollige Material eine scheinbare Kohäsion und damit eine gewisse Standfestigkeit. Unterhalb des Grundwasserspiegels wird das Bohrgut mit Luft und Wasser vermischt gefördert.

Mit einer Wasserspülung kann in Locker- und Festgesteinen gebohrt werden. Wird die Oberfläche der Spülsäule so hoch über dem Grundwasserspiegel gehalten, daß die Bohrlochwand standfest bleibt, braucht das Bohrloch nicht verrohrt zu werden. Je nach dem Bohrlochdurchmesser, dem spez. Gewicht der Spülung und den Gesteinseigenschaften ist der Spüldruck so zu wählen, daß die Steiggeschwindigkeit der Spülung größer bleibt als die Sinkgeschwindigkeit des Bohrgutes.

Um zu verhindern, daß tonige Lockergesteine in der Bohrlochwand quellen, wird der Spülung ein Flockungsmittel, z. B. Antisol, beigegeben (DVGW 1985, 1998a). Diese Substanz verliert jedoch ihre Wirksamkeit, wenn die Spülung oder das zutretende Grundwasser einen merklichen Salzgehalt hat.

Bei unterschiedlicher Belastung mit Bohrgut wird eine nahezu gleichmäßige Bewegung der Spülung am besten durch Doppelkolbenpumpen erreicht (Abschnitt 3.8.1.1), während die Pumpwirkung von Kreiselpumpen (Abschnitt 3.8.1.2) weitgehend vom Bohrgutanteil in der Spülung abhängt. Durch eine ungleichmäßige Spülbewegung können aber übermäßige Auskolkungen der Bohrlochwand hervorgerufen werden, welche die Standfestigkeit des Bohrlochs stark herabsetzen.

Bei Bohrungen in Lockergesteinen darf der Spülvorgang nicht länger als etwa 15 Sekunden unterbrochen werden, damit eine ausreichend hohe Spülsäule über dem Grundwasserspiegel erhalten bleibt. Vor dem Aufsetzen einer neuen Bohrstange sollte der Spülvorgang stets – bei Stillstand des Bohrgerätes – so lange weiterbetrieben werden, bis das losgespülte Bohrgut restlos aus dem Bohrloch ausgetreten ist (Freispülen). Werden diese Regeln nicht eingehalten, so können schlagartig größere Mengen Nachfall in das Bohrloch eintreten und dieses verstopfen oder einen vollständigen Zusammenbruch des Bohrloches verursachen. Bei Verstopfungen innerhalb mächtigerer Tonschichten müssen oft höhere Spüldrücke angewendet werden, als theoretisch für das Durchbohren dieser Gesteine notwendig wären.

Dickspülungen werden unter Verwendung von Tonmehl, Bentonit, Barytmehl oder anderer Zusätze hergestellt und von Bohrbeginn an verwendet (DVGW 1985, 1998a). Sie besitzen eine größere Tragfähigkeit für das Bohrgut und stützen die Bohrlochwand infolge ihrer größeren Dichte, des hydrostatischen Überdrucks gegen das umgebende Grundwasser und der Bildung eines Filter-(Schlamm-)Kuchens ab. Beim Durchbohren bindiger Gesteine entsteht auch aus einer Klarwasserspülung durch die Aufnahme bindiger Gesteinspartikel, die sich im Spülungskreislauf nicht absetzen, eine »natürliche« Dickspülung. Die Auswirkungen der Dickspülung auf die Eigenschaften des Wassers, auf die Durchlässigkeit der durchbohrten Schichten und auf den Grundwasserspiegel sind z. B. bei der Entnahme von Wasserproben, bei Pumpversuchen und bei Bohrlochmessungen zu berücksichtigen.

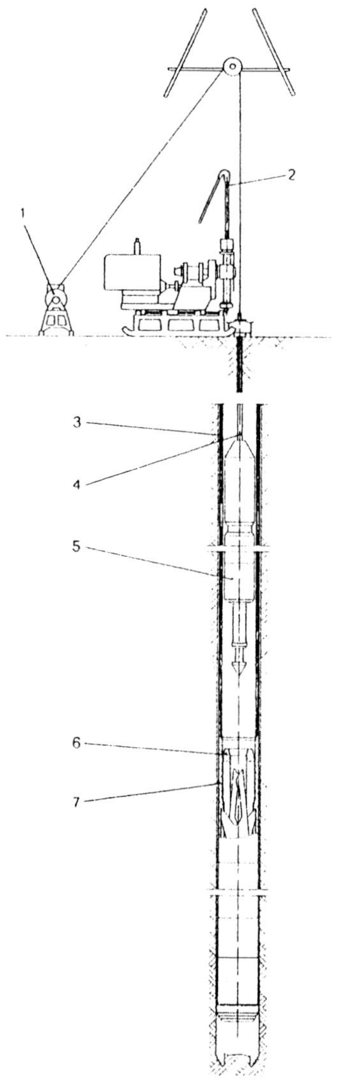

Abb. 3.27. Prinzip des Seilkernrohres (PRINZ 1991).

1 = Seilwinde	4 = Seil
2 = Spülkopf	5 = Kernrohrfänger
3 = rotierender Bohrstrang	6 = Innenkernrohr
	7 = Außenkernrohr

Beim Bohren mit Spülungszusätzen lassen sich etwaige Unterschiede der hydrostatischen Druckverhältnisse in den verschiedenen durchbohrten Grundwasserleitern nicht erkennen. In diesem Falle ist nur bei Unterbrechungen der Bohrarbeiten ggf. artesisch auslaufendes Wasser festzustellen.

Deutliche oder starke Spülungsverluste sind ein sicheres Anzeichen für das Vorhandensein stark klüftiger Gesteine. Sofern diese von Grundwasser erfüllt sind, steht dieses bei Spülungsverlusten meist unter einem geringeren hydrostatischen Druck als die Spülung.

Die auszufilternden Strecken einer Brunnenbohrung sind nach Abschluß der Bohrarbeiten von der Spülung bzw. vom Filterkuchen zu befreien.

Für eingehende stratigraphische, mikropaläontologische und lithologische Untersuchungen können aus Festgesteinen ungestörte Gesteinsproben als Bohrkerne gewonnen werden. Hierzu wird der Bohrvorgang unterbrochen, das Gestänge gezogen und statt des Meißels ein Kronen-

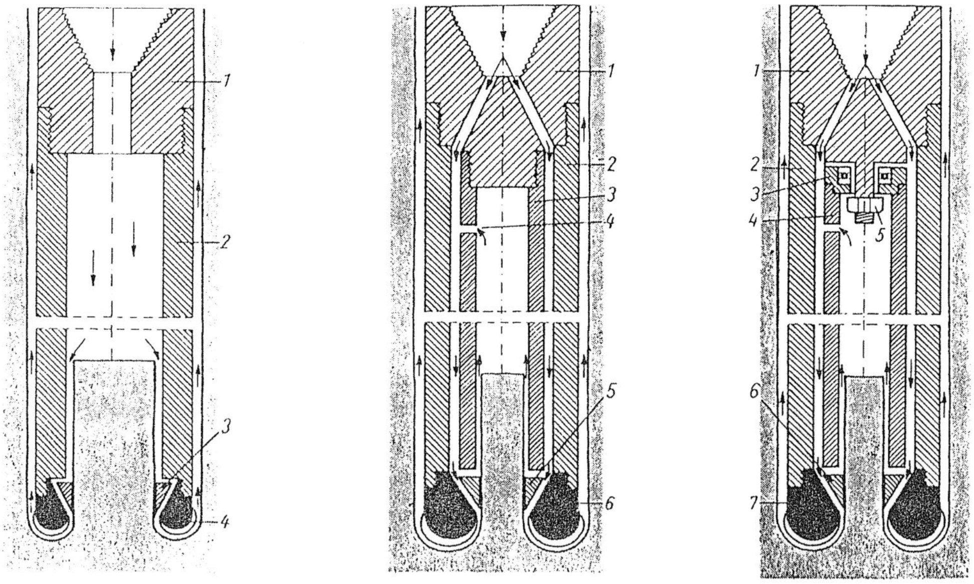

a

1 Gestängeanschlußstück, *2* Kernrohr, *3* Bohrkrone, *4* Kernfänger

b

1 Gestängeanschlußstück, *2* Außenkernrohr (Mantelrohr), *3* Innenkernrohr, *4* Spülungsöffnung in den Ringkanal zwischen den Kernrohren, *5* Kernfänger, *6* Bohrkrone

c

1 Gestängeanschlußstück, *2* Außenkernrohr (Mantelrohr), *3* Abschlußstück des Innenkernrohres mit Kugellager, *4* Innenkernrohr, *5* Tragbolzen, *6* Kernfänger, *7* Bohrkrone

Abb. 3.28. Schematischer Bau von Einfach- (a) und Doppelkernrohren (mit drehbarem (b) und feststehendem (c) Innenrohr) (NEUMANN 1964).

bohrer mit Kernrohr eingesetzt, der nach dem Abbohren zur Entnahme des Kerns und zum Wiedereinsetzen des Meißels wieder gezogen wird (Abb. 3.27). Der Bohrfortschritt während des Kernens ist gering, da der Bohrdruck niedrig gehalten werden muß. Insgesamt entstehen dadurch höhere Kosten, so daß meist nur in vorher vom Geologen festgelegten Tiefenbereichen einzelne Orientierungs-Kerne gezogen werden. Bei Abweichungen von der vermuteten Abfolge der Gesteine können während des Bohrens Änderungen des Bohrprogrammes notwendig werden, worauf bereits in der Ausschreibung hinzuweisen ist.

Für harte massive Gesteine genügt ein Einfachkernrohr. Gewöhnlich wird das Doppelwandkernrohr benutzt, bei dem im Gestänge ein äußerer Ringraum für den Durchfluß der Spülung offengehalten wird, während sich der erbohrte Kern in das innere Rohr hineinschiebt (Abb. 3.28, Tabelle 3.6). Die zylindrische Bohrkrone ist mit Diamanten oder Hartmetall besetzt (Abb. 3.29). Ist die gewünschte Kernlänge erbohrt, wird der Kern beim Anziehen des Gestänges durch einen konischen Fangring abgerissen und festgehalten.

Auch bei Drehbohrungen lassen sich mit meist maximal 3 m langen Kernrohren Bohrkerne von etwa 30 bis zu 250 mm Durchmesser gewinnen. Die Länge der tatsächlich gezogenen Kerne bzw. die Summe der einzelnen Kernstücke, der sog. Kerngewinn, hängt u. a. von der Klüftigkeit und Festigkeit des Gesteins, von der Konstruktion des Kernrohres, vom Funktionieren der Fangvorrichtung und nicht zuletzt von der Geschicklichkeit des Bohrmeisters ab. Für weiche und brüchige Schichten gibt es besonders dünne Bohrkronen.

Tabelle 3.6. Maße der übliche Doppelkernrohrtypen (PRINZ 1991).

Kernrohrtypen	Bohrlochdurchmesser (in mm)	Kerndurchmesser (in mm)
B/K 3	146	132/116
B/K 3	131	117/101
B/K 3	116	102/86
T 2/B	101	84/87
T 2/B	86	72
T 2/B	76	62
T 2/B	66	52

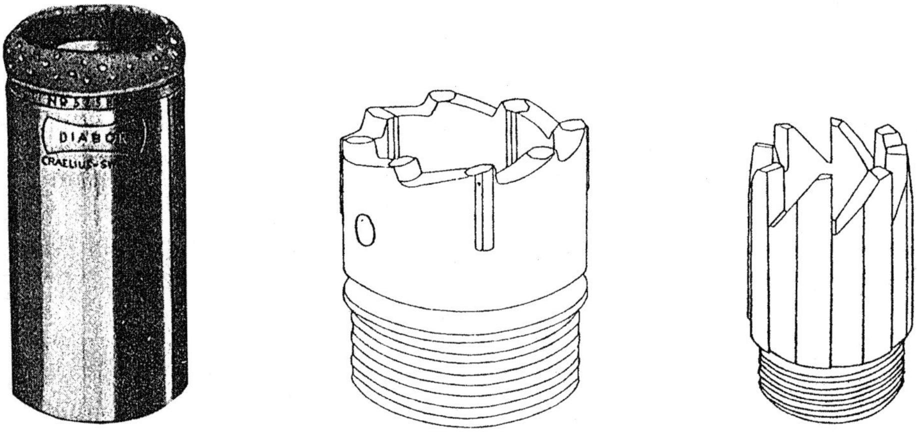

a b c

Abb. 3.29. Bohrkronen (PRIKEL 1957, NEUMANN 1964). Diamantbohrkrone (a), Hartstiftbohrkrone (b) und Stahlzahnbohrkrone (c).

In bindigen Lockergesteinen kann ein Schlagkernrohr verwendet werden, das an einem Seil innerhalb des Bohrgestänges heruntergelassen wird. Der Zeitaufwand ist vergleichsweise gering, doch werden nur kurze Kerne mit kleinem Durchmesser gewonnen.

Bei unverrohrten Bohrungen in stark bindigen Lockergesteinen können auch nachträglich kleinere Kerne aus der Bohrlochwand gewonnen werden, nachdem die Entnahmetiefen aufgrund der Bohrergebnisse und Bohrlochmessungen festgelegt worden sind.

Durchgehende Kernbohrungen sind Ausnahmen, da ihr geringer Durchmesser von 100–140 mm keine Pumpversuche mit einer nennenswerten Leistung erlaubt.

3.3.2.2 Drehbohren mit inverser Spülstromrichtung

Bei diesem Bohrverfahren fließt die Spülung vom Auffangbecken durch den äußeren Bohrlochringraum, tritt an der Bohrlochsohle am drehend oder wühlend arbeitenden Meißel in das Hohlgestänge und fördert das Bohrgut durch das Gestänge zutage (Abb. 3.19).

Das Gestänge hat einen Durchmesser von 150 bis 200 mm, der Bohrlochdurchmesser kann bis etwa 1500 mm betragen. Bei inverser Spülungsrichtung sind nämlich größere Bohrlochdurchmesser möglich, weil die zum Auftrieb des Bohrgutes nötige Fließgeschwindigkeit nur im Hohlgestänge, nicht aber im größeren Ringraum außerhalb des Gestänges erzeugt werden muß. In Lockersedimenten und wenig verfestigten Gesteinen werden mit diesem Verfahren Tiefen von 400 m erreicht.

Bei Klarwasserspülung wird der nötige Überdruck zur Stabilisierung der Bohrlochwand dadurch erreicht, daß die Spülungssäule ständig in ausreichender Höhe über dem Grundwasserspiegel gehalten wird. Voraussetzung für diese Bohrverfahren ist deshalb, daß die Spülung »gehalten« werden kann, d. h. daß kein totaler Spülungsverlust durch Abfließen der Spülung in das Gebirge erfolgt. Ist das der Fall, muß die Bohrung mit einem anderen Verfahren fortgesetzt werden, wobei in der Regel die Bohranlage ausgetauscht werden muß.

Nach der Art der verwendeten Pumpensysteme werden die folgenden Bohrverfahren mit inverser Spülungsrichtung unterschieden:

- Beim Saugbohren fördert eine Kreiselpumpe (Abschnitt 3.8.1.2) am oberen Ende des Gestänges das Bohrgut mit der Spülung zutage und schleudert es in ein Absetzbecken.
- Beim Strahlsaugen wird eine Wasserstrahlpumpe (Abschnitt 3.8.2.1) im oberen Bereich des Förderweges eingesetzt.
- Das Lufthebeverfahren arbeitet nach dem Prinzip der Mammutpumpe (Abschnitt 3.8.2.2). In das Bohrgestänge eingeblasene Luft reißt beim Aufsteigen im Gestänge die Spülung und das an der Bohrlochsohle gelöste Bohrgut an die Erdoberfläche. Die Luft wird entweder durch den äußeren Ringraum eines doppelwandigen Gestänges oder durch eine außen angeschweißte Leitung in das Gestänge eingepreßt.
- Bei dem für Wasserbohrungen kaum verwendeten Counter-Flush-Verfahren wird der Ringraum zwischen Gestänge und Bohrlochwand an der Erdoberfläche abgedichtet. Das dort eingepreßte Spülwasser steigt durch den Meißel im Gestänge wieder empor.

3.3.3 Geologischer Bohrbericht

Über Verlauf und Ergebnis der Bohrung wird ein meist formalisierter Bohrbericht erstellt, in dem Bohrzeit, Bohrfortschritt, Verrohrung, geologischer Schichtenaufbau, Perforationen der Verrohrung und besondere Vorkommnisse festgehalten werden. Die Wichtigkeit dieser Bohrberichte wird deutlich, wenn beachtet wird, daß Korrelationen zwischen Brunnen, die Ermittlung der Lage von Grundwasserleitern und die endgültige Festlegung des Brunnenausbaues anhand genauer geologischer Bohrberichte vorgenommen werden. Die Erstellung guter geologischer Bohrberichte erfordert erhebliche Sorgfalt und Arbeit (Bieske et al. 1998, Davies & de Wiest 1967, DVGW 1989, Richter & Lillich 1975, Richter & Wager 1969).

Bei der petrographischen Ansprache und geologischen Profilbeschreibung sind die Vorschriften der DIN 4042 (T1-T3) zu beachten. Schwierigkeiten der Auswertung ergeben sich daraus, daß die Bohrproben meist klein und mit Schlamm gemischt sind.

Die Proben sollten bei Schlagbohrungen direkt vom Boden der Ventilbüchse entnommen und anschließend nicht ausgeschlämmt werden. Sie sollten so gekennzeichnet und aufbewahrt werden, daß sie nicht vertauscht, vermischt oder durch Regen abgespült werden können. Besonders in Ventilbohrern ist mit einer Umfraktionierung des Bohrgutes zu rechnen. Es bleibt dann offen, ob eine Wechsellagerung von Gesteinen mit unterschiedlichen Bankmächtigkeiten oder ob ein unsortiertes Gestein vorliegt. In Lockergesteinen auftretende größere Steine werden vom Bohrwerkzeug oft bis auf eine festere Unterlage vorgetrieben und erst dort aufgenommen. Dadurch kann eine Steinsohle oder – wenn die Liegendschicht aus Ton oder Schluff besteht – ein Till (Geschiebemergel bzw. -lehm) vorgetäuscht werden.

Die Bohrproben aus Rotary-Bohrungen sollten über einem Sieb mit Öffnungen kleiner als 0,125 mm gewaschen werden, so daß Partikel größer als Feinsand zurückgehalten werden. Bei der Beurteilung der Bohrproben von Rotary-Bohrungen muß ihre Herkunftstiefe aus der Aufstiegszeit des Bohrgutes von der Bohrlochsohle bis zur Erdoberfläche berechnet sowie die Saigerung und Sortierung des Bohrgutes in der aufsteigenden Spülung berücksichtigt werden. Bei einem Meißeldurchmesser von 115 mm, einem Spüldruck von 2 MPa und einer Pumpleistung von rd. 7,5 l/s beträgt z.B. die Steiggeschwindigkeit einer Klarwasserspülung etwa 0,8 m/s und die Steiggeschwindigkeit des Bohrgutes etwa 0,5 m/s. In Abhängigkeit von der Steiggeschwindigkeit und der jeweiligen Dichte der Spülung wird nur kleinstückiges Bohrgut oder nur Bohrgut bis zu einer bestimmten Korngröße an der Bohrlochsohle in Bewegung gesetzt. Bei schnellen Rotary-Bohrungen bleibt das Material, das feiner als Sand ist, in der Bohrspülung, so daß es schwierig ist, Lagen von sehr feinem Sand, Schluff und grobem Ton zu erkennen. Schließlich muß stets mit einem Nachfall-Anteil aus den bereits durchteuften Hangendschichten in der Bohrprobe gerechnet werden.

Proben aus Bohrungen im Festgestein bestehen aus Gesteinsbrocken unterschiedlicher Größe, aber einheitlicher Zusammensetzung. Sie eignen sich meist gut für petrographische und stratigraphische Untersuchungen. Entmischungen des Bohrgutes sind seltener.

Bei Lockergesteinen ist in weitaus größerem Maße eine Veränderung des Bohrgutes sowohl an der Bohrlochsohle als auch bei Transport zur Erdoberfläche zu berücksichtigen. Geringmächtige, stark plastische Tone und Schluffe werden oft nur als Tonfetzen in der Probe gefunden, manchmal bleibt das Material an der Bohrlochwand hängen. Wenig kohäsive Schluffe und Tone gehen dagegen dispergiert in der Spülung auf. Das Durchbohren schluffig-toniger Schichten kann aber am etwas geringeren Bohrfortschritt und am ruhigen Lauf des Bohrgerätes erkannt werden. Bei der Verwendung von Doppelkolbenpumpen tritt zudem bei derartigen Schichten eine Erhöhung des Spüldruckes auf.

Bei Invers-Drehbohrungen können bei sorgfältiger technischer Handhabung verhältnismäßig saubere Bohrproben gewonnen werden, die sich gut zur petrographischen Ansprache der durchbohrten Schichten eignen. Mögliche Entmischungen und die notwendige Aufstiegszeit sind zu berücksichtigen.

Bei unverrohrten Schlag- und Drehbohrungen ist das Aushöhlen bereits durchteufter Schichten wegen des Nachfalls ein ernstes Problem. Tonstein, Schluff, Sand und Kies fallen in das Bohrloch aus Horizonten oberhalb der Bohrzone. Aus diesem Grund sind %-Logs hilfreich (Abb. 3.30), aus denen schnelle Änderungen in den Gesteins-Prozentsätzen Änderungen in der Lithologie anzeigen, obwohl die Änderungen nur ein paar Prozent der gesamten Probe ausmachen können.

Ein wichtiges Hilfsmittel für die petrographische Ansprache durchteufter Gesteinsschichten ist ein Bohrfortschrittsdiagramm, für dessen Erstellung vom Bohrmeister ständige und zuverlässige Aufzeichnungen gemacht werden müssen. Änderungen im Gesteinscharakter zeigen sich durch Änderungen im Bohrfortschritt (Abb. 3.31), ferner in der Reaktion des Meißels beim Zurückfedern bei Freifallbohrungen und durch Vibration des Gestänges in Rotary-Bohrungen. Diese Änderungen werden durch erfahrene Bohrmeister wahrgenommen, die ihre Beobachtungen an den Geologen weitergeben sollten, gegebenenfalls auf Befragen. Die meisten der Standarduntersuchungsmethoden, die bei der Erdölexploration und -gewinnung üblich sind, können bei Aufschluß- und Brunnenbohrungen angewendet werden.

Unlösliche Reste, Kalkgehalt, Mikro- und Makrofossilien, Schwerminerale, Porosität, Durchlässigkeit und Tonmineral-Bestand sind von größtem Interesse. Unlösliche Rückstände (Höhlenlehme) können in nahezu homogenen Kalk- und Dolomitsteinen als Hilfsmittel bei der Ortung kavernöser, durchlässiger Zonen benutzt werden. Fehlende Kalkgehalte können in Moränen benutzt werden, um entkalkte fossile Bodenhorizonte zu erkennen. Mikro- und Makrofossilien

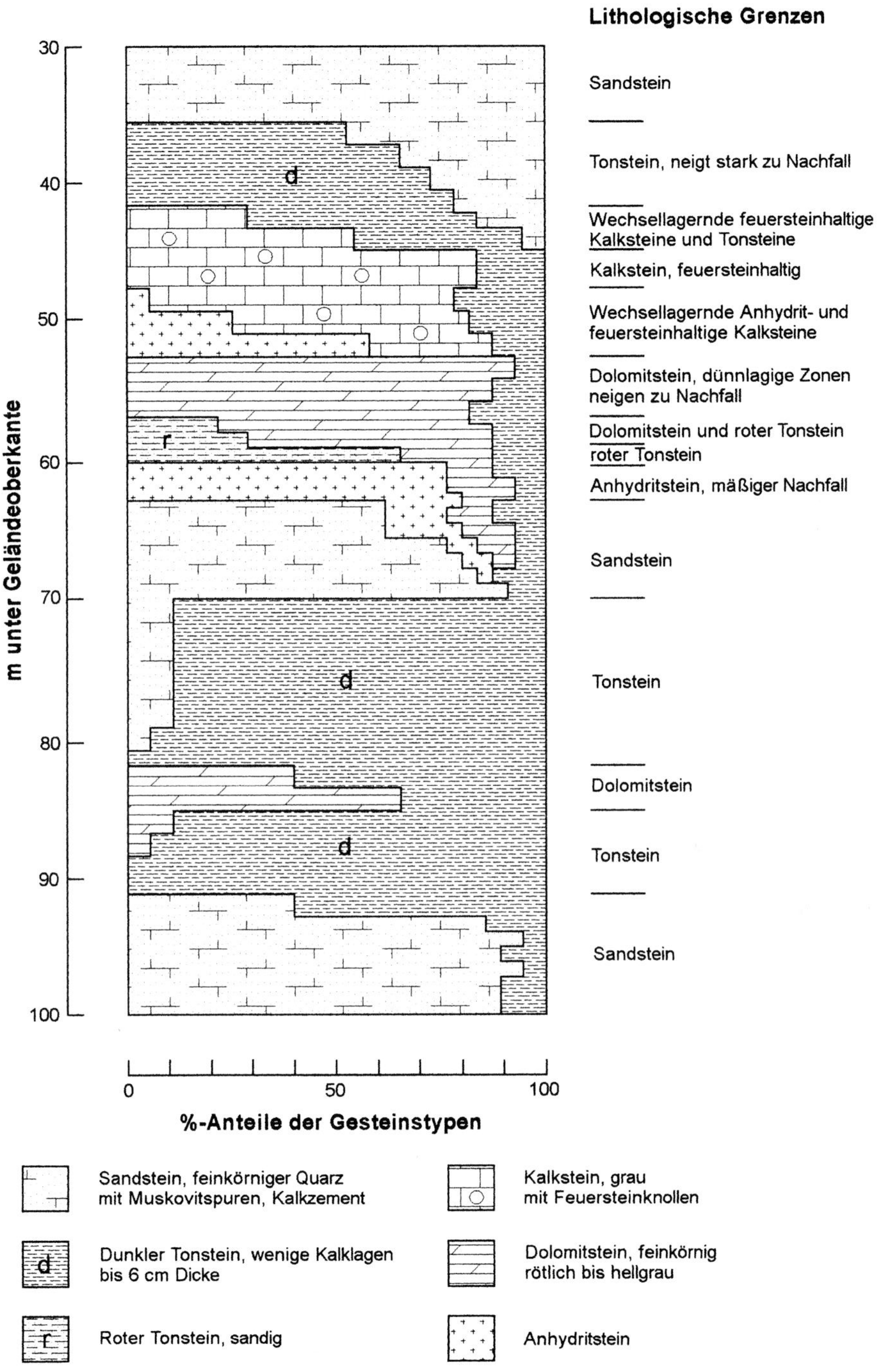

Abb. 3.30. %-Log einer Bohrung in Sediment-Gesteinen (nach Davies & De Wiest 1967). Vertikaler Probenabstand 1,5 m.

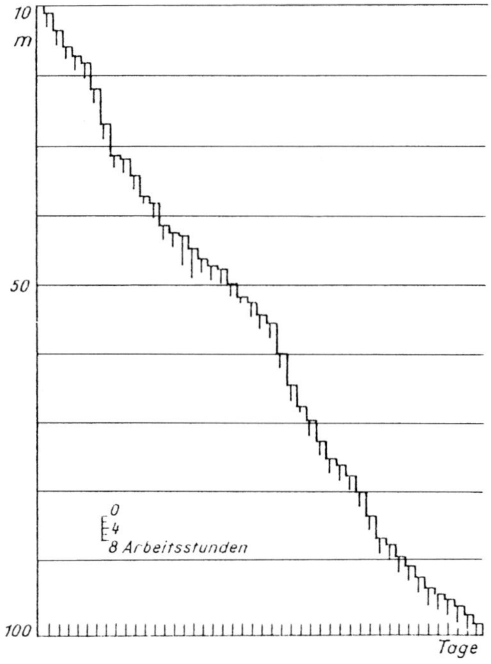

Abb. 3.31. Bohrfortschrittsdiagramm (RICHTER & WAGER 1969, SCHENK 1965).

können für die stratigraphische Einstufung genutzt werden. Schwerminerale sind beim Studium der Herkunft und der Verwitterung der Minerale nützlich. Porosität und Durchlässigkeit sind direkt mit den hydraulischen Eigenschaften der Locker- und Festgesteine verknüpft. Tonminerale sind für viele natürliche Durchlässigkeitsunterschiede verantwortlich. Von der Art der im Untergrund vorhandenen Tonminerale hängen z. B. etwaige Durchlässigkeitsänderungen in Brunnen bei der Injektion von Wasser mit ungewöhnlicher chemischer Zusammensetzung ab.

Aus ökonomischen Gründen ist ein ständiger Einsatz von geschultem geologischem Personal beim Bohrvorgang nicht möglich. Das bedeutet, daß im allgemeinen der Bohrbericht vom Bohrmeister angefertigt wird. Dieser hat jedoch auch zahlreiche andere Aufgaben wie z. B. Bedienung der Maschinen, Ausführung mechanischer Reparaturen und Hilfe beim Einbau der Verrohrung. Trotz des Fehlens einer formalen geologischen Ausbildung und drückender Pflichten beim Bohren sind viele Bohrmeister in der Lage, einfache, aber genaue, informative Bohrberichte zu liefern, die von großem Wert für den Hydrogeologen sind. Die wichtigsten Angaben sind Partikelgröße, Härte und Farbe des Bohrguts. Bestimmte häufige Gesteine können ohne besondere Ausbildung erkannt werden, von der Identifikation schwieriger Gesteine durch den Bohrmeister sollte jedoch wegen der Gefahr einer Fehlansprache abgesehen werden.

Bohrmeister haben selten die Möglichkeit, Proben aus Bohrungen zu lagern. Daher werden wenig Proben auf Dauer aufgehoben, es sei denn, wenn die Aufbewahrung durch Vorschriften (z. B. die Bohrgenehmigung) verlangt wird oder wenn das Bohrgut durch Geologische Landesämter oder durch den Auftraggeber, z. B. die Industrie, sichergestellt wird. Während des Bohrens sollten jedoch systematisch Proben des durchbohrten Materials gesammelt werden. Bewährt hat sich die Probenahme jeden Bohrmeter oder bei erkannten Schichtwechseln (DVGW 1989). Auf diese Proben kann zurückgegriffen werden, wenn das Log geschrieben und wenn der Perforationsdurchmesser oder die Filtergröße gewählt werden. Wenn möglich, sollten die Proben ständig aufgehoben werden. In den meisten Gebieten ist dies jedoch nicht dem Bohrmeister auferlegt.

Das Verhalten des Grundwasserspiegels während der Bohrarbeiten gibt wichtige Hinweise auf Tiefenlage und mutmaßliche Ergiebigkeit der Grundwasser-führenden Schichten. Es ist deshalb zweckmäßig, den Wasserspiegel im Bohrloch täglich vor Beginn der Bohrabeiten und bei Arbeitsunterbrechungen zu messen. Auch auffällige Spiegelschwankungen während des Abteufens sollten registriert werden.

Bei einer Beurteilung der Wasserspiegelstände und ihrer Änderungen ist allerdings zu berücksichtigen, daß das Bohrloch mit einem Gemisch aus Wasser, aufgeschlämmtem Ton und Bohrklein gefüllt ist, das in der Regel eine wesentlich höhere Dichte aufweist als das Grundwasser im angrenzenden Gestein. NÖRING (1959) nennt Dichte-Werte bis zu 1,63 g/ml. Folglich steht der Wasserspiegel im Bohrloch tiefer als der Grundwasserspiegel im angrenzenden Grundwasserleiter. Nach NÖRING (1959) beträgt der Höhenunterschied d (Gl. 3.5)

$$(3.5) \qquad d = h_G \left(1 - \frac{\varrho_2}{\varrho_1}\right) \text{bzw. } d = h_B \left(\frac{\varrho_1}{\varrho_2} - 1\right)$$

mit den Höhen des Grundwasserspiegels über Bohrlochsohle außerhalb (h_G) und innerhalb des Bohrloches (h_B) (in m) und den Dichten des Wassers im Bohrloch (ϱ_1) und im Gebirge (ϱ_2).

Die Dichte des Bohrlochwassers erhöht sich, wie bereits erwähnt, während der Bohrarbeiten durch das aufgeschlämmte Bohrgut und ist deshalb im Anfangsstadium der Bohrarbeiten geringer als vor ihrer Unterbrechung oder Beendigung.

Während des Bohrens auftretende Wasserspiegelschwankungen im Bohrloch, unterschiedliche Spiegelhöhen bei Beginn und am Ende von Arbeitsunterbrechungen, ein Anstieg des Wasserspiegels während des Klarpumpens sowie ein höherer Wasserspiegel nach Abschluß des Wiederanstiegs als vor Beginn des Klarpumpens können somit auf die unterschiedlichen Dichten des Wassers im Bohrloch und des umgebenden Grundwassers zurückzuführen sein. Eine Erhöhung des Wasserspiegels im Bohrloch nach dem Klarpumpen beruht in der Regel auf dem Freispülen von Klüften in einem oder mehreren Grundwasserleitern, in denen das Grundwasser unter verschieden hohem Druck steht.

Bei der Erschließung von artesischem Grundwasser ist zu beachten, daß erhebliche Volumenströme und Überdrucke von mehr als 100–200 kPa (1–2 Bar) auftreten können. Insbesondere ist bei Lockergesteinen für die Wahl der Bohrspülung und deren Beschwerung die Kenntnis des Druckgradienten erforderlich. Derartige Bohrungen können herkömmlich mit Teleskopverrohrung und Aufstocken der Arbeitsbühne oder heute häufiger – durch einschlägig erfahrene und technisch ausgerüstete Firmen – auch unverrohrt unter Einsatz beschwerter Bohrspülung abgeteuft werden (DVGW 1985, 1998a). Als Beschwerungsmittel wird – sofern dies aufgrund der hydraulischen Druckverhältnisse möglich – anstelle von Schwerspat (ϱ = 4,3 g/ml) Kreide (ϱ = 2,6 g/ml) empfohlen, da Kreide sich bei der Brunnenentwicklung durch Säuern leicht entfernen läßt. Bei Festgesteinen kann in der Regel auf den Zusatz von Spülungs- und Beschwerungsmaterialien verzichtet werden. Bei allen Bohrverfahren ist eine Rohrtour in den hangenden Grundwassernichtleiter über dem artesisch gespannten Grundwasserleiter als drucksichere Abdichtung einzubauen. In der Regel werden hierzu eine Standverrohrung (z. B. Stahl St 37 mit 6 bis 12 mm Wandstärke) und ein Sperr-Rohr eingesetzt, das mit Fußzementation und Ringraumverpressung mit Ton/Zement-Suspension in den Grundwassernichtleiter eingebunden wird. Das Auslaufen des Zementgemisches am Bohrkopf zeigt dabei an, daß der Ringraum komplett zementiert ist. Die Zementabdichtung sollte ca. 12–24 h aushärten. Nach Setzen der Sperr-Rohrtour wird ein spezieller Bohrkopf mit einem seitlichen abgeschieberten Abgangsstutzen, einer angeflanschten Absperrarmatur und einem Druckmanometer aufgesetzt, der eine sichere Kontrolle der Überdrücke und Grundwasser-Volumenströme ermöglicht. Aus dem Sperr-Rohr wird die Bohrung bis zur Endteufe niedergebracht (BIESKE et al. 1998).

3.3.4 Wahl des Bohrpunktes bei der Erschließung von Grundwasser

In geologisch einfach strukturierten Gebieten werden die Bohrpunkte von Flachbohrungen meist ohne Mitwirkung von Hydrogeologen festgelegt, weil die örtlichen Kenntnisse der Brunnenbauer ausreichen, die Kosten einer wissenschaftlichen Beratung gescheut werden oder entsprechende Spezialisten nicht verfügbar sind. Dagegen werden bei Tiefbohrungen und bei Bohrungen in Gebieten mit geologisch kompliziertem Bau und örtlich schlechter Grundwasserqualität in der Regel Hydrogeologen beteiligt.

3.3.4.1 Hydrogeologische Methoden

Grundlage der hydrogeologischen Exploration sind geologische und hydrogeologische Karten, Luftbilder und eigene örtliche Erkundungen. Geologische Übersichtskartierungen mit Tagesleistungen von 1–2 km^2 erweisen sich dabei als schneller und billiger zu erstellende Grundlagen für erfolgreiche Brunnenbohrungen als planloses oder schematisches Abbohren. Der Hydrogeologe stützt seine Überlegungen vor allem auf die petrographischen, stratigraphischen, tektonischen und geomorphologischen Befunde unter Berücksichtigung der hydrologischen Gegebenheiten wie Einzugsgebiet und örtliche Grundwasserneubildung (Abschnitte 1.3 und 3.3.4.2).

Die **Petrographie** der anstehenden Gesteine bestimmt ihre Hohlraumanteile und Durchlässigkeiten. Die Hohlraumanteile bestimmen ihrerseits die gespeicherten Wassermengen, die Durchlässigkeit deren Gewinnbarkeit. Für Bohrpunkte sind demnach Zonen mit hohen Hohlraumanteilen und Durchlässigkeiten geeignet. Den Grundwasserleitern (Abschnitt 1.2.3.1) stehen die Grundwassernicht- und -geringleiter gegenüber, in deren Verbreitungsgebiet die Erschließung von Grundwasser in größerem Umfange in der Regel nicht möglich ist. Hierzu gehören vor allem Tone und Schluffe als Lockergesteine sowie Plutonite und Metamorphite als Festgesteine.

Die **stratigraphischen Untersuchungen** erlauben es, Grundwasser-leitende und -nichtleitende Schichten zu verfolgen, schwierige Lagerungsverhältnisse aufzuklären und anhand eingehender Aufschlußaufnahmen geologische Profilschnitte zu erarbeiten. **Tektonische Untersuchungen** erkunden die Lagerung Wasser-führender Schichten und orten durchlässige Verwerfungszonen.

Versuchsbohrungen, die nach hydrogeologischen Gesichtspunkten angesetzt werden, liefern unmittelbare Informationen über Aufbau und Eigenschaften des Untergrundes. Sie sind am vorteilhaftesten bei Lockergesteinen bis 100 m Tiefe, in denen die Bohrungen schnell und mit geringen Kosten niedergebracht werden können. Festgesteinsbohrungen sind aufwendiger und teurer. Bei erfolgreichen Versuchsbohrungen in Festgesteinen sollte die endgültige Brunnenbohrung wegen der Inhomogenität des Untergrundes im gleichen Bohrloch niedergebracht werden. Häufig werden in Festgesteinen die Versuchsbohrungen mit Brunnendurchmesser ausgeführt. Nicht genutzte Versuchsbohrungen müssen ebenso wie aufgegebene Brunnen sorgfältig verschlossen, Schicht-gerecht verfüllt und abgedichtet werden, um hydraulische Kurzschlüsse zwischen verschiedenen Grundwassserniveaus bzw. -stockwerken und Störungen der chemischen Verhältnisse nachhaltig zu unterbinden (vgl. Abschnitt 3.10.1 und DVGW 1998b).

Geomorphologische Untersuchungen sind unerläßlich bei der Festlegung von Brunnenstandorten in Gebieten mit pleistozänen und holozänen Ablagerungen, wo Wasser-durchlässige Glazialsedimente wie Kames, Kamesterrassen, Esker (Oser) und Sander, ferner stabilisierte Sanddünen, Terrassenablagerungen und alte Strandwälle anhand ihrer Oberflächenformen auskartiert werden können. Darüber hinaus kann die Geomorphologie wichtige lithologische, stratigraphische und tektonische Informationen liefern, z. B. Hinweise auf die Tektonik aus dem Verlauf gerader Täler. Hierbei erweisen sich die Methoden der Photogeologie, der Luftbild- und Satellitenbildauswertung als nützliche Hilfen bei vielen geomorphologischen Untersuchungen im Zusammenhang mit der Hydrogeologie (Mühlfeld 1969, Mühlfeld et al. 1981, Reul 1972).

Die Ergebnisse derartiger Untersuchungen dienen der unmittelbaren Entscheidungsfindung und werden darüber hinaus in hydrogeologischen Karten niedergelegt (Abschnitt 1.6).

Erschließung in verschiedenen Gesteinstypen

Lockergesteine

Sandige und kiesige Lockergesteine bilden Poren-Grundwasserleiter in Flußtälern, tektonischen Gräben, Küstenebenen, Flugsandablagerungen und Glazialgebieten. Es handelt sich vorwiegend um quartäre und tertiäre Sande und Kiese, die sich bei genügend großer Wasser-erfüllter Mächtigkeit für den Betrieb von leistungsfähigen Brunnen und Wasserwerken eignen. Derartige hydrogeologische Einheiten stehen oberflächlich oder oberflächennah, z.T. mehrschichtig mit Bildung von Grundwasserstockwerken, weitflächig an. Sie nehmen etwa 44,6% (ca. 166.200 km^2) der heutigen Bundesrepublik Deutschland ein. In diesen Bereichen befinden sich die Ballungsgebiete Berlin, Großraum Hamburg mit angrenzendem südlichen Schleswig-Holstein und nördlichen Niedersachsen, Niederrhein-Gebiet, Rhein-Main-Gebiet und Großraum München. Mächtige Sand- und Kiesbildungen finden sich vor allem in tektonischen Gräben, wie dem Oberrheingraben und der Niederrheinischen Bucht, und in glazial übertieften Tälern (Alpenrandtäler) und Rinnen (z.B. Hamburger Süßwasser-Vorkommen bis 400 m Tiefe) (Aust et al. 1980, De Haar et al. 1979, Grahmann 1958, Jordan & Weder 1995).

Bei der Erschließung von Grundwasser sind in derartigen Lockergesteins-Ablagerungen die tonig-schluffigen Zonen (Stillwasserbereiche, Schwemmfächer etc.) als unergiebige Zonen auszuschließen. Hinweise auf die Lage gut durchlässiger Bildungen liefern Anzeichen von begrabenen Tälern und Flußläufen sowie typische Glazialformen (Matthess & Ubell 1983), weiterhin geophysikalische Untersuchungen – vor allem geoelektrische und seismische Messungen (Abschnitte 3.3.4.3.3 und 3.3.4.3.4) – sowie Probebohrungen.

Festgesteine

Kluft-Grundwasserleiter sind Vulkanite und Sediment-Gesteine, die Grundwasser nur auf ihren Trennfugen, den Klüften, Abkühlungs-, Schicht- und Schieferungsfugen führen (Karrenberg 1981). In Sandsteinen ist darüber hinaus je nach dem Diagenesezustand in unterschiedlichem Ausmaße eine Nutzporosität und eine Porendurchlässigkeit gegeben (Matthess 1970). In Kalk- und Dolomit-Gesteinen, örtlich auch in Gips- und Anhydrit-Gesteinen, können Karst-Grundwasserleiter entstehen, in denen das Grundwasser, ausgehend von Klüften und Schichtfugen, durch Auflösen des Gesteines immer größere Hohlräume bis zu Höhlensystemen schafft (Zötl 1974). Der Betrieb von leistungsfähigen Grundwasserwerken in Kluft- und Karst-Gesteinen ist möglich, erfordert jedoch oft erheblichen Erschließungsaufwand. Karst-Grundwässer sind häufig hygienisch mehr gefährdet als Grundwässer in anderen Festgesteinen (vgl. Abschnitte 4.2.2–4.2.4).

Plutonite und Metamorphite

In plutonischen und metamorphen Gesteinen, die u.a. weite Bereiche der Kontinentkerne z.B. in Afrika, Nord- und Südamerika sowie Asien einnehmen und in Deutschland in den Kristallin-Massiven der variscischen Rumpfgebirge zutage treten, sind die Grundwasservorkommen auf durchlässige Zonen (Verwerfungs- und Kluftzonen, Verwitterungs- und Vergrusungsdecken) beschränkt. Der Gesteinstyp beeinflußt dabei die Ausbildung der Trennfugen. Feinkörnige Gesteine wie Aplite zeigen ein dichtes Trennfugenmuster mit meist sehr begrenzten Kluftlängen, in grobkörnigen Gesteinen wie Graniten sind Zehner bis Hunderte m lange Klüfte mit gewöhnlich großem Kluftabstand typisch. Gesteine mit schwacher Kornbindung, wie sie durch die Verwitterung auftreten können, sind spröde und spalten sich leicht bei Beanspruchung. Durch das unterschiedliche Verhalten der Gesteine gegen tektonische Beanspruchung können in ein und demselben Gebiet Granite hochgradig, Diorite und Gabbros dagegen weniger geklüftet sein. Bei den Metamorphiten bestimmt der Metamorphosegrad den Klüftungsgrad: Hochmetamorphe Gesteine, wie die Charnockite in Indien, zeigen fast keine Klüftung, während niedriger metamorphe Gesteine wie die den indischen Charnockiten benachbarten Biotitgneise normale bis starke Klüftung aufweisen. Sehr niedrig metamorphe Gesteine, wie Schiefer, sind oft stark geklüftet.

Differentialbewegungen von Gesteinsmassen entlang einer Ebene verursachen die Scherklüfte, die von feinen Klüftchen in Handstückdimension bis zu vielen km reichen. Ihre Durchlässigkeit hängt von der Entwicklung der Scherklüftung und der Art ihrer Füllung ab. Im allgemeinen nimmt bei den geschilderten Gesteinen die Klaffweite mit der Tiefe ab. Bei dichter, mehr oder weniger homogener Klüftung kann ein zusammenhängender Grundwasserspiegel existieren, ähnlich wie in Poren-Grundwasserleitern. Bei inhomogener Kluftverteilung werden dagegen von einander getrennte Grundwasserkörper mit unabhängigen Wasserspiegeln beobachtet.

Verwerfungen und Klüfte, die oft nahezu vertikal mit Abständen zwischen 0,15 und 3 m verlaufen, werden durch vertikale Brunnen nur unzureichend erschlossen. Günstiger sind in derartigen Gesteinen schräg oder horizontal angelegte Wasserfassungen (Bohrungen oder Stollen), die eine größere Zahl von Grundwasser-führenden Klüften erschließen können. Verwitterungs- und Vergrusungsdecken treten als Folge der physikalisch-chemischen Verwitterung häufig flächenhaft mit Mächtigkeiten von 15 bis 30 m, in tropischen Gebieten bis über 50 m auf. Die lateritischen und kaolinitischen Verwitterungsdecken sind allgemein schlecht durchlässig, dagegen bilden grusige Verwitterungsdecken wichtige Poren-Grundwasserleiter. Diese sind das Ergebnis der Hydratsprengung als Folge der Volumenvergrößerung durch Kristallwasseraufnahme der Gesteins-bildenden Silicate von mittel- und grobkörnigen Kristallin-Gesteinen, die ausgehend vom Kluftsystem zu einer Entfestigung des Gesteins unter weitgehender Beibehaltung von Gesteinstextur und -struktur und Bildung einer porösen, durchlässigen Verwitterungsdecke führt (Matthess & Ubell 1983).

Brunnen in Plutoniten und Metamorphiten weisen meist nur geringe Leistungen auf, die allenfalls für den Bedarf von Kleinsiedlungen und Dörfern genügen, doch können geeignete Bohrpunkte für Brunnen mit Leistungen über 3 l/s in Grundwasser-höffigen Zonen durch geologische und geophysikalische Methoden aufgesucht werden. Befunde der Geomorphologie, von Luft- und Satellitenbildauswertungen (Abschnitt 3.3.4.1) und von geophysikalischen Untersuchungen (Abschnitt 3.3.4.3) helfen bei Beachtung der anstehenden Gesteinstypen, der Quellaustritte und der örtlichen Brunnentiefen in Gebieten mit mächtigen Verwitterungs-, Boden- und Pflanzendecken bei der Festlegung von Bohrpunkten. Manchmal sind Bodenluft-Messungen auf CO_2 oder Radon für den Nachweis von Kluftzonen hilfreich (Wright & Burgess 1992). Da diese Gesteine in frischem Zustand nur geringe Hohlraumanteile aufweisen, sollten Brunnen möglichst Grundwasser aus Verwitterungs- und Auflockerungszonen oder in Tälern nahe an perennierenden Flüssen oder Seen erschließen (Uferfiltrat; Abschnitt 3.13.3).

Vulkanite

Vulkanische Gesteine umfassen die Vulkanite im engeren Sinne und die Tuffgesteine mit insgesamt sehr unterschiedlichen hydrogeologischen Eigenschaften. Kieselsäure-reiche Rhyolithe und Trachyte erumpieren meist als dicke Ströme mit relativ seltenen und engen Klüften und Abkühlungsrissen und sind nur sehr selten gute Grundwasserleiter. Die Kieselsäure-armen Basalte, die unterschiedlich große Gesteinskörper, nämlich Einzelvulkane, Vulkangebirge und Flutlavamassen mit riesigen Flächen und Volumina bilden, gehören dagegen zu den besten Grundwasserleitern. Die als Einzelvulkane verbreiteten Schicht-(Strato-)Vulkane bestehen aus Förderschloten, -röhren, -spalten (Gänge) und Wechselfolgen aus dichten Basaltlagen u. U. getrennt durch Hohlraum-reiche Stromunter- und -oberflächen oder Tuffzwischenlagen. Schildvulkane vom hawaiianischen Typ sind aus zahlreichen übereinanderfolgenden Einzelströmen unterschiedlicher Ausdehnung und Mächtigkeit aufgebaut, ggf. getrennt durch schlecht durchlässige Tuffzwischenlagen und Bodenbildungen. Die Flutlavamassen bestehen aus zahlreichen übereinanderfolgenden Einzelströmen, die z. B. in Sibirien, Brasilien, NW-Indien (Deccan) und den USA (Columbia River Basalte) riesige Flächen und Volumina einnehmen.

Bei der Abkühlung der Magmen entstehen Netze aus Schrumpfungsrissen und Klüften, die bei mechanischer Beanspruchung der weitgehend abgekühlten Lava aufreißen. Lavahöhlen treten bei oberflächlich erstarrten Lavaströmen auf, wenn die noch bewegungsfähige Lava im Strominneren weiterfließt und der Nachschub aufhört. Konzentrische Bruchsysteme sind an Calderen geknüpft, die nach Eruptionsphasen beim Rücksacken der Lava in die jeweilige Magmenkammer einsinken. Basaltische und andesitische Gesteine tertiären und quartären Alters weisen die höchsten Durchlässigkeiten auf, Tuffe und Ganggesteine die niedrigsten. Gänge werden oft von parallelen Kluftzonen begleitet, die offen oder mit durchlässigem Sand oder undurchlässigen Mineralauscheidungen oder Gangmaterial gefüllt sind. Im allgemeinen sind Fladenlava- (Pahoehoe-) Ströme durchlässiger als mächtige und dichte Blocklava-(Aa-)Ströme, obwohl deren obere und untere Teile häufig brekziiert und damit durchlässiger sind. Innerhalb der Eruptivmasse führen die weniger durchlässigen massigen Innenteile von Strömen, Stromgrenzen und Bodenbildungen zu einer Stockwerksgliederung. Hinter den Gangsystemen können sich erhebliche Grundwassermengen sammeln.

Die Festlegung von Bohrpunkten in Vulkaniten erfordert möglichst gründliche hydrogeologische Kartierungen und Luftbildauswertungen, die gut durchlässige Fladenlava-Ströme und brekziierte Blocklava-Schichten erfassen. Hydrogeologisch bedeutsam sind weiterhin begrabene Talbildungen sowie als Grundwassernichtleiter wirkende Gangfüllungen, Tufflagen und fossile Böden. Versuchsbohrungen und Brunnen werden in durchlässigen Laven üblicherweise mit Schlagbohrungen (Abschnitt 3.3.1) niedergebracht, während Grundwässer in dichten älteren Vulkaniten auch mit Drehbohrungen unter Verwendung geeigneter Bohrspülungen erschlossen werden (Abschnitt 3.3.2). Quellfassungen und Stollen werden auf Vulkan-Inseln genutzt, um auf Tuffen oder begrabenen Böden schwebendes Grundwasser oder hinter Gängen gestautes Grundwasser zu erschließen (Abschnitte 3.11 und 3.12). Kürzere Stollen werden vielfach genutzt, um Süßwasser ohne zu große Absenkung zu fassen, so daß es nicht zu Salzwasserintrusionen kommen kann. Am ergiebigsten sind Brunnen und Stollen senkrecht zum Streichen einfallender Lavalagen, da sie die größte Zahl durchlässiger Zonen erschließen (Karrenberg 1981, Matthess & Ubell 1983).

Sediment-Gesteine

Sandsteine

Sandsteine sind entlang der Ränder und im Innern der Kontinentkerne als terrestrische (fluviatile oder eolische) Sedimente, seltener als lakustrine oder flach marine Bildungen paläozoischen, mesozoischen und tertiären Alters z. B. in Nord- und Süd-Afrika, verbreitet, in Deutschland vor allem in Verbreitungsgebieten des Rotliegenden, des Buntsandsteins, des Keupers und der Kreide. Die petrographischen und hydrogeologischen Eigenschaften von Sandsteinen, insbesondere ihre Nutzporosität und ihre Gesteinsdurchlässigkeit hängen von der Korngrößenzusammensetzung und dem Diagenesezustand ab. Dabei haben tertiäre und mesozoische Sandsteine in der Regel höhere Nutzporositäten und Gesteinsdurchlässigkeiten als paläozoische Sandsteine, eine Folge der mit dem Alter zunehmenden Diagenese. Hierfür spricht auch, daß häufig tiefere Teile von

Sandsteinprofilen weniger Nutzporosität aufweisen als höhere Profilteile. In Quarziten sind die Porenräume praktisch völlig durch sekundäre Kieselsäureausscheidungen verfüllt. Gelegentlich kommen umgekehrt an der Erdoberfläche harte und undurchlässige Sandsteine vor, die sich in einer Tiefe von weniger als 7 m als lockere Sande oder gering verfestigte Sandsteine mit guter Durchlässigkeit erweisen. Wenn auch die Gesteinsdurchlässigkeit zur Gebirgsdurchlässigkeit von Sandsteinen beitragen kann, z. B. in zwei Buntsandsteinbohrungen etwa 16 und 22% der Gesamt-Brunnenleistung (DÜRBAUM et al. 1969), sind Sandsteine dennoch hauptsächlich Kluft-Grundwasserleiter, in deren Verbreitungsgebieten die Bohrpunkte nach den gleichen Prinzipien wie in Gebieten mit plutonischen und metamorphen Gesteinen festgelegt werden. Die Gebirgsdurchlässigkeit nimmt in Sandsteinen im allgemeinen mit der Tiefe ab. Die günstigsten Gebiete sind Verwerfungs- und Kluftzonen, wobei breite Täler und flache Hochgebiete günstiger als Hügelkämme und Talhänge zu beurteilen sind (MATTHESS & UBELL 1983).

Carbonat-Gesteine

Carbonat-Gesteine (Kalk- und Dolomitsteine) sind als mächtige marine Schelf- und Küstenbildungen an den Rändern der Kontinente verbreitet, in Deutschland vor allem in den Massenkalken des Paläozoikums (Devon-Kalke/Eifel, Unter-karbonische Kohlenkalke) und in Gesteinsfolgen des Zechsteins, des Muschelkalks, des Oberen Juras und der Kreide. In diesen Gesteinen haben sich ausgehend von Klüftung, Verwerfungen und Gesteinszonen unterschiedlicher primärer Porosität und Permeabilität und in Abhängigkeit vom Strömungsfeld Lösungshohlräume und Höhlensysteme entwickelt. In derartigen Karst-Grundwasserleitern ist die räumliche Verteilung der durchlässigen Zonen geologisch schwer vorauszusagen. Für einen guten Grundwasserleiter sprechen in Oberflächenaufschlüssen erkennbare Lösungskanäle, gute, enge Klüftung und Verwerfungen und in Spülbohrungen hohe Spülungsverluste, dagegen sprechen zahlreiche Tonsteinlagen und das Fehlen von Lösungskanälen. Lösungskanäle entlang vertikaler Klüfte sind ziemlich weitständig und häufig durch Verwitterungslehm verfüllt. Dagegen bleiben die wichtigeren Lösungsöffnungen entlang Bankungsfugen eher offen und eröffnen so dem Grundwasser Zuflußmöglichkeiten zu Brunnen. Die Karst-Hohlräume nahe Verwerfungen zeichnen sich an der Erdoberfläche ab (z. B. durch lineare Anordnung von Dolinen), und erlauben so, günstige Bohrpunkte zu orten. In Gebieten mit mächtigen Kalk- oder Dolomitsteinschichten sind Brunnen im Talgrund wegen ihrer Nähe zu Grundwasser-führenden Lockergesteinen der Talfüllung etwas besser (aber auch hygienisch gefährdeter) als solche an Talhängen. Brunnen auf breiten Hochflächen sind ebenfalls erfolgreicher als solche auf Berghängen. Klüfte und Lösungs-Hohlräume sind häufiger entlang der Kämme von Sattelstrukturen und innerhalb von Synklinaltrögen als auf den Flanken der Falten. Manchmal sind Synklinalen günstiger für die Grundwassererschließung als Sattelstrukturen (BURGER & DUBERTRET 1984, MATTHESS & UBELL 1983, MIJATOVIC 1984, ZÖTL 1974).

Verkarstete Carbonat-Gesteine weisen bei der hier beobachteten schnellen Grundwasserbewegung und dem weitgehenden Fehlen poröser Filterschichten nur eine geringe Selbstreinigungswirkung auf. Besonders bei geringer oder fehlender Bodendecke können Schadstoffe oder -organismen in das Grundwasser eingetragen und zu den Wasserfassungen transportiert werden, so daß genutzte Karst-Vorkommen eines besonderen Schutzes bedürfen (DREW & HÖTZL 1999).

Die Ortswahl von Brunnen in Gebieten mit mächtiger Kreide ist schwieriger als in dichten Kalk- und Dolomitsteinen. So variiert die Transmissivität der Kreide im östlichen England in regelmäßiger Weise. Höhere Transmissivitäten sind mit Antiklinalflexuren, mit Zonen härterer zerbrochener Gesteine und mit Tälern verknüpft (INESON 1963). Junge Kalksteine weisen im allgemeinen primäre Porosität und Gesteinsdurchlässigkeit auf. Besonders bei Kalksteinen aus grobem Detritus, wie auf der Ozeanseite von Riffen oder Atollen, sind hohe Durchlässigkeiten gegeben (DAVIS & DE WIEST 1966).

Neben Brunnenbohrungen sind in Karst-Gebieten Quellfassungen und ggf. auch Sickerfassungen zweckmäßig, vor allem an Schichtgrenzen zu schlecht durchlässigen Gesteinslagen, die häufig durch perennierende oder episodische Quellen gekennzeichnet sind.

Bei unmittelbar an der Küste gelegenen Karstvorkommen treten oft große Grundwassermengen in untermeerischen Süßwasserquellen auf, die mit Hilfe von Markierungsversuchen oder von Temperatur-, elektrischen Leitfähigkeits- oder Salzgehaltsmessungen geortet werden können. Diese Austritte können in geeigneter Form gefaßt werden (Abb. 3.215; Abschnitt 3.11).

3.3.4.2 Hydrologische Methoden

Das Wasserdargebot eines Gebietes ist die Summe des im langjährigen Mittel aus dem Gebiet ober- und unterirdisch abfließenden und des in ihm (künstlich) verbrauchten Wassers. Das Grundwasserdargebot ist im langjährigen Mittel gleich der Grundwasserneubildung eines Gebietes zuzüglich des unterirdischen Zuflusses in das Gebiet und abzüglich des unterirdischen Abflusses aus dem Gebiet. (Zur Bestimmung der Grundwasserneubildung siehe Abschnitt 1.3 und MATTHESS & UBELL 1983). Vom Grundwasserdargebot ist das gewinnbare Grundwasserdargebot zu unterscheiden, das als der wirtschaftlich erschließ- und gewinnbare Anteil des Grundwasserdargebotes definiert wird. Die Gewinnungsmöglichkeiten in Poren-Grundwasserleitern sind vergleichsweise einfach zu beurteilen. Demgegenüber hängen diese in Festgesteinen von deren außerordentlich unterschiedlichen und inhomogenen Durchlässigkeitsverhältnissen ab.

Das nutzbare Grundwasserdargebot ist schließlich der Anteil, der nach Ortslage und Beschaffenheit für die vorgesehene Verwendung geeignet ist, sich mit wirtschaftlich tragbarem Aufwand erschließen läßt und auch in Trockenzeiten durchgehend zur Verfügung steht. Bei der Beurteilung der Nutzbarkeit des Grundwasserdargebotes sind Kenntnisse über die Einzugsgebiete bestehender und geplanter Wasserfassungen, über die Erschließbarkeit und die Beschaffenheit der Grundwasservorkommen (Zur Eignung als Trink- und Betriebswasser: Abschnitt 1.5.2) und über die natürlichen Wechselbeziehungen zwischen dem Grundwasser und den Wasserläufen zu beachten. Ferner sollten die Möglichkeiten zur unterirdischen Wasserspeicherung, zur Grundwasseranreicherung und zur Gewinnung von Uferfiltrat geprüft werden (Abschnitt 3.13). Bei der Ermittlung des nutzbaren Grundwasserdargebotes sind auch die qualitativen und quantitativen Folgen einer Grundwasserförderung für die oberirdischen Gewässer und das betroffene Ökosystem zu berücksichtigen. Als Beispiele für eine eingeschränkte Grundwasserförderung werden die Erhaltung eines Mindestabflusses und standortgemäßer ökologischer Bedingungen in den Vorflutern und die Erhaltung von Feuchtgebieten genannt.

Eine in der Öffentlichkeit häufig diskutierte Frage ist die Auswirkung der Grundwasserförderung auf die Vegetation. Hier sind hydro-ökologisch zwei Pflanzengruppen zu unterscheiden, die sog. Phreatophyten, die ihren Wasserbedarf aus dem Grundwasser und aus dem Kapillarraum decken (Beispiele: Weiden und Pappeln), und die Xerophyten, die sich aus der Bodenfeuchte versorgen (Beispiele: Luzerne und Trockengräser). Manche Pflanzen können je nach den örtlichen Verhältnissen als Phreatophyten oder als Xerophyten gedeihen. Die hydrologische Grenze zwischen den Lebensräumen dieser hydro-ökologischen Gruppen bildet der Grenzflurabstand, der die Tiefenlage der Grundwasseroberfläche beschreibt, bis zu der durch Kapillarhub und Wurzeltiefe die transpirierenden Pflanzen auf das Grundwasser zurückgreifen können. Je nach Bodenart werden Grenzflurabstände zwischen 1,2 m (kiesiger Sand) und 3,8 m (toniger Schluff, Löß) genannt (MATTHESS & UBELL 1983). Die mit der Grundwasserförderung unvermeidlich verbundene Absenkung der Grundwasseroberfläche kann Pflanzenstandorte mit Grundwasserständen tiefer als dem Grenzflurabstand kaum beeinträchtigen, wohl aber die Pflanzenbestände mit direktem Zugriff zum oberflächennahen Grund- und Kapillarwasser. Im Einzelfalle sind derartige Flächen zu definieren und die ökologischen Auswirkungen der Grundwasserförderung zu prüfen.

Der gewinnbare Anteil des Grundwasserdargebotes kann aus Betriebserfahrungen von großen Wasserwerken abgeschätzt werden, wenn durch langjährige Förderung und Beobachtung des Absenkungstrichters die Größe des Einzugsgebietes und die im Mittel gewinnbare Grundwassermenge bekannt ist. Bei langjährig gleichbleibender Grundwasserförderung und bei um einen Mittelwert schwankenden Grundwasserspiegelhöhen kann angenommen werden, daß sich ein Gleichgewicht zwischen Grundwasserförderungsrate und der Grundwasserneubildungsrate im Einzugsgebiet der Anlage eingestellt hat. Bei einem Absinken der Grundwasserspiegelhöhen, das nachweislich nicht auf einem technischen Schaden des Brunnens beruht (Abschnitt 3.9.1), ist es schwierig zu beurteilen, ob eine Überbeanspruchung des Grundwasservorkommens vorliegt oder ob durch die stärkere Absenkung ein größeres, der Entnahme äquivalentes Einzugsgebiet erobert wird. Daher müssen in solchen Fällen für die Beurteilung der Gewinnungsmöglichkeiten weitere Kriterien herangezogen werden, z. B. die Entwicklung der Grundwasserbeschaffenheit. Die Begrenzung der Nutzungsmöglichkeit kann z. B. durch eine Förder-bedingte, deutliche Erhöhung des Salzgehaltes durch aufsteigendes Mineralwasser gegeben sein, wie dies bei einem Wasserwerk in Kassel der Fall war (HMLF 1971).

Die regionale Verteilung der Grundwasserzutritte in die Vorfluter wird aus den Gewässerstrecken deutlich, in denen unter Trockenwetterverhältnissen ein nennenswerter Abflußzuwachs gemessen werden kann. Bei konzentrierten Grundwasseraustritten sind Grundwassererschließungen besonders aussichtsreich. Die für eine regionale Erkundung erforderlichen temporären Meßstellen sollten dabei nach hydrogeologischen Gesichtspunkten, z. B. an Schichtgrenzen, an Störungen, oberhalb und unterhalb von Quellengebieten oder an Querschnittsveränderungen der Grundwasserleiter gewählt werden. Unter Heranziehung der Dauerpegel des gewässerkundlichen Dienstes ist ein Vergleich der meist einmaligen Abflußmessungen mit den langjährigen Abflußdaten, insbesondere eine Reduktion der Meßwerte auf den mittleren Grundwasserabfluß R_u (MoMNQ) und auf den mittleren kleinsten Grundwasserabfluß min R_u (SoMNQ) nach Wundt (1958) möglich. Die Dauerpegel des gewässerkundlichen Dienstes erfassen häufig Einzugsgebiete, die von geologisch sehr unterschiedlichen Einheiten aufgebaut sind. Die Zuordnung der Abflüsse zu geologischen Einheiten kann auf der Grundlage von temporären Meßnetzen erfolgen, die auf geologische Einheiten bezogen sind (Matthess & Thews 1964, Matthess & Ubell 1983).

Vom mittleren Grundwasserabfluß R_u – entsprechend der Grundwasserneubildung – müssen je nach den hydrogeologischen Verhältnissen bei der Abschätzung des gewinnbaren Grundwassers Abzüge vorgenommen werden. Naheliegend wäre es, sich auf den Vergleich des aus Abflußbeobachtungen bestimmten mittleren Grundwasserabflusses mit dem durch Fassungsanlagen erschlossenen Anteil des Grundwasserdargebots entsprechender hydrogeologischer Einheiten zu stützen. Derartige Vergleichszahlen liegen jedoch kaum vor. Vereinfachend wurde daher bei der Abschätzung des gewinnbaren Anteils größerer hydrogeologischer Einheiten im Buntsandstein-Spessart (Thews 1967) und im Gebiet des Sonderplanes Nordhessen (HMLF 1971) davon ausgegangen, daß die Gewinnung des Anteils, der über 30% des gesamten Grundwasserabflusses und über 50% des Abflußzuwachses günstiger Gebiete hinausgeht, von örtlichen Ausnahmen abgesehen, nur bei relativ hohem Aufwand möglich ist (z. B. größere Anzahl von Brunnen und zur hygienischen Sicherung größere Bohrtiefen oder Sanierung der Umgebung des Bohrbrunnens). Die endgültige Planung und die Festlegung der zweckmäßigen Lage künftiger Wasserwerke von überörtlicher Bedeutung erfordern über diese großräumigen Untersuchungen hinausgehende hydrogeologische und geophysikalische Detailstudien (Abschnitte 3.3.4.1 und 3.3.4.3).

Hydrologische Methoden bei der Wahl von Brunnenstandorten schließen auch Untersuchungen des Wasserhaushaltes, insbesondere des für die Grundwasserneubildung verfügbaren Wassers ein (Abschnitt 1.3). Die gesamte verfügbare Wassermenge umfaßt die atmosphärischen Niederschläge und das oberirdische Wasser vor allem in großen perennierenden Strömen. Im allgemeinen ist die Möglichkeit der Grundwassererschließung mit der Grundwasserneubildung verknüpft. So sind in ariden Gebieten geeignete Bohrpunkte schwieriger zu orten als in humiden Gebieten bei sonst ähnlichen geologischen Verhältnissen. Die Möglichkeit der Grundwasserneubildung ist demnach eine wichtige hydrologische Voraussetzung. An der Erdoberfläche anstehende schlecht durchlässige Gesteine wie Tonschiefer, Ton und unverwitterte Kristallin-Gesteine begünstigen einen schnellen oberirdischen Abfluß und verhindern eine bei den gegebenen klimatischen Verhältnissen angemessene Grundwasserneubildung.

Ortung und Mengenmessung der Quellen geben gute Hinweise auf die allgemeinen hydrogeologischen Bedingungen in einer humiden Region. Viele kleine Quellen an den Talseiten und -hängen zeigen im allgemeinen eine flachgründige Zirkulation des Grundwassers in schlechten Grundwasserleitern an. Dagegen sind große, auf die Täler beschränkte Quellen Anzeichen einer hohen Durchlässigkeit und einer größeren Tiefenlage der Grundwasseroberfläche. Die Quellen zeigen also auch die Lage der Grundwasseroberfläche an und geben damit Hinweise auf die notwendigen Brunnentiefen.

Hydrologisch ungünstige Bedingungen sind in Verbreitungsgebieten magmatischer Tiefengesteine gegeben, in denen Grundwasser meist nur flachgründig in der verhältnismäßig lockeren und durchlässigen grusigen Verwitterungsdecke zirkulieren kann. Nur in beschränktem Umfange kann es in wasserwegsame Kluftsysteme der Kristallin-Gesteine eindringen und in die morphologisch tiefergelegenen Gebiete am Rande und innerhalb des Gebirges abfließen, wo es in die Talsedimente übertritt oder in Kluftquellen austritt. Dieser Zusammenhang wird am Beispiel des aus Kristallin-Gesteinen aufgebauten Gebirgsteiles des Weschnitz-Gebietes/Odenwald deutlich. Hier hebt sich bei mittleren Niedrigwasser-Bedingungen die Weschnitz-Talung mit einer Abflußspende von 8,8 $l/(s \cdot km^2)$ deutlich von der mittleren Niedrigwasser-Abflußspende von 3,6 $l/(s \cdot km^2)$ des Schreibpegels Weinheim ab, der ein geschlossenes oberirdisches Teileinzugsgebiet der Weschnitz erfaßt. In der Tat sind die Abflußspenden in den umgebenden Hochlagen deutlich niedriger (Matthess 1964). Dies weist die Talung in Übereinstimmung mit der Verteilung der Grundwasserhöffigkeit als günstiges Gebiet für Brunnenstandorte aus (Schmidt & Matthess 1964).

Als Beispiel für hydrologisch nachzuweisende gute Grundwasser-Erschließungsmöglichkeiten werden die vulkanischen Gesteine des oberen Niddatales, Vogelsberg, genannt (Abb. 3.32). In diesem Einzugsgebiet stehen meist deckenartig übereinander gelagerte Basalte und zwischengeschaltete schlecht durchlässige Basalttuffe an, unter denen zwei Decken aus saurem Basalt (Trapp) mit über- und unterlagernden, meist mächtigen Tufflagen besonders charakteristisch sind. Das auf dem Hohen Vogelsberg in Höhenlagen zwischen 400 und 773 m NN neugebildete Grundwasser sickert größtenteils zum verhältnismäßig tiefliegenden zusammenhängenden Grundwasserstockwerk. Deshalb stellt sich in den Wasserbohrungen nördlich und östlich Rainrod der Ruhewasserspiegel weit unter dem dortigen oberirdischen Vorflutniveau ein. Örtlich vorhandene schwebende Grundwasserstockwerke sind wenig ergiebig, wie die niedrigen Abflußspenden oberhalb Rainrod und das Trockenfallen des Gewässernetzes in Trockenzeiten anzeigen. Ein Teil des im oberirdischen Einzugsgebiet neugebildeten Grundwassers fließt nach Nordwesten dem benachbarten Horloff-System zu, während andererseits Teile des oberen Ohm- und des oberen Fulda-Gebietes dem Nidda-Gebiet tributär sind, wie aus der Analyse des Gesamtabflusses des Vogelsberges hervorgeht (Matthess & Thews 1963, 1964).

Die Gesteinspakete fallen im oberen Nidda-Gebiet vom Hohen Vogelsberg im allgemeinen nach Südwesten ein, zuweilen stärker als das Gefälle der Nidda, die von ca. 180 mNN am Pegel Rainrod auf ca. 127 mNN am Pegel Nidda abfällt. Die nördlich und in der Umgebung von Schotten unter den Trapp- und Haupttufflagen zutage tretenden tieferen Basalte liegen weiter südwestlich zwischen Eichelsdorf und der Stadt Nidda meist unter der Erdoberfläche. Südlich Rainrod schneidet der zusammenhängende Grundwasserspiegel die Erdoberfläche, so daß das aus

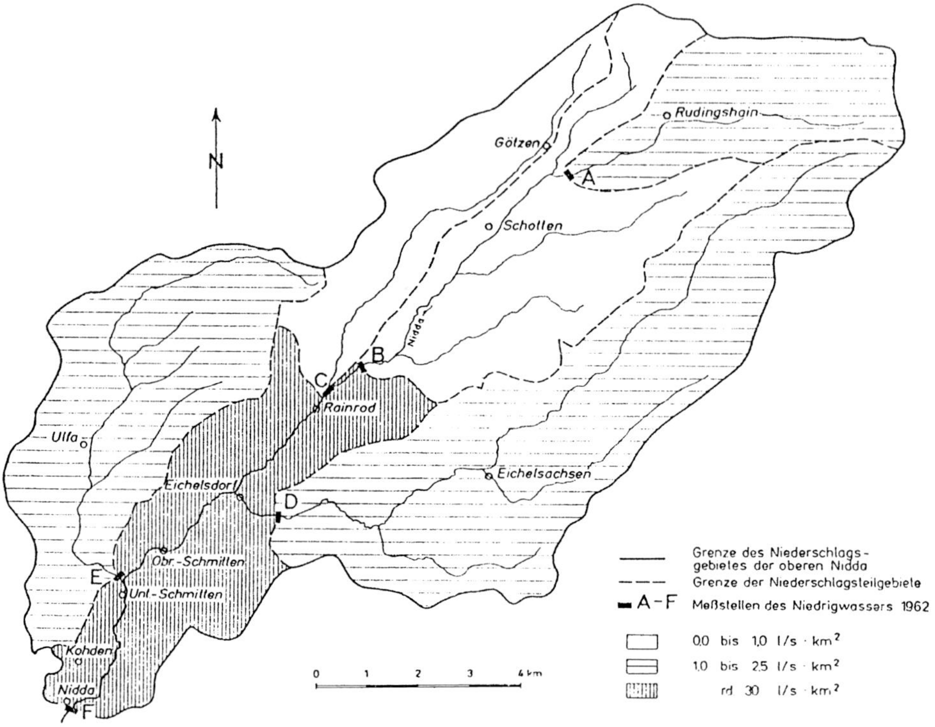

Abb. 3.32. Abflußspenden der Niederschlagsgebiete der oberen Nidda (MATTHESS & THEWS 1963).

dem Einzugsgebiet in den tieferen Grundwasserstockwerken zuströmende Grundwasser hier in größeren Mengen der Nidda zutritt. Südlich und westlich Nidda stoßen nämlich die basaltischen Grundwasserleiter an Verwerfungen gegen schlecht durchlässige sedimentäre Tertiärschichten, die den unterirdischen Abfluß nach Westen und Süden hemmen. Südlich Eichelsdorf enthält das tiefere Grundwasserstockwerk gespanntes Grundwasser, das zwischen Unter-Schmitten und Kohden auf gut wasserwegsamen Verwerfungen durch die undurchlässigen Deckschichten aufsteigt (MATTHESS & THEWS 1963). Zahlreiche kräftige Quellaustritte in und am Rande der Nidda-Talaue zwischen Rainrod und der Stadt Nidda rufen so auf einer Fläche von ca. 23 km^2 eine besonders große Abflußspende von 24 l/(s · km^2) hervor (Trockenwetterabflußspende Herbst 1959). Die beschriebene Talzone (Abb. 3.32) erweist sich so als wichtiges Erschließungsgebiet, wobei allerdings von den rd. 550 l/s Abflußzuwachs die bereits genutzten Anteile (damals 170 l/s) und die aus ökologischen Gründen nicht gewinnbaren Abflußanteile auszuschließen sind, besonders bei einer Ableitung von Wasser in andere oberirdische Einzugsgebiete (MATTHESS & REUL 1965).

3.3.4.3 Geophysikalische Oberflächenmethoden (REINHARD KIRSCH)

Wenn die Aufschlüsse an der Erdoberfläche keine hinreichenden geologischen Schlußfolgerungen erlauben, liefern geophysikalische Untersuchungen oder Versuchsbohrungen die gewünschten Informationen. Im Idealfall sollten beide Möglichkeiten genutzt werden, aus Kostengründen wird jedoch meistens nur die eine oder die andere Vorgehensweise gewählt (DVGW 1996). Dabei ist zu beachten, daß geophysikalische Methoden weniger detaillierte, ggf. mehrdeutige Ergebnisse über

Tabelle 3.7. Verfahren der Oberflächengeophysik bei hydrogeologischen Fragestellungen.

Hydrogeologische Fragestellung	Geophysikalisches Verfahren
Poren-Grundwasserleiter	
Struktur des Grundwasserleiters: Tiefenlage von Grundwasseroberkante und Grundwassersohle	Profilhafte Aussagen: Refraktionsseismik, Reflexionsseismik, Bodenradar (geringes Eindringungsvermögen, aber hohe Auflösung kleinräumiger Strukturen) Punktuelle Aussagen: Geoelektrische Sondierungen, Transientenelektromagnetik
Mächtigkeit und Aufbau der Grundwasserüberdeckung:	Geoelektrische Sondierungen
Grundwasserversalzung:	Geoelektrische Sondierungen, geoelektrische Kartierungen, Elektromagnetik
Kluft-Grundwasserleiter	
Lokalisierung von Störzonen:	Elektromagnetik, geoelektrische Kartierung, Seismik, Bodenradar (bei geringmächtiger Überdeckung)
Bestimmung des Einfallswinkels Wasser-führender Störzonen:	Elektromagnetik

die Abfolge von Grundwasserleitern und – nichtleitern sowie über eine eventuelle Grundwasserversalzung erbringen können, während Bohrungen zwar direktere und eindeutigere Informationen liefern, ihre Kosten aber schnell mit der Tiefe und der Gesteinsfestigkeit zunehmen. Die geophysikalischen Verfahren bieten darüber hinaus die Möglichkeit der Interpolation zwischen Bohrungen und der Übertragung der durch Bohrungen gewonnenen Erkenntnisse in die Fläche.

Geophysikalische Aussagen beruhen auf Variationen der Dichte, der elektrischen Leitfähigkeit, des elektrischen Potentials, der Elastizität und anderer meßbarer physikalischer Eigenschaften der anstehenden Gesteine. Bei nur geringen Unterschieden dieser Meßgrößen können diese üblicherweise nicht erfaßt werden. Weiterhin können bei einem zu komplizierten geologischen Bau die geophysikalischen Meßergebnisse nicht interpretiert werden. Diese Grenzen der Anwendungsmöglichkeiten der Geophysik für die hydrogeologischen Aufgaben sind zu beachten.

Alle geophysikalischen Methoden dienen der Aufklärung des geologischen Baus und der Bestimmung gesteinsphysikalischer Parameter, nur wenige messen direkt die Anwesenheit von Grundwasser. Die Einsatzmöglichkeit geophysikalischer Verfahren bei der Grundwassererschließung ist in Tabelle 3.7 zusammengefaßt.

3.3.4.3.1 Seismische Methoden

Beim seismischen Meßverfahren werden die Laufzeiten von Erschütterungs-(seismischen) Wellen im Untergrund zu dessen Strukturbestimmung ausgewertet. Aufgrund ihres Schwingungsverhaltens wird zwischen Kompressions- und Scherwellen unterschieden. Kompressions-(P-)Wellen breiten sich etwa wie Schallwellen aus, d.h. längs ihres Weges kommt es abwechselnd zu Druckerhöhung oder -erniedrigung. Bei Scher-(S-)Wellen erfolgt eine Teilchenbewegung quer zur Fortpflanzungsrichtung, das Untergrundmaterial wird dabei auf Scherung beansprucht.

Die Ausbreitungsgeschwindigkeit der seismischen Wellen wird durch die Dichte und die elastischen Eigenschaften des Untergrundmaterials bestimmt, und zwar bei P-Wellen durch den Kompressions- und den Schermodul, bei S-Wellen allein durch den Schermodul. Einige Erfahrungswerte für P-Wellengeschwindigkeiten sind in Tabelle 3.8 zusammengefaßt. Die seismischen

Tabelle 3.8. Kompressions-Wellengeschwindigkeiten (v_p) nach seismischen Feld- und Labormessungen (ergänzt nach STEIN et al. 1961).

	v_p in m/s		v_p in m/s
Peridotit	7.900–8.400	Mergel- u. Tonsteine	2.600–4.500
Gabbro	6.300–6.800	Mesoz. Sandsteine	2.200–3.000
Granit	5.000–6.200	Weiche Mergel u. weiche Kreide	2.100–2.600
Gneis	4.500–6.000	Tertiäre Tone	1.800–2.500
Devon. Tonschiefer u. Grauwacken (Rhein. Schiefergeb.)	4.600–5.100	Glazial. Wasser-erfüllte Sande, Mergel	1.500–2.000
		Reines Wasser	1.485
Sandsteine (Ruhrkarbon)	3.900–5.000	Trockene Sande, Kiese, Verwitterungsböden, Aufschüttungen	200–1.000
Tonschiefer (wechs. Sandgehalt)	2.800–4.500		
Mesoz. Kalksteine	4.600–5.800		

Geschwindigkeiten der einzelnen Gesteins- oder Bodenarten können einen weiten Intervallbereich einnehmen, die dadurch gegebenen Überlappungen erschweren eine Materialansprache aufgrund gemessener seismischer Geschwindigkeiten. Beim Übergang von Wasser-gesättigten zu -ungesättigten Sanden und Kiesen ergibt sich allerdings stets ein ausgeprägter Geschwindigkeitsanstieg von Werten unter 1.000 m/s auf 1.500–1.800 m/s. Der Einfluß des Wassersättigungsgrades der Poren auf die seismischen Geschwindigkeiten ist zunächst nur gering, steigt aber bei einem Sättigungsgrad von 85–95% steil auf die Werte des Wasser-gesättigten Untergrundmaterials an.

Der Variationsbereich der seismischen Geschwindigkeiten spiegelt, insbesondere bei Festgesteinen, den Einfluß von Porosität, Verfestigungsgrad, Verwitterung und Klüftung wider. Zum Beispiel hat ein sehr dichter und fester Quarzit eine Geschwindigkeit von etwa 5000 m/s, ein poröser Sandstein aber nur etwa 3000 m/s und ein lockerer trockener Sand gar nur etwa 400 m/s. Ein Gestein kann bei Versenkung in größere Tiefe durch Gefügeänderung und Verdichtung eine Geschwindigkeitszunahme aufweisen (STEIN et al. 1961). Im Bereich von Auflockerungs- und Kluftzonen wurden P-Wellengeschwindigkeiten gemessen, die sonst für Grundwasser-führende Sande typisch sind. Der Einfluß der Porosität läßt sich nach RAYMER et al. (1980) mit Gl. (3.6) abschätzen

$$(3.6) \qquad v = (1 - n)^2 \cdot v_{Matrix} + n \cdot v_{Poren}$$

mit der seismischen Geschwindigkeit der Gesteinsmatrix (v_{Matrix}) und derjenigen der Porenfüllung (v_{Poren}, für Wasser = 1.500 m/s) sowie der Porosität (n). Erhöht sich bei Festgesteinen die Porosität von 10% auf 20%, so sinkt die P-Wellengeschwindigkeit um 17%. Gleichung (3.6) ermöglicht in einfacher Weise, aus den mit seismischen Verfahren bestimmten Geschwindigkeitsänderungen auf Porositätsänderungen zu schließen, wenn ein Gesteinswechsel und damit ein Wechsel der Matrixgeschwindigkeit auszuschließen ist.

Die S-Wellengeschwindigkeit ist in Festgesteinen um den Faktor 2–3 niedriger als die P-Wellengeschwindigkeit, in Wasser-gesättigten Lockergesteinen kann dieser Faktor über 10 betragen. Die S-Wellengeschwindigkeit steigt beim Übergang von Wasser-ungesättigtem zu -gesättigtem Material nicht an, da Wasser und Luft keine Scherfestigkeit aufweisen.

Für seismische Messungen werden eine seismische Quelle, Erschütterungsaufnehmer (Geophone) zur Registrierung der seismischen Wellen sowie eine Registrierapparatur zur Steuerung der Messung und zur elektronischen Speicherung der Daten benötigt (Abb. 3.33). Seismische Quellen für die Erkundung des Untergrundes bis zu 200 m Tiefe können kleine Sprengladungen, Fallgewichte oder Impaktquellen sein, bei denen ein Gewicht durch Druckluft oder Gummizüge beschleunigt auf den Boden prallt. Für Erkundungstiefen von einigen Zehner Metern können

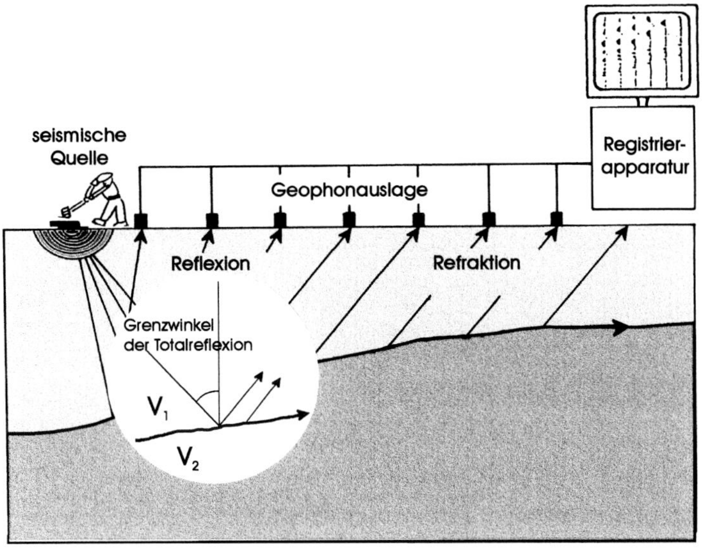

Abb. 3.33. Schema seismischer Messungen.

auch Schläge mit einem Vorschlaghammer ausreichen (Hammerschlag-Seismik). Diese Methode ist auch in dicht besiedelten Gebieten anwendbar (Dresen et al. 1985, Stein et al. 1961).

Die Verteilung der seismischen Geschwindigkeiten im Untergrund bestimmt die Ausbreitungswege der seismischen Wellen. Diese werden an Schichtgrenzen reflektiert und – unter bestimmten Bedingungen – als gebrochene (refraktierte) Wellen entlang der Grenzfläche geführt, wobei kontinuierlich Energie nach oben abgestrahlt wird. Dies ist eine Folge des Huygensschen Prinzips, nach dem jeder Punkt einer Wellenfront als Quelle einer neuen Elementarwelle angesehen werden kann. Bei Erreichen der Erdoberfläche werden diese Wellen von den Geophonen als Bodenerschütterung registriert, und ihre Laufzeiten und Amplituden können bestimmt werden. Sowohl refraktierte als auch reflektierte Wellen werden zur Bestimmung der Untergrundstruktur eingesetzt. Geophonauslage und Aufnahmeapparatur sind bei Reflexions- und Refraktions-seismischen Messungen ähnlich, es ergeben sich aber deutliche Unterschiede im Schußmuster.

Bei Refraktions-seismischen Messungen liegt der Anregungspunkt – traditionsgemäß als Schußpunkt bezeichnet – am vorderen Ende der Geophonauslage (Abb. 3.33). Refraktierte Wellen bilden sich im Untergrund an Schichtgrenzen aus, an denen eine Geschwindigkeitserhöhung erfolgt, die seismische Geschwindigkeit im Liegenden also größer als im Hangenden ist.

In Abb. 3.34 sind die Strahlausbreitung im Untergrund und die an der Geophonauslage registrierten Einsatzzeiten refraktierter Wellen für das einfache Beispiel einer söhligen Grenzschicht gezeigt. Statt des registrierten Seismogramms sind hier nur die Einsatzzeiten der jeweils ersten registrierten seismischen Wellen aufgezeichnet; eine derartige Darstellung wird als Laufzeitplan bezeichnet. In Schußpunktnähe zeichnen sich die Einsätze der direkten Wellen als erstes im Seismogramm ab, ab einer gewissen Entfernung vom Schußpunkt sind es dann die Einsätze der refraktierten Welle. Diese Entfernung ist durch einen Knick im Laufzeitplan zu erkennen und wird daher als Knickpunktentfernung $x_{1,2}$ bezeichnet. Aus den Steigungen im Laufzeitplan ($\Delta t_1/\Delta x$ und $\Delta t_2/\Delta x$ in Abb. 3.34) lassen sich die Ausbreitungsgeschwindigkeiten der direkten (v_1) und der refraktierten (v_2) Welle ablesen. Aus der Knickpunktentfernung und den seismischen Geschwindigkeiten folgt dann aus Gl. (3.7) die Tiefe h_1 des Refraktionshorizontes:

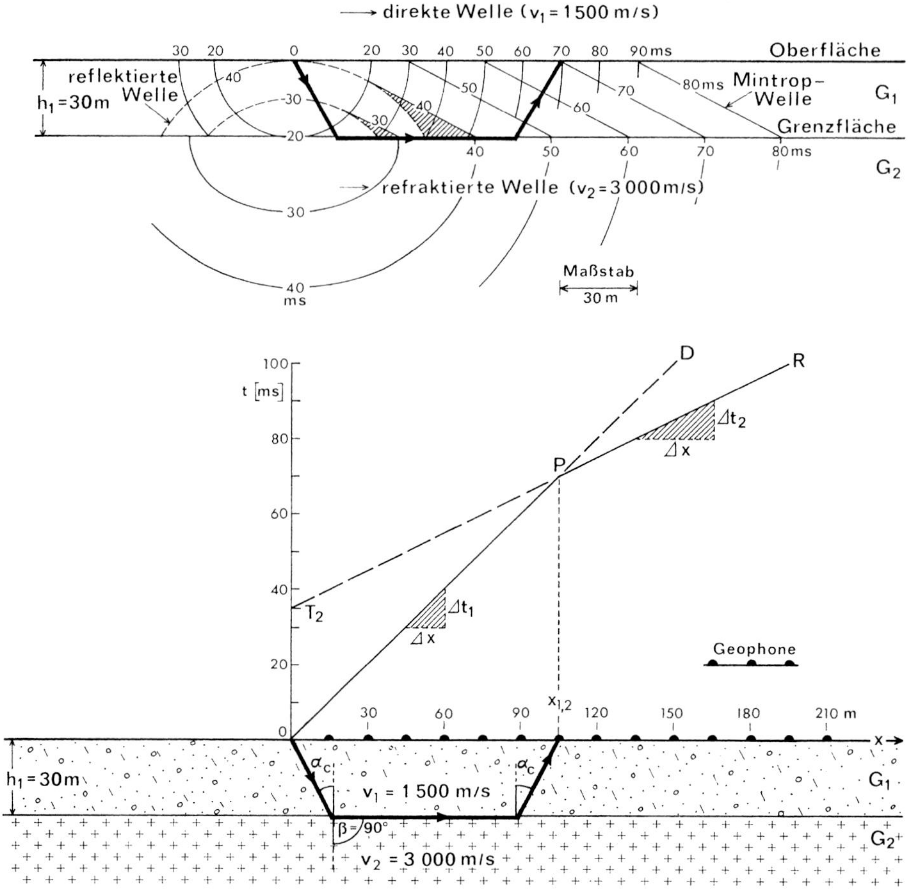

Abb. 3.34. Prinzip der Refraktionsseismik (RICHTER & LILLICH 1975).

(3.7)
$$h_1 = \frac{x_{1,2}}{2} \sqrt{\frac{v_2 - v_1}{v_2 + v_1}}.$$

oder als alternative Rechnung mit der »Intercept-Zeit« T_2 (Gl. 3.8):

(3.8)
$$h_1 = \frac{T_2}{2 \cdot \sqrt{\frac{1}{v_1^2} - \frac{1}{v_2^2}}}$$

Obwohl ein söhlig gelagerter Refraktionshorizont nur selten angetroffen wird, gestatten diese Gleichungen doch eine überschlägige Tiefenberechnung. Im Normalfall wird der Refraktionshorizont geneigt sein oder ein ausgeprägtes Relief aufweisen, was durch einen unruhigen Verlauf der Refraktionseinsätze angezeigt wird (Abb. 3.35). Zur Bestimmung der Untergrundstruktur ist dann ein zweites Seismogramm erforderlich, bei dem der Schußpunkt am hinteren Ende der Geophonauslage liegt, die Technik wird als »Schuß und Gegenschuß« bezeichnet.

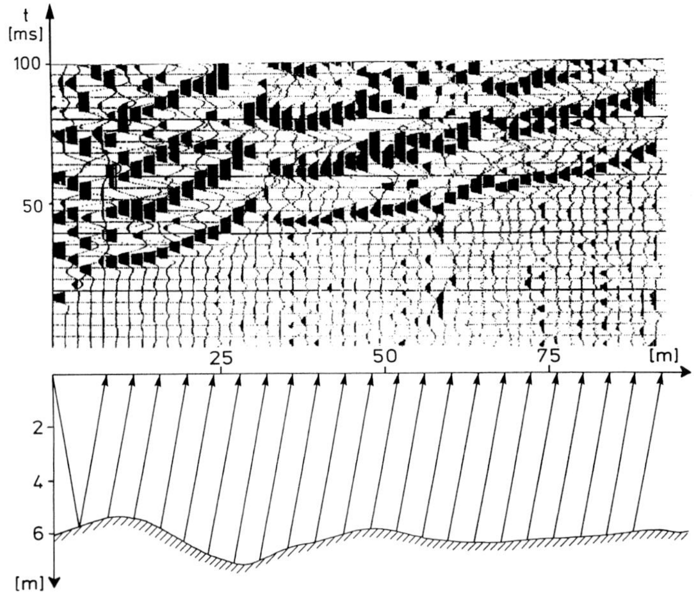

Abb. 3.35. Seismogramm-Beispiel mit unruhigem Verlauf der Refraktionseinsätze als Folge eines ausgeprägten Reliefs des Refraktionshorizontes.

Die wichtigsten Verfahren für die Auswertung Refraktions-seismischer Messungen sind:
- Interceptzeit- oder Knickpunkt-Verfahren, das die Tiefe und die seismische Geschwindigkeit des Refraktionshorizontes an beiden Schußpunkten ergibt, für den dazwischenliegenden Bereich unterhalb der Geophonauslage muß entsprechend interpoliert werden;
- Plus/Minus-, GRM- (**g**eneralized **r**eciprocal **m**ethod-) oder Wellenfront-Verfahren, die Tiefenlage und seismische Geschwindigkeit des Refraktionshorizontes für alle Punkte liefern, für die Refraktionslaufzeiten von Schuß und Gegenschuß vorliegen.

Das Interceptzeit- oder Knickpunkt-Verfahren ist zur Bestimmung söhliger oder geneigter, im wesentlichen ebener Refraktionshorizonte geeignet, während mit dem Plus/Minus-, dem GRM- oder dem Wellenfront-Verfahren detaillierte Aussagen über Tiefenänderungen im Refraktorverlauf und über laterale Geschwindigkeitsvariationen des Refraktionshorizontes möglich sind. Diese Verfahren erfordern allerdings eine höhere Seismogrammqualität, da für jede Seismogrammspur der Refraktionseinsatz klar erkannt werden muß, um die jeweilige Laufzeit zu bestimmen.

Bei der Grundwassererschließung wird vorwiegend die Refraktionsseismik eingesetzt, um die Mächtigkeit von Lockersedimenten über Festgesteinen zu bestimmen und so begrabene Täler und Becken, ggf. auch die Tiefenlage der Grundwasseroberfläche zu erkennen. Refraktions-seismische Messungen eignen sich vor allem zum Erfassen deutlich ausgeprägter Schichtgrenzen im Untergrund. Zum Beispiel wurde zur Ermittlung von Bohransatzpunkten in einem Wadi in der Sudanesischen Küstenebene der Tiefenverlauf der Grenze Festgestein-Lockersediment kartiert (Abb. 3.36). Dabei wurden als seismische Geschwindigkeitsbereiche die Wasser-ungesättigte Bodenzone mit 250–350 m/s, der Grundwasser-führende Sand mit 1.650–2.200 m/s und als Grundwassersohlschicht das Festgestein mit 2.100–3.900 m/s erfaßt. Die Geschwindigkeitsvariationen in den einzelnen Gesteinsformationen spiegeln laterale Unterschiede der Porosität wider. Das ausgeprägte Relief der Festgesteinsoberfläche verdeutlicht den Vorteil einer seismischen Erkundung anstelle von Versuchsbohrungen. Störungszonen im Festgesteinen, die ergiebige Grund-

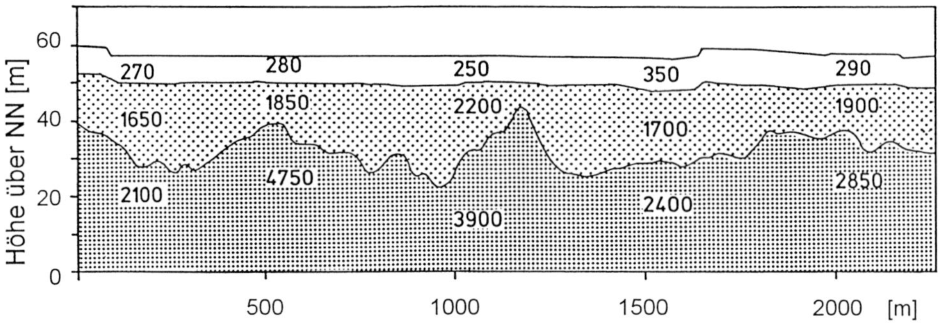

Abb. 3.36. Ergebnis Refraktions-seismischer Messungen durch ein Wadi. Die seismischen Geschwindigkeiten von Wasser-ungesättigter Zone, Grundwasserleiter und Grundwassersohlschicht sind in m/s angegeben (etwa 10-fach überhöht; mit frdl. Genehmigung von Thor Geophysikalische Prospektion GmbH, Kiel).

wasserleiter sein können, zeigen stark erniedrigte seismische Geschwindigkeiten und sind im Refraktionsseismogramm durch einen Laufzeitversatz zu orten (Kirsch & Rabbel 1997).

Refraktions-seismische Messungen erfordern einen geringeren Aufwand für Feldarbeiten und Auswertung als Reflexions-seismische Untersuchungen. Markante oberflächennahe Schichtgrenzen lassen sich gut verfolgen, laterale Änderungen der seismischen Geschwindigkeiten können erfaßt werden. Nachteilig ist, daß sich nur Schichtgrenzen, an denen eine Geschwindigkeitszunahme mit der Tiefe erfolgt, durch Refraktionseinsätze abzeichnen. Nicht erkannte Schichten mit erniedrigter seismischer Geschwindigkeit (low-velocity layer), z. B. trockener Sand unter Geschiebemergel (Till), können zu falschen Tiefenangaben für den tieferen Refraktionshorizont führen. Solche Schichten werdem als »überschossen« bezeichnet.

Neuere technische Entwicklungen ermöglichen auch den Einsatz Reflexions-seismischer Verfahren zur Untersuchung flachgründiger Strukturen im Rahmen hydrogeologischer Fragestellungen. Bei Reflexions-seismischen Messungen wird angestrebt, von einzelnen Punkten auf der Schichtgrenze im Untergrund möglichst viele Reflexionseinsätze bei unterschiedlichen Einfallsrichtungen der seismischen Wellen zu erhalten. Demnach sind erheblich mehr Schüsse als bei der Refraktionsseismik erforderlich. Bei der Auswertung werden in einem aufwendigen Verfahren alle Seismogrammspuren, die gleiche Reflexionspunkte betreffen, zusammengefaßt (gestapelt) und so eine seismische Sektion erhalten, in der sich die Schichtgrenzen im Untergrund direkt durch ihre Reflexionseinsätze abzeichnen. Eine derartige Darstellung wird als Stapelsektion oder CMP (**C**ommon **M**id **P**oint)-Sektion bezeichnet. Die Umrechnung der Reflexionslaufzeiten erfolgt über die seismische Geschwindigkeit, die ebenfalls beim Stapelprozeß bestimmt wird (Kirsch & Rabbel 1997).

In einem Reflexions-seismischen Schnitt durch eine quartäre Erosionsrinne in Schleswig-Holstein ist z. B. die asymmetrische Rinnenform gut erkennbar (Abb. 3.37). Die Schichtung innerhalb und im Liegenden der Rinne deutet sich an, kann aber aufgrund der seismischen Ergebnisse allein ohne Aufschlußbohrungen oder geoelektrische bzw. elektromagnetische Messungen nicht lithologisch interpretiert werden.

Seismische Wellen werden an jeder Schichtgrenze reflektiert, an der sich die Impedanz, das Produkt aus seismischer Geschwindigkeit und Dichte, ändert. Es ergeben sich also auch Reflexionseinsätze von Schichten mit erniedigter seismischer Geschwindigkeit, die dadurch, im Gegensatz zur Refraktionsseismik, erfaßt werden können. Die Reflexionsseismik ist jedoch beträchtlich aufwendiger als die vergleichsweise einfachen Refraktionsmethoden (Dresen et al. 1985, Stein et al. 1961).

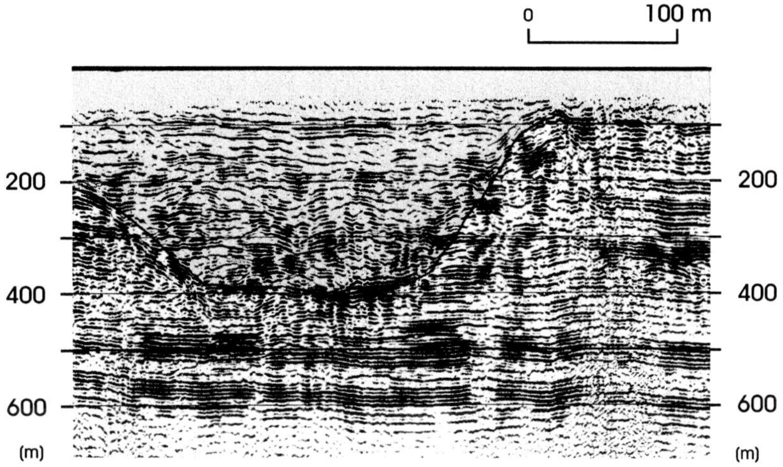

Abb. 3.37. Reflexions-seismischer Nachweis einer quartären Rinne (WIEDERHOLD & KIRSCH 1998).

Untergrundstrukturen können sich in einer Reflexions-seismischen Sektion klar abzeichnen, bei der Tiefenbestimmung können sich aber Unsicherheiten ergeben, weil die seismischen Geschwindigkeiten – insbesondere bei nicht-söhliger Lagerung der Horizonte – nicht so exakt wie bei der Refraktionsseismik bestimmt werden können. Als hilfsreich haben sich **V**ertikale **S**eismische **P**rofile (VSP) erwiesen, die durch direkte Messung der seismischen Geschwindigkeiten in benachbarten Aufschlußbohrungen durch Anregung an der Erdoberfläche und Registrierung durch ein Bohrlochgeophon, wodurch sich eine Durchschallung der Schichten ergibt, direkt erstellt werden.

3.3.4.3.2 Geoelektrische und elektromagnetische Verfahren

Beide Verfahren nutzen die elektrische Leitfähigkeit der Gesteine als Parameter zur Bestimmung der Untergrundstruktur. Bei den geoelektrischen Verfahren wird ein elektrischer Strom eingespeist und die Verteilung der elektrischen Potentiale an der Erdoberfläche gemessen, während bei elektromagnetischen Verfahren durch Induktion ein Stromfeld im Untergrund erzeugt und das dadurch induzierte sekundäre elektromagnetische Feld gemessen wird.

Die elektrische Leitfähigkeit der Gesteine

Die elektrische Leitfähigkeit ermöglicht als Gesteinsparameter Aussagen über Porosität, Wassergehalt, Ton-Gehalt und elektrische Leitfähigkeit des Porenwassers. Die Einheit ist Siemens/m, gebräuchlich sind auch mS/m und μS/cm (im Angelsächsischen früher häufig in »mho«). Bei geoelektrischen Messungen wird der Kehrwert der spezifischen elektrischen Leitfähigkeit verwendet, der spezifische elektrische Widerstand mit der Einheit Ohm · m (Ωm).

Die in Abb. 3.38 logarithmisch dargestellten Erfahrungswerte für spezifische Widerstände lassen den mehrere Dekaden umfassenden Bereich möglicher Widerstandswerte erkennen. Trokkene Sande haben spezifische Widerstände von deutlich mehr als 100 Ohm · m, der spezifische Widerstand des Wasser-gesättigten Sandes wird vom Widerstand des Porenwassers dominiert und kann bei Salzwasserintrusionen oder im Kontaminationsbereich von Abfalldeponien sehr geringe Werte annehmen. Bei Geschiebemergel (Till) wirkt sich die hohe elektrische Leitfähigkeit der

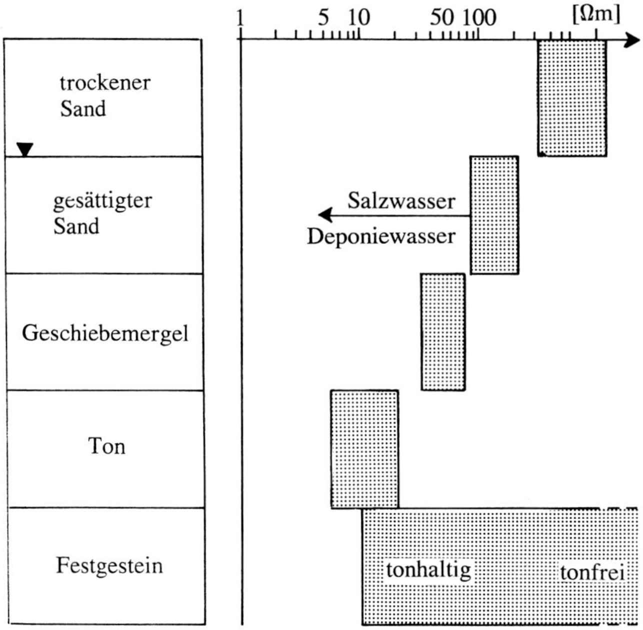

Abb. 3.38. Erfahrungswerte für spezifische elektrische Widerstände.

Tonminerale aus, während Festgesteine einen weiten Widerstandsbereich bis hin zu mehreren 1.000 Ohm · m umfassen, wobei sich auch hier der Einfluß von Verwitterungsgrad, Ton-Gehalt und Porenwasser widerspiegelt.

Die klassische empirische Beziehung von ARCHIE (1942) zur Abschätzung des spezifischen Widerstandes von Gesteinen setzt voraus, daß die Stromleitung ausschließlich über die Porenflüssigkeit erfolgt. Danach gilt (Gl. 3.9):

(3.9) $\varrho_G = F \cdot \varrho_W$

mit dem spezifischen Widerstand des Wasser-gesättigten Gesteins (ϱ_G) und des Porenwassers (ϱ_W) sowie dem sog. Formationsfaktor (F). Der Formationsfaktor F ist mit der Gesamt-Porosität n, den Materialkonstanten a und m durch die empirische Beziehung (3.10) verknüpft:

(3.10) $F = a \cdot n^{-m}$

Der von der diagenetischen Verfestigung abhängige Zementationsgrad (Porositätsexponent) m variiert meist zwischen 1,3 (Lockergestein) und 2,3 (Dolomitstein). Typische Werte für Sande und Kiese sind z. B. a = 1 und m = 1,3 oder für wenig verfestigte Sandsteine a = 0,7 und m = 1,9 (SCHÖN 1983). Wenn der Formationsfaktor als bekannt vorausgesetzt werden kann, ist eine Bestimmung des spezifischen Widerstandes des Porenwassers möglich. Die Beziehung von ARCHIE gilt nur, wenn der Beitrag der Gesteinsmatrix zur elektrischen Leitfähigkeit vernachlässigt werden kann. Ton-haltige Gesteine müssen also gesondert betrachtet werden.

Die Elektrolyt-Konzentration (Abschnitt 1.5.1) bestimmt in hohem Maße die spezifische elektrische Leitfähigkeit des Porenwassers (Abb. 3.39). Meist wird der Chloridanteil des Lösungsinhalts oder – vereinfachend – der äquivalente Gehalt an NaCl angegeben, woraus mit Näherungsformeln der spez. Widerstand abgeschätzt werden kann (LOGAN 1961). Normale Süßwässer weisen spez. Widerstände zwischen 20 und 200 Ωm, schwach mineralisierte Wässer

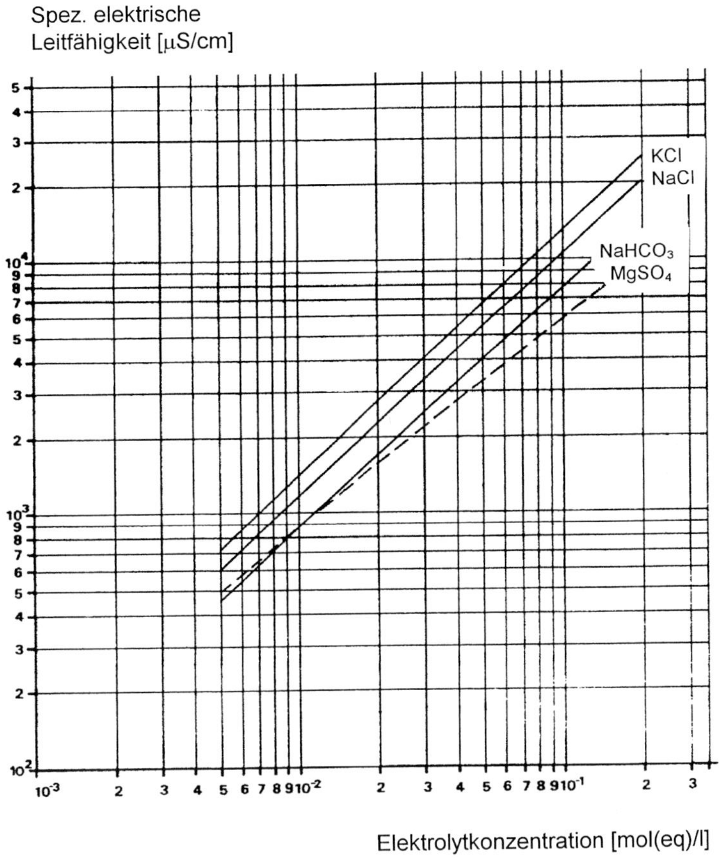

Abb. 3.39. Spezifische elektrische Leitfähigkeit des Wassers bei 25 °C in Abhängigkeit von der Konzentration unterschiedlicher Elektrolyte (TNO 1976).

solche von 1 bis 10 Ωm, Meerwasser 0,2 Ωm und Sole 5 x 10^{-2} Ωm auf (DAVIS & DE WIEST 1966, MUNDRY et al. 1985).

Geoelektrische und elektromagnetische Messungen eignen sich demnach zur Bestimmung der Grundwasserqualität. Bei der Interpretation der gemessenen Leitfähigkeiten muß allerdings die Temperaturabhängigkeit mit berücksichtigt werden, für die gilt

(3.11) $\sigma_t = \sigma_{18}\,[1 + 0{,}023(t - 18)]$

mit der spezifischen elektrischen Leitfähigkeit bei der Temperatur t (in °C) (σ_t) und bei t = 18 °C (σ_{18}). Grundwasser bei 9 °C (der mittleren Jahrestemperatur des Erdoberflächen-nahen Grundwassers in Schleswig-Holstein) mit einer spezifischen elektrischen Leitfähigkeit von 48 mS/m bzw. einem spezifischen Widerstand von 21 Ωm hätte in einem tropischen Grundwasserleiter bei 28 °C eine spezifische elektrische Leitfähigkeit von 80 mS/m oder einen spezifischen Widerstand von 12,5 Ωm.

Aufgrund der hohen Oberflächenleitfähigkeit der Tonminerale kann bei Ton-haltigen Gesteinen auf die Beziehung von ARCHIE nicht zurückgegriffen werden. Hier kommt eine weitere Art von elektrischer Leitfähigkeit hinzu. In Wasser-gesättigten Tonen sind nämlich die Mineralkörner von sog. Doppelschichten aus Wasser mit adsorbierten und mit wachsendem Abstand

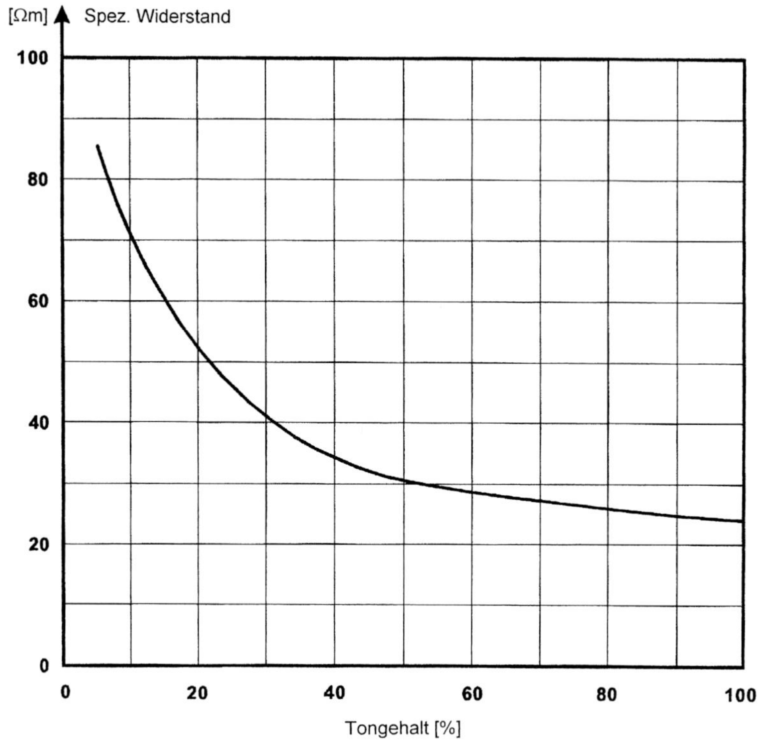

Abb. 3.40. Spezifischer elektrischer Widerstand eines Ton-haltigen Sedimentes in Abhängigkeit vom Ton-Gehalt (SEN et al. 1988, GÜNZEL 1994), berechnet für eine Porosität von 30% und einen spezifischen Widerstand des Porenwassers von 10 Ωm.

von der Kornoberfläche zunehmend diffus verteilten Kationen umgeben, die zur elektrischen Leitfähigkeit beitragen und so den elektrischen Widerstand Ton-reicher Gesteine oder Sedimente herabsetzen (MUNDRY et al. 1985). Generell nimmt die elektrische Leitfähigkeit mit dem Ton-Gehalt rasch zu, eine Folge der von der Kationenaustauschkapazität des Materials kontrollierten Verfügbarkeit austauschbarer Kationen. Für ein bayerisches Meßgebiet gibt GÜNZEL (1994) folgende Beziehung von Ton-Gehalt (c_T) zur Kationenaustausch-Kapazität (KAK) an: $c_T(\%) = 2{,}125 \cdot \text{KAK (mmol/100 g)}$. Der mit dieser Beziehung berechnete Widerstand in Abhängigkeit vom Ton-Gehalt ist in Abb. 3.40 dargestellt. Da die Kationenaustauschkapazität in starkem Maße von der Art der Tonminerale abhängt, gelten derartige Beziehungen nur für regional begrenzte Meßgebiete.

Zwischen elektrischer und hydraulischer Leitfähigkeit besteht ein indirekter Zusammenhang über den geoelektrischen Formationsfaktor (F), der von der Porosität und der Beschaffenheit der Verbindungskanäle zwischen den Poren bestimmt wird, die auch die hydraulische Leitfähigkeit, den Durchlässigkeitsbeiwert (k_f), stark beeinflussen. Tatsächlich läßt sich der Formationsfaktor auch durch die Tortuosität (f) ausdrücken, den Korrekturfaktor für die Wirkung der gewundenen Porenkanäle (TNO 1976):

$$F = f \cdot n^{-m^*} \qquad (3.12)$$

mit dem modifizierten Porositätsexponenten (m*). Daher liegt es nahe, nach einer Korrelation zwischen Formationsfaktor und Durchlässigkeitsbeiwert zu suchen. Tatsächlich wurden bei

Laborexperimenten und Feldmessungen sowohl positive als auch negative Korrelationen gefunden (MAZAC et al. 1990). Eine mögliche Begründung hierfür ist, daß der Durchlässigkeitsbeiwert in komplizierter Weise von der Porenform, der inneren Oberfläche und der Art der Porenkanäle abhängt (MATTHESS & UBELL 1983), während der spezifische elektrische Widerstand bzw. der Formationsfaktor doch im wesentlichen die Porosität widerspiegelt. Eine Korrelation zwischen Durchlässigkeitsbeiwert und Formationsfaktor kann also nur für ein eng gefaßtes Untersuchungsgebiet gelten.

Geoelektrische Verfahren

Geoelektrische Messungen können mit vergleichsweise geringem Personal- (2 oder 3 Personen) und Geräteaufwand durchgeführt werden. Gemessen werden 2 Typen von elektrischen Potentialen: das natürliche elektrische Potential des Untergrundes (Eigenpotential) und ein künstliches elektrisches Potential, das durch einen in den Untergrund eingespeisten Strom entsteht. Die Meßgeräte sind für beide Verfahren weitgehend identisch.

Zur Durchführung einer geoelektrischen Messung werden je ein Elektrodenpaar zur Stromeinspeisung in den Untergrund und zur Messung der elektrischen Spannung an der Erdoberfläche benötigt.

Die Messung erfolgt aus praktischen Gründen mit einer der drei vorgestellten Elektrodenkonfigurationen (Abb. 3.41). An die Stromelektroden wird zur Stromeinspeisung eine Spannung im Bereich von 100–1.000 V angelegt, es fließt dann ein Strom im mA-Bereich und die an den Spannungselektroden gemessene Spannung liegt im mV-Bereich. Aus den gemessenen Strom- und Spannungswerten ergibt sich ein scheinbarer elektrischer Widerstand, der sich aus den spezifischen Widerständen der vom Strom durchflossenen Schichten zusammensetzt. Zusätzlich muß der Einfluß der gewählten Elektrodenkonfiguration durch einen Geometriefaktor K korrigiert werden (Abb. 3.41).

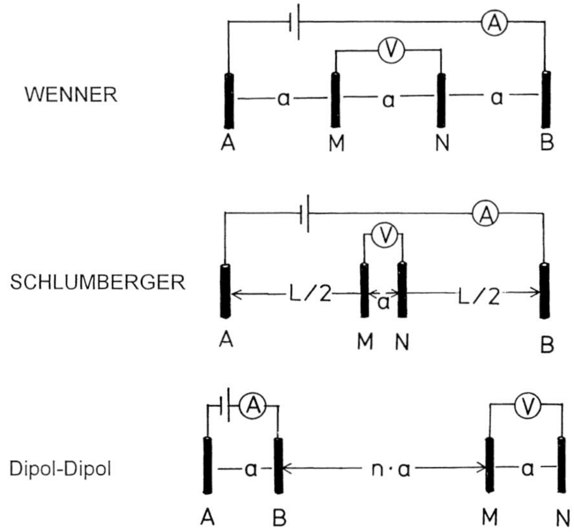

$K = 2 \cdot \pi \cdot a$

$K = \frac{\pi}{a} \cdot \left(\frac{L}{2}\right)^2$

$K = \pi \cdot a \cdot n \cdot (n+1) \cdot (n+2)$

Abb. 3.41. WENNER-, SCHLUMBERGER- und Dipol-Dipol-Anordnung mit den jeweiligen Geometriefaktoren K. Das Elektrodenpaar A,B dient zur Stromeinspeisung und das Paar M,N zur Spannungsmessung.

Geoelektrische Sondierungen

Das Ziel einer geoelektrischen Sondierung ist die Bestimmung des Schichtenaufbaus des Untergrundes, wobei jede erfaßte Schicht durch ihre Mächtigkeit und ihren spezifischen Widerstand charakterisiert wird. Bei einer Sondierung in SCHLUMBERGER-Konfiguration bleiben die Spannungselektroden in der Auslagenmitte ortsfest, während für jede Einzelmessung die Stromelektroden weiter nach außen versetzt werden (Abb. 3.42). Gemessen wird die Stromstärke I des eingespeisten Stromes und die aus dem so erzeugten elektrischen Potential resultierende Spannung U. Daraus wird mit dem jeweiligen Geometriefaktor K für jeden Meßpunkt ein scheinbarer elektrischer Widerstand ϱ_s näherungsweise berechnet nach Gl. (3.13)

$$\varrho_s = K \cdot \frac{U}{I} \qquad (3.13)$$

Dieser scheinbare Widerstand wird in Abhängigkeit vom jeweiligen Elektrodenabstand als Sondierungskurve dargestellt (Abb. 3.42b), die den scheinbaren Widerstand als Funktion des jeweiligen Elektrodenabstandes darstellt. Da mit größerem Elektrodenabstand auch größere Tiefenbereiche vom Strom erfaßt werden, enthält diese Sondierungskurve alle Informationen über die

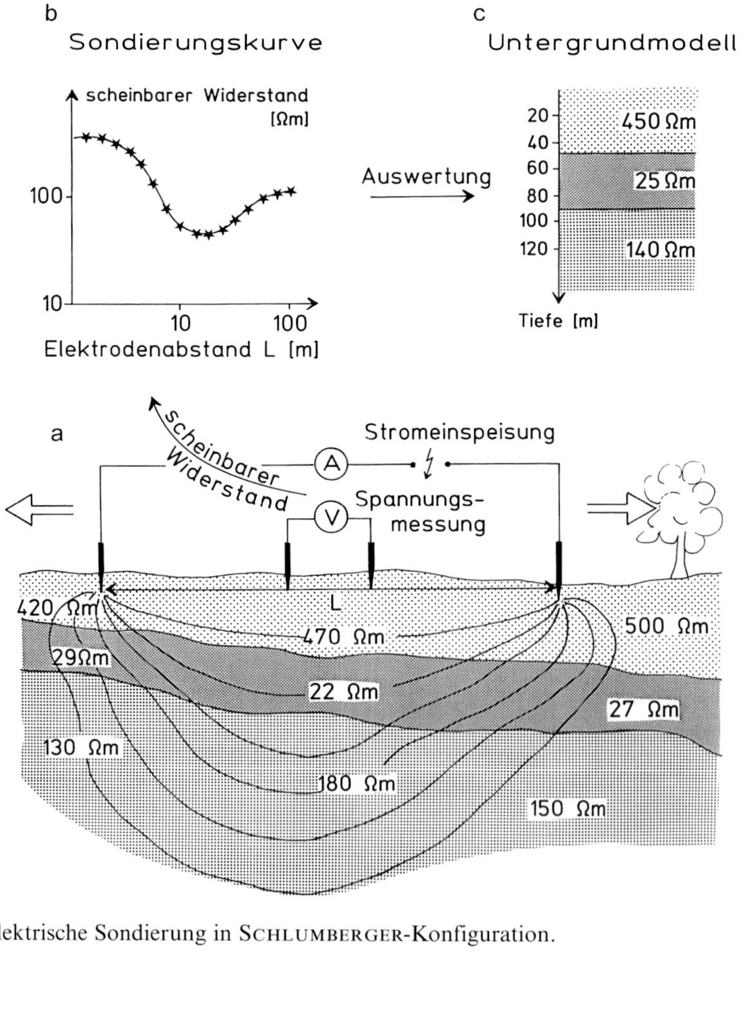

Abb. 3.42. Geolektrische Sondierung in SCHLUMBERGER-Konfiguration.

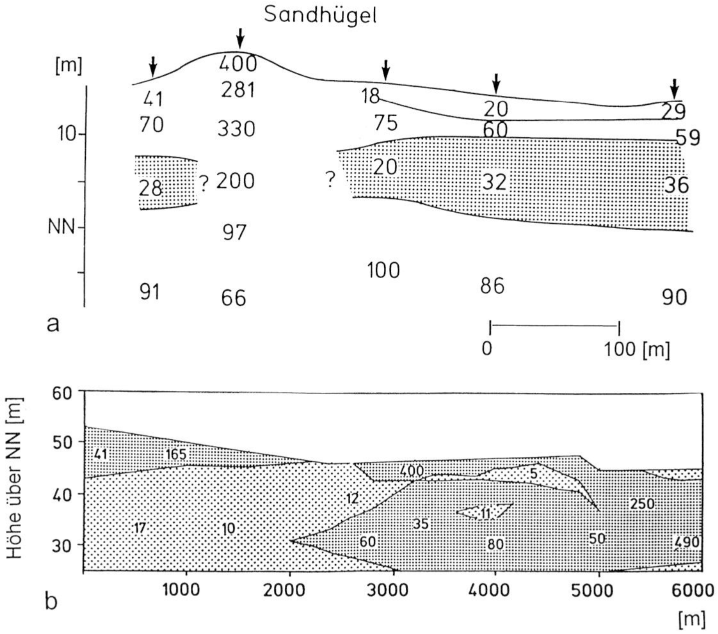

Abb. 3.43. Geoelektrische Sondierungen: a) Bestimmung von Mächtigkeit und Tiefenverlauf einer Geschiebemergel- (Till-)Lage, b) Ortung von versalzenem und nutzbarem Grundwasser für ein Grundwasser-Erschließungsprojekt im Sudan. Spezifische Widerstände in Ωm (mit frdl. Genehmigung der Fa. THOR Geophysikalische Prospektion GmbH, Kiel).

Widerstandsverhältnisse in dem vom Stromfluß erfaßten Untergrundbereich. Es muß dabei berücksichtigt werden, daß das Auflösungsvermögen geoelektrischer Messungen exponentiell mit der Lagerungstiefe abnimmt.

Durch mathematische Inversion kann aus der Sondierungskurve die Widerstands-Tiefenverteilung des Untergrundes berechnet werden (Abb. 3.42c). Die maximalen Auslagenlängen bei geoelektrischen Sondierungen hängen von der gewünschten Eindringtiefe ab und liegen für hydrogeologische Fragestellungen im Bereich von 100–1.000 m, wobei als maximale Eindringtiefe ca. 1/3 der Auslagenlänge angenommen wird. Bei guter elektrischer Leitfähigkeit des Untergrundes liegen die erreichbaren Eindringtiefen erheblich niedriger. Das Auflösungsvermögen der Geoelektrik nimmt logarithmisch mit zunehmender Tiefe ab (RICHTER & LILLICH 1975, HOMILIUS 1988).

Geoelektrische Sondierungen werden häufig so angeordnet, daß ihre Ergebnisse korreliert und als Profilschnitt dargestellt werden können, wie an zwei typischen Anwendungsbeispielen gezeigt wird (Abb. 3.43):

- Bestimmung des Verlaufs einer Geschiebemergel-(Till-)Lage als Grundwasserüberdeckung, die sich gut durch ihre niedrigen spezifischen Widerstände abzeichnet und die eine Lücke im Bereich des Sandhügels aufweist (Abb. 3.43a).
- Ortung von versalzenem und nutzbarem Grundwasser in einem tropischen Grundwasserleiter (Sudan). Die versalzenen Bereiche zeichnen sich durch geringe spezifische Widerstände von 5–17 Ωm ab (Abb. 3.43b). Bei der Bewertung der spezifischen Widerstände des Grundwasserleiters muß berücksichtigt werden, daß sie sich aus den spezifischen Widerständen des Grund-

wassers und dem Formationsfaktor zusammensetzen, die jeweiligen Widerstände des Grundwassers also um einen Faktor von 3–5 geringer sind.

Die Aussagekraft geoelektrischer Sondierungen wird durch 2 Fehlerquellen beeinflußt:

- Nichtsöhlige Lagerung. Für die Auswertung der Sondierungskurve werden söhlig gelagerte, in sich homogene Schichten vorausgesetzt. Bei größerer Auslagenlänge können daher nichtsöhlige Lagerung und laterale Inhomogenitäten stören, so daß es zu Fehlinterpretationen kommen kann (LANGE 1997).
- Äquivalenzprinzip. Die gesuchte Geschiebemergel-(Till-)Lage ist zwischen zwei vergleichsweise hochohmige Schichten eingeschlossen. In diesem Falle können die Mächtigkeit und der spezifische Widerstand der interessierenden Schicht nicht aus der Sondierungskurve abgeleitet werden, sondern nur der Quotient aus beiden Größen. Es kann also z. B. nicht angegeben werden, ob die Schicht einen spezifischen Widerstand von 20 Ωm und eine Mächtigkeit von 4 m oder einen spezifischen Widerstand von 30 Ωm und eine Mächtigkeit von 6 m hat. Ähnliche Interpretationsunsicherheiten ergeben sich bei Schichten, bei denen im Hangenden und im Liegenden niedrigere spezifische Widerstände angetroffen werden. Für eine derartige Schicht kann nur das Produkt aus spezifischem Widerstand und Mächtigkeit aus der Sondierungskurve abgeleitet werden (LANGE 1997).
- Bei mehr als 3 Schichten kommt zum Äquivalenzprinzip das Prinzip der Schichtunterdrückung hinzu: Relativ geringmächtige Schichten sind im Kurvenbilde nicht erkennbar. Außerdem erscheint eine Wechselfolge von geringmächtigen Schichten verschiedener Widerstände als eine Schicht mit einem mittleren Pseudowiderstand und einer der Wirklichkeit nicht entsprechenden Pseudomächtigkeit (Anisotropie).

Wegen der geschilderten Fehlerquellen sind für die Interpretation geoelektrischer Sondierungen möglichst die Ergebnisse benachbarter Bohrungen heranzuziehen. Insbesondere empfiehlt sich bei der Auswertung der aus der Sondierungskurve errechneten Schichtfolge eine enge Zusammenarbeit mit dem Hydrogeologen (DEPPERMANN et al. 1961, HOMILIUS 1988, RICHTER & LILLICH 1975, MUNDRY et al. 1985).

2-D-Geoelektrik

Mit einer 2-D-geoelektrischen Vermessung können auch kompliziertere Untergrundstrukturen abgebildet werden. Hierzu werden möglichst viele Elektroden in 1–2 m Abstand profilweise angeordnet und so geschaltet, daß jeweils 4 Elektroden in Dipol-Dipol-Konfiguration durchgemessen werden. Mit modernen Apparaturen sind so über 500 Elektroden ansteuerbar. Durch Veränderung des Dipolabstandes werden unterschiedliche Eindringtiefen erreicht. Ergebnis ist eine zwei-dimensionale Darstellung (Pseudosektion) der scheinbaren Widerstände längs des Profils (Abb. 3.44 a). Die Auswertung der Pseudosektion liefert schließlich eine zwei-dimensionale Verteilung der spezifischen Widerstände im Untergrund (Abb. 3.44 b), die dann geologisch interpretiert werden kann (Abb. 3.44 c).

Geoelektrische Kartierung

Geoelektrische Kartierungstechniken eignen sich zur Bestimmung der lateralen Verteilung elektrisch gut- oder schlecht-leitfähiger Strukturen im Erdoberflächen-nahen Untergrund wie z. B. Salzwasserintrusionen oder Kontaminationsbereiche von Abfalldeponien. Hierzu erfolgt eine profil- oder flächenhafte geoelektrische Vermessung mit konstanter Elektrodenkonfiguration, z. B. in WENNER-Anordnung. Eine Thermalwasser-führende Kluftzone zeichnet sich beispielsweise bei einer geoelektrischen und bei einer elektromagnetischen Kartierung durch verringerte

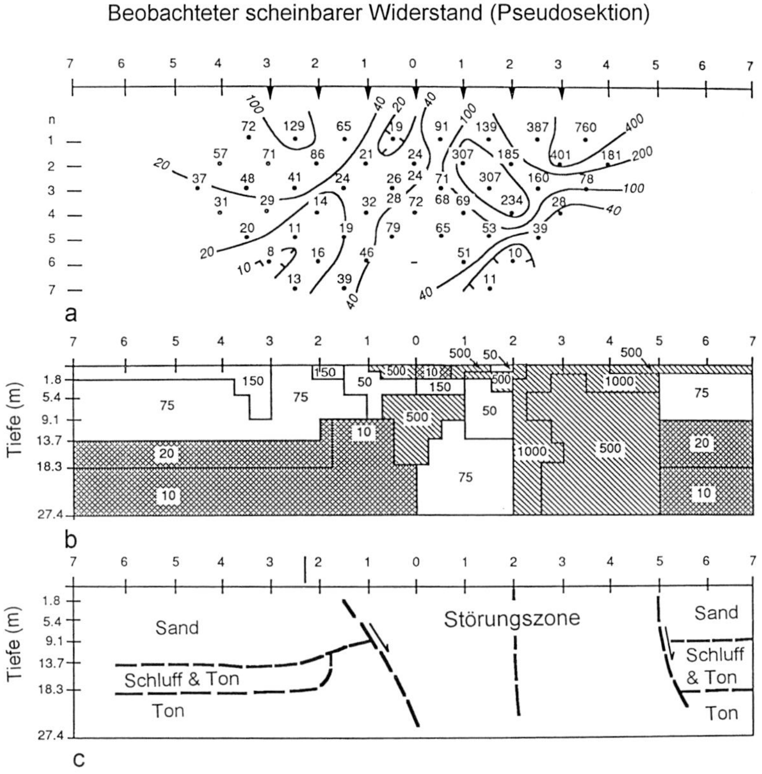

Abb. 3.44. 2-D-Geoelektrische Untersuchung: (a) Pseudosektion, (b) Auswertung durch Modellierung mit finiten Elementen und (c) geologische Interpretation (Ross et al. 1990).

scheinbare Widerstände bzw. durch erhöhte spezifische elektrische Leitfähigkeiten klar ab (Abb. 3.45).

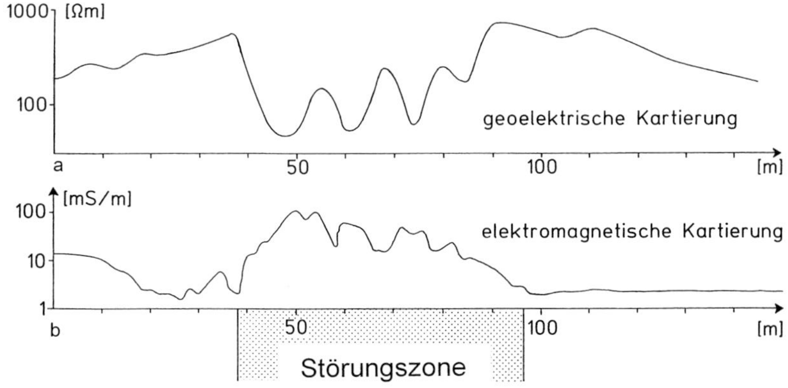

Abb. 3.45. Geoelektrische (a) und elektromagnetische Kartierung (b) einer Störungszone (mit frdl. Genehmigung der Fa. GRL GmbH, Leipzig).

Induzierte Polarisation

Beim geoelektrischen Verfahren der Induzierten Polarisation (IP) wird mit der gleichen Elektrodenkonfiguration wie bei geoelektrischen Sondierungen oder Kartierungen der Spannungsabfall nach Abschalten des Stromes gemessen oder der scheinbare Widerstand bei Messung mit Wechselstrom unterschiedlicher Frequenzen betrachtet. Als Meßgrößen ergeben sich die Aufladbarkeit (Chargebility) oder ein Frequenz-abhängiger scheinbarer Widerstand. Neuere Untersuchungen zeigen, daß ein enger Zusammenhang zwischen diesen Größen und der spezifischen inneren Oberfläche besteht, so daß möglicherweise künftig die hydraulische Leitfähigkeit (Durchlässigkeitsbeiwert) aus IP-Messungen abgeleitet werden kann (Börner et al. 1996).

Eigenpotentiale (SP)

Unterschiede im natürlichen elektrischen Potential werden bei der Ortung von Bohrpunkten kaum verwendet. Große natürliche Potentiale sind an elektrochemische Ursachen geknüpft, wie oxidierende Sulfidminerale und korrodierende Metalle, sowie an Wässer mit unterschiedlichen chemischen Eigenschaften, die miteinander im Kontakt stehen. Nur im letzteren Falle werden in der Hydrogeologie Messungen natürlicher elektrischer Potentiale eingesetzt.

Die Erdoberflächen-nahe Grundwasserströmung erzeugt ein elektrisches Potential an der Erdoberfläche, das sog. Strömungspotential. Dieses Potential hängt sowohl von der Fließgeschwindigkeit als auch von der inneren Oberfläche des Porenraums ab und kann mit einem Elektrodenpaar flächenhaft kartiert werden. Dieses Verfahren eignet sich zur Bestimmung der Erdoberflächen-nahen Grundwasserströmung, doch können die Messungen leicht durch externe Störeinflüsse wie z. B. Niederschläge oder technische Anlagen verfälscht werden (Ernstson & Scherer 1986, Corvin 1990).

Elektromagnetische Verfahren

Bei elektromagnetischen Verfahren wird zwischen elektromagnetischen Induktionsverfahren und elektromagnetischen Reflexionsverfahren unterschieden. Elektromagnetische Induktionsverfahren dienen zur Bestimmung der elektrischen Leitfähigkeit des Untergrundes, sie arbeiten im Frequenz- oder im Zeitbereich und werden als Slingram- bzw. als TEM-Verfahren bezeichnet. Beide Verfahren unterscheiden sich stark in ihren Meßprinzipien und ihrer apparativen Ausstattung. Bei den elektromagnetischen Reflexionsverfahren handelt es sich um das Bodenradar (Abschnitt 3.3.4.3.3).

Slingram-Verfahren

Beim Slingram-Verfahren wird in einer Spule ein elektromagnetisches Feld erzeugt, dessen magnetische Feldkomponente im Untergrund Wirbelströme induziert, deren Stärke von der elektischen Leitfähigkeit abhängig ist und die ein sekundäres elektromagnetisches Feld induzieren. Gemessen wird in einer zweiten Spule die Überlagerung von primärem und sekundärem Feld, aus dem die mittlere elektrische Leitfähigkeit des Untergrundes berechnet wird. Das Verfahren eignet sich zur Kartierung lateraler Anomalien der Erdoberflächen-nahen elektrischen Leitfähigkeit. Das Eindringvermögen wird dabei durch den Abstand von Sende- und Empfangsspule bestimmt. Da hierbei eine kontinuierliche Messung möglich ist, ergibt sich ein rascher Meßfortschritt.

Ein typischer Anwendungsbereich in der Grundwassererschließung ist die Kartierung von Grundwasser-führenden Kluftzonen, die eine höhere elektrische Leitfähigkeit als das Umgebungsgestein aufweisen. Ausgedehntere Bereiche erhöhter Klüftigkeit zeichnen sich, wie bereits in

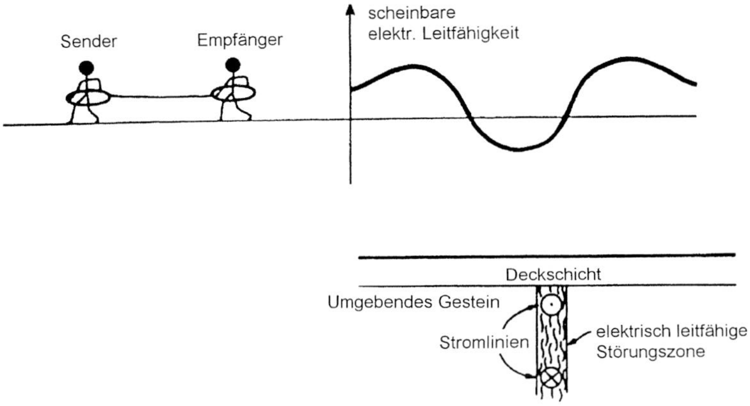

Abb. 3.46. Typische Anomalieform des elektromagnetischen Signals einer steilstehenden Störung (McNEILL 1990).

Abb. 3.45 gezeigt, direkt durch eine erhöhte elektrische Leitfähigkeit ab. Schmale langgestreckte Störungszonen ergeben auf einem Profil senkrecht zur Streichrichtung eine typische Anomalie der gemessenen Leitfähigkeit mit negativen Meßwerten oberhalb der Störung, die von 2 Maxima flankiert wird (Abb. 3.46). Eine einfallende Störungszone führt zu asymmetrischen Flanken der Anomalie, so daß der Einfallswinkel abgeschätzt werden kann.

Ein besonders einfaches Verfahren elektromagnetischer Induktionsmessung ist das VLF-(**V**ery **L**ow **F**requency-)Verfahren. Hier wird das Feld entfernter Radiosender im niedrigen Frequenzbereich ausgenutzt. Bei Überqueren einer Störungszone mit erhöhter elektrischer Leitfähigkeit ergibt sich auch hier eine typische Anomalie des Meßsignals, durch die eine Ortung der Störungszone möglich ist (McNEILL 1990).

Transientenelektromagnetik (TEM)

Beim TEM-Verfahren wird eine Sendespule auf dem Boden ausgelegt und mit einem Gleichstrom gespeist. Durch Abschalten des Stromes werden im Untergrund Wirbelströme induziert, deren Abklingen mit einer Empfangsspule registriert wird. Die Auswertung dieses Signals ergibt – wie bei einer geoelektrischen Sondierung – die Widerstandsverteilung im Untergrund. Mit dem TEM-Verfahren ist es möglich, mit geringem Aufwand Eindringtiefen von mehreren Hundert Metern zu erreichen (SCHAUMANN 1997).

Durch profilhafte TEM-Sondierungen kann so die Abfolge von Grundwasserleitern und -nichtleitern auch für größere Tiefenbereiche bestimmt werden (Abb. 3.47). Außerdem können aufgrund des spezifischen Widerstandes Versalzungszonen im Untergrund festgestellt werden.

3.3.4.3.3 Bodenradar

Das Bodenradar (GPR = **G**round **P**enetrating **R**adar) ist ein elektromagnetisches Reflexionsverfahren mit starken Ähnlichkeiten zur Reflexionsseismik. Bei einer Bodenradarmessung (Abb. 3.48) werden eine Sende- und eine Empfangsantenne entlang eines Meßprofils bewegt. Dabei werden elektromagnetische Impulse mit Frequenzen im MHz-Bereich abgestrahlt, die nach Reflexion an Grenzflächen im Untergrund registriert und in einem Radargramm aufgezeichnet werden. Dadurch entsteht ein nahezu kontinuierliches Abbild des Untergrundes.

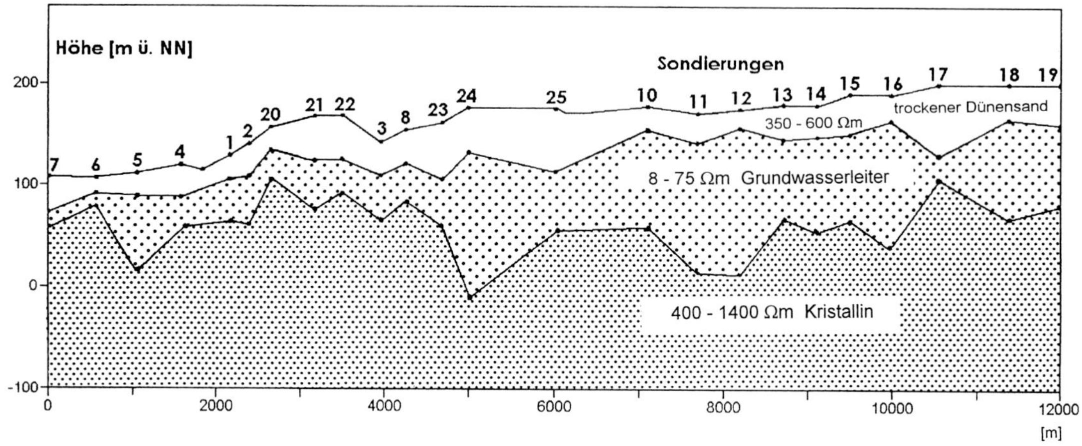

Abb. 3.47. Widerstands-Tiefenschnitt durch ein TEM-Meßgebiet in Namibia. Der Grundwasserleiter unterscheidet sich durch niedrige spezifische Widerstände vom kristallinen Grundgebirge (SCHAUMANN 1997).

Die Ausbreitung des Radarimpulses wird durch die Dielektrizitätskonstante des Untergrundmaterials bestimmt. Aufgrund seiner Dipolstruktur hat Wasser eine besonders hohe Dielektrizitätskonstante (81,5 bei 17 °C). Daraus ergibt sich der enge Zusammenhang zwischen dem Wassergehalt und der Dielektrizitätskonstanten des Bodens (Abb. 3.49). An Schichtgrenzen, an denen die Porosität und damit der Wassergehalt sich ändert, kommt es daher zu Reflexionen des elektromagnetischen Impulses (Abb. 3.50).

Bei der NMO- (**N**ormal **M**ove**o**ut-)Messung kann durch spezielle Anordnungen von Sende- und Empfangsantenne die Ausbreitungsgeschwindigkeit und damit die Dielektrizitätskonstante des Untergrundes bestimmt und dadurch auf den Wassergehalt geschlossen werden. Auf dem gleichen Prinzip beruht das in der Bodenkunde zur Wassergehalts-Bestimmung eingesetzte TDR-(**T**ime **D**omain **R**eflectometry-)Verfahren.

Aufgrund der geringen Wellenlänge des Radarimpulses im Zentimeter-bis Dezimeterbereich ist eine hohe Auflösung auch kleinräumiger Untergrundstrukturen möglich. Das Eindringvermögen ist aufgrund der hohen Absorption der elektromagnetischen Wellen im Untergrund allerdings begrenzt. In Sanden und Kiesen mit gering mineralisiertem Grundwasser sind Eindringtiefen von

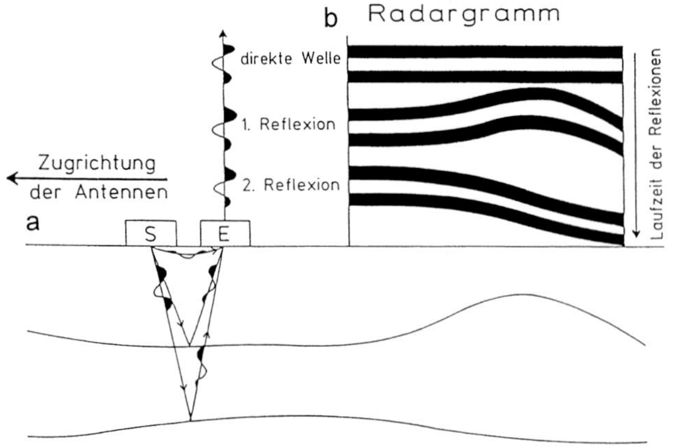

Abb. 3.48. Prinzip einer Bodenradarmessung: (a) Sende- und Empfangsantenne, (b) Radargramm.

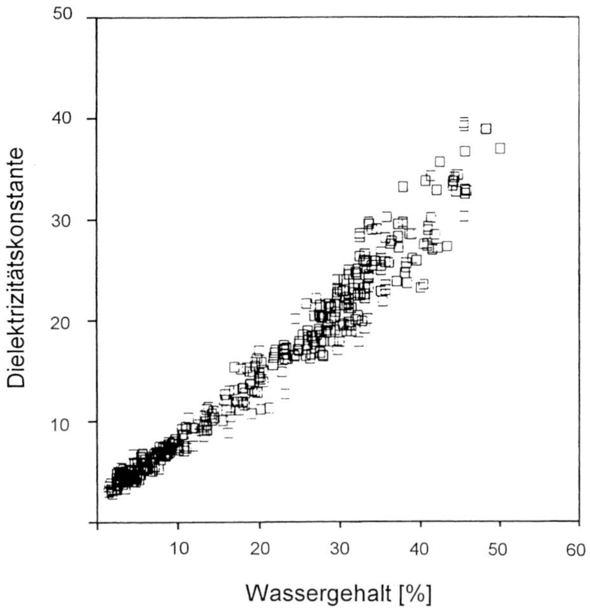

Abb. 3.49. Zusammenhang zwischen Dielektrizitätskonstante und Wassergehalt bei glazialen Ablagerungen (SUTINEN 1992).

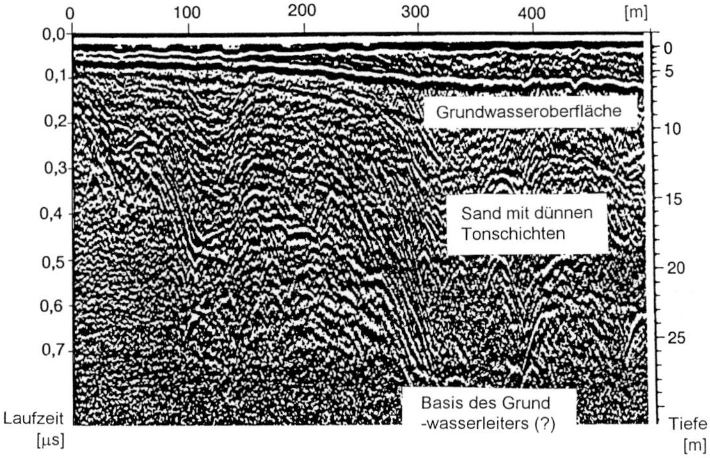

Abb. 3.50. Abbildung von Grundwasseroberfläche und -sohlschicht sowie von einer internen Struktur eines Grundwasserleiters der Lüneburger Heide (BLINDOW 1997).

mehreren Zehner Metern zu beobachten, in Tonen oder mineralisiertem Grundwasser ist praktisch keine Eindringung möglich.

3.3.4.3.4 Gravimetrische Methoden

Bei gravimetrischen Verfahren wird das natürliche Schwerefeld vermessen, um aus dessen Anomalien Aussagen über die Struktur des Untergrundes zu erlangen. Dichte-Unterschiede spiegeln sich in Anomalien des Erdschwerefeldes wider. Die Vermessung des Schwerefeldes erfolgt mit Gravimetern, die die Kraft bestimmen, die erforderlich ist, um ein Gewicht gegen die Wirkung der Erdbeschleunigung in einer Null-Lage zu halten. Hierbei werden Genauigkeiten von ungefähr 10^{-8} des Schwerefeldes erreicht. Um die tatsächliche Dichteanomalie im Untergrund zu erkennen, müssen Korrekturen zur Kompensation der unterschiedlichen Höhenlage der Meßpunkte und gravitativer Effekte durch die Topographie in ihrem Umfeld angebracht werden. Die verbleibende Schwereanomalie wird als BOUGUER-Anomalie bezeichnet. Zur Interpretation gravimetrischer Messungen wird eine Dichteverteilung im Untergrund angenommen, dafür die Schwerewirkung an der Erdoberfläche berechnet und die Dichteverteilung so lange variiert, bis eine hinreichende Übereinstimmung mit den Meßwerten vorhanden ist. Derartige Modellrechnungen zur Interpretation können 2- oder 3-dimensional erfolgen (STEWART & WOOD 1990).

Dichteunterschiede zwischen Fest- und Lockergesteinen oder zwischen quartären Sanden und Tonen können ausgenutzt werden, um beispielsweise die Mächtigkeit von Talfüllungen oder von quartären Rinnen nachzuweisen (DÜRBAUM 1961, DÜRBAUM & FRITSCH 1985).

3.3.4.3.5 Magnetische Methoden

Magnetische Anomalien beruhen auf der unterschiedlichen remanenten oder induzierten Magnetisierung der Gesteine. Während die induzierte Magnetisierung durch die magnetische Suszeptibilität als Gesteinseigenschaft bedingt ist, wird z. B. magmatischen Gesteinen, wenn sie aus der Schmelze unter die CURIE-Temperatur abgekühlt werden, das jeweils aktuelle Erdmagnetfeld dauerhaft aufgeprägt (Thermoremanenz). Gesteine mit remanenter Magnetisierung können sich daher in ihrer Magnetisierungsrichtung und -stärke erheblich vom heutigen Erdmagnetfeld unterscheiden. Auch Sedimente werden während ihrer Ablagerung magnetisiert und nehmen die Richtung des gerade herrschenden Erdfeldes an. Diese Magnetisierung ist zwar 100 bis 1000 mal schwächer als die Thermoremanenz, wird aber mit modernen Meßgeräten erfaßt.

Bei magnetischen Messungen wird entweder die Stärke der Einzelkomponenten (Vertikal, Horizontal) oder die Totalintensität registriert, wobei sich in unseren Breiten Total- und Vertikalintensität in ihrer Aussagekraft kaum unterscheiden. Typische magnetische Meßinstrumente sind Protonenpräzessionsmagnetometer für die Totalintensität sowie Fluxgate- (Förstersonde) oder Caesiummagnetometer für die Intensität der einzelnen Feldkomponenten (HINZE 1990).

Magnetische Messungen können als Hilfsmittel zur geologischen Kartierung – insbesondere zur Ortung von Störungszonen – eingesetzt werden, in denen durch erhöhte Verwitterung von Magnetitkristallen die lokale Stärke des Magnetfeldes herabgesetzt ist (HINZE 1990).

Die größten Anomalien – mit Abweichungen von ungefähr 1/1000 bis 1/10 des magnetischen Erdfeldes werden durch Magnetit oder andere eisenhaltige Minerale, wie Hämatit, Glaukonit, Hornblende und Limonit, hervorgerufen. Ganggesteine, wie Basalt, können das normale geomagnetische Feld örtlich verändern. Kluftzonen, in denen tektonische Prozesse die magnetischen Eigenschaften der frischen Gesteine zerstört haben, verursachen negative Anomalien (LARSSON 1984). Schwierigkeiten bei der Ausdeutung von Anomalien verursachen Eisenbahnlinien, Gebäude, Brücken, Kraftfahrzeuge, Brunnenverrohrungen, Elektrokabel, Rohrleitungen und andere anthropogene Einwirkungen, was ihren Einsatz in Stadtgebieten praktisch ausschließt. Darüber hinaus sind auch natürliche Anomalien, wie sie z. B. Magnetit-Erzkörper oder -Seifen hervorrufen können, oft ohne jeglichen Bezug zu hydrogeologischen Problemen. Andererseits können magnetische Messungen auch zur Ortung vergrabener Brunnen und aufgegebener Verrohrungen eingesetzt werden (DAVIS & DE WIEST 1966, HAHN 1961, 1985).

3.4 Bohrloch-Geophysik

3.4.1 Einsatz der Bohrloch-Geophysik

Bei der Grundwassererschließung werden verschiedene Methoden der Bohrloch-Geophysik eingesetzt. Da Kernbohrungen zur Erkundung und zum Nachweis von Grundwasser sehr teuer sind, beschränkt sich die lithologische Untersuchung einer Wasserbohrung gewöhnlich auf Gesteinsproben, die vom Bohrmeister genommen werden. Diese Art der Beprobung führt zu systematischen Fehlern, die ihrerseits falsche Schlüsse nach sich ziehen können, besonders wenn eine unzureichende Probenzahl bei Bohrungen genommen wird, die zahlreiche verschiedene Gesteine antreffen sowie durch die Mischung von Proben verschiedener Gesteinstypen durch Nachfall, ein Effekt, der vom Bohrverfahren abhängt und mit wachsender Tiefe der Bohrung zunimmt. Hierdurch können die Grenzen und die Mächtigkeiten der Gesteinskörper innerhalb des geologischen Profils verfälscht, dünne Gesteinslagen völlig übersehen und Versalzungserscheinungen nicht erkannt werden (Abschnitt 3.3.3). Die Bohrloch-Geophysik bietet nun ein wichtiges Instrumentarium, durch das bei der Grundwassererschließung derartige Fehler vermieden werden können.

Die Bohrloch-Geophysik liefert Daten über Gesteins-Parameter (Dichte, Porosität etc.) und über die Lage und die Eigenschaften der Grundwasserleiter (Tiefe, chemische Beschaffenheit, Temperatur, Strömungsbedingungen). Die Ausdeutung der geophysikalischen Meßbefunde kann jedoch bei bestimmten Gesteinsarten und -abfolgen unsicher sein. Bei Planung und Interpretation der geophysikalischen Messungen sind grundsätzlich Detailkenntnisse der regionalen Geologie erforderlich, um eine geeignete geophysikalische Methodenkombination zu wählen und eine falsche Auswertung der Bohrlochmessungen zu vermeiden.

Die vorzuschlagenden Bohrlochmessungen werden von den Parametern des Gesteins, der Bohrlochflüssigkeit (Bohrspülung) und der Bohrlochform beeinflußt (Tabelle 3.9). In der Hydrogeologie werden Bohrlochmessungen eingesetzt, um Grundwasser-führende Schichten zu erkennen, deren Lithologie und Geometrie zu untersuchen und das Dargebot und die Qualität des Grundwassers abzuschätzen (Bradel 1985, Davis & De Wiest 1966, Hallenbach 1961, Repsold 1989, Repsold & Schneider 1988, Richter & Lillich 1975, Schlumberger 1972, 1985, Zscherpe & Steinbrecher 1997. Auswertungsunterlagen für geophysikalische Logs werden von Schlumberger Ltd., Central Europe Division, Osterstr. 27, D-30159 Hannover, abgegeben).

3.4.2 Aussagen der Bohrloch-Geophysik

3.4.2.1 Lithologische Parameter

Die hydraulische Leitfähigkeit (Durchlässigkeitsbeiwert) oder – allgemeiner – die Durchlässigkeit (Permeabilität) (Abschnitt 1.2.3.2.3) ist bei der Grundwassererschließung der wichtigste lithologische Parameter. Keine Bohrloch-geophysikalische Methode erlaubt es derzeit, diesen Parameter direkt zu messen, jedoch bestehen mehrere Möglichkeiten zur indirekten Bestimmung dieser Größe, z. B. auf der Grundlage der Beziehung zwischen Durchlässigkeit und natürlicher Gamma-Strahlung, elektrischer Leitfähigkeit oder elektrischem Widerstand. Die Möglichkeit der direkten Bestimmung des Durchlässigkeitsbeiwertes mit dem NMR-(**N**uclear **M**agnetic **R**esonance-)Verfahren, bei dem zwischen freiem und gebundenem Wasser im Porenraum unterschieden werden kann, wird z. Zt. untersucht.

Die Porosität eines Lockergesteins-Grundwasserleiters kann aus Gamma-Gamma-, Neutronen-, akustischen (Sonic)- und elektrischen Logs abgeleitet werden. Einige dieser Logs können

Tabelle 3.9. Bei Grundwassererschließungen und Brunnenuntersuchungen eingesetzte Bohrloch-geophysikalische Methoden.

Bohrlochmethoden	Daten	Voraussetzungen
Eigenpotential (SP-Log)	Porosität, Porenfüllung, Schichtgrenzen	Unverrohrtes Bohrloch mit Bohrspülung
Widerstand (ES, EL, FEL, LL, ML, MLL)	Gesteinswiderstand Schichtgrenzen Mineralisation	Unverrohrtes Bohrloch mit Bohrspülung
Induktions-Log	Gesteinswiderstand	auch bei Kunststoff-Verrohrung
Gamma-Strahlung (GR-Log)	Ton-Gehalt, Radioaktivität, Lage von Tonsperren	Unverrohrtes oder verrohrtes Bohrloch
Gamma-Gamma-Log Neutronen-Log	Dichte Wassergehalt, Porosität	Unverrohrtes oder verrohrtes Bohrloch
Akustik-Log (Sonic Log SL)	Seismische Geschwindigkeiten, Porosität, Schichtgrenzen	Unverrohrtes oder verrohrtes Bohrloch
Cement Bond Log (CBL)	Kontrolle der Zement-Bindung	Verrohrtes Bohrloch
Salinometer (SAL)	Mineralisation	Unverrohrtes Bohrloch mit Bohrspülung
Temperatur (TEMP)	Temperaturgradient, Zu- und Abfluß	Unverrohrtes oder verrohrtes Bohrloch
Fluß (FLOW)	Wassermenge, Zufluß	Unverrohrtes Bohrloch mit Wasser
Kaliber (CAL)	Bohrlochdurchmesser	Unverrohrtes Bohrloch
Trübungs-Log	Wassertrübung	Unverrohrtes oder verrohrtes Bohrloch
Dipmeter (DIP)	Neigung von Schichtgrenzen	Unverrohrtes Bohrloch mit Bohrspülung
Abweichungs-Log (DV)	Abweichung von der Vertikalen	Unverrohrtes und verrohrtes Bohrloch
Bohrloch-Fernsehsonde oder -Kamera (OPT)	Beschaffenheit der Verrohrung	Verrohrtes Bohrloch

nicht zwischen Gesamt- und Nutz-Porosität unterscheiden, so daß eine kombinierte Anwendung verschiedener Methoden erforderlich ist. Zum Beispiel kann durch ein Neutronen-Log das adsorptiv zwischen den Tonminerallagen gebundene Wasser nicht vom frei beweglichen Wasser unterschieden werden. Wasser-gefüllte, jedoch unverbundene Porenräume senken – im Gegensatz zu miteinander verbundenen Porenräumen – den im Bohrloch gemessenen elektrischen Widerstand nicht ab. Sekundäre Hohlraumanteile, die bei Festgesteinen als Trennfugen (u. a. Klüfte,

Schichtfugen und Lösungshohlräume) nach der Gesteinsbildung entstanden sind, tendieren zu einer inhomogenen Verteilung und können zu einer falschen Einschätzung der Hohlraumanteile führen, da nur kleine Bereiche durch die Messungen erfaßt werden. Die primäre Porosität ist jedoch meistens vergleichsweise homogen verteilt.

Die spezifische Ergiebigkeit eines Grundwasserleiters ist als Verhältnis des Wasservolumens, das aus einem Wasser-gesättigten Gestein durch die Wirkung der Schwerkraft ausfließt, zum Gesamt-Volumen definiert (Abschnitt 1.2.3.1.1). Aus Neutronen-Logs kann dieser Parameter bei Lockergesteinen abgeschätzt werden, da bei diesen eine direkte Beziehung zwischen Porosität und spezifischer Ergiebigkeit besteht.

Es gibt zwar keine direkte Methode zur Bestimmung der Korngröße der Sedimente, doch nehmen die Durchlässigkeit und der elektrische Widerstand tendenziell mit der Korngröße zu. Die Lage der Grenzen zwischen Gesteinen mit verschiedener Zusammensetzung (z. B. Ton/Sand, Ton/Kalkstein) können zumindest qualitativ aus den Eigenpotential-Logs abgeleitet werden.

3.4.2.2 Fluid-Parameter

Eine weitere wichtige Informations-Kategorie, die aus Bohrloch-Logs abgeleitet werden kann, betrifft den Mineralstoff-Gehalt und die Wasserbewegung im Bohrloch und im umgebenden Gestein. Für diese Messungen sind eine genügende hydraulische Verbindung zwischen Bohrloch und Grundwasserleiter sowie genügend Zeit für die Einstellung des chemischen und thermischen Gleichgewichts mit dem Grundwasserleiter erforderlich.

Die spezifische elektrische Leitfähigkeit oder deren Kehrwert, der elektrische Widerstand, werden durch den Gehalt der Lösungen an gelösten Ionen und die Temperatur bestimmt (Abschnitt 3.3.4.3.2). Die Minerale des Gesteinskörpers (Silicate, Oxide und Carbonate) sind praktisch Nichtleiter. Durch elektrische Bohrloch-Logs kann der Salzgehalt des Grundwassers ermittelt, können Grundwasserstockwerke unterschieden und Meerwasserintrusionen in Küstengebieten nachgewiesen werden.

Die Temperatur-Verteilung im Bohrloch erlaubt nach Einstellung des Temperatur-Gleichgewichts mit dem Grundwasserleiter die Erkennung (Ortung) von Grundwasserleitern, da die Wärmeleitfähigkeiten von Grundwasserleitern und -nichtleitern unterschiedlich sind und sich verschiedene Grundwasserleiter in ihrer Temperatur unterscheiden können. Auch der Zufluß von möglicherweise verunreinigtem Oberflächenwasser und von Grundwasser aus tieferen Zonen kann erkannt werden.

Geschwindigkeit und Richtung von Fluid-Bewegungen innerhalb eines Bohrloches können mit Hilfe von Flowmetern und Markierungsstoffen gemessen oder aus der Verteilung der Wassertemperatur abgeleitet werden. Hierdurch werden Informationen über die hydraulischen Bedingungen innerhalb des jeweiligen Grundwasserleiters gewonnen.

3.4.2.3 Ausbaukontrolle

Die Qualität von Förderbrunnen und Grundwassser-Meßstellen hängt von ihrem ordnungsgemäßen technischen Ausbau und Betriebszustand ab, der mit Hilfe Bohrloch-geophysikalischer Messungen zu kontrollieren ist (Lux 1997). So sind Undichtigkeiten der Verrohrung zu erkennen, die richtige Positionierung und hydraulische Wirksamkeit von Tondichtungen im Ringraum zur Abtrennung von Grundwasserstockwerken oder zur Verhinderung von Zusickerungen von Oberflächenwasser zu prüfen und der Ausbauzustand bezüglich Baumaterial, Filterposition, Beschädigungen, Korrosionen und Verockerungen zu kontrollieren. Für diese Aufgaben werden vor allem optische Verfahren (Unterwasser-Photo- und Fernsehkamera), Gammastrahlungs-Messungen zum Nachweis von Tondichtungen, das akustische Zement-Log (CBL) zur Überprüfung

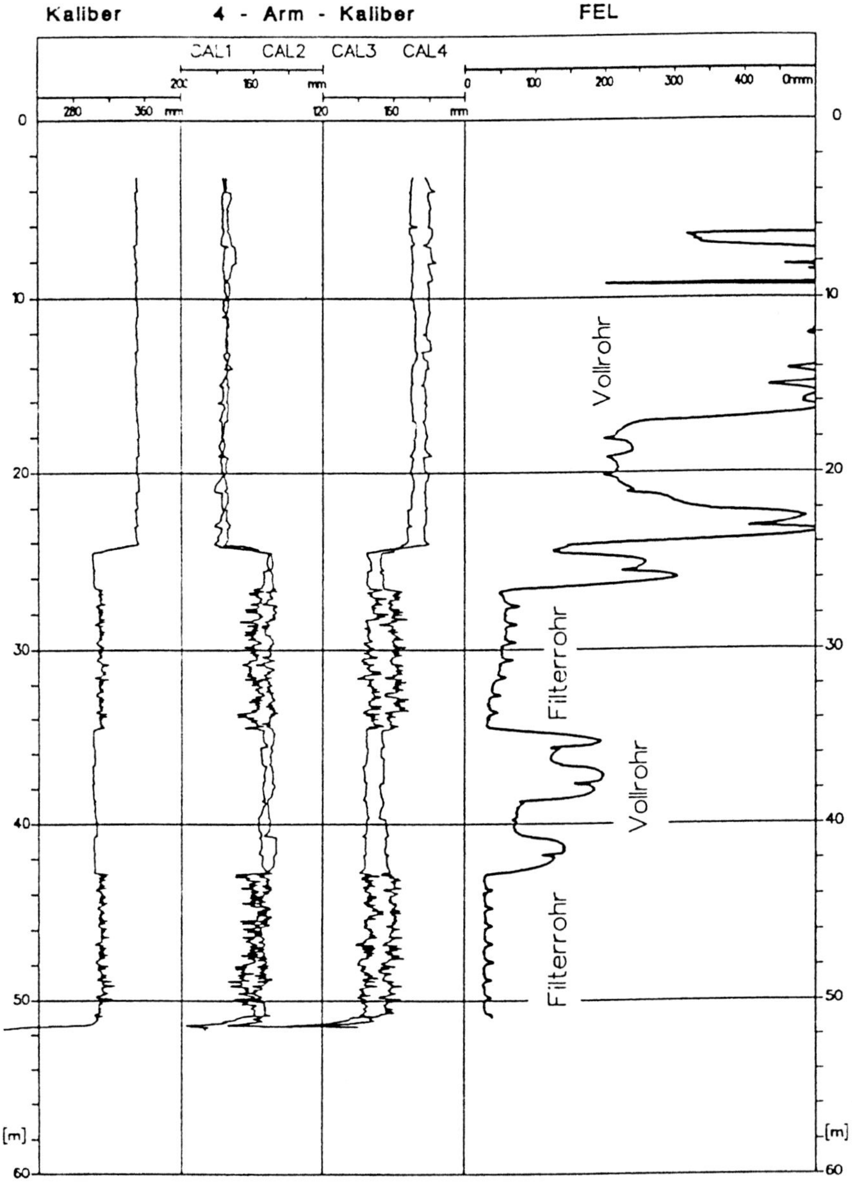

Abb. 3.51. Kaliber- und FEL-Messungen zur Prüfung eines ausgebauten Brunnens. (DN 350 mm bis 24 m Tiefe, darunter DN 300 mm. Filter von 24–34 m und von 43–51 m. Links Summenkurve, Mitte Einzelkurven. Das Minimum der FEL-Kurve (rechts) bei 36,6 m zeigt – bestätigt durch einen Packertest – eine hydraulische Undichtigkeit an (Lux 1997).

des Zementierungserfolges und das Kaliber-Log (zum Erkennen von Ablagerungen) und die FEL- Sonde (Widerstandsmesssung mit einer fokussierten elektrischen Meßsonde in mit Kunststoff ausgebauten Brunnen) eingesetzt. Die FEL-Sonde erkennt dabei örtliche Widerstands-Minima, die auf elektrisch leitenden Verbindungen zwischen Bohrspülung und Gebirge und

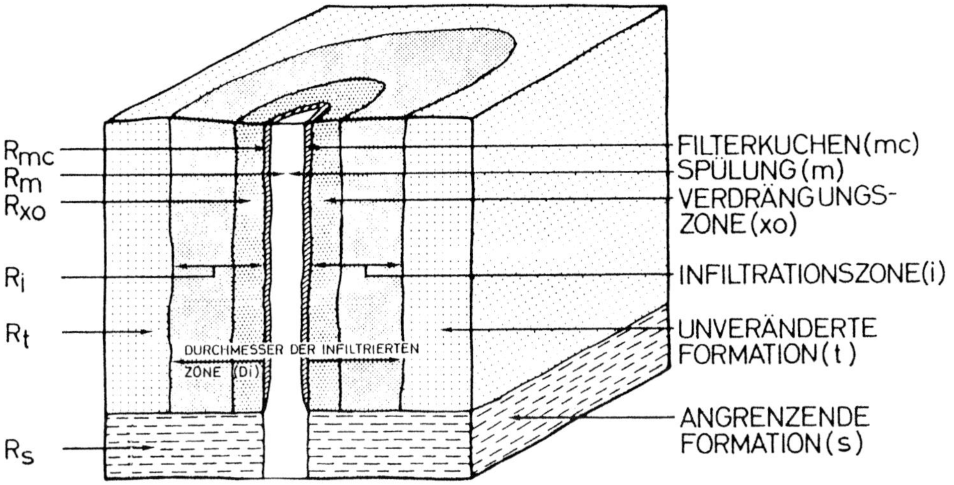

Abb. 3.52. Horizontaler Schnitt durch die Umgebung eines Bohrloches (BRADEL 1985, REPSOLD 1989, SCHLUMBERGER 1972).

damit möglicherweise auf hydraulischen Undichtigkeiten beruhen. Diese Vermutung muß mit Hilfe von Packertests bestätigt werden (Abb. 3.51).

3.4.3 Externe Einflüsse auf Bohrlochmessungen

3.4.3.1 Geometrische Effekte

Bei der Interpretation der gewonnenen Daten muß der Untersuchungsradius der jeweils eingesetzten Sonde berücksichtigt werden. Während des Bohrvorganges ist der hydrostatische Druck der Bohrspülung höher als der hydrostastische Druck im Gebirge. Hierdurch dringt in die durchlässigen Schichten Bohrspülung ein, deren Feststoffteile auf der Bohrlochwandung einen gewöhnlich wenig durchlässigen Filterkuchen bilden. Sehr nahe am Bohrloch wird das Grundwasser durch das Infiltrat, das sog. Schlammfiltrat, völlig verdrängt (Verdrängungszone), in der anschließenden, in der Regel breiteren Übergangszone nur noch teilweise (Abb. 3.52). Die Einflüsse der Infiltrationszone des Schlammfiltrates in das umgebende Gestein und des unterschiedlich dicken Filterkuchens auf der Bohrlochwand können durch Vergleich der Werte einer kleinräumigen und einer weiträumigen Sonde erfaßt und bei Korrekturen berücksichtigt werden.

Schichtmächtigkeits-Effekte kommen bei dünnschichtigen Wechselfolgen verschiedener Gesteine vor. Die Meßwerte der Einzellagen beeinflussen einander und können nicht unterschieden werden. Dies muß insbesondere bei Strahlungs-Meßmethoden berücksichtigt werden, doch werden auch Eigenpotential- und Widerstands-Messungen mit verschiedenen Elektrodenanordnungen durch diese Effekte betroffen.

3.4.3.2 Bohrloch-Effekte

Bohrlochdurchmesser und -form hängen von der Lithologie und der angewandten Bohrtechnik ab. Die umlaufende Bohrspülung und die Einwirkungen des Bohrkopfes auf das Gestein verursachen Auswaschungen, Aushöhlungen oder Nachfall von Gesteinsmaterial in das Bohrloch. Am unregelmäßigsten sind Bohrlochwände in schlecht verfestigten oder dünnschichtigen Sediment-Gesteinen. In metamorphen und magmatischen Gesteinen beeinflußt der Klüftungs- bzw. Schieferungsgrad die Form des Bohrloches. Die Ergebnisse der meisten Bohrloch-geophysikalischen Messungen werden durch unregelmäßige Bohrlochwände beeinflußt. Daher müssen für die Korrektur der Meßdaten präzise Kaliber-Logs erstellt werden. Strahlen-Logs können auch in verrohrten Bohrlöchern gemessen werden. Eine Verrohrung mit konstanter Wanddicke verursacht einen konstanten Fehler im aufgenommenen Signal, aber sie verändert nicht die Charakteristik des Signals. Dagegen verschiebt eine Dickenänderung der Verrohrung die Basislinie des Logs. Wenn die Verrohrung mit der Bohrlochwand durch Zementierung verbunden ist, können auch akustische (Sonic)-Logs verwendet werden.

3.4.4 Bohrloch-geophysikalische Methoden

Für die Erschließung von Grundwasser werden im allgemeinen nur wenige Bohrloch-Methoden, nämlich Eigenpotential-, Widerstands-, Gamma-Strahlungs-, Temperatur-, Fluß- und Kaliber-Messungen eingesetzt. Sie liefern mit Angaben über Schichtgrenzen, elektrischen Widerstand des Wasser-gesättigten Gesteins, Mineralisation des Grundwassers, Ton-Gehalt, Temperaturgradient, Grundwasserzufluß und Bohrlochdurchmesser die wichtigsten Informationen, nur in Ausnahmefällen werden auch andere der in Tabelle 3.9 genannten Methoden herangezogen.

3.4.4.1 Kaliber-Logs (CAL)

Das Kaliber-Log ist eine Aufzeichnung des durchschnittlichen Bohrlochdurchmessers und damit die Grundlage für Korrekturen bei der Auswertung anderer geophysikalischer Logs. Darüber hinaus liefert es Informationen über die Lithologie, über die Grenzen zwischen verschiedenen Gesteinstypen, über Kluft- und Spaltenzonen sowie über Lösungshohlräume in Kalk- oder Gipsgesteinen.

Eine Kalibersonde hat 3 oder 4 Fühler, deren Spreizung von Elektromotoren gesteuert und elektrisch registriert wird (Abb. 3.53 a). Das Kaliber-Log, das die Lithologie und deren Reaktion auf den Bohrvorgang zeigt (Abb. 3.53 b), wird nur von unten nach oben im Bohrloch aufgenommen und zwar – wegen der mechanischen Wirkung auf die Bohrlochwand – immer als letztes Log der jeweiligen Bohrlochuntersuchung (Hallenbach 1961, Repsold 1989).

3.4.4.2 Elektrische Logs

Eigenpotential-Logs (SP, Self potential- oder spontaneous Logs) sind die Aufzeichnungen der elektrischen Potentiale, die sich zwischen der Bohrspülung, dem umgebenden Gestein und – bei unterschiedlicher Mineralisation der Porenlösungen – an den Grenzen zwischen Grundwasserleitern und -nichtleitern ausbilden. Die elektromotorischen Kräfte, die die Eigenpotentiale und die damit verknüpften elektrischen Ströme hervorrufen, beruhen auf elektrochemischen Potentialen (E_c), die ihrerseits in Membranpotentiale (Ton- oder NERNST-Potentiale) (E_m), (Flüssigkeits-)Kontakt- oder Diffusionspotentiale (E_j) und Mineralisationspotentiale unterteilt werden können, sowie auf elektrokinetischen Potentialen (Strömungspotentialen)(E_k).

Das Eigenpotential-Log wird bei fast allen Bohrlochmessungen bestimmt. Die SP-Kurve (Abb. 3.54) zeichnet die Potentialunterschiede zwischen einer stationären Elektrode in einem Wasser-erfüllten Loch an der Erdoberfläche und einer an einem Kabel im unverrohrten Bohrloch (gewöhnlich zusammen mit einer Widerstands-Meßanordnung) bewegten Elektrode auf (Abb. 3.58 a,b). Die Werte variieren zwischen einigen Millivolt und einigen Zehner Volt. Die Messungen können an der stationären Elektrode durch Streuströme gestört werden.

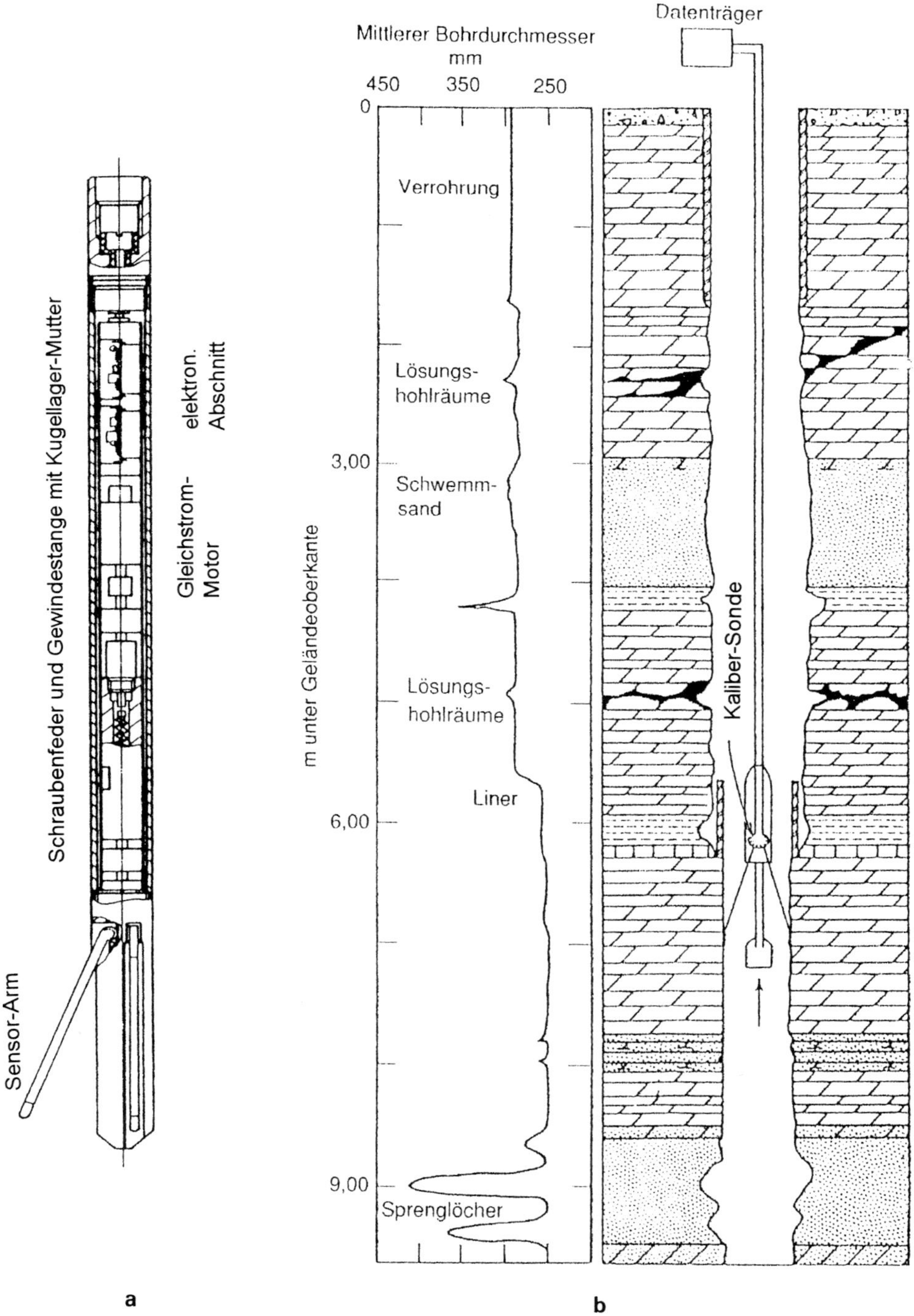

Abb. 3.53. Kaliber-Sonde (a) und Beispiel eines Kaliber-Logs (b) (REPSOLD 1989, TODD 1980).

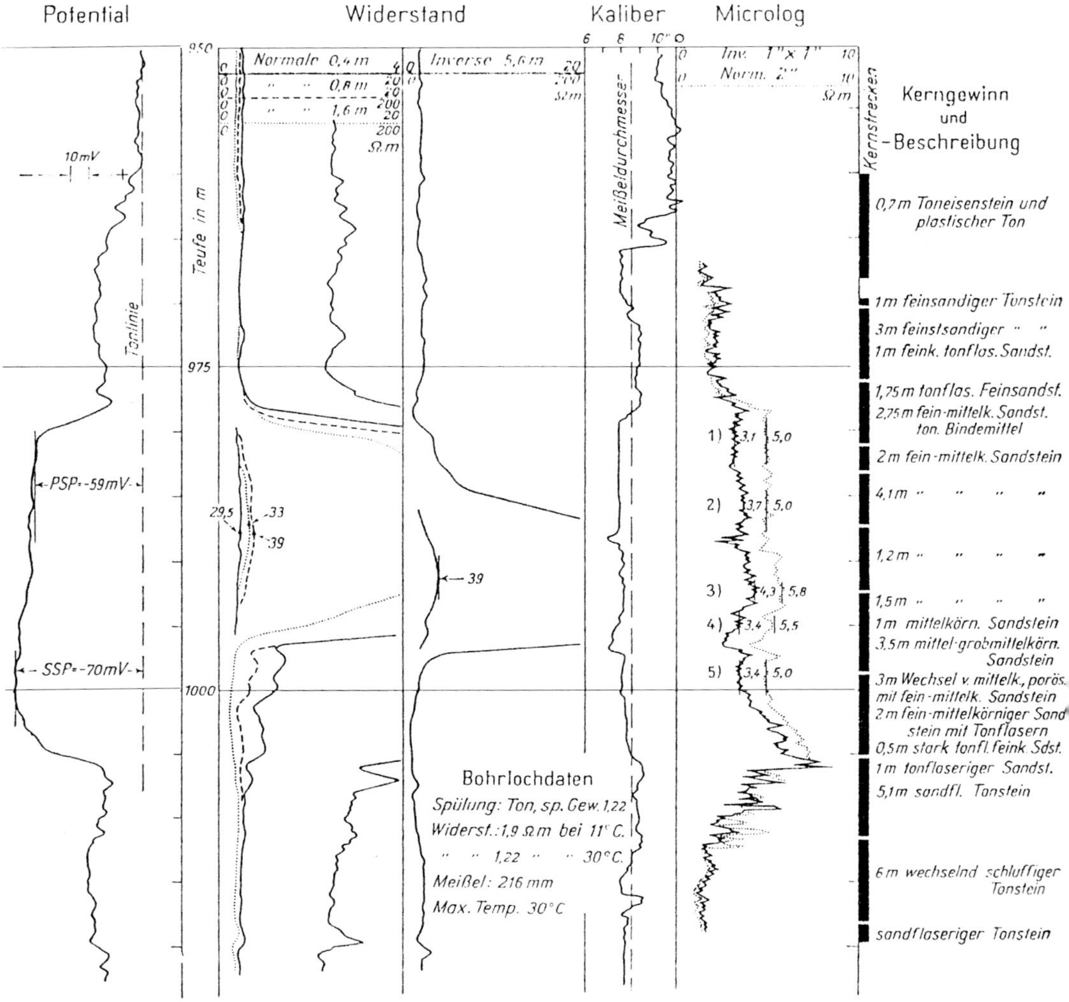

Abb. 3.54. Bohrlochdiagramme einer Bohrung in NW-Deutschland (HALLENBACH 1961).

Die Entstehung des sog. Membran-Potentials kann am Beispiel einer durchlässigen Sandschicht zwischen mächtigen Tonschichten unter der Annahme verdeutlicht werden, daß die Bohrspülung bzw. das Schlammfiltrat und das Grundwasser nur Natriumchlorid in unterschiedlichen Konzentrationen enthalten. Die negativ geladenen Tonschichten sind zwar für die Na^+-Ionen, nicht aber für die Cl^--Ionen durchlässig, wirken also als ionenselektive Membranen. Da die Tonschichten Lösungen unterschiedlicher Salinität trennen, diffundieren die Na^+-Ionen durch die Tone von der konzentrierten zu der weniger konzentrierten Lösung. Diese Ionen-Bewegung ist ein elektrischer Strom, der durch das Membran-Potential veranlaßt wird. Dieses ist im Beispielsfalle eines salzigeren Grundwassers und einer weniger salzigen Bohrspülung (Abb. 3.55a unten) gegenüber dem Grundwasserleiter im Verhältnis zum Ton negativ, die Kurve schlägt nach links aus. Bei umgekehrt verteilten Salzgehalten fließen die Eigenpotentialströme in der umgekehrten Richtung und die Kurven schlagen nach rechts aus (Abb. 3.55b). Derartige positive Ausschläge sind typisch für Süßwasser-führende Grundwasserleiter.

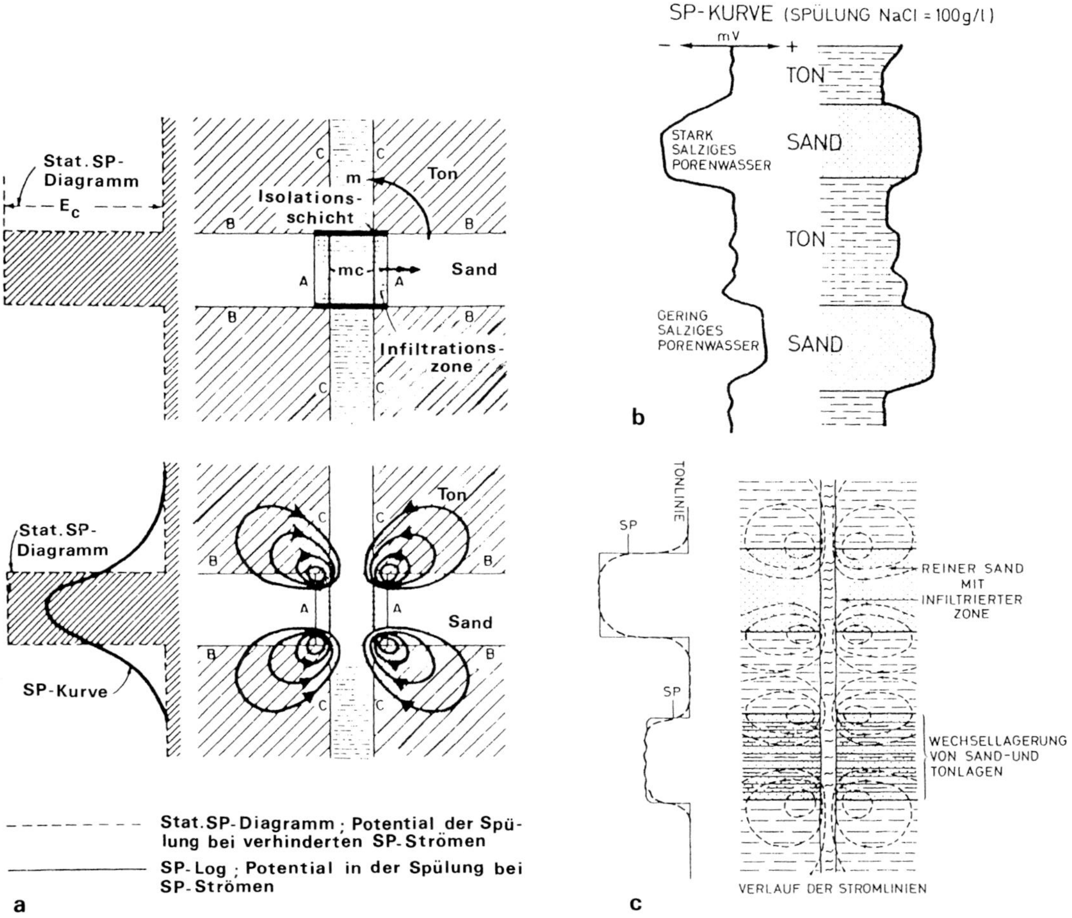

Abb. 3.55. Schematische Potential- und Stromverteilung in einer durchlässigen Schicht (a), SP-Kurve bei unterschiedlichen Porenlösungen (b) und bei reinen und tonigen Sanden (c) (BRADEL 1985, SCHLUMBERGER 1972).

Das elektrochemische Kontakt-Potential E_j tritt an der Kontaktfläche des Schlammfiltrats und des Grundwassers auf (Abb. 3.55a oben). Hier können Na^+- und Cl^--Ionen von einer Lösung in die andere diffundieren. Da Cl^--Ionen im Wasser mobiler als Na^+-Ionen sind, resultiert ein Nettofluß von negativen Ladungen (Cl^--Ionen) aus der höher konzentrierten in die niedriger konzentrierte Lösung. Dies entspricht einem konventionellen Stromfluß in umgekehrter Richtung, angezeigt durch den geraden Pfeil A in Abb. 3.55a oben. Das Flüssigkeits-Kontakt-Potential macht nur etwa 1/5 des Membran-Potentials aus.

Wäre die Spülungssäule an den Schichtgrenzen jeweils durch eine Isolationsschicht unterbrochen, so könnten die Eigenpotentiale keine Ströme erzeugen und entsprächen dann dem sog. statischen Potential der zugehörigen Gesteinsschichten. Bei mächtigen Schichten fällt das statische Potential mit dem gemessenen Potential zusammen. Quantitative Auswertungen gehen vom statischen Potential aus, das anhand von Korrekturtabellen aus den Meßwerten ermittelt werden kann (HALLENBACH 1961, REPSOLD 1989).

Bei Ton-freien Grundwasserleitern beruht die elektrochemisch bedingte elektromotorische Kraft E_c auf dem Membran- und dem Kontaktpotential. Hierfür gilt

(3.14) $$E_c = -K \cdot \lg (a_w/a_{mf})$$

mit den chemischen Aktivitäten des Grundwassers a_w und des Schlammfiltrats a_{mf}. Für NaCl-haltiges Grundwasser und Schlammfiltrat gilt bei der Temperatur t (in °C) (Repsold 1989)

(3.15) $$K = 65 + 0{,}24\, t\ (\mathrm{mV})$$

Die chemische Aktivität einer Lösung ist näherungsweise proportional ihrem Salzgehalt (Abschnitt 1.4.2). Enthält die Lösung merkliche Mengen an anderen Salzen als NaCl, so weicht der Wert von K von der o. g. Gleichung ab. Da die chemischen Aktivitäten meistens den elektrischen Leitfähigkeiten proportional und dem elektrischen Widerstand umgekehrt proportional sind, gilt ferner in guter Näherung

(3.16) $$E_c = -K \cdot \lg (R_{mf}/R_w)$$

Bei Grundwasserleitern, die etwas Ton, auch in feinverteilter Form, enthalten, werden die Eigenpotentialausschläge verringert (Abb. 3.55c).

Gl. (3.16) liefert keine exakten Ergebnisse, wenn an die Stelle einwertiger Kat- und Anionen zwei- oder dreiwertige treten. In vielen niedrigkonzentrierten Wässern machen die einwertigen Ionen weniger als 50% der Gesamtionenkonzentration aus. Eine andere Fehlerquelle ist die Annahme, daß das gesamte Potential elektrochemisch ist.

Die Bewegung von Schlammfiltrat durch den Filterkuchen aufgrund des bohrtechnisch erzeugten hydraulischen Gefälles ruft eine elektromotorische Kraft hervor, die sich als Potentialgefälle in Richtung der Strömung darstellt. Die Bohrlochwand erscheint dadurch negativ geladen. Zuweilen kommt es zu einer umgekehrten Fließbewegung, wenn ein hydraulisches Gefälle vom Grundwasser in das Bohrloch besteht. Die sehr geringe Durchlässigkeit der Tone reicht für eine Filtratbewegung aus, so daß auch in Tonen eine, wenn auch sehr kleine, elektrokinetische Komponente des Eigenpotentials existiert, die jedoch in der Praxis als vernachlässigbar angesehen wird.

Die Form der SP-Kurve und die Amplitude der Wendepunkte gegenüber einem Grundwasserleiter hängen von der Mächtigkeit h und dem wahren Widerstand R_t der durchlässigen Schicht, dem Widerstand R_{xo} und dem Durchmesser d_i der Verdrängungszone, dem Widerstand R_i der Übergangszone, dem Widerstand R_m des Bohrschlammes und dem Durchmesser d_h des Bohrloches ab. Wenn die Mächtigkeit der durchlässigen Schichten weniger als das 8- bis 20-fache des Bohrlochdurchmessers beträgt, wird ein kleinerer Wert als das gesamte Potential, das sich aus Gl. 3.14 ergibt, gemessen. Dies beruht darauf, daß der kleine Stromfluß zwischen durchlässigen und undurchlässigen Schichten teilweise durch den Bohrschlamm im Bohrloch und durch die Infiltrationszone aufgehoben wird.

Die SP-Kurve spiegelt die Beschaffenheit der erbohrten Schichten wider. Insbesondere sind poröse oder klüftige Schichten zu erkennen. Die SP-Kurve eignet sich deshalb gut, um in Kombination mit der RES-Kurve und der Gamma-Strahlungskurve Schichtgrenzen zu erkennen und höhenmäßig festzulegen, Schichtmächtigkeiten zu bestimmen und Wasser-durchlässige von -nicht-durchlässigen Gesteinen zu unterscheiden. Zwar beruht die Entwicklung eines Eigenpotentials auf der Gegenwart durchlässiger Schichten, doch kann der absolute Wert der Durchlässigkeit nicht aus der SP-Kurve abgeleitet werden. Im allgemeinen sind Schichtgrenzen mit einer Genauigkeit von 30 cm aus den Wendepunkten des Eigenpotential-Logs abzuleiten, während die im folgenden vorgestellten Widerstands-Logs meist nur Genauigkeiten von ca. 1,0 bis 1,50 m erbringen.

Aus der SP-Kurve kann die Lösungskonzentration des Grundwassers über die Berechnung des Wasserwiderstandes R_w abgeschätzt werden (Davis & De Wiest 1966, Repsold 1989, Schlumberger 1972). Gegenüber den Tonschichten bilden die maximalen Ausschläge der SP-Kurve eine gerade Linie (»Ton-Linie«), die als Bezugslinie (0-Potential) dient. Gegenüber den durchlässigen Schichten weicht die SP-Kurve von der Ton-Linie ab und tendiert in mächtigeren Schichten zu einem konstanten Maximalwert, der eine »Sand«-Linie definiert (Abb. 3.54). Zunächst wird das Eigenpotential E als Differenz zwischen Ton- und Sandlinie abgelesen. Falls der Brunnen zu flach ist, um eine Sandlinie zu zeichnen, müssen die Grundwasserleiter einzeln behandelt werden. Bei dünnen Lagen sind geometrische Korrekturfaktoren auf das Potential anzuwenden, um das wahre Potential zu ermitteln. Sogenannte Basislinien-Verschiebungen aufgrund hydrochemischer Besonderheiten sind nicht immer in der SP-Kurve erkennbar und können so den Kurvenverlauf stören und zu Fehldeutungen führen. Als 2. Schritt wird die Temperatur in der jeweiligen Tiefe abgeschätzt. Wenn kein Temperatur-Log vorliegt, wird von der in den meisten SP-Logs angegebenen Maximaltemperatur als Temperatur an der Bohrlochsohle und der mittleren jährlichen Lufttemperatur des Standortes ausgegangen, die in der sog. indifferenten Zone üblicherweise ca. 18 m unter GOK angenommen wird. Zwischen diesen Werten wird linear interpoliert. Fehlen jegliche Angaben zur Bohrlochtemperatur, so wird der regionale geothermische Gradient (meist 3 °C auf 100 m) zur Abschätzung der Temperatur zugrunde gelegt. Der nächste Schritt ist die Berechnung des Wertes K mit Hilfe von Gl. (3.15) und der geschätzten Temperatur. Schließlich wird R_{mf} aus dem Kopf des Logs abgelesen, oder wenn er dort fehlt, durch Multiplikation von R_m aus dem Logkopf mit 0,8 in guter Näherung berechnet. Zuletzt werden die obigen Werte für E, K und R_{mf} in Gl. 3.16 eingesetzt und der Wert des unbekannten R_w errechnet. Aus diesem kann die NaCl-Konzentration aus der Widerstandskurve (Abb. 3.56) bei der Temperatur des Schlammfiltrates abgelesen werden.

In einem numerischen Beispiel (Hallenbach 1961) ist aus dem Log Abb. 3.54 abzulesen: R_m = 1,9 Ωm bei 11 °C und 1,22 Ωm bei 30 °C, Eigenpotential = –59 mV in 985 m Tiefe, zugehörige Temperatur (geschätzt) = 29 °C, $R_{mf} = 0{,}8 \cdot R_m$ = 0,98 Ωm bei 29 °C. Aus Gl. 3.15 errechnet sich K = 72 mV. Wird Gl. 3.16 nach R_w gelöst, ergibt sich $R_w \approx$ 6,4 Ωm und aus Abb. 3.56 ein angenäherter NaCl- Gehalt von 700 mg/kg.

Da Eigenschaftsänderungen der Bohrspülung eine verzögerte Gleichgewichtseinstellung des Eigenpotentials gegenüber den Gesteinsschichten hervorrufen können, sollten diese Eigenschaften während der Eigenpotential-Messungen möglichst konstant gehalten werden. Störungen der Eigenpotentiale können auch durch magnetisierte Teile der Seilwinde, durch benachbarte Stromkabel und Pumpbrunnen, durch Kontakte zwischen der Verrohrung und der Kabelarmierung und durch Fremdströme hervorgerufen werden, die durch die Gesteine nahe der Eigenpotentialelektrode fließen.

Bei der Ermittlung von R_w müssen viele Gesteins- und Spülungsfaktoren berücksichtigt werden (Mächtigkeit und Ton-Gehalt des Grundwasserleiters, Beschaffenheit der Bohrspülung, Durchmesser des Bohrloches und Anteil des kinetischen Potentials). Trotz der Unsicherheit der Abschätzung der Grundwasserqualität kann bei den meisten brackischen Wässern der Widerstandswert innerhalb von 100% des richtigen Wertes berechnet werden. Bei Salzwasser ist eine Genauigkeit von 10–20% nicht ungewöhnlich. Größere Genauigkeit kann im allgemeinen mit empirisch ermittelten, örtlich gültigen Korrekturfaktoren erreicht werden (Bradel 1985, Repsold 1989, Schlumberger 1972).

Eine weitere wichtige elektrische Methode ist die Widerstands (ES-)-Messung, die mit geeigneten Meßanordnungen synchron mit der Eigenpotential-Messung erfolgen kann (Abb. 3.59a; Repsold 1989, Schlumberger 1972). Der elektrische Widerstand eines Gesteins wird von seinen Mineralkomponenten und den Eigenschaften des Wassers oder Gases in den Poren oder Trennfugen bestimmt. Die meisten Minerale sind – wie in Abschnitt 3.3.4.3 dargelegt – praktisch

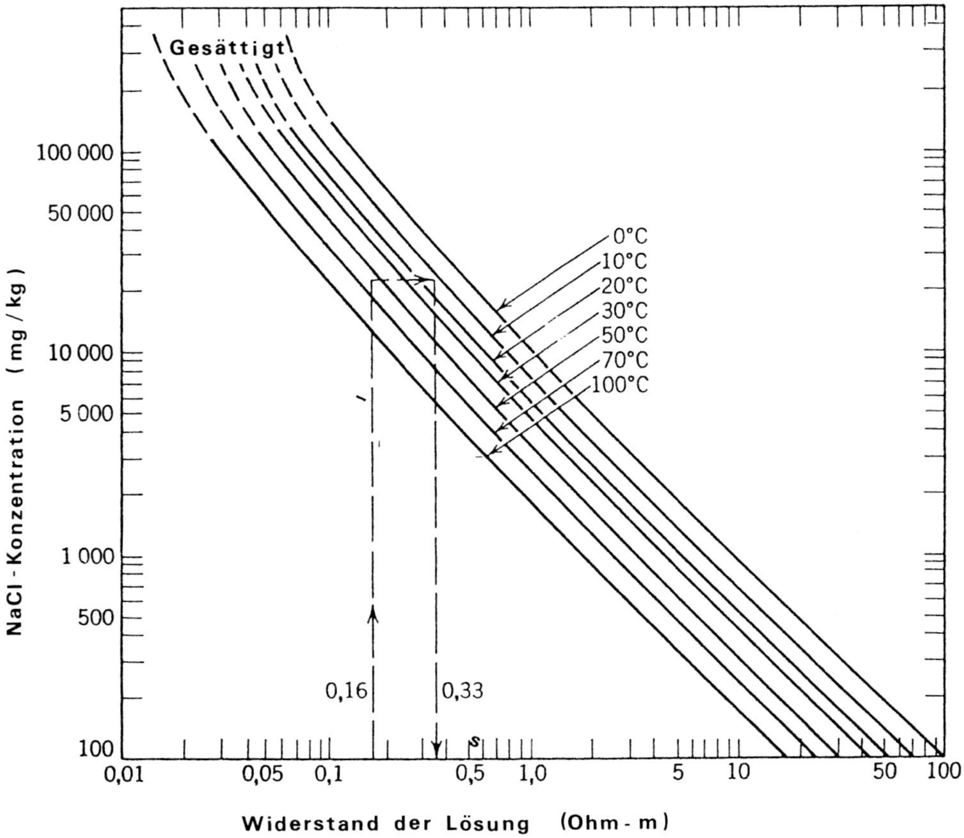

Abb. 3.56. Beziehung zwischen elektrischem Widerstand, Temperatur und NaCl-Gehalt (nach Davis & De Wiest 1966, verändert). Einem R_{mf} von 0,16 Ωm bei 60 °C entspricht bei 15,5 °C ein Widerstand von 0,33 Ωm.

Nichtleiter (Silicate, Oxide, Carbonate), doch enthält das Grundwasser Ionen (Na^+, Ca^{2+}, Mg^{2+}, HCO_3^-, Cl^-, SO_4^{2-} etc.). Bei sonst gleichen Bedingungen nimmt bei steigendem Salzgehalt der elektrische Widerstand des Porenwassers und damit derjenige der Gesteinsschicht ab. Die für Ton-freie Gesteine von Archie (1942) angegebene empirische Gleichung (3.9) setzt den Widerstand des Wasser-gesättigten Gebirges mit dem Widerstand der Porenlösung, dem Anteil der Porenfüllung A und dem sog. Formationsfaktor F in Beziehung, der seinerseits mit der Gesamt-Porosität n und dem Zementationsfaktor m durch die modifizierte Gleichung (3.10) verknüpft ist (Abschnitt 3.3.4.3.2).

Ein Ton-Gehalt beeinflußt – wie in Abschnitt 3.3.4.3.4 dargelegt – durch den höheren Gehalt der Doppelschichten an beweglichen Ionen den elektrischen Widerstand. Die Wirkung des Ton-Gehaltes auf den elektrischen Widerstand hängt von der Menge, der Kationenbelegung und der Verteilung des Tones ab. Metamorphe und magmatische Gesteine enthalten darüber hinaus akzessorische Mineralkomponenten, wie u.a. Metallsulfide oder Magnetit, die zur elektrischen Leitfähigkeit dieser Gesteine beitragen.

Bei quantitativen Auswertungen müssen alle Flüssigkeitswiderstände auf die Schichttemperatur korrigiert werden. Bei Kenntnis der Temperatur an der Bohrlochsohle kann die Temperatur

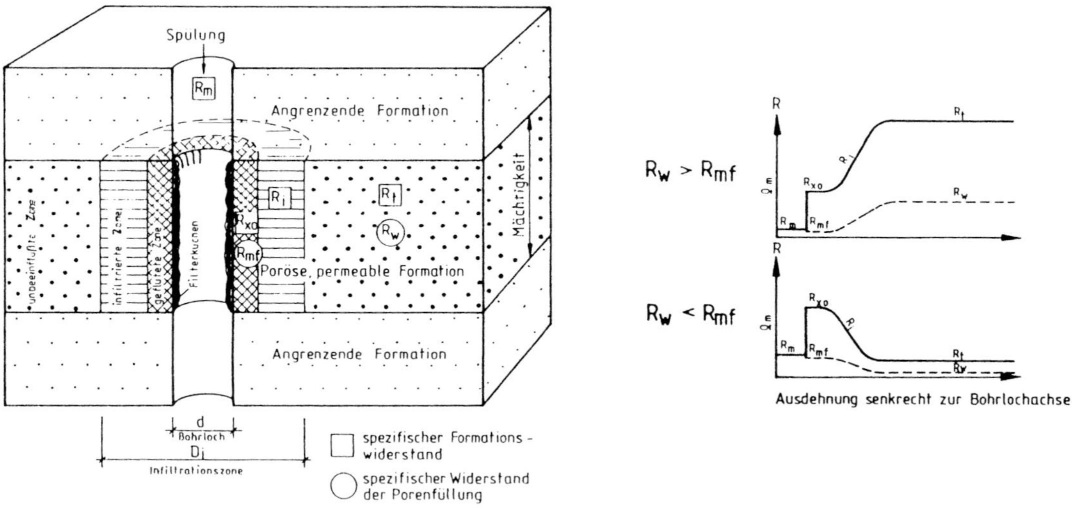

Abb. 3.57. Verteilung der spez. elektrischen Widerstände in der Umgebung eines Bohrloches (Repsold & Schneider 1988, Repsold 1989, Schlumberger 1985).

in der jeweiligen Schicht in erster Näherung unter der Annahme einer linearen Zunahme mit der Tiefe abgeschätzt werden.

Für die Messung wird im Bohrloch, das mit elektrisch leitendem Wasser oder Bohrspülung gefüllt ist, mit Hilfe von zwei Strom-Elektroden ein elektrisches Feld im umgebenden Gestein erzeugt und der Spannungsabfall zwischen zwei Potential-Elektroden aufgezeichnet. Der Gesteinswiderstand kann aus dem induzierten elektrischen Strom und dem Spannungsabfall berechnet werden (Abschnitt 3.3.4.3.4). Man erhält so einen gemischten Widerstand, den sog. scheinbaren Gesteins-Widerstand (R_a) in Ohm-Meter oder eine gemischte Leitfähigkeit, die sog. scheinbare spezifische elektrische Leitfähigkeit in Siemens/cm (früher: mhos/cm), die beide durch den Einfluß der Bohrspülung und der Infiltrationszone verändert sind (Abb. 3.57). Dieser scheinbare Widerstand kann mit Hilfe von Korrekturdiagrammen unter Verwendung von Schlammwiderstand, Bohrlochdurchmesser und Infiltrationsdaten bestimmt werden. Der wahre Formations-Widerstand (R_t) kann direkt mit einer Sonde mit größerer Eindringtiefe (Laterolog, LL) gemessen werden (Repsold 1989, Schlumberger 1972).

Die Strom- und Potential-Elektroden werden verschieden angeordnet (Abb. 3.58). Die sogenannte »normale« Anordnung (ES) besteht aus 2 Potential-Elektroden. Bei hydrogeologischen Untersuchungen werden meist 2 standardisierte Abstände der Bohrloch-Elektroden als Meßlängen L verwendet: die »kleine Normale« mit 0,41 m (16") und die »große Normale« mit 1,63 m (64") Abstand. Das Auflösungsvermögen einer Widerstandskurve, d. h. die Mächtigkeit der gerade noch erfaßbaren Schichten unterschiedlicher Widerstände hängt von der Meßlänge L und der Meßanordnung ab. Je kleiner L ist, umso größer ist das Auflösungsvermögen an den Schichtgrenzen, aber umso geringer ist die Eindringtiefe und umso stärker die störende Wirkung des Filterkuchens. Die kleine Normale liefert gute vertikale Detailangaben – bei genügendem Widerstands-Kontrast hinab bis zu etwa 0,5 m Mächtigkeit – und den scheinbaren Widerstand der Verdrängungszone. Die große Normale untersucht den scheinbaren Widerstand der Gesteine jenseits der Invasionszone (Eindringtiefe etwa 2× den Elektrodenabstand) und erlaubt, Schichten bis zu etwa 2 m Mächtigkeit zu erkennen. Je größer im Bereich der Grundwasserleiter die Differenz zwischen den Widerstandsangaben der kleinen normalen und der großen normalen

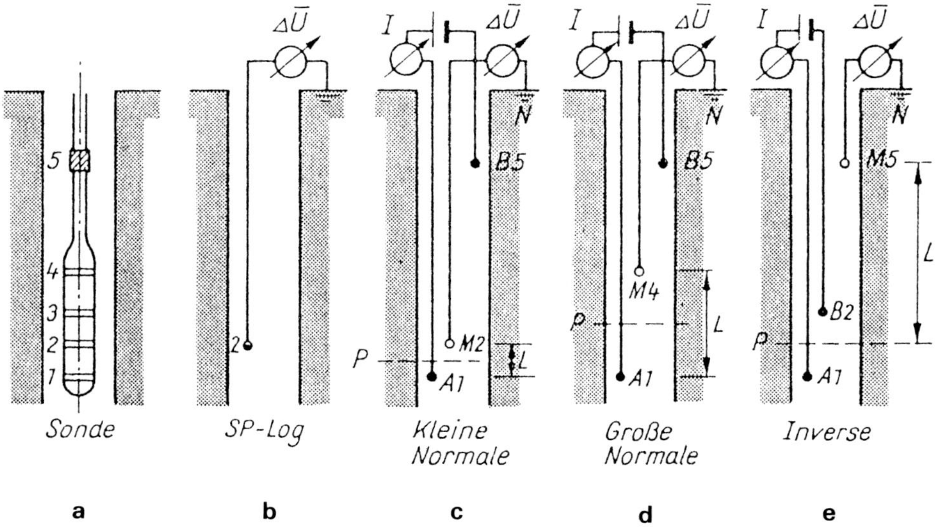

Abb. 3.58. Sonde (a), SP-Log (b), normale (c, d) und laterale (inverse) (e) Anordnung der Widerstandsmeßanlage (BRADEL 1985, BUSCH & LUCKNER 1974, HALLENBACH 1961, REPSOLD 1989).

Meßanordnung ist, mit desto größerer Dicke des Filterkuchens ist zu rechnen. Das Widerstands-Log wird hauptsächlich benutzt, um die Grenzen zwischen Gesteinsarten und das Vorhandensein von mineralisiertem Wasser zu bestimmen. Der elektrische Widerstand von Ton und Schluff ist mit 10–50 Ohm-Meter niedrig, Süßwasser-führende Sande und Kiese haben Werte von etwa 100–400 Ohm-Meter, Festgesteine Werte von mehreren Hundert Ohm-Metern. Sehr niedrige Widerstände werden in Gesteinen gemessen, deren Hohlraumanteile mit hochmineralisierten Wässern gefüllt sind.

Bei der normalen Meßanordnung (Abb. 3.58c,d, 3.59a) fließt Gleichstrom zwischen den Elektroden A und B. Die resultierende Potentialdifferenz wird zwischen den Elektroden M und N gemessen. Die Elektroden A und M sind in der Sonde angeordnet, B ist die Kabelerdung und N eine Elektrode am Ende des Kabels, weit entfernt von A und M (mindestens 30–50 m von Bohrloch und Meßwagen). Die Erdung dieser Elektrode über das Schlammbecken erwies sich als nicht optimal, da erfahrungsgemäß Störungen im oberen Teil des Bohrloches auftreten. Der Abstand A-M ist die Meßlänge L, der 0- Punkt der Messung liegt in der Mitte zwischen M und A. Da die Ergebnisse von einer fehlerfreien Kabelübertragung abhängen, sollte deren Isolation kontrolliert werden (REPSOLD 1989).

In der Lateral-Meßanordnung (3.58e, 3.59b) fließt Gleichstrom zwischen den Elektroden A und B, und die Potentialdifferenz wird zwischen M und N gemessen, die auf konzentrischen, sphärischen Äquipotentialflächen um das Zentrum in A liegen. Der 0-Punkt der Messung liegt auf der Mitte zwischen M und N. Der Abstand A-0 ist die Meßlänge L = 7,53 m. Gemessen wird der scheinbare Widerstand R_a, der von den Widerständen und den geometrischen Dimensionen aller Medien in der Umgebung der Meßeinrichtung beeinflußt wird.

Das Latero-Log 7-Gerät z. B. umfaßt eine zentrale Elektrode A_0 und 3 symmetrisch dazu angeordnete Elektrodenpaare, die so gesteuert sind, daß der bei A_0 eingespeiste Strom so gebündelt wird, daß der Potentialabfall in dieser klar definierten Richtung gemessen werden kann. Die 81 cm mächtige Schicht gebündelter Stromlinien behält in einem homogenen Medium (Abb. 3.59c) eine ziemlich konstante Mächtigkeit bis zu einem Abstand vom Bohrloch, der etwas größer ist als die Gesamt-Länge A_1-A_2, etwa 2 m.

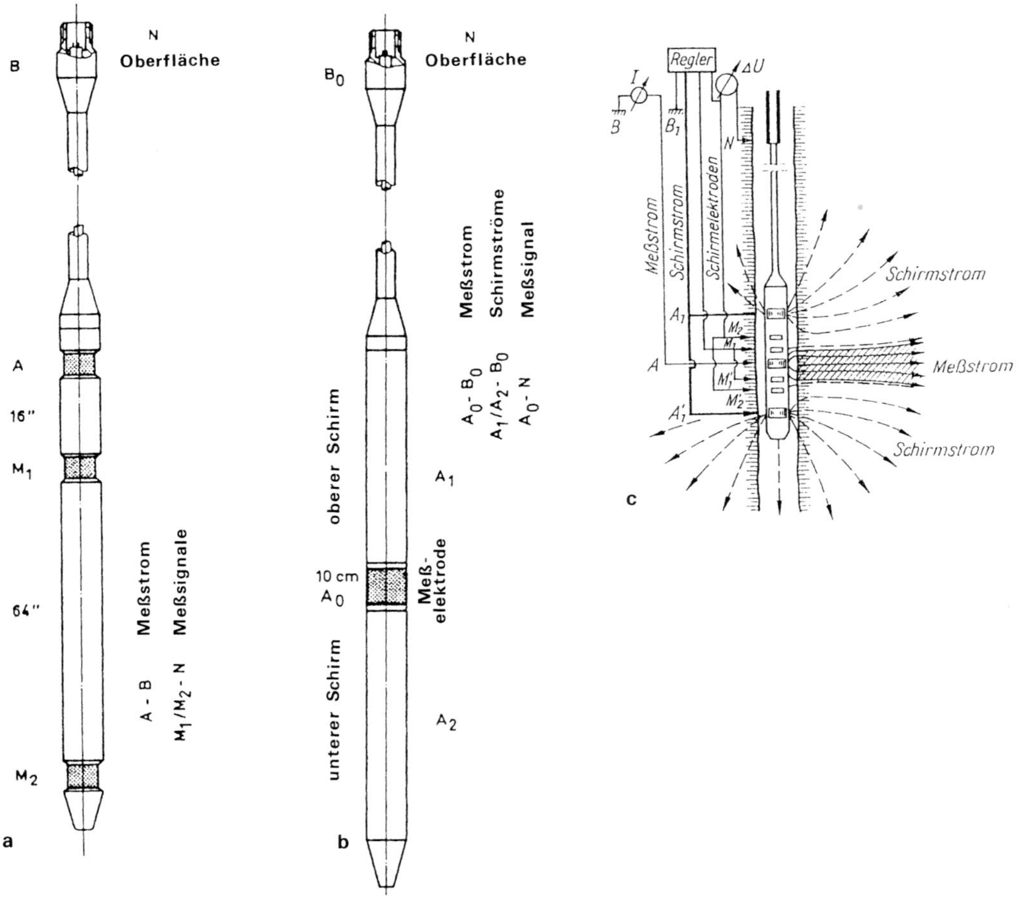

Abb. 3.59. Elektrische SP- und ES-Sonde (a), Laterolog- (FEL-)-Sonde (b). Bündelung des elektrischen Stromes durch Latero-Log 7- Gerät (c) (Busch & Luckner 1974, Repsold 1989).

Die Lateral-Meßmethode minimiert die Einflüsse des Bohrloches und der umgebenden Gesteinsschichten dadurch, daß in Meßanordnungen für fokussierte elektrische Logs (FEL) und Laterologs (LL) die Meßströme gezwungen werden, wie eine dünne Stromschicht in das Gebirge zu fließen. Damit können geringmächtige Schichten und Wechsellagerungen sowie Schichtgrenzen und Kluftzonen deutlich schärfer erkannt werden. Weiterhin kann der wahre Gesteins-Widerstand R_t der Gesteinsschicht im Falle von $R_t/R_m > 1$ mit Korrekturdiagrammen bestimmt werden.

Wie das Eigenpotential-Log zeigt das Widerstands-Log gewöhnlich einzelne Schichten und – durch charakteristische Kurvenformen – lithologische Änderungen deutlich an, die mit den normalen Bohrtechniken nicht zu erkennen wären, sondern Kernbohrungen erfordern würden.

Beim üblichen Widerstands-Log befinden sich die Elektroden, vom Bohrschlamm umgeben, mehr oder weniger zentrisch im Bohrloch. Um die Wirkung der Schlammsäule auszuschließen, die Kurzschlußwirkung des Bohrschlammes zu verringern und die tatsächliche Eindringtiefe der Widerstands-Messungen auf ein paar cm zu beschränken, sind in den Geräteanordnungen der Mikrowiderstands-Logs (Abb. 3.60 b) die Strom- und Meßelektroden (A, M_1 und M_2) in Abständen von jeweils 1" = 25,4 mm zur Vermeidung von Kurzschlüssen in Gummipolstern an-

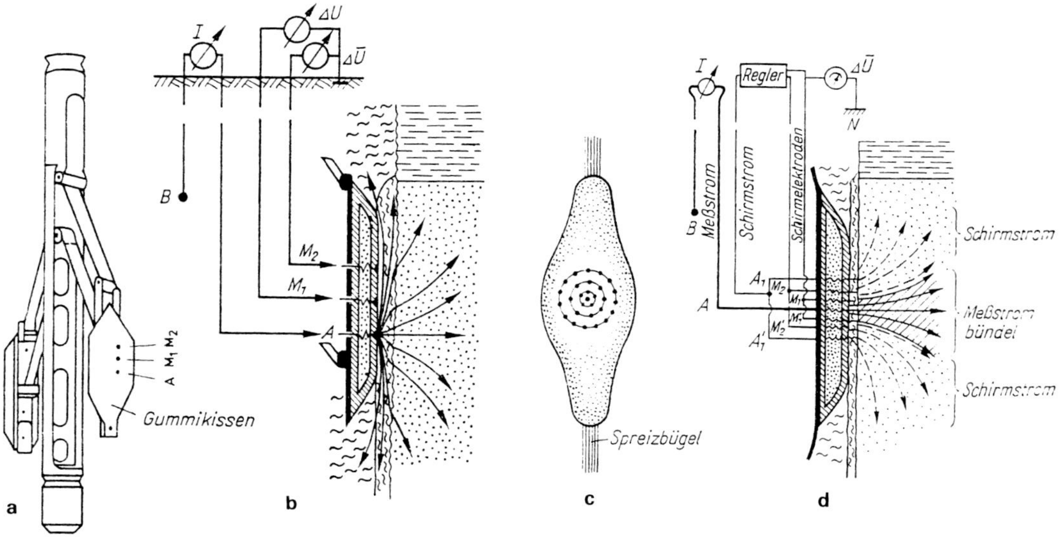

Abb. 3.60. Microlog-Gerät (a), Schaltschema und Stromlinien-Verteilung von Microlog (ML) und Microlaterolog (MLL) (b, d) sowie Microlaterolog-Kufe (c) (Busch & Luckner 1974, Repsold 1989, Schlumberger 1972).

geordnet, die mit Hilfe von gefederten Armen gegen die Bohrlochwand gedrückt werden (Abb. 3.60a). Zwei Schaltungen erlauben es, verschieden tiefe Bereiche der Schichten (ca. 2,5 bis 10 cm) bzw. des Filterkuchens zu erfassen (MLL, Abb. 3.60c, d). Der von den Elektroden ausgehende Strom muß den Filterkuchen passieren, um die Verdrängungszone zu erreichen. Das flache Eindringen erlaubt eine genaue Untersuchung des Filterkuchens und des elektrischen Widerstandes in der Verdrängungszone R_{xo}. Die Ausbildung des Filterkuchens ermöglicht umgekehrt Rückschlüsse auf die Durchlässigkeit der Schichten: bei durchlässigen Schichten kann das Schlammfiltrat tiefer eindringen, so daß ein dickerer Filterkuchen an den Wänden des Bohrlochs entsteht. Diese Messungen ermöglichen auch die Identifikation von Feinschichtungen, Wechsellagerungen und Kluftzonen (Hallenbach 1961, Repsold 1989, Schlumberger 1972).

Zur Messung der elektrischen Leitfähigkeit des Wasser-gesättigten Gebirges auch in Kunststoff-verrohrten oder trockenen Bohrungen, die einen elektrischen Strom ausschließen, werden elektromagnetische Wellen, meistens mit einer Frequenz von ca. 20 kHz, von einer Transmitter-Spule auf der Meßsonde in das umgebende Gebirge abgestrahlt. Je nach dessen elektrischer Leitfähigkeit werden mehr oder weniger starke Wirbelströme im Gebirge hervorgerufen, deren Magnetfelder ihrerseits Spannungen in einer Meßspule erzeugen, die in einiger Entfernung, meist 1 m, auf der Sonde angeordnet ist. Die elektrische Leitfähigkeit des Gebirges ergibt sich aus der Amplitude und dem Phasenort dieser induzierten Spannung. Das wichtigste Anwendungsfeld des Induktions-Logs ist die Bestimmung des wahren Gesteins-Widerstandes R_t, wenn dieser kleiner als der Widerstand der Bohrspülung wird: $R_t/R_m < 1$. Dieser Fall tritt selbst bei mäßigen Gesteins-Widerständen auf, wenn wenig leitende Bohrspülung, z. B. Oberflächenwasser, eingesetzt wird, und fast immer, wenn das Porenwasser einen hohen Salzgehalt hat (Repsold 1989, Schlumberger 1972).

Porositätsschätzung aus Widerstands-Logs

Wenn kein Porositäts-Log verfügbar ist, kann die Porosität in reinen Grundwasserleitern aus den Widerstands-Logs auf der Grundlage der entsprechenden F-n-Beziehung nach ARCHIE (Gl. 3.10) geschätzt werden (Abschnitt 3.3.4.3.2).

3.4.4.3 Strahlen-(Nukleare) Logs

Manche Atomkerne weisen eine natürliche Strahlung auf, andere können hierzu durch eine Bestrahlung induziert werden. Entsprechend ihrer verschiedenen Quellen kommt die Nuklearstrahlung als Alpha-, Beta-, Gamma- und Neutronen-Strahlung vor. Gamma- und Neutronen-Strahlung haben eine hohe Durchdringungskraft und werden daher in Radioaktivitäts-Logs aufgezeichnet. Die Radioaktivität eines Gesteins kann untersucht werden durch

- Messung der natürlichen Gamma-Strahlung,
- durch Bestrahlung mit künstlichen Gamma-Strahlen; hier wird die Dämpfung durch photoelektrische Umwandlung, Compton-Streuung und Paar-Bildung gemessen,
- Bestrahlung mit Hilfe einer Neutronen-Quelle; hier wird die Dämpfung der Neutronen oder die sekundäre Gamma-Strahlung gemessen.

Gamma-Strahlen-Logs (GR) registrieren die natürliche Gamma-Strahlung der Gesteine, die von den kleinen natürlichen Uran-, Thorium- und Kalium-40-Gehalten ausgeht (Abb. 3.61). Das Gamma-Log kann in Flüssigkeits-gefüllten, in trockenen und in verrohrten Bohrlöchern aufgenommen werden. Da Tone und Tonschiefer relativ große Mengen von Kali-Feldspäten und Kalium-haltigen Glimmern und deren Verwitterungsprodukte enthalten, ist das Gamma-Log besonders bei der Korrelation von Sedimenten (Sand – Ton) nützlich. Es gibt jedoch fließende Übergänge bei der Gamma-Strahlung der Sedimente (Abb. 3.61 a, b). Die Intensität der Strahlung ist Stoff-spezifisch und kann zur Identifizierung verwendet werden (Abb. 3.62).

Die natürliche Gamma-Strahlung wird mit einer Bohrlochsonde gemessen (Abb. 3.63 a), die ein Gamma-Meßgerät, meist ein Szintillometer enthält. Die Gamma-Strahlen rufen einen kleinen

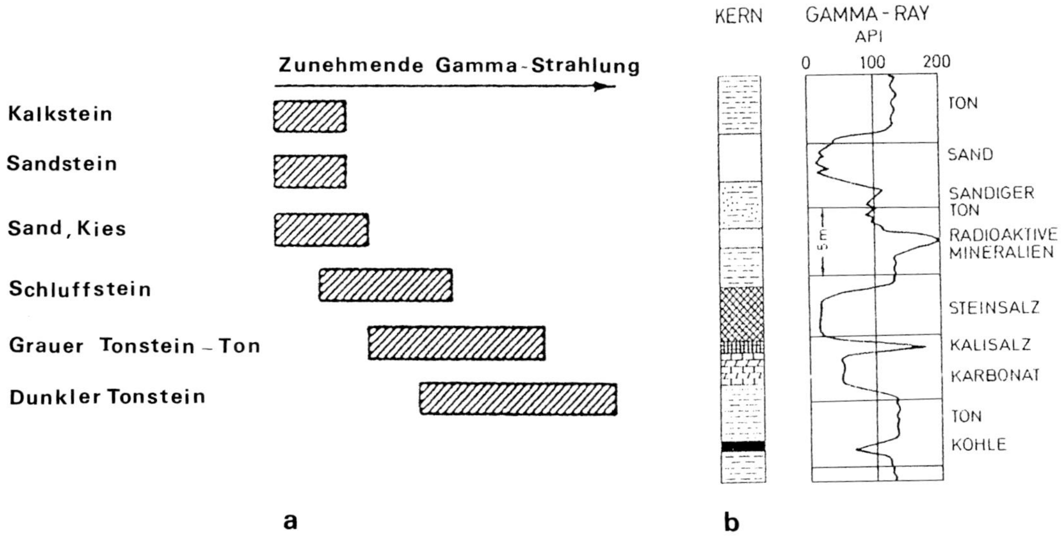

Abb. 3.61. Relative Gamma-Strahlung und Beispiele von Gamma-Strahlen-Messungen verschiedener Sedimente (a: JOHNSON DIVISION 1982; b: BRADEL 1985).

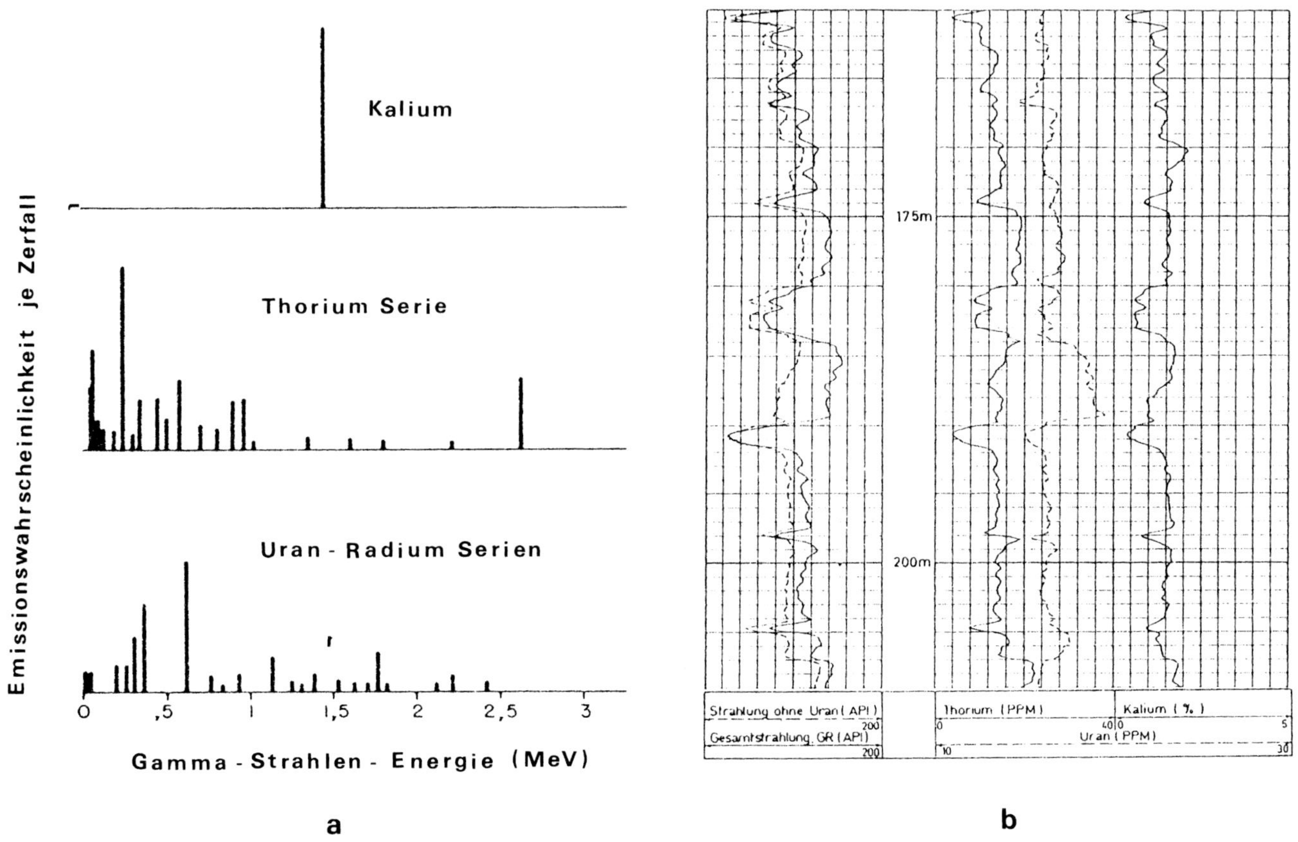

Abb. 3.62. Gamma-Emissions-Spektren radioaktiver Minerale (a: SCHLUMBERGER 1972) und Beispiele von NGT-Messungen verschiedener Sedimente (b: BRADEL 1985).

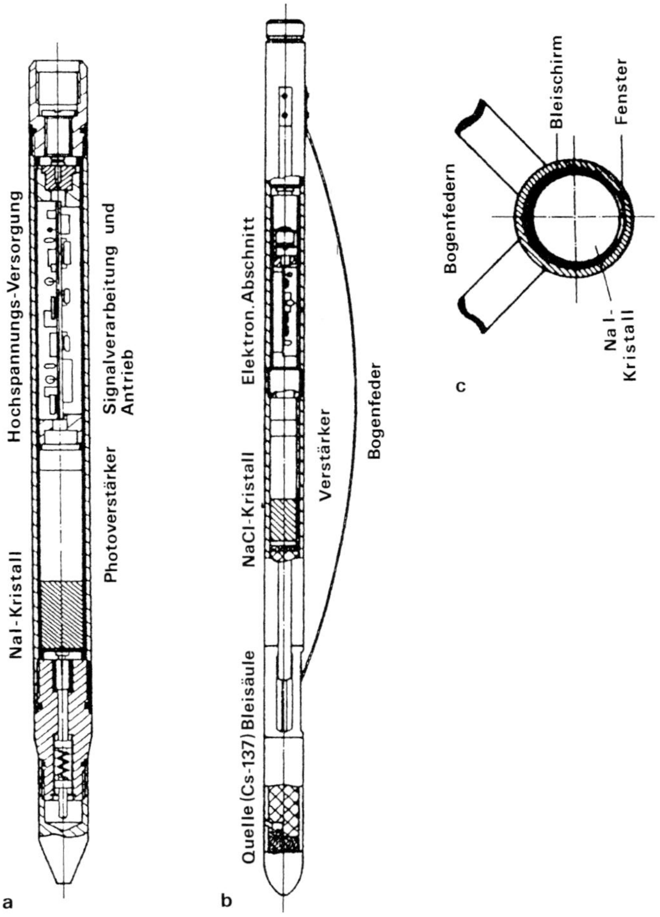

Abb. 3.63. Gamma-Strahlen-Sonde (a) und Gamma-Gamma-Dichte-Sonde (b, c) (Repsold 1989).

Lichtstrahl auf einem dünnen Kristall (mit Tl aktiviertes Natriumiodid) hervor. Dieses Licht wird von einem Photoverstärker aufgefangen, der seinerseits einen elektrischen Strom zu einem Schreibgerät an der Erdoberfläche sendet. Der aufgezeichnete Strom ist proportional zur im Bohrloch angetroffenen Radioaktivität. Da die Freisetzung von Gamma-Strahlen durch Radioisotope als zufällige Ereignisse auftreten, nimmt die Genauigkeit der Zählung zu, wenn das Instrument für ein längeres Zeitintervall an einer gegebenen Position verbleibt. Die Genauigkeit der Messungen nimmt weiterhin mit wachsender Größe des Szintillationskristalls zu. Große Bohrlochdurchmesser, mehr als 2 Verrohrungen und etwaige Zementierungen erfordern Korrekturen oder schließen Gamma-Messungen völlig aus. Bei sachgerechter Durchführung der Messungen und Korrekturen sind bis zu 20–30 cm mächtige Schichten klar zu erkennen (Repsold 1989, Schlumberger 1972).

Logs der natürlichen Gamma-Strahlung werden benutzt, um Tongesteine von anderen Gesteinen zu unterscheiden, um den Ton-Gehalt von Gesteinen zu bestimmen, um radioaktive Ausfüllungen in Festgesteinen zu erkennen und um zwischen Brunnen zu korrelieren. Es gibt keine allgemein gültigen festen Regeln für eine genaue lithologische Interpretation, doch können bei regionaler Erfahrung lokale Merkmals-Zusammenhänge genutzt werden. Im allgemeinen weisen organische Tonsteine die höchsten Gamma-Aktivitäten auf. Sehr hohe Aktivitäten können auch rhyolithische Tuffe und manche Sandsteine haben. Tonsteine, tonige Kalksteine und tonige Sandsteine haben dagegen mäßig hohe Aktivitäten, Sand-, Kalk- und Dolomitsteine allgemein niedrige Aktivitäten und schließlich Salz und Kohle stets niedrige Aktivitäten (Bradel 1985, Hallenbach 1961, Repsold 1989, Repsold & Schneider 1988, Schlumberger 1972).

In den Ringraum zwischen Verrohrung und Gebirge eingebaute Tonsperren zur Verhinderung hydraulischer Kurzschlüsse zwischen Grundwasserstockwerken können anhand ihrer Gamma-Strahlung im Gamma-Log erfaßt werden, doch sollte hierfür ein im offenen Bohrloch gemessenes Gamma-Log der natürlichen Hintergrundstrahlung vorliegen.

Gamma-Logs können auch unter Beachtung der Strahlenschutzbestimmungen für die Tiefenkontrolle im Brunnenbau benutzt werden. Hierzu werden radioaktive Marker als Tiefenmarken in die Filterrohre oder in die Bohrlochwand eingesetzt. Die Position von in den Ringraum an der Außenseite der Verrohrung eingebrachtem Zement kann durch Gamma-Logs festgestellt werden, vorausgesetzt, daß geeignete radioaktive Stoffe dem Material zugemischt worden sind (Hallenbach 1991, Lux 1997). Anstelle radioaktiver Marker können bei Kunststoff-Verrohrung dem Dichtungston auch ferromagnetische Zusatzstoffe beigefügt werden, die mit dem sehr empfindlichen Magnetik-Log sicher erkannt werden können (Lux 1997).

Im Bohrlochmarkierungs-(Säulenmarkierungs-)Verfahren wird die gesamte Wassersäule der Bohrung gleichmäßig mit einem Gamma-Strahler mit kurzer Halbwertszeit und geringer Sorptionsneigung (z. B. ^{99m}Tc mit 6 h Halbwertszeit) markiert. Die eingesetzte extrem niedrige Konzentration und die kurze Halbwertszeit des Markierungsstoffes erlauben es, die Erfordernisse des Strahlenschutzes zu erfüllen. Nach einer Wartezeit, die von den hydrogeologischen Verhältnissen abhängt, wird die Bohrung 5- bis 7-mal langsam und kontinuierlich mit der Gamma-Sonde abgefahren. Aus der Veränderung der Tracerkonzentration bzw. der Zählrate als Folge von Verdünnungsprozessen wird das kontinuierliche Filtergeschwindigkeitsprofil und die Lage der Grundwasserleiter bzw. der Wasser-führenden Klüfte abgeleitet (Hacker 1997). Der Einsatz derartiger radioaktiver Tracer ermöglicht auch die Untersuchung von Strömungen mit extrem niedrigen Flußraten und das Erkennen von Strömungsvorgängen außerhalb der Verrohrung (Moser & Rauert 1980).

Da der natürliche Neutronenfluß sehr niedrig ist, können künstlich erzeugte Neutronen für Bohrlochmessungen ohne natürliche Hintergrund-Korrektur verwendet werden, um die Gesteinsporosität zu bestimmen, in speziellen Fällen den Grundwasserspiegel nachzuweisen und Gips und Anhydrit zu unterscheiden. Neutronen sind elektrisch neutrale Partikel von der Masse eines Protons (Wasserstoffkern). Als in die Sonde eingebaute Quelle der künstlichen Neutronen dienen üblicherweise Beryllium und ein α-Strahler wie Plutonium, Americium, Polonium oder Radium. Schnelle, Energie-reiche Neutronen (mit im Mittel 3,5 Mega-Elektronenvolt (MeV)) werden emittiert, wenn das Beryllium α-Teilchen absorbiert (1 eV = $1{,}6 \cdot 10^{-19}$ Joule = Energie eines Elektrons oder Protons auf dem Wege zwischen 2 Orten eines elektrischen Feldes, zwischen denen die Potentialdifferenz 1 Volt besteht). Diese schnellen Neutronen werden innerhalb von Mikrosekunden vor allem durch Atomkerne in der Umgebung durch eine Kette elastischer Zusammenstöße (Billardkugel-Prinzip) gebremst, bis sie Energie-arm (thermisch) (ca. 0,025 eV) sind und durch Atomkerne wie Chlor, Kalium, Silicium und Eisen aufgefangen werden, wobei eine Energie-reiche Gamma-Strahlung entsteht. Die größten Energieverluste je Kollision treten ein, wenn das Neutron einen Atomkern gleicher Masse trifft, z. B. einen Wasserstoffkern. So hängt die Verlangsamung eines Neutrons hauptsächlich von der Menge von Wasserstoff-Atomen im Gestein ab. Diese sind vor allem im Wasser, daneben in Mineralen (Kristallwasser) oder in festen, flüssigen oder gasförmigen organischen Stoffen enthalten. Das Neutronen-Log mißt entweder die künstlich induzierte Gamma-Strahlung oder direkt die thermischen Neutronen. Das Meßgerät ist gegenüber der Neutronenquelle abgeschirmt, so daß die meisten Neutronen oder Gamma-Strahlen, die gezählt werden, aus dem Gebirge kommen. Dort reichlich vorhandenes Wasser führt zur Verlangsamung und zum Einfangen der Neutronen, so daß ein niedriger Neutronenfluß, aber eine hohe Gamma-Strahlung am Zähler gemessen wird. Geringe Wasser-Gehalte sind mit höheren Neutronenflüssen und geringeren Gamma-Strahlungwerten verknüpft. Da der meiste Neutronenfluß im Wasser vorhanden ist, ist der am Zähler registrierte Neutronenfluß umgekehrt proportional dem Wassergehalt nahe dem Bohrloch. Wenn die Schichten völlig Wasser-gesättigt sind, ist der Neutronenfluß auch direkt proportional der Porosität. Neutronen-Logs dienen demnach zur Bestimmung der Porosität und zum Erkennen poröser Schichten, zur stratigraphischen Korrelation und zur lithologischen Interpretation. Neutron- und Gamma-Logs können in verrohrten und nicht verrohrten Bohrlöchern eingesetzt werden. Bei verrohrten Bohrlöchern sind die Beobachtungswerte bezogen auf den Bohrlochdurchmesser und die Ausbaukonstruktion zu korrigieren. Für die Korrektur ist bei unverrohrten Bohrlöchern ein Kaliber-Log hilfreich (Bradel 1985, Hallenbach 1961, Repsold 1989, Repsold & Schneider 1988, Schlumberger 1972).

Das Gebirgsdichte-(Gamma-Gamma-)-Log ist ein weiteres Porositätslog. Die Dichtemessungen schließen den Nachweis von Schichtgrenzen, die Unterscheidung der Gesteine nach ihrer Dichte, die Bestimmung der Porosität, vor allem von Lockergesteinen, die Ortung von Störungen in Festgesteinen, die Auswertung von tonigen Sanden und komplexen Gesteinsfolgen und die Prüfung von Kiespackungen in Brunnen ein. Eine Strahlenquelle (meist 137-Cs oder 60-Co), die zusammen mit dem Detektor in einer mit Blei abgeschirmten Seitenkufe mit einem exzentrischen Arm gegen die Bohrlochwand gedrückt wird (Abb. 3.63 b), sendet mittelenergetische Gamma-Strahlen in das Gebirge. Diese Gamma-Strahlen können mit den Elektronen im Gebirge kollidieren, wobei sie jeweils einen Teil ihrer Energie an die Elektronen abgeben und ihren Weg mit verringerter Energie fortsetzen. Diese Wechselwirkung wird als Compton-Streuung bezeichnet. Quelle und Detektor sind so gebaut, daß der Ausschlag des Gerätes vorherrschend auf diesem Phänomen beruht. Die gestreuten Gamma-Strahlen, die den Detektor in einem bestimmten Abstand von der Quelle erreichen, werden als Maß für die Gebirgsdichte gezählt. Die Zahl der Compton-gestreuten Kollisionen ist nämlich direkt mit der Zahl der Elektronen verknüpft. Dementsprechend ist der Ausschlag des Dichtegerätes grundsätzlich durch die Elektronendichte (Zahl der Elektronen pro cm^3 des Gebirges) bestimmt. Die Elektronendichte ist wiederum mit der wahren Bruttodichte ϱ_b in g/cm^3 verknüpft, die ihrerseits von der Dichte der Gesteinsmatrix, der Gebirgsporosität und der Dichte der Flüssigkeiten in den Poren abhängt.

Die ausgeübte Andrück-Kraft ist so groß, daß der pflugförmige Führungsrand der Kufe den weichen Filterkuchen durchschneiden kann. Bei harten Filterkuchen bleibt jedoch etwas Schlamm zwischen der Kufe und dem Gebirge zurück. Diese Reste müssen bei Korrekturen berücksichtigt werden.

Die Porosität wird aus der Bruttodichte der reinen, Flüssigkeits-gefüllten Gebirge abgeleitet, wenn die Dichte der Matrix ϱ_{ma} und der Flüssigkeit ϱ_{fl} bekannt sind:

$$(3.17) \qquad n = \frac{\varrho_{ma} - \varrho_b}{\varrho_{ma} - \varrho_{fl}}$$

Der Bestimmungsfehler dieser Methode ist im Labor 1–2%, bei Feldmessungen mindestens 2-mal so groß. Das erfaßte Gesteinsvolumen hängt hauptsächlich vom Abstand Strahlenquelle/Detektor und der Dichte des Gesteins ab. Bei dem üblichen Abstand von 40 cm und der Dichte $\varrho = 2$ g/cm^3 ist der Radius etwa 15–20 cm. Die Interpretation des Dichte-Logs kann durch Ton- oder Tonstein- Vorkommen im Gebirge beeinflußt werden, deren Dichte typischerweise in der Größenordnung von 2,2–2,65 g/cm^3 liegen. Die Dichten der Tone neigen dazu, mit der Tiefe zuzunehmen. In den Porenräumen anderer Gesteine verteilte Tone können eine etwas geringere Dichte als eingeschaltete Tonlagen besitzen (BRADER 1985, REPSOLD 1989, REPSOLD & SCHNEIDER 1988).

Die Messungen des Neutronen- und des Gamma-Gamma- oder Dichte-Logs sind sehr teuer, weil sie eine Strahlenquelle und besondere Strahlenschutzmaßnahmen benötigen. Sie werden daher selten bei der Grundwassererschließung eingesetzt.

3.4.4.4 Temperatur-Logs

Die Aufnahme von Temperatur-Logs (TEMP) liefert Informationen über die Temperatur-Verteilung in der Wassersäule im Bohrloch und im benachbarten Gestein. Zur Messung dienen elektrische Thermometer, deren elektrischer Widerstand Temperatur-abhängig ist. Gemessen wird immer von oben nach unten, sowohl in unverrohrten als auch in verrohrten Bohrlöchern.

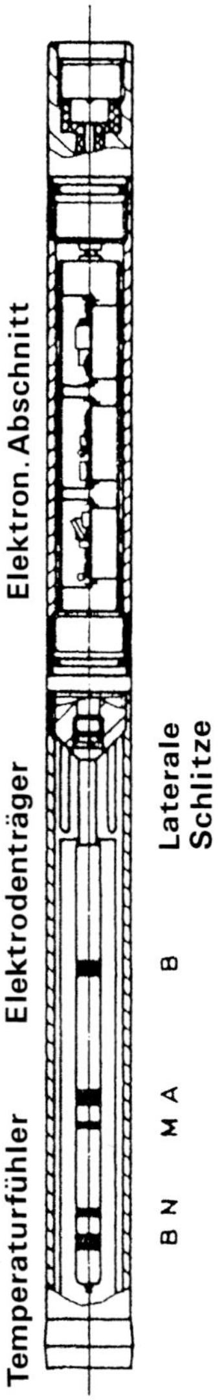

Abb. 3.64. Kombinierte Salinometer/Temperatur-Sonde (REPSOLD 1989).

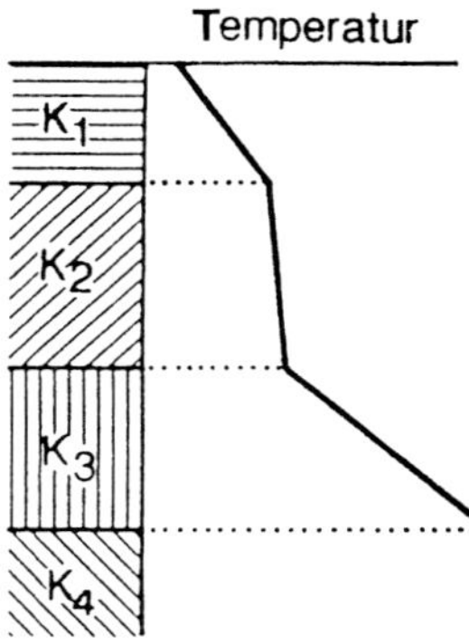

Abb. 3.65. Temperatur-Log bei Wärmeleitfähigkeiten $k_2 > k_4 > k_1 > k_3$.

Zusammen mit dem Salinitäts-Log wird das Temperatur-Log oft als erste Messung ausgeführt (Abb. 3.64). Obwohl die Gerätegenauigkeit 0,01 °C erreichen kann, ist diese Genauigkeit bei Feldmessungen nicht zu realisieren.

Die Messung des natürlichen Temperaturgradienten erfordert, daß das Wasser oder die Bohrspülung im Bohrloch ungefähr 4 Wochen ungestört und unbewegt ist. Repräsentative Werte können nur in Bohrungen mit kleinen Durchmessern bis ungefähr 100 mm erhalten werden, weil bei größeren Durchmessern vertikale Fluid-Bewegungen auftreten können, die das Temperaturfeld verändern. Das Temperatur-Log zeigt normalerweise zunehmende Temperaturen mit zunehmender Tiefe (Geothermischer Gradient im Mittel 3 °C/100 m). Die Neigung der Kurve hängt von der natürlichen Wärmeflußdichte und der Wärmeleitfähigkeit der Gesteine ab (Abb. 3.65). Je nach den anstehenden Gesteinen wird die Temperatur bis zu einer Tiefe von 15 – ca. 40 m, meist bis ungefähr 20 m unter Erdoberfläche durch die jährlichen Schwankungen der Lufttemperatur beeinflußt (MATTHESS 1994).

Oft werden Abweichungen von der normalen Temperaturzunahme genutzt, um vertikale Wasserbewegungen zu untersuchen oder Wasser- oder Gaszutritte zu orten (HALLENBACH 1961, REPSOLD 1989). Wenn eine Bohrung Grundwasserstockwerke mit unterschiedlichen hydraulischen Höhen antrifft, wird Grundwasser durch die Bohrung fließen (Abb. 3.66).

Wenn Gase in das Bohrloch eintreten, kann die Zutrittsstelle oder der Zutrittsbereich anhand der abweichenden, normalerweise niedrigeren Temperaturen geortet werden.

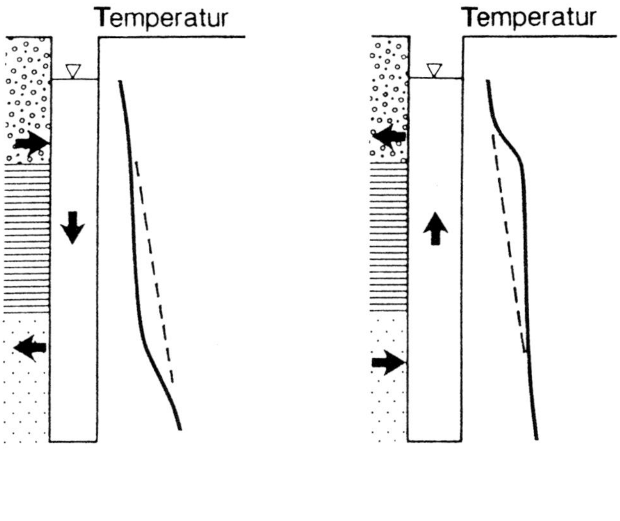

Abb. 3.66. Vertikale Wasserbewegung in Bohrlöchern zwischen Grundwasserstockwerken mit verschiedenen piezometrischen Höhen.

3.4.4.5 Salinometer-(Fluid-Leitfähigkeits-)Logs

Das Salinometer-(Fluid-Leitfähigkeits-) Log (SAL) wird vielfach genutzt, um den Salzgehalt des Wassers oder der Bohrspülung im Bohrloch zu bestimmen. Ein gleichzeitig erstelltes Temperatur-Log erlaubt eine Umrechnung der gemessenen spez. elektrischen Leitfähigkeiten auf Werte bei einer bestimmten Bezugstemperatur. Die Beziehung zwischen spezifischer elektrischer Leitfähigkeit und Temperatur für eine reine NaCl-Lösung ist in Abb. 3.67 dargestellt.

Nach den Ergebnissen des Fluid-Leitfähigkeits-Logs kann die Mineralisierung des Wassers nach einer geeigneten Korrektur abgeschätzt und können die Entnahmetiefen für Wasserproben gezielt gewählt werden. Das Log kann auch genutzt werden, um Wasserzutritte zu orten und Süß-/Salzwasser-Grenzen zu bestimmen. Darüber hinaus hilft es bei der Bestimmung der wahren Gesteins-Widerstände und der Auswertung der elektrischen (FEL-)Logs, da diese durch Leitfähigkeits-Unterschiede der Fluide verändert werden.

Die am häufigsten verwendete Salinitäts-Sonde, die mit einem Temperaturdetektor kombiniert sein kann, mißt den Spannungsabfall über zwei nahe benachbarte Elektroden, der eine Funktion

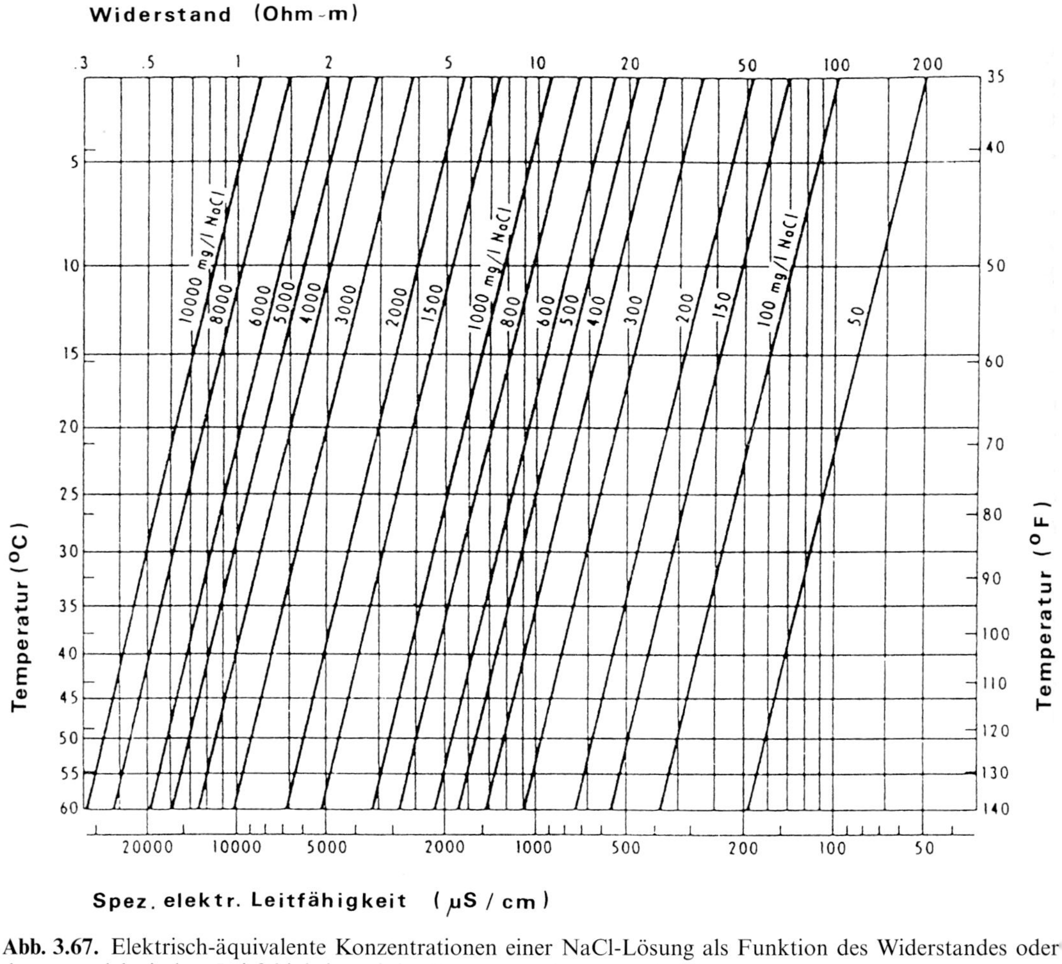

Abb. 3.67. Elektrisch-äquivalente Konzentrationen einer NaCl-Lösung als Funktion des Widerstandes oder der spez. elektrischen Leitfähigkeit und der Temperatur (KEYS & MACCARY 1971).

des Widerstandes des zwischen den Elektroden hindurch geleiteten Fluids ist. Um den Widerstand des möglichst Spülungs-freien Wassers zu bestimmen, wird das Salinitäts-Log – wie erwähnt zusammen mit dem Temperatur-Log – als erstes durch Absenken der Sonde in das Bohrloch gemessen. Die Umsetzung der spez. elektrischen Leitfähigkeit in Salzgehalte erfordert Eichmessungen im Labor und die Kenntnis der Temperatur. Der Fluid-Widerstand wird in Ohm-Meter, die spezifische elektrische Leitfähigkeit in µS/cm (früher: micro-mhos/cm) angegeben (Repsold 1989).

3.4.4.6 Flowmeter-(Fluid-Strömungs-)Logs (FLOW)

Vertikale Fluid-Strömungen in Bohrlöchern können natürlich sein oder künstlich erzeugt werden. Das **C**ontinous **F**low **M**eter (CFM) mißt vertikale Wasserströmungen mit einem Meßflügel, dessen Umdrehungen pro Zeiteinheit elektrisch gezählt werden. Die Logs können mit einer Sonde aufgenommen werden, die aufwärts oder abwärts bewegt wird. Wenn das Flowmeter sich in die gleiche Richtung wie die Wasserströmung bewegt, werden die Umdrehungen des Meßflügels verringert, wird es entgegen der Wasserströmung bewegt, dreht sich dagegen der Meßflügel schneller. Auf diese Weise können Änderungen der Strömungsgeschwindigkeit quantitativ gemessen werden. Unterhalb von Grundwassserzuflüssen nehmen die Umdrehungszahlen ab, da die zutretende Menge nicht mehr mitgemessen wird. Es entsteht so eine gestufte Kurve (Abb. 3.68 a). Unterhalb des letzten Eintritts zeigt die Kurve nur noch die eigene Bewegungsgeschwindigkeit der Sonde im ruhenden Wasser an. In allen Fällen muß die Strömungsgeschwindigkeit größer als die Grenzgeschwindigkeit des Meßflügels sein. Ergeben sich bei der Korrektur negative Werte, so zeigen diese Abflüsse aus der Bohrung in das Gebirge an.

Wasserströmungen aufgrund verschiedener piezometrischer Höhen der Grundwasserstockwerke werden ohne Einsatz einer Pumpe gemessen. Für die Ermittlung der Verteilung des Zustroms in ein Bohrloch kann eine Pumpe entweder nahe der Grundwasseroberfläche oder der Bohrlochsohle installiert werden. Da sich die Geschwindigkeiten des bewegten Flowmeters und des strömenden Wassers aufsummieren, ist es erforderlich, zuerst das Flowmeter-Log ohne Pumpen als Basis-Log für die anschließenden Berechnungen aufzunehmen (Abb. 3.68 b). Danach sollte die Pumprate für jeden Meß-Vorgang schrittweise erhöht werden, z. B. 10 l/s–50 l/s–100 l/s (Abb. 3.69 a). Mit Hilfe dieser Logs kann auf die Pumprate bezogen dann der Prozentsatz des Zu- oder Abflusses in den einzelnen Abschnitten des Bohrloches berechnet werden (Abb. 3.69 b). Die Auswertung einer Messung in einem unverrohrten Bohrloch in Festgesteinen setzt die Kenntnis des meist unregelmäßigen Durchmessers voraus, die mittels eines Kaliber-Logs erstellt wird (Repsold 1989, Repsold & Schneider 1988).

Bei der Kontrolle der Wirksamkeit alter Grundwasser-Meßstellen kann eine Packerflowmetersonde eingesetzt werden (Abb. 3.70 a), an der zwischen Eintritts- und Austrittsöffnung eine trennende Manschette angeordnet ist. Durch die Abwärtsbewegung der Sonde wird ein Druck auf das Grundwasser im Rohr erzeugt. Im Vollrohr fließt das verdrängte Wasser mit hoher Geschwindigkeit durch das Flowmeter (Abb. 3.70 a), während es im Filterbereich durch die Filterschlitze und Kiesschüttung ausweichen kann (Abb. 3.70 b), so daß die Durchflußmenge und -geschwindigkeit entsprechend geringer sind.

3.4.4.7 Akustische Logs

Akustische Logs (Sonic-Logs, Sonic velocity-Logs) (BHC) nutzen die Sedimentgesteins-Eigenschaften, besonders ihre Dichte und ihre Klüftung, die die Ausbreitung der Schallwellen beeinflussen. Durch Messung der Dämpfung eines Schallsignals, das von einer speziellen Schallquelle ausgeht, können Tiefenlage und Mächtigkeit von porösen Zonen bestimmt, deren Porosität

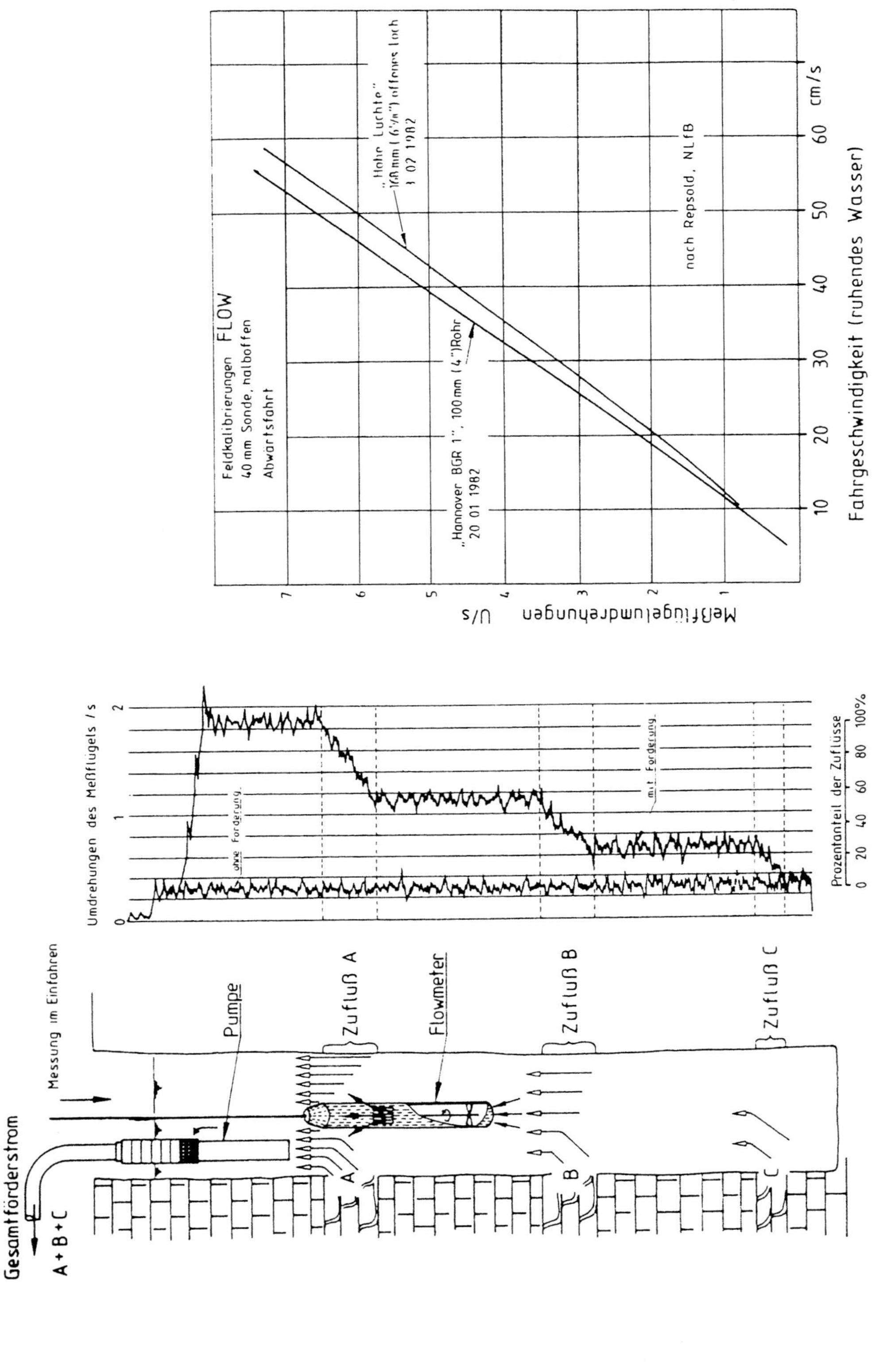

Gesamtförderstrom
A + B + C
Messung im Einfahren
Pumpe
Zufluß A
Flowmeter
Zufluß B
Zufluß C
A
B
C
Umdrehungen des Meßflügels / s
ohne Förderung
mit Förderung
Prozentanteil der Zuflüsse
0 20 40 60 80 100%
a
Feldkalibrierungen FLOW
40 mm Sonde, halboffen
Abwärtsfahrt
Hannover BGR 1", 100 mm (4")Rohr
20 01 1982
nach Repsold, NLfB
Meßflügelumdrehungen U/s
Fahrgeschwindigkeit (ruhendes Wasser)
10 20 30 40 50 60 cm/s
b

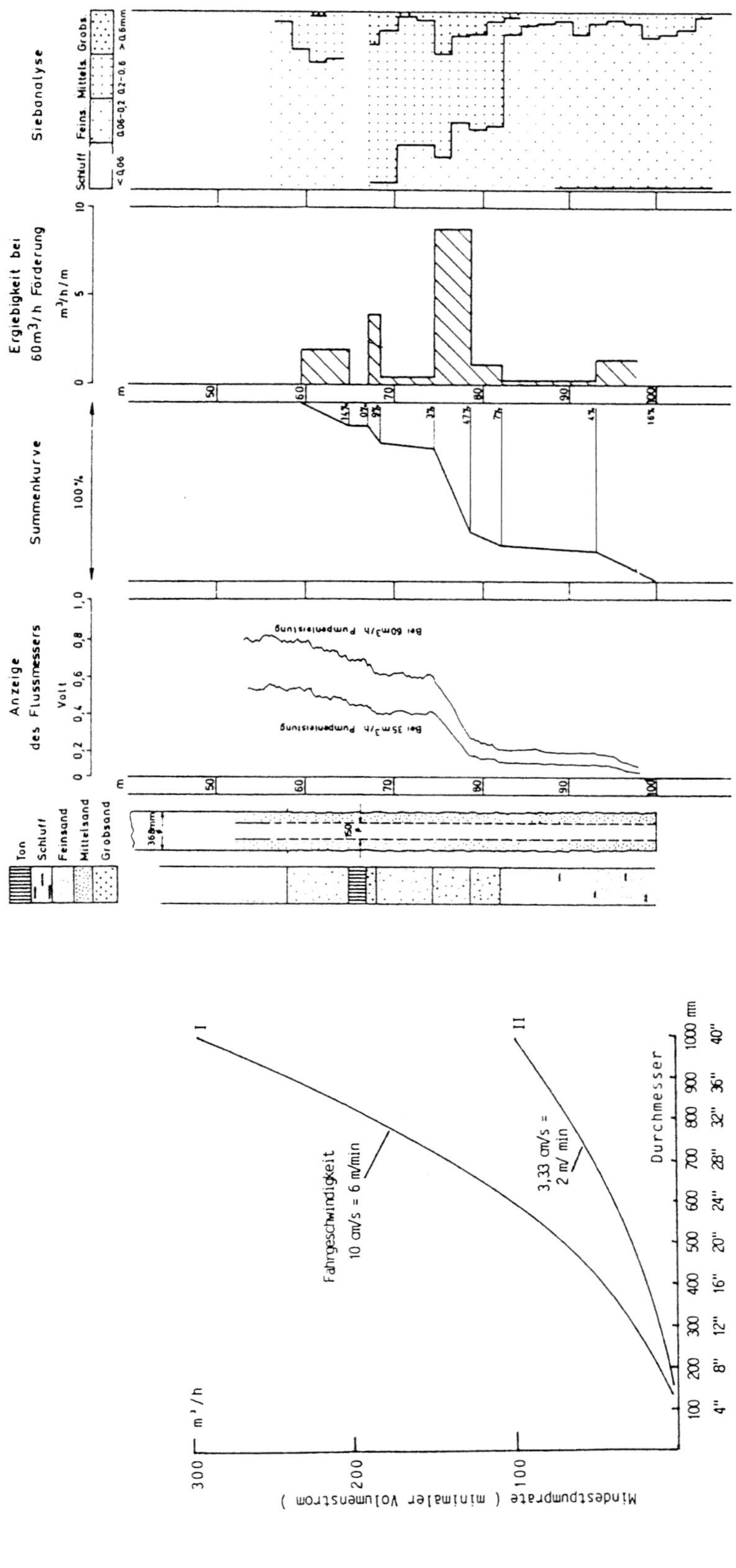

Abb. 3.69. Mindest-Pumprate eines Flowmeters (a), quantitative Flowmeter-Auswertung (b) (REPSOLD & SCHNEIDER 1988).

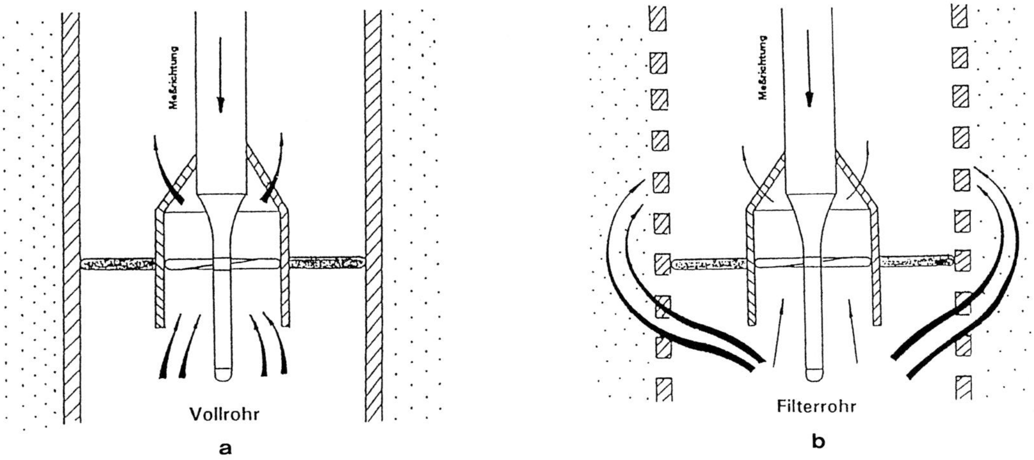

Abb. 3.70. Funktionsprinzip des Packerflowmeters (LUX 1997).

abgeschätzt, Kluftzonen identifiziert und die Verbindung des Zements zwischen Verrohrung und Gebirge geprüft werden.

Im Sonic-Log wird die Laufzeit als das Zeitintervall Δt gemessen und gegen die Tiefe aufgetragen, die von einer Kompressionswelle benötigt wird, um eine bestimmte Strecke (1 Fuß = 30,5 cm oder 1 Meter) im Gebirge zurückzulegen. Da die Schallgeschwindigkeit in der Spülung geringer ist als im Gestein, gibt das 1. Eintreffen des Impulses am Empfänger den Weg der Wellen

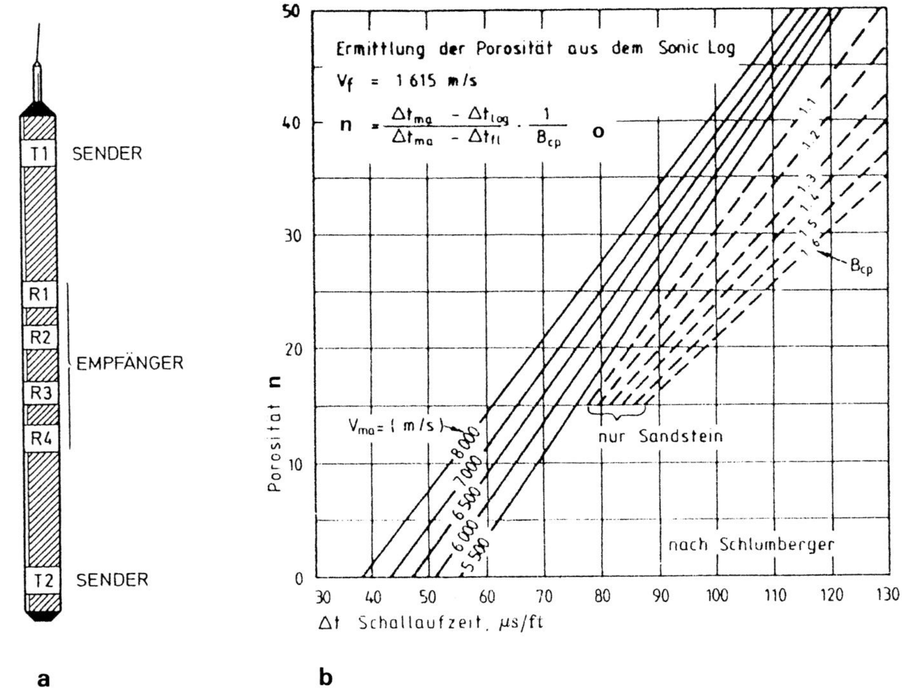

Abb. 3.71. Sonde zur Schall-Laufzeitmessung (a), Ermittlung der Porosität aus dem Sonic-Log (b) (BRADEL 1985, REPSOLD & SCHNEIDER 1988).

Tabelle 3.10. Schallgeschwindigkeiten in verschiedenen Matrices (nach SCHLUMBERGER 1972).

	v_a		t_{ma}	
	ft/s	m/s	µs/ft	µs/m
Sandsteine	18.000–19.500	5.490–5.950	55,5–51,0	182,0–167,2
Kalksteine	21.000–23.000	6.405–7.015	47,5	155,7
Dolomitsteine	23.000	7.015	43,5	142,6
Anhydrit	20.000	6.100	50,0	163,9
Verrohrung	17.500	5.340	57,0	186,9

durch das Gestein an. Die Sonde enthält einen ringförmigen Ultraschallsender, der 10 kurze Impulse in der Sekunde emittiert (Abb. 3.71 a). Die Empfänger sind 61 cm (2'), früher auch 30,5 cm (1') unter bzw. über dem Sender angebracht. Für die Bestimmung der Porosität aus dem Sonic-Log gilt nach WILLIE et al. (1956, 1958) folgende empirische Gleichung

$$n = \frac{\Delta t - \Delta t_{ma}}{\Delta t_{fl} - \Delta t_{ma}} \qquad (3.18)$$

mit den Durchgangsszeiten in der Flüssigkeit Δt_{fl} und in der Gesteinsmatrix Δt_{ma} (Tabelle 3.10). Diese Beziehung eignet sich für reine Festgesteine mit Flüssigkeits-haltiger intergranularer Porosität, wogegen der Kluft-Hohlraumanteil tendenziell ignoriert wird. Schwierigkeiten bereitet auch die Porositätsbestimmung bei Tonen und Klüften sowie die Anwesenheit von Gasen. Bei weniger festen Gesteinen müssen die Porositätswerte mit einem empirisch bestimmten Kompaktionsfaktor B_{cp} korrigiert werden (Abb. 3.71 b). Das Verfahren ist für Lockergesteine mit niedrigen Geschwindigkeiten, in denen es keine deutbaren Ergebnisse erbringt, nicht geeignet (REPSOLD 1989, SCHLUMBERGER 1972).

Am häufigsten wird die Technik auf mäßig poröse, verdichtete Sand-, Dolomit- und Kalksteine angewandt. Akustik-Logs ermöglichen die Ortung von Kluft- und Spaltenzonen in dichten Festgesteinen. Ein modifiziertes Sonic-Verfahren, das **C**ement-**B**onding-**L**og-(CBL-)Verfahren, liefert Informationen über die Zementierung einer Verrohrung. Gut mit der Verrohrung verbundener Zement bewirkt eine hohe Dämpfung der akustischen Energie, während bei schlechter Bindung oder gar Fehlen des Zementes die akustischen Wellen sich gut entlang des Stahlrohres ausbreiten und so nur wenig gedämpft werden (Abb. 3.72) (LUX 1997, REPSOLD 1989).

3.4.4.8 Trübungs-Logs

Die Trübung des Wassers in einem Brunnen kann mit einer Sonde untersucht werden; diese mißt die Abnahme der Intensität eines Lichtstrahles beim Durchgang durch einen Wasser-erfüllten Abschnitt zwischen einer Lichtquelle und einem Photometer. Das Instrument muß mit dem Bohrloch-Fluid geeicht werden.

3.4.4.9 Schichtneigungs-Logs und Abweichungs-(Deviations-)-Messung

Schichtneigungs-(Dip-Meter-)-Logs (DIP) werden nur in Ausnahmefällen bei Wasserbohrungen eingesetzt. Hierbei werden mit verschiedenen Methoden Streichen und Fallen der Gesteine, ggf. auch die Abweichungen des Bohrloches von der Senkrechten (DV) (Winkel und Azimut) bestimmt. Die Bohrlochrichtung wird beim Abweichen der Bohrung von der Vertikalen für die exakte Höhenbestimmung hydrogeologisch relevanter Grenzen aus anderen Logs benötigt (HALLENBACH 1961, REPSOLD 1989, REPSOLD & SCHNEIDER 1988).

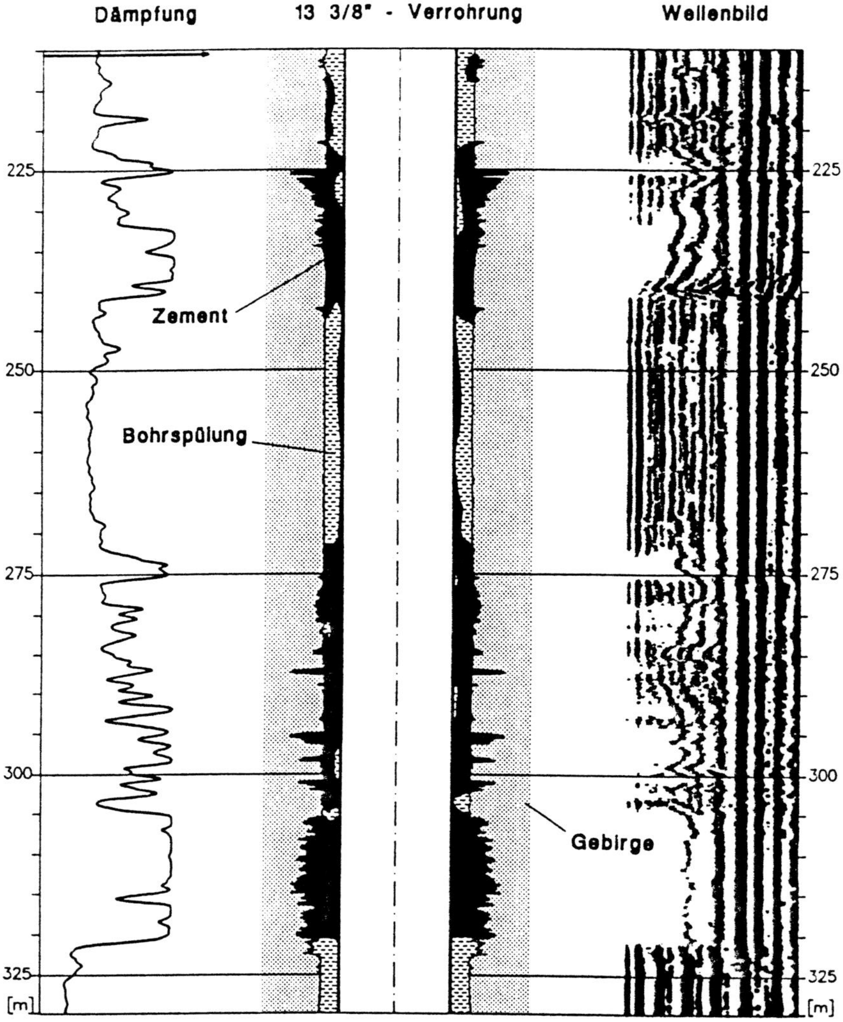

Abb. 3.72. Akustisches Zement-Log (CBL) bei einer 13 3/8"– Verrohrung (LUX 1997).

3.4.4.10 Photo- und Fernseh-Logs

Photo-Logs bestehen aus Aufnahme-Serien, die mit speziellen Unterwasser-Kameras in verschiedenen Tiefen innerhalb des Bohrloches erstellt werden. Sie geben Auskunft über die Eigenschaften sowie das Streichen und Fallen der Gesteine. Fernseh-Logs werden zunehmend bei Bohrloch-Untersuchungen auf Leistungsstörungen durch Beschädigungen oder Alterungserscheinungen, im Zusammenhang mit der Abnahme neuer, reparierter oder regenerierter Brunnen, zur Klärung ob Baumängel oder nachträgliche äußere Ursachen vorliegen, aber auch in regelmäßigen Zeitintervallen zur routinemäßigen Prüfung der Anlagen aus Gründen der Betriebssicherheit eingesetzt. Voraussetzung ist eine ggf. durch ein Kaliber nachzuweisende, für die Kamera ausreichende lichte Weite des zu untersuchenden Brunnens oder Brunnenabschnitts (BIESKE et al. 1998).

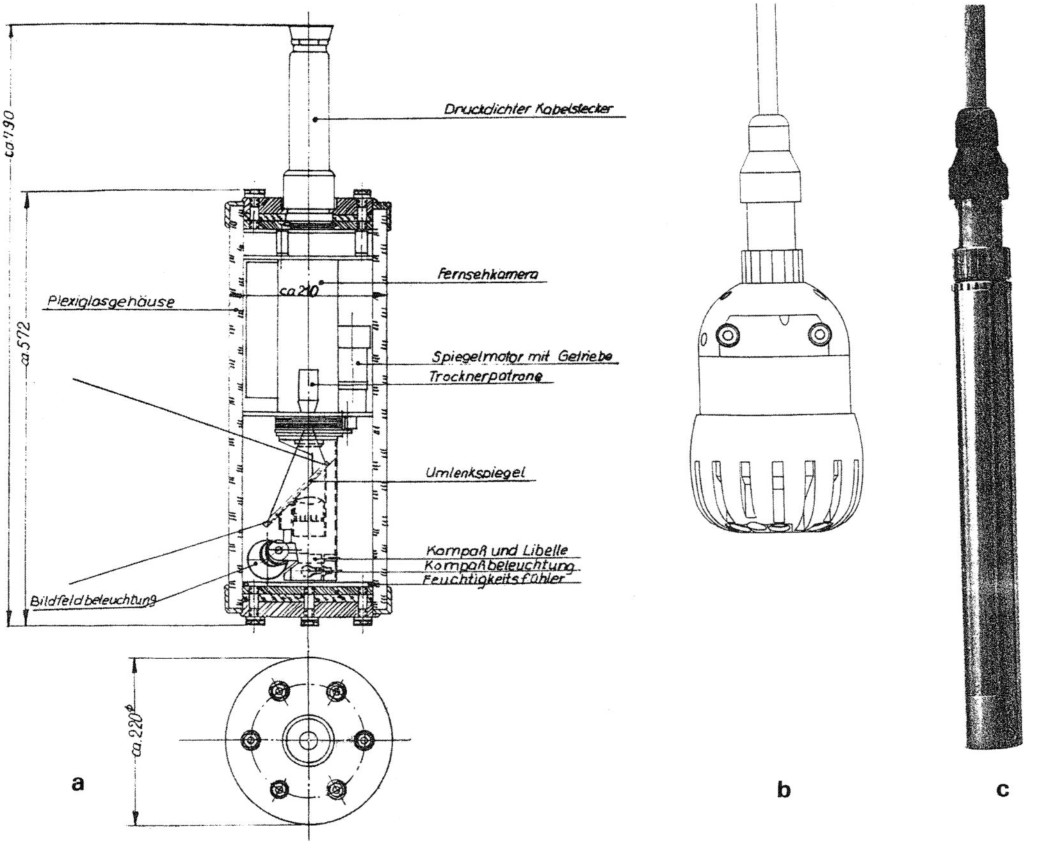

Abb. 3.73. Brunnen-Fernsehkameras: a) Rundsicht-Brunnen-Kamera UFS; Brunnen-Farbkameras b) Juno B (Länge 120 mm, Durchmesser 80 mm), c) SMK 40C (Länge 120 mm, Durchmesser 40 mm) (IBAK Prospekt).

Bohrlochkameras erlauben bei entsprechender Beleuchtung Unterwasseraufnahmen der Brunnen und Filterrohre. Hierbei wird der Verschluß der Bohrlochkamera beim Absenken in den Brunnen von oben oder selbsttätig ausgelöst und gleichzeitig der Film weitertransportiert. Die so »blind« erzielten Aufnahmen können erst nach ihrer Entwicklung beurteilt werden (Bieske 1965).

Für Aufnahmen mit möglichst guter Bildqualität werden Bohrlochkameras und Brunnen-Fernsehkameras kombiniert eingesetzt. Die Bohrlochkameras liefern nämlich immer noch eine höhere Auflösung als die nach der jeweiligen Fernsehnorm mit 625 Zeilen (Europa) oder 525 Zeilen (USA, Japan) arbeitenden Brunnen-Fernsehkameras. Dennoch ermöglichen die aktuelle fernsehtechnische Bildauflösung und die kleinen Außenabmessungen der Fernsehkameras die übliche Zustandsuntersuchung von Brunnen. Bei derartigen Brunnen- und Unterwasser-Fernsehanlagen, wie sie u.a. von der Fa. IBAK, 24148 Kiel, Wehdenweg 122, hergestellt werden, wird nach freundlichen Mitteilungen von Herrn H. Hunger (Fa. IBAK, Kiel) zwischen kleinen transportablen Anlagen für Bohrungen bzw. Brunnen von 50 bis 300 mm Durchmesser, in denen Klein-Fernsehkameras wie UFS, SMK 40 oder JUNO (Abb. 3.73a-c) in Wassertiefen bis 100, 300 oder 500 m eingesetzt werden, und professionellen Großanlagen unterschieden, wie den RAX-

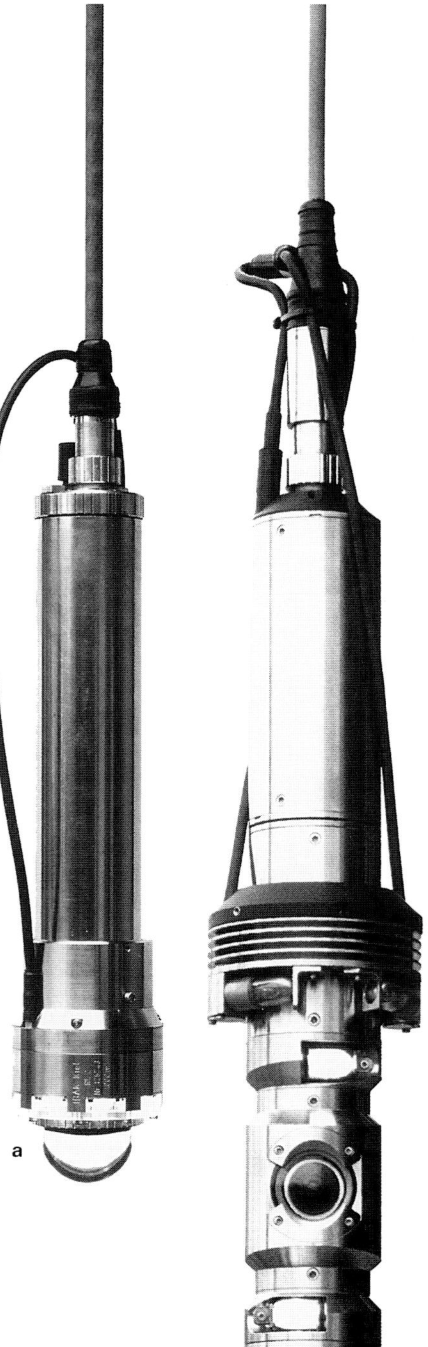

Abb. 3.74. Brunnen-Fernseh-Großanlagen: a) Farb-Fernsehkamera RAX 11 B (Länge 590 mm, Durchmesser 87 mm), b) Farb-Fernsehkamera FONTANUS (Länge 635 mm, Durchmesser 87 mm) (IBAK Prospekt).

oder FONTANUS-Anlagen (Abb. 3.74a, b), mit denen bis zu 1500 m tiefe Brunnen von 100 bis 1000 mm Durchmesser untersucht werden können.

Für Brunnenuntersuchungen werden Axialsicht-Fernsehkameras, meist mit sehr lichtstarken Weitwinkelobjektiven mit Lichtstärken von etwa 1 : 1,5 und Öffnungswinkeln von 90° bis 100°, für einen raschen Überblick und Radialsicht-Fernsehkameras, mit radial schwenkbaren Zoomobjektiven oder Normalobjektiven mit ca. 40–50° Öffnungswinkel, für detaillierte Untersuchungen von Bohrlochwand und Bohrlochschäden eingesetzt. Z. B. sind die Fernsehkamera der o. g. RAX-Anlage mit einem fest eingebauten Fischauge-Objektiv mit einem Öffnungswinkel von 200° im Wasser, aus dem ein intern schwenkbarer Blickbereich von 90° genutzt wird, und die Fernsehkamera der FONTANUS-Anlage mit einer Axialsicht-Optik mit einem Öffnungswinkel von 100° im Wasser und mit einem 2. drehbaren Radial-Zoom-Objektiv mit 44° bis 77° Öffnungswinkel im Wasser ausgerüstet. Dieses Objektiv erlaubt durch eine einfache Bildumschaltung einen direkten detailgenauen Blick auf die Bohrloch- oder Brunnenwandung. Die Bohrloch-Fernsehkameras können verschiedene Zusätze wie Magnet- oder Kreiselkompasse, Temperaturfühler, Inklinometer oder Zusatzbeleuchtungen für große Rohrdurchmesser erhalten.

Für eine ausreichende Beleuchtung werden Halogenlampen eingesetzt, die in auswechselbaren, vorzugsweise aus Temperaturwechsel-festem Quarzglas bestehenden Glaskolben untergebracht und so angeordnet sind, daß die unterschiedlichen Blick- und Leuchtrichtungen selbst kleinste Unregelmäßigkeiten in der Rohrwandung durch deren Schattenwirkung erkennen lassen und störende Streulichteffekte vor dem Objektiv minimiert werden. Im Bohrbrunnen wird die Brunnen-Fernsehkamera meist über das Kamerakabel von Hand oder bei Fernsteuerung über Kabelwinden und Rohrführungen im Brunnen-/Bohrlochzentrum geführt, so daß eine gleichmäßige Ausleuchtung der Wände erreicht wird. Hierfür sind metallene Kufenführungen, radial angeordnete Gummistreben und axial geführte federnde Führungsschienen gut geeignet.

Da die Untersuchung möglichst klares Wasser erfordert, muß bei Bau-, Reparatur- oder Reinigungsarbeiten vor einer Fernsehuntersuchung eine Ruhezeit von mindestens 24 h vorgesehen werden, damit sich die Trübstoffe aus dem Brunnenwasser absetzen können. Der lockere Schlammbelag auf der Innenwand wird durch jede Bewegung der Kamera oder der Führungen aufgewirbelt und trübt das Wasser. Die Fernsehkamera wird daher im Brunnen zweckmäßigerweise etwas schneller abgesenkt, als die von der Wandung losgerissenen Trübstoffteilchen absinken. Gegebenenfalls muß der Brunnen vor der Untersuchung mechanisch gereinigt oder während der Befahrung mit einer geringen Leistung als Förder- oder Schluckbrunnen betrieben werden. Schließlich können gelegentlich auftretende ständige Zuflüsse von trübem Wasser eine erfolgreiche fernsehoptische Untersuchung verhindern (Bieske et al. 1998).

Von der druckfest und wasserdicht eingebauten Fernseh-Aufnahmekamera wird das Videosignal verstärkt und über ein selbsttragendes Kabel zu einem Fernseh-Beobachtungsgerät geleitet, wo ein sichtbares Farbbild erzeugt wird. Die gesamte Brunnen- oder Bohrloch-Befahrung wird auf Videoband aufgenommen, so daß die Aufzeichnung der Fernsehaufnahmen anschließend genauer ausgewertet werden kann. Die spezielle IBAS-Software der Fa. IBAK, Kiel, erlaubt dem Operator, bereits während der Befahrung Schadstellen oder andere Auffälligkeiten zu markieren und mit der automatisch mitlaufenden Teufenangabe zu versehen. Interessierende Stellen können dann, ggf. unter Zuhilfenahme der Zeitlupe, intensiv untersucht werden. Schadensbilder können über einen Videoprinter oder über die Software mit einem einfachen Farbdrucker auf normales Papier übertragen werden. Damit können ein komplettes Aufnahme- und Schadensprotokoll mit chronologischer Ereignisliste, einem graphischen Ausdruck in jedem gewünschten Maßstab und zusätzlich das entsprechende Videoband erstellt werden. Die weitergehende Interpretation von Unterwasser-Photographien und Fernsehbild-Aufzeichnungen auf Videobändern erfordert – wie Bieske et al. (1998) zu Recht betonen – die Beteiligung eines erfahrenen Fachmannes.

Die Ergebnisse von Brunnen-Fernsehuntersuchungen bezüglich des Zustands der Filterschlitze

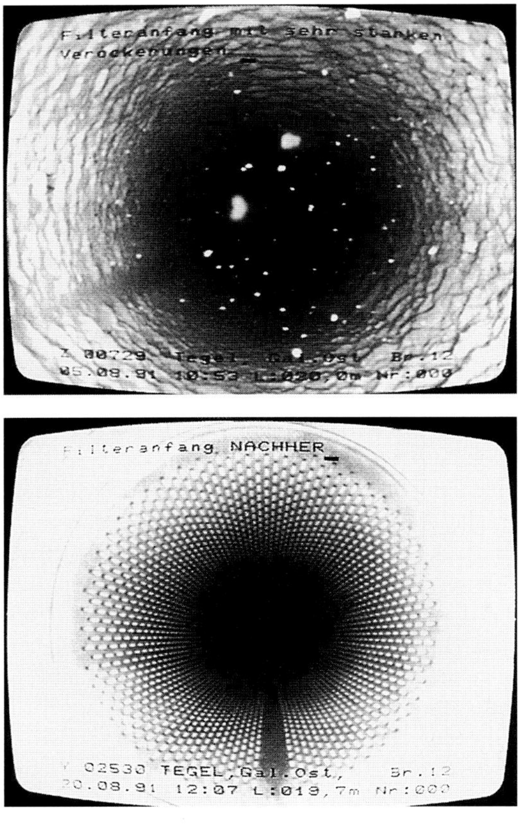

Abb. 3.75. Erfolgskontrolle bei Regenerierungsmaßnahmen an einem stark verockerten Filter vor oder nach der Behandlung mit dem Sprengschock-Verfahren (RÜBESAME 1996).

(Abb. 3.75), der Phänomene der Brunnenalterung (wie Korrosion, Verockerung und Inkrustation) und mechanischer Beschädigungen (wie klaffende Rohrstöße, geknickte oder abgerissene Filterrohre, und hereingedrückte Dichtungen) sind Grundlage für die Entscheidung, welche Regenerierungs- oder Reparaturmaßnahmen im jeweiligen Falle zweckmäßig sind. Mit einer Radialsicht-Fernsehkamera ist auch die Kiesschüttung hinter dem Filterrohr zu beurteilen.

Bei Horizontalfilterbrunnen (Abschnitt 3.7.3) muß vor dem Einsatz der Unterwasser-Fernsehkamera in den einzelnen Filtersträngen zunächst der Brunnenschacht bei geschlossenen Abschlußschiebern leergepumpt werden. Danach wird die Fernsehkamera mit einem Schubgestänge oder auf einem selbstfahrenden, wasserdichten Kamera-Fahrwagen in eine Schleuse eingebracht, die wasserdicht an den Schiebern der jeweiligen Filterstränge angeflanscht ist. Mit Hilfe von Schubstangen kann die Fernsehkamera in den mindestens 200 mm Innendurchmesser aufweisenden Filtersträngen vor- oder zurück geschoben werden, wobei Stopfbuchsen das Kamera-Spezialkabel und die Schubstange abdichten. Noch einfacher ist die Fortbewegung durch den o.g. Wagen, der seine Stromversorgung und seine Steuerbefehle über das Kamerakabel erhält.

Bei Sickergalerien mit großem Querschnitt (Abschnitt 3.11.4) werden besondere Schlittenführungen für die Unterwasser-Fernsehkamera eingesetzt. Falls beide Enden der Sickergalerien zugänglich sind, wird die Kamera an einem Drahtseil durch die Sickergalerie bewegt. Bei großen Rohrlängen (bis über 400 m) wird das Zugseil mit einem Perlondraht durchgezogen, der seinerseits von einem torpedoähnlichen motorgetriebenen Handstab durch das Rohr gezogen wird.

3.4.4.11 Probensammler (SAMP)

Wasser oder Bohrspülungsproben können aus bestimmten Tiefen des Bohrloches oder Brunnens genommen werden. Hierfür sind Geräte mit Ventilverschlüssen oder Entnahmegeräte mit aufblasbaren Packern geeignet (ANDERSEN 1986, REPSOLD 1989, YOUNG & BAXTER 1985).

3.4.5 Beispiele von Standard-Logs

Die geophysikalischen Logs werden üblicherweise nach Erreichen der Endtiefe der Bohrung vor dem Einbau der Schutzverrohrung aufgenommen. Um genügend Informationen für den wirksamsten Einbau der Aufsatz- und Filterrohre sowie der Pumpe zu gewinnen, ist stets eine Kombination verschiedener geophysikalischer Logs notwendig; ein einzelnes Log kann nämlich zu falschen Interpretationen führen. Die Information ist am verläßlichsten, wenn sie auf dem Vergleich der Ergebnisse mehrerer Methoden beruht (Abb. 3.76 und 3.77). Trotzdem werden nur wenige Brunnen mit mehr als 3 bis 4 verschiedenen Verfahren gemessen. Kosten und Verzögerung der Fertigstellung des Brunnens sind gegen den Vorteil zusätzlicher Informationen abzuwägen.

Geophysikalische Logs einer artesischen Bohrung ermöglichen die Ortung der Wasserzuflüsse und die Berechnung der Wassermengen-Anteile der jeweiligen Zuflußzonen (Abb. 3.78). Das Temperatur-Log zeigt eine schrittweise Zunahme der Temperatur in 30-32 m, 51-52 m und 69-70 m Tiefe unter der Erdoberfläche. Zwischen diesen Zonen bleibt die Temperatur nahezu konstant. Diese Charakteristika machen den Zutritt kühleren Grundwassers in diesen Zonen wahrscheinlich. Zwischen 70 und 135 m Tiefe nimmt die Temperatur von 11,4 auf 13,7 °C zu, was das Fehlen einer vertikalen Strömung anzeigt. Das Flüssigkeits-Leitfähigkeits-Log weist von der Endtiefe bis zu 72 m unter Erdoberfläche sehr niedrige spezifische Widerstände von weniger als 2 Ohm-Meter auf. Zwischen 72 und 67 m Tiefe nehmen sie schnell auf ungefähr 14 Ohm- Meter zu,

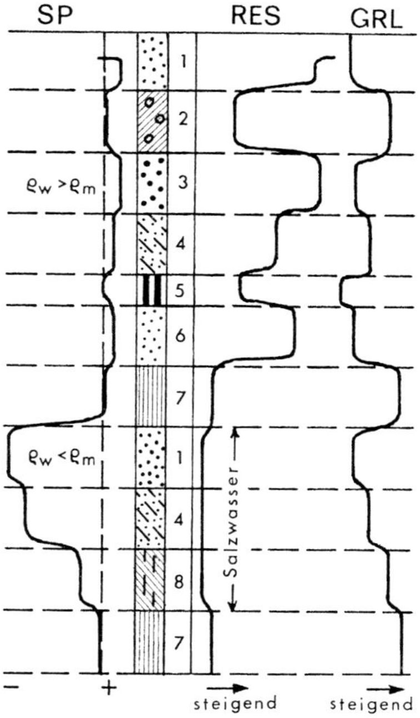

Abb. 3.76. Bohrlochdiagramm in Lockergesteinen (GROBA 1969, RICHTER & LILLICH 1975). Es bedeuten: 1 = Mittelsand; 2 = Till (Geschiebemergel); 3 = Mittel- bis Grobsand; 4 = schluffiger Feinsand; 5 = Braunkohle; 6 = Feinsand; 7 = Ton; 8 = toniger Schluff.

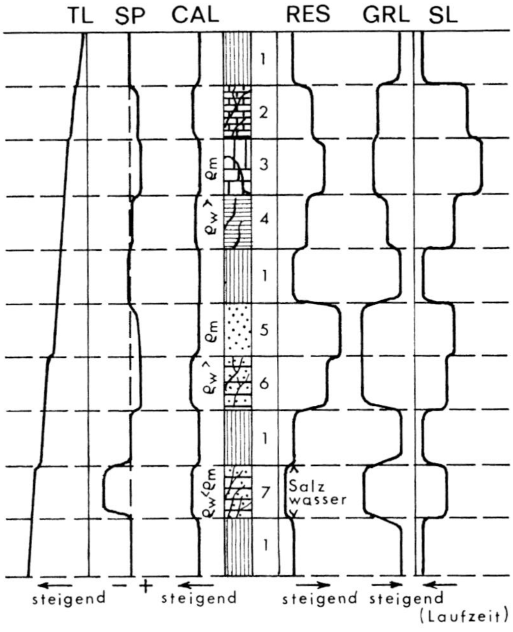

Abb. 3.77. Bohrlochdiagramm in Festgesteinen (GROBA 1969, RICHTER & LILLICH 1975). Es bedeuten: 1 = Tonstein; 2 = mergeliger Kalkstein; 3 = Kalkstein; 4 = Mergelstein; 5 und 6 = verschiedene Sandsteine; 7 Sandstein wie 6, jedoch mit Salzwasser.

weitere Schritte sind in 52 m und 31 m Tiefe zu erkennen. Diese Befunde weisen eine stufenweise Abnahme der Mineralisation nach. Das Flowmeter-Log zeigt durch schrittweise Zunahme der Umdrehungen des Flügels, daß in ungefähr 70, 50 und 32 m Tiefe Grundwasser zufließt, dessen Mengenanteile zu 4,8 m^3/h (12%), 14,4 m^3/h (36%) und 20,8 m^3/h (52%) berechnet wurden. Schließlich weist das Kaliber-Log Aushöhlungen in den oben genannten Tiefen nach. Zusammenfassend ist festzuhalten, daß die Bohrung in ihrem unteren Abschnitt hoch mineralisiertes Grundwasser und darüber drei artesische Grundwasserleiter mit nutzbarem Süßwasser antraf. Die Auswertung der Logs führt zur Empfehlung, die Bohrung als Brunnen bis zu einer Tiefe von 55 m auszubauen.

Will man Bohrlochdiagramme verschiedener Bohrungen miteinander korrelieren bzw. vergleichend betrachten und dementsprechend auswerten, so ist darauf zu achten, daß die Vertikalskalen gleiche Einteilungen aufweisen. Ist dies nicht der Fall, so unterliegt man sehr leicht der Versuchung, diese oder jene Spitzen bzw. Ausschläge bei einem Vergleich mit Diagrammen anderer Bohrungen entweder über- oder unterzubewerten. Es empfiehlt sich, alle Diagramme auf die gleiche Meßwertskala umzeichnen zu lassen.

Bemerkenswert ist, daß die geophysikalischen Bohrlochmessungen auch Aussagen über offene Klüfte und Lösungshohlräume liefern können, die zusätzlich zur primären Porosität der intergranularen Hohlräume auftreten. Neutronen- und Dichte-Logs reagieren auf die Gesamt-Porosität unabhängig von ihrem Typ. Das Sonic-Log tendiert dazu, die Klüfte und Lösungshohlräume zu ignorieren, weil die Schallenergie diese umgeht und sich durch die umgebende Matrix fortpflanzt. Daher ergibt die kombinierte Verwendung von Sonic-, Dichte und Neutronen-Logs eine Abschätzung der primären (intergranularen) und der sekundären Porosität eines Untergrundbereiches.

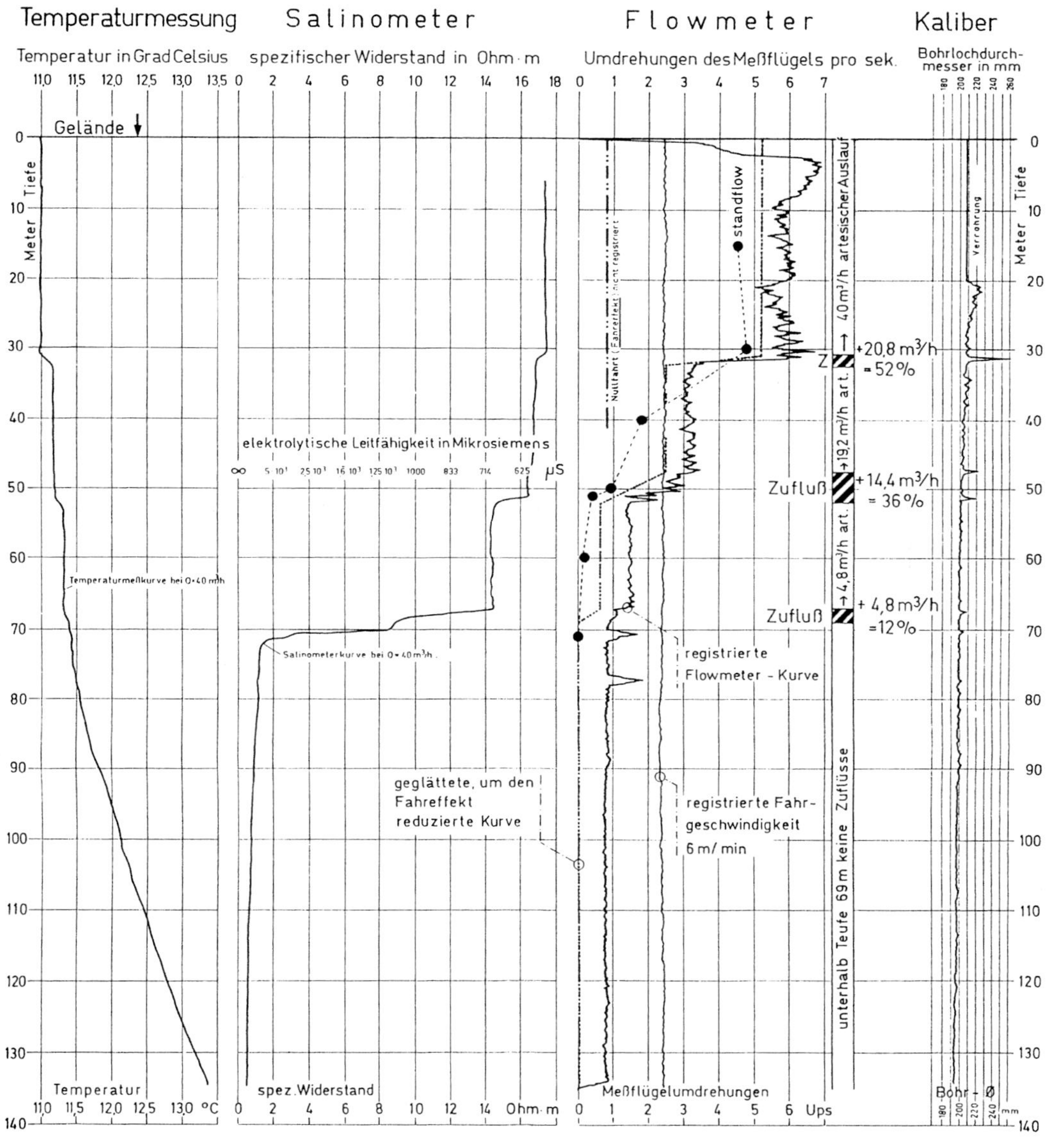

Abb. 3.78. Temperatur-, Salinometer-, Flowmeter- und Kaliber-Log einer Bohrung mit artesischem Grundwasser (Schüttung 40 m³/h) (SCHNEIDER & TEGTMEYER 1978).

3.5 Bohrbrunnen

3.5.1 Allgemeine Überlegungen

Bohrbrunnen werden durch den Ausbau von Bohrungen erstellt (Abb. 3.79). Ihre wesentlichen Bauelemente sind (von oben nach unten) Aufsatzrohre, Filterrohre und Pumpensumpf (Schlammfang und Boden) (Abb. 3.79 a), die den Grundwasserzufluß und den Einbau der Pumpe ermöglichen. Bohrbrunnen haben geringere Durchmesser als Schachtbrunnen (Abschnitt 3.2.3) und sind

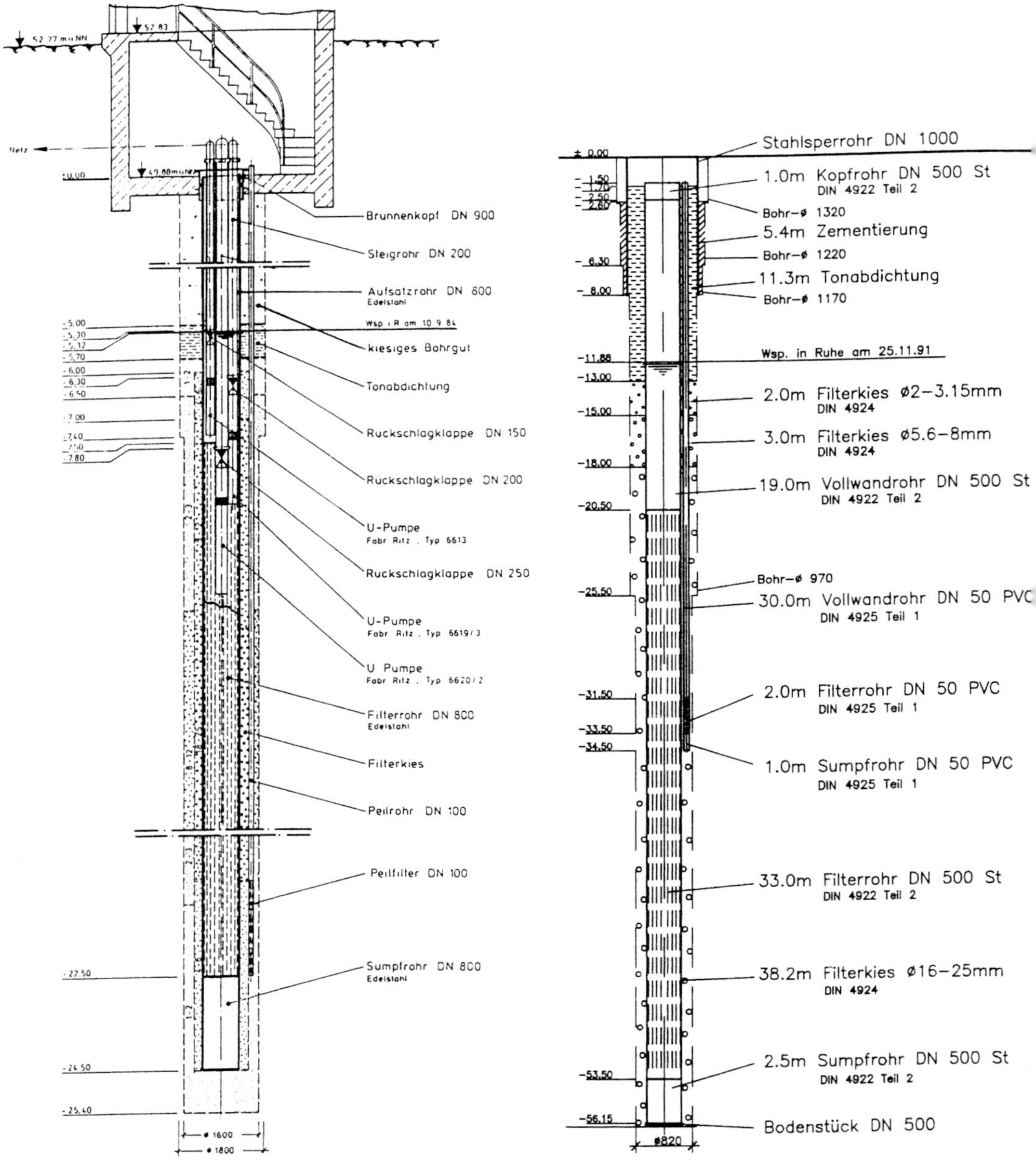

Abb. 3.79. Kiesschüttungsbrunnen mit Teleskopverrohrung in Locker- (a) und Festgestein (b); (a) differenzierte 2-fache Kiesschüttung, Pumpe mit Saugmantel im Filterrohr; (b) Ausbau mit Sperr-Rohr, Zementierung im äußeren und Tonabdichtung im inneren Ringraum, Gegenfilter, gleichmäßige Kiesschüttung (RUBBERT 1997).

im Regelfall besser als diese gegen Kontaminationen geschützt, da sie meist tiefere Grundwasservorkommen erschließen und ihr geringerer Durchmesser eine wirkungsvollere Abdichtung erlaubt.

Grundsätzlich können beim Bau von Bohrbrunnen Tiefe und Durchmesser der Bohrung, Einbautiefe, Länge und Durchmesser der Filter- und Vollwandrohre sowie deren Art und Material, bei den Filterrohren auch die Schlitzweiten, und schließlich Art und Körnung des Sand- bzw. Kiesfilters variiert werden. Nach der geohydraulischen Berechnung der Grundwasserabsenkung, die sich beim Brunnenbetrieb einstellt, sowie der Festlegung von Filterdurchmesser und Filterlänge mit Hilfe der kritischen Anström-Geschwindigkeit kann der Brunnen endgültig gestaltet werden. Die fachgerechte Bemessung der Filterrohre und der Sand- bzw. Kiesschüttung bestimmt maßgeblich die Funktionsfähigkeit und die Nutzungsdauer des Brunnens.

Um die nachfolgend vorgestellten Bemessungsregeln auch in der Praxis erfolgreich anzuwenden, ist sicherzustellen, daß beim Bau von Brunnen zur Wassererschließung

- der Filterkies in entsprechender Qualität (Unter-, Überkornanteil, Ungleichförmigkeit) und mit optimaler Kornverteilung zur Verfügung steht und
- die Siebanalysen der Grundwasserleiter-Materialien nach DIN 4188 als Grundlage für die Filterbemessung vor Ort auf der Baustelle durchführbar sind.

Die langjährig bewährten Regeln zur Filterbemessung sind im DVGW-Merkblatt W 113 (1983b) und in WAPRO 1.42 (1971) umfassend dargestellt, der zugehörige theoretische Hintergrund ist in Busch et al. (1993) behandelt. Bezüglich der Regelungen zur Planung, Ausschreibung, Leitung und Überwachung des Baus von Grundwassergewinnungsanlagen sowie zu den damit zusammenhängenden Sicherheitsfragen wird auf Bieske et al. (1998), DVGW (1997b) und Mutschmann & Stimmelmayr (1995) verwiesen.

Der Flurabstand der abgesenkten Grundwasseroberfläche oder piezometrischen Fläche beim Betrieb eines Brunnens bestimmt den hierfür geeigneten Pumpentyp und damit auch die Gestaltung des Brunnens.

In Flachspiegelbrunnen, in denen die Grundwasseroberfläche bei laufender Pumpe nur maximal auf 7 m unter Erdoberfläche abgesenkt wird (Abb. 3.80 a), kann eine neben dem Brunnen aufgestellte Saugpumpe eingesetzt werden. In diesem Falle kann der Brunnendurchmesser klein sein, da nur das Fußventil und das Ansaugfilter im Brunnen installiert werden müssen. In Tiefspiegelbrunnen, in denen der Wasserspiegel während des Brunnenbetriebes tiefer als 7 m unter Erdoberfläche abgesenkt wird, muß die Pumpe innerhalb des Brunnenrohrs eingebaut werden (Abb. 3.80 b). Artesische Brunnen schließlich laufen frei über (Überlaufbrunnen), so daß bei für den Bedarf ausreichenden Überlaufmengen Pumpen nicht erforderlich sind. Sofern erfahrungsgemäß mit einem Rückgang der anfänglichen Schüttung zu rechnen ist, sollte der Brunnendurchmesser von Anfang an groß genug gewählt werden, daß ein nachträglicher Pumpeneinbau möglich ist.

Die Tiefe der Bohrung und des Brunnens wird von der Tiefe und der Transmissivität des Grundwasserleiters und der vorgesehenen Fördermenge bestimmt. Bei geringen Fördermengen und hohen Transmissivitäten reicht oft ein unvollkommener Brunnen aus (Abb. 3.81 b, d). Die Bohrtiefe für einen vollkommenen Brunnen (Abb. 3.81 a, c) ergibt sich aus der Tiefe der Unterkante des Grundwasserleiters unter Gelände, zuzüglich der Länge des Sumpfrohres.

Die Brunnentiefe hängt von der Tiefenlage des Grundwasservorkommens ab. Sie kann in vielen Fällen aufgrund der aus Oberflächen- und Bohraufschlüssen und geophysikalischen Ergebnissen abgeleiteten Kenntnisse über den geologischen Aufbau des Untergrundes recht gut vorhergesagt werden (Abschnitt 3.3.4). Ohne derartige Kenntnisse ist eine zuverlässige Festlegung der Bohrtiefe kaum möglich. Aus wirtschaftlichen Gründen wird versucht werden, möglichst flachgründige Grundwasservorkommen zu nutzen, doch müssen bei der Trinkwassererschließung

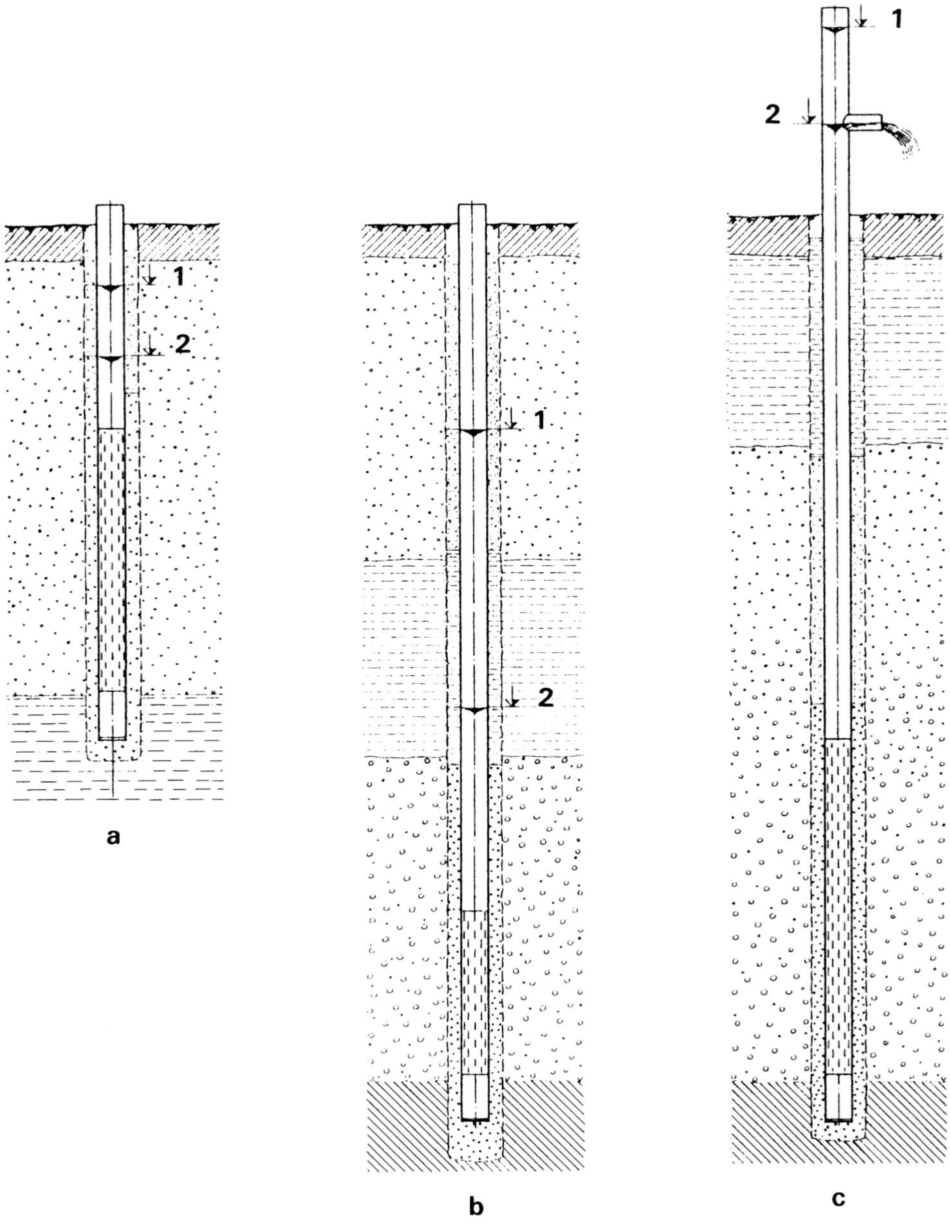

Abb. 3.80. Flachspiegel- (a), Tiefspiegel- (b) und artesischer Brunnen (c) (BIESKE et al. 1998). (1 = Grundwasserspiegel in Ruhe; 2 = abgesenkter Grundwasserspiegel).

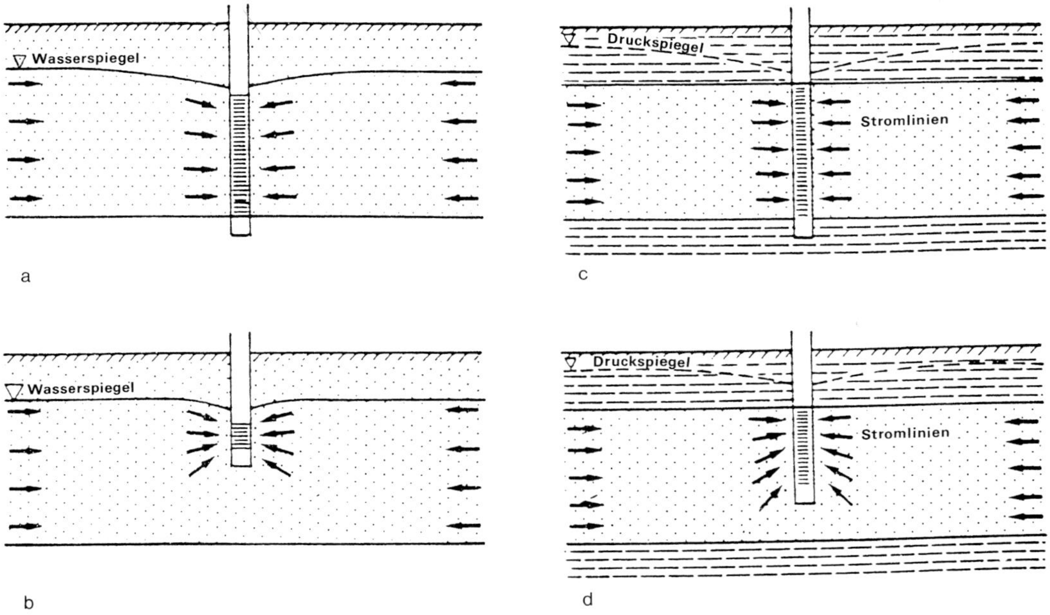

Abb. 3.81. Vollkommene (a,c) und unvollkommene (b,d) Brunnen.

die hygienischen Sicherheitsanforderungen stets beachtet werden. Gelegentlich muß jedoch bei der Wassererschließung sehr tief gebohrt werden. Gründe für tiefe und damit kostenaufwendige Bohrungen können z. B. sein:

- Der Erdoberflächen-nahe Grundwasserleiter ist kontaminiert.
- Der oberste ausreichend ergiebige Grundwasserleiter kann mehrere 100 m tief liegen, z. B. im Kalkstein-Hochgebirge oder unter entsprechend mächtigen Grundwassernichtleitern (Bieske 1965).
- Tief liegende Grundwasserleiter mit Verbindung zu weit entfernten Niederschlags-reichen Einzugsgebieten können größere Wassermengen führen als oberflächennahe, nur lokal verbreitete Schichten. Der tief liegende Grundwasserleiter ersetzt gewissermaßen die Fernwasserleitung: Bohr- und Förderkosten sind den Kosten einer Fernwasserleitung gegenüberzustellen.
- In tieferen Grundwasserleitern ist gelegentlich Wasser mit bestimmten wertvollen Eigenschaften oder Inhaltsstoffen, z. B. Mineral-, Kohlensäure- oder Thermalwasser, zu erschließen (Michel 1997).
- Aus wasserrechtlichen Gründen sind u. U. Grundwasservorkommen in größerer Tiefe aufzusuchen. So wird gelegentlich den Antragstellern untersagt, Wasser aus den oberen Grundwasserstockwerken zu entnehmen, und empfohlen, tiefere Grundwasserstockwerke, z. B. in über 300 m Tiefe, zu erschließen.

Tiefe Brunnenbohrungen müssen keineswegs immer große Wassermengen antreffen, sondern weisen oft, gerade bei tiefen Mineral- und Thermalwasserbohrungen (Bieske 1965), sehr geringe Ergiebigkeiten auf.

Für den Bohrdurchmesser, der bei Brunnen häufig zwischen 200 und 1.200 mm gewählt wird, geben die Parameter Brunnentiefe, Förderhöhe und vorgesehene Förderrate, welche bei Unterwassermotorpumpen deren Art und Durchmesser beeinflussen, sowie die Entscheidung für oder gegen den Einbau eines Peilrohres zur Grundwasserstandsmesssung in der Filterschüttung den

Ausschlag. Bei tiefen Brunnen kann der Bohrdurchmesser abgestuft werden (»telescoping«) (Abb. 3.79).

Position, Länge und Art der Vollwand- und Filterrohre werden durch die Mächtigkeit des zu erfassenden Grundwasserleiter-Abschnittes, den Wasserandrang und – bei Lockergesteinen – durch die Korngrößenverteilung der Grundwasser-leitenden Sedimente festgelegt. Der Durchmesser der Brunnenrohre muß den problemlosen Ein- und Ausbau der Unterwassermotorpumpe erlauben und Fließgeschwindigkeiten im Brunnen bis maximal 2 m/s ermöglichen. Typ und Material der Brunnenrohre und -filter werden entsprechend der zu erwartenden mechanischen Beanspruchung und der chemischen Beschaffenheit des Grundwassers ausgewählt.

3.5.2 Bohrbrunnen in Festgesteinen

Bohrungen in Festgesteinen, die sehr unterschiedliche Durchmesser, meist bei 500 bis 600 mm aufweisen, können ohne Voll- und Filterrohre zur Wassergewinnung genutzt werden (Abb. 3.82 a). Bei längeren Nutzungszeiten – insbesondere bei häufigem Ein- und Ausschalten und damit verbundenen Druckstößen – kann es auch bei Festgesteinen zur Ablösung von Gesteinspartikeln und zu Ausbrüchen kommen. So ist z. B. bei Sandsteinen damit zu rechnen, daß aufgrund der zum Brunnen hin zunehmenden Grundwasserfließgeschwindigkeit eine erhöhte Auflösung des Bindemittels zwischen den Sandkörnern eintritt. Viele Festgesteine, selbst Magmatite wie Granit, verwittern im Bohrlochbereich oberhalb des Grundwasserspiegels infolge der Einwirkung von Feuchtigkeit und Luft im verstärkten Maße.

Es ist daher empfehlenswert, auch Bohrbrunnen in Festgesteinen auszubauen (Abb. 3.82 b; s. a. Bieske jr. (1963) und Bieske et al. (1998)). Der Ausbau umfaßt ein Sumpfrohr zur Aufnahme des eingeschwemmten Feinmaterials, die Filterrohre und die Aufsatzrohre. Falls das Fußventil oder das Einlaufsieb der Pumpe in das Sumpfrohr eingesetzt werden soll, ist in Festgesteinen das Sumpfrohr gegebenenfalls als Blindrohr bis zu einer Länge von 5 m zu gestalten, um schädliche Wirbelbildungen am Filterrohr zu vermeiden. Die Filterkiespackung hat bei Brunnen in Festgesteinen im wesentlichen die Funktion, das Bohrloch zu stabilisieren und die Filterrohre mechanisch zu schützen. Gängige Filterkorn-Fraktionen sind in diesen Fällen 3,15–5,6 mm oder 5,6–8,0 mm. Der Ringraum zwischen den Aufsatzrohren und der Bohrlochwand wird meist mit Bohrgut verfüllt. Für den oberen Bereich der Bohrung wird empfohlen, als Schutz vor Verunreinigungen eine Dichtung aus vorgetrocknetem Ton und Ton-Pellets einzubringen und um den Brunnenkopf eine Betonplatte aufzubringen.

3.5.3 Bohrbrunnen in Lockergesteinen

Brunnenbohrungen in Lockergesteinen haben häufig Durchmesser zwischen 800 und 1.200 mm, insbesondere um die Eintrittsgeschwindigkeit des Grundwassers in den Brunnen und damit die Schleppkraft für Feinbestandteile aus dem Grundwasserleiter zu verringern (Abschnitt 3.5.6.2). Der Ausbau eines Bohrbrunnens in Lockergesteinen besteht ebenfalls aus einem Sumpfrohr und den Filter- und Aufsatzrohren. Weiterhin ist eine auf die Kornverteilung des Grundwasserleiters abgestimmte Filtersand- und -kiesschicht um die Filterrohre einzubringen (Kiesschüttungsbrunnen; zur Bestimmung der Filterkorngrößen s. Abschnitt 3.5.5). Gegebenenfalls sind Tondichtungen im Bereich schluffig-toniger Zwischenlagen einzubauen (Abb. 3.79 b). Bei der gemeinsamen Nutzung von zwei oder mehr Grundwasserstockwerken sind die hydrologischen und hydrochemischen Bedingungen in den beteiligten Stockwerken zu beachten. Bei unterschiedlichen Druckhöhen kann der hydraulische Kurzschluß u. U. zu unterirdischen Wasserverlusten durch

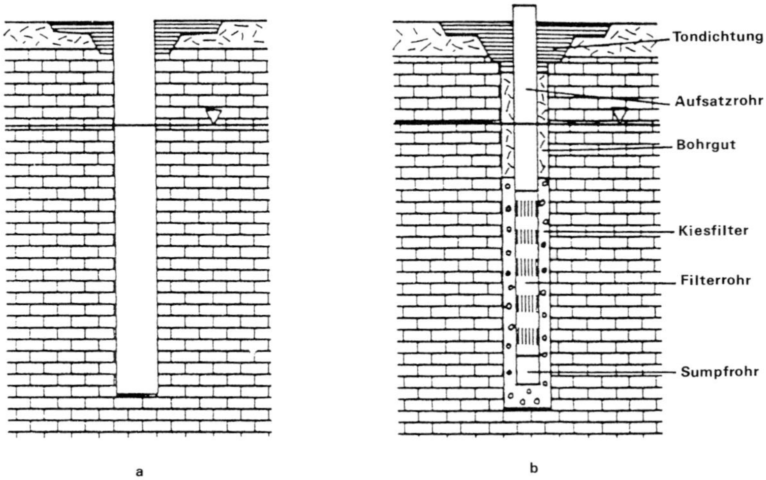

Abb. 3.82. Bohrbrunnen in standfesten Festgesteinen (a) ohne Filter, (b) mit Filterrohren und Filterkiesschüttung.

Abfluß in Stockwerke mit niedrigerer Druckhöhe führen. Darüber hinaus kann das in derartigen Brunnen auftretende Mischwasser Korrosion oder Ausscheidungen fördern (MATTHESS 1994).

Der Einbau eines Wasserstandsmeßrohres der Nennweite 37,5–50 mm (1,5–2") mit einem 0,5–1,0 m langen Sumpfrohr und einem 1,0–2,0 m langen Filterrohr in die Filterkiesschüttung, möglichst nahe der Bohrlochwand, wird empfohlen.

Auch bei Brunnen im Lockergestein wird der Ringraum zwischen Aufsatzrohren und Bohrlochwand meist mit Bohrgut verfüllt und zum Schutz vor Verunreinigungen im oberen Bereich mit vorgetrocknetem Ton und Ton-Pellets abgedichtet sowie um den Brunnenkopf eine Betonplatte aufgebracht. Der Bohrbrunnen wird an der Erdoberfläche durch einen Brunnenkopf

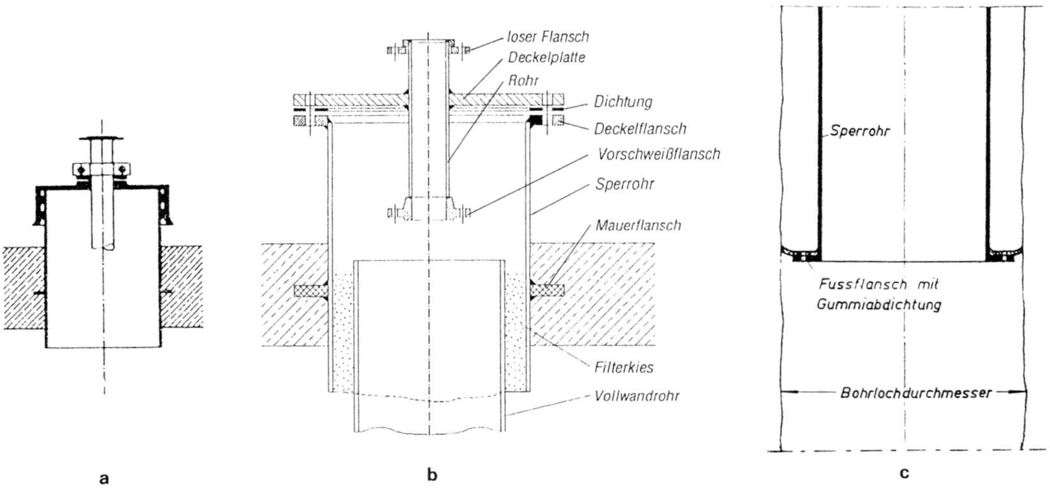

Abb. 3.83. Brunnenkopf. Schutzrohr (a) mit Kappe und Klemmflansch mit Rundgummidichtung und (b) mit Flanschdeckel mit eingeschweißtem Rohrstutzen und Abdichtung gegen das Sperr-Rohr; (c) Sperr-Rohr nach Dr. TRAUB (BIESKE 1965, DIN 4926, MUTSCHMANN & STIMMELMAYR 1995).

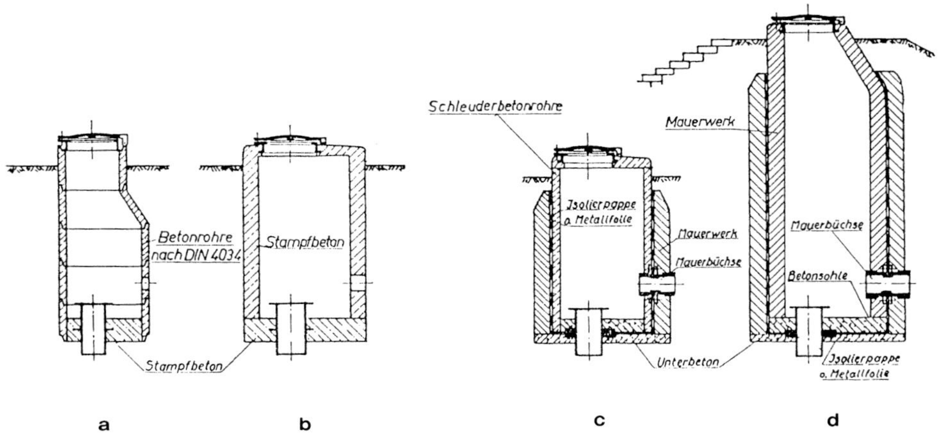

Abb. 3.84. Vorschacht (a) aus Betonschachtringen, (b) aus Stampfbeton, (c) aus Stahlbetonschleuderrohren mit Isolierung und Schutzmauerwerk, (d) dsgl. hochgezogen (Bieske 1965, DIN 4034 T2).

(Bohrbrunnen-Abschlußkopf) mit oder ohne Vorschacht abgeschlossen, der eine einwandfreie abgedichtete Einführung des Saug- oder Heberrohres ermöglicht. Die verschieden gestalteten Brunnenköpfe bestehen aus Schutzrohren, die an ihrer Unterkante mit angeflanschten Gummidichtungen versehen und meist in einer Betonplatte verankert sind (Abb. 3.83a, b). In Süddeutschland ist nach den Vorschriften des Bayerischen Landesamtes für Wasserversorgung und Gewässerschutz der Einbau eines mehrere Meter langen Sperr-Rohres samt Fußflansch und Gummidichtung verbreitet, das das Eindringen von Tagwässern und von Beton der Abdichtung in die Wasser-führenden Schichten ausschließt und es erlaubt, nötigenfalls den Filterkies durch Nachfüllen zu ergänzen (Abb. 3.83b, c).

Die konventionelle tiefbautechnische Lösung des Brunnenabschlusses ist ein Vorschacht mit Schachtabdeckung (Abb. 3.84), der einen Vertikalfilterbrunnen vor dem Zugriff Unbefugter schützt, den Bereich um den Brunnenkopf hygienisch gestaltet, Frostsicherheit für die technische Ausrüstung gewährleistet, die optimale Anordnung von Meß- und Kontrolleinrichtungen sicherstellt, die leicht demontierbare Installation der Funktionselemente (Pumpe usw.) erlaubt und den Brunnen vor Kontamination durch Oberflächenwasser bewahrt. Bei Brunnenstandorten in Hochwassergebieten wird der Vorschacht über den höchsten zu erwartenden Wasserstand hochgezogen und gesichert (Abb. 3.84d).

3.5.4 Aufsatzrohre

Aufsatzrohre (Vollwandrohre) aus Metall oder Kunststoff verbinden die Filterrohre und den Brunnenkopf und werden gegebenenfalls als Blindstrecken zwischen Filterrohren eingebaut. Der Aufsatzrohrbereich sollte im Interesse einer hohen Lebenserwartung der Brunnenanlage so gasdicht gestaltet sein, daß Zutritte von Grundluft und belüftetem Grund- oder Sickerwasser ausgeschlossen werden können. Für die Festlegung der Aufsatzrohrlänge gilt, daß der Brunnenwasserspiegel nur im Aufsatzrohrbereich schwanken darf, ohne dabei den Sicherheitsbereich des Saugstutzens der Pumpe oder des Heberschenkels zu erreichen. Ein Sicherheitsbereich von 1 bis 2 m ist notwendig, um zu vermeiden, daß Luft angesaugt und unerwünschte Spitzenwerte der Eintrittsgeschwindigkeit im Filterrohr erzeugt werden.

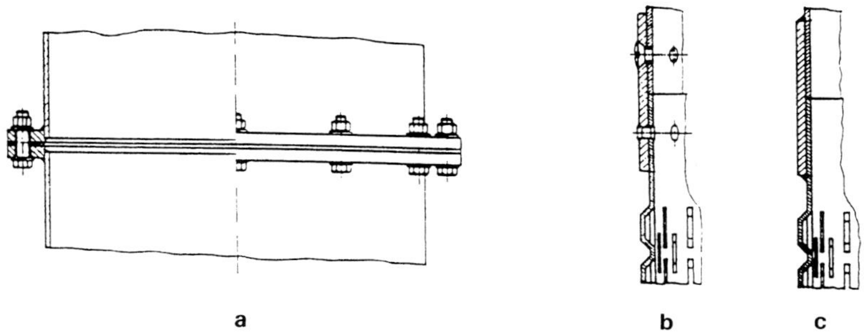

Abb. 3.85. Rohrverbindungen. (a) Flanschverbindung; (b) Laschenverbindung, genietet und geschraubt; (c) Laschenverbindung, geschweißt (nach Bieske † & Wandt 1989).

Von Brunnenrohren werden hohe Druck- und Zugfestigkeiten verlangt. Während die Druckfestigkeit die durch Gebirgsdruck- und Wasserstandsunterschiede bedingten Druckdifferenzen zwischen Ringraum und Brunneninnenseite aufnehmen muß, stellen die beim Ablassen und Abbremsen während des Einbaus der Brunnenrohre auftretenden dynamischen Kräfte hohe Anforderungen an die Zugfestigkeit. Viele Hersteller bieten daher »normalwandige« und – für Fälle stärkerer Beanspruchung – »starkwandige« Brunnenrohre an.

Metallrohre, vorwiegend aus Stahl, nicht rostendem Stahl (»Edelstahl«) und verzinktem Stahl, werden hauptsächlich mit Nennweiten (DN) von 80–1.200 mm verwendet. Der Durchmesser muß groß genug für den problemlosen Einbau der Unterwasserpumpe sein und zwischen Pumpe und Rohrwand 50 bis 100 mm für das vorbeifließende Wasser vorsehen, das zur Vermeidung hoher Reibungsverluste eine Umströmungsgeschwindigkeit von ca. 2 m/s nicht überschreiten soll. Die Aufsatzrohre weisen meist die gleichen Durchmesser wie die Filterrohre auf. Weichen ihre Durchmesser jedoch voneinander ab, so sind Übergangsstücke erforderlich. Falls über dem Filterrohr ein Aufsatzrohr mit größerem Durchmesser angeordnet wird, darf das Übergangsstück nicht unmittelbar auf das Filterrohr gesetzt werden. Der einwandfreie Einbau der Kiesschüttung erfordert ein mindestens 1 m langes vollwandiges Zwischenrohr mit Filterrohrdurchmesser unter dem Übergangsstück (Bieske 1965). Die Wandstärken der Brunnenrohre liegen zwischen 3 und 10 mm, die Längen zwischen 1 und 6 m. Weiterhin stehen Spezialgrößen zur Verfügung. In den meisten Fällen werden Rohrlängen von 5 m bevorzugt, da sie sich noch problemlos einbauen lassen und für die gesamte Rohrtour weniger Rohrverbindungen benötigen als kürzere Rohre, was den Einbauaufwand und damit die Baukosten verringert.

Ist damit zu rechnen, daß das erschlossene Grundwasser aggressiv reagiert, sind besondere Schutzvorkehrungen notwendig (Abschnitt 3.9.1.6). Sie bestehen im einfachsten Fall aus einem Korrosions-beständigen Anstrich, der auf die Rohr-Innen- und -Außenfläche aufgetragen werden muß. Außer der früher verbreiteten Feuerverzinkung erwies sich eine 0,3 bis 0,5 mm starke Beschichtung mit Kunststoff, vorwiegend Polyamid oder Epoxiharz, in Spezialfällen mit Hartgummi, als vorteilhaft. Allerdings sind solche Beschichtungen Temperatur-empfindlich, was bei Thermalwasser-Brunnen von Bedeutung sein kann. So können Kunststoff-beschichtete Rohre nur bei Wassertemperaturen bis zu ca. 50 °C, Hartgummi-beschichtete Rohre nur bis ca. 110 °C eingesetzt werden. Beschichtete Rohre sind mit größter Vorsicht einzubauen, um Beschädigungen der Schutzschicht zu vermeiden.

Der größte Vorteil von Metall-Aufsatzrohren ist ihre hohe Druck- und Zugfestigkeit, ihr Hauptnachteil die Korrosions-Empfindlichkeit. Detaillierte Angaben über die Eigenschaften von Aufsatzrohren wie Gewicht pro Meter, kritischer Außendruck und maximale Einbautiefe werden von den Herstellern geliefert.

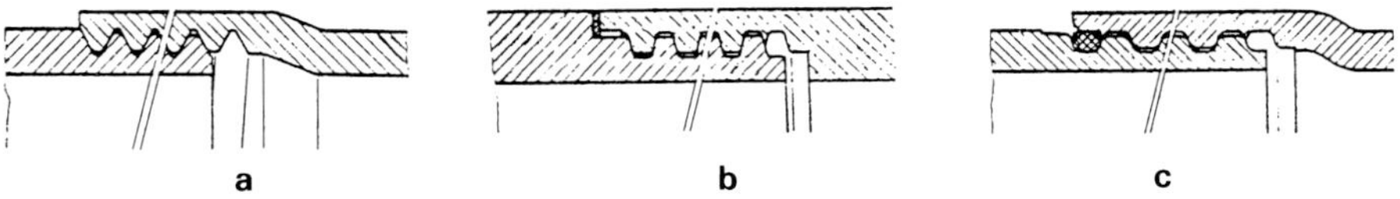

Abb. 3.86. Schraubverbindungen. (a) WHITWORTH-Gewinde; (b) Trapezgewinde; (c) Rundgewinde mit Gummidichtung (Fa. PREUSSAG, Prospekt).

Aufsatzrohre aus Metall können auf verschiedene Weise miteinander verbunden werden. Die Rohrverbindungen begrenzen mit ihrer maximalen Zugbelastungsfähigkeit die Einbautiefe, da die jeweils oberste Aufsatzrohrverbindung beim Einbau das Gewicht des gesamten Rohrstranges vermindert um die Auftriebswirkung des Grundwassers im Brunnen tragen muß. Die einfachste Art der Rohrverbindung – heute fast nur noch in Entwicklungsländern angewendet – besteht darin, die Rohre während des Einbaus miteinander zu verschweißen. Für sehr schwere Rohrstränge mit Nennweiten bis 1.000 mm sollen Flanschverbindungen verwendet werden (Abb. 3.85a; DIN 4922 T3). Nur noch wenig genutzt werden Laschenverbindungen (Abb. 3.85b, c), bei denen eine Flachstahlplatte um die beiden zu verbindenden Rohrenden gelegt und angeschraubt, angenietet oder angeschweißt wird (DIN 4922 T1). Mit Laschenverbindungen können Rohre mit Nennweiten bis 1.000 mm verbunden werden.

In den meisten Fällen werden derzeit Schraubverbindungen verschiedener Art verwendet, da sie leicht und schnell zu handhaben sind. Neben Spezialgewinden sind vor allem das WHITWORTH-Gewinde (DIN 4922 T2; Abb. 3.86a), das Trapezgewinde (DIN 103; Abb. 3.86b) und das Rundgewinde (DIN 4922 T2; Abb. 3.86c) mit Nennweiten bis 500 mm mit und ohne zusätzliche Dichtungsringe verbreitet. Die Zugkraft beträgt beispielweise bei Stahl-Rundgewinden je nach Ausführung ca. 150 kN.

Eine Neuentwicklung sind Steckmuffenverbindungen, bei denen ein flexibler Scherstab aus Polyoxymethylen in eine zwischen Rohrmuffe und Rohrzapfen ausgesparte Rille eingeschoben wird (Abb. 3.87). Andere haben zwei übereinanderliegend angeordnete Scherstäbe. Die Dichtigkeit wird durch einen oder zwei zusätzliche Dichtungsringe aus Acrylnitril-Butadien-Kautschuk bis zu Außendrücken von 4 MPa (40 Bar) gewährleistet. Die Zugfestigkeiten der Steckmuffenverbindungen entsprechen denjenigen von Rundgewinden.

Die besonderen Vorzüge von Aufsatzrohren aus Kunststoff, vorwiegend aus Polyvinylchlorid PVC-U, in Ausnahmefällen aus Fiberglas-verstärktem Kunststoff, Polyethylen PE-HD und Teflon, sind ihr relativ geringes Gewicht und ihre Beständigkeit gegenüber den meisten chemischen Substanzen. Allerdings können aromatische Kohlenwasserstoffe wie Benzol, Toluol, Xylol, und Naphthalene in sehr hohen Konzentrationen – wie sie jedoch selbst in kontaminierten Grundwässern kaum angetroffen werden – bei PVC-U zu Quellungen führen. In solchen Fällen kann ersatzweise auf Rohre aus PE-HD, die jedoch zu Verformungen neigen, oder aus Teflon zurückgegriffen werden.

Wegen ihrer Temperatur-Empfindlichkeit können Kunststoffrohre nur bis 50 °C Wassertemperatur und Rohre aus gehärteten PVC-Arten bis ca. 60 °C eingesetzt werden, was ihre Verwendung bei Thermalwasserbrunnen einschränkt.

Kunststoffrohre werden überwiegend mit Nennweiten zwischen 35 und 400 mm, Wandstärken von 3,5 bis 23,5 mm und Längen zwischen 1 und 6 m angeboten. Sie können zusammengeklebt werden, haben aber als Rohrverbindungen weit überwiegend Schraubgewinde (bis 100 mm Durchmesser WHITWORTH-Gewinde, darüber Trapez- und Rundgewinde). Die Zugkräfte von WHITWORTH-Verbindungen erreichen 12 kN, diejenigen der Trapezgewinde 200 kN.

Die Druckfestigkeit der Kunststoffrohre wird von den Materialeigenschaften, vom Rohrdurchmesser und von der Wandstärke bestimmt. Für Kunststoffrohre in den Standardabmessungen

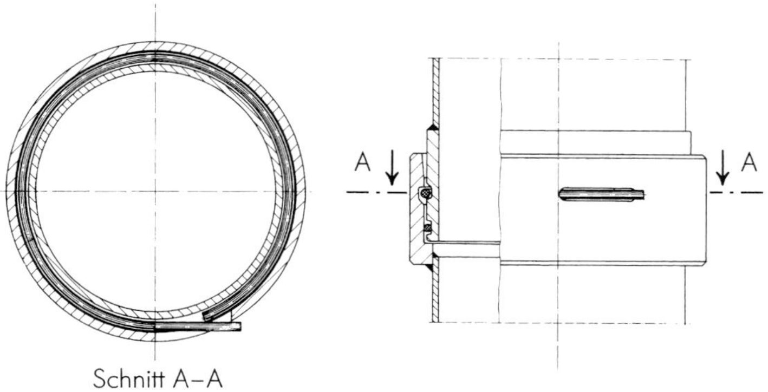

Abb. 3.87. Steckmuffenverbindung mit Dichtungsring (Gries 1995; Fa. HAGUSTA, Prospekt 1996).

wird – abhängig von Rohrdurchmesser und Wandstärke – eine Druckfestigkeit von mindestens 600 kPa (6 Bar) angegeben, was in Lockergesteinen im Normalfall eine Einbautiefe von ca. 100 m erlaubt. Starkwandige Ausführungen haben eine Druckfestigkeit von mindestens 1,4 MPa (14 Bar), was ohne besondere Schwierigkeiten einen Einbau bis in ca. 300 m Tiefe zuläßt. Bei Spezialanfertigungen sind bei Druckfestigkeiten über 2,7 MPa (27 Bar) Einbautiefen bis ca. 500 m möglich.

3.5.5 Sumpfrohre (Schlammfang)

Sumpfrohre sind Vollwandrohre, die am unteren Ende mit einem Boden verschlossen sind. Sie nehmen als unterster Teil der Rohrtour im Bohrbrunnen während der Brunnenentwicklung (Abschnitt 3.6) die aus dem umgebenden Grundwasserleiter ausgewaschene Sedimentfraktion und das im Normalbetrieb eingeschwemmte Feinkorn auf. Manche Brunnenbauer verzichten auf den Einbau von Sumpfrohren und nehmen die Feinkornakkumulation im untersten Teil des Filterrohrstranges – und damit eine Verringerung der offenen Wassereintrittsfläche – in Kauf. Bei geringmächtigen Grundwasserleitern kann das in die unterlagernden Grundwassernichtleiter eingebrachte Sumpfrohr auch die Unterwassermotorpumpe oder das Fußventil aufnehmen. Das Sumpfrohr sollte bei vollkommenen Brunnen in die undurchlässige Sohlschicht eingesetzt werden, um die Filterlänge nicht zu beschränken. Die Länge des Sumpfrohres muß dann so gewählt werden, daß der dort angesammelte Schlamm oder Sand nicht mitgesaugt werden kann: in Festgesteinen bis 5 m, in Lockergesteinen 1–3 m Länge.

Sumpfrohre müssen mit einem dichten Bodenabschluß versehen sein, da bei der Absenkung des Wasserspiegels im Brunnen während des Pumpvorganges ein Unterdruck entsteht, der den vertikalen Eintritt von Grundwasser in den Brunnen und – bei großer Grundwasserabsenkung – einen hydraulischen Grundbruch und damit das Eindringen von Sediment in die Rohrtour hervorrufen kann – eine Gefahr, die auch bei Sumpfrohr-losen Brunnen gegeben ist. Bei Metall-Sumpfrohren kann der Boden angeschweißt oder – unter Verwendung von Dichtungsringen – angeschraubt oder angeflanscht werden. Bei Kunststoff-Rohren wird der Boden angeschraubt oder das Rohr wird mit einem schwach quellfähigen Holzstopfen verschlossen.

3.5.6 Filterrohre

3.5.6.1 Bauformen

Filterrohre sind perforierte Abschnitte der Rohrtour eines Vertikalfilterbrunnens, über die das Grundwasser horizontal in den Brunneninnenraum einströmt und damit von der Pumpe gefördert werden kann. Das Wasser sollte zur Gewährleistung einer langen Funktionstüchtigkeit möglichst Widerstands-arm, Sand- und Turbulenz-frei in den Brunneninnenraum eintreten. Um diese Ziele zu erfüllen, sollten die Filterrohre

- möglichst große Öffnungen aufweisen, um durch Brunnenentwicklung einen hydraulisch wirksamen Radius mit einer optimalen Leistungsfähigkeit erreichen und einen Sand-freien Wassereintritt nach der Brunnenentwicklung gewährleisten zu können (Abschnitt 3.6);
- mit regelmäßig über die Filterrohrfläche verteilten Eintrittsöffnungen versehen sein, die nicht verstopfen und daher die nutzbare Eintrittsfläche nicht wesentlich herabsetzen;
- keine scharfen Kanten besitzen, um Wirbelbildungen beim Wassereintritt weitestgehend auszuschließen;
- eine Eintrittsgeschwindigkeit des Wassers ermöglichen, die unter der kritischen Geschwindigkeit liegt (Tabelle 3.13), um turbulente Wirbelbildung beim Einfließen zu vermeiden;
- einen geringen Filtereintrittswiderstand besitzen; dazu müssen die Öffnungen im Verhältnis zum undurchlässigen Rohranteil bedeutend größer als der Porenraumanteil des umgebenden Filterkieses sein, da die effektiv nutzbare Eintrittsfläche entschieden kleiner als die konstruktive ist;
- ausreichende Festigkeit gegen Zug- und Druckkräfte haben;
- Korrosions-fest gegen Säuren und elektrochemische Vorgänge sein;
- Inkrustations-abweisend sein;
- aus gesundheitlich unbedenklichen Werkstoffen bestehen, sowie
- langlebig und preiswert sein.

Filterrohre verschiedener Längen und Durchmesser sowie mit unterschiedlichen Filteröffnungen (Tabelle 3.11) gibt es aus Metall und Kunststoff, daneben aus keramischen Werkstoffen oder aus Holz und holzähnlichen Werkstoffen (Bieske et al. 1998, Schneider 1988). Sie haben geringere Druck- und Zugfestigkeiten als Vollwandrohre.

Der Filterrohrdurchmesser wird in lichter Weite als sog. Nennweite NW oder – heute in der Regel – als genormter Nenndurchmesser DN (in mm) angegeben. Der Durchmesser des Sumpfrohres entspricht stets dem Filterrohrdurchmesser, derjenige der Aufsatzrohre meist dem Filterrohrdurchmesser.

Die einfachsten Filterrohre sind mit runden Löchern versehen (Abb. 3.88 a, b). Derartige Rundlochfilter werden in Entwicklungsländern noch auf einfache Weise von den Bohrfirmen selbst hergestellt. Da die Rundloch-Perforation sehr leicht durch rundliche Sedimentkörner verstopft werden kann, ist sie nicht zu empfehlen. Die Weiterentwicklung führte zu den Schlitzfiltern (Abb. 3.88 c-e). Die entsprechend der Sedimentkörnung unterschiedlich großen Schlitze können parallel – in Reihe oder versetzt – oder senkrecht zur Rohrachse angeordnet werden, wodurch die Widerstandsfähigkeit gegen Druck- bzw. Zugkräfte stark beeinflußt wird.

Etwas günstiger als die Rundlochfilter bezüglich ihrer Neigung zum Verstopfen sind die früher gebräuchlichen Gewebefilter (Abb. 3.89), bei denen ein feinmaschiges Tressengewebe aus Kupfer oder CrNi-Stahl (Maschenweite 1,8 mm bzw. 1,7 mm; DIN 4923) mit einem Unterlagsgewebe um ein stabiles, grob perforiertes Rohr gewickelt und verlötet wird.

Metall-Filterrohre werden überwiegend aus Stahl (Stahlfilterrohre DIN 4922 T1-T3) und verzinktem Stahl hergestellt. Für spezielle Zwecke, insbesondere bei aggressiven Grundwässern,

Tabelle 3.11. Filter- und Vollwandrohre aus Kunststoff und Stahl nach DIN 4925 (T1-T3) und DIN 4922 (T2-T3).

DN	DIN 4925 Teil 1, 2 und 3					DIN 4922 Teil 2 und 3				
	Werkst.	Verbindg	Schlitzw. mm	Wandd. mm	B.Längen m	Werkst.	Verbindg.	Brückenh mm	Wandd. mm	B.Längen m
40	PVC	DIN 2999	0,20 - 2,0	3,5	1 - 4					
50	PVC	DIN 2999	0,20 - 2,0	4 0	1 - 4					
80	PVC	DIN 2999	0,20 - 2,0	4,0	1 - 4					
100	PVC	DIN 2999	0,20 - 2,0	5,0	1 - 4	St	Gewinde	1 - 3	3	2 - 5
125	PVC	DIN 103	0,30 - 3,0	6,5	2 - 4					
150	PVC	DIN 103	0,50 - 3,0	7,5	2 - 4	St	Gewinde	1 - 3	3	2 - 5
200	PVC	DIN 103	0,75 - 3,0	10,0	2 - 4	St	Gewinde	1 - 3	3	2 - 5
250	PVC	DIN 103	0,75 - 3,0	12,5	2 - 4	St	Gewinde	1 - 3	4	2 - 5
300	PVC	DIN 103	0,75 - 3,0	14,5	2 - 4	St	Gewinde	1 - 3	4	2 - 5
350	PVC	DIN 103	1,50 - 3,0	17,5	2 - 4					
400	PVC	DIN 103	1,50 - 3,0	19,5	2 - 4	St	Gewinde	1 - 4	5	2 - 5
500						St	Gew./Fl.	1 - 4	6	2 - 3
600						St	Flansch	1 - 4	6	2 - 3
800						St	Flansch	1 - 4	8	2 - 3
1000						St	Flansch	1 - 4	8	2 - 3

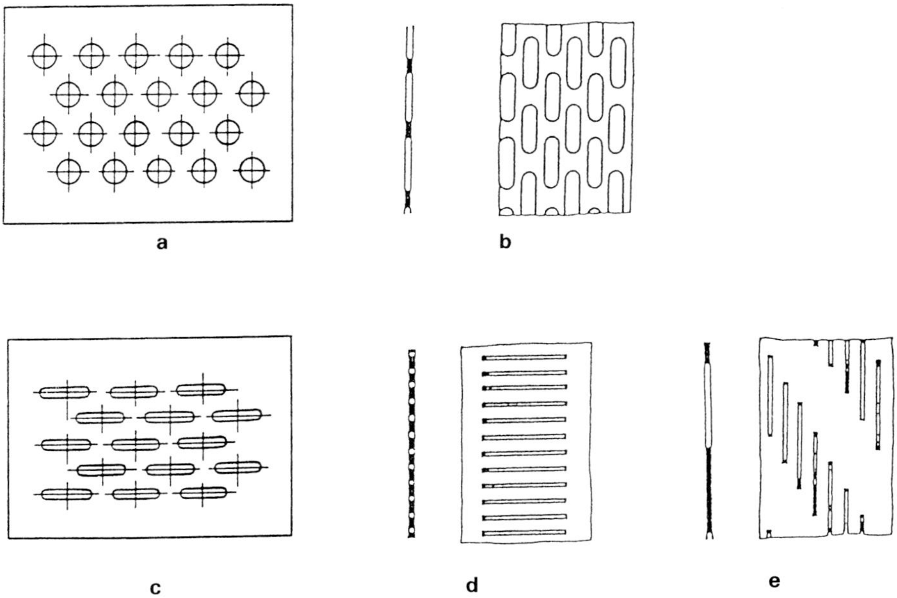

Abb. 3.88. Filtertypen mit Rund- bzw. Langlöchern (a,b) und Schlitzen (c-e) (BIESKE † & WANDT 1989).

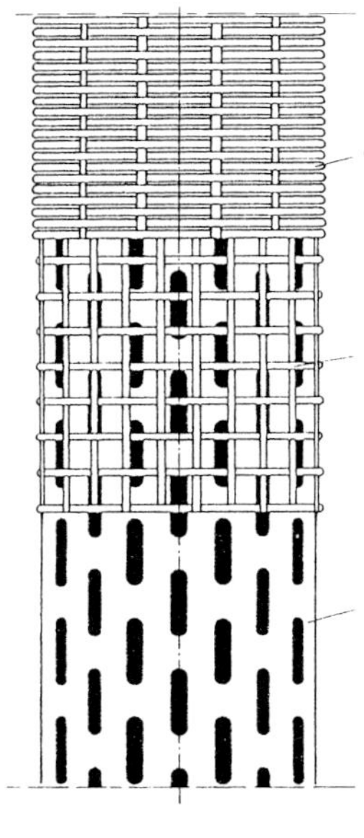

Abb. 3.89. Gewebefilter mit Schlitzlochung (a), Unterlagsgewebe (b) und Tressengewebe (c) (BIESKE et al. 1998, DIN 4923).

werden Rohre aus nichtrostendem Edelstahl, Kupfer, Bronze, Aluminium oder besonderen Legierungen sowie Hartgummi- oder Kunststoff-beschichtete Metallfilter eingesetzt (Abschnitt 3.9.1.6).

Bei Schlitzbrückenfiltern (DIN 4922 T1) wird beim Perforieren das Rohrmaterial nicht völlig herausgestanzt, sondern herausgebogen, wodurch kleine »Brücken« entstehen, unter deren Bogen das Wasser in den Brunnenraum eintreten kann (Abb. 3.90). Die Höhe der bogenförmigen Auswölbungen (1,3 bis 2,1 mm) bestimmt die Größe der Eintrittsöffnungen und der gesamten offenen Wassereintrittsfläche. Vorteilhaft ist bei diesem Filtertyp die hohe mechanische Festigkeit. Um die Filterrohre Korrosions-beständig zu machen, können sie mit Hartgummi, Polyamid oder Epoxiharz beschichtet werden (Schichtdicken zwischen 0,3 und 0,5 mm).

Besondere Filterformen sind Rippen- oder Stabfilter (Abb. 3.91 a, b, c), zu denen als wichtigste Filterform die Wickeldrahtfilter gerechnet werden können.

Wickeldrahtfilter (JOHNSON-Filter) bestehen aus einem Gerüst aus parallel zur Rohrachse angeordneten Stützstäben, um die ein Profildraht gewickelt und mit den Stäben verschweißt ist (Abb. 3.92). Die Stütz- und Profildrähte bestehen aus nichtrostendem Edelstahl. Die Stützstäbe enden an den Filterrohrenden in einem Stahlring, der auch die Rohrverbindung enthält. Das Profil des Wickeldrahts läuft nach innen spitz zu, dadurch wird die Eintrittsöffnung nach innen hin größer, was einer Verstopfung der Eintrittsschlitze entgegenwirkt und den Erfolg einer

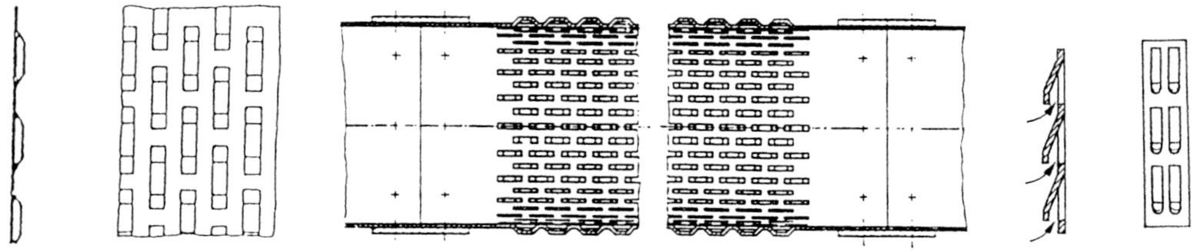

Abb. 3.90. Schlitzbrückenfilter (a) Schema, (b) Beispiel (Fa. HAGUSTA, Prospekt), (c) Hochleistungslochung nach H. SCHNEIDER (Fa. NOLD, Prospekt).

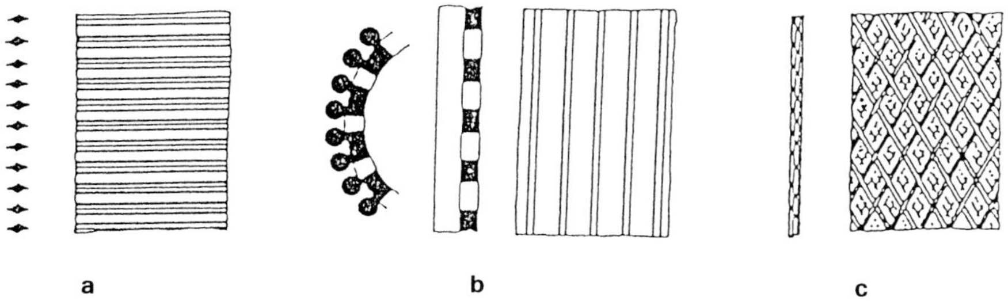

Abb. 3.91. Rippen- (a), Stab- (b) und gewebtes Stabfilter (c).

Filterregenerierung verbessert (Abschnitt 3.9.2). Die Weite des Eintrittsspaltes kann durch den Abstand der Umwicklungen voneinander zwischen 0,1 und 5,0 mm variiert werden, ein Umstand, der den Einsatz dieser Filter bei Feinsedimenten begünstigt. Die offene Wassereintrittsfläche von Wickeldrahtfiltern beträgt bis 40% der Gesamtfläche. Wickeldrahtfilter werden meist durch Rundgewinde verbunden, für große Durchmesser sind Flansch- oder Schweißverbindungen möglich, ferner können Kunststoffringe mit Trapezgewinde an den Filterenden aufgeschrumpft werden. Die Zugfestigkeit von Wickeldrahtfiltern hängt von Anzahl und Durchmesser der Stützstäbe ab. Da sie nur geringe Auflasten tragen können, sollten sie immer hängend eingebaut werden (Abschnitt 3.5.8.1). Die Druckfestigkeit hängt von der Schlitzweite und von der Qualität

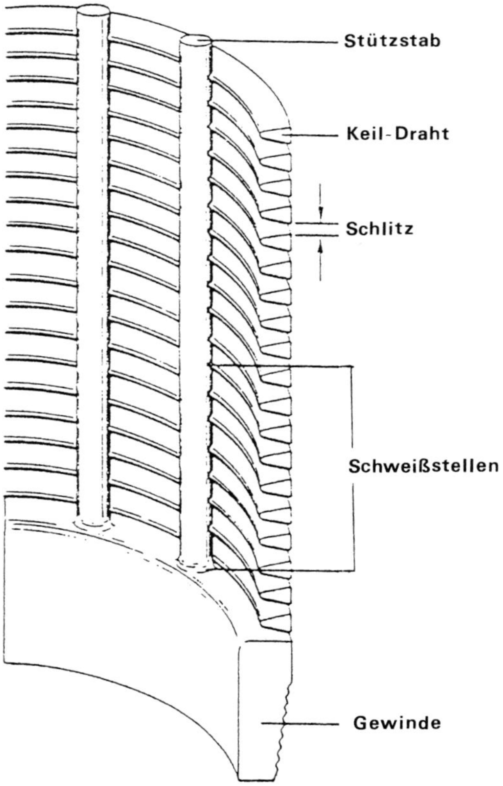

Abb. 3.92. Wickeldrahtfilter (Fa. NAGOKA, Prospekt).

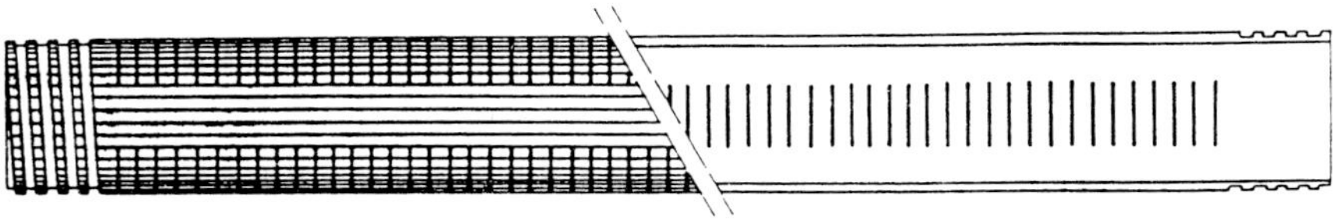

Abb. 3.93. Kunststoff-Filterrohr (Fa. SIREG, Prospekt).

der Schweißstellen ab. Standard-Filterrohre sollten nur bis zu Einbautiefen von ca. 100 m, verstärkte Ausführungen bis zu ca. 300 m verwendet werden.

Abwandlungen dieses Filtertypes sind Wickeldrahtfilter mit grob gelochtem, stabilem Innenrohr zur Erhöhung der Festigkeit. Bei Verwendung einer weiteren Version mit einer Filterkieslage zwischen einer inneren und einer äußeren Wickeldrahtlage kann oft auf eine äußere Filterkiesschüttung verzichtet werden.

Filterrohre aus Kunststoff (PVC-Rohre DIN 4925 T1-T3) gibt es in Nennweiten bis zu 400 mm und mit parallel oder senkrecht zur Rohrachse angeordneten Filterschlitzen (Abb. 3.93). Filterrohre mit Querschlitzen können wesentlich höhere Außendrücke aufnehmen als solche mit Längsschlitzen, deren Zugfestigkeit wiederum größer ist.

Kunststoff-Filterrohre bestehen aus Polyvinylchlorid PVC-U, Polyethylen PE-HD, Fiberglasverstärktem Kunststoff und Teflon. Ihre Druck- und Zugfestigkeiten sind – je nach Schlitzung – um 5 bis 50% geringer als die von Aufsatzrohren gleicher Ausführung. Als Einbautiefen werden für Normalausführungen bis zu 100 m, bei verstärkten Rohrwandstärken bis zu 300 m und bei Spezialanfertigungen bis zu 500 m empfohlen. Die angebotenen Schlitzweiten variieren bei Kunststoff-Filtern von 0,2 bis 4,0 mm, was nicht nur die Anpassung an ein weites Korngrößenspektrum der Filterkiesschüttung erlaubt, sondern auch in einem gewissen Umfang einen Einfluß auf die offene Wassereintrittsfläche von 4 bis 28% ermöglicht (Tabelle 3.12). Dabei ist zu beachten, daß die offene Wassereintrittsfläche durch die umgebende Filterkiespackung weiter reduziert wird.

Die Schlitzweiten können zwischen 0,2 und 3 mm, bei Sonderanfertigung auch größer, gewählt werden. Die Außenwand der Filterrohre ist normalerweise glatt, es gibt jedoch auch Ausführungen mit kleinen Durchmessern mit Außenrippen, die anliegende Sediment- oder Filtersandkörner auf Abstand zu den Schlitzen halten und so den Einströmwiderstand vermindern sollen (Abb. 3.94). Darüber hinaus erhöhen Außenrippen die Festigkeit der Rohre. Kunststoff-Filterrohre werden stets miteinander verschraubt.

Neben den hauptsächlich verwendeten Filterrohrarten gibt es noch Typen, die heute nicht mehr oder nur noch selten eingesetzt werden, aber in früheren Zeiten häufiger verwendet wurden und manchmal bei Brunnenregenerierungen angetroffen werden (Abschnitt 3.9). Dazu zählen u. a. Filterrohre mit Jalousielochung und aus Epoxiharz-verstärktem Fiberglas, aus Kunstharz-imprägniertem Holz (Kunstharz-Preßholzfilter, OBO-Filter) (Abb. 3.95), aus Steinzeug

Abb. 3.94. Querschnitt eines Kunststoff-Filterrohres mit Außenrippen.

Tabelle 3.12. Schlitzweiten und offene Wassereintrittsflächen.

Schlitzweite	Wassereintrittsfläche
0,30 mm	4%
0,40 mm	5%
0,50 mm	6%
0,75 mm	9%
1,00 mm	11%
1,25 mm	13%
1,50 mm	16%
2,00 mm	20%
3,00 mm	25%
4,00 mm	28%

(Abb. 3.96) oder Glas, in Spezialfällen (z. B. für Sümpfungsmaßnahmen in Braunkohlentagebauen) aus Asbest-Zement.

Die Kunstharz-Preßholzfilter (OBO-Filter) der DN 200–600 mm bestehen aus Drittelschalen mit Längsrippen, die unter hohem Druck aus mit Kunstharz geklebten Buchenholzfurnieren gepreßt wurden. In 0,5 m Abstand eingepreßte Ringbänder erhöhen die Druckfestigkeit. Die Filterschlitze sind mit 1,2 und 2,5 mm Weite quer zur Rohrachse eingesägt (Abb. 3.95a). Die mit Nut und Feder versehenen Längsflansche werden durch Kupferniete verbunden (Abb. 3.95b). Die Drittelschalen sind gegeneinander versetzt. Hierzu werden bei der Montage zunächst 0,5 m, 1,0 m und 1,5 m lange Schalen im Uhrzeigersinn eingebaut (Abb. 3.95c), über denen dann die normalen 1,5 m langen Drittelschalen montiert werden. Vorteilhaft ist das geringe Gewicht (11–70 kg/m Rohr), der kleine Transportraum (ca. 1 m^3 für 30 m Filterrohr) und die gute Korrosions-Festigkeit dieser Filter, die auch in große Tiefen eingebaut werden können (Bieske et al. 1998, Brix et al. 1963). Neben diesem Filtertyp werden auch verschiedene andere Holz-Filtertypen eingesetzt (Schneider 1988).

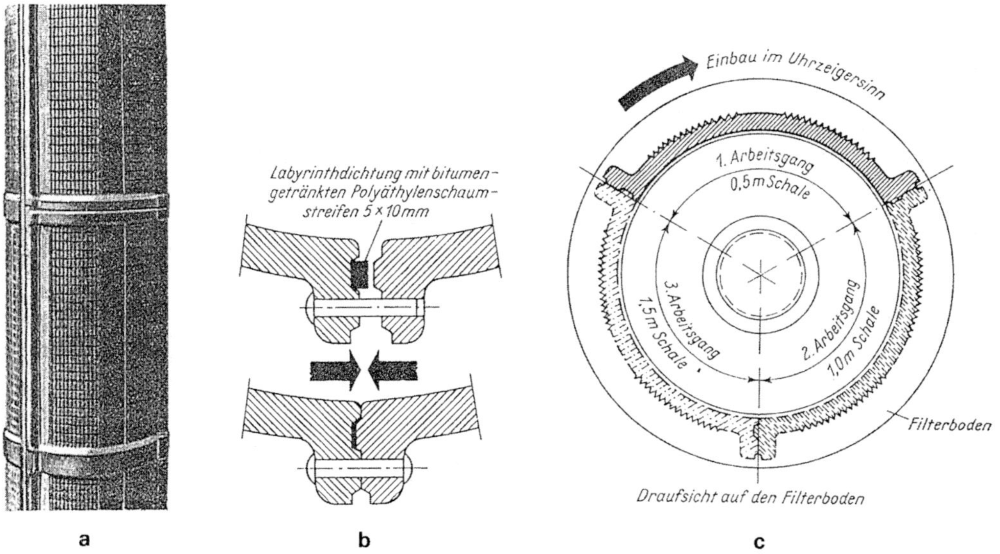

Abb. 3.95. Kunstharz-Preßholz-Filterrohr (OBO-Filter) (a), (b) Verbindung der Längsflansche und (c) Montageschema (Bieske et al. 1998, Brix et al. 1963).

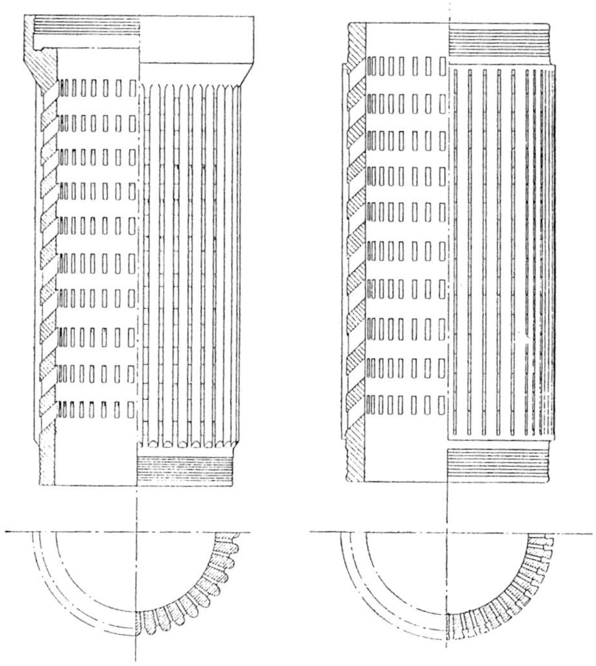

Abb. 3.96. Steinzeugfilter mit (a) und ohne Muffen (b) (Brix et al. 1963).

Steinzeugfilter- und -aufsatzrohre von DN 150 bis 800 mm werden wegen ihrer Korrosions-Festigkeit besonders bei aggressiven Wässern angewandt. Nachteilig sind das große Gewicht (Filterrohre 30–338 kg/m, Aufsatzrohre 20–353 kg/m) und die durch die Sprödigkeit des Materials gegebene Schlag- und Stoßempfindlichkeit. Muffenrohre (Abb. 3.96a) werden durch Hanfstrick und Bitumen, muffenlose Rohre (Abb. 3.96b) durch Gewebebandagen und Bitumen abgedichtet. Steinzeugfilter werden meist bis 40 m Tiefe eingebaut, doch wurden Tiefen bis 120 m erreicht (Bieske et al. 1998, Brix et al. 1963, Schneider 1988).

Die Filterstrecken von Bohrbrunnen werden stets mit einer Filtersand-bzw. Filterkiesschüttung umgeben. Meist wird dazu nach dem Einbau der Rohrtour Filtersand bzw. -kies in den Ringraum um die Filterrohre eingefüllt. Die Filterrohre können jedoch auch vor dem Einbau mit einer Filterkieslage umgeben werden. Ein älteres Verfahren verwendet dazu Filterkörbe aus Metall- oder Kunststoffgewebe (Abb. 3.97), die um die Filterrohre montiert und mit Filtersand bzw. – kies entsprechender Körnung gefüllt werden (Abb. 3.98).

Eine neuere Entwicklung, der sog. Boodepac, besteht aus zwei ineinandergesetzten Filterrohren aus Kunststoff oder Metall, zwischen denen ein Zwischenraum bleibt, der mit Filterkies gefüllt wird (Abb. 3.99).

Kiespackungsfilter (Abb. 3.100) bestehen aus einem Metall- oder Kunststoff-Filterrohr und einer umgebenden Sand- oder Kieslage, die mittels eines synthetischen Harzes verklebt und mit dem Rohr verbunden ist. Die Klebemasse, die die Filterkörner in einem dünnen Film umgibt, muß so ausreichend bemessen sein, daß die Filtersandlage nicht auseinanderbricht, aber auch so sparsam, daß die Poren zwischen den Körnern nicht verstopft oder wesentlich reduziert werden.

Der Einbau von Kies-beschichteten Filterrohren gewährleistet, daß auch bei sehr tief einzubauenden Filterstrecken die Filterrohrtour allseitig mit Filtersand bzw. -kies in der notwendigen Schichtdicke umgeben ist. Dabei ist die Filtersand- oder -kiesschicht dünner als bei der Schüttung von lockerem Filtermaterial vorgeschrieben, da bei den Kiespackungsfiltern sehr homogen

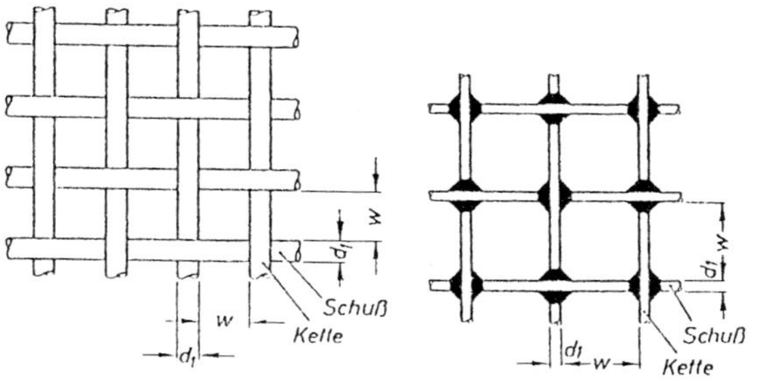

a b

Abb. 3.97. Schüttgewebe aus Kunststoff (a: Maschenweiten 1–4 mm) und aus feuerverzinktem Stahldraht (b: Maschenweiten 2,8–5 mm) (nach DIN 4923).

a b

Abb. 3.98. Filterkorb (a), mit Filterrohr (b) (Phot. Celler Brunnenbau).

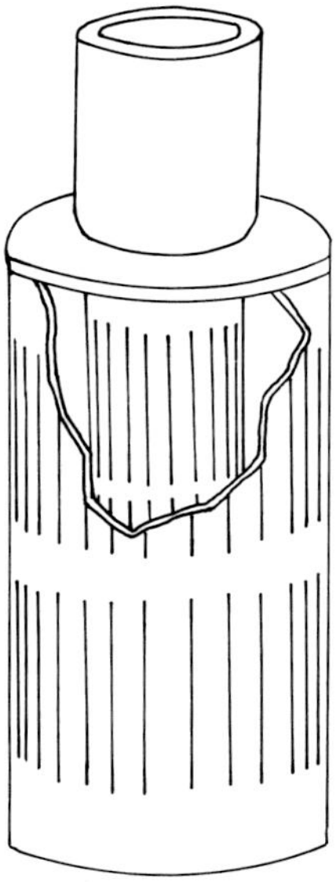

Abb. 3.99. Boodepac (nach Boode b. v., Firmenprospekt).

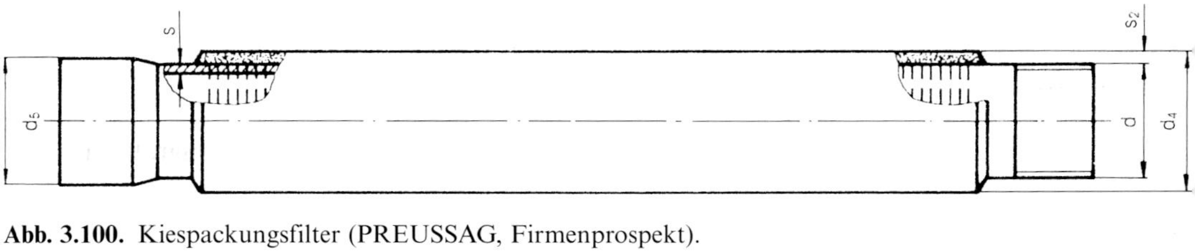

Abb. 3.100. Kiespackungsfilter (PREUSSAG, Firmenprospekt).

ausgesiebte Filtersande und -kiese verwendet werden. Weiterhin kann mit Kiespackungsfiltern eine Zweifachverfilterung dadurch erreicht werden, daß das Kiespackungsfilter mit einer abgestuften, feineren Kornfraktion umschüttet wird.

3.5.6.2 Bemessung der Filterrohre

Grundlage zur Bemessung der Filterrohre ist meist die Siebanalyse der Sand-Kies-Korngemische der Grundwasserleiter-Schichten. Diese wird mit einer Siebeinrichtung erstellt, die aus Labor-Siebmaschine, dem Siebsatz nach DIN 4188, einer Siebuhr (Schaltuhr) und einer Waage mit abnehmbarer Schale zum Wiegen der auf den Sieben und in der Bodenschale verbleibenden Kornmengen besteht. Hinzu kommen u. a. Trockenbleche mit Rand, Schalen für die ausgesiebten Kornfraktionen und Haarpinsel. Bei Einsatz eines Aufsatzgestells können bis zu 12 Siebe gleichzeitig beaufschlagt und einem rüttelnden bzw. rotierenden Siebvorgang unterworfen werden. Zur Erhöhung der Aussiebung bei feinerem Material werden gelegentlich einige Gummiwürfel in die Siebringe gegeben. Bei Fehlen einer Stromquelle kann behelfsweise eine Handsiebung mit Siebringen von 100 oder 150 mm Durchmesser erfolgen. Normalerweise genügen die Maschenweiten, die den Körnungen nach DIN 4924 entsprechen (Bieske 1965, Schneider 1988).

Die feineren Siebe sind nur vorsichtig mit einem Haarpinsel zu reinigen, während gröbere und starkdrähtige Siebe durch Klopfen mit einem kleinen Holz- oder Gummihammer von den eingeklemmten Körnern befreit werden können.

Abb. 3.101. Vierteilung von Bohrproben (Schneider 1988).

Bei der Siebung wird das Korngemisch in Korngrößenfraktionen zerlegt, deren prozentuale Anteile bestimmt werden. Hierzu muß das jeweilige Untergrundmaterial bei der Beprobung vollständig erfaßt werden. So ist beim Bohren der gesamte Bohrgutinhalt von Greifer, Ventilbohrer, Schlammbüchse oder Kiespumpe in ein größeres Gefäß zu entleeren, der Wasseranteil nach dem Absetzen der Feststoffe vorsichtig abzugießen und das verbleibende Korngemisch im Gefäß gleichmäßig zu vermischen. In gleicher Weise sind bei Spülbohrungen Proben des geförderten Spülungs-Gesteins-Gemisches in großen Absetzbehältern aufzufangen und die Feststoffanteile zu gewinnen. Um bei größeren Probenmengen eine Entmischung zu vermeiden, sollte die Bodenprobe bis zur Gewichtskonstanz getrocknet und zu einem flachen Kegel aufgehäuft werden. Dieser wird durch ein Kreuz in vier möglichst gleich große Teile aufgeteilt, von denen 2 gegenüberliegende verworfen werden (Abb. 3.101). Die restlichen beiden Haufen werden zusammengeschüttet und erneut geteilt. Das Vorgehen wird so lange wiederholt, bis eine für die Siebanalyse geeignete kleine Probe erzielt ist.

Die Siebung der bis zur Gewichtskonstanz getrockneten Probe liefert Kornfraktionen, deren prozentuale Anteile am Gesamtgewicht in einer Siebkurve dargestellt werden. Die Gewichtsprozente der Korngrößenfraktionen werden auf der linear geteilten Ordinate, die Korngrößen (in mm) auf der logarithmisch geteilten Abszisse aufgetragen (Abb. 1.4). Die verwendeten Prüfsiebe weisen erfahrungsgemäß Abweichungen von den Sollmaschenweiten auf, die in gewissen Grenzen dem Hersteller nach DIN 4188 erlaubt sind. Die Herstellungstoleranzen können durch den Gebrauch besonders bei unsachgemäßer Behandlung der Siebe wesentlich überschritten werden. Nach Hatzsch (1978) hängt das Ergebnis eines Siebvorganges außer von der Siebzeit, der Art der Siebbewegung und der Siebbeladung auch von der Qualität der Siebsätze ab, ein Befund, der die Notwendigkeit einwandfreier Siebsätze und sorgfältiger Versuchsdurchführung unterstreicht.

Bemessung der Filterschlitzweiten

Im System Filterrohr-Filterkies-Lockergestein, das in drei Grundformen gestaltet werden kann (Abb. 3.102), dient $\tilde{w}$ als Sammelbezeichnung für die Schlitzweite beim Langlochfilter, die Brükkenhöhe beim Schlitzbrückenfilter, die Maschenweite beim Filtergewebe oder auch die Öffnungsweite bei beliebig anderen Filtern, D als Kennzeichen für den Filterkies und d als Kennzeichen für das natürliche Lockergestein. Mit G_1, G_2, G_3 und G_4 werden die Grenzflächen zwischen Brunnenfilter-Filterkies, Filterkies-Lockergestein, Filterkies 1-Filterkies 2 und Brunnenfilter-Lockergestein bezeichnet.

Die zur Berechnung benötigten Werte d_{10}, d_{17}, d_{50}, d_{60} sowie D_{10}, D_{50}, D_{60}, D_{90} werden aus den Sieblinien des Grundwasserleitermaterials und des Filterkieses ermittelt. Der Hohlraumanteil wird in den Bemessungsregeln zahlenmäßig durch die Porenzahl e gekennzeichnet.

$$(3.19) \qquad e = \frac{n}{1-n}$$

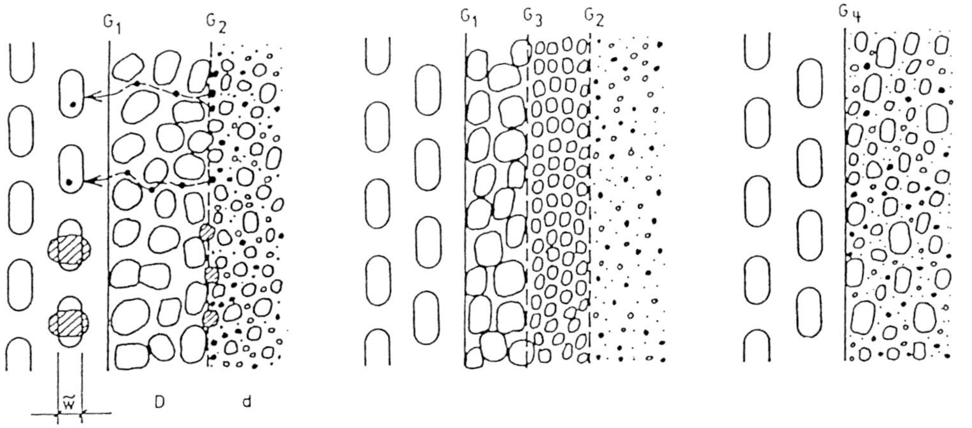

Abb. 3.102. Verschiedene Filter-Kies-Lockergesteins-Systeme.

Läßt sich dieser Wert für den konkreten Fall nicht ermitteln, dann wird mit $e = e_{max} \approx 0{,}9$ gerechnet, einer lockeren Lagerung entsprechend.

Die folgenden Bemessungsregeln berücksichtigen die durch Suffosion, Erosion und Kolmation hydromechanisch bewirkten Verformungen der nichtbindigen Lockergesteine mit $d_{10} > 0{,}002$ mm, nicht aber Verformungen durch chemische Prozesse (z. B. durch Auslaugung oder Verwitterung) (Busch et al. 1993).

Bei der Suffosion werden Teilchen der feineren Fraktionen eines ungleichförmigen nichtbindigen Lockergesteins im Porenraum der Feststoffmatrix ohne Veränderung des tragenden Feststoffskeletts durch die Strömung abtransportiert. Durch Suffosion erhöhen sich der Hohlraumanteil n und der Durchlässigkeitsbeiwert k_f, während die Raumdichte des Lockergesteins abnimmt. Suffosions-gefährdet sind Lockergesteine mit einem relativ großen Ungleichförmigkeitsgrad und insbesondere solche mit einer Ausfallkörnung. Bezüglich der Lage der Suffosionserscheinung unterscheidet man innere, äußere und Kontaktsuffosion (Abb. 3.103).

Die Transportwege der bewegten Teilchen bei der inneren Suffosion (Abb. 3.103 a) sind begrenzt, wenn diese nicht durch eine äußere Suffosion (Abb. 3.103 b) oder eine Kontaktsuffosion (Abb. 3.103 c) aufrechterhalten wird. Äußere Suffosion findet an der Erdoberfläche z. B. an Gewässersohlen statt. Bei der Kontaktsuffosion hingegen wandern die bewegten Teilchen des feinerkörnigen Lockergesteins in die Poren eines benachbarten gröberen Lockergesteins. Durch eine Suffosionsberechnung ist nachzuweisen, ob in einem Lockergestein auf Grund seiner Porengeometrie Suffosion überhaupt möglich ist (geometrisches Suffosionskriterium) und falls dies

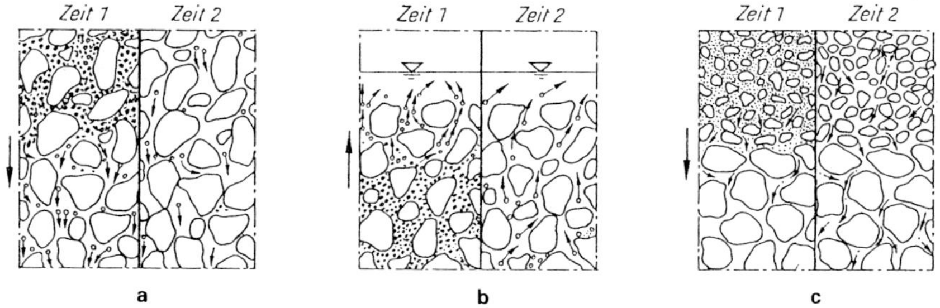

Abb. 3.103. Schematische Darstellung der Suffosion (Busch et al. 1993, Ziems 1969).

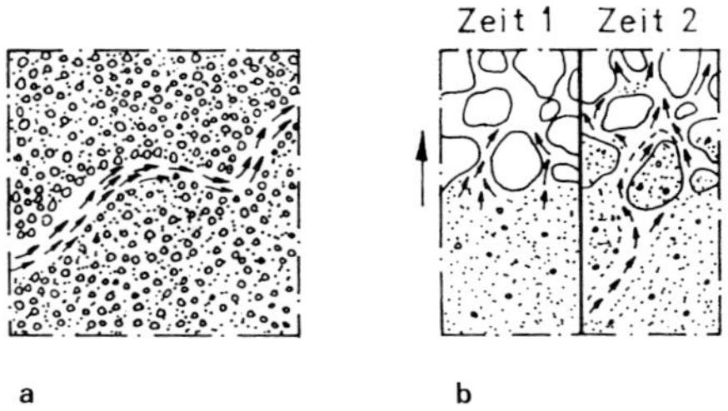

Abb. 3.104. Schematische Darstellung der inneren Erosion (a) und der Kontakt-Erosion (b) (Busch et al. 1993, Ziems 1969).

zutrifft, ob die vorhandene hydraulische Transportkraft größer ist als die zur Suffosion mindestens benötigte Kraft (hydraulisches Suffosionskriterium). Überschläglich gilt, daß Lockergesteine mit U > 10 auf Suffosionsgefahr zu prüfen sind.

Bei der hydromechanischen Kolmation werden feine, von der Grundwasserströmung transportierte Teilchen im vorhandenen Porenraum abgelagert. Sie ist der umgekehrte Vorgang der Suffosion und wird genau wie diese in innere, äußere und Kontaktkolmation unterteilt (Abb. 3.103). Im Gegensatz zur Suffosion verringern sich bei der Kolmation der Hohlraumanteil n und der Durchlässigkeitsbeiwert k_f, während die Lagerungsdichte des Lockergesteins zunimmt. Typisch für den Prozeß der Kolmation ist es, daß sich zuerst grobe Teilchen in den relativen Querschnittsminima der Porenkanäle verklemmen und dadurch diese Engstellen weiter reduzieren, so daß sich nun auch zunehmend immer feinere Teilchen verklemmen können, d.h. die Kolmation ist zumeist ein rückschreitender Prozeß.

Unter der Erosion ist im Gegensatz zur Suffosion die Umlagerung und der Abtransport praktisch aller Fraktionen eines Lockergesteins zu verstehen. Hier werden jedoch nur solche Erosionsvorgänge betrachtet, die durch die Strömung des Grundwassers verursacht werden, nämlich die innere und die Kontakt-Erosion (Abb. 3.104).

Die innere Erosion findet in größeren, meist röhrenförmigen Hohlräumen im Untergrund statt (Abb. 3.104a), die oft bereits durch Wurzel- und Tiergänge oder durch Auswaschung und Erweiterung eines bevorzugten Porenkanals vorhanden sind. Die innere Erosionsgefährdung kann nicht mit Hilfe deterministischer physikalischer Verfahren nachgewiesen werden, sondern ist nur Wahrscheinlichkeits-theoretisch faßbar.

Die bevorzugten Porenkanäle werden im allgemeinen rückschreitend erweitert, d.h. entgegen der Grundwasserfließrichtung von einem exponierten Punkt der Oberfläche des Lockergesteins oder von dessen Kontaktfläche zu einem wesentlich gröberen Lockergestein aus. Da nur unter diesen Bedingungen der Abtransport der ausgespülten Sedimentpartikel möglich ist, kann die innere Erosion durch einen kontrollierten Grundwasseraustritt in Entlastungsanlagen und durch Verhinderung der Kontakt-Erosion am sichersten vermieden werden. In den meisten Fällen wird die rückschreitende innere Erosion durch Fehlstellen oder einen örtlichen hydraulischen Grund- bzw. Kontaktbruch eingeleitet. Sie wird häufig durch eng begrenzte geologische Inhomogenitäten und Anisotropien und durch Suffosions- und Kolmations-Erscheinungen gefördert.

Kontakt-Erosion ist die von einer Kontaktfläche zu einem gröberen Lockergestein ausgehende Erosion (Abb. 3.104b). Die in das grobe Lockergestein eindringenden Teilchen werden dort im allgemeinen abtransportiert (Suffosion), seltener abgelagert (Kolmation). Die Sicherheit gegen Kontakt-Erosion wird durch die nachfolgend dargestellten Filterregeln reflektiert.

Die Filterschlitzweiten $\tilde{w}$ oder entsprechend anders gestaltete Öffnungsweiten der Filter- bzw. Maschenweiten der Filtergewebe müssen so bemessen werden, daß

- als obere Grenze eine Kontakt-Erosion des Filterkieses oder des unmittelbar anliegenden Lockergesteins ausgeschlossen wird und

– als untere Grenze eine Kolmation der Filterschlitze durch die aus dem Grundwasserleiter ausgetragenen Erdstoffteilchen vermieden wird.

Die maximal wählbare Schlitzweite beträgt entsprechend den verfügbaren Brunnenfilterarten $\tilde{w}_{max} = 5$ mm. Fordert man, daß nur Körner des Filtermaterials mit $D \leq D_{10}$ durch die Schlitze ausgetragen werden können, so gilt unter den Bedingungen

$$1 \leq U_D \leq 3 \text{ und } e = e_{max} \sim 0{,}9$$

(3.20) $$\frac{D_{50}}{4\sqrt{U_D}} \leq \tilde{w} \leq \frac{D_{50}}{1{,}1\, U_D^{0,8}}$$

Die Bemessungsregel (3.20) ist in Abb. 3.105 in Form der beiden ausgezogenen Linien graphisch dargestellt. Ist die Porenzahl des anliegenden Filtermaterials in den Grenzen $0{,}7 \leq e_D \leq 0{,}9$ bekannt, so kann die untere Grenze der Schlitzweite $\tilde{w}$ bis zur gestrichelten Linie $e_D = 0{,}7$ herabgesetzt werden. Für die in DIN 4924 angegebenen Filtermaterialien können basierend auf der Bemessungsgleichung (3.20) folgende Schlitzweiten empfohlen werden:

Filtersand	1/2	mm	→	$\tilde{w}$ = 0,6–1,5	mm
Filterkies	2/3,15	mm	→	$\tilde{w}$ = 1–2	mm
Filterkies	3,15/5,6	mm	→	$\tilde{w}$ = 2–3	mm
Filterkies	5,6/8	mm	→	$\tilde{w}$ = 3–4	mm
Filterkies	8/16	mm	→	$\tilde{w}$ = 4–5	mm

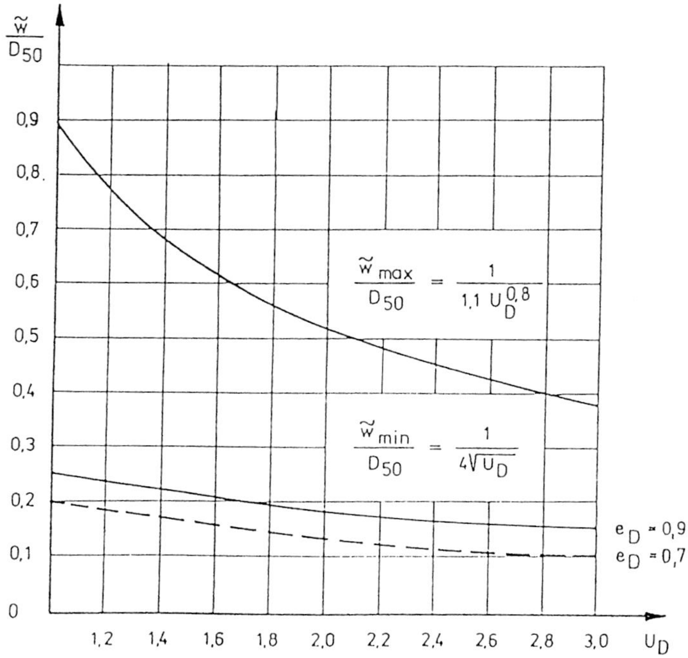

Abb. 3.105. Graphische Darstellung der Bemessungsregel (3.20).

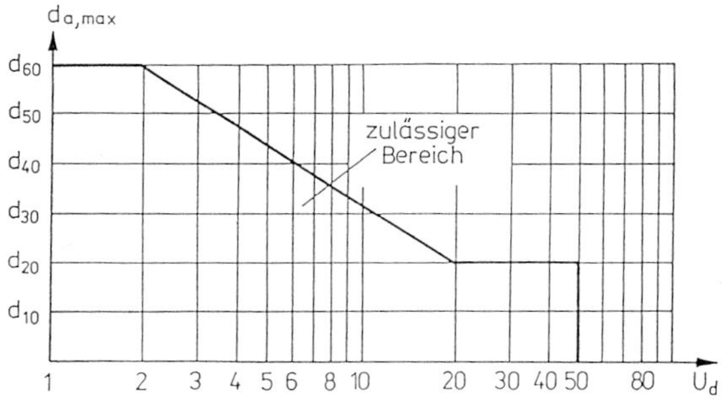

Abb. 3.106. Graphik zur Ermittlung von $d_{a,max}$.

Setzt man vereinfacht $U_D = 2$ an, so ergibt sich aus der Beziehung (3.20) die Überschlagsformel (3.21)

$$(3.21) \qquad \frac{D_{50}}{6} \leq \tilde{w} \leq \frac{D_{50}}{2}$$

Gestattet man eine gewisse anfängliche Kornbewegung im direkt anliegenden Lockergestein und einen geringen Materialaustrag aus diesem Lockergestein im Sinne der Brunnenentwicklung, so wird für Filtermaterialien oder unmittelbar am Filterrohr anliegende Lockergesteine mit stetiger Kornverteilungskurve folgende Bemessungsregel empfohlen:

$$(3.22) \qquad d_{a,min} \leq \tilde{w} \leq d_{a,max}$$

Der Wert von $d_{a,min}$ ergibt sich aus Gleichung (3.23) für das größte Suffosions-gefährdete Korn

$$(3.23) \qquad d_{a,\,min} = 0{,}27\sqrt{U_d} \cdot e_d \cdot d_{17}$$

Die Größe $d_{a,max}$ läßt sich aus Abb. 3.106 bestimmen. Der dort ausgewiesene zulässige Bereich ist versuchstechnisch noch nicht hinreichend belegt und ein Kompromiß von verschiedenen in der Literatur angegebenen Kurven.

Bemessung der Länge und des Durchmessers des Filterrohres

Grundsätzlich sollten die anstehenden Wasser-führenden Schichten in ihrer ganzen Mächtigkeit erfaßt werden. Je länger die Filterrohre, desto größer ist das Wasseraufnahmevermögen und umso größer ist die Lebensdauer des Brunnens. Eine größere Filterfläche bedingt nämlich eine geringe Filtereintrittsgeschwindigkeit, die immer von Nutzen ist. Auszuschließen sind nur Tiefenabschnitte mit Grundwasser schlechter Qualität und Abschnitte, in denen das Fußventil oder die Pumpe im Filter eingebaut werden muß. Derartige Strecken werden zu Lasten der Filterrohrlänge durch Vollwandrohre abgesperrt.

Bemessung in Festgesteinen

Die Filterrohrlänge ergibt sich durch die ausbauwürdigen Tiefenabschnitte der Bohrung, die aus den Beobachtungen beim Niederbringen der Bohrung und aus den Ergebnissen der Zwischenpumpversuche abzuleiten sind. Für die Obergrenze des Filterrohres gilt, daß sie stets 1 bis 2 m unterhalb des im Brunnenbetrieb abgesenkten Grundwasserspiegels im Brunnenrohr sein sollte, um den wegen der Begünstigung der Verockerung unerwünschten Zutritt von Luftsauerstoff zu

Tabelle 3.13. Kritische Geschwindigkeit als Funktion von U_D und D_{10}.

$v_{krit.}$ in cm/s		$U_D = D_{60}/D_{10}$ bzw. d_{60}/d_{10}							
		1	1,5	2	3	4	5	7	10
D_{10} bzw. d_{10} in mm	1	0,36	0,34	0,32	0,26	0,23	0,21	0,18	0,15
	2	0,32	0,29	0,28	0,23	0,20	0,19	0,16	0,13
	3	0,29	0,27	0,26	0,22	0,19	0,17	0,15	0,12
	5	0,26	0,24	0,23	0,19	0,17	0,15	0,13	0,11
	7	0,25	0,23	0,22	0,18	0,16	0,14	0,12	0,10
	10	0,24	0,21	0,20	0,16	0,15	0,13	0,12	0,10
	15	0,21	0,20	0,19	0,15	0,14	0,12	0,11	0,09

vermeiden (Abschnitt 3.9.1.3). Seine Untergrenze ist durch den oberen Rand des Sumpfrohres gegeben. Die Strecken zwischen verschiedenen Grundwasserstockwerken werden mit Vollwandrohren ausgebaut.

Da die Verfilterung in Festgesteinsbrunnen nur zur Sicherung gegen Nachfall und zur Freihaltung des Brunneninneren für den Wasserfluß dient, ist der Filterrohrdurchmesser nicht nach der Größe des Wasserandranges zu bemessen, sondern wird in der Regel nach den Abmessungen der einzubauenden Teile (Pumpen, Saugrohre, Meßeinrichtungen) gewählt, die sich ihrerseits nach dem Flurabstand der abgesenkten Grundwasseroberfläche richten (Flach- oder Tiefspiegelbrunnen, artesische Brunnen; Abschnitt 3.8.1). Filterrohre unter 300 mm DN sind selten, häufig sind Nennweiten von 350–450 mm und eine Kiesschüttung von etwa 100–150 mm Stärke. Meist ergibt sich so ein Brunnendurchmesser von 600 mm, der als Enddurchmesser nicht unterschritten werden sollte (Bieske 1965, Bieske et al. 1998).

Bemessung in Lockergesteinen

Die Filterrohrlänge ist nach oben durch den im Pumpbetrieb abgesenkten Wasserspiegel bestimmt. Auch hier sollte der Wasserspiegel nicht bis in das Filterrohr abgesenkt werden, um den wegen der Förderung der Verockerung unerwünschten Zutritt von Luftsauerstoff zu vermeiden. Im allgemeinen genügt es, die Oberkante des Filterrohrs etwa ein bis zwei Meter tiefer als den tiefsten zu erwartenden Grundwasserstand einzusetzen. Nach unten wird die Filterrohrstrecke in vollkommenen Brunnen bis zur Sohle des Grundwasserleiters geführt.

Die notwendige Größe der Filterfläche ist nicht eindeutig festlegbar, da eine kritische Geschwindigkeit $v_{krit.}$ aus dem Gültigkeitsbereich der Darcy-Gleichung nicht exakt zu bestimmen ist. Dazu kommt, daß bei unvollkommenen Brunnen und ungespannten Strömungsverhältnissen die Anströmgeschwindigkeit zum Brunnen nicht über die gesamte Filterfläche gleich ist.

Nachfolgende Regel kann deshalb nur als Anhaltswert gelten:

$$(3.24) \qquad 0{,}5 \cdot v_{krit.} \leq \frac{Q}{\pi \cdot D_a \cdot L} \leq (1 \text{ bis } 3) \cdot v_{krit}$$

mit dem Volumenstrom Q, der Länge des Filterrohres L, dem Außendurchmesser des Filterrohrs D_a und der kritischen Geschwindigkeit $v_{krit.}$ nach Tabelle 3.13.

Bei $v = v_{krit.}$ wird die obere Gültigkeitsgrenze der Darcy-Gleichung erreicht, wobei eine Überschreitung dieser Grenze um das zwei- bis dreifache unbedenklich erscheint, weil erst dann mit Turbulenzerscheinungen gerechnet werden muß. Die untere Grenze von $0{,}5 \cdot v_{krit.}$ wurde aus ökonomischen Gesichtspunkten formuliert. Der Durchmesser des Filterrohres ist darüber hinaus so zu bemessen, daß die vertikale Fließgeschwindigkeit im Filterrohr 0,5 bis 1,0 m/s und im Bereich des Ringraumes der Unterwassermotorpumpe 1,5 bis 2,0 m/s nicht übersteigt.

Wird – bezogen auf die volle Wassermenge – eine zulässige Fließgeschwindigkeit von 1,5 bis 2,0 m/s angenommen und mit diesem Zufluß an den Enden des Filters gerechnet, so kann mit BIESKE (1965) für die Brunnenförderung nur von etwa der halben Fließgeschwindigkeit (0,75–1,0 m/s) ausgegangen werden. Hieraus ergibt sich nach Gl. (3.25) für einen Brunnen mit der geplanten Leistung Q (in m^3/s) und der Filterrohrlänge L (m) ein Filterrohrdurchmesser D (m)

(3.25) $$Q = F \cdot v_f = \pi \cdot D \cdot L \cdot v_f$$

mit v_f = 0,75–1,0 m/s. Weiterhin müssen der Ein- und Ausbau der Pumpenanlage und der Steigrohre ohne Beschädigungsgefahr für die Filterrohrwandung möglich sein. Ein gefahrloses Ein- und Ausbauen der Pumpen erfordert – je nach den Verhältnissen – einen Abstand von Pumpenmotor und Brunnenrohr von 50–150 mm, nach TRESKATIS (1996) von mindestens 100 mm allseits zwischen Pumpenflansch und Brunnenrohrwand. Die Umströmungsgeschwindigkeit wird dann praktisch 2 m/s nicht übersteigen. Der genannte Zuschlag ist bei großen Förderungen zu erhöhen (BIESKE 1965, BIESKE et al. 1998).

Soll in einen vorhandenen Brunnen eine Pumpe mit einer bestimmten Leistung eingebaut werden, deren Durchmesser nur wenig geringer als der des Brunnenrohres ist, empfiehlt es sich, die tatsächliche Fließgeschwindigkeit, die Geschwindigkeitshöhe und den Reibungsverlust zu errechnen. Die von einer Unterwasserpumpen-Firma angegebene maximal zulässige Umströmungsgeschwindigkeit von 4,5 m/s ist im Einzelfall rechnerisch zu überprüfen. Ggf. ist eine zusätzliche Absenkung des Brunnenwasserspiegels, etwa durch tieferes Einbauen der Pumpe, zu berücksichtigen (BIESKE et al. 1998).

3.5.7 Filterschüttung

3.5.7.1 Bemessung des Filterkieses oder -sandes

Filterkiese oder -sande sind so auszuwählen, daß

- als obere Grenze eine Kontakt-Erosion des an den Filterkies oder -sand angrenzenden Erdstoffes ausgeschlossen wird und
- als untere Grenze eine innere und äußere Kolmation des Filterkieses oder -sandes durch das Suffosionskorn vermieden wird.

Für Filterkiese oder -sande mit abgerundeter Kornform, lockerer Lagerung und einem Ungleichförmigkeitsgrad von $1 \leq U_D \leq 3$ sowie einem angrenzenden Lockergestein mit beliebiger Kornform und Lagerung und Werten von $1 \leq U_d \leq 20$ gilt folgende Bemessungsgleichung:

(3.26) $$\frac{2{,}5 \cdot d_s \cdot a^{**}}{e_D} \sqrt{U_D} \leq D_{50} \leq A_{50,\,zul.} \cdot d_{50}$$

Der unteren Grenze kommt nur dann eine Bedeutung zu, wenn Suffosion im Grundwasserleiter auftritt ($U_d > 8$ bis 10). Dann ergibt sich das größte Suffosions-gefährdete Korn analog Gleichung (3.23) zu:

(3.23.1) $$d_s = 0{,}27 \sqrt[6]{U_d} \cdot e_d \cdot d_{17}$$

In Abhängigkeit davon läßt sich die Größe a^{**} ermitteln:

$0{,}01\ mm \le d_s \le 0{,}05\ mm \rightarrow a^{**} = 4$
$0{,}05\ mm \le d_s \le 0{,}25\ mm \rightarrow a^{**} = 3$
$0{,}25\ mm \le d_s \le 0{,}50\ mm \rightarrow a^{**} = 2{,}5$

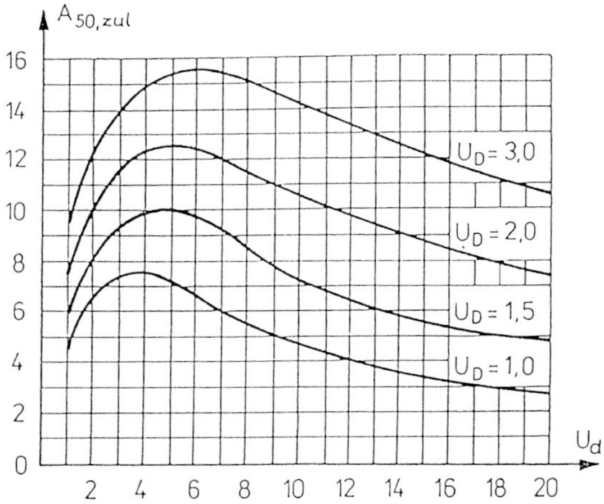

Abb. 3.107. Graphik zur Ermittlung von $A_{50,zul.}$.

Das zulässige Abstandsverhältnis $A_{50,zul.}$ zur Beschreibung des maximalen Unterschiedes zwischen D_{50} und d_{50} ist aus Abb. 3.107 in Abhängigkeit von U_D und U_d zu bestimmen. Für eine überschlägliche Bemessung kann bei Ungleichförmigkeitsgraden $U_D \approx 1$ und $U_d < 10$ die Beziehung (3.27) angewendet werden:

(3.27) $$D_{50} \le (4 \text{ bis } 5)\ d_{50}$$

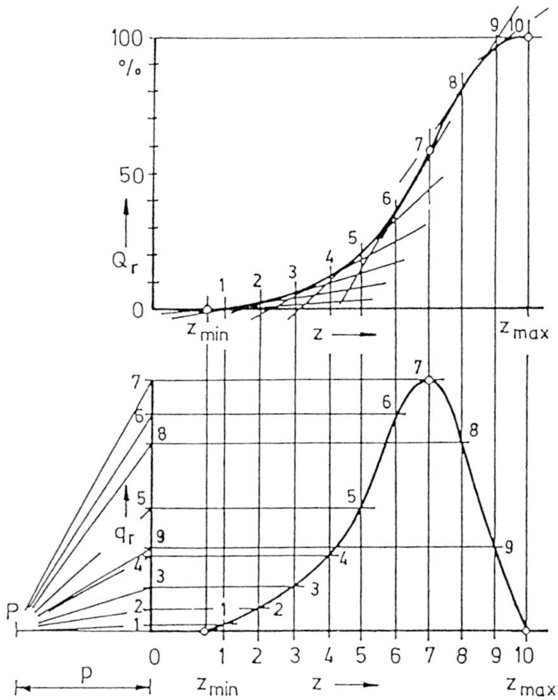

Abb. 3.108. Graphische Differentiation nach DIN 66141.

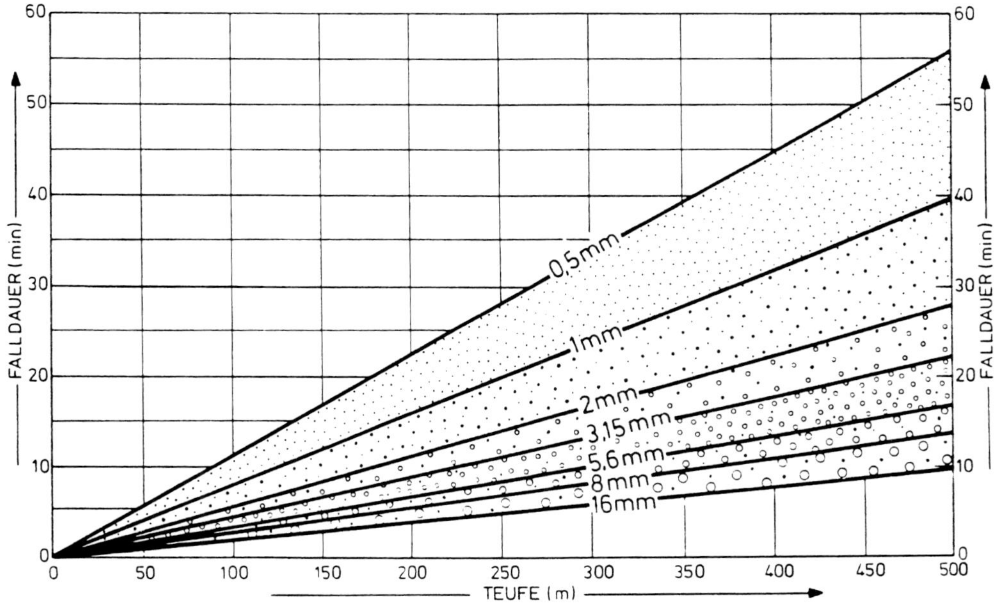

Abb. 3.109. Fallzeit von Sand und Kies in Wasser (LANGGUTH & VOIGT 1980).

Sind beim Brunnenausbau Zweifachschüttungen erforderlich, dann gelten die Regeln (3.26) und (3.27) auch an der Grenzfläche G_3 zwischen den beiden Schüttungen.

In diesem Zusammenhang muß jedoch darauf hingewiesen werden, daß es sich bei den aufgeführten Bemessungsregeln um die geometrischen Kriterien handelt. Die Verformung des Lockergesteins findet aber nur dann statt, wenn außerdem auch die hydraulischen Kriterien erfüllt sind, was bedeutet, daß der auftretende hydraulische Gradient des Wassers den Transport der Erdstoffteilchen durch die Porenkanäle ermöglicht. Anhand der einschlägigen Ausführungen in BUSCH et al. (1993) sind die überschläglichen Berechnungen zum Feststoffaustrag durchzuführen.

Nach umfangreichen Überprüfungen sind die Bemessungsregeln (3.26), (3.27) und (3.28) untereinander widerspruchsfrei.

Die Filterkiesbemessung nach DVGW Arbeitsblatt W 113 (DVGW 1983b), die sich auf Untersuchungen von NAHRGANG & SCHWEIZER (1982) stützt, geht von der Kornverteilungskurve des Untergrundmaterials aus und bestimmt den notwendigen Schüttkorndurchmesser D_{50} bei 50% Durchgang für Filtermaterial nach DIN 4924 nach Gleichung (3.28):

(3.28) $$D_{50} = d_g \cdot F_g$$

mit dem maßgebenden Korndurchmesser des Lockergesteins (d_g) und dem Filterfaktor (F_g). Der maßgebende Korndurchmesser (Kennkorn) ergibt sich durch graphische Differentiation der einfach-logarithmisch aufgetragenen Kornverteilungskurve

$$\frac{d(\text{Siebdurchgang})}{d(\log\ d)}$$

In Abb. 3.108 ist der Verfahrensweg der graphischen Differentiation nach DIN 66141 dargestellt. Der Kennkorn-Wert d_g entspricht dem Maximalwert der entstehenden Kurve. Wenn, wie bei stark gemischtkörnigen groben Sedimenten, kein Maximalwert auftritt, gilt $d_g = d_{30}$. Bei Kurven mit zwei Maxima ergeben sich ein unterer (d_u) und ein oberer Durchgangswert (d_o), deren Quotient

(3.29) $$F_{o,u} = \frac{d_o}{d_u}$$

gebildet wird. Wenn eindeutig kein Gemisch von zwei Schichten unterschiedlicher Kornverteilung untersucht wurde, gilt

$$d_g = d_o \text{ für } F_{o,u} \leq 7$$
$$d_g = d_u \text{ für } F_{o,u} > 7$$

Da aber bei den meisten Bohrverfahren und -werkzeugen eine Vermischung bei der Probenahme nicht auszuschließen ist, wird empfohlen, $d_g = d_u$ zu wählen.

Der Filterfaktor F_g errechnet sich für den normalen, instationären Brunnenbetrieb zu

$F_g = 6 + U$ für $1 < U < 5$ und
$F_g = 11$ für $U \geq 5$

Ist mit Erschütterungen im Untergrund zu rechnen, so wird als Filterfaktor $F_g = 6$ angegeben.

Bei diesem Vorgehen können sich sehr grobe Schüttkörnungen ergeben. Da diese hydraulisch keinen Vorteil bieten, wird in diesem Falle in der Regel das gröbste Schüttkorn (8–16 mm) eingesetzt (Bieske et al. 1998).

Die Filterstrecken des Rohrstranges werden nach Einbau der vollständigen Rohrtour mit einer Schicht von Filtersand bzw. -kies umschüttet. Dabei ist zu beachten, daß bei tiefen Brunnen, in Abhängigkeit vom Korndurchmesser, erhebliche Fallzeiten benötigt werden (Abb. 3.109). Um eine Gradierung des Filtermaterials beim Absetzen zu verhindern, ist es notwendig, möglichst gleichkörnige Filtersande bzw. -kiese zu verwenden. Die Gradierung nimmt zu mit der Brunnentiefe, der Höhe der Wassersäule im Brunnen, kleineren Korndurchmessern, einem zunehmenden Unterschied zwischen dem kleinsten und größten Korn des Schüttmaterials und abnehmendem Ringraum zwischen Rohrstrang und Bohrlochwand.

Weiterhin ist zu beachten, daß oberhalb der Wassersäule herabfallende Quarzkörner an der Bohrlochwand durch den Zusammenprall mit anstehenden Gesteinskörnern zerschlagen werden können. Die scharfkantigen Quarzkörner beschädigen dann die Rohroberflächen. Bei zu schnellem Einfüllen des Filtermaterials können sich im Ringraum zwischen Rohrstrang und Bohrlochwand Brücken aus Filtersand bzw. -kies bilden. Brechen diese dann plötzlich ein, können sie Beschädigungen im Brunnen nach sich ziehen. Aus diesen Gründen soll das Filtermaterial mit einem bis an die Einbaustelle hinabführenden Füllrohr eingebracht werden. Als Füllrohr wird meist ein 100 mm (4")- Kunststoffrohr verwendet. Es empfiehlt sich, beim Einfüllen Wasser zuzugeben, um Verstopfungen vorzubeugen. Außerdem sollte das Volumen des mit Filterkies zu beschickenden Raumes berechnet werden, um zu kontrollieren, ob die eingeschüttete Kiesmenge den gesamten Filterkiesraum ausgefüllt hat. Im Verlauf der Wasserförderung kann es zu Setzungen des Filterkieses kommen, wobei Kies-freie Räume entstehen, über die Trübungen aus dem Gebirge in den Brunnen gelangen. Deshalb wird häufig zwischen dem Aufsatzrohr und der Bohrlochwand ein Sperr-Rohr (Abb. 3.83) eingebracht, so daß der Kies bis zur Erdoberfläche gezogen werden kann und etwaige Setzungen kontrolliert und durch Nachfüllen saniert werden können (Abschnitt 3.5.3).

Der Filtereinbau bei Bohrungen mit Dickspülung erfolgt in der Weise, daß entweder die Dichte der Spülung so weit verringert wird, daß Kies absinken kann, oder es werden – wie bei Spülbohrungen (Schneider 1961) – Kiesschüttrohre eingeführt, durch die der Kies geschüttet oder gepumpt werden kann (Bieske 1965, Bieske et al. 1998, Johnson 1986)

Eine vor allem früher oft angewendete Methode der Verfilterung ist die Verwendung von Filterkörben (Abb. 3.98). Die mit Plastikgewebe umgebenen Metallgestelle werden vor dem Ablassen der Filterrohre mit diesen fest verbunden und mit Filtersand bzw. – kies von Hand verfüllt und verdichtet (Bieske jr. 1963b).

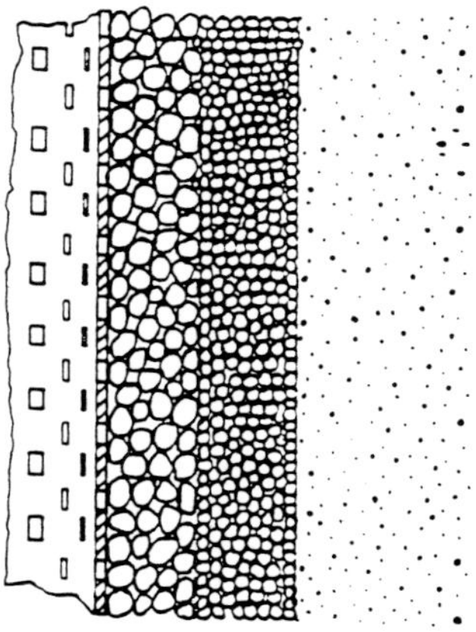

Abb. 3.110. Zweifach-Filterschüttung.

Filtersand bzw. -kies darf nach DIN 4924 nur aus natürlichen Mineral-Körnern bestehen, wobei Quarz etwa 96% ausmachen soll; Splitt darf wegen seiner scharfen Kanten nicht eingesetzt werden, das gleiche gilt für Beton-Kies, der häufig gebrochen ist. Die Quarzkörner sollten möglichst gut gerundet sein und eine glatte Oberfläche haben. Der Anteil an anderen Mineralen wie Feldspat und Kalkstein soll 4%, derjenige an organischem Stoffen 0,5% nicht überschreiten. Über- und Unterkorn soll bei der gewählten Filtersand- bzw. -kies-Fraktion nicht mehr als 10% umfassen. Die Kornverteilung ist an drei Proben einer Kieslieferung mit Prüfsieben mit quadratischen Maschen nach DIN 4188 zu prüfen und auf Anforderung von den Lieferwerken nachzuweisen. Filtersand bzw. -kies darf nur in gut gesäuberten Transportmitteln versandt werden.

Die am häufigsten verwendeten Fraktionen haben die Korngrößen 2,00–3,15 mm, 3,15–5,60 mm und 5,60–8,00 mm.

Zur Berechnung der zur Verfilterung benötigten Sand- bzw. Kiesmengen sind in Tabelle 3.14 deren Volumen und Gewicht für die gebräuchlichsten Bohr- und Filterrohrdurchmesser eingetragen.

Bei feinkörnigen Grundwasserleitern kann das Filterrohr mit einer zweifach abgestuften Filterschicht umgeben werden. Die feinerkörnige Filtersandlage liegt dabei außen im Kontakt mit dem Sediment, die gröberkörnige Filterkieslage innen in Kontakt mit dem Filterrohr (Abb. 3.110). Abb. 3.111 zeigt die zusammengehörigen Körnungen der Filtersande und Filterkiese

Körnungen in mm		Zusammengehörige Körnungen bei mehrfacher Abstufung für Brunnenfilter 2)					Unterkorn	Überkorn	Siebgutmenge für Probe g
							Zulässiger Höchstanteil in Gewichtsprozenten		
Filtersand	0,25 bis 0,5 1)	×					15	15	500
	über 0,5 bis 1	|	×				10	10	500
	über 0,71 bis 1,4	|	|	×					1000
	über 1 bis 2	×	|	|	×				1000
Filterkies	über 2 bis 3,15	|	×	|	|	×			1000
	über 3,15 bis 5,6	|	|	×	|	|			1000
	über 5,6 bis 8	×	|	|	×	|			5000
	über 8 bis 16		×	|	|	×			5000
	über 16 bis 31,5			×	×	×			10 000

Abb. 3.111. Zusammengehörige Filtersande und Filterkiese bei mehrfacher Abstufung (nach DIN 4924). 1) Für Sonderzwecke. 2) Für Brunnenfilter empfiehlt es sich, bei mehrfacher Abstufung die durch Kreuze gekennzeichneten und durch Striche miteinander verbundenen Korngruppen als Abstufungsgruppen zu verwenden.

Tabelle 3.14. Volumen und Gewicht von Filtersand bzw. -kies pro Meter (d_f = Filterrohrdurchmesser in mm, d_b = Bohrlochdurchmesser in mm, Volumen in Liter, Gewicht in kg) (BIESKE 1983).

d_b →	216	267	318	368	419	470	521	572	600	700	800	900	1000	1100	1200	1250	1300	1450	1500	1800	2000	
–	37	56	79	106	138	173	213	257	283	385	503	636	785	950	1130	1227	1327	1651	1767	2545	3142	l
	63	95	134	180	235	294	362	437	481	655	855	1081	1335	1615	1921	2086	2256	2807	3004	4327	5341	kg
d_f ↓ 80	32	51	74	101	133	168																l
	54	87	126	172	226	286																kg
100		48	71	98	130	165	205	249														l
		82	121	167	221	281	349	423														kg
150			61	88	120	155	195	239	265	367												l
			103	150	204	264	332	406	451	624												kg
200				75	107	142	182	226	252	354	472	605										l
				128	182	241	309	384	428	602	802	1029										kg
250					88	123	163	207	233	335	453	586	735	900								l
					150	209	277	352	396	570	770	996	1250	1530								kg
300						98	138	182	208	310	428	561	710	875	1055	1152						l
						167	235	309	354	527	728	954	1207	1488	1794	1958						kg
350							113	157	183	285	403	536	685	850	1030	1127	1227	1551				l
							192	267	311	485	685	911	1165	1445	1751	1916	2086	2637				kg
400								127	153	255	373	506	655	820	1000	1097	1197	1521	1639	2415		l
								216	260	434	634	860	1114	1394	1700	1865	2035	2586	2783	4106		kg
500									83	185	303	436	585	750	930	1027	1127	1451	1567	2345	2942	l
									141	315	515	741	995	1275	1581	1746	1916	2467	2664	3987	5001	kg
600										85	203	336	485	650	830	927	1027	1351	1467	2245	2842	l
										145	345	572	825	1105	1411	1576	1746	2297	2494	3817	4831	kg
700											103	236	385	550	730	827	927	1251	1367	2145	2742	l
											175	401	655	935	1241	1406	1576	2127	2324	3647	4661	kg
800												106	255	420	600	697	797	1121	1237	2015	2612	l
												180	434	714	1020	1185	1355	1906	2103	3426	4440	kg

bei mehrfach abgestuften Brunnenfiltern (DIN 4924). Beim gleichzeitigen Einfüllen der beiden Filterschichten muß ein spezielles Füllrohr verwendet werden. Einfacher ist es, ein Kiespackungsfilter einzubauen und dieses mit einer abgestuften Filterkiesschüttung zu umgeben.

Die erforderliche Filterschichtdicke hängt von der Filterkorngröße ab und soll nach DIN 4924 mindestens betragen:

Kornfraktion (mm)	Schichtdicke (mm)
0,25– 2	50
2 – 8	80
8 –31,5	100

Bei heterogen aufgebauten Grundwasserleitern ist zu beachten, daß der Einbau einer für feineres Korn bestimmten Einheitsschüttung die hochdurchlässigen Schichten geradezu absperrt (SCHNEIDER 1953). Dies kann durch eine abgestufte Auswahl der Filterlagen und Filterrohre in vertikaler Richtung entsprechend den anstehenden Sedimenten vermieden werden (Abb. 3.112). Dieser Einbau abgestufter Filterlagen muß – insbesondere bei tiefen Brunnen – mit äußerster Sorgfalt erfolgen, um zu gewährleisten, daß die jeweilige Sedimentlage mit der zugehörigen Filterschicht und dem Filterrohr auf gleichem Niveau liegt.

Empirische Verfahren zur Festlegung des Schüttkorns

Der Sperrfaktor (Filterfaktor nach SICHARDT (1952)) f_s gibt an, wieviel mal größer das Korn einer Filterkiesschicht sein muß, wenn das Korn der benachbarten Sand- oder Kiesschicht beim Entsandungsvorgang (Abschnitt 3.6.1) oder im Brunnenbetrieb zurückgehalten werden soll. Der Sperrfaktor soll zwischen 4 und 5,5 liegen (DIN 4924). Als Faustregel hat sich im Brunnenbau bewährt (BIESKE 1965, PAAVEL 1952, SICHARDT 1952): Die mittlere Korngröße einer Filterschicht soll etwa 4 × so groß sein wie die mittlere Körnung der anliegenden feineren Bodenschicht, die gehalten werden soll.

Für die Berechnung der Filterkörnung wird aus der Siebkurve der Kennkorndurchmesser d_l ermittelt, dessen Gewichtsprozente der Kennkornzahl entsprechen. Der Kennkorndurchmesser ist der Durchmesser desjenigen Korns der Siebkurve, das mit dem Sperrfaktor f_s multipliziert, das Schüttkorn d_z ergibt:

(3.30) $$d_z = d_l \cdot f_s$$

Beim Ablesen des Kennkorns aus der Siebkurve ist der Ungleichförmigkeitsgrad $U = d_{60}/d_{10}$ zu beachten.

Nach TRUELSEN (1957) ist eine Sand-freie Förderung dann gewährleistet, wenn das Schüttkorn so gewählt wird, daß

für $3 \leq U \leq 5$ der Durchgang 90–95%,
für $U \leq 3$ der Durchgang 75–85%

beträgt. Im ersten Fall werden 10–5%, im 2. Fall 25–15% bei der Entsandung zurückgehalten. Bei Ungleichförmigkeitsgraden U über 5 wird so lange der Anteil des jeweils gröbsten Kornes abgesiebt, bis das restliche Korngemisch ein Ungleichförmigkeitsgrad $U \leq 5$ aufweist. Anstelle dieses umständlichen Verfahrens kann nach TRUELSEN & AHORNER (1960) aus der Ausgangssiebkurve graphisch die Bestimmungslinie abgeleitet werden, die die Bedingung $U = 5$ erfüllt (Abb. 3.113; s. a. BIESKE 1965, LANGGUTH & VOIGT 1980).

Das Kennkornverfahren nach BIESKE jr. (1961) geht von einer Einteilung der »charakteristischen« Siebkurven sandig-kiesiger Lockergesteins-Grundwasserleiter aus. Diese lassen sich

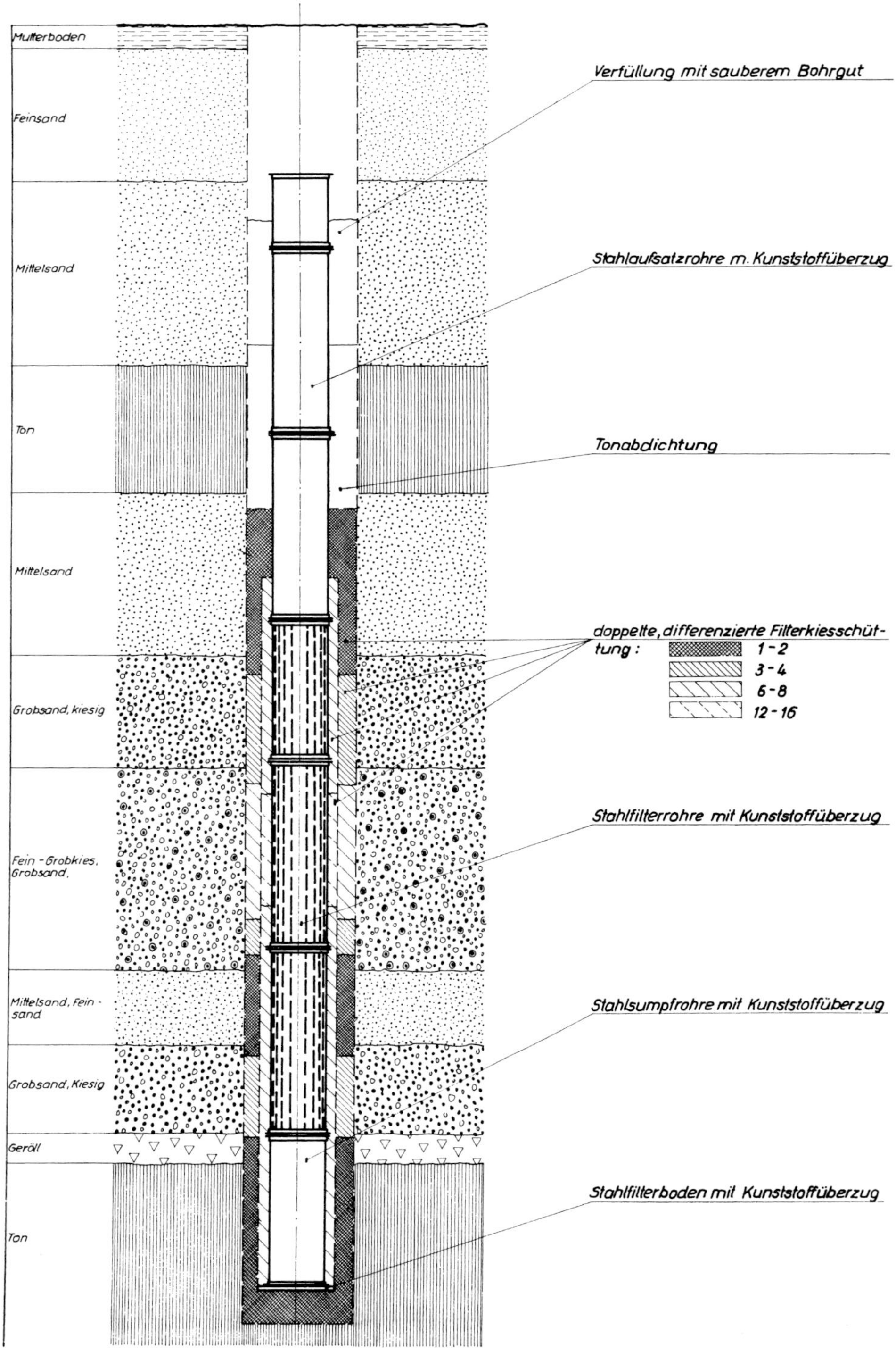

Abb. 3.112. Brunnen mit differenzierter Verfilterung (nach SCHNEIDER 1953, 1988; BIESKE † & WANDT 1976).

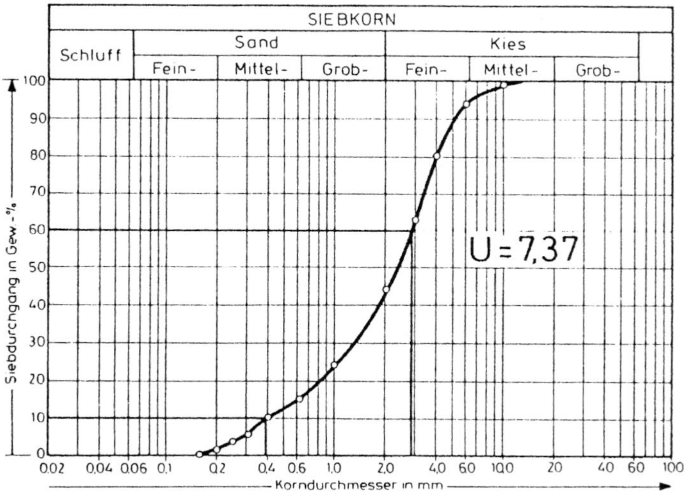

a

Sieblinie eines Korngemisches mit U > 5 in logarithmischer Darstellung

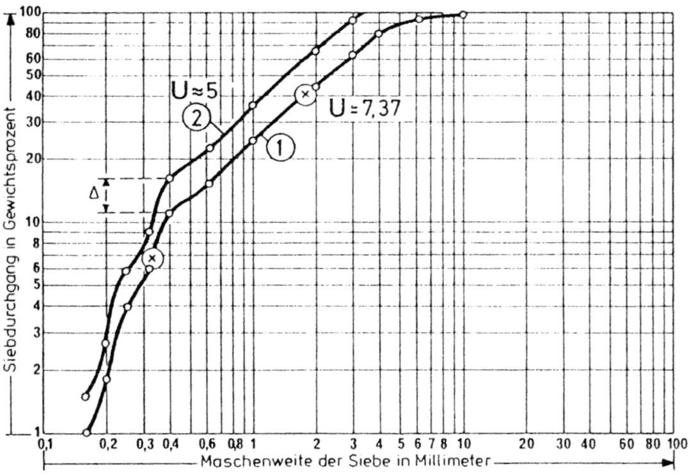

b

Sieblinie desselben Korngemisches mit U > 5 in doppellogarithmischer Darstellung und dessen auf U ∿ 5 umgeformte Sieblinie

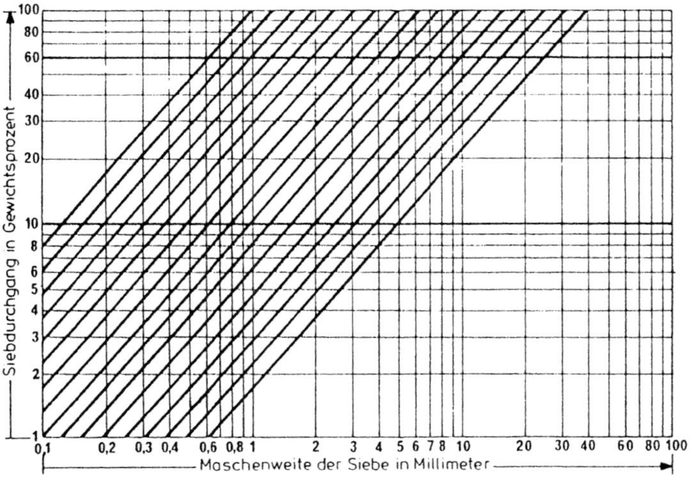

c

Hilfsblatt zur Umformung von Sieblinien auf einem Ungleichförmigkeitsfaktor von U = 5.

Abb. 3.113. Bestimmung des Schüttkorns nach TRUELSEN & AHORNER (1960) (LANGGUTH & VOIGT 1980).

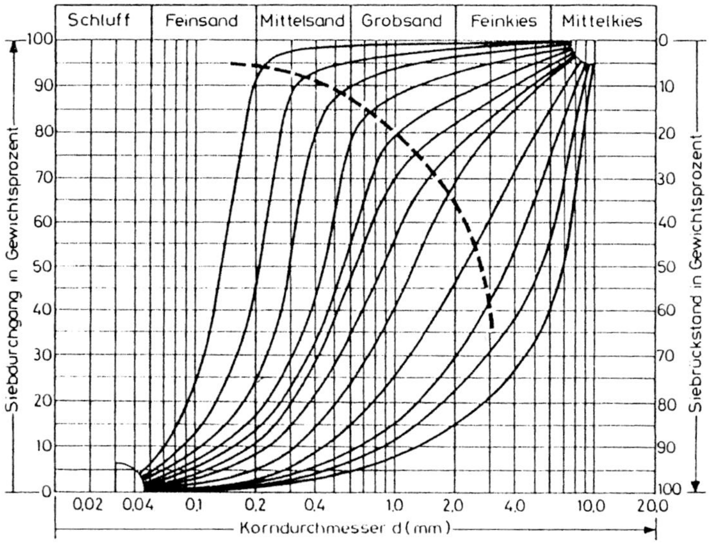

Abb. 3.114. Charakteristische Siebkurven und Kennkornlinie (Bieske jr. 1961, Langguth & Voigt 1980).

in einen gekrümmten Kurvenast im unteren Teil, eine Gerade mit annähernder Proportionalität im mittleren Teil und einen gekrümmten Kurvenast mit rasch abnehmender Steigung im oberen Teil unterteilen. Als Kennkorn wird die Korngröße des Punktes bezeichnet, in dem die Kurve im oberen Teil ihre Steigung ändert. Oberhalb dieses Kennkorns liegen die gröberen Anteile des Korngemisches, die für die Schüttkornermittlung nicht mehr relevant sind. Die Verbindung der Kennkornpunkte auf den »charakteristischen« Siebkurven wird als Kennkornlinie bezeichnet (Abb. 3.114). Bieske jr. (1961) empfiehlt schließlich, bei der Erstellung der Siebkurve zur Schüttkornermittlung die Körnung > 10 mm vorab abzusieben.

Nach Bieske et al. (1998) kommen die hier beschriebenen empirischen Verfahren zu annähernd den gleichen Ergebnissen wie die Schüttkornbestimmung nach DVGW Arbeitsblatt W 113 (DVGW 1983b).

In den USA und in englischsprachigen Entwicklungs-Ländern wird bei Bohrbrunnen geringer Tiefe und bei geringem Flurabstand häufig eine Filterkiesmischung aus verschiedenen Korngrößen hergestellt und eingebaut. Durch ein kontinuierliches Einfüllen wird dabei die Entmischung in Grenzen gehalten. Hierzu wird für jede Einzelschicht die Siebkurve erstellt. Für die Ermittlung der Kiesschüttung wird dann die sandig-kiesige Schicht mit dem feinsten Korn herangezogen. Schluff- und Tonschichten werden durch Vollrohre überbrückt und gegebenenfalls zusätzlich durch feinen Filtersand oder Ton abgesichert. Bei einem Siebdurchgang von 30% wird auf der Abszisse die Korngröße d_{30} abgelesen und mit einem Faktor zwischen 4 und 9 multipliziert. Das so gewonnene Produkt dient als Stützstelle für eine fiktive Sieblinie mit dem Ungleichförmigkeitsgrad $U \leq 2{,}5$. Mit Hilfe von etwa 5 Standardsieben, deren Maschenweiten auf dieser Sieblinie liegen müssen, wird ein künstliches Korngemisch erstellt. Die Öffnungsweite des Brunnenfilters soll so gewählt werden, daß 90% der Filterkiesschüttung zurückgehalten werden (Johnson 1966, Smith 1975).

Stow (1962) schlägt eine künstliche Schüttkornkurve aus jeweils 5 mal d_{15}, d_{50} und d_{85} der Siebkurve des Grundwasserleiters vor. Weitere Verfahren zur Herstellung geeigneter Kiesschüttungen beschreibt Blair (1970).

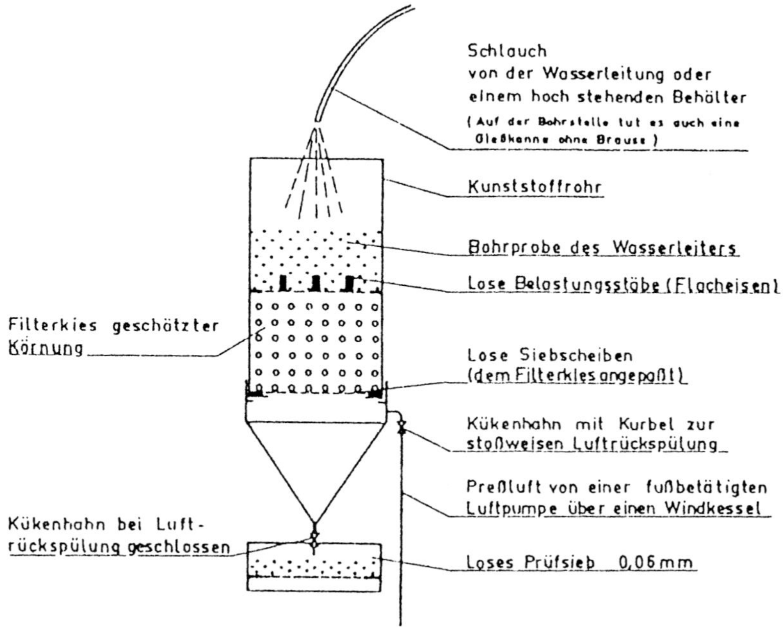

Abb. 3.115. Durchspüleinrichtung zur Bestimmung der Filterkieskörnung (SCHNEIDER 1988).

Experimentelle Bestimmung der Filterkieskörnung

Anstelle der oben geschilderten zeitaufwendigen Bestimmungsmethoden der Filterkieskörnung wird als Schnellmethode eine experimentelle Bestimmung mittels Durchflußversuchen an der Bohrstelle vorgeschlagen (Abb. 3.115). Hierbei wird eine abgewogene Materialprobe des Grundwasserleiters bei gleichzeitiger Zuleitung eines Wasserstrahls auf den Kies geschätzter Körnung gestreut. Etwaige Verstopfungen in der Filterkiesprobe lassen sich durch stoßweise Gegenströmung von Preßluft wieder beseitigen. Nach mehreren Versuchen wird schnell die gewünschte Durchgangsmenge von etwa 50% bei gröberem und bis 75% bei feinerem Material erzielt. Bei gröberen Materialproben sollten die Grobkörner vorher in einem Siebsatz mit 5–6 mm Maschenweite abgesiebt und verworfen werden (SCHNEIDER 1988).

Bemessung der Maschenweite bei Gewebefiltern

Das Filtergewebe sollte allgemein so gewählt werden, daß die feinen und feinsten Kornanteile nicht zurückgehalten werden, um ein Entsanden zu ermöglichen, so daß nur die mittleren und gröberen Kornfraktionen außerhalb des Filtergewebes verbleiben (BIESKE 1965). Nach BRINKHAUS (1920) ist die günstigste Maschenweite diejenige, die bei groben Kiesen 20–30%, bei mittelgroben Kiesen 30–40% und bei Sanden 40–60% des Sand-Kies-Gemisches durchläßt.

Einbau von Pumpen

Unterwassermotorpumpen werden im Brunnen so eingebaut, daß das zu fördernde Wasser den im unteren Teil der Pumpe gelegenen Motor über dem Pumpenmantel zu kühlen vermag. Der Einbau der Pumpe über dem Brunnenfilterrohr ist dafür besonders geeignet. Der Saugbereich der Pumpe muß allerdings mindestens 2 m unter dem tiefsten Betriebswasserspiegel liegen, um das Ansaugen von Luft zu vermeiden. Andererseits muß der Saugbereich 2 m über der Filterrohroberkante angeordnet werden, um Eintrittsgeschwindigkeitsspitzen an der Filterrohroberkante auszuschließen.

Ist der Bereich zwischen der Filterrohroberkante und dem tiefsten Betriebswasserspiegel kleiner als 4,0 m, muß die Unterwassermotorpumpe im Bereich eines Zwischenrohres oder im Sumpfrohr installiert werden. Die Motorkühlung wird bei diesen Varianten über ein Leitrohr erzwungen. Eine solche Konstruktion ist allerdings meist Kavitations-gefährdet und gilt als störanfällig.

3.5.8 Brunnendurchmesser (Bohrdurchmesser)

Die Leistung eines Brunnens oder dessen Wasseraufnahmevermögen (Fassungsvermögen) hängen vom Brunnendurchmesser ab. Er entspricht bei abgestuften Bohrungen dem Enddurchmesser. Hydrologisch wird darunter meist der Bohrdurchmesser verstanden, d.h. der Durchmesser, an dem das Grundwasser aus dem natürlichen Untergrund in den künstlichen Brunnen übertritt. Tiefere Brunnen werden im Lockergestein meist mit Teleskopverrohrung niedergebracht, deren Durchmesser nach unten abnimmt (Abb. 3.79). Der Enddurchmesser muß aber bei dem gewählten Filterdurchmesser den Einbau einer ausreichend starken Kiesschüttung ermöglichen. Daher wird der Enddurchmesser meist vorher festgelegt (Bieske et al. 1998, Truelsen 1965).

Wenn das Bohrrohr bei Gewebefiltern im Boden verbleibt und das Filterrohr verloren eingebaut wird, entspricht der Bohrrohrdurchmesser dem Bohrdurchmesser, während der Filterrohrdurchmesser nur unwesentlich kleiner ist (Truelsen 1965).

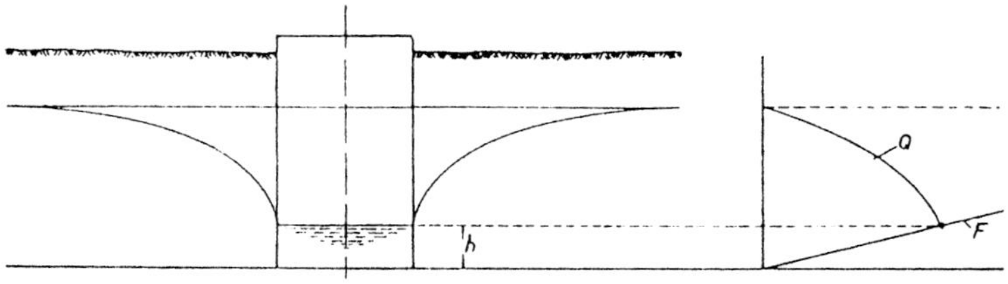

Abb. 3.116. Ungünstiges Filterdurchmesser-Leistungs-Verhältnis (Truelsen 1965).

Bei kleinen Wassergewinnungsanlagen werden aus Kostengründen oft möglichst kleine Bohrdurchmesser gewählt, doch sollte keinesfalls ein Bohrdurchmesser von 150 oder 200 mm unterschritten werden. Dies erlaubt den Einbau von Filterrohren von etwa 100–150 mm DN, bei Einbau einer Kiesschüttung aber nur noch Filterrohre von 80–90 mm DN. Bei Bohrdurchmessern von 150 oder 200 mm können noch Bohrer mit einem gewissen Fassungsinhalt und Bohrmeißel mit einem ausreichenden Fallgewicht eingesetzt und kleinere Steinhindernisse aus dem Bohrloch herausgeholt werden, was bei noch kleineren Bohrlöchern nicht mehr möglich ist. Unterhalb 150 mm wachsen die bohrtechnischen Schwierigkeiten bei weiterer Verkleinerung an. Gegen einen zu großen Bohrdurchmesser sprechen die hohen Anlage- und Baukosten: Mit zunehmendem Bohrdurchmesser wächst zwar das Fassungsvermögen, die Bohr- und Ausbaukosten steigen jedoch stärker. Das bei tieferen Brunnen auftretende Mißverhältnis zwischen dem Volumen der Bohrung und demjenigen der Kiesschüttung kann im Spülverfahren durch ein anfängliches Abteufen mit einem deutlich kleineren Bohrdurchmesser bis zum Grundwasserleiter und durch Erstellen eines erweiterten Kiesraumes mit Hilfe eines Erweiterungsbohrers mit flügelartig herausklappbaren Stahlschneiden bis zur Sohlschicht verbessert werden. Der Durchmesser, bei dem bei geringsten Anlagekosten die höchste Wasserlieferung zu erreichen ist, wird als wirtschaftlich günstigster Brunnendurchmesser bezeichnet. Dieser hängt außer von der Tiefenlage und den hydraulischen Eigenschaften des Grundwasserleiters u.a. auch von bohrtechnischen Gegebenheiten und von den Kosten des Filtermaterials ab (TRUELSEN 1965).

In Wasser-führenden, aber gering durchlässigen Schichten wären zur Erzielung einer größeren Wasserförderung große bis sehr große Bohrdurchmesser erforderlich. Derartig übergroße Brunnen sind jedoch nicht wirtschaftlich, da bei einer gegebenen Filterlänge der Wasserspiegel sehr stark abgesenkt würde und nur eine sehr kleine Filterfläche zum Wassereintritt genutzt würde (Abb. 3.116). Kostenvergleiche machen dann meist deutlich, daß anstelle eines Brunnens mit übergroßem Durchmesser mehrere mittelgroße oder kleinere Brunnen mit geringerem Aufwand das Ziel einer ausreichend großen durchflossenen Filterfläche erreichen. Hierdurch können bei geringer Absenkung vergleichsweise große Wassermengen erschlossen werden (TRUELSEN 1965).

Große Brunnen- und Filterdurchmesser sind jedoch angebracht, wenn in einem sonst sehr grobkörnigen Grundwasserleiter der Anteil an Feinsand und Grobschluff so groß ist, daß ein Entsanden wirkungslos bleibt. Bei stärkerer Absenkung und dadurch bewirkter größerer Eintrittsgeschwindigkeit werden die Körner um und unter 0,1 mm ständig mitgerissen werden. Brunnen mit großem Durchmesser setzen dann die Eintrittsgeschwindigkeit herab. Beispiel hierfür ist die Gewinnung von Sand-freiem Wasser im Oberrheingraben bei Freiburg i. Br. und Emmendingen, das vor Einsatz der Brunnen mit übergroßen Radien durch Feinsand- und Schluff-Führung zur Schädigung der Filmbeläge in der örtlichen Photoindustrie führte (BRAUN et al. 1953, TRUELSEN 1965).

Schließlich kann bohrtechnisch ein großer Durchmesser in Gebirgstälern erforderlich sein, wenn große Gesteinsblöcke herausgeholt werden müssen.

Die für eine bestimmte Leistung Q (in m^3/s) erforderlichen Abmessungen sind bei bekannter Ergiebigkeit bzw. bekanntem Durchlässigkeitsbeiwert k_f mit Hilfe der Brunnengleichungen von DUPUIT (1863) abzuschätzen (Gln. 2.44 u. 2.46):

(2.44) $$Q = \pi \cdot k_f \cdot \frac{H^2 - h^2}{\ln R - \ln r_o}$$ bei freiem Wasserspiegel

(2.46) $$Q = 2\pi \cdot k_f \cdot M \cdot \frac{H - h}{\ln R - \ln r_o}$$ bei gespanntem Wasserspiegel

mit der Mächtigkeit des Grundwasserleiters bei freiem Spiegel H und bei gespanntem Spiegel M (in m), der Höhe des abgesenkten Wasserspiegels am Brunnenrand über der Sohle des Grundwasserleiters h (in m), der Reichweite der Absenkung R und dem Radius der Brunnenbohrung r_o (in m) (Abb. 1.25). Der Durchlässigkeitsbeiwert k_f kann mit Hilfe der verfügbaren Labor- und Feldverfahren (Abschnitte 1.2.3.2.3 und 2.3) ermittelt werden. Damit kann abgeschätzt werden, für welche Entnahmemenge eine Brunnenbohrung ausgebaut werden kann. Hierzu werden die zulässige Wassereintrittsgeschwindigkeit am Bohrungsmantel v_{fmax} und das Wasseraufnahmevermögen (Fassungsvermögen) Q (in m^3/h) bestimmt. Hierfür gilt allgemein

(3.31) $$Q = D \cdot \pi \cdot h \cdot v_{fmax} = F \cdot v_{fmax}$$

mit dem Bohrdurchmesser bzw. Außendurchmesser des Kiesmantels D (in m), der Filterrohrlänge bzw. Höhe des abgesenkten Wasserstandes in der Kiesschüttung über der Unterkante des Filterrohres h (in m) und der größtmöglichen Wassereintrittsgeschwindigkeit am Außenrand des Kiesmantels v_{fmax} (in m/s), bezogen auf die volle Wassereintrittsfläche F (= $D \cdot \pi \cdot h$). Die größtmögliche Wassereintrittsgeschwindigkeit hängt vom größtmöglichen Spiegelgefälle (Grenzgefälle) am Brunnen i_g ab, das seinerseits vom k_f-Wert des Grundwasserleiters bestimmt wird (PRINZ 1919):

Nach der DARCY-Gleichung (1.21) gilt

Tabelle 3.15. Zusammenhang zwischen k_f-Wert und Grenzgefälle (i_g).

k_f-Wert m/s	Grenzgefälle i_g
$30 \cdot 10^{-4}$	0,20
$9 \cdot 10^{-4}$	0,55
$5{,}4 \cdot 10^{-4}$	0,75
$2{,}7 \cdot 10^{-4}$	1,00
$1{,}0 \cdot 10^{-4}$	1,07

(3.32) $$v_{fmax} = k_f \cdot i_g = k_f \cdot \frac{h}{l}$$

mit der Stauhöhe h auf der Länge der für h gemessenen Staustrecke l. Damit kann für das Wasseraufnahmevermögen geschrieben werden:

(3.33) $$Q = D \cdot \pi \cdot h \cdot k_f \cdot i_g$$

Das bei abnehmendem k_f-Wert zunehmende größtmögliche (kritische) Spiegelgefälle i_g kann mit der empirischen Beziehung von SICHARDT (1928) abgeschätzt werden:

(2.6.1) $$i_g = \frac{1}{15\sqrt{k_f}}$$

Wird in Gl. (3.36) der Durchlässigkeitsbeiwert nach HAZEN (1895)

(1.45) $$k_f = 0{,}01157\, d_w^2 = \frac{d_w^2}{86{,}43}$$

eingesetzt, so ergibt sich für Gl. (3.34)

(3.34) $$v_{fmax} = k_f \cdot i_g = \frac{k_f}{15\sqrt{k_f}} = \frac{\sqrt{k_f}}{15} = \frac{\sqrt{(d_w^2/86{,}43)}}{15} = \frac{d_w}{5 \cdot 9{,}297}$$

$$= \frac{d_w}{139{,}455} \approx \frac{d_w}{140}$$

Demnach läßt sich das größtmögliche Wasseraufnahmevermögen bzw. Fassungsvermögen eines Bohrbrunnens Q_g nach TRUELSEN (1958a) mit

(3.35) $$Q_g = \frac{D \cdot \pi \cdot h \cdot d_w}{140}$$

berechnen, wenn d_w aus Siebanalysen des Grundwasserleiter-Materials ermittelt wurde (Abschnitt 2.3.3.1). Wenn der k_f-Wert durch Pumpversuche bestimmt wurde, kann Q_g auch mit Hilfe der SICHARDT-Gleichung (2.6.1) errechnet werden. Wird dieser Wert in Gleichung (3.33) eingesetzt, so gilt

(3.36) $$Q_g = D \cdot \pi \cdot h \cdot \frac{\sqrt{k_f}}{15}$$

Nach experimentellen und theoretischen Untersuchungen von NAHRGANG (1954) nimmt bei vollkommenen Brunnen in ungespannten Grundwasservorkommen die Filtereintrittsgeschwindig-

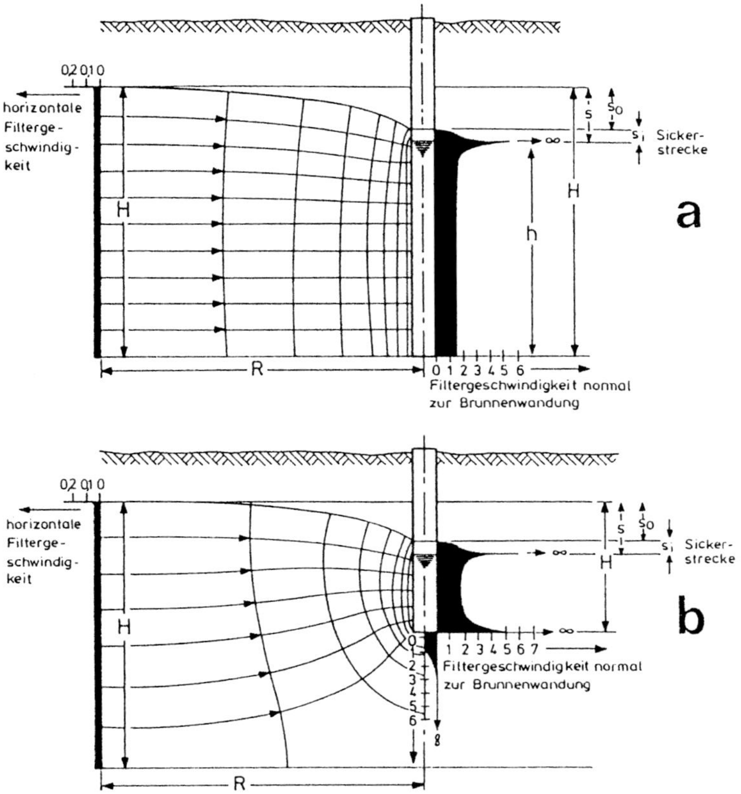

Abb. 3.117. Strom- und Potentiallinien, Verteilung der Filtereintrittsgeschwindigkeit bei vollkommenen (a) und unvollkommenen Brunnen (b) (NAHRGANG 1954, LANGGUTH & VOIGT 1980).

keit in Höhe der Sickerstrecke stark zu und geht durch ein Maximum, während darunter die Geschwindigkeit – der DUPUIT-Annahme folgend – höhenkonstant bleibt. Beim unvollkommenen Brunnen tritt an der Brunnensohle eine 2. Geschwindigkeitsspitze auf (Abb. 3.117).

Die Wassereintrittsfläche $F = D \cdot \pi \cdot h$ wird demnach nie gleichmäßig beansprucht. Besonders hohe Geschwindigkeiten treten am Saugrohreinlauf der Pumpe auf. Daher wird zweckmäßigerweise eine kleinere Wassereintrittsgeschwindigkeit v_f als v_{fmax} zugrundegelegt, um Versanden und andere Alterungserscheinungen (Abschnitt 3.5.9) zu vermeiden. Als ideale Brunnenleistung wird in 1. Näherung die Hälfte der größtmöglichen Brunnenleistung angenommen:

(3.37) $$Q_g = D \cdot \pi \cdot h \cdot \frac{\sqrt{k_f}}{30}$$ nach SICHARDT (1928)

und

(3.38) $$Q_g = \frac{D \cdot \pi \cdot h \cdot d_w}{280}$$ nach TRUELSEN (1958a)

Bei Bohrbrunnen, die nur gelegentlich, z. B. für Grundwasserabsenkungen oder zum Feuerlöschen genutzt werden, wird der kleinere Divisor (15 bzw. 140) angenommen. Der Bohrenddurchmesser D für eine bestimmte Förderung Q errechnet sich so nach

(3.39) $$D = \frac{b \cdot Q}{\pi \cdot h \cdot \sqrt{k_f}} \text{ für } b = 15 \text{ bis } 30 \text{ oder}$$

(3.40) $$D = \frac{c \cdot Q}{\pi \cdot h \cdot d_w} \text{ für } c = 140 \text{ bis } 280.$$

Die Abmessungen sind dabei so zu wählen, daß sie den Wasserzufluß ohne wesentliche Druckverluste erlauben und den Fördereinrichtungen, wie Saugrohren oder Pumpen, ausreichend Platz gewähren.

Der Brunnendurchmesser kann im Festgestein nicht rechnerisch ermittelt werden. Er wird nach Festlegung des Filterrohrdurchmessers aufgrund der erwähnten Erfahrungssätze gewählt (Bieske et al. 1998, Truelsen 1965).

Beispiele

1) **Gesucht ist der Bohrdurchmesser**
$Q_{gewünscht} = 80$ m³/h $= 0{,}022$ m³/s, Filterlänge L = 12 m,
$d_w = 0{,}18$ mm, c = 280. Danach errechnet sich der Bohrdurchmesser

$$D = \frac{c \cdot Q}{\pi \cdot h \cdot d_w} = \frac{280 \cdot 0{,}022}{\pi \cdot 12 \cdot 0{,}18} = 0{,}917$$

Der endgültige Bohrdurchmesser ergibt sich dann unter Berücksichtigung der Kiesummantelung und des Mantelrohrdurchmessers nach DIN 4928.

2) **Filterbemessung**
Beispiel 2.1 Ermittlung des zweckmäßigen Brunnenausbaus und der notwendigen Brunnentiefe.

Den Aufbau des gewählten Grundwasserleiters zeigt Abb. 3.118, die Kornverteilungskurven des Untergrundes (1) und des gewählten Filterkieses (2) sind Abb. 3.119 zu entnehmen. Gegebene Werte: $k_f = 4 \cdot 10^{-4}$ m/s; S = 0,20; Q = 0,015 m³/s; M = 16 m.

Bemessung des Filterkieses

Aus den Kornverteilungskurven ergeben sich für

das Lockergestein:	$d_{10} = 0{,}22$ mm	den Filterkies:	$D_{10} = 5{,}0$ mm
	$d_{17} = 0{,}4$ mm		$D_{17} = 5{,}5$ mm
	$d_{50} = 2{,}5$ mm		$D_{50} = 7{,}8$ mm
	$d_{60} = 3{,}6$ mm		$D_{60} = 8{,}6$ mm
	$U_d = 1{,}6$		$U_D = 1{,}7$

Überprüfen der Regel (3.27)

$$D_{50} \leq (4 \text{ bis } 5) \cdot d_{50}$$

$$\frac{D_{50}}{d_{50}} \leq 4 \text{ bis } 5$$

$$\frac{7{,}8}{2{,}5} = 3{,}1 < 4$$

Regel (3.27) ist erfüllt.

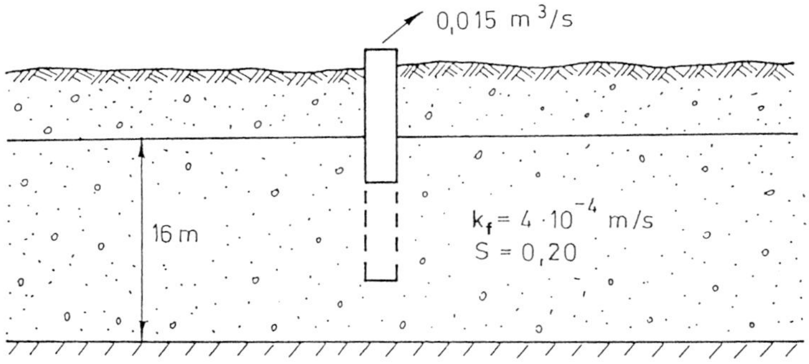

Abb. 3.118. Aufbau des Grundwasserleiters.

Überprüfen der Regel (3.26)

Berechnung von d_s mit e = 0,9 (lockerste Lagerung)

$$d_s = 0{,}27 \cdot \sqrt[6]{U_d} \cdot e \cdot d_{17}$$

$$d_s = 0{,}27 \cdot \sqrt[6]{16} \cdot 0{,}9 \cdot 0{,}4$$

$$d_s = 0{,}153 \Rightarrow a^{**} = 3$$

Ablesen von $A_{50,zul}$ aus Abb. 3.107 mit $U_D = 1{,}7$ und $U_d = 1{,}6$ $A_{50,zul} = 7{,}0$

$$\frac{2{,}5 \cdot d_s \cdot a^{**}}{e} \cdot \sqrt{U_D} < D_{50} < A_{50,\,zul} \cdot d_{50}$$

$$\frac{2{,}5 \cdot 0{,}153 \cdot 3}{0{,}9} \cdot \sqrt{1{,}7} < 7{,}8 < 7{,}0 \cdot 2{,}5$$

$$5{,}26 < 7{,}8 < 17{,}5$$

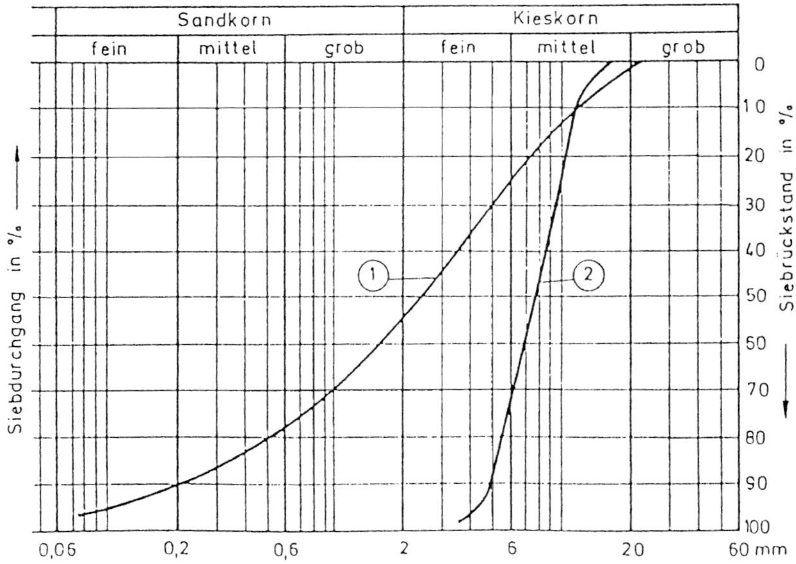

Abb. 3.119. Kornverteilungskurven des Untergrundes (1) und des Filterkieses (2).

Regel (3.26) ist erfüllt.

Bemessung der Filterschlitzweite

Gewählter Schlitzbrückenfilter mit Durchmesser außen d_a = 368 mm und innen d_i = 360 mm, Schlitzweite 3 mm, Bohrdurchmesser 600 mm.

Überprüfen der Maximalschlitzweite

$$w_{max} < 5 \text{ mm}$$
$$3 \text{ mm} < 5 \text{ mm}$$

Überprüfen der Regel (3.20)

$$\frac{D_{50}}{4 \cdot \sqrt{U_D}} \leq \tilde{w} \leq \frac{D_{50}}{1{,}1 \cdot U_D^{0{,}8}}$$

$$\frac{7{,}8}{4 \cdot \sqrt{1{,}7}} \leq 3 \text{ mm} \leq \frac{7{,}8}{1{,}1 \cdot 1{,}7^{0{,}8}}$$

$$1{,}5 < 3 < 4{,}64$$

Regel (3.20) ist erfüllt.

Ermittlung der notwendigen Filterlänge

Ablesen von v_{krit} aus Tabelle 3.13 mit D_{10} = 5 und U_D = 1,7

(3.43) $$L = \frac{Q}{\pi \cdot d_a \cdot v_{krit}}$$

v_{krit} = 0,24 cm/s

Festlegung, daß v_{krit} um das 1,5 fache überschritten werden darf.

$$L = \frac{0{,}015 \text{ m}^3/\text{s}}{\pi \cdot 0{,}368 \text{ m} \cdot 0{,}0024 \text{ m/s}} \cdot 1{,}5$$

$$= 3{,}6 \text{ m}$$

gewählt: L = 4,0 m.

Berechnung der Brunnenabsenkung

Der Brunnen liegt 80 m von einem Fluß entfernt. Als Berechnungsgrundlage gilt:

$$s_{Br} = \frac{Q}{2 \cdot \pi \cdot T} \cdot \ln \frac{p}{r_0}$$

mit der Transmissivität $T = k_f \cdot M = 4 \cdot 10^{-4}$ m/s · 16 m = 0,0064 m²/s, der Entfernung des fiktiven Schluckbrunnens r_1, der doppelten Randbedingungsentfernung entsprechend nachfolgender Skizze = 2 · 80 m = 160 m, dem Brunnenradius r_o = 0,3 m und der Förderung Q = 0,015 m³/s

$$s_{Br} = \frac{0{,}015 \text{ m}^3/\text{s}}{2 \cdot \pi \cdot 0{,}0064 \text{ m}^2/\text{s}} \cdot \ln \frac{160}{0{,}3} = 2{,}34 \text{ m}$$

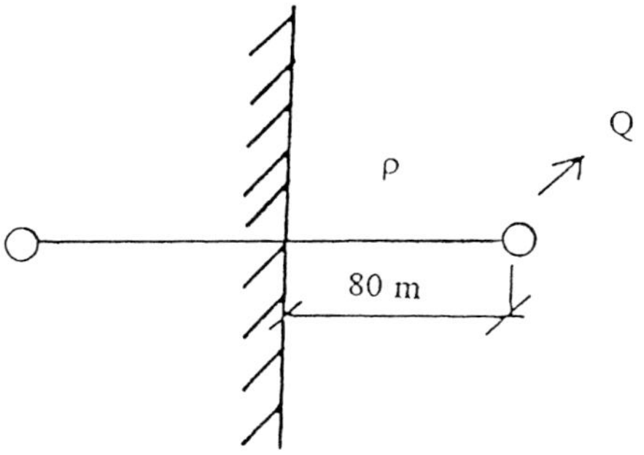

Ermittlung der notwendigen Brunnentiefe

Als notwendige Tiefe des Brunnens unter Gelände ergibt sich (Abb. 3.120)

$$T_{Br} = (4{,}0 + 2{,}5 + 1{,}5 + 2{,}0 + 4{,}0 + 1{,}0)\ \text{m} = 15{,}5\ \text{m}$$

Der Brunnen muß nicht vollkommen ausgebaut werden und kommt mit einer Mindesttiefe von $T_{Br} = 15{,}5$ m aus.

Beispiel 2.2 **Überprüfung der Möglichkeit des Einbaus eines Filters ohne Filterkies**

Abb. 3.121 zeigt die Kornverteilungskurven des Untergrundmaterials (2) für das dritte Beispiel, des Untergrundmaterials (1), des Filterkieses (4) und des Filtersandes (3) für das vierte Beispiel.

Gegebene Werte: Lockergestein nach Kurve (2), Filter mit Schlitzweite $\tilde{w} = 2$ mm.

Bemessung des Lockergesteins nach Kornverteilungskurve $d_{10} = 1{,}0$ mm, $d_{17} = 1{,}4$ mm, $d_{50} = 3{,}0$ mm, $d_{60} = 4{,}0$ mm, $U_d = 4{,}0$.

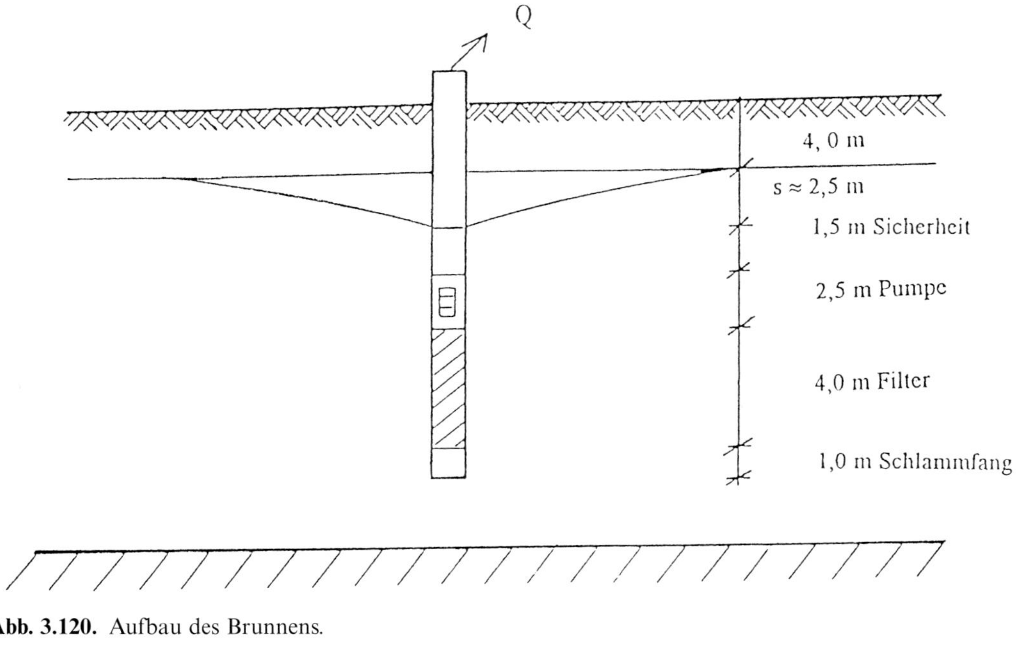

Abb. 3.120. Aufbau des Brunnens.

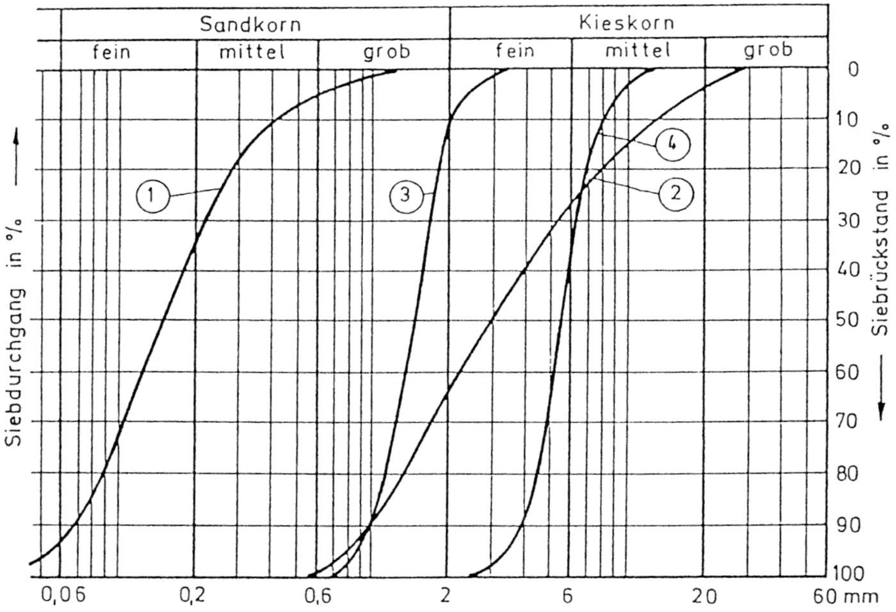

Abb. 3.121. Kornverteilungskurven von verschiedenen Lockergesteinen bzw. Filterkiesen.

Beim Überprüfen der gewählten Filterschlitzweite nach Regel (3.22) $d_{a,min} \leq \tilde{w} < d_{a,max}$ mit e = 0,9 (lockerste Lagerung) ergibt sich als größtes Suffosionskorn nach Gl. 3.23

$$d_{a,min} = 0{,}27 \cdot \sqrt[6]{U_d} \cdot e \cdot d_{17} = 0{,}27 \cdot \sqrt[6]{4{,}0} \cdot 0{,}9 \cdot 1{,}4 = 0{,}43 \text{ mm}$$

Ermittlung des maximalen Außendurchmessers des Filters $d_{a,max}$ aus Abb. 3.122 mit U_d = 4,0. $d_{a,max}$ entspricht hier d_{47}.

Abgelesen d_{47} = 2,8 mm, damit ergibt sich:

$$d_{a,\ min} \leq \tilde{w} < d_{a,\ max}$$

$$0{,}43 < 2 < 2{,}8$$

Regel (3.22) ist erfüllt, der Einbau ist ohne Filterkies möglich.

Beispiel 2.3 **Überprüfung des Einbaus einer Filterkiesschüttung bzw. des kombinierten Einbaus einer Filterkies- und Filtersandschüttung**

Gegebene Werte entsprechend Abb. 3.121: Filter mit Schlitzweite w = 3 mm; Lockergestein entsprechend Kurve (1), Filterkies entsprechend Kurve (4), Filtersand entsprechend Kurve (3).

Bemessung des Filterkieses

Aus den Kornverteilungskurven ergeben sich für das Lockergestein als Kleinkorn: d_{10} = 0,08 mm, d_{17} = 0,09 mm, d_{50} = 0,16 mm, d_{60} = 0,18 mm, U_d = 2,25, für den Filterkies als Großkorn: D_{10} = 4,0 mm, D_{17} = 4,3 mm, D_{50} = 5,5 mm, D_{60} = 6,0 mm, U_D = 1,5.

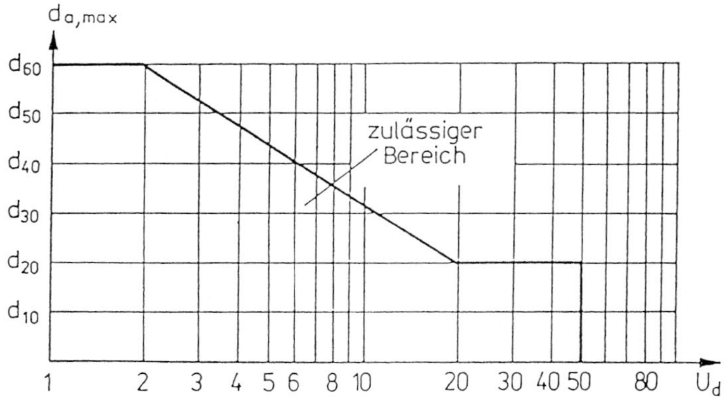

Abb. 3.122. Ablesen von d_{47} aus der Kornverteilungskurve.

Überprüfen der Regel (3.20)

$$\frac{D_{50}}{4 \cdot \sqrt{U_D}} \le \tilde{w} \le \frac{D_{50}}{1{,}1 \cdot U_D^{0{,}8}}$$

$$\frac{5{,}5}{4 \cdot \sqrt{1{,}5}} \le \tilde{w} \le \frac{5{,}5}{1{,}1 \cdot 1{,}5^{0.8}}$$

$$1{,}12 < 3 < 3{,}61$$

Regel (3.20) ist erfüllt, die Schlitzweite entspricht dem Filterkies.

Überprüfen der Regel (3.26)

Berechnung von d_s mit $e = 0{,}9$ (lockerste Lagerung):

$$d_s = 0{,}27 \cdot \sqrt[6]{U_d} \cdot e \cdot d_{17} = 0{,}27 \cdot \sqrt[6]{2{,}5} \cdot 0{,}9 \cdot 0{,}09 = 0{,}025 \Rightarrow a^{**} = 4$$

Ablesen von $A_{50,zul}$ aus Abb. 3.107 mit $U_d = 2{,}5$ und $U_D = 1{,}5 \cdot A_{50,zul} = 9$

(3.26) $$\frac{2{,}5 \cdot d_s \cdot a^{**}}{e} \cdot \sqrt{U_D} < D_{50} < A_{50.zul} \cdot d_{50}$$

$$\frac{2{,}5 \cdot 0{,}02 \cdot 4}{0{,}9} \cdot \sqrt{1{,}5} < 5{,}5 < 9 \cdot 0{,}16$$

$$0{,}27 < 5{,}5 < 1{,}5$$

Regel (3.26) ist nicht erfüllt; der Filterkies ist für dieses Lockergestein zu groß bemessen.

Anordnung einer zweiten Filtersandschicht

Aus den Kornverteilungskurven ergeben sich für den Filtersand als Kleinkorn: $d_{10} = 1{,}0$ mm, $d_{17} = 1{,}2$ mm, $d_{50} = 1{,}5$ mm, $d_{60} = 1{,}6$ mm, $U_d = 1{,}6$ und für den Filterkies als Großkorn: $D_{10} = 4{,}0$ mm, $D_{17} = 4{,}3$ mm, $D_{50} = 5{,}5$ mm, $D_{60} = 6{,}0$ mm und $U_D = 1{,}5$.

Berechnung von d_s mit $e = 0{,}9$ (lockerste Lagerung)

$$d_s = 0{,}27 \cdot \sqrt[6]{U_d} \cdot e \cdot d_{17}$$

$$= 0{,}27 \cdot \sqrt[6]{1{,}6} \cdot 0{,}9 \cdot 1{,}2$$

$$= 0{,}32 \qquad \Rightarrow a^{**} = 2{,}5$$

Ablesen von $A_{50,zul}$ aus Abb. 3.107 mit $U_d = 2{,}25$ und $U_D = 1{,}6 \cdot A_{50,zul} = 9{,}5$.

$$\frac{2{,}5 \cdot d_s \cdot a^{**}}{e} \cdot \sqrt{U_D} < D_{50} < A_{50,zul} \cdot d_{50} \tag{3.26}$$

$$\frac{2{,}5 \cdot 0{,}02 \cdot 4}{0{,}9} \cdot \sqrt{1{,}6} < 1{,}5 < 9{,}5 \cdot 0{,}16$$

$$0{,}28 < 1{,}5 < 1{,}52$$

Regel (3.26) ist gerade noch erfüllt. Der Brunnen muß mit einer Zweifachschüttung ausgebaut werden.

3.5.9 Einbau des Rohrstranges

Nach dem Abteufen der Brunnenbohrung (Abschnitt 3.3) muß die Bohrlochsohle vom restlichen Bohrgut gereinigt und die erreichte Endtiefe nachgemessen (ausgelotet) werden. Danach wird der Rohrstrang eingebaut. Dazu ist ein Einbauplan anhand des erbohrten geologischen Profils (DIN 4022 (T1-T3), DIN 4023) zu erstellen, das nach der Ansprache des Bohrgutes und den Ergebnissen der geophysikalischen Bohrlochmessungen (Abschnitt 3.4) zu erarbeiten ist. Der Einbauplan muß alle für den Einbau notwendigen Angaben enthalten und sollte zweckmäßigerweise im Maßstab 1 : 100 ausgeführt sein.

Alle Ausbaumaterialien – Standrohr, Sumpf-, Filter- und Aufsatzrohre, Ausbauzubehör, Peilrohre, Filtersand bzw. -kies, Dichtungs- und Füllmaterialien, Steigleitungen, Pumpen – und die dazu notwendigen Werkzeuge sollen entsprechend dem Einbaufortschritt um die Bohrung gelagert werden. Dabei sind die Filterrohre und die Schraubverbindungen der Aufsatzrohre in ihrer Verpackung zu belassen, um Beschädigungen während der Lagerzeit vorzubeugen.

Der Einbau der Rohrtour erfolgt vorwiegend als »hängender Einbau«, nur bei sehr schweren Rohrtouren als »stehender Einbau«.

3.5.9.1 Hängender Einbau

Beim »hängenden Einbau« ist zunächst zu prüfen, ob die Rohrverbindungen und die einzusetzende Abfangschelle das Gewicht der darunter hängenden Rohrtour tragen können. Der Auftrieb der unter der Wasseroberfläche hängenden Rohrstrangteile bleibt bei dieser Berechnung als Sicherheitszuschlag unberücksichtigt.

Als erstes Teilstück wird das Sumpfrohr eingebaut. Dazu wird es mittels Schraub- oder Flanschverbindung mit dem Einbaustück verbunden (Abb. 3.123). Das Einbaustück, das mit einem Schäkel mit dem Seilzug des Bohrturmes verbunden ist, wird hochgezogen, bis das Sumpfrohr vertikal und direkt über dem Bohrloch hängt, dann abgelassen, bis das obere Ende des Sumpfrohres in Höhe der Abfangschelle steht, die dann geschlossen wird. Eingesetzt werden Abfangschellen aus Holz mit Lederauskleidung und Stahl-Abfangschellen für besonders schwere und Filterkies-ummantelte Filter (Abb. 3.124). Die innere Öffnung der Abfangschelle muß genau dem Außendurchmesser der einzubauenden Rohre entsprechen, das tragende Element ist die am Rohrende vorhandene Verdickung. Es ist stets zu prüfen, besonders beim Einbau von be-

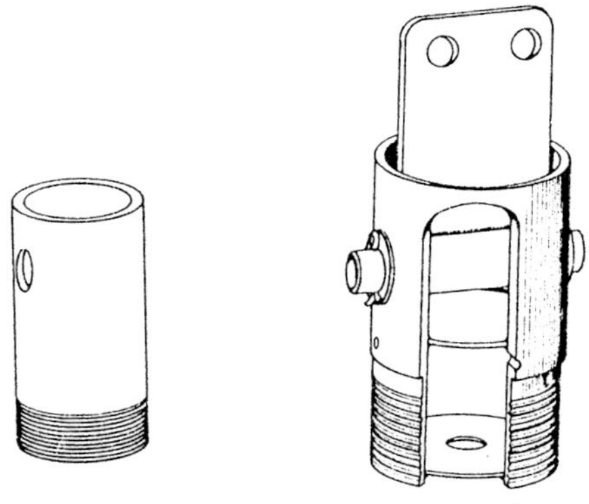

a b

Abb. 3.123. Einbaustück (Hebelkappe) ohne (a) und mit Stahl-Verstärkung (b) (Fa. PREUSSAG, Firmenprospekt).

schichteten Rohren, ob an der Abfangschelle keine scharfen Kanten sind, die Beschädigungen hervorrufen können.

Bevor das Sumpfrohr in das mit Bohrspülung oder Grundwasser gefüllte Bohrloch abgelassen wird, muß es mit Wasser gefüllt werden, um ein Aufschwimmen zu vermeiden. Vor dem Ablassen des Sumpfrohres wird die Abfangschelle geöffnet und unter dem oberen Ende des Sumpfrohres wieder geschlossen. Nun wird das Einbaustück vom Sumpfrohr gelöst und mit dem ersten Filterrohr verbunden, dessen Einbau auf die gleiche Art wie beim Sumpfrohr erfolgt (Abb. 3.125). Die Brunnenrohre, besonders die Filterrohre, sollen erst unmittelbar vor ihrem Einbau ausgepackt werden. Dabei ist ihre Unversehrtheit – insbesondere die von Schraubverbindungen, Beschichtungen und Filterkieslagen – zu kontrollieren. Das Einbauverfahren wird so lange wiederholt, bis die gesamte Rohrtour eingebaut ist.

Um einen zentrischen Einbau der Rohrtour im Bohrloch zu gewährleisten, werden in Abständen von 5 oder 10 m, entsprechend der verwendeten Rohrlänge, Abstandshalter aus Metall oder Kunststoff an der Rohrtour befestigt (Abb. 3.126). Dabei ist zu beachten, daß in Bohrlöchern, die nicht exakt vertikal sind, die Abstandshalter starken seitlichen Kräften ausgesetzt sind, die zu Beschädigungen führen können. Sofern das Brunnen-Peilrohr nicht gleichzeitig mit der Rohrtour eingebaut wird, muß darauf geachtet werden, daß die Bögen der Abstandshalter in der gleichen Position stehen und das spätere Einführen der Peilrohrtour nicht behindern.

Die Methode des hängenden Einbaus erlaubt eine relativ leichte und schnelle Installation der Rohrtour. Beim Einbau langer und schwerer Rohrstränge muß auch darauf geachtet werden, daß das Einbaugewicht nicht größer als das Gewicht des Bohrturmes ist. Das Einbaugewicht umfaßt das Gewicht aller Voll- und Filterrohre, der Bodenplatte, der Abstandshalter und ggf. weiterer Montageteile. Dabei bleibt der Auftrieb, der bei Metallrohren einer Gewichtsreduktion von ca.

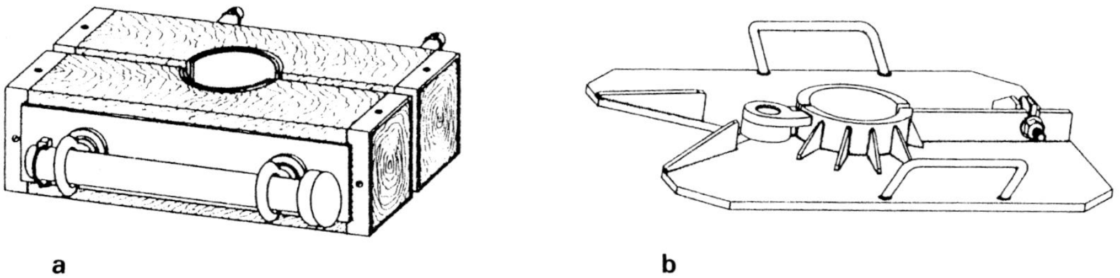

a b

Abb. 3.124. Abfangschellen aus Holz (a) und aus Stahl (b) (PREUSSAG, Firmenprospekt).

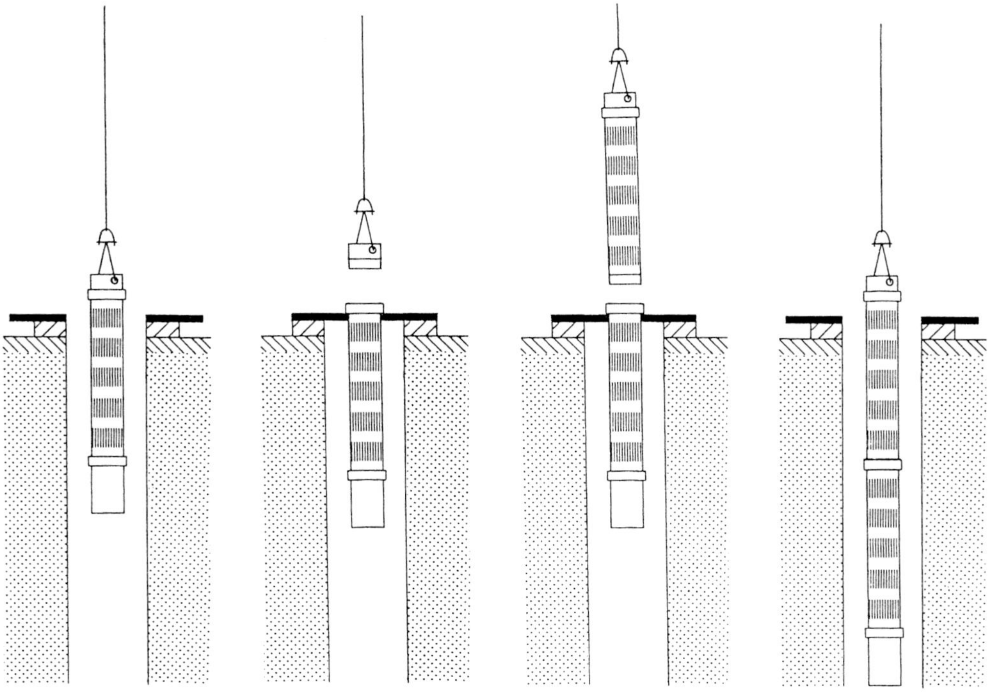

Abb. 3.125. Hängender Einbau (nach BIESKE † & WANDT 1989).

13% und bei Kunststoffrohren einem noch größeren Anteil entspricht, als Sicherheitszuschlag unberücksichtigt.

Alle Firmenangaben über Gewichte und Tragfähigkeiten von Rohren und Verbindungen beziehen sich auf die bewegungslos hängende Last. Bei Bewegungen, vor allem wenn sie abrupt erfolgen, können die Beanspruchungen stark zunehmen. Der Einbau des Rohrstranges ist deshalb mit möglichst gleichmäßigen Bewegungen durchzuführen.

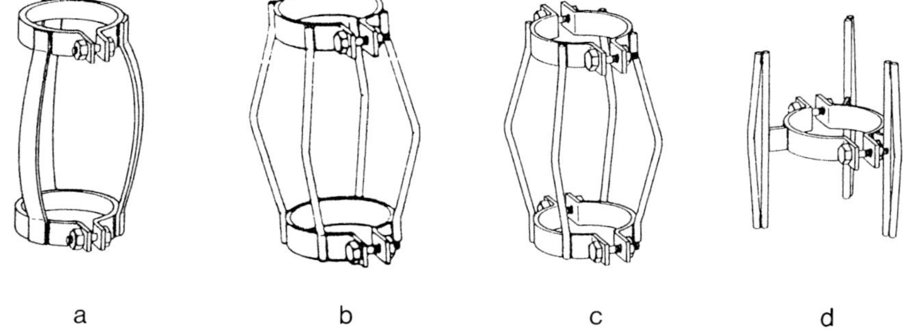

Abb. 3.126. Abstandshalter aus Kunststoff (a) und aus Stahl (b = einteilig, c = zweiteilig) sowie kufenförmiger Stahlführungskorb für Kiesbelag-Filterrohre (d) (PREUSSAG Firmenprospekt).

3.5.9.2 Stehender Einbau

Die Methode des »stehenden Einbaus« kann grundsätzlich mit allen o. g. Rohr- und Filtertypen durchgeführt werden. Sie ist durch die Belastungsfähigkeit der Voll- und Filterrohre, die Tragfähigkeit des Einbaugestänges und des Seilzuges, die Festigkeit der Verbindung zwischen Einbaustange und -boden sowie die Standfestigkeit des Bohrturmes begrenzt.

Für den Einbau wird ein tragfähiger Boden verwendet, auf dem schließlich die gesamte Last des eingebauten Materials ruht. Der Boden ist mit einem Haken oder einer Schraubverbindung mit Linksgewinde zur Befestigung der ersten Gehängestange versehen (Abb. 3.127). Das Einbaugestänge wird nach erfolgtem Einbau gelöst.

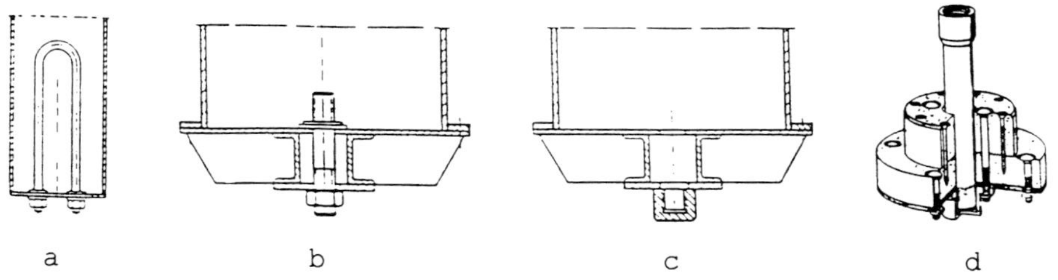

Abb. 3.127. Einbauboden mit (a) Einbaubügel, (b) Einbaubolzen, (c) Einbaumuffe (BIESKE jr. 1970); (d) verstärkter Stahl-Einbauboden (PREUSSAG, Firmenprospekt).

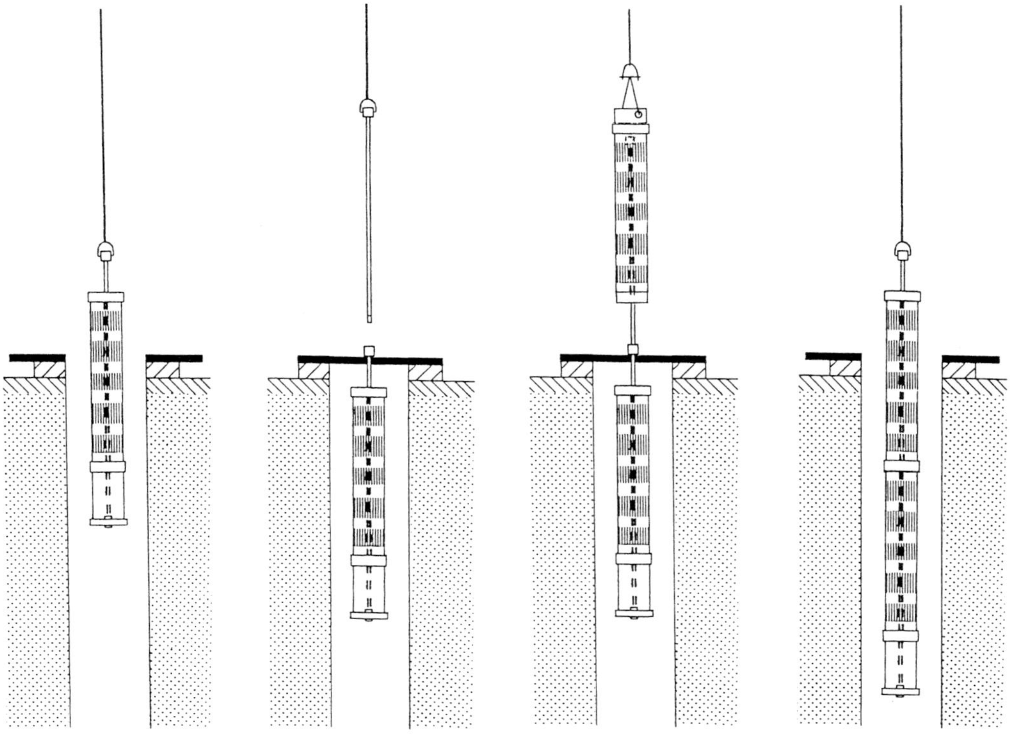

Abb. 3.128. Stehender Einbau (BIESKE † & WANDT 1989).

Beim stehenden Einbau (Abb. 3.128) wird zunächst das unterste, mit dem Einbauboden verbundene Brunnenrohr bzw. Filterrohr mittels des am Zugseil hängenden Einbaugestänges abgelassen und am Brunnenkopf durch eine starke Abfangschelle gehalten. Eine zweite Gehängestange wird mit der ersten verschraubt und – bei zwischenzeitlicher Lösung der Verbindung mit dem Seilzug – das nächste Filterrohr über das Gestänge geschoben. Nach erneuter Verbindung mit dem Seilzug wird die Rohrtour etwas angehoben, das zweite Filterrohr mit dem ersten verschraubt und die Rohrtour abgesenkt. Diese Arbeitsschritte werden so lange wiederholt, bis alle Rohre eingebaut sind.

Bei größeren Rohrdurchmessern ist angeraten, Abstandshalter zwischen Einbaugestänge und Brunnenrohren zu verwenden.

Der stehende Einbau erlaubt bei großer Zuverlässigkeit kürzeste Einbauzeiten, so daß Bieske et al. (1998) dieses Vorgehen als wirtschaftlich günstigstes Verfahren bezeichnen.

Artesische Brunnen werden in der Regel unter Verwendung modifizierter Verfahren ausgebaut (Bieske et al. 1998):

In Festgesteinen werden die Rohrtouren zweckmäßigerweise bei gleichzeitigem Ablauf des artesischen Grundwassers über das seitliche Schiebersystem eingebaut. Filterkies und Füll- und Abdichtungsmassen können – bei Absenkung des Wasserspiegels unter Geländeoberfläche durch eine in den Filterrohrstrang eingebaute Unterwasserpumpe – wie üblich in den Ringraum eingebracht werden.

In Lockergesteinen besteht bei artesischen Brunnen stets, besonders aber bei »verwilderten« Brunnen die Gefahr des unkontrollierten Austrages von Sand durch das ausfließende Wasser, was zu Setzungsschäden an der Erdoberfläche führen kann. Daher ist besondere Sorgfalt bei der Wahl der Kieskörnung und beim Einbau von Kiesschüttungen und Abdichtungen erforderlich. Die Brunnenrohrtour wird nach Erreichen der Endtiefe und nahezu vollständigem Austrag des feinen und groben Bohrgutes eingebaut. Dieser Austrag wird durch Spülungszusätze zur Erzeugung einer geeigneten Dichte und Viskosität gefördert. Der an der Bohrlochwand entwickelte dünne Filterkuchen wird zusammen mit den verbliebenen Resten der Spülungszusätze bei der Brunnenentwicklung wieder entfernt (Abschnitt 3.6).

3.5.10 Abdichtungen

Treten in einer Lockergesteinsabfolge Tonlagen oder tonige Schluffe auf, so sind im Bohrloch in den jeweiligen Höhenlagen im Brunnenrohrstrang Vollrohre und im Ringraum abdichtendes Material einzubauen, um Umläufigkeiten zu vermeiden. Häufigstes Dichtungsmaterial ist quellfähiger Ton, in Sonderfällen können auch Zementdichtungen eingebracht werden. Die besten Abdichtungsergebnisse werden mit ofengetrockneten, gut gerundeten Ton-Pellets erreicht, die in verschiedenen Durchmessern bis 30 mm, in Form kleiner Säulen oder mehr oder weniger gut gerundeten Kugeln angeboten werden. Ihre relativ hohe Dichte von ca. 1,8 g/cm^3 bewirkt ein schnelles Absinken im Ringraum und verhindert damit ein Quellen vor Erreichen des vorgesehenen Einbauniveaus. Ersatzweise einzusetzender bergfeuchter fetter Ton muß vor seiner Verwendung ausreichend getrocknet werden. Um eine möglichst dichte Lagerung und nachfolgendes Quellen zu erreichen, muß er in kleine Stücke – entsprechend der Größe des Ringsraumes auf Walnuß- bis Faustgröße – gebrochen und möglichst rund geformt werden (Weitere Angaben zu Dichtungsmaterialien s. Bieske et al. (1998)).

3.5.11 Zementieren

Um ein Bohrloch in brüchigem oder losem Gestein zu stabilisieren oder um den Eintrag von Kontaminationen entlang des Bohrloches zu verhindern, kann der Ringraum in den betreffenden Bereichen mit Zement ausgefüllt werden. Hierbei ist zu beachten, daß Zement u. U. rissig und durchlässig wird, so daß die Tonabdichtung als wirkungsvoller, wenn auch teurer zu bezeichnen ist.

Wenn der Ringraum ausreichend groß ist, kann der Zementbrei mittels eines im Ringraum geführten Füllrohres eingebracht werden. Um ein Einfließen des Zementbreies in den Filterrohrstrang zu verhindern, wird dieser an seinem unteren Ende mit einem durchbohrbaren Stopfen verschlossen (Abb. 3.129 a) oder durch eine feinsandige Schicht (»Gegenfilter«) vom unterlagernden Filterkies getrennt. Der Rohrstrang muß vor der Zementierung mit Wasser gefüllt werden, um ein Aufschwimmen zu vermeiden. Der Zementbrei wird meist eingepumpt, um einen schnellen und möglichst sicheren Einbau zu erreichen. Dabei muß die Ausgangsöffnung des Füllrohres stets in den Zementbrei eintauchen.

Reicht der Platz im Ringraum nicht für diese Einfüllmethode aus, so muß das Füllrohr im Rohrstrang installiert werden (Abb. 3.129 b). Ein Zementierungsschuh erlaubt den Austritt des Zementbreies in den Ringraum durch eine mit dem Füllrohr verbundene Öffnung, verschließt

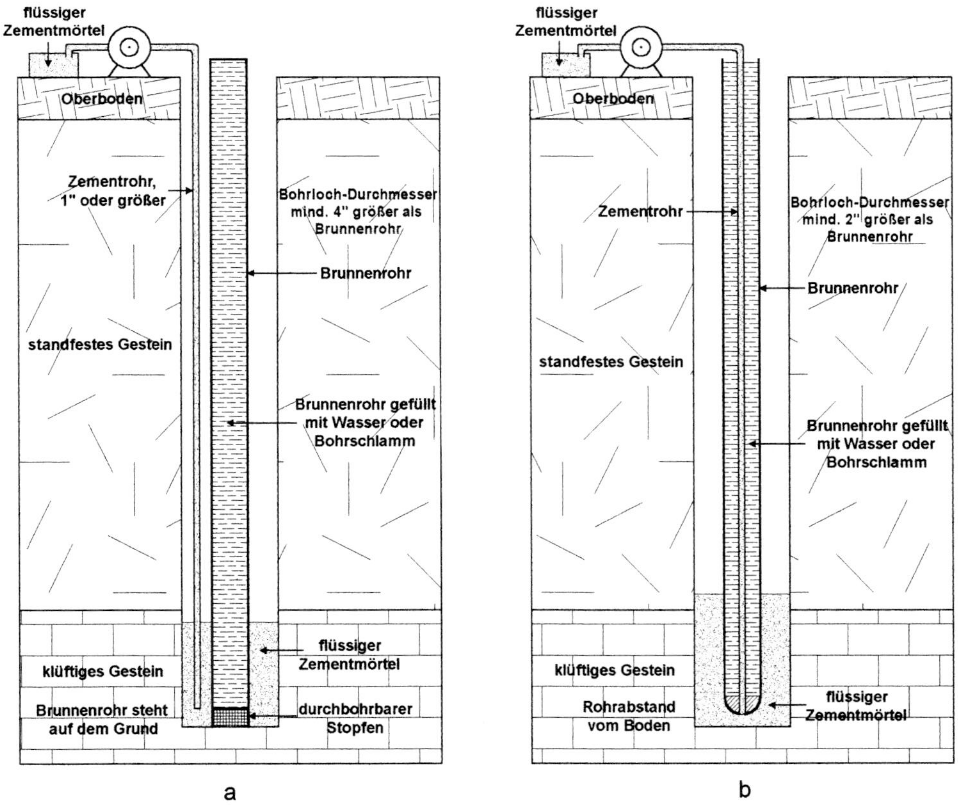

Abb. 3.129. Zementierung mit Führung des Füllrohres im Ringraum (a) oder im Rohrstrang (b) (JOHNSON DIVISION 1982).

jedoch den Rohrstrang. Ein Rückschlagventil verhindert überdies den Rückfluß von Zementbrei in das Füllrohr.

Zementierungen können auch ohne Zementierungsschuh durchgeführt werden. In diesen Fällen wird das Füllrohr innerhalb der eingebauten Rohrtour installiert.

Weitere Angaben zu Abdichtungszementen s. BIESKE et al. (1998).

3.5.12 Brunnenreihen

In Brunnenreihen beeinflussen sich die einzelnen Brunnen gegenseitig, da anderenfalls sehr große, unwirtschaftliche Brunnenabstände erforderlich wären. Daher ergibt sich die Leistung einer Brunnenreihe, die früher meist durch Heberleitungssysteme zusammengefaßt wurde (BIESKE et al. 1998, BRIX et al. 1963, TRUELSEN 1988), nicht als Summe der Leistung der einzelnen Brunnen. Die Ermittlung der Leistung von Brunnenreihen (Hebersystemen) ist in Abschnitt 2.4.1.3 behandelt.

3.6 Brunnenentwicklung

Nach dem Ausbau des Bohrbrunnens werden zu seiner Fertigstellung grundsätzlich immer Entwicklungsarbeiten durchgeführt, die zur Stabilisierung des Brunnens (Verhinderung des Einspülens von Sedimentmaterial) und zur Steigerung seiner Leistung und seiner Nutzungsdauer führen (BIESKE 1965, BIESKE et al. 1998, DVGW 1975c, TODD 1980). Bei Lockergesteinen ist der wichtigste Arbeitsprozeß das Entsanden (Abschnitt 3.6.1), bei Festgesteinen kann an dessen Stelle u. U. eine Bohrlochsprengung zur Leistungssteigerung durchgeführt werden (Abschnitt 3.6.2). Als Folge des Entsandens kann es zu Bodensenkungen kommen, sogar in Sandsteinen mit einem mehr oder weniger festen Korngerüst (ENGEL & HÖLTING 1970).

3.6.1 Entsanden (Entschlammen, Klarpumpen)

Das Entsanden wird nach Einbau der Filterrohre und des Filterkieses nach dem Ziehen der Verrohrung, aber vor dem Pumpversuch durchgeführt. Entsanden führt bei den natürlichen Lockergesteins-Grundwasserleitern, die aus einem inhomogenen Korngemisch aufgebaut sind, zum Auswaschen des feinsten Kornes sowie – vor allem bei Drehbohrungen – der durch die Bohrspülung eingetragenen oder verlagerten Schlamm- und Ton-Komponenten in der Umgebung

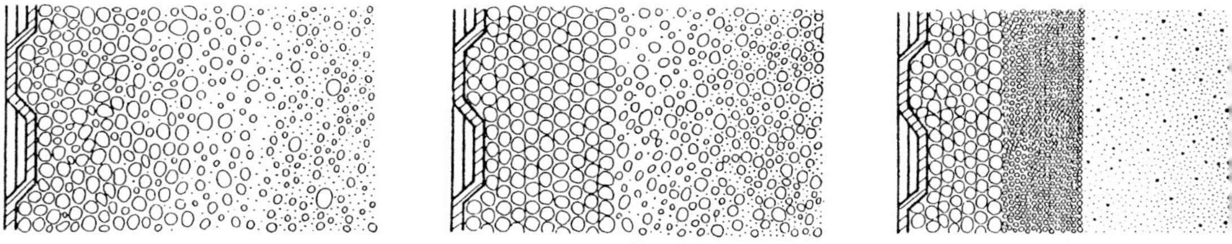

Abb. 3.130. Wirkung des Entsandens bei Brunnen ohne Kiesschüttung (a), mit einfacher (b) und zweifacher Kiesschüttung (c) (nach BIESKE 1965, BIESKE † & WANDT 1976).

des Brunnens. Damit wird eine Zone mit einem gröberkörnigen Restsediment um den Brunnen geschaffen, die dem Grundwasser einen möglichst ungehinderten Zutritt ermöglicht (Abb. 3.130).

Die Spülung führt stets Feinsand- und Schluffteilchen mit sich, die sich bei Drehbohrungen mit inverser Spülung (Saugbohr-Verfahren) vor den Grobkiesschichten ablagern und einen schlechter durchlässigen Schlammkuchen bilden (Abb. 3.52). Diese Ablagerungen müssen wieder entfernt werden. Weiterhin soll in diesem Arbeitsschritt die Abdichtung der Bohrlochwand rückgängig gemacht werden, die beim Einbringen und Ziehen der Verrohrung zur Verdichtung der Bohrlochumgebung führte bzw. durch Verschleppen bindigen Bodenmaterials im Verlauf der Bohrarbeiten entstand (SCHNEIDER 1961).

Das Entsanden muß so durchgeführt werden, daß beim Brunnenbetrieb kein Sand mehr aus dem natürlichen Grundwasserleiter gefördert wird. Rechnerisch läßt sich die kleinste Kornfraktion, die gerade noch ausgewaschen werden kann, mit Hilfe des Suffosions- Konzeptes abschätzen (BUSCH et al. 1993). Bei der Suffosion werden durch die Strömung Teilchen der feineren Fraktionen eines inhomogenen nichtbindigen Untergrundmaterials im Porenraum der Feststoffmatrix umgelagert (Abschnitt 3.5.6.2). Hierdurch erhöht sich ihre Porosität und ihr Durchlässigkeitsbeiwert, während ihre Raumdichte abnimmt. Mit Hilfe des geometrischen Suffosionskriteriums kann geprüft werden, ob aufgrund der Porengeometrie Suffosion möglich ist. Als geometrische Suffosionssicherheit $\eta_{S,G}$ wird von ZIEMS (1969) angegeben:

(3.41) $$\eta_{S,G} = \frac{d_{min}}{F_s \cdot d_k} \geq 1{,}5$$

mit $d_{min} = d_o$ und dem für eine Suffosion maßgebenden Porenkanaldurchmesser d_k. Der Durchgangsfaktor für die Suffosion F_S wird mit $F_S \approx 0{,}6$ angesetzt. Als Durchmesser des größten Suffosions-gefährdeten Korns d_S ergibt sich nach ZIEMS (1969)

(3.23.2) $$d_s = F_s \cdot d_k = 0{,}27 \cdot \sqrt[6]{U} \cdot e \cdot d_{17}$$

mit dem Ungleichförmigkeitsgrad U, der Porenzahl e und der Korngröße d_{17} bei 17% der Kornverteilungskurve.

Weitergehende Angaben finden sich in BUSCH et al. (1993).

Für das Entsanden wurden im Laufe der Zeit verschiedene Verfahren entwickelt (BIESKE 1965, BIESKE et al. 1998, DVGW 1975c, 1982, TODD 1980). Auch bei sorgfältigster Durchführung der Entsandungsmaßnahmen kann eine absolute Sand-Freiheit nicht mit Sicherheit erreicht werden. Der Restsand-Gehalt hängt u.a. von Korngrößenzusammensetzung und Gefüge des Untergrundes, vom Bohrverfahren, aber auch von der Betriebsweise des Brunnens ab. Jedes Einschalten der Pumpe oder eine vorübergehende Steigerung der Entnahmemenge kann – bei normalerweise Sand-freiem Betrieb – zur Sand-Förderung führen. Daher wird die technische Sand-Freiheit definiert (DVGW 1975c), wonach ein unbedeutender Sand-Gehalt tragbar ist, so lange er nicht die Funktionsfähigkeit der technischen Betriebseinrichtungen stört. Entlang dieser Argumentation legt der Erlaß W/1/63 des Bayerischen Landesamtes für Wasserwirtschaft als Ziel des Entsandens eine Sandführung des Wassers von 0,1 cm^3 auf 10 Liter fest, gemessen in Spitzgläsern von 2–3 l Inhalt mit Meßeinteilung (BIESKE † & WANDT 1976).

Stufenweises Entsanden durch Pumpen

Zum stufenweisen Entsanden wird eine regelbare Versuchs- oder Probepumpe eingesetzt, deren Förderleistung stufenweise gesteigert wird. Nach einer Faustregel wird mit 1/5 der vorgesehenen

Leistung begonnen und bei den einzelnen Entnahmeschritten jeweils um 1/5 gesteigert, bis schließlich das 1 1/2-fache der Entnahmemenge Sand-frei und klar gepumpt wird. Zu Beginn des Pumpvorganges wird viel Sand, Schluff und Ton ausgewaschen, dann nehmen die Sandführung und schließlich die Trübung allmählich ab. Sobald das Wasser wieder klar läuft, wird die Entnahme auf die nächste Leistungsstufe gesteigert (DVGW 1975c, 1982).

Als Pumpen für den Entsandungsvorgang eignen sich regelbare Sand-unempfindliche Pumpen für größere Leistungen, vor allem Unterwassermotorpumpen, ferner Druckluftpumpen (Mammutpumpen, LOESCHER-Pumpen) (Abschnitt 3.8).

Dieses Entsandungs-Verfahren ist am wirksamsten in den grobkörnigen Schichten, die jedoch kaum entsandet werden müssen. Dagegen werden fein- und feinstkörnige Schichten oft nicht genügend durchströmt, so daß das Ziel, ein möglichst umfassendes Entfernen der tonigen und feinstkörnigen Komponenten, nicht erreicht wird. Weiterhin fördern automatische Pumpen bei jedem Ein- und Ausschalten Sand, eine Folge der Charakteristik der Kreiselpumpe, die innerhalb von Sekunden ihre maximale Leistung erreicht, welche größer ist als die Dauerbetriebsleistung. Dadurch wird eine besonders hohe Entsandungswirkung hervorgerufen. Das Klarpumpen reicht demnach für das im Normalbetrieb übliche stoßartige Anfahren der Unterwasserpumpe nicht aus. Auch die im Brunnenprofil auftretenden unterschiedlichen Filtergeschwindigkeiten führen zu unterschiedlicher Wirksamkeit. In vollkommenen Brunnen ist die größte Eintrittsgeschwindigkeit und Entsandungswirkung an die jahreszeitlich schwankende Grundwasseroberfläche geknüpft. Hier kommt es – besonders bei dem erwähnten stoßartigen Anfahren der Pumpe – zur Sandführung (Bieske et al. 1998). Daher wird die Wirksamkeit des Entsandens durch besondere Geräte und Verfahren gesteigert. Als Beispiel wird das Intensiv-Entsanden nach Schneider (1961) genannt, der den Bau von besonders leistungsfähigen Vertikalfilterbrunnen mit differenzierter Kiesschüttung empfahl, deren Filterkiesschüttungen lagenweise der Kornverteilung der Grundwasser-leitenden Schichten angepaßt sind (Abb. 3.112). Derartige Brunnen sind bereits beim Entsandungsbeginn mit voller Leistung zu belasten (s. u.).

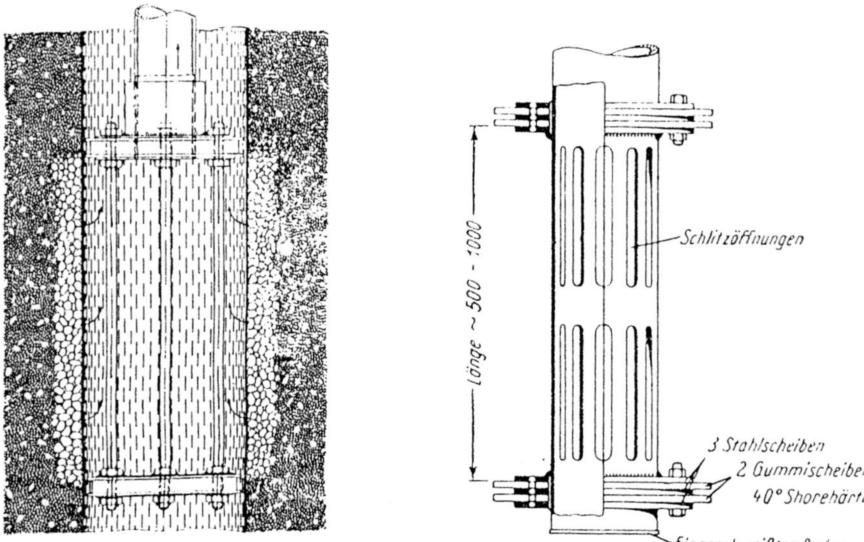

a b

Abb. 3.131. Entsandungsseiher ((a) (Bieske † & Wandt 1989); (b) Typ nach Truelsen (1958b)).

Abschnittweises Entsanden mit Entsandungsseihern

Bei diesem Verfahren der Intensiv-Entsandung wird mit dem Saugrohr ein Entsandungsseiher (Abb. 3.131) in den Brunnenfilter eingeführt. Dieser Seiher ist oben und unten durch je eine Scheibe mit Gummidichtungen (Packer) begrenzt, wodurch eine vergleichsweise kurze Filterstrecke mit den üblichen Leistungen abgepumpt und bei den dann dort auftretenden höheren Eintrittsgeschwindigkeiten schnell und wirkungsvoll entsandet werden kann. Bei Tiefspiegelbrunnen wird die Tauchmotorpumpe oben und unten mit Entsandungsmanschetten gegen die Innenwand des Filterrohrs abgedichtet (Abb. 3.132).

Durch systematisches Versetzen des Entsandungsseihers bzw. der abgepackerten Filterstrecken wird – von unten beginnend – schließlich der ganze Brunnenfilter entsandet. Die Pumpleistung wird in den einzelnen Filterabschnitten – wie oben geschildert – stufenweise gesteigert. Abschließend wird der ganze Brunnen (ohne Entsandungsseiher) mit der 1 1/2 fachen Sollmenge gepumpt, bis das Wasser praktisch Sand-frei ist (< 0,1 g Sand je m^3).

Die beim Entsanden geförderten Sandmengen sollten laufend gemessen werden, entweder mit Spitz- oder Absetzgläsern volumetrisch oder – besser – nach TRUELSEN & AHORNER (1960) gravimetrisch.

Der zeitliche Verlauf des abschließenden Entsandens des ganzen Filterstranges nach vorhergehendem abschnittsweisen Entsanden mit dem Entsandungsseiher geht aus Abb. 3.133 hervor. Nach 24h Förderung von 600 m^3/h wurde diese auf 400 m^3/h ermäßigt, gleichzeitig sank der Sand-Gehalt von 0,1 g/m^3 auf unter 0,005 g/m^3.

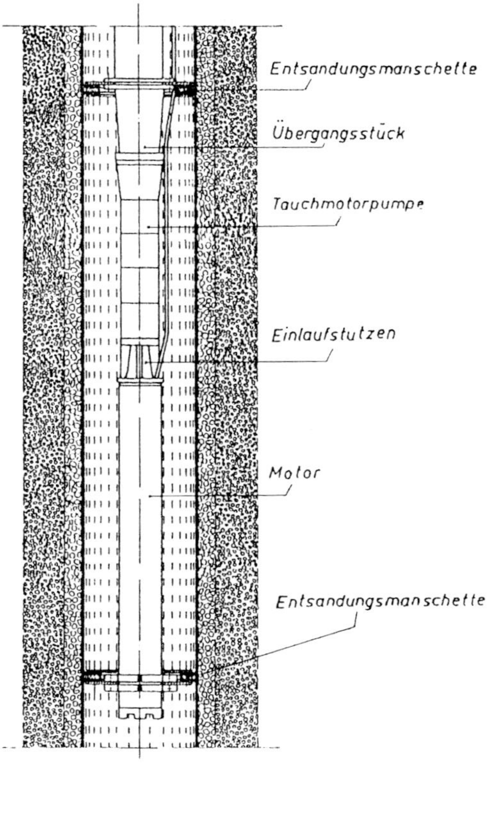

Abb. 3.132. Tauchmotorpumpe mit Entsandungsmanschetten (BIESKE 1965, BIESKE et al. 1998).

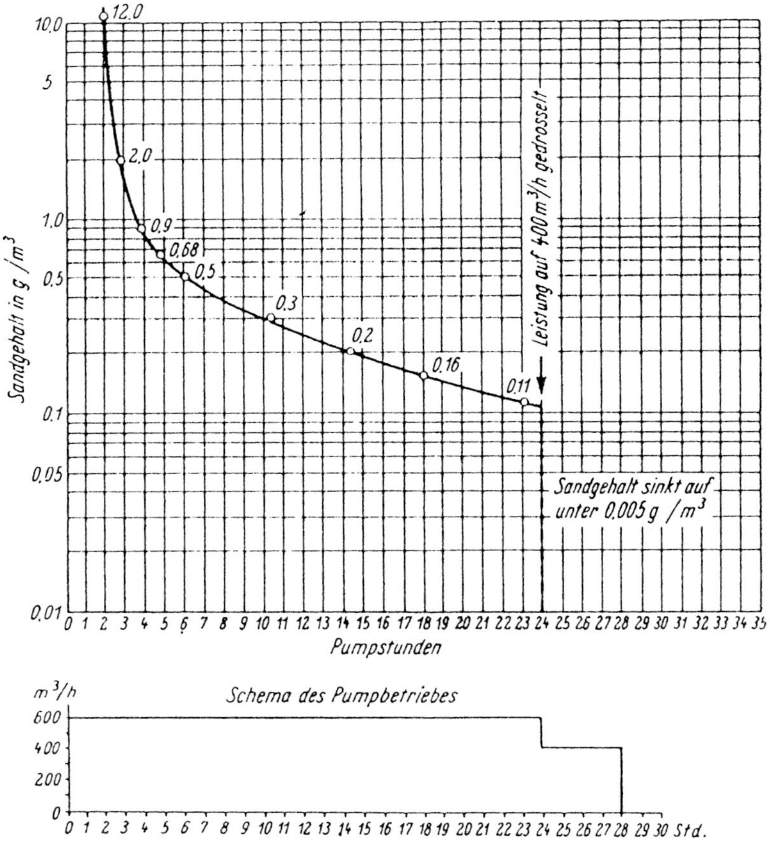

Abb. 3.133. Rückgang der Sandmenge beim abschließenden Entsanden ohne Entsandungsseiher (Wasserwerk Köln-Hochkirchen) (BIESKE † & WANDT 1989 nach TRUELSEN).

Wechselstrom-Stoßentsanden durch Saug- und Druckstöße

Bei den bisher vorgestellten Verfahren wird durch die Pumpe eine stetige Wasserströmung zum Brunnen hin erzeugt. Hierdurch entstehen häufig in gemischtkörnigen Lockergesteins-Grundwasserleitern Kornbögen, die ihrerseits noch feineres Korn zurückhalten (Abb. 3.134a, b). Diese Bögen werden bei Saug- und Druckstößen, aber auch bereits durch Abschalten und Wiederbeginn des Pumpvorganges, durch die entgegengesetzte Wasserbewegung zerstört, und die zurückgehaltenen feineren Körner werden freigesetzt. So wird ein wirkungsvolles Entsanden erreicht (Abb. 3.134c, d).

Wechselströmung kann erzeugt werden durch schnelles Rückfließen von Wasser aus dem Steigrohr nach Abschalten der Pumpe (dazu ist bei Unterwassermotorpumpen das im obersten Teil der Pumpe vorhandene Rückschlagventil auszubauen), durch spezielle Entsandungskolben, durch Preßluft oder durch Druckluftpumpen, die auf den Grundwasserspiegel Druckstöße oder starke Luftstöße ausüben, die zu einem eruptionsartigen Rückstoß führen (BIESKE 1965, TODD 1980).

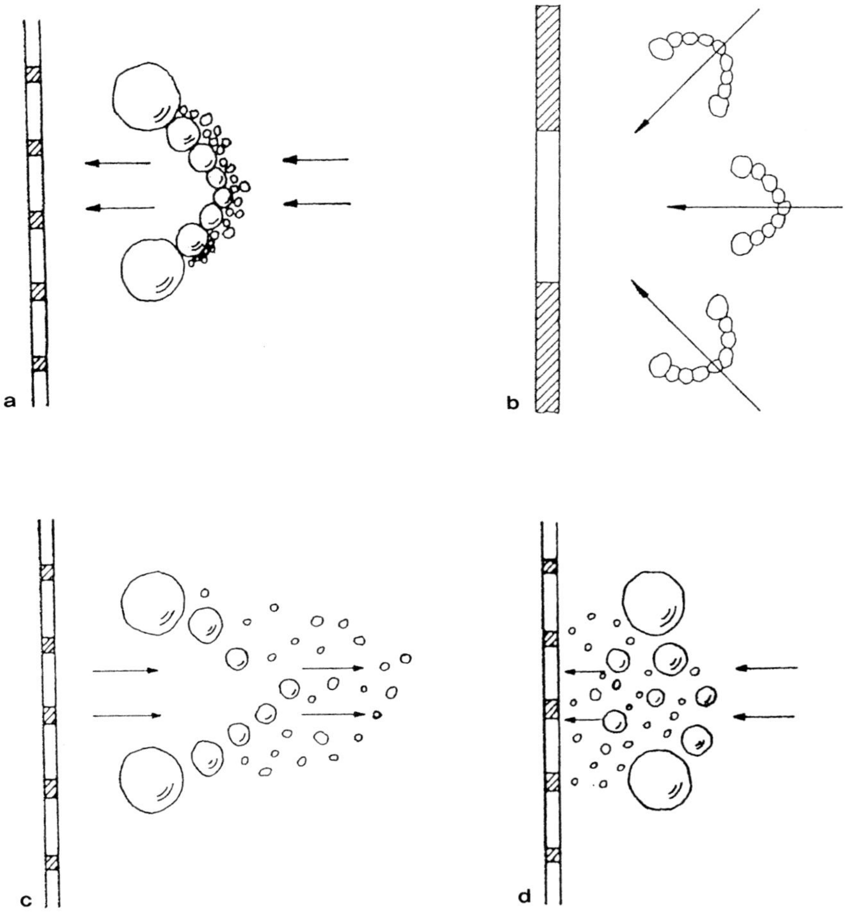

Abb. 3.134. Bildung von Kornbögen durch gleichmäßige Strömung (a, b) und deren Zerstörung durch wechselnde Stromrichtungen (c, d) (BIESKE † & WANDT 1989).

Entsandungskolben

Entsandungskolben bestehen aus zwei oder drei Holzscheiben mit zwischengelegten Leder- oder Gummiplatten (Abb. 3.135). Sie werden vom Gestänge als Verdrängerkolben im Brunnen ein Stück nach unten gestoßen und wieder angehoben. Beim Niederstoßen des Kolbens, der in Lockergesteinen oberhalb des Filterrohrs, in Festgesteinen oberhalb der Perforationen in der Verrohrung anzuordnen ist, wird das Wasser durch den Filter oder die Perforationen in den Grundwasserleiter gedrückt und beim Anheben wieder herausgesaugt. Durch diese Druck- und Saugstöße entsteht eine starke Spülwirkung. Durch systematisches Versetzen des Entsandungskolbens wird der ganze Filter entsandet. Der anfallende Feinsand wird mit der Schlammbüchse aus dem Sumpfrohr entfernt.

Der Entsandungskolben mit Kolbenventil (Abb. 3.135b) erlaubt es, den ausgespülten Sand zutage zu fördern. Die Ausführung mit Kugelventil (Abb. 3.135c) wirkt im wesentlichen saugend und kann auch als Schlammbüchse genutzt werden. Beide Bauformen verhindern also, daß das Bohrgut immer wieder in den Grundwasserleiter zurückgedrückt wird (BIESKE 1965, BIESKE et al. 1998, SALISKO & SUTTER 1980, TODD 1980).

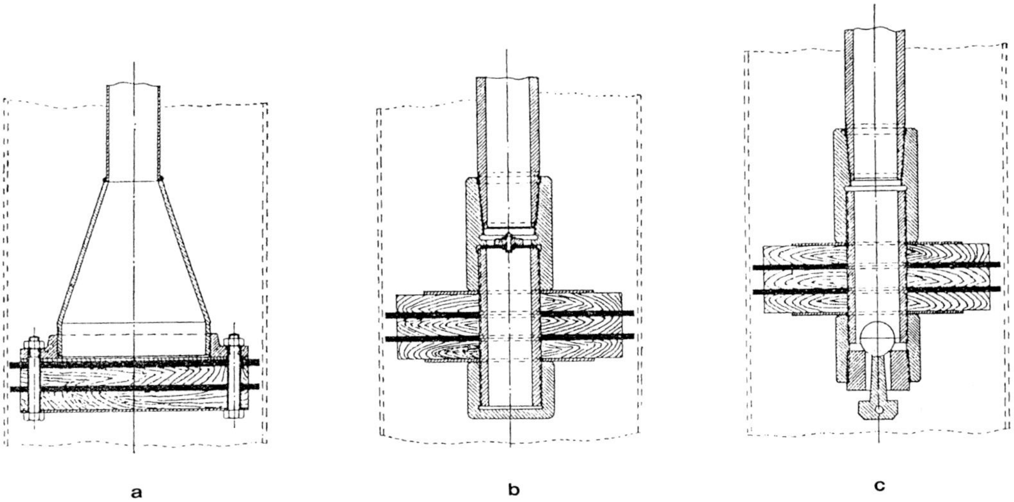

Abb. 3.135. Entsandungskolben in Normalausführung (a), mit Kolbenventil (b) und mit Kugelventil (c) (Bieske 1965, Bieske † & Wandt 1989).

Druckstöße mit Hilfe von Preßluft

Besonders wirksam können Druckstöße mit Preßluft oder mit Hilfe von Kompressoren auf den Grundwasserspiegel und die Bohrlochwandung ausgeübt werden (Abb. 3.136a), wobei der anschließend auftretende starke Sog das Feinmaterial aufwirbelt und auswäscht. Bei dieser Rückwasch-Methode wird der Brunnen oben luftdicht verschlossen und das Belüftungs- und Steigrohr zusammen mit einem kurzen Luftrohr und einem 3-Wege-Hahn eingebaut (Abb. 3.136b). Die Preßluft, die Luft und Wasser durch das Steigrohr aus dem Brunnen treibt, wird zunächst durch das lange Belüftungsrohr eingeleitet. Wenn das austretende Wasser klar geworden ist, wird dieser Zufuhrweg geschlossen, gewartet bis sich der Ruhewasserspiegel eingestellt hat, der 3-Wege-Hahn geöffnet und Preßluft durch das kurze Luftrohr direkt in den Brunnenkopf geführt. Hierdurch wird Wasser durch das Steigrohr ausgetrieben, wodurch die Sandkörner in der Umgebung des Brunnens aufgewirbelt werden. Die Druckluft wird so lange in den Brunnen gepreßt, bis sie aus dem Steigrohr zu entweichen beginnt, dann wird der 3-Wege-Hahn gedreht und die Preßluft wieder in das lange Belüftungsrohr geleitet, um Brunnenwasser zu fördern. Der Rückwasch-Vorgang wird so lange wiederholt, bis der Brunnen entsandet ist. Dieses Verfahren wird vorzugsweise bei Brunnenbohrungen mit Dickspülung angewendet, bei denen die feinen und feinsten Kornfraktionen bevorzugt an der Wand und in der Umgebung des Bohrloches auftreten (Bieske 1965, Bieske † & Wandt 1989, Todd 1980).

Bei einem anderen Entsandungs-Verfahren mit Druckluft (Abb. 3.136c) werden ein Belüftungsrohr und dieses einschließend ein Steigrohr vertikal beweglich eingesetzt, die anfänglich bis nahe an die Filterstrecke reichen. Zunächst wird das Belüftungsrohr geschlossen und mit Hilfe eines Kompressors ein Luftdruck von bis zu 700-1000 kPa aufgebaut, der plötzlich durch Öffnen eines schnellen Ventils einen starken Druckstoß auf den Grundwasserspiegel ausübt, der zunächst zu-, dann abnimmt, wenn das Wasser durch das Steigrohr ausgetrieben wird. Die wiederholten Druckstöße und der anschließende starke Sog lockern das Feinmaterial und wirbeln die Tonspülung auf. Die Geräte-Anordnung wird systematisch höhenversetzt, so daß der ganze Filterbereich entsandet wird. Die Feinfraktion kann anschließend bei ständiger Luftinjektion nach dem

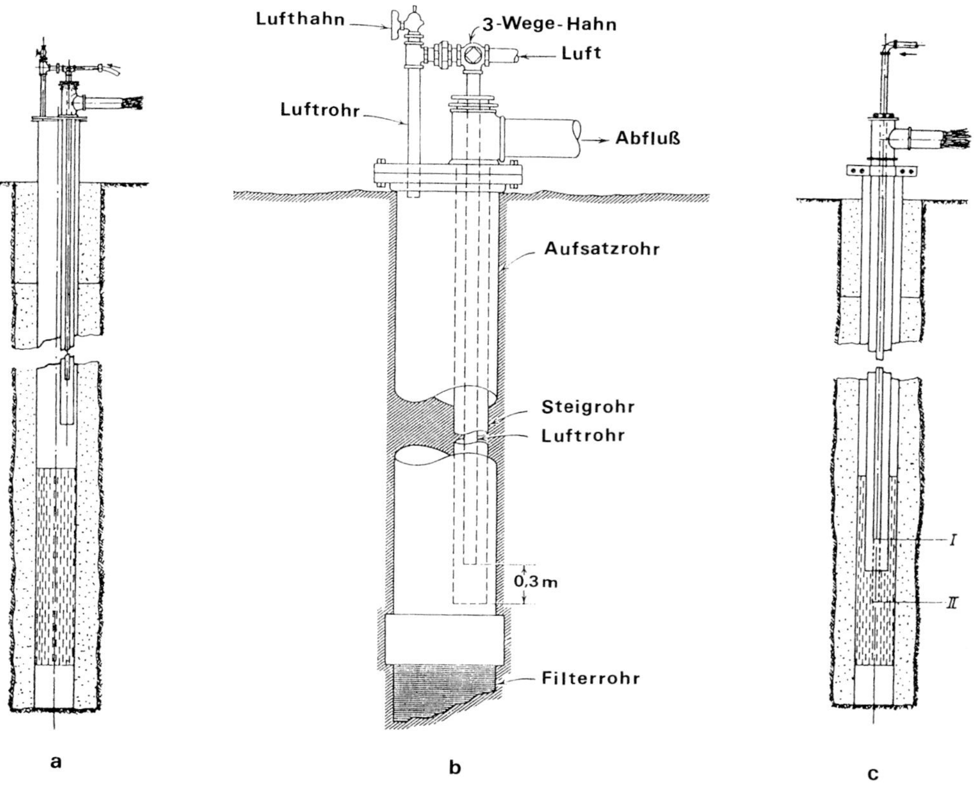

Abb. 3.136. Entsanden durch direkte Preßluftstöße (a, b) und durch mittels verschiebbarem Luftrohr verstärkte Preßluftstöße (c) (BIESKE 1965, BIESKE † & WANDT 1989, TODD 1980).

Mammutpumpen-Prinzip als Wasser-Sediment-Luft-Gemisch gefördert werden (BIESKE 1965, TODD 1980).

Durch Einsatz von Trockeneis (festem Kohlenstoffdioxid) im Brunnen kann ein eruptionsartiger Ausstoß eines Schlamm-Wasser-Gemisches erzeugt werden. Zunächst wird zum Lösen von verfestigten Feinsand- und Tonablagerungen Salzsäure in den Brunnen eingeleitet. Der Brunnen wird dann oben abgedichtet und Druckluft in den Brunnen geleitet, um die Säure in die verfestigten Schichten zu pressen. Nach Entfernen des Deckels werden Trockeneis-Brocken in den Brunnen geworfen. Die schnelle Freisetzung von Kohlenstoffdioxidgas baut einen Druck innerhalb des Brunnens auf, der zur Eruption eines Wasser-Schlamm-Sand-Gemisches führt (TODD 1980). Dieses Vorgehen ist mit der Gefahr von Beschädigungen am Brunnen verbunden.

Beurteilung der Entsandung

Vielfach wird, vor allem im Ausland, die Entsandungsleistung nach der ausgewaschenen Sandmenge beurteilt. Es zeigt sich jedoch, daß die geförderte Sandmenge allein nichts über das Erreichen einer Sand-freien Wasserförderung aussagen muß. Besonders in Grundwasserleitern mit tonigen und feinsandigen Einschaltungen sind ggf. mehrere Entsandungs-Verfahren einzusetzen. Dieser Aufwand ist jedoch durch die zu erzielende Leistungssteigerung des Brunnens

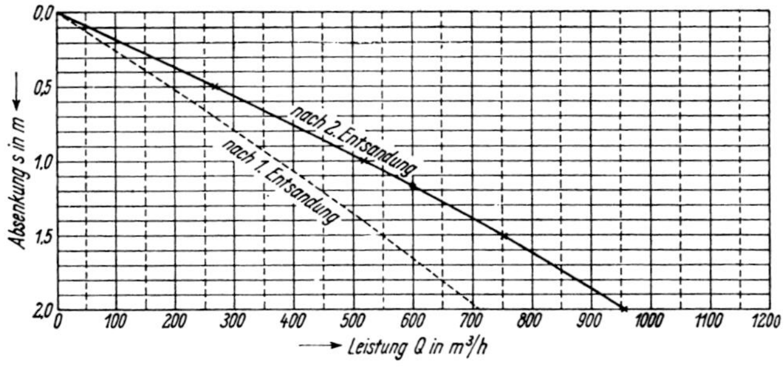

Abb. 3.137. Leistungscharakteristiken eines Bohrbrunnens nach erstem und zweitem Entsanden (Wasserwerk Köln-Hochkirchen; BIESKE 1965, BIESKE † & WANDT 1989).

sowie durch dessen geringere Absenkung und größere Lebensdauer zu vertreten (BIESKE 1965, DVGW 1975c).

Die erzielbare Leistungssteigerung hängt von der Korngrößenverteilung ab. Sie ist bei gleichkörnigen Schichten nicht erheblich, wohl aber bei ungleichkörnigen Sedimenten. Ein Beispiel ist die Veränderung der Leistungscharakteristik eines Bohrbrunnens durch zwei Entsandungsschritte. Zunächst wurde abschnittsweise mit geringer Pumpleistung jeweils 1 h entsandet; beim 2. Entsanden wurde mit höherer Förderleistung jeweils bis zum Erreichen eines Sand-Gehaltes von 0,1 g/m^3 gepumpt. Aus Abb. 3.137 wird deutlich, daß die Förderleistung des Brunnens nach dem 2. Entsanden um 36% gestiegen war und daß bei gleicher Förderung nunmehr eine entsprechend kleinere Absenkung eintrat (BIESKE 1965).

Intensiv-Entsanden nach Dr. Hans SCHNEIDER

SCHNEIDER (1961) empfahl den Bau von besonders leistungsfähigen Vertikalfilterbrunnen, bei deren Ausbau die Kiesschüttungen lagenweise den Kornverteilungen der einzelnen anstehenden Schichten angepaßt werden (Brunnen mit differenzierter Kiesschüttung; Abb. 3.112). Wenn die Filterkörnungen richtig bestimmt sind, sollte nicht wie üblich mit geringer Leistung begonnen und diese schrittweise gesteigert werden, sondern die volle Leistung möglichst schnell erreicht werden. Um Brückenbildungen zu zerstören und den gewünschten Übergang vom Schüttkies zum gewachsenen Boden zu erreichen (Abb. 3.138), sollte der Brunnen stoßweise durch Abschalten und Wiedereinschalten der Pumpe bei voller Leistung belastet werden.

Beim Einbau eines zu feinen Schüttkorns vor gröberem Untergrundmaterial wird die Feinfraktion des Bodens zwar ebenfalls verlagert, doch reichert sich das Feinmaterial vor der zu feinen Kiesschüttung an und erzeugt hier eine zusätzliche Verdichtung (Abb. 3.139). Dieser Vorgang

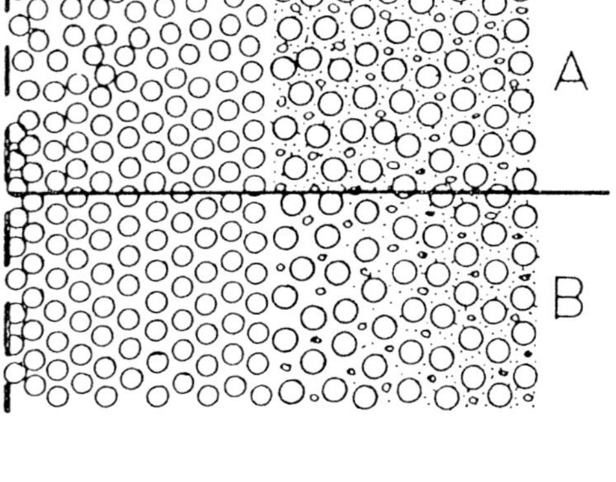

Abb. 3.138. Entsandungswirkung bei richtig bemessener Kiesschüttung: (A) vor dem Entsanden, (B) nach dem Entwickeln eines kontinuierlichen Übergangs zwischen Filterkies und gewachsenem Boden (SCHNEIDER 1961).

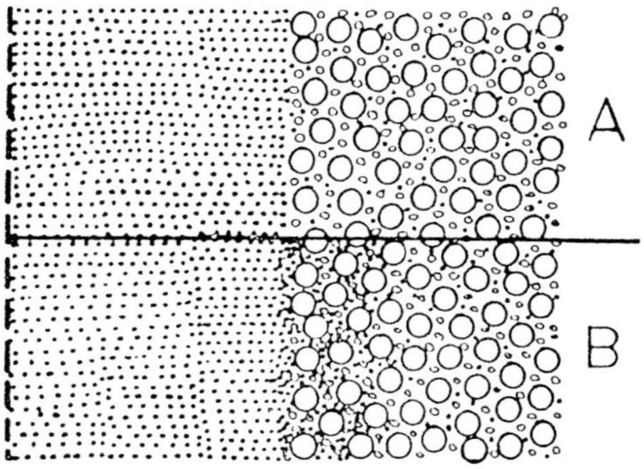

Abb. 3.139. Entsandungswirkung bei falsch bemessener, zu feiner Kiesschüttung: (A) vor dem Entsanden, (B) nach dem Entwickeln eines verdichteten Übergangs zwischen Filterkies und gewachsenem Boden (Schneider 1961).

wird von Schneider (1961) als Ursache der vielfach beobachteten geringen Leistungen und Leistungsabfälle von Brunnen in den Wasser-reichen Rheinkiesen angesehen.

3.6.2 Bohrlochsprengung

In Bohrlöchern können Hindernisse wie größere Steine, Geschiebe, Findlinge, verfestigte Lagen und einzelne harte Bänke durch Sprengungen beseitigt werden, wenn mit einem Bohrmeißel mit hohem Schlaggewicht kein Fortschritt erreicht wird. Dabei ist zu beachten, daß sich in das Bohrloch gefallene Metall- und Holzteile nicht durch Sprengung beseitigen lassen. Die Sprengarbeiten werden üblicherweise durch besondere Sprengunternehmen ausgeführt. Eine Unterstützung der normalen Bohrarbeiten im anstehenden Fels durch Sprengungen ist nicht wirtschaftlich, eine Ausnahme können flache Schachtbrunnen in Festgestein sein. Da heute schweres Bohrgerät eingesetzt wird, das in der Regel den notwendigen Bohrfortschritt im Festgestein und auch bei Bohrhindernissen erzielt, spielt diese Art von Bohrlochsprengungen heute keine wesentliche Rolle mehr (Beckmann 1965).

Seit Ende des 19. Jahrhunderts werden Bohrlochsprengungen in Festgesteinen zur Erhöhung des Grundwasserzuflusses eingesetzt. Diese sog. Torpedierungen führen bei Beachtung der hydrogeologischen Gegebenheiten und der sprengtechnischen Voraussetzungen in vielen Fällen zu einer Leistungssteigerung der jeweiligen Brunnenbohrung, wobei Verbesserungen der Brunnenergiebigkeit auf das Drei- bis Fünffache erreicht wurden (Keller 1969).

Unbefriedigende Ergebnisse, über die u.a. Michel (1974) und Hölting (1996) berichten, treten in Gesteinen oder unter solchen hydrogeologischen Bedingungen auf, in denen die Detonationswirkung abgeschwächt wird oder unwirksam ist, oder bei Torpedierungen, deren Ladung nicht angemessen gewählt wurde. Zur Ladungsbemessung unter Berücksichtigung der erwünschten Wirkung und Reichweite sowie unter Beachtung der geologischen Verhältnisse ist die Sprengformel von Lares (1933) und Ohnesorge (1938) geeignet.

Andererseits zeigen die auftretenden Mißerfolge, daß die naturgegebene Inhomogenität und Anisotropie der Trennfugensysteme und der Spannungsverteilungen, aber auch die Verwitterungs- und Entspannnungszustände im Erdoberflächen-nahen Bereich, zu einer gewissen Erfolgsunsicherheit führen. Zum Torpedieren eignen sich Gesteine, die schon vorher die hydraulischen Eigenschaften eines Grundwasserleiters besitzen, welche durch diese Maßnahme verbessert werden können. Bohrlochsprengungen empfehlen sich also stets bei hierfür günstigen hydrogeologischen Bedingungen. Sie sind schnell auszuführen und ihr Preis ist im Verhältnis zu den Gesamtbohrkosten nur gering (Keller 1969).

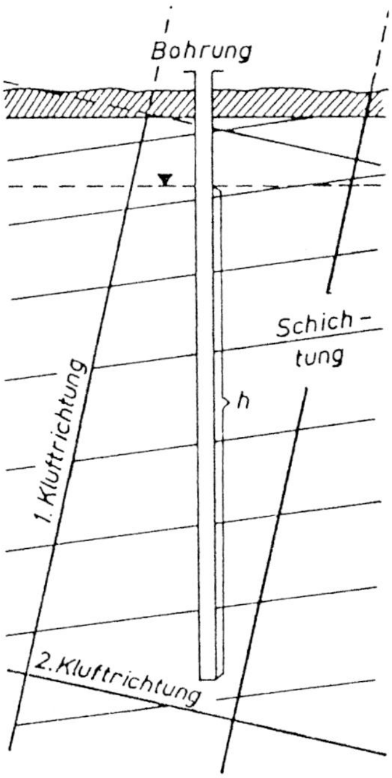

Abb. 3.140. Verbesserung der Grundwasserzuflüsse in einem Schichtgestein zu einer Brunnenbohrung durch Herstellung besserer Verbindungen zu den Kluftsystemen (h = Torpedierungs-Strecke; KELLER 1967).

Geologische und hydrogeologische Grundlagen

Erste Voraussetzung einer Bohrlochsprengung ist die Wahl der Detonationsstelle unterhalb des Grund- bzw. Druckwasserspiegels. Zweite Voraussetzung ist die petrographische Eignung des Gesteins. Geeignet sind bankige und massige Kalk- und Dolomitsteine, Sandsteine, Grauwacken und Quarzite sowie Metamorphite, Plutonite und Eruptivgesteine mit Ausnahme der vulkanischen Aschen und unverfestigten Tuffe. Dritte Voraussetzung ist das Vorhandensein natürlicher Trennfugensysteme, deren Ausrichtung, Häufigkeit, Klaffweite und damit Wasserwegsamkeit von der tektonischen Beanspruchung und der Lage zur Erdoberfläche abhängt. In derartigen Gesteinen kann eine Bohrung u. U. nur in ungenügendem Maße Grundwasser-führende Trennfugen antreffen. Die Brunnenleistung kann in diesem Falle durch eine Bohrlochsprengung wesentlich verbessert werden, die hydraulische Verbindungen zu Grundwasser-führenden Kluftsystemen herstellt (Abb. 3.140).

Bemessung der Sprengladung

Bei der Gewinnung von Werksteinen oder Haufwerk in Steinbrüchen wird eine Auflockerung durch Rißbildung angestrebt. Die Sprengformel von HAUSER (Pionierformel, Gl. 3.46)

(3.42) $L = w^3 \cdot c \cdot d$

mit der Ladungsmenge L (in kg), dem Wirkungsradius oder der Vorgabe w (in m), dem empirischen Festigkeitsfaktor c (dimensionslos) und dem Verdämmungsfaktor d (in kg/m^3), zielt aber auf eine Zertrümmerung und ist daher so für die hier angestrebte Rißbildung und Auflockerung nicht einsetzbar. Bei Einbringung der Ladung in geballter Form sind bei gewöhnlichen Sprengungen 4 Zonen erkennbar, die in einem homogenen Gestein etwa konzentrische Kugel-

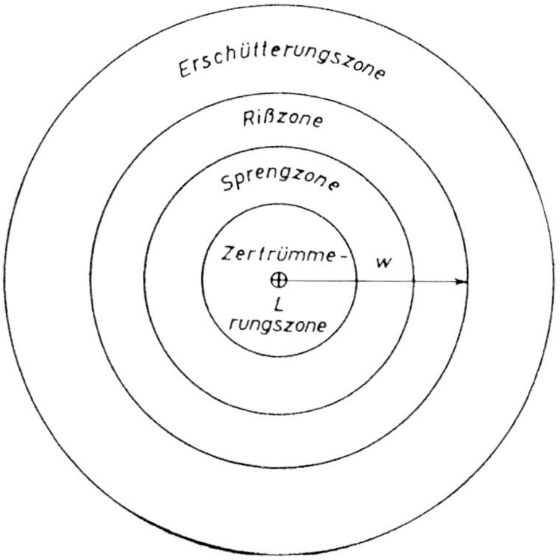

Abb. 3.141. Wirkungszonen um den Detonationspunkt einer geballten Ladung in einem homogenen Gestein (KELLER 1967).

schalen bilden (Abb. 3.141). Um den Detonationspunkt liegt zunächst die Zertrümmerungszone, umgeben von der Sprengzone, die bei Sprengungen in der Nähe der Erdoberfläche und größeren Ladungen als Wurfzone auftritt. An sie schließen sich die Riß- und die Erschütterungszone an, deren Radius den Wert 1,5 bis 2,5 · w erreicht (VON BÜLOW et al. 1938). Der Wirkungsradius w ist der Radius bis zum Außenrand der Rißzone.

Bei der Anwendung der HAUSER-Formel zur Auflockerung und Rißbildung wird mit einem Drittel bis zu einem Achtel des erforderlichen c-Wertes gerechnet. Dadurch schrumpfen die Zertrümmerungs- und die Sprengzone auf einen möglichst kleinen Radius zugunsten der sich nach dem Detonationspunkt ausdehnenden Rißzone, die ihrerseits ebenfalls absolut kleiner wird. Hierdurch wird aber die Berechnungsgrundlage unsicher, da der Festigkeitsfaktor c nicht nur von der petrographischen Beschaffenheit des Gesteins, sondern auch von der Größe w und der Art des Sprengstoffs abhängt. LARES (1933) führte daher den Wirkungsfaktor $f(n)$ ein und OHNESORGE (1938) einen durch Multiplikation mit dem Wirkungsradius gewonnenen Multiplikator m ein.

Die LARES-OHNESORGE-Sprengformel (Gl. 3.43) für Ablösung

(3.43) $$L = m \cdot w^2 \cdot q \cdot d$$

wird bei der Berechnung der Ladungsmenge bei Auflockerung oder Rißbildung auf ein Fünftel des wirklichen Wirkungsradius bezogen. Der von LARES (1933) eingeführte Faktor q bezeichnet den spezifischen Sprengstoffaufwand in kg je m^3 Gestein im Bereich des Wurftrichters. Da bei Torpedierungen nur eine gerade ausreichende Rißbildung ohne Gefährdung des Bohrloches angestrebt wird, wurde die LARES-OHNESORGE-Formel zur Torpedierungs-Formel modifiziert (Gl. 3.44; KELLER 1940)

(3.44) $$L = (0{,}2 \cdot w)^2 \cdot q \cdot d$$

Der Wert w beschränkt sich dann nicht mehr auf den Radius der Zertrümmerungs- und der Sprengzone, sondern bezieht auch noch die Rißzone ganz oder teilweise ein. Bei Bohrlochsprengungen wird daher der Wirkungsradius w mit der Reichweite der beabsichtigten Rißzone gleichgesetzt.

WEICHELT (1969) verwendet für Bohrlochsprengungen eine modifizierte Form der Pionierformel (Gl. 3.45)

(3.45) $$L = \left(\frac{w}{3}\right)^3 \cdot n \cdot q_t$$

mit der Sprengstoffmenge L in kg, dem Erschütterungswert für den gesamten Wirkungsradius $\left(\frac{w}{3}\right)^3$, dem nach WEIGEL berichtigten Wirkungswert n und dem spezifischen Sprengstoffaufwand q_t.

In Tabelle 3.16 sind für die bei Bohrlochsprengungen hauptsächlich in Betracht kommenden Wirkungsradien w zwischen 5 und 20 m die m- und $f(n)$-Werte zusammengestellt.

Der spezifische Sprengstoffaufwand q wird weiter unterteilt in

(3.46) $$q = f \cdot s \cdot v \cdot \frac{e}{\delta}$$

mit dem Gesteinswiderstandsfaktor f, der mit der Druckfestigkeit der Gesteine zusammenhängt (Tabelle 3.17), dem Spannungsfaktor v sowie dem Verhältnis von Brisanzfaktor e und Ladedichte δ (Tabelle 3.19).

Tabelle 3.16. m- und $f(n)$-Werte für Wirkungsradien w zwischen 5 und 20 Meter (KELLER 1967).

w	5	6	7	8	9	10	11	12
$f(n)$	0,24	0,22	0,21	0,19	0,18	0,17	0,17	0,17
m	1,2	1,32	1,47	1,52	1,62	1,70	1,87	2,04
w	13	14	15	16	17	18	19	20
$f(n)$	0,165	0,165	0,16	0,16	0,16	0,155	0,155	0,15
m	2,145	2,310	2,40	2,56	2,72	2,79	2,945	3,00

Der Strukturfaktor s untergliedert sich in einzelne Faktoren s_1, s_2 und s_3 (Tabelle 3.18). Der Faktor s_1 berücksichtigt die Textur der Sediment-Gesteine, Vulkanite, Plutonite und Metamorphite, die räumliche Anordnung und die massige oder schichtige Ausbildung sowie das Verhältnis der Schicht- oder Bankmächtigkeit zur Größe des Wirkungsradius · Der Faktor erfaßt auch tektonische Merkmale, wie horizontale oder flach einfallende Klüfte. Der Faktor s_2 beschreibt die Klüftigkeit (massiges oder geklüftetes Gestein) und das Verhältnis der Kluftabstände zum Wirkungsradius. Der Faktor s_3 berücksichtigt das Einfallen des Gebirges, wobei sein Wert davon abhängt, ob das Gebirge massig-schichtungslos ausgebildet ist, oder ob es senkrecht, geneigt oder parallel zum Wirkungsradius verläuft. Die Tabelle 3.18 gibt Strukturfaktoren nach LARES (1933) und OHNESORGE (1938) an (KELLER 1939).

Bezogen auf den Detonationspunkt sind die Strukturfaktoren als Folge der Inhomogenität und Anisotropie des Gebirges verschieden groß. In Richtung des Einfallens der Schicht (der Schichtnormalen) ist der Strukturfaktor kleiner als in der Streichrichtung der Schicht. Um die gleiche Wirkung zu erzielen, muß daher in dieser Richtung die Ladungsmenge größer sein, weil der Strukturfaktor größer bzw. der Widerstand des Gesteins gegen den Detonationsstoß geringer ist. In einem 0,4 m mächtigen, horizontal gelagerten geschichteten und geklüfteten Sandstein mit 0,8 m Abstand zwischen 2 sich kreuzenden Kluftrichtungen und einem Wirkungsradius, der größer als diese Zahlen ist, ergeben sich verschiedene s-Werte (Abb. 3.142). Sie liegen auf einem Ellipsoid, dessen kleinerer Durchmesser mit der Schichtnormalen zusammenfällt, während der

Tabelle 3.17. Druckfestigkeit und Gesteinswiderstandsfaktoren *f* (OHNESORGE 1938, KELLER 1967).

Gesteine	Druckfestigkeit MN/m^2	Gesteinswiderstandsfaktor *f* Im einzelnen	Im Mittel
Stark kieselige Sandsteine, Quarzite, Grauwacken	150–350	0,80–1,60	1,20
Sandsteine	40–120	0,38–0,70	0,54
Marmor, polierte Kalke	80–180	0,74–0,94	0,84
gewöhnliche Kalke	40–100	0,38–0,62	0,50
Travertin	40–60	0,38–0,46	0,42
Diorit, Gabbro	250–300	1,20–1,60	1,40
Basalt, Melaphyr	200–400	1,00–1,80	1,40
Quarzporphyr	200–300	1,00–1,40	1,20
Granit, Diabas	180–250	0,94–1,20	1,07

Tabelle 3.18. Strukturfaktoren verschiedener Gesteinseinheiten (LARES 1933, OHNESORGE 1938, KELLER 1939).

Strukturfaktor $s = s_1 \cdot s_2 \cdot s_3$			
Strukturelemente bzw. Textur *b* = Schichtmächtigkeit oder Mächtigkeit der Bankung; *k* = Kluftentfernung	s_1	s_2	s_3
Massig, schichtig, ohne Schichtfugen und Bankung	1	–	–
Schichtig, mit Schichtfugen, bankige Absonderung			
$\frac{b}{w} = 1$ oder > 1	1	–	–
Dickbankig (Bänke über 0,6 m)			
$\frac{b}{w} < 1$			
Bohrlochanlage zwischen den Bänken möglich	0,9	–	–
Kleinbankig (Bänke unter 0,6 m)			
$\frac{b}{w} < 1$	0,8	–	–
Dünnbankig, schichtig, aber geschlossen, keine Sprengverluste möglich	0,7	–	–
Schichtfolge streifig, schiefrig, wechselnde Gesteinsfestigkeit, Ladung teilweise in weicherem Gebirge	bis 1,25	–	–
Bröcklig (grobes Bohrmehl)	1,05–1,1	–	–
Spröde, stenglig	0,8	–	–
Konglomeratische Struktur	1,9–2,0	–	–
Nicht klüftig	–	1	–
Klüftig, Ladung jedoch zwischen den Klüften möglich, Gasverluste			
$\frac{k}{w} < 1$	–	0,9–1,1	–
Klüftig, Gasverluste			
$\frac{k}{w}$ 1 oder < 1	–	bis 1,25	-
Kleinklüftig, Gasverluste durch Klüfte	–	1,2–1,4	–
Massiges Gestein, ohne Streichen und Fallen, ohne Schichtfugen	–	–	1
Einfallen senkrecht zum Wirkungshalbmesser	–	–	1,1–1,2
Einfallen geneigt zum Wirkungshalbmesser	–	–	1,3–1,4
Einfallen parallel zum Wirkungshalbmesser	–	–	1,4–1,5

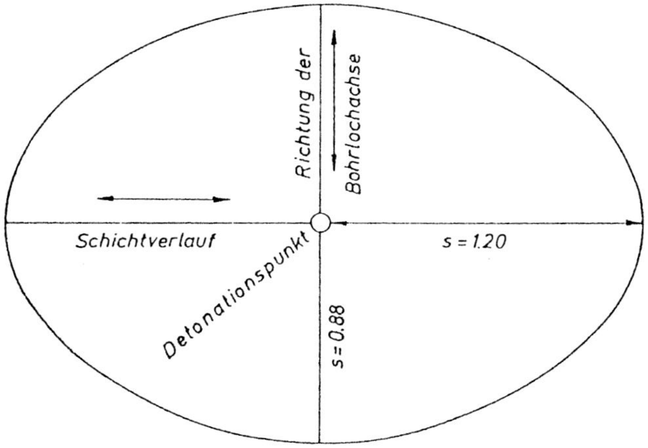

Abb. 3.142. Größe des Strukturfaktors in horizontal gelagerten klüftigen Schichtgesteinen, senkrechter Schnitt (KELLER 1969).

größte Querschnitt als Kreis in der Schicht um den Detonationspunkt liegt. Die größte Detonationswirkung wird durch den größten Wert von *s* in Streichrichtung der Schicht erzielt, es sei denn man begnügt sich mit einem Durchschnittswert, der in der Winkelhalbierenden zwischen der Schicht und der Schichtnormalen liegt. Bei horizontaler Lagerung tritt die stärkere Auflockerungs-Wirkung in Streichrichtung der Schicht durch Nachfall im Bohrloch noch nicht in Erscheinung.

Der Spannungsfaktor *v*, der sich auf die Lage der Ladung zum Sprengobjekt bezieht, wird nach der Anzahl der freien Flächen beurteilt. Bei Bohrlochsprengungen, deren Wirkung die Erdoberfläche nicht erreicht, ist keine freie Fläche vorhanden. Bei ihnen kann für geballte Ladungen die Größe *v* mit 1,6 angenommen werden, dem bei Sohltiefschüssen in der Steinbruchs-Sprengtechnik benutzten Wert. Der Brisanzfaktor *e* beträgt 1,1 bei Verwendung eines gelatinösen Sprengstoffes, wie des bei Bohrlochsprengungen meist benutzten Ammon-Gelits (früher »Gelatine-Donarit« genannt).

Die Ladedichte δ hat den Wert 1, da der Sprengstoff als geballte Ladung eingesetzt wird. Auch der Verdämmungsfaktor *d* in Gl. (3.44) kann 1 gesetzt werden, da die Verdämmung stets durch den Druck der im Bohrloch vorhandenen oder rasch einzufüllenden Wassersäule bestimmt ist (KELLER 1967). Eine gleichwertige Verdämmung ist nach KEILHACK (1922) auch durch Sand, jedoch meist etwas langsamer zu erzielen.

Tabelle 3.19 enthält Durchschnittswerte für den Widerstandsfaktor *f*, den Strukturfaktor *s*,

Tabelle 3.19. Durchschnittswerte von charakteristischen Faktoren für die Ladungsmengen-Bestimmung verschiedener Gesteinen (KELLER 1967).

	f	s	v	$\frac{e}{\delta}$	q
I. Sedimentgesteine					
A. gewöhnliche Kalke, festere Kalkmergel	0,5	1	1,6	1,1	0,88 = q_A
B. festere Kalke, Kalksandsteine	0,6	1	1,6	1,1	1,06 = q_B
C. Sandsteine, Marmore (polierbare Kalke)	0,8	1	1,6	1,1	1,41 = q_C
D. Grauwacken, quarzitische Sandsteine, Quarzite	1,2	1	1,6	1,1	2,11 = q_D
II. Eruptivgesteine					
E. Granite, Basalte	1,0	1	1,6	1,1	1,76 = q_E
F. sehr feste Granite, Basalte, Diabase, Quarzporphyre	1,2	1	1,6	1,1	2,11 = q_F

Tabelle 3.20. Ladungsmengen in Schichtgesteinen bei verschiedenen Wirkungsradien w (KELLER 1967).

w	$\left(\frac{w}{5}\right)$	m	$\left(\frac{w}{5}\right)^2 \cdot m$	$q_A = 0{,}88$	$q_B = 1{,}06$	$q_C = 1{,}41$	$q_E = 1{,}76$	$q_D = q_F = 2{,}11$
5	1,00	1,200	1,2	1,06	1,27	1,69	2,11	2,53
6	1,44	1,320	1,9	1,67	2,01	2,68	3,34	4,01
7	1,96	1,470	2,88	2,53	3,05	4,06	5,07	6,08
8	2,56	1,520	3,89	3,42	4,12	5,48	6,85	8,21
9	3,24	1,620	5,25	4,62	5,57	7,40	9,24	11,08
10	4,00	1,700	6,8	5,98	7,21	9,59	11,97	14,35
11	4,84	1,870	9,05	7,96	9,59	12,76	15,93	19,10
12	5,76	2,040	11,75	10,34	12,46	16,57	20,68	24,79
13	6,76	2,145	14,5	12,76	15,37	20,45	25,52	30,60
14	7,84	2,310	18,11	15,94	19,2	25,54	31,87	38,21
15	9,00	2,400	21,6	19,01	22,9	30,46	38,02	45,58
16	10,24	2,500	26,21	23,06	27,78	36,96	46,13	55,30
17	11,56	2,720	31,44	27,67	33,33	44,33	45,33	66,34
18	12,96	2,790	36,16	31,82	38,33	50,99	63,64	76,30
19	14,44	2,955	42,53	37,42	45,08	59,97	74,85	89,74
20	16,00	3,000	48,00	42,24	50,88	67,68	84,48	101,28

den Spannungsfaktor v und das Verhältnis von Brisanzfaktor e zur Ladedichte δ sowie die daraus abgeleiteten q-Werte. Hieraus wurden für mehrere Gesteine und die Wirkungsradien 5-20 m die Ladungsmengen der Tabelle 3.20 berechnet und in Abb. 3.143 dargestellt.

Die genannten Ladungsmengen erlauben bei Einfallen der Schichtung oder Bankung unter 15° erfahrungsgemäß Torpedierungen ohne nennenswerte Beschädigung des Bohrloches. Auch bei horizontaler Lagerung tritt ein gewisser Nachfall auf, der – angezeigt durch seine Kleinstückigkeit – aus der Zertrümmerungs- oder Sprengzone stammt und bei Ladungsmengen bis 20 kg meist Haufwerkvolumina von nicht mehr als 0,4 m^3 ausmacht. Bei steilerem Einfallen machen

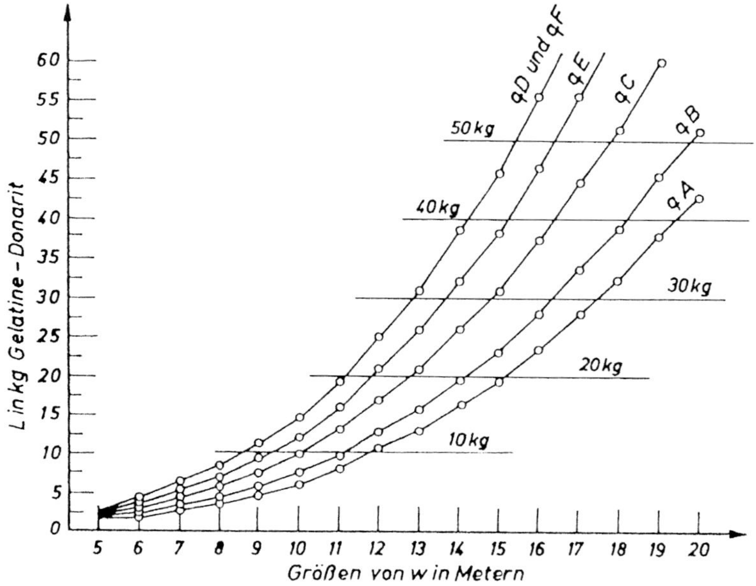

Abb. 3.143. Ladungsmengen und Wirkungsradien für verschiedene Gesteine (KELLER 1967).

sich dagegen Beschädigungen durch erhöhte Nachfallmengen und abnehmende Standfestigkeit der Bohrlochwandung bemerkbar (KELLER 1967).

Ladungsmengen bei Schichteinfallen >15°

Mit zunehmendem Einfallswinkel der Schichten nimmt der gröbere Nachfall zu, und zwar bei dünnbankigen und kurzbrüchigen Gesteinen stärker als bei dickbankigen, zähen Gesteinen. Der grobstückige Nachfall erfordert den Einsatz des Meißels. Nach Entfernen des Nachfalls muß das Bohrloch zur Stabilisierung verrohrt werden.

Bei sonst gleichen Bedingungen nimmt die Nachfallmenge erfahrungsgemäß mit dem Sinus des Einfallswinkels α und mit der Ladungsmenge L zu. Aus Beobachtungen über den Zusammenhang zwischen Ladungsmenge, Einfallswinkel und Nachfallmenge wurde empirisch abgeleitet, daß das Produkt $L \cdot \sin \alpha$ den Wert 4,2 nicht überschreiten darf, wenn die Bohrung nicht gefährdet werden soll. Demnach läßt sich aus dem Einfallswinkel α und dem Produkt $L \cdot \sin \alpha$ die jeweils zulässige Ladungsmenge berechnen (Abb. 3.144; KELLER 1943). Die Ladungsmenge variiert zwischen 4,2 kg bei steilem (90°) Einfallen und <8 kg bei 30°, während bei flacherem Einfallen die oben vorgestellten Berechnungsmethoden anzuwenden sind, die größere Ladungen ergeben. In Tabelle 3.21 sind die Wirkungsradien für Bohrlochsprengungen in Kalksteinen, Sandsteinen und Quarziten in Abhängigkeit vom Einfallen und der Ladungsmenge zusammengestellt.

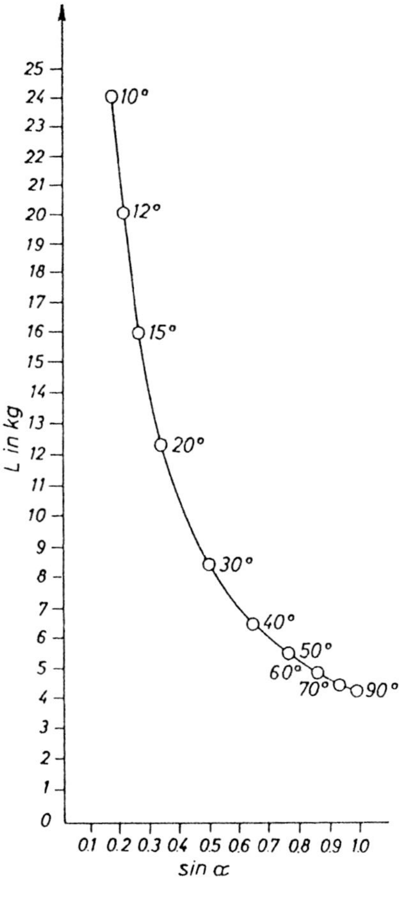

Abb. 3.144. Bestimmung der Ladungsmengen in Abhängigkeit vom Einfallswinkel (KELLER 1967).

Tabelle 3.21. Wirkungsradien von Bohrlochsprengungen in Kalksteinen, Sandsteinen und Quarziten in Abhängigkeit von Einfallen und Ladungsmenge (KELLER 1967).

Einfallen	Ladungsmenge	Wirkungshalbradius in m		
		f_{Kalk}	$f_{Sandstein}$	$f_{Quarzit}$
0° bis 15°	24 kg bis 12,5 kg	15,2–13,2	13,6–11,8	11,8–10,3
15° bis 30°	12,5 kg bis 8,5 kg	12,0–10,5	10,9– 9,5	9,4– 8,2
30° bis 45°	8,5 kg bis 6,5 kg	10,5– 9,6	9,5– 8,6	8,2– 7,2
45° bis 65°	6,5 kg bis 5,0 kg	9,6– 8,7	8,6– 7,8	7,2– 6,5
65° bis 90°	5,0 kg bis 4,0 kg	8,7– 7,9	7,8– 7,0	6,5– 6,0

Vermeidung von Schäden an den Bohrrohren und an benachbarten Gebäuden

Um zu verhindern, daß die in der Bohrung nachgeführten Bohrrohre (Mantelrohre) bei der Bohrlochsprengung beschädigt werden, sind diese aus dem näheren Umkreis der Detonationsstelle zu ziehen. Zur Bemessung des gefährdeten Bereiches und damit des Mindestabstandes der Verrohrung können Tabelle 3.20 und 3.21 benutzt werden. Bei Bohrlochsprengungen in verfestigten und standfesten Schichten kann in vielen Fällen auf eine Verrohrung verzichtet werden. Bei nichtbindigen und brüchigen Schichten ist die Verrohrung bis zu einem Abstand von der Detonationsstelle nachzuführen oder der Rohrschuh (Rohrunterkante) bis zu einem Abstand anzuheben, der sich bei den errechneten Ladungsmengen aus den o. g. Tabellen ermitteln läßt. Der Abstand sollte die Größe w aufweisen, da im Bereich von w Rißbildung auftreten kann (KELLER 1967).

Da die Bohrrohre erst am Rande des Einwirkungsbereiches beginnen und die Festigkeit dieser Stahlrohre die hier schwächere Einwirkung ohne weiteres auszuhalten vermag, werden von manchen Autoren verschiedentlich geringere Mindestabstände angegeben. KEILHACK (1922) nennt bei Ladungsmengen von 10 kg als erforderlichen Abstand 20 bis 30 m (ohne Angabe einer Ladungsmenge 5 bis 8 m), KELLER (1952) bis 12 m (s. a. BECKSMANN 1965).

Neben den Schäden an der Verrohrung müssen auch Schäden an benachbarten Gebäuden vermieden werden. Auch hier liegt es nahe, bei der Beurteilung der Gefährdung von der Reichweite der Rißbildung auszugehen, doch ist zu beachten, daß bei ungünstiger geologischer Beschaffenheit des Untergrundes und einem schlechten baulichen Zustand der Gebäude Schäden auch in weiter entfernten Bereichen der Erschütterungszone auftreten können. Mitbestimmend sind dabei das geologische Profil, hohe Grundwasserstände, das Streichen und Fallen der Schichten, die Gründungstiefe und die Bauweise der Gebäude. Während mächtigere, Wasser-freie Lockergesteins-Schichten die Schadenswirkung abschwächen, übertragen Grundwasser-erfüllte Schichten die Erschütterungen in starkem Maße (KELLER 1967).

Die Auswertung zahlreicher Befunde über den Zusammenhang zwischen den Entfernungen, außerhalb derer Gebäudeschäden nicht mehr festgestellt werden, der Tiefe der Detonationsstelle und der Ladungsmenge ergab als empirischen Zusammenhang eine Grenzlinie, oberhalb der bei Bohrlochsprengungen keine Gebäudeschäden auftreten (Abb. 3.145).

Die Übertragung von Sprengerschütterungen auf Gebäude ist schwer abzuschätzen (BAULE 1967), weil es bisher noch kein in der Praxis anwendbares, direktes Meßverfahren für den statischen Spannungszustand eines in der Gefahrenzone liegenden Gebäudes gibt. Günstigstenfalls läßt sich aufgrund von Erfahrungen die zulässige, von stoßartigen Schwingungen ausgehende dynamische Wechselbeanspruchung abschätzen, die ohne Schaden abläuft.

Da Gebäude in kritischen Spannungszuständen bereits bei kleinen Erschütterungen Schäden wie Setzungsrisse erleiden können, sind vor Bohrlochsprengungen Art, Alter und Baugüte

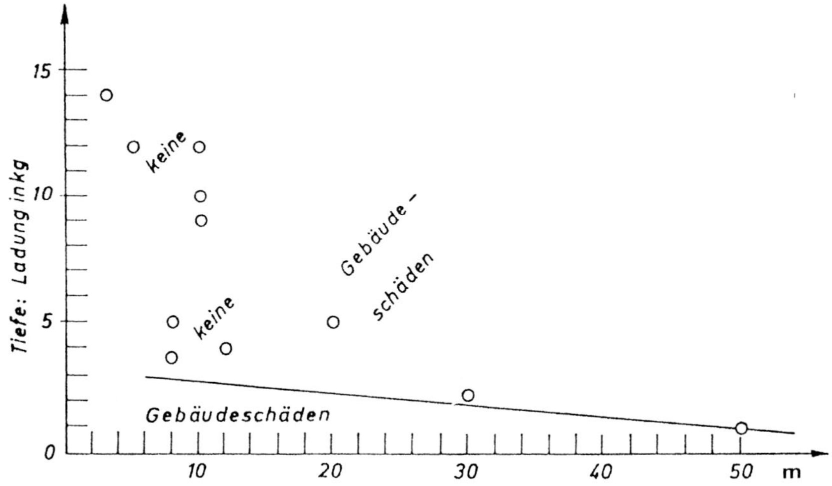

Abb. 3.145. Reichweite von Gebäudeschäden bei Bohrlochsprengungen in Abhängigkeit vom Verhältnis Tiefe der Detonationsstelle/Ladungsmenge (KELLER 1941).

benachbarter Gebäude aufzunehmen. Anstelle der nicht möglichen direkten Messung der Spannungszustände der einzelnen Bauwerke werden die von den Fundamenten ausgehenden Bodenerschütterungen seismisch gemessen. Zur Festlegung der Grenzwerte zur Vermeidung von Schäden kann das Sprengerschütterungs-Meßgerät HOTTINGER-BALDWIN herangezogen werden, mit dem als maßgebende Schwingungsgröße die Schwingungsgeschwindigkeiten in den 3 Hauptrichtungen gemessen werden. Hieraus wird als Grenzwert für die zulässige Erschütterungsstärke die Erschütterungsgeschwindigkeit v_r ermittelt. In Tabelle 3.22 sind die Richtwerte der zulässigen Erschütterungsgeschwindigkeit v_r in Gebäudefundamenten für den Frequenzbereich von einigen Hz bis 100 Hz angegeben.

Zunächst ist empirisch die Gebäudegüteklasse zu bestimmen, der die Richtwerte für die zulässige Erschütterungsgeschwindigkeit zugeordnet sind. Im internationalen Vergleich bestehen erhebliche Unterschiede in den Richtwerten, wobei geologisch-texturelle Faktoren, Detonationstiefe, Gründungstiefe und -art der gefährdeten Gebäude sowie der Baugrund (Lockergestein oder fester Fels) nicht berücksichtigt werden.

Tabelle 3.22. Zulässige Erschütterungsgeschwindigkeit v_r in Gebäudefundamenten für den Frequenzbereich von einigen Hz bis 100 Hz (KELLER 1967).

Güteklasse Gebäude	I	II	III	IV
Gebäudeart	Ruinen und unter Denkmalschutz stehende schadhafte Gebäude	Normalgebaute Häuser, Wohngebäude usw.		
		mit sichtbaren Schäden, Rissen im Mauerwerk usw.	ohne Schäden, bautechnisch gut, auch mit Rissen im Putz	Stahlbeton-Industriebauten
V_r zulässig	2 mm/s	5 mm/s	10 mm/s	30 bis 40 mm/s

3.7 Spezielle Brunnenformen

3.7.1 Kombinierte Schacht- und Bohrbrunnen

Kombinierte Schacht- und Bohrbrunnen (Abb. 3.146) werden in der Regel nicht von vornherein geplant, sondern sind technische Lösungen bei ungenügender Leistung eines Schachtbrunnens nach Menge oder Beschaffenheit (BIESKE et al. 1998). Sie erlauben die Fassung von tieferen Grundwasserstockwerken und die Nutzung des Wasservorrates im Schachtbrunnen, z. B. wenn das Wassers des oberen Grundwasserleiters versalzen oder verunreinigt ist, so daß der ursprüngliche Schachtbrunnen aufgegeben und abgedichtet werden mußte und der Druckspiegel eines tieferen Grundwasserstockwerkes mit gespanntem Grundwasser nahezu die Erdoberfläche erreicht.

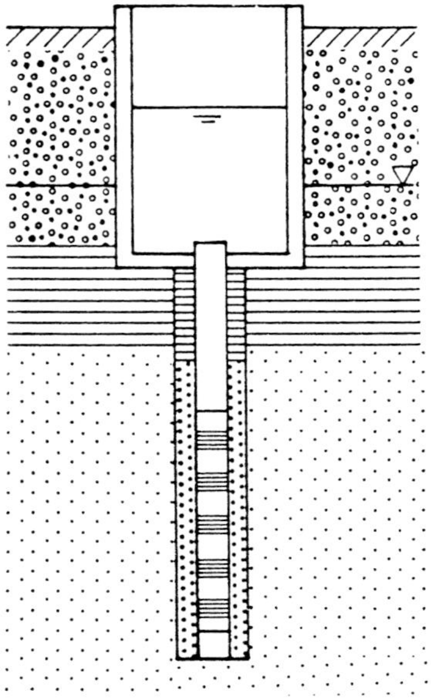

Abb. 3.146. Kombinierter Schacht- und Bohrbrunnen.

3.7.2 Brunnen mit großem Durchmesser

Brunnen mit großem Durchmesser weisen in Lockergesteinen besonders hohe Leistungen auf. Sie bestehen aus verschiedenen Bohrlöchern (Abb. 3.147), die sich über ihre ganze Tiefe gegenseitig überschneiden und mit Filterkies gefüllt sind. Dadurch ergeben sich eine sehr große Filterfläche und ein großes Speichervolumen im Grundwasserleiter. Eines oder mehrere der Bohrlöcher sind zum Brunnen ausgebaut. Beim Bau eines derartigen Brunnens wird zunächst eine Serie von Bohrungen mit Abständen niedergebracht, die kleiner sind als die Bohrdurchmesser der danach abgeteuften zweiten Serie von Bohrungen, die die Abstände überbrücken. Die Tiefe der Bohrungen übersteigt in der Regel nicht 50 m, die Bohrdurchmesser können bis 1200 mm betragen. Jedes Bohrloch wird unmittelbar nach der Fertigstellung mit Filterkies gefüllt oder zum Brunnen ausgebaut. Die Zahl und Anordnung der Bohrlöcher und Brunnen richtet sich nach den Eigenschaften des Grundwasserleiters, der Fließrichtung des Grundwassers und der erforderlichen Leistung. Vor Beginn der Erschließungsarbeiten ist allerdings zu prüfen, ob hydraulische Kurz-

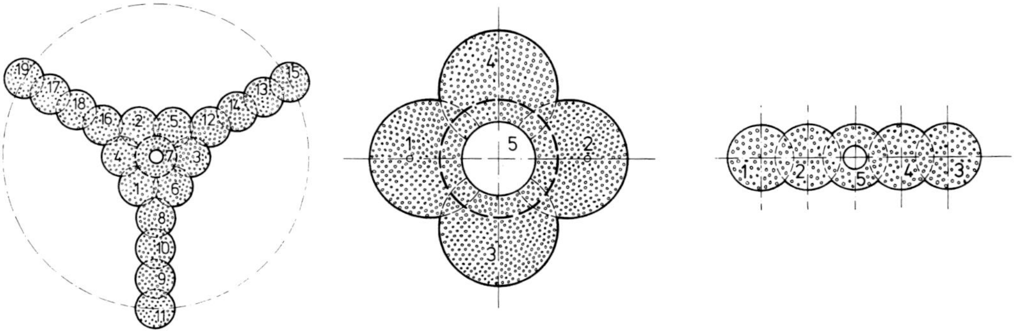

a b c

Abb. 3.147. Brunnentypen mit großem Durchmesser. Die Abbildung zeigt die Abfolge der Bohrungen (Fa. AUFSCHLÄGER Firmenprospekt).

schlüsse entstehen können, die zu quantitativen oder qualitativen Nachteilen für das Erschließungsvorhaben führen.

Brunnen mit großem Durchmesser eignen sich besonders für flachgründige, weit ausgedehnte Grundwasserleiter, selbst wenn deren Durchlässigkeiten klein sind. Bei diesen Brunnen ist es möglich, die Brunnenleistung schrittweise durch zusätzliche Bohrungen zu erhöhen. Falls »reduziertes« Grundwasser erschlossen wird, das zu Eisen(III)-Hydroxid-Ausfällungen neigt, können bestimmte Meßgeräte (z. B. Redox-Meßsonden) in die Bohrungen eingebaut werden, um die Brunnen bzw. deren Filter vor Verockerung dadurch zu schützen, daß die Brunnen nur soweit abgesenkt werden, daß die Filter ständig von »reduziertem« Grundwasser umspült bleiben.

3.7.3 Sammelbrunnen

3.7.3.1 Bau von Sammelbrunnen

Sammelbrunnen, zu denen vor allem die Horizontalfilterbrunnen gehören, wurden zuerst von dem nordamerikanischen Ingenieur L. Ranney (1934) entwickelt. Sie können nur in Lockergesteinen gebaut werden und bestehen aus einem Wasser-dichten Sammelschacht von 2–5 (oft 2,20 oder 2,80) m Durchmesser, an dessen unterem Ende horizontale Filterstränge (Horizontalbrunnen) ein radial-strahliges Muster innerhalb des Grundwasserleiters bilden (Abb. 3.148) (Bieske 1965, Bieske et al. 1998, Hüper 1997).

Zahl, Länge (bis zu mehreren Zehnern m) und radial-strahlige Anordnung der Horizontalbrunnen hängen von der vorgesehenen Leistung und den petrographisch-hydraulischen Eigenschaften des Grundwasserleiters ab. Das Grundwasser, das von den horizontalen Filtersträngen in den Sammelschacht gelangt, wird durch Pumpen zutage gefördert.

Der Bau eines Horizontalfilterbrunnens beginnt stets mit dem Niederbringen des Sammelschachtes, dessen Wand heute meist aus vorgefertigten Beton-Caissons besteht. Im Unterwasserteil des Schachtes sind Absperrschieber eingebaut, durch die die Horizontalbrunnen geführt und mit Hilfe eines speziellen Bohrkopfes in das Gebirge vorgetrieben werden. Der hydraulische Druck des Grundwassers schwemmt die Gesteinskörner durch die Schlitze in den Bohrkopf an der Spitze des Vortriebsrohres, von wo das Sand-Kies-Wasser-Gemisch in einem Ablaufrohr in

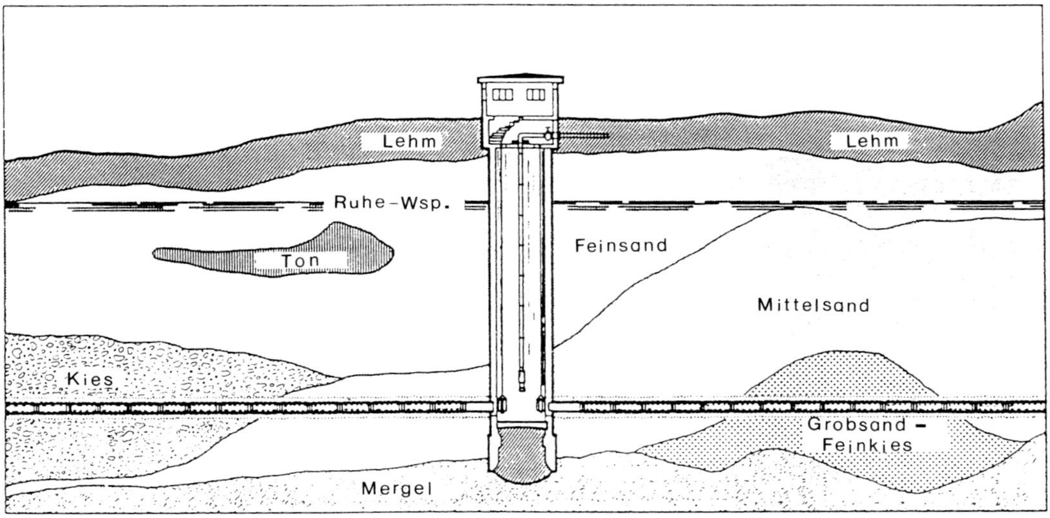

Abb. 3.148. Sammelbrunnen in einem Sand-Kies-Grundwasserleiter (PREUSSAG 1986).

den Schacht abfließt. Zum Einbau der Horizontalbrunnen sind folgende Verfahren üblich (BIESKE 1965, BIESKE et al. 1998, BRIX et al. 1963, HÜPER 1984, 1997, SCHNEIDER 1988):

RANNEY-Verfahren: Die Bohreinrichtung besteht aus Bohrkopf, Filterrohr (Vortriebsrohr) und Ablaufrohr (Abb. 3.149a). Die Horizontalbrunnen werden ohne Hilfsverrohrung eingespült (Abb. 3.150a). Dabei dient das fest mit dem geschlitzten Bohrkopf verbundene Filterrohr als Vortriebsrohr, während das Ablaufrohr vom Bohrkopf gelöst werden kann. Beim Vortrieb tritt das Sand- Kies-Wasser-Gemisch durch die Schlitze im Bohrkopf ein und strömt im Ablaufrohr nach hinten weg. Gröberes Material, das die Schlitze nicht passieren kann, wird beim Vorpressen der Spitze nach außen bewegt und reichert sich längs des Filterrohres an. Hierbei werden auch die das Rohr umgebenden Schichten aufgelockert und das feinere Material ausgewaschen. Nach Beendigung des Vortriebes wird das Ablaufrohr vom Bohrkopf gelöst und hierbei der Ablauf aus dem Bohrkopf geschlossen.

Der bei groben Bodenschichten wie Kies und sandigen Schottern auftretende hohe Spitzenwiderstand kann durch Einsatz des RANNEY-FALLY-Bohrkopfes überwunden werden, bei dem ein Entsandungsrohr vor dem eigentlichen Bohrkopf das Gebirge auflockert und entsandet (Abb. 3.149b). Dieses Entsandungsrohr wird beim Vortrieb aus der Bohrspitze herausgeschoben und nach Fertigstellung mit der Entsandungsspitze zurückgezogen und ausgebaut, während der Bohrkopf im Boden verbleibt (HÜPER 1997).

Beim RANNEY-Verfahren müssen die Filterrohre eine dem Druck entsprechende Wandstärke haben. Die Schlitzweiten werden nach den Ergebnissen der hydrogeologischen Voruntersuchungen gewählt (Mindest-Schlitzweite 6 mm). Unerwartet angetroffene feinere Sandschichten müssen durch nachträglichen Einbau von ungelochten Rohren abgesperrt werden.

FEHLMANN-Verfahren: Der Vortrieb erfolgt mit Bohrkopf, separatem Vortriebsrohr und Ablaufrohr, die jedoch alle voneinander gelöst werden können. Zuerst wird das Vortriebsrohr eingespült, die Filterrohre im Vortriebsrohr installiert, das Ablaufrohr gelöst und die Ablauföffnung im Bohrkopf geschlossen. Anschließend wird das Vortriebsrohr herausgezogen. Bei dieser Methode ist es möglich, die Schlitzgrößen der Filterrohre den Korngrößen des Grundwasserleiters anhand des anfallenden Bohrgutes anzupassen und etwaig notwendige Blindrohrstücke einzubauen (Abb. 3.150b). Das RANNEY- und das FEHLMANN-Verfahren können nur in groben

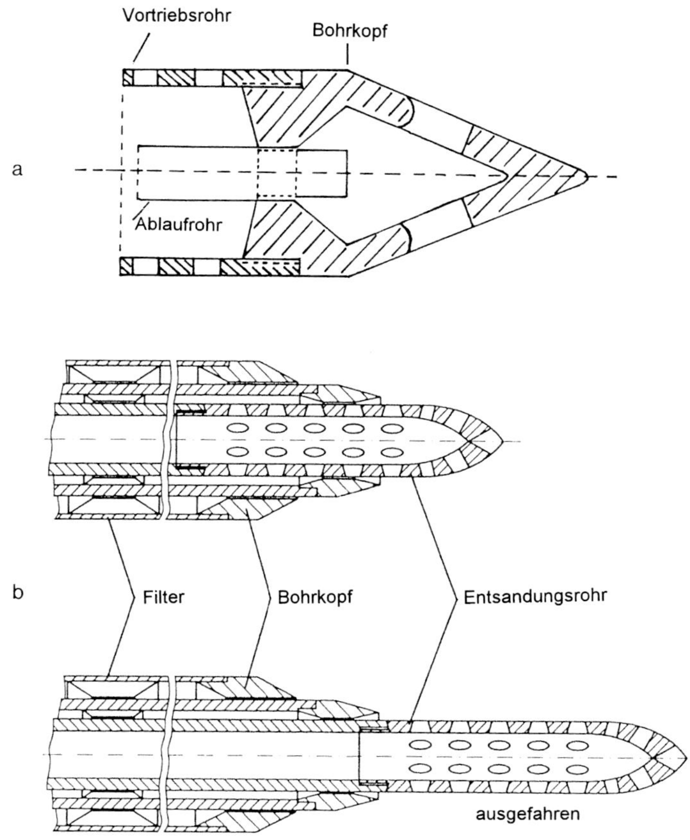

Abb. 3.149. Bohrköpfe des RANNEY-Verfahrens (a; BIESKE 1965) und des RANNEY-FALLY-Verfahrens (b; HÜPER 1997).

Sanden bis sandigen Kiesen eingesetzt werden. Schwierigkeiten bestehen bei gleichförmigen Feinsanden.

PREUSSAG-Verfahren (Abb. 3.150c): Zuerst wird die innere Absperrscheibe eines Absperrschiebers entfernt, und ihre äußere Berstscheibe wird mit Hilfe einer hydraulischen Presse durchdrungen (Abb. 3.151). Danach wird das Vortriebsrohr eingespült, wobei das Sand-Kies-Wasser-Gemisch durch die Schlitze des Bohrkopfes an der Spitze des Vortriebsrohres eintritt und in einem Ablaufrohr in den Schacht abfließt. Um bei Tonschichten das kohäsive Material mit einem Wasserstrahl auflockern zu können, wird eine zusätzliche Leitung an die Öffnungen des Bohrkopfes geführt.

Das im Schacht anfallende Sedimentmaterial erlaubt eine kontinuierliche Überwachung der Zusammensetzung des erschlossenen Grundwasserleiters, so daß die jeweils geeignete Korngröße für die Kiespackung und die Schlitzgrößen der Filterrohre bestimmt werden kann. Bei diesem Vorgehen können – abweichend von den erstgenannten Horizontalbrunnen-Typen – auch feinkörnige Grundwasserleiter gefaßt werden.

Vortriebs- und Ablaufrohre sowie Strahlleitungen werden so lange kontinuierlich nachgeführt, bis die vorgesehene Bohrlänge erreicht ist. Dann werden Ablaufrohr und Strahlleitung abgeschraubt und die Öffnungen des Bohrkopfes geschlossen, so daß das Vortriebsrohr für weitere Arbeitsschritte verfügbar wird.

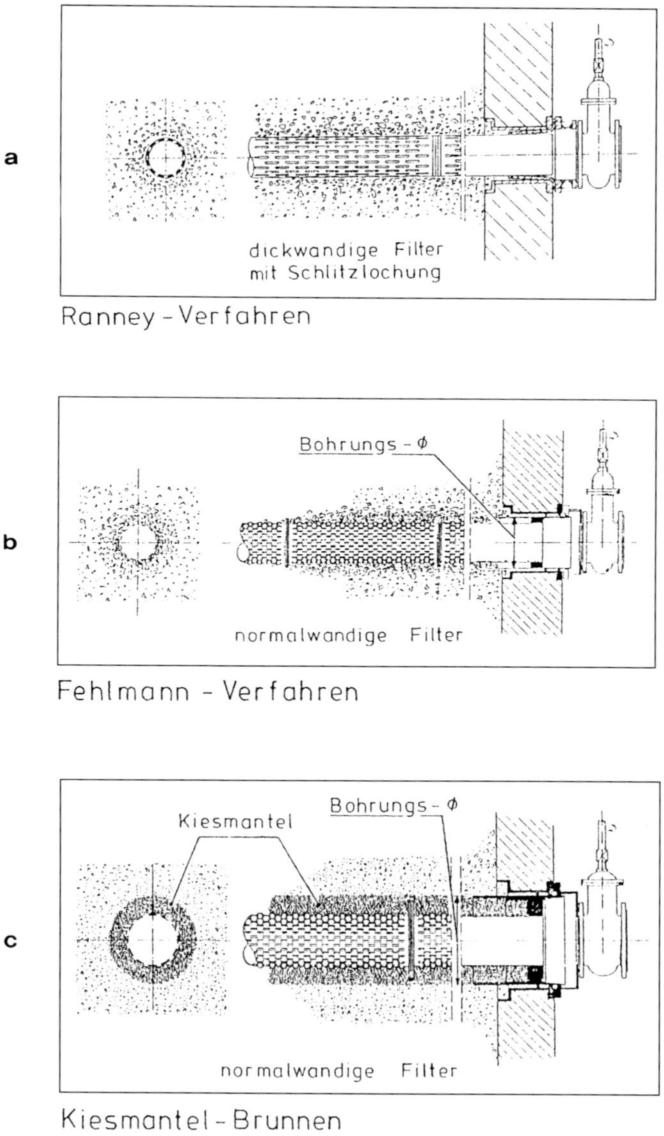

Abb. 3.150. Bautypen der Horizontalbrunnen nach RANNEY (a), FEHLMANN (b) und PREUSSAG (c) (BIESKE et al. 1998, HÜPER 1984).

Die modernen Horizontal-Bohrlöcher haben Durchmesser von 280, 370, 470 oder 605 mm, in die Filterrohre mit Durchmessern von 100–400 mm aus nicht-korrosivem Metall oder steifem Kunststoff eingesetzt werden. In den Horizontalfilterbrunnen mit Kiesmantel sind die Filterrohre durch spezielle Flansche, sog. Filterkammerschellen, verbunden, die die konzentrische Lage der Filterrohre innerhalb der Vortriebsrohre und die Aufteilung des Ringraumes in getrennte Kammern durch Scheiben sicherstellen. Zusätzlich tragen die Filterkammerschellen die Leitungen für das Einspülen des Filtermaterials (Abb. 3.152 oben). Die Ringraumabschnitte zwischen dem Vortriebsrohr und den Filterrohren werden nacheinander durch eine spezielle Förderleitung mit einem Sand- Kies-Wassergemisch je nach der Korngröße der Sedimente im anliegenden Grundwasserleiter gefüllt (Abb. 3.152 Mitte). Entsprechend dem Fortschritt der Auffüllung der einzel-

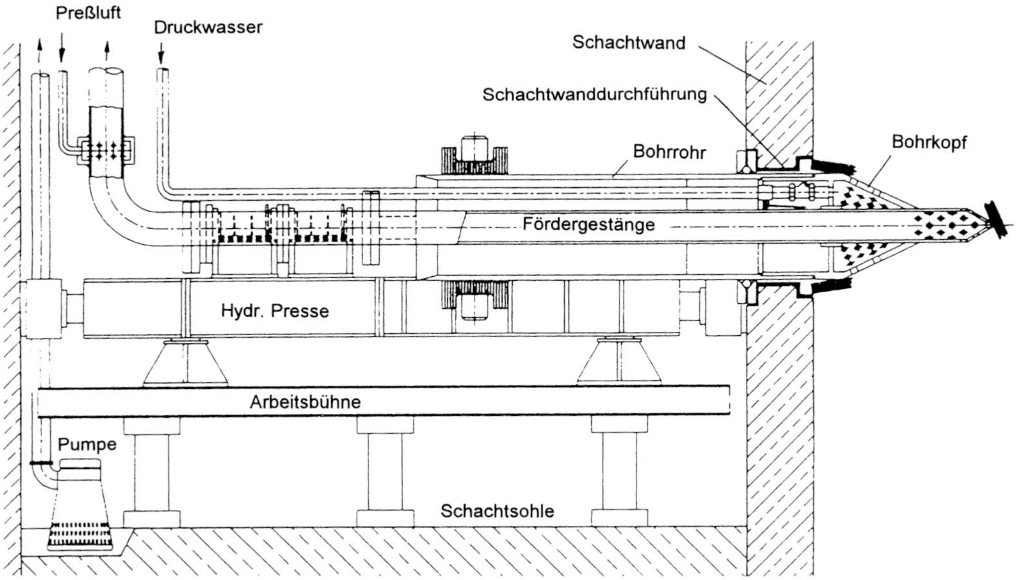

Abb. 3.151. Beginn des Bohrvorgangs (HÜPER 1984, 1997).

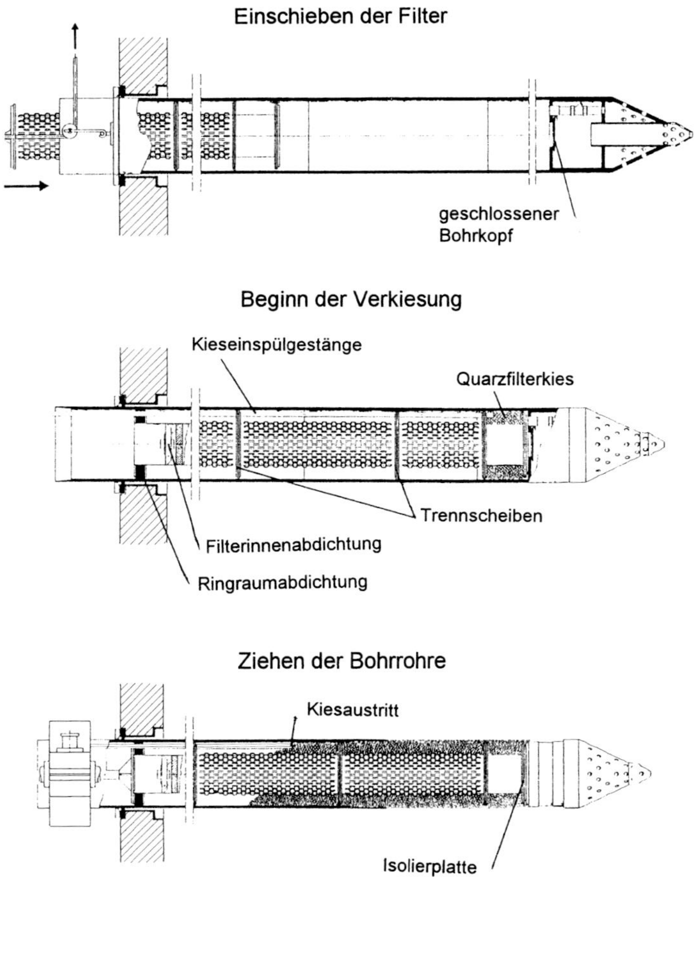

Abb. 3.152. Einbau von Filterrohren und Kiesmänteln nach dem PREUSSAG-Verfahren (HÜPER 1984, 1997).

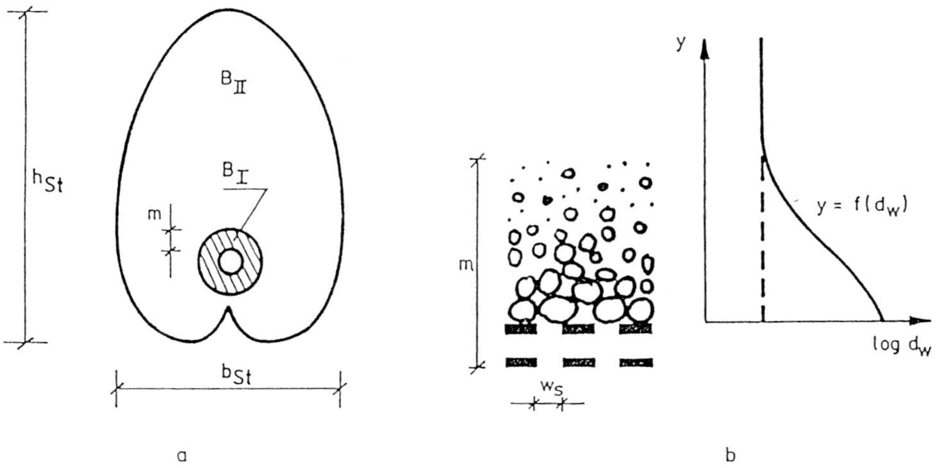

Abb. 3.153. Stützfilteraufbau bei Horizontalfilterbrunnen. (a) Schnitt durch Stützfilter, (b) Kornverteilung im Stützfilter.

nen Kammern wird diese Förderleitung langsam zurückgezogen und nach vollendetem Einbau der Kiesummantelung schließlich auch das Vortriebsrohr gezogen (Abb. 3.152 unten).

Das Ende des Horizontalfilterstranges wird Wasser-dicht an der Schachtwandung befestigt und zum Inneren hin im Absperrschieber durch mechanische Gleitventile oder pneumatische Verschlüsse geschlossen, die von der Erdoberfläche her gesteuert werden. Schließlich werden die Filter entsandet (Abschnitt 3.5); dabei ist durch Dichtungsglieder auch eine abschnittsbezogene Entsandung möglich.

3.7.3.2 Filterbemessung bei Horizontalfilterbrunnen

Die Filterbemessung beim Bau von Horizontalfilterbrunnen ist vom Vortriebsverfahren, der Brunnengestaltung und den Bodenkennwerten des Grundwasserleiters abhängig. Der relativ aufwendige Verfahrensweg wird bei Rückert (1979) beispielhaft vorgeführt. Im Folgenden werden die wesentlichsten Gesichtspunkte dieser Bemessung dargelegt. Infolge des Wassereintritts durch die Schlitze des Vortriebskopfes wird dessen nähere Umgebung so weit entsandet, daß längs des Stranges ein Stützfilter entsteht (Abb. 3.153 a). Dabei unterscheidet man zwischen den Bereichen der natürlichen Kornabstufung, der Grobkornanreicherung B_I und der Auflockerung B_{II}.

Der Bereich B_I hat eine Dicke von etwa 4 bis 8 cm, wogegen der Bereich B_{II} eine Breite von 0,8 bis 1,0 m und eine Höhe von 2,0 bis 7,0 m hat. Der Stützfilterbereich soll möglichst nicht über die abgesenkte Grundwasseroberfläche hinausreichen und hängt sehr stark von der Methode des Strangvortriebes und der damit erreichten Spülgutmenge ab.

Um eine gute natürliche Kornabstufung über die gesamte Stranglänge zu erreichen, ist darauf zu achten, daß das Größtkorn des Grundwasserleiters nicht ausgespült wird, sondern unmittelbar am Filterrohr als Bestandteil der natürlichen Kornabstufung anliegt. Unter diesem Gesichtspunkt gilt für die Schlitzweite des Vortriebskopfes $\tilde{w}_k$:

(3.47) $$d_{94} \leq \tilde{w}_k < d_{100}$$

Die bei der Filterbemessung von Horizontalfilterbrunnen durchzuführenden Berechnungen und Nachweise beziehen sich auf folgende Elemente:

Abmessung und Kennwerte des Stützfilters

Der Bereich der Auflockerung wird hauptsächlich durch die Entsandungsmenge und den sich dadurch ändernden Hohlraumanteil des Grundwasserleiters gegenüber der natürlichen Lagerung bestimmt. Die Stärke m des Bereiches der natürlichen Kornabstufung und der wirksame Korndurchmesser d_w, der den in Abb. 3.153 b dargestellten funktionellen Verlauf hat, sind maßgebend für die Größe der Schlitzweite w_s im Filterrohr und die Bestimmung des Einflusses des Stützfilters auf den Förderstrom. Dabei ist die Größe $v_{krit.}$ zu bestimmen, bei der sich die Ausspülung der Körnung durch die Schlitze auf den gesamten Umfang des Vortriebskopfes erstreckt.

$$(3.48) \qquad v_{krit.} = 0{,}26\, d_{60}^2 \left(1 + 60\,\frac{d_{60}^2}{w_k^2}\right)$$

Dieser Wert ist mit den tatsächlich erreichten Geschwindigkeiten $v_E = Q_{Sp}/A_w$ zu vergleichen, wobei die Schlitzweite w_k des Vortriebskopfes, die Gesamtfläche A_w der Schlitze des Vortriebskopfes und der Spülstrom Q_{Sp} von der Vortriebseinrichtung abhängige Parameter sind.

Einfluß des Stützfilters auf den Volumenstrom

Der Einfluß des Stützfilters auf den Volumenstrom wird über einen Beiwert E erfaßt, dessen Ermittlung über den Ersatzdurchmesser d_E des Filterstranges erfolgt. Der Wert d_E ist eine Funktion der Breite und der Höhe des Stützfilterquerschnitts, des k_f-Wert- Verhältnisses unter natürlichen und aufgelockerten Bedingungen sowie eines von der Dicke m des Bereiches der natürlichen Kornabstufung abhängigen Ersatzdurchmessers d_{EI}. Bei der geohydraulischen Berechnung können auch die in Abschnitt 3.4.1.2 angegebenen Näherungswerte benutzt werden.

Filterbemessung und Nachentsandung

Durch den Einbau von Filterkies, wie es beim PREUSSAG-Verfahren erfolgt, wird auch bei relativ feinkörnigen Grundwasserleitern eine hinreichende Sicherheit gegen Versandung der Stränge erreicht. Der Einbau von Filterkies ist dann notwendig, wenn die an das RANNEY-Verfahren gestellten Forderungen von $d_{50} \geq 0{,}8$ mm und $d_{100} \geq 12$ mm nicht eingehalten werden können.

Der das Filterrohr umgebende Filterkies muß wie auch bei den Vertikalfilterbrunnen so beschaffen sein, daß im Betriebszustand des Brunnens keine Kontakt-Erosion an den Öffnungen des Filterrohres und der Grenzfläche zum natürlichen Filter sowie keine Kolmation in den Poren des Filterkieses und am Filterrohr auftritt. Zum Nachweis werden die Filterschlitzweite w_s und die Kennwerte D_{50} und U_D des Filterkieses benötigt. Der Vorzugsbereich für die Bemessung des Filterkieses liegt da, wo die Nachentsandungsmenge $m_s = 0$ oder sehr klein ist. Wenn eine gewisse Nachentsandungsmenge m_s in kg/m² Filterfläche zugelassen wird, ist zu beachten, daß eine möglichst große Eintrittsgeschwindigkeit v_{ex} und Stranggeschwindigkeit v_{rx} für den Transport des Sandes erforderlich sind. Um einen Störungs-freien Dauerbetrieb des Horizontalfilterbrunnens zu gewährleisten, sollte die tatsächlich realisierte Nachentsandungsmenge $m_{s,r}$ das ein- bis zweifache des vorgegebenen Wertes m_s betragen. Dabei gelten beim RANNEY-Verfahren für die Filterkiesparameter die Werte des unmittelbar am Filterrohr anliegenden Bereiches der natürlichen Kornabstufung.

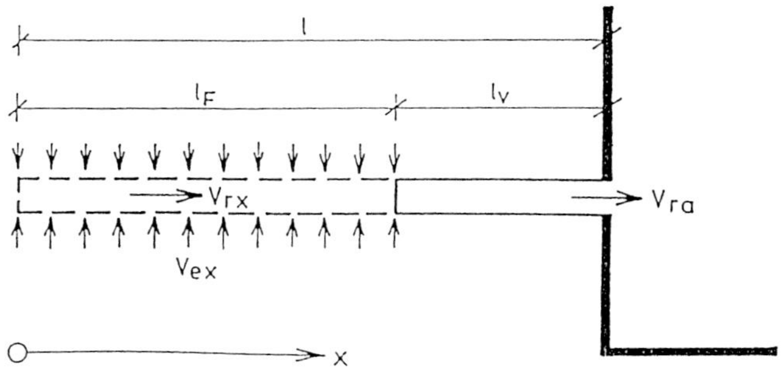

Abb. 3.154. Stranganströmung eines Horizontalfilterbrunnens.

Geschwindigkeits-Verteilung längs der Stränge

Für das in Abb. 3.154 dargestellte Schema eines Stranges ergeben sich folgende Geschwindigkeiten:

Geschwindigkeit an der Oberfläche des Filterrohres

(3.49) $$v_{ex} = \frac{d_j \cdot C \cdot v_{ra}}{4 \cdot l_F^C} x^{C-1}$$

Geschwindigkeit im Fassungsstrang

(3.50) $$v_{rx} = \frac{v_{ra}}{l_F^C} x^C$$

Geschwindigkeit am Strangende

(3.51) $$v_{ra} = \frac{4 \cdot Q}{\pi \cdot d_i^2 \cdot n}$$

mit

(3.52) $$C = \frac{2}{3}\left(\frac{l_F}{10{,}3 \cdot K \cdot \sqrt{A}} - 1\right)$$

Der Beiwert K ist aus Abb. 3.155 zu bestimmen und der Beiwert $A = A_1 \cdot A_2$ aus Abb. 2.87.

Nach Chapman (in Herth & Arndts 1985) ist die in einen Horizontalfilterbrunnen zulaufende Wassermenge (Q in m^3/s) überschlägig zu berechnen mit Gl. (3.53)

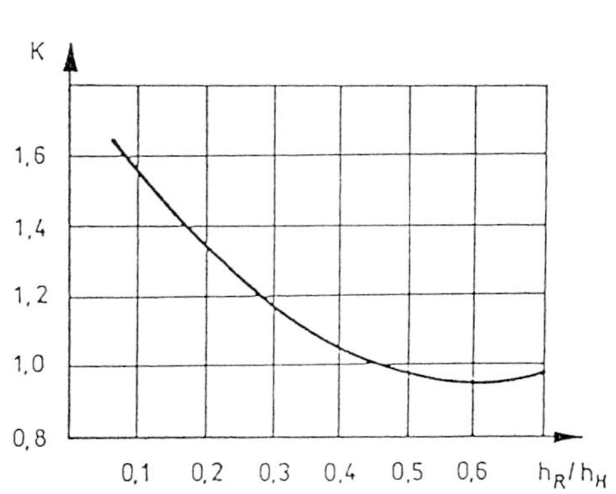

Abb. 3.155. Graphik zur Ermittlung des Koeffizienten K.

$$(3.53)\qquad Q = \left(0{,}73 + 0{,}27 \cdot \frac{M-h}{h}\right) \cdot \frac{k_f}{R} \cdot \left(M^2 - h^2\right) \cdot L$$

mit dem Durchlässigkeitsbeiwert k_f (in m/s), der Reichweite der Absenkung R (in m), den Mächtigkeiten des natürlichen, unbeanspruchten Grundwasserleiters M (in m) und des Grundwasserleiters in abgesenktem Zustand h (in m) und der Länge der offenen Sicker-(Filter-)Schlitze L (in m).

3.7.3.3 Sonderformen

Eine besondere Art von Sammelbrunnen hat schräge Filterstränge (Bieske 1965, Schneider 1988). Bei der MANNESMANN-Schrägfassung verlaufen diese vom Boden eines Sammelschachtes zur Erdoberfläche (Abb. 3.156). Diese Form des Sammelbrunnens empfiehlt sich für die Gewinnung von Grundwasser in Kies-Rinnen, die in feinkörnige Schichten eingeschnitten sind.

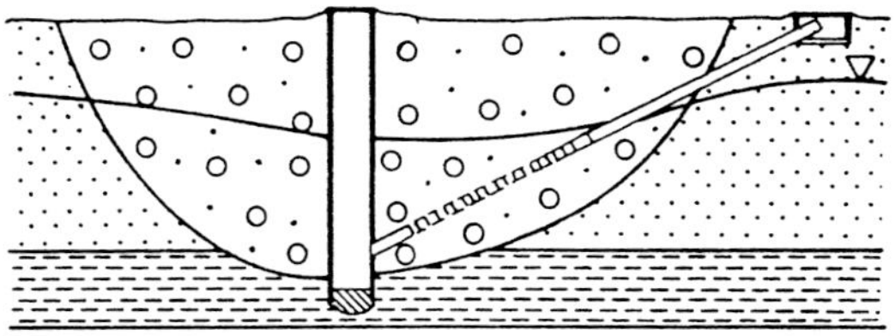

Abb. 3.156. Sammelbrunnen mit schrägen Filtersträngen (z. B. MANNESMANN-Schrägfassung nach Hüper 1993).

Beim Diagonalfilterbrunnen der Bauart Löck verlaufen die Filterstränge von einem kostensparend flachgründig angelegten Brunnenschacht nach außen schräg nach unten (Abb. 3.157). Hierbei können die Filterrohre nach Bauart und Material frei gewählt und eine Kiesummantelung eingebracht werden. Das Wasser kann je nach der Tiefe des Brunnenschachtes aus diesem oder mit einzelnen Saugleitungen oder Unterwasserpumpen aus den einzelnen Fassungssträngen gefördert werden.

Der von der Fa. SCHEVEN, Düsseldorf, zusammen mit Dr. Abweser, Bad Ischl, entwickelte Tellerbrunnen beruht auf einem abweichenden Bohrverfahren, das davon ausgeht, daß die natürlichen Kies-Sand-Schichten nicht die dichtest mögliche Lagerung besitzen. Vom zentralen Schacht aus, der im unteren Teil in einer Ebene mit Öffnungen und Absperrorganen versehen ist, werden Filterrohre in das Gebirge unter pulsierendem Einpressen von Wasser oder Preßluft

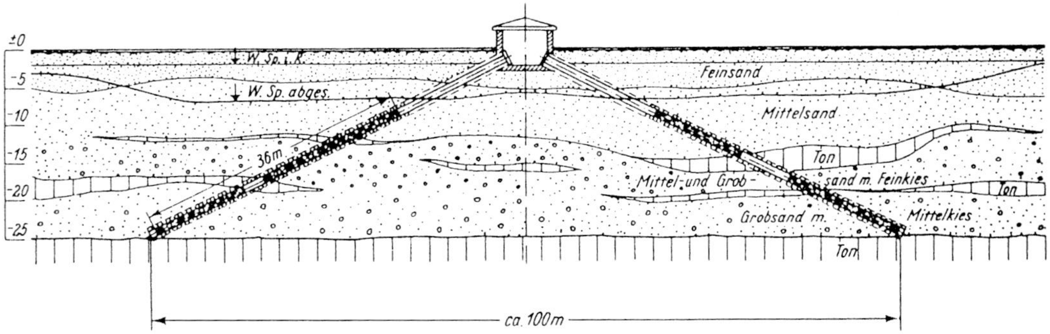

Abb. 3.157. Diagonalfilterbrunnen der Bauart Löck.

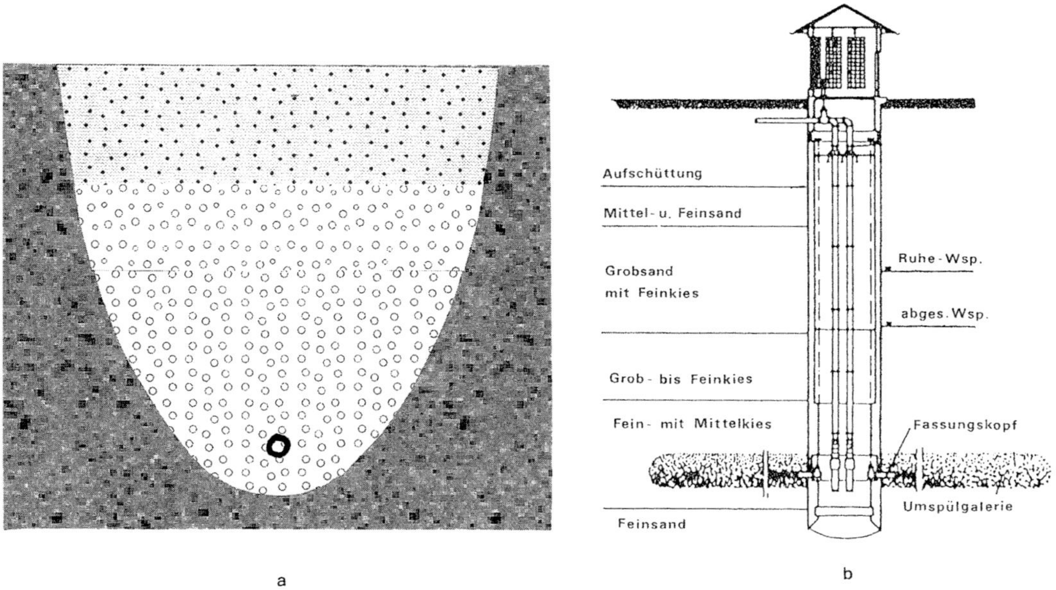

Abb. 3.158. Wirkung des Umspülverfahrens (a) bei der Herstellung eines Tellerbrunnens (b) (BIESKE 1965, SCHNEIDER 1988).

vorgetrieben. Hierbei wird das feinere Bodenmaterial nach oben gespült und das gröberkörnige in der Umgebung des Filterrohres angereichert (Abb. 3.158 a). Durch dieses sog. Umspülverfahren entsteht schließlich eine durchlässige »Filtergalerie« von 20–40 m Durchmesser, in der die Filterstränge »tellerförmig« angeordnet sind (Abb. 3.158 b). Die Abnahme der Durchlässigkeit infolge der Rückverlagerung der feinerkörnigen Fraktionen im Laufe der Zeit kann durch Wiederholen der Umspülprozedur schnell rückgängig gemacht werden (BIESKE 1965, SCHNEIDER 1988).

Sog. verlaufsgesteuerte Horizontalfilterbrunnen nach SASS (1995) werden mit Hilfe der steuerbaren Richtbohrtechnik unter Beachtung der begrenzenden Biegeradien des Filterrohrstranges und des Schutzrohres, des begrenzenden Krümmungsradius und des Eintauchwinkels der Bohrung sowie der örtlichen Gegebenheiten abgeteuft. Derartige Brunnen werden vor allem für In-situ-Sanierungen in bebauten Gebieten oder – zunächst probeweise – für Horizontalbrunnen in flachgründigen, stark reliefierten Grundwasserleitern eingesetzt (Abb. 3.159). Als Brunnenrohrmaterialien haben sich bisher Filter- und Vollwandrohre aus PE-HD und Stahl bewährt (BIESKE et al. 1998).

3.7.3.4 Vor- und Nachteile von Sammelbrunnen

Sammelbrunnen haben den Vorteil, daß relativ große Wassermengen an einer Stelle gefördert werden können. Sie können auch geringmächtige Grundwasserleiter nutzen, da die produktiven Abschnitte des Filterrohrs viel länger sind als bei einem vertikalen Brunnen (Abb. 3.160). Darüber hinaus ist es möglich, einen speziell gerichteten Wasserzufluß zum Brunnen durch die gewählte Ausrichtung der Filterrohre zu erzielen. Auch die Nutzung von uferfiltriertem Fluß- oder Seewasser kann durch Anordnung der Filterrohre unter das Flußbett oder den Seegrund bewirkt werden.

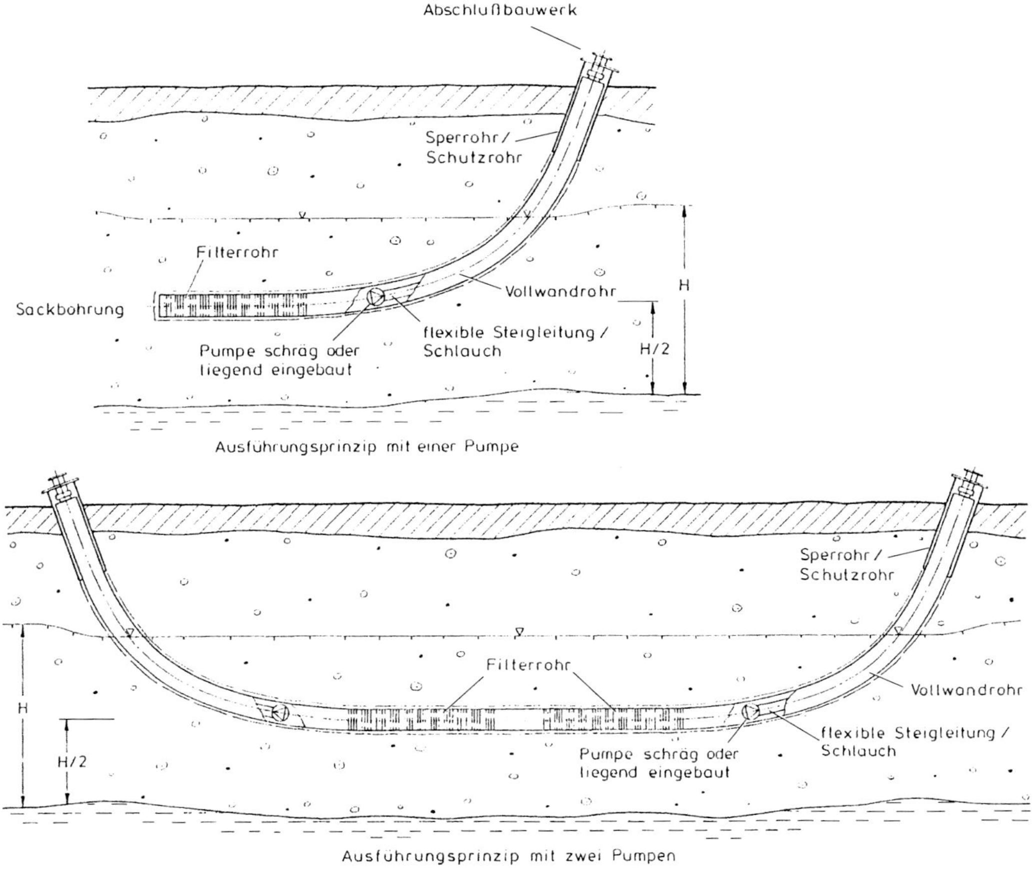

Abb. 3.159. Ausführungsbeispiele für verlaufsgesteuerte Horizontalbrunnen (BIESKE et al. 1998).

Der Absenkungstrichter eines Sammelbrunnens ist weniger tief, hat aber einen größeren Durchmesser als derjenige eines Vertikalbrunnens vergleichbarer Förderung. Die Filtereintrittsgeschwindigkeit wird durch die große Gesamtfilterlänge bzw. Brunnenmantelfläche niedrig gehalten, was für die Lebensdauer der Anlage günstig ist.

Bei geschichtetem Aufbau des Grundwasserleiters können die Filterstränge auch in verschiedenen Ebenen liegen, so daß hydrochemische Besonderheiten berücksichtigt werden können. Die Erdoberflächen-ferne Lage der Filterstränge erhöht den Schutz gegen Verunreinigungen des Wassers.

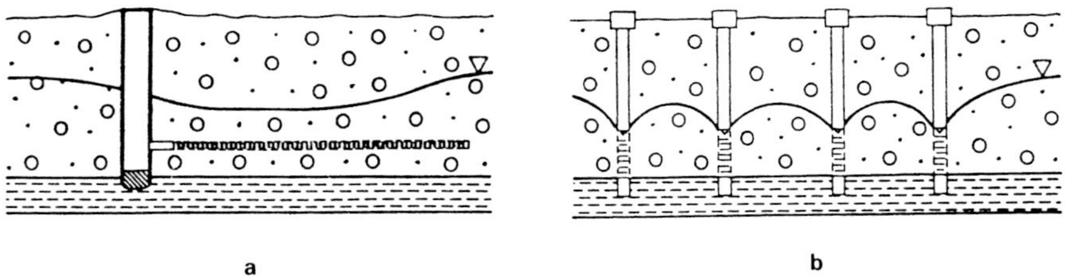

Abb. 3.160. Vergleich eines Sammelbrunnens (a) mit einer Vertikalbrunnenreihe (b) (nach HÜPER 1993).

Die Wirtschaftlichkeit eines radial-strahligen Brunnens hängt hauptsächlich von den Herstellungskosten und der Brunnenleistung ab. Bei mittleren Entnahmen von ungefähr 1000 m^3/h und einer maximalen Förderleistung von ungefähr 2500 m^3/h variiert die Bautiefe zwischen 20 und 35 m. Die maximale Schachttiefe ist ungefähr 60 m. Bei einem Kostenvergleich zwischen Sammel- und Vertikalbrunnen ist die Relation zwischen dem gesamten Aufwand und der dadurch geschaffenen Brunnenmantel(filter)-Fläche zugrunde zu legen (Hüper 1993).

Nachteilig ist, daß bei Überholungsarbeiten an einzelnen Horizontalfiltersträngen die ganze Einheit ausfällt, so daß zur Aufrechterhaltung der Wasserförderung – falls nicht anderweitige Fördermöglichkeiten bestehen – zwei Horizontalfilterbrunnen gebaut werden müssen (Schneider 1961, 1988).

3.8 Pumpen

3.8.1 Pumpentypen

Ein wesentliches Kriterium bei der Auswahl der für einen Brunnen geeigneten Pumpe ist der Flurabstand der Grundwasseroberfläche, das Niveau des abgesenkten Wasserspiegels während der Wasserförderung:

In Flachspiegelbrunnen, in denen die Grundwasseroberfläche beim Pumpbetrieb auf nicht mehr als 7 m unter Flur abgesenkt wird (Abb. 3.80 a), kann eine Saugpumpe eingesetzt werden. In diesem Falle kann der Brunnendurchmesser klein sein, da nur das Fußventil und der Ansaugstutzen im Brunnen installiert werden müssen. Die Saugpumpe kann auf der Erdoberfläche neben dem Brunnen oder auch in einem gewissen Abstand aufgestellt werden. Eine ausreichend dimensionierte Saugpumpe kann schließlich in Verbindung mit einem Saugleitungssystem gleichzeitig aus mehreren Brunnen fördern.

In Tiefspiegelbrunnen, in denen die natürliche Grundwasseroberfläche oder der abgesenkte Wasserspiegel bzw. Druckspiegel während des Brunnenbetriebes tiefer als 7 m unter Flur liegt (Abb. 3.80 b), muß die Pumpe innerhalb des Brunnenrohrs eingebaut werden. Dadurch erhöhen sich die Investitions- und Betriebskosten.

Artesische Brunnen laufen frei aus (Überlaufbrunnen, Abb. 3.80 c), wobei die Schüttung eines artesischen Brunnens mit zunehmender Höhe des eingebauten Auslaufes über der Erdoberfläche abnimmt. Bei ausreichender Schüttung in der erforderlichen Auslaufhöhe kann auf den Einsatz von Pumpen verzichtet werden. Falls jedoch zu erwarten ist, daß die anfängliche Schüttung mit abnehmendem hydrostatischen Druck im Laufe der Zeit zurückgeht und sich der artesische Brunnen in einen Brunnen mit flach oder sogar mit tief liegendem Wasserstand umwandelt, muß der Brunnendurchmesser so groß gewählt werden, daß ein etwaiger nachträglicher Pumpeneinbau möglich ist.

Pumpen werden nach verschiedenen Merkmalen, wie Art ihres Betriebes, konstruktive Merkmale, Pumpenantrieb, Einsatz der Pumpen und Werkstoff, eingeteilt und benannt. Bei der Art des Betriebes wird insbesondere unterschieden zwischen Verdrängungspumpen, solchen mit Tauchkolben (Plunger) oder Kolben, und Schneckenrotoren sowie Zentrifugalpumpen, die mit Hilfe von Laufrädern arbeiten. Daneben werden Lufthebe- und Mammutpumpen eingesetzt, die auf der Austriebswirkung eines Flüssigkeits-Gasgemisches beruhen. Ferner gibt es Düsenstrahlpumpen, die die Druckdifferenz in einer von einem Fluid durchflossenen Düse nutzen, den hydraulischen Widder, der kinetische Energie des fließenden Wassers durch eine plötzliche Bremswirkung in Druckenergie umwandelt, schließlich Aufzüge, die durch Flüssigkeiten gezogen werden, die Gefäßräder verwenden, sowie Archimedische Schrauben. Nach der Bauart kann u. a.

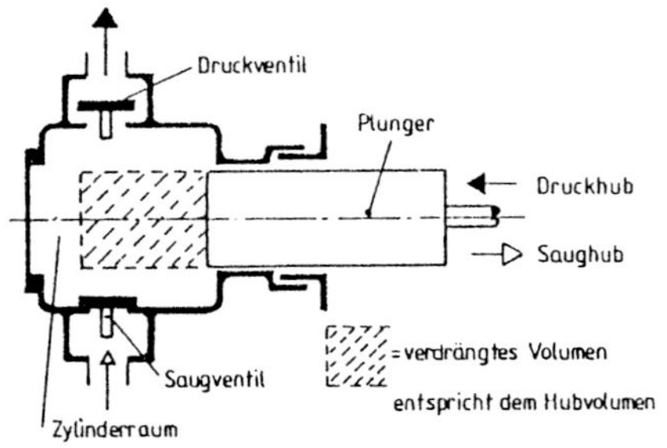

Abb. 3.161. Schema einer Tauchkolbenpumpe (Plungerpumpe) (OSTERMANN 1992).

zwischen horizontal oder vertikal arbeitenden Kolbenpumpen, Zentrifugal-(Kreisel-) Pumpen mit horizontalen oder vertikalen Achsen (Horizontal- und Vertikal- Pumpen) und trocken oder naß installierten Pumpen (Tauchpumpen) unterschieden werden. Hinsichtlich des Antriebs gibt es u. a. Handpumpen und Maschinen-getriebene (Elektro-, Diesel-, Dampf-)Pumpen. Nach der Anwendung werden u. a. Wasserwerks- und Tiefbrunnen-Pumpen, Vollast-, Halblast- und Teillastpumpen, Service-, Reserve-, Hilfs- und Notpumpen, Bewässerungspumpen, Reinwasser- und Abwasserpumpen unterschieden. Nach dem Werkstoff gibt es u. a. Gußeisen-, Gußstahl-, Edelstahl- und Bronzepumpen.

3.8.2 Verdrängungspumpen

Als Verdrängungspumpen (Verdrängerpumpen) werden allgemein Pumpen bezeichnet, die nach dem Prinzip der Verdrängung arbeiten, d. h. bei denen durch periodische Änderungen des Arbeitsvolumens in einem mit Ventilen bestückten Pumpenzylinder mit Hilfe eines Tauchkolbens, Kolbens oder eines anderen Werkteiles ansaugend und auspressend Wasser gefördert wird. Verdrängungspumpen, deren Pumpenkammer bei Beginn des Pumpvorganges mit Wasser gefüllt ist, sind selbst-ansaugend.

Tauchkolbenpumpen bestehen aus einem Zylinder mit zwei Ventilen und einem Tauchkolben (Plunger), dessen Bewegung zur Veränderung des Wasser-erfüllten Volumens im Pumpzylinder (Abb. 3.161) führt. Hierdurch wird Wasser durch das Ansaugrohr und -ventil angesaugt und

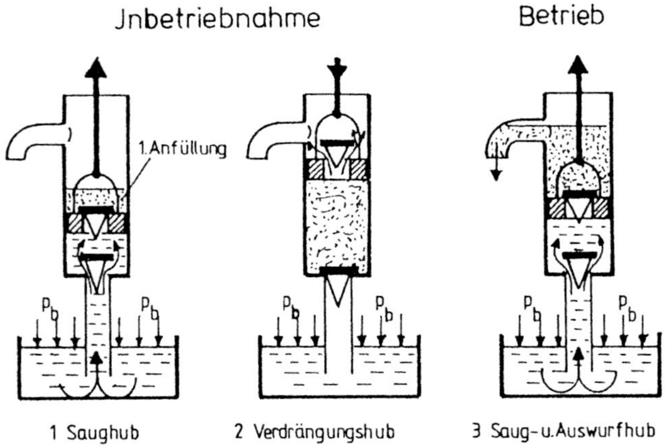

Abb. 3.162. Arbeitsschema einer Ventilkolbenpumpe (OSTERMANN 1992).

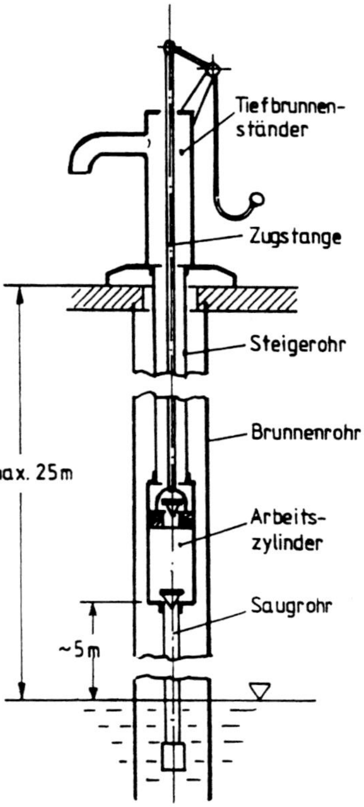

Abb. 3.163. Schema einer Tiefbrunnen-Handpumpe (OSTERMANN 1992).

anschließend durch das Druckventil in das Förderrohr gepreßt. Auf der Saugseite beträgt die maximale Förderhöhe nur 7 bis 8 m.

Ventilkolbenpumpen werden in der Regel als Handpumpen zur Nutzung flachgründiger Grundwasserleiter eingesetzt. Der Pumpenzylinder wird über der Erdoberfläche installiert (Abb. 3.162). Der Kolben ist mit einem Ventil versehen (Druckventil) und wird mit Hilfe eines Pumpenschwengels bewegt. Beim Anheben des Kolbens von seiner tiefsten Stellung schließt sich bei der Inbetriebnahme das Druckventil, die Wassersäule im Pumpenzylinder über dem Kolben wird ebenfalls angehoben und fließt durch das Ausflußrohr ab (Abb. 3.162.1). Gleichzeitig strömt Grundwasser durch das Ansaugventil am Boden des Pumpenzylinders in den Zylinder. Bei der folgenden Abwärtsbewegung des Kolbens schließt sich das Ansaugventil und das Wasser fließt durch das sich öffnende Druckventil in den Raum über dem Kolben (Abb. 3.162.2). Beim Betrieb ist der Raum oberhalb des Kolbens mit Wasser gefüllt, das beim nächsten Kolbenhub abfließt. Gleichzeitig wird neues Wasser angesaugt (Abb. 3.162.3). Auch bei diesem Pumpentyp beträgt die maximale Förderhöhe (Saughöhe) nur 7 bis 8 m. Ventilkolbenpumpen können auch mit einem Schwungrad betrieben werden, dessen Drehbewegung mittels einer Kurbelwelle und eines Kreuzkopfes in eine Auf- und Abbewegung umgesetzt wird.

Wenn die natürliche Grundwasseroberfläche oder der abgesenkte Wasserspiegel während des Brunnenbetriebes tiefer als 7 m unter der Geländeoberfläche liegen, muß der Pumpenzylinder der Kolbenpumpe im Brunnen – maximal bis ca. 25 m unter Flur – installiert werden (Abb. 3.163). Der Kolben wird dann mit Hilfe eines Pumpenschwengels und einer Zugstange bewegt.

Bei Doppelkolbenpumpen sind zwei Zylinder parallel oder gegenüberliegend angeordnet (Abb. 3.164). Die maximale Förderhöhe liegt bei 30 m, die Förderrate erreicht 75 l/min. Motor-

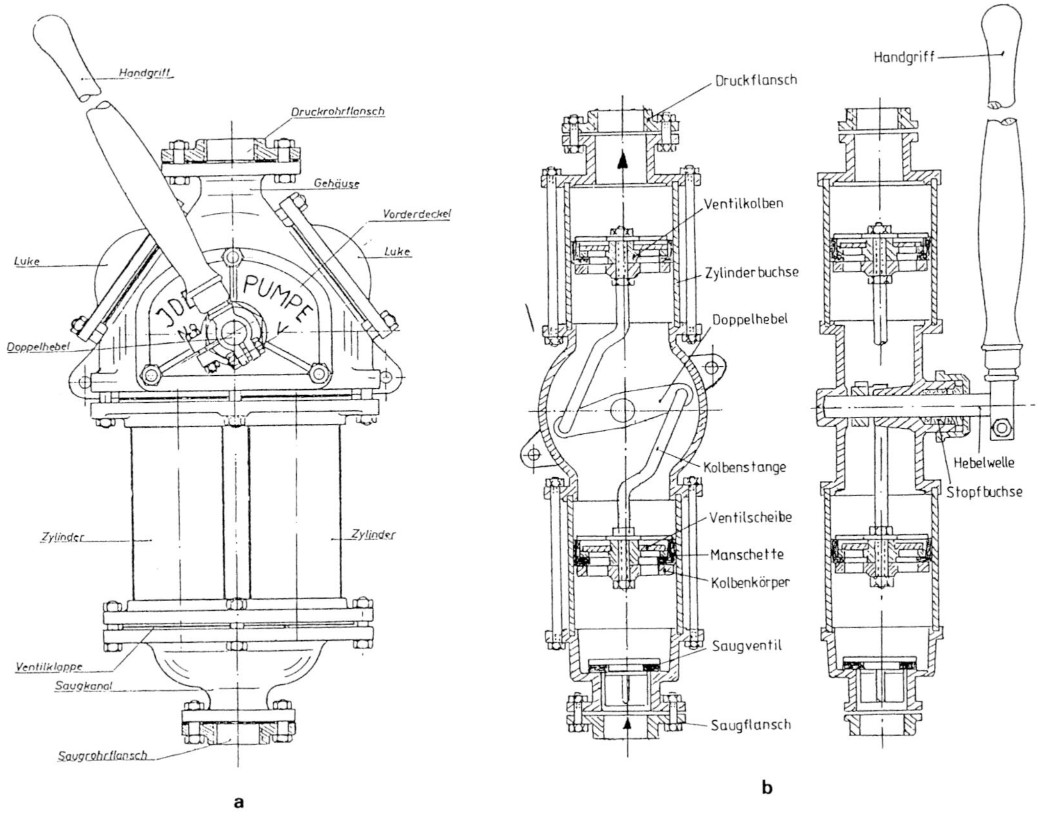

Abb. 3.164. Schnittbild von Doppelkolbenpumpen mit parallelen (a) oder gegenläufigen Zylindern (b) (OSTERMANN 1992).

betriebene, doppeltwirkende Kolbenpumpen arbeiten mit einem Kolben und vier Ventilen (Abb. 3.165). Bei jeder Kolbenbewegung wird Wasser aus der Saugleitung angesaugt und Wasser in die Druckleitung gepreßt, wodurch ein gleichmäßigerer Förderstrom erzeugt wird.

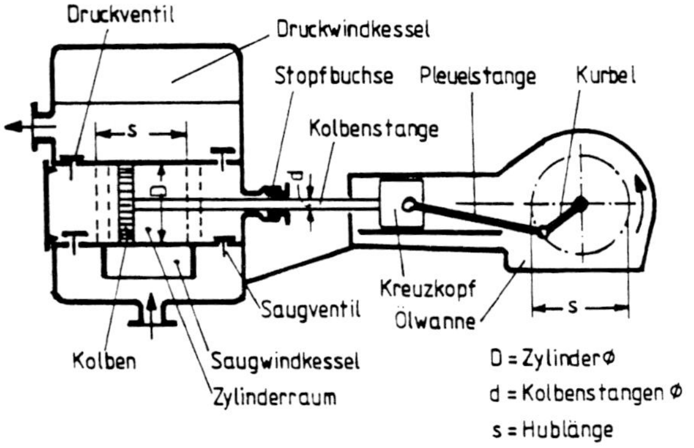

Abb. 3.165. Schematischer Aufbau einer doppeltwirkenden, liegenden Kolbenpumpe (OSTERMANN 1992; Werkzeichnung BEYER).

3.8.3 Kreiselpumpen (Zentrifugalpumpen)

Kreiselpumpen sind nach der Europump-Terminologie »Strömungsmaschinen zur Energieerhöhung der Förderflüssigkeit in einem rotierenden Laufrad«. Sie transportieren Fluide mit Hilfe eines oder mehrerer rotierender Laufräder, die in einem speziell geformten Gehäuse eingebaut sind. Wasser, das im zentralen Teil des Pumpengehäuses eintritt, wird in rotierende Bewegung gesetzt und durch die Zentrifugalkraft nach außen und in das Steigrohr gepreßt (Abb. 3.166). Das Ausfließen verursacht einen Druckabfall im Inneren des Pumpengehäuses, wodurch ein kontinuierlicher Saugeffekt entsteht, der einen stetigen Wasserzufluß erzwingt. Förderhöhe und Fördermenge, die mit einer Kreiselpumpe erreicht werden können, hängen von der Drehgeschwindigkeit, der Größe, der Form und der Anzahl der Laufräder ab. Die meisten Kreiselpumpen werden durch Elektromotore angetrieben, daneben werden Diesel- und Otto-Motore sowie Gas-, Dampf- und hydraulische Turbinen genutzt.

Kreiselpumpen können entweder als Horizontalpumpen mit horizontal-liegenden Achsen als Saugpumpen an der Erdoberfläche für die Nutzung flachgründiger Grundwasserleiter oder mit vertikaler Antriebswelle als Bohrlochwellenpumpen oder Unterwassermotorpumpen (U-Pumpen, Tauchmotorpumpen) in tiefen Grundwasserleitern in Brunnen eingesetzt werden.

Die Laufräder von Bohrlochwellenpumpen (Abb. 3.167 a) sind mittels einer Antriebswelle mit einem an der Erdoberfläche installierten Motor verbunden. Die Antriebswelle tritt im Rohrkrümmer in die Steigleitung ein, die darin eingebauten Wellenlager werden vom Förderwasser geschmiert. Bohrlochwellenpumpen werden im Bereich der Wasserförderung wegen des aufwendigen Ein- und Ausbaus der Antriebswelle und der Wellenlager mehr und mehr durch Unterwassermotorpumpen ersetzt.

Unterwassermotorpumpen (Abb. 3.167 b) bestehen aus dem im unteren Pumpenteil angeordneten Elektromotor, dem Pumpeneinlauf und dem darüber befindlichen Förderaggregat mit den Laufrädern. Die Pumpen werden durch einen wasserfesten, elektrischen Spezialmotor (Tauchmotor) angetrieben, dessen Antriebswelle fest mit der Laufradwelle des Förderaggregates verbunden und auf einem Axial- Gleitlager zur Aufnahme von Läufergewicht und Axialschub gelagert ist. Der Motor wird durch den angesaugten Grundwasserstrom gekühlt, der außerhalb der Pumpe entlang des unteren Pumpenteiles dem Pumpeneinlauf zufließt. Die Leistungsaufnahme von Unterwassermotorpumpen beträgt bei kleinen Motoren einige Watt, große Motoren arbeiten mit bis zu 2.500 kW und Arbeitsspannungen bis zu 10 kV. Am oberen Ende der Pumpe befindet sich

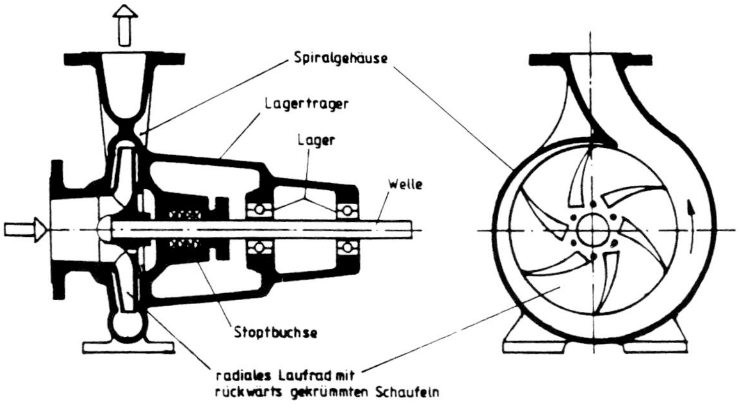

Abb. 3.166. Schema einer Kreiselpumpe mit horizontaler Achse (OSTERMANN 1992).

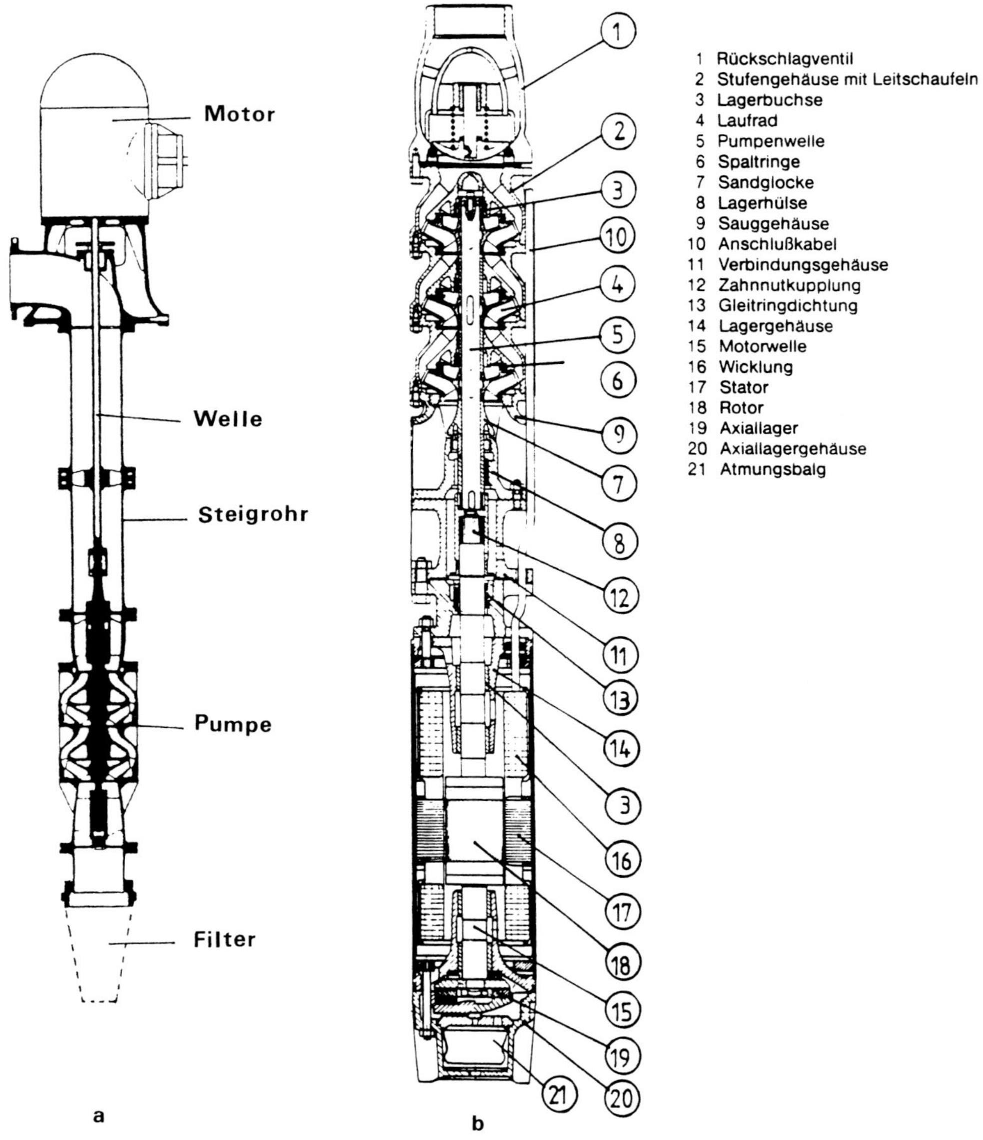

Abb. 3.167. Bohrlochwellenpumpe (a) (DVGW 1981, Ostermann 1992) und Unterwassermotorpumpe (b) (Werkzeichnung Pleuger).

ein Rückschlagventil, das bei Pumpenstillstand einen Rückfluß des Wassers aus der Steigleitung verhindert. Die Fördermengen erreichen bis über 1.000 m^3/h, die Förderhöhen bis mehr als 40 bar. Zum Einsatz bei aggressiven Wässern werden u. a. Laufräder und Laufradgehäuse aus Stahl, Kunststoff und Bronze angeboten.

a b c

Abb. 3.168. Laufräder: (a) radial, (b) halbaxial und (c) axial (OSTERMANN 1992, Werkzeichnung KSB).

Unterwassermotorpumpen haben gegenüber horizontalen Kreiselpumpen

Vorteile	Nachteile
Wasserförderung auch aus großen Tiefen	Höherer Kaufpreis
Installation auch in engen Brunnen	Gefährdung durch Kabelschäden
Praktisch wartungsfrei	
Einfacher Einbau	
Selbstansaugend	
Geräuschloser Betrieb	

Größe und Form der in Kreiselpumpen eingesetzten Laufräder beeinflussen deren hydraulische Wirkungsweise, insbesondere die auch von der Umdrehungsgeschwindigkeit abhängige Förderleistung der Pumpe. Entsprechend der Durchflußrichtung des Wassers durch ein Laufrad wird u. a. zwischen Radialrad (Abb. 3.168 a), Halbaxialrad (Abb. 3.168 b) und Axialrad (Propeller) (Abb. 3.168 c) unterschieden. Die optimalen Pumpleistungen hängen von den zu erreichenden spezifischen Drehzahlen ab (OSTERMANN 1992). Diese betragen bei

Radialrädern	n_q =	10–60 Umdrehungen/min,
Halbaxialrädern	n_q =	50–150 Umdrehungen/min,
Axialrädern	n_q =	130–500 Umdrehungen/min.

Jedes Laufrad rotiert in einem Gehäuse (Laufrad und Gehäuse werden als Stufe bezeichnet), das durch seine innere Ausformung als ein dem Laufrad angepaßtes Leitwerk wirkt, welches den rotierenden Wasserfluß in eine Aufwärtsrichtung umlenkt und – bei mehrstufigen Pumpen – der zentral angeordneten Einströmöffnung des folgenden Laufrades zuführt (Abb. 3.169). Dabei wird die absolute Geschwindigkeit des Wassers reduziert, während der statische Druck zunimmt. Die absolute Förderhöhe einer einstufigen Kreiselpumpe hängt von der Geschwindigkeit, der Form und der Größe des Laufrades ab. Werden mehrere Stufen hintereinander geschaltet, so nimmt die Förderhöhe proportional der Zahl der Stufen zu, die Fördermenge verändert sich jedoch nicht,

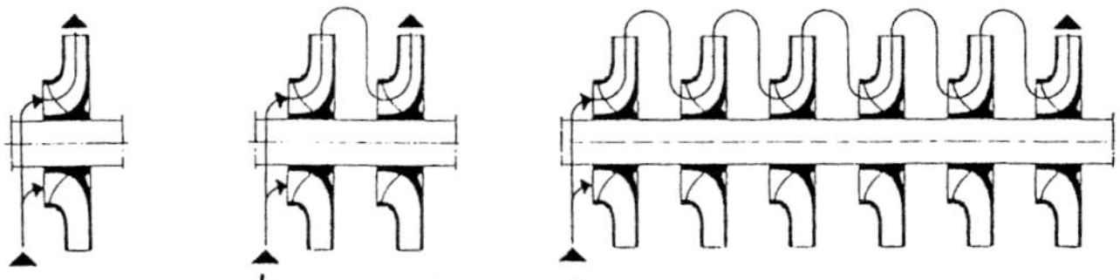

a b c

Abb. 3.169. Ein- und mehrstufige Laufradanordnung: (a) einstufig, (b) zweistufig, (c) sechsstufig (OSTERMANN 1992, Werkzeichnung KSB).

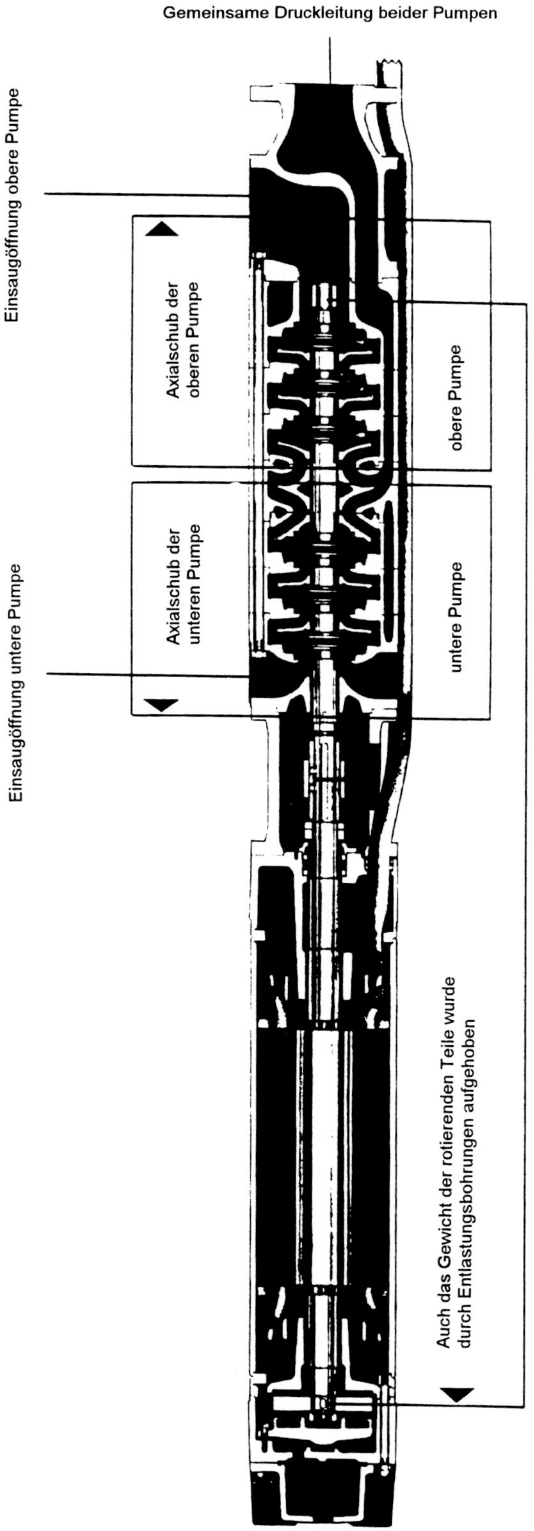

Abb. 3.170. Unterwassermotorpumpe in axialschubfreier Doppelstrombauart (Werkzeichnung RITZ).

sofern die Dimensionen und die Rotationsgeschwindigkeit der Laufräder gleich bleiben. Vielstufige Unterwassermotorpumpen erreichen Förderhöhen bis über 1.000 m.

Für besonders hohe Belastungen, d.h. für große Förderhöhen und Fördermengen, können Unterwassermotorpumpen in axialschubfreier Doppelstrombauart eingesetzt werden (Abb. 3.170).

Das Förderverhalten und die Einsatzdauer einer Kreiselpumpe können durch Kavitation erheblich beeinträchtigt werden. Kavitation ist die Bildung und das Kollabieren von Dampfblasen in einem Flüssigkeitsstrom. Dampfblasen werden gebildet, wenn der statische Druck in der Flüssigkeit bis unter den Dampfdruck der Flüssigkeit bei der gegebenen Temperatur abnimmt. In einer Kreiselpumpe nimmt der statische Druck im Ansaugbereich des Laufrades ab; hier können sich Dampfbläschen bilden. Beim Verlassen des Laufrades nimmt der statische Druck zu, die Blasen fallen zusammen. Diese Schockkondensation verläuft sehr schnell im Sinne einer Implosion, es bildet sich ein zum Blaseninnern gerichteter Mikrostrahl aus Wasser, der mit hoher Energie auf die gegenüberliegende Blasenwand trifft. Wenn sich die implodierenden Bläschen gerade mit der Oberfläche eines Pumpenteils in Kontakt befinden, werden – selbst bei Metallen – ausgehend von feinen Poren, Rissen und Rillen mechanische Zerstörungen verursacht. Sind Gase im Wasser gelöst, so kann die sog. Gas-Kavitation ebenfalls zu Zerstörungen führen, die allerdings wegen der größeren Kompressibilität von Gasen nicht so ausgeprägt sind. Kavitation wird auch durch steigende Wassertemperaturen wegen des dabei ansteigenden Dampfdruckes gefördert. Kavitationsschäden werden oft zusätzlich durch Korrosion verstärkt, was zu einem wabenartig-durchlöcherten, schwammigen Aussehen der betroffenen Stellen führt. Guß-Chrom-Stahl, Mehrkomponenten-Bronze und besonders Chrom-Nickel-Stahl weisen einen erhöhten Widerstand gegen Kavitation auf. Erkennbar ist die Kavitation an von der Pumpe kommenden, ratternden Geräuschen (vergleichbar dem Geräusch von Kies in einem Betonmischer), am rauhen Lauf der Pumpe und an einer Abnahme der Pumpleistung und der Förderhöhe.

Um in Kreiselpumpen Kavitation zu vermeiden, muß gewährleistet sein, daß der statische Druck, bestimmt durch die Höhe der Wassersäule über dem Pumpeneinlauf, so groß ist, daß die Druckabnahme in den Ansaugbereichen nicht zu einer Druckminderung bis unterhalb des Wasserdampfdruckes führt. Der Unterschied zwischen dem statischen Druck und dem Dampfdruck wird als NPSH (**N**et **P**ositive **S**uction **H**ead)-Wert bezeichnet (Gl. 3.54)

$$\text{(3.54)} \qquad \text{NPSH} = \frac{P_{\text{tot,s}} - P_D}{\varrho \cdot g}$$

mit dem Gesamt-Druck $P_{\text{tot,s}}$, dem Dampfdruck P_D, der Dichte ϱ der Flüssigkeit und der Gravitationskonstanten g (jeweils bezogen auf die Mitte des Pumpeneinlaufes)

Bei Kreiselpumpen hängt der NPSH-Wert von Betriebspunkt ab; er nimmt mit zunehmenden Fördermengen zu. Aus der NPSH-Kurve (Abb. 3.171) wird die Einbautiefe des Pumpeneinlaufes unter den abgesenkten Wasserspiegel berechnet, die einen Kavitations-freien Betrieb sicherstellt.

Kreiselpumpen fördern bei konstanter Drehgeschwindigkeit variable Wassermengen, die mit abnehmender Förderhöhe zunehmen, dabei ändert sich gleichzeitig der Leistungsbedarf der Pumpe. Die Beziehung zwischen Förderhöhe und Fördermenge wird durch die Charakteristik der Kreiselpumpe (Pumpen-Charakteristik, Q/H-Kurve, charakteristische Kurve) beschrieben. Die Form dieser Kurve hängt vom Pumpentyp ab. Wie bereits erwähnt, kann die Förderhöhe durch Hinzufügen von Stufen erhöht werden, nicht aber die Fördermenge. Abb. 3.171 zeigt die Pumpencharakteristik eines Pumpentyps mit 1 bis 14 Stufen. Das Vorhandensein und die Funktion des Rückschlagventils am oberen Pumpenende vermindern hier – in Abhängigkeit von der Fördermenge – die Förderhöhe.

Darüber hinaus wird die Kreiselpumpe durch die Kurve des Gesamt-Wirkungsgrades charak-

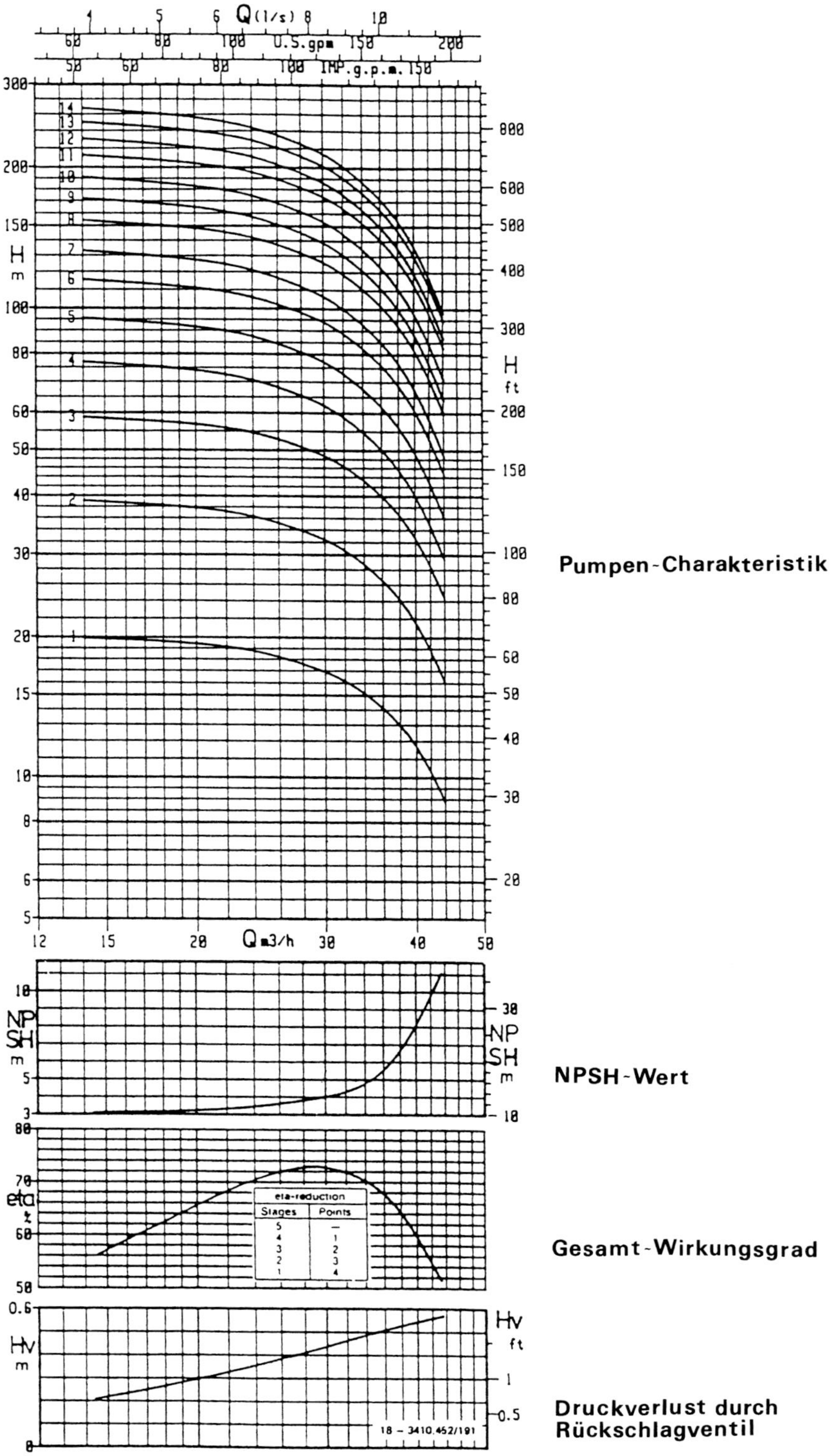

Abb. 3.171. Leistungskurven der KSB Tauchmotor-Pumpen UPA 200–8 (Werkzeichnung KSB).

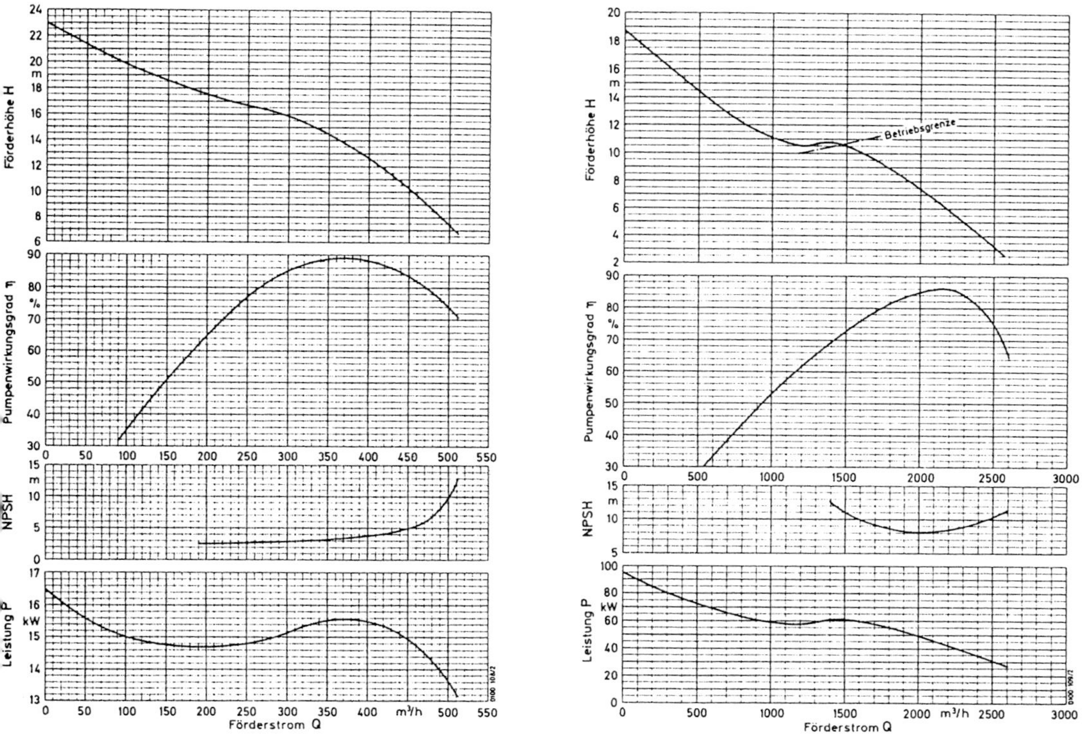

a b

Abb. 3.172. Charakteristische Kurven von Kreiselpumpen mit unterschiedlichen spezifischen Drehzahlen: (a) halbaxiales Laufrad mit 80 Umdrehungen/min, (b) axiales Laufrad mit 200 Umdrehungen/min (OSTERMANN 1992, Werkzeichnung KSB).

terisiert (Abb. 3.171), die die Wirkungsgrade von Motor und Pumpeneinheit zusammenfaßt. Diese Kurve durchläuft ein Maximum. Mit Ausnahme einiger Spezialfälle sollte der Betriebspunkt der Pumpe immer nahe diesem Maximum liegen. Bei höheren Laufradgeschwindigkeiten wird die Kurve des Gesamt-Wirkungsgrades spitzer (Abb. 3.172).

Das geförderte Wasser strömt oberhalb der Pumpe durch die Steigleitung nach oben und passiert dort Rohrkrümmer, Ventile und Paßstücke. Dabei ergeben sich Energieverluste, die u.a. vom Durchmesser, der Länge, der Ausgestaltung und der Wandrauhigkeit der Rohre und Werkstücke sowie von der Fördermenge abhängen. Dieses System wird durch die Anlagen-Charakteristik (Rohrleitungskennlinie) beschrieben, die die Beziehung zwischen der Gesamtförderhöhe – z.B. bis in ein Speicherbecken – und der Fördermenge wiedergibt. Die Kurve der Anlagen-Charakteristik ist flach, wenn u.a. die Rohre eine geringe Wandreibung aufweisen, sie verläuft steil bei hohen Reibungsverlusten, z.B. bei kleinen Rohrdurchmessern oder Inkrustationen. Der Schnittpunkt der Kurven der Pumpen- und der Anlagen-Charakteristik ist der Betriebspunkt, der die Förderhöhe und Fördermenge wiedergibt, die sich bei der Kombination einer bestimmten Kreiselpumpe mit einer bestimmten Rohrnetzanlage selbständig einstellen (Abb. 3.173a). Der Betriebspunkt verschiebt sich, wenn sich die Drehgeschwindigkeit der Pumpenlaufräder ändert (Abb. 3.173b), wenn weitere Pumpen parallel dazu geschaltet werden (Abb. 3.174a), oder wenn der Widerstand im Leitungssystem steigt, z.B. durch Drosseln von Ventilen oder durch die Ablagerung von Inkrustationen (Abb. 3.174b).

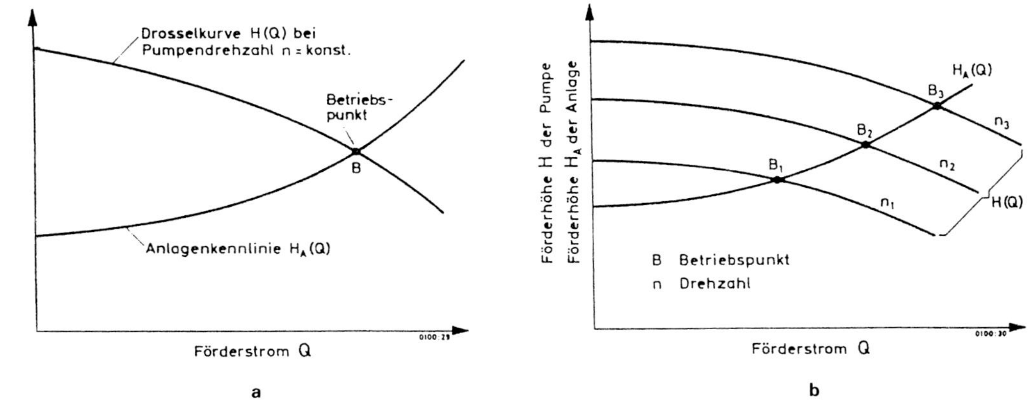

Abb. 3.173. Definition des Betriebspunktes einer Kreiselpumpe (a); Verschiebung des Betriebspunktes entlang der Anlagen-Charakteristik durch Erhöhung der Pumpendrehzahl von n_1 auf n_3 (b) (Werkzeichnung KSB).

Die temperaturabhängigen Parameter Dichte und Viskosität der geförderten Flüssigkeit, hier des Wassers (Tabelle 3.23), beeinflussen die Förderhöhe, die Fördermenge, den Energiebedarf und den Wirkungsgrad einer Kreiselpumpe. Die Viskosität beschreibt die Eigenschaft der inneren Reibung eines Fluids, die der wechselseitigen Verschiebung benachbarter Schichten entgegenwirkt. Wenn Dichte und/oder Viskosität des gepumpten Wassers zunehmen, nehmen Fördermenge und Förderhöhe ab.

Gase können gelöst oder ungelöst in Flüssigkeiten enthalten sein. In gelöster Form sind Gase molekular verteilt und durch physikalische Kräfte an die Flüssigkeitsmoleküle gebunden. Die Löslichkeit von Gasen in Wasser ist druck- und temperaturabhängig, in hohem Maße z. B. bei Sauerstoff (Abb. 3.175). Die Konzentration eines gelösten Gases in einer Flüssigkeit übersteigt nicht – außer bei instabilen übersättigten Lösungen – einen Höchstwert, der von der Art und dem Zustand der Flüssigkeit abhängt. Wenn die Löslichkeit mit fallendem Druck und steigender Temperatur abnimmt, können die Gase im Ansaugbereich der Pumpen als Bläschen freigesetzt

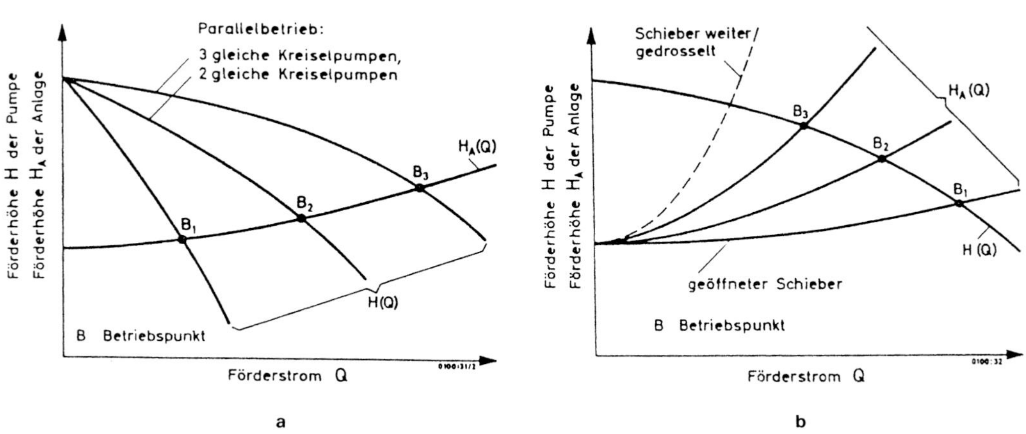

Abb. 3.174. Verschiebung des Betriebspunktes entlang der Anlagen-Charakteristik bei Zuschaltung einer gleichen zweiten und dritten, parallel arbeitenden Pumpe (a); Verschiebung des Betriebspunktes entlang der Kurve der Pumpen-Charakteristik durch zunehmende Drosselung der Ventile (b) (Werkzeichnung KSB).

Tabelle 3.23. Dampfdruck p und Dichte ϱ des Wassers (KSB 1980).

t °C	T K	p bar	ϱ kg/dm³
0	273,15	0,00611	0,9998
1	274,15	0,00657	0,9999
2	275,15	0,00706	0,9999
3	276,15	0,00758	0,9999
4	277,15	0,00813	1,0000
5	278,15	0,00872	1,0000
6	279,15	0,00935	1,0000
7	280,15	0,01001	0,9999
8	281,15	0,01072	0,9999
9	282,15	0,01147	0,9998
10	283,15	0,01227	0,9997
11	284,15	0,01312	0,9997
12	285,15	0,01401	0,9996
13	286,15	0,01497	0,9994
14	287,15	0,01597	0,9993
15	288,15	0,01704	0,9992
16	289,15	0,01817	0,9990
17	290,15	0,01936	0,9988
18	291,15	0,02062	0,9987
19	292,15	0,02196	0,9985
20	293,15	0,02337	0,9983
21	294,15	0,02485	0,9981
22	295,15	0,02642	0,9978
23	296,15	0,02808	0,9976
24	297,15	0,02982	0,9974
25	298,15	0,03166	0,9971
26	299,15	0,03360	0,9968
27	300,15	0,03564	0,9966
28	301,15	0,03778	0,9963
29	302,15	0,04004	0,9960
30	303,15	0,04241	0,9957
31	304,15	0,04491	0,9954
32	305,15	0,04753	0,9951
33	306,15	0,05029	0,9947
34	307,15	0,05318	0,9944
35	308,15	0,05622	0,9940
36	309,15	0,05940	0,9937
37	310,15	0,06274	0,9933
38	311,15	0,06624	0,9930
39	312,15	0,06991	0,9927
40	313,15	0,07375	0,9923
41	314,15	0,07777	0,9919
42	315,15	0,08198	0,9915
43	316,15	0,08639	0,9911
44	317,15	0,09100	0,9907
45	318,15	0,09582	0,9902
46	319,15	0,10086	0,9898
47	320,15	0,10612	0,9894
48	321,15	0,11162	0,9889
49	322,15	0,11736	0,9884
50	323,15	0,12335	0,9880
51	324,15	0,12961	0,9876
52	325,15	0,13613	0,9871
53	326,15	0,14293	0,9866
54	327,15	0,15002	0,9862
55	328,15	0,15741	0,9857
56	329,15	0,16511	0,9852
57	330,15	0,17313	0,9846
58	331,15	0,18147	0,9842
59	332,15	0,19016	0,9837
60	333,15	0,19920	0,9832

t °C	T K	p bar	ϱ kg/dm³
61	334,15	0,2086	0,9826
62	335,15	0,2184	0,9821
63	336,15	0,2286	0,9816
64	337,15	0,2391	0,9811
65	338,15	0,2501	0,9805
66	339,15	0,2615	0,9799
67	340,15	0,2733	0,9793
68	341,15	0,2856	0,9788
69	342,15	0,2984	0,9782
70	343,15	0,3116	0,9777
71	344,15	0,3253	0,9770
72	345,15	0,3396	0,9765
73	346,15	0,3543	0,9760
74	347,15	0,3696	0,9753
75	348,15	0,3855	0,9748
76	349,15	0,4019	0,9741
77	350,15	0,4189	0,9735
78	351,15	0,4365	0,9729
79	352,15	0,4547	0,9723
80	353,15	0,4736	0,9716
81	354,15	0,4931	0,9710
82	355,15	0,5133	0,9704
83	356,15	0,5342	0,9697
84	357,15	0,5557	0,9691
85	358,15	0,5780	0,9684
86	359,15	0,6011	0,9678
87	360,15	0,6249	0,9671
88	361,15	0,6495	0,9665
89	362,15	0,6749	0,9658
90	363,15	0,7011	0,9652
91	364,15	0,7281	0,9644
92	365,15	0,7561	0,9638
93	366,15	0,7849	0,9630
94	367,15	0,8146	0,9624
95	368,15	0,8453	0,9616
96	369,15	0,8769	0,9610
97	370,15	0,9094	0,9602
98	371,15	0,9430	0,9596
99	372,15	0,9776	0,9586
100	373,15	1,0133	0,9581
102	375,15	1,0878	0,9567
104	377,15	1,1668	0,9552
106	379,15	1,2504	0,9537
108	381,15	1,3390	0,9522
110	383,15	1,4327	0,9507
112	385,15	1,5316	0,9491
114	387,15	1,6362	0,9476
116	389,15	1,7465	0,9460
118	391,15	1,8628	0,9445
120	393,15	1,9854	0,9429
122	395,15	2,1145	0,9412
124	397,15	2,2504	0,9396
126	399,15	2,3933	0,9379
128	401,15	2,5435	0,9362
130	403,15	2,7013	0,9346
132	405,15	2,8670	0,9328
134	407,15	3,041	0,9311
136	409,15	3,223	0,9294

t °C	T K	p bar	ϱ kg/dm³
138	411,15	3,414	0,9276
140	413,15	3,614	0,9258
145	418,15	4,155	0,9214
150	423,15	4,760	0,9168
155	428,15	5,433	0,9121
160	433,15	6,181	0,9073
165	438,15	7,008	0,9024
170	443,15	7,920	0,8973
175	448,15	8,924	0,8921
180	453,15	10,027	0,8869
185	458,15	11,233	0,8815
190	463,15	12,551	0,8760
195	468,15	13,987	0,8704
200	473,15	15,55	0,8647
205	478,15	17,243	0,8588
210	483,15	19,077	0,8528
215	488,15	21,060	0,8467
220	493,15	23,198	0,8403
225	498,15	25,501	0,8339
230	503,15	27,976	0,8273
235	508,15	30,632	0,8205
240	513,15	33,478	0,8136
245	518,15	36,523	0,8065
250	523,15	39,776	0,7992
255	528,15	43,246	0,7916
260	533,15	46,943	0,7839
265	538,15	50,877	0,7759
270	543,15	55,058	0,7678
275	548,15	59,496	0,7593
280	553,15	64,202	0,7505
285	558,15	69,186	0,7415
290	563,15	74,461	0,7321
295	568,15	80,037	0,7223
300	573,15	85,927	0,7122
305	578,15	92,144	0,7017
310	583,15	98,700	0,6906
315	588,15	105,61	0,6791
320	593,15	112,89	0,6669
325	598,15	120,56	0,6541
330	603,15	128,63	0,6404
340	613,15	146,05	0,6102
350	623,15	165,35	0,5743
360	633,15	186,75	0,5275
370	643,15	210,54	0,4518
374,15	647,30	221,2	0,3154

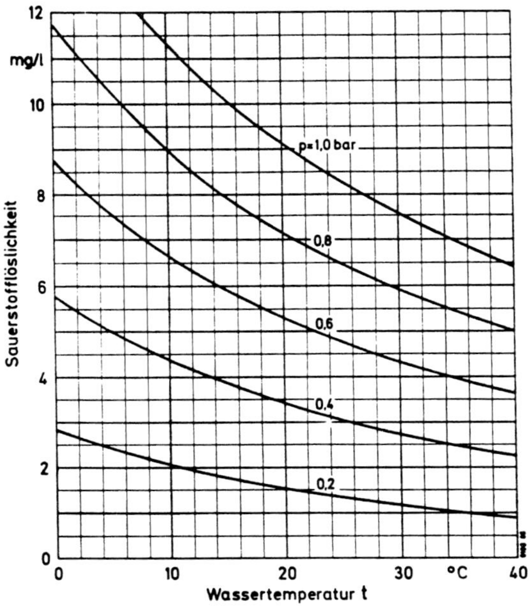

Abb. 3.175. Druck- und temperaturabhängige Löslichkeit von Sauerstoff in Wasser.

werden. Ungelöstes Gas ist in Flüssigkeiten in Form kleiner Blasen vorhanden. Die Gehalte an nicht gelösten Gasen sind nahezu unbegrenzt; sie hängen hauptsächlich vom Bewegungszustand der Flüssigkeit – stagnierend, laminar oder turbulent – ab. Die in Flüssigkeiten enthaltenen Gase beeinflussen das Saugverhalten von Kreiselpumpen. Ein hoher Gasgehalt führt zu einem höheren NPSH-Wert (Abb. 3.176), begünstigt damit die Kavitation und beeinflußt darüber hinaus das gesamte Betriebsverhalten der Pumpe.

Auch Korrosion verändert oder schädigt durch eine chemische oder elektrochemische Reaktion an der Oberfläche eines Feststoffes den ursprünglichen Oberflächenzustand. Sie wird durch Flüssigkeiten bewirkt, die sich gegen einen gegebenen Werkstoff unter bestimmten Bedingungen, wie Strömung, Temperatur, elektrochemische Phänomene, oder in Gegenwart von Katalysatoren aggressiv verhalten.

Lochartige und nadelartige Korrosion wird als Lochfraß bezeichnet. Metalle, die passive Oberflächenschichten entwickeln können, wie z. B. Kupfer- und Aluminium-Oxide auf Eisen-Legierungen, Metallsalze, wie Bleisulfat oder Zinkcarbonat, und Kalk- oder Rostschutzschichten sind besonders Korrosions-resistent (Beneke 1992; Abschnitt 3.9.1.7).

Spannungskorrosion wird bei dafür anfälligen Materialien wie Messing oder Chrom-Nickel-Stahl durch Zugspannungen und die Anwesenheit kritischer Wirkstoffe wie Sauerstoff, Nitrate oder Halogene verursacht.

Erosion einer Materialoberfläche wird durch den mechanischen Angriff eines Fluids hervorgerufen, das feste Partikel enthält. Der Verschleiß nimmt zu

- mit der 2. oder 3. Potenz der relativen Geschwindigkeit zwischen Wasser und Pumpenmaterial,
- wenn die Pumpenmaterialien gleichzeitig dem Angriff von Korrosion, Kavitation und mechanischem Abrieb ausgesetzt sind,
- proportional der Feststoffkonzentration,
- mit dem Verhältnis der Härte der Feststoffpartikel zur Härte des Pumpenmaterials,

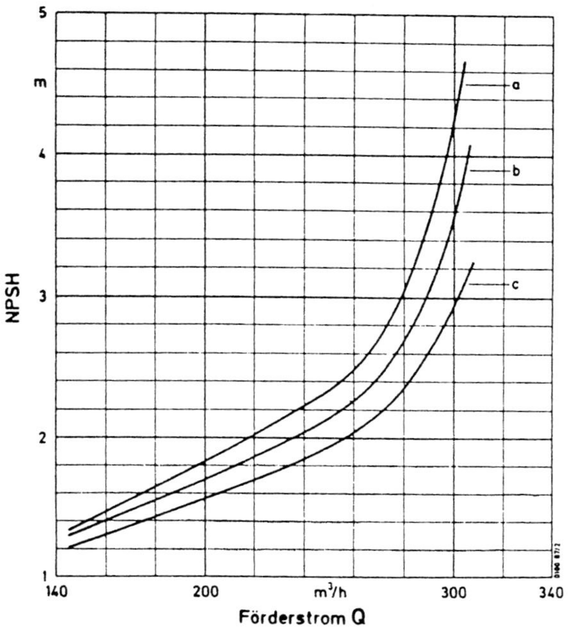

Abb. 3.176. Einfluß von gelöster Luft auf das Saugverhalten einer Kreiselpumpe mit radialen Laufrädern (a) bei 1,9-1,6 Vol.-%, (b) bei 1,2-1,0 Vol.-% und (c) bei 0,5-0,4 Vol.-% Luft-Gehalt (Werkzeichnung KSB).

- mit dem Verhältnis der Dichte der Feststoffpartikel zur Dichte des Wassers,
- mit abnehmender Rundung der Partikel,
- mit zunehmendem Korndurchmesser der Partikel.

Die zugelassene Feststoffkonzentration und deren zulässiger Korndurchmesser richtet sich nach dem Pumpentyp. Generell sind in dieser Hinsicht Kreiselpumpen empfindlicher als z. B. Kolben- oder Lufthebepumpen.

Als Ablagerungen können in Pumpen auftreten:
- Korrosionsprodukte,
- Salze (hauptsächlich Carbonate und Sulfate), die bei Überschreiten der Sättigungskonzentration, bei einer Verschiebung des Kalk-Kohlensäure-Gleichgewichtes oder bei der Ansammlung von kolloiden bis grobdispersen Substanzen ausfallen,
- Sandansammlungen,
- Algen- und Bakterienbewuchs.

Vor dem Einbau einer Pumpe in einen Brunnen muß das Gesamtgewicht der zu installierenden Teile berechnet werden, um ein ausreichend stabiles Montagegerät wählen zu können. Das Einbaugewicht umfaßt das Gewicht der Pumpe, der elektrischen Kabel, der Kabelschellen und des Steigrohres. Wird andererseits eine Pumpe ausgebaut, so muß auch das Gewicht des im Steigrohr verbleibenden Wassers berücksichtigt werden. Weiterhin ist zu beachten, daß die meisten Pumpenmotore mit Wasser gefüllt sein müssen (Betriebsanleitung!). Beim Einbau einer Tauchmotorpumpe muß insbesondere das Elektrokabel sehr vorsichtig abgesenkt werden, um Beschädigungen durch Zugspannungen zu vermeiden. Das Kabel wird am Steigrohr mittels Kabelschellen befestigt (bei Flanschsteigleitungen sollten sie etwa 50 cm über und unter den Flanschverbindungen angebracht werden, wobei darauf zu achten ist, daß das Kabel durch die Aussparung im Flansch verläuft). Bei längeren Rohren wird eine zusätzliche Kabelschelle in der Mitte des Rohres angebracht.

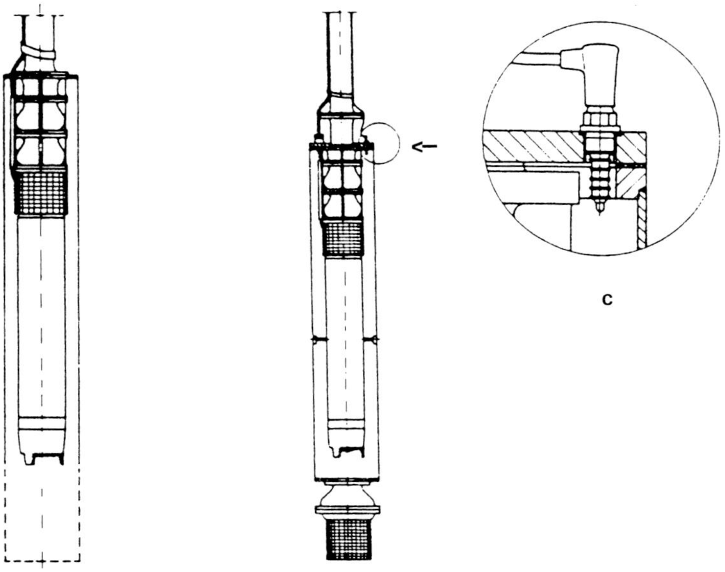

Abb. 3.177. Unterwassermotorpumpe mit Wasserführungsmantel und Einlaufseiher (a), mit Druckmantel und Sicherheitselektrode (b), mit Druckmantel und Niveau-Sicherheitsschalter (c) (Werkzeichnung EMU).

Bei der Positionierung der Pumpe im Brunnen ist unbedingt zu beachten, daß sich der Pumpeneinlauf nicht innerhalb eines Filterrohres befindet; andernfalls kann die in Höhe des Pumpeneinlaufes besonders hohe Sogwirkung – und damit die erzwungene hohe Fließgeschwindigkeit des zu- und einströmenden Wassers – die Filterkiesschüttung und das umgebende Gestein destabilisieren. Der Pumpeneinlauf muß – unter Beachtung der Wasserspiegelabsenkung beim Förderbetrieb – über oder unter der Filterrohrtour stehen; die günstigste Stellung ist meist in der Mitte der Filterrohrstrecke innerhalb eines eingefügten Blindrohres (Vollwandrohr).

In besonderen Fällen können Unterwassermotorpumpen mit einem Wasserführungsmantel umgeben werden, der unten offen oder mit einem Einlaufseiher versehen sein kann (Abb. 3.177a):

- wenn die Pumpe unterhalb der Filterstrecke oder im Pumpensumpf eingebaut werden muß; der Wasserführungsmantel zwingt das einströmende Wasser, dem Pumpeneinlauf von unten her zuzufließen und dabei den Tauchmotor zu kühlen;
- wenn die Pumpe doch in die Filterrohrstrecke eingebaut werden muß; der Wasserführungsmantel vermindert den lokal wirkenden Sogeffekt und schützt dadurch den Brunnen;
- bei unverrohrten Brunnen aus den gleichen Gründen;
- bei Sandführung; der Einlaufseiher und die langsamere Aufwärtsströmung bis zum Pumpeneintritt führen zur Sedimentation der Sandkörner.

Im Falle, daß der Grundwasserspiegel bei der Förderung bis unter den Pumpeneinlauf abgesenkt werden soll, kann die U-Pumpe mit einem Druckmantel mit Fußventil ausgerüstet werden (Abb. 3.177b). Das Fußventil dient gleichzeitig als Rückschlagventil für die Pumpe, die somit kein weiteres Rückschlagventil benötigt. Falls das Fußventil undicht wird, ist ein Trockenlaufschutz vorzusehen, entweder in Form einer im Druckmantel eingebauten Elektrode

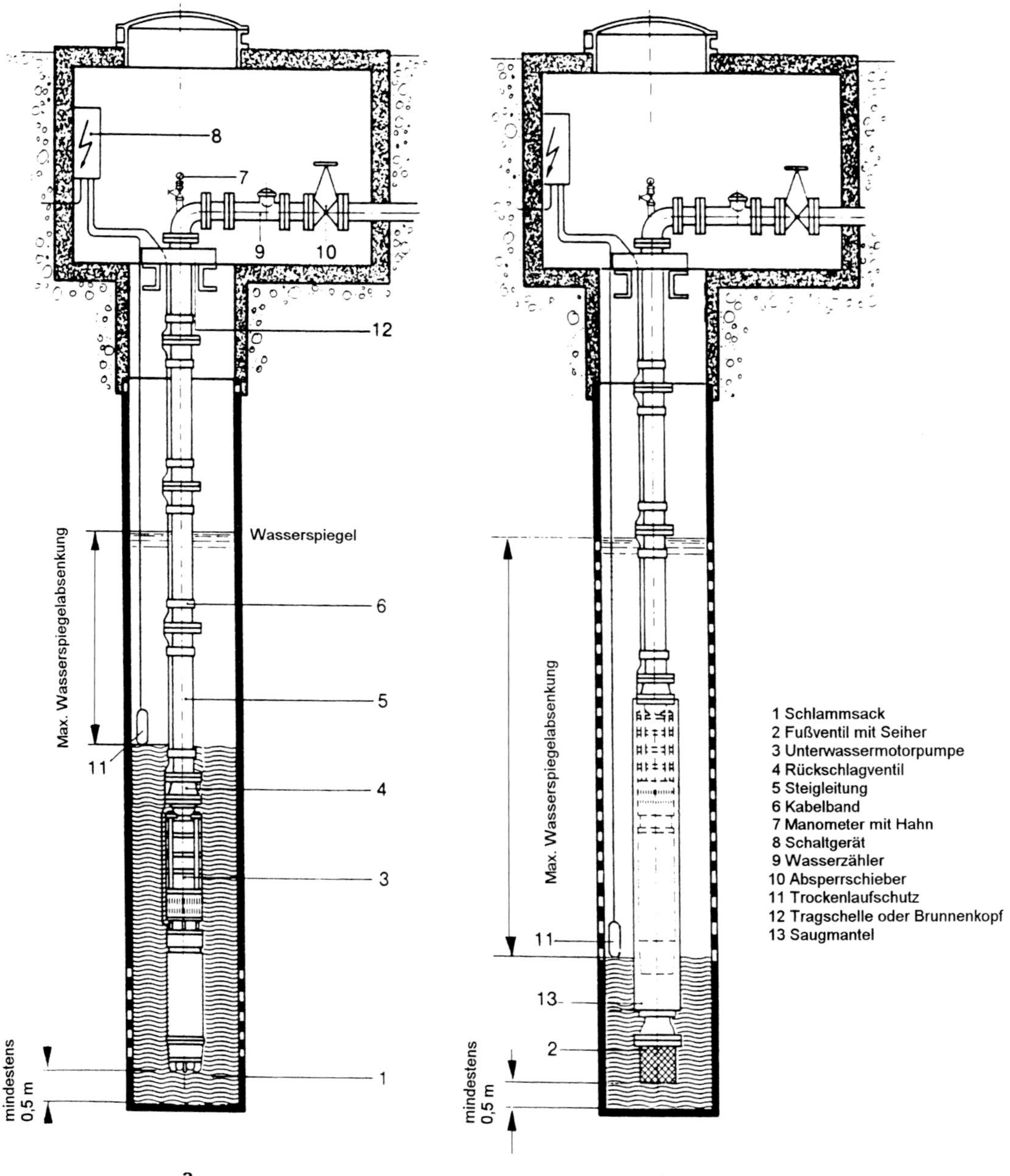

Abb. 3.178. Vollausgebauter Brunnen mit Unterwassermotorpumpe (a) ohne und (b) mit Druckmantel (Werkzeichnung RITZ).

(Abb. 3.177 b), die einen Pumpbetrieb bei nicht vollständig gefülltem Druckmantel verhindert, oder durch den Einbau eines Niveauschalters im Brunnen, der die Pumpe bei Unterschreiten eines vorgegebenen Wasserstandes abschaltet (Abb. 3.177 c).

Unterwassermotorpumpen werden auch in Schlagwetter-geschützter Ausführung angeboten.

Die eingebaute Unterwassermotorpumpe wird von der Steigleitung getragen (Abschnitt

3.5.5.1). Am oberen Ende der Steigleitung befinden sich Manometer, Wasserstandsanzeiger, Wasserzähler, Proben-Entnahmehahn und Absperrventil sowie die elektrische Ausrüstung (Abb. 3.178). Der Brunnenkopf muß sorgfältig gegen Beschädigungen und Verunreinigungen geschützt werden. Dazu gibt es einfach ausgeführte Brunnenschächte und aufwendige Brunnenstuben, sowohl über als auch unter Flur (s. a. Abschnitt 3.5).

Bei ihrer Inbetriebnahme ist eine Tauchpumpe immer gegen einen fast geschlossenen Schieber anzufahren. Die Pumpe sollte zunächst nur kurze Zeit laufen und dann einige Minuten lang abgestellt werden, bis die Luft aus der Pumpe entwichen ist und alle Hohlräume innerhalb der Pumpe völlig mit Wasser gefüllt sind. Das geförderte Wasser sollte mehrmals auf Sandführung geprüft werden, bis es technisch Sand-frei ist (Abschnitt 3.6.1). Bei ständiger Sandführung unterliegt die Unterwassermotorpumpe einem erhöhten Verschleiß, der schon nach kurzer Zeit zum Ausfall führen kann.

Während des normalen Pumpbetriebes müssen die Werte des Energieverbrauches, der Wasserförderung und des Wasserstandes aufgezeichnet oder regelmäßig kontrolliert und die Sandführung in bestimmten Intervallen überwacht werden (anfangs täglich, später wöchentlich). Bei Veränderungen der Werte sind die Einflußfaktoren zu ermitteln (z. B. Grundwasserabsenkung, Ansaugen von Luft, Ausfällungen in der Kiesschüttung und/oder in den Filterrohröffnungen, Verschleiß der Pumpe durch Erosion oder Korrosion).

3.8.4 Spezielle Pumpensysteme

3.8.4.1 Wasserstrahlpumpe

Bei den Wasserstrahlpumpen wird durch den starken Druckabfall des mit hoher Geschwindigkeit aus einer Düse austretenden Treibwassers Förderwasser angesaugt (Abb. 3.179). Dabei können Saughöhen von bis zu 9 m und Druckhöhen bis über 100 m erreicht werden. Im Brunnenbau werden Wasserstrahlpumpen selten und dann nur als Ansaughilfen für Kreiselpumpen in Tiefbrunnen eingesetzt.

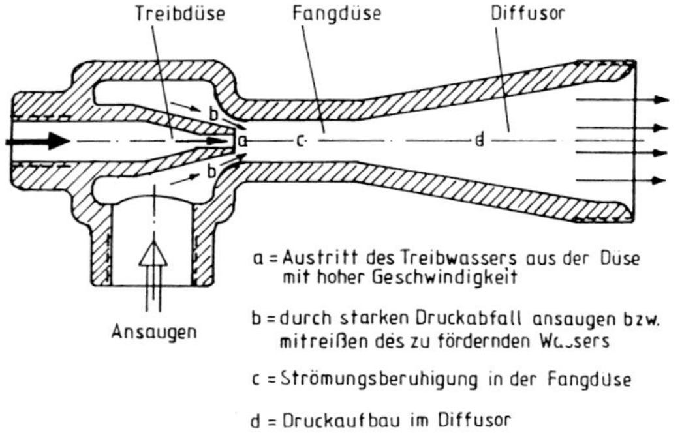

Abb. 3.179. Aufbau und Funktion einer Wasserstrahlpumpe (OSTERMANN 1992).

3.8.4.2 Mammutpumpe

Das Prinzip der Mammutpumpe (Luft-Mischheber, Lufthebepumpe) besteht darin, durch Zugabe von Druckluft mittels eines in den Brunnen eingeführten, mit einem Förderrohr verbundenen Druckgestänges ein Luft-Wasser-Gemisch herzustellen, das auf Grund seiner gegenüber Wasser geringeren Dichte aus dem Förderrohr austritt (Abb. 3.180). Die Fördermenge ist vom eingeblasenen Luftvolumenstrom, der Eintauchtiefe und der Länge des Förderrohres ab-

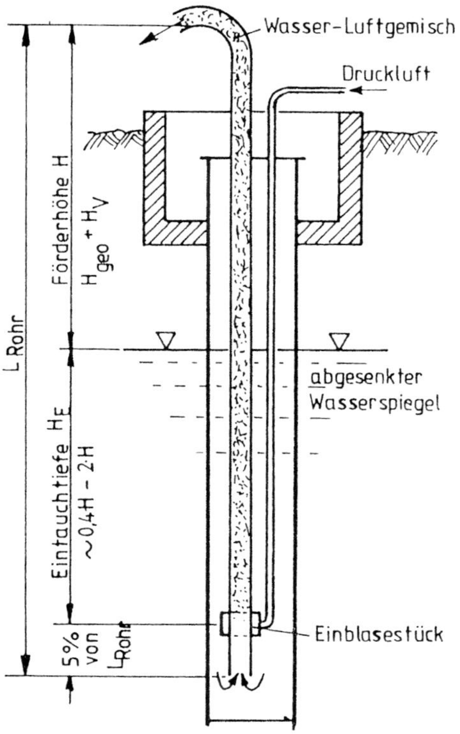

Abb. 3.180. Schema einer Mammutpumpe (OSTERMANN 1992).

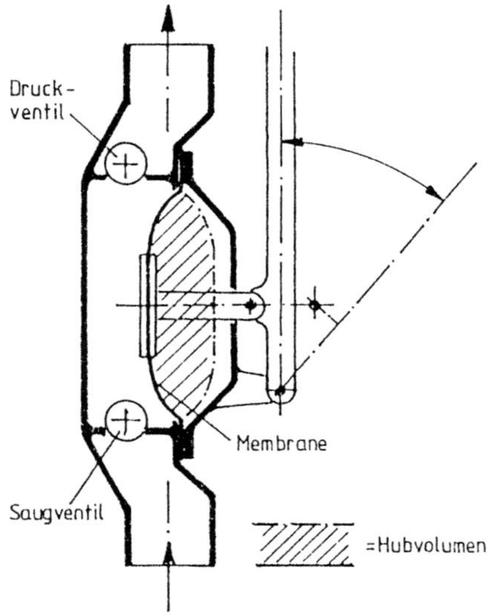

Abb. 3.181. Membranpumpe (OSTERMANN 1992).

hängig und schwankt zwischen dem 0,5- bis 0,1-fachen des Luftstromes. Mammutpumpen werden zum Entsanden von Bohrbrunnen und zur Notwasserversorgung eingesetzt. Wegen der unregelmäßigen bis stoßartigen Förderweise ist ein den Brunnen schonender, vorsichtiger Betrieb angeraten.

3.8.4.3 Membranpumpe

Membranpumpen sind Verdrängungspumpen, bei denen maschinell oder im Handbetrieb mittels einer elastischen Membran aus Kautschuk oder Kunststoff, die in einem Hubraum mit Saug- und Druckventil bewegt wird, ein Wasservolumen angesaugt und wieder ausgestoßen wird (Abb. 3.181). Die Förderhöhe beträgt meist nur bis 15 m bei einer Förderrate bis zu 60 l/min. Wegen ihrer relativen Unempfindlichkeit gegenüber mitgeführten Sandpartikeln werden Membranpumpen meist für Grundwasserabsenkungen eingesetzt.

3.8.4.4 Exzenterschneckenpumpe

Bei Exzenterschneckenpumpen rotiert eine Exzenterschnecke (Rotor) in einem feststehenden Gehäuse (Stator). Der Stator hat eine Längsbohrung mit gleichbleibendem, kreisförmigem Querschnitt, dessen exzentrisch liegender Mittelpunkt sich einmal schraubenförmig um die Längsachse dreht. Der Rotor hat ebenfalls einen Kreisquerschnitt, dessen Mittelpunkt aber zweimal schraubenförmig exzentrisch um die Längsachse gedreht ist. Die Steigung der Rotor-

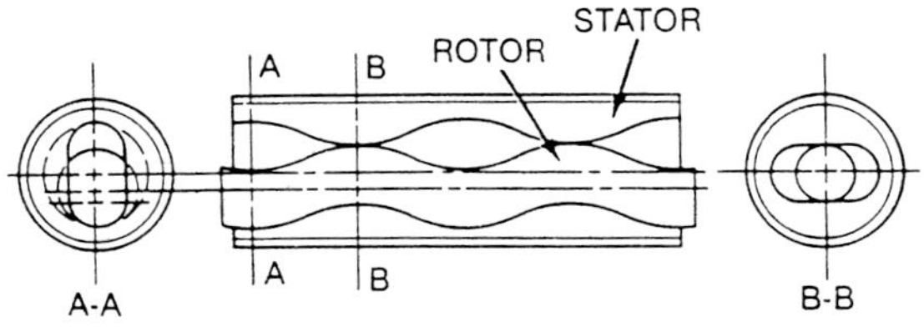

Abb. 3.182. Schema einer Exzenterschneckenpumpe (Werkzeichnung ROBBINS & MYERS).

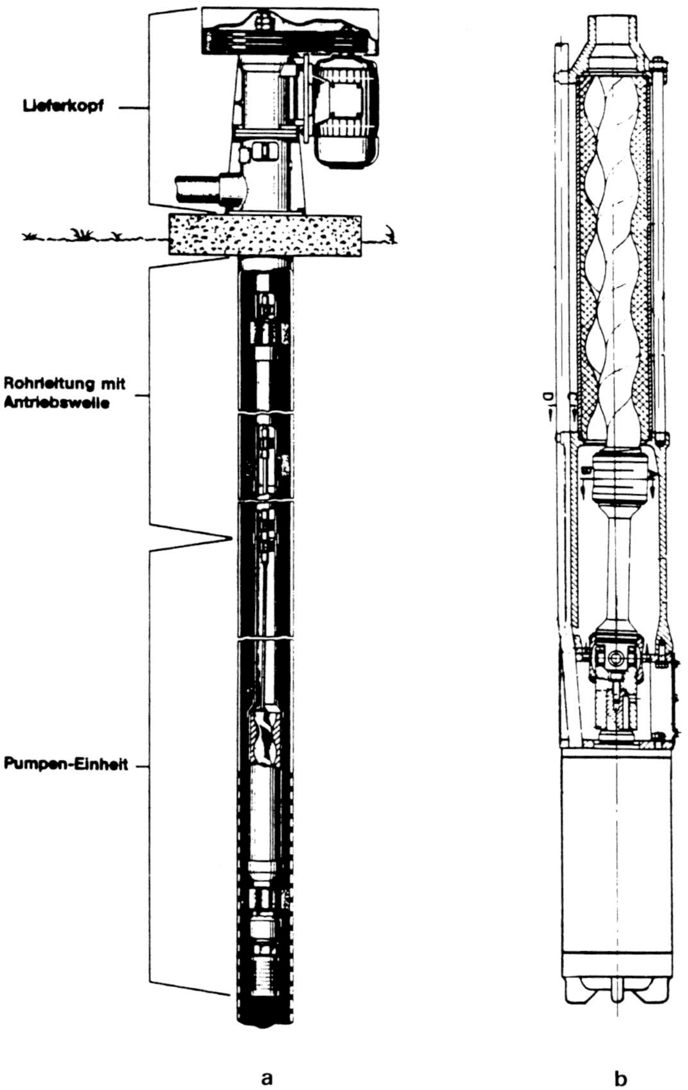

Abb. 3.183. Exzenterschneckenpumpen: (a) Bohrlochwellenpumpe, (b) Unterwassermotorpumpe (OSTERMANN 1992, Werkzeichnung BORNEMANN).

schnecke ist daher nur halb so steil wie die Stator-Steigung (Abb. 3.182). Infolge der unterschiedlichen Steigungen entstehen in sich abgeschlossene Hohlräume, die bei Drehung des Rotors schraubenförmig in Achsrichtung wandern. Exzenterschneckenpumpen werden maschinell angetrieben als Bohrlochwellenpumpen (Abb. 3.183 a) oder als Unterwassermotorpumpen (Abb. 3.183 b); sie können kleiner dimensioniert auch von Hand betätigt werden.

3.8.4.5 Hydraulicher Widder (Stoßheber)

Beim Hydraulischen Widder werden Druckstöße genutzt, die beim plötzlichen Abstoppen von strömendem Wasser auftreten und ein mehrfaches des statischen Druckes erreichen. Erforderlich ist ein ständiger, ausreichender Wasserstrom. Das Gerät besteht aus einem Rohrstück mit gebogenem Ablauf, eingebautem Stoßventil und einem Windkessel mit Druckventil. An den Windkessel wird die Druckleitung angeschlossen (Abb. 3.184). Nach Öffnen des Zulaufschiebers

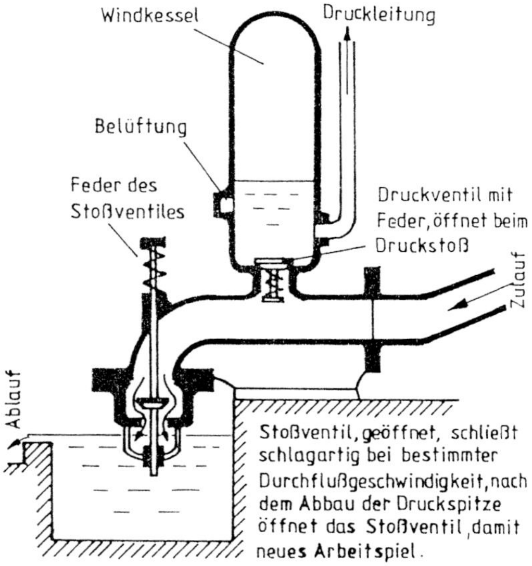

Abb. 3.184. Schema eines Hydraulischen Widders (OSTERMANN 1992).

strömt Wasser durch das Gerät zum Auslauf. Bei Überschreiten einer bestimmten Geschwindigkeit schließt das Stoßventil schlagartig den Auslauf. Die entstehende Druckspitze öffnet das Druckventil, und ein Teil des Wasserstromes fließt in den Windkessel. Damit ist die Druckspitze abgebaut, das Stoßventil öffnet sich wieder, und der Vorgang beginnt von neuem. Die Stoßzahl variiert je nach den Arbeitsbedingungen zwischen 25 und 50/min. Die Schwingfeder des Stoßventils läßt sich verstellen und erlaubt so, den Widder an den Wasseranfall anzupassen. Als Förderleistungen werden Werte zwischen 19 und 8600 l/h genannt. Hydraulische Widder werden zur Förderung von Quellwasser in Hochbehälter eingesetzt (OSTERMANN 1992).

3.8.4.6 Pumpen zur Entnahme von Wasserproben aus Grundwasser-Meßstellen

Da besonders ältere Grundwasser-Meßstellen häufig kleinkalibrig verrohrt sind (DN 78 mm und weniger), wurden spezielle Pumpen zur Entnahme von Grundwasserproben für chemisch-bakteriologische Untersuchungen entwickelt. Dazu zählen Kolbenprober (Entnahme bis 4 m Tiefe), kleine Saugpumpen (∅ 30–50 mm bzw. 50–100 mm. Entnahmetiefen bis 9 m), Tauchschwingkolbenpumpen (∅ < 50 mm, Entnahmetiefe bis 50 m), Tiefsauger (∅ 138 mm, Entnahmetiefe bis 30 m). Diese Spezialpumpen haben jedoch alle nur geringe Förderleistungen in der Größenordnung < 1l/min bis etwa 5 l/min (Käss 1989, DVWK 1982a).

3.8.5 Pumpen in Entwicklungsländern

Auch in Entwicklungs- und Schwellenländern sollten in dicht bevölkerten Gebieten und Großstädten Brunnen und Pumpen hohen technischen Standards eingesetzt werden, um die Wasserversorgung zu sichern. In ländlichen Gebieten müssen dagegen aus ökonomischen Gründen und wegen mangelnder technischer Dienstleistungen einige besondere Kriterien bei der Entscheidung über die Art der einzusetzenden Pumpe beachtet werden:

- geringe Anschaffungskosten,
- geringe Betriebskosten,
- geringe Wartungskosten,
- Installation, Wartung und Reparaturen müssen sich leicht durchführen lassen,,
- unkomplizierter Betriebsablauf,
- Herstellung, Montage und Reparaturen sollten möglichst von örtlichen Kräften durchgeführt werden,
- zuverlässiger Betrieb muß gewährleistet sein,
- hohe Widerstandsfähigkeit gegen Korrosion.

Die Möglichkeit der örtlichen Anfertigung, Montage, Wartung und Reparatur ist ein wichtiger Faktor bei der Entscheidung über die einzusetzende Pumpe. Da die meisten Pumpen in abgelegenen Gebieten verwendet werden, sollte das gesamte Pumpengerät robust und leicht zu reparieren sein, um eine angemessene Betriebsdauer zu garantieren. Aus diesen Gründen ist der Einsatz von Motorpumpen oft unzweckmäßig, es sei denn, daß eine günstige Energiequelle genutzt werden kann. Derartige Energiequellen können in tropischen und subtropischen Gebieten die Windkraft und die Sonnenenergie sein. Die Windkraft wird bereits seit langem zur Wasserförderung eingesetzt, bei der Sonnenenergie bestehen derzeit noch ökonomische Probleme.

Die Nutzung der Windenergie bietet sich insbesondere in Gebieten mit ausreichender Windstärke und Winddauer an. Der Bau eines Wind-betriebenen Systems für die Förderung von Grundwasser kann in Erwägung gezogen werden, wenn

- die Windgeschwindigkeit in mehr als 60% der Zeit mindestens 2,5 bis 3 m/s beträgt,
- eine Speicherkapazität für den Wasserbedarf von mindestens 3 Tagen für windstille Perioden vorgehalten wird,
- der Brunnen kontinuierlich ohne starke Absenkung gepumpt werden kann,
- das Windrad auf einem Turm ungefähr 6 m über der Erdoberfläche erstellt wird,
- der Brunnen zusätzlich mit Handpumpen versehen werden kann.

Meist haben die Rotoren Durchmesser zwischen 2 und 6 m. Sie müssen mit einer Vorrichtung ausgestattet sein, die bei zunehmender Windstärke automatisch durch Umlenken des Rotors parallel zur Windrichtung (d. h. durch Umlenken der Rotorachse senkrecht zur Windrichtung) zu schnelle Rotationen verhindert, die den Rotor zerstören würden.

Sonnenenergie kann in Gebieten mit hoher Sonnenscheindauer und hohen Strahlungswerten, also besonders in ariden und semiariden Gebieten, genutzt werden. Es wurde bisher eine ganze Anzahl sonnenbetriebener Systeme zur Grundwasserförderung entwickelt, von denen hier beispielhaft das von Dornier vorgestellte System beschrieben wird (Abb. 3.185). Es besteht aus

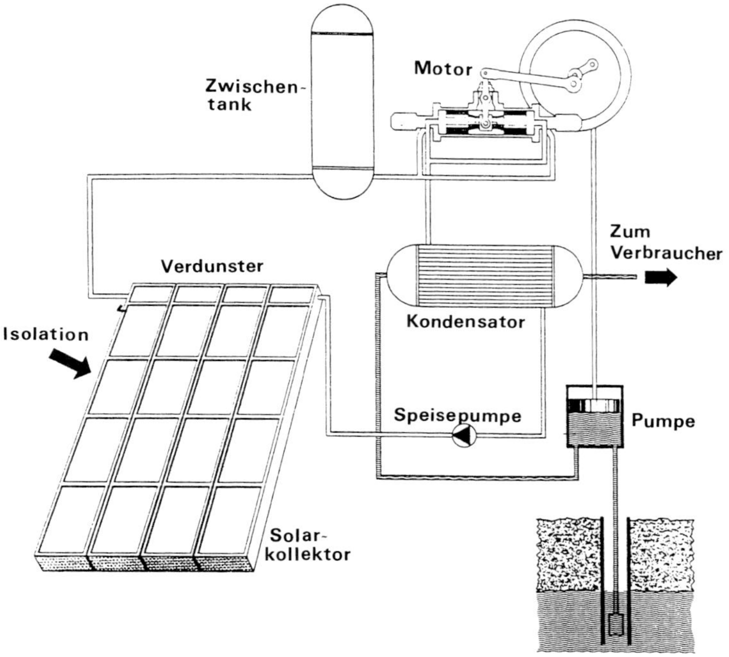

Abb. 3.185. Schema eines Solar-Pumpensystems mit geschlossenem Kreislauf (Werkzeichnung DORNIER).

4 Hauptkomponenten: einem Sonnenkollektor mit Verdunster, einem Motor, einem Kondensator und einer Grundwasserpumpe. Dieses System bildet einen geschlossenen Kreislauf, der sich bei einer Strahlung von ungefähr 500 W/m^2 automatisch in Gang setzt. Die absorbierte Sonnenenergie verdampft ein Arbeitsfluid, z. B. Freon. Der Dampf gelangt in einen Zwischentank, von dem er in den Antriebsmotor der Grundwasserpumpe eingespeist wird. Danach wird der Dampf im Kondensator wieder verflüssigt und von einer Hilfspumpe, die auch vom Antriebsmotor angetrieben wird, in den Verdunster zurückgepumpt.

Sonnenenergie kann auch eingesetzt werden zum Laden von Batterien, die dann elektrischen Strom für den Betrieb einer Elektropumpe liefern. Elektropumpen können jedoch auch direkt durch den Solarzellengenerator angetrieben werden.

Pumpen für kleineren Wasserbedarf werden in Entwicklungs- und Schwellenländern häufig von Hand betrieben (Tiere sollten wegen der Verschmutzungsgefahr für die Förderung von Trinkwasser nicht eingesetzt werden !). Die Verwendbarkeit und Akzeptanz von Handpumpen werden vor allem durch ihre Bedienbarkeit, ihre Ausmaße und den einzusetzenden Kraftaufwand bestimmt.

Eine sehr einfache und kostengünstige Pumpe wird in Zimbabwe hergestellt (Prodorite). Sie wird von Hand durch direktes Auf- und Abführen einer Stange betrieben, die mit dem Pumpenkolben verbunden ist, der seinerseits in einem Kunststoffrohr geführt wird. Um ungefähr 1200 l/h zu fördern, müssen ca. 40 Hübe/min ausgeführt werden.

Der häufigste Handpumpentyp ist jedoch die Kolbenpumpe. Meist werden die Pumpen mit einem Pumpenschwengel betrieben, manchmal auch mit einer Kurbel oder einem Rad. Es gibt eine große Anzahl derartiger einfacher Handpumpen, von denen auch einige in Ländern der Dritten Welt gefertigt werden, z. B. die India Mark II Tiefbrunnen Handpumpe der Fa. MEERA INDUSTRIES Co.

Von Zeit zu Zeit werden von nationalen und internationalen Institutionen Prüfprogramme zur Verläßlichkeit und Haltbarkeit von einfachen Handpumpen durchgeführt, z. B. in Ghana durch die Ghana Water and Sewerage Corporation in den Jahren 1979 und 1980. Die jeweiligen Ergebnisse können bei den United Nations-Missionen oder den Ministerien oder Wasserversorgungs-Organisationen der jeweiligen Länder erfragt werden.

Ketten-Pumpen können in Brunnen mit ausreichend großem Durchmesser eingesetzt werden. Sie bestehen aus einem von Hand zu bedienenden Antriebsrad, einem Förder- und einem Führungsrohr sowie einer Endlos-Kette, die mit Scheiben oder Stopfen aus Gummi oder Kunststoff ausgestattet ist (Abb. 3.186). Der aufwärts bewegte Abschnitt der Endlos-Kette wird durch

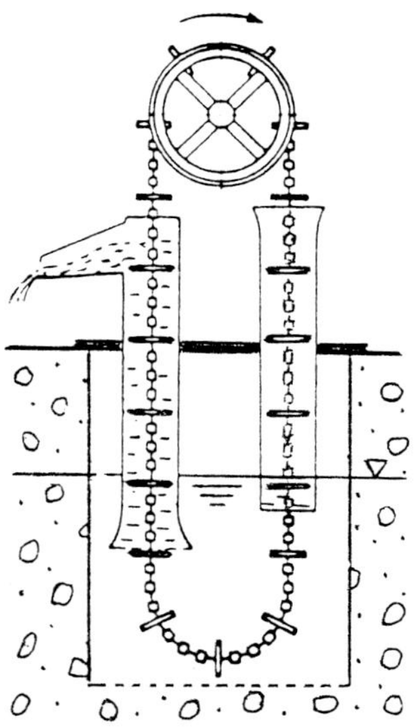

Abb. 3.186. Ketten-Pumpe (nach Ostermann 1992).

das Förderrohr geführt, dessen innerer Durchmesser nahezu dem äußeren Durchmesser der Scheiben oder Stopfen entspricht. Hierdurch wird Grundwasser aus einem flachgründigen Brunnen mechanisch an die Erdoberfläche gebracht. Eine Ketten-Pumpe mit einem Rohrdurchmesser von 20 mm und Scheiben oder Stopfen, die im Meter-Abstand angebracht sind, kann bei einem Antrieb von 30–90 Umdrehungen/min 5 bis 15 l/min Wasser liefern.

Für weitere Angaben zu Pumpen wird auf Kittner et al. (1988) und Ostermann (1992) verwiesen.

3.9 Brunnenregenerierung

3.9.1 Alterung von Brunnen

Bei Kiesfilterbrunnen und noch mehr bei Gewebefilterbrunnen treten im Laufe der Zeit als Alterungsphänomene Versandung (Verschlammen), Verkrustungen (Verockerung, Versinterung, Ablagerung von Aluminium-Verbindungen), Verschleimung (Massenentwicklung Schleim-bildender Bakterien) und Zerstörungen (Korrosion) auf, die zu einem Nachlassen der Brunnenleistung und u. U. zum völligen Versiegen führen. Dabei vollziehen sich die Versandung, die Verschleimung und die Inkrustation allmählich und folgen im allgemeinen einer Exponentialfunktion, während Korrosionen schnell ablaufen und einen plötzlichen Ausfall eines Brunnens verursachen können (BIESKE 1965, BIESKE et al. 1998, DVGW 1992, GERB 1965, KREMS 1961, SCHIKOWSKI et al. 1993).

Bei der Beurteilung der Lebensdauer eines Brunnens ist zu beachten, daß sich in ihm ständig Wasser bewegt, was je nach der Beschaffenheit des Grundwasssers und der festen Untergrundmaterialien zu physikalischen und chemischen Veränderungen dieses Systems führt. THIEM (1928) weist daher zu Recht darauf hin, daß von Brunnen – ebenso wie von Maschinen – keine unbegrenzte Haltbarkeit erwartet werden kann. Allgemein wird die Lebensdauer von Bohrbrunnen von ihrer Bauart und ihren Abmessungen, vor allem von Bohrdurchmesser und Filterlänge, von der Korngrößenzusammensetzung und dem k_f-Wert des Grundwasserleiters, von der Korrosions-chemischen Beschaffenheit des Grundwassers und des festen Untergrundmaterials sowie von ihrer Beanspruchung durch Grundwasserentnahme und Spiegelabsenkung bestimmt. Der bei sachgerechtem Bau anfänglich geringe Filtereintrittswiderstand und die Durchflußwiderstände des Filterkieses und des angrenzenden Grundwasserleiters nehmen stark zu, wenn die Wassereintrittsflächen durch die genannten Alterungsvorgänge verengt oder schließlich dicht werden. Der Leistungsrückgang und die damit verbundene stärkere Spiegelabsenkung im Brunnen können jedoch auch auf einer allgemeinen Absenkung des Grundwasserspiegels oder – bei artesischen Brunnen – auf einem Zurückgehen der überlaufenden Wassermenge bzw. der Steighöhe beruhen. Dies kann durch den Vergleich der Wasserspiegelstände im Peilfilter des Brunnens und in benachbarten Grundwasser-Meßstellen erkannt werden (BIESKE 1965, BIESKE et al. 1998, DVGW 1992).

Die Ursache von Leistungsrückgängen kann durch optische Untersuchungen mit einer Unterwasserkamera oder -Fernsehkamera aufgeklärt werden, mit Hilfe Bohrloch-geophysikalischer Methoden können die Zuflußbereiche geortet werden (Abschnitt 3.4.4); chemische und mikroskopische Untersuchungen des Brunnenwassers sowie der Ablagerungen an der Brunnenwand, an Pumpen und Steigleitungen liefern wichtige Hinweise auf die Ursachen der Brunnenalterung und führen so zum zweckmäßigen Vorgehen bei der Brunnenregenerierung (DVGW 1992).

3.9.1.1 Versandung

Versandung tritt als physikalischer Prozeß vor allem bei nicht oder nicht ausreichend entsandeten Bohrbrunnen auf, bei denen feinkörnige Anteile des Grundwasserleiters in der unmittelbaren Bohrlochumgebung verblieben. Ein derartiger Brunnen wird beim Betrieb zunächst Sand führen und der Gefahr der Verstopfung der Filtereintrittsfläche durch feinere Kornteilchen (Ton, Schluff und Sand des Grundwasserleiters) unterliegen. Diese werden nämlich vor allem bei fehlerhafter oder nicht optimaler Wahl der Korngrößen der Filterkies- bzw. -sandschüttung oder falschem Brunnenausbau (falscher Einbauort der Pumpe) (Abschnitt 3.5.5.2) oder bei zu großen Zuflußgeschwindigkeiten bei überlasteten Brunnen durch die Wasserbewegung allmählich in die Kiesschüttung transportiert und können u. U. den Porenraum der Kiesschüttung so sehr verengen, daß deren Durchlässigkeit erheblich herabgesetzt wird. Bei Gewebefilterbrunnen kann sich das feinere Korn in den Gewebemaschen festsetzen und diese schließlich völlig verschließen. In ähnlicher Weise können die Porenräume bei zu feinkörnigen Kiesbelagfiltern zugeschwemmt und dicht werden. Das Versanden ist durch richtige Bemessung der Korngrößen der Kiesschüttung und der Größe der Filtereintrittsöffnungen und durch ausreichende Entsandung der Brunnen zu vermeiden (BIESKE 1965, DVGW 1992).

Auch bei Bohrbrunnen in standfesten Festgesteinen werden bei ungenügender Auswaschung des Grundwasserleiters in der Umgebung der Brunnen durch die Wasserbewegung im Laufe der Zeit feiner Sand und Schlamm in den Brunnen und in die Spalten und Kluftsysteme seiner Umgebung eingetragen, wodurch ebenfalls die Brunnenleistungen gemindert werden (BIESKE 1965).

Bei einer mechanischen oder korrosiven Beschädigung eines Filterrohres oder bei dessen fehlerhaftem Einbau können Sande und Kiese aus der Schüttung in das Brunneninnere gelangen und den Brunnenraum schnell bis zur Höhe des beschädigten Filterstückes füllen.

Schließlich kann ein Brunnen über längere Zeit Feinsand führen, ohne daß seine Ergiebigkeit wesentlich nachläßt. Der Sand wird dann mit dem Rohwasser abtransportiert und findet sich im Filterschlamm oder in Wasserbehältern wieder. Auf diese Weise können durch Suffosion erhebliche Anteile des Grundwasserleiters aus dem Untergrund entfernt werden (Abschnitt 3.5.6.2), so daß Setzungen auftreten und den Brunnen zerstören können (Abb. 3.18 a).

3.9.1.2 Inkrustation

Inkrustationen bilden sich durch das Ablagern von Partikeln oder von Ausfällungen von schwerlöslichen Eisen- und Mangan-Verbindungen (Verockerung; Abschnitt 3.9.1.3) oder von Erdalkalicarbonaten (Versinterung; Abschnitt 3.9.1.4) sowie von mikrobiellem Bewuchs am und im Filterrohr, im Grundwasserleiter oder im Kiesfilter. Sie führen dazu, daß die Brunnenfilter und die unmittelbare Umgebung des Brunnens allmählich so schlecht durchlässig werden, daß die Wasserförderung aus dem Brunnen schließlich zum Erliegen kommt. Inkrustationen treten bei Sauerstoffaufnahme, bei Entgasung, bei Mischwässern, durch Strömungsvorgänge, durch mikrobiologische Einflüsse und schließlich durch die Betriebsart der Brunnen auf (BIESKE 1965, DVGW 1992, KITTNER et al. 1988).

Die unter reduzierenden Bedingungen im Grundwasser gelösten Eisen(II)- und Mn(II)-Ionen werden in Gegenwart von Carbonat- oder Sulfid-Ionen als Carbonate oder Sulfide ausgefällt. In Gegenwart von freier Kohlensäure werden die Carbonate in einem 2. Reaktionsschritt gelöst und abgeführt. Bei der Oxidation der Eisen (II)-Ionen, etwa bei Zutritt von Sauerstoff, wird das Eisen in der Brunnenfassung, im Filterrohr, in der Kiesschüttung und im Grundwasserleiter als gelbbraunes bis braunrotes Eisen(III)-Hydroxid ($Fe(OH)_3$) (Gl. 3.55) ausgefällt, das sich im Laufe der Zeit unter Wasserabgabe in Eisen-Oxidhydrat (FeOOH) (Gl. 3.56), also in Ocker, umwandelt:

(3.55) $$Fe^{2+} + 3H_2O \rightarrow Fe(OH)_3 + 3\,H^+ + e^-$$

(3.56) $$Fe(OH)_3 \rightarrow FeOOH + H_2O$$

Analoge Vorgänge sind mit der mengenmäßig zurücktretenden Ausfällung der Mn(II)-Ionen als Mn(IV)-Hydroxide und Umwandlung in Mn(IV)-Oxid verknüpft (GERB 1965, MATTHESS 1994). Die Eisen- und Mangan-Ausscheidungen können im Porenraum als Verockerung und auf den Brunnenfilterrohren als harte Beläge (Verkrustungen) auftreten (Abschnitt 3.9.1.3) oder als Schwebstoffe abgeführt werden. Das Ausfallen von Eisen(III)-Hydroxiden und von Mangan(IV)-Hydroxiden und -Oxiden wird vielfach durch Lösungsgenossen, wie z. B. durch gelöste Huminstoffe verhindert. Auch der Lösungsangriff Sauerstoff-haltiger Grundwässer hängt von den

Lösungsgenossen ab, die von aggressiven »sauren« Wässern bis zu Schutzschichtbildnern reichen können (GERB 1965).

Die Entgasung trägt in geringerem Umfange zu den Vorgängen der Inkrustation bei. Die Druckentlastung bei der Absenkung des Wasserspiegels führt u. U. zum Entweichen von CO_2 und damit zu einer Störung des Kalk-Kohlensäure-Gleichgewichtes, was zum Ausfallen von Calciumkarbonat führen kann. Weiterhin können Kohlenstoffdioxid-Verluste bei Gas-führenden Grundwässern auftreten, in denen u. a. Stickstoff- oder Methan-Bläschen aufsteigen. Das gelöste CO_2 setzt sich mit diesen Gas-Bläschen ins Gleichgewicht und geht so für die Lösung verloren.

Bei der Vermischung von chemisch verschiedenen Grundwässern beim Pumpbetrieb in Brunnen oder beim hydraulischen Kontakt von Wasser in einem Filterrohrstrang, der mehrere Grundwasserstockwerke mit unterschiedlicher chemischer Grundwasserbeschaffenheit erschließt, können chemische Ausfällungen oder auch Korrosionen eintreten (MATTHESS 1994).

An der Bildung von Inkrustationen, die als Folge von Reduktions- bzw. Oxidationsreaktionen entstehen, sind in der Regel Mikroorganismen beteiligt. Begünstigt wird die Verockerung von Brunnen durch Massenentwicklungen von Eisen- und Mangan-Bakterien, vor allem bei Redox-Potentialen über -10 ± 20 mV und Eisen(II)-Gehalten über 0,2–0,5 mg/l im Bereich der erhöhten Anström-Geschwindigkeit nahe dem Brunnenfilter (HÄSSELBARTH & LÜDEMANN 1967). Die wichtige Rolle der Mikroorganismen bei der Verockerung verdeutlichen z. B. Parallel-Versuche von KREMS (1961), bei denen zwei Brunnen unbehandelt blieben und zwei Brunnen in monatlichem Abstand mit einer Keim-tötenden 5%igen Para-Caporit-Lösung behandelt wurden. Schon nach einem Jahr wiesen die unbehandelten Brunnen starke Inkrustationen und den damit verbundenen Leistungsabfall auf, während die behandelten Brunnen sauber und leistungsstark blieben. Ähnliche Ergebnisse wurden bei Versuchen mit Horizontalfiltersträngen erzielt. Es besteht demnach die Möglichkeit, durch Desinfektionsmaßnahmen die Bildung von Abscheidungen in Grenzen zu halten oder zu verhindern. Hierzu kann Chlor (z. B. als Bleichlauge oder Caporit-Lösung) verwendet werden. In der DDR wurden zur Desinfektion auch unter Beachtung des Strahlenschutzes im Brunnen plazierte Gamma-Strahler (z. B. Co-60) eingesetzt (KITTNER et al. 1988).

Erhöhte Fließgeschwindigkeit, besonders bei turbulenter Strömung im Brunnenbereich, begünstigt die Ausfällung (DVGW 1992, WIEDERHOLD 1954). Auf Einflüsse der Betriebsart weist hin, daß Bohrbrunnen mit Unterwasserpumpen auch bei hoher Beanspruchung, z. B. bei REYNOLDS-Zahlen von 30–40, sehr viel langsamer verockern als Bohrbrunnen mit Heberleitungen, und daß über Jahrzehnte ruhende Bohrbrunnen nicht verockern, im Gegensatz zu benachbarten betriebenen Brunnen.

Mechanische Ursachen treten gegenüber den bisher genannten chemischen und mikrobiellen Einflüssen sehr zurück. Zu diesen gehören Bodenbewegungen, die vor allem Festgesteins-Grundwasserleiter so verändern, daß die Brunnenleistung nachläßt oder völlig ausfällt, ferner Bodenbewegungen, die den Bohrbrunnen unmittelbar so beschädigen, daß die Leistung erheblich zurückgeht. Ein Nachlassen der Brunnenleistung kann auch durch Turbulenzen beim Wassereintritt aus der Kiesschüttung in das Filterrohr verursacht werden, die bei nicht sachgerecht in die Filterrohrstränge eingebauten Saugkörben oder Pumpen durch Aufwirbelung der Filterkieskörner die Filterrohre beschädigen oder zerstören. Mechanische Zerstörungen können ferner in Brunnen auftreten, deren Achse erheblich von der Senkrechten abweicht, so daß die Vibration der eingebauten Pumpen durch Zerscheuern oder Zerhämmern die Brunnenrohre allmählich zerstört.

Die Brunnenleistung kann schließlich nachlassen, wenn mehr Grundwasser gefördert wird, als dem Gleichgewicht zwischen Einzugsgebiet und Grundwasserneubildung des Grundwasservorkommens und der Wasserförderung entspricht. Bei einer derartigen Überbeanspruchung wird selbst bei konstanter Förderung ein allmähliches Absinken des abgesenkten Wasserspiegels eintreten. Das Nachlassen der Betriebs- gegenüber der Pumpversuchsleistung von Brunnen in geringer durchlässigen Grundwasserleitern (z. B. Tonschiefer, Grauwacken) beruht vielfach darauf, daß der Grundwasservorrat in den Klüften während des Pumpversuches, besonders wenn er zu kurz ausgeführt wurde, nur z. T. entleert wird, so daß er erst nach einiger Betriebszeit völlig aufgebraucht ist und sich das mengenmäßig niedrigere Gleichgewicht zwischen Grundwasserzufluß aus dem Einzugsgebiet und der Wasserförderung einstellt. Auch die Wirkung benachbarter Brunnen ist zu beachten, besonders bei artesischen Brunnen. Hier sind eindrucksvolle Beispiele bekannt, bei denen Wasserschüttung und Steighöhe schlagartig zurückgingen, als einige km entfernt ein neuer Brunnen das artesische Grundwassersystem anzapfte. Das klassische Beispiel für derartige Wechselwirkungen sind die 3 km voneinander entfernten artesischen Brunnen, die 1841 bzw. 1861 in den Pariser Stadtteilen Grenelle und Passy erstellt wurden (MATTHESS & UBELL 1983).

3.9.1.3 Verockerung

Verockerung ist die Verdichtung der Wassereintrittsflächen eines Brunnens durch Eisen- und Mangan-Verbindungen. Sie tritt am häufigsten als Verdichtung am Filterrohr und in dessen unmittelbarer Umgebung in der Kiesschüttung auf (Abb. 3.187a) und macht sich durch starkes

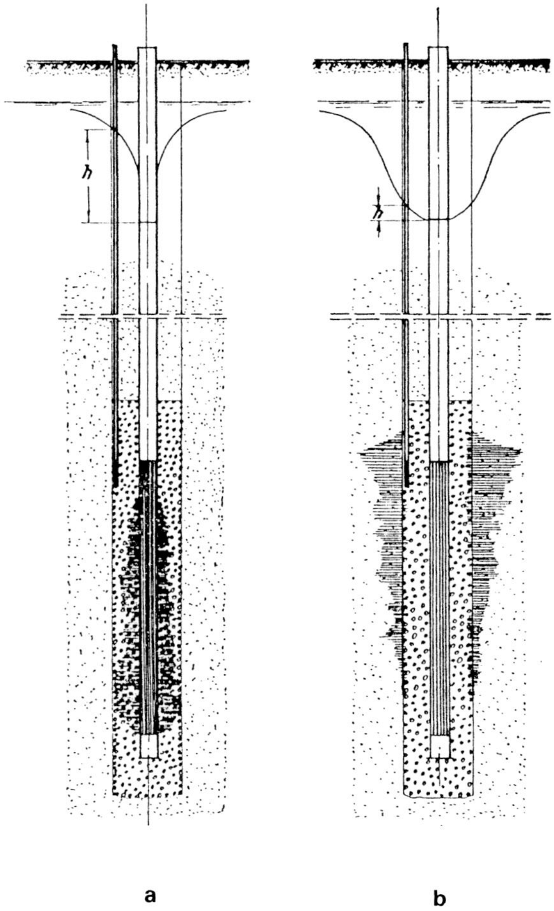

Abb. 3.187. Verockerungsformen (TRUELSEN 1958b).

Nachlassen der Leistung bei gleichbleibender Absenkung und entsprechend zunehmendem Eintrittswiderstand bemerkbar, angezeigt durch einen großen Wasserspiegelunterschied zwischen Brunnenfilter und Peilfilter. Wenn sich die Verdichtung auf das an die Kiesschüttung anschließende Gebirge beschränkt (Abb. 3.187 b), nimmt dagegen bei abnehmender Leistung der Spiegelunterschied zwischen Brunnen- und Peilfilter nicht zu. Diese Form der Verockerung erklärt TRUELSEN (1958b) durch hydraulisch und chemisch bedingtes Ausfallen des Eisen(III)-Hydroxids in einiger Entfernung vom Brunnen oder auch durch ein geringes Zurückhalten der Eisen(III)-Hydroxidflocken bei einer grobkörnigen Filterschüttung. Zwischen den beiden extremen Verockerungsformen sind alle Übergänge zu beobachten.

Sauerstoff kann vom Sickerwasser eingetragen werden oder sich an der Grundluft-Grundwasser-Grenzfläche lösen und von dort durch Diffusion und Strömungsdispersion in die Tiefe transportiert werden. Beim Brunnenbetrieb kommt es durch Absenken und Wiederansteigen des Wasserspiegels in der unmittelbaren Brunnenumgebung zu einer Belüftung des Schwankungsbereiches, zu einem »Atmen« des Brunnens. Bei zu tiefer Spiegelabsenkung kann Sauerstoff in das Brunneninnere gelangen, teils als Folge fehlerhaften Brunnenausbaus, teils bei fehlerhafter Betriebsweise.

Das Niederschlagswasser, das im Kontakt mit der Atmosphäre bei den herrschenden Druck- und Temperaturverhältnissen Sauerstoff-gesättigt ist (Gln. 1.61 und 1.62; Abschnitt 1.4.2), enthält bei Temperaturen zwischen 5 und 15 °C etwa 12,8–10,2 mg/l O_2. Wenn das Niederschlagswasser in den Untergrund infiltriert und sich ins Gleichgewicht zur Sauerstoff-ärmeren Grundluft setzt, nehmen die Sauerstoff-Gehalte auf Werte zwischen 12 und 6 mg/l ab. Auf dem unterirdischen Fließweg wird der Sauerstoff-Gehalt in Anwesenheit Sauerstoff-zehrender organischer oder anorganischer Substanzen durch Oxidationsvorgänge mehr und mehr, manchmal vollständig, verbraucht. Unter derartigen reduzierenden Bedingungen werden die im Untergrund vorhandenen schwer löslichen Fe(III)-Verbindungen unter Beteiligung von Mikroorganismen reduziert, die z. T. Eisen(III) als Elektronenakzeptor beim anaeroben Abbau natürlicher oder anthropogener organischer Substanzen nutzen (GERB 1953, MATTHESS 1994, STUMM & MORGAN 1981):

(3.57) $$C_6H_{12}O_6 + 48H^+ + 24Fe(OH)_3 \rightarrow 24Fe^{2+} + 66H_2O + 6CO_2$$

Die anschließenden Ausfällungs- und Umwandlungsreaktionen folgen dem in den Gln. (3.55) und (3.56) beschriebenen Verlauf.

Eine weitere wichtige Quelle von gelösten Fe^{2+}-Ionen ist die Denitrifikation durch Pyrit (FeS_2) oder andere reduzierte S-Spezies in Gegenwart von gelöstem Nitrat durch *Thiobacillus denitrificans* (SCHIKOWSKI et al. 1993):

(3.58) $$14NO_3^- + 5FeS_2 + 4H^+ \rightarrow 7N_2 + 10SO_4^{2-} + 5Fe^{2+} + 2H_2O$$

Die ebenfalls mikrobiell gesteuerte weitere Oxidation des freigesetzten Fe^{2+}, die über die Ausfällung als $Fe(OH)_3$ und Wasserabgabe letztlich zu Eisen-Oxidhydrat verläuft, wird summarisch durch Gl. (3.59) beschrieben:

(3.59) $$2NO_3^- + 10Fe^{2+} + 14H_2O \rightarrow N_2 + 10FeOOH + 18H^+$$

Zwei-wertiges Eisen wird bei pH-Werten < 3 durch das chemolithotrophe Bakterium *Thiobacillus ferrooxidans*, bei pH-Werten > 5 durch das ebenfalls chemolithotrophe Bakterium *Gallionella ferruginea* sowie durch *Leptothrix*-Arten und Vertreter der Siderocapsaceae oxidiert. In Gegenwart von abbaubarer organischer Substanz und von Nitrat kann schließlich eine mikrobielle Fe(II)-Oxidation erfolgen, schließlich sind viele Polymer-bildende Mikroorganismen zur katalytischen Fe(II)-Oxidation befähigt. Mikroorganismen wirken auch bei der Mn(IV)-Reduktion und der Mn(II)-Oxidation mit (DVGW 1992, DVWK 1988, MATTHESS 1994).

Die Verockerung von Grundwasserfassungen beruht also in Sauerstoff-freiem Grundwasser hauptsächlich auf dessen Gehalt an gelösten Fe^{2+}-Ionen und ist damit unabhängig vom Material des Brunnenfilters. Sie tritt demnach auch bei Holz-, Steinzeug- und Kunststoff-Filtern auf und ist ursächlich nicht mit etwaigen parallel ablaufenden Korrosionsprozessen des Eisens verknüpft (Abschnitt 3.9.1.6). Diese »gutartige« Verockerung Korrosions-fest ausgebauter Brunnen (Gerb 1965) läßt sich oft durch eine Säurebehandlung beheben (Abschnitt 3.9.2.2).

Die Verockerung unter Sauerstoffeinfluß kann grundsätzlich ohne Mithilfe von Mikroorganismen ablaufen, doch sind diese in natürlichen Systemen in der Regel beteiligt.

In Sauerstoff-haltigen, normalerweise Eisen-freien Grundwässern ist die Verockerung mit der Korrosion von eisernen Filterrohren verknüpft, bei der metallisches Eisen in Eisen(II)-Ionen umgewandelt wird, die durch den gelösten Sauerstoff umgehend zu Eisen (III)-Ionen oxidiert und als stark Wasser-haltiges Eisen(III)-Hydroxid-Gel ausgefällt werden, das sich, wie erwähnt, unter Wasserabgabe wiederum in Eisen(III)-Oxidhydrat (Ocker) nach der summarischen Gleichung (3.60) umwandelt:

(3.60) $$4Fe^{2+} + O_2 + 6H_2O \rightarrow 4FeOOH + 8H^+$$

Dieses poröse Material schützt selbst in dickeren Lagen die Metalloberfläche nicht gegen den Angriff des Wassers, so daß der fortgesetzte Korrosionsangriff nach und nach zu einer voluminösen Rostschicht führt, die die engen Filterschlitze verstopft und – ausgehend von der Wand des Filterrohrs – die Körner der Kiesschüttung zu einer zunehmend weniger durchlässigen Ummantelung verkittet. Diese auf der Korrosion eiserner Filterrohre beruhende, »bösartige« Verockerung (Gerb 1965) ist demnach mit einer Schwächung der mechanischen Festigkeit des Filterrohres verknüpft und durch eine Säurebehandlung kaum zu beseitigen, da diese den restlichen Zusammenhalt des Filters schwächen und zum Einbruch des Filterrohres führen würde.

3.9.1.4 Versinterung

Unter Versinterung wird bei Brunnen die Ausscheidung und Ablagerung von Calciumcarbonat als Folge von Störungen des Kalk-Kohlensäure-Gleichgewichtes (Gl. 1.65) in den Filterrohrschlitzen und in der Filterkies- und -sandschüttung verstanden (DVGW 1992). Die Lösung von $CaCO_3$ in Gegenwart von Kohlenstoffdioxid wird durch Gl. (1.65) beschrieben:

(1.65) $$2xCaCO_3 + xH_2O + (x + y)CO_2 \rightarrow xCa^{2+} + 2xHCO_3^- + yCO_2$$

Der Kohlenstoffdioxid-Gehalt, insbesondere die in Gl. (1.65) ausgewiesene sog. zugehörige Kohlensäure (yCO_2), erweisen sich damit als kontrollierende Größe. Kohlenstoffdioxid (CO_2) wird vom Niederschlagswasser aus der Atmosphäre nur sehr wenig aufgenommen, denn sein Anteil an der Luft ist mit 0,03 Vol-% sehr klein. Der Kohlensäure-Gehalt des Grundwassers beruht auf dem Gasaustausch des Sickerwassers und des infiltrierten Niederschlagswassers mit der Grundluft, deren CO_2-Gehalt 10–100mal höher als derjenige der Atmosphäre ist, hauptsächlich eine Folge der Wurzelatmung und des mikrobiellen Abbaus organischer Reste im Boden und tieferen Untergrund (Matthess 1994).

Die Löslichkeitsbedingungen realer Systeme, die außer $CaCO_3$, CO_2 und H_2O u.a. auch Na^+, K^+, Mg^{2+}, Cl^-, SO_4^{2-}, NO_3^- und organische Stoffe enthalten, können mit Hilfe des Sättigungsindexes (S.I. = lg (IAP/K_L)) beurteilt werden. In dieser Gleichung ist IAP das Ionenaktivitätsprodukt $[A]^{vA}.[B]^{vB}$ und K_L das Löslichkeitsprodukt des jeweiligen Minerals (Gl. 1.60). Die Sättigungsindices können mit Hilfe von geochemisch-thermodynamischen Rechenprogrammen wie GEOCHEM (Sposito & Mattigod 1980) und PHREEQE (Parkhurst et al. 1980) berechnet werden (Abschnitt 1.4.2; vgl. auch DVWK 1992b und Matthess 1994). Ein Sättigungsindex S. I. gegenüber Calcit zeigt bei Werten > 1 Übersättigung gegenüber diesem Mineral, also eine Versinterungsgefahr an.

Näherungsweise kann die Gleichgewichts-Konzentration des freien Kohlenstoffdioxids mit Hilfe der erweiterten Form der TILLMANS-Gleichung (Gl. 1.67) berechnet werden (HÄSSELBARTH 1963). Ist die Differenz zwischen der nach Gleichung (1.67) errechneten Gleichgewichts-Konzentration an Kohlenstoffdioxid und der tatsächlich gemessenen Konzentration größer Null, so liegt eine Übersättigung gegenüber Calcit, also eine Versinterungsgefahr, vor. Schließlich zeigen positive LANGELIER-Index-(Calciumcarbonat-Sättigungsindex-)Werte I (Gl. 1.69) im Bereich bis zu pH 9,5 ebenfalls $CaCO_3$-Übersättigung an.

Sinterbildung durch Niederschlag von $CaCO_3$ kann eintreten, wenn das Gleichgewicht beim Brunnenbetrieb durch Stoffab- oder -zufuhr oder durch pH-Änderungen gestört wird, z. B. als Folge einer Verminderung des freien gelösten CO_2 durch Druckentspannung mit daraus resultierender CO_2-Entgasung oder als Folge der Zufuhr von HCO_3^-- oder Ca^{2+}-Ionen durch Mischung mit Grundwässern abweichender Beschaffenheit. Dabei fördern Katalysatoren, vor allem $CaCO_3$-Kristallisationskeime, die Ausscheidung von $CaCO_3$ aus übersättigten Calcium-Hydrogencarbonat-Lösungen, während als Inhibitoren wirkende Ionen, wie Mg^{2+}-Ionen, die Ausscheidung behindern (DVGW 1992, MATTHESS 1994).

3.9.1.5 Verschleimung

Verschleimungen können in Brunnen durch Massenentwicklung von Schleim-bildenden Bakterien und niederen Pilzen in Gegenwart von Stickstoff-Verbindungen und organischen Substanzen auftreten. Derartige Bedingungen sind häufig bei Brunnen mit hohen Uferfiltrat-Anteilen gegeben. Weiterhin können bei Brunnen, bei deren Bau oder Regenerierung Bohrspülzusätze oder Regenerierungsmittel mit organischen Komponenten eingesetzt und anschließend nicht restlos entfernt wurden, nach längerer Stillstandszeit Verschleimungen zusammen mit Ausscheidungen von Eisen- und Mangan-Verbindungen beobachtet werden (DVGW 1985, 1992). Die Mischung von Sauerstoff- und Schwefelwasserstoff-haltigem Wasser in Förderbrunnen führt häufig zur Verschleimung durch Massenentwicklung von Schwefel-Bakterien (frdl. schriftl. Mitt. von Dr. WALTER KÖLLE, Hannover), wobei der durch Oxidation des Schwefelwasserstoffs freigesetzte elementare Schwefel als »Tröpfchen« in den Zellen der Schwefel-Bakterien gespeichert wird.

Die früher gelegentlich beobachteten Verschleimungen in Brunnen, aus deren Werkstoffen als Nährsubstrate nutzbare organische Verbindungen abgegeben wurden (DVGW 1990b), sind bei den heute verwendeten Kunststoff-Materialien nicht mehr aufgetreten (DVGW 1992).

3.9.1.6 Ablagerungen von Aluminium-Verbindungen

Ablagerungen von Aluminium-Verbindungen beruhen auf der unterschiedlichen Löslichkeit der Al-Spezies und deren Abhängigkeit vom pH-Wert und dessen räumlicher Verteilung. Bei pH-Werten <5,5 wird Al^{3+} in Sicker- und Grundwasser gelöst und kann als Kation oder in schwach komplexierter Form in die Förderbrunnen gelangen. Bei pH-Werten um 4 und z. T. auch tiefer, wie sie sich in Erdoberflächen-nahen Grundwässern an Kalk-freien Nadelwaldstandorten häufig einstellen, sind Al-Konzentrationen von 10 mg/l nicht selten (BÖTTCHER et al. 1985), während unter den durch Düngung gut gepufferten landwirtschaftlich genutzten Flächen bei höheren pH-Werten die Al-Gehalte wesentlich geringer sind oder ganz fehlen. Bei pH-Werten zwischen pH 5,5 und pH 7,5 ist nämlich Aluminium als Al-Hydroxo-Komplex, z. B. $Al(OH)_3$, immobilisiert und allenfalls in Huminstoff-Komplexen transportierbar. Über pH 7,5 treten lösliche Aluminate wie $Na[Al(OH)_4]$ auf, die ggf. in die Förderbrunnen transportiert werden können (DVGW 1992, HEM 1985, MATTHESS 1994).

Bei Grundwasservorkommen mit ausgeprägter pH-Schichtung können Al-haltige Teilmengen mit Werten unter pH 5,5 und über pH 7,5 zum Brunnen gelangen, wo sich durch die meist intensive Mischung ein mittlerer pH-Wert zwischen 5,5 und 7,5 einstellt. Die im Grundwasser gelösten Al-Spezies werden im Brunnen oder in den anschließend durchflossenen Anlagenteilen als Al-Hydroxid ausgefällt und können u. a. röntgenamorphe Ablagerungen mit sorbierten Anteilen an Phosphat, Sulfat, Huminstoffen und ggf. auch Eisen-Oxidhydrat an den Innenrändern der Filterrohrschlitze, an den Steigleitungen und auf den Pumpenschaufeln bilden (DVGW 1992). Als Beispiele für Abscheidungen von Al-Verbindungen nennt Dr. WALTER KÖLLE, Hannover (frdl. schriftl. Mitt.), Brunnen der Stadtwerke Bielefeld und Hannover (WW Fuhrberge).

3.9.1.7 Korrosion

Unter Korrosion wird hier der chemische Angriff des Wassers und des festen Untergrundmaterials sowie die Wirkung technisch bedingter oder natürlicher elektrischer Ströme und die Kontaktwirkung anderer Metalle auf die metallischen Filterrohre und sonstigen Brunnenteile (wie Steigleitung und Pumpe) verstanden. Der Korrosionsangriff führt zu Anfressungen, zur teilweisen oder völligen Zerstörung, die den Zusammenbruch des Brunnens und ein plötzliches Aufhören der Wasserlieferung nach sich zieht, sowie zum Zusetzen der Filterrohrschlitze durch die Korrosionsprodukte (Verockerung; Abschnitt 3.9.1.3) (BIESKE 1965, DVGW 1992, GERB 1965, KAESCHE 1990).

Eine etwaige Korrosion an organischen oder keramischen Brunnenbau-Werkstoffen spielt bei den gegebenen Grundwasser-Temperaturen praktisch keine Rolle.

Korrosionswirkung des Wassers in Abhängigkeit vom pH-Wert

Eisen wird auch von Sauerstoff-freiem Wasser angegriffen, wobei das Korrosionsbild sich von den beim Rosten in Sauerstoff-haltigen Wässern auftretenden Phänomenen unterscheidet. Dies wird bei Gußeisen besonders deutlich: Durch den Angriff von Sauerstoff-freiem Wasser wird das Kohlenstoff-reiche silbrig-graue, harte und dichte Gußeisen mit der Zeit durch Herauslösen des Eisens schwammig (»spongiotisch«) und – oft ohne sich äußerlich zu verändern – so weich, daß es sich mit dem Messer schneiden läßt. Dieses stumpf-schwarze, poröse Material besteht überwiegend aus Graphit und Phosphor-, Silicium- und Schwefelverbindungen des Eisens mit oft nur kleinen Restgehalten an metallischem Eisen (GERB 1965, KAESCHE 1990).

Dagegen bewirken Sauerstoff-freie Wässer bei Stahl einen langsamen Abtrag des Materials, wobei die angegriffene Oberfläche rauh wirkt und sich in Gegenwart von Schwefel-Spezies mit einer dünnen Schicht eines tiefschwarzen Korrosionsproduktes bedeckt, das überwiegend aus Eisensulfid (FeS) besteht. Bei niedrigen pH-Werten (unter 4) führt die anaerobe Korrosion oder Säurekorrosion zur verstärkten Lösung von Fe^0 (Gl. 3.61).

(3.61) $$2Fe^0 + 2H_2O + 2H^+ \rightleftharpoons 2Fe^{2+} + 2OH^- + 2H_2$$

Die Reaktivität des Fe^0-Materials hängt von dessen Eigenschaften wie Legierungsbestandteile, Gefügeform, Bearbeitungszustand und Oberflächenstruktur sowie von den Eigenschaften des Grundwassers wie Fließgeschwindigkeit und chemische Zusammensetzung ab. Passivierend wirken Ausfällungen wie Fe(II)-Hydroxide und Fe(II, III)-Oxide (Gln. 3.62 und 3.63), die besonders bei höheren pH-Werten sehr kohärente und wenig poröse Schutzschichten bilden (DAHMKE 1997, SCHUHMACHER 1996).

(3.62) $$Fe^{2+} + 2OH^- \rightleftharpoons Fe(OH)_{2\ (s,Amakinit)}$$

(3.63) $$Fe(OH)_{2(s)} \rightleftharpoons Fe_3O_{4\ (s,Magnetit)}$$

Der Korrosionsangriff, der ziemlich gleichmäßig die gesamte benetzte Oberfläche betrifft, kann bei wenig aggressiven Sauerstoff-freien Grundwässern eine jahrzehntelange Nutzung von eisernen Filterrohren erlauben, während diese bei aggressiven Grundwässern schon innerhalb weniger Jahre schwere Schäden aufweisen können (Gerb 1965).

Der Lösungsangriff des Grundwassers wird von seiner Säurenatur bestimmt, als deren Maß die Wasserstoffionen-Konzentration, der pH-Wert, dient. Der pH-Wert bestimmt die Löslichkeit vieler Elemente. Nur einige Ionen, wie die Na^+-, K^+-, NO_3^-- und Cl^--Ionen, bleiben über die ganze Breite der pH-Werte in Grundwässern in Lösung. Viele Metall-Ionen sind in sauren Grundwässern als Kationen löslich, fallen aber als Hydroxide oder basische Salze aus, wenn der pH-Wert zunimmt. Bei einigen Elementen wirkt der Ausfällung die Bildung von Kolloiden entgegen, die länger im Grundwasser verbleiben können. Eisen (III)-Ionen fallen über pH 3 aus. Eisen (II)-Ionen beginnen ab pH 5,1 als Hydroxide ausgefällt zu werden, sind jedoch sogar in einer neutralen Lösung (pH 7) nicht vollständig ausgefällt (Matthess 1994).

Natürliches Wasser enthält gewöhnlich gelöstes CO_2-Gas und Hydrogencarbonat-Ionen, die mit der Kohlensäure ein gepuffertes System bilden. Dies ist der Hauptgrund für die geringen Variationen der pH-Werte – im allgemeinen zwischen pH 5,0 und pH 8,0 – in natürlichen Wässern. Dabei ist, worauf Gerb (1965) hinweist, ein Wasser mit pH 5,5 eine 100mal so starke Säure wie ein Wasser mit pH 7,5. Sehr hohe pH-Werte (> 8,5 pH) haben gewöhnlich Natrium-Carbonat-haltige Wässer. Mäßig hohe pH-Werte kommen in Hydrogencarbonat-reichen Wässern vor. Sehr niedrig sind die pH-Werte (< 4,0 pH) von sauren Grubenwässern mit freien Säuren aus der Oxidation von Sulfiden oder von Thermalwässern mit H_2S, HCl und anderen flüchtigen Bestandteilen vulkanischer Herkunft. Mäßig niedrige pH-Werte können auf kleine Mengen von Mineralsäuren aus der Oxidation von Sulfidmineralen, auf mit Säuren oder Säurebildnern belastete atmosphärische Niederschläge oder auf bei der Humifizierung entstehende organische Säuren zurückzuführen sein. Im allgemeinen hat weiches Wasser aus silicatischen Gesteinen einen niedrigeren pH-Wert als hartes Wasser aus Kalk-haltigen Gesteinen (Hölting 1991, Matthess 1994).

Korrosion in Abhängigkeit vom Filtermaterial

Die Beschaffenheit der Grundwässer verlangt meistens Korrosions-beständige Werkstoffe für den Brunnenausbau, insbesondere für die Filterrohre. Der Korrosionsangriff nimmt nämlich mit zunehmender spezifischer Oberfläche zu, die bei Filterrohren beträchtlich größer ist als bei Aufsatzrohren. Dementsprechend werden für Filterrohre seit langem Korrosions-feste Werkstoffe eingesetzt. Anstelle der früher verwendeten besonders widerstandsfähigen Hölzer wie Lärche, Pechkiefer und Eiche wurde in der Folgezeit vorzugsweise Kunstharzpreßholz verwendet, z. B. in Form der OBO-Filter (Abschnitt 3.5.5).

Die chemisch besonders widerstandsfähigen, praktisch unangreifbaren Steinzeugfilter und -aufsatzrohre bieten sich bei korrosiven Untergrund-Bedingungen als geeignetes Brunnenbaumaterial an, doch wird ihr Einsatz durch ihr hohes Gewicht und ihre mechanische Empfindlichkeit benachteiligt. Mechanisch besonders empfindlich sind die Korrosions-festen Glasfilter- und -brunnenrohre, die deshalb heute im Brunnenbau kaum noch verwendet werden.

Als außerordentlich Korrosions-fest sind die im Brunnenbau eingesetzten Kunststoffe Polyvinylchlorid (PVC) und Polyethylen (PE) zu nennen. Ihre Einsatzmöglichkeiten werden vor allem durch ihre mechanischen Eigenschaften (Festigkeit, Kerbzähigkeit) bestimmt (Abschnitt 3.5.5).

Die Wasserlöslichkeit metallischer Werkstoffe wie Eisen, Mangan und Kupfer, die in verschiedenen Oxidationsstufen vorkommen, hängt außer vom pH-Wert auch von ihrer im jeweiligen Wasser oder Gestein gegebenen Oxidationsstufe ab. Bei Vorliegen elektrochemischer Potentiale laufen Reduktions-Oxidations-(Redox-)Reaktionen von der Art $v_A A + v_B B + ne^- \rightleftharpoons v_C C + v_D D$

Tabelle 3.24. Spannnungsreihe von Metallen (Standard-Potentiale E°) (nach KÜSTER & THIEL 1985)

	E° (Volt)
$Mg^{2+} + 2e^- \rightleftharpoons Mg°$	– 2,363
$Al^{3+} + 3e^- \rightleftharpoons Al°$	– 1,662
$Mn^{2+} + 2e^- \rightleftharpoons Mn°$	– 1,180
$Zn^{2+} + 2e^- \rightleftharpoons Zn°$	– 0,7628
$Cr^{3+} + 3e^- \rightleftharpoons Cr°$	– 0,744
$Fe^{2+} + 2e^- \rightleftharpoons Fe°$	– 0,4002
$Co^{2+} + 2e^- \rightleftharpoons Co°$	– 0,277
$Ni^{2+} + 2e^- \rightleftharpoons Ni°$	– 0,250
$2H^+ + 2e^- \rightleftharpoons H_2$	0,00
$Cu^{2+} + 2e^- \rightleftharpoons Cu°$	+ 0,337

ab, bei denen n Elektronen (e^-) übertragen werden. Oxidation kann allgemein als Abgabe von Elektronen durch Elektronendonatoren(-geber) und Reduktion als Aufnahme von Elektronen durch Elektronenakzeptoren(-empfänger) definiert werden. Als Maß für die relative Aktivität der oxidierten und reduzierten Stoffe in einem System dient das Reduktions-Oxidations- (Redox-)Potential.

Zunehmend reduzierendes Potential wird üblicherweise durch sinkende Standard-Potential-(E°-)Werte angegeben (Tabelle 3.24). Verbindet man, wie z. B. beim anodischen Korrosionsschutz, eine Magnesium-Halbzelle – bestehend aus einer Magnesium-Elektrode in einer Magnesium-Sulfat-Lösung – mit einer Eisen-Halbzelle – bestehend aus einer Eisen-Elektrode in einer Eisen-Sulfat-Lösung – durch einen Draht, so fließt ein Strom, wenn die Lösungen durch eine poröse Membrane verbunden sind. In einer derartigen $/Mg/Mg^{2+}/Fe^{2+}/Fe$-Zelle geht Magnesium in Lösung und das edlere Eisen scheidet sich aus:

(3.64) $$Mg + Fe^{2+} \rightleftharpoons Fe + Mg^{2+}$$

Die Halbzellen-Reaktionen $Mg \rightleftharpoons Mg^{2+} + 2e^-$ und $Fe^{2+} + 2e^- \rightleftharpoons Fe$ zeigen, daß hierbei Magnesium oxidiert und Eisen reduziert wird. Jede reduzierte Spezies eines Redoxpaares kann demnach ein oxidiertes Element reduzieren, das ein höheres Potential E_H besitzt.

In Tabelle 3.24 sind die Gleichungen der Reaktionen als Reduktionen geschrieben, wobei e^- auf der linken Seite der chemischen Gleichung erscheint.

Das Verhalten der gelösten und festen Eisen-Verbindungen läßt sich realistisch in Stabilitätsfeld-(Prädominanzfeld-)Diagrammen auf der Grundlage der geochemischen Gleichgewichtsthermodynamik darstellen, da die meisten Hydrolyse- oder Oxidationsreaktionen des Eisens schnell genug verlaufen, um in natürlichen Wässern das Gleichgewicht zu erreichen. Weiterhin beeinflussen die Abweichungen der meisten natürlichen Systeme von den angenommenen Temperatur- und Druckbedingungen (101,324 kPa und 25 °C) die Stabilitätsgrenzen kaum. Die Lage der Stabilitätsgrenze für die 2 festen Phasen Eisen(II)- und Eisen(III)-Hydroxid hängt von der gewählten Eisen-Löslichkeit ab. Abb. 1.43 enthält die Stabilitätsgrenzen bei einer Eisen-Aktivität entsprechend 0,01 mg/l; 0,1 mg/l; 1,0 mg/l; 10 mg/l und 100 mg/l gelöstem Eisen als gerissene Linien. In Gegenwart von Kohlenstoffdioxid und von Schwefelspezies treten als Festkörper noch Eisencarbonat und -sulfid bei verminderter Löslichkeit des Eisens auf (MATTHESS 1994).

Korrosions-chemisch erweisen sich Kalk-Kohlensäure-Gleichgewichtswässer gegenüber metallischem Eisen relativ wenig aggressiv, sobald sie mindestens 6 mg/l Sauerstoff enthalten und eine auf Kalk beruhende Carbonathärte von mindestens 3 bis 4 °d aufweisen. Dies wurde durch die Annahme einer sehr dünnen Schutzschicht erklärt, die sich schrittweise entwickelt. Unter dem Einfluß des Sauerstoffs wurde zunächst eine normale Eisen-Rostbildung vermutet, wobei un-

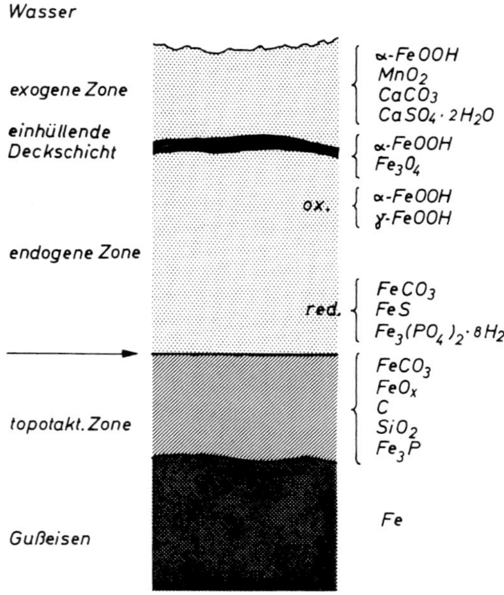

Abb. 3.188. Schematischer Querschnitt des Schichtenaufbaus auf einer Graugußleitung. Der Pfeil zeigt die ursprüngliche innere Oberfläche der Rohrleitung (Kölle & Rösch 1980).

mittelbar an der angegriffenen Stelle eine alkalische Reaktion abläuft, die Kohlenstoffdioxid verbraucht. Dieser Verlust führt zum Ausscheiden von Kalk, der den porösen Rost abdichtet und damit den Angriff, aber auch den Abscheidungs-Prozeß, beendet. Diese Schutzschichtbildung, die durch Inhibitoren wie Phosphate, Silicate und Aluminiumhydroxid begünstigt wird, erfordert erfahrungsgemäß selbst bei genügendem Sauerstoff-Angebot eine ausreichend schnelle und ausreichend häufige Wasserbewegung, denn bei kleinen Fließgeschwindigkeiten und bei Stagnation schreitet bei gleichen wasserchemischen Bedingungen die Rostbildung voran (Gerb 1965, Kaesche 1990).

Die Vorstellungen über die Existenz einer »Kalk-Rost-Schutzschicht« mußten nach Strukturuntersuchungen der bei der Korrosion entstehenden Schutzschichten, die vergleichsweise geringe Calciumcarbonat-Gehalte aufweisen, revidiert werden. So weisen die Korrosionsprodukte von Graugußleitungen einen Schichtaufbau auf. Von der ursprünglichen Oberfläche des Rohres dringt die Korrosion in das Rohrmaterial vor, wobei eine an Eisen verarmte topotaktische Zone unter Beibehaltung der ursprünglichen Struktur entsteht. Das mobilisierte Eisen bildet die Inkrustierungen der epitaktischen Zone, die ihrerseits drei Bereiche aufweist: die einhüllende Deckschicht, die von ihr eingeschlossene »endogene« und die ihr aufliegende »exogene Zone« (Abb. 3.188). Den verschiedenen Zonen der Inkrustierungen können »endogene« und »exogene« Komponenten zugeordnet werden. Endogene Komponenten sind Siderit ($FeCO_3$), Pyrrhotin (FeS), Vivianit ($Fe_3(PO_4)_2.8H_2O$), Goethit (α-FeOOH) und Lepidokrokit (γ-FeOOH) sowie dicht an der Wand von Stahlleitungen Wüstit (FeO). Typische exogene Mineralbildungen sind neben Goethit insbesondere Calcit ($CaCO_3$), Gips ($CaSO_4.2H_2O$), Mangan-Verbindungen, Quarz (SiO_2) und – im Kontakt mit Wasser – Grigeit (Fe_3S_4). Die einhüllende Deckschicht besteht aus Magnetit (Fe_3O_4) und/oder Goethit (Kölle & Rösch 1980).

Unter den Metallen sind Kupfer und einige Kupfer-Legierungen besonders Korrosions-fest (Tabelle 3.24). Kupfer neigt als verhältnismäßig edles Metall – im Gegensatz zum unedleren Eisen – auch in Gegenwart von Hydrogenium-Ionen wenig zur Oxidation und zum Übergang in die Ionenform. Bei den üblichen Grundwassertemperaturen tendiert Kupfer in Sauerstoff-freien Grundwässern nicht zur Abgabe von Elektronen, so daß dieses Metall selbst von starken Säuren wie HCl nicht angegriffen wird. Andererseits greifen Sauerstoff-haltige saure Grundwässer, wie sie in Kristallin-Gesteinen verbreitet sind, Kupfer merklich an. Der Sauerstoff wirkt unter diesen Umständen als Oxidationsmittel. In härteren, Sauerstoff-haltigen Wässern wirkt der Sauerstoff jedoch nicht korrosiv, da sich unter diesen Bedingungen sehr dünne, aber dichte oxidische Hüllschichten bilden, die eine Korrosion des Kupfers praktisch ausschließen. Dieses Beispiel verdeutlicht, daß aus der Stellung eines Metalls in der Spannungsreihe (Tabelle 3.24) nur bei Beachtung der chemischen und physiko-chemischen Umstände auf das Korrosionsverhalten geschlossen werden kann (GERB 1965).

Wegen seiner geringen mechanischen Härte wird das Kupfer meist mit anderen Metallen, vor allem mit Zink oder Zinn, legiert. Die Kupfer-Zink-Legierungen, die sog. Messinge, sind zwar hart, jedoch kaum Korrosions-fest. Der Angriff weicher, Kohlensäure-reicher Wässer entzieht schnell den Zink-Gehalt, wodurch – ähnlich wie bei der Spongiose des Gußeisens – ein formhaltendes schwammiges Gerüst aus Kupfer ohne mechanische Festigkeit entsteht. Die Kupfer-Zinn-Legierungen, die sog. Bronzen, sind mechanisch sehr fest und sehr Korrosions-beständig. Sie werden daher für die Leit- und Laufräder von Pumpen für aggressive Wässer eingesetzt. Die sehr festen und Korrosions-beständigen Kupfer-Nickel-Legierungen, die sich im Schiffsbau und in der chemischen Industrie bewährt haben, werden ebenso wie andere sehr feste und Korrosions-beständige Sonderbronzen, wie z. B. die Aluminium-Bronzen oder die in den USA hierfür genutzte Everdur-Bronze, eine Zinn-freie, Silicium- und Mangan-haltige Kupferlegierung – wohl aus Kostengründen – in Deutschland nicht für den Brunnenbau verwendet (GERB 1965, KAESCHE 1990).

Die Neigung zur Abgabe von Ionen in das Wasser ist auch bei Eisen-Legierungen mit Chrom, Nickel und Molybdän erheblich verringert. Diese Passivierung ist vor allem dann gegeben, wenn der im technischen Eisen enthaltene Kohlenstoff nicht als Eisenkarbid, sondern in fester Lösung vorliegt. Das dann auftretende Austenit-Gefüge charakterisiert auch die Chrom-Nickel-Stähle, wie den bekannten V2A-Stahl, mit 18% Chrom und 8% Nickel (GERB 1965). Derartige Edelstähle sind teuer, aber Korrosions-fest (JOHNSON DIVISION 1975, KAESCHE 1990).

Kontaktkorrosion

Im Brunnenbau wird verbreitet Eisen neben den edleren Metallen Kupfer, Kupfer-Legierungen und hochlegierten Stählen eingesetzt. Beim Eintauchen dieser Metalle in wäßrige Lösungen entstehen Halbzellen, die beim unmittelbaren Kontakt unterschiedlicher metallischer Werkstoffe zu einem Stromfluß führen, wodurch das unedlere Metall als Ion in Lösung geht, während das edlere sich metallisch ausscheidet. Derartige Kontaktkorrosionen sind sehr häufig, betreffen aber meist nur Eisenteile, die unmittelbar an Bauteile aus edleren Metallen anschließen. Zum Schutz vor der sehr schnell ablaufenden Kontaktkorrosion muß daher jeglicher unmittelbarer metallischer Kontakt durch eine wirksame Isolation ausgeschlossen werden. So müssen bei Flanschverbindungen Gummischeiben zwischen Eisen- und Kupfer- bzw. Edelstahlrohren gelegt und außerdem die Schraubenbolzen isoliert werden (GERB 1965).

Korrosion durch Streuströme

Eine wirksame Kontaktkorrosion, die beim Übergang von dem als Anode wirkenden Metall in Metallionen auftritt, erfordert den Abtransport und Aufbrauch dieser Ionen, etwa bei Reduktionsvorgängen. Dieser Transport kann durch Streuströme gefördert werden, wie sie z. B. bei der Stromrückleitung bei Gleichstrom-betriebenen Bahnen über die Schienen auftreten. In den Schienen oder den Rohren herrscht Elektronenleitung, während in den Elektrolytlösungen im Untergrund ionare Leitung gegeben ist (BENEKE 1992, GERB 1965).

3.9.1.8 Korrosionsschutz

Das Eisen ist wegen seiner günstigen Eigenschaften, wie hohe Festigkeit, gute Verformbarkeit und vergleichsweise niedriger Preise, trotz seiner Korrosionsneigung das wichtigste Baumaterial im Brunnenbau. Bei seinem Einsatz sind aber Schutzmaßnahmen erforderlich (BENEKE 1992, GERB 1965, KAESCHE 1990, DIN-Taschenbuch 219, 1995).

Die einfachste Maßnahme, ein Anstrich mit einem chemisch sehr widerstandsfähigen Anstrichstoff, etwa einem Reaktionslack, ergibt jedoch selbst bei sachgemäßer Aufbringung einer Lackschicht nach sorgfältiger Sandstrahlung und unmittelbar anschließender Grundierung zwar für viele Jahre einen Schutz auch gegen aggressive Grundwässer, nicht jedoch – wie bei Brunnenfiltern erforderlich – für viele Jahrzehnte. Auch noch so hochwertige und sorgfältig aufgebrachte Anstriche werden nämlich bei der mechanischen Beanspruchung beim Einbau, insbesondere beim Einbringen des Filterkieses, beschädigt. Darüber hinaus entstehen Schwachstellen des Korrosionsschutzes bei der Herstellung der Filterrohre durch Stanzen der Filterschlitze bzw. Schlitzbrücken aus mehrere mm starken Blechen. Die dabei entstehenden scharfkantigen Ränder lassen sich erfahrungsgemäß durch dünne Lacküberzüge nicht sicher schützen. Der Radius der Schutzschicht ist nämlich an derartigen scharfen Kanten selbst sehr klein, so daß leicht Spannungen entstehen, die den Überzug gefährden (GERB 1965).

Verzinkung und kathodischer Schutz

Die ungünstige Wirkung der scharfen Kanten schränkt auch die Schutzwirkung der Verzinkung ein, eine weitverbreitete Methode des Korrosionsschutzes für eiserne Brunnenfilter. Der dünne Zinküberzug bietet an scharfen Kanten bevorzugte Angriffsstellen für aggressive Grundwässer, an denen die Korrosion erkennbar beginnt. Die Brücken der Schlitzbrückenfilter sind besonders gefährdet, weil hier das Metall beim Stanzvorgang kalt gereckt wird und durch den verbleibenden Spannungszustand Korrosions-anfälliger als das umgebende nicht gereckte Material ist. Die Brücken müssen also besonders geschützt werden, am besten durch dickwandige organische Überzüge wie Hartgummi oder Polyethylen (GERB 1965).

Verzinkt wird ausschließlich durch Eintauchen des eisernen Filter- oder Aufsatzrohres in ein Bad von geschmolzenem Zink. Beim »feuerverzinkten«, auch »galvanischen« Eisen hat das Zink im Kontakt mit Eisen und Wasser eine größere Neigung als das Eisen, als Ion in Lösung zu gehen. Zink wirkt also als Anode, deren beim Übergang von Zink in Zink-Ion nach $Zn - e^- \rightarrow Zn^{2+}$ freiwerdende Elektronen der Neigung des Eisens, Elektronen abzugeben und als Ionen in Lösung zu gehen, entgegen wirken (Tabelle 3.24). Die Auflösung des Zinks verursacht den kathodischen Schutz des Eisens, das so lange nicht angegriffen wird, als metallisches Zink leitend mit ihm verbunden ist. Unter einem Poren-, Riß- und Verletzungs-freien Zinküberzug ist das Eisen wie unter einem Lack geschützt. Erfahrungsgemäß ist jedoch der mechanische Schutz der Zinkschicht an den Korrosions-gefährdeten scharfen Kanten wenig verläßlich, so daß ihre galvanisierende Wirkung weder die »schwarze« noch die »braune« Korrosion eiserner Brunnenfilter verhindern kann. Ursache hierfür ist in härteren Wässern die Ausbildung einer schwerlöslichen basischen Zinkcarbonat-Schicht, die das Auflösen von Zink verhindert und damit den Spannungsunterschied zwischen Zink und Eisen verwischt (GERB 1965, KAESCHE 1990).

Für den kathodischen Rostschutz eiserner Bauteile werden daher sog. Opferanoden aus dem gegenüber Zink beträchtlich unedleren Magnesium eingesetzt (Tabelle 3.24), das sich nicht mit passivierenden Schichten bedeckt. Alternativ kann das Schutzpotential auch durch Anlegen einer Gleichstromspannung erzielt werden, indem das eiserne Bauteil mit dem negativen Pol verbunden und der positive Pol geerdet wird. Der kathodische Rostschutz mit Opferanoden oder Fremdstrom ist bei größeren Objekten, wie Brunnenfilter- und -aufsatzrohren, nur wirtschaftlich, wenn die erforderlichen Stromstärken klein bleiben. Dies erfordert aber eine weitgehende Isolierung des Eisens gegenüber dem Grundwasser als wäßriger Lösung, so daß ein nicht leitender, undurchlässiger und haltbarer Überzug des Eisens nach wie vor erforderlich ist (GERB 1965, KAESCHE 1990).

Korrosionschutz durch organische Überzüge

Der dauerhafte Schutz eiserner Brunnenfilter durch dünne Überzüge erfordert eine so große Stärke des Isolierungsmaterials, daß der Radius der kleinsten Krümmung meßbar ist (GERB 1965): Die Hartgummierung erreicht in der Tat Isolationsstärken von bis zu 2 mm Dicke und ist so ein sehr wirksamer Korrosionsschutz. Nachteilig bei diesem Verfahren sind die hohen Kosten, so daß hartgummierte Filter-, Aufsatz- und Steigrohre im Brunnenbau nur begrenzt eingesetzt werden. Kostengünstiger sind porenfreie und dauerhafte Polyethylen-Überzüge, die preiswert und genügend stark hergestellt werden können. Diese Überzüge bieten bei fehlerloser Ausführung und intaktem Einbau für eiserne Brunnenfilter einen so guten Korrosionsschutz, daß ein kathodischer Rostschutz entfallen kann. Sie werden deshalb heute bevorzugt im Brunnenbau eingesetzt.

3.9.2 Instandsetzen von Brunnen

Regenerierungsarbeiten erlauben die Wiederherstellung der Brunnenleistung und ersparen so u. U. die Kosten für den Bau von neuen Brunnen. Der Aufwand für die Regenerierung muß daher den Baukosten gegenübergestellt werden. Bei allen Regenerierungsmaßnahmen ist darauf zu achten, daß das Grundwasser möglichst wenig chemisch belastet wird und daß die Grundwasserfassung mechanisch und chemisch möglichst gering beansprucht wird (DVGW 1992, 1997).

Der erhebliche Aufwand bei Regenerierungs- und Reparaturarbeiten erfordert eine gründliche vorherige Untersuchung des Brunnenzustandes und etwaiger Schäden. Direkte optische Prüfungen durch Taucher sind nur ab Brunnendurchmessern von 800 mm möglich. Bei kleineren Durchmessern können die Brunnenabschnitte oberhalb des Grundwasserspiegels ausgespiegelt werden, während unterhalb des Grundwasserspiegels Unterwasserkameras oder -Fernsehkameras erforderlich sind (Abschnitt 3.4.4.10).

3.9.2.1 Bohrbrunnen ohne Filter

In Festgesteinen werden gelegentlich Bohrbrunnen ohne Filterverrohrung erstellt (BIESKE jr. 1963), in denen es im Laufe der Zeit zu Nachfall kommen kann, da sich unter den Einflüssen der Verwitterung Gesteinsbruchstücke aus der Wand lösen und herabfallen. Ferner kann bei ungenügendem Klarpumpen in den Spalten und Klüften feines bis feinstes Gesteinsmehl verbleiben, das beim Brunnenbetrieb nach und nach im Wassereintrittsbereich die Öffnungen verstopft oder in das Brunneninnere ausgespült wird. Der entstehende Schlamm kann Wasser-führende Zonen verstopfen, so daß die Brunnenleistung nachläßt. Der Brunnenschlamm ist mit dem Ventilbohrer sorgfältig zu entfernen und der Brunnen durch verstärktes Pumpen (möglichst bis zur 1,5fachen Normalleistung) zu reinigen, wobei auch die verstopften Risse, Spalten, Klüfte und die Bohrlochwandung freigespült werden. Mit dem Entsandungsseiher (Abb. 3.131) kann die Bohrlochwandung abschnittsweise – zweckmäßigerweise von unten nach oben – sehr intensiv ausgewaschen werden (BIESKE 1965).

Auch in filterlosen Brunnen können Inkrustationen (Versinterungen, Verockerungen) auftreten, die dann unter Beachtung der ökologischen Problematik durch chemische Behandlung, vor allem mit chemisch reiner Salzsäure, beseitigt werden können. Bleiben die mechanischen und chemischen Verfahren ohne Erfolg und ist keine genügende Brunnenleistung mehr gegeben, so verbleibt die Möglichkeit einer Torpedierung des Bohrloches (Abschnitt 3.6.2).

3.9.2.2 Bohrbrunnen mit Kiesfiltern

Mechanische Behandlung

Beginnende Versandungen in Kiesfilterbrunnen, angezeigt durch Sand- und Tontrübungen, können durch Spülen mit Luft und Wasser beseitigt werden (LANG 1958). Hierzu wird ein Spülkopf, der zwischen zwei Gummidichtungsplatten mit Bohrungen versehen ist (Abb. 3.189 a), an einem Luftrohr in das Filterrohr eingefahren. Im Luftrohr ist weiterhin ein Steigrohr eingeführt, das über GOK mit einem Absperrschieber versehen ist (Abb. 3.189 b). Bei geschlosssenem Absperrschieber wird jeweils etwa 3-5 Minuten lang Luft eingeblasen und nach Öffnen des Schiebers im Steigrohr die Wasserspülung eingeschaltet, die nach Art einer Mammutpumpe (Abschnitt 3.8.2) die aufgelockerten Sand- und Tonteilchen mit dem Wasser zutage fördert. Durch systematisches Versetzen des Spülkopfes um die Spülkopfhöhe kann der ganze Filterrohrstrang durchgespült und ggf. die Trübung völlig beseitigt werden.

Auch ein sachgerecht entsandeter Bohrbrunnen kann bei einer zu hohen Wasserentnahme Sand führen. Falls diese Störung durch ein erneutes, verstärktes Entsanden mit Hilfe der in Abschnitt (3.6.1) vorgestellten Methoden nicht zu beseitigen ist, sollte durch eine gleichmäßige Verteilung der Brunnenanströmung und durch eine gleichmäßige Fahrweise die Sandführung vermindert werden (DVGW 1992). Hört die Sandführung auch dann nicht auf, so sollte geprüft werden, ob die Filterrohre oder die Kiesschüttung beschädigt sind. Dies ist der Fall, wenn der mitgeführte Sand aus der Kiesschüttung stammt. Bei einer Beschädigung des Filterrohrs oder einem Zusammenbruch des Filterkörpers versagt der Bohrbrunnen durch Sandeinbruch meist plötzlich, oft innerhalb weniger Stunden. Das Versanden ist durch Ausloten des Brunnens leicht nachzuweisen. Demgegenüber entwickeln sich Inkrustationen der Kiesschüttung und der Filterrohre allmählich über Jahre, so daß die Plötzlichkeit des Leistungsabfalles einen wichtigen Hinweis auf dessen Ursache liefert (BIESKE 1965).

Vor Beginn der Instandsetzung sollte der Brunnen ausgelotet und der Schlamm im Sumpfrohr entfernt und auf seine Herkunft untersucht werden. Mit Hilfe einer Brunnen-Fernsehkamera ist u. U. die Tiefenlage der Beschädigung und der Ort des Sandzutritts zu erkennen (Abschnitt 3.4.4.10). Bei kleineren Beschädigungen von Korrosions-festen Filtern, etwa von Steinzeugfiltern, kann die beschädigte Stelle durch ein eingehängtes kupfernes Blindrohr abgedichtet werden (BIESKE 1965).

Bei der mechanischen Behandlung, die oft als erster Regenerierungsschritt eingesetzt wird, werden die Verockerungen und Versinterungen mit am Gestänge geführten runden Stahlbürsten ausgekratzt und die in den Pumpensumpf gesunkenen Inkrustationsteilchen herausgepumpt. Da die offenen Querschnitte anfänglich noch sehr eng sind, werden schrittweise immer größere Stahlbürsten eingesetzt, bis die Öffnung der ursprünglichen Nennweite des Brunnenfilterrohres entspricht. Nachteilig ist, daß dabei die Filterrohrschlitze zusätzlich verschmiert oder Brunnenmaterialien beschädigt werden können. Ablagerungen in den Filterrohrschlitzen können mit Ventilkolben oder Hochdruckreinigungsgeräten entfernt werden. Beim sog. »Stöpseln« oder »Kolben« des Brunnens werden Entsandungskolben wie beim Entsanden benutzt (Abb. 3.135 a-c). Durch abwechselndes Auf- und Niederstoßen dieser Geräte im Filterrohr entstehen abwechselnd saugende und drückende Wasserbewegungen, die die Verschlammung oder Verockerung aus den Filteröffnungen reißen oder sie in die Filterkiesschicht drücken. Eine sehr gute Reinigungswirkung auch für die Filterkiesschüttung läßt sich durch den systematischen abschnittsweisen Einsatz von Entsandungsseihern (Abb. 3.131) oder eine abschnittsweise Inten-

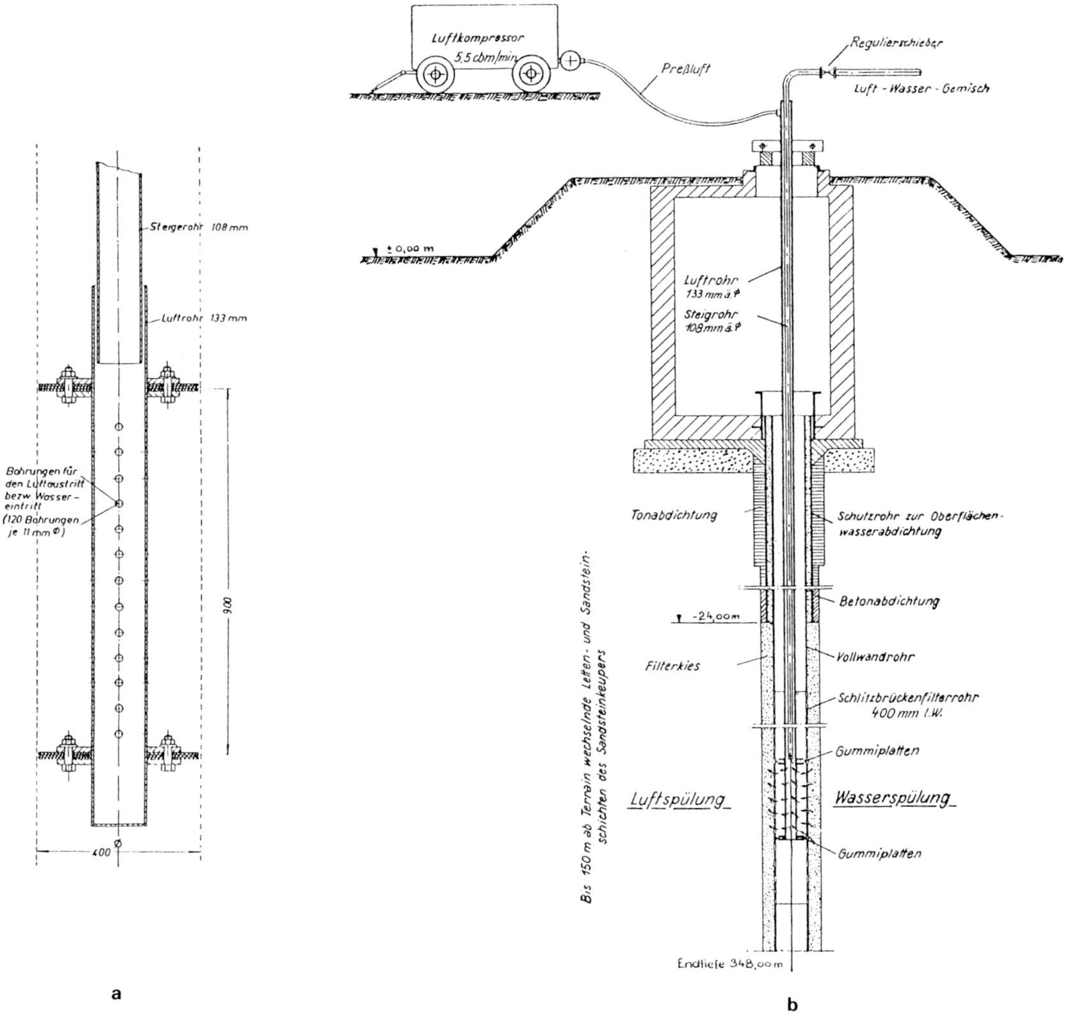

Abb. 3.189. Luft- und Wasserspülung nach LANG (1958): (a) Spülkopf, (b) Gesamtanordnung.

sivspülung erzielen. Die einzelnen Behandlungsabschnitte und – in allen Fällen – abschließend die ganze Filterstrecke werden mit hoher Leistung abgepumpt und hierbei die Schlamm- und Ockerteilchen abgesaugt und entfernt (BIESKE 1965, DVGW 1992).

Kräftige Druckstöße zum Herausstoßen der in den Filteröffnungen sitzenden Sand- und Ockerteilchen können durch plötzliches Einleiten von größeren Wassermengen aus einem über dem Brunnen befindlichen Behälter erzeugt werden (PRINZ 1919). Gelegentlich werden bei hierfür geeigneten Filterrohren die Verkrustungen durch mechanische Vorrichtungen durchstoßen. Bei Filterrohren mit waagrechten Filteröffnungen wird ein Stichel durch die Filteröffnungen geführt und durch ein Gestänge in die Kiesschüttung gestoßen. Ein ähnliches, technisch weiterentwickeltes Reinigungsgerät verwendet einen hohlen Stichel mit Druckwasserantrieb (BIESKE 1965).

Zum Reinigen der Brunnenfilter kann weiterhin auch hochgespannter Wasserdampf durch ein Hohlgestänge bis zur Brunnensohle geleitet werden, der das Grundwasser soweit erhitzt, daß schließlich die Dampfspannung den Druck der darüberstehenden Wassersäule übersteigt und das im Brunnen vorhandene Wasser Geysir-artig samt der im Brunnen und im Filter abgelagerten Schlamm- und Ockerteilchen zutage gefördert werden. Mit Dampf oder Preßluft kann auch ein starker nach oben gerichteter Wasserstrom erzeugt werden, der die abgelagerten und ausgefällten Partikel im Brunnenfilter und seiner Umgebung aufwühlt, losreißt und nach oben fördert. Das erste Verfahren kann nicht bei Kunststoffrohren und -filtern angewendet werden, da diese nur bei Temperaturen bis zu max. 60 °C stabil bleiben. Weiterhin können durch den Explosions-artigen Wasserausstoß die Filterrohre kollabieren oder die Kiesschüttungen durch die starke Sogwirkung durchbrochen werden. Schließlich ist die Erwärmung des Wassers und das Einbringen der Preßluft unerwünscht, da hierdurch eine erneute Inkrustierung begünstigt wird. Bei beiden mit Dampf arbeitenden Verfahren sind wegen der Gefährdung der Ausführenden entsprechende Arbeitsschutzmaßnahmen erforderlich (Bieske 1965).

Die Filterkiesschüttung kann durch Einbringen von sog. Spüllanzen behandelt werden, die feinste Wasserstrahlen mit hoher Geschwindigkeit abgeben und so Ablagerungen und Verbackungen lösen können. Ungünstig ist die Gefahr von nachteiligen Veränderungen des Brunnenausbaus, der Kiesschüttung und vorhandener Abdichtungen und Sperrschichten (DVGW 1992). Wickeldrahtfilter werden stets mit Hilfe spezieller, im Filterrohr rundum drehbarer Spüldüsen gereinigt.

Das an den Berliner Wasserbetrieben neu entwickelte Sprengschocken unter Einsatz von kleinen Sprengstoffmengen wurde seit 1991 in über 250 Brunnen erfolgreich zur Brunnenregenerierung eingesetzt. Nach einer vorgeschalteten mechanischen Entfernung der Ablagerungen mit Bürsten und gleichzeitigem Abpumpen werden als 2. Schritt minimierte Sprengstoffmengen unter Wasser gezündet, die Erschütterungen sowie Gasschwadendrücke hervorrufen, wodurch das Wasser im Filterrohr schlagartig nach außen gedrückt wird und Inkrustationen (Verockerungen, Versinterungen), Spülungsreste und Feinkornanreicherungen in Kiesschüttungen ohne Beschädigung des Brunnens gelöst werden. Das zurückströmende Wasser spült die gelockerten Partikel in den Brunnen, aus dem sie durch das anschließende Klarpumpen und eine abschnittsweise Intensiv-Entsandung der Filterstrecke entfernt werden. Hierdurch werden die Filterschlitze, die Kiesschüttung und der anschließende Grundwasserleiter wieder durchlässig und die spezifische Brunnenleistung nimmt zu. Das Sprengschock-Verfahren kann auch bei sprödem oder schadhaftem Material, wie Steinzeug-, Kunststoff- oder stark korrodierten Stahlfilterrohren, durch Einführen eines Einschubfilterrohres eingesetzt werden (Steussloff & Wicklein 1999, Rübesame 1996).

Derzeitig laufende Versuche zur Brunnenregenerierung mit Ultraschall setzen einen Ultraschallgeber im Brunnenwasser ein, um ein intensives Schallfeld zu erzeugen (Berger 1997). Die damit verbundenen harten Druckschwankungen rufen auf Oberflächen wie Filterrohren und Kieskörnern Kavitations-Bläschen hervor, bei deren Zusammenbrechen hohe Zugkräfte auf die jeweilige Oberfläche ausgeübt werden. Die Ergebnisse der bisherigen Versuche werden zurückhaltend beurteilt. Voraussetzung für einen erfolgreichen Einsatz als mechanisches Regenerierungsverfahren ist eine Beschaffenheit des Ausbaumaterials, die eine optimale Schallfortpflanzung ermöglicht. Darüber hinaus ergab sich eine Optimierung einer chemischen On-line-Regenerierung.

Die verhältnismäßig zahlreichen Verfahren zur mechanischen Reinigung von Brunnenfiltern und -rohren sind vielfach nicht sehr nachhaltig. Ihr Erfolg kann optisch mittels Brunnen-Fernsehkamera und indirekt durch Bestimmung der Brunnenleistung mit einem Pumpversuch geprüft werden.

Einsatz von Personen

In Bohrbrunnen mit Durchmessern ab etwa 800 mm DN können eingefahrene Personen über Wasser oder mit Taucherausrüstung auch unter Wasser Reinigungs- und Instandsetzungsarbeiten durchführen. Hier ist besonders geschultes Tauchpersonal erforderlich, insbesondere sind alle Sicherheitsvorschriften, auch bezüglich Lebens-feindlicher oder explosiver Brunnengase, zu beachten.

Vorteil dieses Vorgehens ist die Möglichkeit, Beschädigungen, Verockerungen, Verkrustungen und Verschlammungen der Filterinnenflächen unmittelbar zu erkennen und gezielt beseitigen zu können. Über dem abgesenkten Grundwasserspiegel können von einer beweglichen Arbeitsbühne aus Verschlammungen und Verkrustungen von Hand mit Bürste und Meißel entfernt werden. Weiterhin können mechanische Geräte an Gestängen in den Brunnen eingesetzt werden, die es erlauben, Meißel in die Brunnenschlitze einzuschlagen. Dabei wird die verockerte Kiesschüttung des Brunnens wieder für den Wasserdurchfluß geöffnet.

Chemische Behandlung

Der mechanischen Reinigung kann im Bedarfsfalle eine chemische Behandlung folgen, bei der eine der Art der Ablagerungen angepaßte Säure in das Brunnenwasser eingeleitet wird, die so lange auf Inkrustationen an Korrosions-beständigen Brunnenbauteilen (wie Filter- und Aufsatzrohren) sowie im Kiesfilter und im angrenzenden Grundwasserleiter einwirkt, bis die dort vorhandenen Ablagerungen gelöst sind. Für dieses Verfahren, das auch als Säuern, Ausbrennen, Ausbeizen oder Regenerieren des Brunnens bezeichnet wird, eignen sich aus technischer Sicht vor allem starke Säuren mit gut wasserlöslichen Reaktionsprodukten wegen der erheblichen Verdünnung im Brunnen und der Möglichkeit, sie mit dem Brunnenwasser aus dem Untergrund zu entfernen. Diesen Säuren sollten u. U. den Säureangriff verstärkende oder hemmende Mittel zugesetzt werden können. Aus hygienischer und lebensmittelrechtlicher Sicht kommen nur solche chemische Regenerierungsmittel in Betracht, die keine Substanzen enthalten, die beim Bestimmungsgemäßen Gebrauch die Trinkwasserbeschaffenheit beeinträchtigen oder das Brunnenausbaumaterial schädigen. Etwaige im Brunnen verbliebene Reste des Regenerierungsmittels dürfen keine nachteiligen Wirkungen auf die Qualität des Trinkwassers haben. Chemische Regenerierungsmittel müssen toxikologisch und Trinkwasser-hygienisch den Anforderungen des Lebensmittel- und Bedarfsgegenständegesetzes genügen. So müssen Säuren chemisch rein sein, da technisch reine Säuren den Anforderungen nicht genügen. Vom Hersteller des Regenerierungsmittels sind die Konzentration des Wirkstoffes, seine Anwendungskonzentration bzw. sein Verdünnungsverhältnis, die Kennwerte der Lösungskapazität mit pH-Angaben, die erforderliche Mindest- und Höchsteinwirkungszeit, eine Unbedenklichkeitsbescheinigung und Angaben zur schadlosen Beseitigung (z. B. Neutralisation) anzugeben oder vorzulegen (DVGW 1992).

Durch geeignete Verfahrensweise – z. B. durch gezielten Betrieb des Brunnenfeldes – ist anzustreben, daß die eingesetzten Chemikalien im erfaßbaren Umfeld des Brunnens verbleiben. Insbesondere ist durch ausreichendes Abpumpen sicherzustellen, daß keine Regenerierungsmittel-Reste in das Trinkwasser gelangen (DVGW 1992). Da die chemische Brunnenregenerierung mit dem zumindest vorübergehenden Einbringen von Fremd-Stoffen in das Grundwasser verbunden ist, bedarf diese Maßnahme einer vorherigen wasserrechtlichen Erlaubnis nach §§ 2 und 7 Wasserhaushaltsgesetz (WHG) (Abschnitt 5.5.1).

Die o. g. Anforderungen werden weitgehend von Salzsäure erfüllt, die chemisch rein oder u. U. mit Lösungs-verstärkenden oder Korrosions-inhibierenden Zusätzen vorwiegend für die Säurebehandlung von Bohrbrunnen aus Korrosions-festem Material (Kupfer, Bronze, säurebeständiger Stahl, Steinzeug, Porzellan, Glas, Holz, Kunststoff, Stahl mit Hartgummi- oder Kunststoffbelag und ähnlichen Stoffen) verwendet wird. Schwefelsäure ist dagegen nur beschränkt einsetzbar, weil sie in Gegenwart von Calciumcarbonat das schwerer lösliche Calciumsulfat (Gips) bildet (Bieske 1965, DVGW 1992).

Die Salzsäure löst die Verockerungen, Versinterungen und Verkrustungen völlig auf, ohne die o.g. Filterwerkstoffe anzugreifen. Verkrustungen aus Calciumcarbonat, Eisencarbonat oder Dolomit werden dabei nach den Gln. (3.65) bis (3.68) aufgelöst:

(3.65) $MeCO_3 + 2HCl \rightleftharpoons MeCl_2 + CO_2 + H_2O$

(3.66) $CaCO_3 + 2HCl \rightleftharpoons CaCl_2 + CO_2 + H_2O$

(3.67) $FeCO_3 + 2HCl \rightleftharpoons FeCl_2 + CO_2 + H_2O$

(3.68) $(Ca,Mg)CO_3 + 2HCl \rightleftharpoons 1/2CaCl_2 + 1/2MgCl_2 + CO_2 + H_2O$

Calcium-, Magnesium- und Eisen(II)-Chlorid sind wasserlöslich, ebenso das unter oxidierenden Bedingungen entstehende Eisen(III)-Chlorid. Zu den genannten löslichen Chloriden führen auch die Angriffe auf Oxide und Hydroxide, wie z.B.

(3.69) $FeO + 2HCl \rightleftharpoons FeCl_2 + H_2O$

(3.70) $Fe(OH)_2 + 2HCl \rightleftharpoons FeCl_2 + 2H_2O$

(3.71) $MnO_2 + 2HCl \rightleftharpoons MnCl_2 + 1/2O_2 + H_2O$

(3.72) $Mn(OH)_2 + 2HCl \rightleftharpoons MnCl_2 + 2H_2O$

Für die Salzsäurebehandlung sind Brunnen mit verzinkten Stahlfilter- und -aufsatzrohren nicht geeignet, da hier nach Gl. (3.73)

(3.73) $Zn + 2\ HCl \rightleftharpoons ZnCl_2 + H_2$

lösliches Zinkchlorid und Wasserstoffgas entstehen. Neben der unerwünschten Zerstörung des Zinkbelages und der Korrosion des Eisens bildet das freigesetzte Wasserstoffgas mit Sauerstoff Knallgas, das bei Explosionen bereits tödliche Brunnenunfälle verursacht hat. Als weiteres Lebens-feindliches Brunnengas tritt bei den o.g. Gln. (3.65) bis (3.68) Kohlenstoffdioxid auf, das sich als spezifisch schweres Gas im Brunnen sammelt und durch Ersticken ebenfalls schon tödliche Brunnenunfälle verursachte. Der Einsatz von chemisch reiner Salzsäure schließt das in der Vergangenheit beobachtete Auftreten von giftigem Arsenwasserstoff aus (Bieske 1965). Bei gleichzeitiger Anwendung von Salzsäure-haltigen Chemikalien und starken Oxidationsmitteln kann Chlor freigesetzt werden, das Haloforme bilden und Korrosionen hervorrufen kann (DVGW 1992).

Die Behandlung von inkrustierten Bohrbrunnen mit Salzsäure führt erfahrungsgemäß zu einer weitgehenden Reinigung, doch wurde mehrfach nach der Salzsäurebehandlung eine verstärkte Verockerung beobachtet.

Anstelle von Salzsäure wird – vor allem in den USA – die Amidoschwefelsäure (Sulfaminsäure, H_3NO_3S) zur chemischen Reinigung inkrustierter Brunnen verwendet (JOHNSON DIVISION 1975). Diese Säure, ein weißes, geruchloses, nicht flüchtiges und nicht hygroskopisches kristallines Pulver, reagiert gelöst in Wasser stark sauer (ähnlich wie Mineralsäuren) (Römpp 1989). Üblicherweise wird die pulverförmige Säure zunächst in einem Behälter gelöst und die Lösung in Kunststoffschläuchen in das Filterrohr eingeleitet. Die Säurelösung – bei ca. 16 °C ca. 200 g Säurepulver/Liter Wasser – ist spezifisch schwerer als Wasser und verbleibt ohne Aufrühren im unteren Teil des Filters. Die Säure kann auch als Pulver in den Brunnen geschüttet werden, wobei die erforderliche Menge sich nach der im Filter- und Aufsatzrohr stehenden Wassermenge richtet. Auch hier begünstigt ein Aufrühren den Säureangriff.

Die Amidoschwefelsäure löst die Inkrustierungen langsamer als die Salzsäure, dementsprechend ist eine um etwa ein Drittel längere Einwirkungszeit im Brunnen vorzusehen. Weiterhin wird nur ein Teil der Eisenoxide gelöst, so daß in solchen Fällen je 100 Gewichtsteilen Amidoschwefelsäure-Pulver 50 Gewichtsteile Natriumchlorid zugegeben werden sollten. Mit Calcium- und Magnesiumcarbonaten reagiert die Amidoschwefelsäure unter Bildung leicht löslicher Salze.

Der gegenüber Salz- und Schwefelsäure langsamere Angriff der Amidoschwefelsäure wird ebenso als vorteilhaft angesehen wie der viel bequemere und sichere Transport und Einsatz. Dennoch ist bei der Einwirkung dieser Säure gegen Carbonatausfällungen das Auftreten von erheblichen Mengen von Kohlenstoffdioxid im Brunnen zu beachten (Bieske 1965, JOHNSON DIVISION 1975).

Organische Säuren und Zusätze, z. B. der bei stark gealterten Brunnenablagerungen und bei hohem Mangan-Anteil im Belag bewährte ascorbinsäurehaltige Reinigungsverstärker FCM 1 der Fa. Feldmann-Chemie, Inning (Berger 1997), haben in den letzten Jahren als weniger gefährliche und leichter zu beseitigende Wirkstoffe die Salzsäure z. T. ersetzt. Zur frühzeitigen Auflösung von Eisen-Hydroxiden und Mangan-Oxidhydraten werden z. B. Reduktionsmittel mit Komplex-bildenden organischen Säuren oder Salzen wie diejenigen der Carboxylsäuren Oxal-, Citronen- oder Salicylsäure eingesetzt (Treskatis et al. 1998). Die organischen Substanzen bilden jedoch bei der Brunnenregenerierung häufig eine das Bakterienwachstum begünstigende Nährsubstratlösung, die zur Verkeimung des Brunnens mit Keimzahlen von einigen Zehntausend führen kann. Sie können durch Zugabe von Desinfektionsmitteln und sorgfältiges Klarpumpen mit ausreichenden Stillstandszeiten zum Absetzen der Bioagglomerate beseitigt werden (Bieske et al. 1998). Um eine bakteriologische Beeinträchtigung des geförderten Wassers auszuschließen, sind ggf. begleitende bakteriologische und chemische Kontrolluntersuchungen erforderlich (DVGW 1992).

Die Planung und Ausführung von Säurebehandlungen setzt entsprechende Kenntnisse voraus. Allenfalls bei Brunnen mit Korrosions-festen Filterrohren, mit nicht so starkem Leistungsabfall und mit weichen pastenartigen Inkrustationen könnte eine nicht darauf spezialisierte Brunnenbaufirma Säurebehandlungen durchführen. Alle schwierigeren Fälle sollten Spezialfirmen vorbehalten bleiben, die nach sorgfältiger Prüfung der Verhältnisse die Erfolgsaussichten und das geeignete Vorgehen für eine chemische Reinigung von Brunnenfiltern beurteilen können. Manchmal können jedoch Verkrustungen vorliegen, die sich selbst von Spezialisten auf chemischem Wege nicht entfernen lassen. Beurteilungskriterien sind Löslichkeitsprüfungen an den Inkrustierungen im Labor. Hierfür genügen Beläge aus dem Saugrohr, dem Saugkorb und dem Steigrohr (Bieske 1965, Obstfelder 1957).

Weiterhin werden die Werkstoffe der Filter- und Aufsatzrohre ermittelt. Korrosions-feste Werkstoffe erlauben den Einsatz chemisch reiner Salzsäure. Bei Filterrohren aus korrodierbaren Metallen sollten allenfalls Säuren verwendet werden, die zwar die Inkrustierungen im Filter, in der Kiesschüttung und dem umgebenden Grundwasserleiter entfernen, aber den metallischen Werkstoff nicht zerstören. Hierfür sind sog. Sparbeizen geeignet, säurehaltige Beizen mit als Inhibitoren wirkenden organischen Verbindungen mit funktionellen Gruppen (Beneke 1992, Kaesche 1990), deren Aggressivität im Vergleich zu Salz- und Schwefelsäure stark vermindert ist.

Die erforderliche Säuremenge ergibt sich aus Art und Menge der aufzulösenden Ablagerungen, aus dem Pufferungsvermögen des Grundwassers, weiterhin aus Länge und Durchmesser des zu behandelnden Filters oder Filterabschnittes, dem Umfang der Kiesschüttung und dem Alter des Brunnens. Die Lösungskapazität und die erforderliche Einwirkungszeit zur Auflösung der Ablagerungen hängt wesentlich vom pH-Wert ab. Für die Auflösung von Eisen- und Mangan-Verbindungen ist der pH-Bereich von 0,9 bis 1,0 optimal, bei Sinterablagerungen reichen meist pH-Werte um 4,0 aus (DVGW 1992). In erster Näherung ist die erforderliche Säuremenge aus dem beobachteten Rückgang der Brunnenleistung abzuleiten. Als Faustregel empfiehlt Bieske (1965), je m^3/h Leistungsrückgang unter Berücksichtigung der Art der Inkrustierungen etwa 30–100 kg 30%ige Salzsäure oder äquivalente Mengen anderer Säuren einzusetzen.

Nach Ausbau des Saugrohres mit Fußventil bzw. der U-Pumpe und etwaigen anderen Bauteilen wird die Säure möglichst gleichmäßig über das ganze Filterrohr verteilt. Hierzu ist es zweckmäßig, die Salzsäure unverdünnt durch einen Gummi- oder Kunststoffschlauch oder durch ein bis in das Sumpfrohr reichendes Rohr in den jeweiligen Abschnitt einzuleiten – ggf. unter Zugabe von Druckluft zur besseren Verteilung im Filterkies und umgebenden Sediment – und die Dosierung und die Lösevorgänge zu kontrollieren. Die Einwirkungszeit wird gewöhnlich mit 24 h angesetzt. Die Abschnitts-weise Behandlung kann über Arbeitskammern oder durch Anwendung von Kolben der Umwälzanlagen durchgeführt werden. Bei starken Ablagerungen muß die Säuerung gegebenenfalls durch wiederholtes Abpumpen des verbrauchten und erneutes Einbringen von frischem Regenerierungsmittel mehrfach wiederholt werden. Da je Liter Calcit und Dolomit 602,5 Liter bzw. 698,5 Liter Kohlenstoffdioxid-Gas freigesetzt werden, sollte die Salzsäure über der Erdoberfläche, möglichst im Freien, in den Zuleitungsschlauch gegeben werden. Muß das Einleiten im Brunnenschacht erfolgen, so muß der Einleiter ein Atemschutzgerät benutzen. Während der Säuerung darf der Brunnenschacht wegen möglicher Kohlenstoffdioxid-Ansammlungen nicht befahren werden, ebenso ist wegen der möglichen Knallgasbildung offenes Licht vom Brunnenschacht fernzuhalten. Nach der Säurebehandlung ist der Brunnen so lange verstärkt klarzupumpen, bis der Gehalt an freier Säure unter 0,1 Massen-Prozent abgesunken ist. Hierfür werden meist 10 bis 24 h benötigt (Bieske 1965, DVGW 1992).

Für das Einbringen der Reaktionslösungen werden verschiedene Spezialgeräte eingesetzt wie die zur vorbeugenden Brunnenpflege verwendete Dosiereinrichtung (Abb. 3.190a) und der Kieswäscher (Abb. 3.190b). Bei der Dosiereinrichtung werden die Reaktionslösungen nach Absperren des Brunnens vom Rohwassernetz zugefügt. Nach ca. 8 h werden sie zusammen mit den Reaktionsprodukten durch Klarpumpen aus dem Brunnen entfernt (Treskatis et al. 1998). Beim Kieswäscher bewirkt der periodische Wechsel der Strömungsrichtung (Abb. 3.190b: A, B) eine intensive Durchspülung des jeweils behandelten Tiefenabschnittes der Kiesschüttung durch die Chemikalienlösung (Paul 1987). Ähnlich wirken die kombinierten mechanischen und chemischen Arbeitsschritte des Mainzer Mehrfach-Vertikal-Spülverfahrens (Bauer & Schaffrath 1993).

Die Reste des Regenerierungsmittels und die Reaktionsprodukte müssen möglichst vollständig aus dem Brunnen und dem umgebenden Grundwasserleiter entfernt werden. Das aus dem Brunnen geförderte Chemikalien-haltige Wasser ist z. B. durch Neutralisation für eine schadlose Beseitigung aufzubereiten und – vor der Einleitung in den Vorfluter, den Untergrund oder die Kanalisation – in geeigneten Behältern zwischenzuspeichern, um das Ausflocken und Sedimentieren der Reaktionsprodukte mit den Feststoffen zu ermöglichen. Auch diese festen, Wasser-haltigen Rückstände sind ordnungsgemäß zu entsorgen.

Der Erfolg der Brunnenregenerierung wird nach der Reinigung und dem Abpumpen der Rückstände durch einen Leistungspumpversuch kontrolliert, dessen Werte im Vergleich mit den entsprechenden Daten des neuen Brunnens und des Betriebes – besonders vor der Regenerierungsmaßnahme – eine Erfolgsbewertung erlauben (Abschnitt 2.3.4.1.1). Dies kann durch eine vergleichende optische Kontrolle ergänzt werden (Abschnitt 3.4.4.10). Nach dem Wiedereinbau der u. U. überholten, gereinigten und desinfizierten Fördereinrichtung in den Brunnen wird abschließend die Einhaltung der chemischen und bakteriologischen Qualitätsanforderungen an das Rohwasser geprüft (DVGW 1992).

Brunnen-Verschleimungen können nicht durch Säurebehandlung, sondern nur durch eine mechanische Reinigung beseitigt werden, u. U. kombiniert mit einer abschnittsweisen Desinfektion zum Abtöten der Schleim-bildenden Bakterien (DVGW 1992).

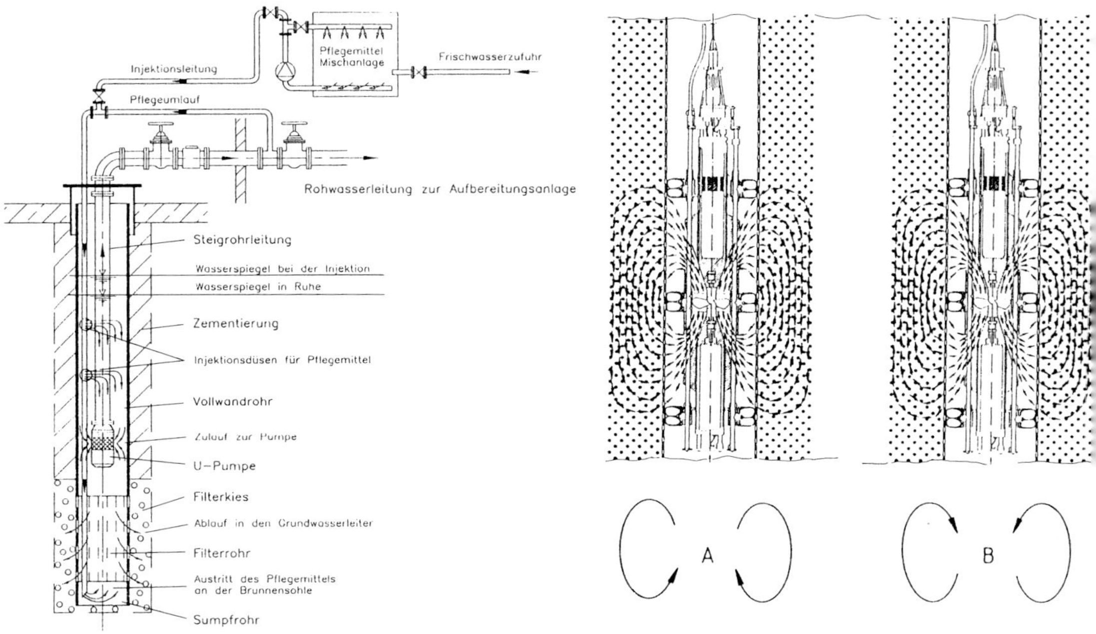

a b

Abb. 3.190. Dosiereinrichtung zur Brunnenpflege (a; Treskatis et al. 1998) und Kieswäscher KW 3G (b; Paul 1987).

Kombinierte Instandsetzungsverfahren

Die Instandsetzung von Bohrbrunnen mit sehr starker Verockerung, insbesondere mit Inkrustationen an den Filterrohren und u. U. in den Saug- und Anschlußleitungen (Querschnittsverengungen), ist schwierig und gelegentlich sogar unmöglich. Bei der Reinigung derartiger mit Eisen- und Mangan-Hydroxiden und -Oxiden verstopften Filterbrunnen hat sich der von den Berliner Wasserbetrieben entwickelte kombinierte Einsatz von mechanischer Entfernung der Inkrustationen, von Preßluft- und von anschließender Salzsäurebehandlung bewährt (Krems 1958, 1961), wie parallel laufende Untersuchungen mit einer Unterwasserkamera zeigten (Abschnitt 3.9.3). Insbesondere die abschnittsweise Behandlung entfernt die Inkrustierungen in den Filterrohren und lockert, löst und beseitigt weitgehend die Ablagerungen in den Filteröffnungen und am Filteraußenmantel.

Durch die bereits vorgestellte mechanische Vorbehandlung durch Auskratzen der Verockerungen und Versinterungen mit Stahlbürsten und Herauspumpen der freigesetzten Inkrustationsteilchen werden die Brunnenfilterrohre auf ihre ursprüngliche Nennweite geöffnet und so für die weitere Behandlung zugänglich gemacht.

Zum weiteren Ablösen der Inkrustationen wird Preßluft durch ein Rohr mit bis zu DN 50 mm in den Brunnen eingeführt, dessen unteres Ende mit feinen horizontalen Bohrungen perforiert ist (Blaskopf). Durch diese wirken feine intensive Preßluft-Strahlen auf die Bohrlochwand, lockern die verbliebenen Inkrustationen in den Schlitzen und brechen teilweise die Verkrustungen in der Kiesschüttung auf. Der erforderliche Preßluftdruck hängt von der Tiefenlage des ruhenden Wasserspiegels und der Filterrohroberkante ab. Bei Grundwasser-Flurabständen von 3–5 m

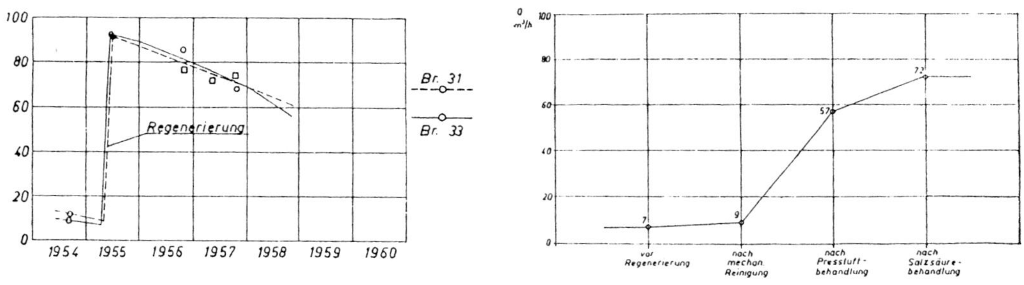

a b

Abb. 3.191. Leistungsveränderungen durch Regenerierungen: (a) Langfristige Änderungen an Brunnen 31 und 33 des Wasserwerks Jungfernheide/Berlin, (b) schrittweise Leistungszunahme an Brunnen 33 (Bieske 1965).

wurden Überdrücke von 150–200 kPa angewendet. Durch systematisches Absenken des Blaskopfes wird die ganze Filterstrecke behandelt. In bestimmten Zeitabständen wird der Brunnen durch einen schnellschließenden Schieber geschlossen, wodurch der Wasserspiegel im Brunnen nach unten gedrückt wird. Beim plötzlichen Öffnen des Schiebers stürzt das umgebende Grundwasser in den Brunnen, reißt die inzwischen im Filter und im Filterkies freigesetzten Schlammteilchen mit und befördert sie als Schlamm-Wasser-Gemisch nach dem Mammutpumpen-Prinzip an die Erdoberfläche. Die dabei austretenden meist großen Schlamm-Mengen zeigen die intensive Reinigungswirkung der Preßluftbehandlung an. Diese wird so lange wiederholt, bis das nach der Schieberöffnung austretende Wasser klar ist (Krems 1958, 1961).

Ein abschließendes Abpumpen entfernt weitgehend die innerhalb der Kiesschüttung gelösten Schlammteilchen und eröffnet der im nächsten Arbeitsgang eingesetzten Säure möglichst tiefe Zugangswege. Durch abschnittsweises Abpumpen wird die Filterstrecke möglichst vollständig gereinigt.

Abschließend folgt die oben geschilderte Salzsäurebehandlung, die mit Hilfe von Packern abschnittsweise durchgeführt wird. Hierdurch wird verhindert, daß die angreifende Säure nur in weniger verkrusteten Filterbereichen in die Kiesschüttung eindringt und die stark verockerten Bereiche kaum behandelt werden, ein Fehler, der bei der üblichen Behandlung der ganzen Filterlänge beobachtet wurde. Unterwasserkamera-Aufnahmen verdeutlichten, daß ohne vorhergehendes mechanisches Auskratzen der Filter die Salzsäure nicht einmal die Inkrustationen am Filterrohr völlig beseitigen und die Ablagerungen in den Filterrohrschlitzen und in der Kiesschüttung nur wenig auflösen kann. Dies unterstreicht die von Krems (1958, 1961) betonte Bedeutung der mechanischen Vorbehandlung. Sie ist eine wesentliche Voraussetzung für eine erfolgreiche Brunnenregenerierung.

Die Wirkung der Instandsetzungsarbeiten kann anhand der Leistungsentwicklung von Brunnen des Wasserwerks Jungfernheide der Berliner Wasserbetriebe (Abb. 3.191 a) und der Leistungszunahme eines Brunnens des gleichen Wasserwerkes während der einzelnen Regenerierungsschritte verdeutlicht werden (Abb. 3.191 b).

Das Drupugen-Verfahren der Fa. Hermann Loeck, Hamburg-Altona, ist ebenfalls ein kombiniertes chemisch-physikalisches Verfahren zur Behandlung verockerter Brunnen. Zunächst wird aufgrund der chemischen Wasseranalyse oder einer Inkrustationsprobe die Art, Menge und Konzentration des Lösungsmittels sowie der Arbeitsdruck ermittelt. Bei der anschließenden chemischen Behandlung wird das Filterrohr in Meterabschnitten durch einen Säurekolben unter dem Lösungsmittel versetzt. Mit dem Säurekolben können hochkonzentrierte Lösungsmittel in das Filterrohr, die Filterschüttung und die anliegenden Grundwasserleiterbereiche gepreßt wer-

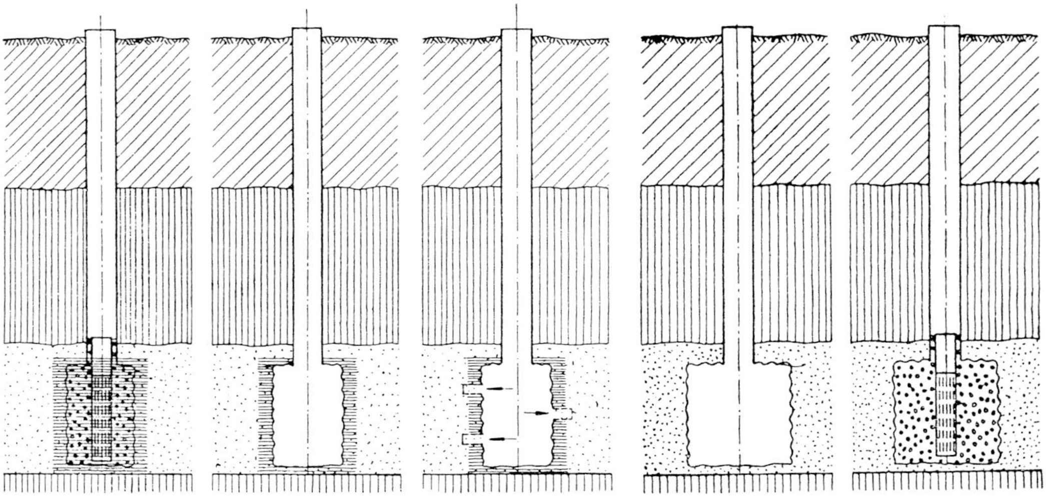

Abb. 3.192. Bohrbrunnen mit erweitertem Kiesraum: (a) vor der Erneuerung, (b) nach Ziehen des Filters, (c) Entnahme ungestörter Bodenproben, (d) Herausschneiden des verockerten Kiesmantels, (e) nach Wiedereinsetzen des Filters (BIESKE 1965, NOLTE & RÜBESAME 1994).

den. Die Werkstoffe des Brunnenausbaus werden nicht angegriffen, da dem Lösungsmittel Werkstoff-spezifische Schutzkolloide beigefügt werden. Als physikalische Arbeitsschritte werden Spülverfahren eingesetzt, bei denen durch hohe Fließgeschwindigkeiten die verbliebenen unlöslichen, verstopfenden Teilchen ausgespült werden. Vor, während und nach der Behandlung wird der Brunnenzustand mit Hilfe eines Pumpversuchs geprüft, um so die erreichte Leistungssteigerung zu ermitteln und schließlich das Lösungsmittel völlig zu entfernen (BIESKE 1965).

Spezialverfahren

Zur Instandsetzung von Bohrbrunnen mit erweitertem Kiesraum und verloren eingebautem Filter dient ein Verfahren der Fa. Hermann LOECK, Hamburg-Altona, das die Verockerung von Filter und Kiesschüttung sowie des anliegenden Ringbereiches im Grundwasserleiter berücksichtigt (Abb. 3.192a). Zunächst wird das Filterrohr gezogen und die verockerte Kiesschüttung mit einem Spezialgerät entfernt (Abb. 3.192b). Danach wird die Eindringtiefe der Verockerung im Grundwasserleiter mit Hilfe von horizontal entnommenen Kernproben ermittelt (Abb. 3.192c) und anschließend mit einem Spezialgerät die verockerte Kiesschicht herausgeschnitten (Abb. 3.192d). Nunmehr wird das gereinigte oder erneuerte Filterrohr und die Kiesschüttung wieder eingebracht (Abb. 3.192e). Da die Verockerung in allen Brunnenteilen entfernt wurde und sogar der Bohrdurchmesser erweitert wurde, entspricht die Brunnenleistung weitgehend der ursprünglichen Leistung des neugebauten Brunnens (BIESKE 1965, NOLTE & RÜBESAME 1994).

3.9.2.3 Horizontalfilterbrunnen

Auch Horizontalfilterbrunnen unterliegen der Verockerung, so daß auch bei diesen Brunnen Regenerierungsarbeiten erforderlich sind. Hier eignet sich vor allem die Salzsäurebehandlung, wobei erneut auf das mögliche Auftreten Lebens-feindlicher Brunnengase (wie u.a. Kohlenstoffdioxid) hingewiesen wird.

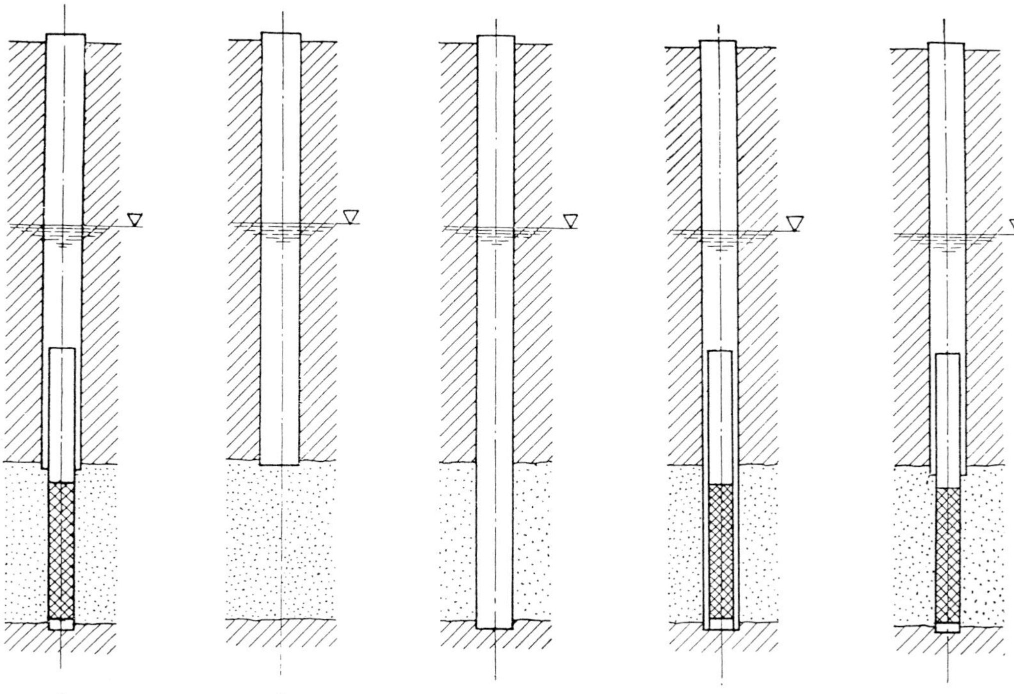

Abb. 3.193. Erneuerung eines Gewebefilterbrunnens mit verloren eingesetztem Filter (a); (b) Herausziehen des Filterrohres, (c) Niederbringen des Mantelrohres, (d) Einsetzen des Filterrohres und (e) Ziehen des Mantelrohres (BIESKE 1965).

3.9.2.4 Bohrbrunnen mit Gewebefiltern

Die zuletzt vorgestellten Reinigungsverfahren können auch bei Bohrbrunnen mit Gewebefiltern eingesetzt werden, wenn deren empfindliche Filtergewebe nicht beschädigt werden. Die Salzsäurebehandlung kann bei kupfernen Filterrohren und Filtergeweben eingesetzt werden, wobei starkdrahtige Köpergewebe widerstandsfähiger sind als feindrahtige Tressengewebe.

Wenig aufwendig, jedoch weniger effektiv ist die in-situ-Reinigung von Gewebefiltern. Insbesondere können hierbei oft die Ursachen der Leistungsminderung nicht eindeutig geklärt werden. Wird dagegen das Filterrohr herausgezogen, so können die Veränderungen seiner Oberfläche und etwaige Zerstörungen unmittelbar besichtigt werden und das zweckmäßigste Vorgehen zur Instandsetzung einschließlich dem ersatzweisen Einbau eines neuen Filterrohres gewählt werden. Voraussetzung hierfür ist die Bauart des verloren eingesetzten Filterrohrs, bei der das Bohrrohr nur um die Filterlänge emporgezogen wird und im übrigen im Gebirge verbleibt.

Zuerst wird das an einem Gestänge befestigte Gewindestück (Schwanzstück) in das obere Muffengewinde des Aufsatzrohres des verschlammten Gewebefilterbrunnens eingeschraubt (Abb. 3.193a). Einfachere Ausführungen haben oben am Aufsatzrohr einen umklappbaren Bügel, in den ein Haken eingreifen kann. Wenig widerstandsfähige Filter haben oft eine Bodenplatte mit einer Zugöse, so daß der Filter ohne Zugbeanspruchung des Filterkörpers gehoben werden kann. Um ein Abreißen des Filters zu vermeiden, werden auch Auskleidungsrohre in den Filter abgelassen. Der Einsatz der beiden letztgenannten Verfahren setzt voraus, daß der Filter nicht im Innern versandet ist.

Das Filterrohr ist an der geschilderten Aufhängung meist leicht herauszuziehen, auch aus größerer Tiefe. Bei starkem Auftrieb des Wassers und in feinsandigen Grundwasserleitern kann aber das Filterrohr in der Sandschicht oder in den Mantelrohren so festsitzen, daß zum Ziehen erhebliche Zugkräfte erforderlich sind. Um ein Abreißen zu vermeiden, wird häufig das Filterrohr zusammen mit dem Bohrrohr (Mantelrohr) herausgezogen und das Mantelrohr wieder in das Bohrloch eingetrieben. Oft lockert sich das Filterrohr bereits nach wenigen Metern, so daß es allein zutage gezogen werden kann (Abb. 3.193 b). Nach Ziehen des Filterrohrs wird der Grundwasserleiter erneut mit dem Mantelrohr bis zur ursprünglichen Tiefe durchbohrt (Abb. 3.193 c), das zwischenzeitlich gereinigte oder erneuerte Brunnenfilter wieder eingesetzt (Abb. 3.193 d) und das Mantelrohr wieder um die Filterrohrlänge gezogen (Abb. 3.193 e). Der Brunnen ist nach diesem Arbeitsschritt wieder betriebsbereit (Bieske 1965).

Schwierigkeiten treten außer beim Herausziehen des Filterrohres beim Bewegen der Mantelrohre auf, die nach jahre- oder jahrzehntelangem Aufenthalt im Boden in quellenden Tonschichten festsitzen oder durch Korrosion eine aufgerauhte Oberfläche aufweisen und mit dem Grundwasserleitermaterial verkittet sind. Wenn es nicht gelingt, die Bohrrohre nach Abb. 3.193 c zu bewegen, kann auch eine »lose« Rohrfahrt kleineren Durchmessers eingesetzt werden. Nach Durchbohren des Grundwasserleiters wird dann ein Filterrohr mit entsprechend kleinerem Durchmesser eingebaut.

Das geschilderte Regenerationsverfahren kann nicht beliebig oft angewendet werden, da die Zeit bis zum nächsten erforderlichen Reinigungsvorgang erfahrungsgemäß immer kürzer wird und damit die Dauer der Leistungsperiode ständig abnimmt. Besonders bei Gewebefilterbrunnen in Eisen-haltigen Grundwässern treten nämlich Verkrustungen nicht nur in den Filtereintrittsflächen, sondern im Laufe der Zeit auch in den angrenzenden Bereichen des Grundwasserleiters auf (Bieske 1965).

Diese Erfahrung spricht auch gegen einen Brunnenbau in alten Bohrlöchern, auch bei Verwendung anderer Bauformen. Die Möglichkeit einer weiteren Nutzung vorhandener Brunnenschächte oder Pumpenhäuser richtet sich nach den örtlichen hydrogeologischen Gegebenheiten.

3.9.2.5 Schachtbrunnen

Bei Schachtbrunnen (Abschnitt 3.2.3) sind häufig einfache Reinigungsarbeiten auszuführen. Hierbei werden die Wände abgekratzt und der Schlamm von der Schachtsohle entfernt, eine neue Filterschicht auf der Sohle eingebracht und der Brunnen längere Zeit abgepumpt. Schließlich werden bauliche und hygienische Mängel beseitigt. Bei allen Reparaturarbeiten an Schachtbrunnen können gefährliche Brunnengase (u.a. Kohlenstoffdioxid, Schwefelwasserstoff oder Methan) auftreten, so daß entsprechende Arbeitsschutzmaßnahmen erforderlich sind.

Bei bakteriellen oder chemischen Verunreinigungen im Wasser sollte nach deren Ursachen gesucht werden. Zur Beurteilung der Zuflußmöglichkeiten derartiger Verunreinigungen sollte das beim Brunnenbau erstellte Schichtenverzeichnis des jeweiligen Brunnens herangezogen werden. Falls keine derartigen Unterlagen vorhanden sind, sollten die hydrogeologischen Verhältnisse mit Sondierbohrungen bis unterhalb der Schachtsohle erkundet werden. Weiterhin sollte das Vorkommen von undichten Abwasser- und Dränleitungen oder von Sickergruben für Haus- oder Gewerbeabwässer in der Nähe des Brunnens geprüft werden. Etwaig nachgewiesene Verunreinigungsherde sollten saniert werden. Um den Zutritt von Tagwässern zum Brunnen zu unterbinden, muß der Brunnenrand erforderlichenfalls bis etwa 30 cm über Geländeoberkante aufgemauert, die Umgebung des Schachtes abgedichtet und für eine sichere Ableitung des Oberflächenwassers gesorgt werden. Auch die Brunnenabdeckung muß ausgebessert und gesichert werden. Nach Beendigung dieser Arbeiten sollte der Brunnen mit geeigneten Desinfektionsmitteln behandelt, einige Tage abgepumpt und das geförderte Wasser bakteriologisch und chemisch untersucht werden. Zur Trinkwasserversorgung kann der Brunnen erst nach Erfüllen der Vorschriften der Trinkwasserverordnung (Abschnitt 1.5.2) genutzt werden. Aus dem Vorhergehenden wird deutlich, daß sich Umfang und Kosten der erforderlichen Arbeiten meist erst im Laufe der Maßnahmen ermitteln lassen, was eine vorherige Beurteilung der Wirtschaftlichkeit einer Sanierung der Anlage erschwert (Ruhfuss 1965b).

Die Wandung hölzerner Schachtbrunnen verfault oberhalb und im Schwankungsbereich des Grundwasserspiegels im Laufe der Zeit, während unterhalb des Wasserspiegels das Holz vollständig erhalten bleibt. Die verfaulten Holzteile können unter Wasserhaltung ausgetauscht werden. Diese Arbeiten sind nicht ungefährlich, da beim Auswechseln der Bohlen das Erdreich nachstürzen oder der ganze Schacht zusammenfallen kann. Daher sind Sicherheitsvorkehrungen zu treffen. Wenn die Nennweite des hölzernen Schachtbrunnens dies erlaubt, können ohne Schachtbefahrung Betonringe von oben her eingesetzt werden. Der Ringraum zwischen der hölzernen Brunnenwand und den Betonringen kann dann im Wasser-führenden Teil mit Filterkies, darüber mit Lehm ausgefüllt werden. Zwar ist damit die Schachtwand gesichert, doch ist in hygienischer Hinsicht bedenklich, daß das verfaulte Holz im Brunnen verbleibt und das von oben zusickernde Wasser zunächst diesen Bereich durchlaufen muß. Daher wird empfohlen, derartige hölzerne Schachtbrunnen, deren Bau in Deutschland heute nicht mehr zugelassen ist, nicht instandzusetzen, sondern zuzuschütten (Ruhfuss 1965b).

Betonringe können auch bei anderen Schachtbrunnentypen eingesetzt werden, wenn deren aus Feldsteinen oder Mauerwerk bestehende Wandungen schadhaft geworden sind. Sollen bei baufälligen Brunnenwänden keine Betonringe eingesetzt werden, erfordert dies für die Wiederherstellungsarbeiten aus Sicherheitsgründen eine erfahrungsgemäß aufwendige Absteifung. Ersatzweise kann der ganze Brunnen mit Sand gefüllt und von oben her wieder ausgeschachtet werden. Mit fortschreitendem Abteufen können die schadhaften Stellen gefahrlos saniert werden (Ruhfuss 1965b).

Nachlassende Brunnenleistungen können durch eine gründliche Entschlammung der Sohle und ggf. durch eine Reinigung der Sickerschlitze wieder hergestellt werden. Bei ständig sinkendem Grundwasserspiegel oder Auftreten von Grundwasser-Verunreinigungen kann eine Bohrung von der Sohle aus niedergebracht werden, um tiefere Grundwasservorkommen zu erschließen. Bei derartigen vereinten Schacht- und Bohrbrunnen (Abschnitt 3.7.1) ist die Sohle des Schachtbrunnens völlig abzudichten und der Brunnenschacht als Wasserspeicher oder zur Aufnahme der Pumpe zu verwenden.

3.10 Grundwasser-Meßstellen

3.10.1 Gestaltung der Grundwasser-Meßstellen

Grundwasser-Meßstellen, auch als Grundwasserstands-Meßstellen, Grundwasser-Pegel, Beobachtungsbrunnen und Piezometer bezeichnet, dienen der Beobachtung der Grundwasserstände und damit der quantitativen Erfassung der Änderungen des Grundwasserhaushalts (Lawa 1982). Weiterhin sollen sie die Entnahme von Grundwasserproben und die Messung physikalischer und chemischer Parameter wie der Temperatur, der spezifischen elektrischen Leitfähigkeit und anderer geophysikalischer Daten erlauben (DVGW 1988a).

In flachen, schluffig-sandigen Grundwasserleitern können Metallrohre von 2" (50,8 mm) Durchmesser oft bis zu einer Tiefe von ca. 10 m und mehr in Abhängigkeit vom Grundwasserstand eingerammt werden. Bei größeren Tiefen, gröberen Sedimenten und Festgesteinen werden andere Bohrverfahren (Abschnitt 3.3) erforderlich, wobei das gewählte Verfahren die Entnahme

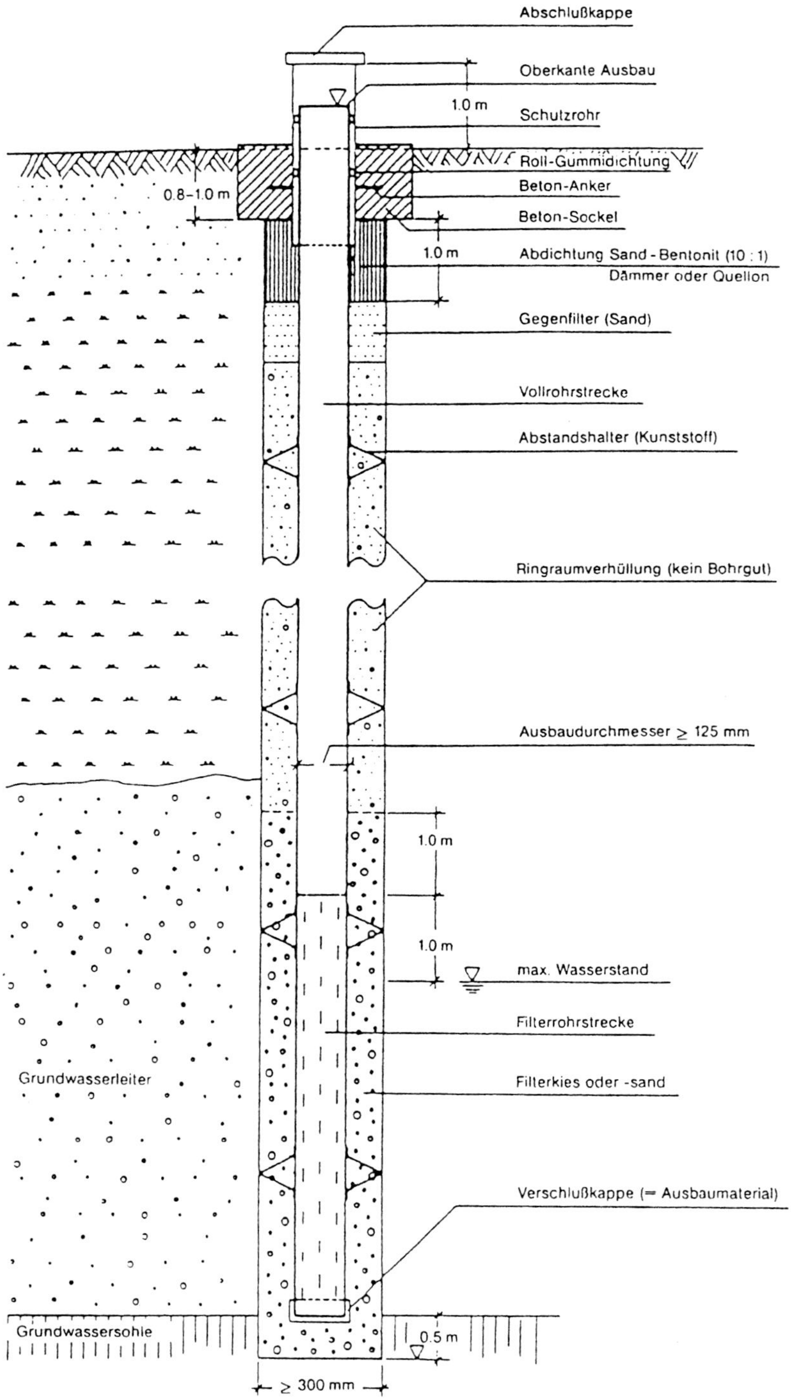

Abb. 3.194. Grundwasser-Meßstelle (nach DVGW 1988a).

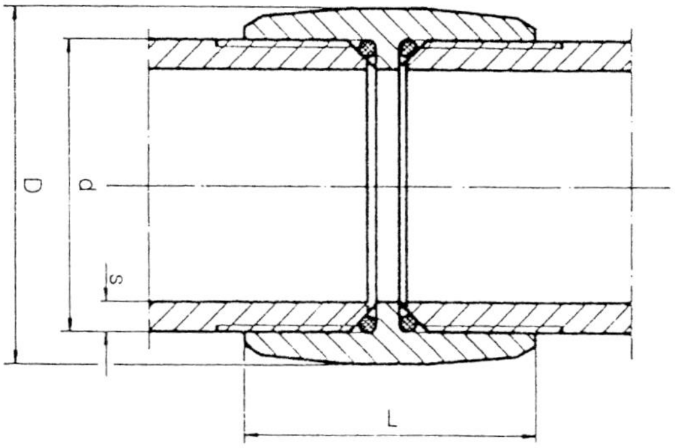

Abb. 3.195. Rohrverbindung (Doppelmuffenverbindung; PREUSSAG Firmenprospekt).

von Bohrproben ermöglichen (DVGW 1998a), den Grundwasserzutritt nicht behindern und die Grundwasserbeschaffenheit nicht nachteilig verändern soll. Wurden beim Bau der Grundwasser-Meßstelle Spülungszusätze verwendet (DVGW 1985), so sind diese beim Klarpumpen möglichst weitgehend aus dem Untergrund zu entfernen. Wurde die Grundwasser-Meßstelle im Spülbohr-Verfahren erstellt, so sind in der Regel zur genauen Ermittlung des geologischen Aufbaus, insbesondere der Tiefenlage der Schichtgrenzen, geophysikalische Bohrlochmessungen erforderlich (Abschnitt 3.4.6). Während des Niederbringens der Bohrung sind die bei Brunnenbohrungen üblichen hydrogeologischen Beobachtungen (Abschnitt 3.3.3) zu dokumentieren, bei standfestem Untergrund können weiterhin Kurzpumpversuche einschließlich Wasserprobenentnahmen für chemische Analysen (Abschnitte 1.5.1 u. 3.10.2), geophysikalische Bohrlochmessungen (Abschnitte 2.3.4.1.1 u. 3.4.6) und optische Unterwasseraufnahmen (Abschnitt 3.3.4.4.10) durchgeführt werden. Temperaturprofile sollten im Ruhezustand als Referenzen für das Erkennen späterer Veränderungen aufgenommen werden. Ist ein Bohrloch wegen des hydrogeologischen Befundes aufzugeben, so muß es schichtgerecht anhand eines Verfüllplanes kontrolliert wieder verfüllt und abgedichtet werden, um künstliche Wasserwegsamkeiten und damit Störungen der hydraulischen und hydrochemischen Verhältnisse zu vermeiden (DVGW 1988a).

Wie Bohrbrunnen bestehen Grundwasser-Meßstellen aus Filter- und Aufsatzrohren und einem Sumpfrohr (Abb. 3.194). Die Rohre sind durch Gewinde verbunden (Abb. 3.195) und mit einer speziellen Kappe verschlossen (Abb. 3.197).

Das üblicherweise 1 m lange Sumpfrohr besteht aus einem Vollrohr, das durch eine angeschweißte oder angeschraubte Bodenplatte am unteren Ende, häufig auch durch einen Stopfen oder eine Platte aus einer tropischen Holzart verschlossen ist, die aufgrund ihrer Quellfähigkeit fest mit dem Rohr verbunden bleibt. Bei Beschaffenheits-Meßstellen sollte auf ein Sumpfrohr verzichtet werden, da sich in den abgelagerten Schwebteilchen und Feinpartikeln Spurenstoffe anreichern können.

Das 1 oder 2 m lange Filterrohr ist – wenn kein Abpumpen vorgesehen – mit einer Filterkiesschüttung von meist 1–2 mm Filterkorndurchmesser umgeben oder als Kiesbelag-Filterrohr eingebaut. Zur Zentrierung des Rohrstranges im Bohrloch werden bei tieferen Meßstellen alle 3 bis 5 m Abstandshalter angebracht. Die einzelnen Rohre eines Rohrstranges werden üblicherweise durch Gewinde verbunden. Sie werden entweder ineinander geschraubt oder durch Überwurfmuttern zusammengehalten (Abb. 3.195. Die Aufsatzrohre müssen Wasser-dicht verbunden sein, um das Eindringen von Fremdwasser zu verhindern. Bei tiefen Meßstellen sind die Verbindungen erforderlichenfalls abzudichten, z. B. mit Schrumpfschläuchen, die jeweils über die Rohrverbindung gestülpt werden (DVGW 1988a).

Der Durchmesser der Meßrohre wird von der vorgesehenen Verwendung der Meßstelle bestimmt. Sollen nur Grundwasserstände mit Hilfe transportabler elektrischer Wasserstandsmesser erfaßt werden, so genügt ein Durchmesser von 2" (50,8 mm), bei flacheren Meßstellen sogar von 1,5" (43,1 mm). Sollen Grundwasserstands-Schreiber mit Schwimmkörper oder Druckdose eingesetzt werden, sind Durchmesser von 4" bis 6" (101,2–152,0 mm) erforderlich. Sind Temperaturmessungen in den Meßrohren vorgesehen, so soll deren Durchmesser möglichst klein und keinesfalls größer als 6" (152,0 mm) sein, um Temperatur-bedingte vertikale Wasserströmungen innerhalb der Rohrtour zu verhindern (Abschnitt 3.4.6.4). Ist die Entnahme von Wasserproben vorgesehen, so muß der Rohrdurchmesser mit mindestens DN 125 mm den Einsatz von Schöpfgeräten und Pumpen sowie das Messen von Gas-Gehalten ermöglichen (DVGW 1988a).

Früher wurden für Voll- und Filterrohre von Grundwasser-Meßstellen verzinkte Stahlrohre verwendet, die in alten Meßstellen noch anzutreffen sind, aber erfahrungsgemäß Schwermetalle an das Grundwasser abgeben können, was bei Untersuchungen von Schwermetall-kontaminierten Standorten berücksichtigt werden muß. Daher haben sich heute Korrosions-beständige Werkstoffe weitgehend durchgesetzt, die keine Stoffe in das Grundwasser abgeben, wie Rost-freier Stahl oder PVC-hart. Wenn Zementdichtungen im Ringraum eingebracht werden, können wegen der Wärmeentwicklung beim Abbinden des Zements keine Kunststoffrohre verwendet werden. Dagegen haben sich in der Praxis Bedenken gegen den Einsatz von Kunststoffrohren in mit Chlorkohlenwasserstoffen kontaminierten Grundwasserleitern nicht bestätigt, da deren Konzentrationen im allgemeinen nicht ausreichen, die Rohre chemisch so stark anzugreifen, daß es zu Zerstörungen kommt. Spurenstoffe wie Schwermetalle oder anthropogene organische Stoffe können an der Kunststoffoberfläche gebunden (sorbiert) werden. Kunststoffe sind daher nur dort zu verwenden, wo die Grundwasserbeschaffenheit ihren Einsatz empfiehlt, oder ihre sorptiven Eigenschaften belanglos sind. In Gegenwart hoher organischer Lösungsmittel-Konzentrationen im Grundwasser sind Kunststoff- oder Sonderstahl-Verrohrungen einzusetzen: bei CKW- Konzentrationen bis 10 mg/l PVC-hart, bei höheren Konzentrationen Sonderstahl (DVWK 1990b). Bei Cl-Gehalten über 50 mg/l sind Sonderstähle oder Kunststoffe zu verwenden (DVGW 1988a).

Der Ringraum zwischen Bohrlochwand und Rohrtour ist generell nur mit Material zu verfüllen, das keine Fremdstoffe an das Grundwasser abgibt. Im Filterbereich wird – wenn Abpumpen vorgesehen – eine Schüttung aus gewaschenem Quarzkies oder -sand mit einer auf das umgebende Gestein abgestimmten Körnung nach DIN 4924 eingebracht, wobei der Schüttkorndurchmesser mindestens das Zweifache der Schlitzweite betragen soll. Oberhalb des Filterkieses bzw. -sandes sollte der Ringraum mit homogenem, ggf. abdichtendem Material, nicht mit inhomogenem, zum unkontrollierten Nachsacken neigenden Bohrgut verfüllt werden, um die besonders bei PVC-Rohren gegebene Bruchgefahr zu vermeiden. Unterhalb der Geländeoberfläche sollte im Ringraum eine mindestens 2 m mächtige Tonabdichtung eingebaut werden, die in die natürliche Grundwasserüberdeckung einbindet und so unmittelbare Oberflächeneinwirkungen auf das Grundwasser ausschließt. Zwischen der Abdichtung und dem Filterkies bzw. -sand sollte als Gegen-(Stütz-)filter ein Sand mit geringerem Korndurchmesser eingebaut werden, damit keine Ton- oder Zementpartikel in den Filterbereich gelangen können. Die Grundwassermeßstelle wird schließlich durch eine Betondichtung Stand- und Frost-sicher abgeschlossen (DVGW 1988a, SCHAEFERS 1994).

Nach dem Verfüllen des Ringraumes sollte ca. 48 h gewartet werden, bis sich das eingebrachte Füllmaterial gesetzt hat und das Dichtungsmaterial vollständig gequollen bzw. ausgehärtet ist. Unmittelbar danach muß mit dem Klarpumpen begonnen werden, wenn Spülungszusätze verwendet wurden, um eine Verkeimung des Grundwasserleiters und eine Verfälschung der Grundwasserbeschaffenheit zu vermeiden. Die hierfür erforderliche Pumpzeit, die anhand der chemischen Überwachung von Spülmittel-spezifischen Parametern, bei organischen Spülmitteln auch der mikrobiologischen Kennwerte festzulegen ist, überschreitet oft die üblichen Klarpumpzeiten erheblich (DVGW 1988a).

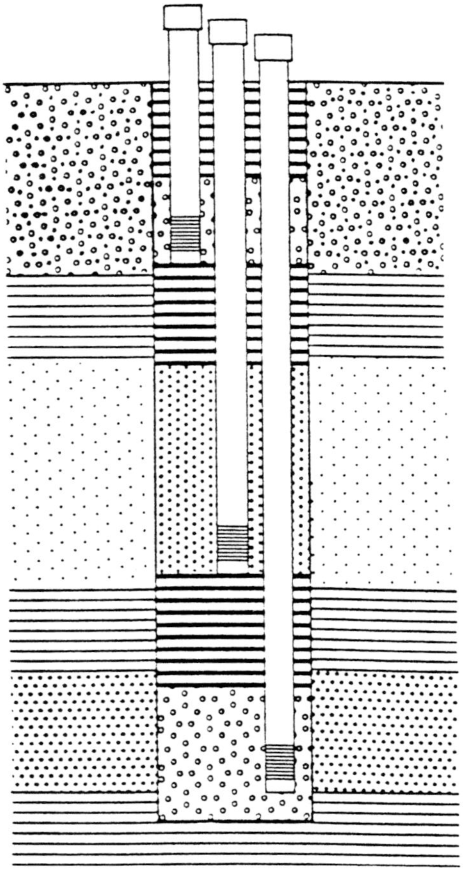

Abb. 3.196. Mehrfach-Meßstelle mit drei Meßrohren.

Sollen Filterrohre in einen mächtigen Grundwasserleiter in verschiedenen Tiefen oder in mehrere Grundwasserstockwerke eingebaut werden, so können entweder eine entsprechende Anzahl von unterschiedlich tief reichenden Einzel-Meßstellen oder die entsprechende Anzahl von Meßrohren in einer Bohrung als Mehrfach-Meßstelle eingerichtet werden (Abb. 3.196). Die Bohrung sollte möglichst den ganzen Grundwasserleiter oder das ganze Grundwasserstockwerk durchteufen, mindestens aber die voraussichtlich tiefsten Grundwasserstände des jeweiligen Grundwasserstockwerks erfassen. Der Bohrenddurchmesser wird durch den Ausbaudurchmesser bestimmt und sollte ggf. den einwandfreien Einbau von Stockwerks-trennenden Abdichtungen zulassen. Als Faustformel für den Mindestdurchmesser gilt Bohrdurchmesser = Ausbaudurchmesser + 2 · 80 mm (DVGW 1988a). Der Bohrdurchmesser sollte für Einfach-Meßstellen 160 mm, für Doppel-Meßstellen 200 mm und für Dreifach-Meßstellen 260 mm nicht unterschreiten. DVGW-Arbeitsblatt W 121 (DVGW 1988a) gibt für den Ausbau mit 3 Verfilterungen von je 125 mm Ausbaudurchmesser einen Mindest-Bohrdurchmesser von 600 mm an.

Die Errichtung von Mehrfach-Meßstellen ist wegen der geringeren Bohrkosten billiger als die von mehreren Einfach-Meßstellen, erfordert jedoch einen erheblichen Aufwand für die Herstellung und Kontrolle der erforderlichen hydraulisch einwandfreien Dichtungen zwischen den einzelnen Meßrohren. Durchteuft nämlich die Meßstellen-Bohrung zwei oder mehrere Grundwasserstockwerke, so müssen diese in Höhe der Grundwassernichtleiter durch das Einbringen von – möglichst 5 m mächtigen – Dichtungen in den Ringraum voneinander getrennt werden.

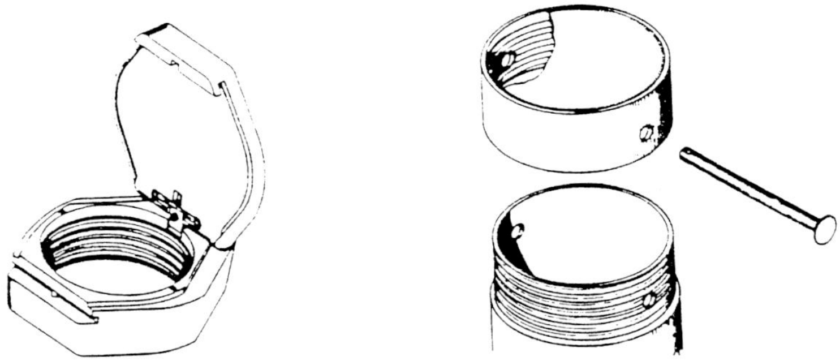

Abb. 3.197. Verschlußkappen für Grundwasser-Meßstellen (Seba. PREUSSAG).

Dadurch sollen Wasserströmungen zwischen den Grundwasserleitern unterbunden werden, die sowohl die hydraulischen Verhältnisse stören würden, als auch zu chemischen Reaktionen bei der Mischung unterschiedlicher Wassertypen führen können. Als Dichtungsmaterial eignen sich granulierte, gut quellfähige Tone. Tonkugeln sollten nur verwendet werden, wenn ihre Quellfähigkeit gewährleistet ist und sie nachweislich erst in Einbautiefe quellen. Der korrekte Einbau kann durch Einsatz von Dichtungsmaterial mit höherer Gamma-Aktivität als die abzusperrende Schicht kontrolliert werden. Da wegen des geringen Durchmessers bei Meßstellen-Bohrungen das exakte Einbringen von Tondichtungen aufgrund von Quellvorgängen und Brückenbildungen während des Absinkens schwierig ist, werden bei tieferen Meßstellen Zement-Bentonit-Dichtungen bevorzugt. In jedem Fall ist das suspendierte Dichtungsmaterial mittels eines Füllrohres einzubringen. Die Funktionstüchtigkeit der Ringraumdichtung muß unabhängig von der o. g. Kontrolle des korrekten Einbaus der Tondichtung mittels Gamma-Strahlungsmessung überprüft werden, z. B. mit Salz-markiertem oder deutlich vom umgebenden Grundwasser thermisch abweichendem Wasser. Mit Einfach- oder Doppelpackern und gleichzeitigem Pumpen oder Auffüllen des abgepackerten Abschnitts können die nicht verfilterten Strecken einer Meßstelle auf Dichtheit geprüft werden. Die genaue Lage der Grundwasser-Meßstelle, die hydrogeologischen Befunde und die Ergebnisse der Funktionsprüfungen sind zu dokumentieren und in der Betriebszeit fortzuschreiben (DVGW 1988a, NOLTE & ROHDE 1994).

Da viele Grundwasser-Meßstellen im freien Gelände errichtet werden, muß über dem obersten Aufsatzrohr ein Frost-sicher einbetoniertes Schutzrohr aus Korrosions-beständigem Stahl, das bis ca. 1 m unter Geländeoberkante geführt ist, eingebaut sein. Gegen unbefugtes Öffnen müssen die Meßstellen mit speziellen Verschlußkappen oder einer Hydrantenkappe geschützt werden (Abb. 3.197), die sich nur mit bestimmten Schlüsseln öffnen lassen. In den Kappen muß eine Belüftungsöffnung vorhanden sein, um bei schwankenden Grundwasserständen eine Luftzirkulation aus dem bzw. in das Meßrohr zu ermöglichen.

Eine Vorkehrung gegen Beschädigungen der Meßstelle durch Fahrzeuge ist das Aufstellen eines ca. 50 cm hohen Betonblockes direkt neben den Meßrohren, der Hinweise auf den Zweck

Abb. 3.198. Bewehrung einer Grundwasser-Meßstelle.

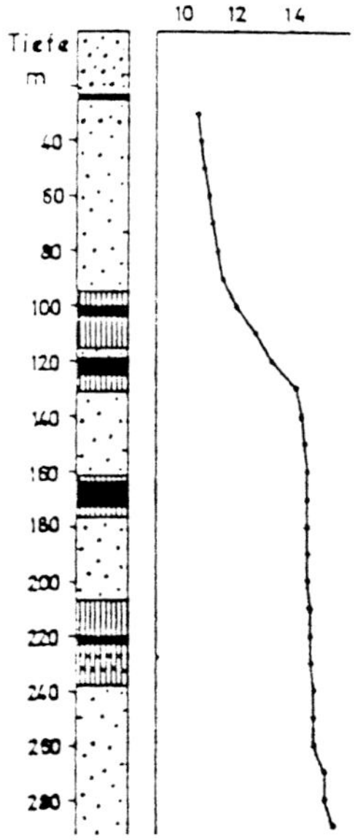

Abb. 3.199. Temperaturkurve, einen Rohrbruch anzeigend.

und den Eigentümer der Meßstelle tragen kann (Abb. 3.198). Der Meßstellen-Kopf kann auch, was sich insbesondere innerhalb von Verkehrsflächen empfiehlt, unter Gelände abgesenkt und durch eine Straßenkappe oder eine Eisenplatte mit der Aufschrift »Meßstelle« geschützt werden. Hierfür wird zweckmäßigerweise das Aufsatzrohr etwa 0,2 m unter Geländeoberkante mit einer Muffe abgesetzt und mit einer Schelle und einer Frost-sicheren Betonierung befestigt.

Bei standfesten Kluft-Grundwasserleitern kann u. U. auf den vollständigen Ausbau verzichtet werden (Abschnitt 3.5.1). Hier genügt häufig eine Verrohrung des oberen Teiles der Bohrung, die die sichere Führung der Meßeinrichtung bis unter den tiefsten auftretenden Grundwasserstand und eine Abdichtung gegen Oberflächenwasserzuflüsse erlaubt (DVGW 1988a).

Nach dem Bau der Meßstelle ist vor der Bau-Abnahme ihre Funktionsfähigkeit zu testen. Dazu wird anstelle des Pumpens eine bestimmte Menge Wasser in das Meßrohr gegossen und die Zeit bis zur Einstellung des ursprünglichen Wasserspiegelstandes gemessen (Lawa 1982). Als Maß dient die Größe E nach der von Nattermann (in Pfeiffer 1962) entwickelten Beziehung (3.74)

$$(3.74) \qquad E = \frac{2\ (H_a - H)}{t\ (H_a + H)}$$

mit dem Ausgangswasserstand H_a (in cm) und dem Wasserstand H (in cm) zur Meßzeit t (in min). Die Meßstelle wird als Funktions-fähig angesehen, wenn $E > 0{,}0115$ ist. Im Falle von Mehrfach-Meßstellen sind während des Funktionstestes eines Meßrohres auch alle übrigen Rohre zu messen, um etwaige Beeinflussungen, etwa durchlässige Dichtungen, feststellen zu können.

Undichte Dichtungen oder Rohrbeschädigungen, die zu vertikalen Wasserbewegungen in Meßrohren führen, können auch mit Temperaturmessungen erkannt werden. Bei dem in Abb. 3.199 dargestellten Beispiel tritt Wasser in 130 m Tiefe zu und verläßt das Filterrohr am unteren Meßrohrende.

Nachdem die Funktionsfähigkeit der Meßstelle festgestellt wurde, sollte am oberen Rohrrand die Stelle markiert werden, an welcher die Grundwasserstands-Messungen regelmäßig durchzuführen sind, d.h. das Meßband anzulegen ist. Die Position dieser Markierung (Flächenkoordinaten, Höhe m über NN, Höhe über oder unter der Erdoberfläche) ist einzumessen und zu dokumentieren.

Bei Grundwasser-Meßstellen in artesischen Systemen ist darauf zu achten, daß die Dichtungen im Ringraum dem hydrostatischen Überdruck standhalten und keine Wasserpassage erlauben. Sie müssen als entsprechend Druck-fester und Frost-sicherer Abschluß mit einem absperrbaren Seitenabgang ausgebaut werden, der den Anschluß eines Druckmeßgerätes (Manometers) und die Entnahme von Wasserproben – an einem Wasserhahn – erlaubt (DVGW 1988a). Der hydrostatische Druck kann auch mittels eines transparenten Schlauches bestimmt werden, der auf einem skalierten Brett montiert ist. Verbindet man das Schlauchende mit dem geöffneten Wasserhahn, so steigt die Wassersäule im Schlauch bis zur Druckhöhe an, die auf der Skala abzulesen ist.

3.10.2 Nutzung für physikalische und chemische Messungen

Die Anzahl und Verteilung von Grundwasser-Meßstellen im Einzugsgebiet einer Grundwasser-Fassung, an einem Schadensfall oder einer Abfalldeponie wird durch die hydrogeologischen Verhältnisse und den Zweck der Grundwasser-Entnahme bestimmt. Die Gestaltung der meist sehr aufwendigen Meßprogramme und -netze muß die durch die Zielsetzung gegebenen Informationsbedürfnisse und die Kosten berücksichtigen. Die Meßstellen dienen vor allem dem Schutz der Grundwasser-Fassung durch frühzeitiges Erkennen von Kontaminationen oder der Beweissicherung und Überwachung von Schadensfällen und deren Sanierung, schließlich der Untersuchung der regionalen Entwicklung der Grundwasserbeschaffenheit und des Untergrundverhaltens von anorganischen und organischen Stoffen (DVGW 1988a).

Bei der Probenentnahme aus Brunnen und Bohrungen zur Erfassung der hydrochemischen Verhältnisse im Grundwasserleiter, vor allem in den vom Menschen beeinflußten Bereichen, müssen neben einer Vielfalt von möglichen anorganischen und organischen Verunreinigungen die hydraulischen Bedingungen berücksichtigt werden (Matthess 1994). Der Transport der Stoffe folgt dem Fließweg des Grundwassers im Strömungsfeld (Abb. 4.2). Hierdurch ergibt sich in einem vertikalen Profil, daß die Grundwasserproben meist mit der Entnahmetiefe älter werden und von immer weiter im Oberstrom gelegenen Versickerungsflächen stammen. Eine gegebene Grundwasser-Einheit verbringt eine spezifische Verweilzeit auf ihrem unterirdischen Fließwege. Grundwasserproben, die an einem Brunnen entnommen werden, entsprechen – bei Beachtung aller beteiligten Fließwege – einer Mischung von Grundwässern verschiedener Verweilzeiten, die von wenigen bis zu tausenden Jahren reichen können (Abschnitt 4.2.2).

Wasserproben für chemische Analysen können Grundwasser-Meßstellen mittels Pumpen und Schöpfgeräten entnommen werden (DVWK 1982a). In jedem Fall sollte für die Analyse nur frisches Grundwasser verwendet werden, das während des Entnahmevorganges in das Meßrohr nachgeströmt ist. Das kann dadurch gewährleistet sein, daß die Wasserprobe in Höhe des Filterrohres entnommen wird oder dadurch, daß die Proben-Entnahme nach Abpumpen des im Aufsatz- und Sumpfrohr stagnierenden »Standwassers« erfolgt. Die Menge dieses Standwassers kann aus dem Durchmesser und der Höhe der abzupumpenden Wassersäule abgeschätzt werden. Wenn sich die chemische Beschaffenheit – insbesondere das Kalk-Kohlensäure-Gleichgewicht – des Standwassers von der des frischen Grundwassers unterscheidet, kann das Abpumpen des Standwassers auch durch ständige Messungen von elektrischer Leitfähigkeit und pH-Wert kontrolliert werden (Abb. 3.200; DVGW 1988a). Eine derartige Überprüfung der Repräsentanz des Probenwassers als Zufluß aus dem Grundwasserleiter ist immer der Abschätzung der notwendigen Abpumpmenge vor der Probenahme vorzuziehen.

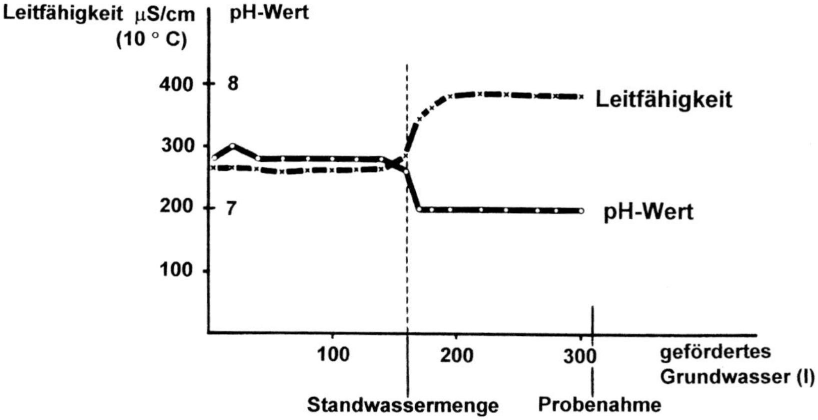

Abb. 3.200. Spez. elektrische Leitfähigkeit und pH-Wert während des Abpumpens eines 2"-Rohres. Horizont: Sand.

Um die chemischen Veränderungen und den Stofftransport in der Wasser-ungesättigten Zone und im Grundwasser zu verfolgen, müssen Porenwässer aus verschiedenen Tiefen gewonnen und chemisch untersucht werden. Die Wasserproben können aus der Wasser-ungesättigten Zone durch Saugkerzen (Abb. 3.201 a,b) erhalten werden (DVWK 1990c), die die Sickerwässer aus einzelnen Horizonten erfassen. Grundwasser-Fassungen und Grundwasser-Meßstellen, die aus Fassungen hervorgegangen sind, erschließen meist einen beträchtlichen Tiefenbereich des Grundwasserleiters und sind offen (Abb. 3.201 c) oder auf große Längen verfiltert (Abb. 3.201 d).

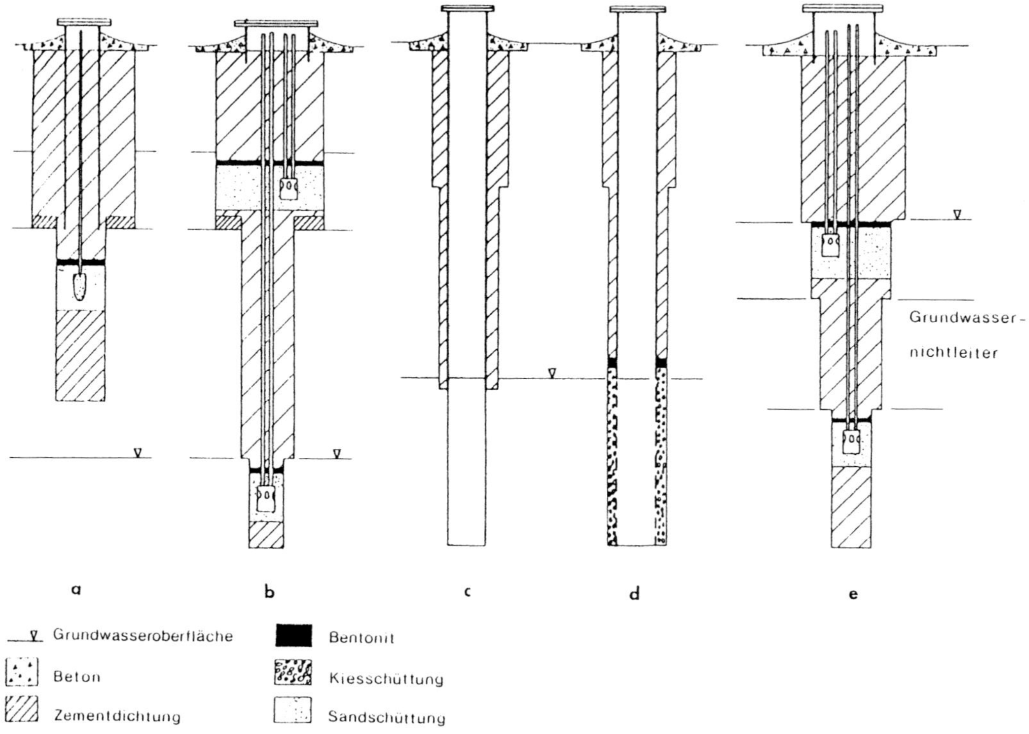

Abb. 3.201. Saugfilter und Brunnen zur Wasserprobengewinnung (nach YOUNG & BAXTER 1985).

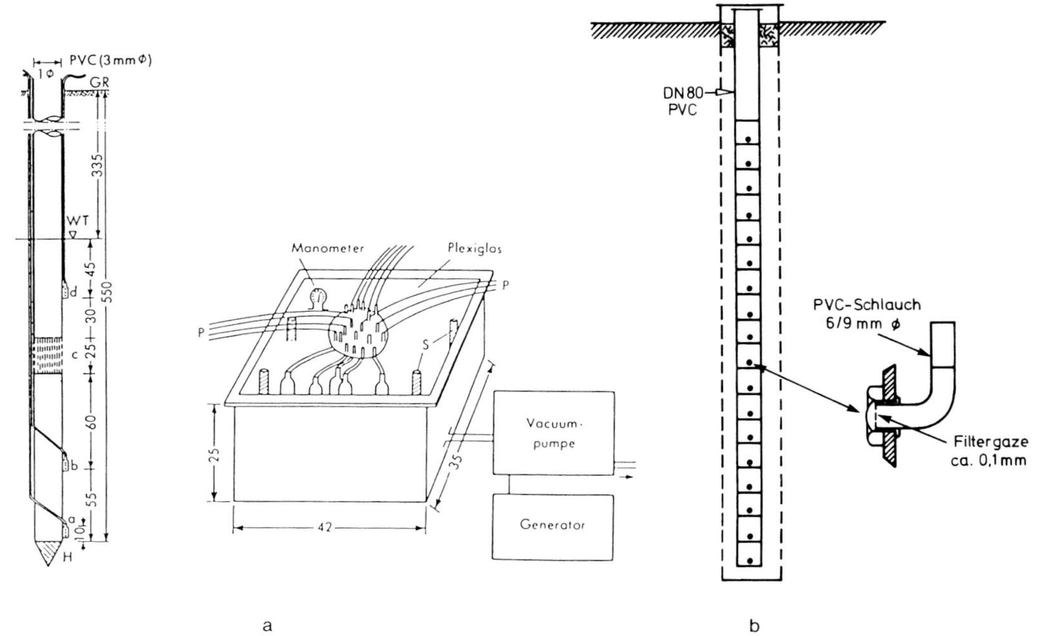

Abb. 3.202. Mehrfach-Meßstelle (Mehrtiefenbrunnen, Multi-Level-Brunnen) nach ATAKAN et al. (1974)(a) und nach PICKENS et al. (1977) (b).

Gepumpte Proben aus derartigen Bohrungen sind Mischungen aus verschieden alten, verschieden beschaffenen Grundwässern, so daß u. U. die analytischen Ergebnisse falsch interpretiert werden. Innerhalb der geschlossenen Abschnitte eines ungepumpten Bohrloches ist die Herkunft des Wassers unsicher und u. U. seine Beschaffenheit durch Stagnationseffekte verändert. Darüber hinaus können vertikale hydraulische Gradienten oder Temperatur- bzw. Dichte-Unterschiede in einem Grundwasserleiter Vertikalströmungen im Bohrloch erzeugen, so daß die Herkunft von Proben unsicher ist, wenn nicht durch gleichzeitige Messung dieses vertikalen Stromes im Brunnen die Herkunft der Wasserprobe exakt definiert werden kann.

Für die Gewinnung einwandfreier Tiefen-bezogener Grundwasserproben eignen sich Mehrfach-Meßstellen (Mehrtiefenbrunnen), aus denen Grundwasserproben mit einer peristaltischen Pumpe (PICKENS et al. 1977, CHERRY et al. 1983) oder – simultan – mit einer Vakuumbox entnommen werden können (ATAKAN et al. 1974) (Abb. 3.202), Beobachtungsbrunnen mit kurzen Filterrohrabschnitten oder »in situ« Probennehmer (Abb. 3.201 b, e und 3.203 c), die in wiederverfüllte Bohrungen eingebaut sind (VAN DUIJVENBOODEN 1987) und die Gewinnung und Analyse von Porenwässern aus Kernproben. Schließlich können die vertikalen Wasserbewegungen im Bohrloch beherrscht werden, z. B. durch Messung der Fließbewegung oder – besonders in Festgesteinen – durch Verwendung von aufblasbaren Packern (Abb. 3.203 d), die es erlauben, Wasserproben aus einzelnen Bohrlochabschnitten zu pumpen (ANDERSEN 1986).

Bei diffusen Grundwasser-Verunreinigungen durch anorganische Stoffe oder durch spezifisch leichte organische Flüssigkeiten wird das am stärksten verunreinigte Wasser oder der erste Hinweis auf eine Verunreinigung nahe der Grundwasseroberfläche auftreten. In diesem Falle wird die Beprobung von flachen Grundwasser-Meßstellen, die gerade in die Grundwasseroberfläche eintauchen, die empfindlichste und und gleichzeitig die wirtschaftlichste Kontrolle auf Verunreinigungen bieten. Im Falle von Dichteeffekten oder komplizierten hydraulischen Eigenschaften des Untergrundes sind aufwendigere Überwachungssysteme notwendig. Z. B. neigen dichte orga-

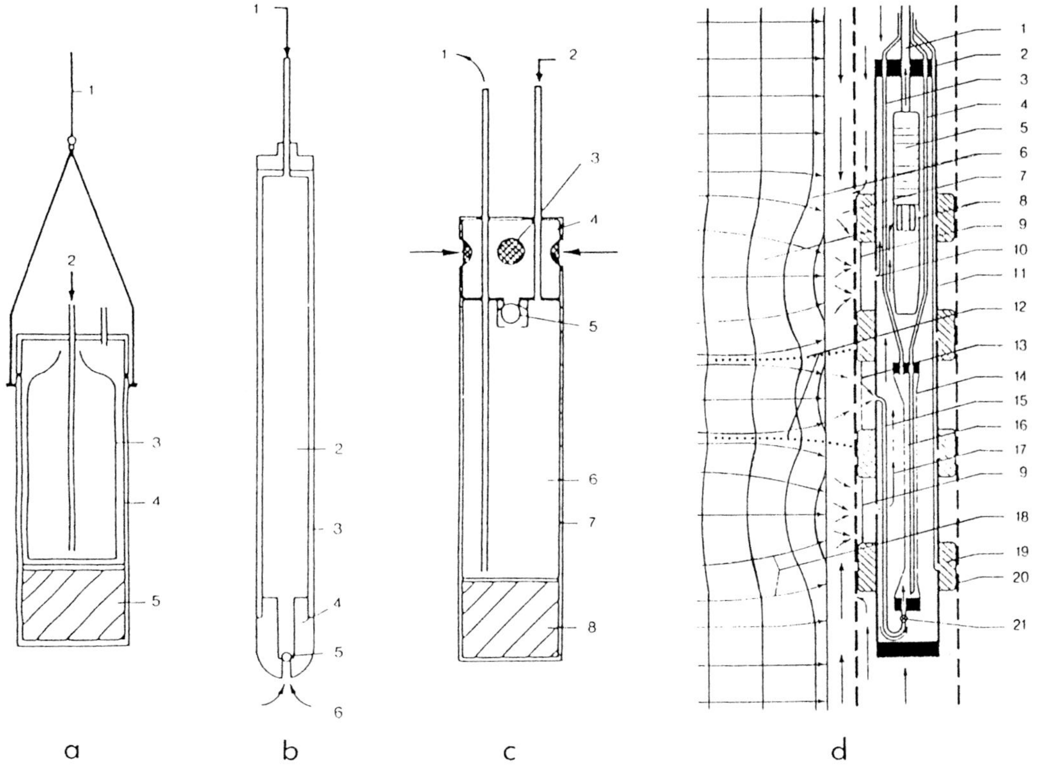

Abb. 3.203. Grundwasser-Probennehmer (nach YOUNG & BAXTER 1985 (a- c) und ANDERSEN 1986 (d)). (a: 1 = Seil, 2 = Wassereinlaß, 3 = Probengefäß, 4 = Metall oder PVC, 5 = Ballast; b: 1 = Preßluftzuleitung, 2 = Probengefäß, 3 = PVC, 4 = Ballast (nicht rostender Stahl), 5 = Kugelventil, 6 = Wassereinlaß; c: 1 = Wasserprobe, 2 = Gaszufuhr, 3 = Maschenfilter (nicht rostender Stahl), 4 = Zuflußkammer, 5 = Einbahnventil, 6 = Probengefäß, 7 = PVC, 8 = Ballast); d: 1 = Förderleitung, 2 = Preßluftleitung zum Packer, 3 = Entlüftungsleitung, 4 = Probenentnahmeleitung, 5 = elektrische Pumpe, 6 = Äquipotentiallinie, 7 = Kiespackung, 8 = Grundwasserleiter, 9 = gepumpter Abschnitt, 10 = Eintrittsöffnung, 11 = Wand des Probennehmers, 12 = Grundwasserscheide, 13 = Beprobungsabschnitt, 14 = flexible Wand, 15 = Probenzuleitung, 16 = Probengefäß, 17 = Fließrichtung, 18 = Stromlinien, 19 = aufblasbarer Packer, 20 = Filterrohr, 21 = Ventil).

nische Verunreinigungen dazu, bis zur Sohle des Grundwasserleiters abzusinken, möglicherweise aber auch über einer wenig durchlässigen Lage sich anzureichern. Daher ist die Beprobung mit Hilfe von verschieden tiefen Grundwasser-Meßstellen oder aus Mehrfach-Meßstellen der beste, aber sehr teure Weg.

Wasserproben können – wie erwähnt – aus Brunnen und Bohrungen geschöpft oder gepumpt werden. Als Schöpfgeräte bei geringen Tiefen können bei nicht horizontierter Entnahme spezielle Schöpfer (Abb. 3.203 a), behelfsweise offene Eimer, beschwerte Flaschen u. ä. verwendet werden. Zur horizontierten Entnahme aus der jeweils gewünschten Tiefe werden spezielle Schöpfgeräte eingesetzt, die in der gewünschten Tiefe geöffnet und gefüllt werden (Abb. 3.203 b). Pumpen sollte jedoch immer die bevorzugte Beprobungsmethode sein, da die gepumpte Wasserprobe einen für den Grundwasserleiter repräsentativen Durchschnitt gibt. Bei der Bemessung bzw. Steuerung der Pumpe ist darauf zu achten, daß kein zu großes Druckgefälle zum Brunnen erzeugt wird, wodurch weiter entferntes Grundwasser oder Wasser aus anderen Grundwasserstockwerken herangezogen würde. Bei getrennten Grundwasserstockwerken können – wie erwähnt – Packer eingebaut werden, die in günstigen Fällen eine getrennte Entnahme aus den einzelnen Stock-

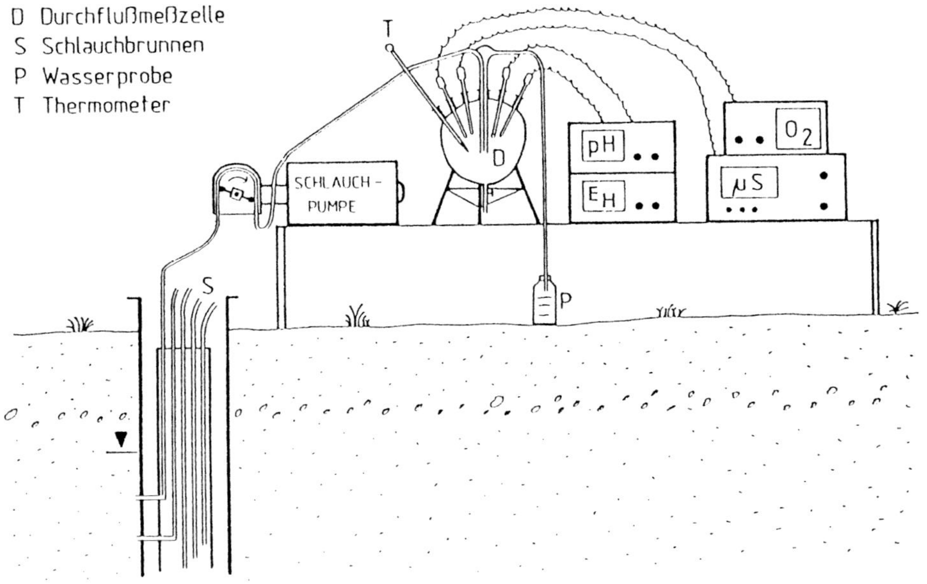

Abb. 3.204. Durchflußzelle zur Messung von E_H, pH und Sauerstoff-Gehalt (nach KÄSS 1980).

werken ermöglichen. Meist kommt es jedoch zu Zuflüssen entlang der Wasser-durchlässigen Brunnenbohrung oder im Filterkies.

Die pH- und E_H-Werte und die Temperatur werden zweckmäßigerweise in einer Durchflußzelle aus Glas (KÄSS 1980) gemessen (Abb. 3.204). Hierbei wird das Wasser in einem kontinuierlichen Strom (10 ml/s) von der Pumpe bis zu den Elektroden geleitet und so eine Störung der Messung durch einen vorausgehenden Kontakt mit der Atmosphäre vermieden.

Für weitergehende Ausführungen wird auf BARCZEWSKI et al. (1992), DVGW (1983a), DVWK (1982) und MATTHESS (1994) verwiesen.

3.11 Quellfassungen

3.11.1 Quellentypen

In Quellfassungen wird natürlich zutage tretendes Grundwasser gefaßt und abgeleitet. Für den Bau einer Quellfassung müssen der Quellentyp, die Quellschüttung (auch bei Trockenzeiten), das Einzugsgebiet und das Vorhandensein einer ausreichenden Grundwasserüberdeckung durch eine hydrogeologische Spezialkartierung bestimmt werden, da sich die Gestaltung der Fassung nach diesen Grundlagen richten muß (DVGW 1979).

Quellen sind örtlich eng begrenzte Grundwasseraustritte (DIN 4049 T3) und können nach der Richtung der Grundwasserströmung zur Austrittsstelle unterschieden werden (KEILHACK 1935):

- absteigende Quellen, die durch Grundwasser mit freier Grundwasseroberfläche aus höheren Lagen des Einzugsgebietes gespeist werden,
- aufsteigende Quellen, die als artesische Quellen oder durch Gasauftrieb (Wasserdampf, Kohlenstoffdioxid, Kohlenwasserstoffe, Stickstoff) zutage gefördert werden.

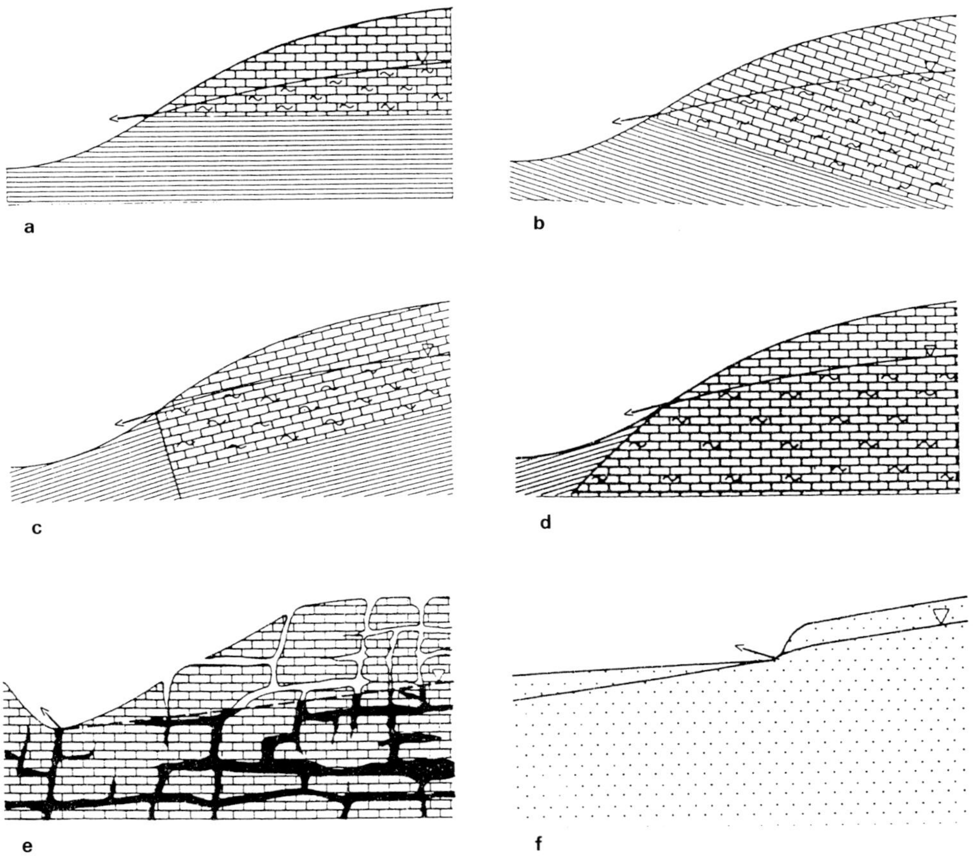

Abb. 3.205. Quellentypen: a) Schichtquelle, b) Überfallquelle, c) Überfallquelle an einer Verwerfung, d) Stauquelle, e) Karstquelle, f) Schwerkraftdepressionsquelle.

Absteigende Quellen kommen dort vor, wo die Erdoberfläche die freie Grundwasseroberfläche schneidet. Sie werden üblicherweise nach ihrer geologischen Situation unterteilt.

Schichtquellen treten dort zutage, wo die Erdoberfläche die Grenze zwischen einer undurchlässigen Schicht im Liegenden und einem Grundwasserleiter im Hangenden schneidet (Abb. 3.205a). Sie bilden an Berghängen dort Quellinien, wo wenig durchlässige Lagen mit Grundwasserleitern wechsellagern, z. B. Mergellagen in Kalksteinen oder undurchlässige vulkanische Aschenlagen zwischen klüftigen Basaltströmen. Überfallquellen entspringen entweder dort, wo die Untergrenze des Grundwasserleiters gegen das Gefälle eintaucht (Abb. 3.205b), oder sie werden durch eine Verwerfung hervorgerufen (Abb. 3.205c). Stauquellen treten an der Obergrenze eines Grundwasserleiters aus, wo dieser unter eine undurchlässige Schicht eintaucht (Abb. 3.205d). Karstquellen werden von Karstgrundwasserleitern gespeist, in denen sich das Niederschlagswasser in Klüften und Lösungshohlräumen sammelt und – teilweise als unterirdischer Wasserlauf – zum tiefsten Punkt des Einzugsgebietes fließt und dort den Ursprung eines oberirdischen Gewässers bildet (Abb. 3.205e). Karstquellen reagieren schnell auf Niederschläge durch eine erhöhte Schüttung und in vielen Fällen durch eine Trübung des Quellwassers. Während Trockenperioden können sie trockenfallen (episodische Quellen, Hungerquellen). Schwerkraftdepressionsquellen entstehen dort, wo Tieflagen der Erdoberfläche (Depressionen) oder Hohlräume unter die Grundwasseroberfläche reichen (Abb. 3.205f).

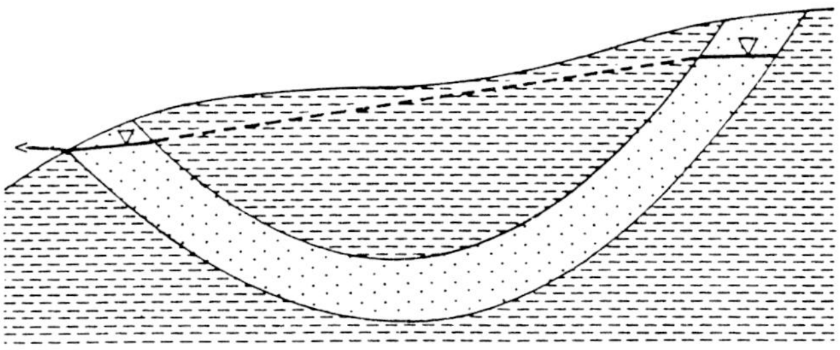

Abb. 3.206. Artesische Überfallquelle.

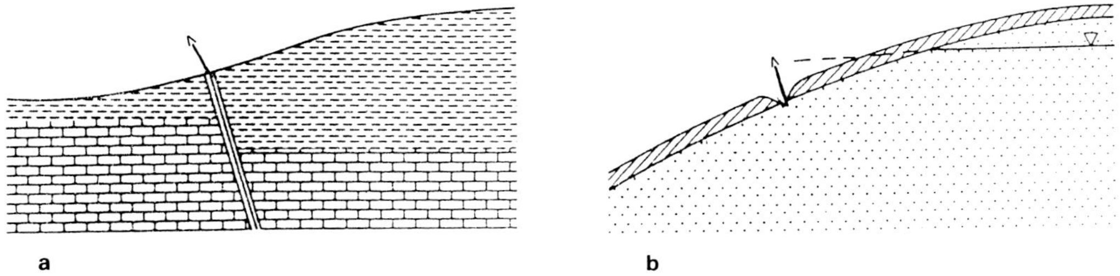

Abb. 3.207. a) Artesische Verwerfungsquelle, b) Artesische Depressionsquelle.

Artesische Quellen sind Austritte gespannter Grundwasservorkommen. Meist haben sie eine mehr oder weniger konstante Schüttung. Daneben schützt die weitgehend undurchlässige Überdeckung vor Verunreinigungen.

Artesische Überfallquellen treten aus, wo ein artesisches Grundwasservorkommen an die Erdoberfläche tritt (Abb. 3.206).

An artesischen Verwerfungsquellen steigt das Grundwasser entlang der Kluftzone einer Störung auf (Abb. 3.207a). Artesische Depressionsquellen fließen in Depressionen aus, die die weitgehend undurchlässige überdeckende Schicht eines gespannten Grundwasservorkommens anschneiden (Abb. 3.207b).

Schuttquellen entstehen, wenn die primäre (eigentliche) Quelle von Schutt überlagert ist. In diesem Falle fließt das Grundwasser innerhalb des Sedimentes (meist quartärer Hangschutt) abwärts und bildet an einer tiefer gelegenen Stelle eine sekundäre Quelle (Abb. 3.208).

Einen besonderen Quellmechanismus haben sog. intermittierende Quellen, bei denen unterschiedliche Schüttung und völliges Versiegen mehr oder weniger regelmäßig abwechseln. Derartige Quellen sind vergleichsweise selten: In Europa sind 7 und in den USA 8 intermittierende Quellen bekannt (Bögli 1978, Matthess & Ubell 1983). Sie werden durch unterirdische Hohlraumsysteme mit heberartigem Mechanismus erklärt (Abb. 3.209).

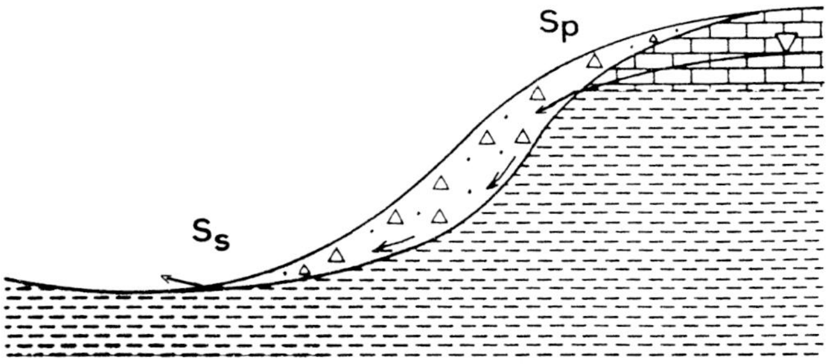

Abb. 3.208. Schuttquelle (S_p = primäre Quelle, S_s = sekundäre Quelle).

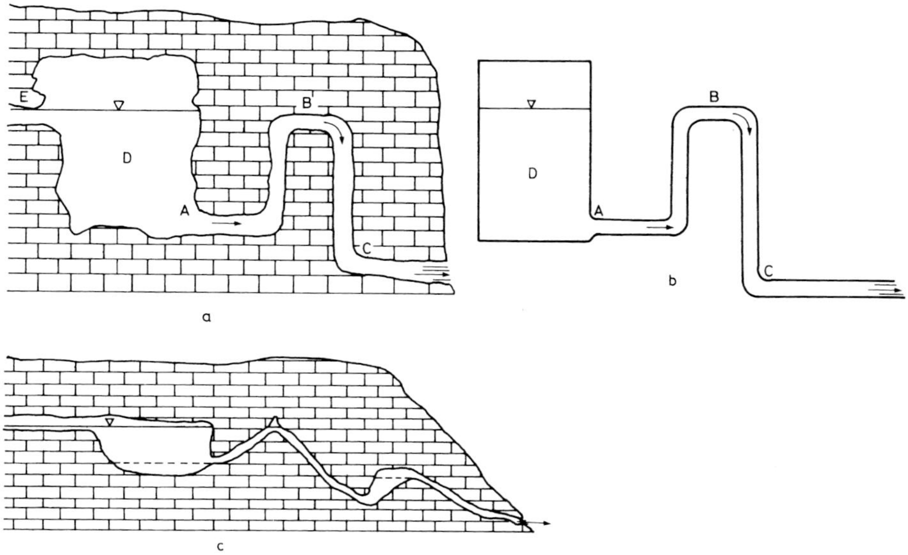

Abb. 3.209. Schema einer intermittierenden Quelle (a) und eines Hebersystems (b)(nach HAAS 1895) sowie eines modifizierten Systems (c) (nach KEILHACK 1935).

3.11.2 Erkundung von Quellen

Zur Bestimmung ihres sicheren Dargebotes (safe yield) sollte die Schüttung einer Quelle über eine möglichst lange Zeitperiode gemessen werden, mindestens aber 1 Jahr. Wenn meteorologische Daten einer längeren Zeitperiode verfügbar sind, können die realen Schüttungsmeßdaten als Grundlage für eine Abschätzung des Langzeitverhaltens genutzt werden.

Um die nötigen Untersuchungen durchführen zu können, muß der Quellaustritt sehr sorgfältig freigelegt werden. Die Meßeinrichtungen für die Schüttungsmessungen müssen in die Abflußrinne der Quelle installiert werden, eine möglichst nahe am Quellaustritt, eine zweite ungefähr 100–200 m davon entfernt im Unterstrom. Die weiter entfernte Meßstelle soll etwaige unsichtbare zusätzliche Wasseraustritte erfassen. Die Schüttung sollte alle 8–14 Tage gemessen werden. Weitere Informationen können durch die Beobachtung des Verhaltens der Quelle nach schweren Regenfällen und nach einer Trockenperiode gewonnen werden. Wenn das Schüttungsverhältnis zwischen höchster und geringster Schüttung aus Festgesteinen 1:8 übersteigt, ist die Existenz von zahlreichen Klüften wahrscheinlich, die Fließgeschwindigkeit des Grundwassers zur Quelle dürfte hoch und die Filterwirkung der überlagernden Schichten gering sein. Daher sollte das Einzugsgebiet gründlich auf etwaige Verunreinigungsherde geprüft werden. Wenn die Schüttungsschwankungen Verhältnisse über 1:50 aufweisen, ist die Filterwirkung des Bodens ungenügend. Der Vergleich der Niederschlagshöhe und der Schüttung während und nach einem Regenfall erlaubt Aussagen über die Neubildungsrate und die Speicherwirkung des Grundwasserleiters.

Wenn nicht genügend Schüttungsmessungen vorliegen, kann das Dargebot unter Berücksichtigung des unterirdischen Einzugsgebietes, der mittleren Jahresniederschläge und der Verdunstung grob abgeschätzt werden. Eine weitere Möglichkeit für eine derartige Abschätzung bietet die Auswertung der Daten von Quellen, die aus den gleichen Gesteinsformationen entspringen. Aussagen von Ortsansässigen über die Schüttung einer Quelle sind dagegen meist nicht verläßlich genug und können in der Regel nicht als Planungsgrundlage empfohlen werden.

Die Fließrichtung des Grundwassers zur Quelle sollte untersucht werden, um das unterirdische

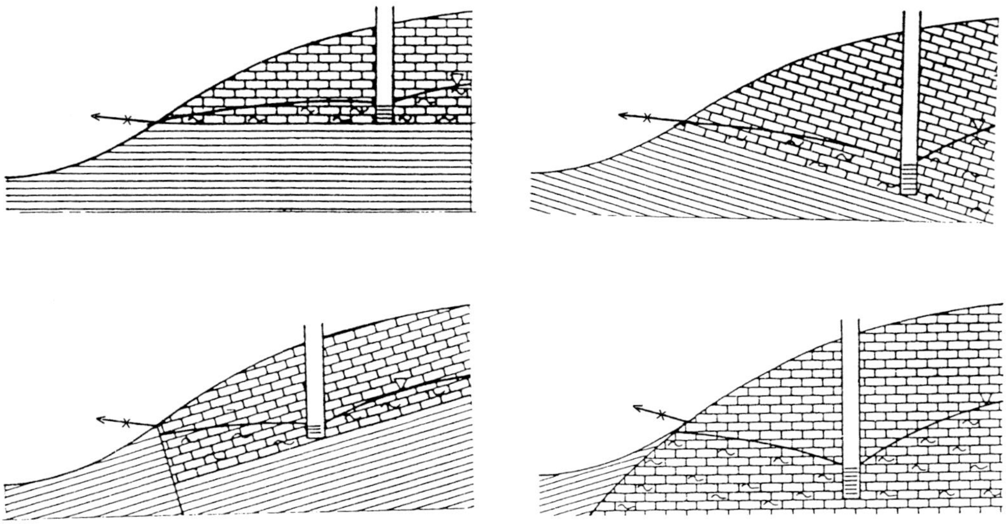

Abb. 3.210. Einflüsse von Brunnen in Einzugsgebieten von Quellen.

Einzugsgebiet schützen zu können. Typ und Mächtigkeit des Bodens bestimmen die Filterwirkung für das einsickernde Niederschlagswasser. Weil in Karst-Gebieten oft der Boden nicht flächenhaft entwickelt ist, kann Karst-Grundwasser leicht durch organische und anorganische Schadstoffe verunreinigt werden. Derartige Quellwässer müssen vor der Nutzung gefiltert, ggf. aufbereitet und entkeimt werden. Wegen ihrer hygienischen Gefährdung müssen sie im Falle ihrer Nutzung für die Trinkwasserversorgung besonders überwacht werden.

Die Temperaturen der Quellwässer müssen so oft wie möglich gemessen und mit der Luft-Temperatur verglichen werden. Starke Schwankungen der Quellwasser-Temperaturen in Übereinstimmung mit denjenigen der Luft-Temperatur zeigen, daß die Quelle von einem flachgründigen Grundwasservorkommen gespeist wird. Konstante Quellwasser-Temperaturen sprechen für einen Zufluß von Grundwasser aus tieferen, geschützteren Zonen.

Die chemische und bakterielle Zusammensetzung des Quellwassers muß ebenso bestimmt werden wie die Farbe, der Geruch, die Trübung und der Gehalt an Sand, Schluff oder Ton. Es ist wichtig, verschiedene hydrochemische Analysen von unterschiedlichen Schüttungszuständen zu vergleichen. Weiterhin sollte eine bakteriologische Untersuchung für die Zeit nach der Fassung der Quelle vorgesehen werden, da eine Verunreinigung des Untergrundes während des Baus der Quellfassung nicht ausgeschlossen werden kann. Im Falle der gleichzeitigen Fassung von mehreren Quellen muß die chemische »Verträglichkeit« der beteiligten Wässer geprüft werden. Besonders das Kalk-Kohlensäure-Gleichgewicht spielt dabei eine wichtige Rolle, da die Mischwässer aggressiv reagieren oder Kalkausfällungen hervorrufen können. In derartigen Fällen sind entsprechende technische Maßnahmen vorzusehen, z. B. Reaktionsbehälter im Mischungsbereich.

Wenn im Grundwasserleiter, der die Quelle speist, Brunnen gebaut werden, müssen die Auswirkungen ihres Betriebes auf die Grundwasseroberfläche untersucht werden (Abb. 3.210). Wenn das Einzugsgebiet eines Brunnens in das Einzugsgebiet der Quelle hineinreicht, wird die Schüttung der Quelle verringert oder sie versiegt völlig. Schließlich ist bei der Fassung einer Quelle zu prüfen, ob hierdurch ökologische Aspekte oder die Rechte anderer im Unterstrom liegender Wassernutzer (Fischerei- oder Mühlenbetriebe) berührt werden (Abschnitte 3.3.4.2 und 5.4)

3.11.3 Bauformen von Quellfassungen

Für die Fassung der verschiedenen Quellentypen gibt es unterschiedliche Bauformen. Die Quellfassung muß so gestaltet werden, daß sie sowohl den hydrogeologischen Bedingungen als auch den technischen und hygienischen Vorschriften genügt. Insbesondere müssen Quellfassungen mit einer angemessenen natürlichen oder künstlichen Überdeckung und Versiegelung versehen werden. Die Quellfassung kann mit dem Sammelschacht zu einem Bauwerk verbunden sein, doch darf die Einstiegsöffnung sich nicht unmittelbar über der freien Wasserfläche befinden (DVGW 1979).

Wenn es mehrere Wasseraustritte in einem Quellengebiet gibt, bestehen grundsätzlich zwei Möglichkeiten der Fassung:

- Alle Wasseraustritte können gefaßt und genutzt werden. Das Wasser wird durch Verbindungsrohre oder Kanäle gesammelt.
- Nur die Hauptaustrittsstelle wird gefaßt. Die anderen Austritte werden durch Absenkung der Grundwasseroberfläche durch Tieferlegen des Filterstollens oder des Sammelrohres der Fassung trockengelegt. Diese trockengefallenen Austrittsstellen müssen dann sorgfältig versiegelt werden, um eine Infiltration von möglicherweise verunreinigtem Oberflächenwasser auszuschließen.

In vielen Fällen nimmt die Schüttung während der Aufschlußarbeiten infolge der verbesserten Abflußmöglichkeiten zu. Nach einiger Zeit geht sie dann aber auf einen neuen Wert zurück, der der veränderten hydraulischen Situation entspricht. Das Dargebot kann also auf Dauer durch Absenkung der Grundwasseroberfläche unter das natürliche Abfluß-Niveau verbessert werden.

Viele Quellen führen stets oder gelegentlich Sand, wobei der Sand-Gehalt von der Schüttung abhängt. In den Rohren der Fassung müssen Sandablagerungen verhindert werden, da diese das Dargebot der Fassung herabsetzen und Pumpen und andere mechanische Einrichtungen beschädigen können. Diese Schäden können durch einen Sandfang im Leitungssystem verhindert werden.

Die Fassung einer Schichtquelle beginnt mit dem Ausheben eines Grabens aus einer tieferen Position zum Boden der Quelle hin. Hierzu muß durch eine Nivellierung sichergestellt werden, daß der Graben den Ort der geplanten Fassung mit der berechneten Neigung erreicht. Um die Baustelle trocken zu halten, sollte der Graben möglichst neben dem natürlichen Abflußgerinne der Quelle angelegt werden.

Die Fassung (Abb. 3.211) besteht entweder aus dem natürlichen Wasseraustritt und aus Schutzeinrichtungen gegen Verunreinigungen, einem Filterstollen aus natürlichen Steinen oder Backsteinen, oder aus gelochten Steinzeug- oder Kunststoffrohren mit Steinpackung. Die undurchlässige Grundwassersohlschicht sollte nicht beschädigt werden. Oft ist es vorteilhaft oder notwendig, ein Vorratsbecken vorzusehen. In diesem Falle wird das Quellwasser durch das Abflußrohr in das Vorratsbecken geleitet, das seinerseits mit einem Überlaufrohr, einer Versorgungsleitung zu den Verbrauchern und einem Abzugsrohr für die Reinigung des Beckens versehen ist. Manchmal muß auch eine Pumpe im Vorratsbecken installiert werden, um das Wasser in ein Hauptspeicherbecken oder eine Zisterne zu pumpen. In anderen Fällen fließt das Quellwasser auch direkt aus dem Quellauslaß oder dem Filterstollen durch die Versorgungsleitung zu den Verbrauchern.

Nach Fertigstellung der Fassungsanlage muß die Baugrube wieder verfüllt und mit einer Tonlage versiegelt werden. Um die Fassung sollte ein kleiner Graben gezogen werden, um das von oberstrom anfallende Oberflächenwasser abzuführen.

Wenn das Quellwasser mit Dränrohren gefaßt wird, sind diese so zu dimensionieren, daß die höchste mögliche Schüttung mit etwa 0,2–0,4 m/s abgeleitet und so ein Rückstau und ein

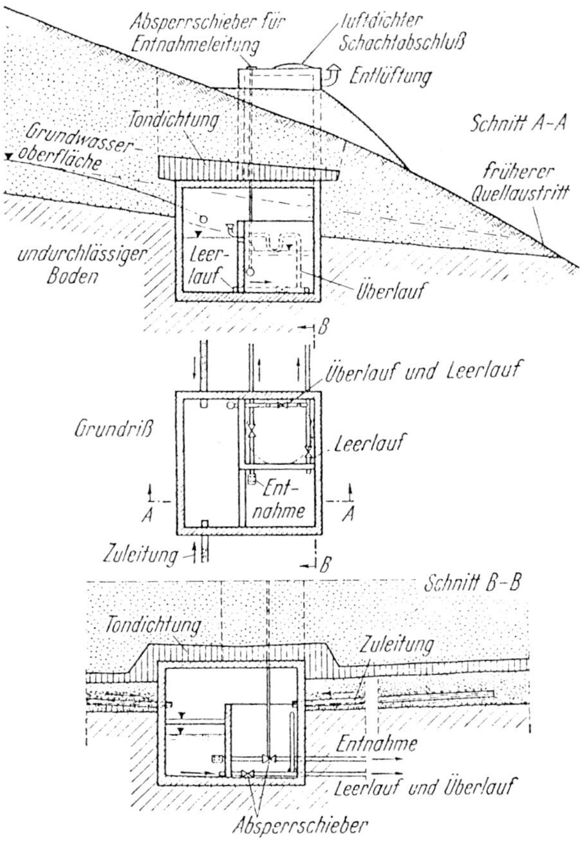

Abb. 3.211. Fassung einer Schichtquelle (MUTSCHMANN & STIMMELMAYR 1995).

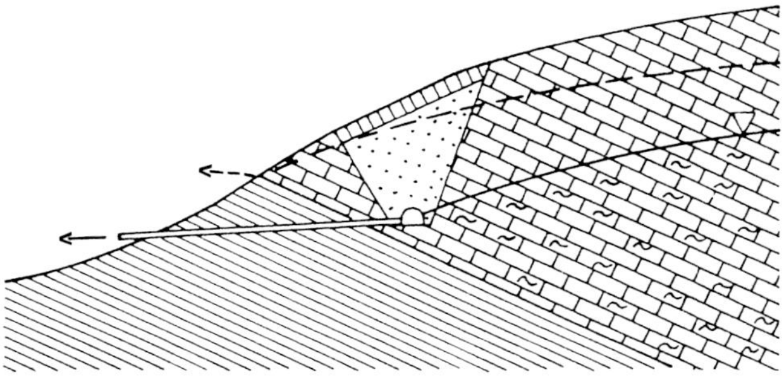

Abb. 3.212. Fassung von Überfallquellen.

Rückfluß in den Grundwasserleiter verhindert wird. Die Nennweite der Rohre sollte mindestens 100 mm betragen und das Abflußrohr zum Vorratsbecken so berechnet werden, daß es das Doppelte der höchsten Schüttung fassen kann.

Bei Überfallquellen ist die Fassung stets über der Quelle gelegen (Abb. 3.212). Die Rohre des Filterstollens können teilweise in die undurchlässige Liegendschicht verlegt werden, um die Grundwasseroberfläche abzusenken und die Schüttung zu erhöhen.

Bei der Fassung einer Stauquelle muß das Einfallen der Schichten berücksichtigt werden. Bei steilem Einfallen der Schichten sollte die Baugrube der Fassung über der Quelle angelegt werden (Abb. 3.213 a), während bei geringem Einfallen die Baugrube der Fassung unterhalb der Quelle

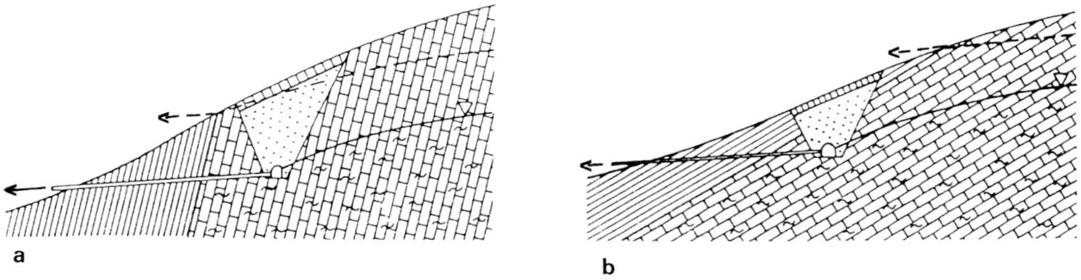

Abb. 3.213. Fassung von Stauquellen.

angeordnet werden sollte (Abb. 3.213 b), da in diesem Falle die hangende undurchlässige Schicht die Fassung schützt.

Karstquellen mit hoher Schüttung erfordern manchmal besondere Fassungsanlagen. Ihre Gestaltung richtet sich nach den örtlichen hydrogeologischen Gegebenheiten.

Bei einer Schwerkraftsdepressionsquelle ist die Fassung direkt am Quellaustritt zu bauen. Eine angemessene Grube von 2–2,5 m Durchmesser muß wie bei einem Schachtbrunnen niedergebracht werden. Die Fassung ist durch eine Oberflächenversiegelung aus Ton und/oder Beton zu schützen.

Artesische Überfallquellen können in der gleichen Weise wie Überfallquellen gefaßt werden. Hierbei ist zu beachten, daß Änderungen der Grundwasseroberfläche im unterirdischen Einzugsgebiet als Folge von natürlichen Schwankungen der Niederschlagshöhe oder von Änderungen der Brunnenförderung die Schüttung der Quelle schnell erhöhen oder verringern können.

Bei einer Verwerfungsquelle muß untersucht werden, ob das Grundwasser durch die Verwerfung abgedämmt wird (Überfallquelle) oder ob es in der Störungszone aufsteigt (artesische Verwerfungsquelle).

Artesische Verwerfungsquellen können durch ein Vorratsbecken direkt auf den Wasser-führenden Klüften gefaßt werden. Entsprechend der Grundwasserdruckfläche des genutzten Grundwasserleiters sollte das Vorratsbecken verschiedene Ausflüsse in unterschiedlicher Höhe haben. Die Schüttung und der hydraulische Druck des ausfließenden Wassers nehmen mit zunehmender Höhe der Ausflüsse ab. Durch diesen Effekt kann die benötigte Wassermenge leicht gesteuert werden. Manchmal kann die Kapazität einer artesischen Kluftquelle durch Beseitigung von Hindernissen aus dem Quellaustritt oder durch Vergrößerung der Klüfte erhöht werden.

Bei einer artesischen Depressionsquelle muß die Baugrube der Fassung wie bei derjenigen einer Schwerkraftdepressionsquelle angelegt werden. Die Tiefe hängt dabei von der Zusammensetzung und der Mächtigkeit der von der Verwerfung durchschlagenen undurchlässigen Schicht und von der benötigten Wassermenge ab. Die Fassung muß durch eine sehr dichte Versiegelung aus Ton und/oder Beton geschützt werden.

Bei Schuttquellen muß geprüft werden, ob die Quelle direkt durch eine primäre Quelle aus dem Festgestein gespeist wird, oder ob das Grundwasser innerhalb der Schuttmassen talwärts fließt und schließlich als sekundäre Quelle zutage tritt (Abb. 3.214). Danach ist zu entscheiden, ob die primäre oder die sekundäre Quelle gefaßt wird. Die primäre Quelle sollte gefaßt werden, wenn sie z. B. anhand der Vegetation, der Lage der geologischen Grenzen zwischen durchlässigen und liegenden undurchlässigen Schichten oder durch geoelektrische Messungen geortet ist, und wenn die primäre Quelle ohne technische Schwierigkeiten, wie sie z. B. bei steilen Hangneigungen oder unstabilen losen Felsen auftreten, erreicht werden kann. Auf seinem Fließwege zur sekundären Quelle kann das Grundwasser innerhalb der Schuttmassen zu den Seiten abfließen, daher haben sekundäre Quellen oft einen breiteren Austrittsbereich als die primären Quellen. Darüber hinaus kann ein Teil des Wassers verdunsten, durch Pflanzen genutzt werden oder anthropogen verunreinigt werden, doch wird das Wasser auch beim Durchfließen feinkörniger Schuttsedimente gereinigt.

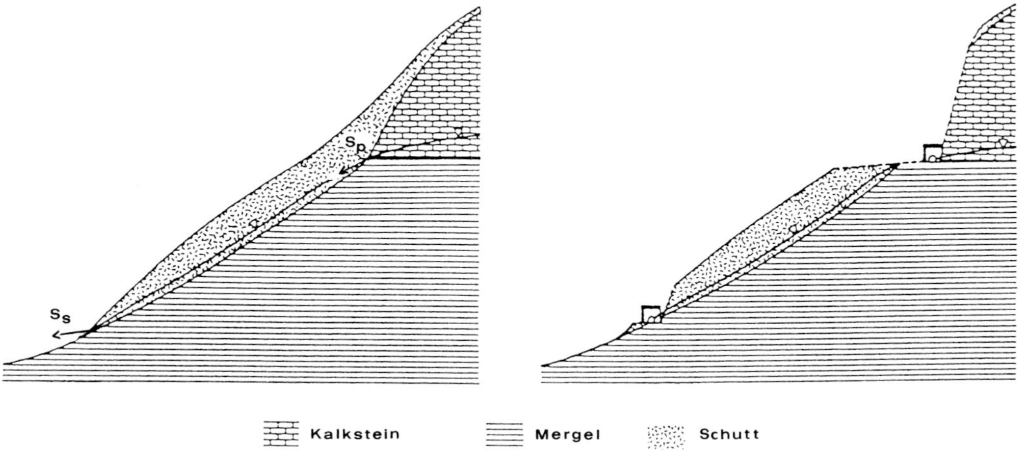

Abb. 3.214. Fassung einer Schuttquelle.

Eine spezielle Aufgabe ist die Fassung von submarinen Süßwasserquellen, die besonders an Küsten von Karst-Gebieten wie den Mittelmeerküsten von Libanon, Italien (besonders Sizilien), Griechenland, Kroatien, Türkei und Libyen, der rumänischen Schwarzmeerküste, sowie am Golf von Mexiko, in Westindien, Chile, Venezuela, Australien und zahlreichen Pazifikinseln auftreten. Sie können mit Hilfe von Markierungsversuchen oder von Temperatur-, elektrische Leitfähigkeits- oder Salzgehaltsmessungen geortet werden (Drew & Hötzl 1999, Matthess & Ubell 1983). Submarine Quellen wurden in der Antike von den Phöniziern genutzt, die das Süßwasser mit Hilfe von Bleileitungen und Lederröhren förderten, und von den Italienern mit einer verbesserten phönizischen Methode. Bei Fassung und Betrieb von submarinen Quellen ist der Zutritt von Meerwasser mit technischen Maßnahmen und durch ausgewogene Süßwasserförderung grundsätzlich auszuschließen. Im Beispielsfalle, der Fassung »Galerie de Port-Miou« bei Cassis für die Wasserversorgung von Marseille, wird das Eindringen des Meerwassers durch einen in eine Wasser-gefüllte Karsthöhle eingebauten Zickzack-Durchgang mit einem oben und einem unten eingebauten Damm aus dünnem Leichtbeton-Bentonit-Mörtel und durch Aufrechterhalten eines Süßwasserabflusses auch in Niedrigwasserzeiten am Ende des langen, trockenen Sommers verhindert (Abb. 3.215; Syndicat des Recherches de Port-Miou 1973, Potie & Ricour 1973).

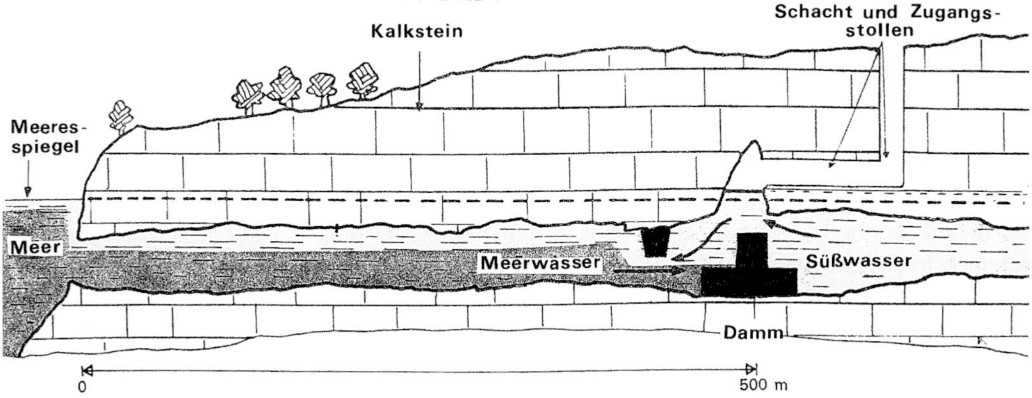

Abb. 3.215. Schema der »Galerie de Port-Miou« bei Cassis, Frankreich (Syndicat des Recherches de Port-Miou 1973).

3.11.4 Sickerrohr-Fassungen

Sickerrohre werden in flachgründigen und geringmächtigen Grundwasserleitern eingesetzt, die nicht durch Brunnen ökonomisch genutzt werden können. Sie werden auch in Küstengebieten verwendet, um Grundwasser aus der dünnen Süßwasserschicht über dem brackischen oder salzigen Wasser in der Tiefe zu gewinnen.

Die gelochten oder geschlitzten Sickerrohre mit Durchmessern von 200–400 mm für Einzelversorgungen und 500–800 mm für Großversorgungen bestehen aus Korrosions-geschütztem Stahl, Kunststoff, Steinzeug, Beton oder Asbest-Zement. Ihre Leistung ergibt sich aus Gl. (3.75):

$$Q = \frac{k_f \cdot L}{2} \cdot \frac{H^2 - h^2}{R} \quad (3.75)$$

mit der Leistung Q (m^3/s), dem Durchlässigkeitsbeiwert k_f (m/s), der Länge des Dränrohrs L (m), der Mächtigkeit des Grundwasserleiters H (m), der Höhendifferenz zwischen dem Wasserspiegel im Dränrohr und der Grundwassersohlschicht h (m) und der Reichweite der Absenkung im Grundwasserleiter R (m).

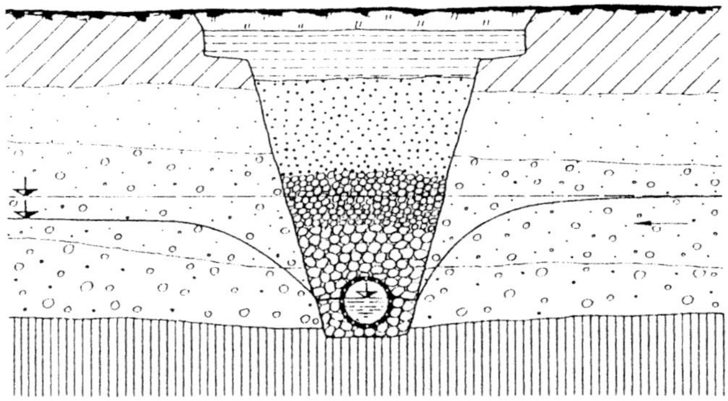

Abb. 3.216. Sickerrohr mit Kiespackung (BIESKE et al. 1998).

Sickerrohr-Fassungen werden senkrecht zur Grundwasserfließrichtung in mindestens 4–5 m Tiefe möglichst auf der Grundwassersohlschicht eingebaut, von einer Kiespackung umgeben und durch eine Tonlage gegen Verunreinigungen von der Erdoberfläche geschützt (Abb. 3.216). Die Sickerrohre führen in einen Sammelschacht (Abb. 3.217), aus dem das Wasser zum Wasserwerk oder direkt zum Verbraucher gepumpt wird (BIESKE et al. 1998).

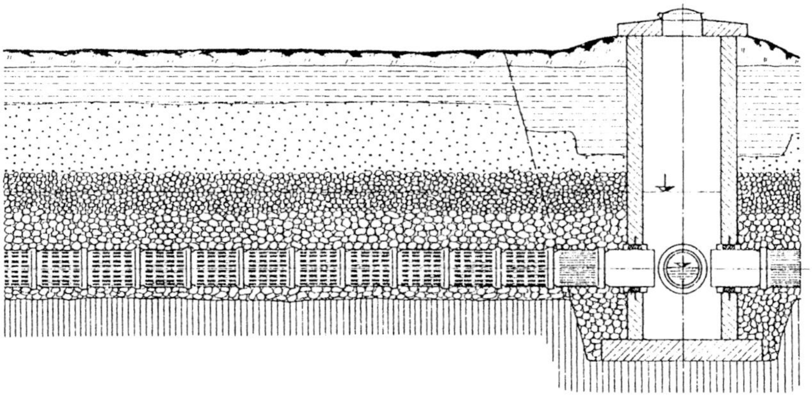

Abb. 3.217. Sammelschacht für Sickerrohre (BIESKE et al. 1998).

3.12 Wasserstollen

Wasserstollen sind spezielle Grundwasserfassungen, die z. B. in Gebirgszonen gebaut werden, wo wechsellagernde durchlässige und undurchlässige Festgesteins-Schichten steil einfallen. Hier ist es möglich, einen Wasserstollen vom Talgrund aus in einen Grundwasserleiter vorzutreiben, der das Grundwasser weit unterhalb der höher gelegenen Quellen erschließt, die von diesem Grundwasserleiter gespeist werden. Der Ausgangspunkt des Wasserstollens sollte so gewählt werden, daß die Stollenstrecke in den undurchlässigen Schichten möglichst kurz ist. Die Wasserstollen erlauben durch Einbau von Stautüren im Bereich undurchlässiger Schichten eine sehr günstige Bewirtschaftung der Grundwasservorräte. Während der Zeiten geringen Bedarfs kann das Ventil der Abflußleitung an der Drucktür geschlossen und das Grundwasser im Grundwasserleiter gespeichert werden. Diese Reserven können dann in den Jahreszeiten mit hohem Wasserbedarf genutzt werden. Da das Wasser in Stollenfassungen meist einen hydrostatischen Druck entsprechend der orographischen Lage aufweist, ist die Ergiebigkeit viel höher als bei Quellfassungen.

Während des Stollenbaus nimmt der Wasserzufluß mit der Zahl der angetroffenen Klüfte zu. Bei der Bewirtschaftung dieser Grundwasser-Ressourcen ist zu berücksichtigen, daß zunächst die Vorräte ausgebeutet werden, und daß später nur das tatsächlich neugebildete Grundwasser verfügbar ist (Abb. 3.218). Für Voraussagen des sicheren Dargebotes muß daher die Grund-

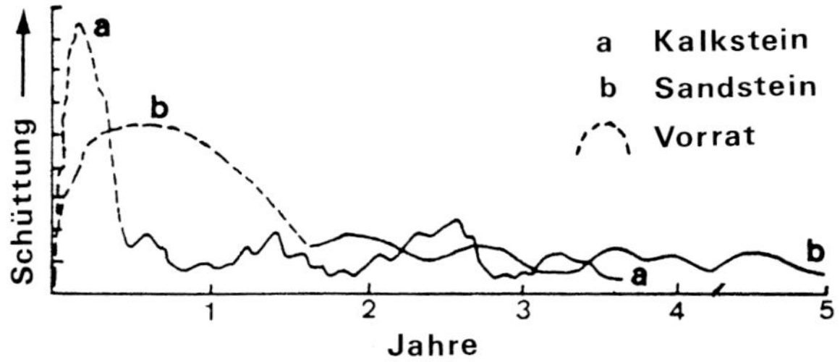

Abb. 3.218. Schüttungsganglinien genutzter Kalkstein- und Sandstein-Grundwasserleiter (SCHNEIDER 1973).

wasserneubildungsrate im unterirdischen Einzugsgebiet bestimmt werden, da die anfänglichen Schüttungen nicht das langfristige Dargebot des Grundwasserleiters anzeigen. Mit Hilfe von vier insgesamt 11.442 m langen Tiefstollen wurde der Taunus-Quarzit nördlich von Wiesbaden in den Jahren 1875–1910 als Grundwasserleiter erschlossen (Abb. 3.219). Hier kann das Grundwasser

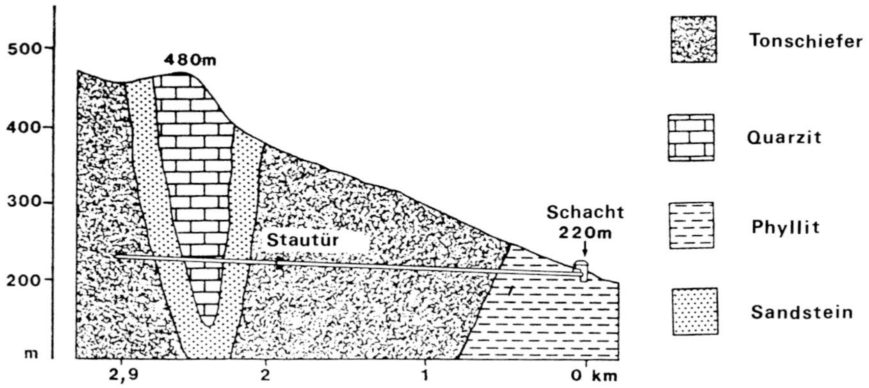

Abb. 3.219. Wasserstollen im Taunus-Quarzit bei Wiesbaden (SCHNEIDER 1973).

mit Hilfe von Stautüren in den Quarzitschichten gespeichert und im Laufe eines Jahres genutzt werden. Das so bewirtschaftete Wasserdargebot der 4 Stollen beträgt im Mittel 12.000 m^3/d (= 4,4 Mio. m^3/a) (HALBERTSMA & SPIESSER 1909, MICHELS 1933, VON REINACH 1904, VOGEL 1951).

Wasserwirtschaftlich wichtig sind die in Abschnitt 3.1.2 erwähnten Wasserstollen auf Vulkan-Inseln, von denen als Beispiel die über 200 genutzten, bis zu 8 km langen sog. Galerias auf der Insel Teneriffa, Kanarische Inseln, genannt werden (Abb. 3.220).

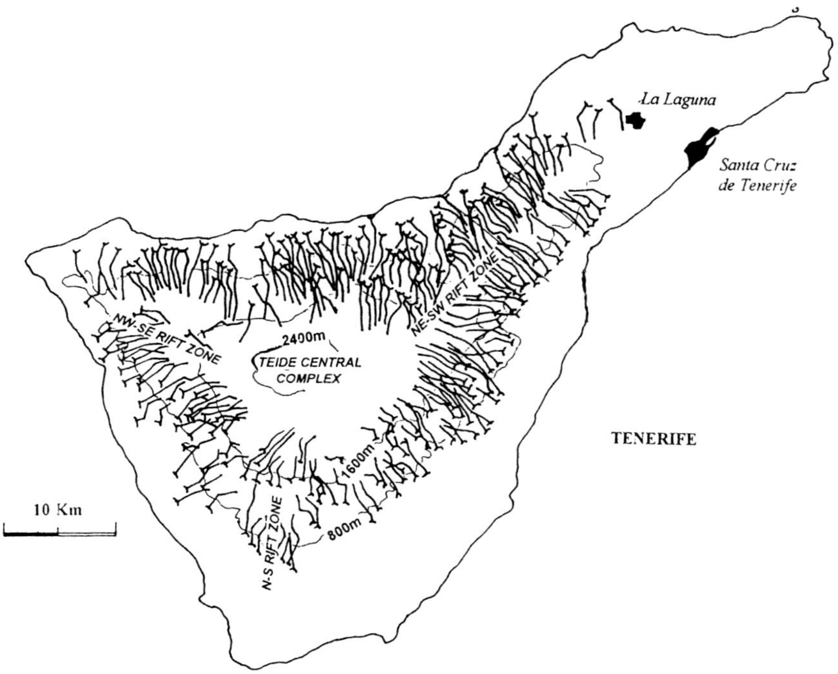

Abb. 3.220. Verteilung der Wasserstollen (Galerias) auf Teneriffa, Kanarische Inseln (CARRACEDO 1994).

3.13 Grundwasseranreicherung und Uferfiltration

Zur Erweiterung des nutzbaren Grundwasserdargebotes werden vor allem in Ballungsgebieten seit dem vorigen Jahrhundert Uferfiltration und Grundwasseranreicherung eingesetzt, z. B. in Deutschland im Ruhr- und im Rhein-Main-Gebiet (BMI 1975, 1985), in Holland (VENHUIZEN 1967) und in Israel (SCHNEIDER 1967). Die Qualität des so gewonnenen Wassers hängt von der Beschaffenheit des oberirdischen Wassers an der Gewinnungsstelle, der Art und Lage der Fasssungsanlagen und von den natürlichen und technischen Reinigungsvorgängen ab.

3.13.1 Beschaffenheit des oberirdischen Wassers

Das oberirdische Wasser enthält echt oder kolloidal gelöste anorganische und organische Bestandteile sowie suspendierte Partikel mit Schluff- und Ton-Korngrößen (2–60 μm bzw. < 2 μm), ferner – in Flüssen – eine rollende, gleitende und springende Flußbettfracht aus Sand- und

Kieskörnern > 60 µm. Hinzu kommen tierische und pflanzliche Lebewesen. Die Beschaffenheit des oberirdischen Wassers wird durch die Böden und Gesteine, die Morphologie, das Klima, die Vegetation und die Tierwelt sowie durch anthropogene Einflüsse im Einzugsgebiet des jeweiligen Flusses oder Sees bestimmt (HOFMANN 1998). Die Wasserqualität dieser Gewässer wird sich auch künftig in dem Maße verbessern, wie die Gesetze und Vorschriften zum Gewässerschutz sowie die Sanierungsmaßnahmen in den Einzugsgebieten wirksam werden (Abschnitte 5.7.3 und 5.7.4).

In den deutschen Flüssen variieren die Anteile aus Schluff- und Ton-Schwebstoffen zwischen 10 und 100 mg/l, die in nennenswertem Maße – im Rhein ungefähr zu einem Drittel der Gesamt-Schwebfracht – aus Abwasser-Schwebstoffen bestehen. Bei abnehmender Fließgeschwindigkeit und – in Ästuarbereichen – bei der Zumischung von Brackwasser lagern sich die Schwebstoffe auf der Flußsohle ab.

Tabelle 3.25 faßt für wenig verunreinigte Flüsse eine Auswahl der wichtigsten gelösten Inhaltsstoffe, geordnet nach den typischen Konzentrationsbereichen, zusammen.

Tabelle 3.25. Konzentrationsbereiche von in Gewässern gelösten Stoffen (BMI 1975).

Konzentrationsbereich		Elemente	Kationen		Anionen	Amphoter und nichtionogen
I)	> 10 mg/l		Na Mg Ca		CO_3/HCO_3 Cl	– –
II)	> 0,1 bis 10 mg/l	O_2 N_2	K Sr Zn		S	Al Si
III)	0,001 bis 0,1 mg/l	–	Li Ba Ti Cr Co Ni	Cu Sn Pb	B P Se Br I	Mo As Sb
IV)	< 0,001 mg/l	–	Rb Be Cd Hg		–	V Bi

Die anorganischen und organischen Stoff-Frachten stammen im wesentlichen von den Böden und aus dem tieferen Untergrund, so z.B. Huminstoffe aus den Böden und Calcium- und Magnesium-Ionen aus Kalk- und Dolomitsteinen. Erhöhte Schwermetall-Konzentrationen können durch Freisetzung aus Erzlagerstätten im Einzugsgebiet erklärt werden.

In dichtbevölkerten und hochindustrialisierten Gebieten beruht dagegen der überwiegende Teil der anorganischen Wasserinhaltsstoffe auf Abwassereinleitungen, da die übliche Abwasserbehandlung diese Stoffe nicht (z.B. Natriumchlorid) oder nur unvollständig (z.B. Kaliumphosphat) aus dem Wasser entfernt.

Viele Stoff-Gehalte hängen von der Wasserführung des Flusses ab, die ihrerseits um mehrere Zehnerpotenzen schwanken kann. Demgegenüber weisen die Stoff-Frachten, ausgedrückt in Masseneinheit/Zeiteinheit, meistens geringere Schwankungen auf.

Die anorganischen Wasserinhaltstoffe können je nach Art und Konzentration nützlich oder schädlich wirken. Manche Stoffe, wie Iod- und Fluor-Salze, sind in niedrigen Konzentrationen Lebens-notwendig, in höheren giftig. Nach ihrer Wirkung können die anorganischen Stoffe in vier Gruppen geteilt werden (BMI 1975):

- Stark reduzierende Stoffe (Zehrstoffe) verbrauchen schon unter normalen Bedingungen Sauerstoff (z. B. Eisen(II)-Verbindungen und Natriumsulfit).
- Nährstoffe (P- und N-Verbindungen) können Massenentwicklungen von Algen auslösen, die die Trinkwasseraufbereitung erschweren.
- Störstoffe können auf vielfältige Weise die biologischen Aktivitäten und die technische Verwertung des Wassers stören (z. B. verändern Titandioxid-Suspensionen das Lichtklima, gelöste Salze fördern die Korrosion).
- Giftstoffe wirken toxisch auf die Gewässerfauna und -flora, in ungünstigsten Fällen auch auf den Menschen. Durch Anreicherung über die Nahrungskette können Spuren-Elemente und -Verbindungen schließlich toxische Konzentrationen erreichen.

Jedes Gewässer enthält natürliche Komponenten, die leicht, schwer oder nur sehr schwer abbaubar (refraktär) sind, wie Humin- und Fulvosäuren sowie andere refraktäre organische Säuren und Abbauprodukte (Frimmel & Abbt-Braun 1993). Diese Stoffe unterliegen natürlichen Abbau- und Mineralisationsprozessen, so daß Gehalte an gelösten organischen Substanzen, angegeben als DOC (= **d**issolved **o**rganic **c**arbon), um 1–2 mg/l in wenig anthropogen belasteten Gewässern verbreitet sind. Der Anteil an partikulärer organischer Substanz wird mineralisiert, in Sedimenten festgelegt oder als Trübstoff bis ins Meer verlagert.

Die leicht abbaubaren organischen Stoffe stammen überwiegend aus nicht biologisch behandelten häuslichen und landwirtschaftlichen Abwässern, die schwer und sehr schwer abbaubaren organischen Substanzen vor allem aus den Abwässern der chemischen Industrie und aus den Abläufen der biologischen Kläranlagen. Als Beispiel eines hauptsächlich durch refraktäre Substanzen belasteten Gewässers wird der Niederrhein mit 5–15 mg/l DOC, gelegentlich bis 20 mg/l DOC genannt, höhere DOC-Werte (30–60 mg/l) wurden im Oberrhein bei Mannheim gemessen (BMI 1975). Diese Werte aus den 70er Jahren, werden heute als Folge der Reinhaltungsmaßnahmen deutlich unterschritten (Sontheimer 1991). So betrugen die 90-Perzentile von 28 Tagesproben 1997 am Niederrhein 3,2 mg/l (Düsseldorf-Flehe) und 3,5 mg/l (Köln), am Oberrhein 2,4 mg/l (Karlsruhe) und 2,9 mg/l (Mainz) (Schullerer et al. 1998). Beim Abbau der organischen Substanzen wird stets Sauerstoff verbraucht. Übersteigt die organische Belastung den Sauerstoff-Gehalt, dann wird das Gewässer anaerob, es »kippt um« und das Wasser nimmt reduzierende Eigenschaften an. Charakteristische Reaktionen sind die Reduktion und Wiederauflösung von ausgefällten Fe (III)- und Mn (IV)-Verbindungen, die Reduktion von Nitrat und Sulfat und das Auftreten von Nitrit und Ammonium bzw. von Schwefelwasserstoff. Der Abbau verstärkt auch das Angebot an gelöstem Kohlenstoffdioxid.

Die Bakterien, Protozoen und Viren in Fließgewässern stammen größtenteils aus den menschlichen und tierischen Abgängen sowie aus Abwässern, die in die oberirdischen Gewässer gelangen. Dort können diese Mikroorganismen unterschiedlich lange persistieren. Als typische Arten werden *E. coli* und die Aeromonaden der *Hydrophyla punctata*-Gruppe genannt. Je nach Jahreszeit und Infektionshäufigkeit bei Menschen und Tieren treten auch pathogene Bakterien (z. B. Salmonellen) oder Viren (z. B. Poliomyelitis-Viren) in den oberirdischen Gewässern auf. Zahlreiche Bakterienarten werden auch aus dem belebten Oberboden in die Gewässer eingetragen. Die eingeschleppten Mikroorganismenarten werden in dem für sie fremden Milieu eliminiert.

Die in den oberirdischen Gewässern vorherrschenden Arten der autochthonen Mikro- und Makroflora, wie die heterotrophe Bakteriengruppe der Pseudomonaden und die Algen als niedere

Pflanzen, können anthropogene Stoffe abbauen und sich durch das gegebene Nahrungsangebot rasch vermehren. Typisch ist die bei Phosphat- und Nitrat-Überangebot auftretende Massenentwicklung der Algen, die die organische Belastung zusätzlich erhöht und durch die so vermehrte Sauerstoff-Zehrung zu einem Sauerstoff-Defizit und im Extremfall zur Anaerobiose im Gewässer führen kann.

Die chemischen und biologischen Prozesse in den oberirdischen Gewässern werden von der Temperatur dahingehend gesteuert, daß eine Temperaturerhöhung die chemischen und biologischen Abbauprozesse beschleunigt und damit den Sauerstoff-Bedarf pro Zeiteinheit erhöht. Gleichzeitig verringert eine Temperaturerhöhung das Sauerstoff-Angebot durch die abnehmende Sauerstoff-Löslichkeit, was ebenfalls zur Ausbildung anaerober Bedingungen beiträgt. Von bestimmten Temperaturstufen an können sich im Gewässer sonst praktisch bedeutungslose Arten massenhaft vermehren, z. B. giftige Blaualgen.

Bei der Infiltration von oberirdischem Wasser finden Reinigungsvorgänge ohne Einsatz von Aufbereitungschemikalien statt, die denen der natürlichen Selbstreinigung im Gewässer entsprechen bzw. diese sogar wesentlich steigern. In Abb. 3.221 a wird schematisch die Verringerung der Schadstoffkonzentration von Abwasser (c_A) bis zur Trinkwasserqualität (c_T) durch konzentra-

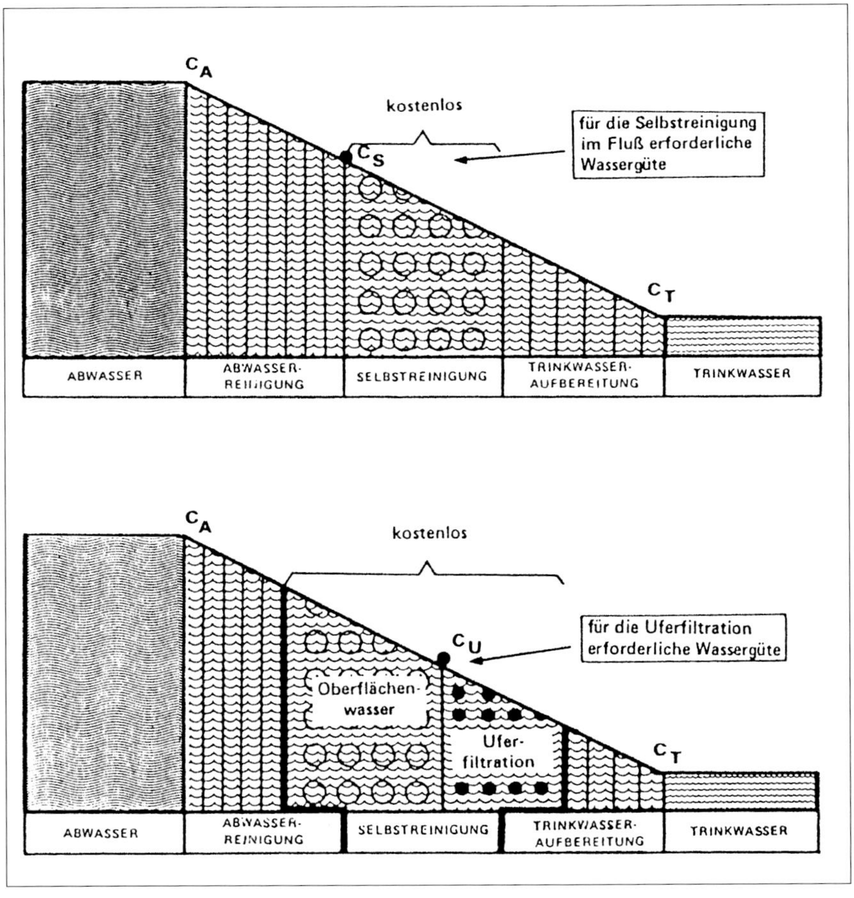

Abb. 3.221. Verringerung der Schadstoff-Konzentration von belastetem Wasser zum Trinkwasser (SCHMIDT 1978).

tionsmindernde Vorgänge im Gewässer dargestellt, wie u.a. Verdünnung, Sorption, Entgasung, hydrolytischer und biologischer Abbau und chemische Oxidation (Abschnitte 1.4.3, 1.4.4 und 4.2.3.2). Um diese Selbstreinigungsvorgänge nicht zu gefährden und ein »Umkippen« zu vermeiden, dürfen auch im oberirdischen Wasser obere Grenzkonzentrationen an Schadstoffen (c_S) nicht überschritten werden. In Abb. 3.221 b wird die Wirkung der Uferfiltration verdeutlicht, die zusätzliche Selbstreinigungsvorgänge ausnutzt, wobei auch hier bestimmte Grenzkonzentrationen c_U nicht überschritten werden dürfen. Diese Qualitätsanforderungen gelten auch für Anreicherungswasser, auch wenn dieses aufbereitet werden kann (BMI 1985).

Nur wenige Stoffe verhalten sich konservativ, d.h. sie werden unverändert vom Flußwasser transportiert. Die meisten anorganischen Stoffe sind nämlich reaktiv und werden durch Fällung und Sedimentation oder durch Sorption und Ionenaustausch an Festkörpern gebunden und so auf dem Fließwege aus dem Wasser entfernt. Schließlich können sie auch von Wasserorganismen inkorporiert werden, z.B. Phosphat in Kieselalgen. Diese Immobilisierungsvorgänge sind jedoch z.T. reversibel, z.B. bei stärkeren pH-Änderungen oder beim Auftreten natürlicher oder anthropogener Chelatbildner. Irreversible Eliminierungen sind dagegen z.B. die mikrobielle Oxidation von Ammoniak zu elementarem Stickstoff oder die mikrobielle Reduktion von Nitrat zu Stickstoff und Distickstoffoxid, die als flüchtige Komponenten aus dem aquatischen System entweichen (MATTHESS 1994).

Die Qualität des Rohwassers bestimmt Art und Aufwand der Trinkwassergewinnung, gegebenenfalls den Einsatz von Reinigungsstufen vor und nach der Untergrundpassage. Bei schwankender Menge und Güte des oberirdischen Wasserdargebotes ist eine Speicherung des Roh- oder Reinwassers vorzusehen.

Die Qualität des oberirdischen Wassers und das Ergebnis zahlreicher Aufbereitungsschritte hängt von auto- und heterotrophen Mikroorganismen ab. Natürliche oder anthropogene Veränderungen des aquatischen Milieus können zur Massenentwicklung oder zur Vernichtung bestimmter Arten führen. Eine wichtige Rolle spielen die biogenen Umsetzungen bei der Langsamsandfiltration (biologische Wasseraufbereitungsmethode). Hier werden der Mikroorganismen-Population vom durchfließenden Wasser ständig neue Nährstoffe zugeführt und ihre Stoffwechselprodukte abtransportiert. Dadurch stellen sich charakteristische Besiedlungszonen und eine wesentlich erhöhte Produktion ein (SCHMIDT 1963).

3.13.2 Grundwasseranreicherung

Bei der Grundwasseranreicherung wird Flußwasser entnommen und – gegebenenfalls nach einer Vorbehandlung – in Versickerungsbecken, -gräben oder -brunnen in den Untergrund verbracht, wo es nach entsprechend langer Fließstrecke und Verweilzeit eine Angleichung an die Eigenschaften natürlicher Grundwässer erfährt. Das wiedergeförderte Wasser muß gegebenenfalls, wenn es Fe^{2+}, Mn^{2+}, aggressive CO_2 oder NH_4^+ enthält, einer Nachaufbereitung unterworfen werden.

3.13.2.1 Veränderungen des oberirdischen Wassers im Filterkörper

Beim Durchfließen eines Filterkörpers kommt es zwischen dessen fester Substanz (Mineralkörner, organische Substanzen) und dem Wasser zu Reaktionen, die die Beschaffenheit des Wassers und auch des Filterkörpers verändern. Die Reaktionen werden entscheidend vom pH-Wert und vom Redox-Potential des Wassers beeinflußt. Die Gegenwart reaktiver organischer Substanzen führt zu mikrobieller Aktivität und – bei günstigen Lebensbedingungen (Sauerstoff-Angebot, Porenwasser-Strömung) – zur Ausbildung von intergranularen Biozönosen von Mikroorganismen einschließlich mehrzelliger Grundwassertiere. Die mikrobielle Aktivität beruht auf der Nutzung von organischen Substanzen als C- und Energie-Quelle durch bestimmte Bakterienarten.

Durch biologische Umsetzungen werden die im Wasser gelösten abbaubaren organischen Substanzen mineralisiert (Gl. 3.77)

(3.77) $$C_pH_qO_rN_s + (p + 1/q)O_2 \rightarrow pCO_2 + 1/2q\ H_2O + 1/2s\ N_2$$

Neben diesem in Abb. 3.222 schematisch dargestellten Abbau der organischen Substanzen werden gelöste Fe(II)- und Mn(II)-Spezies sowie Ammoniak oxidiert. Die Oxidation von Ammoniak (Gln. 3.78 und 3.79)

(3.78) $$NH_3 + 2\ O_2 \rightarrow HNO_3 + H_2O$$

(3.79) $$4\ NH_4OH + 3\ O_2 \rightarrow 2\ N_2 + 10\ H_2O$$

verbraucht große Sauerstoff-Mengen: je mg Ammoniak ca. 4,5 mg Sauerstoff. Da bei der üblichen Grundwassertemperatur von 8–10 °C im Liter Wasser nur ca. 10 mg Sauerstoff löslich sind, bedeutet dies, daß bereits ein Ammoniak-Gehalt von etwa 2 mg/l die chemischen und biologischen Prozesse im Filter nachhaltig stört.

Die mikrobiellen Abbau- und Oxidationsreaktionen gehen also mit einem Sauerstoffverbrauch einher, der zuerst den molekular im Wasser gelösten Sauerstoff, dann den chemisch gebundenen Sauerstoff der Nitrate, Sulfate und schließlich der Carbonate verbraucht (Denitrifikation, Desulfurikation und Methan-Bildung) und so ein reduzierendes Milieu schafft. In diesem Bereich werden die abbaubaren organischen Verbindungen unter anaeroben Bedingungen in niedermolekulare Bruchstücke zerlegt, die unter nachgeschalteten aeroben Verhältnissen sehr rasch vollends mineralisiert werden. Längs des Fließweges können sich nämlich durch Sauerstoff-Eintrag über die Grundluft oder durch Zumischung von sauerstoffhaltigem Wasser wieder oxidierende Bedingungen einstellen, in denen die Metabolite weiter zersetzt werden. Für die Beispiele Eisen und Mangan bedeutet diese Zonierung, daß aus bestehenden Verockerungsschichten im reduzierenden Bereich zweiwertige Ionen herausgelöst werden, die in einem anschließenden oxidierenden Bereich als Hydroxide oder Oxide wieder ausgefällt werden. Im Wasser verbleiben nicht abbaubare (refraktäre) organische Substanzen (Abb. 3.222).

Das Abbau-Verhalten organischer Stoffe bei der Untergrundpassage hängt von ihren chemischen und physikalischen Eigenschaften ab, von denen als wichtigste die Wasserlöslichkeit, Hydrolysierbarkeit, Polarität, Flüchtigkeit, Molekülstruktur und -größe und die elektrische Ladung genannt werden. Art, Dauer und Konzentration der Belastung führen zu verschiedenen Verhaltensmustern (Tabelle 3.26).

Ionare, molekulare und partikuläre Bestandteile des Rohwassers können bei der Untergrundpassage durch Wechselwirkungen mit Feststoffen mit großer Oberfläche, vor allem mit Tonmineralen, frisch gefällten Eisenhydroxiden, amorpher Kieselsäure sowie festen organischen Substanzen sorbiert werden (Abschnitte 1.4.3 u. 4.2.3.2; vgl. auch MATTHESS 1994). Beim Austausch äquivalenter Mengen gelöster und gebundener Ionen spricht man von Ionenaustausch. Im vorliegenden Kontext spielt der Kationenaustausch die bedeutendere Rolle. Hierbei werden durch negativ geladene Gruppen (SiOH-, $AlOH_2$- und AlOH-Gruppen bei den Tonmineralen; FeOH-Gruppen bei Eisen(III)-Hydroxid; Carboxyl- und phenolische OH-Gruppen bei der festen organischen Substanz) Kationen zur Neutralisierung angelagert. Als Maßzahl dient die sog. Austauschkapazität, die in mmol(eq)/100 g Feststoff für pH 7 angegeben wird. Beispiele für Austauschkapazitäten sind in Tabelle 1.25 angegeben. Besonders hoch ist die Austauschkapazität der organischen Substanzen, vor allem diejenige der Huminsäure, so daß bereits geringe Prozentsätze organischen Materials die Austauschkapazität des Untergrundmaterials insgesamt deutlich erhöhen können.

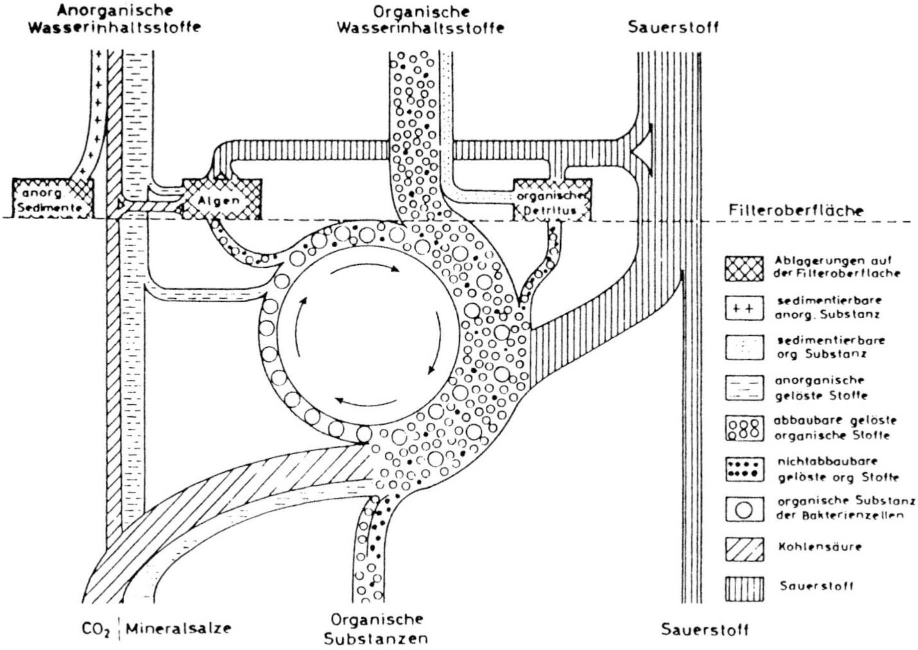

Abb. 3.222. Schema der Reinigungswirkung eines Langsamsandfilters (SCHMIDT 1966).

Die Festigkeit der Bindung der Kationen am Austauscher wird wesentlich von ihrer Wertigkeit und Hydration sowie von der Konzentration der wäßrigen Lösung bestimmt. Die Schwermetalle haben insgesamt eine höhere Bindungsfähigkeit als die Alkali- und Erdalkali-Metalle, die sie daher von den Bindungsplätzen verdrängen können.

Die Sorption auf der Grundlage zwischenmolekularer Wechselwirkungen wird bei Gleichgewicht durch Isothermen beschrieben, nämlich der linearen HENRY-Isotherme (Gl. 4.1) sowie den nichtlinearen FREUNDLICH- und LANGMUIR-Isothermen (Gln. 1.73 und 1.74). Bei Anstieg der Konzentration in der Lösung nimmt die Menge der sorbierten Stoffe zu, bei Konzentrationsabfall stellt sich durch Desorption ein neues Gleichgewicht ein.

Tabelle 3.26. Bedeutung von Dauer und Konzentration bei Schadstoffbelastungen für deren mikrobielle Elimination (BMI 1985).

Art der Belastung	Stoffeigenschaft	Verhalten im Filter
Dauerbelastung	leicht abbaubar	gute Eliminierung
relativ geringe Konzentration	schwer abbaubar	gute Eliminierung
(z. B. Abwassereinleitung)	persistent, adsorbierbar	begrenzte Eliminierung
	persistent, nicht adsorbierbar	keine Eliminierung
Stossbelastung	leicht abbaubar	Anaerobiose
relativ hohe Konzentration	schwer abbaubar	anfängliches Durchschlagen
(z. B. Transportunfall)	persistent, adsorbierbar	gute Eliminierung
	persistent, nicht adsorbierbar	keine Eliminierung

Tabelle 3.27. Auswirkungen stofflicher Eigenschaften auf das Transportverhalten (BMI 1985).

Anorganische Stoffe		
Wasserlöslichkeit	→	Mobilität
Dissoziationskonstante	→	pH-Einflüsse, Ionenaustausch, Komplexierbarkeit
Oxidationsstufe	→	Fällung, Sorption, Ionenaustausch, Komplexierbarkeit
Organische Stoffe		
Flüchtigkeit	→	Konzentrationsverminderung, Diffusion
Wasserlöslichkeit	→	Mobilität
Lipophilität	→	Sorption, Kumulierung, Abbau, Persistenz
Anzahl und Stellung der Substituenten im Molekül	→	Hydrolyse, Abbau, Persistenz, Toxizität

Generelle Aussagen über das Transport-Verhalten anorganischer und organischer Stoffe sind nur eingeschränkt möglich, da hier häufig unbekannte Regelgrößen zusammen wirken (Tabelle 3.27), so daß eine erhebliche Unsicherheit in der Systembeschreibung verbleibt (BMI 1975, 1985; Sontheimer 1991). Als dominierende Regelgrößen sind unter natürlichen Bedingungen zu nennen:

- bei anorganischen Stoffen: Wasserlöslichkeit, Dissoziationskonstante, Oxidationsstufe u. a.
- bei organischen Stoffen: Molekülgröße, Strukturform, Ladung, Substituenten, Flüchtigkeit, Lipophilität u. a.

Die Polarität organischer Verbindungen ist sehr unterschiedlich. Säuren, quartenäre N-Verbindungen und niedere Alkohole sind sehr polar, während reine Kohlenwasserstoffe unpolar sind. Die Polarität kann sich jedoch selbst innerhalb chemischer Gruppen sehr unterscheiden (z. B. HCH und DDT bei den Chlorkohlenwasserstoffen) (BMI 1975).

Die Sorption oder Desorption organischer Verbindungen in wäßrigen Lösungen wird außer durch den pH-Wert, die Temperatur und den Salzgehalt der Lösung durch die organischen Sorptions-Konkurrenten, die Teilchengröße, den Gehalt des Gesteins an Wasser und organisch gebundenem Kohlenstoff beeinflußt (BMI 1975).

Aus der Gruppe der seit 18. 7. 1989 in der BRD verbotenen Polychlorbiphenyle (PCB) mit der Summenformel $C_{12}H_{10-n}Cl_n$) mit n zwischen 1 und 10 wandern die niedrig chlorierten Biphenyle (mit weniger als 4 Cl/Mol) aufgrund ihrer besseren Wasserlöslichkeit sehr schnell, während die höher chlorierten lipophilen Spezies (mit > 5 Cl/Mol) in den oberen Sandschichten der Filter adsorbiert werden und hieraus nur sehr langsam – über Jahre – desorbiert werden. Versuchsergebnisse von Säulenversuchen und Erfahrungswerte aus der Langsamsandfiltration sind jedoch nur mit Vorbehalten auf die Uferfiltration übertragbar (BMI 1975).

Beim Übertritt des oberirdischen Wassers in den Filterkörper werden, offenbar durch die Wirkung einer Filterschicht, die Koloniezahlen der Bakterien um mehrere Zehnerpotenzen verringert. Darüber hinaus werden infolge der stark erniedrigten Nährstoffkonzentration die im oberirdischen Wasser enthaltenen Bakterienarten durch besser an das Milieu angepaßte Arten ersetzt. Z. B. sind die im oberirdischen Wasser vorhandenen anaeroben Sporenbildner wegen ihres hohen Nährstoff-Bedarfs im Grundwasser nicht vermehrungsfähig. Die Zahl der Mikroorganismen, die schon weitgehend abgebaute Stoffe noch nutzen können, wie die Pseudomonaden, nimmt längs des Infiltrationsweges zwar ab, doch sind diese Arten mit kleinen Individuenzahlen stets im Grundwasser nachzuweisen.

In den oberirdischen Gewässern und im Grundwasser treten – wie erwähnt – als Anionen vor allem Chlorid-, Sulfat-, Hydrogencarbonat- und – im reduzierenden Milieu – Hydrogensulfid-Ionen auf. Da bei fast allen Schwermetallen die Chloride und Sulfate relativ leicht, die Carbonate,

Hydroxide und Sulfide hingegen sehr schwer löslich sind, treten im Filterkörper – je nach pH-Wert und Redox-Potential – vor allem Ausfällung oder Auflösung von Hydroxiden, Carbonaten und Sulfiden auf.

Bei einem pH-Wert > 7 bildet bei reduzierenden Bedingungen Eisencarbonat die stabile Phase. In Anwesenheit von Schwefelwasserstoff entsteht FeS_2. Bei Zutritt von Sauerstoff wandeln sich das Eisencarbonat und -sulfid rasch in $Fe(OH)_3$ um, aus dem wiederum $FeCO_3$ und FeS_2 entstehen, wenn aus der Zersetzung von organischer Substanz stammendes CO_2 und H_2S sowie bei fehlendem Sauerstoff ein stark negatives Redox-Potential auftritt. Die Abscheidung von Eisencarbonat aus Fe(II)-haltigen Lösungen in den Porenräumen von Filter- und Flußbett-Sanden ist eine wesentliche Ursache für das Nachlassen der Filterleistungen und die Selbstdichtung der Gewässersohle.

Das Ziel einer Wasseraufbereitung ist die Angleichung, meistens die Verminderung der Komponenten Gesamthärte, Carbonathärte, Gesamtsalze, Eisen, Mangan, Nitrat und organische Substanzen an die Beschaffenheit natürlicher Grundwässer und der davon abgeleiteten Trinkwässer.

Als Aufbereitungsmethoden werden thermische Verfahren, wie Destillation oder Kristallisation, Membranverfahren wie Elektrodialyse oder Umkehrosmose, chemische Verfahren wie Kalk-Entcarbonatisierung oder Kalk-Soda-Enthärtung und Ionenaustausch-Verfahren eingesetzt (BMI 1975). Die beiden erstgenannten Verfahren führen zu einer unspezifischen Verminderung des Gesamtsalzgehaltes, etwa von Meer- oder Brackwasser, auf einen Salzgehalt, der den Anforderungen für Trinkwasser entspricht. Bei den chemischen Verfahren reagieren die eingesetzten Chemikalien im Wasser selbst. Hierzu sind bestimmte Reaktionszeiten und -bedingungen einzuhalten, Überschüsse an den zugegebenen Stoffen zu vermeiden und die störenden Reaktionsprodukte aus dem Wasser zu entfernen. Die Ionenaustausch-Verfahren werden möglichst gezielt eingesetzt, um unerwünschte gegen nicht störende Ionen auszutauschen. Das Wasser kommt dabei nur mit dem festen Ionenaustauscher als getrennter Phase in Berührung, wobei der Ionenaustausch blitzschnell abläuft. Ein häufig auftretendes praktisches Problem ist die hartnäckige Verkeimung der Austauschermasse.

3.13.2.2 Technik der Grundwasseranreicherung

Bei der Grundwasseranreicherung wird Wasser aus Flüssen oder Seen entnommen und – ggf. nach einer Vorbehandlung – in Versickerungsbecken, -gräben oder -brunnen in den Untergrund verbracht, wo es sich nach entsprechend langer Fließstrecke und Verweilzeit an die Eigenschaften natürlichen Grundwassers angleicht. Das wiedergeförderte Wasser muß gegebenenfalls, wenn es Fe^{2+}, Mn^{2+}, aggressives CO_2 oder NH_4^+ enthält, einer Nachaufbereitung unterworfen werden.

In den einige 100 bis 10.000 m^2 großen Anreicherungsbecken wird der sandig-kiesige Grundwasserleiter durch Abtragen einer etwaigen Lehmschicht freigelegt und, bei Fehlen einer natürlichen Sandschicht, als Filterschicht eine zumeist 50–100 cm mächtige Sandschicht der Körnung ≤ 3 mm mit einem Ungleichförmigkeitsgrad zwischen 2 und 3 eingebracht. Gelegentlich wird zwischen Filterschicht und gewachsenem Untergrund eine gut durchlässige Ausgleichsschicht aus gröberem Material eingebaut, um Inhomogenitäten des Grundwasserleiters zu überbrücken. Die Böschungen können begrünt oder mit Platten, Ortbeton oder speziell hergestellten Fertigbetonteilen befestigt werden (Abb. 3.223).

Die Leistung der Filterschicht (in m/d) hängt nach Untersuchungen von WOLTERS & HANTKE (1982) und HANTKE (1981) bei kleinen Durchlässigkeiten im wesentlichen vom Durchlässigkeitsbeiwert ab, während bei höheren k_f-Werten die Wasserverschmutzung, wie der Flugsandeintrag oder die Algenbildung eine wesentlich größere Rolle als der Durchlässigkeitsbeiwert der Filterschicht spielt (Abb. 3.224).

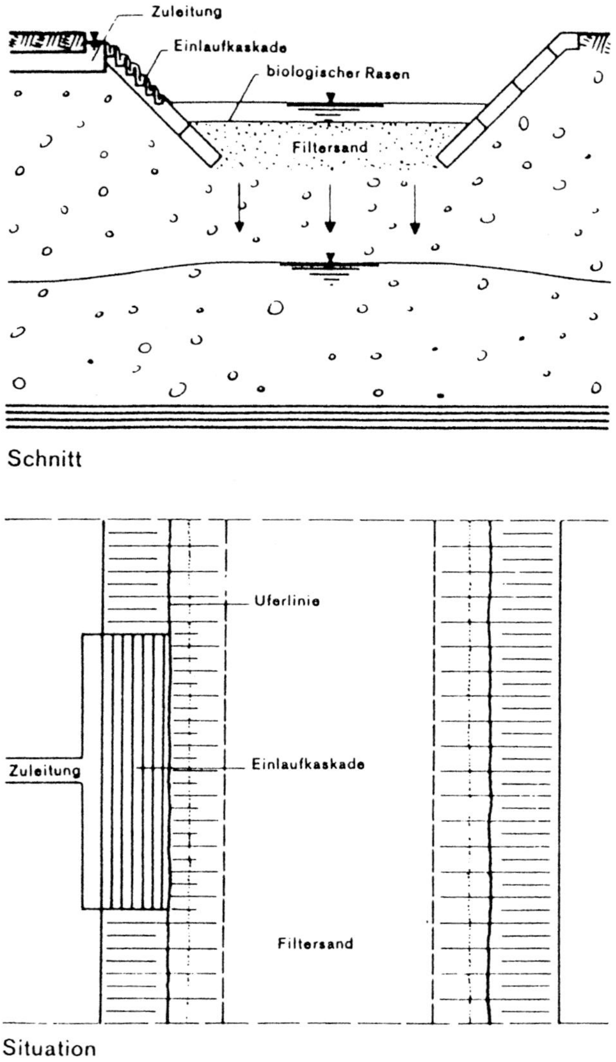

Abb. 3.223. Schematische Darstellung von Versickerungsbecken (ORL-ETHZ 1970, BMI 1985).

Das Rohwasser wird bei der Zuleitung meist über Belüftungskaskaden geleitet, die zu einer Anreicherung des Wassers mit Sauerstoff führen. Die Wirksamkeit der Filteranlage kann durch Einsatz eines Vorfilters mit jeweils zwischengeschalteter Venturi-Düse und Belüftungskaskade gesteigert werden (Abb. 3.225). Die Wirkung der zweimaligen Intensiv-Belüftung wird durch den Abbau der organischen Substanz (gemessen als KMn_4-Verbrauch) und die damit verbundene CO_2-Produktion deutlich (Abb. 3.226).

Der Sauerstoff-Eintrag in das infiltrierende Wasser wird durch die Lage des Infiltrationsbeckens zur Grundwasseroberfläche bestimmt (Abb. 3.227). Während bei einem oberflächennahen Grundwasserstand der beeinflußte Grundwasserspiegel in der Filterschicht liegt und kein freier Sickerraum und keine Belüftungsmöglichkeit gegeben ist, ermöglicht ein genügend tief liegender Grundwasserspiegel einen freien Sickerraum und eine Untergrundbelüftung.

Neben den offenen Sickerbecken werden Versickerungsleitungen (Sickerrohrleitungen) aus gelochten oder geschlitzten Rohren mit umhüllender Steinpackung oder als begehbare einge-

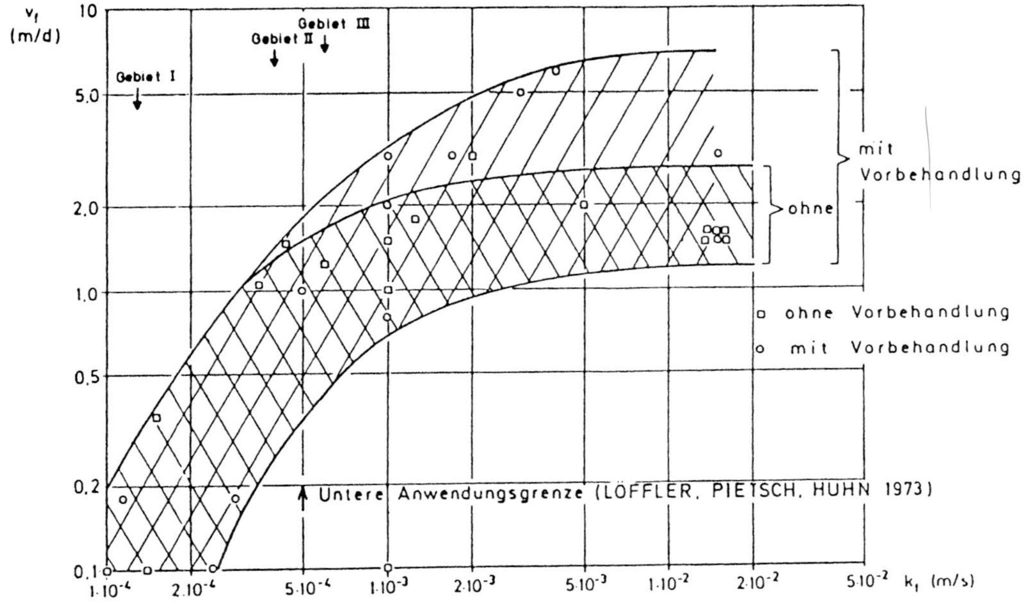

Abb. 3.224. Leistung offener Sickerbecken als Funktion des k_f-Wertes (WOLTERS & HANTKE 1982, HANTKE 1981).

deckte Sickerkanäle in offener Bauweise möglichst tief verlegt (Abb. 3.228). Die Leistungsfähigkeit derartiger Anlagen ist verhältnismäßig groß (BMI 1985).

Auch Brunnen können zur Anreicherung eingesetzt werden. Als Beispiel wird hier der Einsatz eines Horizontalfilterbrunnens zur Grundwasseranreicherung unterhalb einer undurchlässigen Schicht vorgestellt (Abb. 3.229)

Die Infiltration von Niederschlagswasser von Dach- und Straßenflächen kann als Grundwasseranreicherung den Auswirkungen der Versiegelung der Landschaft entgegenwirken (LANGE & SCHEUFELE 1982). Das Regenwasser kann bei genügend durchlässigen Böden über offene

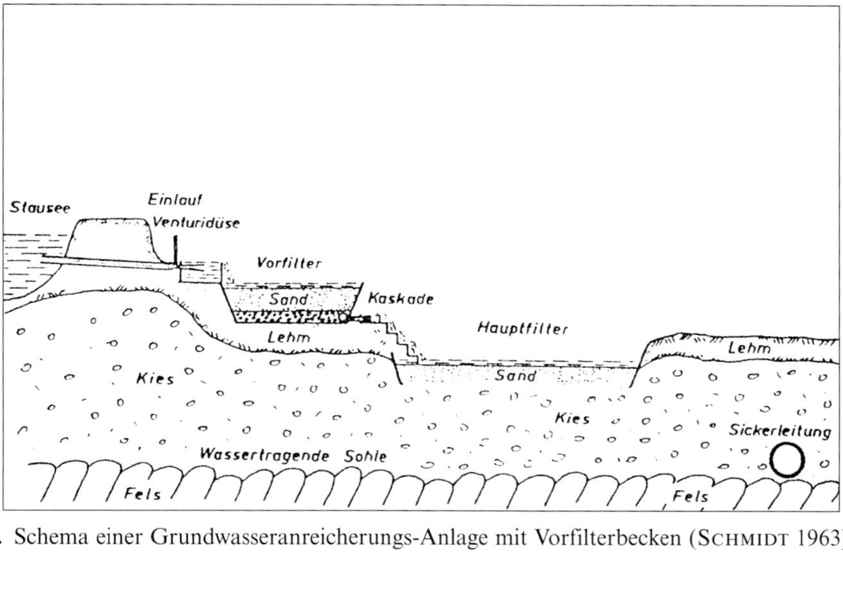

Abb. 3.225. Schema einer Grundwasseranreicherungs-Anlage mit Vorfilterbecken (SCHMIDT 1963).

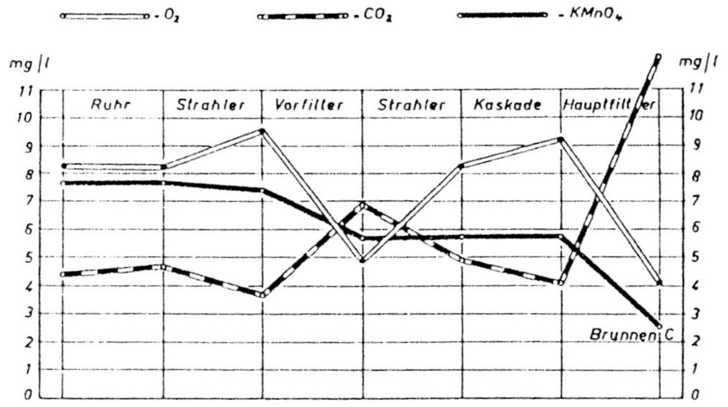

Abb. 3.226. Chemie der Infiltration mit Vorfilter (SCHMIDT 1963).

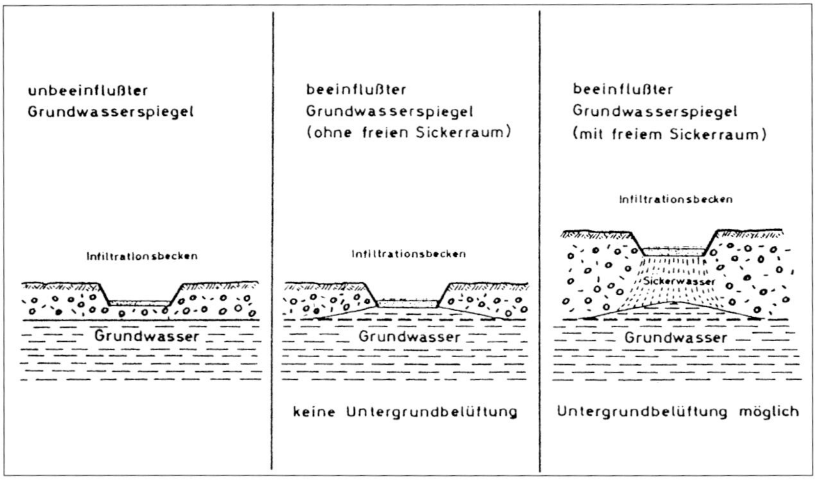

Abb. 3.227. Einfluß des Grundwasserstandes auf die Untergrundbelüftung (BMI 1985).

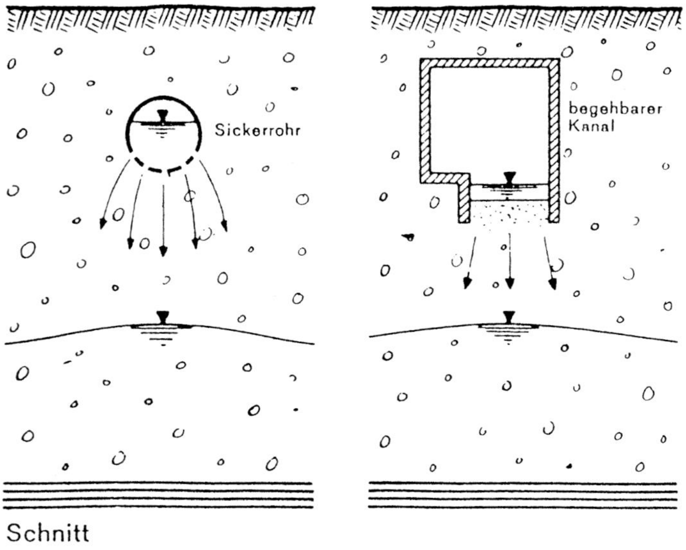

Abb. 3.228. Schematische Darstellung von Sickerrohren und eingedeckten Sickerkanälen (ORL-ETHZ 1970).

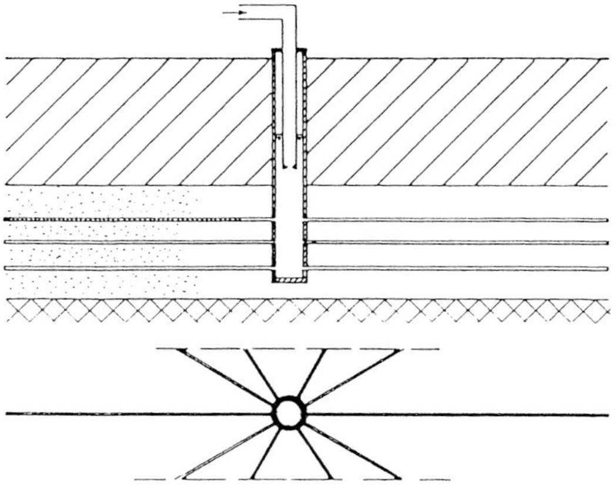

Abb. 3.229. Horizontalfilterbrunnen zur unterirdischen Grundwasseranreicherung (HUISMAN & OLSTHOORN 1983, BMI 1985).

Mulden, Gräben und Becken versickern. Die mit dem Oberflächenwasser eingetragenen Verunreinigungen werden im Schlamm und Boden im wesentlichen zurückgehalten (GOLWER & SCHNEIDER 1973, 1979, 1982), doch ist bei einer Dauerbelastung ein Eintrag in das Grundwasser nicht auszuschließen. Besondere Vorsicht ist deshalb beim Versickern derartiger Wässer in Wasserschutzgebieten geboten (HÜTTER & REMMLER 1997). So ist nach DVGW (1995a) die Versickerung von gesammeltem Niederschlagswasser in der Engeren Schutzzone (Zone II) und im Fassungsbereich (Zone I) eine Grundwassergefährung (ausgenommen nicht schädlich verunreinigtes Niederschlagswasser von Dachflächen).

Vor allem für Dachentwässerungen werden unterirdische Infiltrationsanlagen vorgeschlagen. Für kleinere Regenwassermengen kommen Versickerungsbrunnen oder -schächte (Abb.3.230) in Frage, die ggf. bei schwerdurchlässigen überdeckenden Schichten die Wassermengen in besser

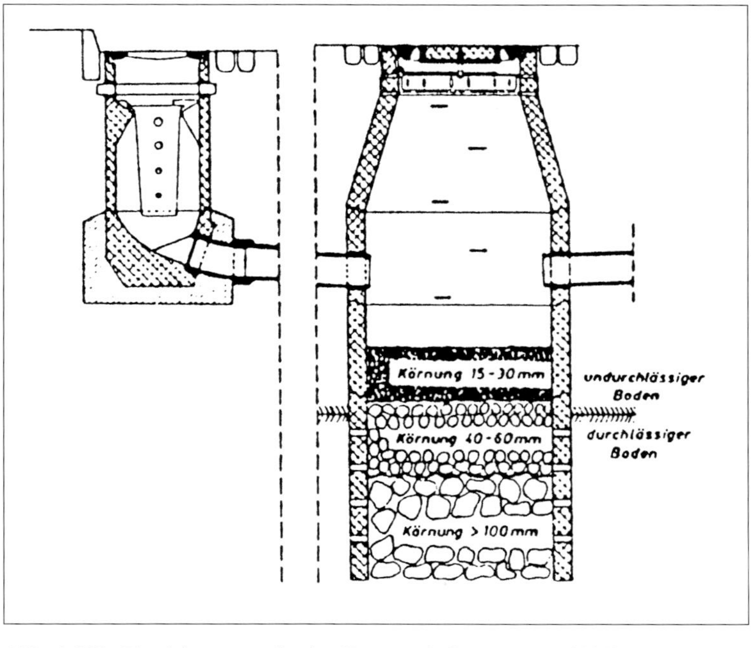

Abb. 3.230. Versickerungsschacht (LANGE & SCHEUFELE 1982).

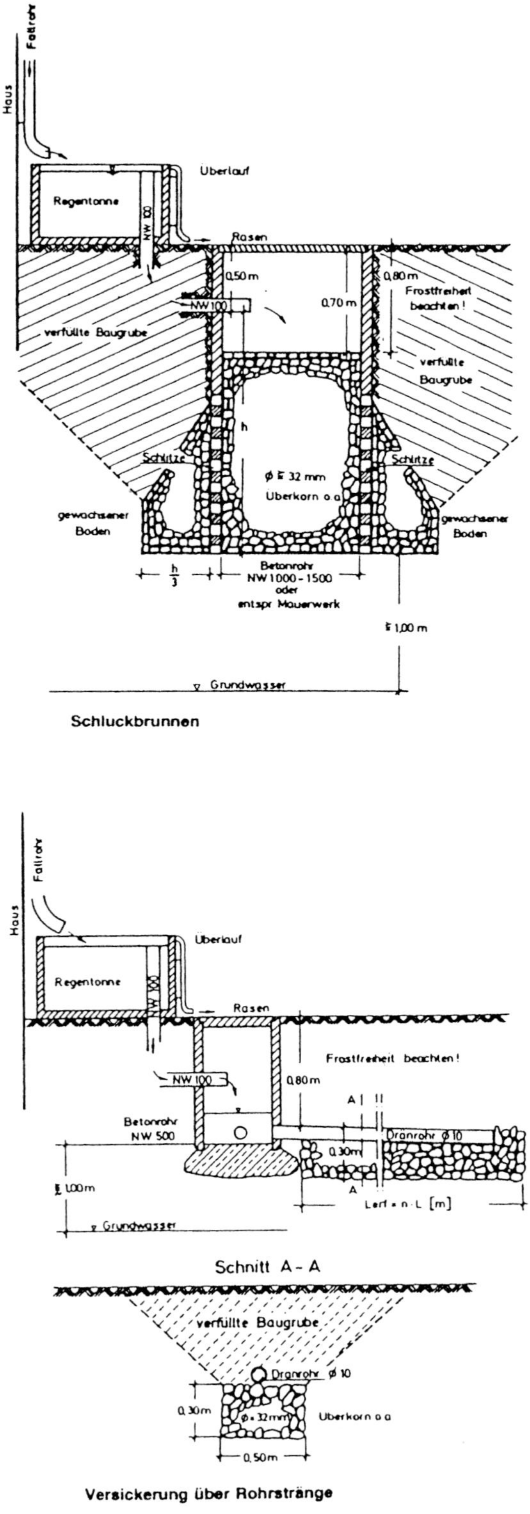

Abb. 3.231. Infiltration von Regenwasser über Schluckbrunnen und Sickerstränge (RAMKE 1982).

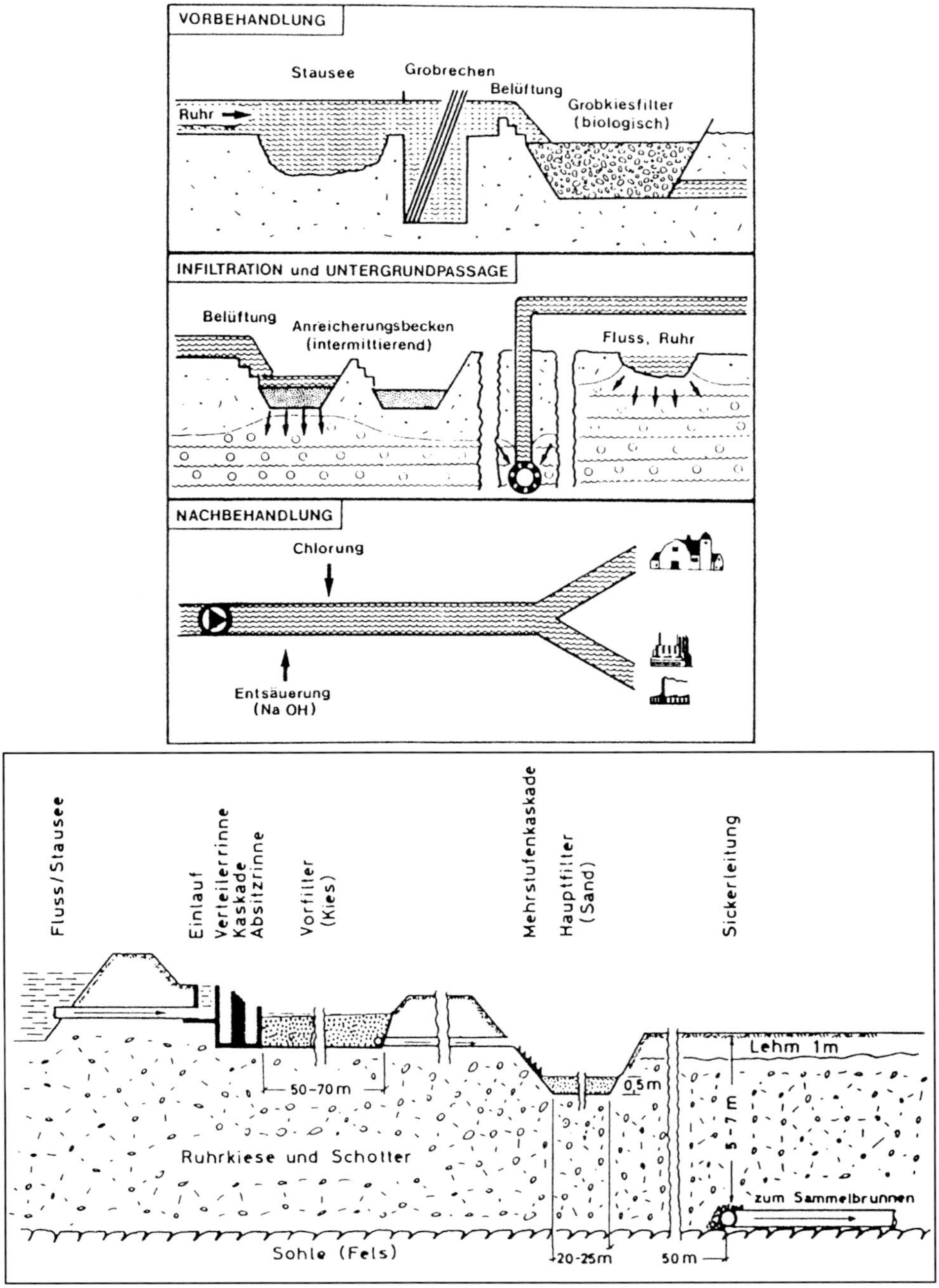

Abb. 3.232. Anlagen zur künstlichen Grundwasseranreicherung der Dortmunder Stadtwerke AG im Ruhrtal (BMI 1985).

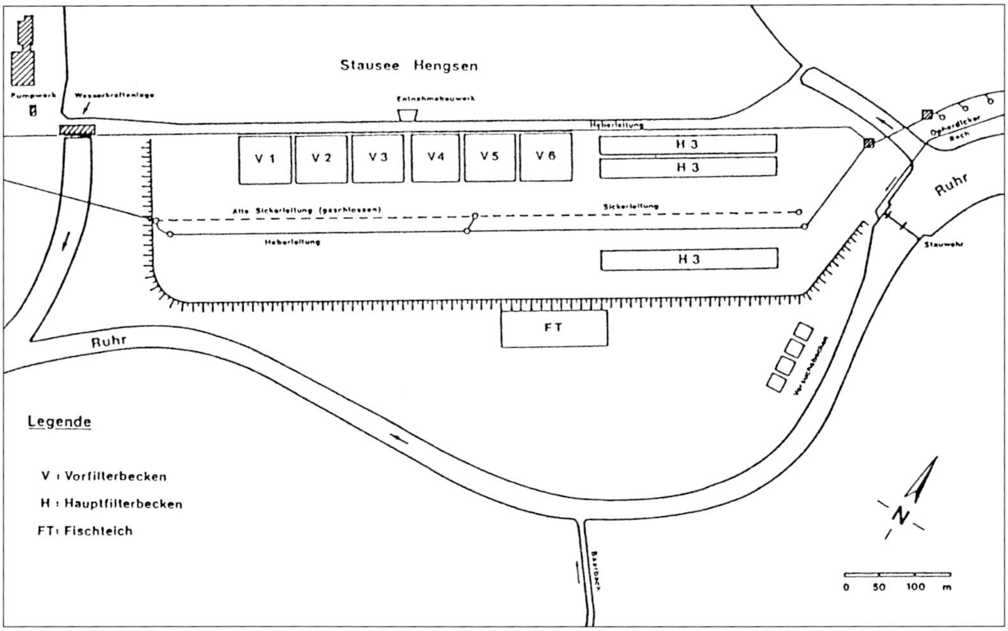

Abb. 3.233. Wassergewinnungsanlage der Dortmunder Stadtwerke AG im Ruhrtal bei Schwerte (BMI 1985).

durchlässige Schichten in der Tiefe ableiten. Da dadurch die schützenden Boden- und Deckschichten umgangen werden, sehen die Schluckbrunnen und Sickerstränge nach RAMKE (1982) den Einbau eines etwa 1 m mächtigen Bodenkörpers zwischen der Unterkante der Versickerungs-Anlage und dem Grundwasserspiegel vor (Abb. 3.231).

Als Beispiel für eine gezielte Regenwasserinfiltration zur Erhöhung des Wasserdargebots wird Helgoland genannt, wo das auf den Straßen anfallende Regenwasser und die Zisternenüberläufe im Untergrund versickern und – mit Meerwasser vermischt – als Brackwasser zurückgewonnen werden. Durch Verschnitt mit entsalztem Meerwasser wird Trinkwasser erzeugt (BMI 1985).

Als Beispiel für eine Grundwasseranreicherung mit Vorfilter wird die Anlage zur künstlichen Grundwasseranreicherung der Dortmunder Stadtwerke AG im Ruhrtal bei Schwerte vorgestellt (Abb. 3.232 und 3.233).

Das Ruhrwasser wird in einem durch die Insel Hengsen gebildeten Stausee gespeichert, in einem Grobrechen von Treibgut befreit, danach in einer Kaskade oder einer Venturidüse belüftet und über Grobkies geleitet, in dem es einer ersten biologischen Reinigungsstufe unterliegt (Abb. 3.226). Nach erneuter Intensiv-Belüftung über eine Kaskade wird das Wasser in Anreicherungsbecken versickert, die intermittierend betrieben werden, um das Algenwachstum zu bekämpfen und den Sauerstoff-Eintrag zu verbessern. Das infiltrierte Wasser fließt den horizontalverlegten Sammelleitungen zu, von wo es zusammen mit einem Uferfiltrat-Anteil aus der Ruhr zur Nachbehandlung (Entsäuerung, Chlorung) zutage gefördert wird (Abb. 3.232 und 3.233; BMI 1985).

Als Beispiel für eine Grundwasseranreicherung mit vorgeschalteter Wasserbehandlung wird die Mainwasser-Aufbereitung der Stadt Frankfurt/Main genannt (BMI 1985, GOLWER 1980), die 1958/59 mit einer Leistungsfähigkeit von 30.000 m^3/d errichtet wurde. Da das Mainwasser im Sommer bis zu 27 °C warm wird, wurde die Anlage anfänglich nur im Winter-Halbjahr eingesetzt. Seit 1972 wird sie – im Zusammenhang mit einer Schutz-Infiltration am Wasserwerk Hinkelstein – ganzjährig betrieben.

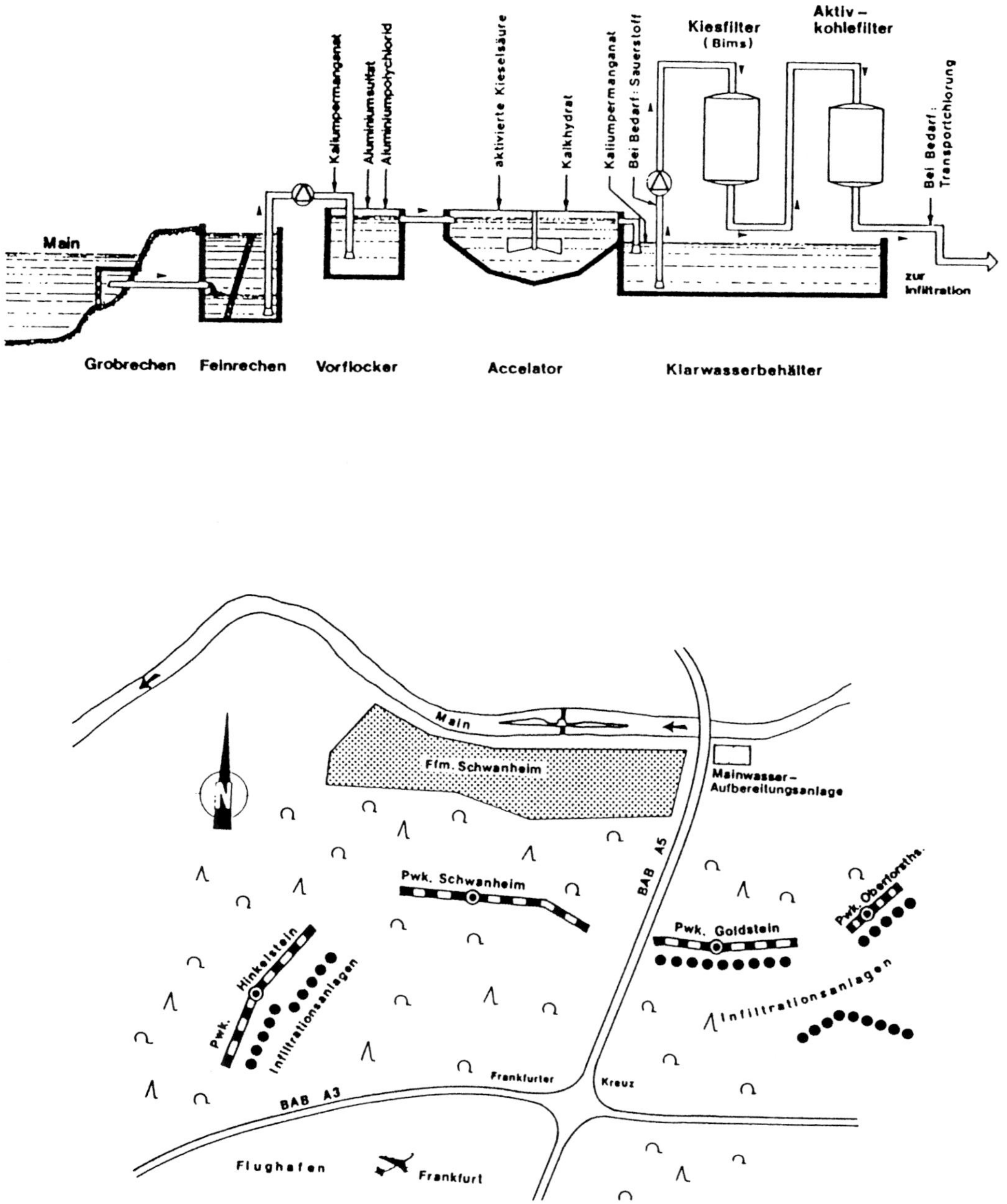

Abb. 3.234. Mainwasser-Aufbereitung und Infiltrationsanlagen der Stadtwerke Frankfurt/Main (BMI 1985).

Das dem Main entnommene Wasser wird über Grob- und Feinrechen sowie über Siebmaschinen geführt, deren Trommeln mit Feinsieben bespannt sind (Abb. 3.234). Zur Entkeimung und Oxidation wird das Wasser stark gechlort. Im Vorflocker wird es mit Cl_2 und $Al_2(SO_4)_3$ bzw. mit $FeCl_3$ versetzt. Im Accelator wird das Flocken zum Ende geführt. Der Schlamm sammelt sich unten und wird abgezogen. Aus dem Wasser werden dann durch ein Kiesfilter die letzten

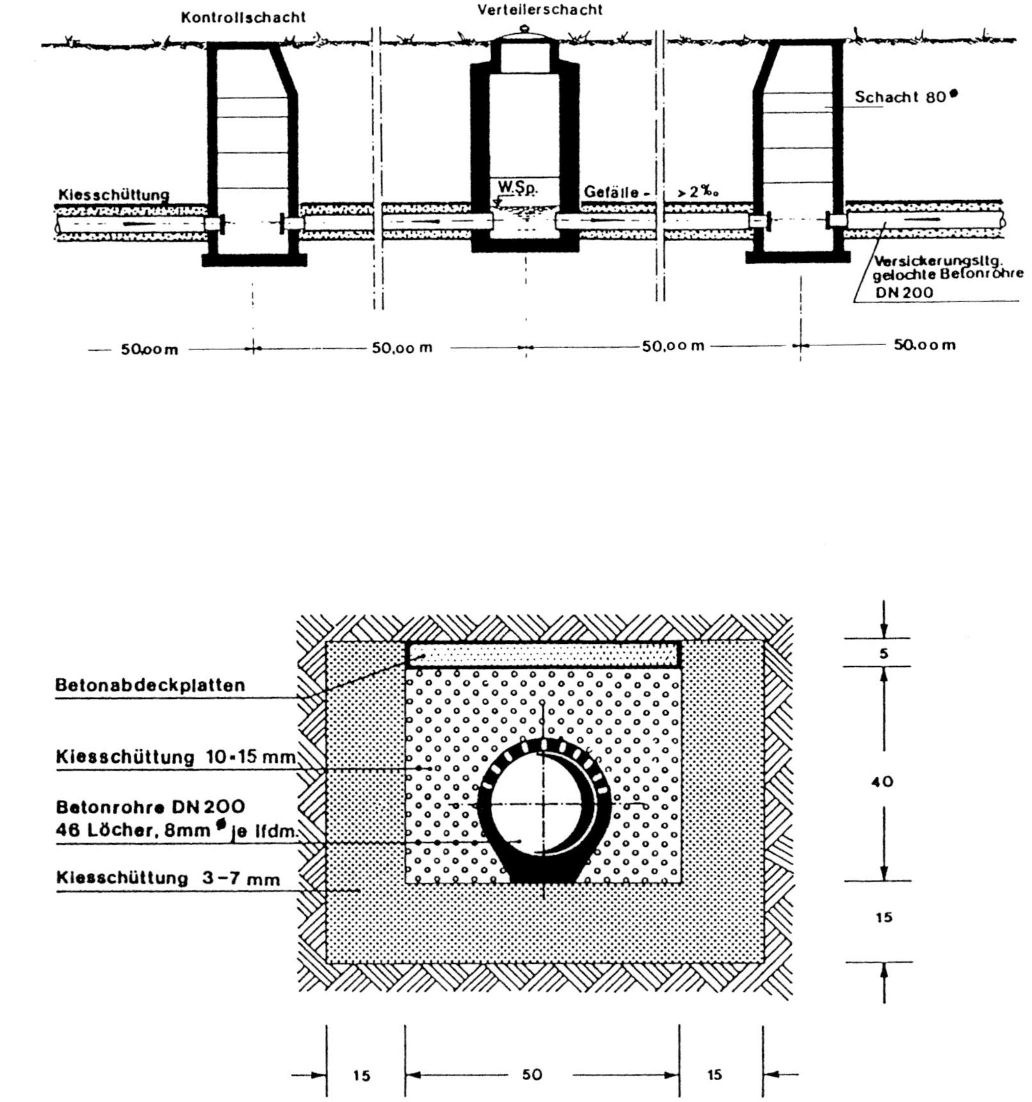

Abb. 3.235. Unterirdische Infiltrationsanlagen der Stadtwerke Frankfurt/Main (BMI 1985).

Schwebstoffe entfernt. Anschließend werden dem Wasser die Geruchs- und Geschmackstoffe sowie das verbliebene Cl_2 durch eine A-Kohle-Behandlung entzogen, ehe es in altpleistozänen und oberpliozänen, Kalk-freien Sanden und Kiesen über gelochte Zementrohre mit Öffnungen an der Oberseite versickert (Abb. 3.235). Die jeweils 50 m langen Sickerstränge sind in einer Kiespackung durchschnittlich 1,50 m unter Flur verlegt und nehmen 10 m^3/d je lfd. m Sickerstrang auf. Die Grundwasseroberfläche liegt im Schnitt 12 m tiefer. Der unterirdische Fließweg beträgt durchschnittlich 150 m, bei einer Abstandsgeschwindigkeit von 1 m/d ergibt sich eine unterirdische Aufenthaltszeit von 150 Tagen.

Das im Wasserwerk Schwanheim wiedergewonnene infiltrierte Mainwasser enthält als Folge der örtlich entwickelten anaeroben Bedingungen Eisen(II)-Ionen und muß enteisent werden.

Hierzu wird das Wassser in Verdüsungskammern belüftet, durch Quarzfilter gereinigt und durch Magno-Masse entsäuert. Von einem 900 m^3 fassenden Reinwasserbehälter wird das Wasser in das Netz eingespeist.

Weitere bekannte Beispiele für Grundwasseranreicherungen sind außer im Ruhr-Gebiet in den Niederlanden zu finden. Hier werden vor allem offene Sickerbecken eingesetzt, in denen es häufig zu Algenblüten kommt. Zur Vermeidung einer Massenentwicklung von Algen liegt die Abdunklung der Filteroberfläche nahe, jedoch ist diese Maßnahme großtechnisch zu teuer. Für die Gegebenheiten der Grundwasseranreicherungs-Anlagen der Dortmunder Stadtwerke AG hat sich, wie erwähnt, ein intermittierender Filterbetrieb als gangbare Lösung ergeben. Chemische Mittel dürfen zur Algen-Bekämpfung nur eingesetzt werden, wenn die heterotrophen Filterfloren nicht geschädigt werden und keine Schadstoffe bis in den Untergrund vordringen können (BMI 1975, 1985).

Zur Vermeidung von Wiederverkeimungen und eventuellen Sekundärbesiedlungen im Rohrnetz sind bei allen Wasseraufbereitungsverfahren biologisch abbaubare Stoffe so weitgehend zu entfernen, daß keine wirksamen Mengen im Trinkwasser verbleiben.

Im Ruhr-Gebiet wird das Wasser der Ruhr durch Talsperren zurückgehalten, durch Rückpumpwerke zurückgeführt und z.T. mehrfach genutzt. Dazwischen sind Aufbereitungsanlagen eingeschaltet. Das nicht mehr verwendbare Abwasser wird im Ruhr-Gebiet in die Emscher und von dort in den Rhein abgeleitet. Für viele Wasserwerke im Ruhr-Gebiet wird die künstliche Grundwasseranreicherung aufgrund der geologischen und hydrologischen Gegebenheiten auch weiterhin die Grundlage der Wasserversorgung bleiben. Durch Modifizierung des Aufbereitungsverfahrens und durch entsprechende Vorreinigungsanlagen ist die Grundwasseranreicherung den sich verändernden Rohwasserbedingungen anzupassen und unter Verbesserung der Rentabilität und Leistungsfähigkeit der Anlagen weiterzuentwickeln (BMI 1985).

Die öffentlichen Wasserwerke in Holland fördern einen sehr hohen Anteil an angereichertem Grundwasser, das hauptsächlich aus dem Rhein und der Maas stammt. Da besonders die chemische und thermische Beschaffenheit des Rheinwassers zeitweise nicht den Anforderungen genügt, sind zwischen Rhein-Strom und den Wasserversorgungsanlagen ober- und unterirdische Reservoire eingeschaltet. Diese dämpfen die Schwankungen der chemischen und physikalischen Wassereigenschaften, bieten Reaktionszeiten für physikalische, chemische sowie makro- und mikrobielle Selbstreinigungsprozesse und ermöglichen die Mischung von zufließendem Wasser, gespeichertem Wasser und Grundwasser. Hierdurch werden die Qualitätsschwankungen erheblich verringert.

Die dicht bevölkerten Niederlande (380 Einwohner/km^2) bieten für Speicherbecken wenig Platz. Hinzu kommt, daß in dem ebenen Land für offene Speicherbecken je m^3 effektiver Speicherung eine verhältnismäßig große Fläche benötigt wird. Hier bietet sich die unterirdische Speicherung als Lösung an, die außerdem den Vorteil einschließt, daß das Wasser besser vor Verunreinigungen und vor dem oben erwähnten Algenwachstum geschützt ist. Als Beispiel für eine derartige unterirdische Speicherung wird die künstliche Grundwasseranreicherung mit Maas-Wasser im Biesbosch-Reservoir südlich Rotterdam und mit Rhein-Wasser seit 1957 im nordholländischen Dünengebiet bei Castricum genannt (Venhuisen 1967). Diese Maßnahme wirkt gleichzeitig dem landwärtigen Vordringen der Süß-/Brackwasser-Grenze im Untergrund entgegen. Bereits in den oberirdischen Speicher- und Sickerbecken tritt eine gewisse Qualitätsverbesserung ein. Die organisch-chemische Verunreinigung des Rheinwassers erfordert über die Untergrundpassage hinaus eine chemische Behandlung einschließlich Ozonierung, A-Kohle-Behandlung und Koagulation.

3.13.3 Uferfiltration

Seit der Einführung mechanischer Pumpen und dem Beginn der modernen zentralen Wasserversorgung in Deutschland etwa ab 1840 wurden in den quartären Sand- und Kiesablagerungen der Flußtäler Brunnen gebaut und betrieben, mit denen bei Übernutzung ungewollt auch uferfiltriertes Wasser gefördert wurde. Die gezielte Gewinnung von Uferfiltrat begann in Deutschland in den 70er und 80er Jahren des 19. Jahrhunderts (BMI 1975, 1985).

3.13.3.1 Der Vorgang der Uferfiltration

Bei der Uferfiltration tritt Fluß- oder Seewasser bei einem natürlichen oder gezielt durch Absenkung in ufernahen Grundwasser-Gewinnungsanlagen erzeugten Potentialgefälle in den Untergrund über und wird nach einer mehr oder weniger langen unterirdischen Fließstrecke durch das poröse Medium als Uferfiltrat-Grundwasser-Gemisch gewonnen. Ein landwärts gerichtetes Potentialgefälle kann auch bei Hochwasser, bei Stauhaltungen und bei topographischen Besonderheiten (z. B. Flußschleifen) auftreten. Die Menge des Uferfiltrats hängt wesentlich von der Durchlässigkeit und dem nutzbaren Hohlraumanteil des anstehenden Grundwasserleiters ab, wobei durch Ablagerung von Schluff- und Tonmaterial und durch chemische Ausfällungen zumindest zeitweise Verdichtungen der Gewässersohlen und damit Behinderungen der Infiltration auftreten können.

Der Übergang von oberirdischem Wasser zum Uferfiltrat schließt einen Filtrationsvorgang ein, bei dem komplexe physikalische, chemische und biologische Faktoren zusammenwirken (Abschnitte 1.4.3, 1.4.4 und 4.2.3.2)

Turbulenzen, wie sie besonders bei Hochwässern und durch Schiffsverkehr auftreten, führen an der Gewässersohle zur Auflockerung und Auswaschung, daneben wird der Sauerstoff-Eintrag erhöht, der dem durch mikrobiellen Abbau von organischen Stoffen verursachten Sauerstoff-Defizit entgegenwirkt. Die mit den Turbulenzen verbundenen Aufwirbelungen erzielen so eine mechanische und chemisch-biologische Reinigung der Gewässersohle und begünstigen den Infiltrationsvorgang.

3.13.3.2 Selbstdichtung

In Gewässerbereichen mit verringerter Fließgeschwindigkeit, z. B. in Staustufen, in denen die Sedimentation begünstigt wird, bilden sich feinkörnige, schlechtdurchlässige Ablagerungen. Dieser Selbstdichtungs-Vorgang wird bei einer ufernahen Wassergewinnung verstärkt, die ein stärkeres Potentialgefälle vom oberirdischen Gewässer zum Grundwasser erzeugt als bei uferferner Förderung.

Als Ursachen einer derartigen Selbstdichtungsschicht sind zu nennen:
- oberflächlich abgelagerte oder in den Porenraum eingeschwemmte Sedimentpartikel (Kolmation),
- abgelagerte oder auf der Gewässersohle lebende Mikroorganismen, insbesondere fadenartige und solche mit kieselsäurehaltigen Schalen,
- unlösliche Fällungsprodukte wie im Porenraum ausgeflockte Kolloide, Eisen-, Mangan- und Calcium-Verbindungen.

Daneben können Gas-Bläschen, die sich druck- oder temperaturbedingt oder durch Abbauprozesse in den Poren bilden, zeitweise eine geringere Durchlässigkeit in der Infiltrationszone hervorrufen.

Neben Art und Konzentration der Wasserinhaltsstoffe und der Zeit wird die Selbstdichtung

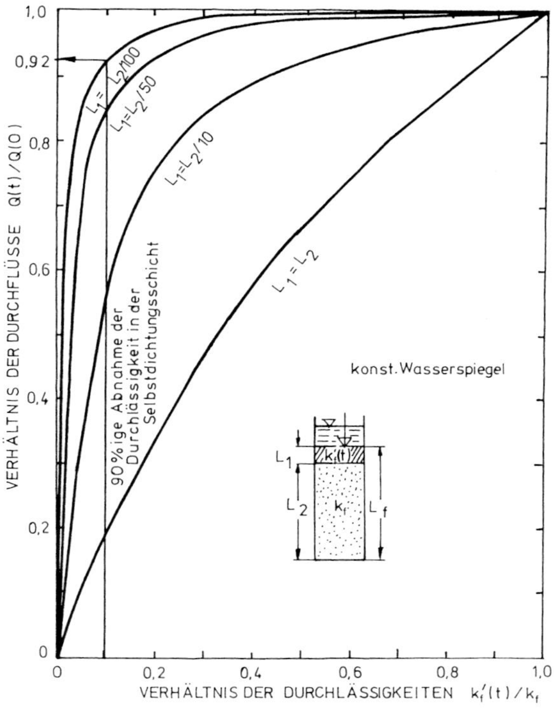

Abb. 3.236. Zeitliche Durchflußänderung in Abhängigkeit von der Änderung der Durchlässigkeiten (BMI 1975).

entscheidend durch die Infiltrationsrate bestimmt, d.h. durch die in der Zeiteinheit in den Untergrund einströmende Wassermenge pro Flächeneinheit.

Mit einsetzender Selbstdichtung an der Gewässersohle nimmt der Uferfiltrat-Anteil an der gesamten Fördermenge ab. Bei größeren Selbstdichtungsbereichen und fortgeschrittenen Selbstdichtungsgraden kann der Kontakt des Grundwassers mit dem oberirdischen Gewässer mit der Folge unterbrochen werden, daß eine freie Versickerung durch den selbstgedichteten Bereich eintritt. Die spezifische Infiltrationsrate sinkt durch solche Verfestigungen und Abdichtungen mit der Konsequenz, daß zur Aufrechterhaltung einer bestimmten Förderleistung eine immer größere Infiltrationsfläche erforderlich wird. Der Einfluß einer dünnen Selbstdichtungsschicht auf den Infiltrationsvorgang hängt vom Verhältnis der Durchlässigkeitsbeiwerte in der Selbstdichtungsschicht und im Grundwasserleiter sowie von der Relation der Dicke der Dichtungsschicht zur Länge des Fließweges bis zum Brunnen ab. Diese Zusammenhänge sind in Abb. 3.236 als Beispiel für einen speziellen Fall unter Laborbedingungen dargestellt. Dabei sind $k_f'(t)/k_f$ das Verhältnis der Durchlässigkeitsbeiwerte von Selbstdichtungsschicht und unbeeinflußtem Grundwasserleiter und L_f die Länge des Fließweges des infiltrierenden Wassers, die sich aus der Dicke der Dichtungsschicht L_1 und der verbleibenden Länge L_2 zusammensetzt. Bei einer realistisch angenommenen Dicke der Dichtungsschicht $L_1 = L_2/100$ geht beispielsweise bei einer 90%igen Abnahme der Durchlässigkeit in der Selbstdichtungsschicht der Durchfluß nur um 8% zurück. Demnach wird die Uferfiltratgewinnung erst durch eine weitgehende Selbstdichtung mit einer auf die Anfangs- Durchlässigkeit bezogenen Durchlässigkeitsbeiwert von $k_f'(t)/k_f < 0{,}05$ und einer erheblichen Schichtdicke merklich beeinflußt.

Die Bildung einer Selbstdichtungsschicht und der damit verbundene Rückgang der Uferfiltrat-Menge sind reversibel, die Selbstdichtungsschicht kann durch Suffosion und Erosion wieder abgetragen werden:

- Hochwässer können die schlecht durchlässigen Sedimente und die obersten Bereiche des Gewässerbettes abtragen, die durch Ablagerungen weniger durchlässig geworden sind.
- Eine Umkehrung der Fließrichtung des Grundwassers zum oberirdischen Gewässer hin kann die Selbstdichtungsschicht mechanisch beeinflussen. Z. B. kann eine durch Sedimentation entstandene Selbstdichtungsschicht aufgelockert oder ausgeräumt werden, solange sie nicht durch Oberflächenkräfte und durch chemische oder biologische Einwirkungen stabilisiert ist.
- Besonders bei Niedrigwasser können die von Schiffsschrauben hervorgerufenen Turbulenzen die Selbstdichtungsschicht zerstören.
- Eisgang kann – besonders im Bereich der Uferlinie – die Selbstdichtungsschicht durch starke Reibung der Eisschollen zerstören.

3.13.3.3 Filterkörper und Filtervorgang

Die sandig-kiesigen Sedimente, die die natürlichen Filterkörper bilden, bestehen in den grobkörnigen Fraktionen (Kies bis Mittelschluff) vor allem aus Quarz, Feldspäten und Carbonaten, während in den feinkörnigeren Fraktionen (Feinschluff und Ton) Tonminerale (überwiegend Kaolinit, Illit und Montmorillonit) vorherrschen. Als organische Komponenten sind partikuläre organische Substanzen (z. B. Blatt- oder Holzreste) und definierte organische Verbindungen wie unlösliche Huminsäuren oder Eiweißstoffe vorhanden. Die Tonminerale und die organischen Substanzen haben hohe spezifische Oberflächen und können daher zur chemischen und mechanischen Reinigung des infiltrierten Wassers wesentlich beitragen (Abschnitt 4.2.3.2).

Die Grundwasser-führenden Porensysteme sandig-kiesiger Lockergesteine sind durch Mikroorganismen und mehrzellige Organismen besiedelt (Abb. 3.237); letztere leben von eingeschleppten organischen Partikeln. Das Artenspektrum dieser Fauna umfaßt Turbullarien (Strudelwürmer), Nematoden (Fadenwürmer), Archianneliden (Urringelwürmer), Oligochaeten (Ringelwürmer), Ostracoden (Muschelkrebse), Copepoden (Ruderfußkrebse), Syncariden (Bathynellen), Amphipoden (Flohkrebse), Isopoden (Asseln), Hydrachnellen und Halacariden (Wassermilben). Diese Fauna ist verschiedenen ökologischen Gruppen zuzuordnen (BMI 1975, 1985):

- Die stygobionten Grundwassertiere sind nur in unterirdischen Gewässern sowie in Quellen und Grundwasser-Gewinnungsanlagen dauernd lebens- und vermehrungsfähig. Sie sind morphologisch (durch eine langgestreckte Körpergestalt) und physiologisch (ohne Pigment, blind, kaltstenotherm) an diesen Lebensraum angepaßt.
- Die stygophilen Grundwassertiere gehören ökologisch in die oberirdischen Gewässer, finden jedoch auch in unterirdischen Gewässern günstige Lebensmöglichkeiten. Viele Arten fügen sich bereits weitgehend in den unterirdischen Lebensraum ein.
- Die stygoxenen Grundwassertiere werden zufällig vom infiltrierenden Wasser in den Untergrund einschleppt, ohne dort auf Dauer existieren und sich vermehren zu können.

Schwebstoffe im oberirdischen Wasser werden beim Eintritt in den Untergrund und auf dem Fließwege mechanisch abgeseiht und durch komplexe physikalische und chemische Prozesse abgefiltert (Matthess 1994). Viele gelöste Substanzen werden durch Sorption, Ionenaustausch und Ausfällung zurückgehalten, mineralisierbare organische Substanzen werden abgebaut (Abschnitte 1.4.3 und 4.2.3.2; vgl. auch Matthess 1994). Nach Erschöpfung des Rückhaltevermögens der Filterschicht kann es zu einem Durchbruch von partikulären oder gelösten Komponenten zur Entnahmestelle kommen. Ionen mit geringer Sorptionsneigung (z. B. Na^+ und Cl^-) werden vom durchströmenden Grundwasser ohne wesentliche Konzentrationsminderung transportiert und allenfalls durch die hydrodynamische Dispersion verdünnt (Abschnitt 4.2.2). Andererseits kann nicht chemisch inertes Untergrundmaterial den Lösungsinhalt des Wassers verändern, z. B. können Kalkschotter das Wasser aufhärten und Moorböden zu störenden Humin-

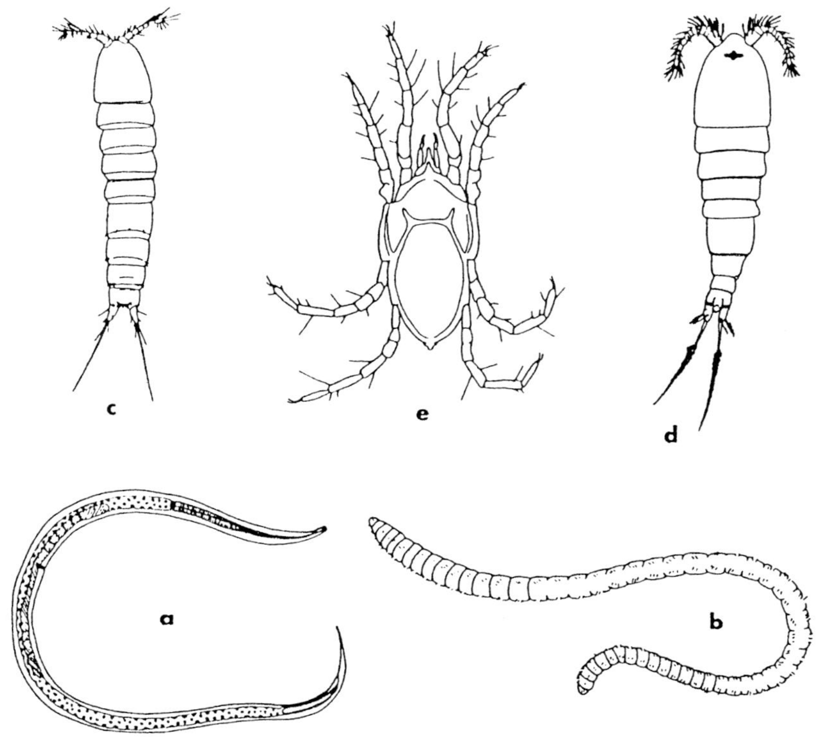

Abb. 3.237. Stygophile (a,b) und stygobionte (c, d,e) Vertreter der mehrzelligen Bewohner des Grundwassers (HUSMANN 1966, BMI 1985). (a) *Dorylaimus stagnalis* (Fadenwurm), (b) *Pachydrilus* spec. (Ringelwurm), (c) *Parastenocaris fontinalis* (Ruderfußkrebs), (d) *Graeteriella unisetigera* (Ruderfußkrebs), (e) *Lobohalacarus weberis quadriporis* (Wassermilbe).

säure-Gehalten führen. Feste Eisen- und Mangan-Verbindungen im Untergrund werden bei reduzierenden Bedingungen remobilisiert.

Der größte Teil der Kohlenwasserstoffe, Kohlenhydrate und Eiweißstoffe wird im wesentlichen zu Kohlenstoffdioxid und Wasser, ferner zu Ammoniak abgebaut (Mineralisierung). Dies vollzieht sich überwiegend bereits in unmittelbarer Ufernähe, wie die Abnahme des organisch gebundenen Kohlenstoffs und des Kaliumpermanganat-Verbrauchs zwischen Rhein und dem 50 m entfernten Beobachtungsrohr 6III anzeigen (Tabelle 3.28).

Das Verhalten der organischen Stoffe variiert zwischen den Extremen
- polare Stoffe mit guter Wasserlöslichkeit, geringer Sorption und starker Desorption, daraus resultierendes schnelles Durchwandern der Filterschichten innerhalb von Tagen bis Stunden und
- unpolare Stoffe mit schlechter Wasserlöslichkeit, starker Sorption und geringer Desorption, daraus resultierendes, sehr langsames, praktisch nicht meßbares Durchwandern der Filterschichten.

Der mikrobielle Abbau der organischen Substanzen ist ein permanenter Eliminationsmechanismus, der jedoch durch die Einwirkung von Bioziden auf die Biozönosen oder durch zu geringe Sauerstoffgehalte gestört werden kann. Ferner können bei höheren Abstandsgeschwindigkeiten infolge hoher Entnahmen – also bei verringerter Verweilzeit im Untergrund – oder bei stärkeren

Tabelle 3.28. Verhalten von Wasserinhaltsstoffen bei der Uferfiltration (Mittelwerte Januar-Juni 1973 eines niederrheinischen Wasserwerkes) (BMI 1975).

Entfernung vom Fluß		Rhein	6 III 50 m	6 II 70 m	6 I 87 m	Uferfiltrat 90 m
C_{org}	mg/l	8,2	3,0	2,7	2,8	2,1
$KMnO_4$-V.	mg/l	48,0	11,4	11,7	12,7	9,8
O_2	mg/l	4,5	0,2	0,5	0,6	1,6
NO_3^-	mg/l	7,0	12,0	n.n.	1,0	10,0
NO_2^-	mg/l	0,20	0,03	n.n.	0,01	0,02
NH_4^+	mg/l	3,0	2,0	1,8	2,0	1,3
Fe	mg/l	0,700	0,308	0,072	0,080	0,014
Mn	mg/l	0,120	0,528	0,442	0,440	0,270

Belastungen durch organische Substanzen die Abbauraten nicht mehr zum vollständigen Abbau ausreichen.

Schwer abbaubare organische Stoffe werden auf den unterirdischen Fließstrecken z. T. nur unbefriedigend zurückgehalten, z. B. die schwer flüchtigen Organochlor-Verbindungen am Niederrhein nur zu ca. 50%. Auch die z. T. cancerogenen polycyclischen Aromaten und der für die Mobilisierung von Schwermetallen wichtige Komplexbildner EDTA werden nur ungenügend aus dem Uferfiltrat entfernt (BMI 1975, SONTHEIMER 1991).

Beim Übertritt des oberirdischen Wassers in den Untergrund werden offenbar durch die Wirkung einer Filterschicht die Koloniezahlen der Bakterien um mehrere Zehnerpotenzen verringert. Darüber hinaus werden infolge der stark erniedrigten Nährstoffkonzentration die im oberirdischen Wasser enthaltenen Bakterienarten durch besser an das Milieu angepaßte Arten ersetzt.

3.13.3.4 Hydraulische Bedingungen der Uferfiltration

Die Uferfiltration kann durch die speziellen Randbedingungen als Sonderfall der allgemeinen Grundwasserströmung hydraulisch beschrieben werden (Abb. 3.238). Das Näherungsmodell des Strömungsvorganges geht von der DARCY-Gleichung aus. Unter den vereinfachenden DUPUIT-FORCHHEIMER-Annahmen, daß die Filtergeschwindigkeit über die Tiefe konstant und horizontal gerichtet ist, gilt (Gl. 3.79)

$$q = -T \cdot \frac{dh}{dx} \tag{3.79}$$

mit dem Durchfluß (m^3/s) über die Tiefe q (m) und der Transmissivität T (m^2/s).

Die Uferfiltration wird durch Einführen einer in den Grundwasserleiter einsickernden Wassermenge als zusätzliche hydrologische Rand- bzw. Anfangsbedingung berücksichtigt. Die vertikale Zusickerungsgeschwindigkeit v_n durch selbstgedichtete Gewässersohlen wird schematisch durch Gl. (3.80) beschrieben:

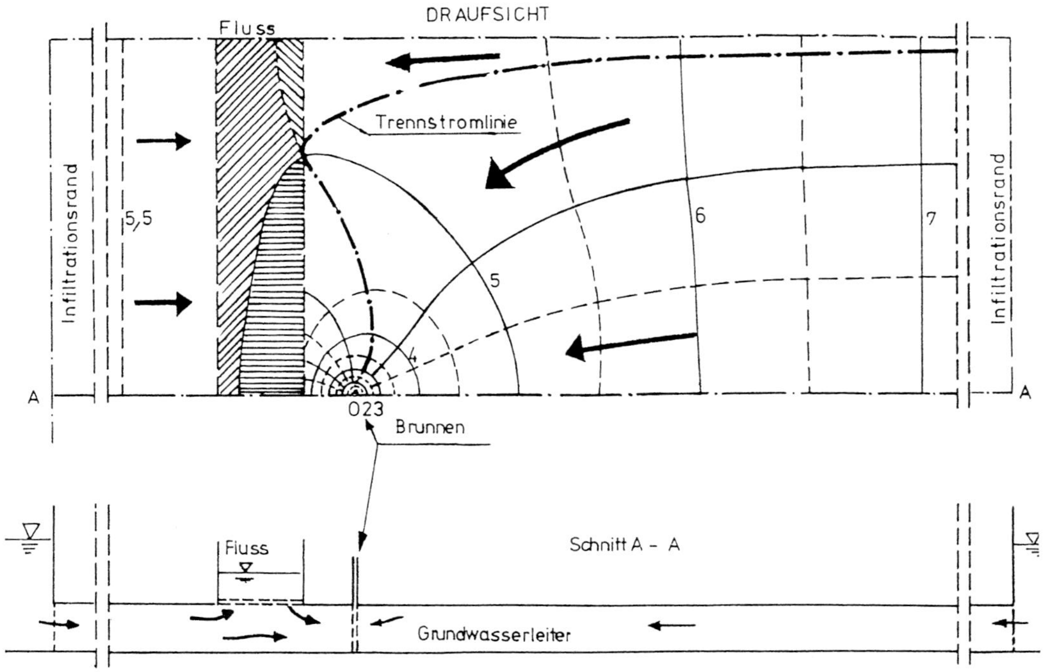

Abb. 3.238. Zuströmung zu einem Brunnen in der Nähe eines oberirdischen Gewässers (BMI 1975).

$$(3.80) \qquad v_n(x,y) = k_f' \cdot \frac{H_F - h(x,y)}{d}$$

mit dem Durchlässigkeitsbeiwert der Selbstdichtungsschicht k_f' (m/s), dem Wasserstand im oberirdischen Gewässer H_F und im Grundwasser $h(x,y)$ (m) und der Mächtigkeit der Selbstdichtungsschicht d (m).

Wassertemperatur

Mit zunehmendem Abstand der Uferfiltrat-Gewinnungsanlage vom oberirdischen Gewässer nehmen die Temperaturschwankungen des geförderten Wassers um den Langzeit-Mittelwert ab. Die relativ große Masse der festen Untergrundmaterialien kann zeitweise Wärme vom wärmeren Wasser aufnehmen, speichern und anschließend an nachfolgendes kälteres Wasser wieder abgeben.

Mit der Erhöhung der Wassertemperatur ist eine Erhöhung der Durchlässigkeit verbunden, da der Durchlässigkeitsbeiwert k_f nicht nur von der Durchlässigkeit des Untergrundes, sondern auch von der Temperatur-abhängigen dynamischen Viskosität η und Dichte ϱ des strömenden Mediums Wasser abhängt (Abschnitt 1.2.3.2.3; Gl. 1.18). So beträgt das Verhältnis der Durchlässigkeitsbeiwerte von Wasser zwischen 10 °C und 20 °C $k_{f,20}/k_{f,10} \approx 1{,}30$. Bei gleichem hydraulischem Gefälle können demnach bei einer mittleren Wassertemperatur von 20 °C rund 30% mehr Wasser aus einem Brunnen gefördert werden als bei 10 °C. Die real auftretenden Temperaturschwankungen des Grundwassers sind jedoch in der Regel geringer. Am Niederrhein wurden z. B. im Mischrohwasser Temperaturen zwischen 10 °C und 16 °C gemessen, was theoretisch einer Erhöhung der Fördermenge um 20% entspricht. Dies wird jedoch von den Auswirkungen der allgemeinen hydrologischen Situation überlagert, so daß dieser Temperatur-Effekt praktisch nur eine untergeordnete Rolle spielt.

3.13.3.5 Ermittlung des Uferfiltrat-Anteiles im geförderten Wasser

Der Uferfiltrat-Anteil kann mit hydrologischen, hydrogeologischen und hydrochemischen Methoden bestimmt werden, wobei keine dieser Methoden als allein gültig gelten kann, vielmehr ist je nach den örtlichen Gegebenheiten und Anforderungen der Einsatz von Methoden-Kombinationen erforderlich.

Hydrologische Methoden

Durch Messung und Vergleich des oberirdischen Abflusses vor und nach dem Förderbeginn oder im Ober- und Unterstrom der Infiltrationsstrecke kann der Uferfiltrat-Anteil an der Gesamtförderung ermittelt werden. Bei beiden Verfahren sind möglichst exakte Abflußmessungen erforderlich, da die Infiltrationswassermenge als Differenz der Meßwerte bestimmt wird. Diese Methoden sind nur bei Bächen oder kleineren Flüssen anwendbar, nicht aber bei größeren Flüssen und Strömen, da hier die Menge des entnommenen Uferfiltrats innerhalb der Größenordnung der Genauigkeit der Abflußmessungen liegt.

Hydrogeologische Methoden

Auf der Grundlage von Grundwasserstandsmessungen werden Grundwasserhöhengleichen-, Strom- und Potentiallinienpläne für das Untersuchungsgebiet konstruiert (Abb. 3.238). Hieraus können die einzelnen Bereiche, aus denen das Grundwasser den Fassungen zuströmt, insbesondere der Uferfiltrat-Anteil, ermittelt werden. Ferner lassen sich aus den Plänen Fließgeschwindigkeiten und -richtungen bestimmen.

Die Fließrichtung und -geschwindigkeit kann weiterhin mit Markierungsversuchen unter Einsatz von Fluoreszenzfarbstoffen oder Salzen, von Radionukliden mit geeigneter Halbwertszeit oder von Stoffen, die nach der Wiedergewinnung durch Bestrahlung aktiviert werden, wie z. B. Br-82, bestimmt werden. Direkte Messungen sind darüber hinaus mit der Einbohrloch-Methode möglich (Drost 1997, Kaess 1992, Moser & Rauert 1980).

Hydrochemische und Isotopen-hydrochemische Methoden

Wenn sich infiltriertes Wasser und landseitiges Grundwasser chemisch oder isotopisch deutlich unterscheiden, läßt sich unter günstigen Bedingungen durch Vergleich der Analysendaten von Fluß- , Grund- und Mischwasser der Anteil des Uferfiltrates am geförderten Mischwasser errechnen. Da ein Teil der Wasserinhaltsstoffe sich bereits während der Infiltration durch die Gewässersohle verändert und sich vielfach dem Charakter des landseitigen Grundwassers angleicht, sind nur konservative Substanzen, wie Natrium- und Chlorid-Ionen oder stabile Isotope, für solche Vergleichsrechnungen geeignet. Wenn sich die Konzentrationen dieser Leitsubstanzen bei der Uferfiltration nicht ändern, kann der prozentuale Anteil des Uferfiltrates am Mischgrundwasser x nach Gl. (3.81) errechnet werden:

$$x = \frac{c_{GW'} - c_{GW}}{c_{GFl} - c_{GW}} \cdot 100 \qquad (3.81)$$

mit den Konzentrationen im Fluß c_{GFl}, im korrespondierenden Grundwasser c_{GW} und im korrespondierenden Mischgrundwasser $c_{GW'}$. Hierbei müssen in die Gleichung die Analysenwerte von Fluß-, Grund- und Mischgrundwasserproben eingesetzt werden, die einander zeitlich unter Berücksichtigung der Filtrationsdauer entsprechen. Die Filtrationsdauer läßt sich durch die Zuordnung von Konzentrationsmaxima oder -minima im Fluß zu solchen im Mischgrundwasser oder indirekt durch Bestimmung der Abstands- oder Filtergeschwindigkeiten mit hydrogeologischen oder Isotopen-hydrometrischen Methoden ermitteln.

3.13.3.6 Anlagen zur Uferfiltratgewinnung

Zur Gewinnung von Uferfiltrat werden die gleichen Brunnentypen wie bei der modernen Grundwassergewinnung eingesetzt, nämlich Bohrbrunnen, Horizontalbrunnen und Sickerleitungen (Abschnitte 3.5, 3.7 und 3.11), in älteren Anlagen sind auch noch Sickergräben und Sickerstollen in Betrieb.

3.13.3.7 Standortwahl von Uferfiltrat-Anlagen

Die Standortwahl wird wesentlich durch die Nähe eines quantitativ und qualitativ geeigneten oberirdischen Gewässers bestimmt. Je näher die Fassungsanlage am oberirdischen Gewässer liegt, desto geringer ist allgemein der Förderaufwand, d. h. gleiche Wassermengen können mit geringeren Absenkungen gewonnen werden. Bei geringer Entfernung der Entnahmeanlage vom oberirdischen Gewässer und bei großen Förderungen ist aber infolge der dann hohen Infiltrationsgeschwindigkeiten mit einer beschleunigten Bildung einer Selbstdichtungsschicht in der Gewässersohle zu rechnen.

Ein Mindestabstand der Entnahmeanlagen vom oberirdischen Gewässer wird außerdem durch die Filterstrecke bedingt, die erforderlich ist, damit das Uferfiltrat durch die Selbstreinigung im Untergrund die Wasserqualität erreicht, die den hygienischen und technischen Anforderungen genügt (Abschnitt 1.5.2). Die zu wählende Länge der Filterstrecke hängt von der Aufenthaltszeit im Grundwasser ab, die ihrerseits vom Durchlässigkeitsbeiwert k_f und von der Absenkung bestimmt ist. Letztere hängt von der Förderung ab. Darüber hinaus hat die Fördermenge Einfluß auf die Qualität des Uferfiltrates, da sie entsprechend der allgemeinen hydrologischen Situation, insbesondere der Grundwasserstände, die Zufluß-Bedingungen des Uferfiltrats auf dem Fließwege zur Fassungsanlage und damit das Mischungsverhältnis Uferfiltrat zu landseitigem Grundwasser steuert.

Die sedimentologische Beschaffenheit des Untergrundes kann sich qualitativ und quantitativ auswirken. Bei inhomogenen Untergrundverhältnissen (z. B. bei Schichtungen und in Rinnensystemen) fließt das Uferfiltrat den Fassungsanlagen mit unterschiedlicher Geschwindigkeit zu. Hieraus ergibt sich, daß Uferfiltrat-Anteile nach unterschiedlichen Aufenthaltszeiten im Untergrund an der Förderstelle ankommen. Im Extremfall liegen Teilmengen unter der erforderlichen Aufenthaltszeit. Berechnete mittlere Verweilzeiten können somit zu Fehlbeurteilungen führen. Als empirische Werte werden beispielsweise am Rhein Fließwege von 300–600 m als günstig angesehen.

3.13.3.8 Hygienische Beurteilung

Bei der seuchenhygienischen Beurteilung ist davon auszugehen, daß im oberirdischen Gewässer pathogene Mikroorganismen vorhanden sind, die durch die Untergrundpassage eliminiert werden. Der Fund des Fäkalindikators *Escherichia coli* im Wasser an der jeweiligen Entnahmestelle ist ein Hinweis dafür, daß entweder die Aufenthaltsdauer im Untergrund oder die Fließstrecke nicht für die Eliminierung ausreicht, oder daß eine sekundäre Verunreinigung über Oberflächen-Grundwasser-Kurzschlüsse, über das Sickerwasser oder die Förderanlage stattgefunden hat.

Bei stärker belasteten oberirdischen Gewässern bleibt die Mineralisation der organischen Stoffe bei der Uferfiltration unvollständig. Die verbleibenden Sekundär- oder Restprodukte des mikrobiellen Abbaus können zu geruchlicher und geschmacklicher Qualitätsminderung des geförderten Wassers führen. Außerdem können derartige Restprodukte eine Nachverkeimung im Rohrnetz begünstigen oder bei der Chlorung im Rahmen der Wasseraufbereitung in unerwünschte Organochlor-Verbindungen umgewandelt werden. Obwohl das Rückhaltevermögen des Untergrundes für die meisten Spurenmetalle recht gering ist, sind jedoch bisher keine Probleme für die Sicherheit der Trinkwasserversorgung aufgetreten. Natürliche oder anthropogene Komplexbildner in den oberirdischen Gewässern können aber zu einer Remobilisierung der Schadstoffe aus den Sedimenten und deren Weitertransport im Untergrund führen. Erhöhte organische Belastungen oder eine Abnahme des Sauerstoff-Gehaltes in den Flüssen, etwa durch Aufwärmung, können die Reduktionszone im Untergrund zur Förderanlage hin verschieben.

3.13.4 Vergleich Grundwasseranreicherung – Uferfiltratgewinnung

Örtlicher Wasserbedarf wird auch künftig dazu zwingen, oberirdische Gewässer für die Trinkwasserversorgung zu nutzen. Die Möglichkeiten einer Entnahmesteigerung aus den vorhandenen Trinkwassertalsperren oder des Baues neuer Trinkwassertalsperren sind begrenzt. Wo ausreichende Flächen zur Verfügung stehen, wird voraussichtlich der Grundwasseranreicherung der Vorzug gegenüber der Uferfiltration gegeben werden, da hier das oberirdische Zulaufwasser vor der Versickerung behandelt werden kann. Bei etwaigem kurzfristigem Auftreten von stark verunreinigtem oberirdischem Wasser (etwa bei Chemie-Unfällen) läßt sich die Menge und Behandlung des Zulaufwassers direkt regeln und so die Auswirkungen derartiger Störungen mindern.

Da vielenorts ausreichende Flächen für neue Versickerungs-Anlagen infolge von Naturgegebenheiten (z. B. enge Flußtäler, schmale Inseln) oder infolge des Flächenbedarfs konkurrierender Nutzungen nicht zur Verfügung stehen, dürfte die Uferfiltration auch künftig ihre Bedeutung für die Trinkwasserversorgung behalten und – wenn sich alle Gesetze und Vorschriften zum Gewässerschutz durch rasch zunehmende Wasserqualität in dem angestrebtem Maße auswirken (Abschnitt 5.7) – noch steigern.

4 Grundwasserschutz

4.1 Schutz des Grundwassers als öffentliche Aufgabe

In den im November 1973 in DIN 2000 vorgestellten Grundsätzen zur Grundwassernutzung wird ausgeführt: »Trinkwasser ist das wichtigste Lebensmittel. Es kann nicht ersetzt werden.« und »Dem Schutz des Trinkwassers nach Güte und Menge gebührt gegenüber anderen konkurrierenden Interessen der Vorrang. Grund-, Quell- und Oberflächenwasser, das der Trinkwasserversorgung dient, muß daher zum Wohl der Allgemeinheit in bestmöglicher Weise vor Verunreinigung und vor Beeinträchtigung der Ergiebigkeit geschützt werden.« Diese Aussagen verdeutlichen den Stellenwert des Grundwasserschutzes als öffentliches Anliegen.

Der Deutsche Verein des Gas- und Wasserfaches (DVGW) veröffentlichte im Januar 1953 erstmalig das Arbeitsblatt W 101 »Richtlinien für die Einrichtung von Schutzgebieten für Trinkwassergewinnungsanlagen; I.Teil Schutzgebiete für Grund- und Quellwassergewinnungsanlagen«. Hierin werden die Wasserschutzgebiete in die drei Zonen Fassungsbereich, Engere und Weitere Schutzzone gegliedert. Die Bemessung der Zonen sollte sich nach der Ausbildung der sog. Deckschichten richten, worunter die Schichten von Oberkante Gelände bis 6 m Tiefe verstanden wurden, sowie nach dem »Reinigungsvermögen« der Grundwasserleiter, zusammengefaßt als »günstige, mittlere und ungünstige Untergrundbeschaffenheit«. Gefahrenherde wurden nicht aufgelistet.

Zu dieser Zeit war die Rechtsgrundlage für die Abgrenzung von Wasserschutzgebieten noch offen. Erst das Wasserhaushaltsgesetz (WHG) der Bundesrepublik Deutschland vom 27. Juli 1957, in Kraft gesetzt am 1. März 1959, legte im §19 fest, daß – soweit es das Wohl der Allgemeinheit erfordert – Wasserschutzgebiete festgesetzt werden können, in denen zum Schutz des Grundwassers bestimmte Handlungen verboten werden. Das Wasserhaushaltsgesetz wurde in der Folgezeit zwar novelliert und ergänzt, der §19 hat aber noch immer dieselbe Formulierung wie in der Erstfassung. Von den Ländern der Bundesrepublik Deutschland wurde die Festsetzung von Wasserschutzgebieten ebenfalls in die Landeswassergesetze übernommen. Außerdem machten die Wasserwirtschaftsverwaltungen der Länder in den dazu ergangenen Verwaltungsvorschriften das DVGW-Arbeitsblatt W 101 zur Bemessensgrundlage der Schutzzonen.

Mit der Verkündung des Wasserhaushaltsgesetzes im Jahre 1957 wurde aufgrund neuerer fachlicher Erkenntnisse und der Zunahme anthropogener Einwirkungen auf das Grundwasser eine Überarbeitung der Erstfassung des DVGW-Arbeitsblattes W 101 erforderlich, die im November 1961 gemeinsam vom DVGW und der Länderarbeitsgemeinschaft Wasser (LAWA) erarbeitet wurde (DVGW 1961). Als Bemessensgrundlage für die Engere Schutzzone (Zone II) wurde die sog. 50-Tage-Linie (Abschnitt 4.3) eingeführt, die Weitere Schutzzone (Zone III) konnte bei besonderer Größe künftig zweigeteilt werden, und schließlich wurden erstmals die damals bekannten Gefahrenherde aufgelistet.

Eine dritte Fassung des Arbeitsblattes W 101 vom Februar 1975 (DVGW 1975a) vereinfachte die vorhergehende Fassung und überließ es nun weitgehend dem Bearbeiter eines Wasserschutzgebietes, eine den örtlichen Gegebenheiten, vor allem den hydrogeologischen Bedingungen angepaßte Abgrenzung der Schutzzonen im Rahmen der Richtlinien des Arbeitsblattes W 101 festzulegen. Eine Aktualisierung der Liste der Gefahrenherde führte zu einem umfangreichen Gefährdungskatalog.

Einrichtung und Durchsetzung von Wasserschutzgebieten erweisen sich immer wieder als schwierig, insbesondere dann, wenn ökonomische (nutzungsbedingte) und ökologische (Schutzbedürftige) Interessen miteinander kollidieren. Solche Schwierigkeiten waren der Anlaß für eine gründliche Überarbeitung des Arbeitsblattes W 101. In mehreren wissenschaftlichen Arbeitsgruppen (DVGW 1983) wurden die fachlichen Grundlagen überprüft, nach denen Schutzzonen zu bemessen sind, und darauf aufbauend von einer DVGW-LAWA-Arbeitsgruppe das Arbeitsblatt W 101 überarbeitet (Hölting 1994a) und im Februar 1995 veröffentlicht (DVGW 1995a).

Wasserschutzgebiete stellen eine über den allgemeinen flächendeckenden, durch das Wasserhaushaltsgesetz (insbesondere § 34, Absatz 2) gebotenen Grundwasserschutz hinausgehende Rechtsposition dar. Durch ihre Festsetzung soll ein flexibler, individueller, den örtlichen Gegebenheiten angepaßter Schutz für das aus dem Grundwasser gewonnene Trinkwasser erreicht werden. Insofern kommt ihre Einrichtung der ökonomischen Grund- und Bodennutzung entgegen, da sie nur solche Handlungen untersagt, die aufgrund der örtlichen Gegebenheiten zum Schutz des Wassers tatsächlich auszuschließen sind. Andererseits sind die Nutzungsverbote Gesetzes-gleiche, den Bürger im Einzelfall belastende Eingriffe (vgl. Abschnitt 5.7.4.1). Deshalb wird an den Verfahren zu ihrer Festsetzung die Öffentlichkeit beteiligt.

4.2 Grundlagen für den effektiven Grundwasserschutz

4.2.1 Ziel des Grundwasserschutzes

Die Einrichtung von Wasserschutzgebieten betrifft nur den Schutz der Güte (Qualität) des Grundwassers vor nachteiligen Veränderungen hinsichtlich seiner Nutzung als Trinkwasser durch den Menschen, nicht aber die Erhaltung des Grundwasserdargebotes, d. h. der gewinnbaren Grundwassermenge. Dessen Schutz ergibt sich aus einer Erlaubnis oder Bewilligung, einem eigenen Rechtstitel im Wasserhaushaltsgesetz bzw. den jeweiligen Landes-Wassergesetzen. Ein Grenzfall stellt sich nur dann ein, wenn die Grund- (Trink-) Wasserbeschaffenheit (-güte) von der gewinnbaren oder der gewonnenen Grundwassermenge abhängt. Nur in diesem Fall ist die zulässige Entnahmemenge durch die Schutzgebietsanordnung regelungsbedürftig.

4.2.2 Hydrodynamische Aspekte

Hydrologisch wird der Untergrund in die Wasser-ungesättigte und die Wasser-gesättigte Zone gegliedert (Abb. 4.1). Die Wasser-ungesättigte Zone, die den Boden im engeren Sinne und die Grundwasserüberdeckung bis zur Grundwasseroberfläche umfaßt, ist durch das Zusammenvorkommen von fester Untergrundmatrix, von flüssigem Wasser in Form von Adsorptions-, Kapillar- und Sickerwasser und von Grundluft charakterisiert, wohingegen in der Wasser-gesättigten Zone, dem Grundwasserbereich, nur die Gesteinsmatrix als feste Phase und das Grundwasser als flüssige Phase zu unterscheiden sind. Das Verhalten des Adsorptions- und Kapillarwassers wird durch Massen- und elektrostatische Kräfte bestimmt, die hier als Matrixkräfte bezeichnet werden. Erst nach Überschreiten eines Mindestwassergehaltes, der durch einen Boden-spezifischen Grenzwert, die Feldkapazität, beschrieben wird, bewegt sich Sickerwasser in nennenswerten Mengen in der Wasser-ungesättigten Zone unter dem Einfluß der Schwerkraft zum Grundwasser hin. Grundwasser ist das unterirdische Wasser, das – im Gegensatz zum Sickerwasser – die Hohlräume

Tabelle 4.1. Filtergeschwindigkeit von Grund- und Sickerwassser (MATTHESS & UBELL 1983).

Grundwasserbewegung		Sickerwasserbewegung	
v_f	$= -k_f \cdot \text{grad}\ \Phi$ (1)	v_u	$= -k_u \cdot \text{grad}\ \Psi$ (2)
v_f	= Filtergeschwindigkeit im gesättigten Bereich	v_u	= Filtergeschwindigkeit im ungesättigten Bereich
k_f	= Durchlässigkeitsbeiwert im gesättigten Bereich	k_u	= Durchlässigkeitsbeiwert im ungesättigten Bereich = f(w) für $w < 100\%$, $k_u < k_f$ für $w = 100\%$, $k_u = k_f$
grad Φ	= Potentialgradient im gesättigten Bereich	grad Ψ	= Potentialgradient im ungesättigten Bereich
		Ψ	$= \Psi_z + \Psi_m + \ldots$
		Ψ_z	= Gravitationspotential
		Ψ_m	= Matrixpotential = f(w)

des Untergrundes zusammenhängend ausfüllt, und dessen Bewegung ausschließlich durch die Schwerkraft bestimmt wird (DIN 4049, T. 3). Sickerwasser ist damit definitionsgemäß kein Grundwasser, muß aber bei der Betrachtung des Grundwasserschutzes berücksichtigt werden, da es in Abhängigkeit von den Niederschlags- und örtlichen hydrogeologischen Verhältnissen dem Grundwasser zufließt und damit den Grundwasservorrat ergänzt.

Die Wasserbewegung hängt allgemein vom Potentialgefälle (außer bei einigen Heil- und Mineralwässern mit Gas-Hebung) und von der Durchlässigkeit des von Korngröße und Gefüge charakterisierten Untergrundes ab. Für Wasser-gesättigte und -ungesättigte Verhältnisse gelten weitgehend analoge Beziehungen: Der DARCY-Gleichung (Tabelle 4.1: Gl. 1) entspricht in der Wasser-ungesättigten Zone die RICHARDS-Gleichung (Tabelle 4.1: Gl. 2), deren Durchlässigkeitsbeiwert k_u und deren hydraulisch wirksames Potential ψ vom Wassergehalt abhängen (Tabelle 4.1). Der Durchlässigkeitsbeiwert im Wasser-ungesättigten Bereich k_u nimmt mit steigender Wasserspannung, d. h. mit abnehmender Wassersättigung, ab.

Die Bewegungsrichtung des Wassers ergibt sich aus der Richtung des Potentialgradienten, der in der Wasser-ungesättigten Zone außer durch das Gravitationspotential ψ_z auch durch das entgegengesetzt-gerichtete Feststoff- und Wassergehalts-abhängige Matrixpotential ψ_m bestimmt wird. Die Evaporation führt an der Erdoberfläche zu Wasserverlusten, die durch Wasserzufuhr aus der Tiefe ausgeglichen werden. In der Vegetationsperiode tritt so bis zu einer Untergrenze, der sog. »hydraulischen Wasserscheide«, eine nach oben gerichtete Wasserbewegung auf. Im humiden Klima Mitteleuropas überwiegt jedoch die nach unten gerichtete Wasserbewegung. Daher ergibt sich über das Jahr eine nach unten gerichtete Netto-Bewegung des Wassers und der darin gelösten Stoffe (MATTHESS & UBELL 1983).

Das Grundwasser bewegt sich in den Porenräumen der lockeren Sande und Kiese, den Poren-Grundwasserleitern, in den Klüften der Festgesteine, den Kluft-Grundwasserleitern und in den durch Lösung erweiterten Hohlraum-Systemen der Kalk-, Dolomit-, Anhydrit- und Gips-Gesteine, den Karst-Grundwasserleitern. Bei gleichen hydraulischen Bedingungen sind die Fließgeschwindigkeiten in den Poren-Grundwasserleitern am geringsten (meist weniger als 1 m/d, selten einige Zehner m/Tag) und können in den Kluft- und Karst-Grundwasserleitern hohe Werte erreichen (mehrere km/Tag). In der Wasser-ungesättigten Zone ist die Sickergeschwindigkeit in Gesteinen mit geringer Feldkapazität bzw. hohem Durchlässigkeitsbeiwert k_u vergleichsweise hoch (Größenordnung bis zu mehreren Metern oder Zehner Metern pro Tag), etwa in Skelett- und Kies-reichen Materialien, sowie in Ton-reichen Erdstoffen, die bei der Austrocknung tiefreichende Schrumpfungsrisse bekommen. In Untergrundmaterialien mit hoher Feldkapazität

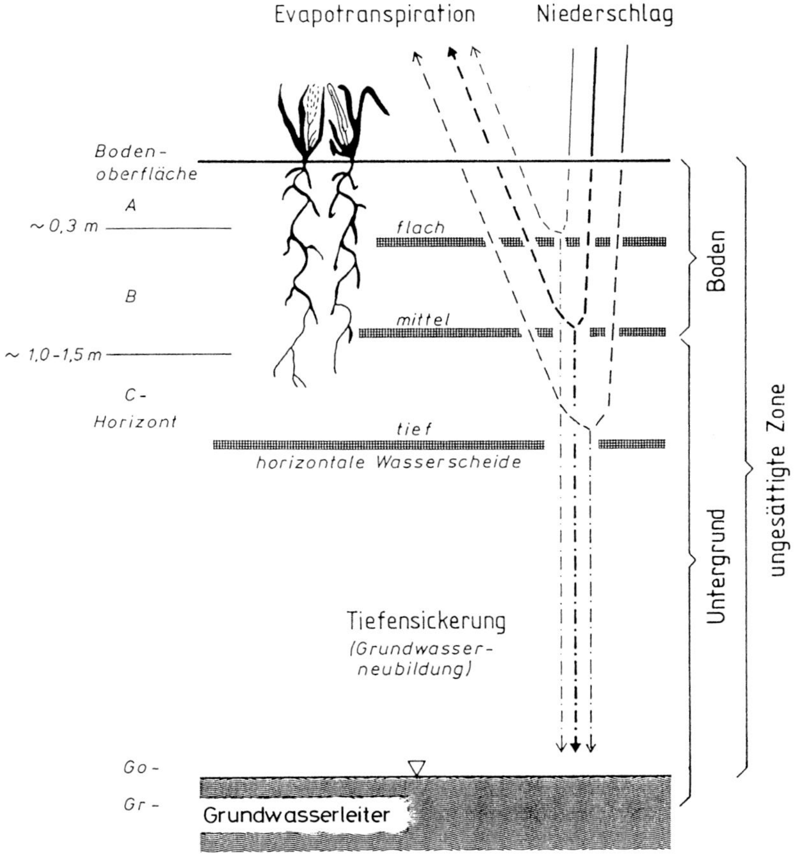

Abb. 4.1. Hydrologische Gliederung des Untergrundes.

kann sich dagegen das Sickerwasser sehr langsam nach unten bewegen. Bei einer Sickergeschwindigkeit von 1 m/a, die nach vorliegenden Messungen als größenordnungsmäßiger Richtwert für sandig-lehmige Untergrundmaterialien angenommen werden kann, dauert es bei entsprechenden Flurabständen Jahre, bis die Grundwasseroberfläche erreicht ist. In derartigen Gesteinen besitzt das Sickerwasser – wie Isotopen-hydrologische Untersuchungen nachwiesen – eine Altersschichtung. Neu einsickerndes Niederschlagswasser »schiebt« die unteren, älteren Wasserschichten nach unten, so daß das Sickerwasser, das in etwa 2-3 m Tiefe Stunden oder Tage nach einem Niederschlagsereignis die Grundwasseroberfläche erreicht und ihren Anstieg bewirkt, »altes« Wasser aus der unmittelbar darüber befindlichen Schicht ist. Neben der vorherrschenden intergranularen Sickerbewegung können sich jedoch selbst in diesen Gesteinen Teilmengen durch Trockenrisse, Tierbauten, Wurzelröhren und sonstige Spalten-, Riß- und Großporensysteme schneller bewegen (Matthess & Ubell 1983).

Sehr vereinfacht kann das Schicksal einer »Wassereinheit« entlang einzelner Stromfäden vom Versickerungs- zum Austrittsbereich verfolgt werden (Abb. 4.2). Der natürliche Grundwasserfluß erfolgt nahe der Grundwasseroberfläche am schnellsten, verlangsamt sich nach der Tiefe und stagniert schließlich. Diese lamellenähnliche Struktur wurde durch zahlreiche Isotopen-hydrologische Untersuchungen und Daten deutlich, nach denen im allgemeinen eine ausgeprägte

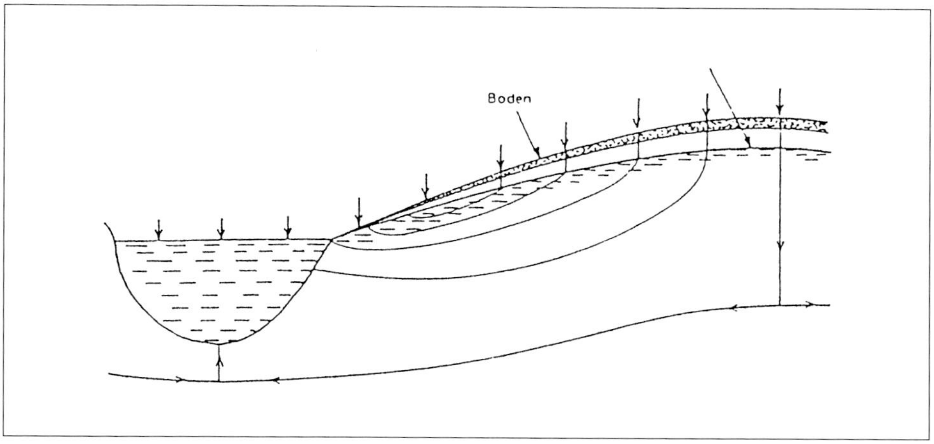

Abb. 4.2. Schema eines unterirdischen Fließsystems (nach ERIKSSON 1986).

Altersschichtung mit nach der Tiefe rasch zunehmendem Alter besteht. Häufig werden schon in geringer Tiefe relativ »alte« (z. B. Tritium-freie) Wässer angetroffen (MOSER & RAUERT 1980).

Daraus wird deutlich, daß in einem Vertikalprofil das Wasser mit zunehmender Tiefe immer älter wird und aus einem immer weiter stromaufwärts befindlichen Versickerungsbereich stammt (Abb. 4.2). Hieraus ergeben sich unterschiedlich lange Aufenthaltszeiten für die einzelnen Tiefenbereiche eines Grundwasserprofils.

Das Spektrum der unterirdischen Aufenthaltszeiten der Wasser-Anteile in einem betrachteten Grundwasser-System an einem Brunnen oder einer Quelle richtet sich nach den Untergrundverhältnissen. In Abb. 4.3 sind die Anteile F(T) des Grundwasserabflusses zur Zeit T (in Jahren) dargestellt. Während in einem Einzugsgebiet A mit schlecht durchlässigen Gesteinen (z. B. Plutonit- und Metamorphit-Gesteine), die von einer vergleichsweise dünnen Lage durchlässiger Sedimente überlagert werden, die Hauptmenge des Grundwassers weniger als 3 Jahre im Einzugsgebiet verweilt, verbringt sie in einem mächtigen Poren-Grundwasserleiter C (z. B. einem quartären Kies-Sand-Vorkommen) viele Zehner Jahre bis mehr als 100 Jahre, örtlich tausende Jahre, im Einzugsgebiet. Ein gut geklüftetes Grundwasserleiter-System (B), z. B. Mittlerer Buntsandstein, fällt mit seiner Grundwasser-Verweilzeit zwischen die Fälle A und C.

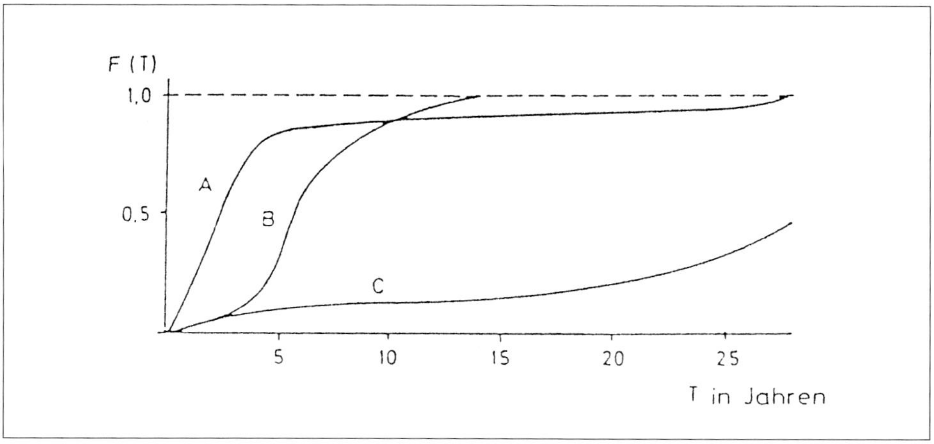

Abb. 4.3. Verweilzeiten-Spektren in verschiedenen Grundwasser-Systemen (A, B, C) (nach ERIKSON 1986).

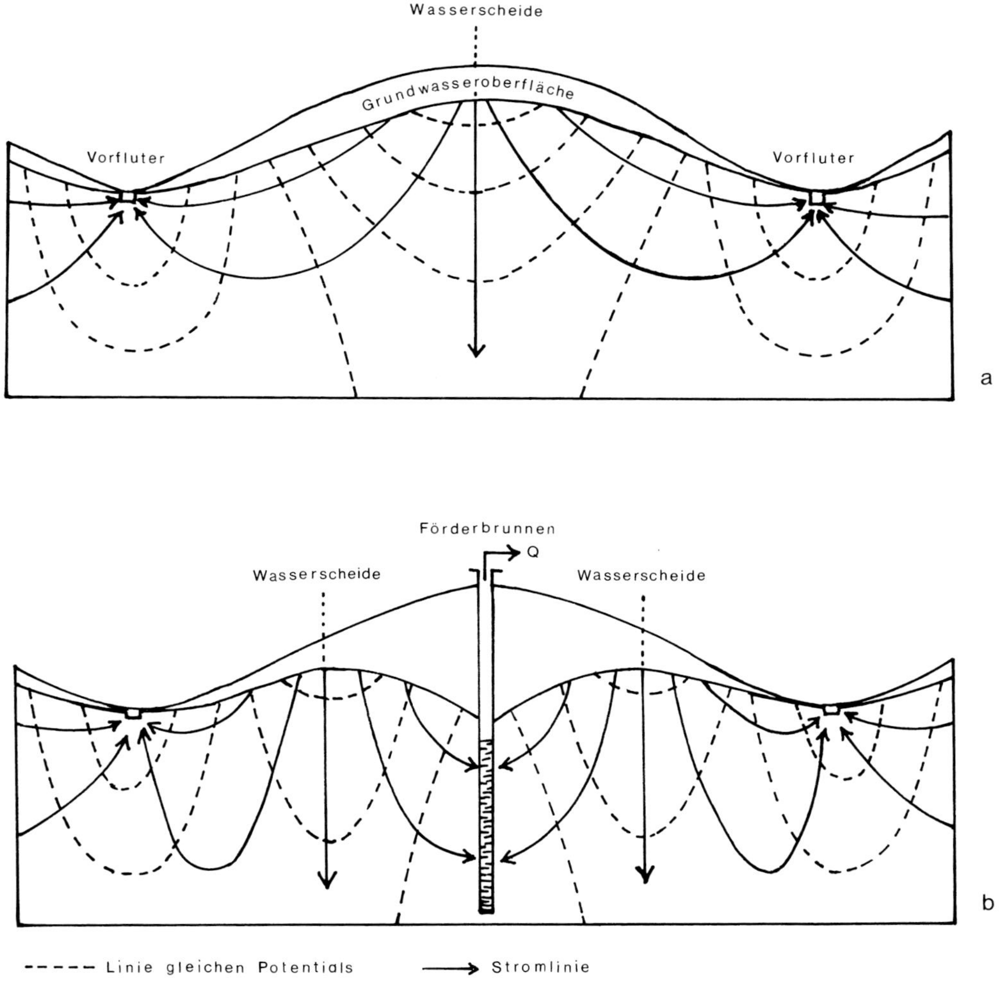

Abb. 4.4. Natürliche (a) und durch Brunnenförderung gestörte Grundwasserströmung (b).

Für den Grundwasserschutz ergeben sich daraus zwei Konsequenzen:

- Für Quellfassungen, deren Grundwasserzufluß allein aus dem freien Gefälle resultiert, müssen nur solche Flächen geschützt werden, die ein geodätisch höheres Niveau als die Gewinnungsanlage haben;
- Ausbreitung und Transport von mit Sickerwässern eingetragenen Stoffen erfolgen unter natürlichen (ungestörten) Abflußverhältnissen vorherrschend im oberflächennahen Bereich eines Grundwasserkörpers.

Die natürlichen unterirdischen Abflußverhältnisse ändern sich jedoch bei einer Grundwasserförderung durch Brunnen. Je nach Hohlraum-Geometrie des Grundwasserleiters, Brunnentiefe und Höhe der Wasserförderung wird eine vom natürlichen Zustand abweichende Verteilung des hydraulischen Potentials erzeugt, die sich in der Entwicklung eines Entnahmetrichters mit unterschiedlicher, von den genannten Größen abhängiger Ausdehnung und Tiefe widerspiegelt (Abb. 4.4). Abweichend von den natürlichen Strömungsverhältnissen erfolgt dadurch der Wasser-

und Stofftransport nicht mehr nur vorzugsweise im oberflächennahen Bereich des Grundwasservorkommens, sondern bezieht je nach dem vom Brunnen generierten hydraulischen Gefälle tiefere Bereiche ein. Die durch Sickerwässer eingetragenen Stoffe können dadurch im stärkeren Maße in größere Tiefen als unter natürlichen Verhältnissen transportiert werden. Außerdem erhöht sich durch das größere Grundwassergefälle die Fließgeschwindigkeit, die Verweildauer des Grundwassers mindert sich im gleichen Maße. Da die Wirkung von im Grundwasser ablaufenden Prozessen (Abschnitt 4.2.3) wesentlich von der Verweilzeit im Untergrund abhängt, kann es zu einer Minderung der natürlichen Selbstreinigung kommen. Auf diesen Effekt ist zurückzuführen, daß in der Öffentlichkeit zuweilen der Eindruck entstanden ist, daß das Grundwasser flächenhaft tiefreichend verunreinigt sei, weil selbst aus tieferen Brunnen (wenn auch u. U. nur gelegentlich) belastetes Grundwasser gefördert wird. Das verunreinigte Grundwasser wurde jedoch nur örtlich durch die Grundwasserförderung in die Tiefe gezogen und wäre ohne den anthropogenen Eingriff im oberflächennahen Bereich des freien Grundwasserkörpers verblieben. Diese Aussage wird durch Befunde von Wasserproben aus tiefer reichenden Grundwassergüte-Meßstellen außerhalb von Entnahmetrichtern belegt, aus denen nur so viel Wasser gefördert wurde, wie zur chemischen Untersuchung erforderlich ist, ohne einen Entnahmetrichter zu erzeugen. Diese Meßstellen erwiesen sich durchweg als unbelastet.

Grundwasserschutz für Trinkwasserbrunnen verfolgt somit ein doppeltes Ziel. Einmal soll das aus dem Brunnen geförderte Wasser vor hygienischen Beeinträchtigungen geschützt, zum andern soll verhindert werden, daß Stoffe in den tieferen Bereich des Grundwasserkörpers eingetragen werden, die unter natürlichen Abflußverhältnissen nicht dorthin gelangen würden. Der von wasserrechtlicher Seite in die öffentliche Diskussion eingebrachte sog. flächendeckende Grundwasserschutz reicht dafür aus Wirtschaftlichkeitsgründen nicht aus (Hölting 1994b). Außerdem widerspricht diese Auffassung dem juristischen Grundsatz der Verhältnismäßigkeit der Mittel, weil Grundwasserschutz in dieser allgemeinen Form über Gebühr pauschale Auflagen erfordern würde, ohne die lokalen hydrogeologischen Situationen zu berücksichtigen, die zu Minderungen der Nutzungsbeschränkungen führen könnten.

4.2.3 Hydrochemische Aspekte

4.2.3.1 Stoffeinträge von der Erdoberfläche

Kein Stoff ist von vornherein im hygienischen Sinn ein Schadstoff, vielmehr wird ein möglicherweise Grundwasser-belastender Stoff erst dann zu einem Schadstoff, wenn eine bestimmte Konzentration erreicht oder überschritten wird, so daß eine Gefährdung, hier meist für die Gesundheit der Menschen, entsteht. Für die Beurteilung einer derartigen Gefährdung sind Grenzwerte für einzelne Stoffe in der Trinkwasserverordnung (BMJFG 1990; vgl. Abschnitt 1.5.2) oder in anderen Regelungen (z. B. Katalog wassergefährdender Stoffe mit Einteilung nach Wassergefährdungsklassen/WGK 0-3) festgelegt.

Die stoffliche Vielfalt macht es unmöglich, alle in die Erdoberfläche eingetragenen Materialien und ihr Transportverhalten im Untergrund Stoff-spezifisch darzustellen. Verfügbar sind jedoch zahlreiche veröffentlichte Beispiele (van Duijvenbooden et al. 1981, Schleyer & Milde 1989, 1990, Voigt 1990, Fränzle 1993, Hölting 1994a, b, Kleczkowski 1994, Matthess 1994, 1997) und schematisch zusammenfassende Darstellungen (Abb. 4.5 und 4.6). Die Kategorisierung von Stoffen hinsichtlich ihres Transport-Verhaltens und ihrer Mobilität im Grundwasser liegt ansatzweise vor (Matthess et al. 1985b). Anthropogene Veränderungen der Grundwasserbeschaffenheit werden vor allem durch gasförmige, flüssige und feste Abfallstoffe, durch Düngemittel, durch Pflanzenschutzmittel und durch Auftausalze hervorgerufen.

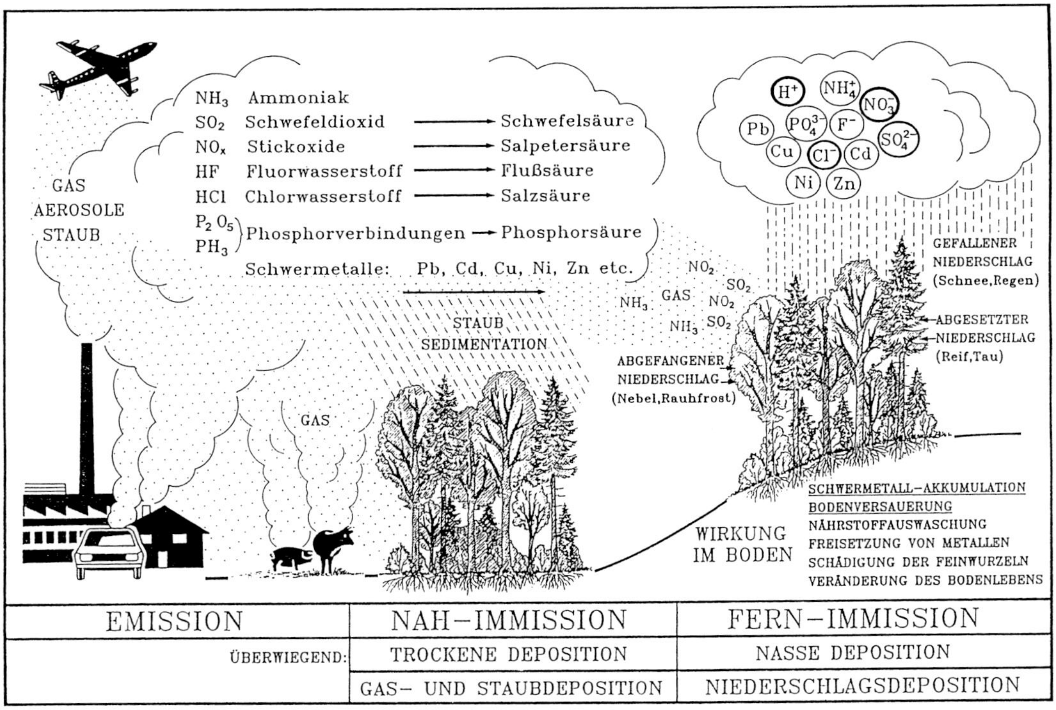

Abb. 4.5. Atmosphärischer Stofftransport zur Erdoberfläche (Entwurf: H. M. BRECHTEL, Hann. Münden).

Industrielle und häusliche Abgase enthalten in ihrer Hauptmasse CO_2, SO_2 und Stickstoffoxide, in geringerem Maße auch Brom, Chlor, Fluor, Blei, Pflanzenschutzmittel und sonstige chemische Stoffe, die als Aerosol in der Atmosphäre nachzuweisen sind. Alle diese Stoffe können das Grundwasser, gelöst im Regen- und Sickerwasser, erreichen (MATTHESS 1994). Neben anthropogen beeinflußten Niederschlags-bürtigen SO_4^{2-}- und NO_3^--Werten im Grundwasser wird die Belastung der Niederschläge und des unterirdischen Wassers mit Kohlenwasserstoffen, vor allem mit Chlorkohlenwasserstoffen, beobachtet (NEUMAYR 1981, ZOETEMAN et al. 1981). Diese Form des Schadstoff-Eintrages kann durch Schutzgebiets-Festlegungen nicht beeinflußt werden, sondern erfordert Maßnahmen im Emissions-Bereich.

Häusliche und industrielle Abwässer werden behandelt oder unbehandelt in oberirdische Gewässer eingeleitet, über Senkgruben versickert, als Düngemittel auf land- oder forstwirtschaftlichen Flächen verrieselt oder verregnet, im tieferen Untergrund versenkt oder getrocknet und verbrannt. Die unbeabsichtigte Versickerung aus undichten Abwasserleitungen und Regenwasserabzügen sowie die beabsichtigte Versenkung von Abwässern bringt in Siedlungs- und Industriegebieten Grundwasser-Verunreinigungen hervor. Nachteilige Veränderungen der Grundwasserbeschaffenheit durch die genannten Abwasserbeseitigungs-Verfahren, durch Abwasser-belastete oberirdische Gewässer, vor allem durch organische Stoffe und durch Nitrat- und Schwermetall-Ionen, werden in Uferfiltraten und künstlich angereicherten Grundwässern beobachtet (VAN DUIJVENBOODEN et al. 1981).

Flüssige organische Stoffe, die z. B. bei Tankwagenunfällen und aus undichten Lagertanks in den Untergrund gelangen, können die Grundwasserqualität verändern, wenn sie mit dem Grundwasser direkt in Kontakt treten oder von Sickerwasser gelöst werden. Unter den organischen Flüssigkeiten sind außer den Mineralölprodukten (Benzin, Petroleum, Kerosin, Diesel-Kraftstoff,

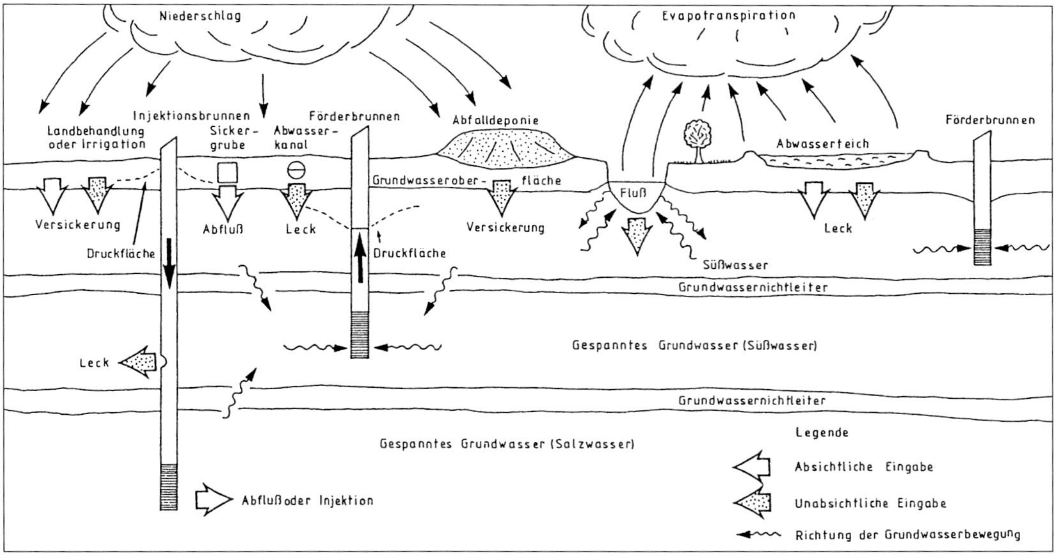

Abb. 4.6. Transportwege von Verunreinigungen zum Grundwasser (nach ZAPOROZEC 1981).

Heizöl und Motorenöl) in zunehmendem Maße flüchtige Chlorkohlenwasserstoffe als mögliche Schadstoffe zu nennen (VAN DUIJVENBOODEN et al. 1981). Diese sind spezifisch schwerer als Wasser und sinken daher beim Eindringen geschlossener Chlorkohlenwasserstoff-Phasen in den Untergrund bis auf die Sohle des Grundwasserleiters ab (SCHWILLE 1981, 1988).

Ablagerungen fester Abfallstoffe auf oder unter der Erdoberfläche werden durch Regen-, Sicker- und Grundwasser ausgewaschen. Hierzu gehört die Hauptmasse der festen und schlammigen Abfälle von Siedlungen und Industrien, Bauschutt, Aschen, Flugaschen, Schlacken, Kiesabbrände und Bergematerial von Steinkohlen-, Steinsalz-, Kalisalz- und Erzgruben. Krankheitserregende und giftige Stoffe müssen von der Umwelt in natürlichen oder künstlichen Lagerplätzen (z. B. Salzbergwerken oder tiefliegenden Erdgas- oder Erdöllagerstätten) isoliert werden. Bei der Ablagerung hängt es von der Bewegung und der Menge des Sicker- und Grundwassers, von der Niederschlagsrate, -intensität und -dauer, von der Beschaffenheit der Abfallstoffe, der Art der Ablagerung und von den Vorgängen innerhalb der abgelagerten Materialien ab, in welchen Konzentrationen die einzelnen Bestandteile in den Sicker- und Grundwässern auftreten. Unsachgemäße Ablagerungen von festen und schlammigen Abfällen der Siedlungen und der Industrie haben in zahlreichen Fällen Grundwasser-Verunreinigungen hervorgerufen (VAN DUIJVENBOODEN et al. 1981, FRESENIUS et al. 1977, GOLWER et al. 1976, JACKSON et al. 1980, STEGMANN 1982).

Die garten-, land- und forstwirtschaftliche Düngung erhöht die Menge löslicher Salze im Boden durch das unmittelbare Einbringen von Handelsdüngern, die Chloride, Sulfate, Nitrate und Phosphate von Kalium, Calcium, Magnesium, Ammonium und Natrium in wechselnden Anteilen enthalten, außerdem durch Zufuhr von organischen Verbindungen und löslichen Salzen (vor allem Chloriden und Sulfaten) in den Wirtschaftsdüngern (Stallmist, Gülle). Die Grundwässer weisen daher unter landwirtschaftlich genutzten Flächen gegenüber Grundwässern unter Wäldern bei vergleichbaren hydrogeologischen Verhältnissen erhöhte Salzgehalte auf. Hervorzuheben sind die in den letzten Jahren zunehmenden Nitrat-Gehalte im Grundwasser vor allem im Bereich von Intensivkulturen, wie Gemüse- und Weinbau. Bemerkenswert ist, daß mit dem Düngemittel auch andere Stoffe eingebracht werden, z. B. Schwermetalle oder Fluor mit Phosphaten (SCHWILLE 1969, OBERMANN 1981, 1988, VAN DUIJVENBOODEN et al. 1981, ROHMANN & SONTHEIMER 1985).

Die zur Bekämpfung von Schadorganismen in der Garten-, Land- und Forstwirtschaft genutzten Pflanzenschutzmittel sind in der Hauptsache synthetische organische Verbindungen. Diese werden in der Regel direkt gezielt auf oder in den Boden appliziert oder von behandelten Pflanzen durch die Niederschläge abgewaschen oder mit den behandelten Ernterückständen dem Boden zugeführt (FÜHR 1984). Insbesondere wiederholte Anwendungen können zu einer Anreicherung im Boden und im tieferen Untergrund sowie schließlich zu Grundwasser-Verunreinigungen führen. Pflanzenschutzmittel-Wirkstoffe werden örtlich im Grundwasser auf einem niedrigen Konzentrationsniveau nachgewiesen (KUHLMANN 1998, ZULLEI-SEIBERT 1990, 1996).

Der Salzgehalt von Grundwässern kann auch durch die Anwendung von Auftausalzen auf den Straßen erhöht werden (GOLWER & SCHNEIDER 1973). Daneben treten als Folge des Fahrzeugverkehrs anorganische und organische Belastungen auf (GOLWER & SCHNEIDER 1979, 1982).

Die wichtigsten Stoffe, die Grundwasser-Verunreinigungen auslösen, sind im folgenden zu den Stoffgruppen Schwermetalle, sonstige anorganische Stoffe, Pflanzenschutzmittel und sonstige organische Stoffe zusammengefaßt.

Als Schwermetalle werden üblicherweise Metalle mit Dichten über 5 t/m^3 bezeichnet. Zu dieser Gruppe gehören 70 Elemente mit den Ordnungszahlen 23-32, 40-51, 57-84 und 87–106. Die Schwermetalle mit den Ordnungszahlen 61 und 93–106 sind künstliche Elemente. Schwermetalle werden als Rohmaterialien und Katalysatoren in der metallverarbeitenden und chemischen Industrie verwendet. Sie gelangen als Verbrennungsrückstände fossiler Energieträger, als Verunreinigungen chemischer Substanzen und in Klärschlämmen in die Umwelt und wurden lange Zeit als Pflanzenschutzmittel in der Landwirtschaft eingesetzt. Besondere Bedeutung haben die Schwermetalle Cd, Hg, Pb, Cr, Tl und Zn. Hohe Konzentrationen treten im Grundwasser vor allem in Bergbaugebieten auf (MATTHESS 1994).

Schwermetall-organischen Verbindungen mit einer echten Metall-Kohlenstoffbindung kommt trotz ihrer geringen Verbreitung aufgrund ihrer hohen Toxizität eine gewisse Bedeutung zu. Besonders zu erwähnen sind Bleitetraethyl und Methylquecksilber, die nicht direkt aus Metall und Ligand gebildet werden, sondern als industrielle Abfallprodukte oder aus biochemischen Umsetzungen entstehen.

Die wichtigsten Vertreter der Gruppe der sonstigen anorganischen Stoffe sind Chloride aus Auftausalzen und Abwässern der Kaliindustrie sowie anorganische Schwefel-, Stickstoff- und Phosphor-Verbindungen aus Haushaltsabwässern, Düngemitteln der Garten-, Land- und Forstwirtschaft und Verbrennungsrückständen. Grundwasser-Verunreinigungen wurden weiterhin vor allem durch Abwässer von Galvanikbetrieben (Cyanide, Schwermetalle) sowie durch Selen-Verbindungen und Fluoride verursacht.

Unter den Pflanzenschutzmitteln haben das Grundwasser vor allem Herbizide (Wildkrautbekämpfungsmittel), Insektizide (Insektenbekämpfungsmittel) und Nematizide (Nematodenbekämpfungs- und Bodenentseuchungsmittel) gefährdet, die als wichtigste Stoffgruppen s-Triazine, Harnstoffderivate, Carbamate, Phenoxyfettsäuren und Phosphorsäureester umfassen, während die gegen Pilze, Nagetiere, Schnecken und Milben eingesetzten Pflanzenschutzmittel in diesem Zusammenhang weniger wichtig sind.

Hauptvertreter der Gruppe der sonstigen organischen Stoffe sind Halogenkohlenwasserstoffe, Phenole, polycyclische Aromaten und Mineralölderivate industrieller Herkunft. Sie wurden bisher vor allem an Industrie- und Gaswerks-Standorten in z. T. beträchtlichen Konzentrationen im Grundwasser beobachtet.

Die genannten Stoffe können mit Niederschlagswasser, oberirdischem Wasser, Sickerwasser oder auch direkt mit dem Grundwasser in Kontakt kommen und diese Wässer entsprechend ihrer Löslichkeit verunreinigen. Verunreinigtes oberirdisches Wasser kann weiterhin das Grundwasser

Tabelle 4.2. Zeitliche und räumliche Verteilung der Schadstoffgruppen (Schwermetalle (1), sonstige anorganische Verbindungen (2), Pflanzenschutzmittel (3) und sonstige organische Verbindungen (4)).

	< 100 m² punktförmig	linienförmig	> 100 m² flächenhaft
einmalig	Unfälle 1, 2, 3, 4		Klärschlammaufbringung 1, (3)
periodisch 1–3 mal pro Jahr		Straßen Bahndämme 2, 3	Landwirtschaft 2, 3 Stadtgebiete 1, 2, 3
kontinuierlich	Schluckbrunnen Leitungen Kleindeponien 1, 2, 3, 4	Straßen Bahndämme Flüsse 1, 4	Stadtgebiete Industriegebiete Deponien 1, 4

bei landwärtiger Infiltration, bei der Uferfiltratgewinnung oder bei der Grundwasseranreicherung verunreinigen oder über genutzte oder aufgegebene Brunnen, bei fehlerhaftem Brunnenausbau, über Bohrlöcher, Sickergruben und andere hydraulische Kurzschlüsse in das Grundwasser gelangen.

Bei der Beurteilung der verschiedenen anthropogenen Schad-Einwirkungen in Schutzgebieten ist Ausdehnung und Dauer der Kontamination von Bedeutung (Tabelle 4.2).

4.2.3.2 Hydrochemische, physikalische und biologische Vorgänge in Sicker- und Grundwässern

In den Wasser-ungesättigten und -gesättigten Zonen (Sicker- und Grundwasserzonen) unterliegen die gelösten und suspendierten Stoffe chemischen, physikalischen und biologischen Vorgängen, die ihre Ausbreitung und ihre Persistenz bestimmen (Abb. 4.7, Tab. 4.3; Matthess 1994; vgl. auch Abschnitt 1.4.3).

Die genannten Prozesse, die alle in den Sicker- und Grundwässern ionisch, molekular oder kolloidal gelösten anorganischen und organischen Stoffe betreffen, verlaufen in der Wasser-ungesättigten Zone (Sickerzone) und im Grundwasser zwar gleichermaßen, aber mit unterschiedlicher Kinetik und in gegenseitiger Beeinflussung ab. Die Reaktionsraten nehmen in der Regel mit der Tiefe ab. Mit zunehmender Länge des unterirdischen Fließweges und zunehmender Residenzzeit führen die Wechselwirkungen zwischen dem Lösungsinhalt der Wässer und den umgebenden Untergrundmaterialien zu einer zunehmenden Angleichung der Wasserbeschaffenheit an die geogene Grundwasserbeschaffenheit, die unter den jeweiligen hydrogeochemischen Bedingungen im Grundwasserleiter stabil ist (Hölting 1991, Matthess 1994). Der Transport von Fremd-Stoffen, die ab bestimmten Stoff-spezifischen Konzentrationen hygienisch gefährdend oder gar toxisch wirken, mit dem fließenden Grundwasser wird durch die jeweiligen kontrollierenden geogenen Bedingungen begrenzt. Dieser Transport erfolgt – wie in Abschnitt 4.2.2 dargelegt – unter natürlichen Verhältnissen im oberflächennahen Bereich, bei anthropogener Änderung der Strömungsbedingungen, z. B. durch Grundwasserförderung über Brunnen, auch in tieferen Bereichen. Die Beschaffenheit des geförderten Grundwassers ist so immer das Ergebnis vielfältiger Prozesse.

Tabelle 4.3. Geochemische, physikalische und biologische Steuervorgänge im Wasser–ungesättigten und –gesättigten Bereich.

Geochemische Vorgänge	Physikalische Vorgänge
Lösung – Ausfällung	Transport–Phänomene
Sauer–Basisch–Reaktionen	Fluß (Richtung u. Geschwindigkeit)
Oxidation – Reduktion	Dispersion
Komplexbildung	Filtration
Adsorption – Desorption	Evaporation
	Gasaustausch
Biochemische Vorgänge	**Biophysikalische Vorgänge**
Biotischer Abbau	Transport von Mikroorganismen
Zellsynthese	Filtration von Mikroorganismen
	Transpiration

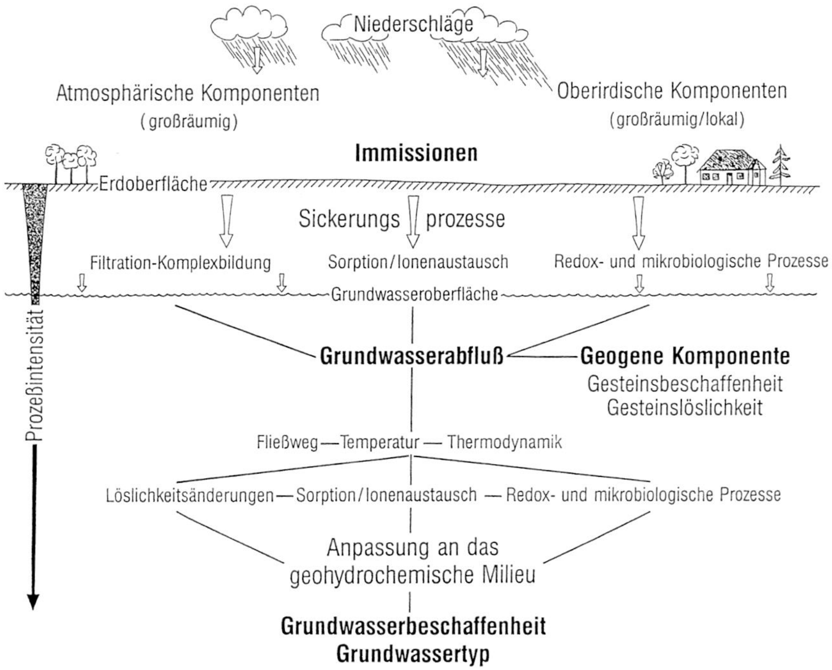

Abb. 4.7. Prozesse im Sicker– und Grundwasserbereich (HÖLTING 1996).

Löslichkeit

Die Mobilität der anorganischen und organischen Substanzen im Untergrund wird wesentlich durch ihre Wasserlöslichkeit bestimmt, die für zahlreiche Stoffe die mögliche Konzentration im Sicker- und Grundwasser begrenzt. Die Löslichkeit der anorganischen Substanzen ist in Abschnitt 1.4.2 behandelt.

Organische Säuren, Basen und Salze bilden als Elektrolyte echte Lösungen. Ihre Löslichkeit kann durch die Bildung löslicher oder unlöslicher Komplexe verändert werden. Viele der mit dem Wasser in Berührung tretenden organischen Stoffe sind jedoch Nichtelektrolyte, die sich wiederum in polare (z. B. Ethanol C_2H_5OH und Phenol C_6H_5OH) und nicht polare organische Stoffe

Tabelle 4.4. Molmasse, Wasserlöslichkeit, Dampfdruck und Oktanol/Wasser-Verteilungskoeffizient von Pflanzenschutzmitteln (Industrieverband AGRAR 1990) (bei 20 °C, *25 °C, **26 °C, ***22 °C)

	Molmasse g	Löslichkeit mg/kg	Dampfdruck mPa	lg K_{ow}
Halogenkohlenwasserstoff				
Lindan	290,85	7	$1{,}2 \cdot 10^{-5}$	3,76
Triazine				
Anilazin	275,54	8	$8{,}2 \cdot 10^{-9}$	3,02
Atrazin	230,24	33	$4{,}0 \cdot 10^{-7}$	2,34
Simazin	201,66	5	$8{,}1 \cdot 10^{-9}$	1,96
Terbuthylazin	229,72	8,5	$1{,}5 \cdot 10^{-6}$	3,04
Harnstoffderivate (Carbamate)				
Aldicarb	190,27	9000	10^{-4*}	1,14
Chlortoluron	212,69	700	$1{,}7 \cdot 10^{-7}$	2,29
Isoproturon	206,32	65	$<1 \cdot 10^{-5}$	$\approx 2{,}5^{***}$
Methabenzthiazuron	221,29	59	$5{,}9 \cdot 10^{-8}$	2,64
Phenoxyfettsäuren				
Dichlorprop	235,06	620	$8{,}8 \cdot 10^{-7}$	$1{,}74^{***}$
Mecoprop	214,65	620	$<3{,}1 \cdot 10^{-6}$	$0{,}09^{*}$
MCPA	200,62	300	$2{,}7 \cdot 10^{-6}$	2,86
Phosphorsäureester				
Methidathion	302,33	250	$1{,}9 \cdot 10^{-6}$	2,52
Parathion-ethyl	291,27	11	$8{,}9 \cdot 10^{-6}$	3,83
Anilinderivate				
Dichlofluanid	333,23	130	$1{,}4 \cdot 10^{-7}$	3,7
Pendimethalin	281,31	$0{,}3^{**}$	$\approx 1{,}3 \cdot 10^{-5*}$	$5{,}18^{*}$
Triazolderivate				
Bitertanol	337,4			
A-Isomer		2,9	$2{,}2 \cdot 10^{-12}$	4,1
B-Isomer		1,6	$2{,}5 \cdot 10^{-11}$	4,4
Penconazol	284,2	80	$2{,}1 \cdot 10^{-6}$	3,70
Triadimefon	293,76	64	$<10^{-5}$	3,18
Triazinonderivat				
Metamitron	202,22	1700	$8{,}6 \cdot 10^{-9}$	0,83

trennen lassen. Während polare organische Substanzen mit den Wasserdipolen in Wechselbeziehungen treten und daher als Moleküle gut löslich sind (Ethanol ist z. B. unbegrenzt mit Wasser mischbar), sind die nicht polaren organischen Substanzen, zu denen viele Pflanzenschutzmittel gehören, in Wasser meist verhältnismäßig schlecht löslich (Tabelle 4.4).

Die schlecht löslichen Pflanzenschutzmittel-Wirkstoffe werden bei der Anwendung auf Trägersubstanzen (Lösungsmittel und mikropartikuläre Sorptionsträger) aufgebracht, die die Löslichkeit für eine gezielte Anwendung erhöhen. Bei der Beurteilung des Migrationsverhaltens und einer möglichen Grundwasser-Verunreinigung ist damit auch die Handelsform (Formulierung) des Pflanzenschutzmittels zu beachten. Formulierung, Aufgabeart, Aufwandmenge, Aufwandhäufigkeit und Anwendungs-Zeitpunkt der Pflanzenschutzmittel-Applikation sowie die frühere Behandlung des Bodens mit Pflanzenschutzmitteln tragen wesentlich zum Verhalten der Wirkstoffe in der Wasser-ungesättigten Zone bei. Die Formulierung dient zur Aufrechterhaltung einer hohen Wirkstoff-Konzentration in Lösung und zur Erhöhung der Verfügbarkeit in der Wurzelzone.

Die natürlichen organischen Substanzen des Bodens und des tieferen Untergrundes tragen gelöst oder in fester Form wesentlich zu den hydrochemischen Prozessen als Komplexbildner, als Sorbenten, als Reduktionsmittel oder als Nahrungsgrundlage biochemisch wichtiger Mikroorganismen bei. Die Löslichkeit der Vertreter ihrer größten Gruppe, der hochmolekularen strukturell komplizierten Huminstoffe nimmt in der Reihe Fulvosäuren – Huminsäuren – Humine ab, ihre Neigung zur Sorption an mineralische Festpartikel dagegen zu (Frimmel & Christman 1988, Scheffer & Schachtschabel 1992). Der Gehalt an gelöstem organisch gebundenem Kohlenstoff (DOC) des Sickerwassers variiert im Oberboden etwa zwischen 5 und 20 mg/l und nimmt schnell zur Tiefe hin ab, wo das Grundwasser durch DOC-Werte zwischen ca. 0,5 und 3 mg/l charakterisiert wird (Thurman 1985, Matthess 1983). Bei der Durchsickerung des Bodens nimmt also der Gehalt an gelösten Huminstoffen im Sickerwasser ab, eine Folge von Ausfällung, Ausflockung und Bildung unlöslicher Metall-organischer Komplexe oder der Adsorption der organischen Substanzen an Tonmineralen oder des mikrobiellen Abbaus. Bemerkenswert ist dabei, daß mit zunehmender Tiefe zunächst bevorzugt die großmolekularen Huminsäuren – wohl durch Sorption oder Ausfällung – eliminiert werden, während die kleineren Fulvosäure-Moleküle vorzugsweise abgebaut werden (Matthess 1994). Dieses Verhalten ist bei der Rolle der Huminstoffe als mehr oder weniger mobile Schadstoff-Sorbenten im vorliegenden Zusammenhang von Bedeutung.

Komplexbildung

Die in Bodenlösungen und Grundwässern auftretenden anorganischen und organischen Komplexbildner (Liganden) komplexieren die Ionen der Übergangsmetalle (z. B. Fe, Mn, Co, Zn, Cu, Ni, Cr) und verändern so deren Löslichkeit und Adsorptions- und Ausfällungs-Verhalten. Die Löslichkeit der Fulvo- und der Huminsäuren hängt von der Art der Metallatome ab: Alkalimetall-Humate sind gut, Humate höherwertiger Metalle (z. B. Ca, Fe, Al) dagegen schlecht löslich (Schnitzer & Khan 1978). Die Wasser-unlöslichen Komplexe, z. B. Wasser-unlösliche Huminsäuren, können Kationen irreversibel binden und damit in schwer remobilisierbarer Form festlegen. Diese Bindungsart macht nach Förstner & Müller (1974) zwei Drittel der gesamten Bindungskapazität der Huminsäuren aus, die ungefähr 200-600 meq Metall-Ion/100 g Huminsäure beträgt.

Auch organische Verbindungen wie die Pflanzenschutzmittel können mit dem natürlichen gelösten organisch gebundenen Kohlenstoff (DOC) in Wechselbeziehung treten und Assoziate oder Komplexe bilden, deren physikalische und chemische Eigenschaften sich von den Ausgangssubstanzen unterscheiden. Diese Wechselbeziehungen werden in den Oberböden durch längere Kontaktzeiten und die Anwesenheit natürlicher organischer Substanzen mit ihren hydrophoben und hydrophilen Eigenschaften begünstigt. In der Tat wurden Pflanzenschutzmittel/DOC-Assoziate quantitativ nachgewiesen, und Beispiele für die Beeinflussung der Mobilität und der Abbaubarkeit einer hydrophilen Spurenkomponente durch den DOC erbracht, jedoch treten auch Fälle auf, bei denen derartige Einflüsse nicht zu erkennen sind (Huber et al. 1993).

Sorption, Desorption und Ionenaustausch

Viele feste Untergrundmaterialien, wie Tonminerale, Zeolithe, Eisen- und Mangan-Hydroxide bzw. -Oxidhydrate sowie Aluminium-Hydroxid und organische Substanzen, vor allem Huminstoffe sowie Mikroorganismen, mikrobielle Schleime und Pflanzen, können dissoziierte, nichtdissoziierte und suspendierte anorganische und organische Stoffe aus dem unterirdischen Wasser durch intermolekulare Wechselwirkungen entfernen. Die dabei wirkenden Bindungskräfte umfassen alle Übergänge zwischen van der Waals-Kräften und chemischer Bindung (Stumm &

MORGAN 1981, STUMM 1992, MATTHESS 1994). Huminstoffe, die wichtigsten Sorbenten im Untergrund, können z. B. Pflanzenschutzmittel durch Elektronentransfer, Ionenbindung, kovalente Bindung (Chemisorption) und Wasserstoff-Brückenbindung binden (GAILLARDON et al. 1977). Die s-Triazine, eine wichtige Pflanzenschutzmittelgruppe mit basischem Charakter, können in Abhängigkeit vom pH-Wert auch an der Oberfläche von Tonmineralen durch VAN DER WAALS-Kräfte oder über Wasserstoff-Brückenbindungen mit den Kationen sorbiert werden (BAILEY et al. 1968), ferner durch abiotisch-chemische Bindungen über eine Protonierung des Pflanzenschutzmittels an der sauren Tonmineraloberfläche (YARON & SALTZMAN 1986). Die Sorptionsprozesse werden wesentlich durch den ionischen Charakter, die Basizität, die Polarität und die Molekülgröße der organischen Substanzen gesteuert. Üblicherweise wird zwischen Adsorption, der Bindung von Gasen oder gelösten Stoffen an den äußeren oder inneren Oberflächen eines festen Körpers (Adsorbens) und der Absorption im Innern des festen Körpers (Absorbens) unterschieden. Da beide Formen in natürlichen Untergrundsystemen, z. B. bei der Mitfällung, vorkommen und kaum zu trennen sind, werden im folgenden die allgemeineren Begriffe Sorption und Sorbenten angewandt, so weit nicht eine genauere Beschreibung des Vorganges möglich ist.

Ionenaustausch ist die Bindung von Ionen an austauschfähigen Mineralen oder Bodenkomponenten bei gleichzeitiger stöchiometrischer Freisetzung anderer Ionen (Abschnitt 1.4.3). Fast alle natürlichen mineralischen Ionenaustauscher bestehen aus einem Alumosilikat-Gitter, das Überschußladungen an definierten Gitterplätzen aufweist, in denen die Kationen oder Anionen durch elektrostatische Anziehung festgehalten werden, so daß die Ladungen ausgeglichen sind. Diese Ionen können durch konkurrierende Ionen aus der umgebenden Lösung ersetzt werden und ihrerseits in die Lösung übergehen. Art, Umfang und Schnelligkeit eines Ionenaustausch-Vorganges hängen von Art und Beschaffenheit der beteiligten Substanzen, deren Ionenbelegung, von der Art und Konzentration des gelösten Ions und der begleitenden Lösungsgenossen ab. Die Austauschvorgänge zwischen den gelösten und den an einen Austauscher gebundenen Ionen sind umkehrbar und können durch das Massenwirkungsgesetz beschrieben werden. Der Ionenaustausch erfordert wegen seiner Abhängigkeit von der speziellen Bindungsform und von der Art des Austauschers unterschiedliche, z. T. erhebliche Zeit. Die Geschwindigkeit des Kationenaustausches z. B. variiert mit der Art des Austauschers, der Konzentration der Kationen und der Art und Konzentration der Anionen (GRIM 1968). Die Tonminerale und die Huminstoffe tragen in der Regel eine negative Ladung und sorbieren bevorzugt Kationen aus der Lösung (Kationenaustausch). Anionen reagieren entsprechend mit kationischen Untergrundkomponenten, wie den Al- und Fe-Hydroxiden mit erheblich höheren Ladungs-Nullpunkten (Fe-Hydroxide – pH 7-9, Allophan-reiche Böden – pH 5,5) (Anionenaustausch) (TRUESDELL 1972, STUMM & MORGAN 1981).

Die Nettoladungen und damit auch die Austauschkapazitäten sind bei den natürlich vorkommenden Oxiden, Hydroxiden und organischen Substanzen vom pH abhängig. Daher wird in der Wasserchemie als Ionen-Austauschkapazität üblicherweise der Betrag an austauschbaren Ionen in meq/100 g fester Substanz bei einem pH-Wert von 7,0 angegeben (Tabelle 1.26). Die Austauschkapazität von Mineralgemischen, wie den meisten Fest- und Lockergesteinen, hängt vom Gehalt an austauschfähigen Substanzen ab, vor allem vom Anteil an Tonmineralen und organischen Substanzen. Letztere können, wie aus Tabelle 1.26 hervorgeht, eine sehr hohe Austauschkapazität aufweisen. Dies gilt vor allem für die Huminstoffe, insbesondere die Huminsäuren, denen bei der Bindung toxischer Metalle eine große Bedeutung zukommt (SCHNITZER & KHAN 1978, GERTH 1985, SCHOLTIS 1986).

Durch Ionenaustausch oder andere Sorptionsprozesse gebundene Stoffe können wieder völlig oder teilweise desorbiert werden oder auch im Extremfall irreversibel festgelegt werden. Derartige reversible Sorptionsprozesse können als Gleichgewicht bei einer bestimmten Temperatur durch Sorptionsisothermen beschrieben werden, die die Beziehungen zwischen den Konzentrationen der an die festen Phasen sorbierten Mengen einer ionischen, polaren oder nicht-polaren Substanz c_a (in meq/g bzw. mmol/g) und der Menge dieser Substanz in der Lösung c_w (meq/ml bzw. mmol/ml) erfassen. Hierfür hat sich die FREUNDLICH-Isotherme (Gl. 1.73)

(1.73) $$c_a = K_F \cdot c_w^N$$

mit den Stoff-spezifischen Konstanten K_F und N bewährt. Bei den meist im Grundwasser angetroffenen organischen Spurenstoff-Konzentrationen vereinfacht sich das Sorptionsgleichgewicht zur linearen HENRY-Sorptionsisotherme (KARICKHOFF et al. 1979) (Gl. 4.1):

(4.1) $$c_a = K_d \cdot c_w$$

mit dem Verteilungskoeffizienten (K_d-Wert, in ml/g). Die einzelnen Substanzen weichen jedoch mehr oder weniger vom Ansatz N = 1 ab. Die Sorptionskonstanten K_d und K_F sind Horizont- und Stoff-spezifisch, doch ist bei den K_F-Werten ein direkter Vergleich nur zulässig, wenn die Steigungen der Isothermen, die N-Werte gleich sind (BEDBUR 1993). Dies ist jedoch häufig nicht der Fall.

Beide Isothermen (Gln. 1.73 und 4.1) zeigen, daß eine Konzentrationszunahme einer gelösten Komponente die adsorbierte Menge erhöhen wird und daß umgekehrt eine Konzentrationsabnahme eine Desorption hervorrufen wird. In vielen Fällen weichen die Sorptionsisothermen von den Desorptionsisothermen ab, da viele Sorptionsvorgänge nicht vollständig reversibel sind oder die Sorptions- und Desorptionsraten sich unterscheiden. Besonders bei organischen Substanzen treten Stoff-spezifische Hysterese-Effekte auf, die zu verzögerter Desorption führen (SWANSON & DUTT 1973, BOESTEN & VAN DER PAS 1988). Als mögliche Ursachen gelten Ausfällung von unlöslichen Substanzen, Veränderung der Bindungen im zeitlichen Verlauf, Einbau in die Boden- und Biomasse und physikalischer Einschluß in poröse organische und mineralische Partikel des Sorbenten.

Die Bindungsfähigkeit gegenüber verschiedenen Ionen ist bei den einzelnen Austauschern unterschiedlich. Bei sonst gleichen Bedingungen ist bei Tonmineralen die Bindungsfähigkeit umso größer, je höher die Valenz des Ions ist und je mehr das Ion zur Struktur des Tonminerals paßt. Die Sorption kann durch Lösungsgenossen beeinflußt werden. Z. B. wird Strontium durch Tonminerale besser als Calcium sorbiert, dennoch behindert Calcium die Sorption des Strontiums im Boden stark. Offenbar konkurrieren diese Ionen um sorptive Plätze im Boden. Die Wirkung der Lösungsgenossen kann durch den Verteilungskoeffizienten K_d des Untergrundmaterials beschrieben werden (vgl. Gl. 4.1). Diese Größe gibt die relative Affinität der Untergrundmatrix für ein bestimmtes Ion an. Der Verteilungskoeffizient hängt hauptsächlich von der Art der Untergrundmaterialien und den Konzentrationen der konkurrierenden Ionen ab. Die zunächst aus dem Wasser sorbierten Stoffe, etwa ein Schwermetall oder ein Radionuklid, können durch andere im Grundwasser gelöste Ionen verdrängt werden, wenn diese in entsprechender Konzentration vorkommen. Je höher die Ionenkonzentration, desto schneller wird der jeweilige Stoff sich durch sukzessive Verdrängung bewegen. Durch aufeinanderfolgende Sorptions- und Desorptions-Prozesse kann sich so die Beschaffenheit einer Grund- und Sickerwassereinheit, die durch spezifische Gehalte an Na^+, K^+, Ca^{2+} und Mg^{2+} oder durch bestimmte Verhältnisse von Spurenstoffen charakterisiert ist, völlig auf ihrem unterirdischen Wege verändern.

Grundsätzlich wirken diese Vorgänge auch bei organischen Substanzen. Auch hier ist der pH-Wert eines Bodens eine wichtige Steuergröße für das Sorptions-Verhalten, vor allem bei Stoffen mit ionischem Charakter. So hängen kationische Pflanzenschutzmittel, wie die Carbamate, die bevorzugt über Austausch-Prozesse an Tonminerale adsorbiert werden, im Sorptions-Verhalten deutlich vom pH-Wert des Bodens bzw. der Sorptionsoberfläche ab. Aber auch unpolare oder schwach basische Pflanzenschutzmittel zeigen ein pH-abhängiges Sorptions-Verhalten: Bei vielen

Tabelle 4.5. Korrelationsgleichungen für K_{ow} und K_{oc} (nach BRIGGS (1973) (1), KARICKHOFF et al. (1979) (2), GIGER et al. (1983) (3) und MATTHESS et al. (1985b) (4)).

Gleichung	n	r	Quelle
$\lg K_{oc} = 0{,}524 \lg K_{ow} + 0{,}618$	30	0,92	(1)
$\lg K_{oc} = 1{,}00 \lg K_{ow} - 0{,}21$	10	1,00	(2)
$\lg K_{oc} = 0{,}72 \lg K_{ow} + 0{,}5$[1]	–	0,97	(3)
$\lg K_{oc} = 0{,}83 \lg K_{ow} + 0{,}30$	30	0,93	(4)

[1] für C_{org}-Gehalte > 0,1 Massen-%.

Wirkstoff-Gruppen (s-Triazine, Organophosphate) nimmt mit abnehmendem pH-Wert die Sorption an Tonmineralen und an Huminsäuren zu.

Halogenkohlenwasserstoffe und andere unpolare Verbindungen, zu denen viele verbreitete Lösungs- und Pflanzenschutzmittel gehören, werden umso stärker sorbiert, je Fett-löslicher (lipophiler) sie sind und je höher der Gehalt an fester organischer Substanz der Untergrundmaterialien c_{oc} ist. Als Maß für die Fett-Löslichkeit (Lipophilität) einer Verbindung kann ihr Oktanol/Wasser-Verteilungskoeffizient K_{ow} dienen (Tabelle 4.4). Für Untergrundmaterialien mit organischen Kohlenstoff-Gehalten $c_{oc} > 0{,}001$ g/g gilt für den Verteilungskoeffizient K_d einer speziellen Verbindung (Gl. 4.2):

(4.2) $$K_d = c_{oc} \cdot K_{oc} \text{ (ml/g)}$$

K_{oc} ist der Verteilungskoeffizient der betrachteten Verbindung zwischen Wasser und einem hypothetischen natürlichen Sorbenten von 100% organischem Kohlenstoff, der das organische Material in den untersuchten Sorbenten repräsentiert (SCHWARZENBACH & GIGER 1985). Dieser Wert kann mit Hilfe der linearen Freien Enthalpie-Beziehungen (Tabelle 4.5) für zahlreiche unpolare organische Verbindungen aufgrund ihrer Oktanol/Wasser-Verteilungskoeffizienten mit guter Näherung abgeschätzt werden (LEO et al. 1971, HANSCH & LEO 1979). Hierfür sind zahlreiche Oktanol-Wasser-Verteilungskoeffizienten (Tabelle 4.4) und empirische Regeln für deren Berechnung verfügbar.

Die unpolaren organischen Verbindungen werden in natürlichen Grundwasserleiter-Materialien zu über 85% an der Partikelfraktion < 125 μm sorbiert, die damit als repräsentativ für die sorptiven Eigenschaften der Erdstoffe angesehen werden kann. In Sorbenten mit weniger als 0,1% organischem Kohlenstoff ($c_{oc} < 0{,}001$ g/g) wird die relativ kleine Sorptionswirkung durch die spezifische Oberfläche der Mineralstoffe und deren Natur bestimmt (SCHWARZENBACH & GIGER 1985).

Die veröffentlichten empirischen K_{ow}-K_{oc}-Korrelationen für natürliche organische Sorbenten und unpolare gelöste Stoffe zeigen eine hohe Konsistenz über einen weiten Bereich unpolarer Verbindungen. Die Unterschiede der Beispiele in Tab. 4.5 erklären sich dadurch, daß verschiedene organische Substanzen und Untergrundmaterialien untersucht wurden. Größere Abweichungen werden z. B. bei hoch lipophilen Verbindungen beobachtet (KARICKHOFF et al. 1979, SCHWARZENBACH & GIGER 1985). Durch die heterogene Zusammensetzung der natürlichen organischen Sorbenten variiert das Sorptionsvermögen gegenüber organischen Schadstoffen in den verschiedenen Böden selbst bei gleichem C_{org}-Gehalt z. T. stark (GERSTL 1990). Der Humuskörper ist jedoch im allgemeinen die Bodenfraktion mit der größten Sorptionskraft.

Die kontinuierlichen Sorptions-Desorptions-Reaktionen verursachen eine Verzögerung der anorganischen und organischen Stoffe gegenüber dem Wasserfluß, die durch den Retardations-(Verzögerungs-)faktor R_d, den Quotienten aus der mittleren Abstandsgeschwindigkeit des Wassers v_w und der mittleren Transport-Geschwindigkeit des Schadstoffes v_i (jeweils in m/s), beschrieben wird (Gl. 4.3). Der Retardationsfaktor R_d kann bei bekanntem Verteilungskoeffizienten

K_d des jeweiligen Schadstoffes auch mit Hilfe einer ein-dimensionalen Verzögerungs-Gleichung unter der Annahme eines konstanten Flusses in einem homogenen porösen Medium berechnet werden:

$$R_d = \frac{v_w}{v_i} = 1 + \frac{\rho_b}{n} \cdot K_d \tag{4.3}$$

In Gleichung (4.3) bedeuten ρ_b die Bruttodichte (Feuchtraumdichte) (g/ml), n die Porosität und K_d den Verteilungskoeffizient (ml/g) der Untergrundmaterialien. Bei allen K_d-Werten > 0 ml/g wird die Transportgeschwindigkeit des jeweiligen Stoffes v_i gegenüber der Abstandsgeschwindigkeit des Wassers v_w verzögert. Die K_d- und R_d-Werte sind Substanz-spezifisch, so daß unterschiedliche Transportgeschwindigkeiten der einzelnen Substanzen, also ein Chromatographie-Effekt, beim unterirdischen Transport beobachtet werden können (MATTHESS 1994). Für den Fluß durch ein geklüftetes Medium ist die Adsorption aus der Lösung entlang einer Kluftoberfläche durch einen Verteilungskoeffizienten mit der Einheit ml pro Einheit Kluftoberfläche zu beschreiben (BURKHOLDER & DE FIGH-PRICE 1977).

Auf diesem Wege kann der Sorptions-beeinflußte Transport von ionischen und von nichtionischen Grundwasser-Verunreinigungen unter der Voraussetzung behandelt werden, daß die transportierten Spezies und die festen Untergrundmaterialien ihre Eigenschaften nicht ändern und die Austausch- bzw. Sorptionsgleichgewichte eingestellt sind. Da viele Austausch- und Sorptionsvorgänge endliche Zeiten bis zur Gleichgewichtseinstellung benötigen, hängt es von der Fließgeschwindigkeit des Grundwassers ab, ob Gleichgewicht erreicht wird. Die Einstellung des Gleichgewichtes bei Böden oder Sedimenten mit höheren Gehalten an organischen Substanzen (Huminstoffen) benötigt größenordnungsmäßig Tage bis zu einem Monat. Adsorptionsreaktionen, die chemische Reaktionen mit Feststoffkomponenten (etwa Säuren/Basenreaktionen) einschließen, benötigen zur Gleichgewichtseinstellung 1-2 Wochen. Bei Fließgeschwindigkeiten < ca. 1 m/d kann trotz der langsamen Sorptionskinetik die Einstellung der Sorptions-Gleichgewichte angenommen werden, so daß der Transport mit dem Retardationsfaktor einer gegebenen unpolaren organischen Verbindung in einem gegebenen Grundwasserleiter abgeschätzt werden kann. Bei höheren Fließgeschwindigkeiten (> 1 m/d) können jedoch diese Verbindungen erheblich schneller transportiert werden, als aufgrund von Gleichgewichts-Ansätzen vorauszusagen wäre (SCHWARZENBACH & GIGER 1985, MATTHESS 1994).

Bei nur ungenügender Berücksichtigung der Zusammensetzung der natürlichen Wässer, Böden und Gesteine, der Redox-Verhältnisse, der Komplexbildung und der pH-Pufferung liefern die üblichen stark vereinfachten Modelle dieser Prozesse allenfalls pauschalierende Beschreibungen des Transport-Verhaltens von Stoffen für die jeweils untersuchten geochemischen Milieubedingungen im Grundwasserbereich (JACKSON et al. 1980).

In sandigen Tonmineral- und Huminstoff-reichen Untergrundmaterialien liegt der K_d-Wert für Sr-Spuren bei 0,5-50 ml/g, derjenige für Cs bei 1-500 ml/g. Grober Quarzsand besitzt den niedrigsten und feiner Calcitsand den höchsten K_d-Wert. Bei Verwendung realistischer Porositäts- und Dichtewerte wird deutlich, daß nach Gl. (4.3) Sr-90 und Cs-137 wesentlich langsamer wandern als das Grundwasser, und zwar Cs-137 zumeist langsamer als Sr-90. Entsprechende Aussagen können für zahlreiche Schwermetalle und Radionuklide gemacht werden (MATTHESS 1994).

Die Mobilität von organischen Stoffen, wie den Pflanzenschutzmitteln, im Sicker- und Grundwasser wird durch ihre Verteilungskoeffizienten Wasser/Gestein und den C_{org}-Gehalt des Untergrundmaterials charakterisiert. Weitere Einflußgrößen sind der Ton- und Schluff-Gehalt des Untergrundmaterials, ferner – Wirkstoff-spezifisch verschieden – seine Kationenaustausch-Kapazität und sein Gehalt an Fe/Mn-Oxiden/Hydroxiden. Hohe Ionenstärken des Sicker- oder Grundwassers (u. a. in verunreinigten Bereichen) können die Sorption der Pflanzenschutzmittel erhöhen. In Poren-Grundwasserleitern mit niedrigen C_{org}-Gehalten werden Pflanzenschutzmittel, wie Chlortoluron und Terbuthylazin, mit einer sehr geringen Retardation gegenüber Wasser transportiert (PEKDEGER et al. 1993, MATTHESS 1997).

K_d- und R_d-Werte wurden u. a. auch für zahlreiche Pflanzenschutzmittel und für ein Spektrum der wichtigsten Poren-Grundwasserleiter in Mitteleuropa im Labor und im Feld gemessen. Danach liegen die Retardationsfaktoren zahlreicher Wirkstoffe zwischen 0,4 und 10 (MATTHESS et al. 1985b). Die Pflanzenschutzmittel-Wirkstoffe, die durch Sorption, Komplexierung oder chemischen Einbau an die organischen Stoffe oder anorganischen Komponenten der Bodenmatrix (Huminstoffe, Tonminerale, Ton-Huminstoff-Komplexe) gebunden werden, bilden die sog. gebundenen Rückstände. Diese können durch polare und unpolare Lösungsmittel nicht mehr extrahiert werden und sind damit auch nicht analysierbar, doch kann ihr Anteil mit Hilfe ^{14}C-markierter Wirkstoffe bestimmt werden (FÜHR 1984).

Neue Untersuchungen zeigen, daß ein natürliches Untergrund-System als komplexe Einheit aus vielen Einzelphasen anzusehen ist (PANKOW & MCKENZIE 1992). Daher ist das oben beschriebene, vergleichsweise einfache Zweiphasen-Konzept des Untergrundes, das eine feste Phase und Wasser unterscheidet, durch Drei- oder Mehrphasen-Systeme »Festsubstanz-Kolloide-Wasser« zu ersetzen (EADY et al. 1990, CHIN et al. 1990). Bereits die Analyse des Transportverhaltens unter Annahme eines Dreiphasen-Systems zeigt den vorherrschenden Einfluß der Kolloid-Phasen. Dies kann durch die thermodynamisch inkonsistente Beobachtung verdeutlicht werden, daß ein hydrophober Pflanzenschutzmittel-Wirkstoff umso löslicher ist, je höher das Feststoff/Wasser-Verhältnis ist (VOICE et al. 1983, O'CONNOR & CONNOLLY 1980). Dieser scheinbare Widerspruch beruht auf der Vernachlässigung der Kolloid-Fraktion in früheren Untersuchungen. Die Menge an Kolloiden nimmt nämlich notwendigerweise mit Zunahme der Feststoffmengen zu, so daß sie als »quasi gelöste feste Phase« das Gleichgewicht zur »gelösten« Phase hin verschiebt (PANKOW & MCKENZIE 1992).

Die Abstoßung durch die negativ geladenen Tonteilchen führt zu einem bevorzugten Transport der Anionen oder auch der negativ geladenen Kolloidteilchen (z. B. der Bakterien und Viren) in den Großporen, so daß diese Stoffe oder Partikel im Mittel schneller als das Grundwasser transportiert werden können. So wurden im Mittel von 7 Jahren SO_4^{2-}-Ionen in einem tonigen Lehm mit 1,3-1,4 m/a etwa doppelt so schnell transportiert wie die Wassermoleküle (0,7 ± 0,05 m/a; GVIRTZMAN et al. 1986). In gleicher Weise kann die Mobilität von hydrophoben organischen Verbindungen, zu denen zahlreiche Lösungsmittel und Herbizide gehören, durch Sorption an bevorzugt transportierte Kolloidteilchen beschleunigt werden (BENGTSSON et al. 1987).

Filtration

Die Filterwirkung des Untergrundes ist eine komplexe physikalische und chemische Erscheinung. Beim Filtern werden solche Teile mechanisch abgeseiht, die zu groß sind, um die unterirdischen Fließkanäle in Poren und Trennfugen zu passieren. Die Transportmöglichkeit von Kolloidteilchen und von Mikroorganismen wird durch bestimmte Mindestgrößen der Poren und die Größe der Partikel bzw. Mikroorganismen begrenzt. Der Größenvergleich zeigt jedoch, daß durch mechanische Filtervorgänge Teilchen in der Größe von Bakterien und Viren in Sanden und Kiesen nicht oder nicht vollständig zurückgehalten werden. Eine Abschätzung mit Hilfe von Suffosionsberechnungen nach BUSCH et al. (1993) ergibt nämlich für die Transportfähigkeit von Bakterien (0,2 – 5 μm Größe) in Einkorngemischen als minimale Porengröße 72 μm, so daß rechnerisch erst im Grobschluff eine wirksame Transporthemmung durch mechanische Ausfilterung (Abseihen) zu erwarten ist.

Kleinere Teilchen, deren Größe, wie bei den Bakterien (0,2-5 µm), Viren (0,02-0,3 µm) und Kolloiden (SiO_2-Teilchen 20 µm, Eisenhydroxidflocken 10 µm) sehr klein ist im Verhältnis zum Porendurchmesser, werden durch kombinierte Wirkung der Filtermechanismen Sedimentation, Interzeption und Adsorption zurückgehalten. An diesen Partikeln können anorganische und organische Spurenstoffe (z. B. Schwermetalle oder Pflanzenschutzmittel) sorbiert sein. Dieser Vorgang wirkt umso besser, je kleiner die Korngrößen und je größer die wirksamen Oberflächen sind und je dünner die elektrochemische Doppelschicht um die suspendierten Teilchen ist. Für die Bindung der Teilchen an die Körner des Untergrundmaterials durch eine wirksame Oberfläche sind zufällige Berührungen erforderlich. Die Wahrscheinlichkeit hierzu nimmt mit der Krümmung der Porenkanäle, der Kontinuität der Teilung und Wiedervereinigung der Stromfäden des Wassers, durch die BROWNsche Molekularbewegung und durch die Wirkung der Schwerkraft auf größere mikroskopische Teilchen zu. Die Partikel können bei Kontakt mit den Mineralkörnern durch Massen- (VAN DER WAALS-) und elektrische (COULOMB-)Kräfte gebunden werden. Unter den chemischen Bedingungen des unterirdischen Wassers weisen die Mineralkörner meist negative Netto-Oberflächenladungen auf. Das Adsorptions-Verhalten ist analog dem der Anionen: es nimmt zu mit zunehmendem Elektolyt-Gehalt und abnehmendem pH des Wassers. Demnach hängt der Filterfaktor von den chemischen und physiko-chemischen Eigenschaften des Grundwassers und des Filtermediums ab. Makroskopisch ergibt sich so eine Abnahme der Anfangskonzentration einer Suspension c_o auf einer Fließstrecke s auf die beobachtete Konzentration c_s, die einer exponentiellen Abklingkurve (Gl. 4.4) folgt (IWASAKI 1937):

(4.4) $$\ln (c_s/c_0) = -\lambda_f \cdot s$$

Der Filterfaktor λ_f umfaßt die Wirkung von geometrischen Parametern, wie der Porosität, den Korngrößen des Filtermaterials und der suspendierten Partikel, von physikalischen Parametern, wie der PECLET-Zahl (dem Quotienten aus mittlerer Fließgeschwindigkeit und Diffusionskoeffizienten), der BOLTZMANN-Konstante, der Temperatur, der Viskosität des Wassers, der Filtergeschwindigkeit und der Dichten der suspendierten Teilchen und des Wassers, und schließlich von den Mechanismen der Partikelbindung an die festen Mineralkörner, wie Sedimentation, Fließprozesse, Diffusion und Interzeption (YAO et al. 1971). Die Filtermechanismen werden darüber hinaus von den hydraulischen Bedingungen (Fließgeschwindigkeit) und sedimentologischen Eigenschaften (Porengrößenverteilung, Verbindungen zwischen den Poren etc.) beeinflußt. Nach Labormessungen ist bei Sand der Filterfaktor hoch mit dem wirksamen Korndurchmesser korreliert, einer in der Hydrogeologie routinemäßig bestimmten Meßgröße (MATTHESS et al. 1991).

Wenn sich die Filter-Parameter, insbesondere die Fließgeschwindigkeit und die wasserchemischen Eigenschaften, ändern, können die Partikel wieder remobilisiert und weiter transportiert werden. Dies kann formal als eine »Retardation« behandelt werden, da die beobachtbare Transportgeschwindigkeit niedriger als die Fließgeschwindigkeit des Wassers ist.

Bei einer Dauerbelastung eines Grundwasserleiters durch Uferfiltration, Abwasserversenkung oder Abwasserverrieselung bildet sich besonders an der Grenzfläche Wasser/Sediment – ähnlich wie an der Oberfläche von Sandfilteranlagen – eine Filterschicht mit einer besonderen Biozönose aus (SCHMIDT 1963). Diese klebrig-gelatinösen Hüllen aus Bakterienkolonien und -schleimen und amorphem anorganischem Material und die sedimentierten und abgeseihten Wasserinhaltsstoffe verringern in dieser Schicht die Öffnungen der Fließwege (BETZ et al. 1983) und eliminieren die suspendierten Teilchen sehr wirksam. Wird die aktive Filterschicht zerstört (z. B. durch Austrocknung oder Abtragung), so ist die Filterwirkung herabgesetzt und es kann zu Keimdurchbrüchen kommen, die erst nach einiger Zeit zurückgehen (KUSTERMANN 1962).

Abiotischer und biotischer Ab- und Umbau

Neben den ursprünglichen organischen Stoffen sind auch ihre biotischen und abiotischen Abbau-, Umbau- und Reaktionsprodukte in die Bewertung der Befunde einzubeziehen. Als Umwandlungsprodukte werden dabei solche Produkte abiotischer oder biotischer Vorgänge verstanden, bei denen das Ausgangsmolekül weitgehend erhalten bleibt (z. B. bei einer Hydroxylierung oder der Bildung eines Sulfoxides oder Sulfons), als Abbauprodukte solche, deren charakteristische Struktur verloren ging, z. B. durch Spaltung eines Moleküls, und als Reaktionsprodukte solche, die oder deren Umwandlungsprodukte mit anderen Substanzen (z. B. aus dem Stoffwechsel oder organischer Bodensubstanz) eine neue Verbindung bilden. Biotische Produkte werden zusammenfassend als Metabolite bezeichnet.

Durch abiotisch und biotisch gesteuerte Redox-Prozesse kann die Löslichkeit anorganischer Stoffe bei Änderungen des Redox-Potentials verändert werden (z. B. werden Eisen (II)-Ionen in Wässern mit oxidierendem Milieu als $Fe(OH)_3$ ausgefällt und Eisen (III)-Spezies in reduzierendem Milieu in lösliche Eisen (II)-Ionen überführt).

Organische Substanzen, wie die Pflanzenschutzmittel-Wirkstoffe, unterliegen im Boden und im tieferen Untergrund in Gegenwart von Wasser und Sauerstoff abiotischen und biotischen chemischen Reaktionen wie Hydrolyse, Oxidation und Bildung von Isomeren. Diese führen zu unterschiedlichen Reaktions-, Um- und Abbauprodukten und schließlich zur vollständigen Zersetzung zu Kohlenstoffdioxid, Wasser und gegebenenfalls weiteren anorganischen Verbindungen.

In den obersten cm des Bodens sowie in Grundwasserblänken kann ein Teil dieser Vorgänge durch Photolyse unterstützt werden. Über die quantitative Bedeutung des Ab- und Umbaus durch photochemische Reaktionen ist noch wenig bekannt. Sie kann bei manchen Stoffgruppen nahezu diejenige des biotischen Abbaus erreichen (SCHARPENSEEL et al. 1977, SCHEFFER & SCHACHTSCHABEL 1992).

Die Oxidation von reduzierten Verbindungen, wie Sulfiden, elementarem Schwefel und Thiosulfaten erfolgt im Untergrund auch rein chemisch. Der wichtigste abiotische (rein chemische) Abbauweg ist für zahlreiche organische Stoffe, wie Phosphorsäureester, Halogenkohlenwasserstoffe, Carbamate und s-Triazine, die saure oder basische Hydrolyse. Die hier beispielhaft aufgeführten Hydrolyse-Raten-Konstanten und Halbwertszeiten einiger halogenierter Alkane zeigen, daß die reine Hydrolyse für diese Stoffe kein wichtiger Abbauvorgang ist (Tabelle 4.6, SCHWARZENBACH & GIGER 1985). Die hydrolytische Zersetzung organischer Stoffe wird durch

Tabelle 4.6. Hydrolyse–Raten–Konstanten k_h* und geschätzte Halbwertszeiten einiger flüchtiger Halogenalkane unter Umweltbedingungen (SCHWARZENBACH & GIGER 1985)

Verbindung	k_h* (s^{-1})	$\tau_{1/2}$	Verbindung	k_h* (s^{-1})	$\tau_{1/2}$
CH_3Cl	$2{,}4 \cdot 10^{-8}$**	334 d	$CHBr_2Cl$	$8{,}0 \cdot 10^{-11}$***	274 a
CH_3Br	$4{,}1 \cdot 10^{-7}$**	20 d	CH_3CH_2Br	$2{,}6 \cdot 10^{-7}$**	30 d
CH_2Cl_2	$3{,}2 \cdot 10^{-11}$**	704 a	$CH_3(CH_2)_2Br$	$3{,}0 \cdot 10^{-7}$**	26 d
$CHCl_3$	$6{,}9 \cdot 10^{-12}$***	3500 a	$(CH_3)_2CHBr$	$3{,}9 \cdot 10^{-6}$**	2 d
$CHBr_3$	$3{,}2 \cdot 10^{-11}$***	686 a	$(CH_3)_3CCl$	$3{,}0 \cdot 10^{-2}$**	23 s
$CHBrCl_2$	$1{,}6 \cdot 10^{-10}$***	137 a			

* $k_h = k_B[OH^-] + k_A[H^+] + k_N$; $k_N = k_{H2O}[H_2O]$;
** $k_h = k_N$, da k_B unterhalb pH 10 zu vernachlässigen;
*** angenommen $k_h = k_B[OH^-]$.

Sorption an Ton- und Primärmineralen sowie an Metalloxiden beeinflußt (VOUDRIAS & REINHARD 1986), z. B. wirkt die Sorption von Diazinon an Tonminerale katalytisch beschleunigend (ARMSTRONG & KONRAD 1974). Die Adsorption an organische Substanz (z. B. Huminstoffe) hemmt dagegen den Abbau einzelner Stoffe (HELLING et al. 1971).

Für die Grundwasserbeschaffenheit sind die biotischen Umwandlungen organischer und anorganischer Stoffe von großer Bedeutung, die vor allem durch autochthone Mikroorganismen bewirkt werden. Die autotrophen Mikroorganismen, die CO_2 als einzige Kohlenstoffquelle für die Assimilation nutzen, können die benötigte Energie – außer aus Sonnenlicht – auch aus der Oxidation anorganischer Stoffe gewinnen, etwa von 2-wertigem Eisen oder Mangan. Die meisten Mikroorganismen können jedoch organische Substanzen als Energiequelle sowie als Quelle für Kohlenstoff, Wasserstoff und unter Umständen für Stickstoff oder Schwefel nutzen, wobei sie die organischen Substanzen einerseits zum Aufbau Körper-eigener Biomasse verwenden, andererseits die Energie-reichen, komplizierten Verbindungen in einfachere Zwischenprodukte (Metaboliten) und schließlich in CO_2 und Wasser umsetzen. Sauerstoff-haltige anorganische Stoffe (wie Nitrat und Sulfat) werden unter anaeroben Bedingungen als Sauerstoffquellen mikrobiell unter Bildung von reduzierten Spezies, wie N_2 oder NH_4^+ bzw. S_2 oder H_2S, umgesetzt. Die beteiligten Mikroorganismen-Populationen, vor allem Bakterien, Actinomyceten und Pilze, daneben Protozoen und niedere Metazoen – und im Boden Algen – sind in Artenzusammensetzung und Besiedlungsdichte an die Umweltbedingungen, wie z. B. Nährstoff- und Sauerstoffangebot und Temperatur, angepaßt (ALEXANDER 1969, DAVIS 1967, DVWK 1988, MATTHESS 1994). Sie beeinflussen die Reaktionsgeschwindigkeit, nicht aber die Reaktionsrichtung, die sich aus den thermodynamischen Bedingungen des jeweiligen Systems ergibt. Die erwähnte Oxidation von Sulfiden, elementarem Schwefel- und Thiosulfaten erfolgt im Untergrund durch mikrobiologische Einwirkung unter günstigen Verhältnissen viel schneller als rein chemisch, so daß unter biologisch nahezu optimalen Feuchtigkeits- und Temperatur-Verhältnissen die physikalisch-chemisch bedingten Umsetzungen im Verhältnis zu den biologischen unerheblich werden (ALEXANDER 1977).

Bei der Umsetzung der organischen Substanz ergibt sich eine charakteristische Abfolge an Redox-Reaktionen, wodurch – oft an unmittelbar benachbarten Stellen im Porenraum – nacheinander freier Sauerstoff, Nitrat und Sulfat aus dem Wasser entfernt, Mangan und Eisen gelöst und Methan gebildet werden (GOLWER et al. 1970, 1976, JACKSON et al. 1980, MCCARTY 1983, STUMM & MORGAN 1981). Auch Phosphat unterliegt in Boden und Grundwasser mikrobiell gesteuerten Reaktionen, wobei u. a. Phosphor in organische Stoffe, z. B. in Phytin, eingebaut und damit den Porenlösungen entzogen wird. An den Umsetzungen des Stickstoff-Kreislaufs sind im Untergrund vor allem nitrifizierende und denitrifizierende Bakterien, sowie Streptomyceten und Pilze beteiligt. Im Oberboden wird Nitrat im Mikromilieu ohne freien Sauerstoff und in Gegenwart organischer Substanzen reduziert (SCHULZ 1970, PEKDEGER 1977), unter vergleichbaren Bedingungen ebenso im Grundwasser (GOLWER et al. 1970, 1976).

Der Abbau von organischen Substanzen durch Redox-Prozesse ist im allgemeinen mikrobiell beeinflußt, wobei vor allem in der Wasser-ungesättigten Zone organische Stoffe mikrobiellem Abbau in wesentlich stärkerem Maß unterliegen als rein chemischer Umwandlung. Die enzymatisch bedingten Abbauprozesse beruhen auf der Adaption der vorhandenen Mikroorganismen, auf Co-Metabolismus und auf den im Boden vorhandenen extrazellulären Enzymen (TORSTENSSON 1980). Die mikrobielle Besiedlungsdichte des Untergrundes nimmt vom mikrobiell sehr aktiven Oberboden (mit bis zu $25 \cdot 10^9$ Zellen/g Boden) zur Tiefe hin ab, doch sind selbst in tieferen Bereichen der Grundwasservorkommen z. T. beträchtliche Keimzahlen (Größenordnung 10^4-10^5/ml) zu beobachten (CHAPELLE 1992, MATTHESS et al. 1992, MATTHESS 1994). Der biologische Abbau von organischen Spuren-Verunreinigungen benötigt Schwellenkonzentrationen der als Energiequelle wirkenden anthropogenen oder natürlichen organischen Substrate, unterhalb denen anscheinend kein weiterer Abbau erfolgen kann (McCarty et al. 1981, McCarty 1983). Die Metabolite wirken in der Regel weniger (als Folge von Inaktivierung oder Entgiftung), oft jedoch auch stärker toxisch als die Ausgangssubstanzen (Alexander 1977, Helling et al. 1971, Wallnöfer & Engelhardt 1989).

Die mikrobiellen Umsetzungen können durch verschiedene anorganische und organische Substanzen gestört werden, die den Stoffwechsel hemmen oder die Mikroorganismen abtöten. Zum Beispiel nimmt die Abbaurate von Pflanzenschutzmitteln im allgemeinen mit steigender Anfangskonzentration ab, sei es aufgrund der begrenzten Anzahl der Reaktionsplätze im Boden (Hance & McKone 1971), sei es aufgrund einer Hemmung der Mikroflora (Hurle 1982). Als Hemmstoffe wirken auch giftige Stoffwechselprodukte, die sich bei ungenügender Beseitigung mit dem Sicker- und Grundwasser anreichern können. Bei gleichzeitigem Einsatz verschiedener Wirkstoffe kann deren Abbau gehemmt (Kaufman et al. 1970) oder beschleunigt werden, manchmal werden auch keinerlei Veränderungen beobachtet (Hurle & Walker 1980). Wie bei anderen Umweltchemikalien können auch bei Pflanzenschutzmitteln die Abbauraten bei wiederholter Anwendung der gleichen Substanz durch Anpassung der Mikroflora zunehmen (Hurle & Walker 1980).

Die Abbaugeschwindigkeit der organischen Substanzen ist unterschiedlich, teils wegen der Zusammensetzung der organischen Substanzen (unterschiedliche Löslichkeit, verzweigte Kohlenwasserstoffe und Aromaten langsamer als einfache Ketten), teils wegen der bereits erwähnten Umweltbedingungen und der dadurch bedingten Zusammensetzung der Mikroflora. Verlauf und Geschwindigkeit der Abbau-Reaktionen hängen von den ökologischen Rahmenbedingungen ab. Der Abbau wird außer durch die Höhe der Anfangskonzentration hauptsächlich durch Bodenfaktoren (Wassergehalt) und klimatische Bedingungen gesteuert. In mineralischen Böden mit erhöhtem C_{org}-Anteil führt die Adsorption organischer Substanzen an Humuspartikel und Tonminerale zu verringerter Verfügbarkeit und damit trotz einer höheren Bakterientätigkeit in der Regel zu einer Hemmung des Abbaus. So findet im allgemeinen der Abbau unter aeroben schneller als unter anaeroben Bedingungen statt (Alexander 1977). Manche Stoffe, wie z. B. hoch oxidierte, halogenierte Kohlenwasserstoffe (Hill & McCartey 1967, McCarty 1983), werden unter aeroben Verhältnissen nicht oder nur ungenügend, im anaeroben Milieu besser abgebaut. Dieser Umstand ist anscheinend besonders wirkungsvoll, wenn einer aeroben Abbauphase eine anaerobe vorangeht. Die meisten Stoffe werden am stärksten im mäßig sauren bis neutralen pH-Bereich (pH 5-7) abgebaut (Hurle & Walker 1980). Zunehmende Temperatur und zunehmender Wassergehalt in der Wasser-ungesättigten Zone beschleunigen den mikrobiellen Abbau von organischen Substanzen. Durch das Zusammenwirken zwischen Temperatur und Bodenfeuchte erfolgt hier der stärkste Abbau während der Vegetationsperiode und ruht weitgehend im Winter (Wheatley et al. 1972). In der Wasser-gesättigten, aber auch in der Wasser-ungesättigten Zone, dort vor allem in Mikroporen-Systemen, können anaerobe Bedingungen auftreten. Hier werden vorwiegend Substanzen mit hohen Hydrolysekonstanten, sowie sauerstoffhaltige Stoffe, wie Alkohole, Ether und Ester abgebaut. Unter anaeroben Bedingungen reduzieren Mikroorganismen sauerstoffhaltige Verbindungen, vorwiegend Nitrate und Sulfate, um Sauerstoff für die Veratmung zu gewinnen. Unter anaeroben Bedingungen hängt somit die Oxidation von der Anwesenheit von Nitrat, Sulfat und Phosphat als Sauerstoffquellen ab.

Der relativ gut untersuchte Wirkstoff-Abbau im Boden ist bei geringen Ausgangskonzentrationen c_o durch eine modifizierte Ratengleichung 1. Ordnung (Gl. 4.5) zu beschreiben, die eine Initialphase berücksichtigt, in der kein oder nur ein geringer Abbau stattfindet (Hurle 1982, Hurle & Walker 1980):

$$c_t = c_0 \cdot e^{-\lambda_t (t-t_0)} \quad (4.5)$$

mit der Dauer der Initialphase t_o bei $t > t_o$ und der Raten-Konstanten λ_t, die mit der

Tabelle 4.7. Abbauraten verschiedener Pflanzenschutzmittelgruppen (MATTHESS et al. 1985b)

Chemische Gruppe	$\tau_{1/2}$ (d)	λ_t (1/d)
nicht ionische:		
halogenierte Kohlenwasserstoffe	194–4.380	0,0036–0,00016
Carbamate	2–650	0,35 –0,0011
Aniline, Anilide, Amide	1,5–321	0,073–0,0022
Harnstoff-Derivate	22,3–710	0,031–0,00098
Org. Phosphor-Verbindungen	6–602	0,12–0,0012
ionische:		
kationische:		
Dipyridyle	kein Abbau	
alkalische:		
Uracile	56–14	0,012–0,0047
s–Triazine	22–2.460	0,032–0,0018
saure:		
Nitrophenole	15,3	0,045
Phenoxyfettsäuren	< 7–924	> 0,1–0,00075

Halbwertszeit $\tau_{1/2}$ verknüpft ist ($\lambda_t = \ln 2/\tau_{1/2}$). Die Halbwertszeiten bzw. die Abbaukonstanten organischer Stoffe hängen von ihrer Stabilität gegenüber dem chemischen (z. B. Oxidation, Hydrolyse), dem physikalischen (z. B. Temperatur, Licht) und dem mikrobiellen Angriff (Metabolismus) im jeweiligen Untergrund-System ab und sind nur Bedingungskonstanten für das jeweilige System.

Über den Abbau organischer Stoffe im Grundwasser gibt es vergleichsweise wenige Daten. Der Abbau von organischen Chemikalien im Grundwasser unterscheidet sich insofern vom weit besser untersuchten Abbau in Böden, als die Haupteinflußfaktoren auf die Persistenzzeit, nämlich Temperatur, Wassergehalt und pH-Wert, weitgehend konstant sind und keine Zufuhr an freiem Sauerstoff erfolgt. Der Abbau der Herbizide Chlortoluron, Pendimethalin und Terbuthylazin wies nach Untersuchungen unter Grundwasserbedingungen (10 °C, Nährstoff-arme Lösungen) generell höhere Halbwertszeiten als im belebten Boden auf. Im Grundwassermilieu wird der Abbau der genannten Herbizide offenbar durch niedrige Temperatur, Nährstoffarmut und gegenüber dem Boden um Größenordnungen niedrigere, wenig aktive Mikroorganismen-Populationen verlangsamt (MATTHESS 1997).

Gasaustausch und Volatisierung

In der Wasser-ungesättigten Zone befindet sich in den Hohlräumen oberhalb der Grundwasseroberfläche frei bewegliche Luft, die in Anlehnung an VON PETTENKOFER (1871) als Grundluft bezeichnet wird. Ein Teil der Hohlräume in diesem Bereich ist stets Wasser-erfüllt, so daß auch im porösen Medium die Grundluft nur 10-20 Vol.-% des Untergrundes einnimmt. Die Gase werden innerhalb des Grundwasserbereiches und der Grundluft vor allem durch die kontinuierlich wirkende Diffusion transportiert (PENMAN 1940a, b), im Grundwasser kommen Strömungsdispersion und im Grundluftbereich vor allem episodisch wirkende thermische, barometrische und hydrologische Einflüsse (Niederschlag, Grundwasserstandsänderungen) hinzu. Sie beschleunigen den Gasaustausch in unregelmäßigen Abständen. Besonders gilt dies für stark durchlässige, überdeckende Schichten, in denen hohe Anteile von Klüften und Lösungshohlräumen am Gesamthohlraumgehalt die Wirksamkeit der meteorologisch bedingten Faktoren begünstigen.

Von der Größe und Wirksamkeit der Sauerstoffzufuhr aus der Atmosphäre und der Sauerstoff-zehrenden Vorgänge hängt es ab, ob anaerobe oder aerobe Verhältnisse im Grundwasser herrschen (GOLWER et al. 1976). Bei Oxidations- und Abbauprozessen im Wasser-ungesättigten Bereich und im Grundwasser wird nämlich Sauerstoff (O_2) umgesetzt – z. T. völlig aufgebraucht – der aus der Atmosphäre in die Grundluft nachgeliefert wird und an der Grundwasseroberfläche entsprechend dem O_2-Partialdruck in der Grundluft ständig neu gelöst wird. Gasförmige organische Stoffe in der Grundluft, etwa aus Kohlenwasserstoff-Imprägnationen oder aus diffusem atmosphärischem Eintrag, können ebenfalls entsprechend dem Konzentrationsgefälle in das Grundwasser übertreten (FRAGIADIAKIS et al. 1979). Eine umgekehrt gerichtete Gasbewegung entfernt die gasförmigen Abbauprodukte geogenen oder anthropogenen Ursprungs, z. B. Kohlenstoffdioxid und Stickstoff oder etwaige flüchtige Verunreinigungen, z. B. Kohlenwasserstoffe, aus dem Grundwasser (ALBERTSEN & MATTHESS 1978, GOLWER & MATTHESS 1972).

Die Diffusionsrate eines Gases in Wasser oder Grundluft in einem porösen Untergrundmaterial läßt sich durch eine modifizierte Form der Transportgleichungen für stationäre Diffusion (1. FICKsche Gleichung) (Gl. 4.6)

$$Q = D^* \cdot \frac{\delta c}{\delta x} \qquad (4.6)$$

und für instationäre Diffusion (2. FICKsche Gleichung) (Gl. 4.7)

$$Q = D^* \cdot \frac{\delta^2 c}{\delta x^2} \qquad (4.7)$$

mit der je Zeit- und Flächeneinheit transportierten Gasmenge Q, der Gaskonzentration c, der Diffusionsstrecke $\times$ und dem an das poröse Medium angepaßten Diffusionskoeffizienten D^* beschreiben. D^* ergibt sich als Produkt der Diffusionskoeffizienten in Wasser oder Luft, der effektiven Porosität n_e und der Wegkorrektur (Tortuosität) f, die die Krümmungen der Wege im Porensystem berücksichtigen soll. In der Wasser-ungesättigten Zone wird D^* darüberhinaus durch den Wassergehalt beeinflußt (ALBERTSEN 1977). Für die Berechnung der Diffusionsrate kann als Diffusionskoeffizient von CO_2 und O_2 durch Luft bei 101,324 kPa und 0 °C 0,139 $cm^2 \cdot s^{-1}$ bzw. 0,178 $cm^2 \cdot s^{-1}$ eingesetzt werden (WEAST 1981). Für die Wegkorrektur (Tortuosität) f gibt PENMAN (1940a,b) den Faktor 0,66 an. ALBERTSEN (1977) zeigte, daß die Tortuosität f von 0,56 in grobem Sand bis 0,70 in feinem Sand variiert. In wäßrigen Lösungen sind die Diffusionskoeffizienten allgemein 3 Zehnerpotenzen niedriger als in Gas-erfüllten Hohlräumen.

Wird der Gasaustausch an der Grenzfläche Wasser-Grundluft durch Diffusion kontrolliert, so gelten auch hier die FICKschen-Gleichungen (Gln. 4.6 und 4.7). Die Gleichgewichts-Beziehung zwischen der Konzentration einer flüchtigen Substanz in der Gasphase c_g (mg/l Luft) und in der wäßrigen Phase c_w (mg/l Wasser) ist durch einen Verteilungskoeffizienten definiert, der experimentell zu bestimmen ist oder sich nach DILLING (1977) berechnen läßt (Gl. 4.8):

$$\frac{c_g}{c_w} = \frac{16{,}04 \cdot P \cdot M}{T \cdot S} \qquad (4.8)$$

mit dem Dampfdruck P (hPa), der Molmasse M (mol), der Temperatur T (K) und der Löslichkeit in Wasser S (mg/l).

Als praktisches Maß für die Neigung, in die Gasphase überzugehen, dient die Flüchtigkeit (Sättigungskonzentration) eines organischen Fluids. Sie ergibt sich aus der Beziehung $F = 0{,}041 \cdot M \cdot p$ (M = Molmasse, p = Dampfdruck der Substanz bei 20 °C in mbar). Die Flüchtigkeit gibt die Menge des Gases in mg an, die bei 20 °C bei Sättigungszustand in 1 l Luft vorhanden ist.

Zahlreiche Stoffe, vor allem Mineralölprodukte und halogenierte Kohlenwasserstoffe, aber auch Hg-Verbindungen, Stickstoff-, Schwefel- und Selen-Oxide, gehen infolge ihrer hohen Flüchtigkeit bereits in der Wasser-ungesättigten Zone in die Gasphase über und können in die Atmosphäre entweichen. Um einen Imprägnations-Körper mit flüchtigen Komponenten oder um andere Gasquellen (etwa von CO_2) bildet sich so eine Hülle von gasförmigen Komponenten mit nach außen abnehmender Konzentration. Wegen ihrer relativ hohen Dichte tendieren die organischen Gase und das Kohlenstoffdioxid dazu, abzusinken und – eine ausreichende Durchlässigkeit vorausgesetzt – sich vorzugsweise über dem Kapillarraum auszubreiten. Die Gase diffundieren dem Konzentrationsgefälle folgend zur Erdoberfläche. Der Kontakt zwischen Haft-, Sicker- und Grundwasser und Gasphase ermöglicht eine großflächige Kontamination des unterirdischen Wassers.

Die Flüchtigkeit einer Substanz beeinflußt ihre Konzentration in einem kontaminierten Grundwasser kaum noch. Vielfach wurde die Volatisierungsrate bei Stoffen mit hohen Dampfdrücken im Grundwasser überschätzt (Zoeteman et al. 1981), da die Entgasung wegen der um 3 Zehnerpotenzen niedrigeren Diffusionskoeffizienten im Wasser vergleichsweise langsam erfolgt. Dennoch kann dieser Vorgang zu erhöhten CO_2- und Kohlenwasserstoff-Gehalten in der Grundluft führen, die die Feststellung der Ausdehnung des verunreinigten Bereiches erlauben (Albertsen 1977, Albertsen & Matthess 1978, Neumayr 1983).

Signifikante Mengen an Pflanzenschutzmittel-Wirkstoffen gehen durch Volatisierung (Verdampfung) entweder direkt von der Bodenoberfläche oder durch den Gasaustausch zwischen Grundluft und Atmosphäre verloren, die zu Wirkstoffverlusten unmittelbar nach ihrer Ausbringung führen, oft schneller als ihr Ab- und Umbau. Die Volatisierung von Rückständen in die Atmosphäre schließt die Verdunstung der Wirkstoffmoleküle von Boden- und Pflanzenoberflächen in die Luft und ihre Ausbreitung in der Atmosphäre und in der Grundluft durch Diffusion und turbulente Mischung, bzw. durch die oben geschilderten Prozesse des Gasaustausches ein. Die Dampfdrücke der Pflanzenschutzmittel variieren über 6 Zehnerpotenzen. Die in Tabelle 4.4 aufgeführten Werte lassen niedrige Volatisierungsraten der Wirkstoffe vermuten. Da jedoch die Hintergrund-Dampfdrücke der Pflanzenschutzmittel in der Atmosphäre praktisch null sind, werden die Wirkstoff-Rückstände wie in einem Vakuum verdampfen. Feldbeobachtungen zeigen eine weite Streuung der Volatisationsverluste von 70% innerhalb weniger Stunden bzw. bis zu 80-90% innerhalb weniger Tage nach der Applikation bis zu kleinen Verlusten über Wochen und Monate in Abhängigkeit von Wetterbedingungen und der landwirtschaftlichen Methode (Taylor & Spencer 1990).

Neben diesem molekularen Pflanzenschutzmittel-Transport kommt es auch durch Verwehung von an Partikel gebundenen Wirkstoffen durch den Wind zu Abträgen von landwirtschaftlich, gärtnerisch oder forstwirtschaftlich genutzten Flächen.

Advektion bzw. Konvektion und Dispersion – Transportmodellierung

Durch Advektion bzw. Konvektion werden Stoffe vom Trägermittel Wasser bevorzugt horizontal bzw. vertikal durch die Wasser-ungesättigten und -gesättigten Zonen transportiert. Dieser Prozeß ist mit einer räumlichen Ausbreitung des kontaminierten Wasserkörpers bei gleichzeitiger Konzentrationsabnahme verbunden, eine Folge der hydrodynamischen Dispersion. Diese umfaßt die molekulare Diffusion und die hydromechanische Dispersion. Die vergleichsweise langsame molekulare Diffusion auf der Grundlage der Brownschen Molekularbewegung trägt nur dann merklich zur Stoffverteilung bei, wenn die Fließgeschwindigkeit des Sicker- bzw. Grundwassers sehr klein ist. Als Maß der relativen Bedeutung des diffusiven Stofftransportes gegenüber dem advektiven bzw. konvektiven Transport dient die Peclet-Zahl Pe, der Quotient aus Fließgeschwindigkeit (Abstandsgeschwindigkeit) v_w und dem Koeffizienten der molekularen Diffusion D_d (Gl. 4.9)

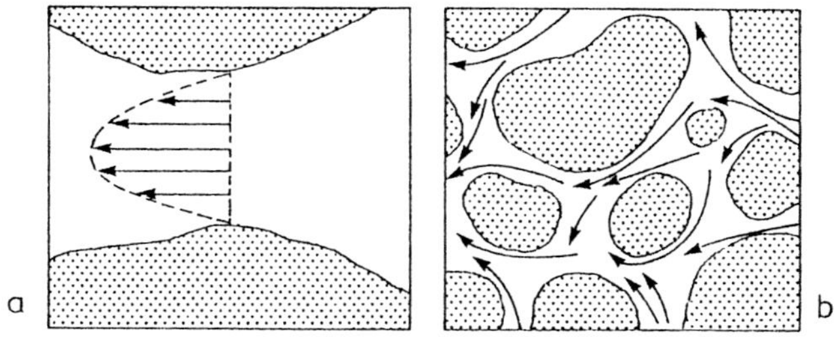

Abb. 4.8. Geschwindigkeits-Verteilung innerhalb einer Pore (a) und Fließbewegung im Porenraum (b) (SCHRÖTER 1983).

(4.9) $Pe = v_w/D_d$

Bei Pe < 0,4 herrscht die molekulare Diffusion und bei Pe > 5 die hydromechanische Dispersion vor, während zwischen Pe 0,4 und 5 Diffusion und hydromechanische Dispersion in der gleichen Größenordnung sind (BEAR 1972, BEAR & VERRUJT 1987). Die Bedeutung der hydrodynamischen Dispersion nimmt mit wachsender Fließgeschwindigkeit zu. Die molekulare Diffusion und die hydromechanische Dispersion hängen in der Wasser-ungesättigten Zone vom Wassergehalt ab. Darüber hinaus sind die Verzögerung interaktiver Substanzen durch Adsorption-Desorption und ihre Elimination durch Abbau- und Umbauvorgänge und – bei der Ausbreitung partikulärer und kolloidaler Substanzen – die Filtration zu berücksichtigen. Daher kann der Transport im Untergrund mit Hilfe einer erweiterten Transportgleichung beschrieben werden (BEAR 1972), die Terme für die Retardation, den Abbau und – für Partikel und Kolloide – auch für die Filtration dieser Substanzen im Untergrund enthält (Gl. 4.10)

(4.10) $$\frac{\delta c}{\delta t} = \frac{D_l}{R_d} \cdot \frac{\delta^2 c}{\delta x^2} + \frac{D_t}{R_d} \cdot \frac{\delta c^2}{\delta y^2} + \frac{v_w}{R_d} \cdot \frac{\delta c}{\delta x} - \lambda_t \cdot t \cdot c - \lambda_f \cdot \frac{v_w}{R_d} \cdot t \cdot c$$

mit den Koeffizienten der longitudinalen und transversalen hydrodynamischen Dispersion D_l, D_t $= D' + D_d$; dem Konzentrationsgradienten $\delta c/\delta x$, der mittleren Abstandsgeschwindigkeit v_w, dem Retardationsfaktor R_d (Gl. 4.3), der Filtrationskonstanten λ_f (Gl. 4.4) und der Abbaukonstanten λ_t (Gl. 4.5). Die Mischung verschiedener Stromfäden als Folge der texturellen und strukturellen Variabilität des Porensystems durch die hydrodynamische Dispersion bewirkt neben Sorptions-, Filtrations- und Abbauvorgängen, daß die Konzentration von Schadstoffen und -organismen im Sicker- und Grundwasser schließlich unter die Nachweisgrenzen bzw. die Grenzwerte verringert wird (MATTHESS 1994).

Ursachen der hydromechanischen Dispersion sind die unterschiedliche Geschwindigkeits-Verteilung im Porenwasser, die unterschiedliche Porengrößenverteilung und die unterschiedlich langen Fließbahnen im Grundwasserleiter (Abb. 4.8). Als Maß für die hydrodynamische Dispersion dient der Dispersionskoeffizient D mit den Koeffizienten der molekularen Diffusion D_d und der hydromechanischen Dispersion D' (BEAR 1972) (Zur Bestimmung des Dispersionskoeffizienten s. MATTHESS & UBELL 1983). Die hydrodynamische Dispersion schließt die longitudinale (in Fließrichtung bestimmte) und die transversale (senkrecht zur Fließrichtung bestimmte) hydrodynamische Dispersion ein. Der transversale Dispersionskoeffizient beträgt in der Regel in homogenen porösen Medien 1/10, in geschichteten Grundwasserleitern 1/100-1/1000 des longitudinalen Dispersionskoeffizienten. Der longitudinale Dispersionskoeffizient D_l hängt von der mittleren Abstandsgeschwindigkeit v_w des Grundwassers ab (KLOTZ 1973):

(4.11) $D_l = \alpha_l \cdot v_w^b$ mit $0{,}9 < b < 1{,}2$

Die Geschwindigkeits-unabhängige Gesteinseigenschaft, die Dispersionslänge (Dispersivität) α_l, besitzt so die Dimension einer Strecke (m). Die Dispersionslänge hängt von der Größe des

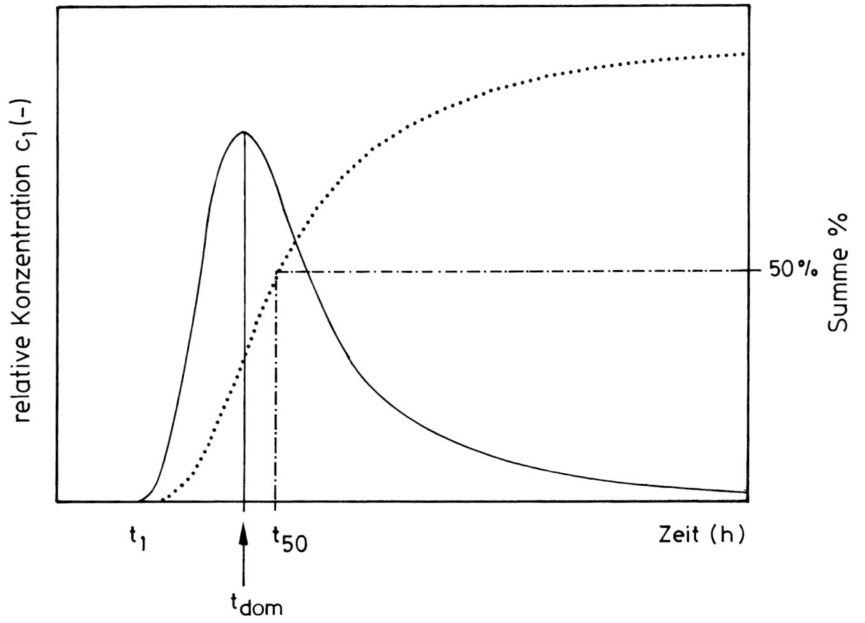

Abb. 4.9. Durchgangskurve und kumulative Konzentrationskurve eines Markierungsversuchs.

untersuchten Bereiches ab. In kleinen Einheiten eines Grundwasserleiters bestehen eindeutige Zusammenhänge zwischen Durchlässigkeitsbeiwert k_f, Porosität n und Dispersivität α_l, während für größere Bereiche eines Grundwasserleiters in der Regel nur Durchschnittswerte der Dispersivität bestimmbar sind, da eine Zuordnung zu Durchlässigkeitsbeiwerten und Porositäten nicht unmittelbar möglich ist (MATTHESS et al. 1985a).

Werden im Verhältnis zur Schichtmächtigkeit größere vertikale Grundwasserleiter-Ausschnitte erfaßt, so nimmt die Dispersivität mit der Fließstrecke zu. Die in Feldversuchen mit vollverfilterten Brunnen gemessenen Dispersivitäten sind meist um 1-3 Zehnerpotenzen höher als die Labormeßwerte. Dies erklärt sich aus Struktureigenschaften des größeren erfaßten vertikalen Untergrundbereiches, vor allem durch Horizontal- und Schrägschichtung sowie kleinräumig verteilte Korngrößen- und Gefüge-Inhomogenitäten (BERTSCH 1978, MERCADO 1967, GELHAR et al. 1979, SCHRÖTER 1984) und schließlich aus der Durchmischung des Brunneninhalts durch vertikale Fließbewegung und aus der Zusammenfassung aller den Brunnen erreichenden Stoffanteile aus Einzelschichten. Die Strecken-abhängige Zunahme der Dispersivität läßt typische Dispersivitätsbereiche für verschiedene Grundwasserleiter-Typen erkennen (LENDA & ZUBER 1970, SCHRÖTER 1984). Die Schwankungsbreite der Dispersivitäten ergibt sich aus den texturellen und strukturellen Inhomogenitäten und aus Versuchs-bedingten Einflüssen. In genügend großer Entfernung von der Eingabestelle nähert sich die Dispersivität einem Plateauwert (SCHRÖTER 1983).

Die Grundwasser-Fließgeschwindigkeit v_w kann entweder aus dem Durchlässigkeitsbeiwert k_f, dem hydraulischen Gradienten $\delta h/\delta x$ und der effektiven Porosität n_e als mittlere Geschwindigkeit (Gl. 4.12) oder aus Markierungsversuchen mit idealen (konservativen) Tracern berechnet werden.

Am besten ist hierfür das Tritium ^3H geeignet, das als Bestandteil von tritiiertem Wasser ^3HHO das Wasserverhalten unmittelbar anzeigt. Die übrigen Stoffe weichen in ihrem Verhalten mehr oder weniger vom »idealen« Verhalten ab (Moser & Rauert 1980, Matthess & Ubell 1983, Käss 1992). Die mittlere Transportzeit t_{50}, aus der mit (Gl. 4.13) v_w bestimmt wird, kann aus der kumulativen Konzentrationskurve (Abb. 4.9) bei 50% der Wiederfindungsmenge abgelesen werden.

(4.12) $$v_w = -\frac{k_f}{n_e} \cdot \frac{\delta h}{\delta x}$$

(4.13) $$v_w = \frac{x}{t_{50}}$$

Aus der Durchgangskurve am Beobachtungspunkt lassen sich außerdem die maximale Abstandsgeschwindigkeit $v_{w,max}$ aus dem ersten Auftreten des Stoffes zum Zeitpunkt t_l und die dominierende Abstandsgeschwindigkeit $v_{w,dom}$ aus dem Durchgangszeitpunkt t_{dom} der maximalen Konzentration im Meßbrunnen ableiten.

Für die Beurteilung der Kontaminationsgefahr ist neben der mittleren auch die maximale Abstandsgeschwindigkeit eines idealen Tracers, die sich aus dem ersten Nachweis ergibt, von Bedeutung, da diese das mögliche erste Auftreten von kolloidalen Schadstoffen und Krankheitserregern an der Beobachtungsstelle anzeigt. Mit zunehmender Dispersivität weicht die maximale Abstandsgeschwindigkeit immer stärker von der mittleren ab. Als wesentliches Ergebnis von Feld- und Laborversuchen ist hervorzuheben, daß die mittlere Abstandsgeschwindigkeit idealer Tracer niedriger sein kann als die mittlere Transportgeschwindigkeit von partikulär transportierten Schadstoffen und pathogenen Mikroorganismen, eine Folge des bevorzugten Partikeltransports in Großporen- und Rißsystemen (Matthess et al. 1985a).

In porösen Medien hängt die Mobilität des Wassers in der Wasser-ungesättigten Zone von der Porengröße ab. In Mikro- und Endporen kann das Porenwasser samt seinem Lösungsinhalt als immobil im Vergleich zum Wasser in den Großporen angesehen werden. Dies wird z. B. für den Transport eines nicht-konservativen Stoffes in der Wasser-ungesättigten Zone durch die Konzepte des Ein- und des Zwei-Regionen-Modells (van Genuchten & Wierenga 1976) berücksichtigt. Während das Ein-Regionen-Modell den ein-dimensionalen Advektions-Dispersions-Ansatz sowie die Retardation beschreibt, berücksichtigt das letztgenannte Modell zusätzlich den Diffusions-kontrollierten Stoffaustausch zwischen mobiler und immobiler Wasserphase durch einen Massentransfer-Koeffizienten (eine Ratenkonstante 1. Ordnung).

Das Zwei-Regionen-Modell von van Genuchten & Wierenga (1976) erlaubt insbesondere bei niedrigeren Wassergehalten eine deutlich bessere Beschreibung des Wirkstoff-Transports in Wasser-ungesättigten Säulenversuchen als das Ein-Region-Modell. Unter Feldbedingungen ergibt aber die Verwendung komplizierter Modellkonzepte, wie das 2-Regionen-Modell von van Genuchten & Wierenga (1976), für die Berechnung des Stofftransports im Boden keine wesentliche Verbesserung der Simulations-Ergebnisse. Die Berücksichtigung der Sorptions-Vorgänge im Boden, die über die Annahme eines konstanten Sorptionskoeffizienten hinausgeht, führt hingegen zu deutlich besseren Simulations-Ergebnissen.

Der vertikale Transport von organischen Stoffen, wie den Pflanzenschutzmitteln, unter Feldbedingungen kann mittels der hier geprüften Simulationsmodelle Calf, Equi, Gleams, Leachmp, Przm und Sesoil nur annähernd beschrieben werden (Abb. 4.10; Dibbern 1992, Dibbern & Pestemer 1992). Befriedigende Ergebnisse lassen sich nur durch die Erfassung aller für den Transport und das Verhalten der Pflanzenschutzmittel im bearbeiteten Oberboden bestimmenden Parameter erzielen.

Die die Sickerwasserbewegung steuernden Parameter Durchlässigkeitsbeiwert im Wasser-ungesättigten Bereich k_u und Feldkapazität beeinflussen nach den Simulations-Ergebnissen von Dibbern (1992) den Transport stark sorbierender Pflanzenschutzmittel nur gering. Fehler bei der

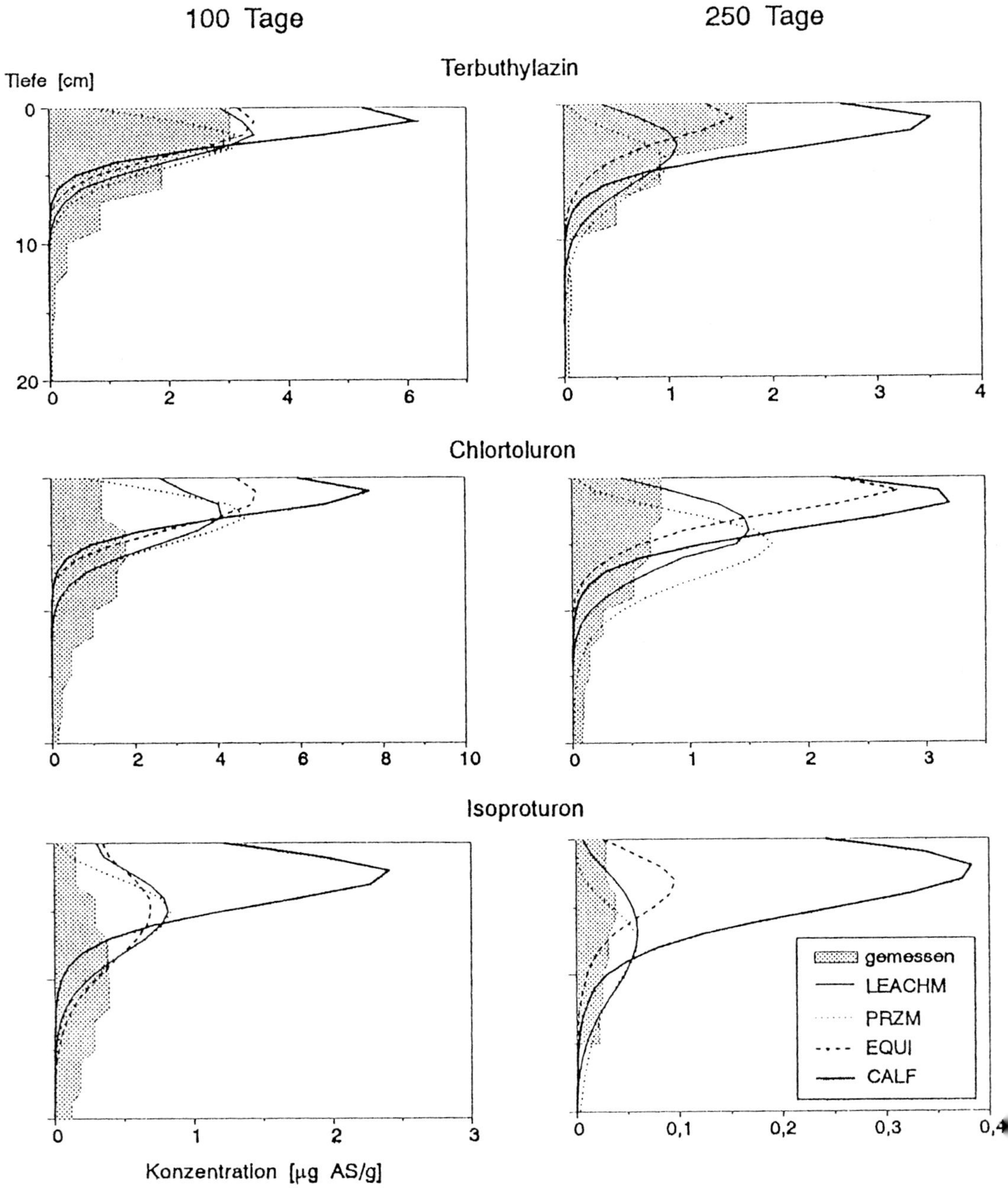

Abb. 4.10. Gemessene und berechnete Verteilung von 3 Pflanzenschutzmitteln nach 100 und 250 Tagen am Versuchsgelände der Biologischen Bundesanstalt Braunschweig (DIBBERN 1992).

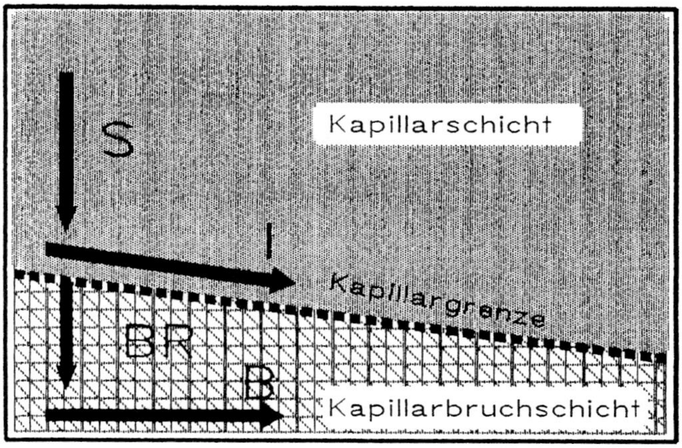

Abb. 4.11. Schema der Fließbedingungen in einem Kapillarsperrensystem (I = lateraler Abfluß, B = Bodenabfluß, BR = Durchbruch durch die Kapillarsperre, S = Sickerwasser) (WOHNLICH 1991).

Schätzung dieser Größen führen zu relativ geringen Fehlern bei den Simulations-Rechnungen. Die Größen Niederschlag, Halbwertszeit und Sorption haben hingegen einen starken Einfluß auf das berechnete Verlagerungs-Verhalten mit einer entsprechend großen Sensibilität.

Die Untersuchungen zur Variabilität der Oberboden-Eigenschaften auf einer 130 × 140 m großen Teilfläche des Versuchsfeldes Ruhwinkel ca. 35 km S' Kiel im Bereich der Bornhöveder Seenkette zeigen anhand von 200 Zufalls-bestimmten Proben eine erhebliche Variabilität der hier wichtigen Steuergrößen und einen deutlichen Zusammenhang zwischen der Morphologie und den gemessenen Gehalten an organisch gebundenem Kohlenstoff und Wasser. Die gegenüber Hanglagen höheren Werte in einer Mulde deuten auf laterale Bewegungen des Wassers und der darin gelösten oder suspendierten organischen Substanzen hin. Die »worst case«-Simulation unter Verwendung der jeweils ungünstigsten Parameter ergab in diesem Falle einen um den Faktor 8-9 höheren rechnerischen Austrag des Pflanzenschutzmittels Terbuthylazin als bei der Simulation mit den Mittelwerten (GASS 1993). Somit zeigt sich für den konkreten Fall des Untersuchungsfeldes am Standort Ruhwinkel die Auswirkung der inhomogenen Verteilung der Eingabeparameter auf die Aussageschärfe des Simulationsmodells. Derartige punktuelle Simulationen ermöglichen keine Aussagen über den flächenhaften Austrag eines Wirkstoffs.

Die praktische Nutzung von Grundlagenwissen, beispielsweise bei der prognostischen Beurteilung des Untergrundverhaltens von organischen Stoffen, wie den Pflanzenschutzmitteln, bezüglich einer Grundwasserkontamination mit Hilfe von Transportmodellen, ist aufgrund der o. g. methodischen Einschränkungen und der meist fehlenden Daten nur in Ausnahmefällen möglich. Der Hauptgrund hierfür liegt in der räumlich und z. T. zeitlich inhomogenen Verteilung der den Wasserfluß und den Stofftransport steuernden Parameter. Diese können jedoch bei entsprechendem Aufwand mit Hilfe geostatistischer Methoden erfaßt werden.

Eingetretene Verunreinigungen des Grundwassers und der Sickerwasserzone durch anorganische und langlebige organische Verbindungen lassen bei den langsamen Fließbewegungen – vor allem in der Wasser-ungesättigten Zone – zusammen mit der Verzögerung durch Adsorptions-/Desorptionsprozesse – eine über Jahrzehnte dauernde Belastung, u. U. auf einem niedrigen Spurenstoffniveau, erwarten.

Bei der Bewertung der Gesamtsituation sind auch die Abbau-, Umbau- und Reaktionsprodukte und deren kaum bekanntes Abbau- und Transportverhalten im Untergrund zu berücksichtigen. Analysendaten dieser Stoffe und Angaben zu ihrem Abbau- und Transportverhalten unter Feldbedingungen liegen jedoch kaum vor.

Verläßliche und realistische Prognosen der Persistenz und Mobilität können nur durch Säulen-

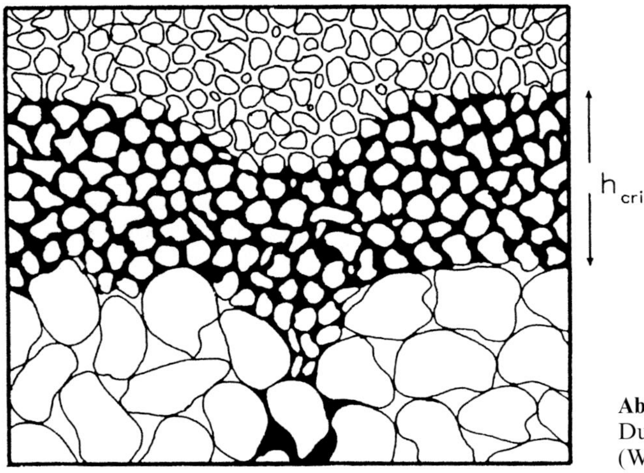

Abb. 4.12. Schematisiertes Beispiel für eine Durchbruchsstelle in einer Kapillarsperre (WOHNLICH 1991)

versuche oder – besser – durch Freilandlysimeterversuche erhalten werden. Schüttel- (Batch-) versuche ergeben nämlich erfahrungsgemäß zu hohe Retardationswerte und damit zu günstige Mobilitätsbeurteilungen. Sie erlauben jedoch eine Beurteilung der relativen Sorptionswirkung von Untergrundmaterialien und den Vergleich der Sorbierbarkeit von organischen Substanzen miteinander (MATTHESS 1997).

Die Modellüberlegungen über den Wasser- und Stofftransport in der Wasser-ungesättigten Zone gehen von Horizont-spezifisch unterschiedlichen, jedoch in sich selbst homogenen Boden- und Strukturverhältnissen aus. Zwei wichtige Phänomene werden dabei außer acht gelassen, das verbreitete Auftreten von Großporen- und Rißsystemen und die Rolle von Kapillarsperren bei lateralen Wasser- und Stoff-Flüssen. Auf die Bedeutung der als bevorzugte Wasserwege dienenden Großporen- und Rißsysteme wurde bereits hingewiesen. Hier soll noch kurz auf die Rolle der Kapillarsperren im natürlichen geschichteten Untergrund eingegangen werden.

An der Grenze einer feinkörnigen über einer grobkörnigen Schicht wird ein Sickerwasser-Anteil durch Kapillarkräfte bis zu einer bestimmten Grenzdruckhöhe (kritische Kapillarhöhe) festgehalten und kann bei entsprechendem Gefälle lateral dräniert werden (Abb. 4.11). Die Höhenlagen der natürlichen Schichtgrenzen variieren kleinräumig. Die Senken bilden örtliche Vorfluter für die laterale Wasserbewegung. Hier kommt es zur Überschreitung der kritischen Kapillarhöhe (h_{krit}) und damit zum Durchbruch durch die geschilderte Kapillarsperre (Abb. 4.12; WOHNLICH 1991). Dieser Prozeß erklärt das vielfach beobachtete, ortsgebundene fingerförmige Vordringen von Vernässungs- und Verwitterungszonen.

4.2.4 Eintrag und Eliminierung von pathogenen Mikroorganismen

Die wichtigsten auf dem Wasserpfade übertragbaren Krankheitserreger umfassen Bakterien (*Salmonella*- und *Shigella*-Arten, *Vibrio cholerae, Yersinia-, Campylobacter*- und *Leptospira*-Arten, *Francisella tularensis, Dyspepsie-coli*, Enterotoxin-bildende *E. coli, Pseudomonas*-Arten und *Legionella pneumophila*) und Viren (Hepatitis A Virus, Poliomyelitis- und Coxsackie-Viren, Rota-Virus, Adeno-Viren und Norwalk-artiges Virus). Die pathogenen Mikroorganismen können außerhalb des Grundwassers in der Umwelt z. B. in Mülldeponien, Kehricht, flüssigem organischem Dünger (Jauche, Gülle) und in Abwässern, aber auch im Boden enthalten sein und z. T.

Tabelle 4.8. Relatives Absterbeverhalten pathogener Bakterien im Vergleich zu *E.coli* im Grundwasser (10 ± 1 °C) bei Abnahme um 7 Zehnerpotenzen (FILIP et al. 1985)

Bakterium		Zeit $t-t_o$ (d)	Initial-Zeit t_o (d)	Eliminations-konstante λ_t (d^{-1})	relative Elimination zu *E.coli* $\lambda_t/\lambda_{t\,E.coli}$
Escherichia coli	(G–)	225	0	0,0522	1
Salmonella typhimurium	(G–)	290	10	0,0564	1,1
Yersinia enterocolitica	(G–)	300	0	0,0167	0,3
Pseudomonas aeruginosa	(G–)	295	5	0,0204	0,4
Staphylococcus aureus	(G+)	20	0	0,484	9,3
Streptococcus faecalis	(G+)	300	0	0,0291	0,6
Bacillus cereus	(G+)	300	0	0,0218	0,4
Bacillus megatherium	(G+)	5	0	2,61	50
Clostridium perfringens	(G+)	300	0	0,00491	0,09
Nocardia alba	(G+)	299	1	0,0152	0,3
Streptomyces griseus		300	0	0,0163	0,3
Aspergillus niger		300	0	0,0274	0,5

(G+) – Gram–positiv; (G–) – Gram–negativ

dort mehrere Wochen bis Monate persistieren. U. U. können so sehr lange Zeit nach der primären Ausscheidung Keimeinträge mit zusickerndem Wasser in das Grundwasser erfolgen, die dann nicht mehr ursächlich zu verfolgen sind (ALTHAUS et al. 1982, MATTHESS et al. 1985a).

Ausgehend von den realistischen Gehalten in Abwässern (*E. coli* 10^7-10^2 CFU/100 ml; Viren 10^{-1}-10^2 PFU/100 ml) und verunreinigten Oberflächenwässern (E. coli 10^4-10^5 CFU/100 ml; Viren 0-1 PFU/100 ml) ist für pathogene Bakterien und Viren eine Verringerung um 7 Zehnerpotenzen zu fordern (ALTHAUS 1983, ALTHAUS et al. 1982, MATTHESS & PEKDEGER 1981) (CFU = colony forming unit; PFU = plaque forming unit). Die in der Literatur oft angegebenen »sehr guten Reinigungsleistungen des Untergrundes« von 99,99% – entsprechend 4 Zehnerpotenzen – sind bei den Anforderungen der Trinkwasserverordnung (BMJFG 1990b) demnach nicht als ausreichend anzuerkennen.

Die Wirkung des Untergrundes auf milieufremde, pathogene Mikroorganismen kann als eine Kombination verschiedener biotischer und abiotischer Wirkungsmechanismen angesehen werden, die von Fall zu Fall unterschiedliche Wichtigkeit besitzen. Offenbar überlagern sich die antagonistischen Wirkungen autochthoner Mikroorganismen gegen milieufremde Formen, die auf Abscheidung antibiotischer Stoffe (Algen, Actinomyceten) oder auf direkter Aufnahme als Nahrung durch Protozoen oder niedere Metazoen beruhen, mit Vorgängen, die als Transportprozesse zusammengefaßt werden können. HIRSCH & RADES-ROHKOHL (1983) konnten bei 38% der von ihnen aus dem Grundwasser isolierten Pilze eine Wachstumshemmung bei *Escherichia coli* beobachten, während 1,2% das Wachstum förderten. Bakteriophagen tragen in höheren Konzentrationen zur raschen Elimination von solchen allochthonen Mikroorganismen bei, die sich bei Grundwassertemperatur vermehren (z.B. Yersinien und manchen Pseudomonaden). Diese auf Bakterien spezialisierten Viren dringen in lebende Bakterienzellen ein und können sich dort vermehren, was meist zum Tode der Wirtszellen führt. Eiweiß-zersetzende Bakterien produzieren für Viren schädliche thermolabile Enzyme und verkürzen deren Persistenz. Räuberisches Verhalten gegen Grundwasserbakterien wurde auch in den Anreicherungen bei Amöben, Flagellaten, Ciliaten und *Bdellovibrio* spp. beobachtet (MATTHESS et al. 1985a). Sporen-bildende Bakterien werden im Gegensatz zu anderen allochthonen Bakterien kaum von biologischen Faktoren beeinflußt. Die einzelnen, die Elimination der Mikroorganismen beeinflussenden Faktoren wirken nicht isoliert, sondern überdecken, fördern oder hemmen sich, wobei die biologischen Faktoren für die Persistenz der Bakterien dominieren (ALTHAUS et al. 1982, ALTHAUS 1983, DVWK 1988, SCHLEGEL 1985).

Die pathogenen Keime können sich unter oligotrophen Bedingungen zwar über eine Anfangszeit t_o zahlenmäßig halten oder sogar geringfügig vermehren, ihre Zahl nimmt dann jedoch – genau so wie die der Viren (BERG 1976) – exponentiell entsprechend Gleichung (4.5) mit der Zeit ab (MERKLI 1975). Bei dieser Beziehung tritt an die Stelle der Abbaukonstanten eine Eliminationskonstante λ_t (= ln $2/\tau_{1/2}$). Die Halbwertszeit $\tau_{1/2}$ beträgt bei Bakterien meist zwischen 1 und 20 Tagen, bei Viren größenordnungsmäßig 10-100 Tage. Die Anfangsphase t_o ist bei Bakterien meist $\leq$ 7 Tage, sie hängt jedoch von den Milieubedingungen ab. Unter sterilen oligotrophen Bedingungen kann sie einige Monate, in verunreinigtem oder biologisch aktivem Wasser jedoch nur wenige Tage betragen. In derartigen Nährstoff-reichen Grundwässern können sich nämlich die autochthonen Mikroorganismen, die gegenüber den pathogenen Keimen antagonistisch wirken, bevorzugt entwickeln. Dies erklärt die aus der Literatur bekannten, z. T. sehr langen Persistenzzeiten pathogener Keime im Grundwasser: bei Grundwassertemperaturen zwischen 5 und 15 °C persistierten *Escherichia coli* bis zu 187 Tagen, *Salmonella typhimurium* bis zu 230 Tagen, *Salmonella typhi* bis zu 63 Tagen, Coxsackie-Viren bis zu 280 Tagen und Poliomyelitis-Viren bis zu 550 Tagen (ALTHAUS et al. 1982, ALTHAUS 1983, MATTHESS et al. 1985a). Eine modellhafte Berechnung mit Hilfe von Gl. (4.5) auf der Grundlage von Meßdaten in sterilem Grundwasser gibt eine Vorstellung über das relative Absterbeverhalten pathogener Mikroorganismen im Untergrund.

Mikroorganismen unterliegen z. T. reversiblen Sorptions-Desorptionsvorgängen, die dem Modell der FREUNDLICH-Isotherme (Gl. 1.73) (MERKLI 1975), im Falle der Viren u. U. auch der LANGMUIR-Isotherme (Gl. 1.74) folgen (YATES et al. 1987). Das Adsorptions-Gleichgewicht stellt sich schnell ein (innerhalb von 2 h bei Viren, von 24 h bei Bakterien) (MERKLI 1975). Änderungen der physikalisch-chemischen Milieubedingungen, vor allem die Abnahme der Ionenstärke des Grundwassers, z. B. durch zusickerndes Regenwasser, führen – vor allem bei Viren (DUBOISE et al. 1976) – zur Desorption und zum Weiterwandern. Wie bei der negativen Nettoladung der Bakterien und Viren zu erwarten, nimmt die Sorption bei fallenden pH-Werten zu. Mit steigendem Feinkorn-Gehalt und damit verbundener Zunahme der spezifischen Oberfläche, steigendem Gehalt an Ton und organischer Substanz und somit steigender Austauschkapazität des Grundwasserleiters nimmt die Sorptionswirkung zu (DIZER et al. 1985). Diesen Zusammenhängen überlagert sich die Wirkung der pH-abhängigen Oberflächenladung der Festsubstanzen fördernd oder hemmend (RIEMER 1983). Gelöste anorganische Stoffe und organische Substanzen, z. B. Proteine, vermögen die Adsorption in Abhängigkeit von ihren chemischen Eigenschaften zu hemmen oder zu fördern (DUBOISE et al. 1976, MARSHALL 1980). Bakterien besitzen im Gegensatz zu Viren die Fähigkeit zur aktiven Anheftung an Kornoberflächen, jedoch ist wenig über diese Vorgänge bei humanpathogenen Bakterien in Grundwasserleitern bekannt (ALTHAUS et al. 1982).

Die Adsorptions-Desorptionsvorgänge führen zu einer Verzögerung des Bakterien- und Viren-Transportes gegenüber der Abstandsgeschwindigkeit des Wassers, die durch den Verzögerungsfaktor R_d beschrieben wird (Gl. 4.2). K_d- und R_d-Werte zahlreicher pathogener Bakterien und Viren liegen für den Bereich sandig-kiesiger Grundwasserleiter vor. Die experimentell für zahlreiche Bakterien-Arten bestimmten R_d-Werte liegen zwischen 0,4 und 10,0 (ALTHAUS et al. 1982, MATTHESS et. al. 1985a). Die Viren, besonders die Poliomyelitis-Viren, weisen allgemein sehr hohe K_d-Werte in Abhängigkeit von der chemischen Beschaffenheit des Grundwassers und den Eigenschaften der jeweiligen Virus-Art auf. Dementsprechend kann nach Gl. (4.2) und nach den Literaturdaten (ALTHAUS et al. 1982) mit R_d-Werten von einigen hundert selbst in sandigen Grundwasserleitern gerechnet werden.

Wie im Abschnitt »Filtration« dargelegt, werden Bakterien und Viren aufgrund ihrer geringen Größe praktisch nicht abgeseiht, sondern durch die physikalisch-chemischen Vorgänge der Filtration, nämlich durch Sedimentation, Interzeption und Diffusion aus dem Wasser entfernt. Aus Laborversuchen wurden bei vergleichbaren Säulenlängen Filterfaktoren von 30-53 (m^{-1}) für Viren und von 10-44,6 (m^{-1}) bei Bakterien abgeleitet (MATTHESS et al. 1985a). Zur Filterwirksamkeit gegenüber Bakterien trägt außer der erwähnten Aggregation durch Filamente und Schleimausscheidung möglicherweise die aktive Mobilität der Bakterien bei, die bei den kleinen Durchmessern der Porenräume wirksam sein kann. Die Eigenbewegung der Bakterien ist zunächst ein richtungsloses Taumeln, das bei Empfang von Reizen in eine chemotaktisch gesteuerte, zielgerichtete Bewegung übergeht (MAEDA et al. 1976). Bei ständiger Wasserbeschickung nehmen Wasserdurchlässigkeit im Filter und Keimzahl im Filtrat parallel ab. Die k_f-Werte können bei örtlicher Porenverstopfung bis auf 5% der ursprünglichen Werte zurückgehen (KUSTERMANN 1962). Die abgefilterten pathogenen Bakterien und Viren werden durch die o. g. biologische und chemische Einwirkung abgetötet bzw. inaktiviert.

Die Filtermechanismen sind von den hydraulischen Gegebenheiten (Fließgeschwindigkeit und -richtung) und von der Wasserbeschaffenheit (pH, Ionenstärke) abhängig. Falls diese sich ändern, kommt es wieder zu einem Keimtransport. Die lange Zeit festgehaltenen Mikroorganismen werden bei sich ändernder hydraulischer oder hydrochemischer Situation remobilisiert. Hieraus ergibt sich – wie bereits erwähnt – formal eine Retardation. Die in Poren-Grundwasserleitern beobachtete mittlere Transportgeschwindigkeit der pathogenen Mikroorganismen ist nämlich langsamer als die Abstandsgeschwindigkeit des Grundwassers. Diese Geschwindigkeiten können jedoch in weitklaffenden Klüften und offenen Karst-Gerinnen gleich sein. In gut durchlässigen Großporen- und Rißsystemen können – wie erwähnt – die Bakterien im Mittel sogar schneller transportiert werden als die sich auch in kleineren Porenräumen ausbreitenden idealen Tracer.

Die Transportweite von pathogenen Bakterien und Viren ist durch die eliminierende Wirkung antagonistischer Mikroorganismen und durch die filternde und retardierende Wirkung der Grundwasser-leitenden Gesteine eingeschränkt. Die Transportstrecke von Enterobakterien liegt in porösen, sandigen Grundwasserleitern meist bei 30-100 m, jedoch werden für lehmige Sande Transportstrecken zwischen 1,5 und >1.000 m angegeben (ALTHAUS et al. 1982). Die Transportstrecken von Viren in porösen Untergrundmaterialien sind wegen der erheblichen Filterwirkung gegenüber Viren und deren hoher Adsorptionsneigung im allgemeinen klein (ALTHAUS et al. 1982).

Die vorgestellten Daten zur Persistenz zahlreicher pathogener Bakterien und Viren im Grundwasser ergeben, daß ausgehend von realistischen Ausgangskonzentrationen eine Abnahme der Krankheitserreger auf den *E. coli*-Grenzwert der Trinkwasserverordnung (BMJFG 1990b) allein durch Absterbe- und Inaktivierungsvorgänge Aufenthaltszeiten im Grundwasser von z. T. vielen Monaten erfordert. Die bekannten Daten über die Elimination von Keimen bei der Untergrundpassage und die Betriebserfahrung der Wasserwerke zeigen jedoch eine gute Reinigungswirkung des Untergrundes bei einer unterirdischen Fließstrecke, die einer Aufenthaltszeit von 50 Tagen entspricht. Die o. g. Persistenzwerte, insbesondere der Nachweis von Keimen in den Eingabestellen und in deren unmittelbarer Umgebung über 50 Tage hinaus zwingen daher zu dem Schluß, daß die beobachtete Reinigungswirkung gegenüber den Keimen nicht allein auf Absterbe- und Inaktivierungsprozessen beruhen kann. Vielmehr kommen noch andere Prozesse physikalisch-chemischer Natur hinzu (Tabelle 4.3), die hier als Transportprozesse zusammengefaßt sind.

Die beobachtete gute Reinigungswirkung von Poren-Grundwasserleitern und von vielen Kluft- und Karst-Grundwasserleitern beruht demnach auf dem Zusammenwirken Zeit-abhängiger Absterbe- und Inaktivierungsvorgänge mit den Fließstrecken-abhängigen Transport-, Verzögerungs- (Adsorptions-Desorptions-) und Filterprozesse.

4.2.5 Schutzwirkung des Bodens

Unter Boden wird im vorliegenden Zusammenhang der durchwurzelte Untergrundbereich an der Erdoberfläche verstanden (SCHEFFER & SCHACHTSCHABEL 1992). Im Bodenschutzgesetz vom 17. 3. 1998 wird unter Boden die obere Schicht der Erdkruste verstanden, soweit sie Träger von Bodenfunktionen ist. Als natürliche Bodenfunktionen werden genannt: die Lebensgrundlage für Menschen, Tiere, Pflanzen und Bodenorganismen; der Bestandteil des Naturhaushalts, insbesondere seine Wasser- und Stoffkreisläufe; das Abbau-, Ausgleichs- und Aufbaumedium für stoffliche Einwirkungen, insbesondere auch zum Schutz des Grundwassers.

Der Boden ist als Teil der Ökosphäre das wichtigste Puffer- und Reinigungssystem für anthropogene Schadstoffe. Er vermag zusammen mit den tieferen Teilen der Wasser-ungesättigten Zone bei günstigen Bedingungen das Grundwasser vor Schadstoffeintrag effektiv und langandauernd zu schützen. Da Böden aus festen Teilchen unterschiedlicher Größe mit z. T. außerordentlich großer innerer Gesamtoberfläche bestehen und darüber hinaus von Arten- und Individuen-reichen Mikroorganismen-Populationen belebt sind, besitzen sie im besonderen Maße die Fähigkeit, im Sickerwasser suspendierte oder gelöste Stoffe abzufiltern, zu binden, um- und abzubauen und sie so dem Stoffkreislauf zu entziehen und z. T. unwirksam zu machen. Die Schutzwirkung der Wasser-ungesättigten Zone, insbesondere des belebten Bodens, beruht vor allem auf den in Abschnitt 4.2.3.2 geschilderten Lösungs-/Fällungs-, biotischen und abiotischen Ab- und Umbau-, Adsorptions-, Desorptions-, Filtrations- und Transportprozessen. Die wichtigsten Bodeneigenschaften in Hinblick auf das Verhalten von anorganischen und organischen Stoffen in der Wasser-ungesättigten Zone sind die Art und Menge der natürlichen organischen Substanzen, der Tonminerale und anderer Sorbenten, die hydraulische Leitfähigkeit (k_u-Wert), das Bodengefüge, die Kationenaustausch-Kapazität, der pH-Wert und die Korngröße sowie die spez. elektrische Leitfähigkeit als Maß für den Elektrolyt-Gehalt des unterirdischen Wassers. Diese Parameter sind in Abhängigkeit von den hydrogeologischen, geochemischen und biologischen Eigenschaften für den jeweiligen Standort und die jeweilige Substanz spezifisch. Als entscheidendes Kriterium für das Transport-Verhalten von organischen Stoffen im Untergrund bei gegebenem Sickerwasserfluß erweist sich ihr Abbau- und Sorptions-Verhalten. Standort-Eigenschaften wie geringer Humus-Gehalt, sandiges Ausgangsmaterial, hohe Durchlässigkeit und geringer Flurabstand begünstigen den Eintrag von Schadstoffen in das Grundwasser ebenso wie hohe Wasserlöslichkeit, geringe Sorptionsneigung, mäßige bis hohe Persistenz der organischen Stoffe und – bei Pflanzenschutzmitteln – deren Applikationsmengen, -häufigkeiten und -zeiten in besonders intensiv genutzten landwirtschaftlichen Kulturen (Mais, Kartoffeln, Baumschulen, Weinbau).

Das Bodengefüge steuert die Immobilisierung durch Filterprozesse, die feste oder an Feststoffe gebundene Bestandteile < 0,2 µm durch die Vorgänge des mechanischen Abseihens, der Sedimentation, der Diffusion und der Interzeption aus dem Wasser entfernen. Bodengefüge mit hohem Großporen-Anteil, wie beim Einzelkorngefüge oder beim Polyedergefüge Ton-reicher Böden, weisen eine erhöhte Wasserwegsamkeit auf bevorzugten Fließwegen auf, die einen verstärkten und raschen Schadstoff-Eintrag in das Grundwasser zulassen. Die inhomogene Verteilung der Wasser-wegsamen Hohlräume (u. a. Risse, Großporensysteme, Tierbauten) ermöglicht Teilmengen der versickerten Niederschläge ein schnelles Eindringen in größere Tiefe (ggf. bis zum Grundwasser – ausweislich der nachgewiesenen Grundwasser-Verunreinigungen). Die schnelle Wasserbewegung, die besonders bei Starkregen oder unregelmäßig verteilten Niederschlägen auftritt, verringert das Ausmaß des abiotisch oder biotisch chemischen Ab- und Umbaus und verhindert die Einstellung von Sorptionsgleichgewichten.

Die für den chemischen und den mikrobiellen Ab- und Umbau von Stoffen wichtige Bodenfeuchtigkeit wird unter anderem durch das Bodengefüge gesteuert. Mit zunehmendem Anteil an

Feinporen und damit an kapillar gebundenem Bodenwasser nimmt die für den hydrolytischen Abbau von organischen Stoffen verfügbare Reaktionszeit zu. Hinzu kommt, daß sich in Böden und porösen Untergrundmaterialien in den Feinporen in Gegenwart von abbaubaren organischen Substanzen ein reduzierendes Milieu ausbildet. Besonders rasch fällt das Redox-Potential bei Überschwemmungen ab. Durch die an das anaerobe Milieu angepaßten Mikroorganismen-Populationen werden manche Pflanzenschutzmittel über Reduktions-Reaktionen besonders wirkungsvoll abgebaut.

Die Fähigkeit von Bodenmikroorganismen zum Abbau von organischen Stoffen, wie z. B. Pflanzenschutzmitteln, richtet sich nach den Lebensbedingungen, vor allem nach den Parametern Nährstoffangebot, Belüftung, pH, Feuchtegehalt des Bodens und Temperatur. Temperatur- und Feuchtigkeitserhöhung begünstigen die mikrobielle Aktivität, aber auch den abiotischen chemischen Abbau im Boden. Vor allem durch mikrobielle Zersetzung, durch Hydrolyse oder Oxidation sowie durch Photolyse werden organische Verbindungen in Reaktions-, Ab- und Umbauprodukte umgewandelt und schließlich zu anorganischen Stoffen, wie CO_2 und H_2O abgebaut. Die Abbauraten sind – wie oben dargelegt – in Nährstoff-reichen, humosen, warmen Böden mit hoher nutzbarer Feldkapazität und ausgeglichenem Jahreswasserhaushalt am höchsten.

Gröbere mineralische und organische Partikel werden vornehmlich in locker gelagerten, lehmig bis schluffig-sandigen, humosen Böden mechanisch abgeseiht, in denen gröbere Mittel- und feinere Großporen mit entsprechenden Dimensionen vorherrschen. Feinere mineralische und organische Kolloide können als Koagulate ausflocken und durch die physikalischen und chemischen Teilprozesse der Filtration, nämlich durch Sedimentation, Interzeption und Diffusion, aus dem Sickerwasser entfernt werden (Matthess 1994). Mit Zunahme der Ionenkonzentrationen in der Bodenlösung wächst die Neigung zur Koagulation, die den Filterprozeß fördert. Bei Änderung der hydrochemischen oder der hydraulischen Bedingungen ist eine erneute Mobilisierung möglich.

Gelöste und suspendierte Stoffe (anorganische und organische Kationen, Anionen, neutrale Moleküle, neutrale und geladene Partikel) werden durch Sorption an der festen Bodenmatrix gebunden. Tonminerale, Huminstoffe und die Hydroxide, Oxidhydrate und Oxide von Eisen, Mangan und Aluminium besitzen besonders große aktive Oberflächen und daher eine hohe Sorptions- und Ionenaustauschkapazität. Die Kationen- und Anionensorption ist dabei pH-Wert-abhängig. Erdalkalicarbonate, Tonminerale, Huminstoffe, Silicate und Metalloxide fördern als Austauscher die Pufferung von Säuren und Protonen. Bei hohem Neutralisationsbedarf und geringer Nachlieferung von Alkalität durch Hydrolyse von Carbonaten und Silicaten und durch Desorption von Alkalität erschöpfen sich basenarme Böden schnell und versauern.

In der Grundwasserüberdeckung, vor allem im belebten humosen Boden, spielen sich Sorptionsvorgänge ab, die für den Schutz des Grundwassers gegen Verunreinigungen von der Erdoberfläche her von großer Bedeutung sind. So werden organische Stoffe, z. B. Tenside (Gottschaldt & Winter 1967), in humosen Böden sorbiert. Selbst in Karst-Gebieten können, wie dies Simmleit & Herrmann (1987a, b) für die Fränkische Alb nachwiesen, nur 0,3-3,3% der aus der Atmosphäre auf die Erdoberfläche gelangten polycyclischen Aromaten (Benzo(a)pyren, Fluoranthen, Benzo(ghi)perylen) und Chlorkohlenwasserstoff-Pestizide (α-HCH, Lindan) den Boden passieren und in das Grundwasser gelangen. In der Tat wurde die reinigende Wirkung der Sorptionsvorgänge durch Bindung von Farb- und Geruchsstoffen zunächst an Böden beobachtet. Auch der Kationenaustausch wurde erstmals, von Thompson (1850), an Böden systematisch untersucht. Besonders eindrucksvoll ist diese Erscheinung in der Bindung der weltweit verbreiteten radioaktiven Niederschläge, vor allem von Sr-90 und Cs-137, die nach thermonuklearen Versuchsexplosionen und nach dem Reaktor-Unfall von Tschernobyl auf die Erdoberfläche gelangten (Aurand et al. 1971, Gans & Arndt 1987, CCRX 1986, Nea 1987).

Unterhalb des humusreichen und stark belebten Bodens sind die Vorgänge des Abbaus und der Retardation durch Sorption und Desorption deutlich weniger wirksam. Stoffe, die im Oberboden zurückgehalten und abgebaut werden, können im Grundwasserbereich z. T. mit praktisch der gleichen Geschwindigkeit wie das Wasser transportiert werden (MATTHESS 1997). Dies bedeutet, daß die Anwendung – auch mehrfache Anwendung – eines Pflanzenschutzmittels so lange für das Grundwasser unbedenklich bleibt, wie der Wirkstoff im Boden quantitativ abgebaut oder irreversibel festgelegt wird. Werden jedoch die unter dem Boden folgenden Schichten mit ihrer geringeren mikrobiellen Besiedlung und geringerer Sorptionsfähigkeit bei wiederholter Anwendung mehrfach kontaminiert, so beschleunigt sich die zunächst verzögerte Verlagerung mit jeder weiteren Zufuhr.

Neben der Bodenart und den örtlichen Klimaverhältnissen bestimmen Form, Dichte und Höhe des Pflanzenbestandes den Sickerwasser-Anteil und damit den möglichen Transport von Stoffen im Untergrund. Durch Umstellung auf längere Bodenbedeckung mit Pflanzenbeständen ist eine gesteuerte Verringerung des Sickerwasser-Anteils und damit der Grundwasserneubildung möglich. Der dadurch herabgesetzten qualitativen Grundwassergefährdung ist jedoch die quantitative Verringerung des Grundwasserdargebotes gegenüberzustellen.

Hinzu kommt, daß gelöste Stoffe, wie Kalium-, Calcium-, Magnesium-, Nitrat- und Sulfat-Ionen, aber auch organische Stoffe, wie Pflanzenschutzmittel-Wirkstoffe, in die Pflanzen aufgenommen und so zumindest zeitweise der Auswaschung entzogen werden.

4.3 Trinkwasserschutzgebiete

Zum Schutz des als Trinkwasser genutzten Grundwassers werden die Einzugsgebiete von Trinkwassergewinnungsanlagen ganz oder – bei besonders großen Einzugsgebieten – teilweise durch behördliche Verordnungen unter Schutz gestellt. Der Einrichtung solcher Schutzgebiete liegt das Prinzip zugrunde, daß hier nur solche Stoffe verwandt, gelagert oder zur Nutzung zugelassen werden dürfen, von denen unter Berücksichtigung der Grundwasserdynamik, der physikalischen, physikochemischen, chemischen und (mikro-)biologischen Prozesse im Boden und tieferen Untergrund keine hygienische Gefährdung für das gewonnene Trinkwasser ausgehen kann. Außer der ortsspezifischen hydrogeologischen und Bodennutzungs-Situation setzt ein solches Schutzsystem die Kenntnis und Bewertung aller Gefährdungspotentiale sowie der jeweils genutzten Stoffe, ihrer Mobilität und ihres Verhaltens beim Transport in Sicker- und Grundwässern voraus. Die Bewertung der Stoffe und deren Nutzung bzw. der anthropogenen Mikroorganismen und deren Vorkommen muß somit nach folgenden Kriterien erfolgen:

- Toxizität für den Menschen,
- mikrobiologische Gefährdung,
- Persistenz/Abbaubarkeit,
- mögliche Reaktionen mit dem Grundwasser,
- Mobilität/Transportverhalten.

Den Rahmen für die Beurteilung von Gefährdungspotentialen und die sich daraus ergebenden Folgerungen, speziell die Nutzungsbeschränkungen, setzt das DVGW-Arbeitsblatt W 101 »Richtlinien für Trinkwasserschutzgebiete; I.Teil: Schutzgebiete für Grundwasser » (DVGW 1995a). Entsprechende Angaben für Trinkwassertalsperren und Seen sind in den Teilen II und III enthalten.

Aufgrund neuer Forschungsergebnisse und Erfahrungen ändert sich im Laufe der Zeit die Bewertung von Stoffen, und neuere Stoffe und deren Gefährdungseinstufung treten hinzu. Daher ist der durch das Arbeitsblatt W 101 gegebene Rahmen immer wieder den Neuerkenntnissen anzupassen.

Geblieben ist von Anfang an das Grundkonzept der Dreiteilung:

- **Weitere Schutzzone (Zone III):** Diese Zone dient dem Schutz vor weitreichenden Beeinträchtigungen, insbesondere vor nicht oder nur schwer abbaubaren chemischen oder radioaktiven Verunreinigungen, sie umfaßt i.d.R. das gesamte Einzugsgebiet. Ist diese Fläche besonders groß (Abstand der Außengrenze von der Fassungsanlage > 2 km), kann diese Zone in eine Zone III A (innerer Bereich) und III B (äußerer Bereich) mit jeweils unterschiedlichen Gefährdungskriterien und Nutzungsbeschränkungen aufgeteilt werden.
- **Engere Schutzzone (Zone II):** Die Zone dient dem Schutz vor Verunreinigungen durch pathogene Organismen (z.B. Bakterien, Viren, Parasiten, Wurmeier).
- **Fassungsbereich (Zone I):** Diese Zone dient dem Schutz der unmittelbaren Umgebung von Trinkwassergewinnungsanlagen vor jeglichen Verunreinigungen und Beeinträchtigungen.

Nach der Veröffentlichung der dritten Fassung des Arbeitsblattes W 101 vom Februar 1975 (DVGW 1975a) setzten verschiedentlich Diskussionen über die Grundlagen für die Bemessung der Schutzzonen und die stofflichen Bewertungen ein. Während Einvernehmen darin bestand, daß die Zone III das (unterirdische) Grundwassereinzugsgebiet einer Gewinnungsanlage umfassen soll, wurden die Kenntnisse über den Transport und das Verhalten von Mikroorganismen und chemischen Stoffen allgemein als noch nicht ausreichend bekannt eingeschätzt. Daher wurden Untersuchungsprogramme zum Überlebens- und Transport-Verhalten von pathogenen Bakterien und Viren im Untergrund (ALTHAUS et al. 1982, MATTHESS et al. 1985a, 1989) und zum Verhalten von chemischen Stoffen im Untergrund, insbesondere zu denjenigen der Pflanzenschutzmittel (MATTHESS 1997, MATTHESS et al. 1985b, 1989), durchgeführt. Hierdurch wurde das Wissen zur effektiven Abgrenzung von Trinkwasserschutzgebieten auf breitere und fachlich besser fundierte Grundlagen gestellt.

Besonders wurde die Bemessensgrundlage für die Engere Schutzzone (Zone II) diskutiert. Neben der sog. 50-Tage-Linie (oder -isochrone), d.h. einer Linie um die Gewinnungsanlage, von der aus das Grundwasser eine Verweildauer von 50 Tagen im Untergrund hat, wurde auch die Einführung einer 10-Tage-Linie (wie in der Schweiz) erörtert. Aufgrund der Untersuchungsergebnisse von MATTHESS et al. (1985a) beschloß jedoch der Arbeitskreis »Reinigungsvermögen des Untergrundes« im DVGW/LAWA-Ausschuß »Wasserschutzgebiete«, es – wie bisher – bei der 50-Tage-Linie zu belassen (Beschlußtext als Einlageblatt in MATTHESS et al. 1985a).

Dagegen erwies sich der Versuch, verallgemeinerbare Schadstoff-Kategorien hinsichtlich ihres Abbau- und Transport-Verhaltens im Grundwasser aufzustellen, beim derzeitigen Wissenstand als nicht realisierbar (MATTHESS et al. 1985b). Das Verhalten von Stoffen im Untergrund ist so unterschiedlich, daß eine sinnvolle Einteilung nicht möglich ist. Jeder Stoff müßte praktisch individuell kategorisiert werden.

Auf der Grundlage der o.g. Forschungsergebnisse und der seit Jahren bei der Festsetzung von Wasserschutzgebieten gemachten Erfahrungen wurde die vierte Fassung des DVGW-Arbeitsblattes W 101 bearbeitet und im Februar 1995 veröffentlicht (DVGW 1995a). Die Bearbeitung der Neufassung ging davon aus, daß die Zonen eines Wasserschutzgebietes sowie die jeweils zu erhebenden Nutzungsbeschränkungen individuell und den örtlichen Untergrundverhältnissen angepaßt erfolgen müssen. Deshalb wurden die hydrogeologischen Grundlagen in diesem Arbeitsblatt W 101 mehr als in früheren Ausgaben differenziert und die frühere pauschale, nicht durch Kriterien definierte Kategorisierung in »günstige, mittlere und ungünstige Untergrundbeschaffenheit« aufgegeben. Die durch »Gefährliche Handlungen, Einrichtungen und Vorgänge in den Schutzzonen« entstehenden Gefährdungen werden detailliert aufgeführt. Die Auflistung der Gefährdungen im Arbeitsblatt W 101 soll Hinweise für Verbote, Auflagen und Nutzungsbeschränkungen in den Zonen der Wasserschutzgebiete geben und will den festsetzenden Behörden unter Mitwirkung von Hydrogeologen den Ermessensspielraum lassen, eine dem natürlichen örtlichen (Untergrund-) Schutzpotential angepaßte Formulierung der Festsetzungsverordnung aufzustellen: für die Behörden bietet sie so nicht nur eine Möglichkeit, sondern eine Verpflichtung, im Rahmen der Verhältnismäßigkeit der Mittel und des daraus resultierenden, von der Rechtsprechung angemahnten »Übermaßverbots« ein der jeweiligen Gewinnungsanlage angepaßtes Schutzgebiet und seiner Auflagen einzurichten. Empfehlungen für die hydrogeologische Begutachtung bei der Schutzgebietsbemessung liegen von ECKL et al. (1995) vor.

Es sollte aber nicht übersehen werden, daß der Eintrag hygienisch gefährdender atmogener Stoffe, die als trockener oder nasser Niederschlag auf die Erdoberfläche gelangen, durch Trinkwasserschutzgebiete nicht verhindert werden kann. Dazu bedarf es überregionaler Regelungen der Emissionen, wie z. B. der »TA Luft«.

Nach der LAWA-Erhebung vom 31. 12. 1997 bestanden in der Bundesrepublik Deutschland 17.584 Wasserschutzgebiete mit einer Fläche von 41.915 km^2. d.h. sie nahmen 11,8% der Gesamtfläche des Staatsgebietes ein. Gegenüber der Erhebung vom 31. 12. 1994 ergab sich eine Abnahme um 1.214 Wasserschutzgebiete, die vor allem auf der Aufhebung von Wasserschutzgebieten in den neuen Bundesländern (z. B. in Thüringen 841, Sachsen 334 und Sachsen-Anhalt 166) zurückzuführen sind, während relativ wenige neu festgesetzt wurden. Von den Wasserschutzgebietsflächen (1997) wurden 39,7% forstwirtschaftlich und 50,3% landwirtschaftlich genutzt. Die mittlere Größe betrug 2,4 km^2.

5 Wasserrecht

5.1 Begriff – Entstehungsgeschichte

Als Wasserrecht werden diejenigen Rechtsnormen bezeichnet, die das Wasser als Gewässer im Gesamtzusammenhang des Wasserhaushalts betreffen, also das Wasser in Flüssen, Seen, im Untergrund, aber auch in einer Umgebung, die vom Menschen geschaffen oder geprägt ist: Talsperren und Stauseen sowie künstliche Wasserstraßen (Schiffahrtskanäle) sind ebenfalls Gewässer und als solche Gegenstand des Wasserrechts, nicht hingegen das dem Wasserhaushalt entnommene, in Abwasserkanälen oder Leitungen gefaßte Wasser. Letzteres unterliegt, wenn es der öffentlichen oder privaten Wasserversorgung dient, dem Lebensmittelrecht und insbesondere der Trinkwasserverordnung. Das in Leitungen oder Kanälen geführte Abwasser ist kein Gewässer, unterliegt jedoch dem Wasserrecht im Hinblick auf seine ordnungsmäßige Sammlung und Beseitigung im Interesse des Wasserhaushalts.

Zahlreiche andere Rechtsnormen haben das Wasser direkt oder indirekt zum Gegenstand, gehören gleichwohl nicht zum Wasserrecht. Normen dieser Art sind zahlreich entsprechend dem reichen Vorkommen von Wasser in der Natur einerseits und der Regelungsdichte in Deutschland andrerseits. Das Recht der Raumordnung und Landesplanung sowie das Bauplanungsrecht haben mit dem Wasser mehrfach Berührungspunkte; als Element im Planungsbereich, auf das die Ordnung des Raums in bestimmter Weise eingehen muß, und als eine für die menschliche Existenz notwendige Ressource müssen Raumordnung und Landesplanung das Wasser berücksichtigen. Das Wasserstraßenrecht betrifft oberirdische Gewässer allein in ihrer Funktion als Verkehrsweg. Schließlich ist Wasser, wie erwähnt, Regelungsgegenstand gesundheits- und lebensmittelrechtlicher Vorschriften, nämlich soweit es zum menschlichen Genuß oder Gebrauch bestimmt ist und daher in seiner Beschaffenheit gewissen Mindestanforderungen unterworfen werden muß. Diese Rechtsnormen gehören zum Lebensmittelrecht und zum Recht der Gesundheitsvorsorge und nicht zum Wasserrecht. Auch das Bergrecht, ein Rechtsgebiet, das mit der Aufsuchung und Ausbeutung von Bodenschätzen Vorgänge betrifft, die z.T. massiv in natürliche Wasservorkommen eingreifen, und das Recht des Natur- und Landschaftsschutzes, dessen Nähe zum Naturgut Wasser schon der Name deutlich werden läßt, aber Wasser als einen Teil der Natur begreift, die insgesamt Regelungsgegenstand dieses Rechtsbereichs ist, gehören nicht zum Wasserrecht.

Ziel des Wasserrechts ist, menschliche Einwirkungen auf Gewässer im Interesse der Erhaltung eines intakten Wasserhaushalts sinnvoll zu ordnen. Es liefert die Rechtsgrundlage zur qualitativen und quantitativen Bewirtschaftung des Wasserhaushalts im Interesse des Naturhaushalts, als dessen Bestandteil es ausdrücklich angesprochen ist, und im Einklang damit im wohlverstandenen Interesse des Menschen. Wasserrecht in Deutschland besteht aus dem (Bundes-) »Gesetz zur Ordnung des Wasserhaushalts (Wasserhaushaltsgesetz – WHG –)« und den Wassergesetzen der 16 Bundesländer. Eine in wassergütewirtschaftlicher Hinsicht ergänzende Funktion erfüllt das Abwasserabgabengesetz; es enthält mit Vorschriften zur Erhebung einer Abgabe auf das Einleiten von Abwasser in Gewässer flankierende Regelungen zum administrativen Instrumentarium des WHG.

Bis zum Inkrafttreten des Grundgesetzes (1949) war »Wasserrecht« ausschließlich Landesrecht. Dies erklärt sich im wesentlichen aus der Entstehungsgeschichte des Gesamtstaates, dessen Zentralgewalt praktisch erst mit der Reichsgründung 1871 greifbare Form gewonnen hatte. Wurden nach der Reichsgründung zahlreiche wichtige Rechtsbereiche reichsrechtlich neugestaltet mit Vorrang gegenüber Landesrecht, so insbesondere das Bürgerliche Recht, das Strafrecht und das Zivil- und Strafprozeßrecht, blieb das Wasserrecht jedoch Landesrecht.

In den Ländern erreichte das Wasserrecht in der Folgezeit einen bedeutenden Entwicklungsstand. Das Wasser, ursprünglich nur Gegenstand beiläufiger Regelung in anderen Normwerken, erhielt mit den Wassergesetzen der Zeit um die Jahrhundertwende eigenständige umfassende Kodifizierungen (z.B. Baden, Bayern, Preußen, Sachsen, Thüringen, Württemberg) mit z.T. modern anmutenden Regelungen des öffentlichen und privaten Rechts. Jedoch auch der Gesetzgeber des ausgehenden 19. und des beginnenden 20. Jahrhunderts begriff das Wasser – die Gewässer – in der zu jener Zeit unbestritten vorherrschenden anthropozentrischen Sicht vorwiegend als Quelle von Gefahren für den Menschen, denen es zu wehren galt, als nachbarrechtlich bedeutsamen Gegenstand, der einen Interessenausgleich erforderte, sowie (hier insbesondere bei den Bach- und Flußläufen) als Nutzungsgegenstand allgemeinen Interesses, z.B. als Vorflut oder als Energiequelle für Triebwerke. Das Grundwasser wurde – selbst oder hinsichtlich der Zugriffsbefugnis – überwiegend dem Grundeigentum zugerechnet; Regelungen zum Grundwasser betrafen im wesentlichen die Vermeidung möglicher nachbarrechtlicher Konflikte. Überhaupt stand das Grundwasser nicht im Mittelpunkt des legislatorischen Interesses: Das Preußische Wassergesetz von 1913, eines der fortschrittlichsten Normenwerke seiner Zeit, widmet dieser Ressource gerade 10 von seinen insgesamt 401 §§. Das badische (1899) und das bayerische Wassergesetz (1907) jedoch enthielten zum Grundwasser bereits sehr moderne Regelungen.

Die Neuordnung der Länder in der (alten) Bundesrepublik nach 1945 führte zu neuen Grenzverläufen, was u.a. zur Folge hatte, daß in einzelnen Bundesländern Gebiete mit jeweils verschiedenen Wassergesetzen unterschiedlichen Inhalts existierten. Dieser unhaltbare Zustand, aber auch die nach dem Kriege eingetretene bzw. angestrebte wirtschaftliche Entwicklung erforderte eine Vereinheitlichung und inhaltliche Neugestaltung des Wasserrechts.

Mit dem Grundgesetz trat 1949 erstmals eine Verfassungsnorm in Kraft, die dem Zentralstaat ein – wenn auch auf die Rahmenkompetenz beschränktes – Gesetzgebungsrecht für den Wasserhaushalt einräumte (Art. 75 Nr. 4 GG), nachdem frühere Bemühungen, ein Reichswassergesetz auf den parlamentarischen Weg zu bringen, aus verschiedenen Gründen nicht zum Erfolg geführt hatten. Mit dem »Gesetz zur Ordnung des Wasserhaushalts (Wasserhaushaltsgesetz – WHG –)« vom 25.05. 1957 (BGBl. I S. 1110) erließ der Bund das erste deutsche länderübergreifende Wassergesetz.

Die Deutsche Demokratische Republik hatte 1973 und sodann mit dem »Wassergesetz« (WG) vom 02.05. 1982 in ihrem Bereich ein zentrales Gesetz zur Bewirtschaftung der Gewässer geschaffen. Auf Grund des von der Volkskammer beschlossenen Umweltrahmengesetzes vom 29.06. 1990 (GBl. I S. 649) trat in der DDR das Wasserhaushaltsgesetz zum 01.05. 1990 in Kraft; das WG 1982 galt danach bis zum Inkrafttreten neuer Landeswassergesetze als Landesrecht in den neuen Ländern fort, soweit dessen Inhalt dem WHG nicht widersprach.

Das WHG ist entsprechend der verfassungsrechtlichen Grundlage ein Rahmengesetz. Dies heißt indes nicht, daß der Bund darauf beschränkt wäre, einen bloßen Rahmen abzustecken und die materielle Regelung den Ländern zu überlassen. Vielmehr läßt die Rahmenkompetenz eigenständige, einzelne Gegenstände abschließend regelnde Bestimmungen zu, sofern den Ländern ein ausreichender Raum für eigene materielle Regelungen verbleibt[1]. Das Wasserrecht in Deutsch-

---

[1] BVerfG, Urt. vom 30.10. 1962 = BVerfGE 15 S. 1; G-W-Cz Einl. III/1, IV/2, jeweils m.w.N. Zur Abgrenzung bundes- und landesrechtlicher Kompetenzen im Recht des Wasserhaushalts und im Vollzug: BVerfG, Beschl. v. 11.04. 1967 = BVerfGE 21 S. 312, ferner BVerwG in ZfW 1983, S. 108ff.

land besteht mithin aus dem WHG und dem jeweiligen Landeswassergesetz (LWG). Damit entspricht die wasserrechtliche Ordnung dem Bedürfnis nach einheitlichem Recht in zentralen Fragen der Gewässerbewirtschaftung und eröffnet zugleich die Möglichkeit, der Verschiedenheit regionaler wasserwirtschaftlicher Gegebenheiten unter Beachtung der traditionellen Länderkompetenz Rechnung zu tragen; sie läßt den Ländern Raum, eine bewährte Wasserrechtstradition fortzusetzen und fortzuentwickeln.

In den Jahren 1960–1962 entstanden in den alten Bundesländern neue LWG, die den vom WHG gewährten Spielraum ausfüllten und die notwendigen ergänzenden materiellen und Verfahrensregelungen schufen. In den neuen Ländern sind in den Jahren 1992–1994 nach dem Vorbild der alten Bundesländer, aber mit eigenem Profil, z. T. anknüpfend an bewährte Regelungen des früheren Landesrechts, die neuen LWG entstanden, die damit schrittweise das WG 1982 der DDR auch als Landesrecht ablösten.

5.1.1 Der Einfluß des Rechts der Europäischen Union

In den letzten Jahren nimmt der gestaltende Einfluß des Rechts der Europäischen Union (EU) auch auf das Wasserrecht der Mitgliedstaaten zu. Ursprünglich als »Europäische Wirtschaftsgemeinschaft« gegründet mit dem vorrangigen Ziel, das Recht in den Mitgliedstaaten insoweit zu harmonisieren, als der Abbau von Wettbewerbshindernissen für den Handel zwischen ihnen dies erforderte, erweiterte die Gemeinschaft ihr Selbstverständnis schrittweise zu einer Völkergemeinschaft. Dementsprechend nahmen Bestrebungen zu, die auf eine weiterreichende Angleichung der Lebensverhältnisse gerichtet sind. Die Einheitliche Europäische Akte vom 17/28. 02. 1986 (EEA), der »Vertrag über die Europäische Union (Unionsvertrag)« vom 07. 02. 1992 mit der Zusammenfassung der Europäischen Wirtschaftsgemeinschaft, der Europäischen Gemeinschaft für Kohle und Stahl und Euratom und schließlich die Absicht, eine gemeinsame Währung im Gemeinschaftsgebiet zu schaffen, sind Marksteine dieser Entwicklung[2].

Rechtsakte der Gemeinschaft, die die Gewässer betreffen, waren anfänglich auf die Angleichung wirtschaftsrelevanter Regelungen (Abwasser-Einleitung bestimmter Wirtschaftszweige in Gewässer, Mindestregeln für den Schutz der Oberflächengewässer und des Grundwassers, Anforderungen an die Beschaffenheit von Oberflächengewässern, die der Trinkwassergewinnung dienen u. a. m.) beschränkt; im Laufe der Jahre wurde das Normenwerk ständig erweitert, wobei insbesondere seit Inkrafttreten der EEA auch eine Ausdehnung der Regelungsinhalte zu beobachten ist. Waren diese Rechtsakte aber bislang vereinzelt und allenfalls in einzelnen Fällen durch Verweisungen und Bezugnahmen miteinander verbunden, fehlte es mithin an einem geschlossenen Komplex »Wasserrecht« mangels einer umfassenden übergreifenden Normenidee, so sind inzwischen Ansätze zur Schaffung eines einheitlichen wasserrechtlichen Normenwerks erkennbar[3]. Aus deutscher Sicht und insbesondere im Interesse unserer Gewässer ist zu wünschen, daß es sich hierbei um ein Rahmenrecht handelt, welches den Mitgliedstaaten entsprechend dem Subsidiaritätsprinzip die Befugnis zum Erlaß weitergehender substantiell eigenständiger Regelungen entsprechend den regionalen Besonderheiten in den Mitgliedstaaten einräumt und dort bereits bestehendes Recht im wesentlichen unangetastet läßt.

Bei den Rechtsakten der EU wird unterschieden nach Verordnungen, Richtlinien und Beschlüssen (Art 249 EWGV). Während die Verordnung unmittelbar in den Mitgliedstaaten gelten-

---

[2] Vertrag über die Europäische Union vom 7. Febr. 1992 (BGBl. II S. 1253) i. d. F. des Amsterdamer Vertrages vom 2. Okt. 1997 (BGBl. 1998 II, S. 387).

[3] Vgl. dazu: Europäische Kommission, »The Commission presents Ambitious Proposal for a Water Framework Directive«, Brüssel, 26. Febr. 1997 (IP/97/164).

des Recht setzt, ist die Richtlinie an die Mitgliedstaaten gerichtet, die sie in einer bestimmten Frist in nationales Recht umsetzen müssen. Erst mit der Integration in das jeweilige nationale Rechtssystem wird der Richtlinieninhalt für den Einzelnen im betreffenden Mitgliedstaat verbindlich (Art. 249 Abs. 2 EWGV). Rechtsakte zum Wasserrecht existieren in der EU ausschließlich in der Form einer Richtlinie. So ist letztlich im Wasserrecht das nationale Recht bestimmend unabhängig davon, ob es auf einer EU-Richtlinie oder auf einem autonomen Entscheid des nationalen Gesetzgebers beruht. Allerdings kann eine EU-Richtlinie auch ohne bzw. ohne vollständige Umsetzung in nationales Recht unmittelbare Rechtswirkung innerhalb eines Mitgliedstaates erlangen; sie kann ferner für die Auslegung, die Inhaltsbestimmung einer deutschen Rechtsnorm Bedeutung haben. Soweit diese Fragen des Europäischen Rechts für den Gegenstand dieses Abschnittes Relevanz erlangen, wird am jeweiligen Ort darauf eingegangen.

5.1.2 EU-Richtlinien wasserrechtlichen Inhalts

Die für das Wasserrecht bedeutsamen EU-Richtlinien enthalten Vorschriften für die Einleitung von Stoffen in Gewässer mit Mindestanforderungen, die für diese Stoffe gelten (Emissionsnormen) und Vorschriften über die Beschaffenheit bestimmter Gewässer, die angestrebt und in einer bestimmten Frist erreicht werden muß (Immissionsnormen). Der Emissions- und (mit Einschränkung) der Immissionsaspekt bilden das Zentrum und den wesentlichen Inhalt des EU-Wasserrechts; dies läßt den Ursprung des Gemeinschaftsrechts in dem Gedanken einer auf Angleichung der Wettbewerbsbedingungen zielenden Rechtsharmonisierung erkennen, denn die bei der »Ableitung« von Abwasser und anderen Stoffen zu beachtenden Regeln stellen Kostengrößen dar mit signifikanter Relevanz für die Produktionsbedingungen.

Folgende Richtlinien sind vorrangig zu nennen:

Richtlinien mit Emissionsvorschriften

- »Schutz des Grundwassers gegen die Verschmutzung durch bestimmte gefährliche Stoffe« vom 15.12. 1979 (80/68/EWG). Stoffe des Anhangs I (»Schwarze Liste«) dürfen nicht eingeleitet werden (0-Emission), die Ableitung der Stoffe des Anhangs II bedarf einer »Genehmigung«, bei deren Erteilung die Reinhaltung des Grundwassers berücksichtigt werden muß (Vgl. dazu die »Verordnung zur Umsetzung der Richtlinie 80/68/EWG des Rates vom 17. Dezember 1979 über den Schutz des Grundwassers gegen Verschmutzung durch bestimmte gefährliche Stoffe – Grundwasserverordnung – « vom 18.März 1997, BGBl I S. 542)
- »Behandlung von kommunalem Abwasser« vom 21.05. 1991 (91/271/EWG). Ziel: Schaffung eines Systems kommunaler Kläranlagen im Zeitintervall 1998–2005.

Richtlinien mit Immissionsvorschriften

- »Qualitätsanforderungen an Oberflächengewässer für die Trinkwassergewinnung in den Mitgliedstaaten« vom 16.06. 1975 (75/440/EWG) und
- »Meßmethoden sowie Häufigkeit von Probenahmen und Analysen des Oberflächenwassers für die Trinkwassergewinnung in den Mitgliedstaaten« vom 09.10. 1979 (79/869/EWG),
- »Qualität der Badegewässer« vom 08.12. 1975 (76/160/EWG),
- »Qualität von Süßwasser, das schutz- oder verbesserungsbedürftig ist, um das Leben von Fischen zu erhalten,« vom 18.05. 1978 (78/659/EWG),
- »Qualitätsanforderungen an Muschelgewässer« vom 30.10. 1979 (79/923/EWG).

Richtlinien, die Emissions- und Immissionsnormen enthalten

- »Richtlinie betreffend die Verschmutzung infolge der Ableitung bestimmter gefährlicher Stoffe in die Gewässer der Gemeinschaft« vom 04.05. 1976 (76/464/EWG): Stoffe der Anhänge (Listen I und II) dürfen nur mit behördlicher Genehmigung in ein Gewässer abgeleitet werden; für erstere gelten die in der Liste genannten Grenzwerte, für die Stoffe der Liste II setzen die Mitgliedstaaten Grenzwerte nach bestimmten Kriterien fest; Gebot, die Gewässer in bestimmter Frist in Anpassung an die Qualitätsziele der Richtlinie zu sanieren.
- »Grenzwerte und Qualitätsziele für Quecksilberableitungen aus dem Industriezweig Alkalichloridelektrolyse« vom 22.03. 1982 (82/176/EWG)
- »Grenzwerte und Qualitätsziele für Cadmiumableitungen« vom 26.09. 1983 (83/514/EWG)
- »Grenzwerte und Qualitätsziele für Quecksilberableitungen mit Ausnahme des Industriezweigs Alkalichloridelektrolyse« vom 08.03. 1984 (84/156/EWG)
- »Grenzwerte und Qualitätsziele für Ableitungen von Hexachlorcyclohexan« vom 09.10. 1984 (84/491/EWG)
- »Grenzwerte und Qualitätsziele für die Ableitung bestimmter gefährlicher Stoffe im Sinne der Liste I im Anhang der Richtlinie 76/464/EWG« vom 12.06. 1986 (86/280/EWG)
- »Schutz der Gewässer vor Verunreinigungen durch Nitrat aus landwirtschaftlichen Quellen« vom 12.12. 1991 (91/676/EWG).

5.2 Das Regelungssystem des WHG und der LWG

Eine »geordnete Bewirtschaftung der Gewässer« nach Menge und Beschaffenheit ist, so die amtliche Begründung, Ziel und Inhalt des WHG[4]. Anlaß für eine gesetzliche Regelung mit dieser Zielsetzung war die Besorgnis, daß die nach dem Krieg angestrebte und sich Anfang der 50er Jahre abzeichnende wirtschaftliche Entwicklung, die insbesondere bei den Flüssen erhebliche Abwasserbelastungen erwarten ließ, sowie die Sorge um eine dauerhafte quantitative und qualitative Sicherung der Grundlagen für die Versorgung der Allgemeinheit, der Industrie und der Landwirtschaft mit Wasser. Auch galt es, zumindest in dem von der Rahmenkompetenz des Bundes gedeckten Kernbereich die Regelungsvielfalt in den Ländern zu überwinden. Speziell die Belange der öffentlichen Wasserversorgung gaben Veranlassung zu den rigiden Schutzbestimmungen für das Grundwasser, der Ressource, aus der die Wasserversorgungsunternehmen traditionell ihren Bedarf zu rd. 65% – wenn auch mit z.T. erheblichen regionalen Unterschieden – decken[5]. Die bisherigen Vorschriften insbesondere zur Bewirtschaftung und zum Schutz des Grundwassers erwiesen sich angesichts der neuen Anforderungen überwiegend als unzureichend[6].

Um menschliche Einwirkungen auf die Gewässer effizient ordnen zu können, war es zunächst erforderlich, sämtliche Gewässer im WHG zu erfassen.

Das Gesetz unterscheidet hierbei

- oberirdische Gewässer, nämlich »das ständig oder zeitweilig in Betten fließende oder stehende oder aus Quellen wild abfließende Wasser«,
- Küstengewässer, nämlich »das Meer zwischen der Küstenlinie bei mittlerem Hochwasser oder

---

[4] Amtliche Begründung (BT-Drs. II/2072) S. 16.

[5] BGW-Wasserstatistik 1996; vgl. vorl. Band Abschn. 3.1.1, Tab. 3.1.2; zu erwähnen ist, daß weitere 8% des von der öffentlichen Wasserversorgung genutzten Wassers »grundwasserbürtiges« Quellwasser ist.

[6] Vgl. Bericht des 2. Sonderausschusses WHG (BT.-Drs. II/3536) S. 1.

der seewärtigen Begrenzung der oberirdischen Gewässer und der seewärtigen Begrenzung des Küstenmeeres« und
- »das Grundwasser« (§1 Abs.1 WHG).

Ferner galt es, den Wasserbehörden das Instrumentarium zur Steuerung jeder Art menschlicher Einwirkungen auf Gewässer an die Hand zu geben. Dies erreicht das WHG, indem es alle gewässerrelevanten Handlungen zu Benutzungen erklärt und sie vorbehaltlich einer ausdrücklichen behördlichen Zulassung verbietet (repressives Verbot mit Befreiungsvorbehalt). Schließlich bedurfte es planerischer Instrumente, um die Verwaltung in den Stand zu setzen, einheitliche Bewirtschaftungsziele regional oder überregional zu verwirklichen (Bewirtschaftungspläne, Rahmenpläne, Reinhalteordnungen) oder um ein erhöht schutzbedürftiges Gewässer im Interesse des Wohls der Allgemeinheit nachhaltig qualitativ zu sichern oder bestimmte quantitative Bewirtschaftungsziele zu erreichen (Wasserschutzgebiete).

Die Ziele der behördlichen Bewirtschaftung der Gewässer in Vollzug des Wasserrechts (im folgenden: Wasserwirtschaft) werden in §1a Abs.1 WHG vorgegeben; hiernach sind »die Gewässer ... als Bestandteil des Naturhaushalts so zu bewirtschaften, daß sie dem Wohl der Allgemeinheit und im Einklang mit ihm auch dem Nutzen einzelner dienen und daß jede vermeidbare Beeinträchtigung unterbleibt.« In § 1a Abs. 2 richtet das WHG den verbindlichen Appell an »jedermann«, bei »Maßnahmen, mit denen Einwirkungen auf ein Gewässer verbunden sein können, die nach den Umständen erforderliche Sorgfalt anzuwenden, um eine Verunreinigung des Wassers« oder eine sonstige Beeinträchtigung zu verhüten, alles mit dem Ziel, »die Leistungsfähigkeit des Wasserhaushalts zu erhalten«. Der wassergütewirtschaftliche Aspekt steht im Vordergrund vor dem Mengenaspekt, angesichts des Wasserreichtums in Deutschland einerseits und den vielfältigen Einflußnahmen auf die Wassergüte (Abwassereinleitungen, landwirtschaftliche und gewerbliche Produktion, Verkehrswegebau und -unterhaltung u. a. m.) andererseits konsequent. Mit der Wertung der Gewässer als »Bestandteil des Naturhaushalts« mit Rang vor einer Nutzung durch den Menschen wird der überkommenen anthropozentrischen Sicht eine Absage erteilt. Die Gewässer als Naturschatz, als Teil der Umwelt und damit als Wert an sich zu erkennen – ohne deren Wert für den Menschen zu verkennen – bezeichnet im Wasserrecht einen Kulturfortschritt.

Der Begriff »Grundwassererschließung« ist in dem umfänglichen Sinne dieses Gesamtwerks nicht gesetzlich definiert. In § 35 WHG (»Erdaufschlüsse«) bestimmt Abs. 2, daß, wenn unbefugt oder unbeabsichtigt »Grundwasser erschlossen« wird, die Beseitigung der »Erschließung« angeordnet werden kann, wenn Rücksichten des Wasserhaushalts dies erfordern. Unter der beabsichtigten »Erschließung« von Grundwasser wird demgegenüber hier die Aufsuchung geeigneter Schichten, die Ermittlung von Ergiebigkeit und Erreichbarkeit eines Grundwasservorkommens und dessen Beschaffenheit zu verstehen sein. Die damit einhergehenden Maßnahmen der Aufsuchung, Förderung, Messung und Gewinnung berühren neben wasserrechtlichen auch bergrechtliche, planungsrechtliche und naturschutzrechtliche Fragen.

Das vorstehend skizzierte Regelungssystem ist Gegenstand der nachfolgenden Darstellung, wobei der Schwerpunkt entsprechend dem Thema des Werks auf dem Grundwasser liegt.

5.2.1 Gewässer – Begriff, Abgrenzungen

Die angeführte gesetzliche Abgrenzung der Gewässer läßt zweifelsfrei den Anspruch des WHG zu einem umfassenden Ansatz erkennen. So klar die Abgrenzung auf den ersten Blick erscheinen mag, so schwierig hat es sich erwiesen, im Einzelfall eine sachgerechte Zuordnung zu treffen. Insbesondere die Abgrenzung zwischen oberirdischem Gewässer und Grundwasser hat in der Vergangenheit die Rechtsprechung und Wissenschaft wiederholt beschäftigt. Mittlerweile können die Hauptstreitfragen nicht zuletzt dank einer umfangreichen Judikatur, durch eine engagierte rechtswissenschaftliche Literatur unterstützt, im wesentlichen als geklärt gelten.

5.2.1.1 Oberflächengewässer

Das »ständig oder zeitweilig in Betten fließende oder stehende oder aus Quellen wild abfließende Wasser« (§ 1 Abs. 1 Nr. 1 WHG) wird zusammenfassend allgemein als »Oberflächengewässer« bezeichnet. Bei den »in Betten fließenden oder stehenden« Gewässern ist es unerheblich, ob es sich um natürliche Betten handelt oder um solche, die künstlich geschaffen worden sind (Schifffahrtskanäle, kanalisierte Flußstrecken, Talsperren). Leitungen sind kein »Bett«, das darin geführte Wasser ist nicht »Gewässer« und unterliegt nicht dem Wasserrecht[7]. Die Abgrenzung zwischen künstlichem Gewässerbett und der Verrohrung eines Gewässers über bestimmte Strekken ist im Einzelfall schwierig und hat die Literatur und Rechtsprechung wiederholt beschäftigt. Streit entstand speziell zu der Frage, ob ein Bachlauf dadurch, daß eine Gemeinde Teile desselben durch Verrohrung in die örtliche Kanalisation einbezieht, seine Gewässereigenschaft insoweit verliert und zu einem Teil des Kanalnetzes wird. Unbestritten ist heute, daß die Verrohrung eines Teils eines Fließgewässers dessen Gewässereigenschaft auch im verrohrten Bereich nicht aufhebt; auch dort bleibt es mithin als Gewässer im materiellen Geltungsbereich des Wasserrechts [8]. Dieses Ergebnis kann sich nicht durch entgegenstehende Bestimmungen einer kommunalen Kanalsatzung ändern. Zwar hat die Rechtsprechung zeitweilig einen anderen Standpunkt vertreten; ausgehend von einer Entscheidung des OVG Münster hat das Bundesverwaltungsgericht die bisher vertretenen Auffassungen verworfen und entschieden, daß ein Wasserlauf, der im Sinne des WHG Gewässereigenschaft hat, diese nicht durch entgegenstehende Bestimmungen einer kommunalen Abwassersatzung verliert; die Frage stelle sich vielmehr dahin, ob das Gewässer materiell entsprechend den §§ 6, 26 WHG der Einleitung von Abwasser dienstbar gemacht werden dürfe, was formal nach den §§ 2, 3 WHG (Benutzung) bzw. im Fall einer Verrohrung nach § 31 WHG (Gewässerausbau) zu entscheiden sei[9]. Diese Auffassung verdient – trotz der mit beachtlichen Gründen vorgetragenen Kritik[10] – letztlich Zustimmung. Sie wird allein dem insoweit strikten wasserrechtlichen Normensystem des WHG gerecht; die Normenhierarchie zwischen Bundesrecht und kommunaler Satzung läßt keine andere Bewertung zu. Die praktischen Vollzugsprobleme, auf die sich die Kritik dieser Auffassung vorrangig stützt, erscheinen demgegenüber weniger gewichtig; wo eine Gemeinde ein Gewässer durch Abwassersatzung in das Abwassersammelnetz einbezieht und die Abwassergebühren auch dafür erhebt, läßt sich dies durch entsprechende Änderung der Satzung und gegebenenfalls Nachholung einer Planfeststellung (Ausbau, § 31 WHG) auch nachträglich heilen. Im übrigen können auch die zur Abwasserbeseitigung verpflichteten Körperschaften des öffentlichen Rechts nicht von der Verpflichtung entbunden werden, Wasserrecht zu beachten. Einer Aufweichungstendenz mit u. U. weitreichenden Folgen gilt es rechtzeitig und konsequent entgegenzuwirken. Unbestreitbar führt das Übergreifen kommunaler Abwassersatzungen auf Wasserläufe zu detailreichen rechtlichen Problemen.

Zu den oberirdischen Gewässern gehört schließlich das aus Quellen wild abfließende Wasser. »Wild« bedeutet, daß das Wasser natürlich, ohne Energiezufuhr von außen, abfließt. Quellwasser, das ungefaßt oder in einen künstlichen oder natürlichen Graben abfließt, ist ab dem Austritt Oberflächengewässer. Das aus der Quelle austretende Wasser läßt die Nähe zum Grundwasser

---

[7] h. M., vgl. GWCz Rz 4 zu § 1 (»Gewässer sind dadurch gekennzeichnet, daß sie in den natürlichen Wasserkreislauf eingebunden sind«) m.w. N.; Breuer Rz 61 m.w. N.
[8] Insoweit h. M., vgl. GWCz Rz 15 zu § 1; 26; Breuer, Rz 31 jeweils m.w. N.
[9] BVerwG, Urt. v. 31.10. 1975 = BVerwGE 49 S. 301 ff.
[10] Insbesondere Breuer Rz 36; s.a. GWCz Rz 29 zu § 1.

erkennen, was das Erfordernis einer Abgrenzung beider Gewässerarten verdeutlicht. Tritt »Wasser« zeitweise eigenständig hervor als Folge der Schwankung des Grundwasserspiegels bei geringer Erdüberdeckung, ohne daß es oberflächlich abfließt, handelt es sich nicht um eine Quelle, vielmehr bleibt das zu Tage tretende Wasser Grundwasser[11]. Unter Quellen im Sinne des WHG versteht man vielmehr natürliche Grundwasseraustritte ständiger Art, wobei ein zeitweiliges Versiegen dem rechtlichen Begriff der Quelle nicht entgegensteht[12]. Tritt Grundwasser nicht natürlich (»wild«) hervor, sondern in einer Fassung, ist es insoweit nicht mehr Gewässer, sondern gefaßtes Wasser; die Anlegung dieser Wasserfassung ist Zugriff auf Grundwasser, der entweder als Ausbau eines Gewässers (§ 31 WHG) oder als Benutzung des Grundwassers (§§ 2, 3 WHG) anzusehen ist; Gewässerausbau und Gewässerbenutzung schließen einander rechtsbegrifflich aus (§ 3 Abs. 3 WHG). Bei einer vorübergehenden Fassung sowie bei einer Ableitung des austretenden Wassers handelt es sich um eine Benutzung des Grundwassers, die der Erlaubnis oder Bewilligung bedarf[13]. Entsteht durch die Fassung nicht nur vorübergehend ein neues Gewässer, liegt der Ausbautatbestand vor, der eine Planfeststellung bzw. eine Plangenehmigung erfordert[14].

5.2.1.2 Küstengewässer

Gemäß § 1 Abs. 1 Nr. 1 a WHG, eingefügt durch das dritte Gesetz zur Änderung des WHG vom 15. 8. 1967[15], gehören auch die Küstengewässer, nämlich »das Meer zwischen der Küstenlinie bei mittlerem Hochwasser oder der seeartigen Begrenzung der oberirdischen Gewässer und der seeartigen Begrenzung des Küstengewässers« zu den Gewässern. Die Einbeziehung der Küstengewässer in den Gewässerbegriff ist eine Erweiterung gegenüber dem traditionellen wasserrechtlichen Rahmen. Die Ausdehnung des Wasserrechts auf die Küstengewässer und damit deren Einordnung in das Bewirtschaftungsregime ermöglicht einen wirksamen Schutz dieser Gewässer und insbesondere eine Umsetzung supranationalen Rechts, z. B. internationaler Abkommen zur Verhütung der Meeresverschmutzung, in deutsches Recht.

5.2.1.3 Grundwasser

Das Wasserrecht erstreckt sich schließlich auf das »Grundwasser« (§ 1 Abs. 1 Nr. 2 WHG). Das WHG definiert diesen Begriff nicht und überläßt damit die Abgrenzung zu den anderen Wasserarten der Interpretation. Der Grundwasserbegriff des WHG und damit des Wasserrechts insgesamt ist zunächst im Hinblick auf die übrigen Gewässerarten zu bestimmen. Da das WHG grundsätzlich alle »Gewässer« einbezieht[16], bleibt als »Grundwasser« übrig, was weder oberirdisches Gewässer noch Küstengewässer ist. Unter »Grundwasser« faßt das WHG daher »alles unterirdische Wasser« zusammen. Selbstverständlich gehört Wasser, das in Leitungen oder sonst künstlich gefaßt und damit dem Wasserhaushalt entzogen ist, nicht zum Grundwasser. Diese rechtsbegriffliche Einordnung ist seit der grundlegenden Entscheidung des Bundesverfassungsgerichts (»Naßauskiesungsbeschluß«)[17] abschließend und definitiv. Grundwasser ist mithin auch

---

[11] Breuer Rz 48, 49, 61, jeweils mit weiteren Nachweisen; BVerwG, Urteil v. 10.02.78 = BVerwGE 55 S. 220. A.A. GWCz Rz 42 zu § 1: Wenn überhaupt Gewässer, dann Oberflächengewässer (Widerspruch zu Rz 13 aaO).
[12] h. M., vgl. GWCz Rz 30 zu § 1 m.w. N., Breuer Rz 50. Z. T. auch landesrechtlich so definiert, vgl. § 2 Abs 5 LWG Sachsen v. 23.02. 1993 (GVBl. S. 201).
[13] Breuer Rz 52, GWCz aaO, jeweils m.w. N.
[14] Wie Anm. 13.
[15] BGBl. I S. 909.
[16] h. M., vgl. GWCz Rz 3 zu § 1 (unter Hinweis auf die Definition in DIN 4049 Teil 1 Nr. 1.10).
[17] BVerfG, Beschluß v. 15.07. 1981 = BVerfGE 58 S. 329 = ZfW 1982 S. 286.

Sole, selbst soweit es damit in einen dem Bergrecht (Bundesberggesetz) unterliegenden Gegenstand übergreift (Salz als Bodenschatz, § 3 Bundesberggesetz), desgleichen das Wasser aus Heilquellen, soweit Landeswassergesetze dies nicht ausdrücklich ausnehmen. Auch das bei Stollenabteufungen anfallende, dem Untergrund entströmende Wasser ist Grundwasser; das im aufgegebenen Stollen gesammelte stehende Wasser hingegen ist Oberflächenwasser[18].

Dieser Grundwasserbegriff des Wasserrechts ist weiter gefaßt gegenüber der in der Naturwissenschaft geltenden Definition (vgl. DIN 4049 T 3; s. a. Abschnitt 1.2.1). Die von naturwissenschaftlicher Seite hieran geübte Kritik läßt unberücksichtigt, daß das Ziel der wasserrechtlichen Definition allein die rechtliche Zuordnung eines Gewässerbereichs ist und nicht, mit der Hydrogeologie auf ihrem eigenen Gebiet in Konkurrenz zu treten. Von der Gesamtheit des Wasserhaushalts als Gegenstand des WHG entsprechend Art. 75 Nr. 4 Grundgesetz bleibt – wie oben ausgeführt – als das Grundwasser übrig, was nicht Oberflächengewässer oder Küstengewässer ist, somit alles unterirdische Wasser in der Wasser-gesättigten und in der Wasser-ungesättigten Zone. Ein Eingehen auf den differenzierten Grundwasserbegriff der Hydrogeologie hätte die ohnehin schon bestehenden Abgrenzungsschwierigkeiten gegenüber dem Oberflächengewässer verschärft und den Gesetzesvollzug erschwert. Unter Zugrundelegung der naturwissenschaftlichen Definition wären Teile dessen, was das WHG zum Grundwasser zählt, in ihrer rechtlichen Zuordnung unklar und damit evtl. dem Schutz entzogen, den das WHG mit den für Grundwasser geltenden schärferen Vorschriften vorhält. Der umfassende Grundwasserbegriff des WHG ist ungeachtet der sich auch hier ergebenden Abgrenzungsfragen zum Quellwasser und zum Oberflächenwasser letztlich einfacher. Die von der Hydrogeologie herausgearbeitete differenzierende Definition des unterirdischen Wassers (vgl. Abschnitt 1.2.1) ist für die Arbeit der Naturwissenschaft, des Wasserbaus und der Agrarwissenschaft unerläßlich; für den Vollzug des Wasserrechts wäre sie unpraktikabel und daher ungeeignet[19].

Auch die sich aus dem Wasserrecht ergebende Definition des Grundwassers ist in der Abgrenzung zu anderen Gewässern, insbesondere zu Quellwasser, keineswegs unproblematisch und demgemäß in Schrifttum und Rechtsprechung seit je Gegenstand intensiver Erkenntnisbemühungen.

Tritt Wasser frei, also ohne menschliches Zutun durch Pumpen oder andere Fördermaßnahmen, aus dem Untergrund an die Erdoberfläche, wo es (sei es wild oder gefaßt) abfließt, handelt es sich um ein Oberflächengewässer (§ 1 Abs. 1 Nr. 1 WHG); wird die Quelle nicht nur vorübergehend gefaßt, z. B. das Wasser in eine Rohrleitung geführt, wird insoweit mit dem wild abfließenden Wasser ein Gewässer beseitigt; dies bedarf als Ausbau der Planfeststellung oder gegebenenfalls der Plangenehmigung gem. § 31 WHG. In der Fassung des Quellwassers kann zugleich eine Benutzung des unterirdischen Wassers (des Grundwassers) liegen, wenn nämlich das Wasser vor dem wilden Abfließen erfaßt wird, womit dieser Vorgang einer Erlaubnis oder Bewilligung bedürfte. Somit ist Quellwasser bei wildem Abfließen als Oberflächengewässer zu qualifizieren; wird es in einer Rohrleitung gefaßt, verliert es damit die Gewässereigenschaft. Grundwasser ist dieses Wasser in keinem Fall[20].

Schwierigkeiten bereitet die Frage, ob bzw. wie weit das Wasser, das sich in Baggerseen sammelt, als Grundwasser oder als Oberflächengewässer anzusehen ist. Tritt bei Baggermaßnahmen Wasser zutage, handelt es sich zunächst um Grundwasser. Wird entsprechend der Ausbeutungsplanung, eventuell auf der Grundlage behördlicher Auflagen, der Aufschluß alsbald nach Beendigung der Arbeiten wieder verschlossen, ändert sich nach der h. M. an dieser Einordnung des Wassers nichts; das Wasser bleibt Grundwasser[21]. Die Ausbeutung von Kies oder Sand stellt,

[18] GWCz Rz 40 zu § 1.
[19] GWCz Rz 39, aber auch 40–42 zu § 1.
[20] Eingehend Breuer, Rz 51–53.
[21] Breuer Rz 49.

wenn sie unter Berührung des Grundwassers erfolgt oder sonst auf das Grundwasser einwirkt, eine Benutzung des Grundwassers dar und bedarf einer Erlaubnis oder Bewilligung[22]. Auf die Begriffe Benutzung, Erlaubnis und Bewilligung wird weiter unten ausführlich eingegangen (vgl. Abschnitte 5.4 und 5.5). Ein See, der hierbei nicht nur vorübergehend entsteht, wird ungeachtet der Herkunft des Wassers den oberirdischen Gewässern zugerechnet, da das Wasser nunmehr in einem Bett steht. Dieser Vorgang verändert ein Gewässer und ist daher als Ausbau Gegenstand einer Planfeststellung oder bei Vorliegen der Voraussetzungen einer Plangenehmigung (§ 31 WHG)[23]. Die Begriffe Ausbau und Planfeststellung werden in den Abschnitten 5.3.1, 5.5.1 und 5.5.2 erörtert. Die künftige Benutzung dieses Sees, z. B. die Entnahme von Wasser aus dem See, unterliegt den Vorschriften für Oberflächengewässer und nicht den stärker eingeschränkten Bestimmungen, die für das Grundwasser gelten. Indes wird die unmittelbare Verbindung dieses Sees mit dem Grundwasser, dem das gesammelte Wasser dieses künstlichen Sees schließlich größtenteils entstammen wird, bei der Zulassung einer Benutzung einschränkend zu berücksichtigen sein. Die Möglichkeit einer Einwirkung auch auf das Grundwasser kann je nach Lage des Falls die Annahme einer zugleich erfolgenden Benutzung des Grundwassers rechtfertigen.

Grundwasser, das bei geringem Flurabstand im Zuge von Grundwasserspiegelschwankungen hervortritt, fällt nicht in die rechtliche Kategorie Oberflächengewässer: Das vorübergehend hervortretende Wasser bleibt Grundwasser[24]. Etwas anderes gilt, wenn durch diesen Vorgang dauerhaft ein See entsteht.

5.2.1.4 Landesrechtliche Ausnahmen

Grundsätzlich will das WHG Gewässer insgesamt erfassen; es erhebt insoweit einen Anspruch auf vollständige Reglementierung der Gewässer durch Unterwerfung unter die wasserrechtliche Bewirtschaftungsordnung entsprechend der Ermächtigung in der Verfassung (»Wasserhaushalt«, Art. 75 Nr. 4 Grundgesetz). Der Tatsache, daß es Gewässer gibt, die für den Wasserhaushalt unbedeutend sind, trägt das WHG entsprechend seinem Charakter als Rahmengesetz durch eine Ermächtigung an die Länder Rechnung, Gewässer von geringer Bedeutung sowie Heil- und Solequellen aus dem Gewässerbegriff auszunehmen (§ 1 Abs 2 WHG)[25]. Diese Regelung wird den regional anzutreffenden Besonderheiten gerecht, berücksichtigt die Kompetenz der Länder zum Erlaß eigener ergänzender Normen und entspricht letztlich auch dem Verbot einer Übermaßregelung.

Dieser Ermächtigung folgend nehmen die Landeswassergesetze Heil- und Solequellen und bestimmte kleine, überwiegend genau beschriebene Gewässertypen aus dem sachlichen Geltungsbereich des WHG und des LWG aus, überwiegend jedoch nicht von § 22 WHG (Schadensersatzpflicht bei Verursachung einer Gewässerverunreinigung). Ausgenommen werden Teiche und Weiher, die der Fischwirtschaft dienen oder sonst geringen Umfang haben, andere stehende Gewässer mit einem künstlich angelegten Zugang zu einem oberirdischen Gewässer und Gräben, die der Vorflut einer Straße oder sonst nur eines Grundeigentümers dienen (jeweils § 1 der LWG). Das LWG Baden-Württemberg nennt zusätzlich Feuerlöschteiche und Eisweiher; allein das LWG Bremen nimmt nur kleinere Gewässer untergeordneter Bedeutung pauschal aus. Rheinland-Pfalz begrenzt die Herausnahme auf die Vorschriften über den Ausbau und die Unterhaltung (§ 1 LWG). Alle Länder ergänzen aber den bundesrechtlich bestimmten Gewässerbegriff um das nicht aus Quellen wild abfließende Wasser (jeweils § 1 LWG).

---

[22] Breuer Rz 51.
[23] Breuer Rz 49; BVerwG, Urteil v. 10.02. 1978 = BVerwGE 55 S. 220.
[24] vgl. Anm. 11.
[25] Zu den sehr verschiedenartigen Regelungen in den Ländern vgl. den Überblick bei Breuer, Rz 54ff.

5.3 Gewässerbenutzung, Erfordernis behördlicher Zulassung – Streitfragen

Das WHG ermöglicht eine behördliche Steuerung menschlicher Einwirkungen auf Gewässer insbesondere in zweierlei Weise: Jede »Benutzung« eines Gewässers steht unter dem Vorbehalt einer wasserbehördlichen Zulassung in Form einer Erlaubnis oder einer Bewilligung (§ 2 WHG); ausgenommen von dem Zulassungserfordernis ist der verhältnismäßig kleine Bereich von Benutzungen, die ausdrücklich für zulassungsfrei erklärt sind oder durch die Länder erklärt werden können. Der Gewässerausbau ist als Sonderform des Zugriffs auf ein Gewässer ausdrücklich nicht als Benutzung deklariert (§ 3 Abs. 3 WHG); er unterliegt dem Erfordernis einer Planfeststellung bzw. Plangenehmigung (§ 33 WHG), worauf in Abschnitt 5.3.2 einzugehen sein wird.

Das Erfordernis einer behördlichen Zulassung gilt grundsätzlich umfassend und auch für die Benutzung eines Gewässers durch den Grundeigentümer. Ausnahmen bilden lediglich die Fälle des Eigentümergebrauchs bei der Benutzung eines oberirdischen Gewässers »für den eigenen Bedarf«, sofern andere nicht beeinträchtigt werden und keine nachteilige Veränderung der Wasserbeschaffenheit und keine wesentliche Verminderung der Wasserführung und auch sonst keine Beeinträchtigung des Wasserhaushalts zu erwarten sind (§ 24 WHG); für das Grundwasser bestimmt § 33 WHG eine (prinzipiell vom Grundeigentum unabhängige)[26] zulassungsfreie Benutzung in Form von Entnehmen, Zutagefördern, Zutageleiten oder Ableiten von Grundwasser für den Haushalt, den landwirtschaftlichen Hofbetrieb, für das Tränken von Vieh außerhalb des Hofbetriebs oder in geringen Mengen zu einem vorübergehenden Zweck sowie zum Zweck der gewöhnlichen Bodenentwässerung landwirtschaftlich, forstwirtschaftlich oder gärtnerisch genutzter Grundstücke; die Länder können in gewissem Umfang hiervon abweichende Regelungen gesetzlich zulassen (§ 33 Abs. 1 WHG).

Die Frage, ob das Eigentum an einem Grundstück die Befugnis zur uneingeschränkten Benutzung eines Gewässers, insbesondere des Grundwassers einschließt, war nach Verkündung des WHG längere Zeit hindurch streitig[27]. Befürworter eines erlaubnisfreien Zugriffs des Grundeigentümers beriefen sich auf § 905 BGB, wonach sich das Grundeigentum auch auf den Raum über der Oberfläche und auf den Erdkörper unter der Oberfläche erstreckt. Einige Landeswassergesetze haben dem Grundstückseigentümer den zulassungsfreien Zugriff auf das Grundwasser ausdrücklich zugestanden. Mit dem vierten Gesetz zur Änderung des WHG vom 26.04. 1976 wurde § 1 a eingefügt, dessen Absatz 3 ausdrücklich bestimmt, daß das Grundeigentum nicht zu einer Gewässerbenutzung berechtigt, die nach diesem Gesetz oder nach den Landeswassergesetzen einer Erlaubnis oder Bewilligung bedarf, sowie zum Ausbau eines oberirdischen Gewässers. Diese Bestimmung hat jedoch die Trennung zwischen Grundeigentum und Grundwasser nicht herbeigeführt, sondern nur klargestellt[28], daß Grundwasser und Grundeigentum im WHG getrennte Bereiche sind, wie das Bundesverfassungsgericht in seinem Beschluß vom 15.5. 1981 (»Naßauskiesungsbeschluß«)[29] mit eingehender Begründung feststellt. Das Gericht hebt unter Hinweis auf den Wortlaut des § 905 BGB (»Erdkörper«, nicht Grundwasser) hervor, daß auch das

[26] Diese Ausnahme vom Erfordernis einer ausdrücklichen Zulassung ist nicht an das Grundeigentum oder ein sonstiges Recht am Grundstück gebunden wenngleich wegen der mit der Gewässerbenutzung i. d. R. zwangsläufig verbundenen Benutzung des Grundstücks (Förderanlagen) faktisch stets ein Recht am Grundstück oder eine Befugnis (Gestattung) zur Nutzung desselben vorliegen wird.

[27] Vgl. zur Entwicklung der Auffassungen insbesondere die eingehenden Darstellungen des BVerfG (»Naßauskiesungsbeschluß«), s. Anm. 17, ferner bei BREUER Rz 77–85.

[28] GWCz Rz 27ff. zu § 1a, BREUER Rz 76 jeweils m.w.N. So ausdrücklich § 12 LWG Baden-Württemberg.

[29] Anm. 1.

BGB das Grundwasser nicht dem Grundeigentum zurechne, daß der Gesetzgeber diesen Bereich vielmehr ausdrücklich der Regelung durch das Wasserrecht überlasse (Art. 65 EGBGB); darüber hinaus entspreche die Trennung von Grundeigentum und Berechtigung zum Zugriff auf das Grundwasser der Sozialbindung des Eigentums gem. Artikel 14 Abs. 2 Grundgesetz, so daß die normative Unterwerfung jeder Gewässerbenutzung unter das Erfordernis behördlicher Zulassung, ausgenommen lediglich der ausdrücklich für zulassungsfrei erklärte Bereich, auch keine Legalenteignung der Grundeigentümer darstellt. Auf diese Fragen wird im Zusammenhang mit den Zulassungsvoraussetzungen (§ 6 WHG) näher eingegangen. Hier bleibt festzustellen, daß das Grundeigentum außerhalb des engen ausdrücklich freigestellten Bereichs des Eigentümergebrauchs kein Zugriffsrecht auf Gewässer begründet.

5.3.1 Benutzung eines Gewässers

Der Begriff der »Benutzung« eines Gewässers gehört zum Kernbereich des Rechts der Gewässerbewirtschaftung; zusammen mit dem unter Befreiungsvorbehalt stehenden repressiven Benutzungsverbot nimmt er im Bewirtschaftungsrecht eine Schlüsselfunktion ein. Das Verbot einer nicht ausdrücklich zugelassenen Benutzung, verbunden mit der Möglichkeit, eine Zulassung (Erlaubnis, Bewilligung) mit den jeweils erforderlichen Nebenbestimmungen zu erlassen, ist in der Hand einer zum Vollzug entschlossenen Wasserbehörde ein äußerst wirksames Bewirtschaftungsinstrument. Das generelle Benutzungsverbot und die behördliche Zulassung einer Benutzung knüpft an menschliche Einwirkungen auf Gewässer an, die das WHG als Benutzung qualifiziert. Der Begriff der Benutzung ist entsprechend seiner Bedeutung eingehend definiert in der Weise, daß alle praktisch bedeutsamen menschlichen Einwirkungen auf Gewässer – unter ausdrücklicher Ausgrenzung des Gewässerausbaus (§ 3 Abs. 3), der Gegenstand einer Planfeststellung ist – unter diesen Begriff fallen; die abschließende salvatorische Benutzungsfiktion (§ 3 Abs. 2) zeigt, daß das Gesetz die Gewässer umfassend der normativ geregelten Bewirtschaftung der Wasserbehörde unterstellen will, wobei der Schwerpunkt auf der qualitativen Vorsorge (Gewässergütewirtschaft) liegt.

Bei den Benutzungen wird unterschieden zwischen den ausdrücklich beschriebenen Zugriffstatbeständen (§ 3 Abs. 1) und den Handlungen mit mittelbarem Gewässerbezug (§ 3 Abs. 2), nämlich Aufstauen, Absenken und Umleiten von Grundwasser sowie alle Maßnahmen, die zu einer schädlichen Veränderung der Beschaffenheit eines Gewässers geeignet sind und daher den vorgenannten Handlungen gleichgestellt werden. Für letztere hat sich, wohl anknüpfend an die Ausgestaltung dieses Tatbestandes als gesetzliche Fiktion (»als Benutzungen gelten ...«), die Bezeichnung »unechte Benutzungen« eingebürgert[30]. Dieser Ausdruck erscheint jedoch irreführend und ist daher abzulehnen; denn auch die fiktiven Benutzungen stehen den »echten« Benutzungen in jeder Hinsicht gleich: Sie bedürfen in gleicher Weise wie jene der behördlichen Zulassung, sie genießen bei der behördlichen Beurteilung keine grundsätzlich andere Behandlung und haben prinzipiell gleiche wasserwirtschaftliche Bedeutung, was überhaupt ihre Einbeziehung in das wasserrechtliche Instrumentarium rechtfertigt[31].

---

[30] GWCz Rz 4 zu § 3 unter Bezugnahme auf SALZWEDEL (»Wasserrecht« S. 753).
[31] So im Ergebnis auch GWCz (Anm. 30).

5.3.2 Die Benutzungstatbestände des § 3 WHG

5.3.2.1 Benutzung des Oberflächenwassers

»Entnehmen und Ableiten von Wasser aus oberirdischen Gewässern« (Abs. 1 Nr. 1) ist der quantitative Eingriff in ein Oberflächengewässer. Unter »Entnehmen« wird die Gewinnung von Wasser aus dem Gewässer zu einem bestimmten Nutzungszweck verstanden (öffentliche Wasserversorgung, Kühlung, Eigenversorgung über den ausdrücklich für erlaubnisfrei erklärten Rahmen hinaus); es betrifft die Direktentnahme von Wasser aus dem oberirdischen Gewässer, nicht bereits versickertes Wasser, da dieses als (jetzt) unterirdisches Wasser Grundwasser ist[32]. »Ableiten« bezeichnet das Entnehmen von Wasser unter Fortleitung desselben.

»Aufstauen und Absenken von oberirdischen Gewässern« (Abs. 1 Nr. 2) hat als quantitativer Benutzungstatbestand Bedeutung für die Abflußverhältnisse des Gewässers. Im Einzelfall ist zu klären, ob diese Benutzung vorliegt, oder ob es sich um einen Ausbau bzw. die Folge von Ausbaumaßnahmen handelt; in diesem Fall läge keine Benutzung und somit kein der Zulassung bedürftiger Tatbestand vor, da ein Gewässerausbau gem. § 31 WHG einer Planfeststellung bedarf.

Das »Entnehmen fester Stoffe aus oberirdischen Gewässern« ist eine Benutzung nur, »soweit dies auf den Zustand des Gewässers oder auf den Wasserabfluß einwirkt« (Abs. 1 Nr. 3). Damit erfordert dies im Einzelfall eine Abgrenzung zu Maßnahmen der Unterhaltung des Gewässers, die gemäß § 3 Abs. 3 S. 2 keine Benutzung darstellen. Die Einwirkung selbst begründet den Benutzungstatbestand und damit die Zulassungsbedürftigkeit dieser Handlungen. Die Beurteilung der Einwirkung auf das Gewässer liegt bei der Wasserbehörde und ist maßgeblich für deren Entscheidung, ob das Entnehmen der Stoffe (gegebenenfalls unter Bedingungen oder Auflagen) zugelassen werden kann oder nicht. Um eine Maßnahme der Unterhaltung und damit nicht um eine Benutzung handelt es sich z. B. beim Ausbaggern des Gewässerbettes zur Erhaltung und zur Vergleichmäßigung des Wasserabflusses, desgleichen beim Ausbaggern der Fahrrinne in einem schiffbaren Gewässer zur Sicherung der Schiffahrt. Eine Benutzung stellt das Entnehmen von Stoffen jedoch dar, wenn das Gewinnen der Stoffe Ziel der Maßnahme ist und hierdurch auf den Zustand und den Wasserabfluß eingewirkt wird; erst diese Einwirkung ist der Grund für die Aufnahme dieser Handlung in den Katalog der Benutzungen. Daher werden auch schlammige Stoffe zu den festen Stoffen gerechnet[33], zumal die Abgrenzung im Einzelfall schwierig wäre.

Das »Einbringen und Einleiten von Stoffen in Oberflächengewässer« (Abs. 1 Nr. 4) stellt in der Form des Einleitens (neben der Wasserentnahme) den Hauptanwendungsfall der Benutzung eines Oberflächengewässers dar. Das »Einbringen« bezieht sich auf feste, das »Einleiten« auf alle anderen (flüssige, schlammige und gasförmige) Stoffe. Die praktische Bedeutung des Einbringens ist gegenüber dem Einleiten von Stoffen gering. Stoffe in ein Gewässer einzubringen, um sich ihrer zu entledigen, ist sowohl durch das WHG (dort § 26) wie auch durch das Abfallrecht[34] verboten. Der Einbau baulicher Anlagen (Brückenwiderlager, Pfähle für Stege) gilt nach h. M. nicht als »Einbringen«, desgleichen das Einsetzen eines Schiffes oder Bootes, da diese Gegenstände nicht dem Begriff »Stoff« entsprechen[35]. Außerdem sind feste Anlagen an oder in einem Gewässer Gegenstand eines besonderen Genehmigungsvorbehalts nach den LWG. Als Beispiel für das »Einbringen« nennt die Literatur insbesondere das Naßablagern von Holzstämmen in Oberflächengewässern in der holzverarbeitenden Industrie[36]. Wird Geröll und ähnliches gezielt

[32] Vgl. Abschnitt 5.2.1.3.
[33] Arg. § 26 Abs. 1 WHG; h. M., vgl. GWCz Rz 23 zu § 3 m. w. N.
[34] Vgl. §§ 5, 11, 13 des Gesetzes zur Vermeidung, Verwertung und Beseitigung von Abfällen (Kreislaufwirtschafts- und Abfallgesetz) vom 27.09. 1994 (BGBl. I S. 2705).
[35] h. M., vgl. GWCz Rz 28 ff. zu § 3 m. w. N.
[36] GWCz Rz 27 zu § 3.

eingebracht, wird es sich im Zweifel um eine Unterhaltungsmaßnahme und somit nicht um eine Benutzung handeln.

Ungleich bedeutsamer ist das Einleiten von Stoffen in Oberflächengewässer. »Stoff« als Gegenstand der Einleitung ist jede flüssige, schlamm- oder gasförmige Substanz. Auch Wasser fällt darunter, das dem Gewässer entnommen worden ist[37]. Die Hauptbedeutung dieses Tatbestandes liegt im Einleiten von Abwasser, neben der Straßenentwässerung insbesondere von Abwasser aus Haushalten (Gemeinden) und Wirtschaftsunternehmen. Die wasserwirtschaftliche Bedeutung des Einleitungsvorgangs liegt wie beim Entnehmen und beim Ableiten von Wasser aus Oberflächengewässern einmal im quantitativen Aspekt, da größere Einleitungsmengen die Wasserführung beeinflussen und je nach Herkunft des einzuleitenden Wassers wassermengenwirtschaftliche Verlagerungen in einer Region bewirken können. Im Vordergrund aber steht sowohl in wasserwirtschaftlicher wie in wirtschaftlicher Hinsicht der wassergütewirtschaftliche Aspekt. Hierauf wird im Zusammenhang mit der Zulassung einer Abwassereinleitung (Erlaubnis, §§ 6,7,7a WHG) im einzelnen einzugehen sein (Abschnitte 5.4 und 5.5).

Der Begriff »Einleiten in ein Gewässer« erfordert, wie der gesetzliche Wortlaut schon nahelegt, ein auf ein Gewässer zielgerichtetes Handeln; der flüssige Stoff soll einem Gewässer zugeführt werden, vorrangig zu dem Zweck, sich des Stoffs zu entledigen. Eine final auf ein Gewässer zielende Handlung wird verstanden als ein nach objektiver Eignung auf das Gewässer gerichtetes Verhalten[38]. Allerdings braucht die Einleitung nicht auf direktem Wege zu geschehen; es reicht aus, daß das Abwasser einem Graben, der auf Grund landesrechtlicher Ausnahme (vgl. § 1 Abs. 2 WHG) nicht Gewässer ist, zugeführt wird, aus dem es einem Gewässer zufließt[39]. Die Auffassung wird vertreten, auch Anschlußnehmer eines Abwasserkanals könnten als »Einleiter« von Abwasser in ein Gewässer angesehen werden[40]. Mit der herrschenden Meinung ist dies aber abzulehnen[41]. Einleiter des Abwassers ist der Inhaber der Kanalisation, aus der das Abwasser einem Gewässer zugeleitet wird. Neben diesem auch die Anschlußnehmer ihrerseits als Einleiter zu bezeichnen, täte den Tatsachen Gewalt an, denn deren »Einleitung« erfolgt in das Kanalnetz, das indes kein Gewässer ist, und nicht in das Gewässer. Daß das Abwasser via Kanalnetz letztlich in ein Gewässer gelangt, besagt mithin nicht, daß diese Einleitung durch den Anschlußnehmer erfolge; Einleiter und Direktadressat wasserrechtlicher Normen ist der Inhaber des Kanalnetzes. Dieser und nicht die Anschlußnehmer eines Kanalnetzes haben Einfluß darauf, wohin das Abwasser entsorgt, in welches Gewässer es eingeleitet wird, das mit dem Anschluß lediglich dem Kanal übergeben wird. Mit dem Tatbestand der Benutzung eines Gewässers, die das Gesetz zwingend an das Erfordernis einer wasserrechtlichen Zulassung knüpft, ist die Übergabe von Abwasser an ein Kanalnetz nicht zu vergleichen; anderenfalls müßte man konsequenterweise auch für diese Anschlußinhaber eine wasserrechtliche Zulassung fordern. Ein Bedürfnis, neben dem Inhaber des Kanalnetzes, dessen Einleitereigenschaft unstreitig ist, alle oder auch nur bestimmte Kanalbenutzer zu Einleitern zu erklären, ist nicht zu erkennen. Dieser ist Adressat der wasserrechtlichen Erlaubnis einschließlich der erforderlichen Nebenbestimmungen, jene sind lediglich den Anschlußbedingungen unterworfen, die der Netzinhaber erlassen hat. Das Problem kritischen Abwassers soll nicht geleugnet werden, jedoch ist es unzulässig, durch Überinterpretation des Einleiterbegriffs die Lösung dieses Problems in jedem Einzelfall der Wasserbehörde anzulasten, zumal diese damit überfordert wäre; vielmehr ist es zunächst Sache des Inhabers der Kanalisation, durch sachgerechte Gestaltung der Anschlußbedingungen (Kanalsatzung) als Reflex der ihm

[37] Vgl. die eingehende Darstellung insbesondere bei Breuer Rz 111–120, GWCz Rz 32ff.
[38] BVerwG in ZfW 1974 S. 296; GWCz Rz 32 zu § 3.
[39] GWCz Rz 33 zu § 3; a.A. Breuer, Rz 101, 110.
[40] So: GWCz Rz 34 zu § 3 mit eingehender Darstellung des Meinungsstandes pro und contra.
[41] Breuer Rz 102ff.; vgl. auch die Hinweise bei GWCz (Anm. 40).

auferlegten Einleitungsbedingungen dem zu begegnen. Schließlich statuiert § 7a Abs. 3 eine Verpflichtung der Länder, sicherzustellen, daß die Mindestanforderungen für Abwassereinleitungen mit gefährlichen Inhaltsstoffen auch von den »Einleitern« des Abwassers in eine öffentliche Kanalisation, den sog. Indirekteinleitern, beachtet werden. Diese Regelung wäre entbehrlich, wenn Anschlußnehmer einer Abwasserkanalisation ihrerseits als Einleiter anzusehen wären. Als Benutzung eines Gewässers im Sinne der Einleitung von Stoffen wird man daher nur solche »Indirekteinleitungen«, also mittelbare Einleitungen, ansehen können, die die Einleitung ohne Existenz eines direkten Einleiters in ein Gewässer bewirken. In diesem Falle ist der Bezug des Einleiters zum Gewässer ohne einen Dritten als Mittler gegeben und damit auch das wasserwirtschaftliche Bedürfnis unabweisbar, diese Einleitung wasserbehördlich zu kontrollieren und durch Auflagen und Bedingungen gewässerverträglich zu gestalten[42].

Das Einleiten und Einbringen von Stoffen in Küstengewässer (Abs. 1 Nr. 4 a) war bisher nur insoweit als Benutzung und damit als zulassungsbedürftig normiert, als es »von Land aus oder aus Anlagen, die in Küstengewässern nicht nur vorübergehend errichtet oder festgemacht worden sind«, erfolgt oder soweit die Stoffe »in Küstengewässer verbracht worden sind, um sich ihrer dort zu entledigen« (a und b). Diese Regelung berücksichtigte die besonderen Verhältnisse an der Küste und hierbei insbesondere den Umstand, daß das Einbringen und das Einleiten von Stoffen von Schiffen und von schwimmenden Anlagen aus Regelungsgegenstand des Schiffahrtsrechts ist. Mit der 6.WHG-Novelle ist diese Einschränkung entfallen, sodaß die Küstengewässer insoweit den Binnengewässern grundsätzlich gleichgestellt sind. Den Ländern ist jedoch weiterhin das Recht eingeräumt, Sonderregelungen hierzu zu erlassen, wenn dadurch die Eigenschaften des Küstengewässers nicht oder nur unwesentlich verändert werden (§ 32 a WHG).

5.3.2.2 Benutzung des Grundwassers (§ 3 Abs. 1 Nr. 5, 6, Abs. 2 Nr. 1 WHG)

Das »Einleiten von Stoffen in das Grundwasser« (Nr. 5) und das »Entnehmen, Zutagefördern, Zutageleiten und Ableiten von Grundwasser« (Nr. 6) sind bei der gesetzlich normierten Benutzung des Grundwassers die Handlungen mit direktem Grundwasserbezug. »Einleiten von Stoffen« betrifft eine Handlung, die der Einleitung in Oberflächengewässer entspricht; die Stoffe, die »eingeleitet« werden, sind flüssig, gasförmig oder schlammig, mithin einleitungsfähig. Als Einleitung gilt das objektiv auf das Grundwasser zielgerichtete Handeln; der Stoff soll in das Grundwasser eingeleitet werden[43]. Der Zuführung mittels einer Leitung bedarf es nicht, es genügt vielmehr, daß der Stoff wie auch immer zielgerichtet dem Grundwasser zugeführt wird.

Um ein Einleiten in das Grundwasser handelt es sich z. B. bei der Versickerung von Wasser zur Anreicherung des Grundwassers; das gleiche dürfte jedenfalls im Regelfall gelten für die Versickerung von Abwasser, ein Vorgang, der neben dem Entsorgungszweck im wesentlichen der Auffüllung des Grundwasservorrats dient, was insbesondere dann wassermengenwirtschaftlich sinnvoll ist, wenn es sich bei dem Abwasser um Wasser handelt, das vor seinem Gebrauch diesem Grundwasserleiter entnommen worden ist. Um eine Einleitung in das Grundwasser kann es sich auch handeln, wenn flüssige Stoffe auf den Boden aufgebracht werden und von dort in das Grundwasser gelangen, jedoch sind bei der Qualifizierung dieser Einwirkung als Einleiten in das Grundwasser besondere Voraussetzungen zu beachten. Schwierig ist die Feststellung, ob es sich um ein Einleiten in das Grundwasser und mithin um eine Form der direkten Grundwasserbenutzung handelt oder um eine sonstige Maßnahme, die geeignet ist, das Grundwasser zu beeinträchtigen (fiktive Benutzung gem. § 3 Abs. 2 Nr. 2 WHG). Wird eine Flüssigkeit dem

[42] So im Ergebnis: Breuer Rz 102.
[43] h. M., vgl. GWCz Rz 46 zu § 3 m.w. N.

Boden zugeführt, um die Bodenfruchtbarkeit wiederherzustellen oder zu erhöhen (Flüssigdüngung), ist die Handlung im Regelfall auf den Düngevorgang, somit auf den Boden und die Pflanzen und nicht auf das Grundwasser gerichtet, da das Düngemittel im Boden Wirksamkeit entfalten soll, bei einer Abwanderung in das Grundwasser aber wirkungslos bliebe. Erfolgt die Aufbringung von Flüssigdünger unter strenger Berücksichtigung der Boden- und sonstigen Standortverhältnisse sowie des jeweiligen Pflanzenbedarfs, wird im Zweifel von einem Einleiten nicht gesprochen werden können, selbst wenn Teile des Stoffs das Grundwasser erreichen[44]. Bei Standorten mit geringem Grundwasser-Flurabstand und eventuell leichter Bodenqualität ist ein Abwandern bzw. auch ein Auswaschen der Düngemittel nicht zu verhindern. Werden auf solchen Böden Düngemittel in Mengen aufgebracht, die außer Verhältnis zu der geringen Aufnahmefähigkeit der Deckschicht stehen, ist die aufgebrachte Flüssigkeit, die in das Grundwasser gelangt, als eingeleitet anzusehen; denn hier ist die Handlung nach den Gesamtumständen objektiv auf das Hineingelangen von Teilen des Stoffes in das Grundwasser gerichtet und im Zweifel auch von einem bedingten Vorsatz des Handelnden umfaßt, insbesondere wenn es sich um Düngemittel tierischer Herkunft des eigenen Betriebes handelt, da hier der Entsorgungsgesichtspunkt Bedeutung gewinnt[45]. Dieses praktisch bedeutsame Beispiel zeigt, daß zur Abgrenzung in kritischen, nahe beieinander liegenden Fallgestaltungen die Gesamtumstände sowie der Vorsatz oder zumindest die Vorstellung des Handelnden zusätzlich zu der objektiven Eignung des Vorgangs den Ausschlag für die rechtliche Qualifikation geben können. Nicht zu verkennen ist hierbei allerdings, daß es in der Praxis – von einigen objektiv eindeutigen Fällen abgesehen – oft Schwierigkeiten bereiten dürfte, eine Willensrichtung des Handelnden sicher zu erkennen. In vielen Fällen wird jedoch der tatsächliche Handlungsablauf unwiderlegliche Schlüsse auf die Willensrichtung des Handelnden zulassen. Entsprechendes gilt für Handlungen wie das Versprühen von Pflanzenschutzmitteln und sonstigen Agrarchemikalien; hierbei liegt ein Einleiten in das Grundwasser vor, wenn die Gesamtumstände nach Standortfaktoren und aufgebrachter Menge des Mittels objektiv zu einer Kontamination des Grundwassers geeignet sind[46]. Fehlen die Merkmale des Einleitens, wird in Fällen einer objektiven Eignung der Handlung zur Grundwasserkontamination letztlich der Auffangtatbestand des § 3 Abs. 2 Nr. 2 heranzuziehen sein, auf den in Abschnitt 5.3.2.3 eingegangen wird.

Da als flüssiger Stoff auch Wasser anzusehen ist, liegt ein Einleiten von Stoffen in das Grundwasser auch dann vor, wenn das zum Betrieb einer Wärmepumpe gehobene Grundwasser nach Entnahme von Wärme dem Grundwasser wieder zugeleitet wird, wobei unerheblich ist, ob die Zuleitung durch einen Schluckbrunnen oder im Wege der Versickerung erfolgt[47].

Für die Annahme des »Einleitens« reicht es, wie dargelegt, nicht aus, rein passiv das Hineingelangen zu verursachen. So gilt es nicht als Einleiten in das Grundwasser, wenn aus einer Halde oder Deponie Sickersäfte oder mit Schadstoffen angereichertes Niederschlagswasser in den Untergrund und sodann in das Grundwasser gelangen. Das Anlegen und Betreiben derartiger Anlagen ist als fiktive Benutzung nach § 3 Abs. 2 Nr. 2 WHG zu beurteilen.

Das »Einbringen«, also das Verbringen fester Stoffe in das Grundwasser, ist nicht als eigenständiger Benutzungstatbestand aufgeführt. Derartige Handlungen können über den Tatbestand des »Aufstauens, Absenkens und Umleitens von Grundwasser« erfaßt werden, eventuell auch unter die fiktive Benutzung des § 3 Abs. 2 Nr. 2 WHG fallen.

---

[44] GWCz Rz 49 zu § 3.

[45] OVG Münster, Beschluß vom 08.02. 1982 = ZfW 1982 S. 368; GWCz Rz 49 zu § 3. A.A., aber ohne überzeugende Begründung BREUER Rz 127, der die Versickerung von Abwasser »zu außerlandwirtschaftlichen Zwecken« jedoch als Einleitung ansieht, mithin für landwirtschaftliche Versickerungsmaßnahmen ein Privileg unterstellt, das aber dem Wasserrecht fremd ist.

[46] GWCz aaO (Anm. 45).

[47] h.M., vgl. GWCz Rz 48 zu § 3 und die dort angeführte Rechtsprechung.

Als eigenständige Benutzung nennt das WHG schließlich das »Entnehmen, Zutagefördern, Zutageleiten und Ableiten von Grundwasser« (Abs. 1 Nr. 6). Diese Handlungen unterscheiden sich zum Teil nur geringfügig voneinander, so daß im Einzelfall die Abgrenzung schwierig ist[48]. Dies legt es nahe, innerhalb dieser Handlungen Wahlfeststellung zuzulassen, da alle letztlich einen gleichartigen Zugriff auf das Grundwasser darstellen mit der Folge, daß sie einer Erlaubnis oder Bewilligung bedürfen. Da diese Zulassung nur erteilt wird, wenn die Benutzung einem bestimmten Zweck dient und nach einem bestimmten Plan verfolgt wird, ist die Art der Benutzung im Einzelfall hinreichend klar zu konkretisieren. Die h. M. bezieht das Entnehmen auf Grundwasser, das durch entsprechende Vorkehrungen schon zur Entnahme erschlossen ist[49]; das Zutagefördern besteht hiernach im planmäßigen Heben des Grundwassers, was regelmäßig Voraussetzung für die Entnahme sein wird; als Zutageleiten wird die Handlung verstanden, die es ermöglicht, das Grundwasser auf natürlichem Wege (Gefälle, Druck) zutagetreten zu lassen; der menschliche Eingriff zur Herbeiführung des Grundwasseraustritts bezeichnet den Unterschied zur Quelle als natürlichem Austritt. Unter Ableiten versteht man das unterirdische Fortleiten von Grundwasser, also ohne es zutage zu leiten.

Maßnahmen des Bergbaus (Kohle-, Erzabbau, Erdölgewinnung), die in Grundwasserschichten vordringen und eine Ableitung oder Förderung dieses Wassers als betriebsbegleitende Maßnahme erfordern, sind hier beispielhaft zu nennen. Über die rechtliche Behandlung (Erlaubnis bzw. Bewilligung) enthält § 14 WHG entsprechende Vorschriften, die das Wasserrecht mit dem Bergrecht (Bundesberggesetz) verzahnen.

Auf Einzelheiten hierzu wird im Zusammenhang mit der Zulassung einer Gewässerbenutzung einzugehen sein.

Umstritten ist, ob schon das Niederbringen einer Bohrung zur Gewinnung von Grundwasser, die (zunächst) der Klärung dient, ob – gegebenenfalls in ausreichender Menge – an dieser Stelle Grundwasser vorhanden ist, als Benutzung anzusehen ist. Eine Bohrung gilt für sich genommen nicht als Benutzung des Grundwassers. Soweit sie noch keine Entnahme und kein Zutagefördern von Grundwasser bewirkt und bewirken soll, vielmehr der Erkundung der Grundwasser-Verhältnisse und ggf. der Vorbereitung einer Entnahme dient, erfüllt dieser Vorgang den Tatbestand der Benutzung nur, wenn und soweit die Maßnahme nach den objektiven Umständen geeignet ist, Grundwasser freizulegen. In diesem Falle kann eine Einwirkung auf das Grundwasser vorliegen, die je nach den Umständen als Zutageleiten von Grundwasser oder als fiktive Benutzung (§ 3 Abs. 2 Nr. 2 WHG) der Zulassung bedürfte. Soweit lediglich Grundwasserproben entnommen werden, wird noch nicht von einer Benutzung in der Form des Zutageförderns gesprochen. Wird mittels einer Bohrung artesisch gespanntes Grundwasser erschlossen, das jetzt hervortritt, liegt ein Zutagefördern von Grundwasser vor[50].

Größere Abgrenzungsschwierigkeiten ergeben sich, wenn in einem Baggerloch Grundwasser freigelegt wird. Hier kann die Herstellung eines Oberflächengewässers vorliegen, die als Ausbau keine Benutzung darstellt (§ 3 Abs. 3 WHG) und stattdessen einer Planfeststellung bzw. Plangenehmigung bedarf (§ 31 WHG). Ein Gewässerausbau wird angenommen, wenn der Baggersee Bestand hat und damit ein oberirdisches Gewässer entsteht, worauf bereits hingewiesen worden ist. Wird das Grundwasser nicht dauerhaft offengelegt, handelt es sich bei dem Vorgang um ein Zutagefördern. Der Wortlaut und der Gesetzeszweck decken diese Interpretation[51]. Eines Rückgriffs auf den Auffangtatbestand der fiktiven Benutzung als Maßnahme, die geeignet ist, das

---

48 Vgl. GWCz Rz 55 zu § 3.
49 Breuer Rz 129; GWCz Rz 55 zu § 3.
50 Hierzu im einzelnen: GWCz Rz 56 zu § 3; Breuer Rz 130ff.
51 Vgl. hierzu die Darstellung zur Abgrenzung der Gewässerarten in der Zuordnung des Wasserrechts in Abschnitt 5.2.1.3.

Grundwasser mehr als unerheblich zu beeinträchtigen (§ 3 Abs. 2 Nr. 2 WHG), bedarf es daher nicht. Der Vorschrift des § 13 Abs. 1 Nr. 4 Landeswassergesetz Baden-Württemberg, die das »Freilegen von Grundwasser« in ausdrücklicher Ergänzung des § 3 WHG als Benutzung deklariert, kommt daher lediglich klarstellende Bedeutung zu.

5.3.2.3 Die sog. »unechten« Benutzungen

Neben den vorstehend genannten Handlungen, die das WHG ausdrücklich als Benutzungen deklariert (sog. »echte« Benutzungen), enthält das WHG abschließend eine Aufzählung von Handlungen, die »als Benutzungen gelten«, den »echten« Benutzungen jedoch rechtlich gleichgestellt sind (§ 3 Abs. 2 WHG); von diesen hier sog. fiktiven Benutzungen war bereits mehrfach die Rede. Zuerst genannt werden das »Aufstauen, Absenken und Umleiten von Grundwasser durch Anlagen, die hierzu bestimmt oder hierfür geeignet sind« (Abs. 2 Nr. 1). Diese Eingriffe in den Grundwasserstrom setzen jeweils »Anlagen« voraus. Dies darf jedoch nicht zu dem Schluß verleiten, daß mit der Aufnahme dieser Handlung in den Kreis zulassungsbedürftiger Benutzungen eine Art Anlagengenehmigung in das WHG Eingang gefunden habe[52]. Gegenstand der Benutzung nach §3 Abs. 2 Nr. 1 WHG und damit der wasserbehördlichen Zulassung ist nämlich, wie der Wortlaut ergibt, nicht die Anlage, sondern die durch sie bewirkte Einwirkung auf das Grundwasser, wobei es auf die Art der Anlage lediglich im Hinblick auf ihre Eignung ankommt, das Grundwasser aufzustauen, abzusenken oder umzuleiten. Dies unterscheidet die Zulassung von Gewässerbenutzungen nach § 3 Abs. 2 Nr. 1 von der Genehmigung von Anlagen in oder an oberirdischen Gewässern nach Landesrecht, deren Gegenstand die Anlage selbst ist wegen der durch ihre Lage am bzw. im Gewässer gegebenen wirklichen oder potentiellen Auswirkungen auf dasselbe. Im Schrifttum wird diese Unterscheidung nicht immer hinreichend deutlich.

Die Handlungen nach Abs. 2 Nr. 1 müssen dazu bestimmt oder unabhängig davon objektiv geeignet sein, das Grundwasser aufzustauen, abzusenken oder umzuleiten und diesen Erfolg real herbeiführen. Denn die beschriebene reale und nicht nur potentielle Einwirkung auf das Grundwasser bildet die Benutzung. In der Praxis trifft dies für Einbauten (tiefliegende Fundamente, Pfeiler, Widerlager, U-Bahn-Tunnel), aber auch für bergbauliche Arbeiten wie z. B. die Wasserhaltung beim Abteufen von Schächten zu; der Tatbestand kann ferner beim Anlegen von Aquiferspeichern z. B. für Erdgas erfüllt sein, wenngleich die Speicherung in solcher Tiefe stattfindet, daß nur unterirdisches Wasser angetroffen wird, das infolge seines hohen Salzgehalts in seiner wasserwirtschaftlichen Bedeutung gering einzuschätzen ist. Nicht zum Aufstauen, Absenken oder Umleitung von Grundwasser bestimmt, aber geeignet können je nach örtlichen Verhältnissen auch unterirdische Kabel- und Rohrleitungen sein, wenn sie z. B. eine Umleitung des Grundwasserstroms verursachen können[53].

Besondere Bedeutung hat die abschließend als Auffangtatbestand konzipierte Vorschrift des § 3 Abs. 2 Nr. 2 erlangt. Hiernach »gelten als Benutzungen« auch solche »Maßnahmen, die geeignet sind, dauernd oder in einem nicht nur unerheblichen Ausmaß schädliche Veränderungen der physikalischen, chemischen oder biologischen Beschaffenheit des Wassers herbeizuführen«. Im Unterschied zu den Benutzungen nach Abs. 2 Nr. 1 gilt diese Regelung für alle Gewässerarten, also auch für das oberirdische Wasser und für Küstengewässer, und sie gilt unabhängig davon, ob eine Anlage verwendet wird; anders als jene stellt diese Regelung aber nur auf die qualitative Beeinflussung des Wassers ab. Die Anwendungsbreite hat in Verbindung mit den hier anzutreffenden unbestimmten Rechtsbegriffen zu einer Fülle unterschiedlicher Auffassungen bei der

[52] So aber GWCz Rz 63, Breuer Rz 135, jeweils m.w. H. Wie hier Rehder NdsWG Rz 12 zu § 3.
[53] GWCz Rz 65 und Breuer Rz 135 jeweils m.w. N.

Inhaltsbestimmung geführt, nicht zuletzt eine Folge der Vielzahl der hiervon berührten Interessen von zum Teil erheblichem materiellen Gewicht[54].

Der Begriff »Maßnahmen« bezeichnet Handlungen jeder Art; entscheidend ist allein ihre Eignung, die Gewässerbeschaffenheit dauernd oder in nicht unerheblicher Weise zu beeinträchtigen. Nicht zu den »Maßnahmen« im Sinne dieser Vorschrift gehören die in § 3 Abs. 1 und Abs. 2 Nr. 1 ausdrücklich aufgeführten Handlungen, soweit Einwirkungen auf ein Gewässer diesen Tatbeständen zugeordnet werden können; bestehen hierbei Zweifel, wie im Einzelfall z. B. beim »Einleiten« ins Grundwasser möglich, ist auf den Auffangtatbestand des § 3 Abs. 2 Nr. 2 entsprechend seinem Ergänzungscharakter zurückzugreifen. Da die objektive Eignung zur Gewässerbeeinträchtigung ausreicht, wie der Wortlaut verdeutlicht, kommt es nicht auf eine final auf diese Wirkung zielende Blickrichtung des Handelnden an[55]. Es ist nicht einmal erforderlich, daß der Handelnde sich der Möglichkeit einer schädlichen Auswirkung seines Handelns auf das Gewässer bewußt ist, erst recht nicht, daß er diese Wirkung für den Fall ihres Eintritts billigend in Kauf nimmt. Die Zielgerichtetheit der Handlung muß sich auf den eigentlichen Handlungsgegenstand selbst, sie braucht sich nicht auf das Gewässer zu beziehen.

Ob eine Handlung (objektiv) geeignet ist, Gewässer zu beeinträchtigen, hängt demnach einmal von der Handlung selbst und sodann von den örtlichen Verhältnissen ab: Die gleiche Maßnahme kann an einem Ort ein Gefährdungspotential für Gewässer enthalten, an einem anderen Ort mit anderen Verhältnissen nicht. Markantes Beispiel ist die Bodenbehandlung in der Land- und Forstwirtschaft sowie im Gartenbau. Das Wirksamwerden verschärfter Trinkwassergrenzwerte für Nitrat und chemische Mittel, die in der Land- und Forstwirtschaft Anwendung finden, durch die EG-Trinkwasserrichtlinie (1980)[56] hatte die Aufmerksamkeit auf diese Stoffeinträge in Gewässer gelenkt, die bis zu diesem Zeitpunkt weitgehend unbeachtet geblieben waren. Diese Diskussion erhielt mit dem Sondergutachten des Rats von Sachverständigen für Umweltfragen »Umweltprobleme der Landwirtschaft«[57] neuen Auftrieb und substantielle Bereicherung. Welche Maßnahmen der land-, forst- und gartenbauwirtschaftlichen Bodenbehandlung unter das Verbot des § 3 Abs. 2 Nr. 2 WHG fallen, ja ob diese Wirtschaftszweige mit ihren Einwirkungen auf Gewässer überhaupt Gegenstand des Wasserrechts sind, war zeitweilig äußerst umstritten. Insbesondere der mit dem 5. Gesetz zur Änderung des WHG eingeführte Begriff »ordnungsgemäße land- oder forstwirtschaftliche Nutzung eines Grundstücks« im neu eingeführten Abs. 4 des § 19 WHG rückte zeitweilig die Auffassung in die Diskussion, damit sei für die Land- und Forstwirtschaft ein wasserrechtliches Nichtanwendungsprivileg für eine Bodenbehandlung geschaffen, die nach herkömmlichen Agrarregeln als ordnungsgemäß gilt. Diese von einigen Stimmen im Schrifttum anfänglich vehement vertretene Auffassung hat sich indes nicht durchgesetzt. Vielmehr ist als ein Ergebnis dieser Diskussion die Erkenntnis anzusehen, daß das Wasserrecht kein Landwirtschaftsprivileg enthält, daß der Benutzungsbegriff somit ungeschmälert auch die hier anzutreffenden gewässerrelevanten Maßnahmen erfaßt. Im Zusammenhang mit § 19 WHG (Wasserschutzgebiete) wird auf diesen Fragenkreis näher einzugehen sein. Hier ist daher festzustellen, daß

[54] Vgl. hierzu die umfangreiche Darstellung bei Breuer Rz 136–143 und GWCz Rz 67–77, jeweils mit zahlreichen Hinweisen auf Rechtsprechung und Schrifttum, ferner SZD Rz 29 zu § 3 WHG. – Zur tatbestandlichen Seite landwirtschaftlicher Bodenbehandlung mit Gefährdungspotential für Gewässer vgl. SRU-Sondergutachten »Umweltprobleme der Landwirtschaft« (BT.-Drs. 10/3613 vom 03.07. 1985) Abschnitt 4.3 (S. 228–270).

[55] Breuer Rz 136, GWCz Rz 70; h. M.

[56] Richtlinie des Rates vom 15. Juli 1980 über die Qualität von Wasser für den menschlichen Gebrauch (80/778/EWG) = ABl. L 229 vom 30.08. 1980 S. 11, mehrfach geändert, zuletzt durch Art. 2 Abs. 1 der Richtlinie 91/682/EWG vom 23.12. 1991 (ABl. L 377 vom 31.12. 1991 S. 48). Neufassung vom 3. Nov. 1998 (ABl. L 330 vom 5.12. 1998, S. 32).

[57] S. Anm. 54.

der Begriff der Benutzung eines Gewässers wie das Wasserrecht insgesamt keine Bereichsausnahmen kennt. Auch »Maßnahmen« der Land- und Forstwirtschaft sowie des Gartenbaus sind vielmehr ungeachtet der Tatsache, daß sie jedenfalls unmittelbar auf den Boden und nicht auf ein Gewässer abstellen, wie vergleichbare Handlungen aus anderen Bereichen an der Elle wasserrechtlicher Vorschriften zu messen. Etwas anderes wäre mit Wortlaut und Zweck des § 3 WHG sowie mit dem Gleichheitssatz nicht zu vereinbaren und insbesondere im Sinne wassergütewirtschaftlicher Zielsetzungen des WHG kontraproduktiv. Denn der ursächliche Zusammenhang zwischen Maßnahmen der Bodenbehandlung im Rahmen der Land-, Forst- und Gartenbauwirtschaft und den Einträgen bestimmter Stoffe in Gewässer, insbesondere in das Grundwasser, vor allem Dünge- und Pflanzenschutzmittel oder deren Abbauprodukte, wird mittlerweile nicht mehr bestritten. Ein erhebliches Gefährdungspotential derartiger Handlungen besteht auf Standorten, deren Bodenstruktur, Grundwasser-Flurabstand oder Flächenneigung einen Eintrag in das Grundwasser bzw. in ein Oberflächengewässer ermöglicht. Die Einordnung dieser Handlungen unter den Benutzungstatbestand des § 3 Abs. 2 Nr. 2 hat sich im Schrifttum und in der Rechtsprechung durchgesetzt[58].

Unerheblich für den Tatbestand dieser Benutzung ist, ob der auf den Boden aufgebrachte Stoff selbst oder erst nach einer Umwandlung im Boden in das Grundwasser gelangt. Unerheblich ist auch, ob flüssige Düngemittel in einen Bachlauf direkt einsickern bzw. einfließen oder ob dies die Folge einer Abschwemmung durch Niederschläge ist: Die Maßnahme des Aufbringens selbst ist Ursache der Gefährdung und gegebenenfalls der Gewässerbeeinträchtigung. Ob dies im Zuge einer Bodenbehandlung geschehen ist, die in Fachkreisen als »ordnungsmäßig« gilt, ist unerheblich, solange der objektive Tatbestand der Gewässergefährdung erfüllt wird.

Als Auffangtatbestand erfaßt § 3 Abs. 2 Nr.2 WHG keine Handlungen, die bereits unter den »echten« Gewässerbenutzungen aufgeführt sind. Werden mithin flüssige Dünge- oder Pflanzenbehandlungsmittel auf »nasse« Felder, in denen also das Grundwasser nahe oder (eventuell zeitweilig) über der Erdoberfläche ansteht, aufgebracht, liegt darin ein Einleiten in das Grundwasser.

Das behälterlose Lagern fester Stoffe, z.B. in Dunghaufen oder Futtermieten, stellt eine Benutzung nach § 3 Abs. 2 Nr. 2 dar, wenn die Stoffe in Verbindung mit den Standortverhältnissen eine Gewässerbeeinträchtigung, etwa durch Sickersäfte oder durch Niederschläge verursachte Ausschwemmungen, besorgen lassen. Etwas anderes gilt für solche Lager- und Transportvorgänge, die als potentiell gewässergefährdend in besonderen Vorschriften erfaßt sind. So müssen gem. § 19 g WHG Anlagen zum Lagern, Abfüllen, Herstellen und Behandeln sowie zum Verwenden wassergefährdender Stoffe im Bereich der gewerblichen Wirtschaft und öffentlicher Einrichtungen so beschaffen und eingebaut, aufgestellt, unterhalten und betrieben werden, daß eine Verunreinigung von Gewässern oder eine sonstige nachteilige Veränderung ihrer Eigenschaften nicht zu besorgen ist; das gleiche gilt für Rohrleitungen, die den Bereich eines Werksgeländes nicht überschreiten. In der Landwirtschaft gilt für Anlagen zum Umschlagen wassergefährdender Stoffe und zum Lagern und Abfüllen von Jauche, Gülle und Silagesickersäften, daß diese so beschaffen, eingebaut, aufgestellt, unterhalten und betrieben werden müssen, daß der

[58] Aus der Fülle des Schrifttums: SZD Rz 29, GWCz Rz 74, jeweils m.w.N.; differenzierend mit beachtlichen Argumenten BREUER Rz 141–143, der die schwierige Anwendung in der Praxis und damit eingeschränkte tatbestandliche Bestimmtheit hervorhebt. Ob aber die von BREUER vorgeschlagene Konkretisierung durch Rechtsverordnung helfen könnte, erscheint fraglich, denn eine allgemein geltende Verordnung stünde angesichts der Vielfalt der verschiedenen Standortverhältnisse, von deren Eigenart die Möglichkeit einer Gewässerbeeinträchtigung und damit die Tatbestandsmäßigkeit einer Handlung abhängt, vor kaum weniger großen Problemen. Eine auf eine Region maßgearbeitete Verordnung, z.B. eine Anordnung nach § 19 WHG (Schutzgebietsverordnung), könnte die erforderliche Konkretisierung bewirken. Eine Rechtsnorm des Agrarrechts scheidet aus, da diese nach dem Grundsatz der Spezialität hinter dem Wasserrecht zurücktreten müßte (vgl. dazu GWCz Rz 74 m.w.N.).

»bestmögliche Schutz der Gewässer vor Verunreinigung oder sonstiger nachteiliger Veränderung« der Gewässereigenschaften erreicht wird (§ 19 g Abs. 1 bzw. Abs. 2 WHG). Wird dieses Gebot eingehalten, liegen gleichzeitig die Voraussetzungen einer Gewässergefährdung und damit einer Anwendung des § 3 Abs. 2 Nr. 2 WHG nicht vor. Entsprechendes gilt für Rohrleitungsanlagen zum Befördern wassergefährdender Stoffe außerhalb eines Werkgeländes, die z. B. im Fall einer alterungs- oder unfallbedingten Leckage, Gewässer und hier insbesondere das Grundwasser verunreinigen können. Hier gilt vielmehr § 19 a WHG, der für Rohrleitungen der genannten Art eine ausdrückliche Genehmigung vorsieht und diesen Vorgang damit aus dem Bereich der fiktiven Gewässerbenutzung herausnimmt.

Dies leitet über zu der weiteren Voraussetzung des § 3 Abs. 2, daß die genannte Maßnahme »geeignet« ist, dauernd oder in einem nicht nur unerheblichen Ausmaß schädliche Veränderungen der physikalischen, chemischen oder biologischen Beschaffenheit des Wassers herbeizuführen. »Geeignet« bedeutet, daß eine Veränderung der Wasserbeschaffenheit (noch) nicht eingetreten zu sein braucht; es reicht aus, daß die Maßnahme diese Veränderung bewirken kann[59]. Das Gesetz mißbilligt also bereits den Gefährdungsfall, indem es die Maßnahme in derart frühem Stadium schon unter den Benutzungsbegriff faßt und damit dem repressiven Verbot mit Befreiungsvorbehalt (§ 2 WHG) unterwirft; die Wasserbehörde soll im Vorfeld möglicher Gewässerbelastungen bereits durch entsprechendes Verwaltungshandeln steuernd im Sinne der verantwortungsvollen Gewässerbewirtschaftung eingreifen, indem sie die Maßnahme untersagt oder ggf. unter entsprechenden Auflagen und Bedingungen (§§ 6, 4) erlaubt[60]. Es leuchtet ein, daß die hiermit eingeräumte behördliche Möglichkeit nicht geringen Vollzugsproblemen begegnet, so daß in der Bewertung der praktischen Bedeutung dieser Bestimmung zur Vorsorge im Vorfeld größte Zurückhaltung geboten ist.

Schließlich muß die durch die Maßnahme ermöglichte Veränderung der Beschaffenheit des Gewässers »schädlich« sein. Als »schädlich« wurden lange Zeit hindurch Veränderungen insbesondere dann angesehen, wenn das Gewässer durch sie nicht mehr oder erst nach einer Aufbereitung für die menschliche Nutzung, hier insbesondere für die öffentliche Wasserversorgung taugte. Diese Auffassung entsprach der traditionellen Bindung an eine nutzungsbezogene Bewertung der Gewässer; jedenfalls seit Inkrafttreten des Wasserhaushaltsgesetzes (1960) kann die Eignung des Wassers zum menschlichen Gebrauch nur noch als einer der mehreren Maßstäbe für die Beurteilung gelten. Mit der 4. WHG-Novelle, die den Bewirtschaftungsgrundsatz des § 1a Abs. 1 WHG eingeführt hat und darin Gewässer in ihrer Eigenschaft »als Bestandteil des Naturhaushalts« der Bewirtschaftungsverantwortung unterstellt, ist auch normativ die Loslösung von einer rein nutzungsbezogenen Betrachtung verwirklicht. Diese Bestimmung wird überwiegend als Positivierung dessen verstanden, was seit jeher das Bewirtschaftungsziel des WHG ist[61]. Das heißt indes nicht, daß die normativen und etwaige außernormative, aber fachlich begründete Anforderungen an Trinkwasser für diese Beurteilung ohne Bedeutung wären. Eine Veränderung der Beschaffenheit eines Gewässers ist vielmehr auch, aber eben nicht nur dann »schädlich«, wenn das Wasser eine vorher gegebene Eignung zur Verwendung als Trinkwasser verliert. Insofern eignen sich die Parameter der Trinkwasserverordnung als ein Maßstab zur Beurteilung einer Gewässerbelastung. Unabhängig davon ist eine Veränderung der Gewässerbeschaffenheit schädlich, wenn das Wasser in seiner natürlichen Beschaffenheit signifikant, »mehr als nur geringfügig« (§ 3 Abs. 2 Nr. 2 WHG) verändert wird. Dies ergibt sich aus einem Vergleich der mehreren Vorschriften des WHG, die das Phänomen Gewässerverunreinigung bzw. Beeinträchtigung oder Veränderung der Gewässerbeschaffenheit (mit oder ohne Zusatz »schädlich«) beschreiben: § 1 a Abs. 1 (»Beein-

---

[59] Breuer Rz 136.
[60] GWCz Rz 67 mit zahlreichen Nachweisen.
[61] Breuer Rz 68 (§ 1a als »programmatische Leitnorm«).

trächtigung«), § 17 a (»nachteilige Veränderung der Eigenschaften des Wassers«), § 22 (Schadensersatz, wenn die »physikalische, chemische oder biologische Beschaffenheit des Wassers verändert wird«), § 26 Abs. 2 (»Verunreinigung des Wassers oder eine sonstige nachteilige Veränderung seiner Eigenschaften«), § 27 Abs. 1 Nr. 3 (nachteilige Beeinflussung der Beschaffenheit des Wassers), § 32 a Nr. 3 (nachteilige Veränderung der Eigenschaften eines Küstengewässers) und § 34 (»schädliche Verunreinigung des Grundwassers oder eine sonstige nachteilige Veränderung seiner Eigenschaften«). Einigkeit besteht in Schrifttum und Rechtsprechung, daß diese Bestimmungen trotz ihres nicht völlig gleichen Wortlauts im wesentlichen inhaltsgleich sind[62]. Der verbal weitestreichende Begriffsinhalt »Verunreinigung des Wassers oder sonstige nachteilige Veränderung seiner Eigenschaften« (vgl. §§ 19 a Abs. 2 Nr. 2, 26 Abs. 1) setzt die Verunreinigung den nachteiligen Veränderungen (Oberbegriff) gleich; »Verunreinigungen« sind also neben anderen Änderungen der Wassereigenschaften bzw. der Beschaffenheit des Wassers als »nachteilig« anzusehen. Der Begriff »Änderung der physikalischen, chemischen oder biologischen Beschaffenheit« (z. B. § 22 Abs. 1) beschreibt die Änderung der Eigenschaften bzw. Beschaffenheit des Wassers genauer, ohne den Begriff zu erweitern; diese Regelung erläutert, was mit der allgemeinen Ausdrucksweise »Veränderung der Eigenschaften« bzw. der »Beschaffenheit des Wassers« gemeint ist. Den Unterfall »Verunreinigung« auf sinnlich wahrnehmbare Gewässerbelastungen zu beschränken[63], täte dem Wortlaut ohne Not Gewalt an, der nach dem Sprachgebrauch auch eine Gewässerbelastung z. B. mit löslichen Stoffen (Salzen, sonstigen Chemikalien), die weder mit dem Auge noch mit dem Geruchssinn wahrgenommen werden können, erfaßt. Der Zusatz »schädlich« entspricht dem Begriff »nachteilig«. Da dies für das Gewässer selbst als Bestandteil des Naturhaushalts (§ 1 a Abs. 1 WHG) gilt, erfaßt der Begriff jede Beeinträchtigung der natürlichen bzw. vorgefundenen Wasserbeschaffenheit unabhängig davon, ob eine gegenwärtige oder künftige menschliche Nutzung davon berührt wird. Chemische Stoffe, z. B. aus der Fabrikation, aus Reinigungsbetrieben oder aus der Pflanzenbehandlung und Schädlingsbekämpfung in Land- und Forstwirtschaft, im Gartenbau und in der Wegeunterhaltung sind als Kunstprodukte dem Gewässer regelmäßig fremd, so daß auch bereits geringe Spuren die Annahme einer Gewässerverunreinigung begründen. Bei Düngemitteln (insbesondere Nitrat) kann es, soweit diese Stoffe auch natürliche Inhaltsstoffe eines Gewässers sein können, von der Menge abhängen, ob eine »schädliche« Verunreinigung als Ergebnis menschlicher Einwirkung im Sinne des § 3 Abs. 2 Nr. 2 vorliegt[64].

Da der Tatbestand der fiktiven Gewässerbenutzung schon gegeben ist, wenn die Maßnahme nur geeignet ist, diese Verunreinigung des Gewässers herbeizuführen, die Verunreinigung des Gewässers nicht eingetreten zu sein braucht, räumt das Gesetz der Wasserbehörde hier mithin weitreichende Möglichkeiten ein, Gewässer gegen Beeinträchtigungen zu schützen. Dies ist bei Vorgängen, deren Gefährdungspotential bekannt ist, wie z. B. bei der flächendeckend tätigen land- und forstwirtschaftlichen Grundstücksnutzung auf leichten Böden von Bedeutung. Es ist hiernach möglich, für derartige Gebiete auf der Grundlage des § 19 WHG (Wasserschutzgebiete) und im Zusammenwirken mit der Raumplanung von vornherein solche Nutzungen auszuschließen oder zu beschränken, die angesichts der Standorteigenschaften die Besorgnis einer Grundwasserkontamination rechtfertigen. Grundwasservorkommen unter geringen überdeckenden Schichten, insbesondere unter solchen mit hoher Wasserdurchlässigkeit, lassen Handlungen nicht zu, die gemäß § 3 Abs. 2 Nr. 2 WHG als Maßnahme geeignet wären, das Grundwasser zu

[62] GWCz Rz 24 zu § 26.
[63] So aber GWCz Rz 25 zu § 26 mit Hinweis auf die Rechtsprechung.
[64] Zu natürlich im Boden vorkommenden und in Gewässer auswaschbaren Nährstoffgehalten vgl. SRU-Sondergutachten (Anm. 54) Abschnitt 4.3 (Tz 978); allerdings ist hiernach die Auswaschung dieser Stoffe äußerst gering (Tz 969).

beeinträchtigen, eine Gewässerbenutzung darstellen und somit ohne ausdrückliche wasserbehördliche Zulassung illegal wären. Das gleiche gilt für abschwemmungsgefährdete Flächen in der Nähe oberirdischer Gewässer. Indes sieht sich der behördliche Vollzug auf diesem Feld, wie erwähnt, infolge mangelnder Akzeptanz dieser Bestimmungen bei den betroffenen Normadressaten vor anscheinend unlösbaren Problemen, so daß sich der nach dem Wasserrecht an sich mögliche und gewollte allgemeine Schutz der Gewässer und insbesondere des Grundwassers gegen Belastungen mit Schadstoffen in der Praxis letztlich auf örtlich ausgewiesene Wasserschutzgebiete mit der Einengung auf einen aktuellen oder künftigen Schutzbedarf der öffentlichen Wasserversorgung reduziert. Hierauf wird im Zusammenhang mit Wasserschutzgebieten näher eingegangen.

Keine Benutzung sind Maßnahmen, die dem Ausbau, und solche, die der Unterhaltung eines oberirdischen Gewässers dienen, letztere jedoch nur, wenn die Unterhaltung ohne Verwendung chemischer Mittel erfolgt (§ 3 Abs. 3). Der Ausbau, nämlich die Herstellung, Beseitigung oder wesentliche Umgestaltung eines oberirdischen Gewässers oder seiner Ufer, steht unter dem Vorbehalt einer Planfeststellung (§ 31 Abs. 2). In diesem Verfahren sind private, insbesondere aber auch wasserwirtschaftliche Belange zu berücksichtigen, die im Falle einer Benutzung Gegenstand des förmlichen Verfahrens zur Erteilung einer Erlaubnis bzw. Bewilligung wären. In Vollzug der EG-Richtlinie über die Durchführung einer Umweltverträglichkeitsprüfung bei bestimmten öffentlichen Vorhaben bestimmt § 31 Abs. 2, daß das Planfeststellungsverfahren den Anforderungen des Gesetzes über die Durchführung einer Umweltverträglichkeitsprüfung entsprechen muß.

Der Begriff der »Unterhaltung« ist in § 28 WHG rahmengesetzlich umrissen. Die Unterhaltung »umfaßt« hiernach die Erhaltung eines ordnungsmäßigen Zustandes für den Wasserabfluß und an schiffbaren Gewässern auch die Erhaltung der Schiffbarkeit, wobei den »Belangen des Naturhaushalts Rechnung zu tragen« ist und »Bild und Erholungswert der Landschaft« zu berücksichtigen sind (§ 28 Abs. 1 S. 1). Im übrigen sind den Ländern weitergehende Regelungen für den Bereich der Unterhaltung anheimgegeben. Zur Unterhaltung eines oberirdischen Gewässers wird traditionell insbesondere das Ausbaggern des Wasserbetts zur Erhaltung oder Verbesserung des Wasserabflusses und zur Aufrechterhaltung oder Herstellung einer ausreichenden Tauchtiefe an schiffbaren Gewässern verstanden[65], ein Zugriff, der ohne Unterhaltungszweck als Entnahme fester Stoffe aus einem Gewässer als Benutzung zulassungsbedürftig wäre (§ 3 Abs. 1 Nr. 3 WHG). Soweit Spundwände oder andere Materialien zur Uferbefestigung »eingebracht« werden, handelt es sich ebenfalls um eine Unterhaltungsmaßnahme und nicht etwa um den Benutzungstatbestand des Einbringens von Stoffen (§ 3 Abs. 1 Nr. 4 WHG). Die Abgrenzung bestimmter Benutzungen oberirdischer Gewässer von Maßnahmen zu ihrer Unterhaltung wird im Einzelfall getroffen werden müssen. Dies dürfte jedenfalls in der Praxis nicht schwierig sein, da die Wasserbehörde entweder selbst unterhaltungspflichtig ist oder die Unterhaltungspflicht Dritter nach Art und Maß überwacht.

[65] Vgl. hierzu GWCz Rz 86–88.

5.4 Zulassung und Versagung einer Gewässerbenutzung – Erlaubnis, Bewilligung – Auflagen und Bedingungen

Die Benutzung eines Gewässers bedarf zu ihrer Rechtmäßigkeit der ausdrücklichen behördlichen Zulassung in Form einer Erlaubnis oder einer Bewilligung (§ 2 WHG)[66]. Bevor die Behörde entsprechend dem Antrag sich der Frage zuwendet, ob eine Erlaubnis (gegebenenfalls in Form einer gehobenen Erlaubnis nach Landesrecht) oder eine Bewilligung erteilt werden soll, hat sie die entscheidende wasserwirtschaftliche Vorfrage zu prüfen, ob die Benutzung überhaupt bzw. im beantragten Umfang zulassungsfähig ist. Die Grundform der Zulassung ist die Erlaubnis, die eine widerrufliche Befugnis zur Benutzung eines Gewässers zu einem bestimmten Zweck in einer nach Art und Maß bestimmten Weise vermittelt (§ 7 Abs. 1 WHG), während die Bewilligung demgegenüber das Recht gewährt, ein Gewässer zu benutzen (§ 8 Abs. 1 WHG). Die Ausformung der Bewilligung als ein subjektiv-öffentliches Recht, das eigentumsähnlichen Rechtsschutz genießt, mag auf die behördliche Entscheidung über die Zulassung einer Gewässerbenutzung insofern Einfluß haben, als die prinzipiell unangreifbare Langfristigkeit der Benutzung bei Erteilung einer Bewilligung auch wasserwirtschaftlich von Belang sein kann. Die eigentliche Vorfrage lautet jedoch, ob die Benutzung, deren Zulassung begehrt wird, im Hinblick auf den Wasserhaushalt quantitativ und/oder qualitativ vertretbar ist, also dem Wohl der Allgemeinheit und hier insbesondere der öffentlichen Wasserversorgung nicht widerspricht und ob auch andere gewässerbezogene Gemeinwohlbelange nicht entgegenstehen.

Die hiermit verbundenen Fragen bilden einen eigenen Problemkreis[67] und sollen daher behandelt werden, bevor die Betrachtung sich der Alternative zuwendet, ob die Benutzung nur in Form der Erlaubnis (eventuell als gehobene Erlaubnis) oder aber als Bewilligung erteilt werden kann.

5.4.1 Versagung und Zulassung einer Gewässerbenutzung (§ 6 WHG)

Die Unterwerfung praktisch jeder Gewässerbenutzung unter das Erfordernis einer behördlichen Erlaubnis oder Bewilligung in Verbindung mit dem umfassenden Definitionsansatz der Benutzungen (§§ 2, 3 WHG) und die gesetzliche Regelung über die Versagung und Gewährung einer Zulassung zur Gewässerbenutzung (§ 6 WHG) bilden das Kernstück der öffentlich-rechtlichen Benutzungsordnung. Gemäß § 6 WHG ist »die Erlaubnis und die Bewilligung ... zu versagen, soweit von der beabsichtigten Benutzung eine Beeinträchtigung des Wohls der Allgemeinheit, insbesondere eine Gefährdung der öffentlichen Wasserversorgung, zu erwarten ist, die nicht durch Auflagen oder durch Maßnahmen einer Körperschaft des öffentlichen Rechts ... verhütet oder ausgeglichen wird«. Wie bereits ausgeführt, liegt hierin das grundsätzliche Verbot einer Gewässerbenutzung (repressives Verbot) mit dem Vorbehalt einer totalen oder partiellen Befreiung. Hieraus wird gefolgert, daß ein Anspruch auf Zulassung einer Gewässerbenutzung nicht besteht. Der Wortlaut des § 6 rechtfertigt diese Beurteilung. Er verdeutlicht den Willen des Gesetzgebers, Gewässerbenutzungen als Eingriff in den Wasserhaushalt kurz zu halten, zugleich verpflichtet er die Behörde, das Mittel einer Befreiung vom repressiven Benutzungsverbot verantwortlich im

[66] Zu den Grundsatzfragen der öffentlich-rechtlichen Benutzungsordnung s. BREUER Rz 65–67, der die Gewässer entgegen der herkömmlichen Auffassung zutreffend als »öffentliche Sachen im Sondergebrauch« qualifiziert; vgl. auch GWCz Rz 3–5 zu § 2.

[67] Diese Art der Behandlung entspricht der (keineswegs zufälligen) gesetzlichen Reihenfolge: Das WHG behandelt die Versagung einer Gewässerbenutzung bzw. deren Zulassung, bevor es sich in § 7 der Erlaubnis und in § 8 der Bewilligung zuwendet.

Sinne eines gesunden Wasserhaushalts anzuwenden. Der »Grundsatz« für die Gewässerbewirtschaftung (§ 1 a Abs. 1 WHG) unterstützt eine restriktive Interpretation des § 6 (»Gewässer als Bestandteil des Naturhaushalts...«), hebt jedoch – auch insoweit übereinstimmend mit § 6 – hervor, daß die Bewirtschaftung das Ziel haben muß, die Gewässer dem Wohl der Allgemeinheit und im Einklang mit diesem auch dem Nutzen Einzelner dienstbar zu machen und jede vermeidbare Beeinträchtigung zu verhindern.

Das grundsätzliche Postulat einer ausdrücklichen wasserbehördlichen Zulassung wird lediglich in den Ausnahmefällen einer vom Gesetz ausdrücklich sogenannten »erlaubnisfreien Benutzung« durchbrochen:

- Für oberirdische Gewässer räumt § 23 WHG den Ländern die Befugnis zur Regelung des Gemeingebrauchs mit Vorbehalt der Rechte anderer sowie unter Berücksichtigung des Eigentümer- oder Anliegergebrauchs ein;
- gem. § 24 WHG bedarf die Benutzung eines oberirdischen Gewässers durch den Eigentümer oder den durch ihn Berechtigten keiner Erlaubnis bzw. Bewilligung, wenn dies für den Eigenbedarf geschieht und andere nicht beeinträchtigt werden sowie wenn keine nachteilige Veränderung der Eigenschaften des Wassers, keine wesentliche Verminderung der Wasserführung und keine andere Beeinträchtigung des Wasserhaushalts zu erwarten ist. Die Länder können ferner bestimmen, daß die gleichen Befugnisse den Anliegern und Hinterliegern zustehen; andrerseits können die Länder den Eigentümergebrauch und demzufolge auch den Anliegergebrauch ausschließen, soweit er »bisher«, also nach früherem Recht, nicht zugelassen war.
- Das Einbringen von Stoffen in oberirdische Gewässer zu Zwecken der Fischerei, grundsätzlich als Benutzung zulassungsbedürftig, kann durch das Landesrecht erlaubnisfrei gestellt werden (§ 25 WHG).

Für das Grundwasser sind erlaubnisfreie Benutzungen in engerem Maße vorgesehen. Gemäß § 33 Abs. 1 WHG ist für das Entnehmen, Zutagefördern, Zutageleiten oder Ableiten von Grundwasser eine behördliche Zulassung nicht erforderlich, soweit dies für den Haushalt, den landwirtschaftlichen Hofbetrieb, für das Tränken von Vieh außerhalb des Hofbetriebs oder in geringen Mengen zu einem vorübergehenden Zweck oder zum Zweck der gewöhnlichen Bodenentwässerung landwirtschaftlich, forstwirtschaftlich oder gärtnerisch genutzter Grundstücke geschieht. Das WHG räumt den Ländern das Recht ein, je nach regionalen Erfordernissen den Katalog erlaubnisfreier Benutzungen des Grundwassers einzuschränken oder aber auf bestimmte weitere Zwecke (für gewerbliche Betriebe, Land- und Forstwirtschaft oder Gartenbau) über den nach § 33 Abs. 1 WHG erlaubnisfreien Bereich hinaus auszudehnen (§ 33 Abs. 2 WHG).

Von diesen Möglichkeiten einer den regionalen wasserwirtschaftlichen Verhältnissen angepaßten Regelung haben die Länder in höchst unterschiedlicher Weise Gebrauch gemacht:

Der Eigentümergebrauch an oberirdischen Gewässern (§ 24 WHG) ist in Thüringen ausgeschlossen (§ 38 LWG), im Saarland ist er insoweit ausgeschlossen, als er nach dem bisherigen Recht nicht zugelassen war (§ 23 LWG), in Baden-Württemberg kann der Eigentümergebrauch durch Rechtsverordnung allgemein oder durch Verwaltungsakt der Wasserbehörde im Einzelfall im Rahmen etwa erforderlicher Gefahrenabwehr eingeschränkt werden (§ 28 LWG), das LWG Hamburg sieht keine Beschränkung des Eigentümergebrauchs, aber für dessen Ausübung eine Anzeige bei der Wasserbehörde vor (§ 13 Abs. 1). In den anderen Ländern gilt der Eigentümergebrauch im Rahmen des § 24 WHG mangels entgegenstehender landesrechtlicher Regelung unbeschränkt.

Den entsprechenden erlaubnisfreien Gebrauch durch Anlieger und Hinterlieger (das sind Inhaber derjenigen Grundstücke, die unmittelbar an Anliegergrundstücke grenzen) räumen das LWG Sachsen (§ 35) uneingeschränkt und, ggf. mit den für den Eigentümergebrauch geltenden

Beschränkungen und Maßgaben, Baden-Württemberg (§ 27 LWG) und Bayern (Art. 24 LWG) ein. Lediglich den Anliegergebrauch mit der Maßgabe eventueller Einschränkung aus Gründen des Wohls der Allgemeinheit lassen Berlin (§ 26 LWG), Brandenburg (§ 45 LWG), Nordrhein-Westfalen (§ 35 LWG), Rheinland-Pfalz (§ 38 LWG), Schleswig-Holstein (§ 20 LWG) und Saarland (§ 25 LWG) zu.

In noch höherem Maß sind die Landeswassergesetze bei der Regelung, die die erlaubnisfreie Benutzung des Grundwassers betrifft, von dem Gedanken weitreichender Differenzierungsmöglichkeiten zur Anpassung an regionale oder örtliche Verhältnisse geprägt. Dies findet seinen Ausdruck in einer Ermächtigung an die Oberste Wasserbehörde und an die Obere oder Untere Wasserbehörde, durch Rechtsverordnung allgemein oder regional bzw. durch Verwaltungsakt örtlich im Rahmen der Erfordernisse des Wasserhaushalts oder sonst des Wohls der Allgemeinheit zu bestimmen, daß entweder auch die in § 33 WHG genannten Benutzungen erlaubnisbedürftig sind oder daß auch Grundwasserentnahmen für die Land- und Forstwirtschaft generell und für den Gartenbau, jedoch in geringen Mengen, keiner Zulassung bedürfen, so Baden-Württemberg (§ 36 LWG), Bayern (Art. 33 Abs. 1 LWG), Bremen (§ 126 LWG), Saarland (§ 35 LWG), Berlin (§ 36 LWG), Mecklenburg-Vorpommern (§ 32 LWG). In Rheinland-Pfalz (§ 42 LWG) bedarf auch die Benutzung des Grundwassers gem. § 33 Abs. 1 Nr. 1 WHG der Zulassung, in Hessen (§ 44 LWG) nur einer vorherigen Anzeige bei der Wasserbehörde. In Schleswig-Holstein reicht die zulassungsfreie Benutzung nach § 33 Abs. 1 WHG so weit, wie ein tatsächliches Bedürfnis besteht (§ 22 LWG). Die Bodenentwässerung im normalen Umfang landwirtschaftlichen Erfordernisses (§ 33 Abs. 1 Nr. 2 WHG) lassen die Ländergesetze zu, entweder mit den vorgenannten Maßgaben oder – so Hessen (§ 44 Abs. 2 LWG) und Thüringen (§ 49 Abs. 1 LWG) – beschränkt auf eine Fläche bis zu 1000 m^2.

Über den genannten Rahmen hinaus ist den Ländern keine Möglichkeit eingeräumt, den Grundsatz der Versagung einer nicht erlaubnisfreien Benutzung aufzuweichen; hingegen kann Landesrecht die Versagungsgründe über § 6 hinaus verschärfen[68]. Die hierzu ergangenen Regelungen in den LWG enthalten im wesentlichen beispielhaft konkretisierte Aufzählungen von Versagungsgründen aus dem Begriff des Wohls der Allgemeinheit; sie bewirken damit eine Ausformung des § 6 WHG und weniger eine substantielle Ergänzung.

5.4.1.1 Bewirtschaftungsermessen und unbestimmte Rechtsbegriffe

Die Inhaltsbestimmung des § 6 WHG begegnet insoweit nicht unerheblichen Schwierigkeiten – und hat daher Rechtsprechung und Schrifttum immer wieder beschäftigt[69] –, als diese Vorschrift zwar eine Ermessensausübung (sog. Bewirtschaftungsermessen) erfordert, welche aber durch unbestimmte Rechtsbegriffe, die gleichermaßen für die behördliche Entscheidung über die Zulassung oder Versagung einer Benutzung maßgeblich sind, nicht unerheblich eingeschränkt wird. Fußangeln stecken einmal in dem Begriff »Wohl der Allgemeinheit«, der als unbestimmter Rechtsbegriff in seiner behördlichen Interpretation voll der verwaltungsgerichtlichen Nach-

---

[68] GWCz Rz 1 zu § 6.

[69] Rechtsprechung und Schrifttum sind in ihrer Vielfalt nur schwer überschaubar. Zum Bewirtschaftungsermessen s. insbesondere Breuer, Rz 67–71, 195–197, 211, 221 ff.; GWCz Rz 4 zu § 2: »Die öffentlich-rechtliche Benutzungsordnung als System öffentlicher Bewirtschaftung«; ders., Rz 2 zu § 6 (mit zahlreichen Hinweisen auf Rechtsprechung und Schrifttum): Bewirtschaftungsermessen als »ein weites und umfassendes ... Ermessen«. Indes kann das behördliche Ermessen in dieser Weite angesichts der zahlreichen normativen Beschränkungen schwerlich die Handhabung des § 6 maßgeblich prägen; als Grundlage der Bewirtschaftungsplanung (§§ 27, 36, 36b) ist diese Bewertung im Rahmen der tatbestandlichen Voraussetzungen der genannten Vorschriften eher vertretbar.

prüfung unterliegt, zum anderen aber darin, daß der danach verbleibende Ermessensspielraum hinsichtlich der Wassermengenwirtschaft wie auch insbesondere der Wassergütewirtschaft durch normative Vorgaben des WHG in seiner Richtung weitgehend vorgeprägt ist. Für den gewässergütewirtschaftlich wie siedlungspolitisch gleichermaßen wichtigen Bereich der Einleitung von Abwasser in Gewässer zieht § 7 a WHG durch Mindestanforderungen enge Schranken für die Erteilung einer Erlaubnis (eine Bewilligung ist für diese Benutzung ohnehin ausgeschlossen, § 8 Abs. 2 Satz 2 WHG); für das Grundwasser reduziert § 34 Abs. 1 WHG die Erteilung einer Erlaubnis für das Einleiten von Stoffen gegenüber § 6 und den Mindestanforderungen des § 7a auf den Fall, daß eine schädliche Verunreinigung des Grundwassers oder eine sonstige nachteilige Veränderung seiner Eigenschaften nicht zu besorgen ist. Liegen darüber hinaus Pläne zur Bewirtschaftung der Gewässer vor, also z. B. Reinhalteordnungen (§ 27 WHG), wasserwirtschaftliche Rahmenpläne (§ 36 WHG) oder Bewirtschaftungspläne (§ 36 b WHG), ist das Zulassungsermessen durch die Bindung an die Planinhalte und Planungsziele weiterhin eingeengt. In diesen Formen der wasserwirtschaftlichen Planung kann man am ehesten den Ausdruck eines Bewirtschaftungsermessens sehen, ermöglicht die Planaufstellung doch eine großräumige Festlegung beim Umgang mit dem Gewässer; allerdings ist auch dieser Vorgang durch die gesetzliche Planungsermächtigung selbst auf die Ziele der Gewässerschonung festgelegt. Das Bewirtschaftungsermessen hat ferner die verbindlichen zwischenstaatlichen Rechtsnormen (Richtlinien der Europäischen Union, internationale Verträge) zu berücksichtigen, wobei gerade die Europäische Union eine Fülle detaillierter Vorschriften betreffend die Ableitung von Stoffen in Gewässer und die Qualitätsziele, die als Mindestanforderung für bestimmte oberirdische Gewässer zu verwirklichen und einzuhalten sind, hervorgebracht hat (vgl. Abschnitt 5.1.2). Soweit das EU-Recht für bestimmte Stoffe eine Null-Emission vorschreibt, ist für eine anderslautende Entscheidung der Behörde kein Raum, auch wenn die entsprechende Richtlinie (noch) nicht formal in deutsches Recht umgesetzt worden ist, da EU-Richtlinien als an die Mitgliedstaaten gerichtet diese direkt binden. Über allem steht der Grundsatz des § 1a Abs. 1 WHG mit der normativen Wertung der Gewässer als Bestandteil des Naturhaushalts. Schließlich sind die im Einzelfall betroffenen öffentlichen und privaten schutzwürdigen Belange sachgerecht zu berücksichtigen. Von einem Bewirtschaftungsermessen im Sinne einer Bewirtschaftungshoheit, das seinerseits den Rechtsvorschriften als Orientierungsmaßstab dient und an dem sich die Interpretation wasserrechtlicher Vorschriften auszurichten habe, kann daher jedenfalls bezüglich der Handhabung des § 6 WHG keine Rede sein. Vielmehr handelt es sich hierbei um nicht mehr als die pflichtmäßige, ermessensfehlerfreie Abwägung in dem engen Spielraum normativer und gegebenenfalls untergesetzlicher Bewirtschaftungsregeln.

Die Zulassung (Erlaubnis bzw. Bewilligung) »ist« gemäß § 6 WHG »zu versagen, soweit von der beabsichtigten Benutzung eine Beeinträchtigung des Wohls der Allgemeinheit, insbesondere eine Gefährdung der öffentlichen Wasserversorgung zu erwarten ist, die nicht durch Auflagen oder Maßnahmen einer Körperschaft des öffentlichen Rechts ... verhütet oder ausgeglichen wird«. Durch den Wortlaut bringt das Gesetz bereits zum Ausdruck, daß die Behörde bei Vorliegen der genannten Voraussetzungen keine Möglichkeit hat, die beabsichtigte Benutzung zuzulassen, sie muß den Antrag auf Benutzung zurückweisen[70]. Dies besagt jedoch nicht im Umkehrschluß, daß die Behörde, wenn die Voraussetzungen für die Versagung nicht vorliegen, dem Antrag stattgeben müßte. Wird eine Beeinträchtigung des Wohls der Allgemeinheit nicht bzw. nur in einem Maße zu »erwarten« sein, daß durch Auflagen oder Maßnahmen einer Körperschaft des öffentlichen Rechts ein Ausgleich der Beeinträchtigung erfolgen oder auf diese Weise die Beeinträchtigung verhütet werden kann, liegt die Entscheidung darüber, ob dem Antrag (gegebenenfalls mit entsprechenden Auflagen) stattgegeben wird oder nicht, im pflichtmäßigen

---

[70] Statt vieler: GWCz Rz 1 zu § 6.

Ermessen der Behörde. Die Behörde hat von diesem Ermessen fehlerfreien Gebrauch zu machen und das Ermessen insbesondere entsprechend dem Zweck der Ermächtigung zu einer Ermessensentscheidung auszuüben (§ 40 Verwaltungsverfahrensgesetz). So ist, obwohl keine bzw. keine nicht ausräumbare oder vermeidbare Beeinträchtigung des Allgemeinwohls zu erwarten ist, die Versagung einer beantragten Benutzung dann ermessensfehlerfrei, wenn objektiv Restrisiken für den Wasserhaushalt aus der beabsichtigten Nutzung zu erwarten sind[71]. Dazu zählt die Möglichkeit, daß die Benutzung für ernstlich zu erwartende weitergehende Benutzungsbegehren einen Berufungsfall darstellen würde, die Zulassung weiterer Benutzungen jedoch mit dem Allgemeinwohl nicht verträglich wäre und auch die Möglichkeit eines Nachteilsausgleichs nicht besteht. Ist infolge Fehlens objektiv vertretbarer Versagensgründe der Ermessensbereich für eine Ablehnung des Antrags auf Null geschrumpft, würde eine Versagung einen Ermessensfehlgebrauch darstellen und damit auf entsprechende Klage beim Verwaltungsgericht (Anfechtungsklage, § 22 Verwaltungsgerichtsordnung) aufgehoben werden. Das Gericht kann in diesem Fall allerdings nicht anstelle der Behörde die Zulassung (Erlaubnis bzw. Bewilligung) aussprechen; es wird die Behörde unter Aufhebung der angefochtenen Entscheidung anweisen, den Antrag unter Beachtung der Rechtsauffassung des Gerichts neu zu bescheiden (§ 113 Abs. 5 Satz 2 Verwaltungsgerichtsordnung).

Gründe für die Versagung einer Benutzung nach § 6 ergeben sich aus einer – nicht durch Auflagen und Maßnahmen einer öffentlich-rechtlichen Körperschaft ausgleichbaren oder verhütbaren – Beeinträchtigung des Wohls der Allgemeinheit, insbesondere einer Gefährdung der öffentlichen Wasserversorgung.

Der Begriff »Wohl der Allgemeinheit«, im WHG an mehreren Stellen verwendet, jedoch nicht definiert, ist grundsätzlich umfassend zu verstehen[72]. Er schließt alle wasserwirtschaftlich relevanten Aspekte »medienübergreifend« ein (amtl. Begründung). Der Begriff bezieht sich jedoch auf den Wasserhaushalt; ein außerhalb dessen liegender Gemeinwohlbelang kann im Rahmen des § 6 nur insoweit Berücksichtigung finden, als er indirekt für den Wasserhaushalt Bedeutung hat. Denn das »Wohl der Allgemeinheit« im WHG kann als wasserrechtlicher Begriff nur im Rahmen des materiellen Geltungsbereichs dieses Rechtsbereichs seine Inhaltsbestimmung finden[73]. Es handelt sich hierbei mithin nicht um das Phänomen eines die verschiedenen Rechtsmaterien durchziehenden identischen Rechtsbegriffs einheitlichen und allumfassenden Inhalts. Im Rahmen wasserrechtlich zu beurteilender Vorgänge ist das Wohl der Allgemeinheit in den vom Gesetz bezeichneten Fällen das Regulativ, von da her allerdings umfassend, also unter Einschluß naturschutzrechtlicher und allgemein umweltbezogener Gesichtspunkte. Jedoch können wasserwirtschaftsfremde Belange des Gemeinwohls nicht mit Mitteln des WHG durchgesetzt werden. Fragen des Naturschutzes können mit wasserwirtschaftlichen Vorgängen eng verknüpft sein, so daß Belange des Naturschutzes im Rahmen des wasserrechtlichen Wohls der Allgemeinheit ihren Platz haben; für den Vollzug des Wasserrechts ist der Naturschutz jedoch nur insoweit von Belang, wie die Verknüpfung mit dem Wasserhaushalt als dem alleinigen Gegenstand des Wasserrechts reicht[74].

Die Ergänzung »insbesondere eine Gefährdung der öffentlichen Wasserversorgung« verdeutlicht zunächst, daß eine wasserwirtschaftlich gesicherte öffentliche Wasserversorgung als Teil des Gemeinwohlbegriffs verstanden wird. In dieser Verbindung erscheint die öffentliche Wasser-

---

[71] GWCz Rz 8 zu § 6; BREUER Rz 195 (»optimaler, nicht nur minimaler Schutz der Gewässer«).

[72] Eingehend dazu BREUER Rz 208–220.

[73] Der ursprünglich vertretenen Auffassung eines allumfassenden Gemeinwohlbegriffs ist das BVwG in ständiger Rechtsprechung seit der Entscheidung vom 10.02. 1978 (BVwGE Bd. 55 S. 220) entgegengetreten und hat einer differenzierenden Wertung den Weg bereitet, vgl. die Hinweise bei BREUER Rz 214 ff., GWCz Rz 20–30 (insbesondere 22) zu § 6.

[74] BREUER (unter Hinweis auf Rechtsprechung des BVerfG und des BVwG) Rz 216, 218 ff.

versorgung noch in § 12 Abs. 1 (Widerruf einer Bewilligung, durch deren Ausübung das Gemeinwohl, insbesondere die öffentliche Wasserversorgung, beeinträchtigt wird) und § 18 Satz 1 (Ausgleich zwischen konkurrierenden Benutzungen). Auch der Begriff »öffentliche Wasserversorgung« wird im Gesetz nicht definiert, sondern vorausgesetzt. Nach DIN 4046 versteht man hierunter die »Wasserversorgung, die der Versorgung der Allgemeinheit (Öffentlichkeit) dient«. Allgemein wird der Begriffsinhalt der 10. DVO zum Lastenausgleichsgesetz entlehnt, wonach »öffentliche Wasserversorgung ... Unternehmen« betreiben, »die ... andere nicht nur vorübergehend mit Trink- und Brauchwasser versorgen«. Das Gesetz meint mit öffentlicher Wasserversorgung zunächst die Funktion; es ist daher nicht entscheidend, ob die Versorgung von einer Körperschaft des öffentlichen Rechts (Gemeinde, Zweckverband, Wasserverband) oder von einer handelsrechtlichen Gesellschaft (Aktiengesellschaft, GmbH) durchgeführt wird und wer gegebenenfalls Träger bzw. Anteilseigner ist[75]. Die Auffassung erscheint vertretbar, daß eine real ausgeübte Versorgungstätigkeit in einer ihrer Stufen noch nicht betroffen zu sein braucht, der Tatbestand einer Gefährdung der Versorgungsfunktion vielmehr schon erfüllt ist, wenn die angestrebte Benutzung ein Gewässer in einer Weise betrifft, die die Besorgnis einer Beeinträchtigung der Versorgungsfunktion begründet, das Gewässer mithin in seiner Nutzbarkeit für eine einwandfreie, ungefährdete Versorgung signifikant geschmälert wird oder ausscheidet. Die Gründe können qualitativer Art (Abwassereinleitung) und quantitativer Art (Entzug der erforderlichen Mengen) sein. Diese Besorgnis greift als direkter Versagungsgrund gegenüber einem Benutzungsantrag jedenfalls, wenn der Bezug des Gewässers zur Versorgungsfunktion hinreichend konkretisiert ist, z. B. durch eine mit der Wasserbehörde abgestimmte Versorgungsplanung eines Wasserversorgungsunternehmens oder im Rahmen der wasserwirtschaftlichen Planung (Rahmenplan, Bewirtschaftungsplan) oder der Raumordnung als Vorrangfläche für die Wassergewinnung[76].

Der gesetzliche Hinweis auf die öffentliche Wasserversorgung wird ferner dahin gedeutet, daß der Begriff Wohl der Allgemeinheit nicht nur direkt auf den Wasserhaushalt, sondern über diesen hinaus eine Ausdehnung auf bestimmte Nutzergruppen zulasse. Diese allerdings müssen in ihrer Bedeutung dem Gesamtbegriff Wohl der Allgemeinheit zugerechnet werden oder zumindest mit ihm harmonieren (§ 1 a Abs. 1 WHG); denn auch eine Beeinträchtigung bestimmter privater Nutzerinteressen kann dem Wohl der Allgemeinheit im Sinne des § 6 WHG widersprechen, wenn eine private Gewässerbenutzung unausgleichbar beeinträchtigt wird und dadurch ein Schaden für das Gemeinwohl zu besorgen ist. So kann ein Gemeinwohlbelang berührt sein, wenn ein gewerblicher Betrieb durch die Beeinträchtigung seiner Wassergewinnung unwirtschaftlich wird mit der Folge, daß die Produktion ausfällt und nicht ersetzbare Arbeitsplätze verloren gehen[77]. Im wasserrechtlichen Verfahren wäre dieser Belang schon von Amts wegen und nicht erst auf die entsprechende Einwendung des Betroffenen hin zu berücksichtigen.

Erforderlich für die Ablehnung eines Benutzungsantrags ist die Erwartung einer »Beeinträchtigung« des Wohls der Allgemeinheit; bezüglich der öffentlichen Wasserversorgung spricht das Gesetz demgegenüber von einer »Gefährdung«. Beide Begriffe sind gleichrangig, aber nicht inhaltsgleich[78]. Eine Beeinträchtigung bezeichnet eine eingetretene, eine Gefährdung hingegen eine potentielle Schädigung (die Gefährdung muß die drohende Beeinträchtigung nicht zwingend

[75] Breuer Rz 198; GWCz 38 zu § 6.

[76] GWCz Rz 39 zu § 6: öffentliche Wasserversorgung meint nicht nur die abstrakte Möglichkeit, sondern zielt auch auf eine bestehende oder konkret geplante Wasserversorgung. Vgl. auch Breuer Rz 200 mit Hinweis auf BVwG = ZfW 1965 S. 98(106).

[77] GWCz Rz 36 zu § 6; differenzierend und im Ergebnis wie hier unter Auseinandersetzung mit der Rechtsprechung des BVerfG und des BVwG: Breuer Rz 206ff. (direkt mit der beabsichtigten Gewässerbenutzung verbundene Auswirkungen auf im Interesse des Gemeinwohls schutzwürdige Drittbelange können einbezogen werden, jedoch ist § 6 »kein Instrument der Wirtschafts- oder Siedlungspolitik«).

[78] So aber GWCz Rz. 40 zu § 6.

realisieren). Aus dem Gesetzeswortlaut ergibt sich indes, daß schon eine »bloße« Gefährdung der öffentlichen Wasserversorgung eine Beeinträchtigung des Wohls der Allgemeinheit darstellt. Das Gesetz weist damit der Versorgung der Allgemeinheit mit Wasser bei der Bewirtschaftung des Wasserhaushalts einen bedeutenden Rang zu, indem es schon die Möglichkeit einer Beeinträchtigung der Versorgung als reale Beeinträchtigung des Gemeinwohls ansieht. Diese Gefährdung muß ihre Ursache in der angestrebten Gewässerbenutzung haben; sie ist quantitativ und qualitativ möglich. Die Möglichkeit einer Beeinträchtigung der wasserwirtschaftlichen Grundlagen für die öffentliche Wasserversorgung ist einmal anzunehmen, wenn die beabsichtigte Benutzung (quantitativ) einem Wasserversorgungsunternehmen »das Wasser abgräbt«, wenn mithin beide Wasserentnahmen nicht mit den Erfordernissen des geordneten Wasserhaushalts harmonieren würden; das gleiche gilt, wenn (qualitativ) eine Erlaubnis begehrt wird für die Einleitung von Stoffen in ein Gewässer, die das Wasser in einer Weise belasten, die den Anforderungen der öffentlichen Wasserversorgung an die Qualität des Rohwassers und insbesondere im Hinblick auf die Anforderungen der Trinkwasserverordnung zuwiderlaufen. Das Abstellen auf die Funktion »öffentliche Wasserversorgung« als Sicherung der Versorgung der Allgemeinheit mit Wasser in Trinkwasserqualität nötigt nicht zu einer rein abstrakten Betrachtung, sondern läßt es zu, den Begriff Wohl der Allgemeinheit an einem konkreten Wasserversorgungsunternehmen festzumachen. Kann die »Allgemeinheit« auf andere Weise mit Wasser in der erforderlichen Beschaffenheit versorgt werden, z. B. durch Umstellung der Wassergewinnung auf ein anderes Gewässer oder auf einen anderen Versorgungsträger, läge insofern eine (absolute) Gefährdung der öffentlichen Wasserversorgung nicht vor. Jedoch könnte dieser Eingriff in eine intakte Versorgungsstruktur als Folge der beantragten Gewässerbenutzung seinerseits als Beeinträchtigung des Gemeinwohls gelten. Auf die Entschädigungsfragen, die sich in diesem Zusammenhang stellen würden, ist an dieser Stelle nicht näher einzugehen. Die hier angedeuteten Fragen berühren bereits die Probleme der Auflagen und Bedingungen sowie der Entscheidung bei konkurrierenden Benutzungen, worauf an späterer Stelle eingegangen wird[79].

Das Wohl der Allgemeinheit ist darüber hinaus regelmäßig beeinträchtigt, wenn ein Gewässer in seiner natürlichen Beschaffenheit und Funktion mehr als nur geringfügig verändert wird. Einwirkungen auf die Wasserführung eines Wasserlaufs berühren ebenso das Gemeinwohl wie die Belastung eines Gewässers durch Zuführung von Stoffen. Dem wasserwirtschaftlichen Gemeinwohl entspricht ein weitgehend naturbelassener Wasserhaushalt auch und gerade im Hinblick auf die mit ihm verbundenen weitreichenden Lebensvorgänge. Die Erhaltung einer gesunden Wasserfauna und -flora entspricht einem Belang des Gemeinwohls einschließlich der dazu erforderlichen natürlichen Voraussetzungen wie ausreichender Sauerstoff-Gehalt des Wassers u. dgl. Der die Bewirtschaftung der Gewässer beherrschende Grundsatz des § 1a WHG prägt auch den Gemeinwohlbegriff des WHG. Andererseits ist die Gewässerbeschaffenheit nicht als absolute Größe zu verstehen; andere Belange aus dem weiten Spektrum des Gemeinwohlbegriffs können im Einzelfall dazu führen, daß das allgemeine Interesse an einer Erhaltung der Wasserbeschaffenheit hinter konkurrierenden Belangen des Gemeinwohls zurückzutreten hat. Schon der Bewirtschaftungsgrundsatz des § 1a Abs. 1 WHG läßt die Zulässigkeit einer derartigen Relativierung erkennen. Dies folgt ferner aus der Regelung, daß der Eintritt einer Gewässerbeeinträchtigung dann hingenommen werden kann, wenn durch Maßnahmen des Benutzers als Verursacher oder durch Maßnahmen einer Körperschaft des öffentlichen Rechts ein Ausgleich der nachteiligen Wirkungen auf den Wasserhaushalt bewirkt wird (vgl. §§ 4, 5, 6 WHG). Für das Wohl der Allgemeinheit ist mithin nicht stets schon der Mikrokosmos definitiv ausschlaggebend, sondern ggf. ein größerer

---

79 Mit einer Umstrukturierung, deren Kosten dem hinzukommenden Gewässerbenutzer aufzuerlegen wären (§ 4 WHG), könnte die Beeinträchtigung »ausgeglichen« bzw. »verhütet« werden, so daß gem. § 6 ein Zulassungshindernis insoweit beseitigt wäre.

wasserwirtschaftlicher Zusammenhang. In diesem Rahmen hat die Funktion einer geordneten Abwasserabführung, quantitativ Teil des Wasserkreislaufs, eine auch qualitative Berechtigung bei Anlegung des höchstmöglichen Maßstabs der Schmutzrückhaltung durch Abwasserklärung (§§ 7a, 6 WHG). Der Erhalt einer möglichst naturnahen Gewässerbeschaffenheit ist das vorrangige normative Bewirtschaftungsziel, jedoch keine absolute Größe für die Beurteilung und Entscheidung über die Zulassung einer Gewässerbenutzung[80].

5.4.1.2 Die Prognose einer Beeinträchtigung des Wohls der Allgemeinheit

Soweit die Möglichkeit, eine Gewässerbenutzung zuzulassen, nicht gesetzlich ausgeschlossen oder eingeschränkt ist (vgl. Abschnitt 5.4.1.3), kommt es für die Prüfung der Zulassung oder Versagung darauf an, ob von der Benutzung eine Beeinträchtigung des Gemeinwohls »zu erwarten« ist. Die konkrete jeweilige Gewässersituation muß durch die Art und den Umfang der beabsichtigen Benutzung eine Beeinträchtigung nach anerkannten fachlichen Regeln oder nach der allgemeinen Lebenserfahrung wahrscheinlich, naheliegend erscheinen lassen[81]. Eine schon bestehende Belastung des Gewässers (»Vorbelastung«) kann grundsätzlich die Erwartung, daß eine weitere zusätzliche Belastung das Gemeinwohl beeinträchtige, nicht entkräften; eine Berufung auf diese Vorbelastung kann daher nicht als Argument für die Unbedenklichkeit weiterer Belastungen ins Feld geführt werden[82]. Die entfernte Möglichkeit einer Beeinträchtigung reicht nicht aus; eine völlige Sicherheit des Eintritts oder eine Gefahr im ordnungsrechtlichen Sinne ist hingegen nicht erforderlich. Die Rechtsprechung hat die Ableitung von Straßenabwässern einer Bundesstraße, die an der Wassergewinnungsanlage eines Wasserversorgungsunternehmens vorbeiführt, als zu erwartende Beeinträchtigung des Grundwassers und damit der öffentlichen Wasserversorgung bewertet und die Versagung einer Einleitungserlaubnis im Einzugsbereich der Brunnen für rechtens erkannt[83].

In Schrifttum und Rechtsprechung wird überwiegend die Auffassung vertreten, daß auch eine mittelbare Belastung des Gewässers als eine zu erwartende Beeinträchtigung im Sinne des § 6 WHG gilt[84]; dies ist jedoch in dieser Allgemeinheit zweifelhaft. Wird z. B. der Antrag auf Zulassung einer Wasserentnahme mit der Begründung abgelehnt, daß das aus der Gewinnung letztlich resultierende Abwasser bei seiner Einleitung zu Gewässerbeeinträchtigungen führen kann, wird das wasserwirtschaftliche Ermessen fehlerhaft angewendet. Denn das Entstehen von Abwasser und damit die Notwendigkeit, dasselbe mittels Einleitung in ein Gewässer fortzuschaffen, ist schon die unvermeidliche Folge des Gebrauchs von Wasser und daher bereits bei der Entscheidung über einen Baugenehmigungsantrag zu berücksichtigen. Schließlich schreibt das materielle Baurecht (Landesbauordnungen) als Voraussetzung für die Zulässigkeit eines Vorhabens u. a. vor, daß eine geordnete Abwasserbeseitigung gesichert ist. Zu berücksichtigen ist ferner, daß die Abwassereinleitung einen selbständigen Benutzungstatbestand darstellt, bei dessen Zulassung durch Auflagen (gegebenenfalls über § 7a WHG hinaus) die Belastung in gewässer-

[80] Dazu eingehend GWCz Rz 5 zu § 1a, Rz 20 zu § 6; BREUER Rz 69: § 1a als Ermessensdirektive zum Vollzug des Gemeinwohlbegriffs in § 6. Nicht unbedenklich, aber in der Bewirtschaftung anzutreffen ist eine Gewässergüteplanung dahin, bestimmte Gewässer durch Einstufung in Geringwertige Klassen »Güteklasse« 3 = »mäßig bis kritisch verschmutzt«) gezielt einer partiellen, bei tieferer Einstufung auch einer totalen Verschmutzung preiszugeben (Beispiel Emscher). Diese »Bewirtschaftung« mit klarem Vorrang der »kostengünstigen« Abwasserfortführung ist mit der in § 1a normierten Zielsetzung des WHG unvereinbar, in der Praxis wohl auch auf dem Rückzug.

[81] GWCz Rz 17 zu § 6 unter Hinweis auf die Rechtsprechung des BVwG.

[82] GWCz Rz 37 zu § 6.

[83] GWCz Rz 17 zu § 6 m.w.N.

[84] Vgl. GWCz Rz 18 zu § 6 m.w.N.

und gemeinwohlverträglichem Rahmen gehalten werden kann. Daher ist hier zunächst nicht die Entnahme von Wasser, sondern die Erlaubnis zur Einleitung des Abwassers der wasserrechtliche Anknüpfungspunkt zur Einschätzung etwaiger Beeinträchtigungen des Gemeinwohls und entsprechender Regelungen zu dessen Verhütung oder Ausgleich. Mit der erwähnten Begründung läßt sich die Versagung einer Wassergewinnung erst rechtfertigen, wenn zu diesem Zeitpunkt als Ergebnis einer Prüfung feststeht, daß eine Abwassereinleitung im Zusammenhang mit der Wasserförderung unter Gemeinwohlaspekten insgesamt nicht zu vertreten ist. Grundsätzlich ist es jedoch richtig, daß im Verfahren der Zulassung einer Wassergewinnung jedenfalls auch die mittelbaren Folgen dieser Benutzung berücksichtigt werden müssen. Die Landeswassergesetze schreiben zum Teil ausdrücklich vor, daß eine Entnahme von Wasser nur zugelassen werden darf, wenn und soweit eine unbedenkliche Abwasserbeseitigung gewährleistet ist.

Die Prognose einer zu erwartenden Beeinträchtigung des Wohls der Allgemeinheit wird im Geltungsbereich einschlägiger Planungen erleichtert. Dies gilt nicht nur für Wasserschutzgebiete, deren Festsetzungsnorm die als unverträglich geltenden Handlungen positiviert; erleichtert wird die Einschätzung auch in Gebieten, die auf Grund des Planungsrechts oder des Natur- und Landschaftsschutzrechts unter besonderen Schutz gestellt sind und daher in ihrer Nutzung bestimmten Beschränkungen unterliegen. Die Normen zur Festsetzung dieser Gebiete stellen eine planerisch konkretisierte Aussonderung bestimmter Aspekte des Gemeinwohls bzw. partielle Vorentscheidungen über den Inhalt des Wohls der Allgemeinheit dar. Für die Frage, ob eine Gewässerbenutzung in diesen Gebieten das Wohl der Allgemeinheit beeinträchtigen kann, ist bei der Beurteilung eines Antrags auf Zulassung der Gewässerbenutzung allein die wahrscheinliche, zu erwartende Auswirkung der Benutzung auf die Schutzziele maßgebend, denn das Wasserrecht berücksichtigt den Natur- und Landschaftsschutz, ist indes nicht dessen Instrument. Das Wohl der Allgemeinheit ist daher beeinträchtigt, wenn eine wasserwirtschaftlich unbedenkliche Gewässerbenutzung nachteilige Auswirkungen in der Natur erwarten läßt, die in naturschutzrechtlicher Sicht weder hingenommen noch ausgeglichen werden können[85]; dies gilt insbesondere, wenn der Benutzung ein Verbot des Natur- und Landschaftsschutzrechts (Verordnung zur Festsetzung eines Naturschutz- oder Landschaftsschutzgebiets) entgegensteht, soweit nicht Ausnahmeregelungen greifen. Das gleiche gilt für sonstige Verbotsnormen. Aber auch ohne ausdrücklich normiertes Verbot stellt die Erwartung einer durch die Gewässerbenutzung gegebenen Beeinträchtigung der Natur einen im Rahmen der Gemeinwohlbetrachtung nach § 6 WHG relevanten Belang dar[86].

5.4.1.3 Normative Zulassungsschranken

Im Zusammenhang mit allgemeinen Ausführungen zu Inhalt und Umfang des Ermessens bei der behördlichen Prüfung von Zulassungsanträgen wurde bereits hervorgehoben, daß das Gesetz einige Maßnahmen, die eine Gewässerbenutzung darstellen, nicht, andere nur beschränkt zuläßt (Abschnitt 5.4.1.1). So ist das Einbringen von Stoffen in Oberflächengewässer, wenn es dem Zweck dient, sich der Stoffe zu entledigen, nicht zulassungsfähig (§ 26 Abs. 1 WHG). Das Einleiten von Stoffen in das Grundwasser darf nur zugelassen werden, wenn eine schädliche Verunreinigung des Grundwassers oder eine sonstige nachteilige Veränderung seiner Eigenschaften nicht zu besorgen ist (§ 34 Abs. 1 WHG). Die Voraussetzungen für die Zulassung einer Einleitung in das Grundwasser sind enger als die allgemeinen Zulassungsvoraussetzungen nach

[85] Dazu eingehend mit einer Übersicht über die Rechtsprechung insbesondere des BVwG: BREUER Rz 216.

[86] Der organische Zusammenhang von Gewässer und Natur im übrigen verleiht dem wasserrechtlichen Gemeinwohlbegriff insoweit einen »fachübergreifenden Schutzbereich« (BREUER aaO.).

§ 6 WHG. Kann die durch die Benutzung an sich gegebene zu besorgende Möglichkeit einer schädlichen Verunreinigung durch Auflagen oder Bedingungen verhütet werden, kann also der Eintritt einer schädlichen Verunreinigung des Grundwassers ausgeschlossen und dadurch diese Besorgnis ausgeräumt werden, steht § 34 Abs. 1 einer Zulassung im Rahmen des § 6 nicht entgegen, soweit nicht absolute Einleitungsverbote nach dem EU-Recht greifen. Die in § 6 WHG eröffnete weitere Möglichkeit indes, eine Gewässerbenutzung trotz gegebener Besorgnis einer Gewässerbeeinträchtigung zuzulassen, wenn diese durch Auflagen oder durch die Tätigkeit einer öffentlich-rechtlichen Körperschaft ausgeglichen wird, entfällt bei der Einleitung von Stoffen in das Grundwasser: Diese Ressource soll nach dem Willen des Wasserhaushaltsgesetzes überhaupt nicht schädlich verunreinigt werden. Der gegenüber den oberirdischen Gewässern erhöhte Schutz des Grundwassers ist vom Gesetz gewollt[87]. Oberirdische Gewässer haben mehr oder minder zwangsläufig verschiedenen menschlichen Nutzungen, darunter insbesondere der Vorflut sowie bei schiffbaren Gewässern dem Wasserstraßenverkehr zu dienen, während das Grundwasser als eine durch überdeckende Schichten geschützte Gewässerart in ihrer natürlichen Beschaffenheit im Interesse der qualitativen Sicherung der öffentlichen Wasserversorgung, aber in Sonderheit über diese Nutzungsmöglichkeiten hinaus wegen seiner umfassenden Bedeutung als »Bestandteil des Naturhaushalts« intakt erhalten werden soll.

Bezüglich der Einleitung bestimmter Stoffe, nämlich Abwasser, sind dem Ermessen der Behörde in Form der Mindestanforderungen an die Beschaffenheit des Abwassers nach § 7 a WHG Schranken gezogen, worauf bereits hingewiesen wurde. Nach dieser Vorschrift darf eine Erlaubnis für das Einleiten von Abwasser nur erteilt werden, wenn die Schadstoff-Fracht des Abwassers so gering gehalten wird, wie dies bei Einhaltung des technischen Standes der Abwasserbeseitigung möglich ist. Ausdrücklich bleibt allerdings § 6 »unberührt« (§ 7 a Abs. 1 Satz 2 WHG), so daß die Behörde rechtlich imstande ist, weitergehende Anforderungen an die Beschaffenheit des Abwassers zu stellen, Auflagen und Bedingungen mit der Zulassung (Erlaubnis) zu verknüpfen und die Einleitung – bei Verbleiben nicht ausgeräumter Besorgnisse für eine Beeinträchtigung des Wasserhaushalts – zu versagen[88].

Die Mindestanforderungen für die Schmutzfracht im Abwasser haben die Funktion einer gesetzlichen Vollzugshilfe. Mit § 6 WHG steht, insbesondere in Verbindung mit Reinhalteordnungen und Bewirtschaftungsplänen, das umfassende rechtliche Instrumentarium zur Verfügung, um die Belastung der Gewässer durch Abwassereinleitungen in einem wasserwirtschaftlich vertretbaren Rahmen zu halten. Die Zunahme des Abwasseranfalls in quantitativer und insbesondere qualitativer Hinsicht stellte den Vollzug vor erhebliche Probleme; die EG-Richtlinie betreffend die Verschmutzung infolge der Ableitung bestimmter gefährlicher Stoffe in die Gewässer der Gemeinschaft vom 04.05. 1976 setzte verbindliche Normen für die Einleitung gefährlicher Stoffe, die eine behördliche Kontrolle der Einleitung und für besonders kritische Abwasserinhaltstoffe feste Grenzwerte vorsehen. Diese Entwicklung machte die Einführung bundesrechtlicher Mindestanforderungen unausweichlich. In der ursprünglichen Fassung stellte § 7a auf eine Abwasserreinigung nach den allgemein anerkannten Regeln der Abwassertechnik ab, die in Verwaltungsvorschriften formuliert waren, die die Bundesregierung mit Zustimmung des Bundesrates erließ. Die Änderung der Vorschrift durch die 5.WHG-Novelle (1986) führte für besonders gefährliche Stoffe den Stand der Abwassertechnik wiederum nach Maßgabe entsprechender Verwaltungsvorschriften des Bundes als Maßstab ein. Mit der 6.Novelle zum WHG (1996) hat diese Bestimmung ihre jetzige Fassung erhalten, die nunmehr insgesamt auf den Stand der Abwasserreinigungstechnik abstellt. Das Gesetz beschreibt ihn in § 7a Abs. 5 als Entwicklungsstand technisch und wirtschaftlich durchführbarer fortschrittlicher Verfahren, Einrichtungen und

[87] Vgl. GWCz Rz 3 zu § 34.
[88] Breuer Rz 203.

Betriebsweisen, die als beste verfügbare Techniken zur Begrenzung von Emissionen praktisch geeignet sind. Mit dem Übergang auf eine Rechtsverordnung, mit der die Bundesregierung mit Zustimmung des Bundesrats die Anforderungen, die dem Stand der Technik entsprechen, nunmehr festlegt, trägt das Gesetz der Kritik des Europäischen Gerichtshofs Rechnung, der eine Umsetzung der Richtlinien in Form untergesetzlicher Vorschriften (Verwaltungsvorschriften) als nicht ausreichend ansieht[89].

§ 7a WHG gilt als eine Ausprägung des Vorsorgeprinzips entsprechend der Grundsatzregelung des § 1a Abs. 1 WHG (Bewirtschaftungsziele) und als normative Teilkonkretisierung des Gemeinwohls[90]. Weitergehende Anforderungen sind gemäß § 6 WHG im Einzelfall möglich, in der Praxis jedoch ohne Bedeutung.

5.4.2 Bedingungen und Auflagen (§§ 6, 4, 5 WHG)

Als (begünstigender) Verwaltungsakt kann die Zulassung einer Gewässerbenutzung in Form einer Erlaubnis oder Bewilligung in bestimmter sachlich gebotener und rechtlich zulässiger Weise eingeschränkt werden gegenüber dem Antrag (Bedingungen) oder mit ergänzenden Nebenbestimmungen ausgestattet werden, die sich aus der Situation der Benutzung ergeben (Auflagen), um eine sonst erforderliche Ablehnung des Antrags zu vermeiden. Das WHG entspricht diesem auf dem Grundsatz der Verhältnismäßigkeit beruhenden Prinzip, indem es in § 4 ausdrücklich bestimmt, daß die Zulassung einer Benutzung mit Auflagen und Bedingungen verbunden werden kann. Nach § 6 kann eine Benutzung zugelassen werden, wenn gegen sie sprechende Bedenken aus der Sicht des Gemeinwohls durch Auflagen ausgeräumt werden.

Auflagen sind als Nebenbestimmungen quasi-selbständige Verwaltungsakte und selbständig anfechtbar; Bedingungen stellen die inhaltliche Gestaltung der Benutzungszulassung, eine Bestimmung des Inhalts der Zulassung dar. Von Bedingungen spricht § 6 nicht ausdrücklich, sondern in der Weise, daß die Zulassung einer Benutzung zu versagen ist, »soweit« von der beabsichtigten Benutzung eine Gemeinwohlbeeinträchtigung zu erwarten ist, soweit mithin die Art und Weise der Benutzung nicht auf ein gemeinwohlverträgliches Maß ausgerichtet werden kann. »Soweit« läßt die Nichtzulassung der Benutzung zu und erfordert diese gegebenenfalls, schließt jedoch die Zulassung in der sachlich gebotenen inhaltlichen Einschränkung gegenüber dem Antrag ein. Der typische Fall einer Bedingung ist bei Entnahmen von Wasser aus einem Gewässer die Beschränkung der Jahreshöchstmenge und deren Einteilung nach Tages- und Stundenhöchstmengen, ferner bei der Einleitung von Stoffen in ein Gewässer die Beschränkung der Inhaltsstoffe (insbesondere bei Abwasser) nach absoluter Menge und nach der Konzentration, das Verbot der Einleitung bestimmter Inhaltsstoffe und zeitliche Regelungen der Einleitungsvorgänge[91]. In § 6 werden Auflagen erwähnt als Mittel, eine sonst zu erwartende Beeinträchtigung des Gemeinwohls zu verhüten oder auszugleichen und damit die Benutzung überhaupt zulassungsfähig zu machen. Aus diesem Zusammenhang wird deutlich, in welchem sachlichen Rahmen Auflagen zulässig sind. Weitere Einzelheiten dazu regelt § 4. Nach § 5 sind Auflagen und Bedingungen auch nachträglich, also nach Erlaß der Erlaubnis bzw. Bewilligung, in dem dort genannten Rahmen zulässig, ohne daß es eines entsprechenden Vorbehalts im Zulassungsakt bedarf.

[89] Vgl. EuGH, Urteile vom 28.02. 1991 = ZfW 1991, S. 214, 216, 219; s.a. die Hinweise bei GWCz Rz 18 zu § 7a.
[90] GWCz Rz 1, insbesondere Rz 17 zu § 7a, Breuer Rz 203, 330ff., SZD Rz 19 zu § 7a.
[91] Vgl. Breuer Rz 242ff.

Die Zulassungsregelung des § 6 WHG erwähnt neben den Auflagen noch »Maßnahmen einer Körperschaft des öffentlichen Rechts« als Mittel zur Verhütung oder zum Ausgleich nachteiliger Wirkungen einer Benutzung. Das Gesetz verweist hierbei ausdrücklich auf § 4 Abs. 2 Nr. 3 WHG; danach kann eine Auflage in der Anordnung bestehen, daß dem »Unternehmer« – so bezeichnet das WHG in Anknüpfung an die wasserrechtliche Tradition denjenigen, der ein Gewässer in Ausübung eines Rechts oder einer Befugnis benutzt – Beiträge zu den Kosten von Maßnahmen auferlegt werden, die eine Körperschaft des öffentlichen Rechts trifft oder treffen wird, um eine mit der Benutzung verbundene Beeinträchtigung des Gemeinwohls zu verhüten oder auszugleichen. Das Gesetz erkennt eine Verlagerung der Verhütungs- bzw. Ausgleichsmaßnahmen vom Verursacher (»Unternehmer«) auf eine Körperschaft des öffentlichen Rechts als gleichwertig an. Im Gegensatz zum Unternehmer, der die von seiner Benutzung verursachte Beeinträchtigung des Gemeinwohls zu verhüten bzw. auszugleichen hat, deckt die Körperschaft des öffentlichen Rechts im Zweifel einen breiteren Bereich ab; es reicht für § 6 WHG aber aus, daß sie auch die Benutzungsfolge des Unternehmers erfaßt. Ein typisches Beispiel für diese Regelung ist die Grundwasseranreicherung durch einen Beregnungsverband im Sinne des Wasserverbandsgesetzes, dessen Tätigkeit (u. a.) die Folgen einer durch Grundwasserentnahmen bewirkten Grundwasserabsenkung wasserwirtschaftlich ausgleicht und damit zugleich insbesondere auch ökologisch nachteilige Folgen (Aufwuchsschäden) verhütet. Auch Gewässersanierungsmaßnahmen eines Wasserverbandes, mit deren Hilfe die Folgen von Abwassereinleitungen in einem wasserwirtschaftlich vertretbaren Rahmen gehalten werden, sind hier zu nennen; die im Rahmen des § 6 WHG ergehende Auflage besteht in diesen Fällen in der Verpflichtung des Einleiters, Beiträge zu den Kosten der Tätigkeit dieses Verbandes entsprechend seiner Verursachung zu leisten mit der Wirkung, daß sonst bestehende wasserwirtschaftliche Bedenken entfallen. Diese Beitragspflicht entfällt nicht etwa dadurch, daß der Einleiter für eine Abwassereinleitung die Abwasserabgabe nach dem Abwasserabgabengesetz zu zahlen hat. Die gegenteilige Ansicht[92], die sich darauf beruft, daß die Abwasserabgabe schon ein »Beitrag« sei, da sie nach diesem Gesetz zweckgebunden für die Gewässersanierung eingesetzt werden müsse, überzeugt nicht. Würde man die – nach dem Abwasserabgabengesetz für Einleitungen generell zu zahlende – Abgabe als »Beitrag« im Sinne des § 4 Abs. 2 Nr. 3 WHG anerkennen, hätte dies zur Folge, daß allein mit dieser Abgabenzahlung Gründe des Gemeinwohls, die der Einleitung des Abwassers dieser Konsistenz an diesem Gewässer sonst entgegenstünden, von vornherein als ausgeräumt zu gelten hätten. Diese Auffassung läßt den grundsätzlichen Unterschied zwischen der Tätigkeit des Wasserverbandes am Ort in direkter Zuordnung zur Abwassereinleitung, deren Schäden sie verhütet oder ausgleicht, und dem bloßen gesetzlich allgemein für die Abwasserabgabe vorgegebenen Verwendungszweck, den die Wasserwirtschaftsverwaltung nach eigenem pflichtmäßigen Ermessen zu erfüllen hat, unberücksichtigt; am Ort der Einleitung, also in dem durch die Einleitung belasteten Gewässer, oder im wasserwirtschaftlich relevanten Umfeld wird die Tätigkeit der Wasserbehörde nicht, jedenfalls nicht in einer dem Sinn und Zweck der im Gesetz genannten Körperschaft vergleichbaren und der Benutzung direkt zurechenbaren Weise wirksam, sofern die Verwendung des Aufkommens aus der Abwasserabgabe überhaupt eigenständig wahrnehmbare wasserwirtschaftliche Effekte erzeugt. Demgegenüber betrifft der von § 4 Abs. 2 Nr. 3

[92] So: GWCz Rz 93 zu § 4. Diese Auffassung ist schwerlich in Einklang zu bringen mit der aaO an späterer Stelle getroffenen Aussage, daß anstelle einer Auflage nach § 4 Abs. 2 Nr. 3 der Unternehmer ggf. einem Abwasserverband als Mitglied zugewiesen werden kann (insoweit h. M., vgl. BREUER Rz 257) und damit wegen seiner Abwassereinleitung in der seiner Verursachung entsprechenden Höhe beitragspflichtig würde, womit eine Auflage, an die Körperschaft verursachungsgerechte Beiträge zu leisten, materiell erledigt wäre und auch zur Vermeidung einer Doppelbelastung nicht zusätzlich ergehen könnte; dies würde indes die Verpflichtung, eine der Schädlichkeit des Abwassers entsprechende Abwasserabgabe gem. AbwAG zu leisten, unberührt lassen.

WHG angesprochene Tätigkeitsbereich einer Körperschaft des öffentlichen Rechts gerade den wasserwirtschaftlichen Ausgleich in dem durch die Einleitung geschädigten Gewässer. Die Zurechenbarkeit der Auflage zur konkreten Benutzung nach Art und Umfang ist Tatbestandsvoraussetzung nach § 4 WHG. Nicht zuletzt muß der begriffliche Unterschied zwischen Abgabe und Beitrag beachtet werden. Während die Abwasserabgabe eine öffentliche Abgabe mit Steuerungsfunktion (Verminderung der Schadstoffbelastung der Gewässer) ist, handelt es sich bei dem »Beitrag« um eine verursachungsgerecht bemessene Pauschalerstattung der Kosten einer Körperschaft, deren Tätigkeit gerade (auch) der Folgenbeseitigung des Gewässerbenutzers dient. Es ist gleichermaßen unzulässig, die öffentlich-rechtliche Abgabe mit einem öffentlich-rechtlichen Beitrag zu verwechseln oder beides gleichzustellen wie dem Gesetzgeber zu unterstellen, in der Wahl seiner Begriffe Unkorrektheit walten zu lassen. Die für Abwassereinleitungen gezahlte Abwasserabgabe ist daher gegenüber einem nach § 4 Abs. 2 Nr. 3 WHG zu leistenden Beitrag ein Aliud und kann ihn somit nicht ersetzen.

Die Regelung ist Ausdruck des Verursacherprinzips, da die Maßnahmen der Körperschaft an die Stelle eigener Maßnahmen des Einleiters zur Verhütung oder zum Ausgleich schädlicher Auswirkungen der Benutzung treten, so daß der Einleiter folgerichtig die Kosten insoweit tragen muß. Beiträge können daher dem Unternehmer nur insoweit auferlegt werden, wie sie seinem Anteil an der durch seine Benutzung verursachten Gemeinwohlbeeinträchtigung entsprechen. Nicht zulässig wäre es mithin, Kosten für die schadlose Ableitung von Straßenabwässern, die in dieser Höhe speziell wegen der benachbarten Wassergewinnungsanlage eines Dritten entstehen, diesem Dritten aufzuerlegen: Die Pflicht zur schadlosen Abwassereinleitung bzw. zur Verhütung einer Schädigung des Grundwassers ist nicht Folge der Wassergewinnung, sondern der Abwasserableitung; die Ableitung des Abwassers durfte vielmehr nur zugelassen werden, soweit durch entsprechende Maßnahmen eine Beeinträchtigung des Grundwassers und hier insbesondere der Wassergewinnung verhütet wird. Diese Kosten treffen daher den Straßenbaulastträger als Einleiter; ein Anwendungsfall des § 4 Abs. 2 Nr. 3 WHG liegt hier, entgegen früheren Annahmen in der Praxis[93], nicht vor.

Daß die praktische Anwendung dieser Vorschrift sich offenbar in engen Grenzen hält, worauf in der Literatur hingewiesen wird, ändert nichts daran, daß die verhütende bzw. ausgleichende Tätigkeit einer Körperschaft des öffentlichen Rechts in Verbindung mit einer verursachergerechten Kostenzuordnung im Einzelfall die wirtschaftlich und wasserwirtschaftlich optimale Lösung sein kann, die sich als Modell für eine rationell funktionierende wasserwirtschaftliche Regelung gerade in Fällen der Grundwasserabsenkung anbietet.

Auflagen sind gemäß § 4 Abs. 1 Satz 2 WHG auch zulässig, um nachteilige Wirkungen für andere zu verhüten oder auszugleichen. Diese Regelung greift schon über die Gemeinwohlbezogenheit des § 6 WHG hinaus in das Verfahren zur Erteilung der Erlaubnis bzw. Bewilligung ein, in dem Auswirkungen, die sich aus der beabsichtigten Benutzung auf rechtlich geschützte Belange Dritter ergeben, im Wege der Einwendung von diesen geltend gemacht werden können mit der Folge einer Einschränkung oder Modifizierung der Zulassung durch Bedingungen und Auflagen oder einer Versagung der Zulassung. Dies macht bereits eine andere Beurteilungsebene sichtbar: Zu dem öffentlich-rechtlichen tritt der privatrechtliche Aspekt. Wegen der Einzelheiten hierzu wird auf die Ausführungen betreffend das wasserrechtliche Verfahren (Abschnitt 5.5.3) Bezug genommen.

Das Gesetz erwähnt in § 4 Abs. 2 WHG beispielhaft (»insbesondere«) neben den erwähnten Maßnahmen einer öffentlich-rechtlichen Körperschaft einige weitere Regelungen, die Inhalt einer Auflage sein können, nämlich die Anordnung, die Auswirkungen der Benutzung auf das Gewässer durch Beobachtung oder Feststellung des Zustandes vor und nach der Benutzung zu

[93] h. M. seit der Entscheidung des BVwG vom 12.09. 1980 = ZfW 1981 S. 88; ferner GWCz Rz 95 m.w.N.

ermitteln, einen für die Benutzung verantwortlichen Betriebsbeauftragten zu bestellen sowie Maßnahmen zum Ausgleich einer auf die Benutzung zurückzuführenden Beeinträchtigung der Wasserbeschaffenheit zu treffen (§ 4 Abs. 2 Nr. 1, 2 und 2a WHG). Aus dem Beispielcharakter dieser Aufzählung folgt, daß die Wasserbehörde – entsprechend dem Verwaltungsverfahrensgesetz – auch andere Auflagen festsetzen kann und hierin nur in dreierlei Weise beschränkt ist: Die Auflagen müssen sachlich mit der Benutzung verbunden, in der Benutzung mithin ihre wasserwirtschaftliche Ursache haben, sie müssen nach Art und Maß erforderlich sein, um Bedenken aus der Sicht des Wohls der Allgemeinheit (§ 6 WHG) auszuräumen und/oder die Auflagen müssen erforderlich sein, um die Benutzung auch nachbarrechtlich im Hinblick auf betroffene rechtlich geschützte Belange Dritter verträglich zu machen[94]. Die Landeswassergesetze nennen einige weitere mögliche Auflagen ausdrücklich, was indes angesichts der verwaltungsrechtlich ohnehin bestehenden Möglichkeiten vorwiegend deklaratorische Bedeutung hat.

5.4.3 Rechtsanspruch auf Zulassung einer Gewässerbenutzung?

Die Frage lautet, ob dann, wenn Beeinträchtigungen des Wohls der Allgemeinheit entweder nicht zu besorgen sind oder durch Auflagen verhütet oder ausgeglichen werden können, die Gewässerbenutzung nunmehr zugelassen werden muß, ob mithin § 6 WHG unter diesen Voraussetzungen einen Rechtsanspruch auf Zulassung gewährt, der erforderlichenfalls gerichtlich durchgesetzt werden kann[95].

In den parlamentarischen Beratungen zum Entwurf eines Wasserhaushaltsgesetzes war u. a. der Vorschlag Gegenstand der Beratung, daß Erlaubnis oder Bewilligung **nur** zu versagen sind, wenn und soweit eine Beeinträchtigung des Wohls der Allgemeinheit zu erwarten ist. Der federführende Bundestagsausschuß hat diesen Vorschlag, der das repressive Verbot mit Befreiungsvorbehalt in eine Regelung gebundenen Ermessens verwandelt und einen grundsätzlichen Anspruch auf Zulassung begründet hätte, nach eingehender Prüfung ausdrücklich nicht übernommen; in der Begründung hierzu heißt es insbesondere, die Einrichtung eines Anspruchs auf Gewässerbenutzung sei mit dem Gedanken der schonenden Bewirtschaftung der Gewässer unvereinbar und widerspreche damit dem wasserwirtschaftlichen Gesamtkonzept des Gesetzes. Mit dieser Begründung ist der Gesetzgeber auch bei späteren Novellen entsprechenden Vorschlägen insbesondere aus der Wirtschaft entgegengetreten. Ein Rechtsanspruch besteht nach der insoweit übereinstimmenden Auffassung in Schrifttum und Rechtsprechung nicht, nur weil die Voraussetzungen des § 6 WHG für eine Versagung nicht gegeben sind.

Das bedeutet indes nicht, daß die Wasserbehörde bei der Entscheidung über einen Antrag auf Zulassung einer Gewässerbenutzung völlig frei und der die Benutzung anstrebende Unternehmer auf die Gnade der Behörde angewiesen wäre. Unter bestimmten, sehr eingeschränkten Voraussetzungen kann sich ein Anspruch auf Zulassung aus allgemeinen verwaltungsrechtlichen Grundsätzen herleiten, worauf unten näher eingegangen wird.

Es trifft allerdings nicht zu, daß das WHG selbst in bestimmten Fällen schon für die Zulassung einer Benutzung einen Rechtsanspruch vorsehe. Die Vertreter dieser Auffassung[96] berufen sich in mißverständlicher Weise auf die Bestimmungen der §§ 16 Abs. 3 und 17 Abs. 2 WHG. Nach § 16 Abs. 3 muß dem Unternehmer auf seinen Antrag zwar eine Bewilligung erteilt

---

[94] Vgl. Breuer Rz 244, insbes. Rz 249.

[95] Eingehend hierzu unter Berufung auf die Entstehungsgeschichte des § 6 Breuer Rz 187 m.w.N.; GWCz Rz 2–8 zu § 6; SZD Rz 2 zu § 6; BVwG, Urteil vom 29.01. 1965 = ZfW 1965 S. 98; BVerfG, Beschluß vom 15.07. 1981 = BVGE Bd. 58 S. 300 (= oben Anm. 17). Vgl. auch Abschnitt 5.4.1.1.

[96] Siehe hierzu Breuer Rz 236, GWCz Rz 4 zu § 6.

werden, jedoch nur, wenn und soweit ein altes Benutzungsrecht bestanden hat, das nach Inkrafttreten des WHG nicht fristgemäß angemeldet wurde und deshalb erloschen ist; der Anspruch auf Erteilung der Bewilligung hängt aber auch in diesem Fall davon ab, daß die gesetzlichen Voraussetzungen zur Erteilung dieses Rechts vorliegen (§ 8 WHG). Hier handelt es sich mithin um die bedingt mögliche Umschreibung eines alten Rechts zur Gewässerbenutzung, zu dessen Ausübung rechtmäßige Anlagen bestehen, auf die neue Rechtslage nach dem WHG und mithin nicht um die Zulassung einer neuen Benutzung, wie dies bei Anträgen der Fall ist, die nach § 6 WHG zu beurteilen sind. Ähnlich liegt es bei § 17 Abs. 2 WHG; auch hier geht es nur um die Fortsetzung einer nach früherem Recht erteilten Berechtigung oder Befugnis, zu deren Ausübung keine rechtmäßigen Anlagen existieren, bzw. um eine früher in sonst zulässiger Weise ausgeübte Gewässerbenutzung, für die rechtmäßige Anlagen bestehen, auf die neue Gesetzeslage nach dem WHG; allerdings besteht der Anspruch auf Fortführung dieser Gewässerbenutzung im Schutz einer Bewilligung nur, soweit dies mit § 6 WHG, der »unberührt« bleibt, vereinbar ist. Es bleibt daher dabei, daß das WHG einen Anspruch auf Zulassung zur Aufnahme einer Gewässerbenutzung nicht kennt.

5.4.3.1 Bedeutung des Gleichbehandlungsgrundsatzes – Ermessensschrumpfung

Zurückhaltung ist geboten bei der Beurteilung des Gleichbehandlungsgrundsatzes als Grundlage für einen Anspruch auf Zulassung einer Benutzung. Dieser Grundsatz, ein Rechtsgrundsatz von Verfassungsrang, gebietet die Gleichbehandlung gleicher und verbietet die Gleichbehandlung ungleicher Sachverhalte. Er führt in aller Regel nicht zwangsläufig zum Ziel, wenn ein Bewerber um eine Zulassung sich darauf beruft, daß ein anderer die Zulassung unter gleichen oder vergleichbaren Bedingungen für dasselbe Gewässer erhalten hat. In diesem Falle würde die Zulassung einer weiteren Benutzung die wasserwirtschaftliche Situation verändern; dem neuen, zusätzlichen Benutzungsbegehren stünden mithin veränderte wasserwirtschaftliche und damit möglicherweise andere Gemeinwohlaspekte gegenüber, die dann zu einer anderen Beurteilung und damit u. U. zu einer Versagung oder nur eingeschränkten Zulassung führen müßten. Andererseits konnte der bestehenden Benutzung die Zulassung nicht wegen der allgemeinen Besorgnis verweigert werden, daß hierdurch u. U. ein Berufungsfall geschaffen würde, wenn dies z.Zt. der Entscheidung nicht erkennbar war und im übrigen der Benutzung keine Versagungsgründe entgegenstanden. In diesen Fällen kann auch eine Teilung der Benutzung in Betracht kommen im Rahmen des Ausgleichs konkurrierender Benutzungen nach § 18 WHG und ergänzenden Vorschriften des Landesrechts. Anders wäre der Fall zu beurteilen, wenn das Gewässer auch die zweite Benutzung verträgt oder wenn ein anderes Gewässer betroffen ist; hier kann die Berufung auf den Gleichbehandlungsgrundsatz zum Ziel führen, da er die Behörde verpflichtet, der Entscheidung über den Zulassungsantrag gleiche Beurteilungsgrundsätze zugrundezulegen.

Indes erlangt in diesem Zusammenhang der jedermann an die Verwaltung zustehende Anspruch auf fehlerfreie Ausübung des Ermessens Bedeutung. Hieraus sowie aus anderen Grundsätzen des allgemeinen Verwaltungsrechts kann sich eine Situation ergeben, in der sich die Ablehnung einer beantragten Zulassung auf Benutzung eines Gewässers als rechtswidrig erwiese[97].

Eine Situation, in der eine positive Entscheidung über den Zulassungsantrag ohne rechtlich zulässige Alternative ist, kann entstehen, wenn der Beurteilungsspielraum der Behörde, das Bewirtschaftungsermessen, in einem Fall nur noch in Richtung auf eine positive Entscheidung ausgeübt werden kann, das Ermessen, genauer: das die Versagung einschließende Ermessen, auf

[97] Dazu BREUER Rz 239.

Null eingeengt, »geschrumpft« ist (Ermessensschrumpfung). Dieser Fall ist im allgemeinen Verwaltungsrecht häufiger als im Wasserrecht mit der hier zu beachtenden Zulassungsstrenge, gleichwohl auch hier möglich. Wie erwähnt, hat der Anspruch des Bürgers auf Gleichbehandlung zur Folge, daß die Behörde ihm gegenüber zur Anwendung gleicher Grundsätze bei der Beurteilung einer Benutzung verpflichtet ist (Willkürverbot); existieren solche insbesondere in wasserwirtschaftlicher Hinsicht vergleichbare Fälle, kann das Versagungsermessen auf Null schrumpfen. Dies ist jedoch eine Konsequenz allgemein verwaltungsrechtlicher und letztlich verfassungsrechtlicher Grundsätze und darf nicht mit einem dem WHG immanenten Anspruch auf Zulassung verwechselt werden.

5.4.3.2 Vertrauensschutz

Streitig ist, ob aus einem Verhalten der Behörde, das den Schluß auf eine positive Entscheidung zuließ oder rechtfertigte, ein Anspruch auf Zulassung hergeleitet werden kann. Im allgemeinen Verwaltungsrecht kann dies zu einem Anspruch gegen die Behörde auf Erlaß des beantragten Verwaltungsaktes führen. Im Wasserrecht muß diese Folge jedoch an der Rigidität des repressiven Benutzungsverbots, von dem lediglich Befreiung erteilt werden kann, im Regelfall scheitern. Die Frage ist daher zu verneinen; für die Zulassung sind die wasserwirtschaftlichen Kriterien und die fehlerfreie Ausübung des an diesen und an den Gesetzeszielen orientierten Bewirtschaftungsermessens allein maßgebend. Hat die Wasserbehörde durch ihr Verhalten die Annahme einer positiven Entscheidung über den Zulassungsantrag begründet, kann dies nicht zu Lasten des Wasserhaushalts gehen. Ob etwas anderes gilt, wenn die Behörde eine positive Entscheidung schriftlich zugesichert hat, ist zweifelhaft; denn Verbindlichkeit erlangt diese Zusicherung nur, wenn die für den zugesicherten Verwaltungsakt erforderlichen gesetzlichen Voraussetzungen gegeben sind (§ 38 Abs. 1 VwVG). Wird die Zusicherung ohne oder ohne ausreichende Prüfung der Sach- und Rechtslage im Hinblick auf § 6 WHG gegeben, erhebt sich die Frage nach einer Rücknahme dieses insoweit rechtswidrigen Aktes (vgl. § 48 VwVG). In diesen Fällen ist jedoch jeweils zu prüfen, ob eine Amtspflichtverletzung der Behörde vorliegt, die den Antragsteller unter Umständen zu einem Schadenersatzanspruch berechtigen kann (vgl. § 48 Abs. 3 VwVG). Insgesamt ist festzustellen, daß ein sich hiernach etwa ergebender Anspruch auf Zulassung einer Gewässerbenutzung nicht aus dem WHG, sondern aus dem allgemeinen Verwaltungsrecht herzuleiten wäre[98].

5.4.3.3 Die Bedeutung des verfassungsrechtlichen Eigentumsschutzes

Streitig ist, ob das Eigentumsrecht (Art. 14 Grundgesetz) einen Anspruch auf Zulassung zur Gewässerbenutzung begründen kann. In dieser allgemeinen Form ist die Frage zu verneinen. Ein Recht zur Gewässerbenutzung aus dem Grundeigentum verneint das Gesetz ausdrücklich (§ 1 a Abs. 3 WHG). Das Gewässereigentum selbst hat für die Benutzung nur im Rahmen des nach Landesrecht zulässigen Gemeingebrauchs an Oberflächengewässern Bedeutung. Das Gesetz berücksichtigt das Eigentum an einem Gewässer – wobei es sich hierbei lediglich um das Eigentum an einem Oberflächengewässer handelt, da das Grundwasser in niemandes Eigentum steht, auch nicht dem des jeweiligen Grundstückseigentümers – insoweit, als es bestimmte Formen der Benutzung durch den Eigentümer von der Zulassungsbedürftigkeit freistellt. So darf an Oberflächengewässern der Gewässereigentümer oder der durch ihn Berechtigte für den eigenen Bedarf

[98] Ähnlich BREUER Rz 240, der im Falle einer mit § 6 unvereinbaren Zusicherung deren Verbindlichkeit bejaht, die Zulassung allerdings als widerruflich ansieht, wobei für den Widerruf die §§ 7 bzw. 12 WHG und nicht die Regeln des Verwaltungsverfahrensrechts anzuwenden seien. Vgl. auch GWCz Rz 5 zu § 6 m.w.N.

zulassungsfrei Wasser entnehmen, wenn der Wasserhaushalt oder Dritte dadurch nicht beeinträchtigt werden; das gleiche können die Länder zugunsten der Anlieger regeln (§ 24 Abs. 1 und Abs. 2 WHG). Über diese Befreiung vom Erfordernis einer behördlichen Zulassung hinaus kennt das WHG keine Privilegierung des Gewässereigentümers. Die vom WHG als Ausnahme ausdrücklich formulierten Tatbestände einer erlaubnisfreien Benutzung des Grundwassers sind nicht Ausfluß des Eigentums am Grundstück, sondern knüpfen allein an Art, Umfang und Zweck der Grundwasserbenutzung an (Entnahmen von Grundwasser für den Haus- und Hofbetrieb oder sonst in geringen Mengen oder für einen vorübergehenden Zweck, vgl. § 33 WHG).

Bestrebungen im Schrifttum, einen Rechtsanspruch auf Zulassung einer Gewässerbenutzung mittelbar aus der Eigentumsgarantie des Artikel 14 Abs. 1 Grundgesetz herzuleiten[99], laufen darauf hinaus, die Verfassungsmäßigkeit des § 1a Abs. 3 und damit letztlich auch des § 6 WHG in Zweifel zu ziehen. Nichts anderes bedeutet das Argument, eine »verfassungskonforme Anwendung« des § 6 WHG könne in einzelnen Fällen das Entstehen eines Anspruchs auf Zulassung begründen. Die Rigidität des § 6 WHG besteht gerade darin, die Frage der Zulassung einer Benutzung vorrangig an deren Vereinbarkeit mit dem wasserwirtschaftlich bestimmten oder sonst von der Gewässerbenutzung berührten Wohl der Allgemeinheit zu knüpfen. Dem Gewässereigentümer weist das Gesetz erkennbar als Ausnahmeregel einen eng begrenzten Kreis zulassungsfreier Nutzungen zu, bindet die ausnahmsweise zulassungsfreien Benutzungen im übrigen unabhängig vom Eigentum allein an wasserwirtschaftliche Voraussetzungen und erklärt schließlich in § 1a Abs. 3 WHG lapidar, daß das Grundeigentum nicht zu einer Gewässerbenutzung berechtigt, die nach dem Wasserrecht von Bund und Ländern einer Zulassung bedarf, daß dieses Recht am Grundstück für die Beurteilung der Zulassungsfähigkeit einer Benutzung mithin ohne Bedeutung ist. Für eine weiterreichende, durch die Eigentumsgarantie geprägte Interpretation ist angesichts dieser eindeutigen Willensäußerung des Gesetzgebers kein Raum. Den verfassungsrechtlichen Bedenken, die gegen diesen Norminhalt gerichtlich geltend gemacht wurden, blieb der Erfolg versagt. Das Bundesverfassungsgericht hat in seinem bereits erwähnten »Naßauskiesungsbeschluß«[100] ausgesprochen, daß das Eigentum am Grundstück auf den Grund und Boden beschränkt ist; es erstreckt sich auf den »Erdkörper« (§ 905 BGB) und mithin nicht auf das Grundwasser; Nutzungsmöglichkeiten des Grundstücks, selbst wenn sie »von der Natur der Sache her naheliegend« und »wirtschaftlich vernünftig« sind, finden dort ihre Zulässigkeitsschranke, wo das Grundwasser und damit ein neuer rechtlicher Beurteilungshorizont berührt wird. Die Wasserbehörde greift nach dieser Entscheidung nicht unter Verletzung des verfassungsmäßig garantierten Eigentumsrechts in die Rechtsposition des Betroffenen ein, wenn sie die für eine Naßauskiesung benötigte wasserrechtliche Zulassung nicht erteilt. Die Ausübung des Eigentums, wozu auch der eingerichtete und ausgeübte Gewerbebetrieb sowie land-, forst- und gartenbauwirtschaftliche Betriebe zählen, hat somit in einer Weise zu erfolgen, daß eine zulassungsbedürftige Gewässerbenutzung nicht stattfindet, es sei denn, daß diese Benutzung durch Erteilung einer Erlaubnis oder Bewilligung förmlich legalisiert ist. Wird diese Zulassung nicht erteilt, wäre eine Benutzung des Grundwassers formell und materiell illegal. Das gleiche gilt für ein Oberflächengewässer. Die Entscheidung des Bundesverfassungsgerichts ist inzwischen allgemein ak-

[99] Vgl. insbesondere Breuer Rz 237: das dort genannte Beispiel (langjährige gewerbliche Grundwasserförderung auf Grund des Eigentums am Grundstück in einer nach früherem Recht zulässigen, nach dem WHG erlaubnisbedürftigen Weise) bedarf nicht des Rekurs auf Art. 14 Grundgesetz, ist vielmehr nach § 17 Abs. 2 WHG i. S. des Unternehmers positiv zu entscheiden; diese Bestimmung trägt gerade dem Gedanken des verfassungsmäßigen Eigentumsschutzes beim Übergang auf das neue Recht Rechnung. So auch GWCz Rz 4 zu § 6 m. w. N.

[100] Siehe Anm. 17, 95.

zeptiert, die anfänglich insbesondere von interessierter Seite vorgebrachte Kritik[101] dürfte verstummt sein.

5.4.3.4 Zulassung vor dem Hintergrund wasserwirtschaftlicher Planung

Eine wasserwirtschaftliche Planung kann die Zulassung einer Gewässerbenutzung in der einen wie der anderen Weise beeinflussen[102]. In wasserwirtschaftlichen Rahmenplänen (§ 36 WHG) sind im Interesse einer Entwicklung der Lebens- und Wirtschaftsverhältnisse die wasserwirtschaftlichen Voraussetzungen über mögliche Nutzungen des »Wasserschatzes« unter Berücksichtigung der Reinhaltung des Gewässers vorausschauend zu ordnen. Während der Rahmenplan seinem Wesen nach die wasserbehördliche Bewirtschaftung eines Gewässers in Abstimmung mit der Raumordnung vorausschauend festlegt und sich insofern mittelbar auf die Zulassung von Gewässerbenutzungen auswirkt, sollen die Bewirtschaftungspläne (§ 36 b WHG) die Bewirtschaftung eines Gewässers oder von Teilen desselben im Sinne der entsprechend den allgemeinen Zielsetzungen (§ 1a Abs. 1 WHG) entwickelten konkreten Bewirtschaftungsziele weiträumig ordnen und damit die Nutzungen, denen das Gewässer dienen bzw. nicht dienen soll, einheitlich festlegen. Die im Bewirtschaftungsplan, der als Rechtsverordnung oder Verwaltungsvorschrift ergehen kann, getroffenen Festlegungen entwickeln daher für das behördliche Verhalten gegenüber Anträgen auf Zulassungen konkrete Verbindlichkeit; soweit erforderlich, sind die Planinhalte ferner in Form nachträglich zu erteilender Auflagen (§ 5 WHG) bei bestehenden zugelassenen Benutzungen zu verwirklichen. Die Tatsache, daß bei Fehlen eines Bewirtschaftungsplans für ein Oberflächengewässer kritische Stoffeinleitungen nicht zugelassen werden dürfen, sofern nicht überwiegende Gründe des Allgemeinwohls dies erfordern (§ 36 b Abs. 6 WHG), verdeutlicht die enge Bindungswirkung dieser Planung[103]. Besteht ein Bewirtschaftungsplan, ist für die nach § 6 WHG vorzunehmende Beurteilung eines Zulassungsantrags die Ermessensausübung in der durch den Planinhalt bestimmten Weise vorgegeben. Dies kann zu einer erleichterten Zulassung einer Benutzung führen, soweit diese nämlich im Bewirtschaftungsplan vorgesehen ist, kann aber auch die Nichtzulassung nach § 6 zwingend vorwegnehmen. Aus den Planinhalten ergeben sich mithin für die Wasserbehörde Vorabbindungen und damit Vereinfachungen für die (im übrigen weiterhin nach § 6 WHG zu treffende) Entscheidung; aber auch wenn ein Antrag eine Benutzung betrifft, die im Plan vorgesehen ist, erwächst daraus für den Unternehmer kein Anspruch auf Zulassung[104].

5.4.3.5 Gewässerbenutzung in Verbindung mit sonstigen genehmigungsbedürftigen Vorhaben

Wird für die Errichtung und den Betrieb eines gewerblichen Unternehmens, das in den materiellen Geltungsbereich des Bundes-Immissionsschutzgesetzes (BImSchG) fällt, die nach diesem Gesetz erforderliche Genehmigung (§ 4 Abs. 1 BImSchG) erteilt, sind daneben andere »die Anlage betreffende behördliche Entscheidungen« nicht erforderlich, die BImSchG-Genehmigung

---

[101] Zu Schrifttum und Rechtssprechung hierzu vgl. die Hinweise bei GWCz Rz 26–31 zu § 1a und Breuer Rz 77 ff., insbesondere 83–86.

[102] S. hierzu die »Richtlinien für die Aufstellung von wasserwirtschaftlichen Rahmenplänen« der Bundesregierung vom 30.05. 1984 (GMBl. 1984 S. 239); GWCz Rz 2 zu § 36, Rz 3 zu § 36b Breuer Rz 210.

[103] GWCz Rz 13 zu § 36b, insbesondere Breuer Rz 210: Wasserwirtschaftliche Planung als »rechtlich gebundener planerisch ausgefüllter Leitstandard« der Gewässerbewirtschaftung durch Verwaltungsakte der Wasserbehörde.

[104] Breuer Rz 211: Auch innerhalb eines Bewirtschaftungsplans behält das Bewirtschaftungsermessen »seine angestammte Funktion im Hinblick auf das Wohl der Allgemeinheit i. S. des § 6 WHG und die Belange der Wasserwirtschaft, insbesondere die öffentliche Wasserversorgung«.

schließt diese ein (§ 13 BImSchG; Konzentrationswirkung). Von dieser Konzentrationswirkung ist die »wasserrechtliche Erlaubnis und Bewilligung nach §§ 7, 8 des Wasserhaushaltsgesetzes« jedoch ausdrücklich ausgenommen (§ 13 Satz 1 BImSchG). Erfolgt die Benutzung eines Gewässers in Verbindung mit der Tätigkeit dieses Betriebes, sei es als Teil des eigentlichen Betriebszwecks, der Gegenstand der Genehmigung nach § 13 BImSchG ist, oder als Folge der betrieblichen Tätigkeit (Entnehmen von Betriebswasser oder Kühlwasser, Direkteinleitung von Abwasser in ein Gewässer), tritt die wasserrechtliche Zulassung als eigenständiger Verwaltungsakt der Wasserbehörde neben die Genehmigung nach § 13 BImSchG. Diese Hervorhebung der wasserrechtlichen Zulassung aus dem Kreis sonstiger behördlicher Zulassungsakte verdeutlicht den Rang des Wasserrechts innerhalb des besonderen Verwaltungsrechts und bezeichnet die Anforderungen und Erwartungen, die sich an die wasserbehördliche Gewässerbewirtschaftung richten. Mit dieser Regelung wird vermieden, daß der sensible Vorgang der Gewässerbenutzung von einer fachlich nicht zuständigen Behörde als einer unter mehreren öffentlichen Belangen in seiner Bedeutung relativiert wird. Die hierdurch der Wasserbehörde zugewachsene starke Stellung im Gesamtvorgang der Gewerbegenehmigung im Rahmen des BImSchG hat zu mehreren Versuchen geführt, die Konzentration der BImSchG-Genehmigung auf das Wasserrecht auszudehnen, denen jedoch der Erfolg versagt geblieben ist[105].

Ähnlich der BImSchG-Genehmigung ist dem Planfeststellungsbeschluß eine Konzentrationswirkung eigen (vgl. § 75 Abs. 1 Verwaltungsverfahrensgesetz); die Zusammenführung aller vom Gegenstand der Planfeststellung berührten Belange und demgemäß die Zusammenfassung aller erforderlichen behördlichen Zulassungsakte ist gerade für diesen Verfahrenstypus kennzeichnend. Das WHG trifft für Planfeststellungsbeschlüsse eine besondere Regelung dahin, daß Erlaubnis und Bewilligung Teil des Planfeststellungsbeschlusses sind und insoweit von dessen Konzentrationswirkung erfaßt werden, aber als Ergebnis eigenständiger Prüfung durch die Planfeststellungsbehörde und im Einvernehmen mit der Wasserbehörde; entsprechendes gilt für die Genehmigung bergrechtlicher Betriebspläne (§ 14 Abs. 1 und 3 WHG). Das Vetorecht gibt der Wasserbehörde die Handhabe und zugleich die Aufgabe, die Belange des Wasserhaushalts in den Vorgang einzubringen und deren Berücksichtigung durchzusetzen.

5.5 Formen der Zulassung einer Gewässerbenutzung: Erlaubnis, Bewilligung – Zulassung des vorzeitigen Beginns (§§ 7, 8, 9a WHG)

Für die Zulassung einer Gewässerbenutzung durch die Wasserbehörde sieht das WHG die Erlaubnis und – als besonderes Institut – die Bewilligung vor (§§ 7, 8 WHG). Daneben kennt das Gesetz die Zulassung des vorzeitigen Beginns als Interimsform einer Zulassung zur Überbrückung eines Schwebezustands, bis über eine beantragte Erlaubnis oder Bewilligung abschließend entschieden worden ist (§ 9 a WHG).

Erlaubnis und Bewilligung gehören zum bundesrechtlich abschließend geregelten Grundbestand, so daß den Ländern ein Verzicht hierauf oder eine Einschränkung dieser Institute versagt ist. Zulässig ist es jedoch, diese Grundsubstanz zu ergänzen; dies ist im Landesrecht geschehen. Die Landeswassergesetze kennen neben der Erlaubnis eine gehobene Erlaubnis; das LWG Bayern

[105] Dies soll sich nach dem Entwurf eines »Umweltgesetzbuchs« ändern, vgl. »Umweltgesetzbuch (UGB – KommE) – Entwurf der unabhängigen Sachverständigenkommission zum Umweltgesetzbuch beim Bundesministerium für Umwelt, Naturschutz und Reaktorsicherheit«, 1997: Die »Vorhabengenehmigung« (§ 81

bestimmt die Erlaubnis in der gehobenen Form als Normalfall und kennt daneben die einfache Erlaubnis (Artikel 16, 17 LWG Bayern). Erlaubnis, Bewilligung und die Zulassung eines vorzeitigen Beginns nehmen einer Gewässerbenutzung in dem durch diesen jeweiligen Verwaltungsakt gewährten Rahmen die formelle und materielle Illegalität. Erlaubnis und Bewilligung gehen ferner mit der Anlage zur Gewässerbenutzung und/oder dem betreffenden Grundstück auf einen Rechtsnachfolger des Unternehmers über, soweit im Verwaltungsakt nichts anderes bestimmt ist. Darüber hinaus unterscheiden sich Erlaubnis und Bewilligung in ihrer Rechtsqualität derart, daß eine getrennte Behandlung beider Formen unerläßlich ist.

5.5.1 Erlaubnis

Gem. § 7 WHG gewährt die Erlaubnis[106] »die widerrufliche Befugnis«, ein Gewässer »zu einem bestimmten Zweck« und in einer »nach Art und Maß bestimmten Weise« zu benutzen. Die Erlaubnis vermittelt ausdrücklich eine »Befugnis«, mithin (im Unterschied zur Bewilligung) kein Recht. Diese Befugnis ist ihrem Wesen nach darauf beschränkt, die sonst gegebene formelle und materielle Rechtswidrigkeit einer Benutzung in dem durch den Erlaubnisinhalt bestimmten Rahmen aufzuheben. Neben dem zu benutzenden Gewässer müssen Art und Maß der Benutzung bestimmt sein. Eine darüber hinausgehende Benutzung wäre insoweit rechtswidrig. Ausdruck der dem Wasserhaushaltsgesetz eigenen strengen Zulassungsregelung ist die Forderung, daß die Benutzung ferner »zu einem bestimmten Zweck« erfolgen muß, so daß sich die Erlaubnis auch nur darauf bezieht. Bei einer Änderung des Zwecks, der Gegenstand der Erlaubnis ist, wäre die Gewässerbenutzung nicht mehr »befugt« und daher widerrechtlich. Der »bestimmte Zweck« der Benutzung ist mithin wesentlicher Bestandteil der Erlaubnis[107].

Der anzugebende »Zweck« der Benutzung ist hinreichend bestimmt, wenn ein Übergang zu einem anderen wirtschaftlichen oder technischen Zweck ausgeschlossen werden kann. Für eine Erlaubnis zur Einleitung von Abwasser in ein Gewässer kann der »Zweck« bestimmt werden durch Angabe der Herkunft des Abwassers (»Abwasser der Gemeinde X« oder »... häusliches und gewerbliches Abwasser des Betriebes Y in A«), eventuell auch eingeengt auf einen besonderen Produktions- oder Betriebszweig (»Abwasser der ...-produktion des Betriebs Y in A«). Zur Inhaltsbestimmung des Abwassers dient die Angabe des Zwecks nicht; Abwasser einer Stadt, eines Betriebes und auch einer Produktionsstufe kann im Laufe kurzer Zeit qualitativen und quantitativen Änderungen unterliegen. Über die Art und Menge von Stoffen, die eingeleitet werden dürfen, sowie über die Verteilung der Mengen in einem bestimmten Zeitraum entscheidet die Behörde nach § 7 a unter Zugrundelegung der dort angeführten technischen Standards und ergänzend insbesondere nach § 6 i. V. m. § 4 WHG (Auflagen). Die Angabe »Eigenversorgung mit Trink- und Brauchwasser im Rahmen des Gewerbebetriebes in ...« wird bei einer Erlaubnis zur Wasserentnahme in der Regel als ausreichend angesehen; eine weitergehende Einschränkung auf bestimmte Teile des Betriebes erschiene – von besonders gelagerten Verhältnissen abgesehen – überzogen und im Regelfall auch wasserwirtschaftlich nicht zu rechtfertigen[108]. Ob der damit behördlich verfolgte Zweck auf andere Weise erreicht werden kann, wie in der Literatur zum Teil

d. E.) soll, ähnlich einem Planfeststellungsbeschluß, eine umfassende umweltrechtliche Zulassung bilden, neben der andere behördliche Entscheidungen für dieses Vorhaben nicht mehr erforderlich sind (§ 99 Abs. 1 d. E.).

[106] Eingehend zur Erlaubnis (Begriff, Inhalt, Bedeutung im wasserrechtlichen Instrumentarium) GWCz Rz 2 ff. zu § 7, Breuer Rz 86–90 jeweils m.w. N.

[107] GWCz Rz 17 zu § 7.

[108] Vgl. die Beispiele bei GWCz aaO.

angenommen wird[109], kann hier offen bleiben. Bei der Behandlung der Bewilligung, die für investitionsintensive Benutzungen im öffentlichen Interesse, wie z. B. Wassergewinnungen für die öffentliche Wasserversorgung, ohnehin vorrangig in Betracht kommt, wird Gelegenheit sein, der Frage nachzugehen.

Aus der notwendigen Bestimmtheit ergibt sich das Erfordernis der Schriftform für die Erlaubnis[110], weil nur so gegenüber allen Beteiligten Klarheit über Art und Weise der Befreiung vom Benutzungsverbot geschaffen werden kann. Gerade bei der Erlaubnis zum Einleiten von Stoffen, insbesondere Abwasser, wäre ohne einen schriftlich klar formulierten Bescheid nicht auszukommen, zumal der Bescheid die Inhaltsstoffe und deren Menge bzw. Konzentration bezeichnen muß und Grundlage für die Erhebung der Abwasserabgabe ist. Der als Regelfall vorgesehene Übergang der Erlaubnis mit der Benutzungsanlage bzw. mit dem Grundstück erfordert ebenfalls im Hinblick auf die Fortsetzung der Benutzung durch den Rechtsnachfolger Klarheit über den zulässigen Benutzungsumfang. Eine – stillschweigende oder ausdrückliche – Duldung der Benutzung durch die Behörde kann eine Erlaubniserteilung nicht ersetzen[111]; eine in dieser Weise ausgeübte Benutzung bleibt rechtswidrig. Soll eine Benutzung bis zum Abschluß eines eingeleiteten Erlaubnis- oder Bewilligungsverfahrens stattfinden dürfen, steht hierfür die ausdrückliche Zulassung des vorzeitigen Beginns (§ 9 a) zur Verfügung. Mit diesem Verwaltungsakt kann vereinfacht eine Benutzung vorübergehend legitimiert werden; zugleich stellt dieser Verwaltungsakt klar, daß die Risiken einer gegenüber dem Antrag eingeschränkten Erlaubnis oder deren Versagung den Unternehmer treffen. Ein Grund, dieses eigens für den Übergangsfall geschaffene Institut durch eine »aktive Duldung« zu ersetzen bzw. zu ergänzen, ist nicht zu erkennen. Eine bloße Duldung mag Verwaltungsaufwand ersparen; dies allein rechtfertigt jedoch keineswegs einen Verstoß gegen geltendes Recht.

Die Erlaubnis ist kraft Gesetzes widerruflich, es bedarf mithin keines Widerrufsvorbehalts im Erlaubnisbescheid. Dies gilt für alle Fälle einer Erlaubnis, insbesondere auch für die im Landesrecht zum Teil unterschiedlich ausgestatteten Formen einer gehobenen Erlaubnis[112]. Es gilt auch, soweit der Erlaubniserteilung ein besonderes förmliches Verfahren vorauszugehen hat, wie es nach Landesrecht überwiegend, nach dem WHG lediglich für den Fall vorgesehen ist, daß die Erlaubnis ein Vorhaben betrifft, welches unter das Gesetz über die Umweltverträglichkeitsprüfung fällt (§ 7 Abs. 1 Satz 2 WHG).

Der Widerruf kann außer aus den in den Landeswassergesetzen beispielhaft aufgeführten Gründen grundsätzlich stets in ermessensfehlerfreier Weise ausgeübt werden; darin liegt die Unsicherheit der Position des Unternehmers, der lediglich über eine Erlaubnis verfügt. Die Anforderungen an das Ermessen zur Ausübung des Widerrufs sind in erster Linie wasserwirtschaftlicher Art. Auf die Situation des Unternehmers ist dabei bedacht zu nehmen; ob eine Erlaubnis widerrufen wird – ganz oder zum Teil – ist stets das Ergebnis einer Abwägung des wasserwirtschaftlichen Erfordernisses mit einer Vertretbarkeit im Interesse des Unternehmers. Hierbei werden die Anforderungen an die Berücksichtigung des Unternehmerinteresses entsprechend dem Investitionsaufwand, den Folgen einer Beendigung der Benutzung oder deren Einschränkung für den Unternehmer und eventuell der Bedeutung der Benutzung für das Gemeinwohl gegenüber den Erfordernissen der Wasserwirtschaft an Gewicht gewinnen[113]. Als geringeres Mittel ist vor einem Widerruf die Möglichkeit zu prüfen, ob durch Anpassung der Benutzung,

---

[109] Vgl. GWCz aaO.
[110] So ausdrücklich in den Landeswassergesetzen.
[111] So mit eingehender Begründung Breuer Rz 281 ff.; GWCz Rz 15 zu § 7 m.w.N.; h.M.
[112] GWCz Rz 25 zu § 7 m.w.N., der zutreffend darauf hinweist, daß bei der gehobenen Erlaubnis wegen des durch sie begründeten »höheren Vertrauensschutzes« an die Widerrufsvoraussetzungen schärfere Anforderungen zu stellen sind.
[113] GWCz aaO., Breuer Rz 438.

nämlich durch Änderung des Erlaubnisinhalts oder durch entsprechende Auflagen, den wasserwirtschaftlichen Erfordernissen Rechnung getragen werden kann, ein Gebot des Grundsatzes der Verhältnismäßigkeit, der hier wie überall im Verwaltungsrecht Beachtung verlangt. Letztlich aber bleibt die auf eine Erlaubnis gegründete Investition mit dem Risiko eines Widerrufs belastet, das auch nicht durch Hinweis auf erhebliche Aufwendungen zur Ausübung der erlaubten Benutzung und nachteilige Folgen eines Widerrufs gänzlich ausgeräumt werden kann. Dies muß der Unternehmer einkalkulieren und gegebenenfalls eine gehobene Erlaubnis oder gar eine Bewilligung anstreben, soweit die Voraussetzungen dafür vorliegen.

Einer in Teilen des Schrifttums und in der Rechtsprechung vertretenen Auffassung, gegen den Widerruf einer begonnenen, »ins Werk gesetzten« Ausübung der Erlaubnis greife der Einwand der verfassungsmäßigen Eigentumsgarantie[114], kann nicht gefolgt werden. Das Gesetz gibt nichts für die Auffassung her, daß der der Erlaubnis immanente Widerrufsvorbehalt auf den Zeitraum begrenzt sein soll, bis Anlagen zur Ausübung der erlaubten Benutzung errichtet worden sind. Der Widerrufsvorbehalt ist kraft Bundesrechts Bestandteil der Erlaubnis unbeschadet der Tatsache, daß die Ausübung des Widerrufs an den Grundsatz der Verhältnismäßigkeit geknüpft ist; die wirtschaftlichen Folgen einer Beendigung der Benutzung für den Unternehmer sind, wie erwähnt, gegen die wasserwirtschaftlichen Erfordernisse dieser Maßnahme abzuwägen. Indes: Das Risiko einer Investition, die auf einer derart unsicheren Rechtsgrundlage beruht, trägt der Unternehmer. Ist die Benutzungsanlage bei Erteilung der Erlaubnis bereits errichtet, was in der Praxis durchaus vorkommt, würde nach dieser Auffassung der Widerrufsvorbehalt von vornherein obsolet; der Unternehmer hätte es danach in der Hand, seine Gewässerbenutzung durch »rechtzeitige« Errichtung der zur Ausübung der Benutzung erforderlichen Anlage weitgehend gegen das Widerrufsrisiko abzusichern und es u. U. praktisch auszuschalten. Die Eigentumsgarantie des Artikel 14 Grundgesetz bezüglich der Anlage zur Ausübung einer Gewässerbenutzung vermag nicht die Befugnis entgegen dem Wortlaut und Sinn des Gesetzes in eine einem Benutzungsrecht vergleichbare Stellung umzuwandeln. Mit den Gründen, die im Schrifttum zur Rechtfertigung einer Erstarkung der Befugnis wegen der bereits ins Werk gesetzten Gewässerbenutzung angeführt werden, wäre die Erteilung einer gehobenen Erlaubnis oder eventuell einer Bewilligung statt einer einfachen Erlaubnis erreichbar und unter Umständen notwendig gewesen. Die gehobene Erlaubnis und insbesondere die durch die Bewilligung vermittelte eigentumsähnliche Rechtsposition sind gerade auch zu dem Zweck geschaffen worden, eine mit hohem Investitionsaufwand verbundene Gewässerbenutzung gegen das Risiko einer vorzeitigen Beendigung zu schützen. Hat der Unternehmer aber versäumt, auf eine solche Sicherung seiner Investition hinzuwirken oder liegen in seinem Fall die Voraussetzungen dafür nicht vor, muß es bei der Erlaubnis als bloßer Befugnis mit den durch die Möglichkeit eines Widerrufs gegebenen Unsicherheiten verbleiben, ein Risiko, das auch nicht unter Bemühung verfassungsrechtlicher Grundsätze dialektisch abgewendet werden kann[115].

Die Widerruflichkeit der Erlaubnis (auch der gehobenen Erlaubnis) gehört zur bundesrechtlichen Kernsubstanz dieser Zulassungsform und kann daher von den Ländern nicht beseitigt oder eingeschränkt werden. Der Widerruf hat zur Folge, daß die Erlaubnis mit Eintritt der Unanfechtbarkeit des Widerrufsaktes unwirksam wird und die Benutzungsbefugnis mit diesem Zeitpunkt erlischt. Der Widerruf wirkt für die Zukunft (§ 49 Abs. 3 Verwaltungsverfahrensgesetz).

Die Erlaubnis »kann befristet« werden (§ 7 Abs. 1 WHG, 2. Halbsatz). Ob eine Befristung erfolgt und gegebenenfalls für welchen Zeitraum, ist, sofern nicht schon der Antrag die Befristung enthält, grundsätzlich Sache des wasserwirtschaftlichen Ermessens der Behörde. Auch entgegen

[114] So: Breuer Rz 440 mit Hinweis auf die ältere Rechtsprechung des BGH und des OVG Münster.
[115] Im Ergebnis wie hier: GWCz Rz 25 zu § 7 m.w.N.

dem Antrag kann eine Befristung aus wasserwirtschaftlichen oder sonstigen Gründen des gewässerbezogenen Gemeinwohls gerechtfertigt sein. In bestimmten Fällen nötigt supranationales Recht, insbesondere das Recht der Europäischen Union zu einer Befristung[116]. Die Auffassung wird vertreten, daß ein Vordringen des Rechts der Europäischen Gemeinschaften im Wasserrecht tendenziell zur befristeten Erteilung von Erlaubnissen führt.

Die Befristung setzt eine absolute zeitliche Grenze, sie gewährt jedoch keine Bestandsgarantie bis zum Ablauf der Frist. Auch wenn die Erlaubnis befristet erteilt ist, gilt mithin der gesetzliche Widerrufsvorbehalt[117].

Die Erlaubnis hat in ihrer einfachen Form keine Drittwirkung; ihre Außenwirkung erschöpft sich in der Aufhebung der sonst gegebenen Rechtswidrigkeit einer Benutzung. Ansprüche Dritter, deren rechtlich geschützte Interessen durch die Ausübung der erlaubten Benutzung beeinträchtigt oder sonst berührt werden, können nicht unter Hinweis auf die erteilte Erlaubnis abgewehrt werden. Ansprüche Dritter auf Herstellung von Schutzvorkehrungen, auf Einschränkung oder auch auf Unterlassung der erlaubten Benutzung sowie (im Rahmen des § 22 WHG) auf Schadensersatz scheitern nicht an der erteilten Erlaubnis. Dies gilt auch, soweit mögliche nachteilige Wirkungen der Benutzung auf Dritte schon in einem förmlichen Verfahren, das nach Maßgabe des Landesrechts der Erteilung der Erlaubnis vorausgegangen ist, geprüft worden sind. Das Landesrecht sieht überwiegend vor, daß auch die Erlaubniserteilung über die nach § 6 WHG vorgeschriebenen Versagungsgründe davon abhängig gemacht wird, daß Rechte Dritter durch die Benutzung nicht beeinträchtigt werden bzw. daß eine Beeinträchtigung durch Auflagen oder Bedingungen vermieden oder ausgeglichen werden kann. Mit dem WHG sind diese landesrechtlichen Regelungen vereinbar, da § 6 WHG die Gründe für eine Versagung der Zulassung nicht abschließend regelt und daher weitergehende Versagungsgründe nicht ausschließt. Soweit ein Dritter gegen eine Beeinträchtigung seiner rechtlich geschützten Belange Ansprüche gegen den Unternehmer geltend macht, die bereits Gegenstand des förmlichen Verfahrens waren und in der Art der Erlaubniserteilung, z. B. durch Auflagen oder Bedingungen, berücksichtigt worden sind, wird die Begründetheit des Anspruchs zumindest zweifelhaft sein. Soweit ein Betroffener im Vorverfahren seine Einwendungen zurückgenommen hat, kann einer späteren Geltendmachung gegen den Unternehmer u. U. der Einwand unzulässiger Rechtsausübung entgegenstehen (§ 242 BGB).

Die gehobene Erlaubnis – im Landesrecht zulässigerweise als besser ausgestattete Art der Erlaubnis eingeführte Form einer Befugnis zur Gewässerbenutzung – weist zahlreiche Eigenschaften der Bewilligung auf, so insbesondere eine – wenngleich eingeschränkte – Drittwirkung und damit eine Verringerung der Ansprüche Dritter gegen den Inhaber der Befugnis. Gleichwohl bleibt sie eine Erlaubnis, also eine bloße Befugnis zur Gewässerbenutzung, sie begründet nicht, wie die Bewilligung, ein Recht zur Benutzung. Die Erlaubnis bleibt somit auch in der gehobenen Form widerruflich, da die Widerruflichkeit kraft Bundesrechts fester Bestandteil der Erlaubnis ist (§ 7 WHG), der nicht zur Disposition des Landesgesetzgebers steht. Die Ausübung des Widerrufs muß indes im Falle der gehobenen Erlaubnis schärferen Anforderungen genügen; hierzu nötigt der auf eine Investitionssicherung gerichtete gesetzgeberische Wille, eine Erschwernis, die zugleich besonders hohe Anforderungen an die Prüfung der wasserwirtschaftlichen Voraussetzungen

---

[116] Hier sind insbesondere zu nennen: Richtlinie des Rats vom 04.05. 1976 betr. die Verschmutzung infolge der Ableitung bestimmter gefährlicher Stoffe in die Gewässer der Gemeinschaft, Richtlinie des Rats vom 15.12. 1979 über den Schutz des Grundwassers gegen die Verschmutzung durch bestimmte gefährliche Stoffe (vgl. oben Abschnitt 5.1.2), ferner die Übereinkommen zum Schutz des Rheins vom 03.12. 1976 (Chemie- und Chlorid-Übereinkommen), ratifiziert durch Gesetz vom 11.08. 1978 (BGBl. II S. 1053); nach diesen Vorschriften kann eine »Genehmigung« für die Ableitung der aufgeführten Stoffe und Stoffgruppen nicht bzw. nur befristet erteilt werden.

[117] Breuer Rz 441, h. M.

erfordert[118]. Insgesamt gewährt die gehobene Erlaubnis mithin dem Unternehmer einen insgesamt höheren Bestandsschutz als die Erlaubnis in der einfachen Form. In Bayern, dessen LWG seit Anbeginn die Erlaubnis in der gehobenen Form kennt, war der verbesserte Schutz beabsichtigt, um solchen Gewässerbenutzungen, für die eine Bewilligung nicht erteilt werden kann, den nach der Sachlage erforderlichen Investitionsschutz zu gewähren. Die übrigen Länder führten die gehobene Erlaubnis ein, nachdem durch die vierte Novelle zum Wasserhaushaltsgesetz die Möglichkeit entfallen war, für die Einleitung von Abwasser in Gewässer eine Bewilligung zu erteilen: Gemäß § 8 Abs. 2 Satz 2 WHG in der Fassung der 4. WHG-Novelle »darf« die Bewilligung »für das Einbringen und Einleiten von Stoffen in ein Gewässer sowie für Benutzungen« im Sinne des § 3 Abs. 2 Nr. 2 nicht erteilt werden, ausgenommen »für das Wiedereinleiten von nicht nachteilig verändertem Triebwasser bei Ausleitungskraftwerken« (§ 8 Abs. 2 Satz 3 WHG). Abwassereinleitungen, jedenfalls im Rahmen der öffentlichen Abwasserbeseitigung ein wasserwirtschaftlicher Belang des Wohls der Allgemeinheit, wären durch die Beschränkung auf eine einfache Erlaubnis in ihrem berechtigten Investitionsschutzinteresse in nicht hinzunehmender Weise verkürzt. Bei dieser Gelegenheit wurde indes der Anwendungsbereich dieser erweiterten Befugnis in den Ländern fast einheitlich auf alle »Benutzungen, die im Interesse des Wohls der Allgemeinheit erforderlich sind«, ausgedehnt, wobei z. T. allgemein auf Fälle, in denen die Voraussetzungen einer Bewilligung vorliegen, z. T. auch ausdrücklich auf Benutzungen für die öffentliche Wasserversorgung beispielhaft neben der öffentlichen Abwasserbeseitigung abgestellt wird. Die sich hier ergebenden Abgrenzungsprobleme werden im Zusammenhang mit der Bewilligung behandelt.

Die gegenüber der einfachen Erlaubnis erhöhte Bestandssicherheit nähert die gehobene Erlaubnis der Bewilligung an. Mit der gehobenen Erlaubnis können alle Fälle in befriedigender Weise gelöst werden, in denen einem berechtigten Investitionsschutzinteresse des Unternehmers mit einer einfachen Erlaubnis nicht angemessen Rechnung getragen werden kann, die andererseits aber nicht alle Voraussetzungen für eine Bewilligung erfüllen. Der behördliche Vollzug erhielt damit im Rahmen des Verhältnismäßigkeitsgrundsatzes ein höheres Maß an Flexibilität. Gleichwohl bleibt ein bedeutsamer Abstand zur Bewilligung, die ein Recht zur Benutzung vermittelt gegenüber der bloßen widerruflichen Befugnis, wie sie letztlich auch die gehobene Erlaubnis darstellt. Die Abgrenzung zwischen der gehobenen Erlaubnis und der Bewilligung verdient daher Aufmerksamkeit um so mehr, als in der Praxis der Wasserbehörden eine Tendenz erkennbar ist, die Bewilligung generell durch eine gehobene Erlaubnis zu ersetzen.

5.5.2 Bewilligung

Nach der Erlaubnis und der gehobenen Erlaubnis ist die Bewilligung die dritte Form der definitiven Zulassung einer Gewässerbenutzung. Mit der (einfachen) Erlaubnis hat sie außer der Befreiung der Gewässerbenutzung vom Makel der Rechtswidrigkeit nichts gemein; für die materielle Substanz gilt dies ungeachtet der Tatsache, daß in den Landeswassergesetzen die Erlaubnis in verfahrensrechtlicher Hinsicht der Bewilligung angenähert worden ist. Mit der gehobenen Erlaubnis verbindet die Bewilligung ihre ausgeprägte Drittwirkung, nämlich der weitreichende Schutz gegen Ansprüche Dritter auf Einschränkung oder Unterlassung der Benutzung, Vornahme von Schutzvorkehrungen und Schadensersatz; im Unterschied zu jener aber ist die

[118] Vgl. hierzu die Ausführungen Breuers (Rz 440) zur Beschränkung des Widerrufsrechts aus Gründen eigentumsrechtlichen Substanzschutzes (Art. 14 Abs. 1 GG) bei geprüftem Risikobereich. Dem ist für die gehobene Erlaubnis zuzustimmen, jedoch nicht für die einfache Erlaubnis, zu deren gesetzlich abschließend bestimmten Inhalt dies in Widerspruch stünde.

Bewilligung grundsätzlich nicht widerruflich, sie gewährt vielmehr »das Recht, ein Gewässer in einer nach Art und Maß bestimmten Weise zu benutzen« (§ 8 Abs. 1 Satz 1 WHG); sie wird »für eine bestimmte angemessene Frist erteilt, die in besonderen Fällen 30 Jahre überschreiten darf« (§ 8 Abs. 5 WHG). Für die Begründung dieses Rechts schreibt das WHG schließlich ein Verwaltungsverfahren vor (Bewilligungsverfahren, § 9 WHG), welches »gewährleistet, daß die Betroffenen und die beteiligten Behörden Einwendungen geltend machen können« (§ 9 Satz 1 WHG). Das Verfahren soll die öffentlichen Belange und privaten Rechte, die von der beabsichtigten Benutzung berührt werden können, offenlegen und damit die Prüfung ermöglichen, ob die entsprechend dem Ergebnis der Prüfung des Antrags nach § 6 grundsätzlich zulassungsfähige Benutzung für eine bestimmte Dauer als Recht zugelassen werden kann, gegebenenfalls für welche Dauer und mit welchen Nebenbestimmungen und ob die Gewährung des Rechts im beantragten oder nur in einem geringeren Umfange möglich ist. Voraussetzung ist hierbei, daß eine Bewilligung ausdrücklich beantragt ist und der Unternehmer die nach § 8 WHG erforderlichen Voraussetzungen erfüllt, daß ihm nämlich »die Durchführung seines Vorhabens ohne eine gesicherte Rechtsstellung nicht zugemutet werden kann und die Benutzung einem bestimmten Zweck dient, der nach einem bestimmten Plan verfolgt wird« (§ 8 Abs. 2 WHG). Schließlich kann in dem Bewilligungsbescheid bestimmt werden, daß für die Beeinträchtigung von Rechten und rechtlich geschützten Belangen Dritter Ausgleich zu leisten ist und in welcher Art und Höhe dies zu geschehen hat. Wenn nicht anders möglich, können weitere nachträgliche Entscheidungen vorbehalten bleiben (§ 10 WHG). Nur mit dieser allseits abgesicherten Einpassung der Benutzung in das nachbarrechtliche Gefüge und in die wasserwirtschaftliche Umgebung ist es vertretbar, die Benutzung eines Gewässers für feste Zeit als grundsätzlich unwiderrufliches Recht auszugestalten und zuzulassen.

Die Bewilligung gewährt das »Recht« zur Benutzung eines Gewässers. Dieses Recht bezieht sich allein auf die Gewässerbenutzung; es schließt also nicht die Befugnis ein, Gegenstände in fremdem Eigentum oder Grundstücke und Anlagen, die im Besitz eines anderen stehen, in Gebrauch zu nehmen (§ 8 Abs. 1 Satz 2 WHG). Die durch die Bewilligung dem Unternehmer eingeräumte Rechtsposition ist, wie die Landeswassergesetze ausdrücklich bestimmen, eigentumsähnlich, nämlich durch die dem Eigentümer einer Sache zustehenden Abwehransprüche gegenüber Beeinträchtigungen des Rechts (§ 1004 BGB) ausgestaltet. Hierin liegt der fundamentale Unterschied zur Erlaubnis, die ihren Inhaber nicht gegen Ansprüche Dritter schützt, die auf Unterlassung oder Einschränkung der erlaubten Benutzung gerichtet sind und die auch in der gehobenen Form ausdrücklich nur eine widerrufliche Befugnis vermittelt. Eine Beendigung der Bewilligung vor ihrem im Bescheid bestimmten Ablauf gegen den Willen des Unternehmers ist nur möglich aus Gründen, die sich entweder aus dem Wohl der Allgemeinheit oder aus dem Verhalten des Unternehmers ergeben (§ 12 WHG). Im ersten Fall löst der Widerruf einen Entschädigungsanspruch des Unternehmers aus, was traditionellen enteignungsrechtlichen Prinzipien (Aufopferungsprinzip) entspricht (§ 12 Abs. 1 WHG). Die zweite Fallgruppe ermöglicht den Widerruf der Bewilligung ohne Entschädigung dann, wenn die Benutzung innerhalb einer dem Unternehmer gesetzten Frist nicht begonnen oder drei Jahre ununterbrochen nicht ausgeübt wird; mit der Nichtausübung der bewilligten Benutzung während der genannten Frist gibt der Unternehmer zu erkennen, daß die Benutzung für ihn nicht (mehr) benötigt wird. Die Möglichkeit eines Widerrufs des Benutzungsrechts in diesem Falle liegt in der Konsequenz der Restriktion, die das WHG gegenüber jedem Zugriff auf Gewässer enthält. Zudem wird der bewilligte Zugriff nach dem Widerruf frei für wirklich an der Benutzung Interessierte. Die Bewilligung kann ferner entschädigungslos widerrufen werden, wenn sie in ihrem Umfang erheblich unterschritten wird sowie wenn der Unternehmer den Zweck der Benutzung so geändert hat, daß dieser mit dem Plan, der der Bewilligungserteilung zugrunde gelegen hat und damit den Inhalt des Rechts prägt, nicht mehr übereinstimmt; schließlich ist der entschädigungslose Widerruf möglich, wenn der

Unternehmer trotz einer mit der Androhung des Widerrufs verbundenen Warnung wiederholt die Benutzung über den Rahmen der Bewilligung hinaus erheblich ausgedehnt oder Benutzungsbedingungen oder Auflagen nicht erfüllt hat (§ 12 Abs. 2 WHG). Darüber hinaus läßt § 5 WHG gewisse wasserwirtschaftlich begründete nachträgliche Anordnungen (Auflagen) nicht nur bei der Erlaubnis, sondern auch bei der Bewilligung zu, bei letzterer jedoch nur, soweit diese nachträglichen Maßnahmen wirtschaftlich gerechtfertigt und mit der Benutzung vereinbar sind (§ 5 Abs. 1 Satz 4 WHG).

Das wesentliche Kriterium für die Erteilung einer Zulassung in der Form der Bewilligung ist, daß dem Unternehmer die Durchführung seines Vorhabens ohne eine gesicherte Rechtsstellung nicht zugemutet werden kann; der bestimmte Zweck und der bestimmte Plan, die der Benutzung zugrunde liegen müssen, sind demgegenüber weniger problematisch. Angesichts der Bedeutung einer gesicherten Rechtsstellung für die Absicherung der Investitionen, die für eine Gewässerbenutzung erforderlich sind, hat die Frage, nach welchen Regeln die fehlende Zumutbarkeit zu ermitteln ist, die Rechtsprechung und Literatur von Anbeginn beschäftigt. Nicht immer wird hierbei zwischen der wasserwirtschaftlichen Frage der Zulassung der Benutzung, die nach § 6 zu beurteilen ist, und der Frage nach der Rechtsqualität der Zulassungsform in der erforderlichen Schärfe unterschieden. Die Entscheidung über Form und Qualität der Zulassung – Erlaubnis oder Bewilligung – ist jedenfalls prinzipiell von der Entscheidung nach § 6 über die Zulassung der Benutzung selbst zu trennen: Über die Alternative Bewilligung – Erlaubnis wird erst entschieden, wenn die Zulassung der Benutzung im Grunde (abgesehen eventuell von notwendigen Auflagen und Bedingungen) außer Frage steht. Dies schließt nicht aus, daß bei der gem. § 6 zu treffenden Beurteilung über die wasserwirtschaftliche Seite des Antrags eine Rolle spielen kann, ob die Zulassung widerruflich als Erlaubnis oder als gehobene Erlaubnis erteilt oder durch eine Bewilligung für eine bestimmte Zeit nicht bzw. nur gegen Entschädigung widerruflich festgelegt wird. Insoweit können die Merkmale des § 6 in die nach § 8 Abs. 1 Satz 1 anzustellende Prüfung hineinreichen. Zur Versagung der Bewilligung und einer Verweisung auf die Erlaubnis darf dies nur führen, wenn Auflagen und Bedingungen nicht ausreichen, wasserwirtschaftliche Bedenken gegen eine auf bestimmte Zeit unwiderruflich erteilte Zulassung auszuräumen[119].

Die Zumutbarkeit einer nicht gesicherten Rechtsstellung bzw. deren Fehlen unterliegt als Rechtsfrage in vollem Umfang der verwaltungsgerichtlichen Nachprüfung[120]. Nach wohl herrschender Meinung der Verwaltungsgerichte kommt es hierbei zunächst darauf an, welche Bedeutung die Gewässerbenutzung für die wirtschaftliche Existenz des Unternehmers hat. Der Auffassung, daß die Möglichkeit des Wasserbezugs von dritter Seite zu angemessenen Bedingungen einer Erteilung der Bewilligung entgegenstehe, ist nicht beizupflichten; sie übersieht, daß dieses Argument der Gewässerbenutzung selbst entgegenzuhalten wäre und mithin auch einer Erlaubnis entgegenstünde, denn die Prüfung dieser Frage gehört in den Bereich der Zulassungsprüfung nach § 6 WHG. Besteht die Möglichkeit, das benötigte Wasser von einem lieferfähigen und lieferbereiten Dritten zu angemessenen Bedingungen zu beziehen, erfordert das Bedürfnis des Unternehmers, auf ein Gewässer zuzugreifen, eine besonders kritische Prüfung u. U.mit der Folge, daß nach § 6 WHG die Zulassung möglicherweise zu versagen ist. Dann aber ist für dieses Argument bei der Prüfung im Rahmen des § 8 WHG kein Raum mehr[121]. Ist die Gewässerbenutzung wesentlicher Teil des Unternehmens oder macht sie gar dessen eigentlichen Inhalt aus, wird anzunehmen sein, daß ein Widerruf und die daraus folgende notwendige wasserwirtschaft-

[119] Vgl. dazu Breuer Rz 223, der die Verbindung des § 8 Abs. 2 mit § 6 WHG betont, m.w.N.; desgl. GWCz Rz 2 zu § 6 WHG im Zusammenhang mit der Frage eines Rechtsanspruchs auf Zulassung.

[120] h.M., vgl. Breuer Rz 223 (Hinweis auf BVwG-Urteil vom 29.01. 1965 – »Gildebräu-Urteil« – = ZfW 1965 S. 98).

[121] So andeutungsweise auch GWCz Rz 27 zu § 8; a.A. Breuer Rz 226.

liche Umorientierung zu empfindlichen Beeinträchtigungen des Unternehmens führen wird. Bei der Wassergewinnung für die öffentliche Wasserversorgung wird die mangelnde Zumutbarkeit einer nicht gesicherten Rechtsstellung darüber hinaus wegen der zu erwartenden negativen Folgen für die Versorgungssituation der betroffenen Allgemeinheit in aller Regel anzunehmen sein. Ein ähnliches Gewicht in wirtschaftlicher Hinsicht kann für eine Brauerei[122] und ein Mineralwasserunternehmen angenommen werden, wobei bezüglich der Brauchwassergewinnung unter Umständen besondere Kriterien heranzuziehen sind.

Als Hauptanwendungsfall für eine Bewilligung kommt die Wassergewinnung für die öffentliche Wasserversorgung zur Versorgung der Allgemeinheit im Versorgungsgebiet oder einem Teil desselben mit Trinkwasser und mit Wasser für sonstige Zwecke in Betracht. Dies ergibt sich schon aus dem Sinn und Zweck dieser Institution, die als eine der öffentlichen Gesundheit dienende zentrale Einrichtung im Interesse des Gemeinwohls geschaffen worden ist. Das Wasserrecht dokumentiert das Gewicht der öffentlichen Wasserversorgung dadurch, daß es schon ihre Gefährdung einer Beeinträchtigung des Wohls der Allgemeinheit gleich achtet. Zur Erfüllung ihrer Aufgabe hat der Gesetzgeber die öffentliche Wasserversorgung mit beachtlichen außerwasserrechtlichen Schutznormen ausgestattet: Die Gemeindeordnungen lassen einen Anschluß- und Benutzungszwang an diese Einrichtung zu, um durch Erzielung einer möglichst großen Anschlußdichte die Kosten der Versorgung für den Einzelnen gering zu halten. In der Wasserversorgung, die in den Formen des Handelsrechts betrieben wird, erkennt das Gesetz gegen Wettbewerbsbeschränkungen (Kartellgesetz) einen Ausnahmebereich für diese Unternehmen dahin an, Verträge mit Gemeinden und mit anderen Wasserversorgungsunternehmen zu schließen, die einen Ausschluß gleichartiger Konkurrenz im Versorgungsgebiet bewirken, wobei Unternehmen, die derartige Verträge abschließen, zum Ausgleich einer entsprechenden kartellbehördlichen Aufsicht über Preise, Konditionen und ihrem Verhalten gegenüber Dritten unterworfen sind. Diese Regelung, die ursprünglich auch für die leitungsgebundene Energieversorgung galt, hat allein bei der öffentlichen Wasserversorgung alle bisherigen Novellen und Reformbestrebungen zum Kartellrecht unbeschadet überstanden. Dies verdeutlicht, daß die Tätigkeit dieser Unternehmen einschließlich der Wassergewinnung ungeachtet der Rechtsform und Trägerschaft nicht nur im engeren Unternehmensinteresse, sondern darüber hinaus und insbesondere für das öffentliche Wohl im Versorgungsgebiet Bedeutung hat. Wegen des gesetzlichen Widerrufsvorbehalts wäre letztlich auch die gehobene Erlaubnis anstelle einer Bewilligung für die öffentliche Wasserversorgung nicht unproblematisch, denn die Möglichkeit eines Widerrufs kann eine Abhängigkeit des Versorgungsträgers von der Behörde begründen, die im Einzelfall mit der eigenverantwortlichen Versorgungssteuerung in Konflikt geraten kann. Das Argument, die Bewilligung sei in diesen Fällen deshalb entbehrlich, weil gerade die allgemeine Bedeutung der öffentlichen Wasserversorgung zu einem äußerst zurückhaltenden Gebrauch des Widerrufs, voraussichtlich sogar zu einem völligen Verzicht hierauf nötige, greift nicht durch: Wenn ohnehin die Ausübung des gesetzlichen Widerrufsvorbehalts praktisch ausgeschlossen werden kann, steht der Erteilung einer Bewilligung von daher nichts entgegen.

Die Verweisung auf die Möglichkeit, das Wasser von einem lieferfähigen und lieferbereiten Dritten zu beziehen, kann, wie oben ausgeführt, bei der Prüfung, ob die Zulassung als Bewilligung erteilt werden kann, keine Rolle mehr spielen, da dieser Punkt die wasserwirtschaftliche Vorfrage Zulassung der Benutzung nach § 6 WHG betrifft. Im Falle der öffentlichen Wasserversorgung kommt hier hinzu, daß aus wasserwirtschaftlichen Gründen die Verteilung der Wasserbedarfsdeckung auf mehrere kleinere Gewinnungen den Vorzug verdient gegenüber der Förderung aus wenigen großen Brunnenanlagen. Damit ist nichts zu der Frage gesagt, ob diese mehreren Anlagen mehreren oder nur einem Betreiber gehören; dies ist ein Problem des Versor-

[122] Grundlegend hierzu BVwG aaO. (Anm. 120)

gungsmanagements, was fallweise unterschiedlich beurteilt werden kann und hier offen bleiben soll. Handelt es sich aber um Wassergewinnungen kleineren Ausmaßes, kann dies nicht als Argument gegen die Erteilung einer Bewilligung verwendet werden, da auch diese Anlagen aus Gründen des Gemeinwohls den weitreichenden Investitionsschutz der Bewilligung verdienen. Die Entscheidungskompetenz über die Zulassung der Gewässerbenutzung und deren rechtliche Ausstattung ist kein Instrument der Strukturpolitik[123].

Eine Bewilligung ist ausgeschlossen für die Einleitung von Stoffen in ein Gewässer und für Benutzungen nach § 3 Abs. 2 Nr. 2 WHG, also für die der Benutzung gleichgestellten Einwirkungen auf Gewässer (§ 8 Abs. 2 Satz 2 WHG). Für die Abwasserbeseitigung kann daher keine Bewilligung mehr erteilt werden. Für diese kapitalintensive und im öffentlichen Interesse liegende Tätigkeit bleibt somit nur die gehobene Erlaubnis, die ihre Entstehung gerade dem Bestreben verdankt, die mit der Erlaubnis für deren Inhaber verbundenen Bestandsrisiken (Ansprüche Dritter auf Einschränkung und Unterlassung der Einleitung oder Anbringung von Schutzvorkehrungen) für den Betreiber der Abwassereinleitung zu mindern. Soweit in den Wassergesetzen der Bundesländer die gehobene Erlaubnis ausdrücklich auf solche Benutzungen erstreckt wird, die den Voraussetzungen nach für eine Bewilligung in Betracht kommen, ist dies nicht frei von verfassungsrechtlichen Bedenken: Mit dem Vorrang der bundesrechtlichen Vorschrift des § 8 WHG ist eine Bestimmung des Landesrechts schwerlich vereinbar, die das Bundesrecht lediglich unter Wahrung formaler Legalität materiell unterläuft[123].

Aber auch soweit dies nicht ausdrücklich gesetzlich bestimmt ist, läßt sich eine zunehmende Zurückhaltung der Behörden bei der Erteilung der Bewilligung beobachten; Unternehmer, die eine Bewilligung beantragen, werden ersucht, den Antrag auf eine (einfache oder gehobene) Erlaubnis umzustellen. Offensichtlich verfolgen die Wasserbehörden die Absicht, die Bewilligung nicht mehr zu erteilen mit dem Ziel, dieses Institut durch Nichtanwendung auszutrocknen, um so seine praktische Bedeutung abzubauen und damit letztlich eine Streichungsinitiative vorzubereiten. Es mag verwaltungsinterne und eventuell politische Gründe geben, die Erteilung der Bewilligung restriktiv zu handhaben; letztere können jedoch nur im Rahmen der vom Wasserrecht gezogenen Grenzen Geltung beanspruchen, mithin der Verweigerung dieses Rechts in Fällen, für die der Gesetzgeber es geschaffen hat, keine Rechtfertigung liefern. Eine Streichung der Bewilligung hätte schwerwiegende Folgen für die Sicherheit wasserwirtschaftlicher Investitionen, deren Bedeutung der Bundesgesetzgeber mit der Schaffung eines Benutzungsrechts, das, ist es einmal erteilt, gegen nachbarrechtliche Ansprüche für die Zeit normaler Abschreibung Bestand hat, ausdrücklich anerkannt hat.

Gewichtigen rechtlichen Bedenken muß es begegnen, wenn Wasserbehörden das für bestimmte Fälle vorgesehene Rechtsinstitut der Bewilligung ganz aus dem Vollzugsrepertoire entfernen. Die Ausformung der Bewilligung als Recht offenbart den Willen des Bundesgesetzgebers, in bestimmten bzw. anhand der gesetzlichen Kriterien bestimmbaren Fällen ein Benutzungsrecht einzuräumen, und zwar gerade in der Weise, daß der Unternehmer auch gegen das Widerrufsrisiko – ausgenommen in den von ihm zu vertretenden Fällen oder nach enteignungsrechtlichen Grundsätzen gegen Entschädigung – umfassenden Schutz genießt. Den Unternehmer auf eine gehobene Erlaubnis in diesen an sich für die Bewilligung vorgesehenen Fällen zu verweisen, hieße daher, den Willen des Bundesgesetzgebers offen zu mißachten und den Unternehmer, der bei Vorliegen der Voraussetzungen des § 8 bei fehlerfreiem Gebrauch des Ermessens mit einer Bewilligung rechnen darf, in seinen Rechten zu verkürzen. Im Ergebnis läuft die Ersetzung der Bewilligung durch eine gehobene Erlaubnis darauf hinaus, die Bewilligung mit einem Widerrufsvorbehalt zu versehen; dies gilt jedenfalls für Fälle, in denen das Landesrecht die gehobene

[123] Zurückhaltend hierzu GWCz Rz 33, 36 zu § 8.

Erlaubnis ausdrücklich für Fälle des § 8 Abs. 2 WHG, also anstelle einer Bewilligung vorsieht[124].

Wird der Unternehmer in den für eine Bewilligung vorgesehenen Fällen durch Verweisung auf eine Erlaubnis um eine widerrufsfreie Zulassung gebracht, die ihm das geltende Bundesrecht gerade für seinen Benutzungsfall bietet, kommt dies einer Rechtsverweigerung durch die Verwaltung gleich. Zwar ist die Frage, ob (bei gegebener Zulassungsmöglichkeit nach § 6) auf Erteilung der Bewilligung auch bei Vorliegen der Voraussetzung des § 8 ein Rechtsanspruch besteht, nach wie vor umstritten; die Frage wird überwiegend verneint. Indes wird eingeräumt, daß der Anspruch auf fehlerfreie Ausübung des Ermessens in diesem Fall immerhin in die Nähe eines Anspruchs auf Erteilung der Bewilligung führen kann, mit anderen Worten: Wird eine beantragte Bewilligung trotz Vorliegens der Voraussetzungen des § 8 Abs. 2 WHG versagt, nur weil die Behörde einer Abneigung gegen dieses Rechtsinstitut folgt, wird darin im Zweifel ein beachtlicher Ermessensfehlgebrauch liegen. In diesen Fällen wird der Anspruch auf fehlerfreie Ermessensausübung letztlich zur Erteilung der Bewilligung nötigen[125].

Schließlich können gegen die mit einer Bewilligung verbundene Dauer einer unwiderruflichen bzw. nur gegen Entschädigung widerruflichen Benutzung nur solche wasserwirtschaftlichen Gründe als berechtigt anerkannt werden, die nicht durch entsprechend gefaßte Auflagen und Bedingungen ausgeräumt werden können; diese zu ermitteln und zu werten gibt das Verwaltungsverfahren, das der Erteilung der Bewilligung vorauszugehen hat, ausreichend Gelegenheit. Zu berücksichtigen ist schließlich die Möglichkeit, eine bewilligte Benutzung auch nachträglich in gewissem Umfang mit weitergehenden Auflagen und Bedingungen zu versehen (§ 5 WHG).

Die Verfügbarkeit des besonderen Instituts der gehobenen Erlaubnis schränkt zweifelsfrei in gewissem Umfang den Anwendungsbereich des § 8 WHG ein; dies betrifft jedoch nur solche Fälle, die zwar einen höheren Schutz als eine einfache Erlaubnis erfordern, ohne aber vollständig in den Rahmen des § 8 zu gehören, in denen ein Unternehmer jedoch vor Einführung der gehobenen Erlaubnis mit einer Bewilligung hätte rechnen können[126]. Die von § 8 erfaßten Fälle bedürfen hingegen der Zulassung in der gesicherten Form eines Rechts. Es ist zu wünschen, daß das Bundesverwaltungsgericht bald Gelegenheit erhält, für Klarheit zu sorgen, bevor sich eine bestimmte Behördenpraxis mit der normativen Macht des Faktischen nachhaltig verfestigt.

5.5.3 Verfahren zur Erteilung der Bewilligung und der Erlaubnis

Mit der Zulassung einer Gewässerbenutzung kann in vielfältiger Weise ein Eingriff in öffentliche und private rechtlich geschützte Belange verbunden sein. Handelt es sich um eine Bewilligung, also um ein Recht zur Gewässerbenutzung, ist diese Zulassung gegenüber privaten Rechten Dritter insofern von besonderer Bedeutung, als damit deren Ansprüche auf Unterlassung oder Einschränkung der Bewilligung, Vornahme von Schutzvorkehrungen und auf Schadensersatz gegen den Unternehmer mit der Unanfechtbarkeit der Bewilligung ausgeschlossen sind (§ 11 WHG). Dies ist nur hinnehmbar, wenn den Betroffenen die rechtliche Möglichkeit eingeräumt wird, ihre Interessen gegenüber dem Zulassungsbegehren des Unternehmers rechtzeitig geltend zu machen. Die Bewilligung hat als Ausgleich ihrer Drittwirkung eine nachbarschützende Komponente in den Erteilungsvoraussetzungen erhalten; denn gemäß § 8 Abs. 3 WHG »darf« die Bewilligung dann, wenn die angestrebte Benutzung nachteilige Wirkungen auf das Recht eines

---

[124] Klarstellend dazu Breuer Rz 201 unter Berufung auf Salzwedel RdWWi Bd. 19 S. 41 ff.
[125] So Breuer aaO.
[126] GWCz Rz 24 zu § 8.

anderen erwarten läßt und dieser Einwendungen erhebt, nur erteilt werden, wenn die Nachteile durch Auflagen (dies dürfte auch für Bedingungen gelten) verhütet oder ausgeglichen werden. Betroffene Private und die Behörden, deren Aufgabenbereich von der angestrebten Gewässerbenutzung berührt wird, müssen in den Stand gesetzt werden, auf die Erteilung der Zulassung nach Art, Umfang und rechtliche Ausgestaltung in der Weise Einfluß zu nehmen, wie die Benutzung in der angestrebten Rechtsform in die jeweiligen Interessensphären eingreift. Am Ende des Verfahrens kann die durch entsprechende Auflagen und Bedingungen in das privat-rechtliche und öffentlich-rechtliche Nachbarrechtsgefüge eingepaßte Zulassung der Benutzung, aber auch deren Versagung stehen.

5.5.3.1 Bewilligungsverfahren

Für die Bewilligung schreibt § 9 WHG ausdrücklich und verbindlich die Vorschaltung eines förmlichen Verfahrens vor. Die Ausgestaltung des Verfahrens ist grundsätzlich Sache des Landesrechts (Artikel 84 Abs. 1 Grundgesetz); indes normiert das WHG in der materiellen Ausgestaltung der Bewilligung (§§ 8, 10 WHG) einige substantielle Voraussetzungen für die Erteilung, deren Ermittlung und Beurteilung notwendigerweise Bestandteil eines förmlichen Verfahrens sind. So darf die Behörde die Bewilligung nur in der Weise erteilen, daß Auflagen und Bedingungen Nachteile verhüten oder ausgleichen, die am »Recht« eines Dritten durch die Benutzung zu erwarten sind und der Dritte entsprechende Einwendungen erhebt. Ist die Verhütung oder der Ausgleich der Nachteile nicht möglich, kann die Bewilligung gleichwohl aus Gründen des Wohls der Allgemeinheit erteilt werden, jedoch ist der Betroffene zu entschädigen (§ 8 Abs. 3 WHG). Rechtsbegrifflich sind »Rechte« Dritter sowohl Rechte aus der Sphäre des Privatrechts (Eigentum, Dienstbarkeit) als auch öffentlich-rechtlich begründete Rechtsstellungen (z. B. eine wasserrechtliche Bewilligung)[127]. Die nachteilige Einwirkung der Benutzung muß »zu erwarten« sein, also nach der allgemeinen Lebenserfahrung oder nach technischen Erkenntnissen wahrscheinlich und der Art nach zumindest annähernd voraussehbar sein als adäquat-ursächliche Folge der angestrebten Benutzung[128]. Ist diese Feststellung während des Verfahrens nicht möglich, kann die Entscheidung über diese Einwendungen des Betroffenen, also darüber ob und gegebenenfalls welche Auflagen und Bedingungen zu seinen Gunsten erlassen werden müssen, einem späteren Verfahren vorbehalten werden. Diese Regelung ermöglicht den zügigen Abschluß eines Bewilligungsverfahrens, ohne daß dem betroffenen Dritten hieraus Nachteile erwachsen. Der Betroffene kann ferner für nachteilige Wirkungen der bewilligten Benutzung, die er während des förmlichen Verfahrens nicht voraussehen konnte, den nachträglichen Erlaß entsprechender Auflagen und Bedingungen sowie gegebenenfalls, wenn hierdurch seine Beeinträchtigung nicht ausgeglichen werden kann, eine Entschädigung fordern (§ 10 WHG).

Der Ablauf des wasserrechtlichen Verfahrens zur Erteilung einer Bewilligung weist gewisse Parallelen zum Planfeststellungsverfahren auf. Dies ergibt sich aus den dargestellten Einspruchsmöglichkeiten beteiligter Behörden und betroffener Dritter (§§ 8 Abs. 3, 10, 4 Abs. 1 WHG) und den ergänzenden landesrechtlichen Verfahrensregelungen[129]. Das Verfahren beginnt in der Regel mit der Bekanntmachung des Vorhabens, der Auslegung des Antrages zur Einsicht durch jeder-

---

[127] GWCz Rz 40 zu § 8, h. M.; s. a. Breuer Rz 448; dies soll indes nicht für Befugnisse und Gestattungen gelten; so pauschal unbefriedigend, da auch hierbei vermögenswerte Positionen beeinträchtigt werden können. Vgl. dazu Breuer Rz 455 ff..

[128] Breuer Rz 449; GWCz Rz 43 zu § 8.

[129] Die Landeswassergesetze verweisen in unterschiedlichem Umfang auf Verfahrensvorschriften des Planfeststellungsrechts der Verwaltungsverfahrensgesetze, insbesondere auf § 73 VVerfG (in Bund und Ländern übereinstimmend), vgl. z. B. § 148 LWG Nordrhein-Westfalen; näheres hierzu bei GWCz Rz 7 zu § 9.

mann, der ein berechtigtes Interesse glaubhaft macht, mit der Maßgabe, Einwendungen innerhalb einer bestimmten Frist, bei der das Verfahren leitenden Wasserbehörde zu erheben und zu begründen. Die Beteiligung der Behörden sichert die Berücksichtigung anderer öffentlicher Belange (Naturschutz, Bauleit- und Regionalplanung, Verkehrswegeplanung u.a.); die in § 8 Bundesnaturschutzgesetz vorgesehene Verknüpfung naturschutzrechtlicher Auflagen mit Verwaltungsakten auf der Grundlage anderer Rechtsbereiche hat hier den wasserrechtlichen Anknüpfungspunkt. Die Einzelheiten, insbesondere auch ob ein Erörterungstermin vorgesehen werden muß, richten sich nach den Landeswassergesetzen und ergänzend nach den Landes-Verwaltungsverfahrengesetzen. Das Verfahren findet in einem Verwaltungsakt, dem Wasserrechtsbescheid, seinen Abschluß. Der Bescheid ist, mit Rechtsmittelbelehrung versehen, dem Antragsteller und allen, die Einwendungen erhoben haben, sowie den am Verfahren beteiligten Behörden zuzustellen.

Betrifft der Bewilligungsantrag ein Vorhaben, dessen Zulassung die Durchführung einer Umweltverträglichkeitsprüfung nach Maßgabe des Gesetzes über die Umweltverträglichkeitsprüfung (UVPG) vom 12.02. 1990 (BGBl.I S. 205) erfordert, muß das wasserrechtliche Verfahren den Vorschriften dieses Gesetzes entsprechen (§ 9 Satz 2 WHG). Diese Vorschrift läuft gegenwärtig leer, da das UVPG in seinem Anhang zu § 3, der die der UVP unterliegenden Projekte enumerativ aufzählt, kein der Bewilligung zugängliches Vorhaben vorsieht. Dieser Anhang nennt lediglich Abwasserbehandlungsanlagen (Anhang Nr. 5) sowie planfeststellungsbedürftige Maßnahmen des Ausbaus der Gewässer gem. § 31 WHG (Nr. 6 des Anhangs) und an Bundeswasserstraßen (Nr. 12 des Anhangs). Abwasserbehandlungsanlagen unterliegen aber nach dem WHG keiner Erlaubnis oder Bewilligung, sondern allgemein einer »Zulassung«, deren Ausgestaltung im einzelnen den Landeswassergesetzen überlassen bleibt (§ 18 c WHG). Abwassereinleitungen selbst werden vom UVPG nicht erfaßt; darüber hinaus käme für diese Gewässerbenutzung kein Bewilligungsverfahren in Betracht, da für sie eine Bewilligung gem. § 8 Abs. 2 Satz 2 WHG nicht erteilt werden darf. Sollte der Projektanhang zu § 3 UVPG um Gewässerbenutzungen erweitert werden, für die eine Bewilligung erteilt werden kann, erhielte § 9 Abs. 2 WHG Bedeutung.

5.5.3.2 Erlaubnisverfahren

Das Landesrecht schreibt auch für die Erteilung der Erlaubnis in der gehobenen und z.T. in der einfachen Form ein förmliches Verfahren vor. Bezüglich der einfachen Erlaubnis mag dies überraschend erscheinen, da die Erlaubnis als bloße Befugnis kein Recht vermittelt und damit Ansprüche Dritter auch auf Unterlassung der erlaubten Benutzung nicht ausschließt. Es entspricht jedoch insgesamt gesehen einer sinnvollen Verfahrensökonomie, den von der Benutzung betroffenen Dritten Gelegenheit zu geben, sich mit den Auswirkungen der beabsichtigten Benutzung frühzeitig zu befassen und durch Einwendungen auf eine Berücksichtigung ihrer Belange hinzuwirken. Das WHG, das für die Erteilung der Erlaubnis kein förmliches Verfahren vorsieht, steht als Rahmengesetz dieser landesrechtlichen Ergänzung nicht entgegen, zumal die rechtliche Ausformung eines Verfahrens im Bereich des Vollzugs durch die Länder von Verfassungs wegen in die Länderkompetenz fällt. Unbefriedigend wäre es, die Erlaubnis erst zu erteilen, um sie dann dem Risiko von Unterlassungsansprüchen auszusetzen[130]. Die nach Abschluß eines derartigen Verfahrens erteilte Erlaubnis schneidet zwar spätere Ansprüche Dritter, die sich gegen die erlaubte Benutzung richten, nicht ab, denn die Vorschaltung eines förmlichen Verfahrens verleiht der Erlaubnis nicht die ihr vom WHG versagte nachbarschützende Wirkung. Das Verfahren schützt den Unternehmer aber insoweit, als die nach Abschluß des Verfahrens erfolgende

[130] Vgl. GWCz Rz 5 zu § 7.

Geltendmachung weiterer Ansprüche, soweit sie nicht im Verfahren ausdrücklich vorbehalten sind, im allgemeinen schwerer durchzusetzen sind und ggf. auch als verspätet zurückgewiesen werden können[131]. Die Vorschaltung des wasserrechtlichen Verfahrens vor die Erteilung einer gehobenen Erlaubnis ist darüber hinaus im wesentlichen aus den für die Bewilligung geltenden Gründen unerläßlich, denn die gehobene Erlaubnis schützt den Unternehmer zwar nicht gegen die Ausübung des Widerrufs durch die Behörde, wohl aber gegen Ansprüche Dritter, was diesen Dritten gegenüber nur vertretbar ist, wenn ihnen zuvor wie gegenüber einer Bewilligung Gelegenheit gegeben worden ist, ihre Interessen in das Verfahren einzubringen.

5.5.4 Zulassung des vorzeitigen Beginns (§ 9a WHG)

Ist das Verfahren zur Erteilung einer Erlaubnis oder Bewilligung eröffnet, kann die Wasserbehörde auf Antrag schon vor Beendigung des Verfahrens zulassen, daß mit der Benutzung begonnen wird; Voraussetzung hierzu ist allerdings, daß nach der Sach- und Rechtslage mit einer Entscheidung zugunsten des antragstellenden Unternehmers »gerechnet werden kann«, daß an dem vorzeitigen Beginn der Benutzung ein öffentliches Interesse oder zumindest ein berechtigtes Interesse des Unternehmers besteht und daß dieser sich verpflichtet, alle bis zur Entscheidung über seinen Antrag durch die vorzeitige Inangriffnahme der Gewässerbenutzung verursachten Schäden zu ersetzen und, falls die Benutzung nicht zugelassen wird, den »früheren Zustand wiederherzustellen« (§ 9 a Abs. 1 WHG). Diese Zulassung vorzeitigen Beginns stellt im Gegensatz zur Erlaubnis und Bewilligung keine endgültige, sondern eine Zwischenlösung dar. Die Voraussetzungen, die für die Zulassung des vorzeitigen Beginns gesetzlich gefordert werden, lassen das Risiko des vorzeitigen Beginns der Benutzung sowohl für die Wasserwirtschaft als auch für etwa von der Benutzung beeinträchtigte Dritte als hinnehmbar erscheinen. Insbesondere die Voraussetzung, daß ein öffentliches Interesse, aber auch, daß ein berechtigtes Interesse des Unternehmers besteht und daß (ohnehin) aufgrund der Gegebenheiten mit einer Entscheidung zugunsten des Antrags gerechnet werden kann, rechtfertigen die vorzeitigen Zulassungen gerade auch im Hinblick auf das Erfordernis einer flexiblen Verwaltung. Würde bei dieser Sachlage das Ende des Verfahrens abgewartet, das unter Umständen aus lediglich formalen Gründen lange Zeit in Anspruch nehmen kann, wäre ein so erzwungener Verzicht auf den Beginn der Benutzung auch im Lichte des Übermaßverbots bedenklich.

Neben der Erlaubnis und der Bewilligung ist diese Zulassung des vorzeitigen Beginns ein weiterer Verwaltungsakt, der die sonst gegebene Rechtswidrigkeit der Gewässerbenutzung aufhebt, insofern mithin der Erlaubnis als einer bloßen Befugnis ähnlich. Wie diese ist die Zulassung des vorzeitigen Beginns »jederzeit widerruflich« und kann befristet und mit Bedingungen und Auflagen versehen werden (§ 9 a Abs. 2 WHG).

5.5.5 Ausgleich konkurrierender Nutzungen (§ 18 WHG)

Trifft eine Gewässerbenutzung, für die eine Erlaubnis oder Bewilligung angestrebt wird, auf bestehende zugelassene Benutzungen Dritter, entsteht das Problem einer Anpassung, sofern auch für die neue Benutzung eine Zulassung in Betracht kommt. Das der Zulassung vorausgehende Verfahren ermöglicht u.a. auch eine Klärung, ob und wie die neue Benutzung in das Geflecht bestehender Gewässernutzungen eingebunden werden kann. Modifikationen bestehender Zu-

[131] Vgl. GWCz Rz 9 zu § 7.

lassungen können ggf. bei Erlaubnissen durch Ausübung des Widerrufsvorbehalts, im übrigen durch nachträgliche Auflagen realisiert werden, gegenüber bewilligten Benutzungen jedoch nur, soweit es wirtschaftlich gerechtfertigt und mit der Benutzung vereinbar ist (§ 5 WHG).

Anders liegt der Fall, wenn das Konkurrenzproblem zwischen mehreren bestehenden zugelassenen Benutzungen auftritt. Hierfür sieht § 18 WHG den Ausgleich in einem besonderen Verfahren vor, das in seiner prozeduralen Ausgestaltung Gegenstand des Landesrechts ist[132].

Einem Ausgleich von Rechten und Befugnissen sind Erlaubnisse und Bewilligungen sowie alte Rechte und Befugnisse, wie sie in § 15 WHG für eine Übernahme in den neuen Rechtszustand vorgesehen sind, zugänglich. Gegenstand des Verfahrens, das auf Antrag eines Beteiligten oder von Amts wegen eingeleitet wird, ist der Ausgleich der mehreren zugelassenen Benutzungen, wenn das Wasser nach Menge und Beschaffenheit nicht für alle Benutzungen ausreicht oder wenn diese Benutzungen »sich beeinträchtigen« und wenn das Wohl der Allgemeinheit, insbesondere die öffentliche Wasserversorgung, den Ausgleich erfordert. Unter dieser Voraussetzung werden also zwei Fallgruppen unterschieden:

a) Das Wasser reicht nach Menge und Beschaffenheit für die existierenden zugelassenen Benutzungen nicht aus. Neben den quantitativen Aspekt fehlender Mengen tritt der qualitative Aspekt, beides bezogen auf einen Gewässerzustand, der gemäß § 1a WHG der Richtschnur der Wasserwirtschaftsverwaltung entspricht. Beide Fälle gelten nebeneinander, »und« ist also zu verstehen wie »oder«[133]. Die Nutzungskonkurrenz braucht noch nicht zu einer Beeinträchtigung eines der Nutzer geführt zu haben. Ein Ausgleichsproblem kann auch auftreten, wenn Abwassereinleitungen im Moment ihrer Spitze gemeinsam die Aufnahmefähigkeit des Gewässers überfordern, so daß eine zeitliche Entzerrung die Aufgabe des Ausgleichsverfahrens ist. Zweck des Verfahrens, das in diesen Fällen praktisch ausschließlich von der Behörde eröffnet werden wird, ist die Sicherung oder Wiederherstellung eines ausgeglichenen Gewässerzustands; der Ausgleich ist hier allein ein Instrument zur Erfüllung der Aufgaben der Gewässeraufsicht.

b) Mehrere Benutzungen führen dazu, daß mindestens eine von ihnen beeinträchtigt wird. Dies kann geschehen, obwohl das Wasser »ausreicht«. Zu denken ist daran, daß mehrere Wasserentnahmen zur selben Zeit ihre (zugelassene) Spitze erreichen und so in dem an sich ausreichenden Quantum zu Lasten eines oder mehrerer Benutzer einen vorübergehenden Engpaß entstehen lassen; das Problem der Gleichzeitigkeit kann auch dergestalt auftreten, daß Abwasserbelastungen eine Spitze erreichen, die die Eignung des Gewässers für die Entnahme von Wasser durch ein Unternehmen der öffentlichen Wasserversorgung vorübergehend beseitigt und damit dieses Unternehmen beeinträchtigt. In diesen Fällen wird es regelmäßig der beeinträchtigte Benutzer sein, der mit seinem Antrag das Ausgleichsverfahren in Gang bringt.

Voraussetzung in beiden Fällen ist, daß das Wohl der Allgemeinheit, insbesondere die öffentliche Wasserversorgung (hierzu vgl. die Ausführungen zu § 6 WHG, Abschnitt 5.4.1.1), einen Ausgleich der konkurrierenden Nutzungen erfordert. Wohl der Allgemeinheit ist im Rahmen des § 18 WHG sowohl aus der Ordnung des Wasserhaushalts zu interpretieren, hier auch aus der Sicht der Gewässerunterhaltung, als auch aus der Wertigkeit einer Benutzung. Dies gilt nicht nur für die ausdrücklich genannte (»insbesondere«) öffentliche Wasserversorgung, vielmehr können auch andere Nutzungen, z. B. eine geordnete öffentliche Abwasserbeseitigung, diese Beachtung beanspruchen.

Ähnlich wie die Planfeststellung (vgl. Abschnitt 5.6) stellt auch das Ausgleichsverfahren nach § 18 WHG ein konzertiertes Verfahren dar, das eine Abstimmung der berechtigten Interessen aller Beteiligten und damit eine auch wasserwirtschaftlich angemessene Bewältigung eines Konkur-

---

[132] Vgl. hierzu die eingehende Darstellung und die Beispiele bei GWCz Rz 3 zu § 18; Breuer (Rz 442) hält das Ausgleichsverfahren für praktisch wenig bedeutsam.

[133] GWCz Rz 3 zu § 18.

renzkonflikts ermöglicht. Darin ist der Vorzug dieses Verfahrens im Vergleich zu isolierten behördlichen Einzelakten gegenüber den Beteiligten zu sehen.

Mittel zum Vollzug der Ausgleichsmaßnahmen hält das Gesetz in Gestalt des Widerrufs einer Erlaubnis und der Zulässigkeit nachträglicher Auflagen (§§ 7, 5 WHG) bereit. Dadurch wird die Möglichkeit einer Lösung im Vergleichswege nicht ausgeschlossen. Der Grundsatz des Verwaltungsverfahrensrechts, in Konfliktfällen zuerst eine schiedliche Einigung anzustreben, gilt auch für das Ausgleichsverfahren.

Soweit eine bewilligte Benutzung im Wege des Ausgleichs mehr als nach § 5 WHG ohne weiteres zulässig beschränkt wird, ist der Inhaber dieses Rechts angemessen zu entschädigen; denn das Ausgleichsverfahren läßt keine weitergehende Einschränkung einer Bewilligung zu als außerhalb dieses Verfahrens zulässig. Dasselbe gilt im Falle der Beschränkung alter Rechte, die gemäß § 15 WHG aufrechterhalten sind. Eine Beschränkung oder eine Aufhebung dieser Rechte ist nach §§ 12, 15 WHG nur unter dem Zwang des Gemeinwohlerfordernisses und dann gegen Entschädigung zulässig[134].

Im Ausgleichsverfahren »können auch Ausgleichszahlungen festgesetzt werden« (§ 18 Satz 2 WHG). Der Begriff »Ausgleichszahlungen« bereitet gewisse Interpretationsschwierigkeiten. Zutreffend dürfte sein, daß dieser Begriff nicht gleichbedeutend mit Entschädigung ist. Das WHG spricht von einem »Ausgleich« sonst nur in § 19 Abs. 4 (angemessener Ausgleich in Wasserschutzgebieten für Einschränkungen einer »ordnungsgemäßen« land- oder forstwirtschaftlichen Grundstücksnutzung). Die Verwendung des Begriffs »Ausgleichszahlung« im Recht real oder potentiell konfligierender Benutzungen, während sonst, z. B. im Recht des Widerrufs einer Bewilligung aus Gemeinwohlgründen, von Entschädigung die Rede ist, läßt nur den Schluß zu, daß § 18 Satz 2 WHG nicht den Ausgleich als anderen Ausdruck für den strikt an einen hoheitlichen Eingriff gebundenen Entschädigungsbegriff verwendet. Richtiger Ansicht nach soll der Behörde mit der Möglichkeit, Ausgleichszahlungen festzusetzen, ein gewisser Handlungsspielraum eingeräumt werden, so daß die Behörde, statt auf Entschädigungszahlungen beschränkt zu sein, auch Zahlungspflichten zum Zweck eines angemessenen Ausgleichs für solche Nachteile festsetzen kann, die ein Beteiligter im Ausgleichsverfahren zugunsten des Wasserhaushalts oder der Gewässerbenutzung durch einen Dritten hinzunehmen hat, ohne einen Anspruch auf Entschädigung zu haben[135]. Soweit eine nur erlaubte Benutzung beschränkt oder beendet wird, hat eine Ausgleichszahlung zwar wegen der Widerruflichkeit dieser Befugnis in der Regel außer Betracht zu bleiben; hier eröffnet § 18 Satz 2 WHG die Möglichkeit, aus Billigkeitsgründen nach pflichtmäßigem Ermessen in Sonderfällen einen finanziellen Ausgleich vorzusehen.

Die Leistung der Entschädigung bzw. der Ausgleichszahlung hat entsprechend den für die Aufopferungsenteignung geltenden Grundsätzen derjenige zu erbringen, bei dem die Vorteile als Kehrseite der im Verfahren festgesetzten Nachteile eintreten. Bei Ausgleichsmaßnahmen im Interesse des Wasserhaushalts (oben Fallvariante a) ist dies der Staat (Land); soweit Nutzungsbeschränkungen zugunsten eines Verfahrensbeteiligten erfolgen, ist dieser leistungspflichtig.

---

[134] GWCz Rz 7 zu § 18.

[135] A.A. GWCz aaO., offenbar h.M.; hiernach wäre eine auf der Erlaubnis beruhende Benutzung im Verfahren nach § 18 nicht ausgleichsleistungsberechtigt, weil die Erlaubnis »ohne weiteres widerrufen werden kann«; dies beruht auf einer unzutreffenden Gleichsetzung von Ausgleichsleistung nach § 18 mit der Entschädigung und vermag insofern nicht zu überzeugen, da der Unterschied im Wortlaut nicht einfach eingeebnet werden kann, zumal § 18 nichts für diese Auslegung hergibt.

5.6 Planfeststellung

5.6.1 Gewässerausbau (§ 31 WHG)

Maßnahmen, die dem Ausbau eines oberirdischen Gewässers dienen, sind keine Benutzungen (§ 3 Abs. 3 WHG). Die behördliche Kontrolle des Ausbaus, den das Gesetz als »Herstellung, Beseitigung oder wesentliche Umgestaltung eines Gewässers oder seiner Ufer« definiert (§ 31 Abs. 2 WHG), erfolgt im Wege der Planfeststellung; Deich- und Dammbauten stellt das Gesetz dem Ausbau gleich, wenn sie den Hochwasserabfluß beeinflussen. Entsteht ein Gewässer durch die Maßnahme »nur für einen begrenzten Zeitraum«, ist eine Planfeststellung nicht erforderlich (§ 31 Abs. 2 letzter Satz); diese Maßnahme, etwa die kurzzeitige Freilegung von Grundwasser im Zuge eines Sand- oder Kiesabbaus, bedarf gem. §§ 2, 3, 6 WHG als Benutzung einer Zulassung (Erlaubnis, ggf. Bewilligung).

Das Planfeststellungsverfahren muß den Anforderungen des Gesetzes über die Umweltverträglichkeitsprüfung (UVPG) entsprechen. Zum Inhalt des Verfahrens beschränkt sich das WHG im übrigen auf einige allgemeine Vorschriften (§ 31 Abs. 4) und überläßt diesen Teil im wesentlichen dem Landesrecht. Die LWG bestimmen die für die Durchführung des Verfahrens zuständige Behörde und verweisen sonst im wesentlichen auf die entsprechenden Vorschriften (§§ 72–78) der Verwaltungsverfahrensgesetze, die in Bund und Ländern inhaltsgleich das Verwaltungsverfahren in Fällen regeln, die ihnen durch Gesetz zugewiesen sind.

Der Träger des Vorhabens hat den Plan für den Ausbau der Anhörungsbehörde mit dem Antrag auf Einleitung des Verfahrens einzureichen; diese führt die Stellungnahmen der beteiligten Behörden herbei und veranlaßt die öffentliche Auslegung des Plans in den räumlich vom Vorhaben betroffenen Gemeinden. Bis zwei Wochen nach dem Ende der Auslegungsfrist kann jeder, der durch das Vorhaben in seinen »Belangen« berührt wird, schriftlich oder zu Protokoll der Behörde oder der Gemeinde Einwendungen erheben, die sodann Gegenstand eines Erörterungstermins sind, zu dem alle Einwender zu laden sind. Nach dem Ergebnis der Stellungnahmen und der Verhandlung im Erörterungstermin stellt die Planfeststellungsbehörde, die mit der Anhörungsbehörde identisch sein kann, den Plan durch Beschluß fest, der den Beteiligten zuzustellen ist. Die Rechtswirkungen des unanfechtbar gewordenen Plans bestehen in seiner Konzentrationswirkung bezüglich aller von dem Plan betroffenen öffentlichen Belange; er regelt »rechtsgestaltend alle öffentlich-rechtlichen Beziehungen zwischen dem Träger des Vorhabens und den durch den Plan Betroffenen«, andere behördliche Entscheidungen sind bezüglich der Wirkungen des Plans nicht erforderlich (§ 75 Abs. 1 VwVerfG). Mit der Unanfechtbarkeit des Plans sind Ansprüche auf Unterlassung des Vorhabens u. dgl. ausgeschlossen; nachträglich auftretende Beeinträchtigungen können Ansprüche auf Schutzvorkehrungen begründen oder, soweit dies untunlich ist, auf Entschädigung (§ 75 Abs. 2 VwVerfG).

Die einfachere Plangenehmigung tritt gem. § 31 Abs. 3 WHG an die Stelle einer Planfeststellung, wenn das Vorhaben des Ausbaus von geringer Bedeutung ist oder keine erheblichen nachteiligen Auswirkungen auf die im UVPG genannten Schutzgüter hat oder diese verbessern soll. Der genehmigte Plan steht wegen des Fehlens einer Einbeziehung der betroffenen Öffentlichkeit hinsichtlich der Konzentrationswirkung dem Planfeststellungsbeschluß nicht gleich, er bewirkt lediglich die Legalisierung des Vorhabens auch insoweit, als neben ihm keine sonstigen das Vorhaben betreffenden wasserbehördlichen Entscheidungen erforderlich sind. Ergibt sich, daß das Vorhaben die Belange anderer Behördenzuständigkeiten oder die Belange Dritter berührt und somit die Voraussetzungen für den Verzicht auf die förmliche Planfeststellung nicht vorliegen, ist in ein Planfeststellungsverfahren überzugehen.

5.6.2 Planfeststellung für andere Vorhaben – Bergrechtlicher Betriebsplan

Enthalten andere Vorhaben, deren Durchführung auf Grund besonderer gesetzlicher Regelung eine Planfeststellung erfordert (Maßnahmen des Verkehrswegebaus, Errichtung und wesentliche Änderung von Flugplätzen, militärischen Übungsplätzen u. a.), einen Zugriff auf Gewässer in einer Weise, die eine Benutzung des Gewässers darstellt, wird das Erfordernis einer besonderen wasserrechtlichen Zulassung ausnahmsweise nicht durch die Konzentrationswirkung des Planfeststellungsbeschlusses ersetzt oder suspendiert. Die Wirkungen dieses Beschlusses erfassen zwar alle für das betreffende Vorhaben nach öffentlichem Recht erforderlichen behördlichen Zulassungsakte (§ 75 Abs. 1 VwVG), nicht jedoch eine nach Wasserrecht erforderliche Erlaubnis oder Bewilligung; die Entscheidung über die Gewässerbenutzung ist zwar Teil des Planfeststellungsverfahrens, aber Gegenstand einer eigenen Entscheidung, die allerdings – insofern liegt hier eine Konzentration im Verfahren vor – von der Planfeststellungsbehörde mit dem Planfeststellungsbeschluß erlassen wird. Erlaubnis bzw. Bewilligung bilden in diesem Fall aber selbständige Teile des Planfeststellungsbeschlusses, der insoweit des Einvernehmens der Wasserbehörde bedarf (§ 14 Abs. 1 und Abs. 3 WHG). Nicht der Planfeststellungsbeschluß, sondern die mit ihm verbundene wasserrechtliche Zulassung ist die Rechtsgrundlage für die mit dem Vorhaben einhergehende Benutzung eines Gewässers. Demgemäß sind alle von dem Vorhaben berührten wasserrechtlichen Vorschriften der Entscheidung zugrundezulegen, hier in erster Linie §§ 6, 4 WHG, die die Grundlage für die gewässer- und gemeinwohlverträgliche Durchführung des Vorhabens (Bedingungen) und für die erforderlichen Nebenbestimmungen (Auflagen) bilden.

Entsprechendes gilt für die Genehmigung eines bergrechtlichen Betriebsplans (§§ 50–57 Bundesberggesetz – BBergG) für den Fall, daß der Betriebsplan »die Benutzung von Gewässern vorsieht« (§ 14 Abs. 2 WHG). Die Benutzung bezeichnet hier wie im Recht der Planfeststellung den wasserrechtlichen Begriff. Ein Betriebsplan ist aufzustellen, wenn ein Betrieb zur Aufsuchung, zur Gewinnung und zur Aufbereitung von Bodenschätzen (§ 3 BBergG) errichtet, geführt und eingestellt werden soll (§ 51 BBergG). »Aufsuchung« ist die auf die Entdeckung von Bodenschätzen oder auf die Feststellung ihrer Mächtigkeit gerichtete Tätigkeit (§ 4 Abs. 1 BBergG), »Gewinnung« ist das »Lösen oder Freisetzen von Bodenschätzen einschließlich der damit zusammenhängenden vorbereitenden, begleitenden und nachfolgenden Tätigkeiten« (§ 4 Abs. 2 BBergG), und »Aufbereiten« ist »das Trennen oder Anreichern nach stofflichen Bestandteilen oder genormten Abmessungen« sowie die Zubereitung derselben zur Verwendung (§ 4 Abs. 3 BBergG). Sinn des Betriebsplans ist es, die im öffentlichen Interesse und im Hinblick auf Drittinteressen relevanten Handlungsabläufe und Wirkungen darzustellen und der Prüfung durch die Bergbehörde zu unterwerfen; diese spricht die Zulassung aus, wenn aus dieser Sicht sowie im Hinblick auf die Zuverlässigkeit des Unternehmers keine Bedenken bestehen (§ 55 BBergG). Abweichungen vom zugelassenen Betriebsplan bedürfen ihrerseits eines zulassungspflichtigen Betriebsplans (§ 57 BBergG). Die betriebsplanpflichtigen Maßnahmen schließen häufig eine Gewässerbenutzung ein. Die Bergbehörde entscheidet bei der Zulassung zugleich über eine wasserrechtliche Erlaubnis, die hier wie bei der Planfeststellung als gesonderter Verwaltungsakt Teil der Betriebsplangenehmigung ist und wie dort des Einvernehmens mit der Wasserbehörde bedarf (§ 14 Abs. 2 WHG). Eine wasserrechtliche Bewilligung für diese Gewässerbenutzung zu erteilen, ist der Bergbehörde versagt; soweit derlei hier in Betracht kommt, ist dies Sache der Wasserbehörde.

Kein Einvernehmen, sondern nur eine Anhörung der Wasserbehörde verlangt das Gesetz bei Planfeststellungen durch Bundesbehörden, also insbesondere bei Bau und wesentlicher Änderung von Bundesstraßen – diese werden zwar von den Ländern verwaltet, jedoch im Auftrag des Bundes (Auftragsverwaltung, Art. 90 Abs. 2 Grundgesetz), soweit nicht eine Gemeinde Trägerin der Straßenbaulast ist, (vgl. § 5 Bundesfernstraßengesetz) – Bundesbahnstrecken und Bundeswasserstraßen. Die hier jeweils zuständige Bundesbehörde ist damit nur von der Pflicht befreit, ein Einvernehmen mit der Wasserbehörde herzustellen, nicht von der Pflicht, das Wasserrecht auch des Landes anzuwenden.

5.7 Wasserwirtschaftliche Planung: Rahmenplan, Bewirtschaftungsplan, Reinhalteordnung – Wasserschutzgebiet

Der Vollzug des Wasserrechts im Sinne einer rationalen Gewässerbewirtschaftung kann nicht auf Einzelakte der Verwaltung und die sich darin jeweils konkretisierende Interpretation wasserrechtlicher Normen auf das pflichtgemäße Ermessen der Behörde beschränkt bleiben. Die Vereinheitlichung zumindest in wasserwirtschaftlich zusammenhängenden Gebieten ist ein Gebot wasserwirtschaftlicher Effizienz und administrativer Vernunft. Die Festlegung bestimmter Bewirtschaftungsziele gibt klare Vorgaben für den Vollzug vor Ort und den Einzelakten der Verwaltung verläßliche Orientierungsgrößen, was sich insbesondere bei der Zulassung von Abwassereinleitungen positiv auswirkt. Zugleich damit vermittelt die ortsübergreifende Planung den behördlichen Entscheidungen den Maßstab, der eine (wirkliche oder scheinbare) Ungleichbehandlung (wirklich oder scheinbar) gleicher Sachverhalte vermeiden hilft. Die Planung stellt, wenn sie als Verwaltungsvorschrift (VwV) ergeht, eine behördenintern verbindliche Richtschnur für die Ausübung des Bewirtschaftungsermessens vor Ort dar. Soweit die Planung in einer Rechtsverordnung, also einer Rechtsnorm, ihren Ausdruck findet, ist sie gegenüber jedermann im Rahmen ihres sachlichen Geltungsbereichs verbindlich[136].

Unter wasserwirtschaftlicher Planung versteht das WHG ausdrücklich den wasserwirtschaftlichen Rahmenplan (§ 36) und den Bewirtschaftungsplan (§ 36 b). Eine verwandte Funktion haben, allerdings beschränkt auf Oberflächengewässer, die Reinhalteordnungen (§ 27); Reinhalteordnungen legen für ein Oberflächengewässer oder Teile desselben einheitlich die Begrenzung fest für die dem Gewässer zumutbaren Belastungen. Schließlich gehören auch Wasserschutzgebiete (§ 19) hierher; bei diesen handelt es sich um festumgrenzte Flächen, in denen bestimmte Vorschriften, insbesondere das Verbot oder die Beschränkung schutzzielgefährdender Handlungen (qualitativ) zur Sicherung der Gewässergüte für das Grundwasser oder für ein Oberflächengewässer oder (quantitativ) zur Sicherung ausreichender Wassermengen, gelten. Die praktische Bedeutung der Wasserschutzgebiete liegt indes in ihrer Schutzfunktion der Gewässergüte mit Schwerpunkt beim Grundwasser.

Vorschriften im Rahmen der wasserwirtschaftlichen Planung ergehen z. T. in Form von Verwaltungsvorschriften (VwV) und somit ohne direkte Drittbindungswirkung, überwiegend aber als Rechtsverordnungen; sie sind im Bereich anderer Planungen (kommunale Bauleitplanung, Naturschutzgebiete, sonstige Fachpläne) zu beachten. Wasserschutzgebiete werden nur in der Form einer Rechtsverordnung festgesetzt, da ihre Wirkung absolute Geltung beansprucht und somit die Festsetzung durch Rechtsnorm voraussetzt. Diese Gebiete mit besonderem Vorrang des Gewässerschutzes stellen ein wichtiges Instrument der qualitativen, aber auch quantitativen Ressourcenschonung bei der Abwehr konkurrierender Nutzungen und Planungen dar, wie es ähnlich von Reinhalteordnungen ermöglicht wird, wenngleich letztere kaum praktische Bedeutung erlangt haben. Der Wert der Wasserschutzgebiete als Instrument bewahrender und vorausschauender Wasserwirtschaftsplanung hingegen ist beachtlich. Der verwandte rechtliche Ansatz

[136] Zur Planung im Wasserrecht eingehend Breuer Rz 395–412.

legt es daher nahe, Reinhalteordnungen und Wasserschutzgebiete im Zusammenhang mit der wasserwirtschaftlichen Planung im engeren Sinne darzustellen.

5.7.1 Wasserwirtschaftliche Rahmenpläne

Zweck eines wasserwirtschaftlichen Rahmenplanes ist es, »die für die Entwicklung der Lebens- und Wirtschaftsverhältnisse notwendigen wasserwirtschaftlichen Voraussetzungen zu sichern« (§ 36 Abs. 1 WHG); hierzu »sollen« sie für »Flußgebiete oder Wirtschaftsräume oder Teile von solchen« von den Ländern nach den von der Bundesregierung mit Zustimmung des Bundesrates erlassenen Richtlinien aufgestellt werden (§ 36 Abs. 3 WHG)[137]; sie sind der Entwicklung fortlaufend anzupassen (§ 37 Abs. 1 Satz 2 WHG). Der Planinhalt muß »den nutzbaren Wasserschatz, die Erfordernisse des Hochwasserschutzes und die Reinhaltung der Gewässer berücksichtigen« (§ 36 Abs. 2 WHG); Rahmenplanung und Erfordernisse der Raumordnung »sind miteinander in Einklang zu bringen«.

Das Gesetz verdeutlicht hinreichend den Charakter dieser wasserwirtschaftlichen Rahmenplanung als ein übergeordnetes Planungs- und Leitinstrument für die Bewirtschaftung der Gewässer im Rang der Raumordnung, worauf das Gesetz selbst hinweist. Mit dem Rahmenplan wird, ähnlich wie bei der Raumordnung, die Entwicklung eines Gebietes in wasserwirtschaftlicher Hinsicht in die Gesamtplanung einbezogen; wasserwirtschaftliche Rahmenplanung kann als Teil der Raumordnung verstanden werden, zu der die Berücksichtigung wasserwirtschaftlicher Verhältnisse grundlegend gehört: Die Entwicklung eines Gebiets in bevölkerungspolitischer und wirtschaftlicher Hinsicht kommt ohne geordnete Bewirtschaftung der Gewässer nicht aus. Der wasserwirtschaftliche Rahmenplan ist daher als Fachplan ein gesetzliches Instrument der Wasserwirtschaftsverwaltung, Gewässer und deren Bewirtschaftung gleichrangig und mit eigener Stimme in die Gesamtplanung eines Raumes einzustellen[138].

Die vorgeschriebene fortlaufende Anpassung an die Entwicklung bedeutet nicht, daß die Wasserwirtschaftsplanung einer Raumordnung, deren Ziele außerhalb der Bewirtschaftungshoheit bestimmt werden, widerspruchslos zu folgen hätte. Das Raumordnungsgesetz bestimmt nämlich andererseits, daß die Raumplanung auf das Gewässerangebot und den Schutz der Gewässerreinheit Rücksicht zu nehmen hat; § 2 Nr. 8 Raumordnungsgesetz zählt das Gebot, »für den Schutz, die Pflege und Entwicklung der Natur ... insbesondere des Naturhaushalts,... für den Schutz des Bodens und des Wassers ... zu sorgen« zu den »Grundsätzen« der Raumordnung. Der »Einklang« von Wasserwirtschaftsplanung und Raumordnung, den § 36 Abs. 2 WHG vorschreibt, läßt somit einen Vorrang sonstiger Raumplanungsinteressen nicht zu, sondern erfordert eine Zielangleichung unter angemessener Berücksichtigung der Bewirtschaftungsziele des § 1a WHG.

Wasserwirtschaftliche Rahmenplanung kann auf der Vollzugsebene der Länder ergänzt werden durch die detailliertere Generalplanung. Insgesamt aber ist die Wirkung dieser Pläne auf die Gewässerbewirtschaftung und auf Dritte eine mittelbare; eine unmittelbare Wirkung entfaltet der Plan gegenüber den zuständigen Behörden jedenfalls der Wasserwirtschaftsverwaltung und (nach Landesrecht unterschiedlich) allen anderen sachlich beteiligten Behörden, also insbesondere der Raumplanung[139]. Allerdings ist die Bindungswirkung des Plans nicht zu überschätzen, da seine

[137] Richtlinien für die Aufstellung wasserwirtschaftlicher Rahmenpläne vom 30.05. 1984 (Anm. 102).

[138] Vgl. GWCz Rz 1 zu § 36; wasserwirtschaftliche Rahmenplanung als »Bindeglied zwischen Raumordnung und Fachplanung«, ders. aaO. Rz 7.

[139] Vgl. BREUER Rz 399; zu wasserwirtschaftlichen Rahmenplänen in Abgrenzung zu Bewirtschaftungsplänen s. GWCz Rz 3 zu § 36b.

Rechtsnatur im WHG nicht bestimmt und somit dem Landesrecht überlassen ist. Hiernach ist der Plan überwiegend als Verwaltungsvorschrift mit verwaltungsinterner Leitfunktion konzipiert; seine Festlegungen und Feststellungen sind nicht konturenscharf, sondern ungefähr, von ihnen kann darüber hinaus bei gewichtigen Gründen auch abgewichen werden. Soweit der Rahmenplan nach Landeswasserrecht (so in Bremen und Niedersachsen) als Rechtsverordnung, mithin als Rechtsnorm, zu erlassen ist, ändert dies an seiner lediglich mittelbaren Wirkung auf Dritte nichts, da auch in diesem Falle nur die Behörden Normadressaten sind; gegenüber diesen verschafft der Normcharakter den Planinhalten erhöhte Autorität. Die Parallele zur Raumordnungsplanung wird auch hier deutlich.

Die mögliche Bedeutung wasserwirtschaftlicher Rahmenpläne darf andererseits in ihrer die Wasserwirtschaftsbelange bewahrenden Wirkung gegenüber anderen Planungseinflüssen nicht unterschätzt werden. Neben der erwähnten Zusammenwirkung mit der Raumordnung wirken sich Feststellungen des Plans auf die kommunale Bauleitplanung (sowohl direkt als mittelbar über die Raumordnung) sowie auf die Bewertung der Zulässigkeit nicht privilegierter Vorhaben im Außenbereich aus.

5.7.2 Bewirtschaftungspläne

Konkreter im Inhalt und näher am Vollzug als der Rahmenplan ist der Bewirtschaftungsplan (§ 36 b WHG). Bewirtschaftungspläne werden von den Ländern zur Bewirtschaftung der Gewässer (§ 1 a WHG) aufgestellt, »soweit die Ordnung des Wasserhaushalts es erfordert« (§ 36 b Abs. 1 WHG). Das Gesetz geht bei der Bestimmung des Planinhalts und der Art seiner Umsetzung sehr in die Einzelheiten. Bewirtschaftungspläne müssen hiernach »dem Schutz der Gewässer als Bestandteil des Naturhaushalts, der Schonung der Grundwasservorräte, dem Abflußverhalten und den Nutzungserfordernissen Rechnung tragen«. Hiermit wird die Richtung der Planung hinsichtlich ihrer Ziele und ihres Inhalts schon in vollziehbarer Weise umrissen. Bewirtschaftungspläne erfassen »die Gewässer«, mithin auch das Grundwasser, und zwar entsprechend § 1 a »als Bestandteil des Naturhaushalts«, somit nicht vorrangig als Objekt menschlicher Nutzung. Das Grundwasser wird über den Begriff »Gewässer als Bestandteil des Naturhaushalts« und daneben in dem Gebot der »Schonung der Grundwasservorräte« erwähnt; der materielle Schwerpunkt betrifft indes die Oberflächengewässer (§ 36 b Abs. 2, 3 und 5 WHG). Absatz 3 trifft für den Inhalt eines Bewirtschaftungsplans für Oberflächengewässer detaillierte Bestimmungen: Der Plan hat die Nutzungen, denen das Gewässer dienen, und die »Merkmale«, die es aufweisen soll, die Maßnahmen und die einzuhaltenden Fristen zu ihrer Durchsetzung auszuweisen. Die Anweisungen zur Umsetzung des Planinhalts (Absatz 5) gehen nach Art einer Handlungsanweisung weiter ins Detail: Die Planinhalte sind hiernach zu verwirklichen durch Widerruf von Erlaubnissen und, soweit nach § 12 WHG zulässig, Bewilligungen sowie von alten Rechten und Befugnissen, durch nachträgliche zusätzliche Anforderungen an bestehen bleibende Gewässerbenutzungen mittels Auflagen nach § 5 WHG, durch die Durchführung von Ausgleichsverfahren (§ 18 WHG) sowie durch den Erlaß von Reinhalteordnungen und etwa weitere von den Ländern als erforderlich erkannte Bewirtschaftungsmaßnahmen. Diese Regelung schließt Gewässergüteziele ein (Immissionsprinzip) und geht damit über das Emissionsprinzip, wie es in der isolierten Beurteilung von Gewässerbenutzungen des Einleitens und Einbringens von Stoffen vorherrscht (vgl. die Mindestanforderungen nach § 7a WHG), hinaus[140]. Die Aufzählung konkreter Akte zur Verwirklichung der Planinhalte zeigt den Willen des Gesetzgebers, es nicht bei der bloßen Planung zu belassen; der Gesetzeswortlaut drängt vielmehr auf Vollzug.

[140] GWCz Rz 3 zu § 36b.

Die Erklärung für diese Regelung dürfte in der Entstehungsgeschichte und in den bisherigen Erfahrungen mit dem Vollzug des WHG durch die Länder liegen. Von Seiten des Bundes wurde wiederholt ein schleppender Gang des Gesetzesvollzuges, Defizite in der Koordination der Bewirtschaftungsmaßnahmen an Gewässern, die Ländergrenzen überschreiten, und demgemäß unterschiedliche Behandlungen gleichartiger Sachverhalte kritisiert. Eine Tendenz zur zentralen Ordnung der Bewirtschaftung erschien, nachdem die bisherigen Erfahrungen mit Rahmenplänen und Reinhalteordnungen deren Eignung zur Erzielung der erforderlichen raschen Fortschritte zweifelhaft erscheinen ließen, aus der Sicht des Zentralstaats vordringlich[141]. Dies wird besonders deutlich angesichts der Regelung § 36 b Abs. 2, die geradezu eine Ungeduld des Bundesgesetzgebers erkennen läßt; hiernach »sind« Bewirtschaftungspläne aufzustellen für Oberflächengewässer oder deren Teile, die Nutzungen dienen, die eine zu erhaltende oder künftige öffentliche Wasserversorgung beeinträchtigen können sowie bei denen es zur Erfüllung bindender Beschlüsse der Europäischen Gemeinschaften oder zwischenstaatliche Vereinbarungen erforderlich ist. In diesen Zusammenhang gehört, daß 1975 die Europäische Gemeinschaft die sog. Oberflächenwasser-Richtlinie (75/440/EWG)[142] verkündet hatte; diese sieht für Oberflächengewässer, die der Entnahme durch die öffentliche Wasserversorgung dienen, bestimmte Mindestqualitätsziele vor, die bestehen oder in einer knappen Frist erreicht werden müssen. Angesichts des Umstands, daß der Bund gegenüber der EU in der Pflicht ist, die Länder jedoch Herren des Wasserrechtsvollzugs sind, stellt die ultimative Regelung des § 36b erkennbar den Versuch des Bundes dar, diesem Dilemma durch Ausübung legislatorischen Drucks auf die Länder zu entkommen.

Die zentralstaatliche Ungeduld, in der auch ein Ausdruck der Unzufriedenheit mit der als unzureichend empfundenen, weil auf die Rahmengesetzgebung beschränkten Kompetenz des Bundes im Wasserrecht anzuklingen scheint, wird unterstrichen durch die normative Beschränkung des behördlichen Zulassungsermessens bei der Einleitung von Stoffen in Gewässer: Für Oberflächengewässer oder deren Teile, für die ein Bewirtschaftungsplan nicht aufgestellt ist, darf die Einleitung von Stoffen, die eine »im Hinblick auf die Nutzungserfordernisse nicht nur unerhebliche nachteilige Veränderung der Beschaffenheit« des Gewässers erwarten läßt, nur erlaubt werden, wenn »überwiegende Gründe des Wohls der Allgemeinheit« die Zulassung »erfordern«; das gleiche gilt für sonstige »behördliche Entscheidungen über Vorhaben, die zu einem Einleiten von Stoffen in das Gewässer führen« (§ 36b Abs. 6 WHG). Ob diese das Bewirtschaftungsermessen vor Ort einschränkende Regelung für alle Oberflächengewässer gilt, für die kein Bewirtschaftungsplan besteht (so anscheinend der Wortlaut) oder nur, wenn ein gem. § 36 b Abs. 1 erforderlicher Bewirtschaftungsplan nicht existiert, ist streitig. Die herrschende Meinung neigt der zweiten Auffassung zu und hat damit die Logik auf ihrer Seite[143]. Anders wäre es, wenn für alle Oberflächengewässer Bewirtschaftungspläne aufzustellen wären. Dies ist aber nicht der Fall; der Gesetzgeber erwartet die Aufstellung eines Bewirtschaftungsplanes, »soweit die Ordnung des Wasserhaushalts es erfordert« (§ 36 b Abs. 1 Satz 1 WHG) und überläßt insoweit die Planung dem ausdrücklich an § 1a WHG gebundenen Bewirtschaftungsermessen der Länder. Ein Gebot zur Planaufstellung (»sind aufzustellen..«) statuiert das Gesetz für oberirdische Gewässer oder Gewässerteile, »die Nutzungen dienen, die eine zu erhaltende oder künftige öffentliche Wasserversorgung beeinträchtigen können« oder soweit es zur Umsetzung supranationaler Verpflichtungen erforderlich ist. Hierdurch reduziert das Gesetz den Beurteilungsspielraum der

[141] Breuer Rz 401.

[142] Siehe Abschnitt 5.1.2.

[143] Breuer Rz 410 m.w.N.; a.A. GWCz Rz 37 zu § 36b, ebenfalls m.w.N.; würde man dieser Auffassung folgen, käme man zu einer Relativierung der §§ 6, 7a WHG, da dann für die Entscheidung über eine Abwassereinleitung nur noch die Alternative Planinhalt oder § 36b Abs. 6 mit ihrem Vorrang vor den genannten Bestimmungen bestünde, bei nicht beplanten Oberflächengewässern also nur nach § 36b Abs. 6 entschieden werden könnte, was im Konzept des § 36b keine Stütze findet.

Behörden einmal in tatsächlicher Hinsicht und zum andern auf die Frage, ob eine bestehende Nutzung des Gewässers für die öffentliche Wasserversorgung »zu erhalten« ist oder aufgegeben werden kann und ob eine künftige Nutzung für die öffentliche Wasserversorgung in Betracht kommen soll. Für Gewässer, für die dieses Erfordernis nicht besteht, braucht mithin ein Plan nicht aufgestellt zu werden. Für diese Gewässer gilt mithin auch die Sonderregelung des § 36b Abs. 6 für die Zulassung einer Einleitung oder für das Einbringen von Stoffen nicht, so daß es hier bei der Beurteilung im Rahmen des § 6 WHG unter Beachtung der Mindestanforderungen nach § 7a WHG verbleibt[144]. Ob die Ordnung des Wasserhaushalts die Aufstellung eines Bewirtschaftungsplans erfordert, stellen jedoch die Länder selbst fest; über die in § 36b Abs. 2 WHG normierten engen Bindungen hinaus handeln die Länder hierbei nach eigenem Bewirtschaftungsermessen. Aus den Allgemeinen Verwaltungsvorschriften, die der Bund mit Zustimmung des Bundesrats erlassen kann (§ 36b Abs. 7 WHG), ergeben sich lediglich Aussagen über den Mindestinhalt eines derartigen Plans. Auch die Voraussetzung »soweit die Ordnung des Wasserhaushalts es erfordert« erscheint zusammen mit der ausdrücklichen Bindung an § 1a WHG und damit an die Eigenschaft der Gewässer als Bestandteil des Naturhaushalts, aber auch an das Gebot der qualitativen und quantitativen Schonung hinreichend objektiviert und damit geeignet, das Planungsermessen weitgehend inhaltlich zu bestimmen. Insbesondere gilt dies für die Planinhalte gem. § 36 b Abs. 2 bis 5, aus denen sich mit hinreichender Gewißheit vor Ort konkrete wasserwirtschaftliche Zielvorstellungen ableiten lassen.

Das Grundwasser kommt in der Bewirtschaftungsplanung auffallend kurz; dies gilt nicht nur für den Norminhalt des § 36b, sondern auch für den Vollzug. Dem entspricht die zurückhaltende Behandlung der dem Grundwasser gewidmeten Bewirtschaftungsplanung im Schrifttum. Das WHG bezieht diese Ressource jedoch in die Regelung für Bewirtschaftungspläne ein (»Gewässer«); als eines der Planziele nennt es ausdrücklich die »Schonung der Grundwasservorräte« (§ 36b Abs. 1 Satz 1 WHG). Die Vorschriften über die laufende Aktualisierung der Pläne und die Art der Durchsetzung der Planinhalte (§ 36b Abs. 4 und 5 WHG) stellen auf Bewirtschaftungspläne insgesamt ab und damit auch auf solche, die dem Grundwasser gewidmet sind. Die sowohl legislatorisch als auch praktisch dominierende Rolle der oberirdischen Gewässer in der Bewirtschaftungsplanung hat ihren Grund in den bereits erwähnten Defiziten des Vollzugs, die insbesondere in der gütewirtschaftlichen Vernachlässigung der Flüsse gegenüber Einleiterinteressen hervortraten, womit zugleich ein Rückstand in der praktischen Umsetzung einschlägiger die Güte der Oberflächengewässer betreffender Richtlinien der Europäischen Gemeinschaft und anderer supranationaler Normen einherging. Gegenüber diesen als vorrangig angesehenen Problemen trat sowohl bei der Fassung des § 36b WHG als auch bei dessen Vollzug die planende Bewirtschaftung des Grundwassers in den Hintergrund. Auch wird die lange Zeit hindurch verbreitete Meinung, daß die gütewirtschaftliche Situation des Grundwassers zu keiner Besorgnis Anlaß gebe, die Konzentration auf die oberirdischen Gewässer begünstigt haben. Ein Vergleich der in einigen Regionen weiträumig festgestellten Belastungen des Grundwassers allein durch Dünge- und Pflanzenschutzmittel als Folge land-, forst- und gärtnereiwirtschaftlicher Bodenbehandlung mit der Vorstellung der heilen Welt eines unbelasteten Grundwassers, wie sie bei der Formulierung des § 34 WHG Pate gestanden hat, läßt Ernüchterung und ernste Besorgnis aufkommen; auf das SRU-Sondergutachten »Umweltprobleme der Landwirtschaft« (1985) wurde bereits hingewiesen. Das Instrument der Bewirtschaftungspläne bietet die rechtliche Möglichkeit, diese Entwicklung zu steuern und für bestehende Belastungen durch Reduzierung schädlicher Einwirkungen auf das Grundwasser die Sanierung einzuleiten. Selbst wenn man die in § 36b genannte »Schonung der Grundwasservorräte« nur quantitativ verstehen will, was nicht zwingend ist, würde jedenfalls das

[144] Breuer Rz 402, h. M., vgl. GWCz Rz 17 zu § 36b m.w.N.

Ziel »Schutz der Gewässer als Bestandteil des Naturhaushalts« eine gütewirtschaftlich orientierte Bewirtschaftungsplanung für das Grundwasser rechtfertigen.

Bewirtschaftungspläne sind – ähnlich wie wasserwirtschaftliche Rahmenpläne – in der Regel Verwaltungsvorschriften und daher ohne unmittelbare Bindungswirkung gegenüber Dritten; Verbindlichkeit entfalten diese Pläne nur gegenüber den Wasserbehörden, was ausreicht, da, wie sich schon aus Abs. 5 des § 36b ergibt, die dort aufgeführten zur Durchsetzung des Planes »zu treffenden Entscheidungen« (Widerruf von Erlaubnis und Bewilligung und dergleichen) ausschließlich in den Zuständigkeitsbereich der Wasserbehörde fallen. Der letzte Satz des Abs. 5 läßt zu, daß das Landesrecht einen Bewirtschaftungsplan »auch für andere Behörden für verbindlich erklärt«; dieser Bestimmung hätte es nicht bedurft, da der Umfang der Verbindlichkeit von den Ländern eigenständig bestimmt werden kann. Auch wenn (nach Landesrecht) Bewirtschaftungspläne als Rechtsverordnung und somit als Rechtsnorm verkündet werden, ist ihre Bindung faktisch auf die jeweils zuständigen Behörden beschränkt, da nur diese Normadressat sind. Dritte werden nur mittelbar insoweit betroffen, als sich der Plan im Vollzugswege ihnen gegenüber in Form von Durchsetzungsmaßnahmen, also insbesondere durch den Widerruf oder die Beschränkung von Erlaubnissen und Bedingungen und den anderen in Absatz 5 genannten Maßnahmen auswirkt.

5.7.3 Reinhalteordnungen

Während § 36b WHG erst spät, nämlich durch die 4. WHG-Novelle (1976) eingeführt worden ist, entspricht die Regelung über Reinhalteordnungen (§ 27 WHG) dem ursprünglichen Normenbestand des Gesetzes. Die Vorschrift ermächtigt die Länder, durch Rechtsverordnung für Oberflächengewässer und Teile derselben »aus Gründen des Wohls der Allgemeinheit« Reinhalteordnungen zu erlassen und darin »insbesondere« zu bestimmen, daß »bestimmte Stoffe« nicht oder nur bei Erfüllung bestimmter Mindestanforderungen »zugeführt« werden dürfen und welche »sonstigen Einwirkungen« abzuwehren sind, um eine nachteilige Beeinflussung der Gewässerbeschaffenheit zu vermeiden. Der positive Regelungsgehalt könnte durchaus Gegenstand eines Bewirtschaftungsplans sein; der Unterschied zum Bewirtschaftungsplan liegt insbesondere in dem geringeren konkret vorgegebenen Planinhalt und in der Beschränkung auf Oberflächengewässer sowie in der gesetzlich vorgegebenen Rechtsnatur der Reinhalteordnung als Rechtsverordnung. Als Rechtsnorm entfaltet eine Reinhalteordnung unmittelbare Wirkungen gegenüber allen Normadressaten; dies sind auch hier zunächst die Wasserbehörden, die in ihrer Bewirtschaftungspraxis durch die Reinhalteordnung eingeschränkt werden, sowie Planfeststellungsbehörden bei der fachübergreifenden Planung im Rahmen des § 14 WHG und weitere Stellen, die mittelbar betroffen sein können, z. B. Gemeinden bei der Bauleitplanung. Die rechtliche Wirkung auf Dritte ist jedoch sehr gering: Soweit Dritte keine Erlaubnis oder Bewilligung und kein Recht oder keine Befugnis haben, die aus früherem Recht fortgilt, ist ihnen das »Zuführen«, also das Einleiten und Einbringen von Stoffen in ein Gewässer, ohnehin verboten, da diese Handlungen eine zulassungsbedürftige Gewässerbenutzung darstellen (§§ 2, 3 WHG). Soweit diese Zulassungen in einer der genannten Formen bestehen, wird der Plan mit seinen Beschränkungen gegenüber diesen Dritten erst wirksam, sobald das Recht bzw. die Befugnis zum Zuführen von Stoffen dem Plan »angepaßt« worden ist (§ 27 Abs. 2 WHG), also durch entsprechende nachträgliche Auflagen oder im Falle einer Erlaubnis ggf. auch durch Widerruf.

Reinhalteordnungen wären geeignet, bei entschlossenem Vollzug gerade auch unter Immissionsgesichtspunkten eine weiträumige Sanierungs- und Schutzwirkung für Flüsse und Seen zu entfalten. Dennoch hat dieses Institut nie praktische Bedeutung erlangt; auch die Notwendigkeit zur Umsetzung der Gewässergüterichtlinien der Europäischen Gemeinschaften (insbesondere

75/440/EWG) hat den § 27 WHG trotz seiner Eignung für diesen Zweck nicht mit Leben erfüllen können. Inzwischen ist § 27 WHG inhaltlich weitgehend überholt: Die Mindestanforderungen an einzuleitendes Abwasser werden durch § 7 a WHG, eingefügt durch die 4. WHG-Novelle (1976) und zuletzt erneuert und verschärft durch die 6. WHG-Novelle (1996), für den Emissionsbereich praktisch abschließend normiert, wobei weitergehende Anforderungen bis hin zur Null-Emission nach § 6 WHG rechtlich möglich bleiben. Die Bewirtschaftungspläne treffen im übrigen eine inhaltlich weitergehende Regelung, so daß mit einer Revitalisierung des § 27 kaum mehr zu rechnen sein wird[145].

5.7.4 Wasserschutzgebiete

Wasserschutzgebiete bergen eine Fülle rechtlicher Probleme und Streitfragen – dies ungeachtet der Tatsache, daß dieses Instrument des planenden Gewässerschutzes in der Praxis weite Verbreitung gefunden hat. Meinungsunterschiede betreffen die Aufgabe und die Funktion der Wasserschutzgebiete in der Bewirtschaftung der Gewässer und damit die Festsetzungsvoraussetzungen, ferner die Bedeutung der Verbote und Beschränkungen, die innerhalb eines Schutzgebiets gelten und deren Abgrenzung zu den allgemein jedermann obliegenden Pflichten der Rücksichtnahme auf Gewässer. Streit besteht über die formalen Voraussetzungen der Schutzgebietsfestsetzung – auf »Antrag« oder »nur« von Amts wegen? Festsetzung bei Ablehnung eines »Antrags« gerichtlich durchsetzbar? Abwehrmöglichkeiten eines passiv Betroffenen? – und nicht zuletzt über die rechtliche Qualifizierung der Auswirkungen auf die Belange Dritter, in deren Mittelpunkt das Problem der Abgrenzung der Sozialbindung des Eigentums zur Enteignung steht. Schließlich hat die Neufassung des § 19 Abs. 4 WHG durch die 5. WHG-Novelle (1986) mit dem neuartigen Ausgleichsprivileg für Land- und Forstwirte wegen unterenteignungsrechtlicher Beschränkungen einer »ordnungsgemäßen« Nutzung eines Grundstücks eine zusätzliche Diskussionsebene eröffnet.

Der polizeirechtliche Ursprung dessen, was wir heute Wasserschutzgebiet nennen, ist heute noch weitgehend in Verwaltung und in Fachkreisen lebendig, was indes nicht geeignet ist, den Umgang mit diesem Instrument zu erleichtern; eher ist das Gegenteil der Fall. So ist z. B. immer noch die Vorstellung verbreitet, jede Wassergewinnungsanlage der öffentlichen Wasserversorgung erfordere automatisch ein Wasserschutzgebiet. Diese Fehleinschätzung hat dazu geführt, daß die Zahl ausgewiesener Schutzgebiete als Maßstab für die wasserbehördliche Leistungsfähigkeit gilt; sie beruht erkennbar auf dem ursprünglich polizeirechtlichen Ansatz und damit auf einer gründlichen Verkennung von Zweck, Inhalt und Festsetzungsvoraussetzungen eines Schutzgebiets nach § 19 WHG[146].

5.7.4.1 Festsetzungszweck, Umfang und Inhalt der Schutzanordnungen

Wasserschutzgebiete haben in § 19 WHG ihre Rechtsgrundlage, deren sie angesichts der zum Teil weitreichenden dem Schutzzweck dienenden Anordnungen bedürfen. Die Landeswassergesetze ergänzen diese Vorschrift zum Teil substantiell, im wesentlichen aber durch Regelungen organisatorischer und prozeduraler Art, nämlich betreffend die für das Verfahren und die Festsetzung

[145] Breuer Rz 412, der im Versagen des Vollzugs beim Erlaß von Reinhalteordnungen das Motiv des Bundesgesetzgebers zur Einführung der Bewirtschaftungspläne insbesondere in der gebieterischen Fassung des § 36b Abs. 2 sieht.

[146] Eingehend und mit zahlreichen Nachweisen zum Streitstand Salzwedel ZfW Nr. 2/1992 S. 397 ff.; Breuer Rz 575 ff. m. w. N.

zuständige Behörde, die enteignungs- und entschädigungsrechtlichen Konsequenzen, schließlich (seit der Änderung des § 19 Abs. 4 WHG durch die 5. WHG-Novelle) durch Bestimmungen über die an Land- und Forstwirte in Wasserschutzgebieten zu zahlenden Ausgleichsleistungen für etwaige wirtschaftliche Nachteile bei Beschränkungen einer ordnungsmäßigen Grundstücksnutzung. Soweit Landeswassergesetze (z.B. Bremen, Niedersachsen und Sachsen-Anhalt) den Text des § 19 wie auch den materiellen Inhalt des WHG insgesamt in das Landeswassergesetz aufnehmen, bestehen hiergegen erhebliche verfassungsrechtliche Bedenken aus dem Gesichtspunkt des Bundesrechtsvorrangs (Art. 31 Grundgesetz). Jedenfalls ist aber auch in diesen Fällen § 19 WHG die zugrundezulegende Rechtsnorm und nicht der wortgleiche Text des jeweiligen Landeswassergesetzes.

§ 19 WHG unterscheidet drei Regelungsbereiche: Abs. 1 bestimmt die Voraussetzungen, unter denen die Festsetzung eines Wasserschutzgebiets zulässig ist, Abs. 2 nennt Verbote und Beschränkungen bestimmter (gewässerrelevanter) Handlungen als zulässigen Inhalt der Schutzverordnungen, Abs. 3 und Abs. 4 enthalten Grundsätze über eine Entschädigung für enteignend wirkende Schutzanordnungen bzw. über den Ausgleich wirtschaftlicher Nachteile, den Land- und Forstwirte bei Vorliegen der in § 19 Abs. 4 bestimmten Voraussetzungen beanspruchen können.

Gemäß § 19 Abs. 1 »können« Wasserschutzgebiete festgesetzt werden, »soweit es das Wohl der Allgemeinheit erfordert«. Als Festsetzungszweck führt das WHG drei Ziele auf, nämlich

- die Gewässer im Interesse der derzeit bestehenden oder künftigen öffentlichen Wasserversorgung vor nachteiligen Einwirkungen zu schützen (Nr. 1),
- das Grundwasser anzureichern (Nr. 2) oder
- das schädliche Abfließen von Niederschlagswasser sowie das Abschwemmen und den Eintrag von Bodenbestandteilen, Dünge- oder Pflanzenbehandlungsmitteln in Gewässer zu verhüten (Nr. 3).

In § 19 Abs. 1 Nr. 1, die den Hauptanwendungsfall bildet, handelt es sich um ein ausschließliches Gewässergüteziel, bei Nr. 2 und bei der ersten Alternative der Nr. 3 um quantitative Ziele, während die zweite Alternative in Nr. 3 wieder ein gütewirtschaftliches Ziel nennt. Dieses letztere kann mit dem Festsetzungszweck der Nr. 1 oft parallel laufen, es ist aber entsprechend seiner besonderen Stellung im Gesetz dazu bestimmt, eine eigenständige Schutzgebietsfestsetzung zu begründen, mithin ein Gewässer (Grundwasser oder Oberflächengewässer) auch ohne ein begünstigtes Schutzsubjekt gegen die zu besorgende Gefahr einer Kontamination durch Agrarchemikalien und Bodenbestandteile von chemisch behandelten Flächen aus landwirtschaftlicher oder gärtnerischer Nutzung zu schützen. Diese Regelung ist durch die 5. WHG-Novelle (1986) als Ergebnis der öffentlichen Diskussion um die Umweltproblematik landwirtschaftlicher Bodenbehandlungsmethoden und insbesondere deren Auswirkung auf Gewässer und damit auch auf eine mögliche Gefährdung des Trinkwassers eingefügt worden. Der Gesetzgeber beabsichtigte mit dieser Ergänzung, dem Problem flächendeckender Gewässergefährdung durch eine nicht standortgerechte land- und forstwirtschaftliche Bodenbehandlung zu begegnen. Das Aufbringen von tierischen und chemischen Düngemitteln und von Pestiziden auf leichte Böden mit geringem Grundwasser-Flurabstand sowie auf geneigte Flächen, bei denen die Gefahr eines Abschwemmens in Oberflächengewässer besteht, erfüllt den Tatbestand einer Gewässerbenutzung, sei es direkt als »Einleiten oder Einbringen von Stoffen«, sei es als fiktive Benutzung einer Maßnahme mit Eignung zur Gewässerbelastung (§ 3 Abs. 1 Nr. 4, Abs. 2 Nr. 2 WHG). Die Möglichkeit, gefährdete Flächen dieser Art, gestützt auf das Verbot einer nicht erlaubten Benutzung, durch besondere Ausweisung als nicht oder nur beschränkt landwirtschaftlich nutzbar auszuweisen, worauf oben bei der Darstellung der Gewässerbenutzung (vgl. Abschnitt 5.3.1.1 lit. c) hingewiesen wurde, erwies sich als praktisch nicht durchführbar. Die Einführung dieses neuen Schutzgebietstyps soll – und kann bei entschlossenem Vollzug – hier Abhilfe schaffen. Indes ist das neue

Instrument bislang ohne praktische Bedeutung geblieben. Die Gründe können in einer behördlichen Scheu vor weiträumigen unpopulären Maßnahmen sowie darin liegen, daß hier ein Gewässer ohne Möglichkeit einer Zurechnung zu einem Begünstigten geschützt werden würde, der etwa zu erwartenden Ausgleichsforderungen der Betroffenen in allseits zufriedenstellender Weise begegnen und diese Forderungen ggf. befriedigen könnte.

Die Festsetzung des Schutzgebiets ist zulässig, »soweit« das Wohl der Allgemeinheit die Unterschutzstellung eines Gewässers erfordert. Darin liegt eine Beschränkung in räumlicher und sachlicher Weise; »soweit« ein Schutz durch die besonderen Maßnahmen eines Wasserschutzgebiets nicht erforderlich ist, darf das Schutzgebiet nicht festgesetzt werden. Das Gemeinwohlerfordernis bezieht sich also auf den Schutz eines Gewässers und nicht auf eine dem Gemeinwohl dienende Anlage. Ob diese Voraussetzungen vorliegen, ist vor Ort im Einzelfall festzustellen. Dementsprechend sind die Schutzanordnungen (Verbote und Beschränkungen) nach Art, Maß, Dichte und räumlichem Umfang auf die örtlichen Verhältnisse abzustellen, denn mit dem Wort »soweit« erinnert das WHG an das verfassungsrechtliche Verbot einer Übermaßregelung. Die Bindung an das »Wohl der Allgemeinheit«, das die Festsetzung »erfordern« muß, sowie die salvatorische Entschädigungsklausel in § 19 Abs. 3, wonach für enteignende Wirkungen einer Schutzanordnung Entschädigung zu leisten ist, verdeutlichen das mögliche Gewicht zulässiger Verbote und Beschränkungen in ihrer Wirkung auf das Eigentum und eigentumsähnlich geschützte Rechte Dritter. Aus der Fassung des § 19 Abs. 1 WHG folgt mithin, daß die Festsetzung eines Schutzgebiets nur zulässig ist, soweit das Wohl der Allgemeinheit die mit einer Unterschutzstellung eines Gewässers oder Gewässerteils verbundenen Maßnahmen erfordert, daß andererseits aber die Erfordernisse des Gewässerschutzes ggf. auch im Grundrecht des Eigentumsschutzes keine absoluten Schranken finden.

Die Ausdehnung des Wasserschutzgebiets darf angesichts der genannten Beschränkungen nur diejenigen Flächen erfassen, von denen auf Grund der jeweiligen örtlichen Verhältnisse eine Gefährdung des Gewässers, das den Schutzgegenstand bildet, zu besorgen ist, Gefahren also nicht völlig unwahrscheinlich sind. Bei der Festsetzung zur Verhütung von Beeinträchtigungen eines Grundwasservorkommens, eines Sees oder einer Talsperre kann dem Verbot der Übermaßregelung zu entnehmen sein, daß das Schutzgebiet in Zonen einzuteilen ist, in denen Regelungen unterschiedlicher Art und Dichte gelten entsprechend der räumlichen und materiellen Auswirkung des Übermaßverbots (»soweit«). Soll ein Gewässer im Interesse der öffentlichen Wasserversorgung geschützt werden – in der Praxis vorherrschend – ist die Einteilung in drei Zonen die Regel, wobei eine weitere Unterteilung der Zonen eine zusätzliche Flexibilität in Ausdehnung und Regelungsinhalt ermöglicht in Anpassung an die jeweiligen Verhältnisse vor Ort.

Für die typischen Regelungen und die Einteilung in Zonen, die Bemessung des Umfangs dieser Zonen in Abhängigkeit von den örtlichen Verhältnissen und zur grundlegend-abstrakten Bewertung gewässerkritischer Handlungen und Maßnahmen liefern die Arbeitsblätter W 101 bis 106 des Deutschen Vereins des Gas- und Wasserfaches e. V. (DVGW) die wissenschaftlichen Grundlagen; diese Arbeitsblätter, denen der Rang eines vorweggenommenen Sachverständigengutachtens eingeräumt werden kann[147], liefern die fachliche Richtschnur für die Entscheidungen, die von den Wasserbehörden anhand der jeweiligen Verhältnisse zu treffen sind. Von den örtlichen Gegebenheiten hängt nicht nur die zulässige Ausdehnung eines Wasserschutzgebiets ab, sondern auch die Art, der Umfang und die Dichte der dort zulässigen Verbote und Beschränkungen. Hierbei kann die durch das Übermaßverbot gebotene Regelungsflexibilität dazu nötigen, bestimmte Handlungen nicht einem Verbot, sondern lediglich einem besonderen Genehmigungsvorbehalt zu unterwerfen.

[147] Salzwedel aaO S. 401 läßt es offen; wie hier: Breuer Rz 611 m.w.N.; GWCz 18 zu § 19 m.w.N.

Die Zulässigkeit einer Schutzgebietsfestsetzung ist gesetzlich an zwei Voraussetzungen gebunden: Das Wohl der Allgemeinheit muß die Unterschutzstellung gerade dieses Gewässers abdecken; es genügt jedoch nicht, daß diese Maßnahme dem Allgemeinwohl nur entspricht, es muß diese Errichtung eines Regimes mit erhöhten Schutzbestimmungen »erfordern«. Beide Voraussetzungen unterliegen als unbestimmte Rechtsbegriffe der verwaltungsgerichtlichen Nachprüfung[148]. Angesichts der rechtlichen und insbesondere wirtschaftlichen Probleme, die mit den Handlungs- und Nutzungsbeschränkungen in einem Wasserschutzgebiet zwangsläufig einhergehen, verwundert es nicht, daß die Rechtsprechung der Verwaltungsgerichte wiederholt zum Inhalt dieser Begriffe hat Stellung nehmen müssen, zumal es galt, den Begriff »Wohl der Allgemeinheit«, der in mehreren zentralen Bestimmungen im WHG vorkommt (vgl. § 6, 12, 18 WHG), inhaltlich erschöpfend zu interpretieren. Überzieht eine Schutzanordnung in räumlicher oder inhaltlicher Beziehung das »Erfordernis« des Wohls der Allgemeinheit, führt dies dazu, daß auf die Klage eines Betroffenen die Schutzanordnung insoweit oder gegebenenfalls auch insgesamt aufgehoben wird.

Mit dieser Abhängigkeit von zwei Rechtsbegriffen, deren jeweilige konkrete Reichweite vollständig der gerichtlichen Kontrolle im Einzelfall unterliegt, ist eine planerische Freiheit, eine gestalterische Ausübung des Bewirtschaftungsermessens unvereinbar[149]. Wasserschutzgebiete stellen mithin im eigentlichen Sinne nicht, wie etwa Bewirtschaftungspläne oder Rahmenpläne, das Ergebnis planend-gestalterischer Tätigkeit der Wasserbehörde dar, sie sind vielmehr die Konsequenz des Wasserrechtsvollzugs auf der Grundlage des Gemeinwohlerfordernisses im Interesse einer notwendigen Ressourcensicherung in den Grenzen der Erforderlichkeit und in der Bindung an die gesetzlichen Bewirtschaftungsziele. Gleichwohl enthält auch die Festsetzung von Wasserschutzgebieten ein gestalterisches Element insoweit, als es um den Schutz eines Gewässers im Interesse der »derzeit bestehenden oder künftigen Wasserversorgung« geht (§ 19 Abs. 1 Nr. 1 WHG). In dieser Vorschrift kommt ein Abwägungsspielraum zum Ausdruck derart, daß der Standort einer Wassergewinnung für die öffentliche Wasserversorgung Gegenstand der bewirtschaftenden Planung des Staates sein kann im wertenden Vergleich mit anderen konkurrierenden Nutzungen[150]. Dies gilt nicht so sehr für eine bestehende Wasserversorgung. Hierbei könnte es allenfalls um die Frage gehen, ob die Tätigkeit eines Versorgungsunternehmens am jeweiligen Ort der Wassergewinnung weiterhin aufrechterhalten oder beendet werden soll, eine Alternative, die nicht völlig ausgeschlossen ist, sich aber allenfalls in besonders gelagerten Ausnahmefällen stellen wird, da die verfügte Aufgabe einer Gewinnungsanlage einen Eingriff in die Versorgungsstruktur darstellt, dessen Rechtfertigung angesichts seiner u. U. schwerwiegenden Folgen in aller Regel schwerfallen dürfte. Erinnert sei daran, daß die Funktion »öffentliche Wasserversorgung« einen zentralen Belang innerhalb des Gemeinwohlbegriffs darstellt, dessen Reichweite grundsätzlich auch die konkrete Ausübung erfaßt. Im wesentlichen liegt eine Möglichkeit zur Ausübung des Bewirtschaftungsermessens in der vorausschauenden Sicherung eines Gewässers als Standort für eine künftig mögliche Wassergewinnung für die Versorgung der Allgemeinheit, die das Gesetz ausdrücklich einräumt. Insoweit wird der Staat bei der Planung des Gewässerschutzes im Rahmen seiner Aufgabe einer dem Gemeinwohl verpflichteten Ressourcenvorsorge und gegenüber den Trägern der öffentlichen Wasserversorgung im Sinne einer Angebotsplanung tätig. Jedenfalls insoweit enthält § 19 ein planerisch-gestaltendes Element der Gewässerbewirtschaftung, wie es für die Planung kennzeichnend ist. Die Rechtsprechung des Bundesverwaltungsge-

[148] Breuer Rz 600; GWCz Rz 6 zu § 19, jeweils m.w. N.

[149] Eine »planerische Optimierung« und eine »Gestaltungsfreiheit« ist damit ausgeschlossen: Breuer Rz 600, h. M.

[150] Salzwedel aaO S. 400, der allerdings die Reichweite des Bewirtschaftungsermessens der Behörde überbetont unter Vernachlässigung der normativ bestimmten Bewirtschaftungs- und Schutzvorgaben.

richts, die – unter Zurückweisung der eine gewisse Planungsfreiheit der Behörde bei der Schutzgebietsausweisung bejahenden Rechtsprechung der Mittelinstanzen – die strikte Bindung an die gesetzlichen Festsetzungsvoraussetzungen betont, steht der hier vertretenen Auffassung nicht entgegen. Richtig ist, daß die Ausweisung und die damit Dritten zugemuteten Belastungen nur unter strikter Beachtung der Tragweite des § 19 WHG zulässig sind; andrerseits aber enthält § 19 WHG keine Verpflichtung der Wasserbehörde, bei Vorliegen der Tatbestandsmerkmale ein Schutzgebiet festzusetzen. Die Behörde ist vielmehr in der Lage, eine Schutzgebietsausweisung in den Dienst einer abgewogenen Ressourcenplanung zu stellen, um unter Beachtung des Vorrangs der öffentlichen Wasserversorgung in Gegenwart und Zukunft Gewässer im Sinne des gesetzlichen Bewirtschaftungsauftrags (§1a Abs. 2 WHG) zu verwalten. Ohne dieses Element einer vorausschauenden Planung wäre die Behörde nicht imstande, den vielfältigen Anforderungen an den Wasserhaushalt entsprechend den Bewirtschaftungszielen gerecht zu werden.

Die in einem Wasserschutzgebiet geltenden Verbote und Beschränkungen erheben den Anspruch, gegenüber jedermann, also objektiv zu gelten; auch Planungsträger, z. B. in der kommunalen Bauleitplanung und beim Bau von Verkehrswegen, haben die im Schutzgebiet geltenden Verbote und Beschränkungen zu respektieren. Dies setzt voraus, daß die Festsetzung als Rechtsnorm erfolgt. Die LWG enthielten anfangs keine Aussagen über die Rechtsnatur des Festsetzungsakts; man ging teils – wohl anknüpfend an die frühere Praxis – von einem Verwaltungsakt (Allgemeinverfügung), teils aber bereits von einer Rechtsnorm aus. Die Verwaltungsgerichte erkannten jedoch alsbald, daß die Schutzanordnung infolge ihres umfassenden Geltungsanspruchs und in Verbindung mit einer Rechtsgrundlage in den LWG, die im wesentlichen den an eine Verordnungsermächtigung zu richtenden Anforderungen entsprach, alle Merkmale einer Rechtsverordnung aufweist[151]. Die LWG-Novellen der Folgezeit führten sodann zu der entsprechenden Klarstellung. Die Landeswassergesetze bestimmen seither einhellig, daß die Wasserschutzgebietsanordnung als Rechtsverordnung auf der Grundlage des § 19 WHG und der ergänzenden Vorschriften des Landeswasserrechts ergeht.

Die Verfahrensregelung in den Landeswassergesetzen ist nicht völlig einheitlich; übereinstimmend wird ein förmliches Verfahren vorgeschaltet, das der Analyse des Sachverhalts, also der örtlichen Verhältnisse darüber dient, ob und gegebenenfalls welche Schutzmaßnahmen in welcher Ausdehnung und Regelungsdichte erforderlich sind und ob und in welcher Weise Dritte von Beschränkungen und Verboten betroffen werden[152]. In diesem Zusammenhang erhält die Frage nach der Rolle eines Antrags zur Festsetzung eines Wasserschutzgebiets Bedeutung. Die Landeswassergesetze sehen fast ausschließlich vor, daß das Wasserschutzgebiet »auf Antrag oder von Amts wegen« festgesetzt werden kann. Bei dem Antrag stellt sich das Problem, daß diese Form einer Willenserklärung im öffentlichen Recht allein dem Ziel zugewiesen ist, einen Verwaltungsakt herbeizuführen. Der Kreis der sog. mitwirkungsbedürftigen Verwaltungsakte setzt den Antrag dessen, der diesen Verwaltungsakt herbeiführen will, als eigene Mitwirkung zwingend voraus (Beispiel: Erteilung einer Baugenehmigung, einer Sondernutzungserlaubnis, einer Erlaubnis oder Bewilligung im Wasserrecht). Die Rechtsverordnung, die, wie dargelegt, allein für die Festsetzung eines Wasserschutzgebiets in Betracht kommt, kann aber nicht das Ergebnis eines Antragsverfahrens sein. Der in den Landeswassergesetzen so bezeichnete »Antrag« als ein die Festsetzung auslösendes Moment wird daher in Schrifttum und Rechtsprechung übereinstimmend als Anregung interpretiert, von Amts wegen tätig zu werden, und zwar auch insoweit, als sich der Antrag nach Landeswasserrecht allein auf die Einleitung des der Festsetzung vorausgehenden förmlichen

[151] Breuer Rz 578.

[152] Der Verordnungscharakter besteht unabhängig davon, wie man das dem Erlaß der Schutzgebietsfestsetzung vorangehende »förmliche Verfahren« rechtlich bewertet, das nach einigen Landeswassergesetzen in einem Verwaltungsakt seinen Abschluß findet. Das BVwG sieht dieses Vorverfahren als Teil des Normsetzungsverfahrens an, vgl. Urteil vom 15.03. 1968 = BVwGE 29 S. 207.

Verfahrens bezieht; denn dieses Verfahren wird als Teil des Rechtssetzungsverfahrens verstanden[153].

Dieser Interpretation ist uneingeschränkt zuzustimmen. Allerdings läßt die Rechtsprechung und Literatur, soweit ersichtlich, die erforderliche Kritik am fortbestehenden Antragserfordernis vermissen; die wenigen kritischen Stimmen sind in der Landesgesetzgebung praktisch ohne Resonanz geblieben. Für Rechtsnormen gilt, daß ein Begriff mit nur einem Inhalt, nicht mit verschiedenen Inhalten, belegt wird; alles andere würde die Interpretation des Gesetzes unerträglich erschweren und damit die Rechtssicherheit empfindlich beeinträchtigen. Unklare, gar bewußt unscharf gehaltene Gesetzesformulierungen erschweren dem Bürger den von ihm grundsätzlich zu fordernden Gehorsam gegenüber dem Gesetz. Der verbreitete Hinweis darauf, daß der »Antrag« ohnehin allgemein nur als Anregung interpretiert werde, kann den Gesetzgeber, der mit dieser Begründung am Antragserfordernis festhält, nicht von der Pflicht zur Verwendung klarer Begriffe entbinden. Eine Anregung als Vorschlag ohne Bindungswirkung, das Verfahren zur Schutzgebietsfestsetzung von Amts wegen einzuleiten, ist auch ohne gesetzliche Normierung jederzeit möglich.

5.7.4.2 Wirkungen der Schutzgebietsfestsetzung: Enteignung, Entschädigung – Ausgleich wirtschaftlicher Nachteile

Verbote und Beschränkungen werden regelmäßig, wenn sie im Interesse des Schutzzwecks wirksam sein sollen, die gegenwärtige und künftige Nutzung von Gewässern und Grundstücken in der öffentlich-rechtlichen wie in der privatrechtlichen Sphäre im Sinne des Schutzziels steuernd beeinflussen. Der Rechtsnormcharakter der Schutzgebietsverordnung bewirkt einen Vorrang gegenüber sonstigen Planungen und nach dem Grundsatz der Spezialität auch im Verhältnis zu sonstigen normativ geregelten konkurrierenden Planungsakten. Damit ist die Beachtung eines Wasserschutzgebiets gegenüber der Raumordnung und anderen Planungen fachgesetzlich normiert. Darüber hinaus wird eine Schutzgebietsverordnung in die Handlungsfreiheit des Menschen bei der Ausübung seines Eigentumsrechts an Grundstücken oder Anlagen mehr als nur geringfügig eingreifen können. Hier stellt sich daher die Frage der Zulässigkeit derartiger Eingriffe im Hinblick auf den verfassungsrechtlich garantierten Schutz des Eigentums und sodann, ob hierin gegebenenfalls eine Enteignung oder eine Konkretisierung der Eigentumsbindung liegt (Art. 14 Abs. 1 Satz 1, Abs. 2 Grundgesetz). Voraussetzung für die Zulässigkeit enteignender Eingriffe ist, daß der Eingriff durch oder aufgrund eines Gesetzes erfolgt, das zugleich Art und Weise der angemessenen Entschädigung regelt (Artikel 14 Abs. 3 Grundgesetz). Hierzu bestimmt § 19 Abs. 3 WHG lapidar, daß, wenn eine Anordnung nach § 19 Abs. 2, also eine Schutzgebietsverordnung, eine Enteignung darstellt, dafür Entschädigung zu leisten ist. Damit ist eine Fülle schwieriger Rechtsfragen aufgeworfen; insbesondere ist fraglich, ob diese »wenn ... dann« Regelung (sog. salvatorische Klausel) dem Junktim aus Artikel 14 Grundgesetz gerecht wird, ob und wann eine Schutzanordnung eine Enteignung darstellt bzw. wieweit Beschränkungen und auch Verbote als konkretisierter Ausdruck der Sozialbindung des Eigentums und mithin ohne Entschädigungsanspruch hinzunehmen sind.

Die salvatorische Regelung des § 19 Abs. 3 WHG verdeutlicht zunächst, daß die Enteignung keine Schranke für notwendige, erforderliche Schutzbestimmungen sein soll. Die Frage der Zulässigkeit enteignend wirkender Eingriffe ist damit aber nur zu einem Teil entschieden. Die Frage lautet im übrigen, ob statt der salvatorischen Klausel für eine rechtsgültige Enteignungszulassung die Rechtsnorm, die die enteignende Verbots- oder Beschränkungswirkung entfaltet, auf

[153] Ausführlich dazu Breuer Rz 580ff., insbesondere 581; GWCz Rz 94 zu § 19 h.M.

der Grundlage des § 19 Abs. 3 WHG bestimmen muß, für welche Anordnung Entschädigung zu leisten ist, ob mithin die Klärung der Rechtsnatur der Schutzanordnungen dem Gesetzgeber oder dem Verordnungsgeber vor Ort obliegt oder ob es Sache des (ordentlichen) Gerichts ist, im Verfahren zur Entschädigung die enteignungsrechtliche Vorfrage inzident zu klären. Nach der früher verbreiteten Auffassung, von der Rechtsprechung des BGH und des Bundesverwaltungsgerichts nicht nur gedeckt, sondern ausgebaut und fortentwickelt, war es dem ordentlichen Gericht überlassen, auf die Klage eines die Entschädigung begehrenden Betroffenen die Unterscheidung zwischen Enteignung (»enteignender Eingriff«) und Sozialbindung zu treffen. Nach dem auch insoweit klarstellenden Beschluß des Bundesverfassungsgerichts vom 15. 5. 1981[154] kann dies nicht aufrechterhalten werden. Das Bundesverfassungsgericht hat unter Berufung auf Art. 14 Abs. 3 Satz 4 Grundgesetz ausgesprochen, daß den ordentlichen Gerichten allein die Entscheidung über Art und Höhe der Entschädigung obliegt, nachdem der hoheitliche Eingriff in seiner Rechtsnatur als Enteignung feststeht; diese Feststellung kann durch die Enteignungsnorm unmittelbar getroffen worden sein, sie kann aber auch das Ergebnis eines Rechtsstreits sein, der indes nicht vor die ordentlichen Gerichte gehört. Vielmehr obliegt es nach diesem Beschluß dem Betroffenen, etwaige Zweifel an der Rechtmäßigkeit des hoheitlichen Eingriffs vor dem Verwaltungsgericht geltend zu machen, dessen Aufgabe es sodann ist, zu prüfen, ob der Eingriff sich im Rahmen der von der Verfassung vorgeschriebenen Sozialbindung des Eigentums hält (Artikel 14 Abs. 2 Grundgesetz). Stellt das Verwaltungsgericht eine Überschreitung dieses Rahmens fest, hat es zu prüfen, ob die dem Eingriff zugrunde liegende Rechtsnorm zugleich Art und Ausmaß einer Entschädigung vorschreibt und somit den Ansprüchen des Artikel 14 Abs. 3 Grundgesetz genügt. Ergibt sich in diesem Verwaltungsrechtsstreit, daß der Eingriff Enteignungsqualität hat, aber mangels einer ausreichenden Entschädigungsregelung verfassungswidrig und damit unwirksam ist, muß die dem Eingriff zugrunde liegende Rechtsnorm aufgehoben werden; genügt der Eingriff den verfassungsmäßigen Anforderungen, kann der Betroffene von dem durch die Enteignung Begünstigten Entschädigung verlangen und diesen Anspruch dann erforderlichenfalls vor den ordentlichen Gerichten geltend machen. Diesen Anforderungen würde eine Wasserschutzgebietsverordnung genügen, die diejenigen Eingriffe klar bestimmt, die eine Enteignung darstellen, und dafür die Leistung einer Entschädigung vorschreibt. Die Praxis hat sich indes, offenbar mit Billigung der Verwaltungsgerichte, nicht dieser Linie angeschlossen, sondern verfährt weiter wie bisher[155].

In jedem Fall aber bleibt die materielle Frage zu klären, wie weit Anordnungen enteignend eingreifen oder aber als Ausdruck der Eigentumsbindung entschädigungslos hinzunehmen sind[156]. Hinsichtlich des Enteignungsbegriffs ist hervorzuheben, daß es sich in den Fällen einer Wasserschutzgebietsfestsetzung allein um die sog. Aufopferungsenteignung handelt. Hierbei wird nicht das Eigentum an einem Grundstück oder ein eigentumsähnliches Recht dem bisherigen Inhaber entzogen und einem Dritten, dem Begünstigten, übertragen, der dafür dem Betroffenen Entschädigung zu leisten hat; die Aufopferungsenteignung ist vielmehr dadurch gekennzeichnet, daß die Ausübung eines Rechts oder eines Teils desselben untersagt oder beschränkt wird im Interesse eines anderen, der für diesen aus Gründen des Allgemeinwohls zu seinen Gunsten erzwungenen Verzicht als Entschädigung einen angemessenen Wertausgleich zu leisten hat.

Die enteignende Qualität einer Schutzanordnung ist einmal aufgrund ihres Inhalts und ihres materiellen Gewichts und zum anderen danach zu beurteilen, welche Möglichkeiten der Nutzung

[154] S. Anmerkungen 17, 95.
[155] Vgl. BREUER Rz 515, der vom Fortbestand der bisherigen Praxis ausgeht, allerdings mit besorgtem Seitenblick auf die Rechtsprechung des BVerfG. – Zur Entwicklung der Rechtsprechung umfassend BREUER, »Naturschutz, Eigentum und Entschädigung« (NuR 1996 S. 537); vgl. auch GWCz Rz 71 ff., 74 zu § 19.
[156] GWCz Rz 75 zu § 19; BREUER Rz 617 ff. sowie NuR 1996 S. 537.

dem Betroffenen nach der Rechtsordnung ohne diese Anordnung zustünden. Gegenstand eines enteignenden Eingriffs kann das Eigentum und ein eigentumsähnlich geschütztes Recht sonstiger Art sein, z. B. ein dingliches Recht (Dienstbarkeit). Aber auch vertraglich begründete Rechte und Befugnisse des Privatrechts (ungekündigte Pacht- oder Mietverträge) und des öffentlichen Rechts (Sondernutzungserlaubnisse, wasserrechtliche Bewilligungen oder Erlaubnisse) mit wirtschaftlichem Gewicht kommen in Betracht, deren Einschränkung oder Untersagung mithin unmittelbar eine Vermögenseinbuße verursacht. In Wasserschutzgebieten ist Hauptanwendungsfall die Nutzung eines Grundstücks aufgrund des Eigentums oder eines sonstigen Rechtes, das zur Nutzung des Grundstücks berechtigt; daneben kommen Gewässerbenutzungen als Objekt einer (ausdrücklichen) Verbotsregelung in Betracht. Da, wie erwähnt, Voraussetzung für die Annahme eines enteignenden Eingriffs ist, daß die verbotene bzw. beschränkte Handlung ohne den Eingriff in vollem Umfang rechtlich zulässig wäre, ist bei der Einschätzung ausdrücklicher Verbote einer Einwirkung auf Gewässer das allgemein geltende Verbot einer nicht förmlich zugelassenen Gewässerbenutzung (§ 2 WHG) zu berücksichtigen. Wird eine Gewässerbenutzung untersagt oder beschränkt, die in zulässiger Weise (sei es aufgrund einer Erlaubnis oder Bewilligung, eines aufrechterhaltenen alten Rechts oder als erlaubnisfreie Benutzung) ausgeübt worden ist, wird bei einem Verbot jedenfalls eine Enteignung anzunehmen sein; bei einer Beschränkung, z. B. in Form der Einschränkung der zu entnehmenden Wassermenge, wird die Entscheidung dieser Frage von der Schwere und der Auswirkung auf die wirtschaftliche Situation des Betroffenen abhängen. Wird eine noch nicht ausgeübte Gewässerbenutzung »verboten«, bedeutet dies lediglich, daß ihre Zulassung künftig jedenfalls solange ausgeschlossen sein wird, wie die Wasserschutzanordnung besteht; denn verboten ist die Gewässerbenutzung ohne ausdrückliche Zulassung in Form einer Erlaubnis oder Bewilligung bereits aufgrund des WHG, so daß hierin kein enteignender Eingriff liegt. Der Wegfall der Möglichkeit, eine Erlaubnis oder Bewilligung zu erhalten, nimmt dem Betroffenen nichts, da ihm ein Anspruch auf Zulassung eines Zugriffs auf Gewässer weder aus einem Recht am Grundstück noch sonst aus dem WHG zusteht. Soweit in der Schutzanordnung eine als erlaubnisfrei zulässige Benutzung untersagt oder beschränkt wird, stellt sich wie zuvor die Frage nach der Schwere des dadurch bewirkten Eingriffs, von deren Beantwortung die Entscheidung über die rechtliche Qualifizierung des Eingriffs abhängt[157]. Für Beschränkungen der Ausübung des Grundeigentums ist an die dem Eigentum schlechthin innewohnende Beschränkung durch Artikel 14 Abs. 2 Grundgesetz zu erinnern, wonach »das Eigentum verpflichtet« und »Inhalt und Schranken des Eigentums durch die Gesetze bestimmt« werden; das Eigentum »soll« zugleich dem Wohl der Allgemeinheit dienen. Inhaltsbestimmungen des Eigentums enthält das Wasserhaushaltsgesetz; das Bundesverfassungsgericht hat in seinem mehrfach erwähnten Beschluß vom 15. 5. 1981[158] klargestellt, daß das WHG mit den Beschränkungen, die es der Ausübung des Eigentumsrechts insbesondere an Grundstücken auferlegt, in zulässiger Weise den Inhalt des Eigentums im Sinne des Artikel 14 Abs. 2 Grundgesetz bestimmt. Das gesamte ordnungsrechtliche Bewirtschaftungssystem der Gewässer als zentraler Inhalt des WHG stellt ein geschlossenes Netz von Beschränkungen in der Ausübung des Eigentums an Grundstücken, Gewässern und gewässerrelevanten Anlagen dar. Das Verbot einer nicht ausdrücklich zugelassenen Gewässerbenutzung legt sich generell auch über das Eigentum an Gewässern und läßt einer Benutzung nur im Rahmen einer ausdrücklichen Zulassung oder des im Gesetz für zulassungsfrei erklärten Gebrauchs Raum. Die eigentumsbindende Wirkung des WHG dokumentiert brennpunktartig § 1a Abs. 3, demzufolge das Grundeigentum nicht zu einer Gewässerbenutzung berechtigt, die nach dem WHG oder den Landeswassergesetzen einer Zulassung

[157] GWCz Rz 76.
[158] Anmerkungen 17, 95.

bedarf. Nach § 1 a Abs. 2 WHG schließlich ist bei allen potentiell gewässerrelevanten Maßnahmen auf den Schutz der Gewässer Bedacht zu nehmen.

Gemessen an diesen Grundsätzen bleibt für die Annahme einer Enteignung im Rahmen der in einem Wasserschutzgebiet ausgesprochenen Verbote und Beschränkungen wenig Raum. Denn nur solche Handlungen und Maßnahmen kann eine Schutzgebietsverordnung ihrem Zweck und der gesetzlichen Ermächtigung entsprechend untersagen oder beschränken, die ein Gefährdungspotential für das zu schützende Gewässer enthalten. Eine Wasserschutzgebietsverordnung kann auch solche Beschränkungen und Verbote für Handlungen aufnehmen, die bereits aufgrund des allgemein geltenden Wasserrechts generell oder ohne ausdrückliche Zulassung bestehen bzw. deren beschränkte Zulassung sich aus dem WHG ergibt; derartige Bestimmungen im Regelungskatalog einer Schutzgebietsverordnung enthalten zwar keine eigenständige Verbotswirkung, als Mittel zur Konkretisierung des allgemeinen Verbotsumfangs für den jeweiligen Bereich des Schutzgebiets ist ihnen eine gewichtige praktische Bedeutung nicht abzusprechen. Die Gewässerrelevanz derartiger Konkretisierungen allgemeiner Verbote und Beschränkungen ist hierbei an den Benutzungen des § 3 WHG zu messen; bezüglich der fiktiven Benutzungen nach § 3 Abs. 2 gilt es, im Einzelfall konkret anhand der örtlichen Verhältnisse festzustellen, ob die verbotene oder beschränkt zulässige Handlung bei ihrer Vornahme geeignet wäre, das geschützte Gewässer mehr als nur geringfügig zu beeinträchtigen. Das gleiche gilt, wenn ein Verbot oder eine Beschränkung sich bereits aus der allgemeinen Verpflichtung zur Rücksichtnahme gegenüber Gewässern gem. § 1 a Abs. 2 ergibt. Enthält mithin eine Wasserschutzgebietsverordnung Verbote und Beschränkungen, die bereits dem WHG insgesamt zu entnehmen sind, kann es sich insoweit nicht um einen Eingriff und damit auch nicht um eine Enteignung handeln, sondern um eine Anwendung geltenden Wasserrechts auf den Einzelfall. Der gesetzliche Auftrag eines Wasserschutzgebiets erschöpft sich jedoch nicht in der Verdeutlichung des allgemein geltenden Rechts auf das zu schützende Gewässer. Dienen die Pflichten und Beschränkungen des Wasserrechts dem flächendeckenden allgemeinen Schutz der Gewässer, soll in der besonders ausgewiesenen Fläche eines Wasserschutzgebietes mit Hilfe erhöhter Anforderungen sichergestellt werden, daß eine Gewässerbelastung sicher vermieden bzw. daß das sonstige Schutzziel erreicht wird. Daher können in einem Wasserschutzgebiet zum Schutz eines Gewässers auch solche Verbote und Beschränkungen angeordnet werden, die die allgemein geltenden Regelungen übersteigen. Aus dem sich hierbei einstellenden Nebeneinander allgemeiner (deklaratorischer) und besonderer (konstitutiver) Beschränkungen ergibt sich für die Frage, ob und ggf. in welchem Ausmaß die Schutzanordnung enteignende Wirkungen entfaltet, eine äußerst schwierige Abgrenzungsproblematik[159].

Die Rechtsprechung hat zu diesen Abgrenzungsproblemen eine Fülle von Einzelfällen entschieden, aus denen die wichtigsten kurz dargestellt werden sollen: Die Einbeziehung eines Grundstücks oder einer Anlage in ein Wasserschutzgebiet stellt in aller Regel für sich genommen keinen enteignenden Eingriff dar (ganz überwiegende Meinung)[160]; anders, wenn die Schutzanordnung Handlungen, die bisher rechtmäßig ausgeübt wurden oder hätten ausgeübt werden können, verbietet oder empfindlich einschränkt, denn einer bisher legalen Eigentumsnutzung im Interesse eines besonderen Schutzzwecks die Legalität zu nehmen, kann einen Eingriff von unter Umständen erheblicher Schwere bedeuten. Wenn die Wasserschutzgebietsverordnung jedoch lediglich allgemein gehaltene Verbote und Beschränkungen normiert und die Umsetzung einzelnen hierauf gegründeten Verwaltungsakten vor Ort überläßt, liegt der Eingriff und damit unter Umständen die Enteignung in diesen Verwaltungsakten und nicht schon in der Schutzverordnung. Die Rechtsprechung betont ferner, daß als enteignend und damit entschädigungspflich-

---

[159] Breuer Rz 618; GWCz Rz 80 zu § 19.
[160] Breuer Rz 617; GWCz Rz 75 zu § 19 – jeweils m.w.N.

tig nur die Untersagung oder erhebliche Einschränkung insgesamt rechtmäßig ausgeübter Nutzungen anzusehen ist; die Untersagung genehmigungspflichtiger, aber nicht genehmigter Bauten und von Nutzungen des Grundstücks, die infolge ihrer Auswirkungen auf das Grundwasser als Gewässerbenutzung insbesondere im Rahmen des § 3 Abs. 2 Nr. 2 WHG ohnehin verboten sind, bewirkt eine »Wiederherstellung des Rechts« und stellt mithin keinen Eingriff dar[161]. Dieser Grundsatz hat insbesondere für die land-, forst- und gärtnereiwirtschaftliche Grundstücksnutzung Bedeutung; eine nicht standortgerechte und daher gewässerrelevante Aufbringung von Dünge-, Pflanzenschutz- und Schädlingsbekämpfungsmitteln mit mehr als nur geringfügigen Auswirkungen auf die Beschaffenheit eines Gewässers stellt eine Gewässerbenutzung dar, die, soweit sie überhaupt zulassungsfähig ist (vgl. § 34 WHG), einer wasserrechtlichen Erlaubnis bedarf und ohne diese illegal ist; ihre ausdrückliche Untersagung in einem Wasserschutzgebiet oder ihre Einschränkung auf ein gewässerverträgliches Maß, deren Umfang von den jeweiligen örtlichen Standortverhältnissen abhängt, stellt den dem Wasserrecht entsprechenden Zustand her und bedeutet keinen Eingriff[162].

Zweifelhaft ist die eingriffsrechtliche Beurteilung von Verboten oder Beschränkungen für die Lagerung oder Ablagerung von Stoffen. Für das Lagern und Ablagern bestimmt das WHG bereits allgemein, daß dies so zu erfolgen hat, daß eine Beeinträchtigung der Gewässer nicht zu besorgen ist (§§ 26 Abs. 2, 34 Abs. 2 WHG). Das Bestehen einer Gewässergefährdung oder deren Ausschluß hängt von der Art der Lagerung, aber entscheidend auch von den jeweiligen Standortverhältnissen ab. Verbietet eine Schutzanordnung das Lagern oder Ablagern bestimmter Stoffe allgemein, liegt jedenfalls dann und insoweit ein Eingriff nicht vor, als schon die Standortverhältnisse diese Art der Lagerung oder Ablagerung nicht zulassen (Naturdüngerlagerung und Gärfuttermiete auf durchlässigen Böden mit hohem Grundwasserstand) und ein Verbot sich somit schon aus § 34 Abs. 2 WHG ergibt. Dies gilt umso mehr, wenn dem Verbot der Lagerung schon dadurch entsprochen werden kann, daß der Grundeigentümer den Ort der Lagerung an eine andere Stelle außerhalb des Wasserschutzgebiets bzw. außerhalb der Zone, in der diese Verbote gelten, verlegen kann, da dieser Maßnahme dann die für einen Eingriff erforderliche Schwere fehlt. Das Verbot, im Wasserschutzgebiet Leitungen zum Transport wassergefährdender Stoffe zu verlegen, hat keine Enteignungsqualität. Leitungen für Stoffe dieser Art, also insbesondere Rohöle, Benzine, Diesel-Kraftstoffe und Heizöle sowie andere Stoffe mit vergleichbarem Gefährdungspotential (vgl. § 19 a Abs. 2 WHG) bedürfen ohnehin einer Genehmigung, die zu versagen ist, wenn aus Errichtung oder Betrieb der Anlage eine Verunreinigung oder sonstige nachteilige Veränderung der Eigenschaften von Gewässern zu besorgen ist und nicht sicher verhütet oder ausgeglichen werden kann (§ 19b Abs. 2 WHG). Diese Voraussetzungen für eine Versagung der Pipeline-Genehmigung nach § 19b Abs. 2 WHG werden in einem Schutzgebiet, das der Verhütung von Beeinträchtigungen des Grundwassers oder eines Oberflächengewässers im Interesse der öffentlichen Wasserversorgung dient, in aller Regel vorliegen; andernfalls wäre zu fragen, ob die Voraussetzungen für die Festsetzung eines Schutzgebiets überhaupt gegeben sind. Verbietet die Schutzverordnung mithin die Errichtung von Rohrleitungsanlagen dieser Art ausdrücklich, liegt darin die vorweggenommene Versagung einer Genehmigung und nicht ein enteignender Eingriff. Dieser läge hingegen vor, wenn die Schutzverordnung das Gebot enthielte, eine rechtmäßig verlegte Rohrleitung zum Transport der genannten wassergefährdenden Stoffe stillzulegen und zu entleeren, da hier in ein bestehendes Recht signifikant eingegriffen wird[163].

---

[161] Breuer Rz 618; GWCz Rz 79 zu § 19.
[162] Im übrigen sei auf die umfangreiche Darstellung von Einzelbeispielen bei GWCz Rz 80–87 zu § 19 hingewiesen.
[163] GWCz Rz 81 zu § 19.

Dieser kurze Überblick zeigt, daß wegen der weitreichenden Beschränkungen, die sich aus dem WHG für Handlungen und Maßnahmen bereits allgemein ergeben, sobald diesen eine objektive Eignung zur Gewässerbeeinträchtigung innewohnt, bei den gewässerbezogenen Verboten und Beschränkungen wenig Raum für die Annahme eines enteignend wirkenden Eingriffs bleibt. Dies wirft zum andern jedoch die Frage auf, ob angesichts des weitreichenden allgemeinen Gewässerschutzregimes eine besondere örtlich begrenzt geltende Schutzverordnung gerechtfertigt ist, d. h. ob das Wohl der Allgemeinheit ihre Festsetzung »erfordert«. Diese Frage wird in der Literatur seit geraumer Zeit kritisch behandelt[164]. Anlaß zur Kritik gab eine Festsetzungspraxis, die der Maxime folgt, möglichst jede Gewinnungsanlage für die öffentliche Wasserversorgung mit einem Wasserschutzgebiet zu umgeben, ohne im Einzelfall zu prüfen, ob das der Versorgung dienende Gewässer ohne die Ausweisung einem Risiko ausgesetzt wäre, eine Prüfung, die angesichts der stringenten Festsetzungsvoraussetzungen mit Akribie vorgenommen werden muß; denn sonst wäre schwerlich zu belegen, daß das Wohl der Allgemeinheit die Ausweisung eines besonderen Schutzgebietes »erfordert« (§ 19 Abs. 1 WHG). Eine eigenständige Schutzwirkung kann ein Wasserschutzgebiet, das im Interesse der öffentlichen Wasserversorgung ausgewiesen wird, mithin nur entfalten, soweit es im Kern Beschränkungen und Verbote normiert, die über das hinausgehen, was ohnehin allgemein verboten ist, sei es absolut oder mit dem Befreiungsvorbehalt gem. §§ 2, 6 WHG. Als Ausdruck der Vorsorge ist indes eine Schutzgebietsfestsetzung jedenfalls dann in Einklang mit den Erfordernissen des § 19 Abs. 1 WHG zu rechtfertigen, wenn es gilt, einem Gewässer jede Gefährdung seiner Beschaffenheit mit einem Höchstmaß an Sicherheit fernzuhalten, um Gefahren für die öffentliche Gesundheit auszuschließen, wenn mithin auch solche Belastungen des Gewässers vermieden werden sollen, die unterhalb der Schwelle liegen, die eine fiktive Benutzung begründet (§ 3 Abs. 2 Nr. 2) und wenn demgemäß auch Handlungen gänzlich untersagt werden, deren Beschränkung ausgereicht hätte, um der Handlung im Rahmen des § 3 Abs. 2 Nr. 2 WHG den Charakter einer zulassungsbedürftigen Gewässerbenutzung zu nehmen. Der gesetzliche Festsetzungszweck, ein Gewässer »im Interesse der ... öffentlichen Wasserversorgung vor nachteiligen Einwirkungen zu schützen« (§ 19 Abs. 1 Nr. 1 WHG) läßt einen derart erhöhten Schutz in dem räumlich begrenzten Bereich eines besonders ausgewiesenen Gebietes nicht nur zu, er stellt vielmehr angesichts des flächendeckend geltenden allgemeinen Gewässerschutzes geradezu eine Aufforderung an die Wasserbehörde dar, den Schutz des diesem Zweck dienenden Gewässers im Rahmen des im Gemeinwohlinteresse Erforderlichen mit einem Sicherheitsbeiwert auszustatten. Diese Überlegung entbindet jedoch die Behörde nicht von der Pflicht, entsprechend dem Verbot einer Übermaßregelung im Einzelfall anhand der örtlichen Gesamtsituation zu prüfen, ob, in welchem Umfang und in welcher Regelungsdichte ein Wasserschutzgebiet vom Wohl der Allgemeinheit gefordert wird[165].

Eine weitere nicht zu unterschätzende praktische Bedeutung kann den bereits erwähnten Wasserschutzgebietsbestimmungen deklaratorischen Charakters zukommen, wenn also bewußt allgemein geltende Verbote und Beschränkungen des Wasserrechts in dem durch den Standortbezug gegebenen Umfang in die Schutzanordnung aufgenommen werden, um vor Ort auf diese

---

[164] Dazu insbesondere SALZWEDEL (Anm. 146).

[165] SALZWEDEL aaO (S. 406) verweist auf Gewässerschutzbestimmungen anderer Fachplanungen, z. B. in Gebietsentwicklungsplänen. Diese binden Behörden bei ihren gebietsrelevanten Planungen und der Erteilung von entsprechenden Genehmigungen und entfalten damit indirekt eine Bindungswirkung gegenüber Dritten, insoweit im Unterschied zu den unmittelbar wirkenden Verboten und Beschränkungen einer Schutzgebietsverordnung. – BREUER (Rz 598) weist auf die grundsätzlich »volle Justitiabilität« der Festsetzung hinsichtlich der gesetzlichen Voraussetzungen hin unter Berufung auf BvwG-Beschluß vom 23. 01. 1984 (ZfW 1984 S. 294), was uneingeschränkt für den Rechtsbegriff der Erforderlichkeit gemäß Wohl der Allgemeinheit gilt.

Bestimmungen hinzuweisen und ihre Beachtung anzumahnen. Erst die Darstellung der abstrakten Verbote, die durch ihren Bezug zu dem jeweiligen Standort ihre konkrete Wirkung entfalten, liefert im Zusammenhang eines Gesamtkatalogs der in diesem Schutzgebiet geltenden gewässerrelevanten Verhaltensnormen den Normadressaten die notwendigen Informationen und erleichtert auch der Wasserbehörde die Durchführung ihrer Gewässeraufsicht, da dies dem behördlichen Bedürfnis nach klaren überschaubaren Regeln entgegenkommt. Ausgewiesene Wasserschutzgebiete bewirken eine Publizität des örtlich aktuellen Gewässerschutzes und stellen damit eine Größe dar, die als solche im allgemeinen Planungsgeschehen auch von anderen Planungsträgern leichter wahrgenommen und respektiert wird[166].

Eine nachteilige Folge dieser Praxis ist jedoch, daß verbreitet der Eindruck entstanden ist und fortbesteht, nur in Wasserschutzgebieten gelte es, auf Gewässer Rücksicht zu nehmen; die ausdrücklich konkret ausgewiesenen Beschränkungen in einem Wasserschutzgebiet werden undifferenziert als eigenständige Verbotsnormen interpretiert, da die allgemein dem Gewässerschutz dienenden Normen des Wasserrechts weithin gänzlich unbekannt sind oder zumindest in ihrem Bezug zum Standort nicht wahrgenommen werden und als solche nicht von erhöhten Anforderungen unterschieden werden. Dies verleitet zu der weiteren Schlußfolgerung, daß alle im Wasserschutzgebiet geltenden Verbote insofern, als sie scheinbar Ausnahmecharakter tragen, nämlich weil sie außerhalb der Grenzen des Gebiets nicht beachtet zu werden bräuchten, von vornherein die Annahme eines Eingriffs und einer Enteignung nahelegen, was zu der Fülle (größtenteils unbegründeter) Entschädigungsforderungen und – ernster zu nehmen – zu der Annahme führt, außerhalb des förmlich ausgewiesenen Schutzgebiets seien alle innerhalb desselben ausdrücklich verbotenen Handlungen erlaubt. Diesem Dilemma mit intensiverer Breitenaufklärung beizukommen, erscheint angesichts des Umfanges dieser Aufgabe nahezu aussichtslos. Andererseits ist es aus rechtlichen und praktischen Gründen nicht möglich, jedes Gewässer durch die Ausweisung eines Wasserschutzgebiets nur um der breiteren Publizität allgemein geltenden Wasserrechts willen zu schützen, denn die Voraussetzung, daß das Wohl der Allgemeinheit die Festsetzung gerade dieses Schutzgebiets erfordert (§ 19 Abs. 1 WHG), bezeichnet innerhalb des WHG bereits den Ausnahmecharakter einer Schutzgebietsfestsetzung. Schutzgebietsverordnungen werden daher neben den jeweils standortrelevanten Bestimmungen des WHG die dem besonderen vor Ort konkret erforderlichen erhöhten Gewässerschutz dienenden Normen zu setzen haben. Hierbei sollte es möglich sein, in verständlicher Weise zwischen ohnehin und allgemein geltenden und solchen Normen zu unterscheiden, die dem erhöhten Schutz dienen[167]; im Zusammenhang mit der Ermittlung von Ausgleichsansprüchen nach § 19 Abs. 4 WHG wäre dies außerdem geeignet, den oft langwierigen Streit zwischen den Beteiligten über Grund und Höhe derartiger Ansprüche weitestgehend zu vermeiden.

Eine Entschädigung wird für ein Verbot geschuldet, das eine Enteignung, also einen Eingriff in das Eigentum darstellt. Daraus folgt, daß Verbote und Beschränkungen, die sich zu Lasten der Planungshoheit oder der gebietlichen Entwicklung eines Hoheitsträgers auswirken, keinen Entschädigungsanspruch auslösen. Besondere Erschwernisse z.B. beim Straßenbau, wenn Straßen in einem Schutzgebiet mit höherem Aufwand der Beseitigung der Straßenabwässer belastet werden oder eine Neubauplanung ein Schutzgebiet unter Änderung der bisherigen Planung weiträumig umgehen muß, sind Kosten des Straßenbaus und nicht etwa als Enteignungsentschädigung

[166] GWCz Rz 40 zu § 19 (m.w.N.).

[167] GWCz aaO (Anm. 166) empfiehlt, die auf allgemeinen (wasserrechtlichen oder sonstigen) Vorschriften beruhenden Regelungen in der Schutzgebietsverordnung ausdrücklich aufzuführen.

ersatzfähig, denn die Erschwernis betrifft nicht das Eigentum, sondern den Hoheitsbereich. Entsprechendes gilt, wenn eine Gebietskörperschaft durch die Schutzgebietsausweisung in ihrer räumlichen Ausdehnung oder sonst in der planerischen Gestaltung ihrer Gemarkung eingeschränkt wird[168].

Die Entschädigung für enteignende Eingriffe in Wasserschutzgebieten ist, wie bei Entschädigungsfällen im Rahmen des WHG allgemein, grundsätzlich in Geld festzusetzen, soweit nicht durch Gesetz wasserwirtschaftliche oder andere Maßnahmen als Entschädigung ausdrücklich zugelassen worden sind (§ 20 Abs. 2 WHG). Die Entschädigung hat den eintretenden Vermögensschaden angemessen auszugleichen. Soweit im Zeitpunkt der die Entschädigungspflicht auslösenden behördlichen Maßnahmen Nutzungen gezogen werden, ist von dem Maß ihrer Beeinträchtigung auszugehen; bei der Bemessung der Entschädigung sind auch Maßnahmen zu berücksichtigen, die der Entschädigungsberechtigte in diesem Zeitpunkt getroffen hat, um die Nutzungen zu steigern, wenn die Wirksamkeit dieser Maßnahmen nachgewiesen ist. Diese Entschädigungsregelung des § 20 WHG entspricht den nach der Rechtsprechung allgemein geltenden Grundsätzen für Entschädigungen aus enteignenden Eingriffen.

5.7.4.3 Der Ausgleich wirtschaftlicher Nachteile (§ 19 Abs. 4 WHG)

Der Grundsatz, daß der Anspruch auf Entschädigung eine Enteignung voraussetzt, wird scheinbar durchbrochen durch die Regelung des § 19 Abs. 4 WHG, wonach auch für solche »wirtschaftlichen Nachteile« ein »angemessener Ausgleich« zu leisten ist, die Land- und Forstwirte in Wasserschutzgebieten dadurch erleiden, daß die »ordnungsgemäße« Nutzung eines Grundstücks eingeschränkt ist, ohne daß schon ein Enteignungstatbestand erfüllt ist. Diese Regelung wurde durch die 5. WHG-Novelle (1986) eingefügt; sie stellt die Reaktion des Bundesgesetzgebers auf die Rechtsprechung der ordentlichen Gerichte dar, wonach Beschränkungen der land- und forstwirtschaftlichen Grundstücksnutzung solange nicht als Enteignung und damit nicht als entschädigungspflichtig zu gelten haben, als diese Nutzung nicht in ihrem Wesensgehalt angetastet wird und die Beschränkungen selbst der Eingriffsschwere entbehren, die zum Wesen des enteignenden Eingriffs gehört[169]. Entschädigungsforderungen für Bestimmungen in Wasserschutzgebieten, denen zufolge das Aufbringen von Düngemitteln, Pestiziden und anderen Agrarchemikalien sowie bestimmte notorisch gewässergefährdende Nutzungen (Maisanbau, Lagerung organischer Stoffe) eingeschränkt oder jedenfalls im inneren Bereich (Zone I und evtl. II) ganz verboten wurden, hatten demgemäß bei den Gerichten keinen Erfolg. Das Ansinnen, derart flächendeckende Beschränkungen der gewohnten landwirtschaftlichen Praxis entschädigungslos hinzunehmen, führte zu Unruhen in der Landwirtschaft und schließlich zur Einfügung des neuen § 19 Abs. 4 in das WHG.

Die gegen die Neuregelung ursprünglich erhobenen verfassungsrechtlichen Bedenken im Hinblick auf eine unzulässige Erweiterung des Enteignungsbegriffs über die verfassungsrechtliche Grundlage des Artikel 14 Abs. 3 Grundgesetz hinaus erwiesen sich als nicht stichhaltig. In der Rechtsprechung des Bundesverfassungsgerichts gibt es Entscheidungen, die in ähnlicher Weise, wenngleich auf einem anderen Gebiet, eine gesetzliche Schadlosstellung des von einer Rechtspflicht Betroffenen legitimieren, auch wenn das dem Betroffenen zugemutete Opfer nicht auf einen als Enteignung zu qualifizierenden Eingriff zurückzuführen ist[170]. Jedenfalls aber ist der

---

[168] Vgl. dazu GWCz Rz 58 zu § 19 mit Hinweis auf BVwG in ZfW 1986 S. 312.
[169] Eingehend hierzu GWCz Rz 118–142 zu § 19 (zur Entstehungsgeschichte Rz 118–121); BREUER Rz 627–633 (zur Entstehungsgeschichte Rz 627), jeweils m.w.N.
[170] Vgl. die Darstellung bei GWCz Rz 120, 121.

Kritik insoweit zuzustimmen, als die neue Ausgleichsregelung nach § 19 Abs. 4 Ausnahmecharakter hat und daher eng am gesetzlichen Tatbestand orientiert ausgelegt werden muß[171]. Hiernach ist ein Ausgleichsanspruch eines Land- oder Forstwirts nur dann begründet, wenn eine Schutzanordnung »erhöhte« Anforderungen festsetzt, durch die »die ordnungsgemäße land- oder forstwirtschaftliche Nutzung eines Grundstücks« beschränkt wird.

Die alsbald nach Verkündigung der 5. WHG-Novelle einsetzende umfangreiche rechtswissenschaftliche Diskussion führte zu dem fast einhelligen Ergebnis, daß als »erhöhte« Anforderungen nur solche angesehen werden können, die über die jeweiligen Pflichten hinausgehen, die für eine land- oder forstwirtschaftliche Grundstücksnutzung ohnehin gelten; zu verweisen ist hier auf die vorstehenden Ausführungen zur Abgrenzung der Enteignung von den allgemeinen Pflichten nach dem WHG. Hiernach sind als »erhöht« nur solche Anforderungen anzusehen, die im Interesse des Gewässerschutzes eine Maßnahme verbieten oder nur beschränkt zulassen, die sonst auf dieser Fläche, nämlich ohne das Wasserschutzgebiet, also im Rahmen des Wasserrechts und anderer Rechtsvorschriften zulässig wäre und die Beschränkung mithin nur durch die in dem Schutzgebiet geltenden besonderen Anforderungen begründet ist. Maßnahmen, die weder nach § 3 Abs. 1 noch im Rahmen sonstiger Einwirkungen nach § 3 Abs. 2 Nr. 2 als Benutzung gelten und auch nicht gegen ein sonstiges Verbot verstoßen, aber in der Schutzgebietsverordnung aus Vorsorgegründen in zulässiger Weise verboten oder beschränkt werden, sind »erhöht« im Sinne dieser Bestimmung[172]. Durch derartige Einschränkungen erbringt der Land- bzw. Forstwirt ein Opfer, daß sich wegen der u. U. weiträumigen Auswirkung der Regelung in der Summe als fühlbare Gewinneinbuße zeigt. Eng zusammen damit hängt der Begriff der »ordnungsgemäßen« Grundstücksnutzung. Versuche, eine herkömmliche landwirtschaftlich-betrieblich orientierte Definition dieses Begriffs zu etablieren, können mittlerweile als gescheitert gelten. Vielmehr hat sich die Auffassung durchgesetzt, daß eine Grundstücksnutzung auch in der Land- und Forstwirtschaft nur dann »ordnungsgemäß« ist, wenn sie die rechtlichen und auch wasserrechtlichen, für jedermann geltenden Bindungen und damit insbesondere die Standortverhältnisse (Bodenart, Grundwasser-Flurabstand, sonstige standorttypische Gefährdungspotentiale für Gewässer insgesamt) berücksichtigt. Neben dem allgemeinen Gebot einer Rücksichtnahme auf Gewässer (§ 1 a Abs. 2 WHG) ist dies insbesondere das Verbot, die als Gewässerbenutzung geltenden und daher zulassungsbedürftigen Handlungen nach § 3 Abs. 2 Nr. 2 vorzunehmen. Derartige Handlungen aber finden sich in der land- und forstwirtschaftlichen Praxis oft flächendeckend, insbesondere bei der Ausbringung von Düngemitteln und Pestiziden. Hier nur die Grundsätze eines landwirtschaftlich-ökonomischen Ertragsstrebens zugrunde zu legen und Forderungen des Naturschutzes und des Wasserrechts auf den zweiten Rang zu verweisen, ist angesichts des zwingenden Charakters des wasserrechtlichen Bewirtschaftungsrechts (§§ 2, 3, 6 WHG) unzulässig[173].

Schließlich ist Voraussetzung für den Ausgleichsanspruch, daß die »wirtschaftlichen Nachteile« in der »land- oder forstwirtschaftlichen Nutzung des Grundstücks« real eintreten. Unter »Nutzung« fallen die Erträge und die Bewirtschaftungsweisen der land- bzw. forstwirtschaftlichen Produktion, nicht jedoch die Errichtung von Scheunen oder anderen Gebäuden[174]. Daher kann nur für solche wirtschaftlichen Nachteile ein Ausgleich verlangt werden, die gerade wegen der Schutzanordnung in der land- bzw. forstwirtschaftlichen Produktion eintreten; hierzu gehören sowohl Mindererträge als auch Mehraufwendungen zur Erreichung bzw. Beibehaltung des bisherigen Ertragsniveaus, desgleichen Kosten für schutzgebietsbedingte Umstellungen der Produktion. Das Verbot, eine Scheune zu errichten oder zu erweitern, ist nicht ausgleichsberechtigt.

---

[171] GWCz Rz 119.

[172] h. M., vgl. GWCz Rz 125 zu § 19; BREUER Rz 630, jeweils m.w.N.

[173] Inzwischen h. M., vgl. BREUER Rz 630, GWCz Rz 128–132 (insbes. 130), jeweils m.w.N.

[174] GWCz Rz 134 zu § 19 unter Bezugnahme auf die Materialien (BT-Drs. 10/5727).

Entsprechendes gilt für Mehraufwendungen bei der Anlage von Gärfuttermieten und Güllebehältern, für die ohnehin der »bestmögliche Schutz« der Gewässer verwirklicht werden muß (§ 19g Abs. 2 WHG). »Ausgleich« von »Nachteilen« bedeutet zugleich, daß etwa durch die schutzgebietsbedingte Umstellung der Produktion entstehende Vorteile mit dem Ausgleichsanspruch verrechnet werden.

Mit dem Postulat einer »ordnungsgemäßen« Grundstücksnutzung, deren Beschränkung die Voraussetzung für das land- und forstwirtschaftliche Ausgleichsprivileg ist, greift das WHG zugleich ökologische Anforderungen an diese Berufsgruppe auf, die bislang so zwar bestanden, aber in der Praxis dieser Wirtschaftszweige keineswegs immer und überall die erforderliche Beachtung gefunden haben.

Ein hiernach begründeter Ausgleichsanspruch steht hinter einem etwa gegebenen Entschädigungsanspruch aus enteignendem Eingriff zurück; der Ausgleichsanspruch besteht ausdrücklich nur subsidiär. Der Anspruch kann zwar erst ab dem 1. 1. 1987, dem Zeitpunkt des Inkrafttretens der 5. WHG-Novelle und damit des neuen Absatz 4 des § 19, geltend gemacht werden, allerdings auch für Wasserschutzgebiete, die vor diesem Datum festgesetzt worden sind, sofern diese die geforderten erhöhten Anforderungen gegenüber einer ordnungsgemäßen land- oder forstwirtschaftlichen Grundstücksnutzung enthalten und die geforderten wirtschaftlichen Nachteile verursachen. Im Streitfall sind die ordentlichen Gerichte zuständig, die gegebenenfalls auch auf entsprechende Einrede des Zahlungspflichtigen die Verjährungsfrage zu prüfen haben.

5.7.4.4 Entschädigungs- und Ausgleichsschuldner

Darüber, wen die Pflicht zur Leistung der Enteignungsentschädigung trifft, schweigt das WHG. Nach den Landeswassergesetzen trifft sie direkt oder indirekt den »Begünstigten«. In dieser am Begünstigungsprinzip orientierten Zuweisung der Entschädigungspflicht stimmen im Grundsatz sämtliche Landeswassergesetze überein. Dies gilt auch für Formulierungen wie »in dessen Interesse die Festsetzung des Wasserschutzgebiets erfolgt« (so z. B. § 24 Abs. 3 Satz 2 LWG Baden-Württemberg). Der mittelbare Zugriff auf den Begünstigten ist in Nordrhein-Westfalen normiert, dessen Landeswassergesetz in § 134 bestimmt, daß das Land die Entschädigung zu leisten hat, sie aber von einem unmittelbar Begünstigten erstattet verlangen kann, soweit dieser einen Vorteil aus dem Eingriff hat; wer unmittelbar begünstigt ist, wird in der Schutzgebietsverordnung festgesetzt (§ 15 Abs. 1 LWG NW). Das Land hat in jedem Fall die Entschädigung zu leisten, wenn die Festsetzung im Interesse einer künftigen öffentlichen Wasserversorgung erfolgt, jedoch mit der Maßgabe, daß ein hinzutretender Träger der Wasserversorgung, der in diesen Fällen stets als der Begünstigte angesehen wird, diese Leistung auszugleichen hat.

Die Zuordnung der Entschädigungslast auf den durch den Eingriff Begünstigten entspricht den für das Enteignungsrecht allgemein geltenden Prinzipien, und zwar auch, soweit es sich um die Aufopferungsenteignung handelt. Denn es wird angenommen, daß derjenige, in dessen Interesse die Festsetzung erfolgt, daraus den Vorteil zieht und somit unter dem Gesichtspunkt eines Interessenausgleichs vor anderen denkbaren Trägern der Entschädigungsleistung in Betracht kommt. Die früher vereinzelt vertretene Auffassung, daß der Staat entschädigungspflichtig ist, beruhte auf dem Gedanken einer Wiedergutmachung, nämlich auf der Überlegung, daß Verbote und Beschränkungen in Wasserschutzgebieten mit einem Ausmaß und von einer Schwere, daß sie den Enteignungscharakter erfüllen, in aller Regel die Folge einer vorangegangenen Fehlplanung in der Verantwortungssphäre des Hoheitsträgers (im weiteren Sinne) sind. Diese Feststellung ist nicht zwangsläufig mit einem Vorwurf verbunden. Die Vertreter dieser Auffassung gingen jedoch davon aus, daß die Kosten einer späteren Korrektur jedenfalls nicht einem wie auch immer begünstigten Dritten, sondern dem anzulasten sind, in dessen Zuständigkeits- und damit Verantwortungsbereich der Planungsfehler oder das Defizit fällt. Diese Auffassung hat sich nicht durchgesetzt[175]. Existiert kein Begünstigter, so z. B. bei Wasserschutzgebieten nach § 19 Abs. 1 Nr. 2 und Nr. 3 WHG, ist das Land der endgültige Entschädigungsschuldner.

Die Zuordnung der Pflicht zur Zahlung des Ausgleichs nach § 19 Abs. 4 WHG überläßt das WHG ebenso wie dessen nähere Ausgestaltung dem Landesgesetzgeber. Die Leistungspflicht ist in den LWG in verschiedener Weise geregelt. Einige Länder bestimmen, daß für die Ausgleichspflicht dasgleiche gelte wie für die Leistung der Enteignungsentschädigung, daß also der »Begünstigte« zahlungspflichtig ist; andere weisen dem Staat die Zahlungspflicht zu, wobei diese Länder für die Entnahme von Wasser aus Gewässern eine Abgabe (»Wasserpfennig«) erheben. Das Aufkommen aus dieser Abgabe ist z. T. für wasserwirtschaftliche Maßnahmen zweckgebunden; die Ausgleichsleistung an Land- und Forstwirte nach § 19 Abs. 4 WHG wird diesem Verwendungszweck zugerechnet, soweit die Auszahlung an gewässerökologische Leistungen des Empfangsberechtigten gebunden wird. Indes wird in einigen Ländern der Wasserpfennig (z. T. generell, z. T. nur für Grundwasserentnahmen) erhoben und den Wasserversorgungsunternehmen die Leistung des Ausgleichs zusätzlich auferlegt. Die zahlreichen kritischen Stimmen, die auf verfassungsrechtliche Bedenken gegen die Abgabe abhoben, sind seit der Entscheidung des Bundesverfassungsgerichts[176] vorerst verstummt.

Die Zuordnung der Leistung der Ausgleichszahlung an den Begünstigten, also regelmäßig an den jeweiligen Träger der Wasserversorgung, erscheint in mehrfacher Hinsicht bedenklich. Gegenüber der – hier wie allgemein geltenden – Notwendigkeit, den geltendgemachten Anspruch nach Grund und Höhe zu begründen und ggf. die anspruchsbegründenden Tatsachen zu beweisen, zeigten sich Landwirte einschließlich ihrer Organisationen vielfach überfordert. Zeit- und kostenaufwendige Auseinandersetzungen zwischen den Beteiligten waren die Folge, jedoch wurde seitens der Landwirtschaft die Inanspruchnahme gerichtlicher Hilfe zur Durchsetzung von Ausgleichsansprüchen bislang vermieden. Z. T. wurde durch behördlichen Druck versucht, die Wasserversorgungsunternehmen in der Ausgleichsfrage zu einem Entgegenkommen gegenüber der Landwirtschaft zu veranlassen; in der Folgezeit sind nicht zuletzt aus diesem Grunde zahlreiche vertragliche Regelungen unterschiedlichen Inhalts zwischen Wasserversorgungsunternehmen und Landwirten bzw. deren Organisationen entstanden; einige enthalten Vereinbarungen über eine Zusammenarbeit derart, daß das Wasserversorgungsunternehmen auf seine Kosten eine regelmäßige gewässerökologische Beratung der im Schutzgebiet tätigen Landwirte und die regelmäßige Untersuchung von Boden- und Grundwasserproben organisiert. Verträge dieser Art sind örtlich, regional und vereinzelt auch mit landesweitem Geltungsanspruch (Nordrhein-Westfalen) entstanden. Hierbei hat sich vielfach gezeigt, daß der vertragsgemäß fließende Geldtransfer allenfalls zögernd, wenn überhaupt, zu einem Rückgang der landwirtschaftlich zu verantwortenden Gewässerbelastung führt.

Dies zeigt zunächst, daß auch dann, wenn ein Wasserschutzgebiet nur den bisherigen Eintrag von Schadstoffen in ein Gewässer und damit eine rechtswidrige Gewässerbenutzung untersagt, den Zustand der Rechtmäßigkeit somit wiederherstellt, ein Ausgleich gefordert wird und daß diese Forderung durchaus behördliche Unterstützung finden kann. Es erschiene wünschenswert, alsbald durch gerichtliche Entscheidungen in diesem Gemenge aus landwirtschaftlich-betrieblichen und regionalpolitischen Interessen durch die notwendigen Differenzierungen Klarheit zu schaffen. Darüber hinaus zeigt die bisherige Erfahrung, daß Ausgleichsleistungen und Wasserschutzgebiete überhaupt ohne eine strikte Kontrolle landwirtschaftlicher Bodenbehandlung ihren Sinn gerade in gewässerökologischer Hinsicht verlieren, wenn es auf Seiten der Grundeigentümer

[175] Dazu Salzwedel, »Die Entschädigungspflicht bei der Festsetzung von Wasserschutzgebieten«, Wasserrecht und Wasserwirtschaft Heft 11, E. Schmidt-Verlag 1970.
[176] BVerfG, Beschluß vom 07. 11. 1995 (2 BvR 413/88 und 2 BvR 1300/93)

an der notwendigen Einsicht und Kooperationsbereitschaft fehlt. Eine vereinbarte Zusammenarbeit kann dem Wasserversorgungsunternehmen nicht die hoheitlichen Mittel geben, auf die als Voraussetzung für eine effiziente Gewässeraufsicht nicht verzichtet werden kann. Abgesehen davon kann es nicht Aufgabe eines Wasserversorgungsunternehmens sein, in dieser für das Gemeinwohl wichtigen Frage die Funktion staatlicher Stellen wahrzunehmen. Eine Übernahme der Ausgleichspflicht durch den Staat wäre imstande, in Verbindung mit dem hoheitlichen Mittel der Gewässeraufsicht die Schutzgebietsverordnungen zu effektuieren; jedenfalls dann, wenn der Staat aus der Wasserförderung mit dem »Wasserpfennig« Einnahmen erzielt, wäre diese Regelung nicht nur zumutbar, sondern sachlich geboten. Daß dies prinzipiell möglich ist, zeigen die Beispiele Baden-Württembergs, Niedersachsens und Sachsens.

5.8 Gewässeraufsicht

5.8.1 Staatliche Gewässeraufsicht

Zum Bereich des staatlichen Monopols der Gewässerbewirtschaftung gehört die Gewässeraufsicht. Als Teil des Vollzugs fällt sie in den ausschließlichen Zuständigkeitsbereich der Länder. Gesetzliche Grundlagen finden sich in den Landeswassergesetzen, dort mit Regelungen z.T. unterschiedlichen Inhalts. Das WHG verzichtet auf eine eigenständige Regelung. Es spricht die Aufsicht nur an im Sinne einer Pflicht, eine behördlichen Überwachung zu dulden, die demjenigen obliegt, der ein Gewässer benutzt oder die Zulassung zur Benutzung beantragt hat (§ 21 Abs. 1 WHG), der eine Rohrleitungsanlage nach § 19a oder eine Anlage zur Lagerung von Stoffen nach § 19g errichtet oder betreibt sowie dem Inhaber eines Fachbetriebs für die § 19g-Anlagen (aaO Abs. 2).

Die Gewässeraufsicht wird in den LWG grundsätzlich umfassend verstanden. Baden-Württemberg nennt als Inhalt der Aufsicht die Überwachung der Einhaltung der wasserrechtlichen und sonstigen öffentlich-rechtlichen Pflichten bei der Benutzung der Gewässer und anderen wasserwirtschaftlich bedeutsamen Vorgängen sowie die Abwehr von Gefahren auf dem Gebiet der Wasserwirtschaft und die Beseitigung von Störungen, soweit dies im öffentlichen Interesse geboten ist; die Behörde hat die Maßnahmen zu ergreifen, die nach pflichtgemäßem Ermessen »notwendig erscheinen« (§ 82 Abs. 1 LWG). Ähnliche Bestimmungen finden sich in den LWG Hamburg (§ 64 Abs. 1), Hessen (§ 74 Abs. 1), Mecklenburg-Vorpommern (§ 90), Sachsen (§ 94) und mit einigen Abweichungen im LWG Berlin (§ 67); nach dem LWG Bayern besteht die Aufsicht darin, die Erfüllung der nach dem WHG und dem LWG bestehenden oder auf Grund derselben begründeten öffentlich-rechtlichen Verpflichtungen zu überwachen; die Behörde »überwacht die Gewässer und die sie beeinflussenden Maßnahmen und Anlagen stichprobenartig, objektbezogen und nach pflichtgemäßem Ermessen« (Art. 68 Abs. 1). Ähnlich regeln dies Bremen (§ 62 Abs. 1), Rheinland-Pfalz (§ 93), Saarland (§ 83) und Sachsen-Anhalt (§ 62). Niedersachsen bezieht den »Zustand der Gewässer« ein, regelt die Aufsicht sonst ähnlich wie Bayern (§ 60), Thüringen (§ 84) betont den polizeirechtlichen Gesichtspunkt der Gefahrenabwehr und normiert eine Sanierungspflicht des Verursachers einer Gewässer- oder Bodenverunreinigung; ähnlich wie Thüringen betont Brandenburg die polizeirechtliche Natur der Gewässeraufsicht, indem es die Wasserbehörden zu Sonderordnungsbehörden bestimmt (§103). Einen umfangreichen Aufgabenkatalog enthält § 116 LWG Nordrhein-Westfalen.

Die Überwachung der Gewässerbenutzungen und der Wasserschutzgebiete bildet einen Schwerpunkt, nicht aber den Gesamtinhalt der Aufsicht. Daß die Aufgabe weiter reicht, zeigt schon der Begriff »Gewässeraufsicht«; Bezugnahmen auf den Grundsatz der Gefahrenabwehr sowie die Erklärung der Wasserbehörden zu Sonderordnungsbehörden verdeutlichen den ordnungsrechtlichen Gesamtansatz der Gewässerüberwachung. In Sonderheit sind wasserwirtschaftlich relevante unvorhergesehene Ereignisse, wie z. B. Tankwagenunfälle, Auslöser aufsichtlichen Einschreitens zur Eindämmung eingetretenen Schadens und zur Verhütung weitergehender Unfallfolgen; entsprechendes gilt, wenn Schadstoffe aus einem Behälter auslaufen oder auszulaufen drohen und die Gefahr einer Gewässerverunreinigung besteht. Als ein das aufsichtliche Handeln auslösendes Ereignis ist darüber hinaus jede Verletzung des materiellen Wasserrechts anzusehen, die sich auf Gewässer auswirkt, mithin jede Maßnahme, die im Gesamtrahmen des § 3 WHG eine Benutzung darstellt, ohne daß die dafür erforderliche behördliche Zulassung vorliegt. Denn die Zulassungsfähigkeit einer Benutzung ist gemeinwohlorientiert, Verstöße mit negativen Auswirkungen auf Gewässer verletzen mithin als Gemeinwohlverstoß die wasserrechtliche und damit die öffentliche Ordnung, u. U. auch die öffentliche Sicherheit. Es läge nahe, derartige Handlungen vor Ort sofort zu unterbinden, da das Fehlen einer erforderlichen Zulassung im Wasserrecht, anders als im Baurecht, nicht nur die formelle, sondern auch die materielle Illegalität der Handlung bedeutet. Der Grundsatz der Verhältnismäßigkeit behördlichen Einschreitens im Hinblick auf den anzustrebenden Erfolg nötigt indes zu einer Prüfung, ob die beanstandete Handlung mittels Zulassung legalisiert werden kann; daher ist die Aufsichtsbehörde zunächst darauf beschränkt, darauf hinzuwirken, daß unverzüglich ein Antrag auf Zulassung gestellt wird mit der Maßgabe, daß bei Weigerung oder nach fruchtlosem Ablauf der gesetzten Frist die Handlung unterbunden wird. Ist offenkundig, daß eine Zulassung nicht erfolgen kann (Beispiel: Entsorgung fester Stoffe in ein Gewässer), ist die Handlung sofort zu unterbinden.

Gewässeraufsicht erstreckt sich auch auf das Grundwasser. Dies folgt einmal aus dem gesetzlichen Begriff selbst; darüber hinaus wäre ein Ausschluß dieses Naturguts aus der staatlichen Fürsorge im Hinblick auf die Bedeutung dieses Gewässers für den Naturhaushalt und den Menschen als Defizit im Gesamtkreis staatlicher Ressourcenüberwachung nicht hinnehmbar. Vielmehr wird das Augenmerk der Aufsicht in besonderer Weise gerade dem Grundwasser zu gelten haben. Dies ist schon eine Folge des erhöhten Schutzes, den die wasserrechtlichen Vorschriften für dieses Gewässer normieren. Denn während Flüsse und Kanäle der Schiffahrt und wassersportlichen Aktivitäten, Flüsse insbesondere traditionell der Grundstücksentwässerung dienen, deren Folgen, durch Mindestanforderungen an Abwasser eingeschränkt, insgesamt unter Inkaufnahme gewisser Beeinträchtigungen akzeptiert werden, ist das Grundwasser gegen schädigende Einwirkungen gesetzlich nahezu tabuisiert: § 34 verbietet strikt und ohne Befreiungsmöglichkeit Beeinträchtigungen des Grundwassers durch Einleitung oder Lagerung von Stoffen, eine Bestimmung, die in ihrem Inhalt durch die das Grundwasser betreffenden EG-Richtlinien ausgeformt und qualifiziert wird[177]. Ohne korrespondierende Gewässeraufsicht, deren Dichte und Konsequenz dem rechtlichen Schutzregime entspricht, bliebe dies unvollständig.

Die Kosten der Gewässeraufsicht treffen grundsätzlich das Land, da es sich um eine Staatsaufgabe im Interesse des Gemeinwohls handelt[178]. Soweit aufsichtliche Maßnahmen durch einen Dritten veranlaßt werden, ist überwiegend in den Landeswassergesetzen bestimmt, daß die Kosten von demjenigen zu erstatten sind, der zu der Maßnahme Veranlassung gegeben hat.

---

[177] S. dazu auch die Verordnung zur Umsetzung der Richtlinie 80/68/EWG des Rates vom 17. Dezember 1979 über den Schutz des Grundwassers gegen Verschmutzung durch bestimmte gefährliche Stoffe (Grundwasserverordnung) vom 18. März 1997 (BGBl. I S. 542).

[178] Breuer Rz 545; GWCz Rz 41 zu § 21.

5.8.2 Übertragung der Aufsicht auf Dritte

Gewässerüberwachung ist, wie der Zusammenhang mit Polizei- und Ordnungsrecht und die der Wasserbehörde bei der Durchführung der Tätigkeit zustehenden Befugnisse verdeutlichen, eine ihrem Wesen nach hoheitliche Aufgabe[179]. Außer Staatsbediensteten kommen nur solche Personen für die Ausführung hoheitlicher Aufgaben in Betracht, denen durch eine öffentlich-rechtliche Bindung in einem bestimmten Umfang zur Erfüllung bestimmter Aufgaben eine Teilhabe an der hoheitlichen Gewalt eingeräumt ist (Beleihung). Das Bestreben der Wasserbehörden, wegen der zunehmend erkennbar werdenden Vielfalt und des daraus folgenden wachsenden Umfangs einer sachgerechten Gewässerüberwachung Dritte in Überwachungsaufgaben einzubeziehen, hat, nachdem sich Bemühungen der Behörden auf untergesetzlicher Ebene als nicht wirksam erwiesen hatten, zu gesetzgeberischen Konsequenzen geführt. So erklärt § 14 Abs. 1 LWG NW es für zulässig, dem durch die Schutzverordnung Begünstigten, in aller Regel also dem Wasserversorgungsunternehmen, weitreichende Überwachungsaufgaben betreffend Gewässer, Boden und die im Wasserschutzgebiet erfolgende Bodenbewirtschaftung aufzuerlegen. Ein hierin immerhin noch erkennbarer, wenngleich überdehnter Bezug zur Versorgungsaufgabe ist nicht mehr vorhanden, wenn wie in § 82a LWG Baden-Württemberg bestimmt wird, daß die obere und die untere Wasserbehörde »geeignete Personen« damit »beauftragen« können, die Einhaltung der Bestimmungen des WHG und des LWG »ehrenamtlich« zu überwachen; diese Personen unterstehen bei ihrer Tätigkeit der Aufsicht der Behörde, die sie »bestellt« hat, und müssen den Ausweis über ihre Bestellung mit sich führen und auf Verlangen vorzeigen. Nach § 84 Abs. 1 LWG Saarland kann sich die Wasserbehörde »zur Erfüllung ihrer Aufgaben ... Dritter bedienen«; die »Beauftragten« müssen bei Ausübung ihrer Tätigkeit den die Beauftragung dokumentierenden Dienstausweis mit sich führen; eine inhaltlich entsprechende Regelung enthält § 46 LWG Mecklenburg-Vorpommern. In Hessen existiert eine verwandte, systematisch jedoch abweichende Regelung; dort enthält § 57 Abs. 3 LWG die Ermächtigung zum Erlaß einer Rechtsverordnung, wonach das Wasserversorgungsunternehmen verpflichtet werden kann, regelmäßig »auf eigene Kosten« das Wasser im »Einzugsbereich« seiner Gewinnungsanlage zu untersuchen und entsprechende »Vorfeldmeßstellen« einzurichten.

Diese Regelungen sind im Wasserrecht neu, demgemäß inhaltlich noch nicht untersucht und auf ihre Bedeutung geprüft. Sie sind zu unterscheiden von der Anordnung von »Maßnahmen zur Beobachtung oder zur Feststellung des Zustandes« eines Gewässers, wie sie als Auflage einer Erlaubnis oder Bewilligung beigegeben werden können (§ 4 Abs. 2 Nr. 1 WHG). Denn diese Überwachung betrifft die Auswirkungen der zugelassenen Benutzung auf das Gewässer und dessen ökologisches Umfeld und ist daher direkt der zugelassenen Benutzung zuzuordnen; jene hingegen erfaßt losgelöst vom direkten Bezug zur Benutzung die Aufsicht eines »Dritten« über Gewässer und ggf. Boden in einer Region. Ob es sich bei der »Beauftragung« des Dritten um eine Beleihung handelt, worauf zunächst der Begriff »überwachen« hindeuten kann, erscheint insgesamt zweifelhaft. Dies könnte je nach dem Inhalt und den Umständen der »Bestellung« der Person durch die Behörde zu bejahen sein, wenn die gesetzliche Regelung auf eine Beleihung, also auf die Übertragung hoheitlicher Befugnisse gerichtet sein sollte. Zwingend ist diese Annahme nicht, denn das »Überwachen der Einhaltung der Bestimmungen des WHG und des LWG« kann auch in einem bloßen Schauen und Melden bestehen. Behörden sind im allgemeinen eher zurückhaltend gegenüber einer Teilhabe Dritter an ihrem Hoheitsprivileg. »Beauftragen« und der Umstand, daß die Tätigkeit »ehrenamtlich« erfolge, also ohne Anspruch auf ein Entgelt, deuten eher auf die Begründung eines Auftragsverhältnisses i. S. des BGB hin. Nach § 662 BGB besteht das Wesen des Auftrags darin, daß der Auftragnehmer ein »von dem Auftraggeber übertragenes

---

[179] GWCz Rz 4 zu § 21.

Geschäft für diesen unentgeltlich zu besorgen« hat. Das Auftragsverhältnis kommt »durch die Annahme eines Auftrags« zustande. In der Annahme des Auftrags liegt mithin der die Verpflichtung des Beauftragten begründende Akt. »Geschäft« i.S. des § 662 BGB kann jede Besorgung sein, an deren Erledigung dem Auftraggeber gelegen ist[180]; soweit man der Überwachung im Auftrag der Wasserbehörde nach § 82a hoheitlichen Charakter beimißt, stünde dies der Qualifizierung dieses Rechtsverhältnisses als Auftrag nicht entgegen, da auch Tätigkeiten aus dem Bereich des öffentlichen Rechts Gegenstand eines Auftrags nach §§ 662ff BGB sein können, zumindest eine analoge Anwendung des Auftragsrechts wäre denkbar und angesichts des Fehlens näherer Bestimmungen im LWG hilfreich[181].

Der Auftragsvertrag, ein unvollkommen zweiseitiger Vertrag, kommt mit der Annahme durch den Auftragnehmer, mithin also freiwillig zustande. Das Gesetz enthält die Befugnis der Behörde, eine Beauftragung Dritter vorzunehmen; eine Verpflichtung des Dritten, auch gegen seinen Willen den »Auftrag« anzunehmen, ist dem Gesetz nicht zu entnehmen. Eine (direkte oder analoge) Anwendung des Auftragsrechts des BGB führt ferner zu § 670 BGB, wonach der Auftragnehmer vom Auftraggeber Ersatz für Aufwendungen verlangen kann, die er »zum Zwecke der Ausführung des Auftrags« gemacht hat und »den Umständen nach für erforderlich halten durfte«.

Ob diese neuartigen Regelungen in den LWG Baden-Württemberg, Mecklenburg-Vorpommern und Saarland praktische Bedeutung erlangen und auch in das Wasserrecht der anderen Bundesländer Einzug halten werden, bleibt abzuwarten.

5.9 Die Gewässergüte als Schutzgegenstand zivil- und strafrechtlicher Sanktionen

Die Vorschriften im Rahmen des öffentlich-rechtlichen Bewirtschaftungssystems zur Sicherung der Beschaffenheit der Gewässer als Bestandteil des Naturhaushalts finden eine Ergänzung in bürgerlichrechtlichen und strafrechtlichen Normen.

5.9.1 Schadensersatz (§ 22 WHG)

Das WHG räumt demjenigen, der durch die Verunreinigung eines Gewässers einen Schaden erleidet, gegen den Verursacher des Schadens einen Anspruch auf vollen Ersatz ein. Diese Regelung trägt deutlich nachbarrechtliches Gepräge; ihre Bedeutung erschöpft sich jedoch nicht in einer Rechtsbeziehung zwischen Verursacher und Geschädigtem. Die Regelung ist infolge ihrer Ausgestaltung als eine Verursacherhaftung, die – anders als im Deliktsrecht des BGB – kein Verschulden des Schädigers voraussetzt und – anders als im Recht der Gefährdungshaftung sonst – die verschuldensfreie Haftung nicht auf einen Höchstbetrag begrenzt, geeignet, ähnlich wie eine Strafvorschrift allgemein verhaltensbestimmend zu wirken[182].

Die Schadensersatzpflicht ist in § 22 WHG geregelt, der zwei Fallgruppen unterscheidet. Nach Abs. 1 haftet, wer in ein Gewässer Stoffe einbringt oder einleitet oder auf ein Gewässer derart einwirkt, daß die physikalische, chemische oder biologische Beschaffenheit des Wassers verändert wird, auf Ersatz des Schadens, der einem anderen daraus entsteht (Einwirkungshaftung). Die

[180] Vgl. PALANDT-THOMAS (54. Aufl. 1995) Einführung vor § 662 BGB Rz 8
[181] PALANDT-THOMAS aaO.
[182] JANKE-WEDDIGE ZfW 1988, S. 381; GWCz Rz 2 zu § 22.

Tathandlungen Einbringen, Einleiten und Einwirken sind objektiv gewässerbezogen; es sind Handlungen, die eine Benutzung darstellen (vgl. dazu Abschnitt 5.3.1). Der Erfolg, die Verunreinigung des Gewässers und der Eintritt des Schadens, braucht nicht vom Vorsatz des Handelnden erfaßt zu sein. Die Schadensersatzpflicht wird durch die bloße Verursachung begründet.

Neben der Einwirkungshaftung des Abs. 1 bestimmt Abs. 2, daß der Inhaber einer »Anlage«, die bestimmt ist, Stoffe herzustellen, zu verarbeiten, zu lagern, abzulagern, zu befördern oder wegzuleiten, auf Schadensersatz haftet, wenn aus der Anlage »derartige Stoffe« in ein Gewässer gelangen (Anlagenhaftung). Der Begriff Anlage ist entsprechend dem Sprachgebrauch weit zu verstehen; nicht nur Behälter oder Tanks fallen darunter, auch andere Formen des (vorübergehenden) Lagerns und des (dauerhaften) Ablagerns, des Transports und der Be- oder Verarbeitung von Stoffen. Eine Müllkippe und auch ein Dunghaufen sind Anlagen i.S. dieser Vorschrift[183]. Der weitgefaßte Umfang der Anlagenarten läßt den Willen des Gesetzgebers erkennen, die wesentlichen Gefährdungsquellen zu erfassen; jedoch nötigt der Ausnahmecharakter dieser Verursachungshaftung zu einer eng an die gesetzlichen Tatbestandsmerkmale gebundenen Interpretation. Eine entsprechende Anwendung auf nicht ausdrücklich genannte Anlagenarten ist mit der besonderen Natur der Bestimmung nicht vereinbar. Praktische Bedeutung erlangt diese Unterscheidung, wenn bei einem Tankwagenunfall Mineralöl austritt und in ein Gewässer gelangt. Ist der Stoff dem Transporttank entwichen, liegt ein Anwendungsfall des § 22 Abs. 2 WHG vor, da dieser Tank dem »Befördern« des Stoffs dient; ist hingegen nur Treibstoff aus dem Kraftstofftank des Fahrzeugs ausgetreten, scheidet eine Haftung nach dieser Bestimmung aus, denn dieser Tank ist zur Kraftstoffversorgung des Fahrzeugs und eben nicht zur Beförderung bestimmt. Hier käme für eine Gewässerverunreinigung und den daraus entstehenden Schaden eine Haftung nach dem Straßenverkehrsgesetz (Gefährdungshaftung mit Begrenzung der Haftungssumme, § 7 StVG) und im übrigen eine Verschuldenshaftung nach dem Deliktsrecht des BGB (§ 823) in Betracht[184].

»Schaden« i.S. des § 22 WHG ist nicht jeder durch das schädigende Ereignis adäquat verursachte Schaden, vielmehr wird der Schadensbegriff entsprechend dem besonderen Charakter dieser wasserrechtlichen Verursacherhaftung auf gewässertypische Schäden begrenzt. Zu dem durch eine Gewässerverunreinigung verursachten Schaden zählen die Kosten für die Aufbereitungsmaßnahmen, die ein Wasserversorgungsunternehmen oder ein Lebensmittelbetrieb mit eigener Wassergewinnung vornehmen muß, um den Folgen der Gewässerverunreinigung zu begegnen oder Schäden durch verunreinigungsbedingte Produktionsausfälle. Die Schädigung des Fischbestandes durch eine Beeinträchtigung der Beschaffenheit des Fischgewässers gehört hierher, aber auch die Kosten für Abwehr- und Folgemaßnahmen einschließlich der Maßnahmen zur Schadensminderung (Abräumen verseuchten Erdreichs, Absaugen verschmutzten Wassers) sind Schaden i.S. des § 22 WHG. Der BGH hat einem Wasserversorgungsunternehmen, das Wasser aus dem Uferfiltrat des Rheins gewinnt, einen Anspruch auf Ersatz der Kosten für die aus Anlaß eines Chemieunfalls am Oberstrom vorsorglich erhöhten Rohwasseruntersuchungen gegen den Verursacher des Unfalls aus § 22 Abs. 2 WHG zugesprochen[185].

Ein Ersatzanspruch nach § 22 WHG ist nicht dadurch ausgeschlossen, daß für die den Schaden verursachende Handlung eine wasserrechtliche Erlaubnis (§ 7 WHG) besteht, denn deren Reichweite als bloße Befugnis ist darauf beschränkt, die Rechtswidrigkeit der Benutzung nur in öffentlich-rechtlicher Hinsicht aufzuheben, sie vermag mangels Drittwirkung kein Recht gegenüber Dritten zu begründen. Anders liegt der Fall, wenn die schädigende Handlung auf der rechtlichen Grundlage einer Bewilligung erfolgt, da diese ein Recht mit Wirkung auch gegenüber

[183] GWCz Rz 43 zu § 22, h.M.
[184] GWCz Rz 43 (am Ende) zu § 22 m.w.N.
[185] Vgl. die Beispiele bei GWCz Rz 29 zu § 22.

Dritten begründet und damit der Handlung auch im Verhältnis zu dem Geschädigten die Rechtswidrigkeit nimmt (§ 11 WHG). Die praktische Bedeutung dieses Falls ist eher gering, nämlich auf die vor der 4. WHG-Novelle (1976) erteilten und noch nicht abgelaufenen Bewilligungen für das Einleiten von Abwasser beschränkt, da seit jenem Zeitpunkt für das Einleiten die Erteilung einer Bewilligung ausgeschlossen ist.

5.9.2 Strafbarkeit einer Gewässerverunreinigung (§§ 324, 330 StGB)

Gewässer genießen gegen Verunreinigungen auch strafrechtlichen Schutz. Die Straftatbestände, ursprünglich als §§ 38, 39 im WHG enthalten, wurden durch das 18. Strafrechtsänderungsgesetz in das Strafgesetzbuch (StGB) übernommen, dabei sprachlich gestrafft und im Strafrahmen erweitert. Die Straftatbestände der Gewässerverunreinigung sind nunmehr in den 28. Abschnitt »Straftaten gegen die Umwelt« (§§ 324–330 StGB) integriert, der rechtswidrige schädigende Eingriffe in die Naturgüter Boden, Wasser und Luft als Straftatbestände erfaßt und als Vergehen mit Strafe bedroht. Die einfache Gewässerverunreinigung behandelt § 324; für die mit einer Gefährdung der Gesundheit oder der öffentlichen Wasserversorgung verbundene Tat sieht § 330 eine erhöhte Strafandrohung vor; daneben stellt § 326 StGB die umweltgefährdende Abfallbeseitigung, die (u. a.) eine Gefährdung der Gewässer herbeiführt, und § 329 StGB die Gefährdung »schutzwürdiger Gebiete«, darunter Wasserschutzgebiete, verbotswidrig durch Betreiben wassergefährdender Anlagen oder gewerblichen Bodenschatzabbau unter Strafe.

Nach § 324 StGB wird bestraft, »wer unbefugt ein Gewässer verunreinigt oder sonst dessen Eigenschaften nachteilig verändert« (Abs. 1). Schutzobjekt sind Gewässer i. S. des § 1 WHG; es gilt ein einheitlicher Gewässerbegriff. Schutzgut ist das Gewässer selbst, nämlich als Bestandteil des Naturhaushalts (§ 1a WHG) und nicht etwa als Objekt menschlicher Nutzung oder behördlicher Bewirtschaftung; Wortlaut und Zweck sowie die amtliche Begründung lassen keine andere Interpretation zu. Ein Bezug zur menschlichen Nutzung kommt erst in der erhöhten Strafdrohung des § 330 StGB zum Ausdruck. Als Verstoß gegen die Bewirtschaftungsbefugnis der Behörde hätte eine Ahndung im Ordnungswidrigkeitsrecht ausgereicht.

Die Tathandlung des § 324 StGB besteht in einer Verunreinigung oder einer nachteiligen Veränderung der Gewässereigenschaften »sonst«. »Verunreinigung« bedeutet, daß der vorgefundene Zustand des Wassers durch Fremdstoffe in seiner Beschaffenheit verändert wird. Diese Veränderung wird als nachteilig angesehen, denn der Zusatz »sonst« in der zweiten Alternative verbindet beide Tathandlungen in dieser Wertung. Mit »nachteilig« setzt das Gesetz nicht voraus, daß durch die Tat bei einem Dritten ein Nachteil eintritt; vielmehr bezeichnen die Verunreinigung und die sonstige nachteilige Eigenschaftsänderung für sich allein den Tatunwert der Handlung. Das Gesetz hebt auf den vorgefundenen Zustand des Gewässers ab, daher ist der Einwand, es sei bereits vor dem Hinzufügen von Stoffen verunreinigt gewesen, unbeachtlich; jedes Hinzufügen von Stoffen stellt eine neue eigenständige nachteilige Veränderung dar. Während die Verschmutzung i. d. R. durch ein Einleiten oder Einbringen von Stoffen erfolgt, kann die Veränderung der Eigenschaften auf physikalischem Wege (Temperatur, Strahlung), biologisch, z. B. durch Verminderung des Sauerstoff-Gehalts mit den Folgeerscheinungen oder auch dadurch geschehen, daß durch das Einbringen fester Stoffe das Abflußverhalten eines Wasserlaufs in wasserwirtschaftlich störender Weise beeinflußt wird. Die Verschmutzung braucht nicht optisch oder sonst grob-sinnlich wahrnehmbar zu sein.

Voraussetzung für einen Strafausspruch ist neben der Schuld des Täters die Rechtswidrigkeit der Tathandlung. Dies ist, wie der Katalog erlaubnisfähiger Benutzungstatbestände des § 3 WHG zeigt, dann nicht gegeben, wenn und soweit die Handlung ausdrücklich durch die Wasserbehörde oder mit deren Zustimmung durch eine Planfeststellungsbehörde erlaubt ist. Mit »unbefugt« trägt das Gesetz dieser Tatsache Rechnung. Die Erlaubnis nach § 7 WHG beseitigt die Rechtswidrigkeit, wie erwähnt, in öffentlich-rechtlicher Beziehung und damit auch für den Bereich des Strafrechts.

Die Strafandrohung gilt für die vorsätzliche und fahrlässige Begehungsweise. Der Vorsatz muß die objektiven Tatbestandsmerkmale umfassen; der Täter muß auch wissen und wollen bzw. billigend in Kauf nehmen (bedingter Vorsatz), daß seine Handlung ein Gewässer verunreinigt oder in seinen Eigenschaften nachteilig verändert. Hierhin gehört auch die streitige Frage, ob der Tatbestand auch erfüllt ist, wenn die Verunreinigung des Gewässers mittels Einleiten in eine Kanalisation geschieht. Wenngleich der Wortlaut des § 324 StGB (»wer ... verunreinigt ...«) diese Annahme nicht zwingend ausschließt und die Frage der Rechtswidrigkeit (»unbefugt«) danach zu entscheiden ist, ob die Regeln der Kanalsatzung eingehalten worden sind, bleiben doch Zweifel. Wird unter Verstoß gegen Einleitungsbestimmungen der Satzung ein Stoff dem Kanal zugeführt und ist dem Täter bekannt, daß mit diesem Tun ein Gewässer verunreinigt wird, dürfte einer Bestrafung nach § 324 StGB dann, wenn der Erfolg eingetreten ist, nichts entgegenstehen. Dies bedarf wegen der einzelnen subjektiven Momente der Prüfung und Entscheidung im Einzelfall.

Werden durch die Gewässerverunreinigung »Leib oder Leben eines andern, fremde Sachen von bedeutendem Wert, die öffentliche Wasserversorgung oder eine staatlich anerkannte Heilquelle gefährdet«, ist der Tatbestand der schweren Umweltgefährdung erfüllt mit erhöhter Strafdrohung (§ 330 StGB).

Das Strafrecht schützt schließlich Gewässer, die unter dem besonderen Regime eines Wasserschutzgebiets stehen, indem es denjenigen mit Strafe bedroht, der innerhalb eines Wasserschutzgebiets »entgegen einer zu deren Schutz erlassenen Vorschrift« betriebliche Anlagen zum Lagern, Abfüllen und Umschlagen oder zum Transport wassergefährdender Stoffe betreibt oder im Rahmen eines Gewerbebetriebs feste Stoffe abbaut (§ 329 Abs. 2 StGB). § 326 Abs. 1 Nr. 3 StGB stellt die rechtswidrige Beseitigung gefährlicher Abfälle, die ihrer Art nach geeignet sind, »nachhaltig ein Gewässer, die Luft oder den Boden« zu verunreinigen, unter Strafe.

5.10 Erschließung von Grundwasser

Der Vorgang der »Grundwassererschließung« in dem hier angesprochenen Sinne (vgl. Abschnitt 5.2 a. E.) berührt mehrere Rechtsgebiete. Neben dem Wasserrecht ist dies insbesondere das Natur- und Landschaftsschutzrecht, das Planungsrecht und das Bergrecht. Daneben legt das Thema es nahe, auf einige Fragen des Bürgerlichen Rechts (Grundstücksbenutzungsrechte nach BGB) einzugehen.

5.10.1 Wasserrecht

Die der Grundwassererschließung dienenden Maßnahmen sind durch das Bestreben gekennzeichnet, Grundwasser aufzusuchen und (vorübergehend oder dauerhaft) zutage zu fördern und somit auf eine Benutzung dieses Gewässers angelegt. Das Niederbringen einer Bohrung ist selbst noch keine Benutzung, solange dieser Vorgang nicht seinerseits geeignet ist, mehr als nur unerheblich auf das Grundwasser nachteilig einzuwirken (fiktive Benutzung nach § 3 Abs. 2 Nr. 2 WHG). Bei einer von vornherein auf das Auffinden und Zutagefördern von Grundwasser ausgerichteten Unternehmung wird eine Benutzung von Anbeginn anzunehmen sein. Hat eine Bohrung oder sonstige Abteufung (Schacht) zur Freilegung von Grundwasser geführt, liegt darin eine Benutzung im vorgenannten Sinne. Mit dem Abpumpen (Heben und Ableiten) des Wassers ist der Tatbestand der Benutzung nach § 3 Abs. 1 Nr. 6 WHG erfüllt. Das mit dem Entnehmen von Grundwasser verbundene Einbringen von Gerät unter den Grundwasserspiegel stellt im Zusammenhang des Gesamtvorgangs der Grundwassererschließung und -förderung einen Teilvorgang dar ohne eigenständige Benutzungsqualität; dies wird von den Begriffen »Zutagefördern« und »Entnehmen« umfaßt.

Als Benutzung bedarf der Vorgang der Erlaubnis oder Bewilligung (§ 2 WHG). Etwas anderes würde nur gelten, wenn es sich um einen vorübergehenden Eingriff handelt, der von den wasserwirtschaftlichen Auswirkungen als geringfügig einzuschätzen ist, wie dies bei reinen Erkundungserschließungen der Fall sein kann. Dieses »Entnehmen« und »Zutagefördern« oder »Zutageleiten« von Grundwasser fiele unter die gemäß § 33 Abs. 1 WHG zulassungsfreie Benutzung, soweit nicht das Landesrecht auch hierfür eine Zulassung vorschreibt. Von der Ermächtigung, innerhalb des nach § 33 WHG erlaubnisfreien Bereichs abweichende Vorschriften zu erlassen (§ 33 Abs. 2 WHG), haben die Länder weitgehend und recht verschieden Gebrauch gemacht. Überwiegend wird der erlaubnisbedürftige Bereich im LWG eingeschränkt, z. T. wird die Befugnis, weitere Einschränkungen vorzuschreiben, auf den Verordnungsgeber delegiert. Erweiterungen des erlaubnisfreien Bereichs sind nur direkt oder im Wege entsprechender Verordnungsermächtigungen für bestimmte land- und forstwirtschaftliche Maßnahmen in einigen Ländern vorgesehen. Für die hier angesprochenen Maßnahmen der Grundwassererschließung wird es hiernach im wesentlichen bei der Notwendigkeit einer Zulassung bleiben.

5.10.2 Natur- und Landschaftsschutzrecht

Rechtsgrundlagen sind das Bundesnaturschutzgesetz in der Fassung vom 12. 3. 1987, mehrfach geändert, zuletzt durch das Dritte Gesetz zur Änderung des Bundesnaturschutzgesetzes vom 26. August 1998 (BGBl. I, S. 2481). Es ist wie das Wasserhaushaltsgesetz ein Rahmengesetz (Artikel 75 Nr. 3 Grundgesetz) und bildet zusammen mit dem jeweils ergänzenden Landesgesetz das in einem Bundesland geltende Natur- und Landschaftsschutzrecht.

Hier stellt sich zunächst die Frage, ob die Maßnahmen zur Grundwassererschließung als Eingriff in Natur und Landschaft anzusehen sind. Das Bundesnaturschutzgesetz bezeichnet als Eingriff »Veränderungen der Gestalt oder Nutzung von Grundflächen, die die Leistungsfähigkeit des Naturhaushalts oder das Landschaftsbild erheblich oder nachhaltig beeinträchtigen können« (§ 8 Abs. 1 Bundesnaturschutzgesetz). Eine zum Teil wortgleiche Definition findet sich in den Landesgesetzen zum Natur- und Landschaftsschutz; das Landesrecht kennt darüber hinaus einen Katalog von Maßnahmen, die jedenfalls als Eingriff gelten (fiktive Eingriffe) oder auch ihre Eingriffsnatur in widerleglicher Weise vermuten lassen. Soweit die Abteufung eines Grundwasserbrunnens weder als Erkundungs- noch als Wassergewinnungsmaßnahme ausdrücklich in diesem Katalog aufgeführt ist, hängt mithin die Beurteilung der Maßnahme im naturschutzrechtlichen Sinne davon ab, ob dieser Vorgang geeignet ist, die in § 8 Abs. 1 Bundesnaturschutzgesetz genannten Wirkungen zu erzielen. Um hiernach eine Eingriffsqualität anzunehmen, müßten mithin die Erschließungsmaßnahmen geeignet sein, die Leistungsfähigkeit des Naturhaushalts oder das Landschaftsbild erheblich oder nachhaltig zu beeinträchtigen und damit die Ziele des Naturschutzes und der Landschaftspflege, die Leistungsfähigkeit des Naturhaushalts nachhaltig zu sichern, in Frage stellen. Andererseits ist dieses Ziel im Zusammenhang mit den übrigen Zielen des Naturschutzes zu interpretieren; neben dem Schutz der Pflanzen- und Tierwelt und der Schönheit von Natur und Landschaft findet sich auch die Nutzungsfähigkeit der Naturgüter unter den Objekten, denen das Gesetz »als Lebensgrundlagen des Menschen und als Voraussetzung für seine Erholung in Natur und Landschaft« eine nachhaltige Sicherung verschaffen will. Das Gesetz schreibt ferner vor, daß die einzelnen Anforderungen im Zielekatalog »untereinander und gegen die sonstigen Anforderungen der Allgemeinheit an Natur und Landschaft abzuwägen« sind (§ 1 Abs. 1 und Abs. 2 Bundesnaturschutzgesetz). Dieser Zusammenhang verdeutlicht, daß die Annahme eines Eingriffs und die sich daran knüpfenden restriktiven Konsequenzen einen gewissen Mindestumfang der zu beurteilenden Maßnahme voraussetzen. Ob die Erschließungshandlung insgesamt einen Eingriff im Sinne des Naturschutzrechts darstellt, hängt mithin von dem tatsächlichen Umfang der Maßnahme und der Größe des Grundwasserabsenkungstrichters sowie dessen Auswirkungen auf den Naturhaushalt ab.

Liegt ein Eingriff vor, ist der Verursacher zu verpflichten, vermeidbare Beeinträchtigungen von Natur und Landschaft zu vermeiden bzw. auszugleichen. Diese Verpflichtungen ergehen mangels eigenständiger naturschutzrechtlicher Zulassungskompetenz in Verbindung mit der Erlaubnis bzw. Bewilligung, die nach Wasserrecht erforderlich ist (§ 8 Abs. 2 Bundesnaturschutzgesetz). Sind die Beeinträchtigungen des Naturhaushalts, die der Eingriff verursacht, nicht zu vermeiden oder nicht in erforderlichem Maß auszugleichen, ist der Eingriff zu untersagen, wenn die Belange des Naturschutzes und der Landschaftspflege »bei Abwägung aller Anforderungen an Natur und Landschaft im Range vorgehen« (§ 8 Abs. 3 Bundesnaturschutzgesetz). In diesem Falle wäre jedoch auch im Rahmen des wasserrechtlichen Verfahrens eine ähnliche Entscheidung zu erwarten. Das gem. § 6 WHG zu berücksichtigende Wohl der Allgemeinheit kann, auch wenn es grundsätzlich wasserwirtschaftlich bestimmt ist, Auswirkungen einer Gewässerbenutzung auf Natur und Landschaft nicht völlig unberücksichtigt lassen. Der Streit über die Reichweite des Begriffs »Wohl der Allgemeinheit« im Wasserrecht dürfte bei der rechtlichen Beurteilung wasserwirtschaftlicher Vorgänge letztlich weniger praktische Bedeutung haben als allgemein angenommen. So offenkundig Wasserrecht das Recht der Ordnung des Wasserhaushalts ist und somit sein Geltungsbereich auf Gewässer begrenzt ist, so wenig ist zu bestreiten, daß der Gemeinwohlbegriff einen weiten Überschneidungsbereich mit anderen Rechtsbereichen aufweisen kann. Jedenfalls aber bewirkt die Kollisionsregelung in § 8 Bundesnaturschutzgesetz und entsprechend in den Landesgesetzen, daß naturschutzrechtlich relevante Vorhaben, die einen Eingriff in Natur und Landschaft darstellen und einer behördlichen Zulassung nach anderen Rechtsvorschriften bedürfen, in Abstimmung zwischen der hiernach zuständigen Behörde und der Naturschutzbehörde zu beurteilen sind; das Ergebnis dieser Abstimmung findet in den naturschutzrechtlich begründeten Auflagen und Bedingungen in einem Wasserrechtsbescheid seinen Niederschlag, so daß Naturschutzrecht letztlich mit den Mitteln des Wasserrechts wirksam wird. Soweit Auswirkungen einer Grundwasserabsenkung auf die Natur ein Ausmaß erreichen, das auch bei Abwägung der für die Gewässerbenutzung sprechenden Gründe des Gemeinwohls als unerträglich angenommen werden muß, wird die Benutzung entsprechend Naturschutzrecht und Wasserrecht entweder nur in einem reduzierten Maß oder gar nicht zulassungsfähig sein.

Des weiteren stellt sich die Frage, ob für das Gebiet, in dem die Grundwassererschließung stattfinden soll, ein Landschaftsplan besteht und ob und gegebenenfalls welchen Schutz im einzelnen der Plan für das Gebiet ausweist. Während in einem Landschaftsschutzgebiet alle Handlungen verboten sind, die den Charakter des Gebiets verändern können oder die dem besonderen Schutzzweck zuwiderlaufen, was bezüglich der Grundwassererschließung im Einzelfall vor Ort ermittelt werden muß, sieht ein Naturschutzgebiet in aller Regel strengere Verbote vor. Hiernach sind grundsätzlich alle Handlungen untersagt, die zu einer Zerstörung, Beschädigung oder Veränderung des geschützten Gebietes oder Gebietsteils oder seiner Bestandteile oder die zu einer nachhaltigen Störung der Natur führen können. Für Maßnahmen der Grundwassererschließung werden sich Wege finden lassen, die eine Beeinträchtigung des Landschaftsbildes, zumal eine empfindliche, vermeiden. Die Auswirkungen der Wasserförderung auf das geschützte Gebiet, und zwar auch, soweit der Absenkungstrichter lediglich in das Gebiet hineinragt, müssen wiederum in Abhängigkeit von dem Umfang der Maßnahme vor Ort im einzelnen ermittelt werden. Soweit hiernach die Maßnahme wegen der Festsetzungen in einem Naturschutz- oder Landschaftsschutzgebiet oder in einem sonstigen geschützten Bereich nicht zulassungsfähig wäre, kann im Einzelfall nach näherer Maßgabe des Landesrechts Befreiung erteilt werden. Dies ist z. B. der Fall, wenn »überwiegende Gründe des Wohls der Allgemeinheit die Befreiung erfordern« (so: § 69 Abs. 1 b Landschaftsgesetz Nordrhein-Westfalen). Erfolgt die Grundwassererschließung im Interesse der öffentlichen Wasserversorgung, wird die Voraussetzung für eine Befreiung nach dieser Bestimmung im Regelfall erreichbar sein, insbesondere unter Berücksichtigung der erwähnten Zielsetzungen des Naturschutzrechts. In diesem Falle ist dies Gegenstand einer Abwägung im Einzelfall.

5.10.3 Planungsrecht

Das Baugesetzbuch vom 8.12. 1986 (BGBl I S. 22/23), nach mehrfachen Änderungen als Bau- und Raumordnungsgesetzbuch (BauROG) am 1. Jan. 1998 in Kraft getreten, unterscheidet als Mittel der kommunalen Gebietsplanung den vorbereitenden Bauleitplan (Flächennutzungsplan) und den verbindlichen Bauleitplan (Bebauungsplan; § 1 Abs. 2 BauROG). Der Flächennutzungsplan ist die Grundlage für die Nutzung, der das Gemeindegebiet insgesamt dienen soll, und die Basis für die daraus in einem Bebauungsplan zu entwickelnden verbindlichen Festlegungen nach Art und Weise der Bodennutzung der Grundstücke im Plangebiet (§ 5 Abs. 1 BauROG). Der Flächennutzungsplan stellt in den Grundzügen die sich aus der beabsichtigten städtebaulichen Entwicklung ergebende Art der Bodennutzung nach den Bedürfnissen der Gemeinde dar. Neben der Bebauung, neben Grünflächen und Versorgungsflächen und anderen Flächennutzungen können »Wasserflächen, Häfen und die für die Wasserwirtschaft vorgesehenen Flächen« dargestellt werden (§ 5 Abs. 2 Nr. 7 BauROG). Für eine Grundwassererschließung ergibt sich die Möglichkeit, die »Flächen für die Wasserwirtschaft« als ausdrückliche Festsetzung in den verbindlichen Bauleitplan (Bebauungsplan) aufzunehmen (§ 9 Abs. 1 Nr. 16 BauROG). Soweit derartige Festsetzungen in einem Bebauungsplan enthalten sind, bestehen aus der Sicht des Bauplanungsrechts keine Einwände gegen die Aufnahme einer Grundwassererschließung in dem Gebiet, für das die Festsetzung gilt.

Im Falle fehlender Festsetzungen in einem Bauleitplan hängt die planungsrechtliche Zulässigkeit der Erschließung von Grundwasser davon ab, ob die Maßnahme »den Festsetzungen« des Bebauungsplans »nicht widerspricht und die Erschließung gesichert ist« (§ 30 BauROG). Es reicht also aus, daß kein Widerspruch zu den Festlegungen besteht; nicht erforderlich ist, daß das Vorhaben der Grundwassererschließung ausdrücklich mit Festlegungen übereinstimmt. Ob das Vorhaben den Festsetzungen »nicht widerspricht«, hängt von der Art der Festsetzungen im jeweiligen Bebauungsplan sowie von der Ausführung und dem Umfang der Grundwassererschließung ab. Im übrigen sieht das Baugesetzbuch ausdrücklich die Möglichkeit vor, von Festsetzungen, die etwa der Durchführung des Vorhabens entgegenstehen, im Einzelfall Befreiung zu erteilen, wenn Gründe des Wohls der Allgemeinheit die Befreiung erfordern (§ 32 Abs. 2 Nr. 1 BauROG). Die Erschließung des Vorhabens – »Erschließung« hier im bauplanungsrechtlichen Sinne – ist »gesichert«, wenn die verkehrlichen und versorgungstechnischen Einbindungen im erforderlichen Umfange bestehen.

Fehlt ein Bebauungsplan ganz, steht dies der Zulässigkeit eines Vorhabens der Grundwassererschließung innerhalb der im Zusammenhang bebauten Ortsteile nicht zwingend entgegen. Fügt sich das Vorhaben insgesamt in die »Eigenart der näheren Umgebung ein und ist die Erschließung gesichert«, ist es zulässig (§ 34 Abs. 1 BauROG). Im Außenbereich, also außerhalb des geplanten Gebiets oder sonst der im Zusammenhang bebauten Ortsteile, ist ein Vorhaben zulässig, wenn öffentliche Belange nicht entgegenstehen und wenn es zu den sog. privilegierten Vorhaben gehört;

zu diesen zählen u. a. Maßnahmen der öffentlichen Versorgung mit Energie und Wasser sowie der Entsorgung (§ 35 Abs. 1 Nr. 4 BauROG). Eine Erschließung von Grundwasser, die nicht der öffentlichen Wasserversorgung, also der Versorgung Dritter mit Trink- und Brauchwasser dient, ist hingegen nur zulässig, wenn dieses Vorhaben öffentliche Belange nicht beeinträchtigt. Als derartige Beeinträchtigung wird u. a. eine Gefährdung der Wasserwirtschaft, eine Beeinträchtigung der Belange des Natur- und Landschaftsschutzes und eine Verunstaltung des Orts- und Landschaftsbildes angesehen (§ 35 Abs. 3 BauROG). Ob ein Vorhaben unter diesen Voraussetzungen zulässig ist oder nicht, kann nur im Einzelfall vor Ort festgestellt werden.

5.10.4 Bergrecht

Bergrecht (Bundesberggesetz vom 13. 8. 1980, BGBl I S. 1310) betrifft die Aufsuchung und den Abbau von Bodenschätzen, die behördliche Überwachung dieser Vorgänge, die Regelung der Nachbarrechtsverhältnisse zwischen Bergbau und anderen Grundstücksnutzungen und die damit zusammenhängenden Fragen. Es unterscheidet bergfreie und grundeigene Bodenschätze (§ 3 Bundesberggesetz); die ersteren unterliegen in vollem Umfange der Bergaufsicht, die anderen können ohne bergrechtliche Erlaubnis oder Bewilligung aufgesucht und abgebaut werden (§ 6 Bundesberggesetz). Wasser gehört ausdrücklich nicht zu den Bodenschätzen (§ 3 Abs. 1 Bundesberggesetz); gleichwohl kann das Gesetz für die Grundwassererschließung Bedeutung erlangen. Für Bohrungen, die nicht eigentlich Bergbauzwecken dienen (vgl. § 2 Bundesberggesetz), aber »mehr als 100 m in den Boden eindringen sollen«, gelten einige Bestimmungen des Bundesberggesetzes gleichwohl (§ 127 Abs. 1 Bundesberggesetz). Voraussetzung ist zunächst, daß eine Bohrung vorliegt, die von vornherein darauf angelegt ist, tiefer als 100 m in den »Boden« einzudringen; scheitert die Durchführung dieser Absicht, weil die Tiefe vor Erreichen der 100 m-Marke aus Gründen gleich welcher Art nicht erreicht wird, steht dies der Anwendung des § 127 Bundesberggesetz nicht entgegen, da es genügt, die angegebene Tiefe anzustreben. Das Gesetz schreibt für Vorgänge dieser Art vor, daß Beginn und Einstellung der Bohrarbeiten mindestens zwei Wochen vorher der Bergbehörde angezeigt werden müssen. Ein Betriebsplan (§ 51 Abs. 1 Bundesberggesetz) ist jedoch nur zu erstellen und zur Genehmigung vorzulegen, wenn die Bergbehörde dies im Einzelfall mit Rücksicht auf den Schutz der Beschäftigten oder Dritter oder auf die Bedeutung des Betriebes, also der Bohrung, für erforderlich hält. Für die Durchführung des Bohrvorgangs können Bergverordnungen zur Regelung der Betriebssicherheit erlassen werden, die Bergbehörde übt die Aufsicht (Bergaufsicht) über die Bohrung aus und kann vom Unternehmer die erforderlichen sachdienlichen Auskünfte verlangen (§§ 50–62, 65–74 Bundesberggesetz). Diese Regelungen bestehen kraft ausdrücklicher Vorschrift unbeschadet der Bestimmungen des WHG und der Landeswassergesetze und der danach zu erlassenden Verordnungen (§ 127 Abs. 2 Bundesberggesetz); das bedeutet, daß für die genannten Vorgänge das Bergrecht in dem dargelegten Umfang neben dem Wasserrecht Anwendung findet.

5.10.5 Bürgerliches Recht

Erlaubnis und Bewilligung nach dem Wasserhaushaltsgesetz schließen nicht das Recht ein, »Gegenstände, die einem anderen gehören, oder Grundstücke und Anlagen, die im Besitz eines anderen stehen, in Gebrauch zu nehmen«. Für die Bewilligung bestimmt dies § 8 Abs. 1 Satz 2 WHG ausdrücklich; für die Erlaubnis gilt dies ohnehin, da die Erlaubnis nicht, wie die Bewilligung, ein Recht, sondern lediglich eine Befugnis vermittelt. Für die Erschließungsmaßnahmen auf fremden Grundstücken muß daher ein Recht zur Benutzung des Grundstücks begründet werden.

Die Gestattung der Grundstücksbenutzung, die der Grundeigentümer vertraglich erteilt, würde prinzipiell genügen, die sonst gegebene Rechtswidrigkeit der Benutzung des fremden Grundstücks aufzuheben. Darin allerdings würde sich die Wirkung eines zweiseitigen Gestattungsvertrages bereits erschöpfen. Umfang, wasserwirtschaftliche und eventuell wirtschaftliche Bedeutung und die Kosten der Erschließungsmaßnahmen lassen es demgegenüber geraten erscheinen, es nicht bei einem bloßen schuldrechtlichen Vertrag mit der hier gegebenen zweiseitigen Bindung der Vertragsparteien zu belassen. Das gilt insbesondere im Hinblick auf den Einbau von Baustoffen und sonstigen Materialien, die bei der Abteufung eines Erschließungsbaus eingebracht werden. Denn die mit dem Grundstück fest verbundenen Sachen werden mit dem Einbau Bestandteile des Grundstücks mit der Folge, daß der Grundeigentümer daran Eigentum erlangt, der Unternehmer das Eigentum verliert (§§ 94, 946 BGB); der Unternehmer kann vom Grundeigentümer einen Ausgleich in Geld für den eingetretenen Rechtsverlust verlangen (§ 951 BGB). Diese Rechtsfolge, die an den tatsächlichen Zuwachs des Einbaumaterials an das Grundstück, zu dessen Bestandteil es geworden ist, anknüpft, tritt jedoch dann nicht ein, wenn die Verbindung der Anlagen mit dem Grundstück nur zu einem vorübergehenden Zweck oder aufgrund eines »Rechts« am Grundstück erfolgt (§ 95 Abs. 1 BGB). Soweit Probebohrungen lediglich dazu bestimmt sind, einmalig einen bestimmten Gewässerzustand festzustellen, mag es auf eine dauerhafte Sicherung der Anlage im Einzelfall nicht stets ankommen. Soweit die Abteufung einer Grundwassererschließung jedoch mit dem Ziel einer dauerhaften Nutzung – sei es zur langfristigen Beobachtung des Wassers, sei es zur Wassergewinnung – erfolgt, wird man ohne Klärung und Trennung der Rechtsverhältnisse nicht auskommen. Als »Recht«, das den Fortbestand des Eigentums an einer Anlage trotz Einbaus in ein fremdes Grundstück sichert, kommt nur ein dingliches Recht in Betracht. Das BGB bietet dafür die Dienstbarkeiten an, von denen für den vorgenannten Zweck die beschränkte persönliche Dienstbarkeit den Vorzug verdient (§§ 1090–1093 i.V.m. §§ 1020–1024, 1026–1029 und 1061 BGB). Dieses Recht beschränkt das Grundstück, das mit dieser Dienstbarkeit belastet ist, in der Weise, daß der Erschließungsunternehmer als Inhaber dieses Rechts das Grundstück »in einzelnen Beziehungen« (§ 1090 BGB), also z.B. zur Anlegung einer Bohrung zwecks Erschließung und Förderung von Grundwasser, benutzen kann.

Das mit der beschränkten persönlichen Dienstbarkeit begründete Nutzungsrecht genießt den gleichen Schutz gegen störende Einwirkungen Dritter wie das Eigentum (§ 1027 i.V.m. § 1004 BGB) und gleicht darin einer nach dem WHG erteilten Bewilligung, so daß im Falle der Erteilung einer Bewilligung für die Grundwasserbenutzung die Anlage in zweifacher Weise rechtlich geschützt ist.

Eine andere Möglichkeit ist, den Teil des Grundstücks, der die Erschließungsmaßnahmen und gegebenenfalls die Wassergewinnung trägt, ausparzellieren zu lassen und daran das Eigentum zu erwerben. Ob sich der nicht unerhebliche Verwaltungsaufwand, der mit dieser Maßnahme verbunden ist, als lohnend erweist, wird u.a. von der räumlichen Ausdehnung des Vorhabens und seiner wirtschaftlichen Bedeutung abhängen; ist eine dauerhafte Grundwasserförderung, etwa zur öffentlichen Wasserversorgung oder zur Gewinnung von Wasser für umfangreiche industrielle Zwecke beabsichtigt, wird der Grunderwerb den Vorzug verdienen.

6 Literatur und Abkürzungen

6.1 Literatur zu den Abschnitten 1–4

ALBERTSEN, M. (1977): Labor- und Feldversuche zum Gasaustausch zwischen Grundwasser und Atmosphäre über natürlichen und verunreinigten Grundwässern. – Diss., 145 S., Kiel.

ALBERTSEN, M. & G. MATTHESS (1978): Ground air measurements as a tool for mapping and evaluation organic groundwater pollution zones. – Proc. Internat. Symposium on Groundwater Pollution by Oil Hydrocarbons, S. 235–251, Prag (Int. Assoc. Hydrogeologists).

ALBRECHT, F. (1951): Die Methoden zur Bestimmung der Verdunstung der natürlichen Erdoberfläche. – Arch. Meteor. Geophys. Bioklim. Ser. B., **2**: 1–38, Wien.

ALEKIN, O.A. (1962): Grundlagen der Wasserchemie. – 260 S., Leipzig (VEB Dt. Verlag Grundstoffindustrie).

ALEXANDER, M. (1969): Microbial degradation and biological effects of pesticides in soil. – Natural Resources Research, **9**: 209–240, Paris (UNESCO).

– (1977): Introduction to Soil Microbiology. – 2. Aufl., 467 S., New York (Wiley).

ALTHAUS, H. (1983): Transportverhalten in Grundwasserleitern – Bakterien und Viren. – DVGW-Schr. R. Wasser, **34**: 137–146, Frankfurt/M.

ALTHAUS, H., K.D. JUNG, G. MATTHESS & A. PEKDEGER (1982): Lebensdauer von Bakterien und Viren in Grundwasserleitern. – Umweltbundesamt Materialien, 1/82: 190 S., Berlin (E. Schmidt).

ALYUSHINSKAYA, N.M. (1978): Water balance of natural zones. – Studies a. Reports in hydrology, **25**: 498–505, Paris (UNESCO).

ANDERSEN, L.J. (1986): Sampling techniques of groundwater from water wells. – Proc. a. Inform., **35**: 521–527, The Hague (TNO).

APELLO, C.A.J. & D. POSTMA (1993): Geochemistry, Groundwater and Pollution. – 535 S., Rotterdam (Balkema).

ARCHIE, G.E. (1942): The electrical resistivity log as an aid in determining some reservoir characteristics. – Transact. Amer. Inst. Mining, Metallurg. a. Petrol. Engineers, **146**: 54–62, New York.

– (1952): Classification of carbonate reservoir rocks and petrophysical considerations. – Amer. Assoc. Petrol. Geol. Bull., **36**, 2: 278–298, Tulsa, Okla.

ARMSTRONG, D.E. & J.G. KONRAD (1974): Non-biological degradation of pesticides. – In: W.D. GUENZI et al. (Hrsg.): Pesticides in Soil and Water, S. 123–131, Madison, Wis.

ATAKAN, Y., W. ROETHER, G. MATTHESS & K.-O. MÜNNICH (1974): Felduntersuchungen von Fließvorgängen in einem Porengrundwasserleiter mittels Farbstoffindikatoren.- Gas- u. Wasserf., **115**: 159–164, München.

AURAND, K., G. MATTHESS & R. WOLTER (1971): Strontium-90, Ruthenium-106 und Caesium-137 in natürlichen Wässern. – Notizbl. hess. L.-Amt Bodenforsch., **99**: 313–333, Wiesbaden.

AUST, H., H. VIERHUFF & W. WAGNER (1980): Grundwasservorkommen in der Bundesrepublik Deutschland.- Schr. R. »Raumordnung« B.Min. Raumordnung, Bauwesen u. Städtebau, **43**: 64 S., 3 Ktn., Bonn-Bad Godesberg.

AXT, G. (1966): Mischwässer und Kalkaggressivität. – Vom Wasser, **32**: 423–439, Weinheim/Bergstr.

BAG, Bundesanstalt für Gewässerkunde (1993): Jahresbericht 1992. – 119 S., Koblenz/Rhein.

BAILEY, G.W., J.L. WHITE & T. ROTHBERG (1968): Adsorption of organic herbicides by montmorillonite: Role of pH and chemical character of adsorbate. – Soil Sci. Amer. Proc., **32**: 222–234, Madison, Wis.

BALL, J.W. & D.K. NORDSTROM (1991): User's manual for WATEQ4F, with revised thermodynamic data base and test cases for calculating speciation of major, trace, and redox elements in natural waters. – U.S. geol. Surv. open-file rep., **91–183**: 189 S., Menlo Park, Ca.

BARCZEWSKI, B., V. KALERIS & P. MARSCHALL (1992): Grundwassermeßtechnik und Bohrlochhydraulik. – Schadstoffe im Grundwasser, **1**: 277–340, Weinheim (VCH).

BATTELLE-Institut e.V. (1972): Wasserbedarfsentwicklung in Industrie, Haushalten, Gewerbe, öffentlichen

Einrichtungen und Landwirtschaft. Prognose des Wasserbedarfs in der Bundesrepublik Deutschland bis zum Jahre 2000. – 211 S., Frankfurt/Main.
– (1976): Prognose des Wasserbedarfs in der Bundesrepublik Deutschland bis zum Jahr 2000. Zeitstandsbericht. – VI + 106 S., Frankfurt/Main.
Bauer, R. &. W. Schaffrath (1993): Mainzer Mehrfach-Vertikal-Spülverfahren. – Technik für die Umwelt – Wasser, Boden, Luft, **1**: 45–54, Hannover (PREUSSAG Anlagenbau)
Baule, H. (1967): Sprengerschütterungen, Messung und Beurteilung der Schadenswirkung auf Gebäude. – VDI-Ber., **113**: 83–87, Düsseldorf (VDI).
Baumgartner, A. & H.-J. Liebscher mit Beitr. von P. Benecke, H. Brechtel, G. Einsele, B. Federer †, G. Garbrecht, M. Hantel, A. Herrmann, M. Kuhn, G. Micheler, H. Rohde & H. Schirmer (1996): Allgemeine Hydrologie – Quantitative Hydrologie. – 2. Aufl., 694 S., Berlin-Stuttgart (Borntraeger).
Bear, J. (1972): Dynamics of Fluids in Porous Media. – Amer. Elsevier Environ. Sci. Ser., 764 S., New York-London-Amsterdam.
Bear, J. & A. Verrujt (1987): Modelling Groundwater Flow and Pollution. – 414 S., Dordrecht-Boston-Lancaster-Tokyo (Reider Publ.).
Beckmann, E. (1965): Sprengarbeiten und Torpedierungen. – In: BIESKE, E.: Handbuch des Brunnenbaus, **II**: 552–559, Berlin-Konradshöhe (R.Schmidt).
Bedbur, E. (1993): Die Grenze der Anwendungsmöglichkeit der Freundlich-Adsorptions-Konstanten K_{FR} und N zur Beschreibung der Chemikaliensorption. – Meyniana, **45**: 1–8, Kiel.
Beims, U. (1974): Beitrag zur Ermittlung repräsentativer Durchlässigkeitsparameter mit Hilfe statistischer Methoden. – 139 S., Dissertation, Dresden.
– (1977): Rechnergestützte Pumpversuchsauswertung auf der Grundlage des KRS 4 200. – Wasserwirtschaft-Wassertechnik, **27**: 365–369, Berlin.
– (1979): Zur geohydraulischen Berechnung von Uferfiltratfassungen. – Z. angew. Geol., **25**: 38–43, Berlin.
– (1980): Rechnergestützte Brunnenbemessung. – Habilitationsschr., 167 S., Dresden.
– (1986): Statistische Analyse von Pumpversuchsdaten. – Z. angew. Geol., **32**: 33–38, Berlin.
– (1995a): Simulation von Strömungs- und Transportprozessen im Rahmen der Altlastenbearbeitung. – 121 S., Dresden.
– (1995b): Handlungsanleitung zur Überarbeitung und Neufestsetzung von Trinkwasserschutzgebieten in Sachsen. – 171 S., Dresden.
– (1996): Grundwasserhydraulik. – In: Wassergewinnung und Wasserwirtschaft, DVGW-Lehr- und Handbuch, S. 145–197, München (Oldenbourg).
Beims, U. & L. Luckner (1974): Grundlagen der Ermittlung repräsentativer Durchlässigkeitsparameter. – Z. angew. Geol., **20**: 304–313, Berlin.
Beims, U. & H. Mansel (1990): Assessment of groundwater ressources by computer aided designed and operated pumping tests. – Int. Ass. hydrol. Sci. Publ., **173**: 11–22, Amsterdam.
Beims, U. & J. Quast (1974): Methoden zur direkten und indirekten Quantifizierung der Parameter verarbeitungsadäquater Modelle regionaler Grundwasserströmungsfelder. – Acta Hydrophysica, **XVIII**, 4: 251–262, Berlin.
Beims, U., L. Luckner & C. Nitsche (1982): Beitrag zur Ermittlung von Parametern von Migrationsprozessen in der Boden- und Grundwasserzone. – Wiss. Z. TU Dresden, **31**: 211–217, Dresden.
Beims, U., J. Murglat & J. Eschner (1985): Pumpversuchstypenkatalog zur Pumpversuchsauswertung nach TGL 23 864. – 270 S., Nordhausen (VEB Hydrogeologie).
Beneke, H. (1992): Lexikon der Korrosion und des Korrosionsschutzes einschließlich Kunststoffalterung und Betonverwitterung. – 389 + 16 S., Essen (Vulkan).
Bengtsson, G., C.G. Enfield & R. Lindquist (1987): Macromolecules facilitate the transport of trace organics. – Sci. Total Environ., **67**: 159–164, Amsterdam.
Bennett, G.D. (1976): Introduction to Ground-Water Hydraulics. – U.S. Geol. Survey, **3**, B2, 172 S., Washington, D.C.
Berg, G. (Hrsg., 1976): Transmission of viruses by the water route. – 447 S., New York (Wiley).
Berger, H. (1997): Maßnahmen zur Brunnenregenerierung in Deutschland. – DVGW-Schr. R. Wasser, **89**: 379–428, Bonn (Wirtsch.- u. Verlagsges. Gas u. Wasser mbH).
Bertsch, W. (1978): Die Koeffizienten der longitudinalen und transversalen hydrodynamischen Dispersion – ein Literaturüberblick. – Dtsch. gewässerkdl. Mitt., **22**: 37–46, Bonn.
Betz, V., G. Fischer, H. Gorbauch, H.H. Rump, B. Scholz, W. Schneider, A. Golwer, G. Matthess, A. Pekdeger, K. Herklotz & W. Pestemer (1983): Zum Verhalten von Umweltchemikalien in künstlichen Grundwassergerinnen. – Fresenius Z. analyt. Chem., **314**: 464–474, Berlin.
Beyer, W. (1964): Zur Bestimmung der Wasserdurchlässigkeit von Kiesen und Sanden aus der Kornverteilungskurve. – Wasserwirtschaft-Wassertechnik, **14**: 165–168, Berlin.

BGW, Bundesverband der deutschen Gas- und Wasserwirtschaft (1995): 106. Wasserstatistik Bundesrepublik Deutschland Berichtjahr 1994. – 531 S., Bonn (Wirtsch.- u. Verlagsges. Gas- u. Wasser mbH).
– (1996): Entwicklung der öffentlichen Wasserversorgung 1990–1995.- 40 S., Bonn (Wirtsch.- u. Verlagsges. Gas- u. Wasser mbH).
Bieske, D. (1965): Geschichtliches.- In: Bieske, E.: Handbuch des Brunnenbaus, **II**: 1248–1266, Berlin-Konradshöhe (R.Schmidt).
Bieske, E. (Hrsg., 1965): Handbuch des Brunnenbaus, **II**: 1279 S., Berlin-Konradshöhe (R.Schmidt).
Bieske †, E. & K. Wandt (1976): NOLD-Brunnenfilterbuch. – 4. Aufl., 303 S., Stockstadt/Rh. (Nold & Co.).
– – (1989): dto., 6. Aufl., 336 S., Stockstadt/Rh. (Nold & Co.).
Bieske, E. jr. (1961): Zur Schüttkornbestimmung bei Kiesschütungsbrunnen. – Bohrtechn.-Brunnenb.-Rohrleitungsb., **12**: 407–411, Berlin.
– (1963a): Unverrohrte und verrohrte Rohrbrunnen in standfestem Speichergestein. – Bohrtechn.-Brunnenb.-Rohrleitungsb., **14**: 197–200, Berlin.
– (1963b): Kiesschüttung oder Kiespackung – Schüttrohre oder Gewebekörbe? – Gas- u. Wasserf., **104**: 926–930, München.
– (1972): Leitfaden für den Brunnen-, Wasserwerks- und Rohrleitungsbau. – 164 S., Köln-Braunsfeld.
– (1983): dto., III.- 164 S., Köln-Braunsfeld (R.Müller).
Bieske, E., W. Rubbert & Chr. Treskatis (1998): Bohrbrunnen. – 8. Aufl., 455 S., München-Wien (Oldenbourg).
Biswas, A.K. (1970): History of Hydrology. – 336 S., Amsterdam-London (North Holland Publ.).
Blair, A.H. (1970): Well screens and gravel packs. – Ground Water, **8:** 10–21, Columbus, Ohio.
Blau, R.V., P. Höhn, P. Hufschmied & A. Werner (1983): Ermittlung der Grundwasserneubildung aus Niederschlägen. – Gas-Wasser-Abwasser, **63**, 1: 45–54, Zürich (Schweiz. Ver. Gas- u. Wasserf.).
Blindow, N. (1997): Bodenradar.- In: Knödel, K., H. Krummel & G. Lange: Handbuch zur Erkundung des Untergrundes von Deponien und Altlasten, **3**, Geophysik, S. 369–403, Berlin (Springer).
Blume, H.P. (Hrsg., 1992): Handbuch des Bodenschutzes. – 2. Aufl., 794 S., Landsberg/Lech (Ecomed).
BMI, Bundesministerium des Innern – Fachausschuß »Wasserversorgung und Uferfiltrat« (1975): Uferfiltration. – 182 S., Bonn.
BMI, Bundesministerium des Innern (1985): Künstliche Grundwasseranreicherung. – 559 S., Berlin (E. Schmidt).
BMJFG, Bundesminister für Jugend, Familie und Gesundheit (1984a): Verordnung über natürliches Mineralwasser, Quellwasser und Tafelwasser (Mineral- und Tafelwasser-Verordnung MTVO) vom 1. August 1984.- BGBl. I, S. 1036–1045, Bonn.
– (1984b): Allgemeine Verwaltungsvorschrift zur Verordnung über natürliches Mineralwasser, Quellwasser und Tafelwasser vom 26. November 1984. – Bundesanzeiger **36**: 13 173–13174, Bonn.
– (1990a): Verordnung zur Änderung der Trinkwasserverordnung und der Mineral- und Tafelwasser-Verordnung vom 5. Dezember 1990. – BGBl. I, S. 2600–2611, Bonn.
– (1990b): Verordnung über Trinkwasser und für Wasser für Lebensmittelbetriebe (Trinkwasserverordnung – TrinkwV) vom 5. 12. 1990. – BGBl. I, S. 2612–2629, Bonn.
Bögli, A. (1978): Karsthydrographie und physische Speläologie. – 292 S., Berlin-Heidelberg-New York (Springer).
Böke, E. (1977): Ermittlung der Grundwasserneubildung aus Januar-Niederschlag und Spiegelgang. – Geol. Jb. Hessen, **105**: 223–233, Wiesbaden.
Börner, F.D., J.R. Schopper & A. Weller (1996): Evaluation of transport and storage properties in the soil and groundwater zone from induced polarization measurements. – Geophys. Prospecting, **44**: 583–601, Zeist, NL.
Boesten, J.J.T.I. (1990): Sensitivity analysis of a mathematical model for pesticide leaching to groundwater. – Pestic. Sci., **31:** 375–388, Oxford.
Boesten, J.J.T.I. & L.J.T. Van der Pas (1988): Modeling adsorption/desorption kinetics of pesticides in a soil suspension. – Soil Sci., **146**: 221–230, Baltimore, Md.
Bolsenkötter, H., R. Busse, G. Diederich, B. Hölting, K. Hohberger, H. Regenhardt, W. Schloz, E. Villinger, & J. Werner (1984): Hydrogeologische Kriterien bei der Bemessung von Wasserschutzgebieten für Grundwasserfassungen. – Geol. Jb., C **36**: 3–34 Hannover.
Böttcher, J., O. Strebel & W.H.M. Duynisveld (1985): Vertikale Stoffkonzentrationsprofile im Grundwasser eines Lockergesteins-Aquifers und deren Interpretation (Beispiel Fuhrberger Feld). – Z. dtsch. geol. Ges., **136**: 543–552, Hannover.
Boulton, N.S. (1963): Analysis of data from non-equilibrium pumping tests allowing for delayed yield from storage. – Proc. Inst. Civil Engrs., **28**: 603–610, London.
Bradel, E. (1985): Bohrlochgeophysik.- In: F. Bender: Angewandte Geowissenschaften, **2**: 610–659, Stuttgart (Enke).

Brantly, J.E. (1961): Percussion-drilling system.- In: D.C. Carter et al. (Hrsg.): History of Petroleum Engineering, S. 133–269, Dallas, Tex. (Amer. Petrol. Inst.).

Braun, K., L. Erb & K. Sauer (1953): Die öffentliche Wasserversorgung in Südbaden. – Gas- u. Wasserf., **94**: 281–285, München.

Briggs, G.G. (1973): Molecular structure of herbicides and their sorption by soils. – Nature, **223**: 1288, London.

Brinkhaus, P. (1920): Anlagen zur Gewinnung von natürlichem und künstlichem Grundwasser: die Vorarbeiten, der Entwurf und Bau. – 227 S., München-Berlin (Oldenbourg).

Brix, J., H. Heyd & E. Gerlach (1963): Die Wasserversorgung. – 6. Aufl. (bearb. von E. Gerlach & K. Hünerberg), 642 S., München-Wien (Oldenbourg).

Brockhaus (1970): Die Entwicklungsgeschichte der Erde, **1**: 535 S., Leipzig (Brockhaus).

Brown, R.H., A.A. Konoplyantsev, J. Ineson & V.S. Kovalevsky (1975): Groundwater studies. Studies a. Reports in Hydrology, **7**, Paris (UNESCO).

Bülow, K.v., W. Kranz & E. Sonne (1938): Wehrgeologie. – 170 S., Leipzig (Quelle & Meyer).

Burger, A. & L. Dubertret (1984): Hydrogeology of Karstic Terraines, Case Histories. – Int. Contribut. Hydrogeology, **1**: 264 S., Hannover (Heise).

Burkholder, H.C. & C. de Figh-Price (1977): Diffusion of radionuclide chains through an absorbing medium. – BNWL-SA-5787, Seattle, Wash. (Battelle Pacific Northwestern Lab.)

Busch, K.-F. & L. Luckner (1974): Geohydraulik. – 2. Aufl., 442 S., Stuttgart (Enke).

Busch, K.-F., L. Luckner & K. Tiemer (1993): Geohydraulik. – Lehrb. Hydrogeol., **3**, 3. Aufl., 497 S., Berlin-Stuttgart (Borntraeger).

Carracedo, J.C. (1994): The Canary Islands: an example of structural control on the growth of large oceanic-island volcanoes. – J. Volcanol. Geotherm. Research, **60**: 225–241, Amsterdam.

Carroll, D. (1959): Ion exchange in clays and other minerals. – Bull. geol. Soc. Amer., **70**: 749–780, New York.

CCRX, Coordinating Committee for the Monitoring of Radioactive and Xenobiotic Substances (1986): Radioactive contamination in the Netherlands as a result of the nuclear reactor accident at Chernobyl. – 121 S., Den Haag (Min. Housing, Phys. Planning a. Environment).

Cederstrom, D.J., P.M. Johnston & S. Subitzky (1953): Occurrence and development of ground water in permafrost regions. – U.S. geol. Surv. Circ., **275**: 30 S., Washington, D.C.

Chapelle, F.H. (1992): Ground-Water Microbiology and Geochemistry. – 424 S., New York etc. (Wiley).

Cherry, J.A., R.W. Gillham, E.G. Anderson & P.E. Johnson (1983): Migration of contaminants in groundwater of a landfill: A case study. 2. Groundwater monitoring devices. – J. Hydrol., **63**: 31–49, Amsterdam-Oxford-New York.

Chin, Y., W.J. Weber & B.J. Eadie (1990): Estimating the effects of dispersed organic polymers on the sorption of contaminants by natural solids. 2. Sorption in the presence of humic and other natural macromolecules. – Environ. Sci. Technol., **24**: 837–845, Washington, D.C.

Chow, Ven Te (1964): Handbook of Applied Hydrology. – 1418 S., New York (McGraw Hill).

Cooper, H.H. & C.E. Jacob (1946): A generalized graphical method for evaluating formation constants and summarizing well-field history. – Trans. Am. geophys. Union, **27**: 526–534, Richmond, Va.

Corvin, R.F. (1990): The self-potential method for environmental and engineering applications. – In: Ward, S.H. (Hrsg.): Geotechnical and Environmental Geophysics, **I**: 127–145, Tulsa, Okla. (Soc. Expl. Geophys.).

Dahmke, A. (1997): Aktualisierung der Literaturstudie »Reaktive Wände – pH-Redox-reaktive Wände«. – Texte Ber. Altlastenbearbeitung, **33/97**: 72 S., Karlsruhe (L.-Anst. Umweltschutz Baden-Württemberg).

Darcy, H. (1856): Les fontaines publiques de la ville de Dijon. – 674 S., Paris (Dalmont).

Davis, J.B. (1967): Petroleum Microbiology. – 604 S., Amsterdam etc. (Elsevier).

Davis, N.S. & R.J.M. de Wiest (1966): Hydrogeology.- 463 S., New York etc. (Wiley).

De Breuck, W. (Hrsg., 1991): Hydrogeology of Salt Water Intrusion. – Internat. Assoc. Hydrogeol., **11**: 422 S., Hannover (Heise).

De Haar, U., R. Keller, H.-J. Liebscher, W. Richter & H. Schirmer (1979): Hydrologischer Atlas der Bundesrepublik Deutschland – Textband. – 365 S., Boppard (Boldt).

De Quervain, F. (1967): Technische Gesteinskunde. – 2. Aufl., 261 S., Basel (Birkhäuser).

Deppermann, K., H. Flathe, F. Hallenbach & J. Homilius (1961): Die geoelektrischen Verfahren der angewandten Geophysik. – In: A. Bentz: Lehrbuch der Angewandten Geologie, **I**: 718–804, Stuttgart (Enke).

Dibbern, H. (1992): Zur Simulation des Ausbreitungsverhaltens der Pflanzenschutzmittel Atrazin, Chlortoluron, Isoproturon, Lindan und Terbuthylazin im Boden und Grundwasser. – Berichte – Reports, Geol.-Paläont. Inst. Univ. Kiel, **49**: 102 S., Diss. Kiel.

Dibbern, H. & W. Pestemer (1992): Anwendbarkeit von Simulationsmodellen zum Einwaschungsverhalten von Pflanzenschutzmitteln im Boden. – Nachrichtenbl. dt. Pflanzenschutzd., **44** (6): 134–143, Stuttgart.

Dilling, W. L. (1977): Interphase transfer processes. II. Evaporation rates of chloro-methanes, ethane, ethylenes, propanes, and propylenes from dilute aqueous solutions – Comparison with theoretical predictions. – Environ. Sci. Techn., **11**: 405–410, Washington, D.C.

DIN 103 T1 (1977): Metrisches ISO-Trapezgewinde; Gewindeprofile. – 5 S., Berlin (Beuth).

DIN 2000 (1973): Zentrale Trinkwasserversorgung; Leitsätze für die Anforderungen an Trinkwasser, Planung, Bau und Betrieb der Anlagen. – 29 S., Berlin – Köln (Beuth).

DIN 2001 (1983): Eigen- und Einzel-Trinkwasserversorgung; Leitsätze für die Anforderungen an Trinkwasser, Planung, Bau und Betrieb der Anlagen. – 16 S., Berlin – Köln (Beuth).

DIN 4022 T1 (1987): Baugrund und Grundwasser; Benennen und Beschreiben von Boden und Fels; Schichtenverzeichnis für Bohrungen ohne durchgehende Gewinnung von gekernten Proben im Boden und im Fels. – 20 S., Berlin – Köln (Beuth).

DIN 4022 T2 (1981): Baugrund und Grundwasser; Benennen und Beschreiben von Boden und Fels; Schichtenverzeichnis für Bohrungen im Fels (Festgestein). – 11 S., Berlin – Köln (Beuth).

DIN 4022 T3 (1982): Baugrund und Grundwasser; Benennen und Beschreiben von Boden und Fels; Schichtenverzeichnis für Bohrungen mit durchgehender Gewinnung von gekernten Proben im Boden (Lockergestein). – 10 S., Berlin – Köln (Beuth).

DIN 4023 (1984): Baugrund- und Wasserbohrungen; Zeichnerische Darstellung der Ergebnisse. – 11 S., Berlin – Köln (Beuth).

DIN 4034 T2 (1990): Schächte aus Beton- und Stahlbetonfertigteilen; Schächte für Brunnen- und Sickeranlagen; Maße, Technische Lieferbedingungen. – 16 S., Berlin – Köln (Beuth).

DIN 4049 T1 (1979): Hydrologie. Begriffe, quantitativ. – 54 S., Berlin – Köln (Beuth).

DIN 4049 T1 (1992): Hydrologie. Begriffe; Grundbegriffe. – 12 S., Berlin (Beuth).

DIN 4049 T2 (1990): Hydrologie. Begriffe der Grundwasserbeschaffenheit.- 25 S., Berlin (Beuth).

DIN 4049 T3 (1994): Hydrologie. Begriffe zur quantitativen Hydrologie.- 80 S., Berlin (Beuth).

DIN 4188 (1965): Drahtgewebe für Prüfsiebe. Maße. – 2 S., Berlin – Köln (Beuth).

DIN 4918 (1989): Nahtlose Bohrrohre mit Gewindeverbindung für verrohrte Bohrungen. – 4 S., Berlin – Köln (Beuth).

DIN 4920 (1983): Stahlfilterrohre für Bohr- und Rammbrunnen mit Langlochung und Gewindeverbindung. – 3 S., Berlin – Köln (Beuth).

DIN 4922 T1 (1978): Stahlfilterrohre für Bohrbrunnen, mit Schlitzbrückenlochung und Laschenverbindung. – 4 S., Berlin – Köln (Beuth).

DIN 4922 T2 (1981): Stahlfilterrohre für Bohrbrunnen, mit Gewindeverbindung DN 100 bis DN 500. – 4 S., Berlin – Köln (Beuth).

DIN 4922 T3 (1975): Stahlfilterrohre für Bohrbrunnen; Flanschverbindung NW 500 bis NW 1000. – 2 S., Berlin – Köln (Beuth).

DIN 4923 (1972): Drahtgewebe im Brunnenbau. – 1 S., Berlin – Köln (Beuth).

DIN 4924 (1972): Filtersande und Filterkiese für Brunnenfilter. – 1 S., Berlin – Köln (Beuth).

DIN 4925 T1 (1990): Filter- und Vollwandrohre aus weichmacherfreiem Polyvinylchlorid (PVC-U) für Bohrbrunnen mit Querschlitzung und Gewinde, DN 40 bis DN 100. – 4 S., Berlin – Köln (Beuth).

DIN 4925 T2 (1990): Filter- und Vollwandrohre aus weichmacherfreiem Polyvinylchlorid (PVC-U) für Bohrbrunnen mit Querschlitzung und Gewinde, DN 125 bis DN 200. – 5 S., Berlin – Köln (Beuth).

DIN 4925 T3 (1990): Filter- und Vollwandrohre aus weichmacherfreiem Polyvinylchlorid (PVC-U) für Bohrbrunnen mit Querschlitzung und Gewinde, DN 250 bis DN 400. – 3 S., Berlin- Köln (Beuth).

DIN 4926 (1991): Brunnenköpfe aus Stahl; DN 200 bis DN 1000. – 8 S., Berlin-Köln (Beuth).

DIN 4927 (1991): Flanschensteigrohre aus Stahl zur Wasserförderung; DN 50 bis DN 200. – 8 S., Berlin-Köln (Beuth).

DIN 14220 (1991): Löschwasserbrunnen. – 2 S., Berlin-Köln (Beuth).

DIN 18130 T1 (1989): Bestimmung des Wasserdurchlässigkeitsbeiwerts, Laborversuche. – 18 S., Berlin-Köln (Beuth).

DIN 19263 (1989): pH-Messung; meßfertige Glaselektroden. – 3 S., Berlin-Köln (Beuth).

DIN 19711 (1975): Hydrogeologische Zeichen. – 16 S., Berlin- Köln (Beuth).

DIN 38402, Teile 1–6, 11–22, 30, 41, 42, 51, 71: Allgemeine Angaben (Gruppe A) (1984–1998).

DIN 38404, Teile 1–18: Physikalische und physikalisch-chemische Kenngrößen (Gruppe C) (1966–1995).

DIN 38405, Teile 1–29: Anionen (Gruppe D) (1986–1996).

DIN 38406, Teile 1–25: Kationen (Gruppe E) (1968–1996).

DIN 38407, Teile 1–14: Gemeinsam erfaßbare Stoffgruppen (Gruppe F) (1988–1996).

DIN 38408, Teile 3–5 u. 21–24: Gasförmige Bestandteile (Gruppe G) (1984–1994).

DIN 38409, Teile 1–28, 41, 43, 44, 51, 52: Summarische Wirkungs- und Stoffkenngrößen (Gruppe H) (1979–1996).

DIN 38410, Teile 1–10: Biologisch-ökologische Gewässeruntersuchung (Gruppe M) (1971–1995).

DIN 38411, Teile 1, 5–9: Mikrobiologische Verfahren (Gruppe K) (1982–1994).

DIN 66141 (1974): Darstellung von Korn-(Teilchen-)größenverteilungen. Grundlagen. – 23 S., Berlin-Köln (Beuth).

DIN-Taschenbuch **91** (1996): Bohrarbeiten, Brunnenbauarbeiten, Wasserhaltungsarbeiten, VOB/StLB/ STLK.- 6. Aufl., 773 S., Berlin-Wien-Zürich (Beuth).

DIN-Taschenbuch **219** (1995): Korrosion und Korrosionsschutz: Beurteilung, Prüfung, Schutzmaßnahmen; Normen, Technische Regeln. – 2. Aufl., XVII + 502 S., Berlin-Wien-Zürich (Beuth).

Dingman, R.J. & J. Nuñez (1969): Hydrogeologic reconnaissance of the Canary Islands, Spain. – U.S. geol. Surv. prof. pap., **650-C**: C201-C208, Washington, D.C.

Dizer, H., Z. Filip, J. Lopez, G. Milde, A. Nasser & K. Seidel (1985): Laborversuche zur Persistenz und zum Transportverhalten von Viren. – Umweltbundesamt Materialien **2**/85: 20–26, Berlin (E. Schmidt).

Douglas, J. & B.F. Jones (1963): On predictor-corrector methods for nonlinear-parabolic differential equation. – J. Soc. Indust. Appl. Math., Ser. A, **1**: 195–204, Philadelphia, Pa.

Dresen, L., H. Gebrande, H.-P. Harjes, P. Hubral & H. Miller (1985): Seismische Verfahren. – In: Bender, F.: Angewandte Geowissenschaften, **II**: 156–298, Stuttgart (Enke).

Drews, D. & H. Hötzl (Hrsg., 1999): Karst Hydrogeology and Human Activities – Impacts, Consequences and Implications. – Int. Contribut. Hydrogeology, **20**: 322 S., Rotterdam-Brookfield (Balkema).

Drost, W. (1997): Erkundung der Uferfiltration mit radiohydrometrischen Einbohrlochmethoden. – GSF-Ber. **3**/97: 99–110, Neuherberg.

Duboise, S.M., B.E. Moore & P.P. Sagik (1976): Poliovirus survival and movement in a sandy forest soil. – Appl. environment. Microbiol., **31**: 536–543, Washington, D.C.

Dupuit, J. (1863): Etudes théoriques et pratiques sur le mouvement des eaux dans les canaux découverts et á travers les terrains perméable. – 2. Aufl., 304 S., Paris (Dunod).

Dürbaum, H.J. (1961): Gravimetrie. – In: Bentz, A.: Lehrbuch der Angewandten Geologie, **I**: 424–484, Stuttgart (Enke).

– (1969): Der Durchlässigkeitsbeiwert von Lockergesteinen und seine Bestimmung. – In: Bentz, A. & H.J. Martini: Lehrbuch der Angewandten Geologie, **II**/2: 1474–1514, Stuttgart (Enke).

Dürbaum, H.-J. & J. Fritsch (1985): Gravimetrie. – In: Bender, F.: Angewandte Geowissenschaften, **II**: 1–53, Stuttgart (Enke).

Dürbaum, H.J., G. Matthess & D. Rambow (1969): Untersuchungen der Gesteins- und Gebirgsdurchlässigkeit des Buntsandsteins in Nordhessen. – Notizbl. hess. L. Amt Bodenforsch., **97**: 258–274, Wiesbaden.

DVGW (1953): Richtlinien für die Einrichtung von Schutzgebieten für Trinkwassergewinnungsanlagen; I. Teil. Schutzgebiete für Grund- und Quellwassergewinnungsanlagen. Technische Regeln.- Arbeitsblatt W 101. Frankfurt/Main.

DVGW (1961): Richtlinien für Trinkwasserschutzgebiete. 1. Teil: Schutzgebiete für Grundwasser. – Arbeitsblatt W 101, 11 S., Frankfurt/Main.

DVGW (1970): Unterlagen für Ausschreibungen zur Ausführung von Wasserversorgungsanlagen. Bohrbrunnen. – Arbeitsblatt W 452, 54 S., Frankfurt/Main (ZfGW).

DVGW (1972): Technische Regeln für die Ausführung von Pumpversuchen bei der Wassererschließung. – Regelwerk W 111, 11 S., 2 Abb., 2 Formbl., Frankfurt/M. (ZfGW).

DVGW (1975a): Richtlinien für Trinkwasserschutzgebiete. 1. Teil: Schutzgebiete für Grundwasser. – Regelwerk W 101, 42 S., Frankfurt/Main.

DVGW (1975b): Eignung von Oberflächenwasser als Rohstoff für die Trinkwasserversorgung. – Regelwerk W 151, 15 S., Eschborn.

DVGW (1975c): Entsanden und Entschlammen von Bohrbrunnen (Vertikalbrunnen im Lockergestein und Verfahren zur Feststellung überhöhten Eintrittswiderstandes. – Regelwerk W 117, 20 S., Frankfurt/Main,

DVGW (1977): Bohrungen bei der Wassererschließung.- Regelwerk W 115, 19 S., Frankfurt/M. (ZfGW).

DVGW (1979): Quellfassungen, Sammelschächte, Druckunterbrechungsschächte. – Regelwerk W 351, 7 S., Eschborn.

DVGW (1981): Förderanlagen, Bau und Betrieb. – Regelwerk W 610, 31 S., Eschborn.

DVGW (1982): Über den Sandgehalt im Brunnenwasser – Bestimmung von Sandmengen im geförderten Wasser. Richtwerte für den Sandgehalt. – Regelwerk W 119, 19 S., Frankfurt/Main (ZfGW).

DVGW (1983a): Entnahme von Wasserproben bei der Wassererschließung. – Regelwerk W 112, 11 S., Frankfurt/M. (ZfGW).

DVGW (1983b): Ermittlung, Darstellung und Auswertung der Korngrößenverteilung wasserleitender Locker-

gesteine für geohydrologische Untersuchungen und für den Bau von Brunnen. – Regelwerk W 113, 17 S., Frankfurt/M. (ZfGW).
DVGW (1985): Verwendung von Spülungszusätzen in Bohrspülungen bei der Erschließung von Grundwasser. – Regelwerk W 116, 7 S., Eschborn.
DVGW (1988a): Bau und Betrieb von Grundwasserbeschaffenheitsmeßstellen. – Regelwerk W 121, 19 S., Eschborn.
DVGW (1988b): Grundsätze für Rohwasseruntersuchungen. – Regelwerk W 254, 16 S., Eschborn.
DVGW (1988c): Rohre aus nichtrostenden Stählen für die Trinkwasser-Installation: Anforderungen und Prüfung. – Regelwerk W 541, 7 S., Eschborn.
DVGW (1989): Gewinnung und Entnahme von Gesteinsproben bei Bohrarbeiten zur Grundwassererschließung. – Regelwerk W 114, 8 S., Bonn (Wirtschafts- u. Verl.ges. Gas u. Wasser GmbH).
DVGW (1990a): Geophysikalische Untersuchungen in Bohrlöchern und Brunnen zur Erschließung von Grundwasser: Zusammenstellung von Methoden. – Regelwerk W 110, 50 S., Bonn (Wirtschafts- u. Verl.ges. Gas u. Wasser GmbH).
DVGW (1990b): Vermehrung von Mikroorganismen auf Materialien für den Trinkwasserbereich; Prüfung und Bewertung. – Regelwerk W 270, 12 S., Eschborn
DVGW (1992): Brunnenregenerierung. – Regelwerk W 130, 11 S., Eschborn.
DVGW (1993a): Trinkwasserversorgung und Radioaktivität. – Regelwerk W 253, 60 S., Eschborn.
DVGW (1993b): Ermittlung des Wasserbedarfes als Planungsgrundlage zur Bemessung von Wasserversorgungsanlagen. – DVGW-Schr. R., 81, 11 S., Eschborn.
DVGW (1995a): Richtlinien für Trinkwasserschutzgebiete. I. Teil: Schutzgebiete für Grundwasser. – Regelwerk W 101, 23 + 15 S., Frankfurt/Main (ZfGW-Verlag).
DVGW (1995b): Abschlußbauwerke für Brunnen der Wassergewinnung. – Regelwerk W 122, 14 S., 6 Abb., Eschborn.
DVGW (1995c): Rohre aus Polyethylen (PE 80 und PE 100) für Gas- und Trinkwasserleitungen: Anforderungen und Prüfungen. – Regelwerk VP 608, 21 S., Bonn.
DVGW (1995d): Guß- und Stahlrohrleitungsteile mit ZM-Auskleidung: Handhabung. – Regelwerk W 356, 8 S., Eschborn.
DVGW (1996): Oberflächengeophysik zur Grundwassererkundung. – Wasser-Information, **43**, 8/96: 34 S., Bonn (DVGW).
DVGW (1997a): Planung, Durchführung und Auswertung von Pumpversuchen bei der Wassererschließung. – Regelwerk W 111, 37 S., Bonn (DVGW).
DVGW (1997b): Stand der Brunnenbautechnik in Europa. – DVGW-Schr.R. Wasser, **89**: 472 S., Bonn (DVGW).
DVGW (1998a): Verwendung von Spülungszusätzen in Bohrspülungen bei Bohrarbeiten im Grundwasser. – Regelwerk W 116, 25 S., 6 Anl., Eschborn.
DVGW (1998b): Sanierung und Rückbau von Bohrungen, Grundwassermeßstellen und Brunnen. – Regelwerk W 135, 115 S., Bonn (DVGW).
DVWK (1979): Empfehlungen zu Umfang, Inhalt und Genauigkeitsanforderungen bei chemischen Grundwasseruntersuchungen.- DVWK-Regeln zur Wasserwirtschaft, **111**: 6 S., Hamburg (Parey).
DVWK (1980): Empfehlungen zum Bau und Betrieb von Lysimetern. – Regeln zur Wasserwirtschaft, **114**: 52 S., Hamburg-Berlin (Parey).
DVWK (1982a): Entnahme von Proben für hydrogeologische Grundwasseruntersuchungen. – DVWK-Merkbl. Wasserwirtschaft, **203**: 32 S., Hamburg-Berlin (Parey).
DVWK (1982b): Ermittlung des nutzbaren Grundwasserdargebotes. – **1**: 327 S., Hamburg-Berlin (Parey).
DVWK (1982c): dto. – **2**: 670 S., Hamburg-Berlin (Parey).
DVWK (1988) (Hrsg.): Bedeutung biologischer Vorgänge für die Beschaffenheit des Grundwassers. – DVWK-Schr., **80**: 322 S., Hamburg-Berlin (Parey).
DVWK (1990a): Methodensammlung zur Auswertung und Darstellung von Grundwasserbeschaffenheitsdaten. – DVWK-Schr. **89**: 216 S., Hamburg-Berlin (Parey).
DVWK (1990b): Einflüsse von Meßstellenausbau und Pumpenmaterialien auf die Beschaffenheit einer Wasserprobe. – DVWK-Mitt., **20**: 153 S., Hamburg (Parey).
DVWK (1990c): Gewinnung von Bodenwasserproben mit Hilfe der Saugkerzenmethode. – DVWK-Merkbl., **217**: 16 S., Hamburg (Parey).
DVWK (1991): Ermittlung des Wasserbedarfs als Grundlage für die regionale wasserwirtschaftliche Planung. – Materialien 1/1991, X + 112 S., Bonn.
DVWK (1992a): Entnahme und Untersuchungsumfang von Grundwasserproben. – DVWK-Regeln, **128**: 36 S., Hamburg (Parey).
DVWK (1992b): Anwendung hydrogeochemischer Modelle. – DVGW-Schr. **100**: 344 S., Hamburg-Berlin (Parey).

EADY, B.J., N.R. MOREHEAD & P.F. LANDRUM (1990): Three-phase partitioning of hydrophobic organic compounds in great lakes waters. – Chemosphere, **20**: 161–187, Oxford.

ECKL, H., J. HAHN & C. KOLDEHOFF (1995): Empfehlungen für die Erstellung hydrogeologischer Gutachten zur Bemessung und Gliederung von Trinkwasserschutzgebieten – Schutzgebiete für Grundwasser. – Geol. Jb., **C63**: 25–65, Hannover.

EG, Rat der Europäischen Gemeinschaften (1980): Richtlinie des Rates vom 15. Juli 1980 über die Qualität von Wasser für den menschlichen Gebrauch (80/778/EWG). – Amtsbl. Europ. Gemeinschaften, L 229/11–29, Brüssel.

– (1998): Richtlinie des Rates vom 3. November 1998 über die Qualität von Wasser für den menschlichen Gebrauch (98/83/EG). – Amtsbl. Europ. Gemeinschaften, L 330/32–54, Brüssel.

EINSELE, G. (1975): Eichung von Grundwasserganglinien zur Bestimmung der Grundwasserneubildung und des Grundwasserabflusses. – Z. dtsch. geol. Ges., **126** (2): 293–315, Hannover.

– (1996): Grundwasser.- In: BAUMGARTNER, A. & H.J. LIEBSCHER: Allgemeine Hydrologie – Quantitative Hydrologie. – 2. Aufl., S. 416–473, Berlin-Stuttgart (Borntraeger).

EISBACHER, G.H. (1991): Einführung in die Tektonik. – 310 S., Stuttgart (Enke).

ENGEL, F. & B. HÖLTING (1970): Die geologischen und hydrologischen Verhältnisse und die Erschließung des Grundwassers der Wasserwerke Stadt Allendorf und Wohratal (Ldkrs. Marburg). – Wasser u. Boden, **22** (5): 105–111, Hamburg.

ERIKSSON, E. (1986): Critical loads for acid deposition on groundwater. – In: NILSSON, J.: Critical loads for sulphur and nitrogen. – Nordisk Ministerråd, Miljö Rapp., **11**: 71–86, Stockholm.

ERNSTSON, K. & H.U. SCHERER (1986): Self-potential variations with time and their relation to hydrogeologic and meteorological parameters. – Geophysics, **51**: 1967–1977, Tulsa, Okla.

FAIR, G.M. & J.C. GEYER (1961): Wasserversorgung und Abwasserbeseitigung. – 969 S., München (Oldenbourg).

FENSKE, P.R. (1977): Radial flow with discharge-well and observation well storage. – J. Hydr., **32**: 87–96, New York.

FERRIS, J.G., D.B. KNOWLES, R.H. BROWN & R.W. STALLMAN (1962): Theory of aquifer tests. – U.S. geol. Surv. Water Supply Pap., **1536-E**: 174 S., Washington, D.C.

FILIP, Z., D. KADDU-MULINDWA & G. MILDE (1985): Laborversuche zur Überlebensdauer einiger pathogener und potentiell pathogener Mikroorganismen. – In: MATTHESS, G. et al.: Lebensdauer von Bakterien und Viren in Grundwasserleitern. – Materialien Umweltbundesamt **2/85**: 13–19, Berlin (E. Schmidt).

FLETCHER, G.D. (1986): Groundwater and Wells. – 2. Aufl., 440 S., St.Paul, Minn. (Johnson Div.).

FÖRSTNER, U. & G. MÜLLER (1974): Schwermetalle in Flüssen und Seen als Ausdruck der Umweltverschmutzung. – 225 S., Berlin etc. (Springer).

FRAGIADIAKIS, A., W. KLEIN, F. KORTE, P.N. MOZA, I. SCHEUNERT, D. VOCKEL & U. WEISS (1979): Verhalten von Organohalogenverbindungen in Systemen Pflanzen-Boden. – Forschber. Jülich-Spez. **45**: 144–155, Jülich (KFA).

FRÄNZLE, O. (1993): Contaminants in Terrestrial Environments. – 439 S., Berlin etc. (Springer).

FRESENIUS, W., K.H. KNOLL, H.-W. LEONHARDT, G. MATTHESS, H. TANGERMANN & W. SCHNEIDER (1977): Qualitative und quantitative Untersuchung des Sickerwassers einer Hausmülldeponie mit Basisabdichtung. – Müll u. Abfall **7**: 190–200, Berlin-Bielefeld-München.

FRESENIUS, W., K.-E. QUENTIN & W. SCHNEIDER (1988): Water Analysis. – 803 S., Berlin etc. (Springer).

FRIMMEL, F.H. & G. ABBT-BRAUN (1993): Refraktäre organische Säuren in Gewässern. – DFG Senatskomm. Wasserforschung Mitt., XII: 274 S., Weinheim (VCH).

FRIMMEL, F.H. & R.F. CHRISTMAN (Hrsg., 1988): Humic Substances and their Role in the Environment. – 271 S., Chichester etc. (Wiley).

FRONTINUS-Ges. (Hrsg., 1982): Wasserversorgung im antiken Rom. – 215 S., München (Oldenbourg).

– (Hrsg., 1987): Wasserversorgung antiker Städte. – 224 S., Mainz (von Zabern).

FÜHR, F. (1984): Praxisnahe Tracerversuche zum Verbleib von Pflanzenschutzwirkstoffen im Agrarökosystem. – Rhein.-Westf. Akad. Wiss.: Natur-, Ingenieur- u. Wirtschaftswiss., **N 326**: 7–35, Opladen (Westdt. Verl.).

FUNK, R. (1976): 100 Jahre Wasserversorgung Freiburg i.Br.- Freib. Energie- und Wasserversorgungs AG.

GAESE, H. (1989): Handbuch des Schachtbrunnenbaus. – 189 S., Berlin (DED).

GAILLARDON, P., R. CALVET & M. TERCE (1977): Adsorption et desorption de la terbutryne per me montmorillonite – Ca et des acides humiques seuls ou en melanges. – Weed Res., **17**: 41–48, Oxford.

GANS, I. & J. ARNDT (1987): Die Verteilung der langlebigen Spaltprodukte Strontium-90 und Caesium-137 des Kernwaffen-Fallouts im Boden. – WaBoLu-H., **2/1987**: 57 S., Berlin (Inst. Wasser-, Boden-, Lufthyg.).

GARBRECHT, G. (1982): Wasserversorgungstechnik in römischer Zeit. – In: FRONTINUS-Ges.: Wasserversorgung im antiken Rom. – S. 9–43, München (Oldenbourg).

– (1987a): Die Wasserversorgung des antiken Pergamon.- In: FRONTINUS-Ges.: Wasserversorgung antiker Städte, S. 11–47, Mainz (von Zabern).

GARBRECHT, G. (Hrsg., 1987b): Historische Talsperren. – 464 S., Stuttgart (Wittwer).

GASS, M. (1993): Feld- und Modelluntersuchungen zum Transportverhalten von Terbuthylazin im Wasserungesättigten Bereich glaziofluvialer Ablagerungen. – Diss. Geol. Pal. Inst., CAU Kiel, 86 S., Kiel.

GELHAR, L.W., A.L. GUTJAHR & R.L. NAFF (1979): Stochastic analysis of macro dispersion in a stratified aquifer. – Water Resources Res., **15**: 1387–1397, Washington, D.C.

GERB, L. (1953): Reduzierte Wässer. – Gas- u. Wasserf., **94**: 87–92, 157–161, München.

– (1965): Verockerung, Versinterung, Korrosion und Korrosionsschutz. – In: BIESKE, E.: Handbuch des Brunnenbaus, **II**: 559–590, Berlin-Konradshöhe (R.Schmidt).

GERSTL, Z. (1990): Estimation for organic chemical sorption by soils. – Contam. Hydrol., **6**: 357–375, Amsterdam.

GERTH, J. (1985): Untersuchungen zur Adsorption von Nickel, Zink und Cadmium durch Bodentonfraktionen unterschiedlichen Stoffbestandes und verschiedenen Bodenkomponenten. – Diss., 267 S., Kiel.

GEYH, M.A. (1971): Die Anwendung der ^{14}C-Methode. – Clausthaler tekton. H., **11**: 118 S., Clausthal-Zellerfeld.

GIESEKE, P., W. WIEDEMANN & M. CZYCHOWSKI (1979): Wasserhaushaltsgesetz (Kommentar). – 878 S., München (Beck'sche Verl.).

GIGER, W., R.P. SCHWARZENBACH, E. HOEHN, K. SCHELLENBERG, J.K. SCHNEIDER, H.R. WASMER, J. WESTALL & J. ZOBRIST (1983): Das Verhalten organischer Wasserinhaltsstoffe bei der Grundwasserbildung und im Grundwasser. – Gas-Wasser-Abwasser, **63**: 517–531, Zürich.

GIRINSKIJ, N.K. (1946): Komplexny Potenzial Potoka so swobodnoi Powerchnostju w Plaste otnositelno maloi Moschtschnosti [Das komplexe Potential des Grundwasserstroms für die freie Oberfläche in Schichten relativ kleiner Mächtigkeit].- DAN SSSR, **51**, 5: 337–338.

GLA BW (Geologisches Landesamt Baden-Württemberg) (1991): Hydrogeologische Kriterien für die Abgrenzung von Wasserschutzgebieten in Baden-Württemberg. – Inform. **2**: 5–21, Freiburg i. Breisgau.

– (1995): Ergiebigkeitsuntersuchungen in Festgesteinsaquiferen. – Inform. **6**: 125 S., Freiburg i. Breisgau.

GOLWER, A. (1980): IX. Hydrogeologie. – In: GOLWER, A. & A. SEMMEL: Erl. geol. Kte. 1 : 25000 Bl. 5917 Kelsterbach, S. 84–111, Wiesbaden (Hess. L.-Amt Bodenforsch.).

GOLWER, A. & G. MATTHESS (1972): Die Bedeutung des Gasaustausches in der Grundluft für die Selbstreinigungsvorgänge in verunreinigten Grundwässern.- Z. dtsch. Geol. Ges., **123**: 29–38, Hannover.

GOLWER, A. & W. SCHNEIDER (1973): Belastung des Bodens und des unterirdischen Wassers durch Straßenverkehr. – Gas- u. Wasserf., **114**: 154–165, München.

– – (1979): Belastung des unterirdischen Wassers mit anorganischen Spurenstoffen im Gebiet von Straßen. – Gas- u. Wasserf., **120** (10): 461–467, München.

– – (1982): Belastung des Grundwassers mit organischen Stoffen im Gebiet von Straßen. – Gas- u. Wasserf., **123** (7): 329–342, München.

GOLWER, A. & F. ZEREINI (1998): Einflüsse des Straßenverkehrs auf rezente Sedimente – Langzeituntersuchungen an einem Versickerbecken bei Frankfurt am Main. – Geol. Jb., **126**: 47–70, Wiesbaden.

GOLWER, A., K.-H. KNOLL, G. MATTHESS, W. SCHNEIDER & K.-H. WALLHÄUSSER (1976): Belastung und Verunreinigung des Grundwassers durch feste Abfallstoffe. – Abh. hess. L.-Amt. Bodenforsch., **73**: 131 S., Wiesbaden.

GOLWER, A., G. MATTHESS & W. SCHNEIDER (1970): Selbstreinigungsvorgänge im aeroben und anaeroben Grundwasserbereich. – Vom Wasser, **36**: 64–92, Weinheim/Bergstr. (Verl. Chemie).

GOTTSCHALDT, N. & W. WINTER (1967): Stand der Reinigungsmöglichkeiten tensidhaltiger Abwässer. – Fortschr. Wasserchem. u. ihrer Grenzgebiete, **5**: 284–301, Berlin.

GRAHMANN, R. mit Beitr. von W. WUNDT (1958): Die Grundwässer in der Bundesrepublik Deutschland und ihre Nutzung. – 198 S., Remagen/Rhein (B.-Anst. Landeskunde).

GREWE, K. mit Beitr. von W. BRINKER, G. GARBRECHT, H. HELLENKEMPER, H.-O. LAMPRECHT, H.D. SCHULZ & E. THOFERN (1986): Atlas der römischen Wasserleitungen nach Köln. – Rhein. Ausgrabungen, **26**: 289 S., Köln (Rheinland-Verl. R.Habelt).

GRIES, K. (1995): Auswahl von Brunnenausbauprodukten. – bbr, **46**: 18–27, Köln.

GRIM, R.E. (1968): Clay Mineralogy. – 596 S., New York (McGraw-Hill).

GROBA, E. (1969): Bohrlochmessungen. – In: BENTZ, A. & H.J. MARTINI: Lehrbuch der Angewandten Geologie, **II**, 2:1465–1469, Stuttgart (Enke).

GROMBACH, P., K. HABERER, G. MERKL & E. TRÜEB (1993): Handbuch der Wasserversorgungstechnik. – 2. Aufl., 1123 S., München-Wien (Oldenbourg).

GÜNZEL, F. (1994): Geoelektrische Untersuchung von Grundwasserkontaminationen unter Berücksichtigung von Ton- und Wassergehalt auf die elektrische Leitfähigkeit des Untergrundes. – Diss. U. München.

GVIRTZMAN, H., D. RONEN & M. MAGARITZ (1986): Anion exclusion during transport through the unsaturated zone. – J. Hydrol., **87**: 267–283, Amsterdam.

HAAS, H.J. (1895): Quellenkunde. – 220 S., Leipzig (Weber).

HABEREY, W. (1972): Die römischen Wasserleitungen nach Köln. – Kunst u. Altertum am Rhein, **38**, 2. Aufl., 159 S., Bonn (Rheinl. Verl. R.Habelt).

HACKER, P. (1997): Ausgewählte geophysikalische Bohrlochuntersuchungen beim Brunnenbau zur Klärung der Grundwasserführung. – DVGW-Schr.R. Wasser, **89**: 151–171, Bonn (Wirtsch.- u. Verlagsges. Gas u. Wasser).

HÄSSELBARTH, U. (1963): Das Kalk-Kohlensäure-Gleichgewicht in natürlichen Wässern unter Berücksichtigung des Eigen- und Fremdelektrolyt-Einflusses. – Gas- u. Wasserf., **104**: 89–93, 157–160, München.

HÄSSELBARTH, U. & D. LÜDEMANN (1967): Die biologische Verockerung von Brunnen durch Massenentwicklung von Eisen- und Manganbakterien. – Bohrtechn., Brunnenb., Rohrleitungsb., **18**: 363–368, 401–406, Berlin.

HAHN, A. mit Beitr. von G. ANGENHEISTER & W. BOSUM (1961): Geomagnetik. – In: BENTZ, A.: Lehrbuch der Angewandten Geologie, **I**: 485–573, Stuttgart (Enke).

– mit Beitr. von N. PETERSEN & H. SOFFEL (1985): Geomagnetik. – In: BENDER, F.: Angewandte Geowissenschaften, **II**: 57–155, Stuttgart (Enke).

HALBERTSMA, H.P.N. & O. SPIESSER (1909): Die Wasserversorgung Wiesbadens. – Festschr. 50. Hauptvers. VDI, S. 90–105, Wiesbaden.

HANCE, R.J. & C.E. MCKONE (1971): Effect of the concentration on the decomposition rates in soil of atracine, linuron and picloram. – Pestic. Sci., **3**: 31–34, London.

HANSCH, C. & A. LEO (1979): Substituent Constants for Correlation Analysis in Chemistry and Biology. – 339 S., Amsterdam (Elsevier).

HANTKE, H. (1981): Vergleichende Bewertung von Anlagen zur künstlichen Grundwasseranreicherung. – Schr.R. WAR, 6: XI + 385 S., Darmstadt (Inst. Wasserversorg., Abwasserbeseitigung, Raumplanung).

HANTUSH, M.S. (1964): Hydraulics of Wells.- In: CHOW, V.T.: Advances in Hydroscience, **1**: 281–432, New York-London (Academic Press).

HATZSCH, P. (1978): Untersuchungen der gesteinsphysikalischen und petrographischen Eigenschaften der Festgesteine im Hangenden des Zechstein-Salinars im oberen Fulda-Gebiet. – Diss., Kiel.

– (1991): Tiefbohrtechnik. – 119 S., Stuttgart (Enke).

HAUDE, W. (1955): Die Verteilung der potentiellen Verdunstung in Ägypten. – Erdkunde, **13**: 214–224, Bonn.

– (1959): Über die Verwendung verschiedener Klimafaktoren zur Berechnung potentieller Evaporation und Evapotranspiration. – Met. Rdsch., **12**: 11–17, Berlin.

HAZEN, A. (1893): Some physical properties of sands and gravels with special reference to their use in filtration. – Ann. Rep. Mass. State Bd. Health, **24**: 541–556, Boston.

– (1895): The Filtration of Public Water Supplies. – 197 S., New York.

HEITFELD, K.-H. (1991): Talsperren.- Lehrb. Hydrogeol., **5**: 468 S., Berlin-Stuttgart (Borntraeger).

HEITFELD, K.-H. & W. KOPPELBERG (1981): Durchlässigkeitsuntersuchungen mittels WD-Versuchen. – Zbl. Geol. Paläontol. I, **1981**: 633–660, Stuttgart (Schweizerbart).

HELLING, C.S., P.C. KEARNEY & M. ALEXANDER (1971): Behaviour of pesticides in soils. – Adv. Agron., **23**: 147–240, New York-London.

HEM, J.D. (1961): Stability field diagrams as aids in iron chemistry studies. – J. Am. Water Works Assoc., **53** (2): 211–228, New York.

– (1985): Study and interpretation of the chemical characteristics of natural water. –U.S. Geol. Surv. Water Supply-Pap., **2254**, 3. Aufl., 263 S., Washington D.C.

HERTH, W. & E. ARNDTS (1985): Theorie und Praxis der Grundwasserabsenkung.- 2. Aufl., 378 S., Berlin (Ernst).

HILL, D.W. & P.L. MCCARTEY (1967): Anaerobic degradation of selected chlorinated hydrocarbon pesticides. – J. Water Pollution Control Feder., **39**: 1259–1277, Washington, D.C.

HINZE, W.J. (1990): The role of gravity and magnetic methods in engineering and environmental studies. – In: WARD, S.H. (Hrsg.): Geotechnical and environmental studies, **1**: 75–126, Tulsa, Okla. (Soc. Expl. Geophys.).

HIRSCH, P. & E. RADES-ROHKOHL (1983): Die Zusammensetzung der natürlichen Grundwasser-Mikroflora und Untersuchungen über ihre Wechselbeziehungen mit Fäkalbakterien. – DVGW-Schr.R. Wasser, **35**: 59–80, Eschborn.

HLN (Harzwasserwerke Land Niedersachsen) (Hrsg., o.J): speichern, aufbereiten, transportieren. – 26 S., Hildesheim.

HMLF (Hess. Ministerium Landwirtschaft u. Forsten, Abt. Wasserwirtschaft) (1971): Sonderplan Wasserversorgung Nordhessen. – 102 S., 14 Ktn., Wiesbaden.

HÖFER VON HEIMHALT, H. (1912): Grundwasser und Quellen. Eine Hydrogeologie des Untergrundes. – 11 + 135 S., Braunschweig (Vieweg).

HOFMANN, TH. (1998): Kolloide und suspendierte Partikel. Herkunft, Transport und Relevanz von mobilen

Festphasen im Hinblick auf die künstliche Grundwasseranreicherung. – Veröff. Inst. Wasserforsch. u. Dortmund. Energie- u. Wasserversorg., **56**: 226 S., Dortmund.

HÖLL, K. (1986): Wasser, Untersuchung, Beurteilung, Aufbereitung, Chemie, Bakteriologie, Biologie. – 7. Aufl., 592 S., Berlin (De Gruyter).

HÖLTING, B. (1978): Ergebnisse hydrogeologischer Untersuchungen in der Ense-Scholle südwestlich der Stadt Korbach/Kreis Waldeck-Frankenberg (Hessen). – Geol. Jb. Hessen, **106**: 423–432, Wiesbaden.

– (1991): Geogene Grundwasserbeschaffenheit und ihre regionale Verbreitung in der Bundesrepublik Deutschland. – In: ROSENKRANZ, E., G. EINSELE & H.M. HARRESZ: Handbuch Bodenschutz, 6.Lfg, I/ 91; 1300; 36 S., Berlin (Schmidt).

– (1994a): Das überarbeitete DVGW-Arbeitsblatt W 101 »Richtlinien für Trinkwasserschutzgebiete; I.Teil: Schutzgebiete für Grundwasser«. – DVGW-Schr.R. Wasser **84**: 69–77, Eschborn (DVGW).

– (1994b): Trinkwassergüte aus hydrogeologischer Sicht. – Versorg. Wirtsch. **2**/94: 29–33, 10 Bild., München (Verl. Versorgungswirtschaft).

– (1996): Hydrogeologie. – 5. Aufl., 441 S., Stuttgart (Enke).

HÖLTING, B. & G. EINSELE (1998): Schutzgebiete für Grundwassergewinnungsanlagen in Poren-Grundwasserleitern. – In: ROSENKRANZ, E., G. EINSELE & H.M. HARRESZ: Handbuch Bodenschutz, 25. Lfg., I/ 98, **4390**: 28 S., Berlin (Schmidt).

HÖLTING, B. & A. SCHRAFT (1987): Geohydrologische Aspekte bei der Wassererschließung in Kluftgrundwasserleitern. – Handb. Wasserversorg.- und Abwassertechn., 2. Ausg., A2, S. 110–118, Essen.

HÖLTING, B., T. HAERLE, K.-H. HOHBERGER, K.-H. NACHTIGALL, E. VILLINGER, W. WEINZIERL & J.-P. WROBEL (1995): Konzept zur Ermittlung der Schutzfunktion der Grundwasserüberdeckung. – Geol. Jb., **C63**: 5–24, 5 Tab., Hannover.

HOMILIUS, J. (1988): Geophysik. – In: SCHNEIDER, H.: Die Wassererschließung, S. 203–354, Essen (Vulkan-Verl.).

HOPKINS, D.M., T.N.V. KARLSTROM, R.F. BLACK, J.R. WILLIAMS, T.L. PEWE, A.T. FERNALD & E.H. MULLER (1955): Permafrost and groundwater in Alaska. – U.S. geol. Surv. prof. Pap., **264-F**: 113–146, Washington, D.C.

HÖTZL, H. & B. REICHERT (Hrsg., 1996): Schadstofftransport und Schadstoffabbau bei der Uferfiltration am Beispiel des Untersuchungsgebietes »Böckinger Wiesen« im Neckartal bei Heilbronn. – Schadstoffe im Grundwasser, **4**: 346 S., Weinheim (VCH).

HUBER, S.A., I. SCHEUNERT, U. DÖRFLER & F.H. FRIMMEL (1993): Zum Einfluß des gelösten organischen Kohlenstoffes auf das Mobilitätsverhalten einiger Pestizide. – DVGW-Schr.R., **109**: 85–103, Eschborn.

HUISMAN, L. & T. N. OLSTHOORN (1983): Artificial Groundwater Recharge. – 320 S., Boston-London-Melbourne (Pitman Advanced Publ.).

HÜPER, G. (1984): Stand der Technik im Horizontalbrunnenbau. – Bohrtechn.-Brunnenb.-Rohrleitungsb., **35**: 231–238, 280–285, Köln (R.Müller).

– (1993): Horizontale Wasserfassungen, Anwendung, Stand der Technik. – Technik für die Umwelt – Wasser Boden Luft, **1**: 7 – 43, Hannover (PREUSSAG Anlagenbau).

– (1997): Erfahrungen bei der Errichtung von Horizontalbrunnen. – DVGW-Schr.R., **89**: 217–273, Bonn (DVGW).

HURLE, K. (1982): Untersuchungen zum Abbau von Herbiziden in Böden. – Acta Phytomedica, **8**: 120 S., Berlin-Hamburg.

HURLE, K. & A. WALKER (1980): Persistence and its prediction. – In: HANCE, R.J. (Hrsg.): Interactions between Herbicides and the Soil, S. 83–122, London etc. (Academic Press).

HUSMANN, S. (1966): Die Organismengemeinschaften der Sandlückensysteme in natürlichen Biotopen und Langsamsandfiltern. – Veröff. hydrol. Forschungsabt. Dortmunder Wasserwerke AG, **9**: 93–113, Dortmund.

HÜTTER, L.A. (1994): Wasser- und Abwasseruntersuchung. – Laborbücher Chemie, 6. Aufl., 528 S., 55 Tab., Frankfurt/M. (Diesterweg/Saale).

HÜTTER, U. & F. REMMLER (1997): Möglichkeiten und Grenzen der Versickerung von Niederschlagsabflüssen in Wasserschutzgebieten. – Veröff. Inst. Wasserforsch. u. Dortmund. Energie- u. Wasserversorg., **54a**: 207 S., 5 Anl., Dortmund.

Industrieverband AGRAR e.V. (1990): Wirkstoffe in Pflanzenschutz- und Schädlingsbekämpfungsmitteln. Physikalische und toxikologische Daten. – 2. Aufl., 478 S., München (BLV).

INESON, J. (1963): Applications and limitations of pumping tests: Hydrogeological significance. – J. Inst. Water Eng., **17**: 200–215, London.

IWASAKI, T. (1937): Some notes on sand filtration. – J. Am. Water Works Assoc., **29**: 1591–1609, Baltimore, Md.

JACOB, C.E. (1940): On the flow of water in an elastic artesian aquifer. – Amer. geophys. Union Trans., **21**: 574–586, Washington D.C.

JACOB, C.E. & S.W. LOHMANN (1952): Nonsteady flow to a well of constant drawdown in an extensive aquifer. – Amer. geophys. Union Trans., **33**: 559–569, Washington, D.C.

JACKSON, R.E., W.F. MERRITT, D.R. CHAMP, J. GULENS & K.J. INCH (1980): The distribution coefficient as a geochemical measure of the mobility of contaminants in a ground water flow system. – Panel Proc. Ser., **518**: 209–225, Wien (IAEA).

JÄCKEL, G. (1959): Ergiebigkeitsminderung von Brunnen infolge Verockerung. – Wasserwirtsch.-Wassertechn., **9**: 116–123, Berlin.

JOHNSON Div. (1966): Ground Water and Wells. – 1. Aufl., 440 S., St.Paul, Minn. (UOP).

– (1986): dto. – 2. Aufl., 440 S., St.Paul, Minn. (UOP).

JORDAN, H. & H.-J. WEDER (Hrsg., 1995): Hydrogeologie. Grundlagen und Methoden. Regionale Hydrogeologie: Mecklenburg-Vorpommern, Brandenburg und Berlin, Sachsen-Anhalt, Sachsen, Thüringen. – 2. Aufl., 603 S., 3 Ktn., Stuttgart (Enke).

KADEN, ST., D. EICHHORN & U. BEIMS (1981): Optimierung und Dimensionierung von Grundwasserabsenkungen mit dem EDV Programm OPENA. – Wasserwirtschaft-Wassertechnik, **31**: 87–89, Berlin.

KAESCHE, H. (1990): Die Korrosion der Metalle. Physikalisch-chemische Prinzipien und aktuelle Probleme. – 3. Aufl., IX + 555 S., Berlin etc. (Springer).

KAMPE, R. (1922): Zur Mechanik gasführender Quellen. – Ing.-Z., **2**: 1–8, Teplitz-Schönau.

KARICKHOFF, S.W., O.S. BROWN & T.H. SCOTT (1979): Sorption of hydrophobic pollutants on natural sediments. – Water Research, **13**: 241–248, Washington, D.C.

KARRENBERG, H. mit Beitr. von HOHL, R., A. PAHL, H.-J. SCHNEIDER & M. WALLNER (1981): Hydrogeologie der nicht verkarstungsfähigen Festgesteine. – 284 S., Wien-New York (Springer).

KASHEF, A.A.I. (1986): Groundwater Engineering. – 512 S., New York (McGraw-Hill).

KÄSS, W. (1965): Sind Härtegrade entbehrlich? – Eine Anregung. – Dtsch. gewässerkundl. Mitt., **9**: 63–64, Koblenz/Rhein.

– (1980): Redox-Messungen im Grundwasser. – Dtsch. gewässerkundl. Mitt., **24**: 138–139, Koblenz/Rhein.

– (1989): Grundwasser-Entnahmegeräte – Zusammenstellung von Geräten für die Grundwasserentnahme zum Zweck der qualitativen Untersuchung. – DVWK-Schr., **84**: 119–172, Hamburg-Berlin (Parey).

– (1992): Geohydrologische Markierungstechnik. – Lehrb. Hydrogeol., **9**: 519 S., Berlin-Stuttgart (Borntraeger).

KAUFMAN, D.D., P.C. KEARNEY, D.W. VON ENDT & D.E. MILLER (1970): Methylcarbonate inhibition of phenyl-carbamate metabolism in soil. – J. Agr. Food Chem., **18**: 513–519, Washington, D.C.

KEILHACK, K. (1922): Lehrbuch der Praktischen Geologie. – 4. Aufl., **2**, 599 S., Stuttgart (Enke).

– (1935): Lehrbuch der Grundwasser- und Quellenkunde. – 3. Aufl., 575 S., Berlin (Borntraeger).

KELLER, G. (1952): Torpedierungen zur Erhöhung des Wasserandranges in Grundwasserbohrungen. – Geologie u. Bauwesen, **19**: 201-216, Wien.

– (1969): Angewandte Hydrogeologie. – 411 S., Hamburg (Wasser u. Boden).

KELLER, R. (Hrsg., 1978): Hydrologischer Atlas der Bundesrepublik Deutschland. – Kartenband (1978), 68 Ktn., Boppard (Boldt).

KEMMESIES, O. (1996): Prozessmodellierung und Parameteridentifikation von Mehrphasenströmungsprozessen in porösen Medien. – Diss., Dresden.

KEMPF, TH. (1970): Die Bedeutung der Bestimmung organischer Stoffe im Wasser. – Schr.-R. Ver. Wasser-, Boden-Lufthyg., **33**: 105–115, Berlin.

KINZELBACH, W. (1987): Numerische Methoden zur Modellierung des Transports von Schadstoffen im Grundwasser. – 283 S., München-Wien (Oldenbourg).

KINZELBACH, W. & R. RAUSCH (1995): Grundwassermodellierung. – 283 S., Berlin-Stuttgart (Borntraeger).

KIRSCH, R. & W. RABBEL (1997): Seismische Verfahren in der Umweltgeophysik. – In: BEBLO, M. (Hrsg.): Umweltgeophysik, S. 243–311, Berlin (Ernst).

KITTNER, H., W. STARKE & D. WISSEL (1988): Wasserversorgung. – 6. Aufl., 660 S., Berlin (Verl. Bauwesen).

KLECZKOWSKI, A.S. (Hrsg., 1994): Methodical Principles of Groundwater Protection (Metodyczne Podstawy Ochrony Wód Podziemnych). – 356 S., Krakau.

KLOTZ, D. (1973): Untersuchungen zur Dispersion in porösen Medien.- Z. dtsch. geol. Ges., **124**: 523–533, Hannover.

KLUT-OLSZEWSKI (1945): Untersuchung des Wassers an Ort und Stelle, seine Beurteilung und Aufbereitung. – 9. Aufl., 281 S., Berlin (Springer).

KOBUS, H. (Hrsg., 1992): Wärme- und Schadstofftransport im Grundwasser. – Schadstoffe im Grundwasser, **1**: 480 S., Weinheim (VCH)

KOLLBRUNNER, C.F. (1946): Fundation und Konsolidation. – **1**: 476 S., Zürich (Schweiz. Druck- u. Verlagshaus).

KÖLLE, W. & H. RÖSCH (1980): Untersuchungen an Rohrnetz-Inkrustierungen unter mineralogischen Gesichtspunkten. – Vom Wasser, **55**: 159–178, Weinheim/Bergstr.

KREMS, G. (1958): Regenerierung und Leistungssteigerung von Rohrbrunnen. – In: Leistungssteigerungen im Wasserwerksbetrieb, S. 51–62, Eschborn (DVGW).

– (1961): Die Westberliner Wassergewinnung – Fragen der Brunnenalterung und -regenerierung. – Wasser u. Boden, **13**: 143–146, Hamburg.

KRUSEMANN, P.-G. & A.N. DE RIDDER (1973): Untersuchung und Auswertung von Pumpversuchsdaten. – 191 S., Köln (R. Müller).

– – (1991): Analysis and evaluation of pumping test data. – Internat. Inst. Land Reclamation Improvement Publ. 47, 2. Aufl., 377 S., Wageningen.

KUHLMANN, B. (1998): Leitlinien zur Überwachung von Pflanzenbehandlungs- und Schädlingsbekämpfungsmitteln (PBSM) bei der Wasserversorgung. – Veröff. Inst. Wasserforsch. u. Dortmund. Energie- u. Wasserversorg., **55**: 55 + 47 S., Dortmund.

KUSTERMANN, H. (1962): Der Einfluß der Organismen in Kiesschotterböden der Flüsse auf die Wasserversickerung. – Gas – Wasser – Abwasser, Monatsbull. Schweiz. Ver. Gas- und Wasserfachm., **42**: 25–34, 54–63, 82–83, Zürich.

LANG, R. (1958): Reinigung eines Brunnens mittels Luft- und Wasserspülung. – N. Deliwa-Z., **9**: 145–146, Hannover.

LANGE, G. (1997): Gleichstromgeoelektrik. – In: KNÖDEL, K., H. KRUMMEL & G. LANGE (Hrsg.): Handbuch zur Erkundung des Untergrundes von Deponien und Altlasten, 3. Geophysik, S. 122–166, Berlin etc. (Springer).

LANGE, G. & G. SCHEUFELE (1982): Die Versickerung von Straßenabflüssen. – Wasser- u. Boden, **34**: 24–27, Hamburg.

LANGGUTH, H.-R. & R. VOIGT (1980): Hydrogeologische Methoden. – 486 S., Berlin-Heidelberg-New York (Springer).

LARES, H. (1933): Zur Frage der genaueren Berechnung bergmännischer Sprengladungen. – Z. ges. Schieß- u. Sprengstoffwes., **28**: 105–109, 146–150, 181–184, 206–209, 250–253, München.

LAWA (Länderarbeitsgemeinschaft Wasser) (1982): Grundwasser, Richtlinien für Beobachtung und Auswertung, Teil 1 – Grundwasserstand. – 68 S., Anl., Essen (Woeste).

– (1998): Richtlinien für Heilquellenschutzgebiete. – 27 S., Berlin (Kulturbuchverl.).

LAUVERJAT, J. (1967): Historique des forages artésiens dans le bassin de Paris. – Chronique d'Hydrogéologie, **11**: 7–32, Paris (BRGM).

LENDA, A. & A. ZUBER (1970): Tracer dispersion in groundwater experiments. – Isotope Hydrology, IAEA-Sm-129/37: 619–641, Wien.

LEO, A., C. HANSCH & D. ELKINS (1971): Partition coefficients and their uses. – Chem. Rev., **71**: 525–616, Washington, D.C.

LERNER, D.N., A.S. ISSAR & I. SIMMERS ((1990): Groundwater Recharge. – Internat. Assoc. Hydrogeol., **8**: 345 S., Hannover (Heise).

LIEBSCHER, H.-J. (1977): Wasserkreislauf und Wasserhaushalt in der Bundesrepublik Deutschland. – Jahresber. Bundesanstalt Gewässerk., II/3-II/7, Koblenz/Rhein.

LIEBSCHER, H.-J. & R. KELLER (1979): Abfluß. – In: DE HAAR et al.: Hydrologischer Atlas der Bundesrepublik Deutschland – Textband, S. 90–159, Boppard (Boldt).

LILLICH, W. (1970): Vergleich moderner Methoden zur Bestimmung des Grundwasseranteils am Gesamtabfluß an der Erdoberfläche. – Z. dtsch. geol. Ges., Sonderh. Hydrogeol.-Hydrogeochem.: 17–25, Hannover.

LOGAN, J. (1961): Estimation of electrical conductivity from chemical analysis of natural waters. – J. geophys. Res., **66**: 2479–2483, Washington, D.C..

LOHMAN, S. et al. (1972): Definitions of Selected Ground-Water Terms – Revisions and Conceptual Refinements. – U.S. geol. Surv. Water-Supply Pap. **1988**: 21 S., Washington, D.C.

LOUIS, H. unter Mitarb. von K. FISCHER (1979): Allgemeine Geomorphologie. – In: J. SCHMITTHÜSEN (Hrsg.): Lehrbuch der Allgemeinen Geographie, **1**, 4.Aufl., 814 S., Berlin-New-York (de Gruyter).

LUCKNER, L. & U. BEIMS (1976): Beitrag zur digitalen geohydraulischen Parameteridentifikation. – Z. angew. Geol., **22**: 465–471, Berlin.

LUCKNER, L. & W.M. SCHESTAKOW (1975): Simulation der Geofiltration. – 358 S., Leipzig (VEB Dtsch. Verl. Grundstoffindustrie).

LUX, K.N. (1997): Einsatz geophysikalischer Meßverfahren zur Qualitätskontrolle im Brunnenbau. – DVGW-Schr. R. Wasser, **89**: 173–202, Bonn (Wirtsch.- u. Verlagsges. Gas u. Wasser mbH).

LWA NW (Landesamt für Wasser und Abfall Nordrhein-Westfalen) (1991): Grundwasseruntersuchung im Festgestein bei Altablagerungen und Altstandorten. – Düsseldorf.

MAEDA, K., Y. IMAE, J.-I. SHIOI & F. OOSAWA (1976): Effect of temperature on mobility and chemotaxis of *Escherichia coli*. – J. Bact., **127** (3): 1039–1046, Baltimore, Md.

MAIER, D. & A. GROHMANN (1977): Bestimmung der Ionenstärke aus der elektrischen Leitfähigkeit. – Z. Wasser Abwasser Forsch., **10**, 1: 9–12, München (Oldenbourg).

MAILLET, E. (1905): Mécanique et physique du globe. Essais d' hydraulique souterraine et fluviale. – 218 S., Paris (A.Hermann).
MAROTZ, G. (1968): Technische Grundlagen einer Wasserspeicherung im natürlichen Untergrund. – Schriftenreihe KWK, **18**: 228 S., Hamburg (Wasser u. Boden).
MARSHALL, K.C. (1980): Adsorption of microorganisms to soils and sediments. – In: BITTON, G. & K.C. MARSHALL (Hrsg.): Adsorption of microorganisms to surfaces, S. 317–331, New York (Wiley).
MATTHES, S. (1990): Mineralogie.- 3. Aufl., 448 S., Berlin etc. (Springer).
MATTHESS, G.: (1964a): Zur Vergrusung der magmatischen Tiefengesteine des Odenwaldes. – Notizbl. hess. L.-Amt. Bodenforsch., **92**: 160–178, Wiesbaden.
– (1964b): Grundwasserneubildung, Abflußspenden bei Niedrigwasser. – In: Wasserwirtschaftlicher Rahmenplan Weschnitz, S. 74–77, 2 Tab., 1 Kte., Wiesbaden.
– (1970): Beziehungen zwischen geologischem Bau und Grundwasserbewegung in Festgesteinen. – Abh. hess. L.-Amt. Bodenforsch., **58**: 105 S., Wiesbaden.
– (1983): The role of natural organics on water interaction with soil and rock. – Internat. Assoc. hydrol. Sci. publ., **150**: 11–21, Wallingford, U.K.
– (1994): Die Beschaffenheit des Grundwassers. – Lehrb. Hydrogeol., **2**, 3. Aufl., 499 S., Berlin-Stuttgart (Borntraeger).
– (Hrsg., 1997): Transport- und Abbauverhalten von Pflanzenschutzmitteln im Sicker- und Grundwasser. – Schr.-R. Ver. Wasser-, Boden- Lufthygiene, **100**: 439 S., Stuttgart-New York (G.Fischer).
MATTHESS, G. & A. PEKDEGER (1981): Concepts of the survival and transport model of pathogenic bacteria and viruses in ground water. – The Science of the total Environment, **21**: 149–159, Amsterdam (Elsevier).
MATTHESS, G. & K. REUL (1965): Die im mittleren Niddagebiet zwischen Nidda und Rainrod voraussichtlich gewinnbaren Grundwassermengen. – In: Sonderplan Wasserversorgung Mittelhessen, S. 34–35, 1 Abb., Wiesbaden.
MATTHESS, G. & J.-D. THEWS (1963): Der Abflußzuwachs als Hilfsmittel bei der Beurteilung von Wassererschließungsmöglichkeiten. – Notizbl. hess. L.-Amt. Bodenforsch., **91**: 231–236, Wiesbaden.
– – (1964): Gaging of low-water as means of investigation of the hydrogeological conditions of a region. – Internat. Ass. sci. Hydrol. publ., **63**: 389–392, Gentbrugge.
MATTHESS, G. & K. UBELL (1983): Allgemeine Hydrogeologie – Grundwasserhaushalt. – Lehrb. Hydrogeol., **1**: 438 S., Berlin-Stuttgart (Borntraeger).
MATTHESS, G., I. ALEXANDER, H. ALTHAUS, H. DIZER, Z. FILIP, G. HAVEMEISTER, P. HIRSCH, K.D. JUNG, D. KADDU-MULINDWA, W. KÄSS, J. LOPEZ, G. MILDE, A. NASSER, A. PEKDEGER, E. RADES-ROHKOHL, R. RIEMER, R. RITTER, C. SACRE, J. SCHRÖTER, K. SEIDEL & K.P. SEILER (1985a): Lebensdauer von Bakterien und Viren in Grundwasserleitern. – Bundesumweltamt Materialien, **2/85**: 108 S., Berlin (Schmidt).
MATTHESS, G., E. BEDBUR, K.O. GUNDERMANN, M. LOOF & D. PETERS (1991): Vergleichende Untersuchung zum Filtrationsverhalten von Bakterien und organischen Partikeln in Porengrundwasserleitern. – Zbl. Hygiene, **191**: 53–97, 347–395, Stuttgart-New York.
MATTHESS, G., S.S.D. FOSTER & A.CH. SKINNER (1985): Theoretical Background, Hydrogeology and Practice of Groundwater Protection Zones. – Int. Contribut. Hydrogeology, **6**: 204 S., Hannover (Heise).
MATTHESS, G., F. FRIMMEL, P. HIRSCH, H.D. SCHULZ & H.E. USDOWSKI (1992): Progress in Hydrogeochemistry – Organics – Carbonate Systems – Silicate Systems – Microbiology – Models. – 544 S., Berlin etc. (Springer).
MATTHESS, G., M. ISENBECK, A. PEKDEGER, D. SCHENK & J. SCHRÖTER (1985b): Der Stofftransport im Grundwasser und die Wasserschutzgebietsrichtlinie W 101 – Statusbericht und Problemanalyse. – Umweltbundesamt Ber., **7/85**, 181 S., Berlin (Schmidt).
MATTHESS, G., M. ISENBECK-SCHRÖTER, J. REICHLING & J. SCHRÖTER (1989): Verhalten von Pflanzenschutzmitteln bei der Grundwasserleiterpassage. – Schr.R. Ver. Wasser-, Boden- u. Lufthyg., **79**: 295–311, Stuttgart – New York (Fischer).
MAZÁC, O., M. CÍSLEROVÁ, W.E. KELLY, I. LANDA & D. VENHODOVÁ (1990): Determination of hydraulic conductivities by surface geoelectrical methods. – In: WARD S.H. (Hrsg.): Geotechnical and environmental geophysics, **2**: 125–131, Tulsa, Okla. (Soc. Expl. Geophys.)
MCCARTY, J.F. & J.M. ZACHARA (1989): Subsurface transport of contaminants. – Environ. Sci. Techn., **23**: 496–502, Washington, D.C.
MCCARTY, P.L. (1983): Biofilm transformations of trace organic compounds in groundwater. – Proc. Biofilm Processes in Ground Water Res., Stockholm 1983, S. 91–112, Stockholm.
MCCARTY, P.L., M. REINHARD & B.E. RITTMANN (1981): Trace organics in groundwater. – Environ. Sci. Techn., **15**: 40–51, Washington, D.C.
MCNEILL, J.D. (1990): Use of electromagnetic methods for groundwater studies. – In: WARD, S.H. (Hrsg.): Geotechnical and Environmental Geophysics, **I**: 191–218, Tulsa, Okla. (Soc. Expl. Geophys.).

MEYER DE STADELHOFEN, C. (1991): Anwendung geophysikalischer Methoden in der Hydrogeologie. – 230 S., Berlin etc. (Springer).

MEINZER, O.E. (1923): Outline of ground-water hydrology, with definitions. – U.S. Geol. Surv. Water-Supply Pap., **494**: 71 S., Washington, D.C.

MERCADO, A. (1967): The spreading pattern of injected waters in a permeable stratified aquifer. – Internat. Assoc. sci. Hydrol. publ., **72**: 23–36, Haifa.

MERKLI, B. (1975): Untersuchungen über Mechanismen und Kinetik der Elimination von Bakterien und Viren im Grundwasser. – Nat. wiss. Diss., 89 S., ETH Zürich.

MICHEL, G. (1974): Bohrlochtorpedierungen als ultima ratio. – Bohrtechn.-Brunnenb.-Rohrleitungsb., **25**: 119–122, Köln.

– (1997): Mineral- und Thermalwässer – Allgemeine Balneogeologie. – Lehrb. Hydrogeol., **7**: 398 S., Berlin-Stuttgart (Borntraeger).

MICHELS, F. (1933): Trinkwassergewinnung (insbesondere durch Stollen) im südöstlichen Rheinischen Schiefergebirge (Taunus). – Z. dtsch. geol. Ges., **85**: 530–539, Berlin.

MIJATOVIC, B.F. (1984): Hydrogeology of the Dinaric Karst. – Internat. Assoc. Hydrogeol., **4**: 254 S., Hannover (Heise).

MOSER, H. & W. RAUERT, mit Beitr. von M.A. GEYH, D. KLOTZ, S. LORCH, H. PAHLKE, K.-P. SEILER & W. STICHLER (1980): Isotopenmethoden in der Hydrologie. – Lehrb. Hydrogeol., **8**: 400 S., Berlin-Stuttgart (Borntraeger).

MUCHA, I. & E. PAULIKOVA (1986): Pumping test using large-diameter production and observation wells. – J. Hydr., **89**: 157–164, New York.

MÜHLFELD, R. (1969): Die geologische Auswertung von Luftbildern und die Planung photogeologischer Arbeiten. – In: BENTZ, A. & H.J. MARTINI: Lehrbuch der Angewandten Geologie, **II**, 2: 1985–2019, Stuttgart (Enke).

MÜHLFELD, R., E. MÜCKENHAUSEN, F. GRÜNEBERG & J. RUDER (1981): Fernerkundung in Geologie und Bodenkunde. – In: BENDER, F. (Hrsg.): Angewandte Geowissenschaften, **I**: 464–506, Stuttgart (Enke).

MUNDRY, E., S. GREINWALD, K. KNÖDEL, W. LOSECKE, P. MEISER & G. REIMAYR (1985): Geoelektrik. – In: BENDER, F.: Angewandte Geowissenschaften, **II**: 299–434, Stuttgart (Enke).

MUTSCHMANN, J. & F. STIMMELMAYR (1995): Taschenbuch der Wasserversorgung. – 11. Aufl., 822 S., Stuttgart (Franckh-Kosmos Verl.)

NABER, G. (1996): Fernwasserversorgung. – 210 S., München (Oldenbourg).

NAHRGANG, G. (1954): Zur Theorie des vollkommenen und unvollkommenen Brunnens. – 43 S., Berlin-Göttingen-Heidelberg (Springer).

NAHRGANG, G. & W. SCHWEIZER (1982): Untersuchung über die Stabilität und das Dichtfahren von Filtern aus Sanden und Kiesen bei Bohrungen: Stufe I und II. – DVGW-Schr. R. Wasser, **11**: 18 S., 26 Abb., 12 Fot., Eschborn.

NATERMANN, E. (1958): Der Wasserhaushalt im oberen Emsgebiet nach dem A_u-Linien-Verfahren. – 44 S., Düsseldorf (Min. Ernähr. Landwirtsch. Forsten).

NEA (Nuclear Energy Agency), Organisation for Economic Co-Operation and Development (1987): The radiological impact of the Chernobyl accident in OECD countries. – 184 S., Paris (OECD).

NEUMAN, S.P. (1975): Analysis of pumping test data from anisotropic unconfined aquifers considering delayed gravity response. – Water Resources Research, **11**: 329–342, Washington, D.C.

NEUMANN, R. (1964): Geologie für Bauingenieure. – 784 S., Berlin – München (W. Ernst).

NEUMAYR, V. (1981): Verteilungs- und Transportmechanismen von chlorierten Kohlenwasserstoffen in der Umwelt. – WaBoLu-Ber. **3**: 24–31, Berlin (Reimer).

– (1983): Möglichkeiten und Grenzen der Erfassung von Untergrundverunreinigungen durch halogenierte Kohlenwasserstoffe. – DVGW-Schr.R. **36**: 35–63, Eschborn.

NLfB, Niedersächs. L.-Amt Bodenforsch. (1994): Bodenkundliche Kartieranleitung. – 4. Aufl., 92 S., Hannover

NÖRING, F. (1959): Die richtige Ausdeutung von Beobachtungen beim Niederbringen einer Brunnenbohrung und beim Versuchspumpen. – Bohrtechn.- Brunnenb.- Rohrleitungsbau, **10**: 567–571, Berlin.

NOLTE, L.-P. & H. ROHDE (1994): Verfüllmaßnahmen an Grundwasserbeschaffenheitsmeßstellen – Verfahren zur Einbringung von Tonmehl-Zement-Suspensionen. – Technik für die Umwelt – Wasser Boden Luft, **2**: 39–49, Hannover (PREUSSAG Anlagenbau).

NOLTE, L.-P. & U. RÜBESAME (1994): Pflege und Sanierungsmaßnahmen an Brunnenanlagen. – Technik für die Umwelt – Wasser Boden Luft, **2**: 19–38, Hannover (PREUSSAG Anlagenbau)

OBERMANN, P. (1981): Hydrochemische/hydromechanische Untersuchungen zum Stoffgehalt von Grundwasser bei landwirtschaftlicher Nutzung. – Bes. Mitt. dtsch. gewässerk. Mitt., **42**, 217 S., Düsseldorf.

– (1988): Ursachen und Folgen der Nitratbelastung des Grundwassers. – In: ROSENKRANZ et al.: Handbuch Bodenschutz, 1. Lfg., **4380**, 23 S., Berlin (Schmidt).

OBSTFELDER, H.J. VON (1957): Das »Regenerieren« von Bohrbrunnen. – Bohrtechn.-Brunnenb., **8**: 22–23, Berlin.

O'CONNOR, D.J. & J.P. CONNOLLY (1980): The effect of concentrations of adsorbing solids on the partition coefficient. – Water Res., **14**: 1517–1523, Oxford.

OHNESORGE, A. (1938): Grundlage zur Errechnung der Ladungsmengen bei Vorgaben von 0,3–3 m. – Nobel-H., **13**: 86–96, Essen-Troisdorf.

ORL-ETHZ (1970): Richtlinien für die künstliche Anreicherung (Neubildung von Grundwasser). – Blatt 516 023, Zürich.

OSTERMANN, K. (1987): Pumpentechnik in der Wasserversorgung. – 2. Aufl., 112 S., Köln (Müller).

– (1992): dto. – 3. Aufl., 112 S., Köln (Müller).

PAAVEL, V. (1952): Maßgebende Faktoren in der Entwicklung des Brunnenfilters. – Bohrtechn.-Brunnenb., **3**: 9–12, Berlin.

PANKOW, J.F. & S.W. MCKENZIE (1992): Parametrizing the equilibrium distribution of chemicals between the dissolved, solid particulate matter, and colloidal matter compartments in aqueous systems. – Environ. Sci. Technol., **25**: 2046–2053, Washington, D.C.

PAPADOPULOS, I.S. & H.H. COOPER (1967): Drawdown in a well of large diameter. – Water Resourc. Res., **3**: 241–244, Washington, D.C.

PARKHURST, D.L., D.C. THORSTENSON & L.N. PLUMMER (1980): PHREEQE – a computer program for geochemical calculations. – U.S. geol. Surv. Water Resources Inv. 80–96, 210 S., Washington, D.C.

PAUL, K. (1987): Neuere Erkenntnisse in der Brunnenregenerierung. – In: BÖHNKE, O., R. FENZ, B. JOST, G. NABER, M. SCHALEKAMP, R. SCHLAUER & H. MOSER: Handbuch Wasserversorgungs- und Abwassertechnik, 2. Ausg., S. 134–147, Essen (Vulkan).

PEACEMAN, D.W. & H.H. RACHFORD (1955): The numerical solution of parabolic and elliptical difference equations. – J. Soc. indust. appl. Math., **3**: 28–41, Philadelphia, Penn.

PEKDEGER, A. (1977): Labor- und Felduntersuchungen zur Genese der Sicker- und Grundwasserbeschaffenheit. – 229 S., Diss. Univ. Kiel.

PEKDEGER, A., D. CHAMP, P. FRITZ, D. KLOTZ, J. REICHLING & A. WINKLER (1993): Transportverhalten der PSM im Untergrund – wassergesättigte Zone. – DVGW-Schr. R., **109**: 63–84, Eschborn.

PENMAN, H.L. (1940a): Gas and vapour movements in the soil. I. The diffusion of vapours through porous solids. – J. Agr. Sci., **30**: 437–462, London.

– (1940b): Gas and vapour movements in the soils. II. The diffusion of carbon dioxide through porous solids. – J. Agr. Sci., **30**: 570–581, London.

– (1948): Natural evaporation from open water, bare soil and grass. – Proc. royal. Soc. (A), **193**: 120–145, London.

PETERSON, F.L. (1972): Water development on tropic volcanic islands – type example: Hawaii. – Ground Water, **10**: 18–23, Worthington, OH.

PETTENKOFER, M. VON (1871): Über den Kohlensäuregehalt der Grundluft im Geröllboden von München in verschiedenen Tiefen und zu verschiedenen Zeiten. – Z. Biol., **7**: 395–417, München.

PFEIFFER, D. (1962): Hydrologische Messungen in der Praxis des Geologen. Einfache Verfahren. – Bohrtechn. Brunnenb. Rohrleitungsb., **13**: 53–60, 96–104, 147–162, Berlin.

PICKENS, J.F., J.A. CHERRY & G.E. GRISAK (1977): A multilevel device for ground-water sampling and piezometer modeling. – Groundwater, **16**: 322–327, Worthington, Ohio.

PINNEKER, E.V. (1992): Das Wasser in der Litho- und Asthenosphäre – Wechselwirkung und Geschichte. – Lehrb. Hydrogeol., **6**: 263 S., Berlin-Stuttgart (Borntraeger).

POSS, C. & G. HACKER (1991): Maximale Tages- und Stundenabgabe an Versorgungsgebiete in der Trinkwasserversorgung der Bundesrepublik Deutschland. – Gas- u. Wasserf., **132**: 624–631, München.

POTIE, L. & J. RICOUR (1973): Etudes et captages de résurgences d'eau douce sous-marines. – Revue techn. internat. de l'eau, **10**: 5–16, **11**: 7–18, Paris (Ed. geogr. profess.).

PREUSS, E. (1994): Aufschlußbohrungen per Hand. – Wasser u. Boden, **46**, 10: 34–38, Hamburg.

PRIKEL, G. (1957): Tiefbohrgeräte mit besonderer Berücksichtigung der Rotary-Bohranlagen. – 305 S., Wien (Springer).

PRINZ, E. (1919): Handbuch der Hydrologie. – 445 S., Berlin (Springer).

– (1923): dto. – 2.Aufl., 422 S., Berlin (Springer).

PRINZ, E. & R. KAMPE (1934): Handbuch der Hydrologie, 2: Quellen.- 290 S., Berlin (Springer).

PRINZ, H. (1991): Abriß der Ingenieurgeologie. – 2. Aufl., 466 S., Stuttgart (Enke).

RAMKE, U. (1980): Die Versickerung von Oberflächenwasser als Entsorgungselement für den Städtebau im ländlichen Raum. – Wasser u. Boden, **32**: 221–224, Hamburg.

RATHOD, K.S. & K.R. RUSHTON (1984): Numerical method of pumping test analysis using microcomputers. – Groundwater, **22**: 602–608, Worthington, Ohio.

RAYMER, L.L., E.R. HUNT & J.S. GARSNER (1980): An improved sonic transmit time – porosity transform. – Trans. Soc. prof. Well-Log. Anal., 21st Ann. Log. Symp., 1–13, Lafayette, Louis.

REINACH, A. VON (1904): Über die zur Wassergewinnung im mittleren und östlichen Taunus angelegten Stollen. – Abh. kgl. preuß. geol. L.-A., N.F., **42**: 64 S., Berlin.

REMMLER, F. (1990): Einflüsse von Meßstellenausbau und Pumpenmaterialien auf die Beschaffenheit einer Wasserprobe. – DVWK-Mitt., **20**: 141 S., Bonn.

REPSOLD, H. (1989): Well Logging in Groundwater Development. – Int. Contribut. Hydrogeol., **9**: 136 S., Hannover (Heise).

REPSOLD, H. & E. SCHNEIDER (1988): Bohrlochmessungen bei der Wassererschließung. – In: SCHNEIDER, H.: Die Wassererschließung, S. 305–324, Essen (Vulkan).

REUL, K. (1972): Anwendung der Luftbildgeologie bei der Grundwassererschließung. – In: Wassergewinnung – Wassergüte, S. 3–8, Frankfurt/Main (DVGW).

RICHTER, W. & W. LILLICH (1975): Abriß der Hydrogeologie. – 281 S., Stuttgart (Schweizerbart).

RICHTER, W., & R. WAGER (1969): Hydrogeologie. – In: BENTZ, A. & H.J. MARTINI: Lehrbuch der Angewandten Geologie, **II**, 2: 1357–1546, Stuttgart (Enke).

RIEMER, R. (1983): Untersuchungen zum Transportverhalten von Bakterien in sandigen und kiesigen Filtermedien. – Diss., 161 S., Kiel.

ROHMANN, U. & H. SONTHEIMER (1985): Nitrat im Grundwasser – Ursachen – Bedeutung – Lösungswege. – 468 S., Karlsruhe (DVGW-Forschungsst. Engler-Bunte-Inst. TU).

RÖMPP (1989): Chemie Lexikon. – **1**, 9. Aufl., 762 S., Stuttgart-New York (Thieme).

ROSS, H.P., C.E. MACKELPRANG & P.M. WRIGHT (1990): Dipole-dipole electrical resistivity surveys at waste disposal sites. – In: WARD, S.H. (Hrsg.): Geotechnical and environmental geophysics, **2**: 145–152, Tulsa, Okla. (Soc. Expl. Geophys.).

ROSSUM, J.R. (1975): Checking the accuracy of water analysis through the use of conductivity. – J. amer. Water Works Assoc., **67**: 204–205, Washington, D.C.

RUBBERT, W. (1997): Brunnenausbauarten. – DVWG-Schr.R. Wasser, **89**: 275–315, Bonn (Wirtschafts- u. Verlags-Ges. Gas u. Wasser).

RÜBESAME, K. (1996): Schonender Einsatz von Sprengstoff zur Brunnenregenerierung. – bbr, **47**, 3: 18–24, Köln.

RÜCKERT, H. (1979): Neues Bemessungsverfahren für Horizontalfilterbrunnen. – Wasserwirtschaft-Wassertechnik, **29**: 237–244, Berlin.

RUHFUSS, H. (1965a): Schachtbrunnen. – In: BIESKE, E.: Handbuch des Brunnenbaus, II: 639–755, Berlin-Konradshöhe (R.Schmidt).

– (1965b): Instandsetzung von Schachtbrunnen.- In: BIESKE, E.: Handbuch des Brunnenbaus, **II**: 881–884, Berlin-Konradshöhe (R.Schmidt).

RUSHTON, K.R. & S.J. BOOTH (1976): Pumping-test analysis using a discreet time – discreet space numerical method. – J. Hydrology, **28**: 13–27, New York.

RUTSCHMANN, W. (1974): Mechanischer Tunnelvortrieb im Festgestein. – 200 S., Düsseldorf (VDI).

SALISKO, W. & K. SUTTER (1980): Das Entsandungskolben von Brunnen. – Bohrtechn. Brunnenb. Rohrleitungsb., **31**: 232–234, Köln.

SCHAEFERS, U. (1994): Erstellung von Grundwasserbeschaffenheitsmeßstellen (GBM) mit SBF-NORIP Rohren und SBF-Dichtungston. – Technik für die Umwelt – Wasser Boden Luft, **2**: 7–18, Hannover (PREUSSAG Anlagenbau).

SCHARPENSEEL, H.W., S. STEPHAN, B. THENG, E. KRUSE & A. LAY (1977): Infiltration und Translokation von polychlorierten Biphenylen in natürlich gelagerten Bodenprofilen; biotischer und abiotischer Abbau. 1. Adsorption und Einbau polychlorierter Biphenyle (PCB) im Boden. – Z. Pflanzenernähr. Bodenk., **140**: 285–301, Weinheim/Bergstr.

SCHAUMANN, G. (1997): Anwendung der Transientenelektromagnetik zur Grundwassersuche in Namibia. – Z. angew. Geol., **43**: 70–74, Hannover.

SCHEFFER, F. & P. SCHACHTSCHABEL (1992): Lehrbuch der Bodenkunde. – 13. Aufl., 16 + 491 S., Stuttgart (Enke).

SCHEIDEGGER, A.E. (1974): The Physics of Flow through Porous Media. – 3. Aufl., 353 S., Toronto – Buffalo (Univ. Toronto Press).

SCHENK, E. (1965): Eine vergleichende Untersuchung über Bohrfortschritte bei Freifall-Meißelbohrungen und Bohrungen nach dem Lufthebeverfahren mit Rollenmeißel im Basalt. – Bohrtechn.-Brunnenb.-Rohrleitungsb., **16**: 6–9, Köln.

SCHESTAKOW, W.M. (1979): Dynamik des unterirdischen Wassers. – 368 S., Moskau (Universitätsverl. MGU).

SCHESTAKOW, W.M., J.O. SEEHOFER & U. BEIMS (1978): Probleme der geohydraulischen Berechnung von unvollkommenen Vertikalfilterbrunnen in homogenen Grundwasserleitern. – Acta Hydrophysica, **XXIII**, 2–3: 187–211, Berlin.

SCHIKOWSKI, H., W. KÖLLE & H. THIEM (1993): Leistungsminderung, Regeneration und Neubau von Filterbrunnen. – N.DELIWA-Z., **44**: S. 486–491, Hannover.

SCHLEGEL, H.G. (1985): Allgemeine Mikrobiologie. – 6. Aufl., 571 S., Stuttgart – New York (Thieme).
SCHLEYER, R. & G. MILDE (1989): Tendenzen im Grundwasserschutz. – Bundesgesundhbl. **89** (12): 521–526, Köln-Berlin-Bonn (Heymann).
– – (1990): Zur Bewertung luftbürtiger Grundwasserqualitätsbeeinflussungen. – VDI-Ber., **837**: 663–684, Düsseldorf.
SCHLUMBERGER (1972): Log Interpretation Principles. – 109 S., New York.
– (1985): Log Interpretation Charts. – 112 S., New York.
SCHMIDT, K.H. (1963): Die Abbauleistung der Bakterienflora bei der Langsamsandfiltration und ihre Beeinflussung durch die Rohwasserqualität und andere Umwelteinflüsse. – Veröff. Inst. Wasserforschung, (**5**)1, 170 S., Dortmund.
– (1966): Das Langsamsandfilter als offenes biologisches System. – Veröff. Hydrolog. Forschungsabt. Dortmunder Stadtwerke AG, **9**: 85–92, Dortmund.
SCHMIDT, O. & G. MATTHESS (1964): Hydrogeologische Übersicht – In: Wasserwirtschaftlicher Rahmenplan Weschnitz. – 1 Kte., Wiesbaden.
SCHNEIDER, E.F. & R. TEGTMEYER (1978): Durchführung und Auswertung von geophysikalischen Bohrlochmessungen. – bbr, **29**, 2: 3–15, Köln.
SCHNEIDER, H. (1953): Vertikale Höchstleistungsbrunnen durch differenzierte Kiesschüttungen. – Bohrtechn.-Brunnenb., **4**: 375–378, Berlin.
– (1961): Vertikalbrunnen-Horizontalbrunnen. – Bohrtechn.-Brunnenb.- Rohrleitungsb., **12**: 412–429, Berlin.
– (1973): Die Wassererschließung. – 2. Aufl., 885 S., Essen (Vulkan).
– (1988): dto. – 3. Aufl., 876 S., Essen (Vulkan).
SCHNEIDER, R. (1967): Geologic and hydrologic factors related to artificial recharge of the carbonate rock aquifer system of central Israel. – Int. Ass. hydrol. Sci. publ., **72**: 37–45, Gentbrugge.
SCHNITZER, M. & S.U. KHAN (Hrsg., 1978): Soil organic matter. Developments in Soil Science. – 319 S., Amsterdam, Oxford, New York (Elsevier).
SCHÖN, J. (1983): Petrophysik. – 405 S., Stuttgart (Enke).
SCHOLTIS, A. (1986): Transport von anorganischen und organischen Substanzen durch die wasserungesättigte Zone unter Einwirkung unterschiedlicher Modell-Niederschlagswasser. – Berichte – Reports Geol.-Paläont. Inst. Univ. Kiel, **13**: 154 S., Diss., Kiel.
SCHÖTTLER, U. (1994): Anthropogen unbeeinflußtes Grundwasser als wasserwirtschaftliches Güteziel. – DVWK-Schr.-R.,**108**: 163–172, Bonn.
SCHÖTTLER, U. & U. SCHULTE-EBBERT (Hrsg., 1995): Verhalten von Schadstoffen im Untergrund bei der Infiltration von Oberflächenwasser am Beispiel des Untersuchungsgebietes »Insel Hengsen« im Ruhrtal bei Schwerte. – Schadstoffe im Grundwasser, **3**: 539 S., Weinheim (VCH).
SCHRAFT, A. & D. RAMBOW (1984): Vergleichende Untersuchungen zur Gebirgsdurchlässigkeit im Buntsandstein Osthessens – Geol. Jb. Hessen, **112**: 235–261, Wiesbaden.
SCHROEDER, G. (1952): Die Wasserreserven des oberen Emsgebietes. – Bes. Mitt. dtsch. gewässerk. Jb., **5**: 70 S., Bielefeld.
– (1955): Die Grundwasserreserven der Flußgebiete. – Bes. Mitt. dtsch. gewässerk. Jb., **13**: 49 S., Koblenz.
SCHRÖTER, J. (1983): Der Einfluß von Textur- und Struktureigenschaften poröser Medien auf die Dispersivität. – Diss., 152 S., Kiel.
– (1984): Mikro- und Makrodispersivität poröser Grundwasserleiter. – Meyniana, **36**: 1–34, Kiel.
SCHUHMACHER, T.T. (1995): Identification of precipitates formed on zero-valent iron in anaerobic aqueous solutions. – MSc. These, 148 S., Waterloo, Ont. (Univ. Waterloo).
SCHULLERER, S., H.-J. BRAUCH, M. FLEIG, B. HAMBSCH & W. KÜHN (1998): Der Rhein im Jahr 1997. – Jahrber. Arbeitsgemeinsch. Rhein-Wasserwerke e.V., **54**: 7–66, Köln.
SCHULTZE, E. & H. MUHS (1967): Bodenuntersuchungen für Ingenieurbauten. – 722 S., Berlin (Springer).
SCHULZ, H.-D. (1970): Chemische Vorgänge beim Übergang vom Sickerwasser zum Grundwasser. – Geol. Mitt., **10**: 151–204, Aachen.
– (1981): Zweidimensionales Transport-Reaktions-Modell für Ionen im Grundwasser. – Z. dtsch. geol. Ges., **132**: 585–596, Hannover.
SCHULZ-RINCKE, V., R. KIRSCH, W. SCHEER & T. UTECHT (1997): Geophysikalische Meßverfahren bei der Kartierung tertiärer Grundwasserleiter am Rande von Salzstöcken. – Z. angew. Geol., **43**: 154–158, Hannover.
SCHWARZENBACH, R.P. & W. GIGER (1985): Behaviour and fate of halogenated hydrocarbons in groundwater. – In: WARD, C.H., W. GIGER, & P.L. MCCARTY (Hrsg.): Ground Water Quality, S. 446–471, New York (Wiley).
(1969): Hohe Nitratgehalte in den Brunnenwässern der Moseltalaue zwischen Trier und Koblenz. – Gas- und Wasserfach, **110**: 35–44, München.

Schwille, F. (1981): Groundwater pollution in porous media by fluids immiscible with water. – Stud. Env. Sci., **17**: 451–464, Amsterdam (Elsevier).

– (1988): Dense chlorinated solvents in porous and fractured media – model experiments. – 176 S., Chelsea, Mich. (Lewis Publ.).

Seeburger, J. & W. Käss (1989): Grundwasser-Redoxpotentialmessung und Probenahmegeräte. – DVWK-Schrift., **84**: 172 S., Hamburg-Berlin (Parey).

Seegers, H. (1993): Der älteste Holzbau der Welt – ein 7300 Jahre alter Brunnen.- Gas- u. Wasserf., **134**: 711–714, München.

Sen, P.N., P.A. Goode & A. Sibbit (1988): Electrical conduction in clay bearing sandstones at low and high salinities. – J. Appl. Phys., **63**: 4832–4840, New York.

Sichardt, W. (1928): Das Fassungsvermögen von Rohrbrunnen und seine Bedeutung für die Grundwasserabsenkung, insbesondere für größere Absenkungstiefen. – 89 S., Berlin (Springer).

– (1952): Kies- und Sandfilter im Grund- und Wasserbau. – Die Bautechnik, **29**: 72–76, Berlin-München-Düsseldorf.

Simmleit, N. & R. Herrmann (1987a): The behavior of hydrophobic, organic micropollutants in different karst water systems. I. Transport of micropollutants and contaminant balances during the melting of snow. – Water, Air, Soil Pollut., **34**: 79–95, Dordrecht (Reidel).

– – (1987b): dto. II. Filtration capacity of karst systems and pollutant sinks. – Water, Air, Soil Pollut., **34**: 97–109, Dordrecht (Reidel).

Smith, A.J. (1975): Proper selection of gravel pack is key to successful wells. – Johnson Drillers J., July-Aug. issue, S. 1–3, St.Paul, Minn.

Sokolov, A.A. & T.G. Chapman (1977): Hydrological maps. – Stud. Rep. Hydrol., Paris (UNESCO).

Sontheimer, H. (Hrsg., 1991): Trinkwasser aus dem Rhein. – 295 S., St. Augustin (Academie).

SPEEDSTAR Div. (ohne Jahr): Well Drilling Manual. – 72 S., Enid, Okla. (Koehring).

Spillmann, P., H.-J. Collins, G. Matthess & W. Schneider (Hrsg., 1995): Langzeitverhalten von Umweltchemikalien und Mikroorganismen aus Abfalldeponien im Grundwasser. – Schadstoffe im Grundwasser, **2**: 737 S., Weinheim (VCH).

Sposito, G. & S.V. Mattigod (1980): GEOCHEM: a computer program for the calculation of chemical equilibria in soil solutions and other natural water systems. – Dept. Soil Environ. Sci., Kearney Foundation Soil Sci., 92 S., Riverside (Univ. Calif.).

Stadtfeld, R. (1991): Die Entwicklung der öffentlichen Wasserversorgung 1979–1990. – Gas- u. Wasserf., **132**: 660–670, München.

StBA (Statistisches Bundesamt) (1995): Statistisches Jahrbuch 1995 für die Bundesrepublik Deutschland. – 771 S., Stuttgart (Metzler-Poeschel).

– (1997): Statistisches Jahrbuch 1997 für die Bundesrepublik Deutschland.- 775 S., Stuttgart (Metzler-Poeschel).

Stearns, H.H. & K.N. Vaksvik (1935): Geology and ground water resources of the Island of Oahu, Hawaii. – Oahu, Hawaii, Dept. Publ. Lands., Div. Hydrology, Bull. **1**: 479 S., Wailuku, Maui.

Stegmann, R. (1982): The pollution potential of sanitary landfill. – Internat. Assoc. hydrol. Sci., **139**: 125–135, Great Yarmouth (Galliard).

Stein, A., R. Köhler, P. Vetterlein, G. Clasen, H. Closs, Th. Krey, H.J. Dürbaum, W. Otto, G. Pott, J. Schmoll, L. Ruprecht, W. Kohlruss & G. Schmidt (1961): Die seismischen Verfahren. – In: Bentz, A.: Lehrbuch der Angewandten Geologie, **I**: 573–718, Stuttgart (Enke).

Steussloff, S. &. A. Wicklein (1999): Entwicklung des Sprengschockens bei Vertikal- und Horizontalfilterbrunnen. – bbr, **50**, 2: 2–7, Köln.

Steward, M. & J. Wood (1990): Geological and geophysical character of fracture zones in a Tertiary carbonate aquifer, Florida. – In: Ward, S.H. (Hrsg.): Geotechnical and Environmental Geophysics, **2**: 235–243, Tulsa, Okla. (Soc. Expl. Geophys.).

Stini, J. (1933): Die Quellen. – 255 S., Wien (Springer).

Stober, I. (1986): Strömungsverhalten in Festgesteinsaquiferen mit Hilfe von Pump- und Injektionsversuchen. – Geol. Jb., **C 42**: 204 S., Hannover.

Stow, G.R.S. (1962): Modern water-well drilling techniques in use in the United Kingdom. – Proc.Inst.Civil. Eng., **23**: 1–14, London.

Strayle, G. (1983): Pumpversuche im Festgestein. – DVGW-Schr.R. Wasser, **34**: 305–325, Frankfurt/M. (ZfGW).

Struckmeier, W.F. & J. Margat (1995): Hydrogeological Maps. A Guide and a Standard Legend. – Int. Contribut. Hydrogeology, **17**: 177 S., Hannover (Heise).

Strzodka, A. (Autorenkollektiv) (1975): Hydrotechnik im Bergbau und Bauwesen. – 392 S., Leipzig (VEB Deutscher Verlag).

Stumm, W. (1992): Chemistry of the Solid-Water Interface. – 428 S., New York etc. (Wiley).

Stumm, W. & J.J. Morgan (1981): Aquatic Chemistry. – 2. Aufl., 780 S., New York etc. (Wiley).

Sutinen, R. (1992): Glacial deposits, their electrical properties and surveying by image interpretation and ground penetrating radar. – Geol. Surv. Finland, Bull. **359**: 123 S., Espoo.

Swanson, R.A. & G.R. Dutt (1973): Chemistry and physical processes that affect atrazine movement and distribution in soil systems. – Soil Sci. Soc. Am. Proc., **37**: 872–876, Madison, Wis.

TA Luft, Technische Anleitung zur Reinhaltung der Luft (1986): Erste Allgemeine Verwaltungsvorschrift zum Bundes-Immissionsschutzgesetz (vom 27.2. 1986). – GMBL, S. 95, ber. S. 202.

Taylor, A.W. & W.F. Spencer (1990): Volatilization and vapor transport processes. – In: Cheng, H.H. (Hrsg.): Pesticides in the Soil Environment: Processes, Impacts and Modeling, SSSA book ser. **2**: 213–269, Madison, Wis.

TGL 23 864/02–10 (1973): Hydrogeologie – Pumpversuche. – Fachbereichsstandard für die hydrogeologische Erkundung, 154 S., Nordhausen.

Theis, C.V. (1935): The relation between the lowering of the piezometric surface and the rate and duration of discharge of a well using groundwater storage. – Amer. geophys. Union Trans., **16**: 519–524, Washington, D.C.

Thews, J.D. (1967): Die Wassergewinnungsmöglichkeiten im bayerischen Buntsandstein-Spessart. – Beitr. Geol. Aschaffenb. Raum, S. 135–163, Aschaffenburg (Pattloch).

– (1972): Zur Typologie der Grundwasserbeschaffenheit im Taunus und Taunusvorland. – Abh. hess. L.-Amt Bodenforsch., **63**: 42 S., Wiesbaden.

Thiem, G. (1928): Chemische und physikalische Zustandsänderungen gußeiserner Rohrbrunnen im Untergrund. – Gas- u. Wasserfach, **71**: 1239–1241, München.

Thompson, H.S. (1850): On the absorbent power of soils. – J. Roy. Agr. Soc. Engl., **11**: 68–74, London.

Thornthwaite, C.W. (1948): An approach toward a rational classification of climate. – Geogr. Rev., **33**: 233–255, New York.

Thurman, E.M. (1985): Organic Geochemistry of Natural Waters. – 497 S., Dordrecht etc. (Martinus Nijhoff/Dr. W.Junk Publ.).

Thurner, A. (1967): Hydrogeologie. – 350 S., Wien-New York (Springer).

Tiemer, K., H.-F. Bamberg & U. Beims (1974): Standardisierung der Pumpversuchsauswertung.- Wasserwirtschaft-Wassertechnik, **24**: 106–110, Berlin.

TNO (1976): Geophysical well logging for geohydrological purposes in unconsolidated formations. – Groundwater Survey TNO, Delft (The Netherlands Organization for Appl. Sci. Research).

Todd, D.K. (1980): Ground Water Hydrology. – 2. Aufl., 13 + 535 S., New York-London (Wiley).

Todd, D.K. & D.E. Orren McNulty (1976): Polluted Groundwater. – 179 S., (Water Inf. Center) Huntington, New York.

Tolman, C.F. (1937): Ground Water. – 593 S., New York (McGraw – Hill).

Torstensson, L. (1980): Role of microorganisms in decomposition. – In: Hance, R.J. (Hrsg.): Interactions between Herbicides and the Soil, S. 159–178, London (Academic Press) = In: Hutson, D.H. & T.R. Roberts: Herbicides, **6**, Progress in Pesticide Biochemistry a. Toxicology, S. 249–270, New York (Wiley).

Treskatis, Chr. (1996): Entwicklung eines planungstechnischen Leitfadens für die Dimensionierung von Vertikalbrunnen im Lockergestein.- bbb, **47**: 40–45, Köln.

Treskatis, Chr., P. Volgnandt, H. Wessolek, P. Puronpää-Schäfer, S. Gerbl-Rieger & K.-H. Blank (1998): Anforderungsprofile an den wirtschaftlichen Bau und Betrieb von Bohrbrunnen. – Grundwasser, **3**, 3: 117–128, Berlin.

Truelsen, Chr. (1957): Korngrößenbestimmung der Kiesschüttungen für Bohrbrunnen. – Bohrtechn.-Brunnenb., **8**: 343–346, Berlin.

– (1958a): Bohrbrunnen-Dimensionierung zur Verhinderung ihrer Verockerung und Verkrustung. – Gas- u. Wasserf., **99**: 185–188, München.

– (1958b): Neue Erkenntnisse zur Verhinderung der Verockerung und Alterung von Bohrbrunnen. – Bohrtechn.-Brunnenb.-Rohrleitungsb., **9**: 493–499, Berlin.

– (1961): Hydrologische Notizen für den Brunnenbau. – Gas- u. Wasserf., **102**: 1256–1261, München.

– (1965): Brunnendurchmesser (Bohrdurchmesser). – In: Bieske, E.: Handbuch des Brunnenbaus, **2**: 302–316, Berlin-Konradshöhe (R.Schmidt).

– (1988): Entwurf und Bau von Heberleitungen. – In: Schneider, H.: Die Wassererschließung, S. 821–827, Essen (Vulkan Verl.)

Truelsen, Chr. & L. Ahorner (1960): Wie erreicht man Bohrbrunnen-Höchstleistungen? – Gas- u. Wasserf., **101**: 232–238, München.

Truesdell, A.H. (1972): Ion exchange. – In: Fairbridge, R.W. (Hrsg.): Encyclopaedia of Geochemistry and Environmental Sciences, S. 591, New York (Van Nostrand Reinhold Co.).

Udluft, P. (1972): Bestimmung des entwässerbaren Kluftraumes mit Hilfe des Austrocknungskoeffizienten nach Maillet, dargestellt am Einzugsgebiet der Lohr (Nord-Ost-Spessart). – Z. dtsch. geol. Ges., **123**: 53–63, Hannover.

UDLUFT, P. & L. BLASY (1975): Ermittlung des unterirdischen Abflusses und der nutzbaren Porosität mit Hilfe der Trockenwetter-Auslaufkurve. – Z. dtsch. geol., Ges., **126**: 325–336, Hannover.

VAN DUIJVENBOODEN, W. (1987): Groundwater quality monitoring networks: design & results. – In: VAN DUIJVENBOODEN, W. & H.G. VAN WAEGENINGH: Vulnerability of soil and groundwater to pollutants, Proc. Inform., **38**: 179–191, The Hague (TNO).

VAN DUIJVENBOODEN, W., P. GLASBERGEN & H. VAN LELYVELD (Hrsg.) (1981): Quality of groundwater. – Stud. Env. Sci., **17**: 1128 S., Amsterdam (Elsevier).

VAN GENUCHTEN, M. TH. (1981): Non-equilibrium transport parameters from miscible displacement experiments. – Res. Rep. 119, US Salinity Lab. Riverside, Ca.

VAN GENUCHTEN, M. TH. & P.J. WIERENGA (1976): Mass transfer studies in sorbing porous media. I. Analytical solutions. – J. Soil Sci. Soc. Amer., **41**: 272–278, Madison, Wis.

VENHUIZEN, K.D. (1967): The storage capacity in the dunewater catchment area of Amsterdam and its effect on the water quality. – Int. Ass. Hydrol. Sci. publ., **72**: 109–123, Gentbrugge.

VOGEL, F.W. (1951): Die Tiefstollen der Stadtwerke Wiesbaden A.G. – Bohrtechn. Brunnenb., **2**: 250–254, Celle-Hannover.

VOICE, T.C., C.P. RICE & W.J. WEBER (1983): Effect of solids concentration on the sorptive partitioning of hydrophobic pollutants in aquatic systems. – Envir. Sci. Technol., **17**: 513–518, Washington, D.C.

VOIGT, H.-J. (1990): Hydrogeochemie. – 310 S., Berlin etc. (Springer).

VOUDRIAS, E.A. & M. REINHARD (1986): Abiotic reactions at mineral surfaces. – In: DAVIS, J.A. & K.F. HAYES (Hrsg.): Geochemical Processes at Mineral Surfaces, Amer. Chem. Soc. Symp. Ser., **323**: 462–486, Washington, D.C.

VRBA, J. & A. ZAPOROZEC (Hrsg., 1994): Guidebook on Mapping Groundwater Vulnerability. – Int. Contribut. Hydrogeology, **16**: 131 S., Hannover (Heise).

WAGNER, H. (1968): Verkehrs-Tunnelbau, 1, Planung, Entwurf und Bauausführung. – 321 S., Berlin-München (Ernst).

WAGNER, R. (1980): Temperaturkorrekturfaktoren für die elektrische Leitfähigkeit von natürlichen Wässern. – Z. Wasser-Abwasser Forsch., **13** (2): 62–65, Weinheim/Bergstr.

WALLNÖFER, P.R. & G. ENGELHARDT (1989): Microbial degradation of pesticides. – In: HAUG, G. & H. HOFFMANN (Hrsg.): Chem. Plant Protection, **2**: 1–115, Berlin-Heidelberg (Springer).

WALTON, W.C. (1970): Groundwater Resources Evaluation. – 664 S., New York (McGraw Hill).

WANG, H.F. & M.P. ANDERSON (1982): Introduction to groundwater modeling – finite difference and finite element methods. – 237 S., San Francisco (Freeman).

WAPRO 1.42/01–04 (1971): Bemessungsgrundlagen für Brunnen von Grundwassergewinnungsanlagen. – Werkstandard Projektierung Wasserwirtschaft, 74 S., Halle/Saale (Überarbeitung 1986).

WATSON, L.J. (1964): Development of ground water in Hawaii. – J. Hydraul. Div., Amer. Soc. Civil. Eng., **90**, HY6: 185–202.

WEAST, R.C. (1981): Handbook of Chemistry and Physics. – 62. Aufl., Boca Raton, Fla. (CRC Press).

WEICHELT, F. (1969): Handbuch der Sprengtechnik. – 6. Aufl., 469 S., Leipzig (Dt. Verl. Grundstoffindust.).

WENDLAND, F., H. ALBERT, M. BACH & R. SCHMIDT (Hrsg., 1993): Atlas zum Nitratstrom in der BR Deutschland. – 96 S., Berlin (Springer).

WHEATLEY, G.A., D.L. SUETT & J.A. HARDMAN (1972): Some factors influencing the persistence of chlorfenvinphos in soil. – In: TAHORI, A.S. (Hrsg.): Fate of Pesticides in the Environment, Proc. 2nd. IUPAC Congr. Pesticide Chemistry, **6**: 77–85, New York (Gordon a. Breach).

WIEDERHOLD, H. & R. KIRSCH (1998): Geophysical investigation of groundwater relevant subsurface structures in Northern Germany. – Ext. abstr., 4th Meeting Environm. Engin. Geophysics, S. 193–196, Barcelona.

WIEDERHOLD, W. (1954): Offene Fragen der Filtertechnik. – Gas- u. Wasserf., **95**: 658–664, 719–725, München.

WIEST, R.J.M. DE (1965): Geohydrology. – 366 S., New York – London – Sydney (Wiley).

WINJE, D., unter Mitarb. von J. IGLHAUT (1983): Wasserbedarfsprognose. Der Wasserbedarf in der Bundesrepublik Deutschland bis zum Jahre 2010. – Bundesmin. Innern (Hrsg.): Wasserversorgungsbericht Teil B, Materialien **3**: 147 S., Berlin (E.Schmidt).

WINJE, D. & D. WITT (1983): Industrielle Wassernutzung. – Bundesmin. Innern (Hrsg.): Wasserversorgungsbericht Teil B, Materialien **5**: 99 S., Berlin (E.Schmidt).

WINKLER, L.W. (1888): Die Bestimmung des im Wasser gelösten Sauerstoffs. – Ber. dtsch. chem. Ges., **21**: 2843–2854 , Berlin.

WIRTH, H. (1974): Strukturanalyse des Wasserverbrauchs 1972 in Frankfurt am Main. – Gesundheits-Ing., **95**, 4: 106–110, München.

WISSEL, D. & W. GERSTNER (1973): Die Gammabestrahlung der Brunnenfilter – ein wirksames Schutzverfahren gegen Brunnenverockerung. – Wasserwirtsch.-Wassertechn., **23**: 191–200, Berlin.

WOHLENBERG, E. (1962): Die Trinkwasserversorgung der Halligen nach der Sturmflut im Februar 1962. – Die Küste, **10**, 2: 86–134, Heide/Holst.
WOHNLICH, S. (1991): Kapillarsperren – Versuche und Modellberechnungen. – Schr.-R. Angew. Geol. Karlsruhe, **15**: 127 S., Karlsruhe.
WOLFART, R. (1966): Zur Geologie und Hydrogeologie von Syrien. – Beih. Geol. Jb., **68**: 129 S., 14 Taf., Hannover.
WOLTERS, N. & H. HANTKE (1982): Experiments with infiltration methods in the Hessian Ried area. – DVWK Bull., **14**, IV: 97–118, Hamburg-Berlin (Parey).
WRIGHT, E.P. & W.G. BURGESS (Hrsg., 1992): The Hydrogeology of Crystalline Basement Aquifers in Africa. – Geol. Soc. spec. publ., **66**: 257 S., London.
WUNDT, W. (1953): Gewässerkunde. – 320 S., Berlin (Springer).
– (1958): Die Kleinstwasserführung der Flüsse als Maß für die verfügbaren Grundwassermengen. – Forsch. dtsch. Landeskd., **104**: 47–54, Remagen.
WYLLIE, M.R.J., A.R. GREGORY & G.H.F. GARDNER (1956): Elastic wave velocities in heterogeneous and porous media. – Geophysics, **21**, 1: 41–70, Tulsa, Okla.
– – – (1958): An experimental investigation of factors affecting elastic wave velocities in porous media. – Geophysics, **23**, 3: 459–493, Tulsa, Okla.
YAO, K.-M., M.T. HABIBIAN & C.R. O'MELIA (1971): Water and waste water filtration: Concepts and applications. – Dept. Environment. Sci. Engng., Univ. North Carolina, **5**, 11: 1105–1112, Chapel Hill, N.C.
YARON, B. & S. SALTZMAN (1972): Influence of water and temperature on adsorption of parathion by soils. – Proc. Soil. Sci. Soc. Amer., **36**: 583, Madison, Wis.
YATES, M.V., S.R. YATES, J. WAGNER & CH.P. GERBA (1987): Modeling virus survival and transport in the subsurface. – J. Contaminant Hydrol., **1**: 329–345, Amsterdam.
YOUNG, C.P. & K.M. BAXTER (1985): Overview of methods for ground water investigations. – In: WARD, C.H. W. GIGER & P.L. MCCARTY: Ground Water Quality, S. 219–240, New York etc. (Wiley).
ZAPOROZEC, A. (1981): Groundwater pollution and its sources. – Geo. Journal, **5** (5): 457–471, Kiew.
ZARUBA, Q. & V. MENCL (1961): Ingenieurgeologie. – 606 S., Berlin (Akad.-Verl.) – Prag (Verl. Tschech. Akad. Wiss.).
ZEHENDER, F., W. STUMM & H. FISCHER (1956): Freie Kohlensäure und pH von Wasser im Calciumkarbonat-Löslichkeitsgleichgewicht. – Schweiz. Ver. Gas- u. Wasserf., **36**: 269–275, Zürich.
ZIEMS, J. (1969): Beitrag zur Kontakterosion nichtbindiger Erdstoffe. – Diss. TU Dresden, Sekt. Wasserwesen, Bereich Wasserbau, Dresden.
ZOETEMAN, B.C.J., E. DE GREEF & F.J.J. BRINKMANN (1981): Persistency of organic contaminants in groundwater, lessons from soil pollution incidents in the Netherlands. – Stud. Env. Sci., **17**: 465–480, Amsterdam (Elsevier).
ZÖTL, J.G. (1974): Karsthydrogeologie. – 291 S., Wien-New York (Springer).
ZULLEI-SEIBERT, N. (1990): Vorkommen und Nachweisbarkeit von Pflanzenbehandlungs- und Schädlingsbekämpfungsmittel-Wirkstoffen in Roh- und Trinkwässern der Bundesrepublik Deutschland. – Dortmunder Beitr. zur Wasserforsch., Veröff. Institut Wasserforschung, Dortmunder Stadtwerke AG, **39**: 99 S., Dortmund.
– (1996): Belastung von Gewässern mit Pflanzenschutzmitteln. Ergebnisse einer Bestandsaufnahme in Deutschland und der Europäischen Union. – Mitt. Inst. Grundwasserwirtschaft TU Dresden, S. 179–201, Dresden.

6.2 Abkürzungen und Quellen zu Abschnitt 5

a.A.	anderer Ansicht
aaO	am angegebenen Ort
AbwAG	Abwasserabgabengesetz i.d. Fassung vom 6.11. 1990 (BGBl. I S. 2432)
Abl.	Amtsblatt
Anm.	Anmerkung
BGB	Bürgerliches Gesetzbuch vom 18.08.1896 (RGBl. S. 194) in der Fassung des Änderungsgesetzes vom 21.09.1994 (BGBl. I S. 2457)
BGH	Bundesgerichtshof

BGW	Bundesverband der deutschen Gas- und Wasserwirtschaft e. V., Bonn
Breuer	Rüdiger Breuer, Öffentliches und privates Wasserrecht, 2. Aufl.,. 1987, C. H. Beck-Verlag, München
BT	Deutscher Bundestag
BVerfG	Bundesverfassungsgericht
BVerfGE	Sammlung der Entscheidungen des BVerfG (Jahr und Seite)
BVwG	Bundesverwaltungsgericht
BVwGE	Sammlung der Entscheidungen des BvwG (Jahr und Seite)
Drs.	Drucksache
EuGH	Europäischer Gerichtshof
GWCz	Gieseke-Wiedemann-Czychowski, Kommentar zum WHG, 6. Aufl. 1993, C. H. Beck-Verlag, München
h. M.	herrschende Meinung
LWG	Landeswassergesetz
m. w. N.	mit weiteren Nachweisen
NuR	Natur und Recht, Zeitschrift, Verlag Parey, Berlin
OVG	Oberverwaltungsgericht
Palandt	Palandt (Hrsg.), Kommentar zum BGB, 54. Aufl. 1995, C. H. Beck-Verlag, München; zit. zusammen mit dem Namen des jeweiligen Kommentators (z. B. Palandt-Thomas)
RdWWi	Das Recht der Wasserwirtschaft, Zeitschrift, hrsg. vom Institut für das Recht der Wasser- und Entsorgungswirtschaft an der Universität Bonn, Carl Heymanns-Verlag
Rehder	Rehder, Niedersächsisches Wassergesetz (Kommentar), 4. Aufl. 1971
Rz	Randziffer
Salzwedel	Jürgen Salzwedel, »Wasserrecht« in: von Münch (Hrsg.): Besonderes Verwaltungsrecht, 8. Aufl. 1988, Verlag Walter des Gruyter, Berlin
SRU	Rat von Sachverständigen für Umweltfragen, Wiesbaden
SZD	Sieder-Zeitler-Dahme, Kommentar zum WHG (Loseblattausgabe), C. H. Beck-Verlag, München
Tz	Textziffer
VGH	Verwaltungsgerichtshof
WHG	Wasserhaushaltsgesetz
ZfW	Zeitschrift für Wasserrecht, Carl-Heymanns-Verlag

7 Register

Lehrbuch der Hydrogeologie

Herausgegeben von Prof. Dr. Dr. h. c. GEORG MATTHESS, Kiel

Allgemeine Hydrogeologie – Grundwasserhaushalt (Band 1)
von Prof. Dr. G. MATTHESS, Kiel und Dr. K. UBELL, Koblenz.
XIV, 438 Seiten mit 214 Abbildungen und 75 Tabellen. 17 × 24 cm. 1983. Gebunden DM 124,–

Die Beschaffenheit des Grundwassers (Band 2)
von Prof. Dr. G. MATTHESS, Kiel.
3. überarbeitete Auflage
X, 499 Seiten mit 139 Abbildungen und 116 Tabellen. 17 × 24 cm. 1994. Gebunden DM 138 ,–

Geohydraulik (Band 3)
von Prof. Dr.-Ing. habil. Dr.-Ing. E.h. Dipl-Gwl. K.-F. BUSCH, Dresden,
Prof. Dr.-Ing. habil. L. LUCKNER, Dresden und Dr. rer.nat. K. TIEMER, Berlin.
3. neubearbeitete Auflage
XIV, 497 Seiten mit 238 Abbildungen und 50 Tabellen. 17 × 24 cm. 1993. Gebunden DM 168,–

Grundwassererschließung – Grundlagen – Brunnenbau – Grundwasserschutz – Wasserrecht **(Band 4)**
von Prof. Dr. K.-D. BALKE, Tübingen, Prof. Dr. U. BEIMS, Dresden, Ass. F. W. HEERS, Remagen,
Prof. Dr. B. HÖLTING, Mainz, Dr. R. HOMRIGHAUSEN, Celle, Dr. R. KIRSCH, Flintbek und
Prof. (em.) Dr. Dr. h.c. G. MATTHESS, Kiel.
XIV, 740 Seiten mit 398 Abbildungen und 81 Tabellen. 17 × 24 cm. 2000. Gebunden DM 268,–

Talsperren (Band 5)
von Prof. Dr. K.-H. HEITFELD, Aachen.
XVI, 468 Seiten mit 354 Abbildungen und 37 Tabellen. 17 × 24 cm. 1991. Gebunden DM 168,–

Das Wasser in der Litho- und Asthenosphäre – Wechselwirkung und Geschichte (Band 6)
von Prof. Dr. E.V. PINNEKER, Irkutsk.
X, 263 Seiten mit 86 Abbildungen und 48 Tabellen. 17 × 24 cm. 1992. Gebunden DM 98,–